Flore Générique des Arbres
de Madagascar

Images de couverture, de la gauche:

Rhopalocarpus lucidus (Sphaerosepalaceae) PHOTOGRAPHE: G.E. SCHATZ
Rhodolaena bakeriana (Sarcolaenaceae) PHOTOGRAPHE: G.E. SCHATZ
Dialyceras coriaceum (Sphaerosepalcaeae) PHOTOGRAPHE: P.P. LOWRY II
Xyloolaena perrieri (Sarcolaenaceae) PHOTOGRAPHE: D.K. HARDER

Images du dos de la couverture, de la gauche:

Asteropeia multiflora (Asteropeiaceae) PHOTOGRAPHE: J. DRANSFIELD
Didymeles integrifolia (Didymelaceae) PHOTOGRAPHE: G.E. SCHATZ
Leptolaena diospyroidea (Sarcolaenaceae) PHOTOGRAPHE: G.E. SCHATZ
Physena madagascariensis (Physenaceae) PHOTOGRAPHE: G.E. SCHATZ
Melanophylla modestei (Melanophyllaceae) PHOTOGRAPHE: P.P. LOWRY II

Flore Générique des Arbres de Madagascar

PAR GEORGE E. SCHATZ

TRADUIT PAR LUCIENNE WILMÉ

Royal Botanic Gardens, Kew & Missouri Botanical Garden, 2001

Editeur de la Production: R. Linklater

Conception de la Couverture par Jeff Eden
et Mise en Page par Media Resources,
Information Services Department,
Royal Botanic Gardens, Kew

ISBN 1 900347 87 3

Imprimé en LÉtats Unis
Edwards Brothers

CONTENU

AVANT-PROPOS

C'est à la fois un honneur et un plaisir de préfacer, à la demande de l'auteur, cette *Flore Générique des Arbres de Madagascar*, ouvrage attendu avec impatience et qui sera accueilli avec enthousiasme par tous les botanistes s'intéressant à cette Flore malgache si particulière dont la très grande diversité et l'exceptionnelle originalité ont été maintes fois soulignées.

Ce livre nous apporte, en effet, une masse considérable d'informations rajeunies et nouvelles sur les éléments arborés et arbustifs appartenant à de nombreuses familles botaniques non encore publiées dans la *Flore de Madagascar et des Comores* ou déjà parues depuis plusieurs décennies et devenues de ce fait obsolètes.

Cet ouvrage est basé, comme l'auteur le précise lui-même, sur un travail antérieur paru en 1957, rédigé par un jeune Inspecteur des Eaux et Forêts, René CAPURON, et très modestement intitulé *Essai d'Introduction à la Flore Forestière de Madagascar*. Malgré sa diffusion restreinte, essentiellement locale (quelques dizaines d'exemplaires ronéotypés sur un robuste papier et photocopiés par la suite en plusieurs vagues successives), ce document a certainement été le plus utilisé durant près d'un demi siècle sur le terrain comme dans les herbiers, par tous les botanistes locaux, s'intéressant à la flore de ce pays: d'abord les chercheurs, enseignants et passionnés des plantes, puis ultérieurement, toutes les générations successives d'étudiants malgaches avec la création des Universités de ce pays à partir des années 60. Dès sa parution, cet *Essai*, bien en avance sur son temps, fruit de neuf années d'expérience et d'observations menées sur le terrain, concernait 450 genres arborés et arbustifs répartis dans 100 familles et dont certains non encore décrits étaient signalés sous leur nom vernaculaire dans des cases provisoires prévues à cet effet. Tous, sauf trois devenus synonymes, ont depuis été décrits et validés par l'auteur lui-même puis retenus par George SCHATZ dans sa nouvelle Flore générique.

Très conscient de l'avancement rapide des connaissances botaniques qui démodait son travail, R. CAPURON en avait prévu une nouvelle édition corrigée et augmentée (dont un exemplaire fut montré à l'un d'entre nous) qui n'a jamais vu le jour, avec la mort prématurée en 1971 de son auteur. Cet exemplaire unique n'a jamais été retrouvé.

Quoi qu'il en soit, même s'il avait été rénové dans les années 70, ce travail devait être repris tôt ou tard, pour prendre en compte les nouveaux résultats inhérents à l'accélération des recherches botaniques liées aux nombreuses prospections entreprises sur la flore malgache durant les vingt cinq dernières années.

Il a donc fallu attendre plus de quarante ans après la publication du premier *Essai*, pour assister à l'heureuse conjonction, d'une part, du besoin inassouvi d'identification d'arbres chez un généreux forestier privé, Carl ZIMMERMANN de passage à Madagascar, allié à la nécessité ressentie par toute la communauté des botanistes travaillant sur Madagascar de pouvoir disposer à l'aube du troisième millénaire, d'un ouvrage récent et, d'autre part, l'apport financier complémentaire de la National Science Foundation ainsi que la collaboration des Royal Botanic Gardens, Kew et du Missouri Botanical Garden pour asseoir les moyens matériels nécessaires à une telle opération. Il ne manquait que l'auteur. Ce fut George SCHATZ, lui aussi botaniste de terrain, ayant travaillé à Madagascar depuis près de 15 ans, qui en fait, a initié et suivi le projet de bout en bout. Certes d'autres avant lui avaient eu aussi la même idée, mais non suivie de réalisation concrète car les conditions propices n'étaient pas réunies. D'autre part, l'entreprise était osée, difficile et de longue haleine.

On doit à George SCHATZ d'avoir donc lancé et mené à bien dans un court délai de trois années à peine, ce travail particulièrement ardu requérant simultanément beaucoup de minutie et de rigueur ainsi qu' une excellente connaissance de la botanique systématique de ce pays. A partir de l'imposante bibliographie publiée sur ce sujet depuis 1957, il lui a fallu réexaminer, tant sur le terrain qu'en herbier, toutes les espèces décrites en vérifiant parmi leurs caractères génériques, ceux susceptibles de modifier et de compléter les descriptions antérieures de leurs genres et familles d'appartenance tout en suivant et appliquant les nouveaux découpages issus des nouvelles classifications botaniques.

Les résultats obtenus sont probants et concernent cette fois 500 genres appartenant à 107 familles présentées pour la plupart selon la classification définie en 1998 par l'A.P.G. (The Angiosperm Phylogeny Group). Ils donnent à cette flore un aspect résolument moderne qui peut même dérouter un utilisateur non prévenu. Il sera en effet surpris de trouver dans la Flore arborée de Madagascar la famille des *Convallariaceae* ou des *Gelsemiaceae* !

Outre la mise à jour des genres cités, cet ouvrage apporte de nombreuses informations nouvelles, telles que les références bibliographiques de leur protologue, de leurs synonymes ainsi que la citation des publications de leurs espèces malgaches ou de leur famille d'appartenance parues depuis 1957, absentes de l'*Essai* de R. CAPURON. L'auteur a de plus eu la bonne idée de joindre au texte l'illustration de qualité d'une espèce de chaque genre tandis qu'un glossaire et deux index (noms scientifiques et vernaculaires) complètent utilement l'ouvrage.

Enfin, l'auteur doit être remercié et félicité d'avoir songé à valoriser son travail par une version française qu'appréciera la plupart de ses utilisateurs majoritairement francophones notamment tous les étudiants et chercheurs malgaches désormais très nombreux à s'intéresser à la flore de leur pays.

En conclusion nous ne pouvons que souhaiter un brillant succès à cette *Flore Générique des Arbres de Madagascar* tant attendue par tous les botanistes et les conservateurs de la nature. De surcroît, elle arrive à un moment opportun, celui de l'aggravation, dans ce pays, d'une crise de la biodiversité déjà bien ancienne, qui, au cours des siècles passés, est à l'origine de la destruction de 80 % du couvert forestier originel. Elle permettra ainsi de mieux cerner la phytodiversité des forêts malgaches en complétant et affinant les inventaires en cours, avant qu'elle ne disparaisse à jamais.

Albert Randrianjafy
Directeur
Parc Botanique et Zoologique de Tsimbazaza

Philippe Morat
Directeur, Laboratoire de Phanérogamie
Muséum National d'Histoire Naturelle, Paris

FOREWORD

The Malagasy flora is especially rich in woody species, with trees constituting the dominant elements of most vegetation types ranging from tall humid forest in the east to subarid thicket in the southwest. As this volume documents, levels of diversity and endemism among Malagasy trees are truly extraordinary: 161 of the 490 indigenous tree genera are endemic, and 96% of the 4,220 species are found nowhere else in the world besides Madagascar. These same unique tree species provide food and shelter for Madagascar's endemic fauna, including its famous primates, the lemurs. Through the protection of watersheds, and the provision of fuelwood and raw materials, the welfare of future generations of the Malagasy people is inextricably tied to these endemic Malagasy trees and the forest habitats they comprise. As a renewable, sustainable resource, with wise management, these trees will be of great continuing benefit to Malagasy communities.

This practical and timely account of the trees of Madagascar is the result of a collaborative effort among multiple institutions, and was made possible by the generosity and vision of Robert Zimmermann, an international forestry consultant who understands the great value of trees. The past decade has seen a tremendous advance in our still incomplete knowledge of the plants of Madagascar. Such progress has resulted in large part through the close cooperation and collaboration among the many national and international institutions working together in Madagascar. The current project to update and expand René Capuron's 1957 mimeographed *Essai d'Introduction à l'Étude de la Flore Forestière de Madagascar* as a *Generic Tree Flora of Madagascar* has been achieved through a unique collaboration between the Royal Botanic Gardens, Kew, and the Missouri Botanical Garden, in concert with our partners at FO.FI.FA. and the Parc Botanique et Zoologique de Tsimbazaza in Madagascar, and the Muséum National d'Histoire Naturelle in Paris. With the generous support of committed individuals like Robert Zimmermann, such partnerships can benefit local people and have a lasting impact on the conservation and sustainable use of global plant biodiversity worldwide.

Peter R. Crane
Director
Royal Botanic Gardens, Kew

Peter H. Raven
Director
Missouri Botanical Garden

REMERCIEMENTS

Ce livre représente la convergence d'aspirations individuelles rassemblées par la vision et la bienveillance de Robert-Carl Zimmermann. Frustré de ne pouvoir disposer d'un manuel de terrain pratique pour identifier les arbres de Madagascar lors d'une consultation en sylviculture, il a d'abord contacté le Missouri Botanical Garden puis la Fondation Kew en proposant généreusement un soutien pour combler cette lacune. Lors de discussions à Kew avec John Dransfield, il a été proposé de considérer l'*Essai d'Introduction à l'Étude de la Flore Forestière de Madagascar* de René Capuron en 1957, a titre de base pour un nouveau manuel. Comme le Missouri Botanical Garden distribuait depuis 1987 des photocopies de *l'Essai* non publié, j'avais depuis longtemps envisagé de le mettre à jour et de le compléter et venais de l'intégrer dans une demande à la National Science Foundation U.S. portant sur l'aide continue à notre programme de recherche à Madagascar. Ainsi, avec Roger Polhill comme émissaire et le soutien de la Estate of Liliana Zimmermann et de la National Science Foundation (bourse n° DEB-9627072), le Royal Botanic Gardens, Kew et le Missouri Botanical Garden se lancèrent conjointement dans leur première véritable entreprise de collaboration en m'offrant une occasion unique pour laquelle je serai toujours profondément reconnaissant.

Au cours des deux premières années de préparation du manuscrit, j'ai partagé mon temps entre Madagascar, Kew, Paris et Saint-Louis. A Madagascar, la réussite du programme du Missouri Botanical Garden est le résultat direct du soutien accordé par le Gouvernement de Madagascar et des herbiers partenaires avec lesquels nous œuvrons en étroite collaboration, ainsi que du dur labeur et du dévouement de nos personnels malgaches. Le Directeur du Parc Botanique et Zoologique de Tsimbazaza, Albert Randrianjafy, et le Directeur du FO.FI.FA., François Rasolo, superviseurs des herbiers TAN et TEF, nous ont permis l'accès aux collections inestimables de ces herbiers où Solo Rapanarivo et Raymond Rabevohitra, respectivement, accueillent chaleureusement les chercheurs de passage. La Direction Générale de la Gestion des Ressources Forestières et l'Association Nationale pour la Gestion des Aires Protégées nous ont gracieusement accordé les permis de recherche pour poursuivre nos efforts d'inventaire. Au cours de mes premières années formatrices à Madagascar, Armand Rakotozafy et feue Jeannine Raharilala m'ont généreusement transmis leur immense savoir sur la flore malgache, et Voara Randrianasolo m'a fourni un appui jusqu'au bout. Plus récemment, le personnel du MBG à Madagascar a incommensurablement contribué à ce projet, en particulier Annick Ramisamihantanirina, Chris Birkinshaw, Christian Camara, Sylvie Andriambololonera, Jeannie Raharimampionona et Lalao Andriamahefarivo.

A Kew, l'ancien directeur, Sir Ghillean Prance, le directeur actuel, Peter Crane et le conservateur Simon Owens ont soutenu le projet de tout cœur. Roger Polhill, puis Henk Beentje ont assumé les tâches administratives et John Dransfield a toujours pris fait et cause pour ce projet. Anne Morley-Smith a apporté sa contribution en organisant mon hébergement pendant mes séjours prolongés. Suzy Dickerson, Ruth Linklater et Christine Beard ont transféré le manuscrit de fichiers électroniques en produit final. A Paris, le directeur du Laboratoire de Phanérogamie, le professeur Philippe Morat, a accueilli le projet avec enthousiasme et permit l'accès illimité aux collections de Madagascar. Je tiens également à remercier Annick Le Thomas (qui la première nous fournit sa copie de l'*Essai* pour que nous puissions la photocopier), Frédéric Badré, Thierry Deroin, Jean Bosser, Jean-Jacques Floret, Joël Jérémie, Jean-Noël Labat, Michèle Lescot, feu Jean-François Villiers, Anne-Elizabeth Wolf, Jean-Claude Jolinon et René Darrieulat pour leur aide et professionnalisme au cours de mes nombreuses visites à Paris.

A Saint-Louis, le directeur Peter H. Raven et le directeur de la recherche, Robert Magill ont fourni un soutien et des encouragements illimités. Kendra Sikes a été le moteur de toutes nos activités à Madagascar. Nan Massala m'a libéré de l'obligation d'imprimer le premier manuscrit. Dianne Schmitt et Sandy Lopez ont assumé des tâches administratives.

Sur les trois continents, mon ami et collègue Pete Lowry a joué un rôle majeur dans ce projet depuis le commencement. J'ai le privilège de travailler à ses cotés sur la flore de Madagascar depuis plus d'une décennie.

Le livre a considérablement bénéficié de l'apport de nombreux collègues qui ont gracieusement pris le temps de commenter les traitements de diverses familles: A. Randrianasolo, Anacardiaceae; J.-J. Floret, Anisophylleaceae, Rhizophoraceae; A. J. M. Leeuwenberg, Apocynaceae; P. P. Lowry II, Araliaceae; J. Dransfield, Arecaceae; H. Beentje, Asteraceae; J. S. Miller, Boraginaceae; H. H. Iltis, Brassicaceae; R. Archer, Celastraceae; G. Prance, Chrysobalanaceae; P. S. Stevens, Clusiaceae; T. Deroin, Convolvulaceae; J. Bradford, Cunoniaceae; C. Tirel, Elaeocarpaceae; L. Dorr, Ericaceae, Malvaceae; P. Hoffmann, Euphorbiaceae; G. McPherson, Euphorbiaceae; D. J. Du Puy, Fabaceae; J.-N. Labat, Fabaceae; A. Paton, Lamiaceae; P. Phillipson, Lamiaceae; H. van der Werff, Lauraceae; S. Graham, Lythraceae; F. Almeida, Melastomataceae; M. Lescot, Meliaceae; A. Westerhaus, Menispermaceae; D. Lorence, Monimiaceae; M. Olson, Moringaceae; J. Pipoly, Myrsinaceae; D. Nickrent, Olacaceae; J. Bosser, Proteaceae; P. de Block, Rubiaceae; A. Davis, Rubiaceae; S. Razafimandimbison, Rubiaceae; W. D'Arcy, Solanaceae.

Dire que Lucienne Wilmé, amie et collègue de longue date, a rapidement et admirablement traduit le manuscrit en français est insuffisant. Son attention méticuleuse aux détails a également permis d'améliorer énormément la version anglaise.

En conclusion, je remercie Cathryn et Rachel pour leur patience et leur compréhension pendant mes nombreuses absences, mais surtout pour leur soutien et leur amour sans faille.

INTRODUCTION

En mars 1957, René Capuron distribuait plusieurs centaines d'exemplaires polycopiés d'un *Essai d'Introduction à l'Étude de la Flore Forestière de Madagascar*, manuel de 125 pages sur les familles et genres d'arbres malgaches qu'il avait soigneusement préparé pendant neuf ans, depuis son arrivée à Madagascar, lorsque jeune, il prenait le poste d'Inspecteur du Département des Eaux et Forêts. En constituant le seul document de synthèse sur la flore arborée malgache pendant ces 40 dernières années, l'*Essai* a été d'une valeur inestimable pour de nombreux professeurs et étudiants de l'Université d'Antananarivo ainsi que pour les agents forestiers de Madagascar. Les traitements complets des familles de la *Flore de Madagascar et des Comores* apparaissaient alors sporadiquement au cours de cette période mais plusieurs des grandes familles arborées ne sont toujours pas traitées tandis que d'autres sont à présent totalement périmées. Vers la fin des années 1980, le Missouri Botanical Garden a commencé à distribuer des photocopies de l'*Essai* de Capuron à une nouvelle génération des botanistes malgaches dans le cadre de son programme de formation et du réseau de récolteurs basés sur le terrain. Il apparaissait alors clairement que l'*Essai* original de Capuron nécessitait une mise à jour afin d'y incorporer les progrès relatifs à la connaissance sur la taxinomie des arbres de Madagascar.

FLORE GÉNÉRIQUE DES ARBRES DE MADAGASCAR, POURQUOI ?

La flore de Madagascar est principalement une flore arborée. En dépit de la récente polémique portant sur la nature de la végétation que les hommes trouvèrent en s'installant la première fois et de l'origine des vastes zones déboisées du Plateau Central, il est de fait que même les zones les plus sèches et les plus rudes du point de vue édaphique dans le sud-ouest supportent malgré tout une végétation arborée. Par ailleurs les zones déboisées sont particulièrement pauvres en espèces qui sont la plupart du temps réduites à 1 ou 2 espèce(s) d'herbes qui ont par ailleurs une vaste aire de distribution sur l'ensemble du continent africain. A l'exception des orchidées, dont la plupart sont épiphytes sur la végétation arborée, les groupes herbacés sont relativement mal représentés à Madagascar, les arbres fournissant ainsi la structure de base de la majeure partie de la flore et de la faune de l'île ainsi que la principale ressource pour le bois d'énergie ou de construction de la grande majorité des populations villageoises. Cependant, nos connaissances sur la diversité et la taxinomie des arbres malgaches au niveau de l'espèce est encore loin d'être complète. Les récoltes sont difficiles à réaliser sur les grands arbres. Un certain nombre de groupes arborés, y compris les trois familles les plus nombreuses (Euphorbiaceae, Fabaceae et Rubiaceae), n'ont toujours pas été intégralement traités dans la *Flore de Madagascar et des Comores* et quasiment toutes les familles publiées dans ce cadre avant 1960 demandent à présent une sérieuse révision. D'autre part, pour la plupart des groupes arborés, la circonscription au niveau générique s'est stabilisée au cours des dernières décennies. Par conséquent, dans le souci de résumer les progrès réalisés dans notre connaissance des genres arborés de Madagascar, pour faciliter leur identification mais aussi pour souligner les groupes dont les espèces requièrent davantage de travail, le moment semble opportun pour une *Flore Générique des Arbres de Madagascar*.

QU'EST-CE QU'UN GENRE ?

Le genre est l'unité fondamentale que nous percevons dans la nature, représentant un thème unifié ou un concept (parfois désigné sous le terme 'gestalt') dans lequel la variation délimite les espèces. En ayant appris à reconnaître une ou plusieurs espèce(s) d'un genre donné, la rencontre d'une nouvelle espèce, qui aura pu se produire lors de la visite d'une nouvelle parcelle forestière, suscite souvent rapidement la confrontation et le regroupement avec des espèces précédemment connues, soit le placement dans un genre.

Nous procédons ainsi en relevant d'abord des caractéristiques communes avec d'autres espèces du genre, puis nous nous concentrons sur les différences, à savoir la partie du spectre global de variations qui nous permet de reconnaître une espèce distincte, qui peut être une différence notable dans la forme ou la taille de la feuille, ou un pédoncule très densément velu. Bien que je ne puisse pas encore identifier plus d'une poignée d'espèces de *Diospyros* (Ebenaceae) sur le terrain parmi la centaine d'espèces connues de Madagascar, je peux toujours identifier le genre grâce aux caractéristiques que partagent toutes les espèces que sont des fleurs à la corolle soudée, brièvement tubulaire, souvent charnue et des fruits sous-tendus par le calice fortement accrescent.

Avant tout, un genre doit être pratique, reconnaissable à tous les stades, qu'il soit en fleurs, en fruits et de façon idéale, même à l'état végétatif. Je pense qu'il ne faudrait pas séparer les genres sur la base de caractères microscopiques ou sur une légère variation du nombre d'articles de la fleur. J'ai personnellement toujours été partisan d'une Règle du Mètre qui veut que dans la plupart des cas, un genre puisse être distingué à au moins un mètre de distance. Dans de nombreux cas, le genre peut même être identifié à des distances bien plus importantes, parfois tout simplement en observant la ramification dans la canopée d'un grand arbre qui s'élève à 30 mètres de haut. Les caractéristiques qui donnent aux genres leur réalité perceptible et conceptuelle sont pour la plupart des dispositifs morphologiques généraux tels que le type et la disposition des feuilles, la ramification et les longueurs des entre-nœuds, le type et l'emplacement des inflorescences, la taille et la symétrie des fleurs, et les types de fruits.

Dans le même ordre d'idées, il me semble que les genres ne devraient pas être délimités sur la base d'une seule caractéristique qui ne s'exprime que sur une partie du cycle de vie. De bons exemples sont illustrés dans des genres de Rubiaceae tels que *Cremocarpon* et *Pyragra*, que j'ai choisis de mettre en synonymie sous *Psychotria*. Au stade végétatif et en fleurs, on ne peut les distinguer de *Psychotria* et même les jeunes fruits sont charnus comme peuvent l'être ceux de *Psychotria*. Mais si ce jeune fruit n'attire pas un oiseau frugivore du sous bois, il finit par sécher et les deux pyrènes tomberont indépendamment sur le sol en se décrochant du carpophore en forme d'enclume auquel ils étaient attachés, et ce n'est qu'à ce stade final que leur identité générique pourrait être précisé soit dans *Cremocarpon*, soit dans *Pyragra*. Les espèces que Bremekamp (1958) avait placé dans *Cremocarpon* et *Pyragra* pourraient bien représenter un groupe monophylétique (ou deux groupes monophylétiques indépendants ?) mais il est clair que la dessiccation du fruit est un phénomène secondaire et que le ou les groupe(s) d'espèces montrant cette caractéristique est (sont) plus que probablement inclus dans un plus vaste groupe d'espèces dont les fruits ne se séparent pas en pyrènes individuels s'ils n'avaient pas été préalablement dispersés. Quoi qu'il en soit, reconnaître un genre en ne se basant que sur une caractéristique limitée dans le temps à une partie du cycle de vie n'est tout simplement pas pratique et à mon point de vue, une telle variation (ainsi que le groupe monophylétique ainsi défini) sera mieux identifiée au niveau du sous-genre.

COMMENT LES GENRES SONT-ILS GROUPÉS EN FAMILLES ?

Les genres sont groupés en familles principalement pour nous aider à organiser l'éventail de la diversité en unités maniables, à savoir comme des aide-mémoire. La plupart des familles sont aisément identifiées sur le terrain de la même manière que celle décrite ci-dessus pour les genres. Tout comme pour les genres, identifier les groupements en familles devrait être un processus naturel tout en adhérant au principe de base de la monophylie, chaque famille incluant tous les descendants d'un ancêtre commun. Avec l'arrivée des données d'ordre moléculaire d'ADN et d'ARN combinées à de parcimonieux algorithmes pour comparer et grouper les taxons, nous sommes rentrés dans une nouvelle ère pour aborder les relations des organismes vivants sur terre. Au cours de la dernière décennie, les données moléculaires ont suggéré de nombreuses relations innovatrices mais ont également révélés que certains groupements identifiés dans le passé sont en fait artificiels. Plutôt que de maintenir un statu quo dont les jours sont clairement comptés, j'ai essayé d'adopter plusieurs de ces nouveaux résultats dans l'espoir d'anticiper un système de classification futur. Un tel système basé sur les données moléculaires, a été récemment proposé au niveau ordinal (APG, 1998) et plusieurs (mais pas tous) des arrangements de familles ont été adoptés ici. Par conséquent, un certain nombre de groupements en familles seront peu familiers à de nombreux lecteurs mais bien d'autres seront certainement proposés dans un proche avenir.

Une fois qu'une hypothèse de relations a été produite (un cladogramme), tant que la monophylie est maintenue, grouper des taxons en familles est par définition arbitraire; le taxon suivant exclus mais voisin du groupement familial nommé aurait aussi bien pu être inclus. Ainsi, le critère évidemment plus subjectif portant sur les 'différences observables' (autapomorphies et synapomorphies) doit-il également jouer un rôle important pour délimiter les familles. C'est pour cette raison par exemple que je continue de reconnaître la famille monotypique des Alangiaceae plutôt que de l'englober dans la famille monotypique des Cornaceae alors que plusieurs ordres génétiquement indépendants montrent de fortes affinités entre *Alangium* et *Cornus* qui partageraient ainsi un ancêtre commun en pouvant être inclus dans un seul groupement au niveau de la famille, mais j'estime qu'ils sont suffisamment distincts morphologiquement pour ne pas suivre cette combinaison dans une seule famille. De la même manière, je ne peux imaginer grouper des genres voisins que seraient *Asteropeia* (Asteropeiaceae) (hermaphrodite, avec des pétales) et *Physena* (Physenaceae) (dioïque, sans pétales) dans une seule famille alors qu'une famille étendue des Brassicaceae incluant les Capparaceae pourrait raisonnablement inclure plusieurs des taxons consécutifs situés plus à l'extérieur du cladogramme et qui ne montrent pas de différences observables notables comme c'est le cas chez *Pentadiplandra* et *Tovaria* qui sont tous deux reconnus au niveau de la famille par l'APG (1998). Un concept plus étendu est de la même façon adopté globalement pour les Malvaceae par rapport aux 'similitudes partagées' qui est le corollaire des 'différences observables'. On soupçonnait depuis fort longtemps que la circonscription traditionnelle des Bombacaceae, Sterculiaceae et Tiliaceae ne reflétait pas des groupements monophylétiques avec certains taxons qui étaient en fait plus affines avec les Malvaceae alors que d'autres étaient simplement mal placés au sein d'une des trois familles. Les relations que suggèrent des analyses combinées de plusieurs séquences indépendantes de gènes exigeraient la reconnaissance de neuf groupements au niveau famille (y compris plusieurs nouvelles familles) si on voulait maintenir des circonscriptions monophylétiques pour les Bombacaceae, Sterculiaceae et Tiliaceae; dans la mesure où ces taxons partagent en fait un 'gestalt' global, qui apparaît principalement dans leurs feuilles à la nervation généralement fortement palmatinerve, une autre alternative, plus raisonnable, consisterait à les grouper dans une seule famille plutôt que de retenir neuf familles monophylétiques qui seraient difficiles à distinguer sur la base de différences aisément observables.

Qu'est-ce qu'un Arbre ?

Dans le cadre de ce livre, l'arbre est défini comme une plante ligneuse mesurant au moins (4 –)5 m de haut ou dont la tige principale atteint au moins 5 cm de diamètre à hauteur de poitrine. Une définition courante consiste à reconnaître les arbres comme étant des individus à tronc unique mesurant au moins 10 cm de diamètre. Dans les régions sub-arides du sud-ouest de Madagascar, la végétation du fourré décidu peut n'atteindre qu'une hauteur de 4–5 m, voir moins, en présentant des individus à tronc unique et des individus à multiples tiges dont la principale n'atteindrait que 5 cm de diamètre, l'ensemble constituant cependant la strate 'arborée'. A Madagascar, il existe relativement peu de genres ligneux (autres que les lianes) qui ne présentent au moins une espèce répondant aux critères employés ici pour définir un arbre et si les descriptions complètes ne sont pas fournies, la plupart des genres de buissons sont néanmoins mentionnés dans le texte.

Format et Conventions

Dans ce livre, les descriptions complètes sont présentées pour 500 genres répartis dans 107 familles ainsi que pour 54 de ces familles qui sont, à Madagascar, représentées par deux genres ou plus. Pour chaque genre sont précisés l'auteur, la référence de la publication ainsi que les synonymes tels qu'appliqués à Madagascar et pour les genres qui ne sont pas

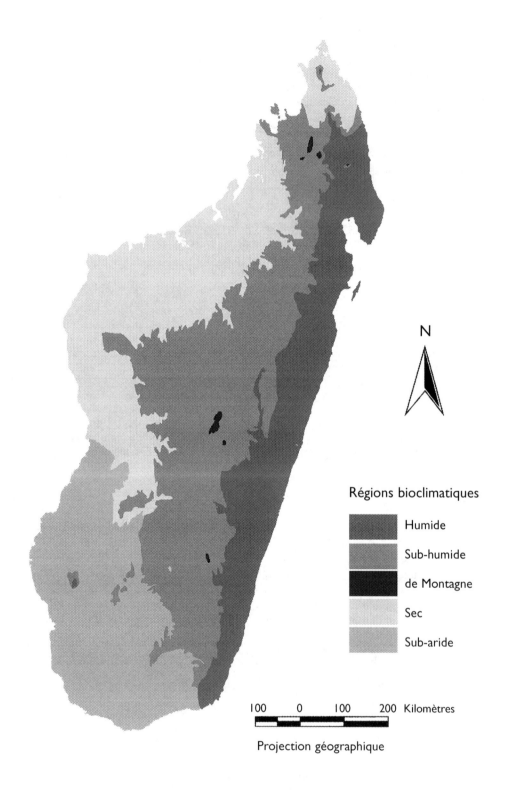

N

Régions bioclimatiques

Humide

Sub-humide

de Montagne

Sec

Sub-aride

100   0   100   200 Kilomètres

Projection géographique

Figure 1. Régions bioclimatiques de Cornet (1974) réduites à cinq catégories

endémiques de Madagascar, l'aire de distribution globale ainsi que la meilleure évaluation que je puis faire du nombre total d'espèces et du nombre d'espèces rencontrées à Madagascar. Les descriptions des genres sont prévues pour ne s'appliquer qu'aux espèces de Madagascar et peuvent ne pas concerner l'ensemble des variations rencontrées ailleurs. Pour qualifier les tailles relatives, 'petit' et 'grand' ont été employés arbitrairement pour décrire les fleurs et les fruits dont la longueur ou la largeur est respectivement inférieure ou égale à 1 cm et supérieure à 1 cm mais il y est fait référence de 'petit à grand' lorsque la taille se trouve à cheval de cette limite de 1 cm. Après chaque description générique, l'aire de distribution à Madagascar est précisée par rapport aux cinq Régions Bioclimatiques de base définies par Cornet (1974): Humide, Sub-Humide, de Montagne, Sec et Sub-aride (Figure 1); le type de végétation dans lequel le genre est rencontré suit les catégories physionomiques de White (1983) tel que proposé par Lowry *et al.* (1997); et les types de substrats privilégiés suivent la classification géologique simplifiée de Du Puy & Moat (1996). Des noms vernaculaires ont été compilés directement sur les spécimens et peuvent donc perpétuer les erreurs qui peuvent soit être attribuées à la source elle-même, soit à la transcription par le récolteur de l'information d'origine.

CLÉS D'IDENTIFICATION

Lorsque Capuron établissait ses clés d'identification, principalement basées sur des caractères floraux dans l'Essai, il formulait un doute quant à la possibilité de construire une clé basée uniquement sur des caractères végétatifs. En me conformant à ma philosophie qui veut que les genres (et les familles) devraient être reconnaissables à partir de caractéristiques morphologiques générales, j'ai alors essayé d'élaborer des clés d'identification en soulignant les caractères végétatifs tout en limitant le plus possible la nécessité d'examiner les caractéristiques florales avec un microscope ou une loupe. Bien que j'aie eu à recourir à quelques caractères portant sur les fleurs ou les fruits, ceux-ci concernent cependant presque toujours des caractéristiques morphologiques générales. Dans cet essai, j'ai été inspiré par feu mon confrère Alwyn Gentry (1993) (*A Field Guide to the Families and Genera of Woody Plants of Northwest South America*) avec qui j'ai eu la chance de faire du terrain à Madagascar. Comme points de départ, j'ai adopté ses quatre divisions de base: I. Feuilles alternes et simples; II. Feuilles alternes et composées; III. Feuilles opposées (ou verticillées) et simples; et IV. Feuilles opposées (ou verticillées) et composées. Parmi les autres travaux récents qui soulignent la richesse et l'utilité des caractères végétatifs, les plus remarquables incluent: van Balgooy's (1997) *Malesian Seed Plants. Spot Characters*; Hyland & Whiffin's (1993) *Australian Tropical Rain Forest Trees. An Interactive Identification System*; et Keller's (1996) *Identification of tropical woody plants in the absence of flowers and fruits*. Les listes, présentées dans ce livre, de familles et de genres qui exhibent des états particuliers de caractères, qui sont comparables à celles fournies par Capuron dans l'*Essai*, ont été produites directement à partir d'une base de données qui enregistre pour chacun des genres traités ici la présence ou l'absence de 43 caractères végétatifs et 46 caractères reproducteurs. Les nouvelles technologies de l'information permettent à présent d'avoir accès à de telles données de manière interactive et un système interactif d'identification du présent travail sera mis à disposition en version CD et sur Internet.

FLORE GÉNÉRIQUE DES ARBRES DE MADAGASCAR: DIVERSITÉ, ENDÉMISME ET DISTRIBUTION

La flore des arbres de Madagascar englobe 490 genres autochtones d'arbres et de grands buissons dont 161 sont endémiques de Madagascar et des îles, géologiquement récentes, de l'Archipel des Comores (Schatz, 2000). Les genres endémiques sont représentés par 940 espèces et les 329 autres genres non endémiques par 3 280 espèces sur lesquelles 95% sont endémiques. Ainsi sur les 4 220 espèces d'arbres et de grands arbustes malgaches, 96% sont endémiques, soit un niveau extraordinairement élevé d'endémisme spécifique. La figure 2 récapitule la diversité et l'endémisme génériques pour les 18 familles les plus importantes en matière de nombre de genres d'arbres. Trois familles que sont les Euphorbiaceae, les Fabaceae et les Rubiaceae représentent près d'un tiers des genres

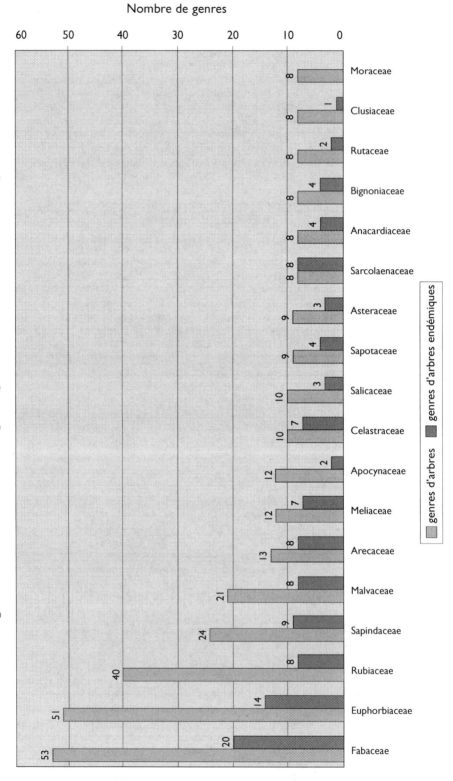

Figure 2. Diversité et endémisme génériques de la Flore des Arbres de Madagascar

d'arbres et de grands arbustes de Madagascar. Un nombre total de 52 familles ne sont représentées que par un seul genre arboré à Madagascar parmi lesquelles 14 genres sont endémiques dont 5 représentent des familles endémiques de Madagascar (Asteropeiaceae, Didymelaceae, Kaliphoraceae, Melanophyllaceae et Physenaceae), les deux autres familles endémiques que sont les Sarcolaenaceae (8 genres) et les Sphaerosepalaceae (2 genres) étant également englobée dans la flore arborée.

Sur les 504 genres autochtones ou naturalisés, 411 sont rencontrés dans les formations de forêt et de fourré sempervirents des régions Humides, Sub-Humides et de Montagne alors que 333 sont rencontrés dans les forêts, zones arborées et fourrés des régions Sèches et Sub-Arides. La division de base entre les assemblages de plantes sempervirentes de l'Est et décidues de l'Ouest, élaborée pour la première fois par Perrier de la Bâthie (1921) puis étendue et redéfinie par Humbert (1955) et Cornet (1974), est illustrée par le nombre de genres 266 (55%) limités soit aux formations sempervirentes (168 genres), soit aux formations décidues (108 genres). Le phénomène est encore plus marqué au sein des 161 genres endémiques parmi lesquels 63% sont confinés soit aux habitats sempervirents (63 genres), soit décidus (38 genres). Il existe néanmoins de nombreux genres endémiques ou non dont la distribution couvre les deux régimes climatiques de base, avec un certain nombre de genres qui sont représentés par des paires d'espèces, chacune étant rencontrée dans une des deux régions, respectivement l'Est sempervirent et l'Ouest décidu: *Voatamalo eugenioides/V. capuronii* (Euphorbiaceae); *Cordyla haraka/C. madagascariensis* (Fabaceae); *Sakoanala madagascariensis/S. villosa* (Fabaceae); *Physena madagascariensis/P. sessiliflora* (Physenaceae); *Bathiorhamnus louvelii/B. cryptophorus* (Rhamnaceae); et *Perriera orientalis/P. madagascariensis* (Simaroubaceae).

L'Avenir des Arbres de Madagascar et un Hommage à Capuron

La période est critique pour les arbres malgaches. Les pressions exercées par une population humaine croissante qui a besoin de bois pour la construction et comme combustible ainsi que de terres pour cultiver le riz, menaceront sévèrement la survie de nombreuses espèces endémiques d'arbres au cours des prochaines décennies. Mais en mesurant l'ensemble des pertes et des profits d'une exploitation forestière non pérenne et la conversion de la forêt en terres agricoles, il apparaîtra que le peuple malgache ne pourra se permettre de perdre davantage de forêts et il semblerait que le protection des forêts restantes jumelée a l'utilisation de leurs capacités de régénération qui fournissent de nouvelles ressources forestières autour de chaque village et ville representeraient certainement le meilleur moyen pour assurer le bien-être des générations futures. A part élever nos propres enfants, il n'y a probablement rien de plus satisfaisant que de planter un arbre et de le regarder grandir. Et y a-t-il de meilleurs arbres à planter à Madagascar que les arbres malgaches!

Si Capuron n'était décédé prématurément juste avant son cinquantième anniversaire, il aurait certainement révisé l'*Essai* s'il n'avait écrit une véritable flore d'arbres de Madagascar au niveau des espèces. Pendant les 14 années qui se sont écoulées entre l'apparition de l'*Essai* et sa mort en 1971, il a décrit 20 nouveaux genres dont 16 sont reconnus ici (le genre *Cleistanthopsis* est un synonyme de *Allantospermum*, décrit un jour avant seulement, et 3 autres genres sont ici traités en synonymie). Durant cette même période, Capuron a également signalé la présence à Madagascar de 7 genres qui n'etaient pas encore connus de l'île. Certaines de ses études, portant notamment sur

René Capuron

les deux groupes ligneux les moins connus de Madagascar, les Celastraceae et les Rubiaceae, sont restées, 28 ans après sa mort, à l'état de notes non publiées ou d'annotations sur des spécimens d'herbier. Je me rend bien compte que je n'aurais pu écrire ce livre sans son legs monumental dont j'ai profité tout au long de la préparation de ce travail. Alors que l'achèvement de cette *Flore Générique des Arbres de Madagascar* arrive à son terme, je dois réitérer le souhait de Capuron: que son emploi révèle les erreurs et les lacunes de notre connaissance et nous permette ainsi d'améliorer notre compréhension de la flore arborée de Madagascar. Mon plus grand souhait serait que ce livre s'avère utile à tout un chacun impliqué dans l'étude, la conservation et l'utilisation pérenne des arbres malgaches et que Capuron lui-même aurait approuvé mes efforts.

St. Louis, Missouri
22 juin 1999

APG, 1998. An ordinal classification for the families of flowering plants. Ann. Missouri Botanical Gard. 85: 531–553.

Balgooy, M. M. J. van. 1997. Malesian Seed Plants. Volume 1 — Spot-characters. An aid for identification of families and genera. Rijkherbarium/Hortus Botanicus, Leiden.

Bremekamp, C. E. B. 1958. Monographie des genres *Cremocarpon* Boiv. ex Baill. et *Pyragra* Brem. (Rubiacées). Candollea 16: 147–177.

Cornet, A. 1974. Essai de cartographie bioclimatique à Madagascar. Notice explicative 55, ORSTOM, Paris.

Du Puy, D. J. & J. Moat. 1996. A refined classification of the primary vegetation of Madagascar based on the underlying geology: using GIS to map its distribution and to assess its conservation status. Pp. 205–218, *In*: W. Lourenço (ed.), *Biogéographie de Madagascar*, Editions de l'ORSTOM, Paris.

Gentry, A. 1993. A Field Guide to the Families and Genera of Woody Plants of Northwest South America. Conservation International, Washington, D.C.

Humbert, H. 1955. Les territoires phytogéographiques de Madagascar. Année Biologique, sér. 3, 31: 438–439.

Hyland, B. P. M. & T. Whiffin. 1993. Australian Rain Forest Trees. An Interactive Identification System. CSIRO Publications, Melbourne.

Keller, R. 1996. Identification of tropical woody plants in the absence of flowers and fruits. Birkhäuser Verlag, Basel, Boston, Berlin.

Lowry, P. P. II, G. E. Schatz & P. B. Phillipson. 1997. The classification of natural and anthropogenic vegetation in Madagascar. Pp. 93–123, *In*: S. T. Goodman & B. D. Patterson (eds.), *Natural Change and Human Impact in Madagascar*, Smithsonian Institution Press, Washington and London.

Perrier de la Bâthie, H. 1921. La végétation malgache. Ann. Inst. Bot.-Géol. Colon. Marseille, sér. 3, 9: 1–226.

Schatz, G. E. 2000. Endemism in the Malagasy tree flora. Pp. 1–9, *In*: W. R. Lourenço & S. M. Goodman (eds), *Diversité et Éndemisme à Madagascar*, Mémoires de la Société de Biogéographie, Paris.

White, F. 1983. The vegetation of Africa, a descriptive memoir to accompany the UNESCO/AETFAT/UNSO vegetation map of Africa. UNESCO, Natural Resources Research 20: 1–356.

CLÉS D'INTRODUCTION

I.   FEUILLES ALTERNES ET SIMPLES (OU UNIFOLIOLÉES).

II. FEUILLES ALTERNES ET COMPOSÉES.

III. FEUILLES OPPOSÉES/VERTICILLÉES ET SIMPLES (OU UNIFOLIOLÉES).

IV. FEUILLES OPPOSÉES/VERTICILLÉES ET COMPOSÉES.

I.   FEUILLES ALTERNES ET SIMPLES (OU UNIFOLIOLÉES).

1. Plantes épineuses.
  2. Exsudation blanche présente.
    3. Exsudation peu abondante à modérée, quelque peu hésitante, avec une odeur de térébenthine ou d'encens ························· ***Commiphora simplicifolia***
    3'. Exsudation copieuse, immédiate, sans aucune odeur.
      4. Corolle soudée, longuement tubulaire; gynécée de 2 carpelles séparés ······ ·· ***Pachypodium***
      4'. Pétales absents, les inflorescences consistant en une seule fleur femelle entourée de fleurs mâles extrêmement réduites avec en une seule étamine; gynécée de 3 carpelles soudés ······························ *Euphorbia*
  2'. Exsudation absente.
    5. Plantes portant un indument stellé et/ou écaillé; pétales soudés ······· *Solanum*
    5'. Plantes à indument simple ou glabres; pétales libres ou absents.
      6. Feuilles costapalmées, très grandes, groupées au sommet de troncs non ramifiés, le pétiole portant des épines crochues ou de courtes épines dentiformes ······ ·· **Arecaceae**
      6'. Feuilles non costapalmées, si très grandes alors linéaires.
        7. Feuilles linéaires portant de courtes épines le long des marges et de la nervure principale dessous ; inflorescences terminales ·········· *Pandanus*
        7'. Feuilles plus larges que linéaires, les marges et la nervure principale dessous sans épines; inflorescences axillaires.
          8. Épines en verticilles de 4–8(–12) ······················ *Didierea*
          8'. Épines solitaires ou appariées.
            9. Épines appariées.
              10. Rameaux nettement en zigzag; feuilles très petites, < 1 cm, succulentes et sans nervation évidente, caduques ······ ***Decarya madagascariensis***
              10'. Rameaux non nettement en zigzag; feuilles de bien plus de 1 cm de long, non succulentes, à nervation évidente, non caduques.
                11. Feuilles penninerves; pétales absents; fruit petit ··············· ····························· ***Chaetachme aristata***
                11'. Feuilles 3-palmatinerves à subtriplinerves; pétales présents; fruit grand ···································· *Ziziphus*
            9'. Épines solitaires.
              12. Branches parfois terminées en épines, souvent en phyllodes; fleurs grandes, irrégulières, typiques des "fleurs de pois"; fruit une longue gousse aplatie, déhiscente ···················· ***Phylloxylon***
              12'. Épines axillaires ou rarement présentes sur le bois plus vieux, branches jamais en phyllodes; fleurs petites, régulières; fruit indéhiscent, ou si déhiscent, alors pas une gousse aplatie.
                13. Fruit grand, charnu, indéhiscent; pétales absents, ou si présents, alors feuilles 3-palmatinerves à triplinerves ·········· **Salicaceae**
                13'. Fruit petit, légèrement charnu à sec, déhiscent; pétales présents ou absents.

      14. Pétales présents; graines arillées; feuilles souvent
dentées-serretées, ne noircissant pas ·············· *Maytenus*

      14' Pétales absents; graines sans arille; feuilles à la marge entière,
noircissant souvent ····················· ***Flueggea virosa***

1'. Plantes inermes

  15. Plantes avec exsudation des feuilles, rameaux ou du tronc.

    16. Exsudation blanche, blanchâtre clair ou jaune.

      17. Exsudation blanche ou blanchâtre clair.

        18. Feuilles groupées à l'apex des branches en une spirale serrée, noircissant en
séchant, entières, sans glandes; exsudation abondante, coulant librement;
inflorescences terminales; corolle soudée longuement tubulaire ·········
··· ***Cerbera manghas***

        18'. Feuilles non groupées en une spirale serrée à l'apex et ne noircissant pas en
séchant; exsudation abondante, coulant librement ou non; inflorescences
axillaires, mais si terminales alors les feuilles portent des glandes ou sont
serretées-dentées sur la moitié supérieure; pétales libres, rarement soudés et
alors non longuement tubulaires, ou absents.

          19. Exsudation abondante et coulant librement; pétales absents; stipules
généralement distinctes.

            20. Stipules soudées en une gaine conique couvrant le bourgeon terminal,
laissant une cicatrice circulaire distincte à chaque nœud en tombant;
inflorescences axillaires, fleurs 4-mères, ovaire uniloculaire, avec 1 ou 2
stigmate(s) ·································· **Moraceae**

            20'. Stipules libres, latérales, ne formant pas une gaine conique couvrant le
bourgeon terminal et ne laissant pas une cicatrice circulaire en
tombant; inflorescences axillaires ou terminales, fleurs 3-mères, ovaire
3-loculaire avec 3 stigmates ···················· **Euphorbiaceae**

          19'. Exsudation peu abondante et/ou quelque peu hésitante et s'écoulant en
gouttelettes discrètes; pétales présents; stipules absentes ou indistinctes.

            21. Exsudation laiteuse à blanc clair, quelque peu résineuse, noircissant en
séchant; inflorescences en panicules ramifiées ········ **Anacardiaceae**

            21'. Exsudation épaisse, blanche à crème, poisseuse, devenant blanche à brun
jaune en séchant; inflorescences brièvement fasciculées ou fleurs solitaires,
souvent sur les rameaux les plus anciens, i.e. ramiflores ······ **Sapotaceae**

      17'. Exsudation jaune.

        22. Exsudation évidente qu'après séchage, transférée sur le papier journal, en
particulier autour des fruits; feuilles penninerves, aux marges finement
dentées-serretées; fruit une petite baie blanche ······· ***Aphloia "theiformis"***

        22'. Exsudation s'écoulant abondamment d'entailles profondes; feuilles
palmatinerves, entières ou lobées; fruit grand.

          23. Fleurs petites, ovaire infère, uniloculaire; fruit portant 2 ailes manifestes ·
··· ***Gyrocarpus***

          23'. Fleurs grandes, voyantes, ovaire supère, 5-loculaire; fruit sans ailes ······
··· ***Thespesia***

    16'. Exsudation rouge, claire, ou rougeâtre clair.

      24. Branches latérales groupées en pseudoverticilles formant distinctement des
gradins horizontaux; feuilles à ponctuation pellucide, aromatiques épicées; fleurs
très petites, 3-mères, pétales absents, ovaire uniloculaire ········· **Myristicaceae**

      24'. Branches latérales non disposées en pseudoverticilles et ne formant pas de
gradins horizontaux; feuilles sans ponctuation pellucide et non aromatiques
épicées; fleurs petites, 3–5-mères, pétales présents ou absents, ovaire
3–5-loculaire.

        25. Stipules présentes; glandes appariées parfois présentes à l'apex du pétiole;
pétales absents, ou si présents alors les feuilles soit profondément 3-lobées,
soit avec un indument écaillé cuivre ou argent ·········· **Euphorbiaceae**

        25'. Stipules absentes; glandes absentes à l'apex du pétiole; pétales présents;
feuilles jamais lobées et sans indument écaillé ············ **Anacardiaceae**

15'. Plantes sans exsudation.
  26. Feuilles (bi-)triplinerves ou palmatinerves.
    27. Feuilles distinctement triplinerves, dont la nervure principale et (1–)2 nervures latérales s'étendent de la base à l'apex ou presque, aux nervures secondaires partant de la principale absentes au dessus de la base.
      28. Feuilles anisophylles, avec de très petites feuilles ressemblant à des stipules alternant avec des feuilles pleinement développées; jeunes tiges couvertes de longs poils; ovaire infère ···················· ***Anisophyllea fallax***
      28'. Feuilles toutes égales en taille; rameaux non couverts de longs poils; ovaire supère.
        29. Pétioles présentant distinctement un renflement géniculé près de l'apex; stipules absentes; carpelles séparés dans la fleur et le fruit ··········· ···························· ***Strychnopsis thouarsii***
        29'. Pétioles sans renflement géniculé; stipules présentes; carpelles soudés en un ovaire composé ou ovaire uniloculaire.
          30. Inflorescences terminales ou rarement axillaires; fleurs grandes.
            31. Nervures latérales distinctes depuis la base, saillantes; fleurs non entourées d'un involucre ligneux; fruits coupés exsudant une résine poisseuse ···················· ***Rhopalocarpus***
            31'. "Nervures" latérales indistinctes depuis la base, non saillantes, en réalité des traces de vernation de la feuille pliée dans le bouton; fleurs entourées d'un involucre ligneux; fruits coupés n'exsudant pas de résine poisseuse ···················· ***Sarcolaena***
          30'. Inflorescences axillaires; fleurs petites ············· **Rhamnaceae**
    27'. Feuilles palmatinerves, avec la nervure principale et 2 nervures latérales ou plus s'étendant de la base sur $^1/_2$–$^3/_4$ de la longueur de la feuille mais pas jusqu'à l'apex, et avec des nervures secondaires partant également de la nervure principale au-dessus de la base.
      32. Feuilles groupées à l'apex d'un tronc principal non ramifié, profondément découpées costapalmées ···················· **Arecaceae**
      32'. Feuilles non groupées à l'apex d'un tronc principal non ramifié, ni profondément découpées costapalmées.
        33. Stipules présentes.
          34. Carpelles séparés dans le fruit; fleurs surtout unisexuées, plantes dioïques ou occasionnellement polygamo-dioïques; étamines soudées en une colonne staminale ···················· **Malvaceae**
          34'. Carpelles soudés en formant un ovaire composé, ou ovaire à un seul carpelle et uniloculaire; fleurs bisexuées ou unisexuées; étamines libres ou soudées en une colonne staminale.
            35. Pétales absents; fleurs petites; fleurs surtout unisexuées.
              36. Ovaire uni ou biloculaire; fruit indéhiscent.
                37. Ovaire uniloculaire; fruit un akène sec enfermé dans le calice persistant ···················· **Urticaceae**
                37'. Ovaire biloculaire; fruit une drupe charnue ······· **Celtidaceae**
              36'. Ovaire 3-loculaire; fruit déhiscent ············· **Euphorbiaceae**
            35'. Pétales présents; fleurs généralement grandes, parfois petites; fleurs surtout bisexuées, occasionnellement unisexuées.
              38. Fleurs unisexuées, petites ···················· **Euphorbiaceae**
              38'. Fleurs bisexuées, généralement grandes, occasionnellement petites.
                39. Feuilles bilobées, les lobes pliés les uns contre les autres avant complet développement; ovaire uniloculaire; fruit une gousse aplatie, déhiscente ···················· ***Bauhinia***
                39'. Feuilles non bilobées; ovaire avec plus de 1 loge; fruit pas une gousse aplatie.
                  40. Étamines soudées en une longue colonne staminale ou en groupes à la base en une structure ressemblant à une couronne ···················· **Malvaceae**

40'. Étamines libres.

    41. Fleurs petites; étamines 5; fruit déhiscent · · · · · · · *Colubrina*

    41'. Fleurs généralement grandes, occasionnellement petites; étamines multiples; fruit indéhiscent.

        42. Pétales plus courts que les sépales, portant une glande à la base, souvent réfléchis à l'anthèse, non caducs; fruit non poisseux résineux · *Grewia*

        42'. Pétales bien plus longs que les sépales, sans glande, non réfléchis, caducs; fruit poisseux résineux lorsque coupé · *Rhopalocarpus*

33'. Stipules absentes.

    43. Feuilles bilobées avec une glande cupuliforme à la base des sinus; pétales absents · *Dilobeia*

    43'. Feuilles entières ou 3(ou plus)-lobées, sans glande cupuliforme à la base des sinus; pétales présents.

        44. Feuilles très aromatiques épicées lorsque froissées; périanthe de tépales libres non différenciés.

            45. Fleurs petites, bisexuées; ovaire supère; fruit charnu, dont la base est entourée d'une cupule entière · · · · · · · · · · · · · · · · · *Ocotea*

            45'. Fleurs grandes, unisexuées; ovaire infère; fruit entièrement enfermé dans un involucre sphérique et gonflé, ou sous-tendu par 2 bractées inégales et aliformes · · · · · · · · · · · · · · · · · *Hernandia*

        44'. Feuilles non aromatiques épicées; périanthe montrant clairement un calice et une corolle soudée différenciés.

            46. Ovaire infère, uniloculaire; inflorescence en capitule sous-tendu par un involucre de multiples bractées de très petite taille; fruit un akène indéhiscent · *Dicoma*

            46'. Ovaire supère, 2- ou 4-loculaire; inflorescences en cymes ou fasciculées, ou fleurs solitaires, non sous-tendues par un involucre; fruit charnu à ligneux, indéhiscent, ou couvert d'épines barbues, tardivement déhiscent.

                47. Ovaire 2-loculaire; corolle nettement bilabiée; fruit une capsule tardivement déhiscente et couverte d'épines barbues, le calice non accrescent · *Uncarina*

                47'. Ovaire 4-loculaire; corolle non nettement bilabiée; fruit charnu à ligneux, indéhiscent, partiellement à complètement inclus dans le calice persistant et accrescent · · · · · · · · · · · · · · · · · *Cordia*

26'. Feuilles penninerves, ou à nervation parallèle et sans nervures secondaires.

    48. Feuilles à nervation parallèle, sans nervures secondaires.

        49. Buissons ou petits arbres, rarement des arbres de taille moyenne, peu ramifiés, hermaphrodites, aux feuilles groupées à l'apex de la tige, laissant une cicatrice distincte en tombant; inflorescences terminales, fleurs 3-mères, le périanthe avec 6 segments pétaloïdes; fruit une baie 3-lobée · *Dracaena*

        49'. Petits à grands arbres dioïques, ramifiés, aux feuilles non groupées à l'apex de tiges et ne laissant pas une cicatrice circulaire en tombant; "inflorescences" axillaires, ressemblant à un cône portant le pollen; graines à testa charnu · *Podocarpus*

48'. Feuilles penninerves.

    50. Feuilles groupées en spirales serrées à l'apex de tiges principales non ramifiées ('ombelle monocaule').

        51. Stipules présentes.

            52. Pétales verdâtres, quelque peu charnus; ovaire composé 5-loculaire · *Brexia*

            52'. Pétales jaunes, à texture fine; gynécée de 5 carpelles séparés · · *Ouratea*

        51'. Stipules absentes.

53. Ovaire infère; feuilles à la base du pétiole embrassante, noircissant souvent en séchant.

   54. Plantes dégageant une forte odeur rappelant la carotte ou moins souvent la mangue; feuilles presque toujours entières; pétales verdâtres; fruits contenant généralement 2 graines ou plus ········· **Araliaceae**

   54'. Plantes sans odeur rappelant la carotte ou la mangue; feuilles généralement dentées-serretées; pétales voyants, blancs à roses ou jaunes; fruit contenant 1 graine ················ *Melanophylla*

53'. Ovaire supère; feuilles sans base embrassante du pétiole et ne noircissant pas en séchant.

   55. Feuilles portant des points glanduleux parfois pellucides et aux marges entières; fleurs surtout 5-mères.

      56. Carpelles séparés, fruit un groupe de follicules déhiscents contenant 1 graine ···························· *Ivodea*

      56'. Ovaire uniloculaire, fruit une baie charnue, portant souvent des points ou des stries ponctués et à l'apex apiculé ····· **Myrsinaceae**

   55'. Feuilles sans points glanduleux pellucides, aux marges généralement irrégulièrement serretées ou épineuses; fleurs 3-mères ··· **Arecaceae**

50'. Feuilles non groupées à l'apex de tiges principales non ramifiées.

  57. Stipules présentes.

   58. Feuilles aux marges serretées-dentées ou crénelées.

    59. Ovaire $\frac{1}{2}$ à $\frac{3}{4}$ infère.

      60. Fleurs portées aux aisselles de petites bractées carénées et sous-tendues par un involucre de bractées serrées se recouvrant de façon distique; étamines multiples ····················· *Bembicia*

      60'. Fleurs non portées aux aisselles de petites bractées carénées ni sous-tendues par un involucre de petites bractées distiques; étamines 5 ·· ································· *Lasiodiscus*

    59'. Ovaire supère.

      62. Carpelles séparés; fleurs grandes, pétales à texture fine, blancs à rosâtres ou jaunes, caducs.

        63. Marges foliaires ondulées-crénelées; pétiole ailé, la base embrassant la tige et laissant une cicatrice distincte; fruits tardivement déhiscents; graines arillées ······· *Dillenia triquetra*

        63'. Marges foliaires finement dentées-serretées; pétiole non ailé, la base n'embrassant pas la tige et ne laissant pas de cicatrice distincte; fruit charnu, indéhiscent; graines sans arille ············ **Ochnaceae**

      62'. Carpelles soudés en un ovaire composé.

        64. Pétiole présentant un renflement à l'apex ou à la base, souvent géniculé.

         65. Pétales dentés à laciniés à l'apex ·········· **Elaeocarpaceae**

         65'. Pétales entiers, ni dentés, ni laciniés à l'apex ······ **Malvaceae**

        64'. Pétiole sans renflement distinct.

         66. Feuilles aux marges parfois spinescentes.

          67. Pétales absents ················· *Aphananthe sakalava*

          67'. Pétales présents.

           68. Fleurs grandes, pétales verdâtres; fruit indéhiscent ·· *Brexia*

           68'. Fleurs petites, pétales blancs à jaune-crème; fruit déhiscent ····························· *Rinorea*

         66'. Feuilles sans marges spinescentes.

          69. Pétales absents.

           70. Toutes les fleurs bisexuées ··············· **Salicaceae**

           70'. La plupart des fleurs unisexuées, occasionnellement quelques fleurs bisexuées.

            71. Fruits indéhiscents.

             72. Inflorescences opposées à des feuilles ······ *Suregada*

             72'. Inflorescences axillaires ····· *Obetia madagascariensis*

71'. Fruits déhiscents.

  73. Ovaire uniloculaire; fruits bivalves; graines plumeuses
·································· ***Salix***

  73'. Ovaire 2–5(–6)-loculaire; fruits avec généralement 3 cocci bivalves; graines jamais plumeuses ···········
······························ **Euphorbiaceae**

69'. Pétales présents.

  74. Indument stellé ou écaillé ················ **Malvaceae**

  74'. Indument simple ou absent.

    75. Fleurs unisexuées.

      76. Herbes suffrutescentes de moins de 1 m de haut; articles du périanthe petits, indistincts; ovaire uniloculaire; fruit contenant 1 graine ·········· ***Fatoua madagascariensis***

      76'. Buissons ou petits arbres atteignant 5 m de haut; pétales petits à grands, rose éclatant; ovaire 3-loculaire; fruit contenant 3 graines ··········· ***Grossera perrieri***

    75'. Fleurs bisexuées.

      77. Fleurs petites.

        78. Inflorescences terminales ou opposées à une feuille; fruit couverts de soies plumeuses ···············
···················· ***Rulingia madagascariensis***

        78'. Inflorescences axillaires; fruit non couvert de soies plumeuses.

          79. Fruit indéhiscent, contenant 1(–2) graine(s).

            80. Fruit grand ··················· ***Elaeocarpus***

            80'. Fruit petit.

              81. Feuilles portant des points glanduleux à l'apex des dents; pétales blancs; ovaire uniloculaire ············· ***Prunus africana***

              81'. Feuilles sans points glanduleux; pétales verts à jaunes; ovaire 2(–3)-loculaire ·············
················ ***Mystroxylon aethiopicum***

          79'. Fruit déhiscent, contenant plus de 2 graines

            82. Inflorescences en pseudo-ombelles pédonculées et sous-tendues par un verticille de bractées; calice en forme de calyptre ······· ***Prockiopsis***

            82'. Inflorescences racémeuses, paniculées ou en cymes, non sous-tendues par un verticille de bractées; sépales libres.

              83. Pétales jaunes à orange ou rouges; graines plumeuses ··················· ***Calantica***

              83'. Pétales blancs à jaune-crème; graines arillées ou noir brillant.

                84. Ovaire 3(–4)-loculaire; fruit se séparant en 3(–4) cocci; graines arillées ····· ***Colubrina***

                84'. Ovaire uniloculaire; fruit 3-valve; graines brillantes, noires ·············· ***Rinorea***

    77'. Fleurs grandes.

      85. Inflorescences en pseudo-ombelles pédonculées et sous-tendues par un verticille de bractées; calice en forme de calyptre ··················· ***Prockiopsis***

      85'. Inflorescences en cymes paniculées, ou fleurs solitaires, non sous-tendues par un verticille de bractées; calice non en forme de calyptre.

        86. Inflorescences en cymes paniculées; capsule lisse; graines plumeuses ·················· ***Calantica***

86'. Fleurs solitaires; fruits indéhiscents, lisses, ou si déhiscents alors granuleux-tuberculés et graines arillées.

    87. Étamines 5, libres; stigmate plumeux; fruits déhiscents, des capsules granuleuses-tuberculées; graines arillées $\cdots\cdots\cdots\cdots\cdots\cdots$ ***Erblichia***

    87'. Étamines 10, soudées à la base; stigmate capité; fruit une drupe indéhiscente à la couche externe charnue, mince et se ridant en séchant; graines sans arilles $\cdots\cdots\cdots\cdots\cdots\cdots$ ***Hugonia***

58'. Feuilles entières.

  88. Ovaire infère ou $^3/_4$ infère.

    89. Stipules très petites, caduques; inflorescences axillaires, sessiles, en capitules 1–5-flores, sous-tendues par un involucre de bractées carénées, serrées se recouvrant de façon distique; ovaire $^3/_4$ infère $\cdots$ $\cdots\cdots\cdots\cdots\cdots\cdots\cdots\cdots\cdots\cdots\cdots\cdots\cdots\cdots\cdots\cdots$ ***Bembicia***

    89'. Stipules généralement foliacées, persistantes; inflorescences terminales, en corymbes pauciflores, non sous-tendues par un involucre; ovaire complètement infère $\cdots\cdots\cdots\cdots\cdots$ ***Dicoryphe***

  88'. Ovaire supère.

    90. Fleurs irrégulières à légèrement irrégulières.

      91. Ovaire non inséré à la base du réceptacle mais sur le coté ou à l'ouverture de la coupe réceptaculaire, style gynobasique $\cdots\cdots$ $\cdots\cdots\cdots\cdots\cdots\cdots\cdots\cdots\cdots\cdots\cdots\cdots\cdots$ **Chrysobalanaceae**

      91'. Ovaire inséré à la base du réceptacle, style terminal $\cdots$ **Fabaceae**

    90'. Fleurs régulières.

      92. Carpelles séparés.

        93. Méricarpes petits, charnus, lisses, noirs, contrastant avec le réceptacle charnu, rouge vif; étamines 8–20 (ou rarement plus); feuilles subentières, montrant presque toujours une forme de dentition $\cdots\cdots\cdots\cdots\cdots\cdots\cdots\cdots$ **Ochnaceae**

        93'. Méricarpes grands, coriaces à ligneux, bruns, le réceptacle non rouge vif; étamines nombreuses; feuilles entières.

          94. Feuilles portant des points glanduleux pellucides; pétales roses; méricarpes couverts de protubérances verruqueuses et coniques $\cdots\cdots\cdots\cdots\cdots\cdots\cdots\cdots$ ***Diegodendron humbertii***

          94'. Feuilles sans points glanduleux; pétales blancs; méricarpes lisses ou légèrement ridés longitudinalement $\cdots\cdots$ ***Dialyceras***

      92'. Carpelles soudés pour former un ovaire composé.

        95. Inflorescences terminales ou opposées aux feuilles.

          96. Fleurs bisexuées.

            97. Indument présent, stellé ou écaillé.

              98. Feuilles portant une glande nectaire à la base de la nervure principale dessus; fruit turbiné, entouré des sépales accrescents, aliformes $\cdots$ ***Monotes madagascariensis***

              98'. Feuilles sans aucune glande nectaire; fruit non ailé $\cdots\cdots$ $\cdots\cdots\cdots\cdots\cdots\cdots\cdots\cdots\cdots\cdots\cdots\cdots\cdots$ **Sarcolaenaceae**

            97'. Indument simple lorsque présent.

              99. Fleurs petites

                100. Involucre enfermant complètement la fleur dans le bouton; axes des inflorescence sans glandes poisseuses, visqueuses $\cdots\cdots\cdots\cdots\cdots\cdots$ ***Leptolaena***

                100'. Involucre absent; axes des inflorescence portant des glandes poisseuses et visqueuses sur les bractées aux nœuds $\cdots\cdots\cdots\cdots\cdots\cdots\cdots\cdots\cdots\cdots$ ***Hirtella***

              99'. Fleurs grandes.

101. Fleurs 4-mères; graines enveloppées dans une résine poisseuse, translucide et glutineuse · · · ***Rhopalocarpus***

101'. Fleurs 5-mères; graines non enveloppées dans une résine poisseuse · · · · · · · · · · · · · · **Sarcolaenaceae**

96'. Fleurs unisexuées.

102. Ovaire uniloculaire; fruit une capsule bivalve; graines plumeuses · ***Salix***

102'. Ovaire (2–)3-loculaire; fruit généralement 3-lobé, avec 3 cocci bivalves; graines non plumeuses · · · **Euphorbiaceae**

95'. Inflorescences axillaires ou cauliflores.

103. Fleurs toutes bisexuées.

104. Indument stellé ou écaillé présent.

105. Pétales à texture fine, caducs; fruit entouré d'un involucre accrescent, souvent charnu · · · **Sarcolaenaceae**

105'. Pétales épais et charnus, si leur texture est fine ils sont alors persistants et scarieux; fruit non entouré d'un involucre accrescent · · · · · · · · · · · · · · · · · **Malvaceae**

104'. Indument simple lorsque présent.

106. Étamines soudées en une colonne staminale · **Malvaceae**

106'. Étamines libres.

107. Tiges généralement aplaties vers l'apex; fruits charnu, ellipsoïde, indéhiscent, contenant 1 graine · ***Erythroxylum***

107'. Tiges non aplaties; fruits contenant généralement plus de 2 graines, mais s'ils contiennent 1 graine, ils sont alors sphériques et coriaces.

108. Fruit déhiscent.

109. Fruit initialement charnu.

110. Fruit grand; tiges en zigzag; feuilles noircissant souvent en séchant · · · · · · · · · · · · · ***Casearia***

110'. Fruit petit; tiges non en zigzag; feuilles ne noircissant pas · · · · · · · · · · · · · · · · ***Colubrina***

109'. Fruit sec à ligneux.

111. Fruit très grand, ligneux; pétiole présentant un renflement · ***Sloanea***

111'. Fruit petit à grand, non ligneux; pétiole sans renflement.

112. Fruit enfermé dans les sépales persistants et voyants · ***Tisonia***

112'. Fruit non enfermé dans des sépales persistants et voyants.

113. Graines plumeuses · · · · · · · · · · ***Calantica***

113'. Graines portant un arille, parfois très petit.

114. Fruits glauques à pruineux, distinctement 10-côtelés; arbres multicaules · ***Allantospermum multicaule***

114'. Fruits ni glauques, ni pruineux, ni côtelés; arbres non multicaules.

115. Fruit petit, lisse, non couronné par le reste du stigmate; arille rouge · ***Maytenus***

115'. Fruit petit à grand, finement verruqueux, couronné par le reste du stigmate; arille blanc translucide · ***Prockiopsis***

108'. Fruit indéhiscent.

116. Fruit coupé exsudant une résine poisseuse, souvent bosselés à parfois épineux · · · · · · · ***Rhopalocarpus***

116'. Fruit sans exsudation résineuse poisseuse, lisse.

117. Fruit généralement distinctement 5 ou 10-côtelé à angulaire, cylindrique à conique · ***Brexia***

117'. Fruit lisse, ni côtelé, ni angulaire, sphérique · ***Ludia***

103'. Fleurs unisexuées (parfois des fleurs bisexuées également présentes).

57'. Feuilles sans stipules.

119. Feuilles portant un indument écaillé · · · · · · · · · · · · ***Campnosperma***

119'. Feuilles glabres ou à indument simple.

120. Feuilles disposées en éventail sur un seul plan à l'apex du tronc · ***Ravenala madagascariensis***

120'. Feuilles non disposées en éventail sur un seul plan à l'apex du tronc.

121. Plantes dégageant une forte odeur rappelant la carotte ou moins souvent la mangue · **Araliaceae**

121'. Plantes ne dégageant pas une forte odeur rappelant la carotte ou la mangue.

122. Feuilles dégageant une odeur rappelant une baie de laurier, la cannelle, le citron ou le poivre, aux marges entières.

123. Branches groupées en spirales serrées, presque en pseudoverticilles, souvent blanchâtres; fruits jaunes à orange, des capsules 2-valves; graines portant un arille rouge · ***Pittosporum***

123'. Branches non groupées en spirales; fruits indéhiscents, ou si déhiscents alors les graines portent un arille blanc verdâtre, ou l'arille absent.

124. Feuilles anisophylles, les inflorescences généralement portées aux aisselles de feuilles ressemblant à des bractées subopposées aux feuilles bien développées; feuilles dégageant une forte odeur épicée rappelant le poivre lorsque froissées, qui est capable de produire une sensation de brûlure dans le nez · · · · · · · · ***Kaliphora madagascariensis***

124'. Feuilles non anisophylles.

125. Inflorescences terminales, pendantes · ***Takhtajania perrieri***

125'. Inflorescences axillaires ou opposées aux feuilles.

126. Fruits grands, des capsules quelque peu ligneuses · ***Eucalyptus***

126'. Fruits petits à grands, charnus, indéhiscents, ou si déhiscents alors les carpelles séparés.

127. Fruits partiels de carpelles séparés déhiscents.

128. Fruits partiels, des follicules secs; graines sans arille · ***Ivodea***

128'. Fruits partiels, charnus, se fendant en révélant des graines noires portant un arille blanc verdâtre · ***Xylopia***

127'. Fruits (ou fruits partiels) indéhiscents.

129. Fruit un groupe de carpelles séparés · · **Annonaceae**

129'. Fruits dérivés d'un ovaire composé avec des carpelles soudés ou d'un seul carpelle mais pas un groupe de carpelles séparés.

130. Fruits petits, portés le long de la tige sous les feuilles; feuilles groupées à l'apex de la tige · ***Myrica***

130'. Fruits généralement grands, parfois petits à grands, portés entre les feuilles; feuilles non groupées à l'apex de la tige.

   131. Feuilles portant manifestement des points glanduleux noirs, au pétiole généralement distinctement géniculé à l'apex indiquant une feuille unifoliolée; ovaire 1–5-loculaire · **Rutaceae**

   131'. Feuilles sans points glanduleux noirs manifestes, au pétiole non géniculé à l'apex, les feuilles simples; ovaire uniloculaire.

      132. Feuilles distiques; étamines soudées en un tube; fruit contenant de multiples graines · *Cinnamosma*

      132'. Feuilles spiralées; étamines libres; fruit contenant 1 graine · · · · · · · · · · · **Lauraceae**

122'. Feuilles sans odeur épicée, aux marges entières ou serretées-dentées.

  133. Ovaire infère.

   134. Inflorescences en capitules multiflores sous-tendues d'un involucre de bractées · · · · · · · · · · · · · · · · · · · **Asteraceae**

   134'. Inflorescences racémeuses à paniculées, fleurs individuelles séparées, non serrées dans des capitules.

      135. Feuilles portant des points glanduleux pellucides, marges serretées; fruits petits · · · · · · · · · · · · · · *Maesa lanceolata*

      135'. Feuilles sans points glanduleux pellucides, marges entières ou serretées-dentées; fruits généralement grands, occasionnellement petits.

        136. Feuilles noircissant en séchant, généralement grossièrement dentées, la base du pétiole embrassant généralement distinctement la tige · · · · · *Melanophylla*

        136'. Feuilles ne noircissant pas en séchant, entières ou moins souvent serretées, la base du pétiole n'embrassant pas la tige.

         137. Fleurs grandes; étamines nombreuses · · **Lecythidaceae**

         137'. Fleurs petites ou parfois petites à grandes; étamines 4(5) ou 8(10).

           138. Fleurs petites à grandes; étamines 4 ou 5; plantes dioïques ·*Alangium*

           138'. Fleurs petites; étamines 8 ou 10, rarement 4 ou 5; plantes hermaphrodites ou polygames (avec des fleurs bisexuées et des fleurs mâles) · · **Combretaceae**

133'. Ovaire supère.

  139. Gynécée composé de carpelles séparés.

   140. Pétiole présentant des renflements à la base et à l'apex; bois jaunâtre · · · · · · · · · · · · · · · · · · **Menispermaceae**

   140'. Pétiole sans renflements; bois non jaunâtre.

      141. Fruits déhiscent.

        142. Feuilles portant des points glanduleux pellucides; follicules quelque peu ligneux; graines sans arilles · *Ivodea*

        142'. Feuilles sans points glanduleux; fruits partiels quelque peu charnus initialement; graines portant un arille vert blanchâtre · · · · · · · · · · · · · · · · · · · *Xylopia*

      141'. Fruits indéhiscents.

        143. Fruits partiels charnus; fleurs 3-mères · · **Annonaceae**

        143'. Fruits partiels ligneux; fleurs 4-mères · · · · · · *Quassia*

139'. Gynécée constitué d'un ovaire composé de 2 carpelles ou plus, ou d'un seul carpelle.

144. Feuilles portant des points glanduleux parfois pellucides; fruits indéhiscents.

145. Feuilles serretées-dentées.

146. Feuilles finement serretées; arbres de moyenne à grande tailles; inflorescences en fascicules · · ***Ilex mitis***

146'. Feuilles crénelées-dentées; buissons ou petits arbres; inflorescences paniculées · · · · · · · · · ***Ardisia crenata***

145'. Feuilles entières.

147. Bourgeon végétatif terminal manifeste, les jeunes feuilles se développant nues; dans les régions humides et sub-humides, rarement sèches · · · · · · **Myrsinaceae**

147'. Feuilles jeunes ne se développant pas à partir de bourgeons terminaux nus; régions sèches et sub-arides · ***Pentarhopalopilia***

144'. Feuilles sans points glanduleux; fruits indéhiscents ou déhiscents.

148. Feuilles groupées à l'apex d'un tronc non ramifié, ou tronc absent · **Arecaceae**

148'. Plantes ramifiées, feuilles non groupées à l'apex d'un tronc non ramifié.

149. Feuilles distinctement unifoliolées, le pétiole présentant des renflements géniculés à la base et à l'apex, et avec un pétiolule distinct mais très court · ***Ellipanthus***

149'. Feuilles simples, sans renflements.

150. Pétales soudés sur plus de la $1/2$ de leur longueur.

151. Fleurs grandes.

152. Fleurs légèrement irrégulières.

153. Corolle infundibuliforme, jaune ou orange, glabre; ovaire 4-loculaire, style deux fois fourchu; buissons ou petits arbres des régions sèches et sub-arides · · · · · · · · · · · · · ***Cordia***

153'. Corolle campanulée de couleur pêche, portant à l'extérieur une pubescence soyeuse et blanche; ovaire biloculaire, style entier; grands arbres de la région sub-humide du sud-est · · · · · · · · ***Humbertia madagascariensis***

152'. Fleurs régulières.

154. Corolle campanulée, jaune; région sub-aride · · · · · · · · · · · · · ***Rhigozum madagascariense***

154'. Corolle longue et étroitement cylindrique, légèrement infundibuliforme à l'apex, blanche; région sèche depuis Antsalova jusqu'au Boina · · · · · · · · · · · ***Tsoala tubiflora***

151'. Fleurs petites.

155. Inflorescences condensées en cymes ou fascicules, ou fleurs solitaires.

156. Écorce externe mince, noire, l'entaille cerclée d'une mince ligne noire; calice persistant et fortement accrescent dans le fruit; plantes dioïques · · · · · · · · · ***Diospyros***

156'. Écorce externe non mince, noire, l'entaille non cerclée d'une fine ligne noire; calice insignifiant dans le fruit; plantes hermaphrodites · · · · · · · · · · · · · ***Leptaulus***

155'.Inflorescences racémeuses ou paniculées, en cymes à ramifications dichotomes, parfois scorpioïdes.

157. Corolle quelque peu charnue-cireuse; style entier; ovaire 5-loculaire; fruits capsulaires déhiscents · · · · · · · · · · · · · · · · · ·*Agarista*

157'.Corolles non charnues-cireuses; style deux fois fourchu; ovaire 4-loculaire; fruits charnus ou secs, des drupes indéhiscentes ·**Boraginaceae**

150'.Pétales libres ou presque absents.

158. Pétales absents (ou rarement présents dans les fleurs femelles).

159. Marges foliaires serretées.

160. Inflorescences longues, en racèmes pédonculées; fleurs bisexuées; sépales présents; fruit déhiscent · · · · *Bivinia jalbertii*

160'.Inflorescences courtes, en épis ressemblant à des chatons; fleurs unisexuées; sépales absents; fruit indéhiscent · · · · · · · · *Myrica*

159'.Marges foliaires entières.

161. Fleurs bisexuées.

162. Fleurs irrégulières · · · · · · · · · **Proteaceae**

162'.Fleurs régulières.

163. Inflorescences axillaires en racèmes; sépales libres, blancs · · *Malagasia alticola*

163'.Inflorescences terminales, en ombelles longuement pédonculées portant 20–25 fleurs; calice soudé vert jaunâtre · *Peddiea involucrata*

161'.Fleurs unisexuées.

164. Inflorescences terminales; fruits déhiscents, ailés · · · · · · · · · · · · · · · *Dodonaea viscosa*

164'.Inflorescences axillaires; fruits indéhiscents.

165. Inflorescences courtes, en épis ressemblant à des chatons; fruits petits, au testa blanc et cireux · · · · · · · *Myrica*

165'.Inflorescences racémeuses à paniculées, ou rarement fasciculées; fruits grands.

166. Styles 2, longs et grêles; fruits secs, des vésicules remplies d'air · · · · · *Physena*

166'.Style solitaire, brièvement conique, ou stigmate sessile; fruits charnus.

167. Pétales absents dans les fleurs femelles; stigmate sessile, persistant; fruits ovoïdes, verts · · · · · *Didymeles*

167'.Pétales présents dans les fleurs femelles; style brièvement conique; fruits fortement comprimés latéralement, passant du vert au jaune citron clair puis au rouge vernissé à maturité · · · · · · · *Grisollea myrianthea*

158'.Pétales présents.

168. Fleurs unisexuées.

169. Fleurs petites; étamines 5; fruits charnus, indéhiscents; plantes monoïques · *Filicium longifolium*

169'. Fleurs petites à grandes; étamines généralement 10 (rarement 8 ou 12); fruits déhiscents, fortement anguleux; plantes dioïques · · · · · · · · · · · · · · *Octolepis dioica*

168'. Fleurs bisexuées.

170. Feuilles serretées ou spinescentes-dentées.

171. Fleurs grandes, jamais portées sur un limbe foliaire; ovaire uniloculaire, style avec 3–5 branches; fruit vésiculaire · *Paropsia*

171'. Fleurs petites, souvent portées sur un limbe foliaire; ovaire 5-loculaire, style non ramifié, stigmate 5-lobé; fruit coriaces à ligneux, non vésiculaires · · · · · *Polycardia*

170'. Feuilles entières ou rarement sinuées-crénelées.

172. Ovaire et fruit distinctement stipités sur un long gynophore · · · · · · · · · **Brassicaceae**

172'. Ovaire et fruit sessiles.

173. Fleurs grandes.

174. Fleurs 3- ou 6-mères; pétales épais, charnus · · · · · · · · · · · · **Annonaceae**

174'. Fleurs 4–5-mères; pétales non épais, charnus.

175. Étamines soudées sur toute leur longueur, ou presque, en une colonne staminale étroitement cylindrique · · · · · · · · · **Meliaceae**

175'. Étamines libres, ou légèrement soudées à la base en un bref anneau ressemblant à une coupe.

176. Calice soudé longuement cylindrique, rose, voyant; pétales réduits, ressemblant à des écailles · · · · · · · · · · · · · · *Atemnosiphon*

176'. Sépales libres ou légèrement soudés à la base, verts, persistants et accrescents-scarieux dans le fruit; pétales de la même taille que les sépales, blancs, caducs · *Asteropeia*

173'. Fleurs petites.

177. Fleurs 3-mères, très petites · · **Lauraceae**

177'. Fleurs surtout 4–5(–7)-mères, rarement 3-mères et alors condensées dans des fascicules axillaires ou fleurs solitaires.

178. Étamines soudées à la base en un court tube sur presque $1/3$ de leur longueur; fruits déhiscents; région sub-aride · · · · · · · · *Calodecaryia*

178'. Étamines libres ou juste soudées à la base en un anneau ressemblant à une coupe, ou soudées aux pétales; fruits indéhiscents ou déhiscents; régions humides à sèches, rarement sub-arides.

179. Sépales libres ou légèrement soudés à la base, verts, persistants et accrescents-scarieux dans le fruit; pétales caducs · · · *Asteropeia*

179'. Calice soudé en forme de coupe, si accrescent dans le fruit alors non scarieux mais enfermant quasiment le fruit; pétales non caducs.

    180. Pétales étalés à plat à l'anthèse, vert jaunâtre; disque nectaire exposé, manifeste; fruit déhiscent, contenant plus de 2 graines · · · · · · · · · *Polycardia*

    180'. Pétales dressés à l'anthèse, blancs; disque nectaire caché; fruit indéhiscent, contenant 1 graine.

        181. Inflorescences en panicules bien ramifiées; fleurs très petites; ovaire uniloculaire · · · · · · · · · · · · · · · **Icacinaceae**

        181'. Inflorescences courtes en fascicules condensés ou fleurs solitaires; fleurs petites; ovaire 2–4-loculaire · · · · **Olacaceae**

II. FEUILLES ALTERNES ET COMPOSÉES.

IIA. Feuilles composées palmées:

1. Feuilles groupées à l'apex du tronc principal généralement non ramifié ('ombelle monocaule'); feuilles très grandes, souvent costapalmées, à nervation parallèle **Arecaceae**
1'. Feuilles alternes, non groupées à l'apex de tiges principales non ramifiées; feuilles avec des folioles penninerves distinctes.
    2. Plantes dégageant généralement une forte odeur rappelant la carotte ou la mangue; ovaire infère · *Schefflera*
    2'. Plantes sans odeur rappelant la carotte ou la mangue; ovaire supère.
        3. Tronc manifestement renflé · *Adansonia*
        3'. Tronc non manifestement renflé.
            4. Folioles à points glanduleux pellucides; ovaire sessile · · · · · · · · · · · · · · *Vepris*
            4'. Folioles sans points glanduleux pellucides; ovaire porté par un long gynophore grêle · **Brassicaceae**

IIB. Feuilles composées bifoliolées · **Fabaceae**

IIC. Feuilles composées trifoliolées:

1. Plantes à exsudation blanche ou claire et une forte odeur de térébenthine · **Burseraceae**
1'. Plantes sans exsudation, sans forte odeur de térébenthine.
    2. Ovaire porté sur un long gynophore grêle · · · · · · · · · · · · · · · · · · · **Brassicaceae**
    2'. Ovaire sessile ou presque.
        3. Stipules présentes; ovaire uniloculaire · **Fabaceae**
        3'. Stipules absentes; ovaire pluriloculaire ou gynécée de carpelles séparés.
            4. Bois jaunâtre; gynécée de carpelles séparés · · · · · · · · · · · · · · · · · · *Burasaia*

4'. Bois non jaunâtre; ovaire pluriloculaire ou rarement de 2 carpelles presque libres.
    5. Folioles à points glanduleux pellucides · *Vepris*
    5'. Folioles sans points glanduleux pellucides.
        6. Étamines 8, libres; gynécée de 2 carpelles presque libres; folioles souvent serretées-dentées à lobées et profondément découpées, portant souvent des domaties · *Allophylus*
        6'. Étamines soudées en une colonne staminale portant 5 ou 10 anthères; gynécée de carpelles complètement soudés pour former un ovaire composé; folioles entières, sans domaties · · · · · · · · · · · · · · · · **Meliaceae**

IID. Feuilles composées imparipennées:

1. Feuilles à vernation circinée, i.e. enroulée dans le bouton de l'apex à la base de telle manière que l'apex se trouve au centre de la boucle · · · · · · · · · · · · · · · · · · *Cyathea*
1'. Feuilles sans vernation circinée.
    2. Plantes dégageant une forte odeur rappelant la carotte ou la mangue; ovaire infère
    · **Araliaceae**
    2'. Plantes ne dégageant pas une odeur rappelant la carotte mais parfois la mangue ou la térébenthine; ovaire supère.
        3. Plantes munies d'épines robustes sur les tiges et le tronc, et parfois sur le rachis
        · *Zanthoxylum*
        3'. Plantes inermes.
            4. Stipules présentes; ovaire uniloculaire · · · · · · · · · · · · · · · · · · · **Fabaceae**
            4'. Stipules absentes; ovaire pluriloculaire (rarement uniloculaire), ou gynécée de carpelles séparés.
                5. Plantes à exsudation laiteuse blanche qui devient blanche en séchant ou à exsudation liquide et claire qui devient noire en séchant, et dégageant une forte odeur, parfois discrète, rappelant la térébenthine, la mangue ou le baume.
                    6. Plantes généralement à exsudation laiteuse blanche qui devient blanche en séchant, et dégageant souvent une forte odeur rappelant la térébenthine, la mangue ou le baume · **Burseraceae**
                    6'. Plantes souvent à exsudation liquide et claire qui devient noire en séchant, et une odeur discrète rappelant la térébenthine ou la mangue · · · · · · · · · ·
                    · **Anacardiaceae**
            5'. Plantes sans exsudation, ni odeur rappelant la térébenthine, la mangue ou le baume.
                7. Folioles finement dentées · *Pleiokirkia leandrii*
                7'. Folioles entières.
                    8. Folioles dont la nervure médiane et les nervures latérales se terminent sur la face supérieure en petites glandes fovéolées sur ou près de la marge · *Perriera*
                  8'. Folioles sans glandes fovéolées sur la face supérieure.
                    9. Étamines 8, libres; indument simple · · · · · · · · · · · · · · · · *Erythrophysa*
                    9'. Étamines partiellement à complètement soudées en une colonne staminale, anthères 5 ou généralement 10 (rarement 8); indument parfois stellé ou écaillé · **Meliaceae**

IIE. Feuilles composées paripennées:

1. Feuilles groupées en spirales à l'apex du tronc principal généralement non ramifié ('ombelle monocaule') · **Arecaceae**
1'. Feuilles alternes ou parfois subopposées, l'arbre portant généralement de multiples branches, rarement non ramifié chez quelques **Sapindaceae** (*Chouxia*, *Pseudopteris*).
    2. Stipules présentes; ovaire uniloculaire · **Fabaceae**
    2'. Stipules absentes; ovaire pluriloculaire, rarement uniloculaire par avortement.

3. Plantes à exsudation épaisse, claire, aromatique ressemblant à une gomme; rachis ailé ·· ***Operculicarya***

3'. Plantes sans exsudation; rachis rarement ailé, si tel, s'étendant alors au-delà de la foliole terminale i.e. quelques **Sapindaceae**.

4. Folioles à points glanduleux pellucides.

5. Base de la foliole fortement asymétrique; rachis ne s'étendant pas au-delà de la foliole terminale ····································· ***Chloroxylon***

5'. Base de la foliole symétrique; rachis généralement étendu au-delà de la foliole terminale comme chez les **Sapindaceae** ··············· ***Cedrelopsis***

4'. Folioles sans points glanduleux pellucides.

6. Rachis s'étendant généralement au-delà de la foliole terminale; étamines libres ··· **Sapindaceae**

6'. Rachis ne s'étendant pas au-delà de la foliole terminale; étamines partiellement à complètement soudées en une colonne staminale ············· **Meliaceae**

IIF. Feuilles composées bipennées:

1. Feuilles à vernation circinée, i.e. enroulée dans le bouton de l'apex à la base de telle manière que l'apex se trouve au centre de la boucle ················· ***Cyathea***

1'. Feuilles sans vernation circinée.

2. Plantes dégageant généralement une forte odeur rappelant la carotte ou la mangue; ovaire infère ·· ***Polyscias***

2'. Plantes sans odeur rappelant la carotte ou la mangue; ovaire supère.

3. Stipules présentes.

4. Folioles crénelées à dentées-serretées; ovaire 4–6-loculaire ··········· ***Leea***

4'. Folioles entières; ovaire uniloculaire ······················· **Fabaceae**

3'. Stipules absentes.

5. Troncs généralement renflés; glandes nectaires stipitées à la base du pétiole et du pétiolule ···································· ***Moringa***

5'. Troncs non renflés; absence de glandes nectaires à la base du pétiole et des pétiolules.

6. Ovaire uniloculaire; fruit déhiscent en spirale bivalve, les graines bicolores noires et orange ······························· ***Adenanthera***

6'. Ovaire 2–3-loculaire; fruit indéhiscent, ou si déhiscent, alors les graines non bicolores ··· **Sapindaceae**

IIG. Feuilles composées tripennées:

1. Feuilles à vernation circinée, i.e. enroulée dans le bouton de l'apex à la base de telle manière que l'apex se trouve au centre de la boucle ················· ***Cyathea***

1'. Feuilles sans vernation circinée.

2. Troncs généralement renflés; glandes nectaires stipitées à la base du pétiole et du pétiolule; fruit déhiscent ································ ***Moringa***

2'. Troncs non renflés; glandes nectaires absentes; fruit indéhiscent.

3. Plantes dégageant généralement une forte odeur rappelant la carotte ou la mangue; ovaire infère ································· ***Polyscias***

3'. Plantes sans odeur rappelant la carotte ou la mangue; ovaire supère ······ ***Leea***

III. FEUILLES OPPOSÉES/VERTICILLÉES ET SIMPLES (OU UNIFOLIOLÉES).

1. Épines présentes.

2. Exsudation blanche présente; feuilles occasionnellement verticillées ······ ***Carissa***

2'. Exsudation absente; feuilles jamais verticillées.

3. Feuilles plus ou moins triplinerves.

4. Pétales libres; fruit petit, charnu, blanc, contenant 1 ou 2 graine(s) ········ ··· ***Azima tetracantha***

   4'. Corolle soudée rotacée à campanulée; fruit grand, ligneux, jaune à brun-orange, contenant de multiples graines ················· ***Strychnos spinosa***
  3'. Feuilles penninerves, ou nervation obscure.
    5. Feuilles succulentes, sans nervation visible ················ **Didiereaceae**
    5'. Feuilles non succulentes, penninerves.
     6. Fleurs petites, régulières, pétales libres; fruit petit, globuleux ···· **Lythraceae**
     6'. Fleurs grandes, irrégulières, corolle soudée bilabiée; fruit grand, étroitement cylindrique ······································ ***Phylloctenium***
1'. Épines absentes.
 7. Exsudation présente sur les rameaux ou s'écoulant de l'entaille.
  8. Stipules présentes; feuilles parfois serretées-dentées, ou portant un indument cuivre ou argenté, stellé ou écaillé et une paire de glandes à l'apex du pétiole ou à la base du limbe ···························· **Euphorbiaceae**
  8'. Stipules absentes; feuilles toujours entières, portant occasionnellement un indument rouille stellé, mais sans la paire de glandes à l'apex du pétiole ou à la base du limbe.
   9. Pétales libres; exsudation blanche, jaune, rougeâtre ou orange.
    10. Étamines (4–)5(–6); feuilles souvent verticillées, ou subopposées à alternes; nervation secondaire droite, parallèle, aléatoirement mais non densément espacées, proéminente ······························ ***Abrahamia***
    10'. Étamines 10 à nombreuses; feuilles rarement verticillées, mais jamais subopposées ni alternes; nervation secondaire courbée, ou si droite/parallèle, alors densément espacée ····················· **Clusiaceae**
   9'. Corolle soudée tubulaire, les lobes tordus dans le bouton; exsudation seulement blanche ···························· **Apocynaceae**
 7'. Exsudation absente.
  11. Feuilles ressemblant à des écailles ou des aiguilles, en verticilles de 3–8.
   12. Feuilles en verticilles de 7–8; ramilles ressemblant à des aiguilles, arbres petits à moyens le long de la grève ····················· ***Casuarina equisetifolia***
   12'. Feuilles en verticilles de 3–6; ramilles ne ressemblant pas à des aiguilles; buissons ou petits arbres, souvent de montagne, occasionnellement du littoral ····· ***Erica***
  11'. Feuilles ne ressemblant pas à des écailles ou des aiguilles, rarement en verticilles de 3.
   13. Feuilles discrètement à distinctement triplinerves ou parfois 5-nerves.
    14. Stipules présentes; feuilles entières ou souvent dentées-serretées.
     15. Feuilles dentées-serretées; pétales libres, étalés à plat à l'anthèse ········ ··································· **Rhamnaceae**
     15'. Feuilles entières; corolle soudée rotacée à campanulée ········ ***Strychnos***
    14'. Stipules absentes; feuilles entières.
     16. Feuilles étroitement elliptiques à linéaires et quelque peu falciformes, seulement faiblement triplinerves; corolle soudée brièvement tubulaire; ovaire supère ···························· ***Androya decaryi***
     16'. Feuilles elliptiques à largement elliptiques, non falciformes, distinctement triplinerves ou parfois 5-nerves; pétales libres; ovaire infère ············ ·································· **Melastomataceae**
   13'. Feuilles penninerves ou rarement palmatinerves, ou nervation obscure.
    17. Stipules présentes.
     18. Feuilles serretées/dentées.
      19. Ovaire semi-infère à presque complètement infère ········ ***Lasiodiscus***
      19'. Ovaire supère.
       20. Feuilles quelque peu à fortement anisophylles; branches parfois aplaties en cladodes; feuilles portant parfois des domaties et/ou des points pellucides ······················ **Euphorbiaceae**
       20'. Feuilles non anisophylles; branches non en cladodes; domaties et/ou points pellucides jamais présents.
        21. Nœuds distinctement renflés; feuilles froissées dégageant une forte odeur épicée; fruit charnu, indéhiscent, contenant 1 graine ······ ···························· ***Ascarina coursii***

21'. Nœuds non renflés; forte odeur épicée absente; fruit sec ou rarement charnu, déhiscent, contenant de 2 à de multiples graines.
  22. Stipules interpétiolaires soudées, foliacées et aux marges dentées; graines plumeuses · *Weinmannia*
  22'. Stipules non foliacées et à marges dentées, caduques si interpétiolaires; graines non plumeuses.
    23. Fruit charnu, indéhiscent, ou parfois seulement initialement charnu, finalement sec et tardivement déhiscent.
      24. Ovaire semi-infère; fruit entouré d'un disque accrescent, se cassant en 3(–4) cocci déhiscents · · · · · · · · · · · · · *Colubrina*
      24'. Ovaire supère; fruit sous-tendus par le calice persistant, ne se cassant pas en 3(–4) cocci.
        25. Marge des pétales laciniée-fimbriée; étamines généralement 10 ou 15, alternipétales ainsi qu'opposées aux pétales; fruit tardivement déhiscent · · · · · · · · · · · · · · · · · · *Cassipourea*
        25'. Marge des pétales entière; étamines 4–5, alternipétales; fruit indéhiscent · **Celastraceae**
    23'. Fruit toujours sec; déhiscent.
      26. Étamines 10; graines portant une aile apicale · · · · · *Macarisia*
      26'. Étamines 4–5; graines arillées ou non.
        27. Cicatrice stipulaire distincte, donnant aux branches une apparence segmentée; graines sans arille · · · · · · · · *Rinorea*
        27'. Cicatrice stipulaire indistincte, branches sans apparence segmentée; graines arillées · · · · · · · · · · · · · · · **Celastraceae**
18'. Feuilles entières.
  28. Ovaire infère.
  29. Plantes de l'habitat inondé de mangrove ou littoral.
    30. Fruit contenant 1 graine; graine germant alors que le fruit est encore attaché à la plante mère · · · · · · · · · · · · · · **Rhizophoraceae**
    30'. Fruit contenant 4 graines, se séparant en 2 moitiés à maturité; graines ne germant pas alors que le fruit est encore attaché à la plante mère · *Scyphiphora hydrophyllacea*
29'. Plantes non de l'habitat inondé de mangrove ou littoral.
  31. Corolle soudée · **Rubiaceae**
  31'. Pétales libres.
    32. Stipules persistantes, foliacées; pétales 4; étamines 4; ovaire 2-loculaire; fruit ligneux, déhiscent · · · · · · · · · · · · · · · *Dicoryphe*
    32'. Stipules caduques, non foliacées; pétales 5; étamines 10; ovaire 5-loculaire; fruit charnu, indéhiscent · · · · · · · · · · · · · · *Carallia*
28'. Ovaire supère.
  33. Feuilles quelque peu anisophylles, portant un indument stellé et parfois des points pellucides et des domaties · · · · · · · · · · · · *Mallotus*
  33'. Feuilles non anisophylles, ne portant ni indument stellé, ni domaties, rarement des points pellucides.
    34. Fruit indéhiscent.
      35. Fruit une samare sèche 3-ailée · · · · · · *Humbertiodendron saboureaui*
      35'. Fruit charnu, devenant parfois sec, non ailé.
        36. Pétales présents; plantes généralement hermaphrodites, moins souvent unisexuées.
          37. Pétales libres; fruit contenant 3 graines ou plus, rarement 1 ou 2 · **Celastraceae**
          37'. Pétales soudés; fruit contenant 1 ou 2 graine(s).
            38. Feuilles étroitement linéaires, nervation obscure; inflorescences axillaires; fruit contenant 1 graine · *Salvadora angustifolia*
            38'. Feuilles plus larges que linéaires, distinctement penninerves; inflorescences terminales; fruit contenant 2 graines · *Gaertnera*

36'. Pétales absents; plantes dioïques · · · · · · · · ***Drypetes oppositifolia***

34'. Fruit déhiscent.

39. Plantes unisexuées; stipules grandes et protégeant le bourgeon terminal · **Euphorbiaceae**

39'. Plantes hermaphrodites; stipules plus petites et ne protégeant pas le bourgeon terminal.

40. Feuilles portant manifestement des points glanduleux pellucides noirs; fleurs grandes, à pétales voyants rouge-orange · ***Woodfordia fruticosa***

40'. Feuilles sans points glanduleux pellucides; fleurs petites, ou rarement grandes et alors rose clair.

41. Fleurs grandes; corolle soudée infundibuliforme, rose clair; ovaire biloculaire; fruit bilobé, comprimé latéralement · ***Mostuea brunonis***

41'. Fleurs petites; pétales libres; ovaire (2–)3–5-loculaire; fruit non bilobé ni comprimé latéralement.

42. Ovaire semi-infère; fruit entouré d'un disque accrescent se cassant en 3(–4) cocci déhiscents · · · · · · · · · · · ***Colubrina***

42'. Ovaire supère; fruit sous-tendu par le calice persistant, ne se cassant pas en 3(–4) cocci.

43. Étamines 4–5; fleurs plates, circulaires, les pétales à l'apex arrondi; ovaire court, partiellement enfoui dans le disque · **Celastraceae**

43'. Étamines 8, 10, 16, ou 20; fleurs non plates circulaires, les pétales à l'apex aigu; ovaire conique, projeté bien au-delà du disque · **Rhizophoraceae**

17'. Stipules absentes, ou seulement représentées par une cicatrice linéaire.

44. Plantes de l'habitat côtier de mangrove/littoral portant des racines aériennes.

45. Plantes avec des pneumatophores; fleurs petites, corolle soudée, étamines 4, ovaire uniloculaire; fruit contenant 1 graine · · · · · · · ***Avicennia marina***

45'. Plantes sans pneumatophores; fleurs grandes, pétales libres, étamines multiples, ovaire pluriloculaire; fruit contenant plus de 2 graines · ***Sonneratia alba***

44'. Plantes ailleurs que dans l'habitat côtier de mangrove/littoral, si c'est le cas alors sans racines aériennes.

46. Feuilles à indument stellé et/ou écaillé · · · · · · · · · · · · · · · · · ***Buddleja***

46'. Feuilles sans indument stellé ou écaillé.

47. Feuilles à points glanduleux pellucides.

48. Ovaire infère · **Myrtaceae**

48'. Ovaire supère.

49. Fleurs irrégulières, corolle soudée bilabiée; fruit indéhiscent · **Lamiaceae**

49'. Fleurs régulières, pétales libres; fruit déhiscent.

50. Fleurs 6-mères, pétales distinctement onguiculés · ***Koehneria madagascariensis***

50'. Fleurs 4- ou 5-mères; pétales non onguiculés.

51. Inflorescences terminales; fleurs 5-mères; étamines 15 ou plus mais en multiples de 5 · **Clusiaceae**

51'. Inflorescences axillaires; fleurs généralement 4-mères, rarement 5-mères; étamines généralement 4 ou 8 · · · · · · · · **Rutaceae**

47'. Feuilles sans points glanduleux pellucides.

52. Feuilles serretées/dentées.

53. Feuilles souvent légèrement subopposées en plus d'être opposées, dégageant une forte odeur épicée lorsque froissées; fleurs souvent charnues; carpelles séparés; fruits contenant 1 graine, bien que groupés en un agrégat contenant apparemment de multiples graines · **Monimiaceae**

53'. Feuilles rarement subopposées, ne dégageant pas une forte odeur épicée lorsque froissées; fleurs non charnues; carpelles soudés en formant un ovaire composé; fruit contenant plus de 2 graines.

  54. Pétales libres; fruit ailé · ***Ptelidium***

  54'. Corolle soudée; fruit une capsule déhiscente ou une baie charnue indéhiscente.

    55. Inflorescences axillaires, pauciflores; fleurs grandes, corolle campanulée, rouge-orange à pourpre-rouge; fruit une baie charnue indéhiscente · ***Halleria***

    55'. Inflorescences terminales, multiflores, souvent en têtes denses; fleurs petites; corolle brièvement tubulaire, blanche; fruit une capsule déhiscente · · · · · · · · · · · · · · · · · · ***Nuxia***

52'. Feuilles entières.

  56. Ovaire infère.

    57. Fleurs charnues; carpelles séparés, immergés dans la réceptacle ligneux qui se fend en s'ouvrant pour révéler de multiples fruits · ***Tambourissa***

    57'. Fleurs non charnues; carpelles soudés en formant un ovaire composé; fruits solitaires, non groupés en un agrégat.

      58. Feuilles dégageant une forte odeur caustique et brûlante lorsque froissées; fleurs unisexuées, les fleurs femelles terminales; fruits secs, cassants, contenant de multiples graines · ***Grevea***

      58'. Feuilles sans forte odeur caustique; fleurs hermaphrodites, axillaires ou cauliflores; fruits charnus, contenant généralement 1 graine · ***Memecylon***

  56'. Ovaire supère.

    59. Feuilles dégageant une forte odeur épicée lorsque froissées, souvent des subopposées en plus des opposées.

      60. Fleurs unisexuées, grandes; de quelques à de multiples carpelles séparés et exposés sur la surface du réceptacle; de quelques à de multiples carpelles fructifères portés droits dans des cupules sur le réceptacle charnu accrescent · ***Ephippiandra***

      60'. Fleurs hermaphrodites, petites; un seul carpelle uniloculaire; fruit pendant, entouré d'une cupule ou non · · · · · **Lauraceae**

    59'. Feuilles sans forte odeur épicée lorsque froissées, rarement ou jamais subopposées.

      61. Pétales absents.

        62. Inflorescences terminales, en têtes longuement pédonculées; calice soudé longuement tubulaire; fruit indéhiscent, sans cornes · ***Dais glaucescens***

        62'. Inflorescences axillaires en fascicules; sépales libres; fruit déhiscent portant des cornes apicales · · · · · · · · · · · ***Buxus***

      61'. Pétales présents.

        63. Pétales libres.

          64. Pétales onguiculés.

            65. Inflorescences terminales; fleurs 5-mères, pétales jaunes; fruit grand, indéhiscent, ailé · · · · · ***Acridocarpus***

            65'. Inflorescences axillaires; fleurs 6-mères, pétales blancs à roses; fruit petit, à déhiscence circumscissile · ***Pemphis acidula***

          64'. Pétales non onguiculés · · · · · · · · · · · · · · · **Celastraceae**

        63'. Pétales soudés sur près de la $^1/_2$ de leur longueur ou plus.

          66. Fleurs nettement irrégulières, bilabiées, généralement grandes, ou si seulement légèrement irrégulières, alors grandes, campanulées et rouge-orange à pourpre-rouge.

67. Fleurs nettement irrégulières, bilabiées.
68. Feuilles en phyllodes, consistant en 1–5 article(s) (les segments étendus du pétiole et du rachis d'une feuille composée), couvertes d'une exsudation résineuse poisseuse plus évidente lorsqu'elles sont sèches; fruit grand, couvert d'une exsudation résineuse poisseuse, contenant de multiples graines ·· ······························ *Phyllarthron*
68'. Feuilles non en phyllodes, ni couvertes d'une exsudation résineuse poisseuse; fruit généralement petit, rarement grand, non couvert d'une exsudation résineuse poisseuse, contenant jusqu'à 4 graines ···· ····························· **Lamiaceae**
67'. Fleurs seulement légèrement irrégulières, campanulées, rouge-orange à pourpre-rouge; fruit une petite baie sous-tendue par le calice campanulé, persistant et accrescent ·························· *Halleria*
66'. Fleurs régulières, généralement petites, ou si grandes alors lobes corollins 8–16 et tordus dans le bouton.
69. Fleurs grandes, violet clair, avec 8–16 lobes corollins tordus dans le bouton; étamines 8–16 ···· *Anthocleista*
69'. Fleurs petites, souvent blanches, parfois jaunes ou rouges, avec 4–5 lobes corollins; étamines 2, 4, ou 5.
70. Étamines 2; corolle souvent charnue; fruit grand, charnu et contenant 1 graine, ou ligneux et contenant de multiples graines ailées ····· **Oleaceae**
70'. Étamines 4 ou 5; corolle non particulièrement charnue; fruit petit, charnu et contenant 1 graine, ou sec, déhiscent et contenant de multiples très petites graines non ailées.
71. Inflorescences terminales, denses et ressemblant souvent à des têtes; étamines 4; fruit sec, déhiscent, des capsules contenant de multiples graines très petites ··························· *Nuxia*
71'. Inflorescences axillaires, ouvertes, ne ressemblant jamais à des têtes; étamines 5; fruit charnu, indéhiscent, à 1 graine ············ *Cassinopsis*

IV. Feuilles Opposées/Verticillées et Composées.

IVA. Feuilles composées palmées:

1. Stipules latérales soudées au pétiole, enfermant le bourgeon terminal; folioles à points glanduleux pellucides; pétales absents; fruit déhiscent ········ *Androstachys*
1'. Stipules absentes; folioles sans points glanduleux pellucides; corolle soudée bilabiée; fruit indéhiscent ··· *Vitex*

IVB. Feuilles composées bifoliolées ····························· *Zygophyllum*

IVC. Feuilles composées trifoliolées:

1. Stipules présentes.
2. Stipules latérales soudées au pétiole, enfermant le bourgeon terminal; folioles à points glanduleux pellucides; pétales absents ···················· *Androstachys*
2'. Stipules soudées interpétiolaires, foliacées, aux marges dentées; folioles sans points glanduleux pellucides; pétales présents ······················· *Weinmannia*

1'. Stipules absentes.

   3. Folioles à points glanduleux pellucides; pétales 4, libres; fruit déhiscent ·· ***Melicope***

   3'. Folioles sans points glanduleux pellucides; corolle soudée bilabiée ou rotacée; fruit déhiscent ou indéhiscent.

      4. Corolle soudée bilabiée, la lèvre supérieure 2-lobée, la lèvre inférieure 3-lobée; fruit indéhiscent, charnu ································· ***Vitex***

      4'. Corolle soudée rotacée, généralement 6-lobée; fruit déhiscent, ligneux ·· ***Schrebera***

IVD. Feuilles composées imparipennées:

1. Feuilles à vernation circinée, i.e. enroulée dans le bouton de l'apex à la base de telle manière que l'apex se trouve au centre de la boucle ·················· ***Cyathea***

1'. Feuilles sans vernation circinée.

   2. Feuilles en verticilles de 3 ou plus ························· **Bignoniaceae**

   2'. Feuilles opposées.

      3. Stipules soudées interpétiolaires, foliacées, à la marge dentée; folioles serretées-dentées ou rarement crénelées à subentières ··········· ***Weinmannia***

      3'. Stipules absentes; folioles généralement entières, rarement serretées-dentées.

         4. Folioles à points glanduleux pellucides; pétales 4, libres; fruit petit, indéhiscent, quelque peu charnu ························· ***Fagaropsis***

         4'. Folioles sans points glanduleux pellucides; corolle soudée; fruit grand, déhiscent ou indéhiscent.

            5. Corolle soudée rotacée, généralement avec 6 lobes; fruit déhiscent, ligneux ·· ····························· ***Schrebera***

            5'. Corolle soudée étroitement cylindrique à la base et largement infundibuliforme à l'apex, bilabiée avec 2 lobes supérieurs et 3 lobes inférieurs; fruit indéhiscent, charnu ou déhiscent, osseux, les graines portées dans des dépressions ····························· **Bignoniaceae**

IVE. Feuilles composées paripennées:

1. Feuilles groupées en verticilles ou pseudoverticilles denses à l'apex du tronc.

   2. Feuilles à vernation circinée, i.e. enroulée dans le bouton de l'apex à la base de telle manière que l'apex se trouve au centre de la boucle, avec de nombreuses (> 25) paires d'épaisses folioles coriaces ne montrant qu'une seule veine médiane; épines présentes sur le pétiole et la base du rachis; pollen porté sur une structure ressemblant à un cône, ovules marginaux sur des feuilles modifiées ·············· ***Cycas thouarsii***

   2'. Feuilles sans vernation circinée, avec 4–25 paires de folioles membraneuses, penninerves; épines absentes; fleurs petites et portées dans des inflorescences racémeuses ·· ***Pseudopteris***

1'. Feuilles opposées.

   3. Feuilles avec 1(–2) paire(s) de folioles, à la base symétrique; étamines libres; graines portant un arille cireux, de couleur crème ················ ***Neotina coursii***

   3'. Feuilles avec 2–6 paires de folioles, à la base fortement asymétrique; étamines soudées; graines sans arille ························· ***Capuronianthus***

IVF. Feuilles composées bipennées ···························· ***Bussea***

CARACTÈRES PARTICULIERS EXHIBÉS PAR CERTAINS GENRES

ÉPINES

Genre	Famille	Genre	Famille
Carissa	Apocynaceae	*Lemuropisum*	Fabaceae
Pachypodium	Apocynaceae	*Mimosa*	Fabaceae
Hyphaene	Arecaceae	*Parkinsonia*	Fabaceae
Phoenix	Arecaceae	*Phylloxylon*	Fabaceae
Raphia	Arecaceae	*Clerodendrum*	Lamiaceae
Satranala	Arecaceae	*Leea*	Leeaceae
Phylloctenium	Bignoniaceae	*Strychnos*	Loganiaceae
Commiphora	Burseraceae	*Capuronia*	Lythraceae
Maytenus	Celastraceae	*Lawsonia*	Lythraceae
Chaetachme	Celtidaceae	*Ximenia*	Olacaceae
Cyathea	Cyatheaceae	*Pandanus*	Pandanaceae
Cycas	Cycadaceae	*Ziziphus*	Rhamnaceae
Alluaudia	Didiereaceae	*Catunaregam*	Rubiaceae
Alluaudiopsis	Didiereaceae	*Citrus*	Rutaceae
Decarya	Didiereaceae	*Zanthoxylum*	Rutaceae
Didierea	Didiereaceae	*Flacourtia*	Salicaceae
Euphorbia	Euphorbiaceae	*Ludia*	Salicaceae
Flueggea	Euphorbiaceae	*Scolopia*	Salicaceae
Acacia	Fabaceae	*Azima*	Salvadoraceae
Caesalpinia	Fabaceae	*Solanum*	Solanaceae
Erythrina	Fabaceae		

EXSUDATION CLAIRE

Genre	Famille	Genre	Famille
Abrahamia	Anacardiaceae	*Canarium*	Burseraceae
Gluta	Anacardiaceae	*Croton*	Euphorbiaceae
Micronychia	Anacardiaceae	*Jatropha*	Euphorbiaceae
Operculicarya	Anacardiaceae	*Macaranga*	Euphorbiaceae
Poupartia	Anacardiaceae	*Omphalea*	Euphorbiaceae
Phyllarthron	Bignoniaceae	*Uapaca*	Euphorbiaceae
Rhodocolea	Bignoniaceae	*Delonix*	Fabaceae
Boswellia	Burseraceae		

EXSUDATION ROUGE

Genre	Famille	Genre	Famille
Abrahamia	Anacardiaceae	*Dialium*	Fabaceae
Protium	Burseraceae	*Hymenaea*	Fabaceae
Harungana	Clusiaceae	*Brochoneura*	Myristicaceae
Croton	Euphorbiaceae	*Haematodendron*	Myristicaceae
Omphalea	Euphorbiaceae	*Mauloutchia*	Myristicaceae
Uapaca	Euphorbiaceae		

EXSUDATION BLANCHE

Genre	Famille	Genre	Famille
Abrahamia	Anacardiaceae	*Anthostema*	Euphorbiaceae
Gluta	Anacardiaceae	*Conosapium*	Euphorbiaceae
Micronychia	Anacardiaceae	*Euphorbia*	Euphorbiaceae
Carissa	Apocynaceae	*Excoecaria*	Euphorbiaceae
Cerbera	Apocynaceae	*Sclerocroton*	Euphorbiaceae
Craspidospermum	Apocynaceae	*Antiaris*	Moraceae
Gonioma	Apocynaceae	*Bleekrodea*	Moraceae
Mascarenhasia	Apocynaceae	*Broussonetia*	Moraceae
Pachypodium	Apocynaceae	*Ficus*	Moraceae
Petchia	Apocynaceae	*Streblus*	Moraceae
Rauvolfia	Apocynaceae	*Treculia*	Moraceae
Stephanostegia	Apocynaceae	*Trilepisium*	Moraceae
Strophanthus	Apocynaceae	*Trophis*	Moraceae
Tabernaemontana	Apocynaceae	*Capurodendron*	Sapotaceae
Voacanga	Apocynaceae	*Chrysophyllum*	Sapotaceae
Boswellia	Burseraceae	*Faucherea*	Sapotaceae
Canarium	Burseraceae	*Labourdonnaisia*	Sapotaceae
Commiphora	Burseraceae	*Labramia*	Sapotaceae
Calophyllum	Clusiaceae	*Manilkara*	Sapotaceae
Garcinia	Clusiaceae	*Mimusops*	Sapotaceae
Mammea	Clusiaceae	*Sideroxylon*	Sapotaceae
Anomostachys	Euphorbiaceae	*Tsebona*	Sapotaceae

EXSUDATION JAUNE/ORANGE

Genre	Famille	Genre	Famille
Aphloia	Aphloiaceae	*Psorospermum*	Clusiaceae
Phoenix	Arecaceae	*Symphonia*	Clusiaceae
Calophyllum	Clusiaceae	*Gyrocarpus*	Hernandiaceae
Garcinia	Clusiaceae	*Thespesia*	Malvaceae
Harungana	Clusiaceae	*Antiaris*	Moraceae
Mammea	Clusiaceae		

GLANDES

Genre	Famille	Genre	Famille
Gonioma	Apocynaceae	*Sclerocroton*	Euphorbiaceae
Petchia	Apocynaceae	*Acacia*	Fabaceae
Rauvolfia	Apocynaceae	*Alantsilodendron*	Fabaceae
Voacanga	Apocynaceae	*Albizia*	Fabaceae
Grangeria	Chrysobalanaceae	*Dichrostachys*	Fabaceae
Magnistipula	Chrysobalanaceae	*Gagnebina*	Fabaceae
Parinari	Chrysobalanaceae	*Lemurodendron*	Fabaceae
Monotes	Dipterocarpaceae	*Parkia*	Fabaceae
Alchornea	Euphorbiaceae	*Senna*	Fabaceae
Anomostachys	Euphorbiaceae	*Xylia*	Fabaceae
Benoistia	Euphorbiaceae	*Acridocarpus*	Malpighiaceae
Croton	Euphorbiaceae	*Moringa*	Moringaceae
Mallotus	Euphorbiaceae	*Dilobeia*	Proteaceae
Necepsia	Euphorbiaceae	*Colubrina*	Rhamnaceae
Omphalea	Euphorbiaceae	*Perriera*	Simaroubaceae
Pantadenia	Euphorbiaceae	*Erblichia*	Turneraceae

Feuilles palmatinerves

Genre	Famille	Genre	Famille
Borassus	Arecaceae	*Ocotea*	Lauraceae
Hyphaene	Arecaceae	*Christiana*	Malvaceae
Satranala	Arecaceae	*Dombeya*	Malvaceae
Bismarckia	Arecaceae	*Grewia*	Malvaceae
Dicoma	Asteraceae	*Helicteropsis*	Malvaceae
Distephanus	Asteraceae	*Helmiopsiella*	Malvaceae
Cordia	Boraginaceae	*Helmiopsis*	Malvaceae
Celtis	Celtidaceae	*Hibiscus*	Malvaceae
Trema	Celtidaceae	*Hildegardia*	Malvaceae
Acalypha	Euphorbiaceae	*Humbertiella*	Malvaceae
Alchornea	Euphorbiaceae	*Jumelleanthus*	Malvaceae
Cephalocroton	Euphorbiaceae	*Megistostegium*	Malvaceae
Claoxylopsis	Euphorbiaceae	*Perrierophytum*	Malvaceae
Croton	Euphorbiaceae	*Pterygota*	Malvaceae
Givotia	Euphorbiaceae	*Sterculia*	Malvaceae
Jatropha	Euphorbiaceae	*Thespesia*	Malvaceae
Lobanilia	Euphorbiaceae	*Khaya*	Meliaceae
Macaranga	Euphorbiaceae	*Ficus*	Moraceae
Mallotus	Euphorbiaceae	*Uncarina*	Pedaliaceae
Omphalea	Euphorbiaceae	*Dilobeia*	Proteaceae
Pantadenia	Euphorbiaceae	*Colubrina*	Rhamnaceae
Sphaerostylis	Euphorbiaceae	*Ziziphus*	Rhamnaceae
Tannodia	Euphorbiaceae	*Scolopia*	Salicaceae
Bauhinia	Fabaceae	*Rhopalocarpus*	Sphaerosepalaceae
Brenierea	Fabaceae	*Obetia*	Urticaceae
Gyrocarpus	Hernandiaceae	*Pouzolzia*	Urticaceae
Hernandia	Hernandiaceae		

Feuilles portant des points glanduleux/pellucides

Genre	Famille	Genre	Famille
Ilex	Aquifoliaceae	*Capitanopsis*	Lamiaceae
Diegodendron	Bixaceae	*Karomia*	Lamiaceae
Cinnamosma	Canellaceae	*Madlabium*	Lamiaceae
Eliaea	Clusiaceae	*Premna*	Lamiaceae
Harungana	Clusiaceae	*Koehneria*	Lythraceae
Hypericum	Clusiaceae	*Woodfordia*	Lythraceae
Mammea	Clusiaceae	*Maesa*	Maesaceae
Psorospermum	Clusiaceae	*Perrierophytum*	Malvaceae
Androstachys	Euphorbiaceae	*Ficus*	Moraceae
Macaranga	Euphorbiaceae	*Brochoneura*	Myristicaceae
Mallotus	Euphorbiaceae	*Haematodendron*	Myristicaceae
Pantadenia	Euphorbiaceae	*Mauloutchia*	Myristicaceae
Suregada	Euphorbiaceae	*Ardisia*	Myrsinaceae
Caesalpinia	Fabaceae	*Monoporus*	Myrsinaceae
Cordyla	Fabaceae	*Myrsine*	Myrsinaceae
Hymenaea	Fabaceae	*Oncostemum*	Myrsinaceae
Intsia	Fabaceae	*Eucalyptus*	Myrtaceae
Mundulea	Fabaceae	*Eugenia*	Myrtaceae
Neoapaloxylon	Fabaceae	*Melaleuca*	Myrtaceae
Ormocarpum	Fabaceae	*Psidium*	Myrtaceae
Hernandia	Hernandiaceae	*Syzygium*	Myrtaceae

Genre	Famille	Genre	Famille
Pentarhopalopilia	Opiliaceae	*Citrus*	Rutaceae
Bruguiera	Rhizophoraceae	*Fagaropsis*	Rutaceae
Carallia	Rhizophoraceae	*Ivodea*	Rutaceae
Rhizophora	Rhizophoraceae	*Melicope*	Rutaceae
Prunus	Rosaceae	*Vepris*	Rutaceae
Triainolepis	Rubiaceae	*Zanthoxylum*	Rutaceae
Cedrelopsis	Rutaceae	*Casearia*	Salicaceae
Chloroxylon	Rutaceae	*Takhtajania*	Winteraceae

FEUILLES TRIPLINERVES

Genre	Famille	Genre	Famille
Anisophyllea	Anisophylleaceae	*Colubrina*	Rhamnaceae
Androya	Buddlejaceae	*Lasiodiscus*	Rhamnaceae
Strychnos	Loganiaceae	*Ziziphus*	Rhamnaceae
Dichaetanthera	Melastomataceae	*Ludia*	Salicaceae
Dionycha	Melastomataceae	*Scolopia*	Salicaceae
Lijndenia	Melastomataceae	*Azima*	Salvadoraceae
Memecylon	Melastomataceae	*Sarcolaena*	Sarcolaenaceae
Warneckea	Melastomataceae	*Rhopalocarpus*	Sphaerosepalaceae
Strychnopsis	Menispermaceae	*Pouzolzia*	Urticaceae
Bathiorhamnus	Rhamnaceae		

FEUILLES VERTICILLÉES

Genre	Famille	Genre	Famille
Abrahamia	Anacardiaceae	*Clerodendrum*	Lamiaceae
Carissa	Apocynaceae	*Premna*	Lamiaceae
Craspidospermum	Apocynaceae	*Vitex*	Lamiaceae
Gonioma	Apocynaceae	*Tambourissa*	Monimiaceae
Petchia	Apocynaceae	*Ximenia*	Olacaceae
Rauvolfia	Apocynaceae	*Noronhia*	Oleaceae
Colea	Bignoniaceae	*Pentarhopalopilia*	Opiliaceae
Ophiocolea	Bignoniaceae	*Colubrina*	Rhamnaceae
Phyllarthron	Bignoniaceae	*Antirhea*	Rubiaceae
Rhodocolea	Bignoniaceae	*Breonadia*	Rubiaceae
Stereospermum	Bignoniaceae	*Carphalea*	Rubiaceae
Nuxia	Buddlejaceae	*Chassalia*	Rubiaceae
Casuarina	Casuarinaceae	*Ixora*	Rubiaceae
Brexiella	Celastraceae	*Mantalania*	Rubiaceae
Evonymopsis	Celastraceae	*Morinda*	Rubiaceae
Terminalia	Combretaceae	*Pseudomantalania*	Rubiaceae
Cycas	Cycadaceae	*Psydrax*	Rubiaceae
Didierea	Didiereaceae	*Rytigynia*	Rubiaceae
Agarista	Ericaceae	*Saldinia*	Rubiaceae
Erica	Ericaceae	*Schismatoclada*	Rubiaceae
Aristogeitonia	Euphorbiaceae	*Triainolepis*	Rubiaceae
Cephalocroton	Euphorbiaceae	*Pseudopteris*	Sapindaceae
Croton	Euphorbiaceae	*Rinorea*	Violaceae
Euphorbia	Euphorbiaceae		

Feuilles portant des domaties

Genre	Famille	Genre	Famille
Polyalthia	Annonaceae	Noronhia	Oleaceae
Terminalia	Combretaceae	Bathiorhamnus	Rhamnaceae
Elaeocarpus	Elaeocarpaceae	Antirhea	Rubiaceae
Sloanea	Elaeocarpaceae	Breonia	Rubiaceae
Alchornea	Euphorbiaceae	Canthium	Rubiaceae
Amyrea	Euphorbiaceae	Coffea	Rubiaceae
Antidesma	Euphorbiaceae	Euclinia	Rubiaceae
Macaranga	Euphorbiaceae	Pauridiantha	Rubiaceae
Mallotus	Euphorbiaceae	Psychotria	Rubiaceae
Orfilea	Euphorbiaceae	Psydrax	Rubiaceae
Tannodia	Euphorbiaceae	Pyrostria	Rubiaceae
Ocotea	Lauraceae	Rytigynia	Rubiaceae
Helicteropsis	Malvaceae	Allophylus	Sapindaceae
Nesogordonia	Malvaceae	Glenniea	Sapindaceae
Turraea	Meliaceae	Molinaea	Sapindaceae
Chionanthus	Oleaceae	Tina	Sapindaceae

Pétales absents

Genre	Famille	Genre	Famille
Aphloia	Aphloiaceae	Euphorbia	Euphorbiaceae
Buxus	Buxaceae	Excoecaria	Euphorbiaceae
Boscia	Brassicaceae	Flueggea	Euphorbiaceae
Thilachium	Brassicaceae	Leptonema	Euphorbiaceae
Casuarina	Casuarinaceae	Lobanilia	Euphorbiaccac
Aphananthe	Celtidaceae	Macaranga	Euphorbiaceae
Celtis	Celtidaceae	Mallotus	Euphorbiaceae
Chaetachme	Celtidaceae	Margaritaria	Euphorbiaceae
Trema	Celtidaceae	Meineckia	Euphorbiaceae
Ascarina	Chloranthaceae	Necepsia	Euphorbiaceae
Terminalia	Combretaceae	Omphalea	Euphorbiaceae
Didymeles	Didymelaceae	Orfilea	Euphorbiaceae
Acalypha	Euphorbiaceae	Phyllanthus	Euphorbiaceae
Alchornea	Euphorbiaceae	Sclerocroton	Euphorbiaceae
Amyrea	Euphorbiaceae	Securinega	Euphorbiaceae
Androstachys	Euphorbiaceae	Sphaerostylis	Euphorbiaceae
Anomostachys	Euphorbiaceae	Suregada	Euphorbiaceae
Anthostema	Euphorbiaceae	Thecacoris	Euphorbiaceae
Antidesma	Euphorbiaceae	Uapaca	Euphorbiaceae
Argomuellera	Euphorbiaceae	Voatamalo	Euphorbiaceae
Aristogeitonia	Euphorbiaceae	Brenierea	Fabaceae
Benoistia	Euphorbiaceae	Cordyla	Fabaceae
Cephalocroton	Euphorbiaceae	Grisollea	Icacinaceae
Chaetocarpus	Euphorbiaceae	Kaliphora	Kaliphoraceae
Cladogelonium	Euphorbiaceae	Foetidia	Lecythidaceae
Claoxylon	Euphorbiaceae	Heritiera	Malvaceae
Claoxylopsis	Euphorbiaceae	Hildegardia	Malvaceae
Cleidion	Euphorbiaceae	Sterculia	Malvaceae
Conosapium	Euphorbiaceae	Burasaia	Menispermaceae
Danguyodrypetes	Euphorbiaceae	Antiaris	Moraceae
Droceloncia	Euphorbiaceae	Bleekrodea	Moraceae
Drypetes	Euphorbiaceae	Broussonetia	Moraceae

Genre	Famille	Genre	Famille
Ficus	Moraceae	*Bivinia*	Salicaceae
Streblus	Moraceae	*Casearia*	Salicaceae
Treculia	Moraceae	*Flacourtia*	Salicaceae
Trilepisium	Moraceae	*Ludia*	Salicaceae
Trophis	Moraceae	*Salix*	Salicaceae
Myrica	Myricaceae	*Tisonia*	Salicaceae
Brochoneura	Myristicaceae	*Beguea*	Sapindaceae
Haematodendron	Myristicaceae	*Dodonaea*	Sapindaceae
Mauloutchia	Myristicaceae	*Doratoxylon*	Sapindaceae
Pandanus	Pandanaceae	*Glenniea*	Sapindaceae
Physena	Physenaceae	*Tsingya*	Sapindaceae
Podocarpus	Podocarpaceae	*Zanha*	Sapindaceae
Dilobeia	Proteaceae	*Dais*	Thymeleaceae
Faurea	Proteaceae	*Peddiea*	Thymeleaceae
Grevillea	Proteaceae	*Obetia*	Urticaceae
Malagasia	Proteaceae	*Pouzolzia*	Urticaceae

CARPELLES SÉPARÉS

Genre	Famille	Genre	Famille
Ambavia	Annonaceae	*Pterygota*	Malvaceae
Polyalthia	Annonaceae	*Sterculia*	Malvaceae
Uvaria	Annonaceae	*Christiana*	Malvaceae
Xylopia	Annonaceae	*Burasaia*	Menispermaceae
Cerbera	Apocynaceae	*Spirospermum*	Menispermaceae
Gonioma	Apocynaceae	*Strychnopsis*	Menispermaceae
Mascarenhasia	Apocynaceae	*Decarydendron*	Monimiaceae
Pachypodium	Apocynaceae	*Ephippiandra*	Monimiaceae
Petchia	Apocynaceae	*Tambourissa*	Monimiaceae
Stephanostegia	Apocynaceae	*Brackenridgea*	Ochnaceae
Strophanthus	Apocynaceae	*Ochna*	Ochnaceae
Tabernaemontana	Apocynaceae	*Ouratea*	Ochnaceae
Voacanga	Apocynaceae	*Ivodea*	Rutaceae
Phoenix	Arecaceae	*Allophylus*	Sapindaceae
Diegodendron	Bixaceae	*Perriera*	Simaroubaceae
Dillenia	Dilleniaceae	*Quassia*	Simaroubaceae
Pleiokirkia	Kirkiaceae	*Dialyceras*	Sphaerosepalaceae
Hildegardia	Malvaceae		

GRAINES PLUMEUSES

Genre	Famille	Genre	Famille
Mascarenhasia	Apocynaceae	*Vernoniopsis*	Asteraceae
Pachypodium	Apocynaceae	*Weinmannia*	Cunoniaceae
Strophanthus	Apocynaceae	*Hibiscus*	Malvaceae
Brachylaena	Asteraceae	*Bivinia*	Salicaceae
Dicoma	Asteraceae	*Calantica*	Salicaceae
Oliganthes	Asteraceae	*Salix*	Salicaceae
Psiadia	Asteraceae	*Majidea*	Sapindaceae
Senecio	Asteraceae	*Pentachlaena*	Sarcolaenaceae
Vernonia	Asteraceae	*Rhodolaena*	Sarcolaenaceae

Graines ailées

Genre	Famille	Genre	Famille
Craspidospermum	Apocynaceae	*Neobeguea*	Meliaceae
Gonioma	Apocynaceae	*Quivisianthe*	Meliaceae
Stephanostegia	Apocynaceae	*Moringa*	Moringaceae
Fernandoa	Bignoniaceae	*Comoranthus*	Oleaceae
Rhigozum	Bignoniaceae	*Schrebera*	Oleaceae
Stereospermum	Bignoniaceae	*Uncarina*	Pedaliaceae
Androya	Buddlejaceae	*Macarisia*	Rhizophoraceae
Eliea	Clusiaceae	*Hymenodictyon*	Rubiaceae
Lemurodendron	Fabaceae	*Paracorynanthe*	Rubiaceae
Helmiopsiella	Malvaceae	*Payera*	Rubiaceae
Helmiopsis	Malvaceae	*Schismatoclada*	Rubiaceae
Nesogordonia	Malvaceae	*Cedrelopsis*	Rutaceae
Pterygota	Malvaceae	*Chloroxylon*	Rutaceae

Graines arillées

Genre	Famille	Genre	Famille
Xylopia	Annonaceae	*Calodecaryia*	Meliaceae
Tabernaemontana	Apocynaceae	*Trichilia*	Meliaceae
Voacanga	Apocynaceae	*Turraea*	Meliaceae
Commiphora	Burseraceae	*Paropsia*	Passifloraceae
Protium	Burseraceae	*Pittosporum*	Pittosporaceae
Brexiella	Celastraceae	*Podocarpus*	Podocarpaceae
Astrocassine	Celastraceae	*Cassipourea*	Rhizophoraceae
Evonymopsis	Celastraceae	*Casearia*	Salicaceae
Maytenus	Celastraceae	*Beguea*	Sapindaceae
Polycardia	Celastraceae	*Camptolepis*	Sapindaceae
Alluaudiopsis	Didiereaceae	*Chouxia*	Sapindaceae
Decarya	Didiereaceae	*Haplocoelum*	Sapindaceae
Didierea	Didiereaceae	*Macphersonia*	Sapindaceae
Sloanea	Elaeocarpaceae	*Molinaea*	Sapindaceae
Margaritaria	Euphorbiaceae	*Neotina*	Sapindaceae
Cadia	Fabaceae	*Plagioscyphus*	Sapindaceae
Dendrolobium	Fabaceae	*Pseudopteris*	Sapindaceae
Millettia	Fabaceae	*Stadmania*	Sapindaceae
Pongamiopsis	Fabaceae	*Tina*	Sapindaceae
Allantospermum	Ixonanthaceae	*Tinopsis*	Sapindaceae
Prockiopsis	Kiggelariaceae	*Tsingya*	Sapindaceae
Rulingia	Malvaceae	*Ravenala*	Strelitziaceae
Sterculia	Malvaceae	*Erblichia*	Turneraceae

FRUIT AILÉ (OU CALICE ACCRESCENT)

Genre	Famille	Genre	Famille
Faguetia	Anacardiaceae	*Madlabium*	Lamiaceae
Asteropeia	Asteropeiaceae	*Foetidia*	Lecythidaceae
Casuarina	Casuarinaceae	*Acridocarpus*	Malpighiaceae
Astrocassine	Celastraceae	*Heritiera*	Malvaceae
Ptelidium	Celastraceae	*Hildegardia*	Malvaceae
Terminalia	Combretaceae	*Humbertiella*	Malvaceae
Monotes	Dipterocarpaceae	*Uncarina*	Pedaliaceae
Brandzeia	Fabaceae	*Alberta*	Rubiaceae
Dalbergia	Fabaceae	*Carphalea*	Rubiaceae
Dicraeopetalum	Fabaceae	*Homalium*	Salicaceae
Erythrina	Fabaceae	*Tisonia*	Salicaceae
Neoapaloxylon	Fabaceae	*Dodonaea*	Sapindaceae
Sakoanala	Fabaceae	*Molinaea*	Sapindaceae
Tetraptercarpon	Fabaceae	*Quassia*	Simaroubaceae
Gyrocarpus	Hernandiaceae	*Humbertiodendron*	Trigoniaceae
Hernandia	Hernandiaceae	*Obetia*	Urticaceae
Pleiokirkia	Kirkiaceae	*Pouzolzia*	Urticaceae
Capitanopsis	Lamiaceae	*Zygophyllum*	Zygophyllaceae
Karomia	Lamiaceae		

ACANTHACEAE Juss.

Grande famille, surtout intertropicale, principalement des herbes, des arbustes, et des grimpantes, représentée par 345 genres et 4300 espèces. Des données moléculaires récentes suggèrent que *Avicennia* soit à inclure dans les Acanthaceae affinité confirmée par ses fleurs sous-tendues par un involucre constitué d'1 bractée en forme d'écaille et de 2 bractéoles, ainsi que par son fruit capsulaire à déhiscence bivalve.

Moldenke, H. N. 1956. Avicenniacées. Fl. Madagasc. 174 bis: 1–5.

Avicennia L. Sp. Pl. 1: 110. 1753.

Genre intertropical représenté par env. 12 espèces rencontrées dans les habitats de mangrove; 1 sp. à large distribution d'Afrique en Océanie est rencontrée à Madagascar.

Buissons ou petits arbres hermaphrodites atteignant 10 m de haut, à racines aériennes et pneumatophores, aux nœuds renflés. Feuilles opposées, décussées, simples, entières, penninerves, épaisses, coriaces, portant un indument dense gris à blanc, noircissant souvent en séchant, stipules nulles. Inflorescences terminales et axillaires portées dans les paires de feuilles terminales, en cymes capituliformes, fleurs petites, sessiles, régulières, 4–5-mères, sous-tendues par un involucre d'une bractée en forme d'écaille et de 2 bractéoles; calice soudé profondément 5-lobé, presque libre, imbriqué; corolle soudée, campanulée, 4-lobée, blanche à jaune; étamines 4, insérées sur la corolle sous la base des sinus entre chaque lobe, á peine exsertes, filets distincts, anthères latrorses, à déhiscence longitudinale; ovaire supère, composé de 2 carpelles mais uniloculaire à placentation centrale libre, style brièvement cylindrique, stigmate bilobé; ovules 4. Le fruit est une grande capsule comprimée, légèrement succulente à charnue, à déhiscente bivalve et contenant 1 seule graine; graine à albumen charnu, embryon vivipare.

Avicennia marina est distribué sur l'ensemble de la végétation de mangrove des côtes orientale et occidentale. On peut le distinguer des autres arbres de mangroves à ses racines aériennes et ses pneumatophores, ses nœuds renflés avec des feuilles opposées-décussées, épaisses, coriaces et portant un indument dense gris à blanc qui noircit souvent en séchant, à ses inflorescences capituliformes portant de petites fleurs, et à ses grands fruits légèrement succulents à charnus, déhiscents, capsulaires, les graines germant alors qu'elles sont encore dans la capsule.

Noms vernaculaires: *afiafy, honko*

1. *Avicennia marina*

ALANGIACEAE DC.

Petite famille affine avec celle des Cornaceae représentée par un seul genre *Alangium* comprenant env. 19 espèces.

Capuron, R. 1962. Contributions à l'étude de la flore forestière de Madagascar. Présence à Madagascar du genre *Alangium* et description d'une espèce nouvelle. Adansonia, n.s., 2: 282–284.

Keraudren, M. 1958. Alangiacées. Fl. Madagasc. 158 bis: 19–21.

Schatz, G.E. 1996. Malagasy/Indo-Australo-Malesian phytogeographic connections. Pp 73–83, *In*: W. Lourenço (ed.), Biogéographie de Madagascar, Editions de l'ORSTOM, Paris.

Alangium Lam., Encycl. 1: 174. 1783.

Genre représenté par 19 espèces distribué en Afrique, aux Comores, à Madagascar (1 sp. endémique), en Inde, en Chine, au Japon, aux Philippines, en Malaisie, en Nouvelle Guinée, en Australie et en Nouvelle Calédonie.

Arbres dioïques (totalement hermaphrodites endehors de Madagascar) de moyenne à grande tailles, atteignant entre 7 et 30 m de haut. Feuilles alternes, distiques, simples, entières, penninerves, aux nervures secondaires connectées près de la marge en formant une ligne arquée distincte, stipules nulles. Inflorescences axillaires, en cymes, env. 10-flores, fleurs petites à grandes, 4–5-mères; calice soudé cupuliforme, subtronqué ou portant 4–5 très petites dents; pétales valvaires, quelque peu charnus, réfléchis à l'anthèse, blanchâtres; étamines 4–5, alternant avec les pétales, libres, filets densément poilus à l'apex juste sous les anthères, anthères sublinéaires, glabres, biloculaires, à déhiscence longitudinale; disque proéminent, en forme de coussinet; pistillode présent à l'état d'un vestige de style; ovaire infère, 1(–2)-loculaire, style subcylindrique, stigmate capité, 2–4 lobé; ovule 1 par loge, mais 1 seule se développant à la fin; staminodes présents. Le fruit est une grande drupe charnue, indéhiscente, ellipsoïde, couronnée par les restes du calice et du disque, de couleur verte à pourpre foncé à maturité, longitudinalement côtelée quant elle est sèche; albumen présent.

Alangium grisolleoides (ainsi nommée car rappelant les feuilles de *Grisollea* (Icacinaceae)) est distribué dans la forêt sempervirente humide à sub-humide entre 600 et 1 300 m d'altitude.

On peut le reconnaître à ses feuilles alternes et distiques, à ses inflorescences axillaires portant des fleurs unisexuées à pétales valvaires et à ovaire infère, et à ses grands fruits charnus, ellipsoïdes, couronnés par les restes du calice et du disque. Il n'est connu que par 8 récoltes, y compris du PN de la Montagne d'Ambre, du PN de Mantadia et de la RNI de Zahamena.

Noms vernaculaires: *fatora, hazombohangy*

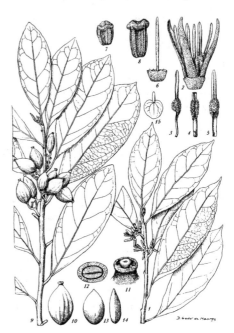

2. *Alangium grisolleoides*

ANACARDIACEAE Lindl.

Grande famille distribuée des régions tropicales jusqu'aux régions tempérées, représentée par 75 genres et 850 espèces.

Arbres de petite à grande tailles, hermaphrodites, monoïques, dioïques, ou probablement polygamo-dioïques, à exsudation résinifère claire à blanche ou rouge. Feuilles alternes, opposées, subopposées, ou occasionnellement verticillées, simples, ou composées imparipennées à folioles opposées ou moins souvent alternes à subopposées, pétiole/rachis parfois ailé, au limbe entier (ou rarement denté dans le feuillage juvénile), penninerves, stipules nulles. Inflorescences axillaires à pseudoterminales, rarement cauliflores, en panicules ou rarement en racèmes, fleurs petites ou rarement grandes, régulières, (4–)5(–6)-mères; sépales minuscules, soudés à la base, aux lobes imbriqués; pétales libres, bien plus grands que les sépales, imbriqués; étamines en même nombre que les pétales ou en nombre double, ou rarement nombreuses, insérées à la base extérieure du disque; pistillode présent ou non; disque nectaire annulaire ou en forme de coupe; ovaire supère, initialement 2–5-loculaire, mais alors généralement réduit à une seule loge par avortement, ou parfois un seul carpelle uniloculaire, styles en nombre égal à celui des loges, libres ou soudés à la base, ou un seul style commun, trifide à l'apex; ovule 1, ou 1 par loge; staminodes présents à l'état d'étamines réduites, ou absents. Le fruit est une petite à grande drupe charnue, indéhiscente, à 1 seule graine, ou une grande samare sèche, indéhiscente; graine sans albumen.

Eggli, U. 1995. A synoptical revision of *Operculicarya* (Anacardiaceae). Bull. Mus. Natl. Hist. Nat., B, Adansonia 17: 149–158.

Perrier de la Bâthie, H. 1946. Anacardiacées. Fl. Madagasc. 114: 1–85.

Randrianasolo, A. 2000. A taxonomic revision of the Malagasy endemic genus *Micronychia* (*Anacardiaceae*). Adansonia, sér. 3, 22: 145–155.

Randrianasolo, A. & J. S. Miller. 1999. A revision of *Campnosperma* (Anacardiaceae) in Madagascar. Adansonia, sér. 3, 20: 285–293.

1. Feuilles simples.
  2. Feuilles (et autres parties) portant généralement un indument écaillé, à nervation tertiaire dense et finement réticulée; exsudation absente; fleurs très petites, aux pétales de moins de 2 mm de long · *Campnosperma*
  2'. Feuilles sans indument écaillé, nervation tertiaire non dense, finement réticulée; exsudation résineuse claire ou laiteuse, parfois caustique; fleurs petites à grandes, pétales de plus de 2 mm de long.
    3. Exsudation caustique, corrosive; plantes hermaphrodites; base des feuilles longuement atténuée, décurrente sur le pétiole; fruit très grand, de plus de 8 cm de long · *Gluta*
    3'. Exsudation non caustique, corrosive; plantes dioïques; feuilles occasionnellement décurrentes le long du pétiole; fruit petit à grand, mais toujours de moins de 5 cm de long.
      4. Fruit grand, ellipsoïde à oblong, symétrique, le pédicelle attaché à la base · *Abrahamia*
      4'. Fruit petit, sigmoïde, dont la forme rappelle une mangue miniature, asymétrique, au pédicelle attaché obliquement sur le coté du fruit · · · · · · · · · · · · *Micronychia*
1'. Feuilles composées.
  5. Folioles alternes à subopposées; inflorescences généralement cauliflores; ovaire uniloculaire · *Sorindeia*
  5'. Folioles opposées; inflorescences axillaires à pseudoterminales; ovaire 2–5-loculaire.
    6. Fruit une samare sèche, ailée · *Faguetia*
    6'. Fruit une drupe charnue.
      7. Feuilles portées par les rameaux courts, de moins de 6 cm de long, folioles très petites, rachis généralement ailé; sec et sub-aride · · · · · · · · · · · · *Operculicarya*
      7'. Feuilles portées par les rameaux longs, de bien plus de 6 cm de long, folioles grandes, rachis non ailé; humide, sec et sub-aride · · · · · · · · · · · · · · · *Poupartia*

Taxons cultivés importants: *Anacardium occidentale* (Acajou, *Mahabibo*); *Mangifera indica* (*Manga*, Manguier); *Spondias dulcis* (Arbre de Cythère, *Evi*)

Abrahamia A. Randrianasolo, inedit.

Genre endémique représenté par 19 espèces.

Buissons à grands arbres dioïques à exsudation résineuse laiteuse claire à rouge. Feuilles opposées, subopposées, verticillées ou alternes, simples, entières, penninerves, aux nervures secondaires parallèles, aléatoirement espacées, saillantes. Inflorescences axillaires à pseudo-terminales, dressées, paniculées, fleurs petites, (4–)5(–6)-mères; calice soudé à lobes minuscules; pétales libres, imbriqués; étamines (4–)5(–6), insérées sur la base extérieure du disque, filets en forme d'alênes, anthères dorsifixes, introrses, à déhiscence longitudinale; disque annulaire ou en forme de coupe, au bord crénulé; pistillode présent ou absent; ovaire uniloculaire, style court, trifide ou à 3 lobes stigmatiques capités; ovule 1; staminodes ressemblant à des étamines réduites. Le fruit est un grande drupe charnue, indéhiscente, à 1 seule graine, ellipsoïde à oblongue, à la surface généralement striée longitudinalement, souvent beige.

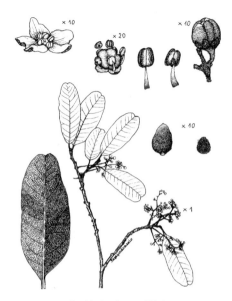

3. *Abrahamia grandidieri*

Abrahamia inclut les espèces de Madagascar préalablement placées dans *Protorhus*. Il diffère principalement de *Protorhus* (et de *Micronychia*) par ses grands fruits symétriques, ellipsoïdes à oblongs. Il est distribué dans la forêt, les affleurements rocheux et le fourré sempervirents humides, sub-humides et de montagne, ainsi que dans la forêt décidue sèche et sub-aride le long des cours d'eau.

Noms vernaculaires: *ambovitsika, ditimena, ditimenafotsy, hazombarorano, hazombarorano beravina, lakalaka, lambafohala, maimbovitsika, mampisaraka, manantsadrano, manavidrevo, manavodrevo, menavahatra, natoboka, rodrano, sandramiramy, sandramivavy, sandramy, sefana, sohihy, sohy, soretry, sosoka, tahaka, taimbarika, tandraviravy, tarantana, tarantantily, tarata, tsarataimbarika, tsimalazo, tsiramiramy, tsitaké, tsitsebona, varoa*

Campnosperma Thwaites, Hooker's J. Bot. Kew Gard. Misc. 6: 65. 1854. nom. cons.

Genre intertropical représenté par 10–15 espèces dont 4 spp. endémiques de Madagascar.

Arbres dioïques de petite à grande tailles, portant un indument écaillé. Feuilles alternes, groupées vers les extrémités des branches, entières, penninerves, présentant un réseau dense de nervures tertiaires réticulées, coriaces, portant généralement un indument écaillé, prenant une teinte rougeâtre en séchant. Inflorescences axillaires ou pseudoterminales, paniculées, plus courtes que les feuilles, fleurs très petites, 4-mères; calice soudé avec des lobes

imbriqués; pétales 4, libres; étamines 8, filets distincts, anthères introrses, à déhiscence longitudinale; disque cupuliforme à annulaire; ovaire 3-loculaire, mais une seule loge fertile, style très court, stigmate largement discoïde; ovule 1; staminodes 8, ressemblant aux étamines avec des anthères rudimentaires. Le fruit est une petite drupe charnue, indéhiscente, à endocarpe osseux, contenant une seule graine courbée en fer à cheval autour d'une fausse cloison.

Campnosperma est distribué dans la forêt et le fourré sempervirents, humides, sub-humides et de montagne (*C. parvifolia*). On peut le reconnaître à son indument écaillé, à ses feuilles présentant une nervation tertiaire dense et finement réticulée, érubescentes au séchage, et à ses très petites fleurs.

Noms vernaculaires: *bebilé, nanto beravina, taratana, tarantana*

Faguetia Marchand, Rév. Anacard.: 174. 1869.

Genre endémique monotypique.

Grands arbres dioïques (ou probablement monoïques), entièrement glabres. Feuilles alternes, groupées à l'apex des branches, composées imparipennées avec 4–6 paires de folioles opposées, entières, penninerves. Inflorescences axillaires, en cymes rameuses, fleurs petites à grandes, régulières, les mâles 4–5-mères, les femelles 4-mères; calice aux lobes plus ou moins libres, subvalvaires; pétales libres, imbriqués, à nervation évidente; étamines 4 ou rarement 5, alternant avec les pétales, filets libres, anthères introrses, à déhiscence

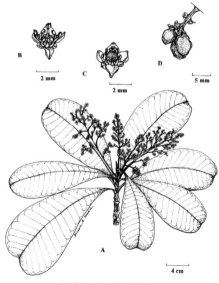

4. *Campnosperma lepidotum*

longitudinale; pistillode présent; disque annulaire, 4–6-lobé; ovaire incomplètement 2–3-loculaire, uniloculaire à la fin, stigmate sessile, (2–)3-lobé, capité; ovule 1; staminodes présents à l'état d'étamines réduites et stériles. Le fruit est une grande samare sèche, aplatie, portant une aile basale; graine sans albumen.

Faguetia falcata est distribué dans la forêt littorale sempervirente humide sur sable, le long d'une bande relativement restreinte depuis le sud d'Ambila-Lemaitso jusqu'au sud de Toamasina. On peut le reconnaître à ses fruits samaroïdes secs et ailés.

Noms vernaculaires: *hasimena, hasy, velonavohitra*

Gluta L., Mant. Pl. 2: 293. 1771.

Genre représenté par 30 espèces dont 29 spp. en Inde et en Malaisie, et 1 sp. endémique de Madagascar.

Grands arbres hermaphrodites à suc résineux, corrosif et caustique, de clair à quelque peu laiteux. Feuilles alternes, groupées vers l'apex des branches, simples, entières, penninerves, coriaces et raides, à la base longuement atténuée et décurrente sur le pétiole. Inflorescences axillaires en panicules, 2–3 fois plus courtes que les feuilles, fleurs petites à grandes, 5-mères; calice soudé, entier dans le bouton, légèrement et inégalement bilobé avec une nervation rougeâtre évidente à l'anthèse, caduc; pétales 5, légèrement vrillés vers la gauche, dressés, à nervation évidente et portant des marques papilleuses médianes, les bases

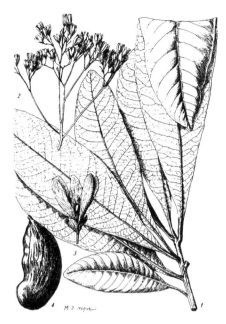

6. *Gluta tourtour*

soudées au réceptacle en formant une courte colonne ressemblant à un androgynophore; disque absent; étamines 5, filets distincts, insérés le long de la colonne, anthères dorsifixes, introrses, à déhiscence longitudinale; ovaire uniloculaire, brièvement stipité, style latéral, stigmate petit, papilleux; ovule 1. Le fruit est une très grande baie charnue, indéhiscente, aplatie, réniforme; graines sans albumen.

Gluta tourtour est distribué dans la forêt sempervirente sub-humide des zones marécageuses le long de la côte nord ouest depuis Maromandia jusqu'à l'ouest du Massif de la Montagne d'Ambre, y compris dans la RNI de Lokobe. On peut le reconnaître à son exsudation caustique et corrosive, à ses feuilles raides, coriaces, à la base atténuée et décurrente sur le pétiole, à ses fleurs hermaphrodites, et à ses très grands fruits.

Noms vernaculaires: *torotoro*

Micronychia Oliv., Hooker's Icon. Pl. 14: 27, t. 1337. 1881.

Genre endémique représenté par 5(–7) espèces.

Arbres dioïques de petite à grande tailles, à exsudation claire ou laiteuse. Feuilles alternes, parfois groupées à l'apex des rameaux, ou subopposées, simples, entières, penninerves, aux nervures secondaires généralement proéminentes. Inflorescences axillaires ou pseudoterminales, souvent pendantes, paniculées, fleurs petites à grandes, 5-mères; calice soudé,

5. *Faguetia falcata*

7. *Micronychia macrophylla* (gauche);
M. tsiramiramy (droite)

5-lobé; pétales 5, libres, imbriqués, roses à rouges (et peut-être blancs ou jaune-crème); étamines 5, insérées à la base extérieure du disque, filets droits à sigmoïdes, anthères dorsifixes, introrses, à déhiscence longitudinale; disque annulaire ou en forme de coupe; ovaire uniloculaire, style latéral, à l'apex stigmatique trifide; ovule 1. Le fruit est une petite drupe quelque peu charnue, indéhiscente, à 1 seule graine, sigmoïde, se couvrant de striations longitudinales en séchant.

Micronychia est distribué dans la forêt sempervirente humide et sub-humide. Ses petits fruits sigmoïdes rappelant des "mangues miniatures" ressemblent beaucoup à ceux des 3 espèces traitées dans la *Flore de Madagascar* sous *Rhus* (*R. perrieri*, *R. taratana* et *R. thouarsii*). En se basant sur des annotations de l'herbier, Capuron était arrivé à la conclusion qu'elles devraient être transférées sous *Micronychia*. Des études récentes menées par Randrianasolo les ont par contre assignées, à titre d'essai, à *Protorhus* au sens strict, en se conformant au type de l'espèce d'Afrique du Sud, *P. longifolia* tout en excluant de *Protorhus* les espèces de Madagascar qui présentent de grands fruits ellipsoïdes à ovoïdes, qui sont considérées dans un nouveau genre distinct *Abrahamia*. Les différences entre *Micronychia* et *Protorhus* (et à ce propos, entre *Ozoroa* et *Heeria* d'Afrique) semblent dérisoires et portent sur la couleur des fleurs (rouge à rose contre blanc verdâtre à jaune crème), des inflorescences pendantes contre dressées, et sur la longueur, la rectitude et le degré auquel les styles sont connés, variant d'un style commun relativement long et courbé à branches

stigmatiques trifides, à 3 styles courts, presque séparés, soudés seulement à la base. Les similitudes que présentent les feuilles dans la nervation ou les fruits sont en fait plus importantes que les différences relevées et il n'est pas exclu que *Micronychia* (y compris les 3 espèces de "*Rhus*" de Madagascar) puisse éventuellement rejoindre le genre africain *Protorhus* voir un autre genre communément reconnu.

Noms vernaculaires: *betamba, ditimena, ditimena tsiramiramy, ditimenalahy, hazomafana, hazondomohina, karakatafy, sandramy mena, sefana, tsiramiramy*

Operculicarya H. Perrier, Mem. Mus. Natl. Hist. Nat. 18: 248. 1944.

Genre endémique représenté par 5 espèces.

Buissons ou petits arbres dioïques, au tronc parfois renflé et légèrement effilé en cône ou cylindrique, aux ramifications parfois noueuses avec des rameaux longs et des rameaux courts, parfois en zigzag, à l'écorce exsudant une épaisse gomme aromatique soluble. Feuilles alternes sur les rameaux longs et groupées à l'apex des rameaux courts, composées imparipennées (ou rarement paripennées) avec 3–20 paires de petites folioles opposées, entières, penninerves, au rachis légèrement à distinctement ailé. Inflorescences pseudoterminales à l'apex des rameaux courts, solitaires, en épis ou paniculées (mâle), ou solitaires (femelle), fleurs petites, 5-mères; sépales 5, imbriqués, persistants dans le fruit; pétales 5,

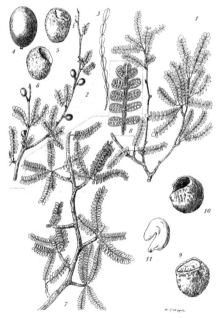

8. *Operculicarya decaryi* (le haut gauche);
O. hyphaenoides (droite)

libres, étalés, jaune-verdâtre à rouges; étamines 10, filets libres, insérés sur le bord d'un épais disque annulaire lobé, anthères à déhiscence longitudinale; pistillode distinct ou indistinct; ovaire initialement 5-loculaire mais 4 loges avortées en final, styles 5, courts, courtauds à la périphérie terminale de l'ovaire, 4 d'entre eux parfois nettement réduits et indistincts, stigmate capité; ovule 1; staminodes 10, similaires aux étamines mais à anthères stériles. Le fruit est une petite à grande drupe charnue, indéhiscente, à 1 seule graine, la drupe subsessile, à endocarpe pierreux ne présentant généralement qu'un seul opercule subapical ellipsoïde, rarement plus d'un; graines à albumen peu abondant, ou absent.

Operculicarya est distribué dans la forêt et le fourré décidus, secs et sub-arides dans le sud, y compris une espèce endémique (*O. hirsutissima*) dans l'îlot au bioclimat sub-aride du versant sec du Massif d'Andringitra près d'Ihosy, ainsi que dans l'extrême nord dans la Forêt d'Analafondro dans le bassin inférieur du fleuve Rodo (*O. borealis*). L'espèce arborescente qui a la plus large distribution, *O. decaryi*, à un tronc renflé conique ou à bords droits. Le genre diffère de *Poupartia* par ses ramifications en rameaux courts, les rachis ailés de ses feuilles, et à ses fruits ne montrant généralement qu'un seul opercule sur l'endocarpe. Cependant, la délimitation générique par rapport aux Spondiidae africains doit être revue et il est possible que *Operculicarya* se trouve congénérique avec les genres africains *Lannea* et *Poupartia*, voir avec un autre genre.

Noms vernaculaires: *beoditra, botiboty, jiabiha, saby, sakoakomba, tabily, zabihy, zabily, zaby*

Poupartia Comm. ex Juss., Gen. Pl.: 372. 1789.

Sclerocarya Hochst., Flora 27, Bes. Beil.: 1. 1844.

Genre représenté par env. 17 espèces distribué en Afrique de l'Est, à Madagascar (5–6 spp.) et en Inde.

Arbres dioïques, ou peut-être polygamo-dioïques, de petite à moyenne tailles, à l'écorce épaisse, exsudant une gomme soluble. Feuilles alternes, groupées à l'apex des branches, composées imparipennées avec 2–5 paires de folioles opposées, entières (ou dentées sur le feuillage juvénile). Inflorescences axillaires ou pseudo-terminales, apparaissant parfois avant ou au moment du développement des jeunes feuilles, en épis de glomérules (mâle) ou en racèmes courts, pauciflores, simples ou ramifiés (femelle), fleurs petites, 4–5(–6)-mères; sépales 4–5(–6), libres, imbriqués; pétales 4–5(–6), libres, imbriqués; étamines 8–26, souvent en nombre double des pétales, filets libres, anthères dorsifixes, latrorses-introrses, à déhiscence longitudinale;

9. *Poupartia chapelieri*

disque mince, annulaire; pistillode minuscule ou absent; ovaire (1–)2–5-loculaire, styles 2–5, très courts, ou essentiellement 2–5 subsessiles, stigmate capité situé à la périphérie de l'ovaire; ovule 1 par loge. Le fruit est une grande drupe charnue, indéhiscente, à 2–5 graines, à pulpe juteuse et acide, l'endocarpe osseux présentant 2–5 opercules à l'apex; graines sans albumen.

Poupartia est distribué dans la forêt littorale sempervirente humide ainsi que dans la forêt et le fourré décidus, secs et sub-arides. Je considère *Sclerocarya* comme un synonyme de *Poupartia*, en suivant Perrier de la Bâthie dans la *Flore de Madagascar* (1946). Les deux genres avaient été séparés sur la base du nombre d'étamines et de loges ovariennes, ainsi que de la longueur des styles/stigmate, qui sont des caractères qui varient dans des limites assez étroites au sein des Spondiidae. Comme précisé sous *Operculicarya*, une réévaluation de la délimitation générique des Spondiidae africains en utilisant des données moléculaires sur l'ADN pourrait très bien révéler qu'une plus large circonscription de *Poupartia* se justifie. *P. birrea* ssp. *caffra* est distribué dans les zones arborées décidues sèches et les zones herbeuses anthropiques. Il est possible qu'il ait été introduit d'Afrique à Madagascar il y a longtemps pour ses fruits comestibles, et qu'il se soit naturalisé dans les zones dégradées et sujettes aux feux réguliers. Comme mentionné sous *Protium* (Burseraceae), *Poupartia chapelieri* peut être confondu avec le sympatrique *Protium madagascariense* aussi bien sur des caractères de feuilles que de fleurs. Une espèce non décrite au fruit extrêmement grand et aplati, aux feuilles présentant un rachis caréné et légèrement ailé, rencontrée dans la forêt littorale depuis Fort-Dauphin jusqu'à la Baie de l'Antongil, a reçu le nom de *"Poupartiopsis spondiocarpa"* par Capuron dans l'herbier de Paris. Ses fruits ne montrent apparemment pas d'opercules mais ont au contraire un endocarpe similaire à celui de *Spondias*, sous lequel il devrait probablement être décrit.

Noms vernaculaires: *sakoa, sakoala, sakoakomba, sakoambanditra, sanotramiramy, tsiramiramy, sakoanala, voamatata*

Sorindeia Thouars, Gen. Nov. Madagasc.: 23. 1806.

Genre représenté par 14 espèces distribué d'Afrique à l'Océanie; 1 sp. commune à l'Afrique de l'Est est rencontrée à Madagascar.

Buissons ou petits arbres monoïques, souvent ramifiés depuis la base, dont toutes les parties sont résineuses/aromatiques, provoquant des dermatites à certains personnes (!) qui les touchent. Feuilles alternes, souvent groupées à l'apex des branches, composées imparipennées avec 2–7 paires de folioles alternes à subopposées, entières, penninerves, brillantes, les folioles inférieures généralement bien plus petites que les supérieures, les terminales étant souvent les plus grandes. Inflorescences généralement cauliflores sur la tige principale et les grandes branches latérales, rarement axillaires, en longues panicules lâches et pendantes, fleurs petites, 5-mères, étalées à plat; calice soudé à 5 dents valvaires; pétales 5, libres, valvaires, généralement vineux ou rarement jaunes; étamines 10, 15 ou 20, filets libres, insérés sur le bord d'un mince disque annulaire, plus courts que les anthères dorsifixes, latrorses-introrses, à déhiscence longitudinale; pistillode minuscule ou absent; ovaire uniloculaire, entouré du disque annulaire et de 5 étamines stériles (staminodes) alternant avec les pétales, style court, épais, stigmate 3-lobé; ovule 1. Le fruit est une grande drupe charnue, indéhiscente, jaune à rougeâtre, à endocarpe ligneux; graines sans albumen.

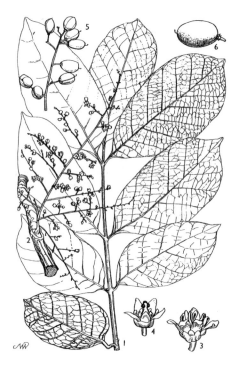

10. *Sorindeia madagascariensis*

Sorindeia madagascariensis est distribué dans la forêt sempervirente humide et sub-humide, ainsi que dans les microhabitats humides le long des cours d'eau dans la forêt décidue sèche de l'ouest depuis la RNI du Tsingy de Bemaraha jusqu'à Antsiranana, depuis le niveau de la mer jusqu'à 1 000 m d'altitude. On peut le reconnaître à ses folioles brillantes, alternes à subopposées, et à ses inflorescences cauliflores. L'espèce, qui est également distribuée en Afrique de l'Est, est quelque peu variable, et il n'est pas impossible que certaines des formes infraspécifiques nommées par Perrier de la Bâthie puissent être élevées au rang d'espèces. Les fruits sont comestibles et sont parfois vendus sur les marchés locaux.

Noms vernaculaires: *sondriry, tsirindry, tsirondrano, tsirondro, voantsirindry, voantsirondro*

ANISOPHYLLEACEAE Ridl.

Petite famille intertropicale représentée par 4 genres et 29 espèces; précédemment incluse dans les Rhizophoraceae.

Arènes, J. 1954. Rhizophoracées. Fl. Madagasc. 150: 1–42.

Capuron, R. 1961. Contributions à l'étude de la flore forestière de Madagascar. Observations sur les Rhizophoracées. Mém. Inst. Sci. Madagascar, sér. B, 10(2): 145–158.

Anisophyllea R. Br. ex Sabine, Trans. Hort. Soc. 5: 446. 1824.

Genre représenté par env. 25 espèces distribué dans les régions tropicales de l'Ancien Monde à l'exception de 2 spp. distribuées en Amérique du Sud; une seule sp. variable, *A. fallax*, est rencontrée à Madagascar.

Arbres polygames (avec des fleurs bisexuées et des fleurs mâles; monoïques ou dioïques ailleurs) de moyenne à grande tailles, aux rameaux portant généralement une longue pubescence distincte. Feuilles alternes, simples, anisophylles avec de petites feuilles en forme d'écailles alternant avec des feuilles grandes, entières, à marge révolutée, fortement triplinerves, généralement longuement acuminées, virant au vert jaune clair en séchant, stipules nulles. Inflorescences axillaires, en courts épis ou panicules, fleurs petites, régulières, 4–5-mères; calice soudé terminé par 4–5 lobes triangulaires; pétales 4–5, libres, 5–10-laciniés, légèrement plus longs que les lobes du calice, légèrement involutés, jaune-crème; étamines 8 ou 10, libres, filets grêles, anthères biloculaires, introrses, à déhiscence longitudinale; disque nectaire manifeste; ovaire infère, 4-loculaire, styles 4, libres, en forme d'alène, stigmate capité; ovule 1 par loge. Le fruit est une grande drupe charnue, indéhiscente, à 1 seule graine, obovoïde, orange, à endocarpe pierreux; graine sans albumen.

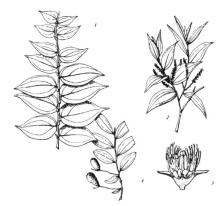

11. *Anisophyllea fallax*

Anisophyllea fallax est distribué dans la forêt sempervirente humide et sub-humide depuis le niveau de la mer jusqu'à 1 000 m d'altitude sur l'ensemble de la côte orientale ainsi que dans la région du Sambirano. On peut aisément le reconnaître à ses feuilles alternes, anisophylles, présentant une nervation fortement triplinerves et un apex généralement longuement acuminé, à ses fleurs à l'ovaire infère et à ses grands fruits charnus et orange; de très fortes concentrations d'aluminium sont accumulées dans les feuilles de *Anisophyllea*.

Noms vernaculaires: *haraka, hazoharaka, hazomafana, hazomamy, hazomasina, hazomasy, tsimarefy*

ANNONACEAE Juss.

Grande famille intertropicale représentée par env. 130 genres et 2 400 espèces. En plus des genres d'arbres et de buissons suivants, les genres des lianes *Artabotrys, Hexalobus, Monanthotaxis* et *Sphaerocoryne* sont présents à Madagascar.

Buissons à arbres de grande taille et lianes hermaphrodites, à l'écorce lisse, souvent teintée de vert, l'entaille révélant un réseau réticulé de fibres, les tiges ne se cassant pas nettement mais laissant des bandes sur l'écorce; les parties végétatives sont souvent quelque peu aromatiques, épicées. Feuilles alternes, distiques, simples, entières, penninerves, portant parfois des domaties aux aisselles des nervures secondaires, stipules nulles. Inflorescences axillaires ou terminales, mais apparaissant parfois opposées aux feuilles ou inter-nodales, ou cauliflores, généralement paucifores, en cymes ou fascicules, ou fleurs solitaires ou appariées, petites ou grandes, 3-mères; sépales 3, petits, valvaires, légèrement soudés à la base; pétales 6 en 2 verticilles, libres, imbriqués ou valvaires, ou rarement en un seul verticille et distinctement soudés à la base, ou 3 et le verticille intérieur absent ou à l'état de vestige, généralement épais et charnus; étamines 5 à nombreuses, généralement serrées en spirale sur le réceptacle convexe, filets très courts, anthères biloculaires mais souvent distinctement tétrasporangées, au connectif s'étendant généralement au-dessus et tronqué, parfois cloisonnées transversalement, latrorses à extrorses, à déhiscence longitudinale; gynécée supère, formé de carpelles séparés, libres, généralement nombreux, se soudant parfois dans le fruit, ou rarement un ovaire composé, style court ou absent, rarement allongé, stigmates capités, parfois soudés et réunis en une tête; ovule(s)

1 à multiples par carpelle. Le fruit est un groupe apocarpe de monocarpes indéhiscents, sessiles ou stipités, contenant de 1 à quelques graine(s), bacciformes, ou les monocarpes (méricarpes) rarement déhiscents, ou moins souvent un grand syncarpe indéhiscent, charnu, à multiples graines; graines parfois arillées, à albumen ruminé.

Cavaco, A. & M. Keraudren. 1958. Annonacées. Fl. Madagasc. 78: 1–109.

Le Thomas, A. 1969. Mise au point sur deux *Annona* Africains. Adansonia, n.s., 9: 95–103.

Le Thomas, A. 1972. Le genre *Ambavia* à Madagascar (Annonacées). Adansonia, n.s., 12: 155–157.

Schatz, G. E. & A. Le Thomas. 1990. The genus *Polyalthia* Blume (Annonaceae) in Madagascar. Bull. Mus. Natl. Hist. Nat., sér. 4, sect. B, Adansonia 12: 113–130.

1. Grands fruits ovoïdes à ellipsoïdes, en syncarpes contenant de multiples graines; fleurs grandes, pétales 6, soit en un seul verticille et soudés à la base, verts ou roses, ou en 2 verticilles, l'externe valvaire, l'interne imbriqué, jaune.
  2. Pétales en 2 verticilles, l'externe valvaire, l'interne imbriqué, jaune; feuilles ne noircissant pas en séchant · *Annona*
  2'. Pétales en un seul verticille, distinctement soudés à la base, verts ou roses; feuilles noircissant en séchant · *Isolona*
1'. Fruits apocarpes constitués d'un groupe de monocarpes indéhiscents, ou rarement déhiscents, bacciformes; fleurs grandes ou petites, pétales 6 en 2 verticilles.
  3. Feuilles et en particulier les boutons floraux à indument stellé et présentant des écailles peltées; pétales imbriqués, s'ouvrant et s'étalant à plat à l'anthèse, les étamines et le gynécée exposés · *Uvaria*
  3'. Indument constitué de poils simples s'il est présent; pétales valvaires, dressés et couvrant les étamines et le gynécée à l'anthèse.
    4. Monocarpes déhiscents, se fendant en révélant des graines noires à arille verdâtre ou blanc; boutons floraux longuement coniques, le gynécée tapissant le fond du réceptacle concave sous les étamines, anthères cloisonnées transversalement, style longuement filiforme · *Xylopia*
    4'. Monocarpes indéhiscents; boutons floraux ronds ou brièvement coniques, le réceptacle convexe avec le gynécée au-dessus des étamines, anthères non cloisonnées transversalement, stigmate sessile.
      5. Fleurs petites, blanc-crème, sphériques à brièvement coniques; monocarpes peu nombreux ou souvent un seul, grands, sessiles, sphériques à transversalement ellipsoïdes, contenant 1 ou 2 graine(s) · *Ambavia*
      5'. Fleurs grandes, vertes à beiges ou jaunes, pétales étroitement elliptiques à linéaires; monocarpes généralement nombreux, petits, généralement stipités ou moins souvent sessiles, contenant 1 seule graine · · · · · · · · · · · · · · · *Polyalthia*

Taxons cultivés importants: *Cananga odorata* (*ylang-ylang* ou ilang-ilang) est cultivé dans des plantations à Nosy Be et près d'Ambanja pour ses pétales qui sont distillés afin d'obtenir une essence de parfum; *Rollinia mucosa* (pomme de cannelle) pour ses fruits comestibles.

Ambavia Le Thomas, Compt. Rend. Hebd. Séances Acad. Sci., Sér. D 274: 1655. 1972.

Genre endémique représenté par 2 espèces qui ont toutes deux originellement été décrites dans le genre *Popowia*.

Arbres hermaphrodites de petite à grande tailles, pouvant atteindre 30 m de haut. Feuilles coriaces, brillantes, à l'apex aigu ou arrondi. Inflorescences axillaires, en cymes pauciflores à multiflores, fleurs petites; sépales soudés à la base, très petits; pétales 6 en deux verticilles, valvaires, épais et charnus, blancs; étamines 5–13; carpelles 3–5, séparés, stigmate sessile, capité-lobé; ovules 2 par carpelle. Fruit apocarpe constitué de 1–3(–5) monocarpe(s), chaque monocarpe grand, charnu, indéhiscent, sessile, sphérique à obliquement ellipsoïde, pourpre à maturité; graine (généralement 1 par avortement) à albumen ruminé.

12. *Ambavia capuronii*

Ambavia est distribué dans la forêt sempervirente humide et sub-humide. On peut le reconnaître à ses petites fleurs blanches et à ses fruits apocarpes dans lesquels un seul monocarpe se développe le plus souvent, en même temps que quelques fruits présentent généralement 2–3 (rarement 4–5) monocarpes. *Ambavia gerrardii*, aux feuilles aiguës à l'apex, aux inflorescences multiflores et aux boutons floraux coniques, est distribué dans la forêt littorale le long de la côte orientale depuis Fort-Dauphin jusqu'au sud d'Antsiranana; *A. capuronii*, aux feuilles arrondies à l'apex, aux inflorescences pauciflores et aux boutons floraux sphériques, est rencontré dans la forêt sur latérite depuis le niveau de la mer jusqu'à 900 m d'altitude, de Farafangana à Antalaha, il présente un tronc extrêmement droit et atteint souvent 30 m de haut.

Noms vernaculaires: *ambava, ambavy, ambavyfotsy, ambitry, beamboza, hazoambomaitso, robavy, rotravavy*

Annona L., Sp. Pl. 1: 536. 1753.

Genre des régions tropicales du Nouveau Monde et d'Afrique représenté par env. 100 espèces; 1 sp. largement distribuée en Afrique est peut être autochtone à Madagascar (*A. senegalensis*); 1 sp. utilisée pour stabiliser les berges des canaux le long de la côte orientale est actuellement en train de se naturaliser (*A. glabra*); et plusieurs spp. cultivées pour leurs fruits comestibles (*A. cherimola, A. muricata, A. reticulata* et *A. squamosa*).

Petits arbres hermaphrodites. Feuilles glabres ou pubescentes. Inflorescences terminales, mais apparaissant souvent opposées à une feuille ou inter-nodales, en cymes pauciflores, fleurs grandes; sépales valvaires, petits; pétales 6 en 2 verticilles libres, les externes valvaires et les internes imbriqués, ou 3 avec le verticille interne absent ou à l'état de vestige, épais et charnus, verts à jaunes; étamines nombreuses; carpelles nombreux, plus ou moins soudés à l'anthèse, stigmates sessiles, capités; ovule 1 par carpelle. Le fruit est un grand syncarpe charnu, indéhiscent, ovoïde à globuleux, contenant de multiples graines; graines aplaties à testa brun clair brillant, albumen ruminé.

Annona senegalensis est distribué dans les zones herbeuses anthropiques et arborées décidues, sub-humides et sèches, dans le nord-ouest où il est commun dans la région de la RS d'Ankarana. On peut le reconnaître à ses grandes fleurs aux pétales épais, charnus et libres, et à ses fruits en syncarpes.

Noms vernaculaires: cœur de bœuf, corossol, *konokonombazaha, koropetaka*

13. *Annona senegalensis*

14. *Isolona*

Isolona Engl., Nat. Pflanzenfam. Nachtr. II–IV, 1: 161. 1897.

Genre représenté par env. 20 espèces distribué en Afrique et à Madagascar (env. 5 spp. endémiques).

Arbres hermaphrodites de petite à moyenne tailles. Feuilles à l'apex aigu ou acuminé, noircissant généralement en séchant. Fleurs solitaires ou appariées, axillaires ou ramiflores, grandes; sépales petits, légèrement soudés à la base; pétales 6 en un seul verticille, soudés à la base, dressés ou étalés à plat à l'anthèse, quelque peu charnus, verts ou rose foncé; étamines nombreuses, filet très court, connectif tronqué; ovaire constitué de multiples carpelles soudés, uniloculaire à placentation pariétale, stigmates soudés en formant une masse peltée plus grande que l'ovaire; ovules multiples. Le fruit est un grand syncarpe (baie) quelque peu charnu à dur et ligneux quand il est sec, indéhiscent, ovoïde à ellipsoïde, contenant de multiples graines qui sont irrégulièrement disséminées dans le mésocarpe blanc; graines à albumen ruminé.

Isolona est distribué sur l'ensemble de la forêt sempervirente humide à basse altitude, y compris dans la région du Sambirano. On peut le reconnaître à ses feuilles qui noircissent en séchant, ses fleurs portant un seul verticille de 6 pétales soudés à la base et à ses grands fruits quelque peu ligneux, ellipsoïdes, contenant de multiples graines. Bien que 5 espèces aient été décrites à Madagascar, leurs limites sont difficiles à distinguer.

Noms vernaculaires: *ambary, ambery, kililo, ombary, roimbary*

Polyalthia Blume, Fl. Javae 28–29: 68. 1830.

Genre représenté par env. 120 espèces distribué en Afrique de l'Est (3 spp.), à Madagascar (15 spp. endémiques) et surtout en Asie du Sud-Est (le restant des spp.).

Arbres hermaphrodites de petite à grande tailles, à l'écorce lisse et verdâtre. Feuilles présentant parfois des domaties aux aisselles des nervures secondaires sur la face inférieure. Fleurs solitaires ou en fascicules, axillaires ou apparaissant opposées à une feuille ou ramiflores, petites à généralement grandes; sépales petits, valvaires; pétales 6 en 2 verticilles égaux ou subégaux, elliptiques à linéaires, quelque peu charnus, verts à beiges ou jaunes, parfois teintés de rouge à la base interne; étamines nombreuses, le filet très court, connectif épaissi, tronqué; carpelles (2–)multiples, libres, stigmate sessile, sphérique, ou l'ensemble style/stigmate court et prismatique; ovule 1 par carpelle. Le fruit apocarpe est formé d'un groupe de monocarpes bacciformes stipités ou sessiles, petits à grands, charnus, indéhiscents, à une seule graine, orange à pourpres à maturité; graine à albumen ruminé.

Polyalthia est surtout distribué dans la forêt sempervirente humide et sub-humide depuis le niveau de la mer jusqu'à 1 000 m d'altitude (*P. emarginata*) mais *P. henricii* est également largement distribué sur l'ensemble de la forêt décidue sèche de l'ouest. On peut aisément le

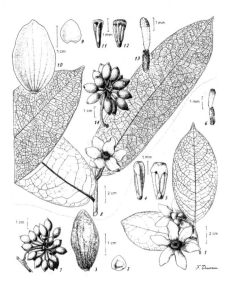

15. *Polyalthia multistamina* (le haut); *P. keraudrenii* (le bas)

reconnaître à ses fruits constitués d'une groupe de monocarpes généralement distinctement stipités et ne contenant qu'une seule graine.

Noms vernaculaires: *ambaviboriravina, ambavy, hafotramkora, hazomby, ombavy, robavy, rombavy*

Uvaria L., Sp. Pl. 1: 536. 1753.

Genre des régions tropicales de l'Ancien Monde représenté par env. 100 espèces qui sont surtout des lianes, distribué d'Afrique à l'Océanie, dont env. 16 spp. sont rencontrées à Madagascar, 1 seule sp. n'étant pas endémique.

Buissons ou petits arbres hermaphrodites ou plus communément lianes, à pubescence stellée et en forme d'écailles sur les feuilles et plus particulièrement sur les boutons floraux. Fleurs solitaires ou en cymes pauciflores, terminales, opposées aux feuilles, ou inter-nodales, fleurs grandes; sépales 3, valvaires, libres ou soudés à la base, ou parfois complètement soudés et enfermant la fleur dans le bouton et se fendant alors irrégulièrement en s'ouvrant; pétales 6 en 2 lobes imbriqués subégaux, s'étalant et s'ouvrant à plat à l'anthèse; étamines nombreuses; carpelles nombreux, libres, stigmate sessile, courbé en fer à cheval; ovules (1–) à plusieurs ou nombreux sur 1 ou 2 rangée(s). Le fruit apocarpe est constitué d'un groupe de monocarpes sessiles à stipités, grands, quelque peu charnus à ligneux, indéhiscents, contenant de 1 à de multiples graines, les monocarpes sphériques à cylindriques, parfois étranglés autour des graines (toruleux).

Uvaria est représenté par des lianes qui sont distribuées sur l'ensemble de la forêt sempervirente humide et sub-humide depuis le niveau de la mer jusqu'à 1 500 m d'altitude, ainsi que dans la forêt décidue sèche depuis la région du Ambongo-Boina jusqu'à Antsiranana, et par des buissons et de petits arbres qui sont distribués dans la forêt décidue sèche depuis

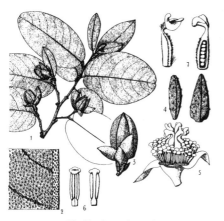

16. *Uvaria antsiranensis*

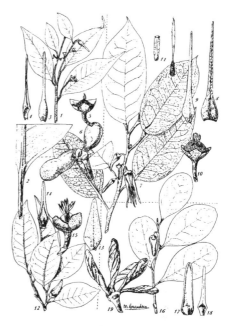

17. *Xylopia*

Sakaraha jusqu'à Antsiranana. Parmi les Annonaceae de Madagascar, on le reconnaît aisément à son indument stellé et écaillé.

Noms vernaculaires: *hazompoty, lambomalinike, latansifaka, relambo*

Xylopia L., Syst. Nat. ed. 10, 2: 1250. 1759, nom. cons.

Genre intertropical représenté par env. 100 espèces dont env. 23 spp. sont endémiques de Madagascar.

Buissons à grands arbres hermaphrodites, au tronc parfois bordé d'étroits contreforts. Feuilles parfois soyeuses ou portant une pubescence dense de couleur rousse. Fleurs axillaires, solitaires ou en fascicules, grandes, distinctement 3-angulées et coniques dans le bouton; sépales 3, valvaires, soudés à la base; pétales 6 en deux verticilles généralement inégaux, valvaires, les pétales internes généralement plus petits et plus étroits, crème à jaune beige et teintés de rouge à la base; étamines nombreuses, les anthères cloisonnées transversalement; carpelles peu à multiples, libres, en contrebas des étamines, style allongé, filiforme; ovules 2–12 par carpelle sur une ou deux rangée(s). Le fruit apocarpe est constitué d'un groupe de monocarpes plus ou moins sessiles, grands, quelque peu ligneux, déhiscents, se fendant en révélant des graines blanches ou noires portant un arille de couleur blanche à vert jaune.

Xylopia est distribué sur l'ensemble de la forêt sempervirente humide et sub-humide depuis le niveau de la mer jusqu'à 1 200 m d'altitude, ainsi que dans la forêt décidue sèche depuis la RNI du Tsingy de Bemaraha jusqu'à Antsiranana. On peut le reconnaître à ses fleurs distinctement 3-angulées aux longs pétales étroits et à ses fruits apocarpes constitués d'un groupe de monocarpes quelque peu ligneux qui se fendent à la fin en révélant des graines arillées.

Noms vernaculaires: *amaninomby, amaniombilahy, ambaviala, fandriambarika, fandribasika, fontsimavo, fotsimavo, fotsivary, fotsivavo, fotsyvavy, hazoambo, hazoambomena, hazombola, lompingo, mavoha, moramgabe, moranga, morangalahy, morangavavy, morange, ramiavona, rengitra*

APHLOIACEAE Takht.

Famille monotypique représentée par un seul genre et peut être par une seule espèce très variable distribuée en Afrique, à Madagascar, aux Mascareignes et aux Seychelles. Préalablement inclus dans les Flacourtiaceae, des données moléculaires récentes suggèrent une grande affinité avec *Ixerba*, endémique de Nouvelle Zélande, sans que leurs positions respectives soient pour autant bien définies au sein des Rosideae.

Perrier de la Bâthie, H. 1946. Flacourtiacées. Fl. Madagasc. 140: 1–130.

Aphloia Benn., Pl. Jav. Rar.: 192. 1840.

Genre représenté par 1 espèce extrêmement variable (*Aphloia theiformis*) ou par de nombreuses spp. qui sont difficiles à distinguer (de multiples espèces et infra-espèces ont été nommées), distribué en Afrique, aux Comores, à Madagascar, aux Mascareignes et aux Seychelles.

Buissons à arbres de taille moyenne, hermaphrodites, entièrement glabres, avec toutes les parties (en particulier les fruits) couvertes d'une exsudation résineuse jaunâtre qui n'est évidente que lorsqu'elles sont sèches. Feuilles alternes, simples, finement dentées-serretées sauf vers la base, penninerves, aux stipules très petites, deltoïdes, caduques et laissant une longue cicatrice en mince sillon sur tout le pourtour de l'entre-nœud. Inflorescences axillaires, pauciflores, en racèmes condensés ou fleurs solitaires, petites; sépales 4–6, imbriqués, l'interne pétaloïde; pétales absents; étamines nombreuses, aux filets libres, grêles, anthères dorsifixes, introrses, à déhiscence longitudinale; ovaire supère, sessile ou parfois très brièvement stipité, uniloculaire, à un seul placenta, style absent, stigmate large, pelté; ovules quelques sur 2 rangées. Le fruit est une petite baie charnue, blanche, avec peu de graines; testa mince, rougeâtre; albumen présent.

Dans ses multiples formes, *Aphloia "theiformis"* est largement distribué sur l'ensemble de l'île, en étant représenté par des arbres de taille moyenne, atteignant 10 m de haut, aux feuilles > 10 cm de long dans la forêt sempervirente humide au niveau de la mer sur la côte est, ou des buissons à petites feuilles < 4 cm de long dans la fourré de montagne à 2 700 m d'altitude. On peut le reconnaître à ses inflorescences en fascicules pauciflores et à ses fruits charnus et blancs. Les spécimens séchés montrent presque toujours un résidu d'exsudation jaunâtre, qui est transféré sur le papier journal, et notamment autour des fruits. Les feuilles sont communément employées en infusion.

Noms vernaculaires: *fandamanana, hazondrano, voafotsy*

18. *Aphloia theiformis*

APOCYNACEAE Lindl.

Grande famille représentée par env. 200 genres et 1 300 espèces principalement distribuée dans les régions tropicales et les régions tempérées chaudes. En plus des genres d'arbres suivants, les genres de lianes *Alafia, Ancylobothrys, Landolphia, Oncinotis, Plectaneia* et *Saba* sont présents à Madagascar, ainsi que l'herbe *Catharanthus.*

Buissons à grands arbres hermaphrodites, à exsudation laiteuse abondante et devenant épaisse en ressemblant à la glu, portant parfois des épines stipuliformes appariées (ou par 3), au tronc parfois renflé et/ou aux branches succulentes. Feuilles alternes, opposées, ou en verticilles de 3–5, simples, penninerves, stipules nulles, ou les pétioles opposés parfois connés et formant une ochréa ressemblant à des stipules soudées, ou avec une ligne les connectant, ou présence de glandes stipitiformes à la base du pétiole, ou interpétiolaires, et exsudant une substance résineuse couvrant le bourgeon. Inflorescences terminales ou axillaires, en cymes ou corymbes, ou parfois fleurs solitaires, fleurs petites ou souvent grandes, 5-mères; calice soudé profondément à superficiellement lobé; corolle soudée en tube, vrillée dans le bouton, les lobes se recouvrant soit vers la gauche, soit vers la droite, parfois indupliqués; étamines 5, portées à l'intérieur du tube corollin, aux filets courts ou absents, anthères biloculaires, introrses, à déhiscence longitudinale; disque entourant l'ovaire présent ou non; ovaire supère, biloculaire, composé de 2 carpelles soudés ou séparés, style commun, terminal, élargi à l'apex en une tête portant des appendices stigmatiques apicaux; ovules 2 à multiples par carpelle. Le fruit est un petit à grand syncarpe drupacé, charnu, indéhiscent, bilobé ou parfois avec un seul carpelle qui se développe, ou apocarpe, avec 2 grands méricarpes, déhiscents, divergents, folliculaires, s'ouvrant le long de leur face ventrale; graines parfois arillées ou portant à l'apex une plume de poils; albumen présent ou non.

Beentje, H. J. 1982. A monograph of *Strophanthus* DC. (Apocynaceae). Meded. Landbouwhoogeschool. 82–4: 1–191.

Dilst, F. J. H. van & A. J. M. Leeuwenberg. 1991. *Rauvolfia* L. in Africa and Madagascar. Series of revisions of Apocynaceae XXXIII. Bull. Jard. Bot. Belg. 61: 21–69.

Leeuwenberg, A. J. M. 1985. *Voacanga* Thou. Agric. Univ. Wageningen Pap. 85: 5–80.

Leeuwenberg, A. J. M. 1991. A revision of *Tabernaemontana.* The Old World species. Royal Botanic Gardens, Kew.

Leeuwenberg, A. J. M. 1997. Series of revisions of Apocynaceae XLIV. *Craspidospermum* Boj. ex A. DC., *Gonioma* E. Mey., *Mascarenhasia* A. DC., *Petchia* Livera, *Plectaneia* Thou., and *Stephanostegia* Baill. Agric. Univ. Wageningen Pap. 97–2: 5–124.

Leeuwenberg, A. J. M. 1999. Series of revisions of Apocynaceae XLVII. The genus *Cerbera* L. Agric. Univ. Wageningen Pap. 98–3: 5–64.

Markgraf, F. 1976. Apocynacées. Fl. Madagasc. 169: 1–318.

Rapanarivo, S. H. J. V. & A. J. H. Leeuwenberg. 1999. Taxonomic revision of *Pachypodium.* Series of revisions of Apocynaceae XLVIII. *Pachypodium* (Apocynaceae). A. A. Balkema, Rotterdam.

1. Feuilles alternes, groupées en spirales à l'apex des branches.
    2. Plantes munies d'épines robustes appariées ou par 3, au tronc renflé; exsudation claire ou à peine laiteuse; fruit un follicule déhiscent; graines portant une plume apicale de longs poils · *Pachypodium*
    2'. Plantes inermes, au tronc non renflé; exsudation épaisse de latex blanc; fruit une drupe indéhiscente et charnue; graines sans plume apicale de poils · · · · · · · *Cerbera*
1'. Feuilles opposées ou verticillées.
    3. Feuilles surtout opposées, seulement rarement verticillées, et alors fleurs solitaires et fruits indéhiscents (*Carissa verticillata*), ou fleurs très petites, fruits déhiscents et graines ailées (*Gonioma malagasy*).

4. Fruit une baie indéhiscente, sphérique; plantes portant souvent des épines grêles
· *Carissa*

4'. Fruit déhiscent en méricarpes folliculaires; plantes inermes.

  5. Lobes corollins se recouvrant vers la droite; graines portant une plume apicale de longs poils.

    6. Corolle orange-jaune teintée de brun, aux lobes oblongs, portant des écailles appariées à l'apex du tube campanulé entre chaque lobe; plume apicale de poils portés sur un stipe · *Strophanthus*

    6'. Corolle blanche, rose ou rouge et blanche, les bords des lobes indupliqués dans le bouton, ovales et aigus à l'apex, le tube cylindrique montrant distinctement deux diamètres différents, écailles appariées absentes de l'apex; plume apicale de poils à l'apex de la graine, le stipe absent · · · · · · · · *Mascarenhasia*

  5'. Lobes corollins se recouvrant vers la gauche; graines ailées ou arillées, sans plume apicale de poils.

    7. Fleurs petites, pétales minces, délicats; graines aplaties, entourées d'une fine aile membraneuse.

      8. Feuilles longues, étroitement lancéolées, vertes et vernissées lorsqu'elles sont sèches; méricarpes finement ridés lorsqu'ils sont secs; aile de la graine à apex obliquement aigu · *Gonioma*

      8'. Feuilles elliptiques, ternes bicolores brun-rougeâtre lorsqu'elles sont sèches; méricarpes lisses ou verruqueux, non finement ridés; aile de la graine ellipsoïde à apex arrondi · · · · · · · · · · · · · · · · · · · *Stephanostegia*

    7'. Fleurs grandes aux pétales épais, charnus-verruqueux; graines arrondies, entourées d'un arille.

      9. Feuilles à l'apex surtout aigu ou acuminé; calice aux sépales presque libres ou divisés à la moitié, persistant; tube corollin généralement au moins deux fois plus long que le calice; tête du pistil non cohérente avec les anthères, l'abcission du style ne s'opérant pas avec la corolle · · · · · *Tabernaemontana*

      9'. Feuilles arrondies à l'apex; calice presque complètement soudé en un tube, caduc; tube corollin de près de la même longueur que celle du calice; tête du pistil cohérente avec les anthères, abcission du style avec la corolle · · *Voacanga*

3'. Feuilles verticillées, au moins en partie, occasionnellement quelques opposées.

  10. Lobes corollins blancs à rosâtres avec un centre rouge; fruit une capsule déhiscente, ligneuse, bivalve; graine entourée par une étroite aile frangée · · · · ·
· *Craspidospermum*

  10'. Lobes corollins blancs à jaunes; fruit indéhiscent, charnu, drupacé.

    11. Feuilles toutes verticillées; fruit petit, cordiforme ou ellipsoïde si 1 seul carpelle se développe, sessile · *Rauvolfia*

    11'. Feuilles verticillées aux nœuds portant les inflorescences, opposées en dessous; fruit généralement long, moniliforme, stipité · · · · · · · · · · · · · · · · · *Petchia*

Carissa L., Mant. 1: 7. 1767. nom. cons.

Genre représenté par env. 40 espèces distribué de l'Afrique à l'Australie; env. 10 spp. rencontrées à Madagascar.

Buissons ou petits arbres, à rarement grands, portant souvent des épines opposées courtes à longues, parfois inermes. Feuilles opposées, rarement verticillées. Inflorescences courtes, pauciflores, en cymes axillaires, fleurs petites à grandes; calice à lobes dressés, persistant; lobes corollins se recouvrant vers la droite, le tube étroitement cylindrique, blanc parfois teinté de rose; étamines insérées au milieu du tube ou au-dessus, aux filets très courts; ovaire biloculaire,

style élargi à l'apex avec 2 appendices stigmatiques coniques et poilus; ovules peu nombreux par loge. Le fruit est une petite à grande baie charnue, indéhiscente, sphérique, contenant de 1 à 4 graine(s), à l'apex généralement apiculé; graines albuminées.

Carissa est distribué aussi bien dans la forêt sempervirente humide et sub-humide que dans la forêt et le fourré décidus, secs et sub-arides jusqu'à 1 800 m d'altitude. On peut le reconnaître à ses feuilles opposées (rarement verticillées), à ses épines opposées, ses fleurs à la corolle étroitement tubulaire et à ses fruits charnus et sphériques. Les fruits d'un certain nombre d'espèces sont comestibles.

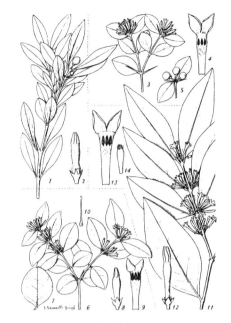

19. *Carissa*

Noms vernaculaires: *fantsikahitra, fantsikako-homadinidravina, fantsikala, fantsikalalahy, fantsikoho, fantsinakoho, fantsinakoholahy, fantsy, fatipatika, fatsimbala, fatsinakoholahy, fatsy, hazoambo, hazolahy, hazomaroanaka, hazombato, hazomiarotena, kironono, maroampototry, maroanaka, marofatika, mokotrala, mokptr'ala, monbaroatra, montakala, monty, orifataka, patipatika, relefo, roefantaka, roy, sarikompy, tambonaka, taolanana, taolanomby, tapitsokahitra, tatsikoho, tavaka, tavibotrika, tsilaitsy, tsionala, tsilorano, tsirimboalavo, vahanjinala, velivato, voakandrina, voamantasoana, voantsiko, voantsikomoka, voantsikopiky, voantsikopoka, voantsikotika, voatsikopokala*

Cerbera L., Sp. Pl.: 208. 1753.

Tanghinia Thouars, Gen. Nov. Madagasc.: 10. 1806

Genre représenté par 6 espèces distribué de Pemba et de la Tanzanie à l'Asie du Sud-Est et au Pacifique; 1 sp. à large distribution est rencontrée à Madagascar.

Petits à grands arbres aux branches épaisses et succulentes. Feuilles alternes, groupées en spirales à l'apex des branches, longuement pétiolées, noircissant en séchant. Inflorescences terminales, grandes, en cymes longuement pédonculées, fleurs grandes; lobes du calice profondément divisés, étalés et ouverts à plat, verdâtre-blanc; lobes corollins se recouvrant vers la gauche, roses avec un centre rougeâtre, tube corollin cylindrique et portant 5 écailles saillantes à la base

de chaque étamine; anthères sessiles, insérées vers l'apex du tube; ovaire composé de 2 carpelles principalement séparés, style commun à l'apex élargi en forme de bague portant 2 appendices stigmatiques coniques; ovules 4 par carpelle en 2 rangées. Fruit apocarpe, généralement constitué d'un seul grand méricarpe développé, indéhiscent, drupacé, à 1(–2) graines(s), rarement un hémisyncarpe cordiforme avec une soudure partielle des carpelles; graine grande, étroitement ailée à l'apex, sans albumen.

Cerbera manghas est largement distribué dans la forêt sempervirente humide le long de la côte ainsi que dans la forêt décidue sèche et sub-aride. On peut le reconnaître à ses feuilles alternes groupées en spirales à l'apex des branches, qui noircissent en séchant, et à ses grands fruits indéhiscents, drupacés.

Noms vernaculaires: *gasiala, kapoke, kebono* (graine seulement), *samanta, samatahezo, tangaina, tangena, tangena-mitsara, tangenitsara*

Craspidospermum Bojer ex A. DC., Prodr. 8: 323. 1844.

Genre endémique monotypique.

Petits à grands arbres aux jeunes branches 4-angulées. Feuilles (3–)4–5(–6) toutes verticillées, groupées à l'apex des branches, coriaces, vernissées, aux marges parfois révolutées, sessiles ou brièvement pétiolées. Inflorescences terminales mais souvent axillaires et portées dans les derniers verticilles de feuilles, en corymbes multiflores, fleurs petites; calice

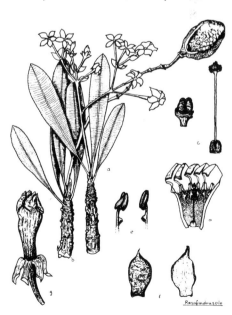

20. *Cerbera manghas*

21. *Craspidospermum verticillatum*

superficiellement lobé; lobes corollins se recouvrant vers la gauche, tube corollin poilu à l'intérieur, blanc rosâtre avec un centre rouge; anthères sessiles, insérées juste au-dessus de la base du tube; ovaire constitué de deux carpelles complètement soudés, biloculaire, style élargi en cône à l'apex; ovules multiples par loge. Le fruit est une grande capsule ligneuse, déhiscente, bivalve, à multiples graines; graines aplaties, entourées d'une étroite aile frangée, albuminées.

Craspidospermum verticillatum est distribué dans la forêt sempervirente humide et sub-humide, surtout aux altitudes moyennes sur le Plateau Central, moins communément à basse altitude. On peut le reconnaître à ses feuilles verticillées, sessiles à subsessiles et à ses grandes capsules ligneuses aux graines entourées d'une aile étroite. Son bois est très estimé dans la construction.

Noms vernaculaires: *ambovitsika, ampelafeno, andrangihy, faria, hazotahintsy, lendemy, mahravolana, marefolena, pitsikahitra, vandrika*

Gonioma E. Meyer, Comment. Pl. Afr. Austr.: 1888. 1837.

Genre représenté par 2 espèces dont 1 sp. africaine et 1 sp. endémique de Madagascar.

Arbres de taille moyenne à bois dur. Feuilles opposées ou rarement verticillées par 3, étroitement lancéolées, à nervation indistincte, coriaces, vernissées, au pétiole portant parfois de très petites glandes stipuliformes à la base. Inflorescences terminales en cymes courtes, fleurs très petites; lobes du calice superficiellement ovales; lobes corollins se recouvrant vers la gauche, tube corollin blanc à jaune, avec des poils épars à l'intérieur; filets très courts, insérés sur le tiers supérieur du tube; ovaire composé de 2 carpelles séparés, style commun fusiforme et élargi à l'apex; ovules multiples par carpelle. Fruit apocarpe, composé de 2 grands méricarpes folliculaires, déhiscents, cylindriques, fortement divergents, à multiples graines, finement ridés lorsqu'ils sont secs, s'ouvrant le long du coté ventral; graines aplaties, rugueuses, complètement entourées par une aile à l'apex obliquement acuminé, à albumen mince.

Gonioma malagasy est distribué dans la forêt décidue sèche et sub-aride de la région de Sakaraha. On peut le reconnaître à ses longues feuilles étroitement lancéolées, à ses très petites fleurs et à ses fruits aux méricarpes fortement divergents et finement ridés une fois secs, qui contiennent des graines entourées d'une aile à l'apex obliquement acuminé.

Noms vernaculaires: *mita, tsialafikena, tsiandalany, tsivoantolaka, tsivoantoloky*

Mascarenhasia A. DC., Prodr. 8: 487. 1844.

Genre représenté par 8 espèces dont 7 spp. sont endémiques de Madagascar et 1 sp. (*M. arborescens*) distribuée à Madagascar et en Afrique de l'Est.

22. *Gonioma malagasy*

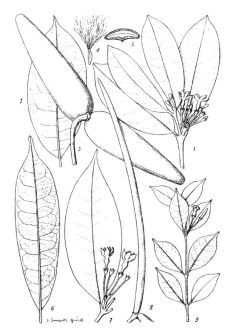

23. *Mascarenhasia arborescens*

Petits à grands arbres. Feuilles opposées. Inflorescences terminales ou axillaires en cymes pauciflores, souvent fleurs solitaires, grandes; calice profondément divisé, souvent foliacé, persistant; corolle blanche à rose, ou bicolore blanche et rouge, aux lobes se recouvrant vers la droite, indupliqués dans le bouton, étalés à plat à l'anthèse, le tube montrant distinctement 2 diamètres différents, étroitement cylindrique en bas, en forme d'urne en haut; anthères subsessiles, sagittées, avec une touffe de poils à la base du connectif, insérées à la base de la partie supérieure du tube; disque constitué de 5 écailles ou plus, libres, entourant l'ovaire; ovaire composé de 2 carpelles séparés, style commun surmonté d'une tête élargie cylindrique portant à l'apex le stigmate brièvement bilobé; ovules multiples par carpelle. Fruit apocarpe formé de 2 grands méricarpes parfois très longs, quelque peu charnus, déhiscents, cylindriques, folliculaires, à multiples graines, s'ouvrant le long de sa face ventrale; graines aplaties, portant une plume apicale de longs poils, albumen mince.

Mascarenhasia est distribué sur l'ensemble de la forêt sempervirente humide et sub-humide, ainsi que dans la forêt décidue sèche et sub-aride. On peut le reconnaître à ses fleurs au tube corollin présentant 2 diamètres différents, étroit à la base et brusquement élargi au-dessus, et à ses fruits contenant des graines plumeuses aux poils non portés par un stipe.

Noms vernaculaires: *ambarabanja, babo, babona, babonala, babondrano, barabanja, barabanjantanety,*

ditiononoka, dotonana, gidroa, gidroala, gidroamena, gidroanala, gidroavavy, godroa, godroala, godroanala, hazompika, hazondrano, herokazo, herondrano, herotra, herotrazo, herozako, kidroa, kidroala, kidroalahy, kidroanala, kidroandrano, kokomba, lalontona, lalotona, pirohazo, raloto, ramiranja, ridroanala, tandrokosy, tongobitsy, tsilorano

Pachypodium Lindl., Bot. Reg.: tab. 1321. 1830.

Genre représenté par env. 23 espèces dont env. 18 spp. endémiques de Madagascar et 5 spp. à l'Afrique du sud.

Buissons ou petits arbres succulents au tronc renflé et portant des épines stipulaires, soit appariées, soit par 3. Feuilles alternes, groupées à l'apex des branches. Inflorescences axillaires en cymes, fleurs grandes; calice profondément divisé, aux lobes aigus, persistant; corolle blanche, jaune ou rouge, aux lobes se recouvrant vers la dro te, égaux ou légèrement plus petits que le tube; anthères sessiles, insérées à l'apex du tube, sagittées, cohérentes avec la tête du pistil; disque de 5 écailles soudées entourant l'ovaire; ovaire composé de 2 carpelles séparés, style commun surmonté d'une tête claviforme portant à l'apex de courts appendices stigmatiques; ovules multiples par carpelle. Fruit apocarpe, composé de 2 grands méricarpes cylindriques, déhiscents, à multiples graines, folliculaires, s'ouvrant sur leur face ventrale; graines aplaties, portant une plume de poils apicale, albumen mince.

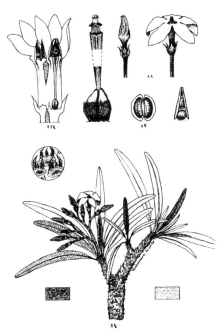

24 *Pachypodium geayi*

Pachypodium est distribué dans les zones présentant des affleurements rocheux des régions sub-humides du Plateau Central, ainsi que dans la forêt et le fourré décidus, secs et sub-arides de l'ensemble du sud-ouest, de l'ouest et du nord. On peut aisément le reconnaître à son tronc renflé et ses épines stipulaires, et à ses feuilles alternes.

Noms vernaculaires: *betono, bokalahy, bontaka, hazontavoahangy, kimondromondro, sabotra, saribotaka, somo, somoy, songosongo, tsimondrimondry, tsimondromondro, veloarivatana, vohely, vontaka, vontakakely, vontakambato, votasitry*

Petchia Livera, Ann. Roy. Bot. Gard. Peradeniya 10: 140. 1926.

Cabucala Pichon, Notul. Syst. (Paris) 13: 202. 1948.

Genre représenté par 8 espèces: 6 spp. de Madagascar (et des Comores), 1 sp. distribuée au Cameroun et 1 sp. à Sri Lanka.

Buissons ou arbres de petite à moyenne tailles. Feuilles opposées mais généralement verticillées par 3(–5) aux nœuds sous les inflorescences, portant de petites glandes ressemblant à des stipes intra ou interpétiolaires. Inflorescences terminales ou pseudoterminales en cymes multiflores, fleurs grandes; lobes du calice brièvement triangulaires; corolle blanche à jaune, aux lobes tordus vers la gauche, plus courts que le long tube cylindrique, poilus à

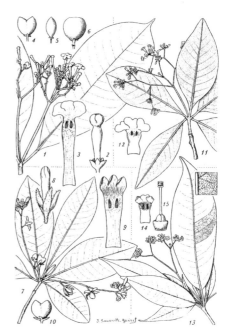

26. *Rauvolfia*

l'intérieur; étamines insérées près du sommet du tube; ovaire à 2 loges séparées, style commun non élargi à l'apex et terminé par 2 appendices stigmatiques courts; ovules peu à multiples par loge. Fruit composé de 2 méricarpes charnus, indéhiscents, contenant peu jusqu'à de multiples graines, les méricarpes moniliformes, rouges, drupacés, stipités, légèrement cintrés en dedans, discrètement ou rarement fortement divergents, étranglés autour de chaque endocarpe contenant 1 graine; graines albuminées.

Petchia est distribué aussi bien dans la forêt sempervirente humide et sub-humide que dans la forêt et le fourré décidus, secs et sub-arides. On peut le reconnaître à ses feuilles verticillées aux nœuds sous les inflorescences, mais opposées plus bas, et à ses fruits composés de méricarpes indéhiscents et moniliformes.

Noms vernaculaires: *amalomanta, ambovitsika, andriamanahy, andriambavifohy, andriambolafotsy, antafara, antafara sakain'ala, beloha, fanary, fitoravina* [?]*, hanakato, hazolahy, hazombato, hazondrano, hazondronono, hazunta moka, hodiangatra, kabokala, kabokalavavy, kabokefitra, kambafohy, kambafotsy, manimbovitika, manjakarano, menalaingo, mitsovoka, monty, nounka, samanta, samantsy, tandrokosiala, tandrokosilahy, tandrokosivavy, tandrokosy, tongoborana, tongoborano, tsikaboka, vavolo, voahento, voamamy, zanabato*

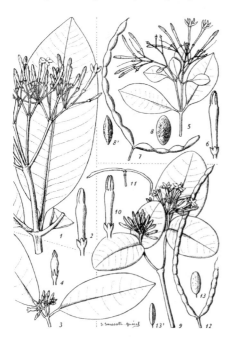

25. *Petchia*

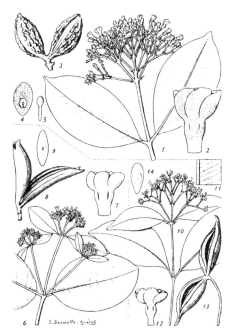

27. *Stephanostegia capuronii* (le haut);
S. hildebrandtii (le bas)

Rauvolfia L., Sp. Pl.: 208. 1753.

Genre intertropical représenté par env. 120 espèces dont 3 spp. endémiques de Madagascar.

Buissons ou petits arbres. Feuilles toutes verticillées, inégales en taille, portant une très petite structure axillaire ressemblant à des stipules entre la base du pétiole et des glandes stipitiformes. Inflorescences terminales en cymes, fleurs petites; calice à lobes superficiellement à profondément divisés, persistant; tube corollin glabre, aux lobes se recouvrant vers la gauche, blanc à jaune; anthères sessiles, insérées au-dessus du milieu du tube; disque nectaire en forme de coupe et entourant l'ovaire; ovaire biloculaire, style surmonté par une zone stigmatique élargie et sous-tendue par un collier basal; ovule(s) 1 ou 2 par loge. Fruit petit, charnu, indéhiscent, surtout en syncarpe, à 2 méricarpes drupacés contenant 1 seule graine, sessiles, principalement soudés, le fruit cordiforme mais obliquement ellipsoïde lorsqu'un seul carpelle se développe; graines albuminées.

Rauvolfia est surtout distribué dans la forêt et le fourré décidus, secs et sub-arides en dessous de 500 m d'altitude, et pénètre occasionnellement la forêt sempervirente humide et sub-humide dans la région du Sambirano et près d'Antalaha. On peut le reconnaître à ses feuilles qui sont toutes verticillées et à ses petits fruits charnus, indéhiscents, cordiformes ou ellipsoïdes.

Noms vernaculaires: *antalihazo, fihavy, hamotandrano, hazomalemy, hiba, hibaky, hento, hentona, heto, kabokala, mafaikopaka, mampoly, ndrambafoaky, raboka, rehiba, tambahay, tangenala, tsipatikala*

Stephanostegia Baill., Bull. Mens. Soc. Linn. Paris 1: 748. 1888.

Genre endémique représenté par 2 espèces.

Arbres de moyenne à grande tailles. Feuilles opposées, brièvement pétiolées, elliptiques, ternes bicolores, brun-rougeâtre lorsqu'elles sont sèches. Inflorescences terminales, lâches, ouvertes, en cymes munies de bractéoles, parfois axillaires dans les paires de feuilles terminales, fleurs très petites; calice superficiellement lobé; lobes corollins se recouvrant vers la gauche, réfléchis à l'anthèse, blancs à marron-rougeâtre, au tube poilu à l'intérieur, et montrant 5 courtes fentes étroites au niveau des anthères; filets courts, insérés dans la moitié supérieure du tube; ovaire composé de deux carpelles séparés, chacun uniloculaire, style commun, élargi à l'apex en collier cylindrique portant les deux branches stigmatiques dressées; ovules 9–10 par carpelle. Fruit apocarpe, composé de deux grands follicules déhiscents, quelque peu charnus, divergents, lisses ou un peu verruqueux, à multiples graines, s'ouvrant sur leur marge ventrale; graines aplaties, complètement entourées d'une aile large ellipsoïde, membraneuse, albumen mince.

28. *Strophanthus boivinii*

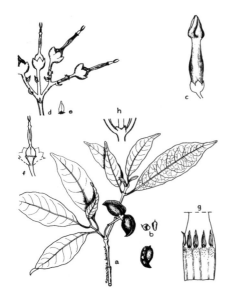

29. *Tabernaemontana coffeoides*

Stephanostegia est distribué à basse altitude dans la forêt sempervirente humide (*S. capuronii*), et dans la forêt décidue sèche de l'ouest au nord à partir de la RNI du Tsingy de Bemaraha (*S. hildebrandtii*). On peut le reconnaître à ses feuilles opposées, elliptiques, qui sèchent en devenant ternes, bicolores brun-rougeâtre, et à ses graines entourées d'une large aile ellipsoïde et membraneuse. Le bois est employé dans la construction.

Noms vernaculaires: *andriambolafotsy, anakanivato, hazombato, hazondronono, kironono, lintanambato, merompotsy, tambonana, tsility, valotra, zanakanivato*

Strophanthus DC., Bull. Soc. Philom. 64: 122. 1802.

Roupellina (Baill.) Pichon, Mém. Inst. Sci. Madag., sér. B, 2: 64. 1949.

Genre représenté par 38 espèces distribué en Afrique (30 spp.), à Madagascar (1 sp. endémique) et en Asie du Sud-Est (7 spp.).

Arbres de petite à moyenne tailles. Feuilles opposées, groupées à l'apex des branches. Inflorescences terminales en cymes lâches, précédant généralement le développement des feuilles, fleurs grandes; calice profondément divisé, aux lobes linéaires, persistant; corolle orange-jaune et brunissant en fanant, campanulé, aux lobes oblongs, se recouvrant vers la droite, plus longs que le tube, munie d'écailles appariées à l'apex du tube entre chaque lobe; anthères subsessiles, sagittées, insérés vers la base du tube, cohérentes avec la tête du pistil; ovaire composé de 2 carpelles séparés, style commun

surmonté par une tête élargie en forme de bague portant à l'apex de courts appendices stigmatiques; ovules multiples par carpelle. Fruit apocarpe, composé de 2 grands méricarpes déhiscents, à multiples graines, les méricarpes folliculaires et s'ouvrant le long de leur face ventrale; graines aplaties, avec une plume de longs poils portés par un stipe, albumen mince.

Strophanthus boivinii est distribué sur l'ensemble de la forêt et du fourré décidus, secs et sub-arides. On peut le reconnaître à ses fleurs à la corolle orange-jaune portant des écailles appariées à l'apex du tube entre chaque lobe oblong, et à ses graines plumeuses aux poils portés par un stipe.

Noms vernaculaires: *befe, hiba, kabokala, lalondona, lalonta, manida, menavony, pepolahy, saritangena, tambio*

Tabernaemontana L., Sp. Pl.: 210. 1753.

Capuronetta Markgraf, Adansonia, n.s., 12: 61. 1972.
Hazunta Pichon, Notul. Syst. (Paris) 13: 207. 1948.
Muntafara Pichon, Notul. Syst. (Paris) 13: 209. 1948.
Pandaca Noronha ex Thouars, Gen. Nov. Madag.: 10. 1806.
Pandacastrum Pichon, Notul. Syst. (Paris) 13: 209. 1948.

Genre intertropical représenté par 110 espèces; 14 spp. endémiques de Madagascar et 1 sp. (*T. coffeoides*) distribuée à Madagascar, aux Comores et aux Seychelles.

Arbres de petite à moyenne tailles, aux ramifications exclusivement dichotomes, au tronc et aux branches couverts de lenticelles proéminentes. Feuilles opposées, à l'apex généralement aigu à acuminé, aux bases des pétioles connées en formant une ochréa engainante et souvent stipuliforme, les feuilles sessiles ou pétiolées. Inflorescences terminales en corymbes munies de bractées, appariées, suivies de ramifications, fleurs grandes; calice aux sépales presque libres ou soudés sur la moitié de leur longueur, munis de glandes sur leur face interne, persistant; corolle généralement épaisse, charnue, blanche à jaune ou rose, aux lobes se recouvrant vers la gauche, au tube plus court ou de même longueur que les lobes; filets très courts ou réduits à des stries, insérés au milieu du tube ou plus haut, anthères sagittées; ovaire composé de 2 carpelles séparés, partiellement soudés à la base, style commun à tête élargie subsphérique à cylindrique avec l'apex stigmatique bilobé; ovules de quelques à de multiples par carpelle. Fruit formé de 2 grands méricarpes charnus, déhiscents, séparés à partiellement soudés, avec de quelques à de multiples graines, ou parfois un seul méricarpe développé de forme sphérique à ellipsoïde, le fruit vert à jaune, orange ou rouge; graines entourées d'un arille pulpeux orange à rouge, albuminées.

Tabernaemontana est distribué dans la forêt sempervirente humide et sub-humide ainsi que dans la forêt décidue sèche et sub-aride. On peut le reconnaître à ses fleurs aux pétales épais et cireux, au calice persistant avec des sépales presque libres à soudés sur la moitié de leur longueur, et au style sur lequel l'abcission ne s'opère pas avec la corolle.

Noms vernaculaires: *akangarano, andembavifotsy, andrambafohy, andriambavifohy, antafara, antafaravavy, babokala, babondrano, bararaka, bekapangaka, feka, fekabe, fekandronono, feky, fepolahy, fotsiavadika, halotona, hazompika, hazompiky, hazontaha, hikabe, indriambavifotsy, kaboka, kabokaberavina, kabokala, kabokalalahy, kabokalamadinika, kabokalavavy, kadobahy, kato, kobafohy, kotokely, laka, livoro, livory, livory madinidravina, lovoro, lovory, lovory madinidravina, maitsokely, mamalifolahina, mamalifolahy, maniola, mantafara, montafara, montafaralahy, montafaravavy, morogasy, popola, popoly, sarikaboka, selinala, sodihazo, somorombohitse, tafara, tambonono, tapolahy, tavintafara, tekabe, tsimanotra, tsindrenadrena, tsipepolahy, voatsirenarena*

Voacanga Thouars, Gen. Nov. Madag.: 10. 1806.

Genre représenté par 12 espèces distribué de l'Afrique (7 spp.) à l'Asie du Sud-Est (5 spp.); 1 sp. (*V. thouarsii*) est rencontrée à Madagascar et a par ailleurs une large distribution en Afrique.

Arbres de taille moyenne à ramifications dichotomes. Feuilles opposées, à l'apex arrondi, aux bases des pétioles connées et formant un collier stipuliforme, portant des glandes stipitiformes exsudant un liquide résineux. Inflorescences axillaires longuement pédonculées, en cymes pauciflores, sur lesquelles une seule grande fleur est ouverte à la fois; calice en forme de coupe étroite, soudé presque jusqu'à l'apex, portant des écailles glanduleuses sur la face interne, caduc; corolle blanche, devenant jaune en fanant, aux lobes se

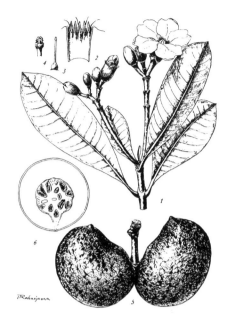

30. *Voacanga thoursaii*

recouvrant vers la gauche, plus longs que le tube; anthères sessiles, insérées au sommet du tube et exsertes au-delà; ovaire composé de 2 carpelles séparés et entouré d'un disque charnu, style commun dont la tête élargie du pistil est cohérente avec les anthères et sur lequel l'abcission s'opère en même temps que sur la corolle; ovules multiples par carpelle. Fruit apocarpe, composé de 2 grands méricarpes charnus, déhiscents, subsphériques, à multiples graines, s'ouvrant le long de leur face ventrale; graines entourées d'un arille, à albumen ruminé.

Voacanga thouarsii est distribué dans les zones humides marécageuses de la forêt sempervirente humide et sub-humide et de la forêt semi-décidue sèche. On le distingue de *Tabernaemontana* par ses feuilles à l'apex arrondi, ses fleurs au calice soudé presque jusqu'à l'apex et au style dont la tête du pistil est cohérente avec les anthères et sur lequel l'abcission s'opère en même temps que sur la corolle.

Noms vernaculaires: *akanga, akangahazo, akangarano, kabodrano, kaboka, kaboke, kangarano, kapoka, koraka*

AQUIFOLIACEAE Bartl.

Petite famille cosmopolite représentée par 4 genres et env. 420 espèces dont la majorité appartiennent au genre *Ilex*, les houx.

Perrier de la Bâthie, H. 1946. Aquifoliacées. Fl. Madagasc. 115: 1–4.

Ilex L., Sp. Pl. 1: 125. 1753.

Genre cosmopolite représenté par env. 400 espèces; 1 sp. (*Ilex mitis*) est rencontrée à Madagascar qui est également distribuée en Afrique.

Petits à grands arbres polygamo-dioïques. Feuilles alternes, simples, entières ou plus souvent très finement dentées, penninerves, portant de minuscules points pellucides noirs parfois visibles dessous, stipules nulles. Inflorescences axillaires, en fascicules ou petites cymes, fleurs petites, régulières, 4–5-mères; sépales soudés à la base, imbriqués, verts; pétales très brièvement soudés à la base, imbriqués, blancs; étamines en même nombre que les pétales et alternant avec eux, staminodiales dans les fleurs femelles, filets distincts, soudés à la base des pétales, anthères biloculaires, introrses, à déhiscence longitudinale; disque nectaire absent; ovaire supère, 4–5-loculaire, style absent, stigmate sessile; ovule(s) 1 ou 2 par loge. Le fruit est une petite drupe charnue, indéhiscente, sphérique, rouge à pourpre, à 4–5 pyrènes contenant 1 seule graine, la drupe couronnée par le stigmate persistant; graines albuminées.

Ilex mitis est largement distribué dans la forêt et le fourré sempervirents sub-humides et de montagne de 800 à 2 500 m d'altitude, depuis le PN d'Andohahela jusqu'au PN de la Montagne d'Ambre. On peut le reconnaître à ses feuilles aux marges finement dentées et munies de minuscules points pellucides noirs, et à ses petits

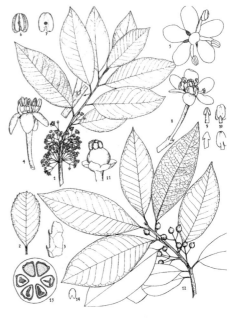

31. *Ilex mitis*

fruits charnus, sphériques, distinctement couronnés par les restes du stigmate. Le bois est apprécié dans la construction.

Noms vernaculaires: *borondrano, fanilo, hazondrano, kamasina, lampivahatra, manofotrakoho, nofotrakoro, tsimidetra, tsimitetra, tsimitetry*

ARALIACEAE Juss.

Famille de moyenne à grande importance, intertropicale (avec relativement peu de représentants dans les régions tempérées), représentée par 47 genres et env. 1,200 espèces.

Buissons à arbres de taille moyenne, hermaphrodites, ou parfois andromonoïques ou dioïques, ou parfois des épiphytes ou des plantes grimpantes, au tronc souvent distinctement lenticellé avec des motifs en diamant, aux branches souvent très aromatiques lorsqu'elles sont entaillées et dégageant une odeur rappelant la carotte ou moins souvent la mangue. Feuilles alternes, souvent groupées vers l'apex des branches, une (deux ou trois) fois composées imparipennées, ou composées palmées, ou rarement trifoliolées, unifoliolées ou simples, folioles opposées ou verticillées, généralement entières, parfois lobées ou dentées, en particulier sur le feuillage juvénile, penninerves, au rachis souvent articulé aux nœuds, pétiole variant souvent sensiblement en longueur, la base engainant souvent la tige, stipules connées, soudées à la base embrassante du pétiole, ligulées, souvent indistinctes. Inflorescences terminales, mais apparaissant souvent latérales avec le développement des rameaux axillaires au-dessus d'elles, généralement en panicules d'ombelles multiflores, ou moins souvent en racèmes ou épis, fleurs petites, régulières; calice soudé à marge entière ou dentée; pétales 4–multiples, généralement 5, libres, ou parfois soudés; étamines généralement en même nombre que les pétales, ou en nombre double à nombreuses, filets libres, insérés sur la périphérie d'un disque charnu surmontant l'ovaire, anthères dorsifixes, introrses, à déhiscence longitudinale; ovaire infère, 1–multi-loculaire, styles en même nombre que les loges, libres ou soudés en un stylopode en forme de rostre, ou absents et stigmates sessiles; ovule 1 par loge. Fruit petit, charnu, indéhiscent, drupacé, avec de 1 à de multiples pyrène(s) ne contenant qu'une seule graine, à endocarpe mince; graines à albumen lisse ou ruminé.

Bernardi, L. 1969. Araliacearum Madagascariae et Comores exordium. 1. Revisio et taxa nova Schefflerarum. Candollea 24: 89–122.

Bernardi, L. 1971. Araliacearum Madagascariae et Comores propositum. 2. Revisio et taxa nova Polysciadum. Candollea 26: 13–89.

Baernardi, L. 1973. Araliacearum Madagascariae et Comores epilogus. 3. Species nova Schefflerarum. Candollea 28: 7–11.

Bernardi, L. 1980. Synopsis Araliacearum Madagascariae et Comorarum insularum (auxilio methodi "Ferulago"). Candollea 35: 117–132.

1. Feuilles composées palmées, rarement trifoliolées ou unifoliolées; pédicelles non articulés ··· *Schefflera*
1'. Feuilles composées imparipennées, rarement unifoliolées; pédicelles articulés ou non.
   2. Folioles généralement en verticilles de 4–5 sur chaque nœud le long du rachis, parfois seulement opposées; pédicelles non articulés; étamines nombreuses; carpelles (6–)8–10 ou plus ····························· *Gastonia*
   2'. Folioles opposées sur chaque nœud, rarement en verticilles de 4, ou rarement feuilles unifoliolées; pédicelles articulés; étamines 5; carpelle(s) 1–5(–7) ·· *Polyscias*

Gastonia Comm. ex Lam., Encycl. 2: 610. 1788.

Genre représenté par env. 10 espèces distribué depuis les îles de l'océan Indien jusqu'en Malaisie et aux Iles Salomon; 1 sp. rencontrée à Madagascar. Les données préliminaires portant sur les séquences moléculaires suggèrent que *Gastonia* pourrait être inclus dans *Polyscias* (Plunkett & Lowry, comm. pers.)

Arbres hermaphrodites de petite à moyenne tailles, peu ou pas ramifiés et au bois extrêmement tendre. Feuilles alternes, groupées vers l'apex des branches, grandes, souvent de plus de 1 m de long, composées imparipennées, sur 10 nœuds ou plus et généralement en verticilles de 4–5, occasionnellement aux folioles opposées, entières, penninerves, au rachis distinctement articulé à chaque nœud, la base du pétiole embrassante. Inflorescences terminales, dressées en panicules d'ombelles, à 10–15 branches portant chacune de multiples ombelles 10–15-flores, le pédicelle non articulé, fleurs petites; calice soudé à la marge entière ou indistinctement lobée; pétales 5–13, valvaires

dans le bouton, libres ou partiellement soudés en pseudocalyptre formant des groupes inégaux à l'abcission; étamines en nombre égal à celui des pièces de la corolle, ou en nombre multiple, filets courts et épais; ovaire (6–)8–10-loculaire, styles/stigmates (6–)8–10, libre, s'élevant du périmètre du disque en rayonnant vers le centre; ovule 1 par loge. Le fruit est une petite baie charnue, indéhiscente, à (6–)8–10 graines, couronnée par les styles persistants, fortement côtelée quand elle est sèche; graines albuminées.

Gastonia duplicata est distribué sur l'ensemble de la forêt sempervirente humide et sub-humide dans les sites quelque peu ouverts ou dérangés. On peut le distinguer par son port généralement unicaule, à ses très grandes feuilles composées imparipennées portant généralement 4–5 folioles verticillées, à ses inflorescences terminales avec de multiples branches droites qui portent des fleurs à multiples pétales libres ou irrégulièrement soudés en groupes inégaux et à ovaire (6–)8–10-loculaire.

Nom vernaculaire: *bemalemy*

32. *Gastonia*

Polyscias J. R. Forst. & G. Forst., Char. Gen.
Pl.: 63, t. 32. 1775.

Cuphocarpus Decne. & Planch., Rev. Hort., sér. 4,
3: 109. 1854.
Sciadopanax Seem., J. Bot. 3: 74. 1865.
Tieghemopanax R. Vig., Bull. Soc. Bot. France 52:
305. 1905.

Genre représenté par env. 150 espèces (ou plus)
distribué sur l'ensemble des régions tropicales
de l'Ancien Monde; env. 50 spp. sont
rencontrées à Madagascar.

Buissons à arbres de taille moyenne,
hermaphrodites, andromonoïques, ou dioïques,
rarement des épiphytes, au tronc souvent
distinctement lenticellé, ou à motifs en diamant.
Feuilles alternes, souvent groupées à l'apex des
branches, une (deux ou trois) fois composées
imparipennées, ou rarement unifoliolées, avec
de peu à de multiples paires de folioles opposées
(rarement en verticilles de 4), entières à
crénelées-dentées, penninerves, noircissant
parfois en séchant, au rachis articulé aux nœuds,
à la base du pétiole souvent engainante ou ailée.
Inflorescences terminales, mais apparaissant
parfois latérales, généralement en panicules ou
corymbes d'ombelles multiflores, ou parfois en
racèmes d'ombelles, de racémules, ou d'épis,
fleurs petites, au pédicelle articulé; calice soudé
à marge ondulée ou dentée; pétales 4–5
(rarement 8 ou plus), libres, valvaires dans le
bouton; étamines en nombre égal à celui des
pétales; ovaire 1–5 (–7)-loculaire, styles en même
nombre que les carpelles, libres et récurvés dans
le fruit, ou soudés en un stylopode ressemblant à
un rostre, occasionnellement stigmates sessiles;
ovule 1 par loge. Le fruit est une petite drupe
charnue, indéhiscente, à 1–7 graine(s),
sphérique à elliptique ou ovale, généralement
pourpre, parfois comprimée latéralement,
couronnée par le bord du calice et les styles ou le
stylopode; graines à albumen rugueux ou fissuré.

Polyscias est distribué dans la forêt sempervirente
humide, sub-humide et de montagne, ainsi que
moins fréquemment dans la forêt décidue sèche et
sub-aride (ex. *P. boivinii*, à large distribution). On
peut le reconnaître à ses feuilles composées (de
une à trois fois) imparipennées (rarement
unifoliolées) à folioles opposées (très rarement
verticillées), et à ses fleurs au pédicelle
distinctement articulé. *Cuphocarpus*, aux fleurs
présentant un ovaire uniloculaire et qui est parfois
épiphyte, est ici provisoirement placé en synonymie
sous réserve d'études complémentaires.

Noms vernaculaires: *ambonambona, ambora,
ampalibe, andrianokoho, behelotsa, beholitse, betondro,
bokony, hambonambona, hazontohomadinika,
hazontsikotry, manigny, manongo, matambelona,
minongo, momamba, monogolahy, monongo-vavy,
pisoala, ramilevina, sakoakomba, sakoau-gidro,
salanvoha, talandoha, tantsilana, taolandoha,
taolandoka, tavatrila, tsahatsaomlilahy, tsimanefa,
vahintsilana, vantsilana, vantsilana lahy,
vantsilany, vasila, vatsilana, vatsilana ravimboanjo,
voantsilana, voantsilana-fotsy, voantsilany,
voantsimatra, voatsila, voatsilambato, voatsilambo,
vontaky, votsilamboay, zavaviala*

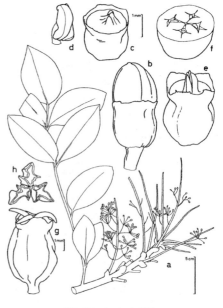

33. *Polyscias fraxinifolia*

Schefflera J. R. Forst. & G. Forst., Char. Gen. Pl.: 45. 1775. nom. cons.

Genre intertropical représenté par 650–700 espèces; env. 15 spp. sont rencontrées à Madagascar.

Buissons à arbres de taille moyenne, occasionnellement des buissons épiphytes ou des plantes grimpantes, hermaphrodites ou andromonoïques. Feuilles alternes, souvent groupées l'apex des branches, composées palmées avec 3–7 folioles entières à dentées ou lobées (en particulier sur le feuillage juvénile), penninerves, ou parfois trifoliolées ou unifoliolées, noircissant souvent en séchant, à l'apex parfois manifestement tronqué, la base du pétiole souvent embrassante. Inflorescences terminales, mais apparaissant souvent latérales sous les feuilles suite au dépassement d'un rameau axillaire, généralement en panicules d'ombelles ou en ombelles composées multiflores, ou parfois en épis, fleurs petites, au pédicelle non articulé; calice soudé à bord entier ou denté; pétales (4–)5(–7), libres, valvaires dans le bouton; étamines (4–)5 à multiples; ovaire (2–)5–20(–100)-loculaire, styles en même nombre que les carpelles, libres ou unis en un stylopode ressemblant à un rostre, ou stigmates sessiles; ovule 1 par loge. Le fruit est une petite drupe charnue, indéhiscente, avec de 2 à de multiples graines, couronnée par les styles ou le stylopode persistant(s); graines à albumen lisse.

Schefflera est distribué dans la forêt et le fourré sempervirents, humides, sub-humides et de montagne. On peut le reconnaître à ses feuilles composées palmées qui ne sont parfois que trifoliolées ou unifoliolées, et à l'absence

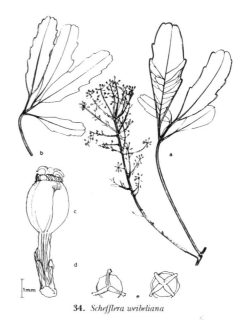

34. *Schefflera weibeliana*

d'articulation du pédicelle. De multiples espèces sont épiphytes; un groupe d'espèce d'arbres montre des folioles caractéristiques à l'apex tronqué; et le noircissement des feuilles au cours du séchage semble être plus fréquent que chez *Polyscias*.

Noms vernaculaires: *ambonambona, hazombatoberavina, ramy, taforo, taholandoha, talandoha, tokefaka, tongotsirika, tsingila, vandimbiny, vantsilakinasly, vantsilambato, vantsilana, vantsilana lahy, variaho, vatsilambato, voantsilana, voatsilambato*

ARECACEAE Juss.

Grande famille intertropicale représentée par près de 200 genres et env. 2 700 espèces.

Palmiers monoïques ou dioïques, généralement non ramifiés, solitaires ou en groupes, au tronc parfois renflé et souvent annelé de cicatrices foliaires. Feuilles alternes, groupées à l'apex de la tige, généralement disposées en spirales, rarement de façon distique sur un plan, ou tristique sur 3 plans, simples et penninerves, ou costapalmées et palmatinerves, ou composées paripennées, la base de la feuille (dans la bourgeon) formant une gaine tubulaire autour de la tige, se fendant généralement à l'opposé de la feuille et aux marges se désintégrant souvent en fibres, la gaine parfois longue et ne se fendant que tardivement en persistant comme un manchon au sommet de la tige, le limbe ou les folioles entières ou serretées à irrégulièrement déchirées, à l'apex parfois bifide, les folioles basales parfois modifiées en épines, ou de courtes épines bordant la marge du pétiole, ou marges des folioles et nervure principale munies d'épines, folioles disposées régulièrement le long du rachis, ou disposées irrégulièrement et réunies en groupes, stipules nulles. Inflorescences axillaires, partant soit au sein des feuilles, soit parfois en dessous d'elles, en épis ou paniculées, ramifiées de 1 à 4 fois, portées à l'aisselle d'une grande bractée (prophylle), avec généralement des bractées supplémentaires sous-tendant les axes, la première d'entre elles se référant à la bractée pédonculaire, fleurs petites à grandes, souvent regroupées dans les genres monoïques, parfois dans des triades encastrées d'une fleur femelle centrale et de deux fleurs mâles latérales, ces triades le plus souvent vers la base des axes de l'inflorescence, avec des fleurs mâles solitaires ou appariées vers l'apex, généralement protandres, i.e. les fleurs mâles s'ouvrant avant les fleurs femelles, fleurs généralement régulières à légèrement irrégulières, 3-mères, souvent sous-tendues par des bractéoles; sépales 3, libres ou soudés; pétales 3, libres ou soudés; étamines (1–2), 3, (4–5), 6, 12, 12–30, ou 52–59, filets courts, anthères biloculaires, généralement latrorses, à déhiscence longitudinale; pistillode présent ou non; ovaire supère, composé de 3 carpelles, uniloculaire ou 3-loculaire, stigmates 3, sessiles; ovule 1, ou 1 par loge. Le fruit est une petite à grande drupe charnue à fibreuse ou ligneuse, indéhiscente; graines à albumen abondant, homogène ou ruminé.

Dransfield, J. & H. Beentje. 1995. The Palms of Madagascar. Royal Botanic Gardens, Kew and the International Palm Society.

Jumelle, H. & H. Perrier de la Bâthie. 1945. Palmiers. Fl. Madagasc. 30: 1–186.

Clé des genres adapté de Dransfield & Beentje (1995).

1. Feuilles costapalmées.
  2. Pétiole muni d'épines crochues ou de dents grossières, irrégulières et noires, la plus grande mesurant au moins 3 mm de long.
    3. Petits palmiers en groupe aux troncs généralement penchés et couverts des gaines foliaires persistantes; pétiole muni d'épines crochues · · · · · · · · · *Hyphaene*
    3'. Grands palmiers solitaires aux troncs dressés, lisses; pétiole bordé de dents irrégulières, noires, la plus longue de 3–7 mm · · · · · · · · · · · · · *Borassus*
  2'. Pétiole inerme ou portant de minuscules dents de moins de 3 mm de long.
    4. Feuilles à nervioles transverses distinctes entre les nervures parallèles; endocarpe sculpté, portant des crêtes rameuses saillantes; dans la forêt sempervirente humide du nord-est · *Satranala*
    4'. Feuilles sans nervioles transverses distinctes entre les nervures parallèles; endocarpe lisse ou faiblement strié; zones herbeuses et arborées de l'ouest · · · · · · · *Bismarckia*
1'. Feuilles composées pennées, ou moins souvent entières et penninerves.
  5. Épines présentes sur les marges ou la nervure principale des folioles, ou les fibres le long de la gaine, le pétiole ou les folioles basales modifiés en épines.
    6. Folioles basales et/ou fibres le long de la gaine et marge du pétiole modifiées en épines. Pied fleurissant/fructifiant un nombre indéterminé de fois.
      7. Palmiers solitaires, dressés, surtout cultivés dans des plantations · · · · · · · *Elaeis*
      7'. Palmiers en groupe aux troncs généralement penchés, croissant dans des zones humides saisonnières à basse altitude · · · · · · · · · · · · · · · · · · *Phoenix*
    6'. Marges et nervures principales des folioles densément couvertes de courtes épines; pied qui meurt après floraison et fructification; fruit couvert de rangées d'écailles triangulaires · *Raphia*
  5'. Épines absentes.
    8. Apex des folioles irrégulièrement déchiré.
      9. Grands palmiers solitaires d'au moins 12 cm de diam., aux feuilles parfois disposées de façon distique sur un seul plan · · · · · · · · · · · · · · · · · · · *Orania*
      9'. Petits palmiers du sous bois aux tiges ne dépassant pas 2 cm de diam · · · · · · · ·
      · *Dypsis* (*D. thiryana*, *D. trapezoidea*)
    8'. Apex des folioles entier ou bifide, non irrégulièrement déchiré.
      10. Palmiers au manchon constitué par la gaine de la feuille basale bien marqué au sommet de la tige.
        11. Fleurs mâles avec plus de 50 étamines; fruit liégeux, à la surface couverte de petits polygones, verruqueuse; immenses palmiers de la canopée · · · · · · · ·
        · *Lemurophoenix*
        11'. Fleurs mâles avec 3 ou 6 étamines; fruit charnu, à surface lisse, ni verruqueuse ni couverte de petits polygones; petits à grands palmiers · · · · · · · · · · · *Dypsis*

10'. Palmiers sans manchon au sommet de la tige.
    12. Feuilles dont la marge fibreuse de la gaine s'étend jusqu'aux folioles basales et qui se désintègre avec le temps en formant à un pseudopétiole.
        13. Tiges généralement courbées et penchées; palmiers cultivés près des habitations ou naturalisés le long des grèves · · · · · · · · · · · · · · · · *Cocos*
        13'. Tiges droites et dressées; palmiers forestiers.
            14. Folioles 100–130 par coté; bractée pédonculaire à l'apex du pédoncule, à abcission circumscissile et laissant une cicatrice en forme de collier
            · *Beccariophoenix*
            14'. Folioles 70 par coté, bractée pédonculaire près de la base du pédoncule, persistante · *Voanioala*
    12'. Marge de la gaine foliaire non densément et largement fibreuse, feuille portée par un vrai pétiole ou non.
        15. Palmiers massifs, petits à moyens, au tronc couvert par les bases persistantes des feuilles, collectrices de débris.
            16. Folioles d'un blanc gris sur la face inférieure · · · · · · · · *Ravenea albicans*
            16'. Folioles vertes sur les faces inférieure et supérieure.
                17. Pétiole bien développé, qui annonce la gaine couverte de brillantes écailles châtains · *Ravenea louvelii*
                17'. Pétiole absent, ou si présent, indument seulement terne, clairsemé.
                    18. Folioles disposées dans des groupes en éventail réguliers · · · · · · · ·
                    · *Dypsis marojejyi*
                    18'. Folioles disposées régulièrement, ou si irrégulièrement, non dans des groupes réguliers en éventail, ou folioles entières.
                      19. Inflorescences longuement exsertes dans le bouton, en forme de torpille, la bractée pédonculaire densément couverte d'un indument brun-rougeâtre · · · · · · · · · *Dypsis* (*D. perrieri*, *D. moorei*)
                      19'. Inflorescences cachées dans le bouton, ou si exsertes, non en forme de torpille, la bractée pédonculaire glabre.
                        20. Inflorescences condensées, cachées à la base des feuilles dans la litière, pendantes, ramifiées 1 fois, généralement unisexuées
                        · *Marojejya*
                        20'. Inflorescences allongées, exsertes, ramifiées 2 fois, bisexuées
                        · *Masoala*
    15'. Palmiers de sous-bois ou de taille moyenne; feuilles se cassant de façon nette à la base, la gaine non persistante mais collectrice de débris.
        21. Palmiers solitaires, petits à grands, dioïques; couronne ressemblant généralement à un "volant de badminton", feuilles à gaines plus ou moins ouvertes; inflorescences munies d'env. 5 bractées · · · · · · *Ravenea*
        21'. Palmiers solitaires ou en groupe, de très petite taille et grêles à taille moyenne, monoïques; couronnes aux palmes en arches, les gaines généralement partiellement tubulaires, formant un manchon au sommet de la tige; inflorescences munies de 2 bractées · · · · · · · · *Dypsis*

Taxons cultivés importants: *Elaeis guineensis* (*tsingolo* ou palmier à huile, ou *oil-palm*), cultivé dans des plantations le long de la côte est et planté ailleurs; *Cocos nucifera* (*voaniho* ou cocotier, *coconut*), largement planté et naturalisé le long des côtes.

Beccariophoenix Jum. & H. Perrier, Ann. Fac. Sci. Marseille 23: 34, fig. 1, 2. 1915.

Genre endémique monotypique.

Palmiers solitaires, monoïques, de taille moyenne, atteignant 12 m de haut, au tronc quelque peu "échelonné" vers l'apex. Feuilles composées pennées, 11–30 dans la couronne, plus d'autres feuilles se flétrissant avant de tomber, manchon au sommet de la tige absent, la gaine foliaire portant initialement 2 grandes auricules triangulaires, qui se désintégrent en fibres, de sorte que la gaine forme alors un pseudopétiole de 0,8 m de long, folioles 100–130 par coté, régulièrement disposées, entières, raides, à nervioles transverses manifestes, d'un léger blanc cireux dessous. Inflorescences partant entre les

35. *Beccariophoenix madagascariensis*

feuilles, ramifiées 1(–2) fois, la bractée pédonculaire portée vers l'apex du pédoncule, à abcission circumscissile et laissant une cicatrice en forme de collier, axes floraux 31–46, droits, fleurs grandes, portées dans des triades d'une fleur femelle centrale et de deux fleurs mâles latérales disposées de façon distique le long de l'axe florale, fleurs mâles solitaires ou appariées vers l'apex; sépales 3, libres, imbriqués; pétales 3, libres ou légèrement soudés à la base; étamines 18–21, filets courts, anthères basifixes, latrorses, à déhiscence longitudinale; ovaire 3-loculaire, stigmates 3, sessiles; ovule 1 par loge; staminodes soudés en un anneau irrégulièrement denté. Le fruit est une grande drupe sèche, fibreuse, indéhiscente, à 1 seule graine, ovoïde, d'un brun-pourpre, sous-tendue par le périanthe persistant, quelque peu accrescent et en forme de coupe, à l'apex un peu rostré; graine à albumen profondément ruminé.

Beccariophoenix madagascariensis est distribué dans la forêt sempervirente humide et sub-humide. On peut le reconnaître à ses gaines foliaires fibreuses se désintégrant pour former des pseudopétioles et à sa grande bractée pédonculaire, circumscissile et portée à l'apex du pédoncule. Il n'est pratiquement connu que de deux populations: dans le PN de Mantady où il continue d'être exploité pour son cœur et à Sainte Luce au nord de Fort-Dauphin.

Noms vernaculaires: *manara, manarano, maroala, sikomba*

Bismarckia Hildebrandt & H. Wendl., Bot. Zeit. 39: 90, 93. 1881.

Genre endémique monotypique.

Palmiers solitaires, dioïques, de taille moyenne à grande, au tronc dressé, lisse, atteignant 20 m de haut. Feuilles costapalmées, 13–30 formant une couronne hémisphérique, le pétiole de 0,7–2 m de long, la marge coupante ou portant de minuscules dents, couverte comme l'est le limbe de cire blanche et d'écailles frangées rougeâtres, limbe env. 1,5 m de diam. avec 50–77 segments pliés une fois, entier, divisé sur $\frac{1}{4}$ à $\frac{1}{3}$ de sa longueur. Inflorescences portées entre les feuilles et plus courtes que ces dernières, ramifiées 2 fois, fleurs mâles en groupes de 3, émergeant 1 à la fois, fleurs femelles solitaires, fleurs petites; calice soudé en tube avec 3 lobes (mâle), ou sépales 3, brièvement soudés à la base (femelle); corolle soudée avec 3 lobes (mâle), ou pétales 3, brièvement soudés à la base (femelle); étamines 6, insérées à la base des lobes corollins, filets courts, anthères latrorses, à déhiscence longitudinale; pistillode petit, conique; ovaire 3-loculaire, mais un seul carpelle se développant dans le fruit, stigmates 3, sessiles, légèrement réfléchis; ovule 1 par loge; staminodes soudés en anneau avec 6 dents portant des anthères réduites et stériles. Le fruit est un grande drupe fibreuse à spongieuse, indéhiscente, à 1 seule graine, ovoïde, lisse, verte à brune, l'endocarpe avec des intrusions superficielles; graine à albumen homogène.

Bismarckia nobilis est largement distribué dans les zones herbeuses sèches et sub-arides de l'ensemble de l'ouest et à l'extrême nord où il est souvent le seul arbre restant après les feux répétés. On peut le reconnaître à ses feuilles costapalmées aux pétioles inermes et à ses fruits ovoïdes, lisses, verts à bruns, dont l'endocarpe présente des intrusions superficielles mais sans crête ailée distincte. Le genre africain *Medemia*, dans lequel l'espèce avait été transférée un certain temps, est généralement considéré comme distinct de *Bismarckia*.

Noms vernaculaires: *satra, satrabe, satrana, satranabe, satrapotsy*

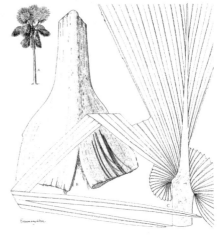

36. *Bismarckia nobilis*

Borassus L., Sp. Pl.: 1187. 1753.

Genre représenté par 5 espèces distribué en Afrique (1 sp.), à Madagascar (2 spp. endémiques), en Inde, Asie du Sud-Est et Malaisie (1 sp.), et en Nouvelle Guinée (1 sp.).

Grands palmiers solitaires, dioïques, au tronc dressé, souvent renflé au milieu ou juste au-dessus, lisse, atteignant 18 m de haut. Feuilles costapalmées, 12–30 formant une couronne sphérique, le pétiole de 1–3 m de long portant de grandes dents noires le long de la marge, le limbe de plus de 1 m de long parsemé d'écailles orange-rougeâtre sur les deux faces. Inflorescences portées entre les feuilles et plus courtes que celles ci, les staminées ramifiées 2 fois, les pistillées non ramifiées ou ramifiées 1 fois, fleurs petites (mâles) ou petites à grandes (femelles), sous-tendues par des bractéoles ressemblant à des coupes; sépales 3, soudés à la base ou sur $^2/_3$ de leur longueur; pétales 3, soudés à la base (mâle) ou libres (femelle); étamines 6, filets courts, anthères latrorses, à déhiscence longitudinale; pistillode petit; ovaire 3-loculaire, stigmate subsessile, ressemblant à une bosse; ovule 1 par loge; staminodes 6, soudés à la base en un anneau, aux anthères stériles. Le fruit est une très grande drupe (10–20 cm de diam.) fibreuse à ligneuse, indéhiscente, contenant 3 pyrènes osseux; graines à albumen homogène.

Borassus est distribué dans les plaines inondées ouvertes, sub-humides et sèches, de l'ouest depuis Ambanja jusqu'au fleuve Malio. On peut le reconnaître à ses pétioles bordés de grandes dents noires sur la marge et à ses très grands fruits fibreux à ligneux. Les 2 espèces endémiques (la plus au nord *B. sambiranensis* et la plus au sud *B. madagascariensis*) sont très affines et diffèrent peu de l'espèce africaine *B. aethiopum*.

Noms vernaculaires: *befelatanana*, *dimaka*, *marandravina*

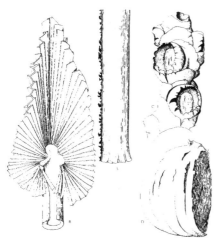

37. *Borassus madagascariensis*

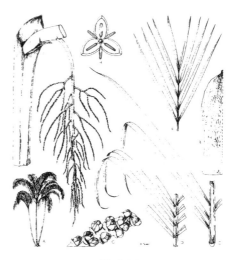

38. *Dypsis*

Dypsis Noronha ex Mart., Hist. Nat. Palm. 3: 180. 1838.

Antongilia Jum., Ann. Inst. Bot.-Géol. Colon. Marseille, sér. 4, 6: 19. 1928.

Chrysalidocarpus H. Wendl., Bot. Zeit. 36: 117. 1878.

Neodypsis Baill., Bull. Mens. Soc. Linn. Paris 2: 1172. 1894.

Neophloga Baill., Bull. Mens. Soc. Linn. Paris 2: 1173. 1894.

Phloga Noronha ex Hook. f. in Benth. & Hook. f., Gen. Pl. 3: 877, 909. 1883.

Vonitra Becc., Bot. Jahrb. Syst. 38 Beibl. 87: 18. 1906.

Genre représenté par env. 140 espèces qui sont toutes endémiques de Madagascar à l'exception de 2 spp. des Comores et d'1 sp. de Pemba.

Petits palmiers acaules à grands palmiers, monoïques, solitaires ou en groupes, au tronc dressé, rarement ramifié, parfois renflé, rarement grimpant. Feuilles composées paripennées, ou rarement simples et penninerves, la marge entière ou dentée-spinescente, l'apex bifide à profondément divisé ou rarement irrégulièrement déchiré, les gaines tubulaires formant un manchon manifeste au sommet de la tige, parfois avec des fibres couvrant le tronc, parfois disposées sur 3 plans, folioles pliées 1 à de multiples fois, régulièrement ou irrégulièrement disposées en groupes, généralement entières, l'apex rarement irrégulièrement déchiré. Inflorescences partant généralement entre les feuilles, axillaires, rarement sous les feuilles, en épis ou ramifiées de 1 à 4 fois, fleurs petites, portées dans des triades légèrement encastrées d'une fleur femelle centrale et de deux fleurs mâles latérales; sépales 3, imbriqués; pétales 3, légèrement soudés à la base ou libres; étamines (1–2) 3 (soit opposées aux sépales, soit aux pétales) (4–5) ou 6, parfois accompagnées de 3 staminodes, filets courts, anthères à déhiscence longitudinale; pistillode présent ou absent; ovaire uniloculaire, stigmates 3, sessiles; ovule 1; staminodes 3 ou 6, dentiformes. Le fruit est une petite à grande drupe charnue à fibreuse, indéhiscente, sphérique à ellipsoïde, verte à rouge ou noire; graine à albumen homogène à profondément ruminé.

Dypsis est distribué dans la forêt et le fourré sempervirents, humides et sub-humides, rarement de montagne, ainsi qu'occasionnellement dans la forêt semi-décidue sèche (comme *D. madagascariensis*). Le concept large de *Dypsis* qu'ont adopté Dransfield & Beentje inclut une grande variété de formes de croissances, des palmiers acaules du sol forestier aux grands palmiers solitaires, mais qui sont tous monoïques. En général les espèces munies de tiges ont des feuilles aux gaines formant un manchon distinct à l'exception des espèces à ramifications dichotomes avec des fibres couvrant le tronc et qui étaient antérieurement reconnues sous le genre *Vonitra*.

Noms vernaculaires: *ambolo, ambosa, babovavy, bedoda, bejofo, besofina, betefaka, fanikara, fanjana, farihazo, fitsiriky, hirihiry, hova, hovatra, hovoka, hovomantsina, hovotraomby, hovotravavy, hozatanana, kase, kindro, kizohazo, laafa, laboka, lafahazo, lafaza, lakatra, lavaboka, lavaboko, lopaka, madiovozona, manambe, mangidibe, maroala, matitana, matitanana, menamosona, menamosona beratyraty, menavozona, monimony, olokoloka, ovana, ovatsiketry, ovobontsira, ovodaafa, ovomamy, rahoma, rahosy, raosy, ravimbontro, ravintsira, rehazo, sarimadiovozona, sihara, sihara leibe, sinkara, sinkaramboalavo, sinkarambolavo maroampototra, sinkiara, sira, sirahazo, talanoka, taokonampotatra, tavilo, tokoravina, tongalo, tsaravoasira, tsikara, tsimikara, tsingovatra, tsingovatrovatra, tsinkara, tsinkary, tsinkiara, tsinkiara mavinty, tsirika, tsiriki andrianatonga, tsobolo, vakaka, varaotra, vonitra, vonitrambohitra, vonitrandrano*

Hyphaene Gaertn., De Fruct. Sem. Pl. 1: 28. 1788.

Genre représenté par 10 espèces distribué en Afrique, en Arabie, à Madagascar (1 sp. partagée avec l'Afrique) et à l'ouest de l'Inde.

Petits palmiers dioïque, en groupe, atteignant 6 m de haut, au tronc occasionnellement ramifié (généralement à ramifications dichotomes en Afrique), généralement légèrement penché, couvert de bases foliaires persistantes. Feuilles costapalmées, 9–20 dans la couronne, et jusqu'à 9 supplémentaires qui persistent en se flétrissant

avant de tomber, pétiole de 60–97 cm de long, bordé d'épines crochues sur la marge, limbe d'env. 70 cm de long avec 39–55 segments pliés 1 fois, entier, les sinus portant des filaments manifestes. Inflorescences portées entres les feuilles et plus courtes que celles ci, ramifiées 2 fois (staminées) et les fleurs mâles en groupes de 3, ou ramifiées 1 fois (pistillées) et les fleurs femelles solitaires, fleurs petites; calice soudé en tube avec 3 lobes (mâle), ou sépales 3, libres (femelle); corolle soudée avec 3 lobes (mâle), ou pétales 3, libres (femelle); étamines 6, filets courts, soudés à la base, anthères à déhiscence longitudinale; pistillode petit ou absent; ovaire 3-loculaire, généralement avec 1 seul carpelle se développant dans le fruit, stigmates 3, sessiles; ovule 1 par loge; staminodes soudés en un anneau avec 6 dents portant des anthères stériles. Le fruit est une grande (jusqu'à 6 cm de long et de diam.) drupe fibreuse à ligneuse, indéhiscente, au sommet irrégulièrement conformé, rouge; graine à albumen homogène.

Hyphaene coriacea est largement distribué dans les zones herbeuses ouvertes, dégradées, sèches et sub-arides, depuis le sud de Toliara jusqu'à Antsiranana, où il est capable de résister au feu. Parmi les genres aux feuilles costapalmées, on peut le reconnaître aux marges des pétioles bordées d'épines crochues et à ses fruits fibreux à ligneux, rouges, au sommet irrégulièrement conformé.

Noms vernaculaires: *satrana, sata*

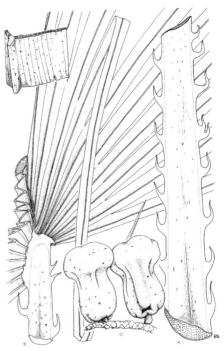

39. *Hyphaene coriacea*

Lemurophoenix J. Dransf., Kew Bull. 46: 61. 1991.

Genre endémique monotypique.

Grand palmier solitaire et monoïque atteignant 20 m de haut, au tronc lisse et annelé par les cicatrices foliaires. Feuilles pennées, la gaine longuement tubulaire, formant un manchon manifeste au sommet de la tige, rose-grisâtre, couvert de cire et d'écailles brunâtres, rachis de 4,25 m de long, folioles disposées régulièrement, env. 60 par coté, entières, à l'apex acuminé ou bifide sur les folioles terminales. Inflorescence massive, partant entre les feuilles, ramifiée 3 fois, les axes floraux pendants, fleurs petites, portées dans des triades d'une fleur femelle centrale et de deux fleurs mâles latérales sur les $^2/_3$ proximaux des axes floraux, ou une paire de fleurs mâles sur le tiers distal de l'axe floral; sépales 3, plus ou moins libres, imbriqués; pétales 3, imbriqués avec des pointes valvaires; étamines 52–59, filets distincts, anthères médifixes, latrorses, à déhiscence longitudinale; pistillode columnaire, caché dans les bases des filets; ovaire uniloculaire, stigmates 3, sessiles; ovule 1; staminodes 10–12, dentiformes et entourant le gynécée. Le fruit est une grande drupe spongieuse, indéhiscente, à 1 seule graine, globuleuse, de couleur châtain, la surface couverte de polygones liégeux-verruqueux; graines à albumen superficiellement ruminé.

41. *Marojejya darianii*

Lemurophoenix halleuxii est distribué dans la forêt sempervirente humide mais n'est connu que de 2 localités dans la région de la baie d'Antongil. On peut le reconnaître à son long manchon rose-grisâtre au sommet de la tige et à ses fruits spongieux, globuleux, de couleur châtain et à la surface couverte de polygones liégeux-verruqueux.

Noms vernaculaires: *hovitra vari mena*

Marojejya Humbert, Mém. Inst. Sci. Madagascar, sér. B, Biol. Vég. 6: 92. 1955.

Genre endémique représenté par 2 espèces.

Palmiers solitaires de taille moyenne, monoïques, atteignant 15 m de haut, au tronc dressé, souvent couvert de restes de gaines foliaires accumulant la litière. Feuilles entières à irrégulièrement découpées ou composées pennées, 15–30 dans la couronne, dressées et ressemblant à un énorme "volant de badminton", la gaine munie ou non d'auricules, le limbe entier mesurant jusqu'à 5 m de long, l'apex bifide, ou la feuille entière sur le $^1/_4$ proximal puis régulièrement pennées sur la partie distale avec 30–60 folioles entières par coté, ou toute la feuille régulièrement pennée avec 59–84 folioles entières par coté. Inflorescence portées entre les feuilles, axillaires, condensées et cachées par la litière dans les bases des feuilles, généralement unisexuées, ramifiées 1 fois, les staminées portant des fleurs mâles appariées vers la base, occasionnellement quelques fleurs femelles à la base, fleurs solitaires vers l'apex, les pistillées portant des dépressions de 2 petites fleurs mâles abortives et une fleur femelle, fleurs petites; sépales 3, libres; pétales 3, libres ou soudés à la base (mâle); étamines 6, filets soudés à la base,

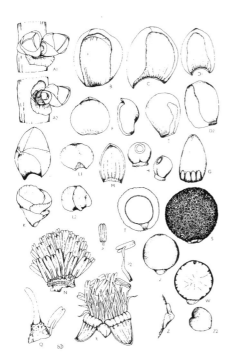

40. *Lemurophoenix halleuxii*

anthères médifixes, versatiles, latrorses, à déhiscence longitudinale; pistillode très petit, 3-lobé; ovaire uniloculaire, stigmates 3, sessiles, récurvés; ovule 1; staminodes 6, étroitement triangulaires. Le fruit est un grande drupe charnue, indéhiscente, à 1 seule graine, obovoïde, rouge à pourpre-noir, portant dans la partie subapicale à latérale les restes du stigmate; graine à albumen homogène.

Marojejya est distribué dans la forêt sempervirente humide et sub-humide jusqu'à 1 150 m d'altitude depuis le PN d'Andohahela jusqu'au PN de Marojejy; *M. darianii*, aux feuilles entières spectaculaires, n'est connu que de la presqu'île Masoala et du nord-est de Maroantsetra; bien que plus largement distribué, *M. insignis* existe dans des populations relativement petites et est menacé par l'exploitation de son cœur. *Marojejya* diffère de *Masoala* par ses inflorescences unisexuées, condensées, cachées par la litière accumulée dans les bases foliaires, les inflorescences ramifiées 1 fois et portant des fleurs avec un pistillode minuscule, et à ses fruits asymétriques munis des restes stigmatiques sur la partie subapicale ou latérale.

Noms vernaculaires: *beondroka, besofina, betefoka, fohitanana, hovotralanana, kona, konabe, mandanzezika, maroalavehivavy, menamoso, ravimbe*

Masoala Jum., Ann. Inst. Bot.-Géol. Colon. Marseille, sér. 5, 1: 8. 1933.

Genre endémique représenté par 2 espèces.

Palmiers solitaires, monoïques, de petite à moyenne taille, atteignant 10 m de haut, au tronc dressé, couvert de restes de gaines foliaires vers l'apex, lisse dessous. Feuilles composées pennées, 13–31 dans la couronne, et quelques persistantes se flétrissant avant de tomber, manchon absent au sommet de la tige, folioles disposées régulièrement, 55–70 par coté (*M. madagascariensis*), ou irrégulièrement avec les segments de la base plus grands (non divisés) et pliés de multiples fois, 6–15 par coté (*M. kona*), raides, à l'apex bifide ou irrégulièrement denté. Inflorescences portées entre les feuilles, allongées, exsertes, ramifiées 2 fois, bisexuées, les axes floraux droits, épais, portant des triades d'une fleur femelle centrale et de deux fleurs mâles latérales, ou fleurs femelles solitaires vers la base et fleurs mâles appariées ou solitaires vers l'apex, fleurs petites; sépales 3, libres, imbriqués; pétales 3, brièvement soudés à la base ou libres, valvaires ou imbriqués avec des pointes valvaires; étamines 6, filets distincts, anthères dorsifixes, latrorses, à déhiscence longitudinale; pistillode cylindrique à conique, aussi grand qu'une étamine; ovaire uniloculaire, stigmates 3, triangulaires, sessiles; ovule 1; staminodes 6, minuscules. Le fruit est un grande drupe charnue, indéhiscente, à 1 seule graine, subglobuleuse, brun-jaunâtre, couronnée par les restes du stigmate persistant; graine à albumen homogène.

Masoala est distribué dans la forêt sempervirente humide depuis le PN de Ranomafana dans la région d'Ifanadiana jusqu'au PN de Marojejy. Il diffère de *Marojejya* par ses inflorescences bisexuées, allongées et qui sont ramifiées 2 fois, aux fleurs avec un grand pistillode, et à ses fruits symétriques portant à l'apex des restes stigmatiques.

Noms vernaculaires: *hovotralanana, kase, kogne, kona, mandanozezika*

Orania Zipp., in Blume, Alg. Konst-Lett.-Bode 1829(19): 297. 1829.

Halmoorea J. Dransf. & N. W. Uhl, Principes 28: 164. 1984.
Sindroa Jum., Ann. Inst. Bot.-Géol. Colon. Marseille, sér. 5, 1: 11. 1933.

Genre représenté par env. 19 espèces dont 3 spp. endémiques de Madagascar, les autres étant distribuées en Malaisie (surtout en Nouvelle Guinée).

Palmiers solitaires, monoïques de taille moyenne à grande, au tronc parfois renflé à la base, souvent manifestement annelé par les cicatrices foliaires, sinon lisse. Feuilles pennées, parfois sur un seul plan en ressemblant à *Ravenala*, manchon absent au sommet de la tige, gaine bien développée, épaisse, ligneuse et portant un indument dense, folioles disposées régulièrement sur un

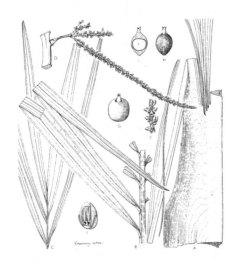

42. *Masoala madagascariensis*

43. *Orania longisquama*

seul plan, à l'apex irrégulièrement déchiré, avec un indument dense et blanc dessous. Inflorescences portées entre les feuilles, axillaires, ramifiées 2 ou 3 fois, fleurs petites à grandes, disposées en triades ou appariées (staminées); calice soudé avec 3 lobes triangulaires, aplatis, étalés; pétales 3, libres, valvaires, de couleur crème; étamines 12–30, filets distincts, anthères extrorses-latrorses, à déhiscence longitudinale; pistillode absent; ovaire 3-loculaire, stigmates 3, sessiles, récurvés; ovule 1 par loge; staminodes 9–12. Le fruit est une grande drupe charnue, indéhiscente, contenant de 1 à 3 graine(s), globuleuse à 2–3-lobée, verte à jaune; graine à albumen homogène.

Orania est distribué dans la forêt sempervirente humide et sub-humide; *O. longisquama* a des feuilles disposées en spirales alors que *O. ravaka* (folioles portant des écailles brun-rougeâtre; inflorescences ramifiées 2 fois seulement; tronc plus grêle) et *O. trispatha* (folioles portant des écailles gris-pâle; inflorescences ramifiées 3 fois; tronc plus robuste, plus épais) ont des feuilles disposées de manière distique sur un seul plan et ressemblent à des *Ravenala*. Parmi les grands palmiers solitaires, *Orania* peut aisément être distingué à ses folioles irrégulièrement déchirées à l'apex.

Noms vernaculaires: *anivona, ovobolafotsy, sindro, sindroa, vakapasy, vapakafotsy*

Phoenix L., Sp. Pl.: 1188. 1753.

Genre représenté par env. 17 espèces distribué dans les régions tropicales et subtropicales les plus sèches de l'Ancien Monde, 1 sp. est rencontrée à Madagascar qui est par ailleurs largement distribuée en Afrique.

Petits palmiers dioïques, en groupe, non ramifiés et formant des fourrés atteignant 3 m de haut, au tronc généralement à peine penché, couvert de gaines foliaires persistantes sur 1–2 m sous la couronne, son entaille laissant s'écouler une exsudation de gomme jaunâtre clair. Feuilles pennées, à la section en forme de V, courbées en arches, de 2–3 m de long, se flétrissant avant de tomber, folioles entières, les plus basses modifiées en épines acérées, les médianes disposées en groupes de 2–5. Inflorescences portées entre les feuilles, au prophylle d'env. 70 cm de long, ramifiées 1 fois, portant de nombreux axes floraux, fleurs petites; calice soudé en forme de coupe, 3-lobé; pétales 3, plus ou moins valvaires dans les fleurs mâles, imbriqués dans les fleurs femelles, blancs; étamines 6, libres, filets très courts, anthères latrorses, à déhiscence longitudinale; pistillodes 3, minuscules; gynécée de 3 carpelles séparés, dont 1 seul se développe généralement dans le fruit, stigmate sessile, légèrement récurvé; ovule 1 par carpelle; staminodes 6, ressemblant à des écailles. Le fruit est un grande drupe charnue à sèche, indéhiscente, de couleur orange; graine profondément cannelée le long de la face ventrale, à albumen homogène.

Phoenix reclinata est distribué sporadiquement dans les zones dégradées ouvertes et le long des routes dans les régions humides, sub-humides, sèches et sub-arides, généralement dans des

44. *Phoenix reclinata*

endroits inondés de façon saisonnière à basse altitude. On peut le reconnaître à ses folioles basales modifiées en épines acérées.

Noms vernaculaires: *dara, taratra, taratsy*

Raphia P. Beauv., Fl. Owar. 1: 75. 1809.

Genre représenté par env. 28 espèces distribuées en Afrique, dont 1 sp. est également rencontrée en Amérique du Sud (*R. taedigera*) et 1 sp., probablement introduite, rencontrée à Madagascar (*R. farinifera*).

Palmiers solitaires, monoïques, de taille moyenne, ne fructifiant qu'une fois avant de mourir, au tronc dressé et couvert de gaines foliaires persistantes. Feuilles pennées, env. 12 formant une couronne ressemblant à un gigantesque "volant de badminton", au pétiole d'env. 1,5 m de long, au rachis de 2–3 m de long avec env. 150 folioles par coté insérées sur 2 plans, la marge et la nervure principale densément couvertes de courtes épines, cireux dessous. Inflorescences axillaires partant de feuilles réduites à l'apex de la tige, pendantes, ramifiées 2 fois, de 3 m de long, fleurs petites, entourées d'une bractée tubulaire; calice soudé en tube, discrètement à distinctement 3-lobé; corolle soudée en tube, 3-lobé; étamines 6, insérées à l'ouverture du tube corollin, filets légèrement soudés, anthères basifixes, à déhiscence longitudinale; pistillode absent; ovaire 3-loculaire, stigmates 3, soudés, sessiles; ovule 1 par loge, mais 1 seul se développant généralement dans le fruit;

46. *Ravenea madagascariensis*

staminode absent. Le fruit est un grande drupe huileuse, indéhiscente, à 1 seule graine, ovoïde, brun-rougeâtre, couverte d'env. 12 rangées d'écailles durcies, brillantes, réfléchies et portant une cannelure médiane; graines à albumen profondément ruminé.

Raphia farinifera est distribué dans les zones dégradées humides et sub-humides près d'installations humaines, de 50 m à 1 000 m d'altitude sur l'ensemble de l'est et dans la région du Sambirano. On peut le reconnaître aux marges de ses folioles densément bordées de courtes épines, et à ses fruits ovoïdes, brun-rougeâtre, couverts d'env. 12 rangées d'écailles durcies, brillantes et réfléchies.

Noms vernaculaires: *raffia*

Ravenea C. D. Bouché, Monatsschr. Vereines Beförd. Gartenbaues Königl. Preuss. Staaten 21: 197, 324. 1878.

Louvelia Jum. & H. Perrier, Compt. Rend. Hebd. Séances Acad. Sci. 155: 410. 1912.

Genre endémique (en incluant les Comores avec 2 spp.) représenté par 17 espèces.

Petits à grands palmiers solitaires, dioïques, au tronc parfois renflé à la base, lisses. Feuilles pennées, manchon absent au sommet de la tige, la couronne ayant souvent une apparence de "volant de badminton", la gaine foliaire ouverte et se désintégrant en fibres, non tubulaire, les folioles disposées régulièrement, généralement raides, portant rarement un indument dense et blanc dessous. Inflorescences portées dans les feuilles, axillaires, allongées et exsertes, ou courtes et condensées, ramifiées 1 ou 2 fois (staminées), ou 1 fois (pistillées), munies de 5 bractées y compris le

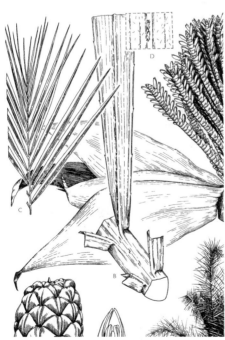

45. *Raphia farinifera*

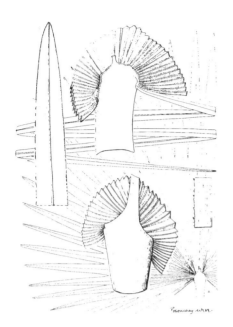

47. *Satranala decussilvae*

prophylle, fleurs petites; sépales 3, soudés à la base; pétales 3, libres, souvent charnus; étamines 6, adnées aux sépales et pétales, filets grêles, courts, rarement soudés en un anneau, anthères basifixes, latrorses, à déhiscence longitudinale; pistillode court, trifide; ovaire 3-loculaire, stigmates 3, sessiles, charnus, récurvés; ovule 1 par loge; staminodes 6(–10), portant des anthères réduites, stériles. Le fruit est une petite à grande drupe charnue, indéhiscente, contenant de 1 à 3 graine(s), globuleuse ou 2–3-lobée, jaune à orange ou rouge, ou moins souvent pourpre à noire; graine à albumen homogène.

Ravenea est distribué dans la forêt sempervirente humide et sub-humide, et moins souvent dans la forêt et le fourré décidus, secs et sub-arides (*R. sambiranensis*) et localisé dans la RNI du Tsingy de Bemaraha; *R. glauca* dans la région d'Ihosy et dans le PN de l'Isalo; *R. xerophila* depuis le PN d'Andohahela jusqu'à Ampanihy). On peut le reconnaître à son tronc solitaire généralement lisse, sa couronne généralement en forme de "volant de badminton", ses gaines foliaires ouvertes se désintégrant en fibres, ses folioles disposées régulièrement, ses inflorescences munies d'env. 5 bractées et à sa diécie.

Noms vernaculaires: *ahaza, anive, anivo, anivokely, anivona, bakaly, bokombio, gora, hovotravavy, hoza-tsiketra, laafa, lakabolavo, lakamarefo, lakatra, loharanga, mafahely, malio, manara, monimony, ovotsarorona, ramangaisina, retanana, saroroira, sihara, sindro madiniky, siraboto, soindro, tanave, torendriky, tovovoko, tsilanitafika, vakabe, vakaboloka, vakaka, vakakabe, vakaky, vakapasy*

Satranala J. Dransf. & Beentje, Kew Bull. 50: 87. 1995.

Genre endémique monotypique.

Palmiers solitaires, dioïques, de taille moyenne, atteignant 15 m de haut, au tronc dressé, un peu renflé à la base et portant parfois des racines-échasses aériennes juste au-dessus de la base. Feuilles costapalmées, 20–24 formant la couronne, le pétiole d'env. 1,5 m de long, bordé sur la marge d'épines mesurant jusqu'à 3 mm de long, le limbe d'env. 2 m de diam., avec 54–57 segments pliés une fois, bifide à l'apex, entier, divisé sur $^1/_1$ ou $^1/_3$ de sa longueur et montrant des nervioles transverses distinctes entre les nervures parallèles. Inflorescences portées entre les feuilles, ramifiées 2 fois, fleurs petites. Le fruit est une grande drupe charnue à fibreuse, indéhiscente, à 1 seule graine, globuleuse, noir-pourpre, l'endocarpe portant des crêtes rameuses saillantes; graine à albumen profondément ruminé.

Satranala decussilvae est distribué dans la forêt sempervirente humide dans la Réserve de Biosphère de Mananara et sur la partie orientale du PN de Masoala. Parmi les genres aux feuilles costapalmées, on peut le reconnaître à ses pétioles portant de minuscules dents, ses folioles aux nervioles transverses distinctes entre les nervures parallèles et à ses fruits à l'endocarpe portant des crêtes ailées.

Nom vernaculaire: *satranabe*

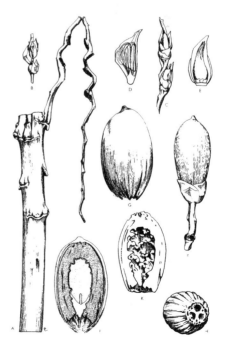

48. *Voanioala gerardii*

Voanioala J. Dransf., Kew Bull. 44: 192. 1989.

Genre endémique monotypique.

Palmiers solitaires, monoïques, de taille moyenne, atteignant 15 m de haut, au tronc dressé, distinctement "échelonné" et annelé par les cicatrices foliaires obliques. Feuilles composées pennées, 15–20 dans la couronne, manchon absent au sommet de la tige, gaine foliaire formant un épais pseudopétiole rectangulaire de 1,5 m de long, folioles env. 70 par coté, disposées régulièrement, raides et coriaces, entières, à l'apex aléatoirement bilobé. Inflorescences portées entre les feuilles, ramifiées 1 fois, bractée pédonculaire portée près de la base du pédoncule, persistante, axes floraux env. 60, fleurs petites à grandes, légèrement irrégulières, portées dans des triades d'une fleur femelle centrale et de deux fleurs mâles latérales vers la base, fleurs mâles appariées ou solitaires vers l'apex; sépales 3, libres, imbriqués; pétales 3, libres, inégaux, valvaires; étamines 12, filets en forme d'alènes, anthères basifixes, latrorses, à déhiscence longitudinale; ovaire 3-loculaire, stigmates 3, sessiles; ovule 1 par loge; staminodes en un anneau portant 9 dents triangulaires irrégulières. Le fruit est une grande drupe fibreuse, indéhiscente, à 1 seule graine, ellipsoïde, rouge, couronnée par les restes du stigmate, l'endocarpe épais, cannelé longitudinalement, résultant en des intrusions superficielles et irrégulières dans l'albumen; graine à albumen homogène.

Voanioala gerardii est distribué dans la forêt sempervirente humide et n'est connu que de la presqu'île Masoala. On peut le reconnaître à son tronc dressé, distinctement échelonné, à la bractée pédonculaire persistante portée près de la base du pédoncule et à ses fruits fibreux, ellipsoïdes, rouge vif et couronnés par les reste du stigmate.

Nom vernaculaire: *voanioala*

ASTERACEAE Dumort.

Grande famille cosmopolite représentée par env. 1 314 genres et env. 21 000 espèces. Capuron y incluait également les genres de buissons et d'herbes *Centauropsis* (8 spp.; similaires à *Vernonia*, mais avec un réceptacle paléacé dont les bractées à la base des fleurs sont similaires aux bractées internes de l'involucre, et aux inflorescences tendant surtout vers de grandes têtes solitaires), *Helichrysum* (115 spp.; bractées de l'involucre à la partie apicale différenciée et blanche ou dorée) et *Rochonia* (4 spp.; fleurs ligulées à la corolle bien développée et à l'involucre portant de multiples séries de bractées), dont aucun ne possède d'espèces arborescentes.

Buissons à grands arbres hermaphrodites, monoïques, ou rarement dioïques, portant parfois un indument stellé ou écaillé. Feuilles alternes, simples, entières ou serretées-dentées, aux dents parfois spinescentes, ressemblant rarement à des écailles éricoïdes, penninerves ou rarement discrètement 3–5-palmatinerves depuis la base, stipules nulles. Inflorescences axillaires ou terminales, en capitules portant de petites à grandes fleurs régulières ou irrégulières, sous-tendues par un involucre de bractées disposées sur un seul verticille ou plusieurs, les capitules sessiles ou pédonculés, solitaires ou en inflorescences ramifiées corymbiformes ou paniculées, munies ou non de bractées; capitules composés soit d'un type de fleurs, soit de deux types, à savoir ne portant que des fleurs bisexuées (ou rarement unisexuées et alors plantes dioïques), ou avec des fleurs centrales bisexuées et des fleurs périphériques femelles par avortement des étamines; fleurs portées aux aisselles de bractées membraneuses à translucides ou de poils soyeux à sétacés; calice soudé à l'ovaire, parfois visible sous forme d'un mince anneau à l'apex, ou souvent sous forme de poils soyeux à sétacés à l'apex (pappus), persistant ou non dans le fruit; corolle tubulaire et régulière avec (4–)5 lobes dentiformes (fleurons), ou parfois la corolle des fleurs périphériques irrégulière à extension en forme de ligule vers l'extérieur (fleurs ligulées); étamines (4–)5, filets soudés à la surface intérieure du tube corollin, puis libres dessus, anthères soudées les unes aux autres le long de leur marge entourant le style, biloculaires, basifixes, introrses, à déhiscence longitudinale; ovaire infère, uniloculaire, style terminal filiforme, ramifié 2 fois à l'apex; ovule 1. Le fruit est un petit akène sec, indéhiscent, couronné ou non par le pappus soyeux ou sétacé, ou parfois par la base durcie de la corolle; albumen absent.

Beentje, H. J. 2000. The genus *Brachylaena* (*Compositae: Mutisieae*). Kew Bull. 55: 1–41.

Humbert, H. 1960–1963. Composées. Fl. Madagasc. 189: 1–913.

Robinson, H. & B. Kahn. 1986. Trinervate leaves, yellow flowers, tailed anthers and pollen variation in *Distephanus* Cassini (Vernonieae: Asteraceae). Proc. Biol. Soc. Wash. 99: 493–501.

1. Capitules portant généralement des fleurons à corolle tubulaire au centre, et des fleurs ligulées périphériques à corolle unilatérale ligulée, jaune et orientée vers l'extérieur, fleurs ligulées rarement absentes.
   2. Involucre consistant en une seule série de bractées égales ·············· *Senecio*
   2'. Involucre consistant en de multiples séries de bractées se recouvrant ······ *Psiadia*
1'. Capitules ne portant que des fleurons.
   3. Inflorescences courtes, axillaires; plantes dioïques ··············· *Brachylaena*
   3'. Inflorescences terminales ou pseudoterminales; plantes hermaphrodites.
      4. Capitules solitaires; petits arbres aux branches noueuses ou aux feuilles éricoïdes en forme d'écailles, à l'ouest et au sud-ouest secs et sub-arides ········· *Dicoma*
      4'. Inflorescences de plusieurs à généralement de multiples capitules, rarement fleurs solitaires et alors petits arbres dans la forêt orientale humide.
         5. Capitules portant 1–4 fleur(s); involucre oblong à étroitement oblong-obconique; corolles blanches.
            6. Akènes couronnés d'un pappus sétacé persistant; réceptacle nu; feuilles groupées en spirales serrées vers l'apex des branches ········· *Vernoniopsis*
            6'. Akènes sans pappus sétacé persistant; réceptacle paléacé, les fleurs portées par des bractées ressemblant aux bractées intérieures de l'involucre; feuilles alternes en spirales, non groupées à l'apex des branches ······ *Apodocephala*
         5'. Capitules multiflores; involucre en forme de coupe à ellipsoïde ou ovoïde-oblong; corolles blanc-rosâtre à pourpres ou jaunes.
            7. Corolle jaune; fleurs généralement discrètement à fortement 3-palmatinerves ··· *Distephanus*
            7'. Corolle blanc rosâtre à pourpre; feuilles penninerves.
               8. Involucre ovoïde à oblong; akènes couronnés d'un pappus consistant en un anneau denté à lacinié en forme de couronne et initialement de poils sétacés, ces derniers finalement caducs ················· *Oliganthes*
               8'. Involucre en forme de coupe à ellipsoïde; akènes couronnés d'un pappus de poils persistants ·· *Vernonia*

Apodocephala Baker, J. Linn. Soc., Bot. 21: 417. 1885.

Genre endémique représenté par 9 espèces.

Buissons à grands arbres hermaphrodites, portant parfois un indument dense, granuleux et doré. Feuilles généralement entières ou parfois spinescentes serretées-dentées, à la base parfois asymétrique, rarement sessiles. Inflorescences terminales, bien ramifiées et munies de bractées, en corymbes ou panicules se terminant en nombreux capitules; involucre oblong de plusieurs séries de bractées; capitules ne portant que des fleurons, solitaires ou pauciflores (1–4); réceptacle paléacé, les fleurs naissant aux aisselles de bractées similaires aux bractées internes de l'involucre; corolle blanche; style lisse, branches stigmatiques récurvées. Akène sans pappus persistant, mais couronné par la base durcie et persistante de la corolle.

Apodocephala est distribué dans la forêt sempervirente humide, sub-humide et de montagne, surtout entre 800 et 2 000 m d'altitude, mais à des altitudes bien plus basses près de Fort-Dauphin. On peut le reconnaître à ses inflorescences à multiples capitules, portant chacun 1–4 fleur(s) portée(s) dans des bractées ressemblant aux internes de l'involucre, et à ses akènes sans pappus sétacé persistant. En atteignant une hauteur de 30 m, *A. pauciflora* fait partie des plus grands Asteraceae de Madagascar.

Noms vernaculaires: *ramifotsy, tsiramiramy*

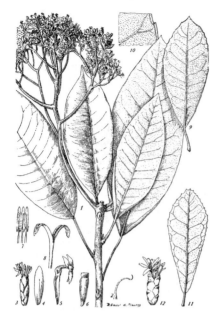

49. *Apodocephala pauciflora*

Brachylaena R. Br., Trans. Linn. Soc. London 12: 115. 1816.

Genre représenté par 11 espèces distribué en Afrique de l'Est et du Sud et à Madagascar où 5 spp. sont endémiques.

Petits à grands arbres dioïques, parfois avec des fleurs bisexuées entremêlées aux fleurs femelles, portant parfois un indument dense, stellé et doré. Feuilles entières ou moins souvent spinescentes dentées. Inflorescences axillaires, en groupes denses de petits capitules portés près du tronc; involucre ovoïde de multiples séries de petites bractées; capitules ne portant que des fleurons, le réceptacle nu; pappus de poils sétacés rayonnants; corolle tubulaire longue et grêle, jaune; style à courtes branches stigmatiques. Akène couronné du pappus sétacé persistant.

Brachylaena est distribué dans la forêt sempervirente humide, sub-humide et de montagne depuis le niveau de la mer jusqu'à 2000 m d'altitude, ainsi que dans la forêt et le fourré décidus secs (*B. perrieri* et *B. stellulifera*) et sub-arides (*B. microphylla*). On peut le reconnaître à ses inflorescences axillaires en groupes denses de petits capitules et à sa diécie. Atteignant une hauteur de près de 40 m, *B. merana* est le plus grand Asteraceae de Madagascar.

Noms vernaculaires: *hazotokana, kilango, kisaka, mananitra, masinjana, masonjoana, mera, merampamelona, merampamilona, merana, meranatokana*

Dicoma Cass., Bull. Soc. Philom. Dict. 13: 194. 1817.

Genre représenté par 35 espèces dont la majorité sont distribuées en Afrique à l'exception d'1 sp. en Asie et de 4 spp. endémiques de Madagascar.

Buissons ou petits arbres hermaphrodites, aux branches noueuses et vrillées rappelant celles des oliviers. Feuilles entières ou discrètement sinueuses, rarement éricoïdes et ressemblant à des écailles dans des spirales serrées (*D. grandidieri*), penninerves ou discrètement 3–5-palmatinerves. Inflorescences terminales, solitaires, sessiles à subsessiles, en capitules pauciflores ne portant que des fleurons; involucre obconique de multiples séries de petites bractées aiguës; réceptacle nu; pappus de multiples séries de poils sétacés, inégaux, roses ou jaunes; corolle longue et grêle, aux lobes dressés, rouge ou blanchâtre; style épais avec de courtes branches stigmatiques dressées. Akène couronné du pappus sétacé persistant.

Dicoma est distribué dans la forêt et le fourré décidus, secs et sub-arides depuis l'ouest de Fort-Dauphin jusqu'à la RNI d'Ankarafantsika. On peut le reconnaître à ses inflorescences terminales, solitaires, et à son port aux branches noueuses et vrillées. Avec ses fleurs à corolle rouge vif et ses pappus roses, *D. carbonaria* est pollinisé par les souimangas.

Noms vernaculaires: *hazomainty, varimamona*

50. *Brachylaena ramiflora*

Distephanus Cass., Bull. Sci. Soc. Philom. Paris 1817: 151. 1817.

Genre représenté par 35 espèces distribué au sud est de l'Afrique (2 spp.), à Madagascar (32 spp. endémiques) et à Maurice (1 sp.). Les espèces de Madagascar, dont une seule devient un petit arbre (*D. garnierianus*), étaient traitées par Humbert (1960) dans *Vernonia*.

Buissons à petits arbres ou lianes, hermaphrodites, portant parfois un dense indument. Feuilles entières, discrètement à fortement 3-palmatinerves ou penninerves. Inflorescences terminales en panicules ou corymbes de quelques à de multiples capitules multiflores ne portant que des fleurons; involucre en forme de coupe à ellipsoïde, avec de multiples séries inégales de bractées, l'extérieure plus petite, les suivantes progressivement plus longues en allant vers l'intérieur, à l'apex souvent aristé, réfléchi, parfois glanduleux; réceptacle nu; corolle jaune; style avec un nœud s'élargissant abruptement à la base. Akènes couronnés d'un pappus persistant unisérié (ou bisérié, et alors le verticille externe bien plus court et parfois en forme d'écaille), poilu et sétacé.

Distephanus est distribué dans la forêt sclérophylle et le fourré sempervirents sub-humides et de montagne, souvent sur les affleurements rocheux et dans les zones arborées à Tapias, descendant rarement jusqu'à 500 m d'altitude dans la forêt humide (*D. garnierianus*), ainsi que dans la forêt et le fourré

52. *Distephanus*

décidus secs à sub-arides. On peut le distinguer de *Vernonia* par ses feuilles à la nervation généralement 3-palmatinerve et par ses fleurs à la corolle jaune.

Noms vernaculaires: *kijejalahinala, kijejalahy, kilangola, kilangolahy, rambiazina*

Oliganthes Cass., Bull. Sci. Soc. Philom. Dict. 13: 10. 1817.

Genre endémique représenté par 9 espèces.

Buissons ou petits arbres hermaphrodites, portant parfois un indument dense, laineux blanc à doré. Feuilles entières ou discrètement dentées. Inflorescences terminales à ramifications dichotomes, non munies de bractées, en corymbes généralement de multiples capitules, rarement un capitule solitaire (*O. lecomtei*), portant de nombreuses fleurs par capitules, toutes des fleurons; involucre ovoïde-oblong de multiples séries de bractées; réceptacle nu; pappus de une ou deux série(s) de poils, ainsi que d'un anneau en forme de couronne finement denté à lacinié et persistant dans le fruit; corolle blanc-rosâtre à violette ou pourpre; style long et grêle, branches stigmatiques velues. Akènes couronnés par la portion persistante, dentée ou laciniée, du pappus, ainsi que des poils sétacés sur les jeunes akènes, ces derniers tombant alors souvent à maturité.

Oliganthes est distribué dans la forêt sempervirente humide, sub-humide et de

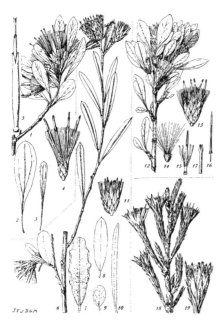

51. *Dicoma*

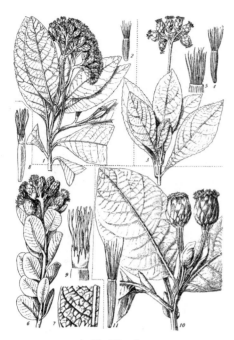

53. *Oliganthes*

montagne depuis le niveau de la mer jusqu'à 2000 m d'altitude, la plupart du temps aux altitudes moyennes et hautes. On peut le reconnaître à ses inflorescences à l'involucre ovoïde à oblong et à ses akènes couronnés d'un pappus consistant en un anneau denté à lacinié en forme de couronne et initialement de poils sétacés, ces derniers finalement caducs. *O. sublanata*, aux inflorescences en capitules presque sessiles, est endémique au massif de l'Itremo.

Nom vernaculaire: *tambakombako*

Psiadia Jacq., Hort. Schoenbr. 2: t. 152. 1797.

Genre représenté par 60 espèces distribué en Afrique, à Madagascar (28 spp.) et aux Mascareignes.

Buissons à petits arbres très ramifiés, hermaphrodites, ou rarement des lianes. Feuilles généralement dentées-serretées à crénelées, moins souvent entières, rarement à nervures parallèles (*P. dracaenifolia*). Inflorescences terminales en corymbes ou panicules de capitules moyens, ne portant parfois que des fleurons ou plus souvent portant fleurons et fleurs ligulées, à la portion ligulée de la corolle très courte; involucre en forme de coupe de multiples séries de bractées; réceptacle nu; pappus d'un seul verticille de poils filiformes; corolle jaune à jaune blanc; branches stigmatiques courtes, dressées ou étalées. Akènes couronnés du pappus persistant.

Psiadia est largement distribué sur l'ensemble de la forêt et du fourré sempervirents humides, sub-humides et de montagne, ainsi que dans la forêt et le fourré décidus, secs et sub-arides. Avec ses inflorescences aux capitules portant des fleurons et des fleurs ligulées, *Psiadia* peut être distingué de *Senecio* par son involucre de multiples séries de bractées se recouvrant; *P. "madagascariensis"* (*altissima*) est particulièrement commun le long de l'escarpement oriental dans la végétation secondaire; 7 espèces sont connues du sommet du PN de Marojejy; *P. dimorpha* et *P. vestita* sont connues de la RS du Cap Sainte Marie; *P. quartzicola* est endémique du massif de l'Itremo.

Nom vernaculaire: *dingadinga*

Senecio L., Sp. Pl.: 866. 1753.

Genre cosmopolite représenté par plus de 1 500 espèces dont la plupart sont herbacées; 85 spp. sont distribuées à Madagascar (80 endémiques), dont 1 seule (*S. myricaefolius*) est arborescente.

Arbres hermaphrodites de petite à moyenne taille, pouvant atteindre 15 m de haut et 30 cm de diam., entièrement glabres. Feuilles discrètement crénelées-dentées dans leur moitié supérieure, rarement entières, penninerves. Inflorescences terminales denses en corymbes de capitules brièvement pédonculés portant généralement des fleurons et des fleurs ligulées, ne portant rarement que des fleurons; involucre en forme de coupe

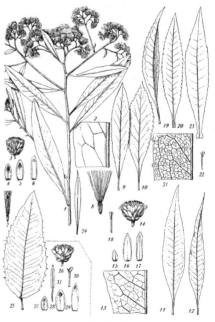

54. *Psiadia*

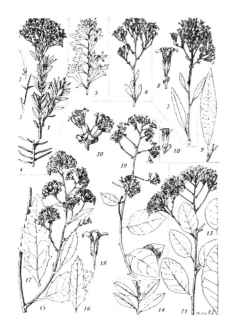

55. *Senecio myricaefolius* (le bas droite)

d'une seule série de 5 bractées égales et linéaires, sous-tendu par de très petites bractéoles supplémentaires; réceptacle nu; capitules portant env. 5 fleurs, sur lesquelles 1 ou 2 sont des fleurs ligulées femelles à courte corolle ligulée, jaune; branches stigmatiques cylindriques, récurvées, portant une couronne de poils à l'apex. Akène couronné d'un pappus persistant de poils fins, blanc.

Senecio myricaefolius est distribué dans la forêt et le fourré sempervirents sub-humides et de montagne de 800 à 2 700 m d'altitude, depuis le PN d'Andohahela jusqu'à la RNI de Tsaratanana. On peut le reconnaître à ses capitules portant des fleurons et des fleurs ligulées, et à l'involucre d'une seule séries de bractées.

Noms vernaculaires: aucune donnée

Vernonia Schreb., Gen Pl. 2: 541. 1791.

Genre cosmopolite représenté par plus de 1 000 espèces; env. 70 espèces sont rencontrées à Madagascar, dont la majorité sont des herbes annuelles ou des petits buissons et env. 20 deviennent de petits arbres. *Vernonia* au sens strict pourrait être limité au Nouveau Monde, auquel cas les espèces d'Afrique et de Madagascar pourraient éventuellement appartenir à un genre (ou des genres) distinct(s). Les espèces aux feuilles 3-palmatinerves et aux fleurs à la corolle jaune qui ont été incluses dans *Vernonia* par Humbert (1960) sont ici traitées dans *Distephanus*.

Buissons ou petits arbres hermaphrodites, parfois couverts d'un indument dense, occasionnellement glanduleux. Feuilles généralement serretées-dentées, parfois entières. Inflorescences terminales en panicules ou corymbes de quelques à de multiples capitules multiflores ne portant que des fleurons; involucre en forme de coupe à ellipsoïde, de multiples séries inégales de bractées, l'extérieure plus petite, les autres progressivement plus longues en allant vers l'intérieur, à l'apex souvent aristé, réfléchi, parfois glanduleux; réceptacle nu; corolle rose à pourpre; branches stigmatiques dressées à récurvées, velues à l'extérieur. Akènes couronnés d'un pappus persistant unisérié (ou bisérié, et alors les verticilles externes plus courts) poilu.

Vernonia est distribué sur l'ensemble des zones climatiques et dans tous les types de végétation, surtout aux altitudes moyennes et élevées dans la forêt sempervirente humide et de montagne et dans la forêt occidentale sèche, et peu communément aux altitudes basses, inférieures à 600 m, dans la forêt humide le long de la côte orientale. Avec des inflorescences portant généralement de multiples capitules multiflores, on peut le distinguer de *Oliganthes* par son involucre en forme de coupe à ellipsoïde, et à ses akènes couronnés par le seul pappus velu, persistant.

Noms vernaculaires: *ambiatilahy, ambiaty, beaty, fotsiavadika, maranitratoraka, sakatavilotra, sirambengy, tsirambingy*

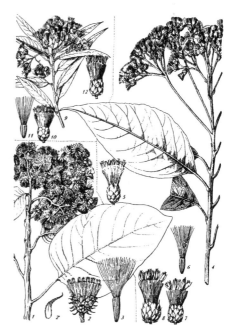

56. *Vernonia*

Vernoniopsis Humbert, Mém. Inst. Madag., sér. B, 6: 154. 1955.

Genre endémique représenté par 1 espèce et plusieurs sous-espèces.

Buissons ou petits arbres hermaphrodites, aux jeunes branches à l'indument densément laineux. Feuilles entières, groupées en spirales vers l'apex des branches, oblancéolées, arrondies à l'apex, longuement atténuées à la base, penninerves. Inflorescences 4–10 pseudoterminales en corymbes naissant aux aisselles des feuilles terminales, portant chacune env. 30 capitules 1–4-flores à seuls fleurons; involucre étroitement oblong-obconique de quelques séries de petites bractées; réceptacle nu; corolle blanche; style élargi à la base, branches stigmatiques récurvées. Akène couronné du pappus persistant sétacé de quelques séries inégales soudées à la base en un anneau en forme de couronne.

Vernoniopsis caudata est distribué dans la forêt littorale sempervirente, humide depuis l'île Sainte Marie jusqu'à Fort-Dauphin, avec la sous-espèce *lokohensis* endémique du PN de Marojejy dans la forêt sempervirente sub-humide et de montagne entre 500 et 2 000 m d'altitude. On peut le reconnaître à ses feuilles groupées en spirales serrées vers l'apex des branches, ses inflorescences à multiples capitules portant

57. *Vernoniopsis caudata*

chacun 1–4 fleur(s), et à ses akènes couronnés du pappus sétacé persistant de quelques séries inégales soudées à la base en un anneau en forme de couronne.

Nom vernaculaire: *hazotabako*

ASTEROPEIACEAE Takht.

Famille monotypique endémique, précédemment traitée dans les Theaceae, mais qui a plus d'affinités avec la famille endémique des Physenaceae en se basant sur des données moléculaires du chloroplaste *rbc*L, les deux familles ayant une position à la base des Caryophyllales.

Capuron, R. 1974. Une variété nouvelle d'*Asteropeia amblyocarpa* Tul. (Theaceae) de Madagascar. Adansonia, n.s., 14: 291–292.

Morton, C. M., K. G. Karol & M. W. Chase. 1997. Taxonomic affinities of *Physena* (Physenaceae) and *Asteropeia* (Theaceae). Bot. Rev. 63: 231–239.

Perrier de la Bâthie, H. 1951. Theacées. Fl. Madagasc. 134: 1–13.

Schatz, G. E., P. P. Lowry II & A.-E. Wolf. 1999. Endemic families of Madagascar. IV. A synoptic revision of *Asteropeia* (Asteropeiaceae). Adansonia, sér. 3, 21: 255–268.

Asteropeia Thouars, Hist. Vég. Isles Austral. Afriq.: 51, t. 15. 1805.

Genre endémique représenté par 8 espèces.

Arbres hermaphrodites de petite à grande tailles, aux jeunes branches souvent noires ou couvertes d'un indument dense, ferrugineux brun. Feuilles alternes, simples, entières et parfois ondulées, penninerves mais la nervation généralement plutôt indistincte, généralement quelque peu coriaces, stipules nulles. Inflorescences terminales, ou moins souvent axillaires, en panicules plus ou moins ramifiées, les bractées inférieures foliacées, les axes parfois couverts d'une pubescence dense, ferrugineux-

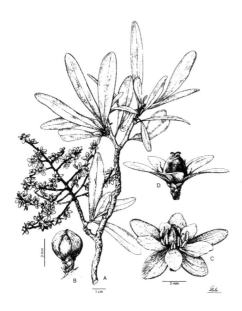

58. *Asteropeia labatii*

souvent persistants dans le fruit, anthères biloculaires, sub-basifixes, extrorses, à déhiscence longitudinale; ovaire supère, 3-loculaire, aux loges souvent incomplètement séparées, style commun filiforme, stigmate capité, 3-lobé, ou style/stigmate en 3 branches courtes; ovules 2–4(–6) par loge. Le fruit est une petite à grande capsule sèche, ou rarement quleque peu charnue (*A. densiflora*), irrégulièrement déhiscente, contenant 1 seule graine, la capsule sphérique à ovoïde-conique, lisse, souvent irrégulièrement déchirée à la base, sous-tendue par le calice accrescent; graine avec peu d'albumen.

Asteropeia est distribué sur l'ensemble de la forêt sempervirente humide, sub-humide et de montagne depuis la forêt littorale le long de la côte est jusqu'à près de 2 000 m d'altitude, y compris dans les zones arborées sclérophylles du Plateau Central jusqu'au massif de l'Isalo à l'ouest, ainsi que dans la région du Sambirano, et également dans la forêt décidue sèche de la région du Ambongo-Boina. On le reconnaît aisément à son calice persistant accrescent qui entoure la capsule lisse de forme sphérique ou conique.

Noms vernaculaires: *andrevola,   andrivola, fandambana, fanoalafotsy, fanoalamena, fanola, fanolamena, hazonjia, hazoseha, hazotseha, hezana, hezo,   jodo,   manoka,   manokafotsy,   manokamavo, manokamena, manokamoara, manoko, manokofotsy, matrambody,   merana,   mohara,   ramangaoka, tambonana*

brun, fleurs petites à grandes, régulières, 5-mères; sépales 5, libres ou légèrement soudés à la base, imbriqués, persistants et accrescents-scarieux à nervation évidente dans le fruit; pétales 5, libres, valvaires, minces, délicats, blancs, caducs; étamines généralement 10, rarement 15, inégales, les oppositisépales plus longues, filets grêles, plus épais à la base et soudés en un court anneau cupuliforme,

BIGNONIACEAE Juss.

Famille intertropicale de taille moyenne représentée par 122 genres et 725 espèces.

Buissons à grands arbres hermaphrodites, au bois souvent dur, aux branches parfois aplaties à l'extrémité; les jeunes parties portant souvent des glandes sessiles, orbiculaires, sécrétant une exsudation résineuse et visqueuse. Feuilles opposées ou souvent en verticilles de 3–6 ou rarement alternes, généralement composées imparipennées avec 1–11 paire(s) de folioles opposées, entières ou occasionnellement dentées ou crénulées, penninerves, les feuilles rarement unifoliolées, ou simples, ou les folioles absentes et remplacées par le pétiole et le rachis ailés (phyllode) en formant de multiples articles penninerves, parfois un seul article, noircissant souvent en séchant, stipules nulles, mais souvent présence d'un à quelques verticille(s) de pré-feuilles en forme d'écailles ou foliacées et sous-tendant les feuilles. Inflorescences terminales, axillaires, ou souvent cauliflores, en racèmes, cymes, panicules ou ombelles, sous-tendues par 1–quelques paire(s) de bractées, souvent pendantes, fleurs grandes, irrégulières ou rarement presque régulières, 5-mères; calice soudé cylindrique à campanulé, entier à souvent 5-denté et côtelé; corolle soudée étroitement cylindrique à la base à infundibuliforme et largement étalée à l'apex, bilabiée aux lobes obtus et imbriqués, avec 2 supérieurs et 3 inférieurs, ou rarement presque régulière, souvent froncée, éclatante; étamines 4 ou rarement 5, insérées sur la corolle, plus ou moins égales ou en 2 paires inégales, filets distincts, anthères versatiles, biloculaires ou uniloculaires, à déhiscence longitudinale; la 5ᵉ étamine parfois présente à l'état de staminode; disque nectaire généralement bien développé, annulaire ou en forme de coupe; ovaire supère, complètement biloculaire ou presque, ou rarement surtout uniloculaire, style filiforme, stigmate bifide; ovules multiples. Le fruit est une grande baie charnue indéhiscente ou une grande capsule déhiscente bivalve, souvent allongée et étroitement cylindrique ou quelque peu aplatie, la chambre de la graine coriace à osseuse, aux graines parfois logées dans de profondes dépressions et portant de minces ailes hyalines; albumen absent.

Capuron, R. 1960. Contributions à l'étude de la flore forestière de Madagascar. V. Trois Bignoniacées nouvelles. Notul Syst. (Paris) 16: 71–80.

Capuron, R. 1970. Deux nouvelles Bignoniacées. Adansonia, n.s., 10: 501–506.

Gentry, A. H. 1975. Studies in Bignoniaceae 17: *Kigelianthe*: a synonym of *Fernandoa* (Bignoniaceae). Ann. Missouri Bot. Gard. 62: 480–483.

Gentry, A. H. 1988. Distribution and evolution of the Madagascar Bignoniaceae. Monogr. Syst. Bot. Missouri Bot. Gard. 25: 175–185.

Perrier de la Bâthie, H. 1938. Bignoniacées. Fl. Madagasc. 178: 1–91.

1. Feuilles alternes ou groupées en faisceaux denses sur les rameaux courts, simples; corolle presque régulière; étamines 5; buisson très ramifié dans le fourré sub-aride ·· *Rhigozum*
1'. Feuilles opposées ou en verticilles de 3–6, généralement composées, rarement unifoliolées ou simples, parfois en phyllodes; corolle généralement distinctement bilabiée; étamines 4.
   2. Branches portant des épines opposées; feuilles simples · · · · · · · · · · · · *Phylloctenium*
   2'. Branches inermes; feuilles composées, rarement unifoliolées ou en phyllodes à un seul article.
      3. Feuilles en phyllodes, les folioles d'une feuille composée imparipennée perdues et remplacées par une aile développée sur le pétiole et le rachis en formant des articles successifs, rarement réduite à un seul article · · · · · · · · · · · · · *Phyllarthron*
      3'. Feuilles non en phyllodes, composées imparipennées avec 1–11 paire(s) de folioles opposées, rarement unifoliolées.
         4. Fruit une capsule déhiscente; graines bordées de fines ailes opposées, hyalines; feuilles généralement opposées, rarement en verticilles de 3.
            5. Fruit cylindrique; chambre de la graine cylindrique, osseuse, à profondes cavités alternes dans lesquelles les graines sont logées; tube corollin étroitement cylindrique · *Stereospermum*
            5'. Fruit quelque peu aplati, souvent strié; chambre de la graine aplatie, sans cavités profondes; tube corollin infundibuliforme, largement étalé · · · · · · *Fernandoa*
         4'. Fruit une baie indéhiscente; graines non ailées; feuilles opposées ou souvent en verticilles de 3–6.
            6. Feuilles généralement opposées, rarement en verticilles; pré-feuilles généralement absentes; anthères biloculaires · · · · · · · · · · · · · · · · ·*Rhodocolea*
            6'. Feuilles généralement en verticilles de 3–6, rarement opposées; feuilles généralement sous-tendues par un verticille de 6–12 pré-feuilles en forme d'écailles ou souvent foliacées; anthères uniloculaires.
               7. Fruit très long, étroitement cylindrique, lisse; ovaire presque complètement biloculaire · *Ophiocolea*
               7'. Fruit plus court, elliptique ou ovale à conique, presque toujours couvert de bosses ou d'excroissances anastomosées rappelant une carène; ovaire surtout uniloculaire · *Colea*

Taxon cultivé important: *Jacaranda mimosifolia*, planté comme arbe d'ornement des rues sur le Plateau Central, commun à Antananarivo.

Colea Bojer ex Meisn., Pl. Vasc. Gen. 1: 301. 1840. nom. cons.

Genre représenté par env. 20 espèces qui sont toutes endémiques de Madagascar à l'exception d'1 sp. de Maurice et d'1 sp. des Seychelles.

Buissons ou petits arbres hermaphrodites, non ou peu ramifiés. Feuilles en verticilles de 3–6, ou rarement opposées, groupées vers l'apex des tiges principales, composées imparipennées avec 1–11 paire(s) de folioles opposées, brièvement pétiolulées, entières, les feuilles au rachis rarement ailé, sous-tendues par un verticille de 6–12 pré-feuilles en forme d'écailles à foliacées et ressemblant à des stipules. Inflorescences généralement cauliflores, rarement axillaires, racémeuses à paniculées, fleurs grandes, irrégulières; calice soudé en forme de brève clochette, entier ou bordé de 5 dents minuscules, sans côtes; corolle étroitement soudée en cylindre à la base, infundibuliforme et largement étalée à l'apex, bilabiée à lobes obtus, 2 supérieurs et 3 inférieurs, blanche à jaune, rose ou pourpre-rougeâtre; étamines 4, en 2 paires inégales, insérées sur la corolle, filets distincts, anthères uniloculaires, à déhiscence longitudinale; ovaire uniloculaire, conique, style filiforme, stigmate bifide; ovules multiples sur 2 placentas pariétaux. Le fruit est une grande baie quelque peu charnue, indéhiscente, à multiples graines, ovale à ronde, couverte d'excroissances glanduleuses ou de carènes saillantes anastomosées.

Colea est distribué dans la forêt et le fourré sempervirents, humides, sub-humides et de montagne, ainsi que rarement dans la forêt semi-

60. *Fernandoa*

décidue sèche dans la région du Ambongo-Boina (*C. muricata*). On peut le reconnaître à ses feuilles généralement en verticilles de 3–6, sous-tendues par un verticille de 6–12 pré-feuilles en forme d'écailles ou foliacées, à ses fleurs à anthères uniloculaires, et à ses grands fruits ovales à ronds, couverts d'excroissances glanduleuses ou de carènes saillantes anastomosées, par lesquels on le distingue principalement du très proche *Ophiocolea*.

Noms vernaculaires: *antsatokangasy, akondro-kondroala*

Fernandoa Welw. ex Seem., J. Bot. 3: 330. 1865.

Genre représenté par 15 espèces distribué en Afrique (5 spp.), à Madagascar (3 spp. endémiques) et en Asie du Sud-Est (7 spp.).

Buissons à grands arbres hermaphrodites. Feuilles opposées, composées imparipennées, avec 2–7 paires de folioles opposées, subsessiles, entières à dentées, penninerves, avec quelques paires de pré-feuilles en forme d'écailles et ressemblant à des stipules. Inflorescences axillaires ou cauliflores, en cymes pauciflores, fleurs grandes, irrégulières; calice soudé campanulé, irrégulièrement divisé à l'apex; corolle soudée, brièvement tubulaire à la base, infundibuliforme et largement étalée à l'apex, obscurément bilabiée, à 5 lobes inégaux, obtus; étamines 4, en 2 paires inégales, filets distincts, anthères biloculaires, à déhiscence longitudinale; ovaire presque complètement

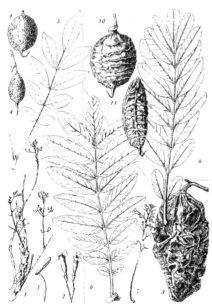

59. *Colea*

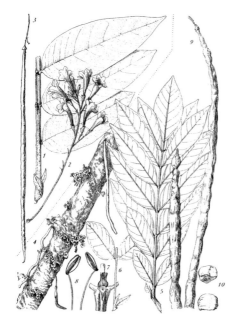

61. *Ophiocolea*

irrégulières; calice brièvement soudé en forme de clochette, entier ou bordé de 5 dents minuscules; corolle soudée étroitement cylindrique à la base, infundibuliforme et largement étalée à l'apex, bilabiée à lobes obtus, 2 supérieurs et 3 inférieurs, blanche à jaune ou pourpre-rougeâtre; étamines 4, en 2 paires inégales, insérées sur la corolle, filets distincts, anthères uniloculaires, à déhiscence longitudinale; disque en forme de coupe; ovaire biloculaire, style filiforme, stigmate bifide; ovules multiples par loge. Le fruit est une très longue baie quelque peu charnue, indéhiscente, à multiples graines, cylindrique.

Ophiocolea est distribué dans la forêt sempervirente humide et sub-humide. On peut le reconnaître à ses feuilles généralement portées dans des verticilles de 3–6 et sous-tendues par un verticille de 6–12 pré-feuilles en forme d'écailles ou foliacées, à ses fleurs aux anthères uniloculaires et à ses longs fruits cylindriques par lesquels il diffère de *Colea*.

Noms vernaculaires: *antsasakangatra, felansohy, riaria, rei-rei, sefansohy, sofintsohy*

biloculaire, style filiforme, stigmate bifide; ovules multiples par loge. Le fruit est une très longue capsule aplatie, plus ou moins striée, déhiscente, à multiples graines, bivalve, aux chambres épaisses, coriace, plate, ne présentant que des dépressions superficielles où sont logées les graines; graines bordées d'ailes opposées.

Fernandoa est distribué dans la forêt sempervirente humide (*F. coccinea*) ainsi que dans la forêt décidue sèche et sub-aride à l'ouest et au sud-ouest. On peut le reconnaître à ses fleurs au tube corollin largement étalé et infundibuliforme, et à ses capsules aplaties, striées et renfermant des graines à ailes opposées.

Noms vernaculaires: *kainky, lomotsohy, mera, somontsohy, somotsohy*

Ophiocolea H. Perrier, Ann. Inst. Bot.-Géol. Colon. Marseille, sér. 5, 6: 31. 1938.

Genre endémique (incluant les Comores) représenté par env. 5 espèces.

Arbres hermaphrodites de petite à moyenne tailles, non ou peu ramifiés. Feuilles en verticilles de 3–6, groupées vers l'apex des tiges principales, composées imparipennées avec 3–10 paires de folioles opposées, subsessiles, entières, penninerves, les feuilles sous-tendues par un verticille de 6–12 pré-feuilles souvent foliacées et ressemblant à des stipules. Inflorescences généralement cauliflores, racémeuses à paniculées, fleurs grandes,

Phyllarthron DC., Ann. Sci. Nat., Bot., sér. 2, 11: 296. 1839.

Genre endémique (incluant les Comores) représenté par env. 15 espèces.

Buissons à grands arbres hermaphrodites, au bois dur. Feuilles opposées ou en verticilles de 3, modifiées en phyllodes, composées

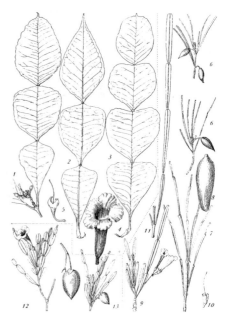

62. *Phyllarthron*

imparipennées, avec toutes les folioles perdues, le limbe photosynthétique étant constitué par le pétiole et le rachis développés en articles aplatis, 1–5 ailés, entiers, penninerves, noircissant occasionnellement en séchant, les feuilles couvertes de glandes sessiles, orbiculaires et sécrétant une exsudation résineuse poisseuse, qui est plus particulièrement évidente après séchage. Inflorescences axillaires, terminales ou cauliflores, en racèmes ou cymes, fleurs grandes, irrégulières; calice soudé campanulé, tronqué à 5-denté, portant souvent 5 côtes saillantes; corolle soudée étroitement cylindrique à la base, infundibuliforme plus haut et largement étalée à l'apex, bilabiée à lobes obtus, 2 supérieurs et 3 inférieurs, blanche à rose ou pourpre; étamines 4 en 2 paires inégales, incluses, insérées sur la corolle, anthères biloculaires, à déhiscence longitudinale; disque annulaire bien développé; ovaire complètement biloculaire ou presque, style filiforme, stigmate bifide; ovules multiples par loge. Le fruit est un grande baie charnue, lisse, indéhiscente, à multiples graines, couverte d'une exsudation résineuse poisseuse, rappelant parfois des bananes séchées; graines sans albumen.

Phyllarthron est distribué dans la forêt sempervirente humide et sub-humide, ainsi que dans la forêt et le fourré décidus, secs et sub-arides (*P. bernierianum*, dont les articles foliaires sont extrêmement étroits et linéaires). On le reconnaît aisément à ses feuilles en phyllodes et à ses fruits indéhiscents, rappelant un peu des bananes partiellement séchées, couverts d'une exsudation résineuse poisseuse; *P. ilicifolium*, distribué dans la forêt littorale depuis l'île Sainte Marie à Fort-Dauphin, et *P. megaphyllum*, distribué dans la région du Sambirano, ont des phyllodes à un seul article; *P. cauliflorum* et *P. antongiliense* du nord-est sont de petits arbrisseaux grêles non ramifiés aux phyllodes atteignant près de 1 m de long.

Noms vernaculaires: *antohiravibe, antoravina, tahila, touravina, zahana*

Phylloctenium Baill., Bull. Mens. Soc. Linn. Paris 1: 692. 1887.

Genre endémique représenté par 3 espèces.

Buissons ou petits arbres hermaphrodites portant des épines opposées. Feuilles opposées-décussées, simples, entières ou parfois dentées à lobées, penninerves, munies aux aisselles d'un faisceau de 2–4 paires de pré-feuilles très petites en forme d'écailles et ressemblant à des stipules (également présentes à l'aisselle des épines). Inflorescences axillaires ou cauliflores, en cymes 3–5-flores ou souvent réduites à une fleur solitaire, fleurs grandes, irrégulières; calice soudé

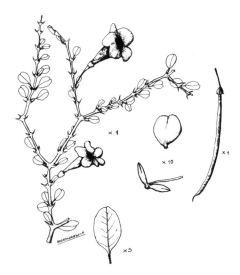

63. *Phylloctenium decaryanum*

campanulé, sub-entier ou bordé de 5 dents minuscules; corolle soudée, étroitement cylindrique à la base, infundibuliforme et largement étalée à l'apex, bilabiée à lobes obtus, 2 supérieurs et 3 inférieurs, blanche à jaune ou pourpre-rougeâtre; étamines 4 en 2 paires inégales, insérées sur la corolle, filets distincts, anthères biloculaires, à déhiscence longitudinale; disque annulaire bien développé; ovaire presque complètement biloculaire, style filiforme, stigmate bifide; ovules multiples par loge. Le fruit est une très longue baie étroitement cylindrique, quelque peu charnue, indéhiscente, à multiples graines, rappelant une gousse de vanille.

Phylloctenium est distribué dans la forêt et le fourré décidus, secs et sub-arides depuis Ambovombe jusqu'à Antsiranana, ainsi que dans la forêt semi-sempervirente semi-humide dans la région du Sambirano et à Nosy Be. On peut le reconnaître à ses épines opposées, ses faisceaux de 2–4 paires de très petites pré-feuilles en forme d'écailles ressemblant à des stipules aux aisselles des feuilles ou des épines, et à ses très longs fruits étroitement cylindriques et indéhiscents.

Noms vernaculaires: *fantipatikala, voansakalava*

Rhigozum Burch., Trav. S. Africa 1: 299. 1822.

Genre représenté par 7 espèces distribué en Afrique du Sud (6 spp.) et à Madagascar (1 sp. endémique).

Buissons hermaphrodites très ramifiés. Feuilles alternes ou densément groupées en faisceaux

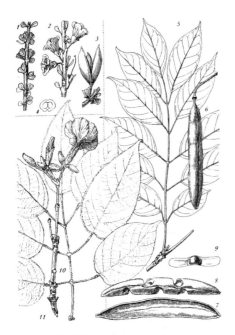

64. *Rhigozum* (le haut gauche);
Stereospermum (le bas)

sur les rameaux courts, simples, entières, penninerves, petites. Fleurs axillaires, solitaires, généralement portées sur les rameaux courts, grandes, presque régulières; calice soudé campanulé, initialement entier puis irrégulièrement divisé; corolle soudée campanulée, à 5 lobes obtus, jaune; étamines 5, insérées sur la corolle, filets distincts, anthères biloculaires, à déhiscence longitudinale; disque 5-ondulé; ovaire biloculaire, style filiforme, stigmate bifide; ovules multiples. Le fruit est une grande capsule déhiscente, bivalve, à multiples graines, elliptique; graines complètement entourée d'une fine aile hyaline.

Rhigozum madagascariense est distribué dans la forêt et le fourré décidus sub-arides. On le reconnaît aisément à ses feuilles alternes, ou groupées en faisceaux sur les rameaux courts, et à ses grandes fleurs solitaires jaunes.

Nom vernaculaire: *hazontaha*

Rhodocolea Baill., Bull. Mens. Soc. Linn. Paris 1: 693. 1887.

Genre endémique représenté par 6–10 espèces.

Buissons à grands arbres hermaphrodites, aux branches quelque peu aplaties vers l'apex, dont toutes les parties jeunes sont couvertes de glandes sessiles, orbiculaires et sécrétant une exsudation résineuse poisseuse. Feuilles opposées ou rarement en verticilles de 3, composées imparipennées avec 1–8 paire(s) de folioles opposées, pétiolulées, entières, penninerves, les pré-feuilles absentes. Inflorescences terminales, axillaires ou cauliflores, en racèmes, cymes ou ombelles, parfois lâches à pendantes, souvent sous-tendues par 1 ou 2 paire(s) de grandes bractées foliacées, fleurs grandes, irrégulières; calice soudé campanulé, 5-denté et portant 5 côtes saillantes; corolle soudée étroitement cylindrique à la base, infundibuliforme et largement étalée à l'apex, bilabiée à lobes obtus, 2 supérieurs et 3 inférieurs, blanche à jaune, orange ou pourpre-rougeâtre; étamines 4 en 2 paires inégales, insérées sur la corolle, filets distincts, anthères biloculaires, à déhiscence longitudinale; disque annulaire bien développé; ovaire presque complètement biloculaire, style filiforme, stigmate bifide; ovules multiples par loge. Le fruit est un longe gousse cylindrique ou en forme de carotte, charnue, à multiples graines, indéhiscente, couverte d'une exsudation résineuse-poisseuse, brillante.

Rhodocolea est distribué dans la forêt sempervirente humide et sub-humide. On peut le reconnaître à ses feuilles généralement opposées ou rarement verticillées, ne présentant généralement pas de verticille de pré-feuilles en forme d'écailles ou foliacées, et à ses fleurs à anthères biloculaires.

Noms vernaculaires: *hitsikitsika, kifatra, lomontsohy, sofintsohy*

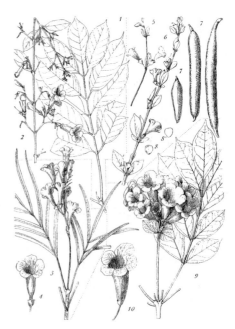

65. *Rhodocolea*

Stereospermum Cham., Linnaea 7: 720. 1832.

Genre représenté par 19 espèces distribué en Afrique (5 spp.), à Madagascar (10 spp. endémiques) et en Asie du Sud-Est (4 spp.).

Arbres de petite à grande tailles ou rarement des buissons, hermaphrodites. Feuilles opposées ou rarement en verticilles de 3, composées imparipennées avec 1–5 paire(s) de folioles (rarement unifoliolées) opposées, pétiolulées, entières ou rarement dentées-crénulées, penninerves. Inflorescences terminales, en panicules lâches de cymes pauciflores, fleurs grandes, irrégulières; calice soudé cylindrique, précocement ouvert dans le bouton, bordé de 5 petites dents; corolle soudée étroitement cylindrique à la base, s'ouvrant en 5 lobes largement étalés et obtus à l'apex, la corolle plus ou moins bilabiée avec 2 lobes supérieurs et 3 lobes inférieurs; étamines 4, égales ou en 2 paires légèrement inégales, insérées sur la corolle, incluses, filets très courts, anthères biloculaires, à déhiscence longitudinale; disque nectaire plus ou moins épais; ovaire complètement biloculaire ou presque, style filiforme, stigmate bilobé; ovules multiples sur plusieurs rangs. Le fruit est une grande capsule longuement cylindrique, à déhiscence loculicide, à multiples graines, bivalve, montrant une épaisse chambre cylindrique, osseuse à ligneuse, avec de profondes cavités alternes dans lesquelles les graines sont logées; graines rectangulaires portant à chaque extrémité une fine aile hyaline.

Stereospermum est distribué dans la forêt décidue sèche et sub-aride depuis l'ouest de Fort-Dauphin jusqu'à Antsiranana, ainsi que dans la forêt semi-sempervirente sub-humide dans la région du Sambirano. On peut le reconnaître à ses fleurs au tube corollin étroitement cylindrique à la base et à ses fruits cylindriques avec une chambre cylindrique osseuse à profondes cavités alternes dans lesquelles les graines bordées d'ailes hyalines sont logées.

Noms vernaculaires: *fangalitra*, *mafay*, *mahafangalitsa*, *mangarahara*

BIXACEAE Link

Petite famille tropicale représentée par 4 genres et 17 espèces. Lorsque *Diegodendron* était originellement décrit, Capuron avait créé la famille endémique des Diegodendraceae pour l'accommoder. Des données issues de séquences moléculaires récentes portant sur les gènes du chloroplaste *rbc*L suggèrent que *Diegodendron* montre le plus d'affinités avec *Bixa* (Fay *et al.*, 1998); il s'agit alors de choisir entre le maintien du statut au niveau de la famille ou l'inclusion dans les Bixaceae. Je crois que cette dernière alternative reflète mieux ses affinités et sa biogéographie.

Capuron, R. 1963. Contributions à l'étude de la flore de Madagascar. XV. *Dieogodendron* R. Capuron gen. nov., type de la nouvelle famille des Diegodendraceae (Ochnales *sensu* Hutchinson). Adansonia, n.s., 3: 385–392.

Capuron, R. 1965. Description des fruits du *Diegodendron Humberti* (Diegodendracées). Adansonia, n.s., 5: 503–505.

Fay, M. F., C. Bayer, W. S. Alverson, A. Y. de Bruijn & M. W. Chase. 1998. Plastid *rbc*L sequence data indicate a close affinity between *Diegodendron* and *Bixa*. Taxon 47: 43–50.

Diegodendron Capuron, Adansonia, n.s., 3: 385–392, pl. 5. 1963.

Genre endémique monotypique.

Buissons ou arbres hermaphrodites, pouvant atteindre 10 m de haut et 20 cm de diam. Feuilles alternes, simples, entières, penninerves, à ponctuations pellucides, stipules grandes, intrapétiolaires, involutées, l'une enveloppant l'autre en enveloppant conjointement et entièrement le bourgeon terminal, caduques mais laissant une cicatrice annulaire distincte sur chaque nœud. Inflorescences terminales, en panicules de cymes munies de bractées, fleurs grandes, régulières, 5(–6)-mères; sépales 5, libres, concaves, inégaux (les externes plus petits), imbriqués, munis de glandes peltées sur la surface extérieure; pétales 5, libres, imbriqués, roses; étamines nombreuses, libres, filets grêles, anthères biloculaires, basifixes, introrses, à déhiscence longitudinale; gynécée supère, porté

par un court gynophore, composé de 2–3(–4) carpelles libres et uniloculaires, verruqueux et portant de nombreuses glandes peltées, style commun gynobasique, stigmate terminal, punctiforme; ovules 2 par carpelle. Le fruit, généralement à 1–3 carpelle(s) développé(s), est un groupe de grands méricarpes charnus à coriaces, à 1 seule graine, ovoïdes, au péricarpe mince, vert, couvert de grandes verrues, de plus petites protubérances coniques et de glandes; graine sans albumen

Diegodendron humbertii a une distribution limitée à la forêt décidue sèche de l'extrême nord et a été récolté dans les RS d'Ankarana et d'Analamera. On peut le reconnaître à ses grandes stipules se recouvrant et encerclant les bourgeons terminaux, à ses grandes fleurs roses à nombreuses étamines libres et au gynécée de carpelles séparés avec un style gynobasique commun, et à ses fruits en résultant constitués de grands méricarpes couverts de grandes verrues, de protubérances coniques plus petites et de glandes.

66. *Diegodendron humbertii*

Noms vernaculaires: *ampoly, kisaka*

BORAGINACEAE Juss.

Grande famille cosmopolite représentée par env. 130 genres et env. 2 000 espèces. En plus du genre d'arbre *Cordia* et de l'espèce *Tournefortia argentea* qui peut être un buisson de grève ou un petit arbre, le genre intertropical *Ehretia* est représenté à Madagascar par 10 spp. de buissons.

Buissons ou arbres de petite à moyenne taille, ou rarement des plantes grimpantes, hermaphrodites ou parfois polygamo-dioïques. Feuilles alternes à occasionnellement subopposées, simples, entières à parfois crénelées, penninerves à subpalmatinerves, stipules nulles. Inflorescences terminales ou axillaires, apparaissant parfois opposées aux feuilles, en lâches panicules de cymes pauciflores, en cymes scorpioïdes ramifiées de façon dichotome ou fleurs solitaires, fleurs petites à très grandes, régulières à légèrement irrégulières, 4–5-mères; calice soudé tubulaire à campanulé avec 5 lobes triangulaires à arrondis ou se fendant irrégulièrement, 3–5-denté, persistant et quelque peu accrescent dans le fruit; corolle soudée infundibuliforme à plane ou subcylindrique, blanche à blanc rosâtre, ou rarement jaune à orange, à 4–8 lobes imbriqués à légèrement tordus dans le bouton; étamines 4–10, insérées sur le tube corollin, filets libres, courts, anthères biloculaires, dorsifixes, introrses, à déhiscence longitudinale; ovaire supère, 4-loculaire, style terminal, stigmate linéaire à l'apex ou subcapité, ou annulaire et portant 2 lobes coniques; ovule 1 par loge. Le fruit est une petite à grande drupe quelque peu charnue à ligneuse, ou sèche et spongieuse-liégeuse, indéhiscente, se séparant parfois en 2 parties; graines à albumen mince ou absent.

Humbert, H. 1949. Une espèce nouvelle ornementale de *Cordia* (Boraginacées) du Sud-Ouest de Madagascar. Mém. Soc. Hist. Nat. Afrique N., Hors Sér. 2: 173–176.

1. Feuilles glabres ou presque; inflorescences pauciflores en panicules lâches de cymes, ou fleurs solitaires; fruit quelque peu charnu à ligneux · *Cordia*
1'. Feuilles portant un indument dense et soyeux, gris à argenté; inflorescences en cymes scorpioïdes à ramifications dichotomes; fruit spongieux-liégeux · · · · · · · · *Tournefortia*

Cordia L., Sp. Pl. 1: 190. 1753.

Genre intertropical représenté par env. 325 espèces; env. 10 spp. sont rencontrées à Madagascar sur lesquelles 7 spp. sont endémiques.

Arbres de petite à moyenne tailles, hermaphrodites ou parfois polygamo-dioïques. Feuilles alternes à occasionnellement subopposées, simples, entières à parfois crénelées, penninerves à subpalmatinerves, stipules nulles. Inflorescences terminales ou axillaires, apparaissant parfois opposées aux feuilles, en panicules de cymes pauciflores ou fleurs solitaires, fleurs petites à très grandes, régulières à légèrement irrégulières, 4–5-mères; calice soudé tubulaire à campanulé, se fendant irrégulièrement, 3–5-denté, persistant et quelque peu accrescent dans le fruit; corolle soudée infundibuliforme à plane, généralement blanche ou rarement jaune à orange, les 4–8 lobes imbriqués à légèrement tordus dans le bouton; étamines 4–10, filets libres, insérés sur le tube corollin, anthères dorsifixes, biloculaires, introrses, à déhiscence longitudinale; style deux fois fourchu, stigmate linéaire à l'apex ou subcapité. Le fruit est une petite à grande drupe quelque peu charnue à ligneuse, indéhiscente, partiellement à complètement incluse dans le calice persistant et accrescent, contenant de 1 à 4 graine(s); graines sans albumen.

Cordia est distribué dans la forêt et le fourré décidus, secs et sub-arides; *C. mairei*, qui est distribué depuis la RNI de Tsimanampetsotsa

68. *Tournefortia argentea*

jusqu'à la RNI de Namoroka, a de grandes fleurs jaunes spectaculaires; *C. subcordata*, à fleurs orange, est distribué le long de la côte ouest près du rivage; toutes les autres espèces de *Cordia* de Madagascar présentent de petites fleurs blanches.

Nom vernaculaire: *varo*

Tournefortia L., Sp. Pl.: 140. 1753.

Argusia Boehm. in Ludw., Def. Gen. Pl. (ed. 3): 507. 1760.

Genre intertropical représenté par env. 100 espèces, centré sur les régions tropicales du Nouveau Monde; 2 spp. sont rencontrées à Madagascar dont 1 sp. endémique grimpante (*T. puberula*) et 1 sp. de grève à large distribution (*T. argentea*) à laquelle la définition suivante s'applique.

Buissons ou petits arbres hermaphrodites. Feuilles alternes, entières, penninerves, quelque peu charnues, à la base longuement atténuée et décurrente le long du pétiole, les feuilles portant un indument dense et soyeux, gris à argenté. Inflorescences terminales, en cymes scorpioïdes ramifiées de façon dichotome, fleurs sessiles, petites, 4–5-mères; calice soudé à lobes triangulaires ou arrondis; corolle soudée subcylindrique, blanche à blanc rosâtre, aux

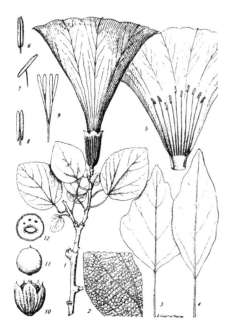

67. *Cordia mairei*

lobes imbriqués dans le bouton; étamines 4–5, anthères à peine exsertes; style court, stigmate annulaire avec 2 lobes rigides et coniques. Fruit petit, drupacé mais sec et quelque peu spongieux-liégeux à maturité; graines dans la portion apicale, l'endocarpe se séparant finalement en 2 parties contenant chacune 2 graines; graines à albumen mince.

Tournefortia argentea est distribué le long de la côte juste au-dessus de la zone intertidale. On peut le reconnaître à ses feuilles portant un indument dense et soyeux de couleur grise à argentée et à ses inflorescences en cymes scorpioïdes portant de petites fleurs sessiles, blanches à blanc rosâtre.

Noms vernaculaires: aucune donnée

BRASSICACEAE Burnett

Grande famille cosmopolite représentée par env. 450 genres et env. 3 680 espèces. Des études cladistiques récentes sur les Capparales utilisant des données morphologiques et moléculaires suggèrent que certains genres de Capparaceae définis au sens traditionnel (ex. *Cleome*) sont plus affines avec les Brassicaceae qu'ils ne le seraient avec les autres Capparaceae et qu'une famille étendue de Brassicaceae, incluant ici les Capparaceae, le *Pentadiplandra* africain et le *Tovaria* néotropical, représenterait une famille monophylétique plus naturelle.

Buissons à grands arbres hermaphrodites ou rarement polygames (avec des fleurs mâles et des fleurs bisexuées). Feuilles alternes, simples ou composées palmées uni à 7-foliolées, entières ou rarement lobées, penninerves, ou rarement en phyllodes ou feuilles absentes, stipules petites et caduques ou absentes. Inflorescences axillaires ou terminales, en fascicules, faux épis, en racèmes allongés à corymbiformes ou ombelliformes, parfois caulifores, ou fleurs solitaires, fleurs régulières ou légèrement irrégulières, petites à grandes, plus ou moins 4-mères; sépales 4, en 1 ou 2 verticille(s), libres à partiellement soudés en un tube, valvaires, ou entiers et s'ouvrant par une déchirure circulaire formant un capuchon qui reste attaché par un coté; disque nectaire annulaire ou tapissant la surface réceptaculaire, ou rarement longuement tubulaire; pétales 4, souvent longuement onguiculés, ou absents; étamines (5–)6 à nombreuses, libres ou soudées à la base au gynophore (i.e. devenant un androgynophore), filets libres et grêles en haut, anthères biloculaires, dorsifixes à basifixes, introrses, à déhiscence longitudinale; ovaire supère, souvent porté par une long gynophore grêle, uniloculaire à rarement incomplètement 10-loculaire avec des fausses cloisons, à 2–10 placentas, stigmate sessile, capité; ovules 2–multiples par placenta. Le fruit est une grande baie indéhiscente, sphérique à oblongue et contenant de 1 à de multiples graine(s) ou une capsule déhiscente, bivalve, contenant de peu à de multiples graines; graines principalement sans albumen.

Hadj Moustapha Haddade, S. E. Moustapha. 1965. Capparidacées. Fl. Madagasc. 83: 1–71.

Miller, J. S. 1998. New taxa and nomenclatural notes on the flora of the Marojejy Massif, Madagascar. I. Capparaceae: A new species of *Crateva*. Novon 8(2): 167–169.

Rodman, J. E., K. G. Karol, R. A. Price & K. J. Sytsma. 1996. Molecules, morphology, and Dahlgren's expanded order Capparales. Syst. Bot. 21: 289–307.

1. Fruit une capsule déhiscente bivalve; sépales 4 en 2 verticilles, les extérieurs plus grands et enfermant la fleur dans le bouton; disque nectaire tubulaire, postérieur; feuilles simples ··· *Cadaba*
1'. Fruit une baie indéhiscente, sphérique à oblongue; sépales en un seul verticille ou entiers; disque nectaire annulaire ou tapissant le réceptacle; feuilles simples à composées palmées, uni-7-foliolées.
   2. Pétales présents.
      3. Calice tubulaire à la base; pétales bien plus petits que les lobes du calice; fruits sphériques à cylindriques et quelque peu toruleux; buissons ou petits arbres dans les zones sèches et sub-arides ·· *Maerua*

3'. Calice non tubulaire, à 4 sépales libres; pétales bien plus grands que les sépales, longuement onguiculés; fruits sphériques à ellipsoïdes; petits à grands arbres dans les zones humides et sèches ···························· *Crateva*

2'. Pétales absents.

  4. Calice de 4 sépales libres; étamines 7–10 ······················· *Boscia*

  4'. Calice entier, enfermant la fleur dans le bouton, s'ouvrant par une déchirure circulaire et formant alors un capuchon en forme de calyptre qui tombe ou qui reste attaché par un coté; étamines nombreuses ················· *Thilachium*

Boscia Lam., Tabl. Encycl., pl. 395. 1793. nom. cons.

Genre représenté par 37 espèces distribué de l'Afrique du Sud à l'Arabie; 3 spp. endémiques de Madagascar.

Buissons ou petits arbres atteignant 10 m de haut, hermaphrodites ou polygames (avec des fleurs mâles et des fleurs bisexuées), aux branches parfois pendantes. Feuilles alternes, composées uni ou trifoliolées (rarement palmées 5-foliolées), entières, stipules très petites, caduques. Inflorescences axillaires en fascicules de 2 fleurs, ou fleurs solitaires, parfois aux aisselles des cicatrices foliaires, fleurs petites, régulières; sépales (3–)4(–5), libres, valvaires; pétales absents; disque nectaire annulaire, épais; étamines 7–10, légèrement soudées à la base, filets grêles, anthères dorsifixes; ovaire porté par un long gynophore, uniloculaire à 2 placentas; ovules 2–6 par placenta. Le fruit est une grande baie charnue, indéhiscente, sphérique, contenant de 1 à quelques graine(s).

Boscia est distribué dans la forêt et le fourré décidus secs et sub-arides depuis l'ouest de Fort-Dauphin jusqu'à Antsiranana. On peut le reconnaître à ses feuilles uni–trifoliolées et à ses petites fleurs aux sépales libres, sans pétales, à 7–10 étamines. Le fruit de *B. longifolia* est comestible et ses feuilles tombantes caractéristiques sont employées dans des infusions destinées à guérir les rhumatismes.

Noms vernaculaires: *hazomohogo, komanga, lalangy, lolobemisihariva, longetse, longitsy, maharoaka, maharoaky, mantsiandavaka, paky, repaly, soalihy, somanga, somanganala, somangapaka, somangy, somangy paka, sasavy, teloravikazo, tsimangipaky*

Cadaba Forssk., Fl. Aegypt.-Arab. 56: 67. 1775.

Genre représenté par 30 espèces distribué dans les régions tropicales de l'Ancien Monde, particulièrement en Afrique; une seule sp. endémique de Madagascar (*C. virgata*).

Petits arbres hermaphrodites atteignant 6 m de haut. Feuilles alternes, simples, entières, stipules nulles. Inflorescences terminales, en faux épis, fleurs petites, régulières ou légèrement irrégulières du fait de la position postérieure du disque nectaire; sépales 4 en 2 verticilles, les extérieurs plus grands, valvaires, enfermant les 2 sépales intérieurs et la fleur dans le bouton; pétales 4, longuement onguiculés; disque nectaire postérieur, en forme de tube aussi long que les pétales, denté à l'apex; étamines 5–6, aux filets soudés au gynophore (ainsi un androgynophore) en bas, puis libres dessus, anthères presque versatiles; ovaire porté par un gynophore long et grêle dépassant la longueur de la partie libre des filets, uniloculaire, à 2–4 placentas pariétaux; ovules nombreux. Le fruit est une grande capsule sèche, déhiscente, allongée, bivalve; graines sans albumen.

Cadaba virgata est distribué dans la forêt et le fourré décidus secs et sub-arides sur substrats calcaire et sableux depuis l'ouest de Fort-Dauphin jusqu'au nord de Toliara. On peut le reconnaître à ses feuilles simples, ses inflorescences terminales en faux épis portant de petites fleurs à 2 verticilles de sépales, les extérieurs plus grands, valvaires, enfermant la fleur dans le bouton, et au disque nectaire postérieur et tubulaire aussi long que les pétales, et à ses grands fruits déhiscents capsulaires.

69. *Boscia plantefolii* (gauche); *B. longifolia* (droite)

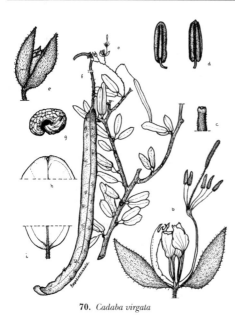

70. *Cadaba virgata*

Noms vernaculaires: *fandriandambo, maintifo, tsiantsomilotsy, tsiariarinaliotsy, tsiariarinalotsy*

Crateva L., Sp. Pl. 1: 444. 1753.

Genre intertropical représenté par 10 espèces; 4–6 spp. endémiques de Madagascar.

Petits à grands arbres hermaphrodites ou polygames (avec des fleurs mâles et des fleurs bisexuées). Feuilles alternes, composées palmées 1–7-foliolées, ou rarement simples (*C. simplicifolia*), entières, stipules petites, caduques. Inflorescences terminales, en racèmes ou parfois corymbiformes ou pseudo-ombelliformes, fleurs grandes, irrégulières; sépales 4, libres, valvaires: pétales 4, légèrement inégaux, longuement onguiculés, blancs devenant jaune-crème; étamines 10–50, soudées à la base en un très court androgynophore, libres et aux filets longs et grêles au-dessus, pourpres, anthères presque basifixes; ovaire porté par un gynophore long et grêle dépassant les étamines, uniloculaire, à 2 placentas; ovules nombreux. Le fruit est une grande baie charnue à ligneuse, indéhiscente, à multiples graines, sphérique à ellipsoïde.

Crateva est distribué dans la forêt sempervirente humide ainsi que dans la forêt décidue sèche depuis le niveau de la mer jusqu'à 1 500 m d'altitude. On peut le reconnaître à ses grandes fleurs aux sépales libres et aux pétales distinctement onguiculés et bien plus longs que les sépales, et à ses grands fruits charnus à ligneux, sphériques à ellipsoïdes.

Noms vernaculaires: *alakamisy, ampody, boromena, hazomalany, hazompasy, keliony, kipipika,*

mafanakelika, mafanankeliky, mangilakelika, mangily, tangena, teloravina, tongohakoho, tongotrakoho, tsilehibeko, voampoana, vodihaomby, vodiomby

Maerua Forssk., Fl. Aegypt.-Arab. 63: 104. 1775.

Genre représenté par 50 espèces distribué depuis l'Afrique du Sud jusqu'en Inde; 4 spp. endémiques de Madagascar, plus 1 sp. partagée avec les Comores.

Buissons ou petits arbres atteignant 6 m de haut, hermaphrodites. Feuilles alternes, simples ou trifoliolées, entières, ou parfois en phyllodes avec le pétiole légèrement aplati et ailé, ou totalement absentes, décidues, stipules nulles. Inflorescences axillaires, en racèmes ombelliformes ou fleurs solitaires, fleurs petites à grandes, régulières; sépales 4, soudés sur leur moitié basale en un tube, aux lobes valvaires, souvent réfléchis à l'anthèse; disque nectaire annulaire à rebord denté; pétales 4, bien plus petits que les lobes du calice; étamines 10–15, soudées à la base en un androgynophore de près de la même longueur que le tube du calice, filets libres, grêles au-dessus, anthères basifixes; ovaire porté par un gynophore long et grêle, supère, uni ou biloculaire à 2–4 placentas; ovules 4–multiples. Le fruit est une grande baie charnue à coriace, indéhiscente, à multiples graines, sphérique à cylindrique et parfois toruleuse.

Maerua est distribué dans la forêt et le fourré décidus secs et sub-arides depuis l'ouest de

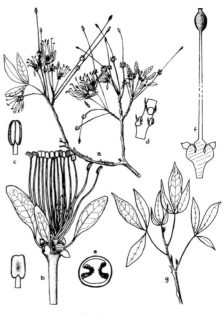

71. *Crateva excelsa*

Fort-Dauphin jusqu'à Antsiranana. On peut le reconnaître à ses fleurs au calice soudé, aux pétales bien plus courts que les lobes du calice, et à ses fruits sphériques à cylindriques et parfois toruleux. Les espèces de l'ouest et du sud-ouest secs et sub-arides *M. nuda* et *M. filiformis* ne portent généralement pas de feuilles, le pétiole de la dernière espèce étant persistant, aplati et légèrement dilaté en ressemblant ainsi à des feuilles étroitement linéaires.

Noms vernaculaires: *akohonala, hororoke, kifafa, kifafala, latakombala, sarifilao, saryfilao, sasavy, sasavalahy, solenty, solete, soletry, solety, somangilahy, somangilenty, somangileta, tohiravina, tsimangy, tsitanipiky, tsomangaleta*

Thilachium Lour., Fl. Cochinch.: 328, 342. 1790.

Genre représenté par 10 espèces distribué en Afrique de l'Est, à Madagascar et aux Mascareignes; 7 spp. endémiques de Madagascar, plus 1 autre sp. également rencontrée dans les Mascareignes.

Buissons ou petits arbres atteignant 10 m de haut, hermaphrodites, parfois grimpants. Feuilles alternes, composées palmées, uni à trifoliolées, entières ou rarement lobées, stipules nulles. Inflorescences terminales, en racèmes ombelliformes ou corymbiformes, parfois cauliflores, fleurs grandes, régulières; calice entier et enfermant complètement la fleur dans le bouton, s'ouvrant par une déchirure circulaire et formant ainsi un

73. *Thilachium*

capuchon en forme de calyptre qui tombe ou qui reste attaché par un coté; pétales absents; disque nectaire tapissant le réceptacle convexe; étamines nombreuses, blanches, libres, insérées sur le disque, filets longs et grêles, anthères dorsi-basifixes; ovaire porté par un gynophore long et grêle dépassant les étamines, uniloculaire ou partiellement 6–10-loculaire, à 6–10 placentas; ovules nombreux. Le fruit est une grande baie charnue, indéhiscente, à multiples graines, sphérique à oblongue.

Thilachium est distribué dans la forêt sempervirente humide et sub-humide depuis le niveau de la mer jusqu'à 1 600 m d'altitude de Fort-Dauphin jusqu'à la RNI du Tsaratanana et dans la région du Sambirano, ainsi que dans la forêt et le fourré décidus secs et sub-arides depuis l'ouest de Fort-Dauphin jusqu'à Antsiranana. On peut le reconnaître à ses grandes fleurs au calice entier s'ouvrant par une déchirure circulaire et formant alors un capuchon en forme de calyptre qui tombe ou qui reste attaché par un coté, aux pétales absents et aux multiples étamines. Avec ses inflorescences cauliflores portant de grandes fleurs, *T. pouponii* est un représentant spectaculaire du fourré décidu sub-aride sur substrat calcaire depuis Toliara jusqu'à la RS du Cap Sainte Marie.

Noms vernaculaires: *belataka, fangalitse, hazomafana fotsy, hororoka, hororoke, hororoky, izahotsifady, kijejelahy, kororoky, mendoravy, olanolana, orohoka, pitsipitsy, raozo, roravina, sarikomanga, somanga, somangy, teloravina, tomboantany, tsikidakida, voantany, vodiaomby*

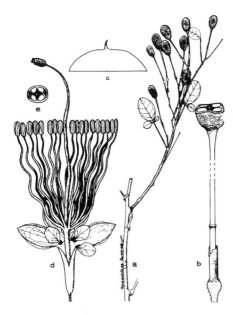

72. *Maerua filiformis*

BUDDLEJACEAE K.Wilh.

Petite famille représentée par 7 genres et 120 espèces. Leeuwenberg (1984) traitait *Androya*, *Buddleja* et *Nuxia* dans la famille des Loganiaceae dans la *Flore de Madagascar*.

Arbres à buissons grimpants hermaphrodites, glabres ou portant un indument glanduleux, stellé ou écaillé. Feuilles opposées ou verticillées, simples, entières à crénelées ou diversement dentées, ou légèrement lobées, penninerves à faiblement triplinerves, stipules nulles ou représentées par une ligne interpétiolaire. Inflorescences axillaires ou terminales, en cymes racémeuses ou régulièrement bifurquées en thyrses, parfois en groupes serrés de capitules, fleurs petites, régulières, 4-mères; sépales partiellement à presque complètement soudés en un tube court, persistants dans le fruit; corolle soudée campanulée à cylindrique, aux lobes courts, imbriqués, étalés à plat ou réfléchis à l'anthèse; étamines insérées sur le tube corollin, aux filets distincts et exserts ou aux anthères sessiles, anthères bi–4-loculaire, à déhiscence longitudinale; ovaire supère, bi–4-loculaire, style terminal, dressé, inclus ou exsert, stigmate capité à bilobé; ovules quelques à multiples. Le fruit est une drupe déhiscente à multiples graines, bivalve, ou une baie secondairement dérivée, contenant de quelques à de multiples graines, indéhiscente; graines albuminées.

Leeuwenberg, A. J. M. 1984. Loganiacées. Fl. Madagasc. 167: 1–107.

1. Inflorescences terminales, régulièrement bifurquées en thyrses portant des fleurs souvent serrées en groupes dans des capitules rappelant les Asteraceae ······ *Nuxia*
1.' Inflorescences axillaires, en cymes capitulées ou paniculées, aux fleurs rarement serrées en groupes dans des capitules.
  2. Feuilles étroitement elliptiques à linéaires, entières, faiblement triplinerves; fruit une capsule déhiscente 2–4-valve; petits arbres dans le fourré sub-aride du sud ····
  ··· *Androya*
  2.' Feuilles largement ovales, entières ou plus souvent dentées, penninerves; fruit une baie indéhiscente; buissons généralement rencontrés dans des zones ouvertes ou dégradées dans les régions humides et sub-humides ················ *Buddleja*

Androya H. Perrier, Bull. Mus. Natl. Hist. Nat., sér. 2, 24: 400. 1952.

Genre endémique monotypique.

Petits arbres hermaphrodites atteignant 10 m de haut. Feuilles opposées, simples, entières, faiblement triplinerves, étroitement elliptiques à linéaires, quelque peu falciformes, stipules nulles. Inflorescences axillaires, en cymes capitulées ou paniculées, plus courtes que les feuilles, fleurs petites, régulières, 4-mères; sépales 4, partiellement soudés à la base, imbriqués, persistants dans le fruit; corolle soudée brièvement tubulaire, imbriquée, réfléchie à l'anthèse; étamines 4, alternant avec les lobes corollins, filets soudés au tube corollin, libres au-dessus et exserts, anthères 4-loculaires, à déhiscence longitudinale; ovaire biloculaire, style terminal, dressé, stigmate en tête sphérique; ovules env. 12. Le fruit est une petite capsule sèche, déhiscente, 2–4-valve, ellipsoïde; graines très petites, ailées, albuminées.

Androya decaryi a une distribution limitée au fourré décidu sub-aride du sud depuis le PN d'Andohahela jusqu'au nord de Toliara. On

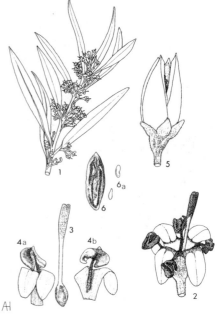

74. *Androya decaryi*

peut le reconnaître à ses feuilles étroitement elliptiques à linéaires présentant une nervation faiblement triplinerves, à ses courtes inflorescences axillaires portant de petites fleurs 4-mères, et à ses fruits déhiscents, capsulaires, contenant de très petites graines ailées.

Noms vernaculaires: *mananteza, menateza*

Buddleja L., Sp. Pl. 1: 112. 1753.

Genre intertropical représenté par 90 espèces; 8 spp. sont rencontrées à Madagascar dont 5 spp. endémiques.

Buissons hermaphrodites atteignant 4 m de haut, souvent grimpants, portant un indument rouille, stellé ou écaillé. Feuilles opposées, simples, entières ou crénelées à dentées-serretées, ou légèrement lobées, penninerves, stipules représentées par une ligne interpétiolaire. Inflorescences axillaires ou terminales, en panicules ou thyrses racémeuses, rarement condensées dans des capitules sphériques, fleurs petites, régulières, 4-mères; sépales soudés en un tube campanulé ou en forme de coupe, dressés, persistants dans le fruit; corolle soudée en un tube campanulé à cylindrique, blanche à jaune ou orange, aux lobes généralement étalés à plat à l'anthèse; étamines 4, insérées au milieu ou vers le sommet du tube corollin, aux filets très courts ou aux anthères sessiles, anthères biloculaires, aux loges séparées, introrses, à déhiscence

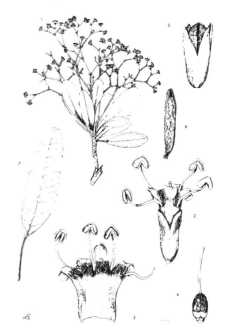

76. *Nuxia coriacea*

longitudinale; ovaire biloculaire, rarement 4-loculaire, style terminal, inclus ou exsert, le stigmate massif, capité à bilobé; ovules de quelques à de multiples par loge. Le fruit est une petite baie charnue, indéhiscente, contenant de quelques à de multiples graines, dérivée d'une capsule bivalve, les anciennes lignes de déhiscence parfois évidentes, enfermée au sein du calice persistant.

Buddleja est distribué dans la forêt sempervirente humide, sub-humide et de montagne depuis le niveau de la mer jusqu'à plus de 2000 m d'altitude, ainsi qu'occasionnellement dans les sites humides rencontrés dans la forêt sèche orientale, et une seule espèce (*B. fragifera*) est distribuée dans le fourré décidu sub-aride du sud presque toujours dans des zones ouvertes et quelque peu dégradées. On peut le reconnaître à son indument stellé et/ou écaillé, ses feuilles opposées aux marges souvent crénelées à dentées-serretées ou légèrement lobées, à ses fleurs 4-mères au calice et à la corolle tubulaires et à ses fruits indéhiscents bacciformes.

Noms vernaculaires: *savalahy, seva, sevafotsy*

Nuxia Lam., Tabl. Encycl. 1: 295. 1791.

Genre représenté par 15 espèces distribué en Afrique, à Madagascar, aux Comores et aux Mascareignes; 8 spp. sont endémiques de Madagascar et 1 autre sp. commune à l'Afrique de l'Est y est rencontrée.

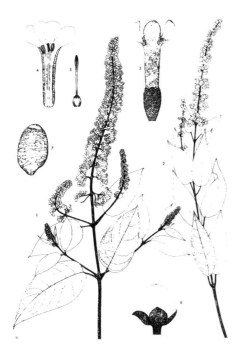

75. *Buddleja madagascariensis*

Arbres hermaphrodites de petite à moyenne tailles, au tronc souvent cannelé. Feuilles opposées ou verticillées, simples, entières, crénelées-serretées, ou sinuées-dentées, penninerves, au pétiole souvent décurrent le long de la tige quadrangulaire, stipules nulles. Inflorescences terminales régulièrement bifurquées en thyrses munies de bractées, les fleurs parfois en groupes serrés dans des capitules sphériques, fleurs petites, régulières, 4-mères; calice soudé campanulé à cylindrique, aux lobes très brièvement triangulaires, dressés, persistants dans le fruit; corolle soudée brièvement tubulaire, blanche, caduque circumscissile, aux lobes réfléchis à l'anthèse; étamines 4, alternant avec les lobes corollins, manifestement exsertes, aux filets grêles insérés à l'ouverture du tube corollin, anthères biloculaires, introrses, à déhiscence longitudinale; ovaire biloculaire, entouré à la base par un disque annulaire, style terminal et grêle, stigmate capité à bilobé; ovules multiples par loge. Le fruit est une petite capsule sèche, déhiscente, à multiples graines, bivalve; graines très petites, albuminées.

Nuxia est largement distribué sur l'ensemble de la forêt sempervirente humide et sub-humide depuis le niveau de la mer jusqu'à 1 800 m d'altitude, ainsi que dans la forêt et le fourré décidus secs et sub-arides au sud et à l'ouest (*N. oppositifolia*). Comme ses petites fleurs, incluses dans le calice tubulaire, sont souvent très serrées en groupes dans des capitules, *Nuxia* est parfois confondu avec une Asteraceae.

Nom vernaculaire: *valanirana*

BURSERACEAE Kunth

Famille intertropicale de taille moyenne représentée par 17 genres et env. 560 espèces.

Arbres dioïques, à exsudation résineuse claire à laiteuse ou rougeâtre, très aromatique en rappelant la térébenthine ou l'encens, à l'écorce souvent fine et s'exfoliant en révélant une couche photosynthétique dessous, rarement épineux. Feuilles alternes, composées imparipennées, rarement réduites à une seule foliole, ou rarement simples, au rachis rarement ailé, sans ponctuations pellucides, stipules nulles. Inflorescences axillaires, en panicules, racèmes, cymes ou fascicules, fleurs petites, régulières, 3–5-mères; calice aux sépales partiellement soudés, valvaires; pétales libres ou partiellement soudés à la base, imbriqués; étamines généralement en nombre double des pétales, en deux verticilles, insérées sous ou sur le rebord d'un disque nectaire charnu, filets libres, anthères biloculaires, introrses, à déhiscence longitudinale; ovaire supère, 2–5-loculaire, à un seul style 2–5-lobé à l'apex; ovules 2 par loge, dont 1 avortera à la fin. Le fruit est une drupe indéhiscente et charnue ou une pseudo-capsule déhiscente s'ouvrant en montrant des noisettes individuelles à une seule graine parfois couverte d'un arillode; albumen absent.

Capuron, R. 1962. Contributions à l'étude de la flore forestière de Madagascar. Adansonia, n.s., 2: 268–284.

Capuron, R. 1968. Sur les *Protium* (Burseracées) de Madagascar. Adansonia, n.s., 8: 359–363.

Cheek, M. & A. Rakotozafy. 1991. The identity of Leroy's fifth subfamily of the Meliaceae, and a new combination in *Commiphora* (Burseraceae). Taxon 40: 231–237.

Perrier de la Bâthie, H. 1946. Burseracées. Fl. Madagasc. 106: 1–50.

1. Fruit indéhiscent, ocre clair à brun rougeâtre, couvert de lenticelles; feuilles aux 2 premières folioles appariées très réduites, pseudo-stipulaires; pétales 3, dressés, soudés en tube ·· *Canarium*
1.' Fruit déhiscent, une pseudo-capsule sèche ou une drupe pseudo-capsulaire charnue, rouge à pourpre, non couvert de lenticelles; pseudo-stipules absents; pétales 4–5, étalés à réfléchis à l'anthèse.
    2. Fruit une pseudo-capsule sèche, aux pyrènes triangulaires, non entourés d'un arillode charnu ··· *Boswellia*

2'. Fruit plus ou moins charnu et coriace, une drupe pseudo-capsulaire dont l'endocarpe pierreux ou les pyrènes sont entourés d'un arillode charnu.

    3. Fruit s'ouvrant par 2 valves en montrant un seul pyrène dont la base est couverte d'un arillode charnu; buissons à grands arbres décidus dont l'écorce s'exfolie en montrant une couche photosynthétique dessous, surtout dans la forêt et le fourré décidus secs · *Commiphora*

    3.' Fruit s'ouvrant par 2 valves ou plus en montrant 1–2(–4) pyrène(s) attaché(s) à une columelle centrale, chaque pyrène couvert d'un arillode cotonneux rougeâtre; arbres au feuillage persistant dans la forêt sempervirente humide · · · ·
· *Protium*

Boswellia Roxb. ex Colebr., Asiat. Res. 9: 379. 1807.

Genre représenté par env. 24 espèces distribué depuis l'Afrique jusqu'en Inde; 1 sp. endémique de Madagascar.

Arbres dioïques (hermaphrodites ailleurs) de moyenne à grande tailles, atteignant 20 m de haut, dont l'écorce laisse s'écouler, après entaille, une exsudation claire à laiteuse, devenant résineuse et odoriférante en sentant le baume. Le pétiole des feuilles porte distinctement des extensions auriculaires à l'apex juste sous la première paire de folioles. Feuilles alternes, groupées aux extrémités des branches, composées imparipennées avec 2–4 paires de folioles opposées, entières, penninerves, presque sessiles à très brièvement pétiolulées, les feuilles rarement trifoliolées. Inflorescences axillaires, en panicules de racèmes, les mâles plus longues et plus lâches; calice (4–)5-lobé, persistant; pétales (4–)5, libres, valvaires; étamines (8–)10, insérées à

l'extérieur d'un disque nectaire annulaire, en deux verticilles; pistillode rudimentaire; ovaire 3-loculaire, style court, stigmate capité; ovule 1 par loge; staminodes ressemblant à des étamines réduites. Le fruit est une grande pseudo-capsule sèche, obovoïde, 3-angulée, aux parois externes se séparant en montrant un axe central 3-ailé formant 3 compartiments dont chacun loge des pyrènes à 1 seule graine, les parois externes finissant par tomber.

Boswellia madagascariensis est distribué dans la forêt décidue sèche de l'extrême nord, sur substrat calcaire des tsingy de la RS d'Ankarana. On peut le reconnaître à son exsudation résineuse à forte odeur de baume, à ses feuilles au pétiole portant distinctement des extensions auriculaires à l'apex juste en dessous de la première paire de folioles, et à ses grands fruits déhiscents, pseudo-capsulaires

Noms vernaculaires: inconnus

Canarium L., Amoen. Acad. 4: 121. 1759.

Genre représenté par 80 espèces distribué depuis l'Afrique jusqu'en Malaisie; 1 (–3 ? ou plus?) sp. (spp.) à Madagascar dont 1 (peut être au niveau de la variété) est probablement partagée avec l'Afrique de l'Est.

Grands arbres dioïques, portant souvent des contreforts, au tronc exsudant une résine aromatique claire à laiteuse qui blanchit au séchage en devenant comme de la gomme. Feuilles alternes, composées imparipennées avec 3–9 paires de folioles opposées, entières, penninerves, inégales, les premières (les plus basses) paires de folioles bien plus réduites et proches de la base du pétiole en simulant des stipules qui sont caduques. Inflorescences axillaires, en panicules de cymes, les fleurs individuelles groupées aux extrémités de longs axes munis de bractées, les inflorescences femelles plus courtes et portant moins de fleurs; calice formé de 3 segments valvaires; pétales 3, charnus, dressés, imbriqués, soudés en un tube court, orange-beige; étamines 6, insérées juste à l'extérieur du disque nectaire 6-lobé; pistillode absent; ovaire 3-loculaire, style court, stigmate

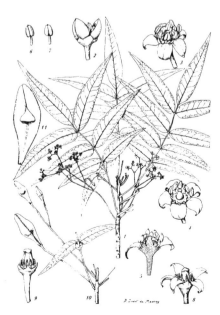

77. *Boswellia madagascariensis*

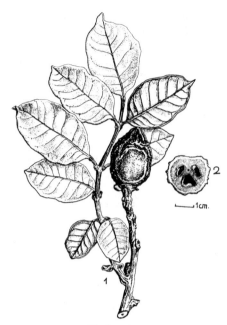

78. *Canarium*

tri-lobé capité; ovules 2 par loge, dont 1 avorte à la fin; staminode rudimentaire. Le fruit est une grande drupe charnue, indéhiscente, ovoïde à oblongue, sous-tendue par le calice persistant en forme de cupule, ocre clair, couverte de lenticelles proéminentes, à la pulpe très aromatique, jaunâtre, à l'endocarpe pierreux trigone, triloculaire avec 1 ou 2 graine(s) se développant généralement, rarement 3.

Canarium est distribué sur l'ensemble de la forêt sempervirente humide et sub-humide, et de la forêt décidue sèche depuis le sud de Morondava jusqu'à Antsiranana, depuis le niveau de la mer jusqu'à 1 000 m d'altitude. On peut le reconnaître à ses feuilles portant généralement une paire de folioles basales persistantes et simulant des stipules, à ses fleurs 3-mères aux pétales charnus et dressés, et à ses grands fruits charnus apparaissant dans le calice persistant en forme de cupule. Une variation continue dans les caractéristiques foliaires pose problème dans la délimitation spécifique des représentants de Madagascar; il semble qu'il y ait au moins 2–3 espèces. L'arbre est apprécié pour la construction de pirogues; la résine séchée est employée contre les infections urinaires, pour calfeutrer les bateaux et comme encens; le fruit est comestible et les graines riches en huile attirent les lémuriens qui bien que prédateurs de graines, en assurent la dispersion (*Daubentonia madagascariensis*, l'Aye-aye).

Noms vernaculaires: *ramy, ramy mainty, ramy mena*

Commiphora Jacq., Pl. Hort. Schoenbr. 2: 66, t. 249. 1797.

Neomangenotia J.-F. Leroy, Adansonia, n.s., 16: 198. 1976.

Genre représenté par env. 190 espèces distribué depuis l'Amérique tropicale jusqu'au Pakistan et surtout en Afrique; env. 20 spp. sont rencontrées à Madagascar.

Buissons à grands arbres dioïques ou polygamo-dioïques, parfois avec quelques fleurs bisexuées, rarement épineux (seul *C. simplicifolia* est épineux à Madagascar), à l'écorce souvent mince et translucide, s'exfoliant en montrant une couche photosynthétique dessous, à exsudation aromatique laiteuse souvent présente, fleurissant souvent alors que décidus. Feuilles alternes, généralement composées imparipennées, avec 2–5 paires de folioles opposées, crénelées-dentées à moins souvent entières, penninerves, ou les feuilles trifoliolées, rarement réduites à une seule foliole articulée (unifoliolées), ou rarement feuilles simples et non articulées (*C. simplicifolia*), glabres ou pubescentes. Inflorescences axillaires, en panicules ou cymes, les femelles généralement plus ramifiées, plus contractées et plus pauciflores, fleurs généralement 4-mères, rarement 5-mères; calice soudé en forme de coupe à brièvement tubulaire, aux lobes valvaires; pétales 4, rarement 5, libres, valvaires, dressés ou réfléchis, jaunes à rouges; étamines en

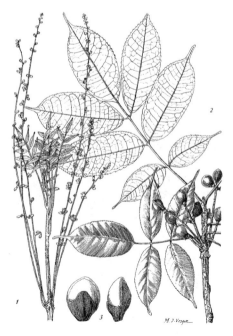

79. *Commiphora pervilleana*

nombre double des pétales, en 2 verticilles inégaux, les oppositisépales plus longues, insérées sur le rebord du disque nectaire lobé; pistillode absent; ovaire 2-loculaire, style court, stigmate subcapité; ovules 2 par loge; staminode rudimentaire. Le fruit est une grande drupe pseudo-capsulaire charnue à coriace, déhiscente, se fendant par 2 valves en montrant un seul endocarpe pierreux dont la base est couverte d'un mince arillode charnu de couleur blanche à rouge, l'endocarpe uniloculaire et ne contenant qu'une seule graine.

Commiphora est distribué sur l'ensemble de la forêt et du fourré décidus, secs et sub-arides jusqu'à 900 m d'altitude. On peut le reconnaître à sa mince écorce externe s'exfoliant en montrant une fine couche photosynthétique dessous et à ses exsudations aromatiques laiteuses souvent présentes. Le bois est prisé dans la construction.

Noms vernaculaires: *arafy, daro, darosekatra, darosiky, faresy, fatsakatsa, kitsendro, maambelona mafaidoha, matambelo, sakoanala, sengatsy, tsivoanzao, zaby*

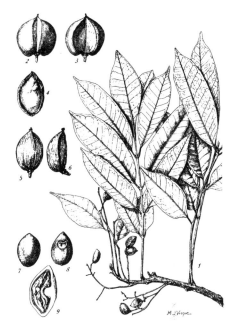

80. *Protium madagascariense*

Protium Burm. f., Fl. Indica: 88. 1768. nom. cons.

Genre représenté par env. 90 espèces distribué depuis l'Amérique tropicale jusqu'en Malaisie mais principalement en Amérique du Sud; 2 spp. endémiques de Madagascar.

Arbres dioïques de moyenne à grande tailles, à l'écorce très aromatique avec une fine exsudation résineuse, hésitante et rougeâtre. Feuilles alternes, composées imparipennées, avec 2–4 paires de folioles opposées, entières, penninerves, vernissées, les feuilles aux rachis et pétiole parfois ailés (*P. beandou*). Inflorescences axillaires, en panicules ou racèmes, fleurs petites, 4–5-mères; sépales partiellement soudés à la base, 4–5-lobés; pétales 4–5, libres, imbriqués, blancs, étalés à plat ou quelque peu réfléchis à l'anthèse; étamines 8–10, en 2 verticilles égaux, insérées sous le disque nectaire annulaire; pistillode absent; ovaire 4–5-loculaire, style 4–5 lobé à l'apex, stigmate capité; ovules 2 par loge; staminode rudimentaire. Le fruit est une grande drupe pseudo-capsulaire coriace, déhiscente, avec 1–2 (–4) loge(s) développée(s), à l'apex apiculé, vert jaune à rouge, aux valves se dispersant en montrant 1–4 noisette(s) à une seule graine, attachée(s) à une columelle centrale, chaque noisette couverte d'un arillode charnu, cotonneux-crépu et rouge.

Protium est distribué dans la forêt sempervirente humide et sub-humide le long de la côte dans la forêt littorale et à basse altitude, ainsi que dans la région du Sambirano. On peut le reconnaître à son écorce très aromatique avec une exsudation résineuse hésitante et rougeâtre, à ses feuilles aux folioles vernissées et à ses fruits pseudo-capsulaires contenant 1–4 noisette(s) à une seule graine, chaque noisette étant couverte d'un arillode charnu, cotonneux-crépu, rouge. Les feuilles de *P. madagascariense* ressemblent beaucoup aux feuilles du sympatrique *Poupartia chapelieri* (Anacardiaceae) avec lequel il peut aisément être confondu. Après examen plus attentif, les folioles de *P. madagascariense* ont des nervures qui se connectent près de la marge en formant une ligne arquée, cette ligne étant absente chez *P. chapelieri*, qui a par ailleurs tendance à avoir des folioles à la base plus asymétrique. En fleurs, les pétales de *P. madagascariense* sont distinctement plus triangulaires contre ceux de *P. chapelieri* qui sont largement ovales. L'entaille de l'écorce de *P. madagascariense* a une forte odeur de térébenthine alors que celle de *P. chapelieri* n'a qu'une faible odeur. En général, *P. madagascariense* a une teinte globale rougeâtre alors que celle de *P. chapelieri* est plus jaunâtre.

Nom vernaculaire: *tsiramiramy*

BUXACEAE Dumort.

Petite famille cosmopolite représentée par 5 genres et env. 65 espèces.

Capuron, R. 1960. Contributions à l'étude de la flore forestière de Madagascar. 6. Un "Buxus" nouveau. Notul. Syst. (Paris) 16: 80.

Friis, I. 1989. A synopsis of the Buxaceae in Africa south of the Sahara. Kew Bull. 44: 293–299.

Perrier de la Bâthie, H. 1952. Buxacées. Fl. Madagasc. 113: 1–7.

Buxus L. Sp. Pl. 2: 983. 1753.

Notobuxus Oliv., Hooker's Icon. Pl. 14: 78. 1882.

Genre représenté par env. 45 espèces distribué d'Europe à l'Asie de l'Est, aux Antilles et en Amérique Centrale; 6–7 spp. endémiques sont rencontrées à Madagascar.

Buissons à arbres de taille moyenne, monoïques, très ramifiés, aux branches présentant souvent 4 faces et striées, entièrement glabres. Feuilles opposées, simples, entières, penninerves à faiblement 3-subpalmatinerves à la base, bien que la nervation souvent soit indistincte, les feuilles souvent coriaces, à la base du pétiole décurrente le long des rameaux en formant des stries, prenant souvent une couleur vert olive grisâtre clair en séchant, les feuilles juvéniles parfois linéaires (et restant ainsi au stade adulte chez 1 espèce), stipules nulles. Inflorescences axillaires, fasciculées, fleurs femelles en position terminale, ou isolées et solitaires vers l'extrémité des branches, fleurs petites, régulières, 4-mères, sous-tendues par 4 bractées minuscules en forme d'écaille; sépales 4, libres, imbriqués-décussés; pétales absents; étamines 4, oppositisépales, filets libres, courts, anthères biloculaires, introrses, à déhiscence longitudinale; pistillode absent; ovaire supère, 3-loculaire, styles 3, libres, récurvés à l'apex, stigmate convoluté; ovules 2 par loge; staminode absent. Le fruit est une petite à grande capsule sèche, ligneuse à rarement charnue, à déhiscence loculicide, aux valves portant 2–3 cornes distinctes à l'apex; graines à albumen copieux.

Buxus a une aire de distribution vaste mais en mosaïque sur l'ensemble de la forêt et du fourré sempervirents humides, sub-humides et de montagne, depuis la forêt littorale le long de la côte jusqu'à 1 800 m d'altitude, ainsi que dans la forêt et le fourré décidus, secs et sub-arides sur substrats calcaires. On peut le reconnaître à ses feuilles opposées, entières, sans stipules, à nervation indistincte, à la base du pétiole décurrente le long des rameaux et formant des stries, à ses inflorescences axillaires en fascicules portant de petites fleurs unisexuées sans pétales, et à ses fruits capsulaires portant des cornes apicales distinctes. Une variation considérable dans la forme des feuilles de "*Buxus madagascarica*", partiellement (mais pas de façon valide) décrit à un niveau infraspécifique par Perrier de la Bâthie, devrait conduire à reconnaître ce taxon à un niveau spécifique; *B. macrocarpa*, qui n'est connu que de deux populations disjointes à l'ouest de la Baie de l'Antongil et dans la région du Sambirano, a des fruits remarquablement grands avec un mésocarpe charnu.

Noms vernaculaires: *ramidensanala, somisika, taolanosy, tolakena*

81. *Buxus madagascarica*

CANELLACEAE Mart.

Petite famille primitive, dont les plus proches affinités se retrouvent dans la famille des Winteraceae, représentée par 5 genres et env. 20 espèces, distribuée dans les régions tropicales du Nouveau Monde, aux Caraïbes, en Afrique et à Madagascar.

Perrier de la Bâthie, H. 1954. Canellacées. Fl. Madagasc. 138: 1–11.

Cinnamosma Baill., Adansonia 7: 213. 1887.

Genre endémique représenté par 5–6 espèces.

Arbres hermaphrodites de petite à moyenne tailles, dont toutes les parties sont très aromatiques-épicées. Feuilles alternes, distiques, simples, entières, penninerves, vernissées et à points glanduleux pellucides, stipules nulles. Inflorescences axillaires, fleurs souvent solitaires ou parfois appariées ou fasciculées, petites, régulières, sessiles ou presque, 3-mères, sous-tendues par 3–7 bractées minuscules imbriquées; sépales 3, libres, ou légèrement connés à la base, inégaux; pétales quelque peu charnus, soudés en un tube avec 3–6 lobes légèrement inégaux, imbriqués, étalés à plat à l'anthèse, la fleur ressemblant un peu à celle de certaines espèces de *Diospyros;* étamines 7–10, soudées en un tube, aux anthères apparaissant sur la face externe, le tube légèrement prolongé au-dessus des anthères (tissu connectif), l'apex du tube finement denticulé, anthères biloculaires, extrorses, à déhiscence longitudinale; ovaire supère, uniloculaire, à 3–5 placentas pariétaux, au style épais et court, stigmate 3–5 lobé; ovules nombreux en 2 rangs le long de chaque placenta. Le fruit est une grande baie charnue, à multiples graines, indéhiscente, globuleuse à ovoïde, se fendant parfois irrégulièrement lorsqu'elle est mure, à la surface lisse et quelque peu glauque, à l'apex souvent apiculé, les graines irrégulièrement dispersées dans tout le fruit; graines à albumen ruminé abondant.

Cinnamosma est distribué sur l'ensemble de la forêt sempervirente humide et sub-humide de Fort-Dauphin à Antsiranana, depuis la forêt littorale jusqu'à une altitude de 1 500 m, ainsi que dans la forêt décidue sèche depuis le fleuve Manambolo jusqu'à la région d'Antsiranana. On peut le reconnaître à ses feuilles alternes, distiques, entières, vernissées, à points glanduleux pellucides et très aromatiques-épicées lorsqu'on les froisse, à ses fleurs axillaires, sessiles, à la corolle charnue tubulaire ressemblant superficiellement à celles de certaines espèces de *Diospyros*, et à ses grands fruits charnus, glauques, contenant de multiples graines.

Noms vernaculaires: *fanalamangidy, malaohazo, mandravasarotra, mangidimanitra, motrobeatignana, motrobetinaina, motrobetinana, sakaiala, sakaihazo, sakarivohazo, vahabahatra*

82. *Cinnamosma madagascariensis*

CASUARINACEAE R. Br.

Petite famille tropicale centrée sur l'Australie représentée par 1(–4) genre(s) et env. 70 espèces.

Wilmot-Dear, C. M. 1991. Casuarinaceae. Fl. Zambes. 159: 116–120.

Casuarina L., Amoen. Acad. 4: 143. 1759.

Genre représenté par env. 70 espèces (considéré au sens large en incluant toutes les spp. de la famille) distribué de l'Afrique de l'Est en Polynésie; 1 sp. à large distribution est recontrée à Madagascar.

Arbres monoïques de petite à moyenne tailles avec des branches persistantes ligneuses et de

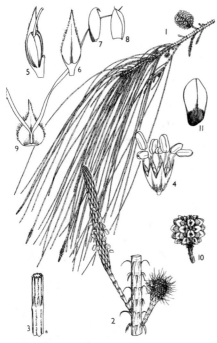

83. *Casuarina equisetifolia*

petits rameaux décidus ressemblant à des aiguilles vertes. Feuilles verticillées, réduites à des verticilles de 7–8 écailles triangulaires unies à la base, mais devenant libres avec l'âge sur les branches persistantes, aux nervures secondaires décurrentes vers le nœud situé dessous en donnant aux branches une apparence striée, stipules nulles. Inflorescences terminales (rarement axillaires) en épis (mâle), ou axillaires en capitules sphériques à ovoïdes (femelle), fleurs petites, régulières, sessiles aux aisselles d'une bractée, et enfermées dans une paire de bractéoles scarieuses; fleurs mâles à périanthe biparti, caduc, étamine 1, filet distinct, exsert, anthères biloculaires, à déhiscence longitudinale; fleurs femelles sans périanthe, ovaire supère, biloculaire, mais effectivement uniloculaire avec la loge postérieure nettement réduite à presque absente et stérile, style court, stigmate bifide, grêle, longuement exsert, rouge; ovules 2. Infructescence grande, sphérique, ressemblant à un cône, ligneuse à partir des bractéoles accrescentes, s'ouvrant à maturité pour permettre la déhiscence de petites samares ailées, sèches et contenant une seule graine, les ailes blanchâtres à brun clair translucide et parcourues d'une nervure longitudinale; albumen absent.

Casuarina equisetifolia est distribué dans la forêt sempervirente littorale, humide, sur sable le long de la côte est où il est probablement autochtone et il est largement planté ailleurs. On peut le reconnaître à ses petits rameaux verts décidus ressemblant à des aiguilles portant des verticilles de 7 ou 8 feuilles ressemblant à des écailles, et à ses infructescences en forme de cône.

Noms vernaculaires: aucune donnée

CELASTRACEAE R. Br.

Grande famille cosmopolite représentée par env. 94 genres et env. 1 300 espèces. La famille des Celastraceae est probablement la moins connue de toutes les familles ligneuses de Madagascar aussi bien au niveau générique que spécifique. Capuron l'a examinée avec minutie dans l'herbier en 1960 mais n'a publié aucune de ses conclusions. À partir des annotations fixées sur les spécimens, il était prêt à décrire 4 nouveaux genres et env. 30 nouvelles espèces, ainsi que diverses nouvelles combinaisons. Parmi les nouveaux genres figuraient "*Astrocassine*" pour les taxons décrits dans la *Flore de Madagascar* sous *Euonymus*, "*Erythrostelechia*" pour 3 espèces aux fruits déhiscents appelées *marambovony* ou *menavahatra*, "*Cathopsis*" de l'extrême nord à Orangea et Sahafary pour un espèce appelé *kimbimbo*, et "*Pseudocatha*" pour un arbre appelé *pitsikahitramainty*. Capuron prévoyait également de traiter les taxons décrits sous *Elaeodendron* dans la *Flore* sous *Cassine*, y compris le buisson *Hartogiopsis trilobocarpa* aux fruits tardivement déhiscents. Cependant, des études récentes portant sur les Cassinoideae (Archer & van Wyk, 1996) d'Afrique (surtout du Sud) limitent *Cassine* à 3 espèces d'Afrique du Sud et ne reconnaissent pas le genre *Elaeodendron* à Madagascar. Une révision complète des Celastraceae de Madagascar dans le contexte global de la famille doit être envisagée avant que les concepts génériques ne puissent être résolus.

Buissons à grands arbres, ou lianes, parfois épineux, hermaphrodites, ou moins souvent polygames ou peut-être dioïques. Feuilles alternes, opposées à légèrement subopposées, ou en verticilles de 3–4, simples, entières ou souvent crénelées à dentées-serretées et parfois spinescentes, penninerves, stipules petites, caduques, ou stipules nulles. Inflorescences axillaires, cauliflores, ou rarement terminales, en cymes, panicules ou fascicules, fleurs petites, régulières, 4–5-mères; sépales 4 ou 5, ou calice soudé profondément 4–5-lobé, généralement imbriqués, rarement subvalvaires; pétales 4 ou 5, imbriqués, ou parfois fortement tordus dans le bouton, généralement étalés à plat à l'anthèse, parfois dressés; étamines 4 ou 5, alternant avec les pétales, insérées sous ou sur le bord du disque, parfois à l'intérieur du disque, filets distincts, anthères biloculaires, généralement introrses, à déhiscence longitudinale; disque proéminent, annulaire à pentagonal, épais, plan, charnu, entier à crénelé ou profondément lobé; ovaire supère, souvent légèrement immergé dans le disque, complètement à incomplètement 2–5 (–7)-loculaire, style court, épais, stigmate 2–5-lobé; ovule(s) 1–12 par loge. Le fruit est une capsule sèche déhiscente ou une drupe ou une baie plus ou moins charnue, indéhiscente; graines albuminées, parfois arillées.

Archer, R. H. & A. E. van Wyk. 1996. Generic delimitation of subfamily Cassinoideae (Celastraceae) in Africa. *In* L. J. G. van der Maesen *et al.* (eds.), The Biodiversity of African Plants, pp. 459–463, Kluwer Academic Publishers, The Netherlands.

Archer, R. H., A. E. van Wyk & G. Condy. 1997. *Mystroxylon aethiopicum* ssp. *schlechteri* (Celastraceae). Fl. Pl. Africa 55: 76–80.

Perrier de la Bâthie, H. 1933. Les Brexiées de Madagascar. Bull. Soc. Bot. France 80: 198–214.

Perrier de la Bâthie, H. 1942. Au sujet des affinités des *Brexia* et des Célastracées et deux *Brexia* nouveaux de Madagascar. Bull. Soc. Bot. France 89: 219–221.

Perrier de la Bâthie, H. 1946. Celastracées. Fl. Madagasc. 116: 1–76.

1. Feuilles alternes.
    2. Épines présentes le long des branches · *Maytenus*
    2'. Plantes inermes.
        3. Fruit déhiscent; graines à l'arille plus ou moins bien développé.
            4. Ovaire 2–3-loculaire; capsule rouge; inflorescences toujours axillaires, jamais portées directement sur des limbes foliaires · · · · · · · · · · · · · · · · · · *Maytenus*
            4'. Ovaire 5-loculaire; capsule brun clair; fleurs souvent portées directement sur des limbes foliaires · *Polycardia*
        3'. Fruit indéhiscent; graines non arillées.
            5. Feuilles finement crénelées à serretées; pétales étalés à plat à l'anthèse; ovaire 2 (–3)-loculaire; fruit une petite drupe charnue, rouge, contenant une graine · · · *Mystroxylon*
            5'. Feuilles entières ou souvent spinescentes dentées; pétales dressés à l'anthèse; ovaire 5-loculaire; fruit une grande baie dure, quelque peu ligneuse à charnue, contenant de multiples graines · *Brexia*
1'. Feuilles opposées ou verticillées.
    6. Fruit une capsule déhiscente · "*Astrocassine (Euonymus)*"
    6'. Fruit une baie, drupe ou samare, indéhiscente.
        7. Fruit une samare aplatie, ailée, contenant 1 ou 2 graine(s) · · · · · · · · · · *Ptelidium*

7'. Fruit une baie ou une drupe charnue.

  8. Feuilles opposées; pétales imbriqués; drupe à endocarpe dur, épais; graines non arillées.

    9. Ovaire 2–4-loculaire avec 2 ovules par loge · Cassinoideae Genus Indeterminada

    9'. Ovaire 5-loculaire avec 12 ovules par loge · · · · · · · · · · · · · · · · *Salvadoropsis*

  8'. Feuilles opposées ou verticillées; pétales fortement tordus dans le bouton; fruit bacciforme, sans endocarpe dur, épais; graines entourées d'un arille.

    10. Pétales dressés à l'anthèse; étamines insérées sur le bord du disque; ovules 2 par loge; fruit contenant 1 ou 2 graine(s), la graine à testa dur orné de 5 nervures épaisses, rouges, ramifiées · *Brexiella*

    10'. Pétales étalés à plat à l'anthèse; étamines insérées sur le disque, à mi chemin entre le bord externe et l'ovaire; fruit contenant de multiples graines au testa crustacé et sans nervures évidentes · · · · · · · · · · · · · · · · · *Evonymopsis*

"Astrocassine (Euonymus)" Capuron ined.

Genre endémique représenté par 4 espèces. Selon les annotations de 1960 de l'herbier, Capuron prévoyait la description d'un genre nouveau "*Astrocassine*" pour accommoder les taxons décrits dans la *Flore de Madagascar* sous *Euonymus*, en plus de 2 nouvelles spp.

Buissons ou petits arbres hermaphrodites. Feuilles opposées à légèrement subopposées, crénelées à subentières, penninerves, érubescentes en séchant, stipules petites, caduques. Inflorescences axillaires ou cauliflores, en cymes ou fleurs solitaires, petites, 4–5-mères; calice soudé à lobes imbriqués ou subvalvaires, étalés à plat ou réfléchis à l'anthèse, persistant dans le fruit; pétales 4 ou 5, imbriqués; étamines 4 ou 5, alternant avec les pétales, insérées sur le coté du disque, filets en forme d'alènes, courts, anthères introrses ou extrorses, à déhiscence longitudinale; disque 4–5-lobé; ovaire 4–5-loculaire, immergé dans le disque, style court, stigmate 4–5-lobé; ovules 2 par loge. Le fruit est une petite à grande capsule sèche déhiscente; graines à arille et albumen charnus.

"*Astrocassine (Euonymus)*" est distribué dans la forêt sempervirente humide et sub-humide ainsi que dans la forêt décidue sèche. On peut le reconnaître à ses feuilles opposées et à ses fruits 4–5-valves, déhiscents et contenant des graines arillées.

Nom vernaculaire: *maronono*

Brexia Noronha ex Thouars, Gen. Nov. Madag.: 20. 1806. nom. cons.

Genre représenté par 12 espèces distribué de l'Afrique de l'Est jusqu'aux Seychelles, bien que certains auteurs (y compris Capuron) étaient prêts à le traiter avec 1 sp. variable. Si le genre a souvent été reconnu comme représentant une famille distincte, ou parfois allié à *Ixerba*, endémique de Nouvelle Zélande, et à *Roussea*, endémique des Mascareignes, des données moléculaires récentes confirment la suggestion de Perrier (1942) qui proposait de proches affinités avec les Celastraceae.

Arbres ou buissons hermaphrodites, ramifiés ou parfois à croissance monopodiale, entièrement glabres. Feuilles alternes, simples, entières ou dentées à spinescentes-dentées, souvent hétéromorphes en présentant parfois deux types de marges foliaires sur une même plante (les plus jeunes feuilles ou celles portées par les rameaux à croissance rapide étant plus épineuses-dentées), penninerves, généralement coriaces, stipules minuscules, caduques. Inflorescences axillaires ou cauliflores, pédonculées, en cymes ou pseudo-ombelles condensées, parfois soustendues par une bractée foliacée, ou en

84. *Brexia madagascariensis*

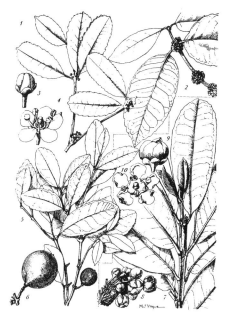

85. *Brexiella*

fascicules, le pédoncule souvent aplati, fleurs grandes, régulières, 5-mères; sépales 5, soudés à la base, imbriqués; pétales 5, libres, épais et quelque peu charnus, imbriqués et vrillés soit sur la droite, soit sur la gauche dans le bouton, généralement verts, dressés à l'anthèse, caducs; étamines 5, alternant avec et partiellement soudées aux extensions charnues, linguiformes, irrégulièrement lobées-lacérées, verticales par rapport aux disque, les étamines et les extensions du disque persistantes dans le jeune fruit, anthères biloculaires, versatiles à dorsifixes ou basifixes, introrses, à déhiscence longitudinale; ovaire supère, ovoïde à pyramidal, complètement à incomplètement 5(−7)-loculaire, 5−10 angulaire et/ou côtelé, style commun épais, court ou allongé, stigmate 5(−7)-lobé ou capité; ovules nombreux. Le fruit est une grande baie soit sèche et dure, soit plus ou moins charnue, indéhiscente, cylindrique et faiblement côtelée, ou ovale à conique et fortement angulaire; graines peu albuminées.

Brexia est distribué dans la forêt sempervirente humide et sub-humide, sur sable le long de la côte jusqu'à 1 600 m d'altitude sur le Plateau d'Ankazobe, ainsi que dans la forêt semi-décidue sèche dans la région d'Ihosy et dans la zone de transition à l'ouest de Fort-Dauphin. On peut le reconnaître à ses feuilles souvent spinescentes-dentées, à ses grandes fleurs aux pétales dressés, épais et quelque peu charnus, verts, qui tombent précocement, aux étamines et extensions du disque visibles et persistantes dans le jeune fruit, et à ses grands fruits généralement 5-angulaires.

Noms vernaculaires: *jobiapototra, lasiala, mahimboholatra, mantalany, reampy, rehampy, tsibalena, tsimiranjana, tsivavena, vahilava, vahomanana, varikoko, voakarepoka, voakarepoky, voalanana, voalava, voanana, voankatanana, voantalanina, voantalonana, voatalana vavy, voatalanina, voatalany, votalanina*

Brexiella H. Perrier, Bull. Soc. Bot. France 80: 204. 1933.

Genre endémique représenté par 7 espèces.

Buissons à arbres de taille moyenne, hermaphrodites, entièrement glabres. Feuilles opposées, ou occasionnellement en verticilles de 3–4, simples, dentées-serretées à parfois spinescentes, penninerves, coriaces, stipules très petites, caduques. Inflorescences axillaires, en fascicules ou cymes, fleurs petites, 5-mères; calice soudé aux lobes courts, larges, imbriqués; pétales 5, fortement vrillés dans le bouton, dressés à l'anthèse; étamines 5, alternant avec les pétales, insérées sur le bord externe du disque, filets grêles, anthères introrses, à déhiscence longitudinale; disque annulaire à pentagonal, plan, charnu; ovaire 2–3-loculaire, conique, style court, stigmate discrètement 2–3-lobé; ovules 2 par loge. Le fruit est une grande baie charnue, indéhiscente, sphérique, contenant 1 ou 2 graine(s); graines couvertes d'un mince arille entier, au testa orné de 5 nervures épaisses, rouges et ramifiées; albumen épais.

Brexiella est distribué dans la forêt sempervirente humide et sub-humide. On peut le reconnaître à ses fleurs aux pétales fortement vrillés dans le bouton, aux étamines insérées sur le bord externe du disque, et à ses grands fruits charnus, à 1 ou 2 graine(s), bacciformes, renfermant des graines couvertes d'un arille et au testa dur présentant distinctement 5 nervures ramifiées de couleur rouge.

Noms vernaculaires: *fatidronono, haramboanjo, maimboholatra, ranga, rangifotsy, rangy*

Cassinoideae Genus Indeterminada

Genre endémique représenté par 10 espèces. Ce groupe, non nommé, inclut les espèces traitées sous *Elaeodendron* dans la *Flore de Madagascar*, à l'exception de *E. orientale* qui pourrait avoir une distribution limitée aux Mascareignes.

Buissons à grands arbres hermaphrodites, polygames ou peut-être dioïques. Feuilles opposées à légèrement subopposées, entières ou souvent crénelées-dentées, coriaces, stipules petites, caduques. Inflorescences axillaires, en cymes, fleurs petites, 4–5-mères; calice soudé aux lobes imbriqués, persistants et souvent réfléchis

86. *Cassinoideae*

dans le fruit; pétales 4 ou 5, imbriqués, étalés à plat à l'anthèse; étamines 4 ou 5, insérées dans les sinus du disque profondément lobé, filets grêles ou en forme d'alênes, anthères latrorses-introrses ou finalement extrorses à déhiscence; disque épais, profondément 4–5-lobé; ovaire 2–4-loculaire à la base immergée dans le disque, style court, stigmate 2–4-lobé; ovules 2 par loge. Le fruit est une petite à grande drupe quelque peu charnue à coriace sèche, sphérique à ovale, à l'endocarpe très dur; graines albuminées.

Ce groupe non nommé est distribué dans la forêt sempervirente humide et sub-humide ainsi que dans la forêt et le fourré décidus secs et sub-arides. On peut le reconnaître à ses fleurs à ovaire 2–4-loculaire avec 2 ovules par loge, et à ses fruits drupacés contenant des graines sans arille.

Noms vernaculaires: *ankahitra, antaivaratra, fanidravo, fanindrano, fantsikoho, fatsikohy, fonindravavo, hazombatomainty, kintsy, manendraka, manendraky, manifioditra, matifioditra, menafatana, menavahatra, ranga, taivaratra, tavarotra, voankazomeloka*

Evonymopsis H. Perrier, Notul. Syst. (Paris) 10: 202. 1942.

Genre endémique représenté par 8 espèces.

Buissons à arbres de taille moyenne, hermaphrodites. Feuilles opposées ou occasionnellement en verticilles, parfois groupées à l'apex des branches, simples, entières ou serretées-spinescentes, penninerves, coriaces,

stipules très petites, caduques. Inflorescences axillaires ou cauliflores, en fascicules ou cymes, fleurs petites, 5-mères; calice soudé aux lobes courts, imbriqués à subvalvaires; pétales 5, fortement vrillés dans les deux sens dans le bouton avec la marge recouvrante dilatée et la marge recouverte brusquement coupée, étalés à plat à l'anthèse; étamines 5, alternant avec les pétales, insérées au milieu du disque, filets courts, anthères introrses, à déhiscence longitudinale; disque plan, épais et charnu, 5-angulaire; ovaire incomplètement 5-loculaire, 1 ou 2 loge(s) avortant souvent, la base légèrement immergée dans le disque, style court, stigmate discrètement lobé; ovules 4–12 par loge, bisériés. Le fruit est une grande baie charnue, indéhiscente, contenant 5–10 graines; graines couvertes d'un mince arille entier, au testa crustacé et à épais albumen charnu.

Evonymopsis est distribué dans la forêt sempervirente humide ainsi que dans la forêt et le fourré décidus secs et sub-arides. On peut le reconnaître à ses fleurs 5-mères aux pétales fortement vrillés dans le bouton, étalés à plat à l'anthèse, dont la marge recouvrante est dilatée et la marge recouverte abruptement coupée, aux étamines insérées au milieu du disque, à l'ovaire incomplètement 5-loculaire avec 4–12 ovules par loge, et à ses graines couvertes d'un mince arille entier, au testa crustacé et sans nervures distinctes.

Noms vernaculaires: *ambatsiravina, andrianadahy, kitata, reampy*

87. *Evonymopsis*

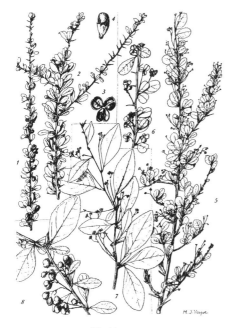

88. *Maytenus*

Maytenus Molina, Saggio Chile: 177. 1782.

Gymnosporia (Wight & Arn.) Hook. f., Gen. Pl. 1: 365. 1862. nom. cons.

Genre représenté par env. 200 espèces distribué dans les régions tropicales et subtropicales du Nouveau Monde et de l'Ancien Monde; env. 9 spp. sont rencontrées à Madagascar. Certains auteurs distinguent *Gymnosporia* de *Maytenus* sur la base des épines et du port à rameaux courts.

Buissons ou petits arbres hermaphrodites ou polygames (avec des fleurs mâles, femelles et bisexuées sur la même plante), souvent épineux. Feuilles alternes, parfois groupées à l'apex des rameaux courts en une touffe serrée, simples, finement serretées-dentées, penninerves, stipules très petites, caduques. Inflorescences axillaires, émergeant parfois d'une épine, en fascicules ou cymes, fleurs petites, 4–5-mères; calice soudé à 4–5 lobes imbriqués; pétales 4–5, imbriqués, étalés à plat à l'anthèse; étamines 4–5, alternant avec les pétales, insérées sur le bord extérieur du disque, filets en forme d'alênes, souvent courts, anthères introrses, à déhiscence longitudinale; disque large, charnu, 4–5-angulaire; ovaire 2–3-loculaire, à base légèrement immergée dans le disque, style court, stigmate discrètement 2–3-lobé; ovules 2 par loge. Le fruit est une petite capsule sèche, à déhiscence loculicide, subsphérique à ovoïde, rouge, contenant 1 ou 2 graine(s) par loge; graines couvertes d'un arille plus ou moins bien développé, albumen abondant.

Maytenus est distribué dans la forêt sempervirente humide et sub-humide ainsi que dans la forêt et le fourré décidus secs et sub-arides. On peut le reconnaître à ses épines et à ses fruits déhiscents capsulaires contenant des graines arillées.

Noms vernaculaires: *fatikakoho, filofilo, sarintsoa, singilofotsy, tsingilofilofotsy, tsingolofilo*

Mystroxylon Eckl. & Zeyh., Enum. Pl. Afr. Austral.: 125. 1834–1835.

Genre représenté par 3 espèces avec 2 spp. distribuées en Afrique du Sud et 1 sp. variable (*M. aethiopicum*) à large distribution en Afrique, à Madagascar et aux Mascareignes.

Buissons ou petits arbres hermaphrodites. Feuilles alternes, simples, finement crénelées à serretées, penninerves, stipules très petites, caduques. Inflorescences axillaires, brièvement pédonculées, en pseudo-ombelles 5–30-flores, fleurs petites, régulières, 5-mères; calice soudé à 5 lobes arrondis imbriqués; pétales 5, imbriqués dans le bouton, étalés à plat à l'anthèse, verts à jaunes; étamines 5, insérées sous le disque et à l'extérieur de celui-ci, finalement réfléchies, filets distincts, anthères introrses, à déhiscence longitudinale; disque annulaire, charnu, 5 angulaire; ovaire partiellement immergé dans le disque, 2(–3)-loculaire, style commun brièvement cylindrique, stigmate capité; ovules 2 par loge. Le fruit est une petite drupe charnue, indéhiscente, sphérique à ovoïde, rouge, contenant une graine; graines albuminées.

89. *Mystroxylon aethiopicum*

Mystroxylon aethiopicum est largement distribué sur l'ensemble de la forêt et du fourré sempervirents et décidus, sub-humides, de montagne, secs ou sub-arides, et moins fréquemment dans la forêt sempervirente humide, mais souvent dans les zones ouvertes et rocheuses car il est capable de repousser après le feu.

Noms vernaculaires: *aisisy, fanajava, fanajavina, hazondity, hazoringitra, hazoringitsa, voampy*

Polycardia Juss., Gen. Pl.: 377. 1789.

Genre endémique représenté par 5 espèces.

Buissons ou petits arbres hermaphrodites. Feuilles alternes, simples, entières à spinescentes dentées ou lobées, penninerves, stipules nulles. Fleurs généralement solitaires, ou en fascicules pauciflores, portées sur la nervure principale d'une feuille, parfois sur un lobe latéral, ou rarement en racèmes axillaires de 1–3 fleur(s), fleurs petites, régulières, 5-mères; calice soudé à 5 lobes imbriqués; pétales 5, imbriqués, plus longs que les sépales, étalés à plat à l'anthèse; étamines 5, insérées à l'extérieur et sous le bord du disque, filets distincts, anthères introrses, à déhiscence longitudinale; disque annulaire, épais; ovaire immergé dans le disque, 5-loculaire, style commun brièvement cylindrique, stigmate 5-lobé; ovules 2–4 par loge. Le fruit est une petite à grande capsule sèche, coriace à ligneuse, déhiscente, 5-valve; graines rouges à noires avec un arille blanc, albumen absent ou mince.

91. *Ptelidium*

Polycardia est distribué dans la forêt sempervirente humide et sub-humide, sur sable dans la forêt littorale et le long de la côte jusqu'à une altitude de 1 000 m, ainsi que dans la forêt et le fourré décidus secs et sub-arides. On peut le reconnaître à ses fleurs portées sur les feuilles (sauf chez *P. libera*) et à ses capsules quelque peu ligneuses et 5-valves.

Noms vernaculaires: *andravoka, fanagavandrano, fandrianakanga, hazomamandravina, hazontohorano, magnitriagnala, mamoandravina, matambelona*

Ptelidium Thouars, Hist. Veg. Iles France: 25. 1804.

Genre endémique représenté par 4 espèces.

Buissons à grands arbres ou lianes hermaphrodites. Feuilles opposées, simples, entières ou crénelées-serretées, penninerves, stipules nulles. Inflorescences axillaires, en cymes 2–4-ramifiées, fleurs petites, 4-mères; calice aux lobes imbriqués, légèrement inégaux; pétales 4, plus grands que les lobes du calice, larges à la base, caducs; étamines 4, alternant avec les pétales et aussi longues qu'eux, insérées sous le bord du disque, réfléchies après l'anthèse, filets en forme d'alênes, anthères basifixes, biloculaires, initialement introrses puis extrorses, à déhiscence longitudinale; disque annulaire, entier; ovaire biloculaire, style court, stigmate très petit; ovules 2 par loge. Le fruit est une samare sèche, indéhiscente, aplatie, membraneuse, aux marges dilatées en ailes, contenant 1 ou 2 graine(s); graines à albumen mince.

90. *Polycardia*

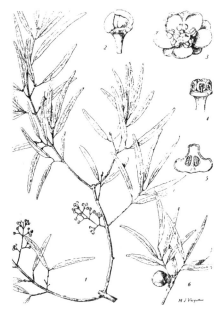

92. *Salvadoropsis arenicola*

Salvadoropsis H. Perrier, Bull. Soc. Bot. France 91: 96. 1944.

Genre endémique représenté par 3 espèces.

Buissons ou petits arbres hermaphrodites, entièrement glabres. Feuilles opposées, entières, penninerves avec la nervation tertiaire densément réticulée, coriaces, stipules nulles. Inflorescences axillaires, en panicules lâches de cymes 3-flores, fleurs petites, 5-mères; sépales 5, imbriqués, les extérieurs légèrement plus courts que les intérieurs, persistants; pétales 5, imbriqués, étalés à plat à l'anthèse, persistants; étamines 5, alternant avec les pétales, insérées aux coins d'un disque discrètement pentagonal, filets épais, très courts, anthères introrses, à déhiscence longitudinale; ovaire 5-loculaire, légèrement immergé dans le disque épais, style épais, brièvement conique, stigmate 5 lobé; ovules 12 par loge, bisériées. Le fruit est une grande drupe quelque peu charnue, indéhiscente, sphérique, 5-loculaire avec 1 ou 2 graine(s) par loge, sous-tendue par les sépales et les pétales persistants; graines à albumen épais.

Ptelidium est distribué dans la forêt semi-décidue et décidue, sub-humide et sèche. On peut le reconnaître à ses feuilles opposées sans stipules, ses fleurs 4-mères et ses fruits aplatis, secs, indéhiscents, ailés et samaroïdes.

Nom vernaculaire: *lamokana*

Salvadoropsis est distribué dans la forêt et le fourré décidus secs et sub-arides. On peut le reconnaître à ses feuilles aux nervures tertiaires densément réticulées, ses fleurs à l'ovaire 5-loculaire et à ses fruits indéhiscents.

Noms vernaculaires: *korako, malamsafoy*

CELTIDACEAE Link

Petite famille cosmopolite représentée par 8 genres et env. 95 espèces. De récentes études employant des données moléculaires suggèrent que ces genres auraient plus d'affinités avec les Urticaceae et les Moraceae qu'avec les genres qui sont inclus dans une circonscription plus traditionnelle des Ulmaceae.

Buissons ou arbres monoïques, dioïques, polygamo-monoïques ou polygamo-dioïques, rarement épineux. Feuilles alternes, simples, dentées à serretées ou rarement entières, souvent asymétriques à la base, penninerves ou 3-palmatinerves à la base et penninerves au-dessus, avec des cellules mucilagineuses souvent visibles sous forme de points pellucides, les stipules opposées, latérales, libres ou rarement soudées, caduques. Inflorescences axillaires en cymes ou fascicules contractés, ou réduites à une seule fleur; fleurs petites, régulières, 5-mères; calice de 5 sépales libres ou légèrement soudés, ou profondément 5-lobés; pétales absents; étamines 5, opposées aux sépales, filets libres, dressés ou courbés, anthères biloculaires, à déhiscence longitudinale; ovaire supère, composé de 2 carpelles soudés, uniloculaires, styles 2, la surface stigmatique couvrant la quasi totalité du style, souvent plumeuse; ovule 1. Le fruit est une petite drupe charnue, indéhiscente, contenant une seule graine; albumen de la graine absent ou très réduit.

Leroy, J.-F. 1952. Ulmacées. Fl. Madagasc. 54: 1–18.

Wiegrefe, S. J., K. J. Sytsma & R. P. Guries. 1998. The Ulmaceae, one family or two? Evidence from chloroplast DNA restriction site mapping. Pl. Syst. Evol. 210: 249–270.

1. Branches aux épines pointues; stipules latérales appariées entièrement soudées et enfermant le bourgeon terminal; feuilles à l'apex généralement très fin, mucroné-aristé ···*Chaetachme*

1'. Branches inermes; stipules libres, non soudées; feuilles à l'apex non finement mucroné-aristé.

  2. Feuilles distinctement penninerves ·····························*Aphananthe*

  2'. Feuilles 3-palmatinerves à la base, penninerves au-dessus.

    3. Feuilles entières ou irrégulièrement et grossièrement dentées vers l'apex, à face inférieure lisse; calice imbriqué, généralement caduc et non persistant dans le fruit, ou seulement rarement ··························*Celtis*

    3'. Feuilles finement et régulièrement dentées à serretées depuis la base, la face supérieure plus ou moins rugueuse ou scabre; calice valvaire, persistant dans le fruit ·································*Trema*

Aphananthe Planch., Ann. Sci. Nat. Bot., sér. 3, 10: 265, 337. 1848.

Genre représenté par 5 espèces distribué en Amérique Centrale, en Asie de l'Est en Indo-Australo-Malaisie, et 1 sp. endémique de Madagascar.

Petit arbre monoïque. Feuilles distinctement penninerves (à Madagascar), régulièrement serretées, aux dents quelque peu épineuses, à la base discrètement asymétrique, la face supérieure scabre, la face inférieure à pubescence soyeuse, les stipules petites, linéaires, tôt caduques. Inflorescences axillaires en cymes pauciflores, unisexuées ou bisexuées; calice à 5 lobes imbriqués, persistant dans le fruit; étamines 5, dressées; ovaire sessile, les styles linéaires, charnus. Le fruit est généralement une drupe solitaire, parfois appariée, ovoïde, blanche, couronnée par les styles persistants épaissis.

Aphananthe sakalava est largement distribué dans la forêt décidue sub-humide et sèche ou sub-aride depuis l'ouest de Fort-Dauphin jusqu'à Antsiranana, et est particulièrement abondant de la région du Sambirano jusqu'au nord. On peut le reconnaître à ses feuilles à la nervation penninerve, aux marges quelque peu spinescentes dentées, à la face supérieure scabre et à la face inférieure pubescente soyeuse.

Noms vernaculaires: *hidina, hidy, selibe, selifohy, sely, talamena*

Celtis L., Sp. Pl. 2: 1043. 1753.

Genre cosmopolite représenté par env. 60 espèces principalement distribué dans les forêts tropicales sèches mais dans les forêts décidues tempérées de l'hémisphère nord; 4 spp. sont rencontrées à Madagascar dont 2 sont endémiques.

Arbres polygamo-dioïques, à l'écorce lisse ou s'exfoliant parfois en grandes plaques, inermes à Madagascar. Feuilles distinctement 3-palmatinerves à la base, penninerves au-dessus, entières ou irrégulièrement et grossièrement dentées vers l'apex, souvent distinctement asymétriques à la base, stipules libres, petites, caduques. Inflorescences axillaires en cymes, les fleurs bisexuées en position terminale si polygamie; calice de 5 lobes profondément divisés, imbriqués, généralement caducs, mais persistants chez *C. gomphophylla*; étamines 5, souvent cintrées en dedans, un très petit pistillode présent dans les fleurs mâles; ovaire sessile, styles linéaires, parfois bifides, densément papilleux sur toute leur surface. Le fruit est une drupe ovoïde ou sphérique, couronnée par les restes du style.

Celtis est largement distribué sur l'ensemble de la forêt décidue sèche du sud et de l'ouest, et

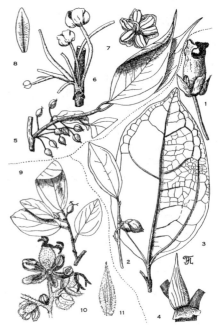

93. *Celtis*

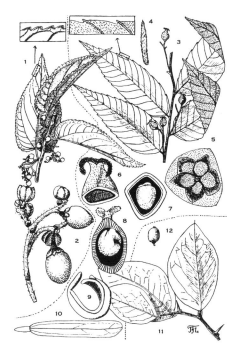

94. *Chaetachme aristata* (11–12); *Trema humbertii* (1, 2);
Aphananthe sakalava (3–10)

occasionnellement dans les habitats localement secs au sein des zones forestières humides et sub-humides, centrales et orientales. On peut le reconnaître à ses feuilles à la nervation 3-palmatinerve, à la base asymétrique, à la marge entière à dentée sur la moitié supérieure et à la face supérieure lisse.

Noms vernaculaires: *belavonoka, belavonoky, hazompasy, hazondroka, hazotsifaka, kape, kitaniky, malamasafoy, maroakora, mintse, sarintsoha, sely, tsiambanilaza, tsiambanirengy, tsilaiby, tsilikantsifake, tsilikasifaky, tratraborondreo*

Chaetachme Planch., Ann. Sci. Nat. Bot., sér. 3, 10: 340. 1848.

Genre monotypique distribué en Afrique et à Madagascar.

Buissons ou arbres atteignant 18 m de haut, monoïques, à épines axillaires pointues et appariées. Feuilles penninerves, généralement entières ou parfois dentées, la marge quelque peu révolutée, la face supérieure lustrée, la base asymétrique, l'apex portant généralement une très fine extension de la nervure principale, donc mucroné à aristé, les stipules latérales soudées, relativement longues et couvrant le

bourgeon terminal, caduques et laissant une cicatrice distincte. Inflorescences axillaires en cymes (mâle), solitaires ou en fascicules (femelle); sépales 5, valvaires; étamines 5, dressées; pistillode présent; ovaire sessile, vert, styles longuement linéaires, blancs, plumeux. Le fruit est une drupe sphérique à ellipsoïde, couronnée par les styles persistants.

Chaetachme aristata à une vaste distribution mais en forêt en mosaïque dans la forêt décidue sèche depuis l'ouest de Fort-Dauphin jusqu'à Anivorano Nord et est moins commun dans la forêt sempervirente humide. On peut le reconnaître à ses épines pointues et ses feuilles à nervation penninerve, base asymétrique, marge entière à parfois dentée et à l'apex finement mucroné. Une deuxième espèce endémique possible aux feuilles dentées est connue de plusieurs localités de l'ouest.

Noms vernaculaires: inconnus

Trema Lour., Fl. Cochinch. 2: 539, 562. 1790.

Genre intertropical représenté par 10–15 espèces d'arbres à croissance rapide, souvent associés aux trouées et aux habitats secondaires. Deux spp. sont connues de Madagascar dont 1 sp. a une large distribution dans l'Ancien Monde et 1 sp. au statut incertain d'endémique.

Arbres polygamo-monoïques à croissance rapide des habitats secondaires ouverts. Feuilles 3-palmatinerves à la base, penninerves au-dessus, régulièrement et finement serretées, la face supérieure souvent scabre à rugueuse, la face inférieure souvent densément pubescente ou glabrescente, la base souvent asymétriquement subcordée, stipules libre, caduques. Inflorescences en cymes denses et axillaires; sépales 5, valvaires ou discrètement imbriqués, persistants dans le fruit; étamines 5, dressées; pistillode très petit souvent présent dans les fleurs mâles; ovaire sessile, glabre, styles linéaires. Le fruit est une drupe ovoïde à sphérique, couronnée par les reste du style; graines avec peu d'albumen.

Trema est largement distribué sur l'ensemble de Madagascar, en particulier dans les habitats secondaires de la forêt humide et sub-humide. On peut le reconnaître à ses feuilles à la nervation 3-palmatinerve, la base asymétriquement subcordée, la face supérieure scabre à rugueuse et à ses fruits au calice persistant.

Noms vernaculaires: *andrarazaina, andrarezana, andrarezina, andrarezona, andrarezo, angezoka, angozoka, tsivakimbaratra, tsivakimvarety, vakoka*

CHLORANTHACEAE R. Br. ex Lindl.

Petite famille ancienne surtout limitée à l'Hémisphère Sud, représentée par 4 genres et 56 espèces.

Humbert, H. & R. Capuron. 1955. Découverte d'une Chloranthacée à Madagascar: *Ascarinopsis coursii* gen. nov., sp. nov. Compt. Rend. Hebd. Séances Acad. Sci. 240: 28–30.

Jérémie, J. 1980. Notes sur le genre *Ascarina* (Chloranthaceae) en Nouvelle-Calédonie et à Madagascar. Adansonia, n.s., 20: 273–285.

Ascarina J. R. Forst. & G. Forst., Char. Gen. Pl.: 59. 1775.

Ascarinopsis Humbert & Capuron, Compt. Rend. Hebd. Séances Acad. Sci. 240: 28–30. 1955.

Genre représenté par 13 espèces distribué en Asie du Sud-Est et dans le Pacifique (12 spp.), et à Madagascar (1 sp. endémique).

Buissons ou petits arbres atteignant 5 m de haut, dioïques, aux parties végétatives aromatiques. Feuilles opposées, décussées, absentes tous les deux nœuds, simples, dentées, penninerves, les jeunes branches portant une courte gaine caduque au-dessus des nœuds manifestement renflés, avec les bases des pétioles des feuilles opposées jointes en formant un collier stipuliforme portant plusieurs dents très petites. Inflorescences terminales en épis composés, les mâles à 5 branches et 30–40 fleurs, les femelles à 3 branches et 12–25 fleurs, fleurs petites; fleurs apparaissant à l'aisselle d'une très petite bractée; périanthe absent; étamines (2–)3(–5), filet absent; anthères biloculaires, à déhiscence longitudinale; ovaire supère, uniloculaire, stigmate sessile, courbé en fer à cheval; ovule 1. Le fruit est une petite drupe charnue, indéhiscente, couronnée par le stigmate persistant; graine albuminée.

Ascarina coursii n'est connu que de 2 localités de la forêt sempervirente sub-humide et de montagne au-dessus de 1 500 m d'altitude près des sommets de la RS d'Anjahanaribe-Sud et du PN de Marojejy. On peut le reconnaître à ses feuilles opposées, décussées, absentes tous les

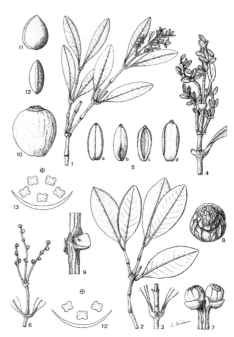

95. *Ascarina coursii*

deux nœuds, aux marges dentées, les nœuds manifestement renflés, et les bases des pétioles des feuilles opposées jointes pour former un collier stipuliforme portant quelques très petites dents, et à ses petites fleurs au périanthe totalement absent.

Noms vernaculaires: aucune donnée

CHRYSOBALANACEAE R. Br.

Famille intertropicale de taille moyenne représentée par 17 genres et env. 500 espèces. Traitée par Capuron (1972) dans les Rosaceae.

Arbres hermaphrodites. Feuilles alternes, simples, entières, penninerves, stipules petites, caduques. Inflorescences axillaires ou terminales, pourvues de bractées, en racèmes ou en cymes paniculées, fleurs petites, de presque régulières à légèrement irrégulières, 5-mères, au réceptacle plus ou moins profond, les fleurs étant ainsi nettement périgynes, avec un disque nectaire tapissant l'intérieur du réceptacle ou annulaire à l'ouverture; calice soudé à 5 lobes imbriqués; pétales 5, libres, imbriqués, caducs; étamines en nombre variable mais supérieur à 5, filets libres ou unis à la base en un anneau, soudés au disque ou groupés en un faisceau, certaines étamines souvent réduites à des staminodes, anthères biloculaires, dorsifixes, à déhiscence longitudinale; ovaire supère, non inséré à la base du réceptacle mais sur les cotés ou à l'ouverture de la coupe réceptaculaire avec développement d'un seul carpelle, uniloculaire ou biloculaire avec une fausse cloison, style gynobasique, filiforme, stigmate légèrement 3-lobé; ovules 2. Le fruit est une drupe indéhiscente, charnue à ligneuse; graine sans albumen.

Capuron, R. 1972. Contribution à l'étude de la flore forestière de Madagascar. B. Sur deux nouvelles espéces du genre *Hirtella* L. (Rosaceae). Adansonia, n.s., 12: 379–383.

Prance, G. T. & F. White. 1988. The genera of Chrysobalanaceae: a study in practical and theoretical taxonomy and its relevance to evolutionary biology. Phil. Trans. Roy. Soc. London 320: 1–184.

White, F. 1976. The taxonomy, ecology, and chorology of African Chrysobalanaceae (excluding *Acioa*). Bull. Jard. Bot. Belg. 46: 265–350.

White, F. 1979. The subdivision of *Magnistipula* Engl. (Chrysobalanaceae). Brittonia 31: 480–482.

1. Feuilles densément pubescentes dessous, aux nervures secondaires droites, parallèles et distinctement saillantes dessous; pétiole muni de deux glandes circulaires sur la face supérieure; ovaire biloculaire avec une fausse cloison ·············*Parinari*
1.' Feuilles glabres dessous, aux nervures secondaires courbées, non distinctement saillantes dessous; pétiole sans glandes, les glandes soit sur la feuille, soit absentes; ovaire uniloculaire.
  2. Feuilles munies de deux glandes basales le long de la marge, étroitement elliptiques, à l'apex épointé et longuement acuminé; inflorescences en racèmes simples et pendants ···································*Grangeria*
  2.' Feuilles munies de quelques à 15 points glandulaires visibles sur la face inférieure ou glandes absentes, feuilles elliptiques à largement ovales, à l'apex arrondi ou brièvement acuminé; inflorescences ramifiées en cymes paniculées.
    3. Feuilles sans glandes; inflorescences terminales en cymes paniculées, les bractées et les axes portant des glandes stipitées et donc poisseux et visqueux, les axes grêles à section circulaire ·······························*Hirtella*
    3.' Feuilles munies de quelques à 15 points glandulaires visibles sur la face inférieure; inflorescences axillaires en cymes paniculées, seules les plus grandes bractées portent des glandes sessiles, non visqueuses, axes des inflorescences robustes, nettement aplatis ·······························*Magnistipula*

Grangeria Comm. ex Juss., Gen. Pl.: 340. 1789.

Genre représenté par 2 espèces dont 1 sp. endémique de Madagascar (*G. porosa*) et 1 sp. distribuée à Maurice et à la Réunion (*G. borbonica*).

Buissons ou petits arbres hermaphrodites. Feuilles étroitement elliptiques à l'apex épointé et longuement acuminé, munies d'une paire de petites glandes nectaires discoïdes le long de la marge près de la base. Inflorescences axillaires, en racèmes pendants, bractées minuscules munies d'une seule glande apicale, fleurs légèrement irrégulières; calice à lobes inégaux, réfléchis à l'anthèse; pétales légèrement plus courts que les lobes du calice, blancs, caducs; étamines 7–8, postérieures, exsertes, avec 2–5 staminodes antérieures; ovaire inséré latéralement à l'ouverture du tube réceptaculaire, densément pubescent, style légèrement plus court que les étamines. Le fruit est une petite drupe charnue, quelque peu triangulaire, rouge, à l'endocarpe fin, dur, avec 2 plaques se séparant latéralement pour permettre la germination des plantules.

Grangeria porosa est distribué dans la forêt sempervirente et semi-décidue, sub-humide et

96. *Grangeria porosa*

sèche dans le nord-ouest, y compris dans la région du Sambirano; rencontré dans les RNI d'Ankarafantsika et de Lokobe. On peut le reconnaître à ses feuilles étroitement elliptiques portant deux petites glandes nectaires en forme de disque le long de leur marge près de la base, et à ses inflorescences axillaires, racémeuses et pendantes.

Noms vernaculaires: *andriambohoaka, maevalafika, maivalafaka, mevalafika, morasira, soalafika, soalafiky*

Hirtella L., Sp. Pl.: 34. 1753.

Genre représenté par plus de 100 espèces distribué dans les régions tropicales du Nouveau Monde, à l'exception d'une espèce de l'Ancien Monde, *H. zanzibarica*, rencontrée en Afrique de l'Est et à Madagascar. *Hirtella zanzibarica* est représenté à Madagascar par 4 sous-espèces qui pourraient vraisemblablement être reconnues au rang d'espèces.

Arbres hermaphrodite de taille moyenne. Feuilles largement ovales, à l'apex brièvement acuminé, ne présentant pas de glandes évidentes. Inflorescences terminales, lâchement dressées, ramifiées, en cymes paniculées, les bractées le long de leurs marges et les axes munis de glandes nectaires stipitées rendant ainsi les inflorescences poisseuses-visqueuses, fleurs légèrement irrégulières; tube réceptaculaire relativement profond et étroit, légèrement dilaté à la base; calice aux lobes légèrement réfléchis à l'anthèse, portant des glandes stipitées le long des marges; pétales plus courts que les sépales; étamines 6–8, enroulées dans le bouton, toutes insérées sur la partie postérieure du tube réceptaculaire à la base de l'ovaire, longuement exsertes à l'anthèse, staminodes absents ou réduits à de courts filets dentiformes; ovaire inséré à l'ouverture du tube réceptaculaire, style longuement exsert. Le fruit est une petite drupe charnue, à l'endocarpe fin, dur et creusé de sillons longitudinaux peu profonds le long desquels l'endocarpe s'ouvrira en permettant la germination des plantules.

Hirtella est distribué dans la forêt sempervirente humide et sub-humide, au niveau de la mer depuis Vangaindrano jusqu'au nord d'Antalaha, à des altitudes moyennes depuis Ikongo jusqu'à l'Aire Protégée de Zahamena et dans la région du Sambirano (RS de Manongarivo), ainsi que dans la forêt décidue sèche depuis Maevatanana jusqu'à la RS d'Ankarana. On peut le reconnaître à ses inflorescences terminales en cymes paniculées, à ses axes grêles à section ronde, à ses bractées et axes portant des glandes stipitées et qui sont poisseux, visqueux.

Noms vernaculaires: *arima, fandrianakanga, hazombato, hazomby, hazompasy, hazopasy, maitsolavenona, mamizomby, manozomba, marankoditra, somara, tsendala*

Magnistipula Engl., Bot. Jahrb. Syst. 36: 226. 1905.

Genre représenté par 9 espèces dont 7 en Afrique et 2 endémiques de Madagascar.

Grands arbres hermaphrodites à l'écorce dure, pierreuse, brunâtre, dégageant une odeur d'huile d'arachide rance, au bois très dur et difficile à scier. Feuilles elliptiques, au pétiole court, à l'apex obtus à arrondi, portant de quelques à 15 points glandulaires de forme elliptique à circulaire sur la face inférieure près de la nervure principale ou à partir du milieu de

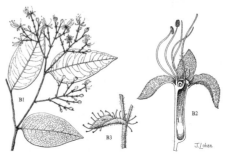

97. *Hirtella zanzibarica*

celle-ci jusqu'à la marge, stipules intrapétiolaires soudées, persistantes à la base du pétiole et entourant le bourgeon axillaire. Inflorescences axillaires, dressées, en cymes paniculées légèrement plus longues que les feuilles, aux axes distinctement aplatis, les plus grandes bractées à la base des branches florales munies de glandes, fleurs petites, légèrement irrégulières; réceptacle en forme de coupe ou de turban; calice à lobes petits, triangulaires-ovales; pétales plus longs que les sépales, bleu clair, caducs; étamines 7, fertiles, postérieures à la base de l'ovaire, courtes, plus 8 staminodes, filets des étamines soudés à la base en un anneau, les staminodes subulés ou soudés en une ligule dentée; ovaire inséré à l'ouverture de la coupe réceptaculaire, style court. Le fruit est une grande drupe charnue à l'endocarpe épais et dur, ne montrant aucune zone de rupture évidente pour la germination des plantules, les cotylédons superficiellement à profondément ruminés.

Magnistipula est représenté à Madagascar par deux espèces sympatriques dans la forêt sempervirente humide depuis Fort-Dauphin jusqu'au fleuve Fanambana au sud de Vohémar, depuis la forêt littorale jusqu'à des altitudes de 500–600 m. On peut le reconnaître à ses feuilles munies de quelques à 15 points glandulaires de forme circulaire à elliptique situés sur la face inférieure près de la nervure médiane ou en son centre jusqu'à la marge, et à ses inflorescences axillaires aux axes distinctement aplatis.

Noms vernaculaires: *ompavavy, tamenaka, tamenaky*

98. *Magnistipula tamenaka*

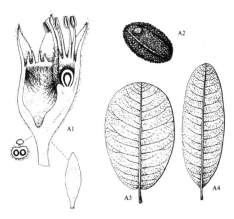

99. *Parinari curatellifolia*

Parinari Aubl., Hist. Pl. Guiane 1: 514, t. 204–206. 1775.

Genre intertropical représenté par 45 espèces dont une seule est rencontrée à Madagascar (*P. curatellifolia*) qui a également une large distribution en Afrique.

Arbres de taille moyenne à grande, hermaphrodites. Feuilles elliptiques à l'apex arrondi ou émarginé, le pétiole muni de 2 glandes circulaires sur la partie supérieure, les nervures secondaires droites et parallèles, nettement saillantes dessous, les feuilles portant une pubescence dense de couleur blanche dessous, stipules petites, caduques. Inflorescences axillaires en cymes dressées, les bractées recouvrant les boutons floraux, sans glandes, fleurs légèrement irrégulières; tube réceptaculaire en forme de coupe, pubescent à l'intérieur; calice à lobes étroitement triangulaires; pétales sensiblement de la même taille que les sépales, caducs; étamines 6–10, fertiles, postérieures, plus env. 6 staminodes minuscules et subulés; ovaire inséré sur la partie supérieure de la coupe réceptaculaire sous l'ouverture, biloculaire avec une fausse cloison, style légèrement plus court que les étamines. Le fruit est une grande drupe charnue, à la surface verruqueuse, à l'endocarpe épais et dur mais présentant 2 bouchons à travers lesquels les plantules pourront sortir au moment de la germination.

Parinari curatellifolia est connu de la forêt sempervirente humide côtière dans le nord est. On peut le reconnaître à ses feuilles munies de 2 glandes circulaires sur la face supérieure du pétiole, aux nervures secondaires droites et nettement saillantes dessous, et à la pubescence blanche de leur face inférieure.

Noms vernaculaires: *amba, ambana, ramanolotra, ramanondro*

CLUSIACEAE Lindl.

Grande famille intertropicale et des zones tempérées (en incluant les Hypericaceae) représentée par 45 genres et 1 370 espèces.

Buissons à grands arbres hermaphrodites, monoïques, dioïques, ou polygamo-dioïques (fleurs mâles et fleurs bisexuées), à mince exsudation jaune à rouge-orange, claire et résineuse, ou épaisse et jaune-crème à jaune, poisseuse; bourgeons nus ou portant 1 paire d'écailles ou plus. Feuilles opposées ou parfois verticillées, simples, entières, les bases des pétioles opposés parfois engainantes et cachant le bourgeon terminal, penninerves, la nervation secondaire souvent très dense et étroitement parallèle, les feuilles parfois munies de points glanduleux noirs ou pellucides, ou de canaux ou taches glanduleux translucides, parfois nettement hétérochromes et la face inférieure portant une pubescence stellée marquée de blanc ou de bronze, stipules nulles. Inflorescences axillaires, terminales ou cauliflores, en fascicules, cymes pauciflores ou fleurs solitaires, fleurs petites ou grandes, régulières, 4–5-mères; sépales (2–)4–5, libres ou soudés dans le bouton et se séparant alors en 2(–3) pièces, imbriqués, parfois décussés; pétales 4–5(–7), libres, imbriqués, minces et délicats à épais et charnus; étamines nombreuses, libres, ou souvent groupées en faisceaux, filets distincts ou soudés en un tube, anthères biloculaires, à déhiscence longitudinale; disque nectaire parfois présent, annulaire ou en forme de coupe, entier ou lobé; ovaire supère, 1–multi-loculaire, parfois incomplètement cloisonné à l'apex, styles courts, allongés ou absents, soudés à presque libres, stigmate lobé à pelté et entier; ovule(s) 1–multiples par loge. Le fruit est petit à grand, une baie charnue indéhiscente ou une capsule sèche déhiscente; graines parfois ailées ou enveloppées dans un tissu pulpeux translucide, sans albumen; embryon à cotylédons petits à grands, ou surtout hypocotylés.

Leroy, J.-F. 1977. Taxogenèse de la flore malgache: les genres *Mammea* L. et *Parammea* Leroy, gen. nov. (Guttiferae). Compt. Rend. Hebd. Séances Acad. Sci., Sér. D, 284 (16): 1521–1524.

Perrier de la Bâthie, H. 1951. Guttifères. Fl. Madagasc. 136: 1–96.

Perrier de la Bâthie, H. 1951. Hypericacées. Fl. Madagasc. 135: 1–53.

Stevens, P. F. 1980. A revision of the Old World species of *Calophyllum* (Guttiferae). J. Arnold Arbor. 61: 117–699.

1. Les fruits sont des capsules sèches déhiscentes; pétales de plus de 1 cm de long, minces et délicats.
   2. Petits buissons de montagne; pétales jaunes, étalés à plat; graines multiples par loge, non ailées · *Hypericum*
   2'. Buissons ou petits arbres de la forêt littorale; pétales blancs, dressés; graine 1 par loge, terminée par une aile apicale oblique aussi longue que la graine · · · · · *Eliea*
1'. Fruits charnus indéhiscents, ou rarement des baies ou des drupes déhiscentes; pétales minces et délicats, de moins de 1 cm de long, ou si plus de 1 cm alors épais et charnus-cireux.
   3. Feuilles à pubescence dense de couleur blanc-bronze à ferrugineuse et stellée; fruits petits; exsudation résineuse claire de couleur jaune à orange-rouge; pétales petits, minces, délicats, blancs.
      4. Arbres de taille petite à moyenne de la végétation secondaire; exsudation orange-rouge abondante; fruits drupacés, jaunes à orange, séchant et se flétrissant alors qu'ils sont encore attachés, renfermant généralement 5 pyrènes contenant 1(–3) graine(s) · *Harungana*
      4'. Petits buissons peu ramifiés, ou arbrisseaux à arbres de taille moyenne dans la végétation primaire; exsudation jaune peu abondante; fruit une baie contenant 3–5 graines, blanche à rouge ou pourpre, portant souvent des points glanduleux noirs · *Psorospermum*

3'. Feuilles sans pubescence stellée, glabres, souvent coriaces; fruits grands; exsudation épaisse, opaque, poisseuse, jaune crème à jaune vif; pétales grands, souvent épais, charnus-cireux.

   5. Fleurs bisexuées; style bien développé, stigmate capité ou profondément 5-lobé; fruit contenant 1 graine et sphérique à ellipsoïde, ou contenant de multiples graines et le fruit ovoïde à exsudation poisseuse abondante sous forme de latex jaune.

      6. Fleurs 4-mères; pétales blancs, minces; étamines nombreuses, filets libres, grêles; fruit à 1 graine, sphérique à ellipsoïde, sans exsudation abondante; feuilles souvent très coriaces, aux nervures secondaires denses et étroitement parallèles · *Calophyllum*

      6'. Fleurs 5-mères; pétales orange à rouges, présentant des bandes alternes blanches et jaunes, charnues-cireuses, les pétales fortement incurvés en formant ainsi un torus ressemblant à un sucre d'orge; filets des étamines soudés en un tube entourant le gynécée, à 5 lobes apicaux portant 2–6 ensembles d'anthères; fruits à multiples graines, ovoïdes, souvent très grands, à latex jaune abondant, poisseux; feuilles légèrement coriaces ou pas du tout, nervures secondaires moins densément étroitement parallèles · · · · · *Symphonia*

  5'. Fleurs généralement unisexuées; style absent; stigmate sessile ou presque, pelté, entier ou discrètement lobé; fruits à multiples graines, couronnés par le stigmate persistant, généralement à latex poisseux abondant, de couleur crème à jaune.

      7. Bourgeon terminal nu, caché dans les bases creuses de pétioles opposés; les laticifères souvent visibles courant transversalement à travers les nervures; ponctuations translucides absentes; sépales libres dans le bouton, 4–5, imbriqués, ou calice entier dans le bouton, se divisant en 2(–3) segments concaves, généralement persistants dans le fruit; fruit toujours une baie indéhiscente, contenant généralement 4(–8) graines · · · · · · · · · · · · · *Garcinia*

      7'. Bourgeon terminal couvert par (1–)2 paire(s) ou plus d'écailles, visible, robuste; absence de laticifères courant transversalement à travers les nervures; ponctuation translucide en points ou linéoles souvent présente; calice entier dans le bouton, divisé en 2(–3) segments fortement concaves, généralement caduc; fruit généralement indéhiscent, rarement déhiscent en 2 moitiés, une baie contenant de 1 à 4 graine(s) · *Mammea*

Calophyllum L., Sp. Pl.: 513. 1753.

Genre intertropical représenté par 187 espèces (seules 8 spp. dans les tropiques du Nouveau Monde) et centré sur l'Asie du Sud-Est; au moins 12 spp. sont endémiques de Madagascar où 1 autre sp. de grève à large distribution *C. inophyllum* est rencontrée

Arbres hermaphrodites de moyenne à grandes tailles, à exsudation jaune-crème clair; bourgeons nus. Feuilles souvent coriaces et raides, vernissées, aux nervures secondaires denses et étroitement parallèles en alternance avec les canaux sécréteurs. Inflorescences axillaires ou terminales, en cymes racémeuses à paniculées, pauciflores à multiflores, fleurs grandes, 4-mères; sépales 4, libres, les intérieurs quelque peu pétaloïdes; pétales généralement 4, rarement plus, libres, blancs, caducs; étamines nombreuses, libres ou soudées à la base, filets longs et grêles; ovaire 1-loculaire, style distinct, stigmate capité; ovule 1. Le fruit est une grande drupe quelque peu charnue à fibreuse, sphérique à ovoïde ou ellipsoïde, contenant 1 graine; embryon à très grands cotylédons.

100. *Calophyllum*

Calophyllum est distribué sur l'ensemble de la forêt sempervirente humide et sub-humide depuis le niveau de la mer jusqu'à 1 500 m d'altitude sur le Plateau Central, ainsi que dans la forêt semi-décidue sèche de l'ouest depuis le fleuve Betsiboka jusqu'à Antsiranana. On peut le reconnaître à ses feuilles raides, coriaces et à dense nervation secondaire étroitement parallèle, ses fleurs bisexuées aux pétales blancs caducs et à ses fruits charnus ne contenant qu'une graine.

Noms vernaculaires: *foraha, tacamaca, vintanina, voakoly*

Eliea Cambess., Ann. Sci. Nat. (Paris) 20: 400, t. 13. 1830.

Genre monotypique endémique.

Buissons ou petits arbres hermaphrodites; bourgeons munis d'une paire d'écailles. Feuilles portant des points rougeâtres, glanduleux pellucides. Inflorescences terminales, en cymes corymbiformes, fleurs petites à grandes, 5-mères; sépales 5, libres, imbriqués, les 2 intérieurs un peu plus grands, persistants; pétales 5, libres, dressés, blancs avec des lignes verticales de taches, munis à l'intérieur d'une petite écaille charnue basale; étamines 15 en 3 groupes, alternant avec 3 corps glanduleux charnus, filets longs, grêles et velus; ovaire incomplètement 6 (–8)-loculaire, styles 3, stigmate capité; ovule 1 par loge. Le fruit est une grande capsule déhiscente, ovoïde, contenant de multiples

101. *Eliea* (gauche); *Harungana* (droite)

102. *Garcinia*

graines; graines grandes, rougeâtres, portant une aile apicale oblique aussi longue que la graine; embryon avec des cotylédons plutôt petits.

Eliea articulata est distribué dans la forêt littorale, sempervirente humide, depuis Fort-Dauphin jusqu'à l'Ile Sainte Marie. On peut le reconnaître à ses feuilles aux points glanduleux rougeâtres, ses fleurs aux pétales blancs dressés et à ses capsules déhiscentes contenant des graines ailées.

Noms vernaculaires: inconnus

Garcinia L., Sp. Pl.: 443. 1753.

Ochrocarpos Thouars, Gen. Nov. Madag.: 15. 1806. pro parte.
Rheedia L., Sp. Pl.: 1193. 1753.

Genre intertropical représenté par plus de 200 espèces; env. 25 spp. endémiques de Madagascar.

Arbres de petit à moyenne tailles dioïques, polygamo-dioïques (fleurs mâles et fleurs bisexuées sur des pieds différents) ou monoïques, à latex abondant, épais, poisseux, de couleur crème à jaune; bourgeons nus, cachés dans les bases creuses de pétioles opposés, mais aux écailles généralement absentes. Feuilles souvent coriaces, à nervation secondaire étroitement parallèle et aux laticifères courant transversalement à travers les nervures. Inflorescences axillaires ou cauliflores en cymes pauciflores, fleurs petites à grandes, surtout 4–5-mères mais variables; sépales 4–5, libres, imbriqués, parfois décussés, ou soudés et enfermant complètement la fleur dans le bouton, se fendant irrégulièrement en 2(–3) segments, souvent persistants dans le fruit; pétales 4–5(–8), libres, quelque peu charnus, blancs et cireux; étamines nombreuses, libres ou soudées en 4(–5) faisceaux; pistillode présent ou non dans les fleurs mâles; fleurs femelles et bisexuées avec un disque annulaire ou en forme de coussin, parfois avec des faisceaux d'étamines stériles réduites; ovaire 4–8-loculaire, stigmate sessile ou subsessile, entier ou lobé, parfois pelté, avec une exsudation stigmatique poisseuse; ovule 1 par loge. Le fruit est une grande baie charnue, indéhiscente, ovoïde ou sphérique, verte à rougeâtre, couronnée par le stigmate persistant, contenant généralement 4(–8) graines au testa souvent vert; embryon très nettement hypocotylé.

Garcinia est distribué sur l'ensemble de la forêt sempervirente humide, sub-humide et de montagne depuis le niveau de la mer jusqu'à 2 000 m d'altitude, ainsi que dans la forêt semi-décidue sèche depuis la région d'Ambongo-Boina jusqu'à Antsiranana. On peut le reconnaître à ses fleurs surtout unisexuées avec soit 4–5 sépales libres, soit un calice soudé se fendant en 2 (–3) segments et à ses grands fruits charnus couronnés par le stigmate persistant et contenant 4–8 graines vertes. *Garcinia* et *Mammea* peuvent souvent être très difficiles à distinguer. *Garcinia* a des bourgeons terminaux cachés dans les bases creuses de pétioles opposés alors que *Mammea* a des bourgeons terminaux visibles, robustes et couverts par plusieurs paires d'écailles. De plus, les laticifères courant transversalement à travers les nervures sont souvent visibles chez *Garcinia*, alors qu'ils sont absents chez *Mammea*. *Mammea* présente parfois des ponctuations translucides en points ou linéoles qui sont absentes chez *Garcinia*. Le Mangoustan, *G. mangostana*, est peu fréquemment cultivé le long de la côte est et ses fruits sont occasionnellement vendus à Antananarivo.

Noms vernaculaires: *azinavavy, bedity, bongo, fantsikatra, laka, laka fotsy, tsimatimanota, voahandry, voavongo, vongo*

Harungana Lam., Encycl.: t. 645. 1797.

Haronga Thouars, Nov. Gen. Madag.: 15. 1811.

Genre monotypique largement distribué en Afrique tropicale, à Madagascar et aux Mascareignes.

Arbres hermaphrodites de petite à moyenne tailles, avec un mince suc résineux de couleur rouge-orange clair; bourgeons nus. Feuilles à pubescence dense de couleur rouille-ferrugineuse et stellée dessous, et portant des points glanduleux pellucides. Inflorescences terminales, en cymes corymbiformes à paniculées, multiflores, fleurs petites, 5-mères; sépales 5, libres, imbriqués, persistants dans le fruit; pétales 5, libres, blancs, portant des points glanduleux noirs à l'apex; étamines 15 en 5 groupes de 3 opposés aux pétales, les filets de chaque groupe soudés à la base, libres dessus; ovaire 5-loculaire, styles 5, libres, stigmate capité; ovules 2(–3) par loge. Le fruit est une petite drupe charnue, indéhiscente, sphérique, jaune à orange, composée de 5 pyrènes, contenant chacun 1(–3) graine(s), le fruit séchant et se flétrissant alors qu'il est toujours attaché; embryon à petits cotylédons.

Harungana madagascariensis est largement distribué sur l'ensemble de la forêt sempervirente humide et sub-humide ainsi que dans les zones humides au sein de la forêt décidue sèche; en tant qu'espèce intolérante à

103. *Hypericum lanceolatum*

l'ombre, non sciaphile des trouées, elle colonise rapidement les coupes forestières pour former un peuplement monospécifique dense de forêt secondaire; on l'emploie à usage médical et comme colorant. On peut aisément la reconnaître à son suc résineux clair, rouge-orange et à la pubescence rouille de ses feuilles.

Noms vernaculaires: *haronga, harongana*

Hypericum L., Gen. Pl., ed. 5: 341. 1754.

Genre représenté par 370 espèces, principalement d'herbes et de buissons des zones tempérées mais également rencontré aux altitudes supérieures sous les tropiques; 4 spp. sont distribuées à Madagascar dont une seule, *H. lanceolatum*, à large distribution sur les montagnes africaines, aux Comores, à Madagascar et aux Mascareignes, est ligneuse.

Herbes ou petits buissons hermaphrodites, sans exsudation, aux tiges rougeâtres; bourgeons nus. Feuilles presque sessiles, à points glanduleux pellucides. Fleurs terminales, solitaires, grandes, 5-mères; sépales 5, libres, imbriqués, portant des glandes apicales noires; pétales 5, libres, tordus-imbriqués, quelque peu onguiculés, jaune vif, délicats, étalés; étamines nombreuses en 5 groupes de 15–25, filets grêles; ovaire 5-loculaire, styles 5, vrillés et soudés à la base, stigmate capité; ovules nombreux par loge. Le fruit est une petite à grande capsule sèche, à déhiscente septicide, contenant de multiples graines.

Hypericum lanceolatum a une distribution en mosaïque dans le fourré de montagne de 1 400 à 2 000 m d'altitude; présent dans la RNI de Tsaratanana. On peut le reconnaître à ses fleurs aux pétales jaune vif étalés d'après lesquels on peut le confondre avec *Hibbertia coriacea* (Dilleniaceae), les fleurs de ce dernier ne portent cependant pas de points glanduleux pellucides et ne présentent que 2 carpelles libres.

Nom vernaculaire: *amborasaha*

Mammea L., Sp. Pl.: 512. 1753.

Ochrocarpus auct. non Thouars, Gen. Nov. Madag.: 15. 1806. pro parte.
Paramammea J.-F. Leroy, Compt. Rend. Hebd. Séances Acad. Sci., Sér. D, 284 (16): 1524. 1977.

Genre intertropical représenté par env. 50 espèces; 1 sp. distribuée dans les régions tropicales du Nouveau Monde, 1 sp. en Afrique, env. 20 spp. endémiques de Madagascar et 28 spp. en Asie du Sud-Est.

Arbres de petite à moyenne tailles, dioïques,

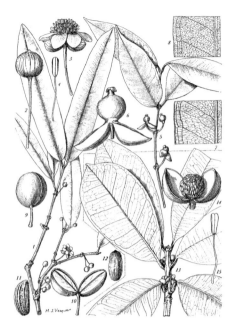

104. *Mammea*

polygamo-dioïques (fleurs mâles et fleurs bisexuées sur des pieds différents), monoïques ou rarement hermaphrodites, à latex épais abondant, poisseux, de couleur crème à jaune, rarement absent; bourgeons avec plusieurs paires d'écailles. Feuilles souvent coriaces, à nervation secondaire étroitement parallèle et portant des lignes ou des glandes translucides. Inflorescences axillaires ou souvent cauliflores, en fascicules pauciflores, fleurs petites à grandes, surtout 4(–5–7)-mères; calice entier dans le bouton, apiculé, divisé en 2(–3) segments quelque peu inégaux, fortement concaves, généralement caducs, l'un d'eux conservant l'apex apiculé; pétales 4–(6–7), libres, imbriqués-décussés, quelque peu charnus, cireux, blancs, jaunes ou rouges, caducs; étamines nombreuses, libres, ou soudées à la base en un anneau, ou en plusieurs faisceaux, ou en une masse sphérique au-dessus d'une colonne staminale, réduites à des staminodes dans les fleurs femelles; ovaire 2-loculaire avec 2 ovules par loge, ou incomplètement 4-loculaire avec des fausses cloisons et 1 ovule par loge, stigmate sessile, pelté, entier ou lobé, poisseux par l'exsudation stigmatique. Le fruit est une grande baie charnue, indéhiscente, ou parfois déhiscente en 2 moitiés, contenant de 1 à 4 graine(s), couronnée par le stigmate persistant; graines grandes et entourées d'une pulpe fibreuse; embryon à très grands cotylédons.

Mammea est distribué sur l'ensemble de la forêt sempervirente humide, sub-humide et de montagne, ainsi que dans la forêt décidue sèche

105. *Psorospermum*

de la région du Ambongo-Boina. On peut le reconnaître à ses bourgeons couverts de plusieurs paires d'écailles souvent persistantes, à ses feuilles souvent munies de glandes ou lignes translucides, à ses fleurs surtout unisexuées au calice entier enveloppant la fleur dans le bouton et se fendant alors irrégulièrement en 2(−3) segments fortement concaves, et à ses grands fruits charnus contenant 1–4 graine(s).

Noms vernaculaires: *bongo, bongo fotsy*

Psorospermum Spach, Ann. Sci. Nat. Bot. 5: 157. 1836.

Genre représenté par 40–45 espèces largement distribué en Afrique tropicale et à Madagascar où 25 spp. sont endémiques.

Buissons à arbres de taille moyenne, hermaphrodites, aux feuilles ne persistant généralement qu'un an, et ainsi brièvement décidus, à exsudation résineuse peu abondante jaune clair; bourgeons nus. Feuilles souvent nettement hétérochromes, vert brillant dessus et portant une pubescence bronze blanchâtre à stellée ferrugineuse dessous, ressemblant parfois aux feuilles de *Croton* (Euphorbiaceae), munies de points glanduleux pellucides distincts. Inflorescences terminales en cymes corymbiformes ou ombelliformes, fleurs petites, 5-mères; sépales 5, libres, imbriqués, aigus, à striations glanduleuses, persistants dans le fruit; pétales 5, libres, dressés, blancs, pubescents à l'intérieur, portant des points glanduleux, caducs; étamines 10 à multiples en 5 groupes

opposés au pétales, filets soudés sur une partie de leur longueur, libres plus haut; ovaire 5-loculaire, styles 5, libres, stigmate capité; ovule(s) 1–2 par loge. Le fruit est une petite baie charnue, indéhiscente, sphérique, contenant 3–5 graines, blanche à rouge ou pourpre, à surface brillante translucide avec des points glanduleux noirs; embryon aux cotylédons petits à grands.

Psorospermum est surtout distribué sur l'ensemble de la forêt sempervirente humide, sub-humide et de montagne depuis le niveau de la mer jusqu'à 2 000 m d'altitude, avec 3 espèces pénétrant la forêt décidue sèche de l'ouest depuis la baie de Lanivato jusqu'au sud du Tsingy de Bemaraha, et au sud-ouest dans le haut bassin du fleuve Mandrare. On peut le reconnaître à ses feuilles souvent hétérochromes, vertes dessus et bronze blanchâtre à ferrugineuses dessous et aux points glanduleux manifestes, à ses petites fleurs aux pétales blancs, et à ses petites baies translucides sous-tendues par le calice persistant.

Noms vernaculaires: *fanerana, harongampanihy, hazonakoho, helana, taimbitsika, taimbitsy, tambitsy, tsifotyberavina*

Symphonia L. f., Suppl. Pl.: 49. 1781.

Genre représenté par 17–25 espèces centré à Madagascar, avec 1–2 espèces dans les régions tropicales du Nouveau Monde, 1–2 espèces en Afrique tropicale et 15–21 spp. endémiques de Madagascar.

Petits à grands arbres hermaphrodites à latex épais, copieux, de couleur jaune-crème à jaune et poisseux, au tronc long et droit, à l'écorce lisse et teintée de jaune, aux branches horizontales en forme de pagodes, parfois tombantes; bourgeons avec plusieurs paires d'écailles. Feuilles aux nervures secondaires souvent assez étroitement parallèles (moins denses que chez *Calophyllum*) se rencontrant près de la marge en formant une nervure arquée. Inflorescences terminales en courtes cymes ombelliformes, parfois réduites à des fleurs solitaires; fleurs petites à grandes, sphériques dans le bouton, 5-mères, protandres; sépales 5, libres, quelque peu inégaux, imbriqués, persistants; pétales 5, tordus-imbriqués dans le bouton, concaves et à l'apex fortement incurvé à l'anthèse en ressemblant ainsi à des torus aplatis, charnus-cireux, orange à rouges, ou alternant parfois du rouge avec du blanc ou du jaune en rappelant ainsi un sucre d'orge, caducs; disque en forme de coupe; étamines soudées en un tube entourant le gynécée, divisées à l'apex en 5 lobes, portant chacun de 2 à 6 anthères; ovaire complètement à incomplètement 5-loculaire, style terminal soudé avec 5 lobes ouverts en forme d'étoiles, portant chacun un pore apical, persistant dans le fruit; ovule(s) 1–12 par loge. Le fruit est une grande à très grande (diam. > 10 cm) baie charnue, indéhiscente, contenant de quelques à de multiples graines, sphérique mais la plupart du temps ovoïde, couronnée par les reste du stigmate, à la surface généralement brun clair, finement verruqueuse et à épais latex copieux jaune; graines pourpres entourées de fibres cotonneuses; embryon très nettement hypocotylé.

Symphonia est distribué sur l'ensemble de la forêt sempervirente humide, sub-humide et de montagne, y compris dans la région du Sambirano, depuis le niveau de la mer jusqu'à 2 000 m d'altitude. On le reconnaît aisément à ses fleurs bisexuées spectaculaires, orange à rouges et charnues-cireuses, et à ses grands fruits ovoïdes, charnus, exsudant un copieux latex jaune.

Noms vernaculaires: *disaka, hasina lavaravina, hazina, hazinberavina, kijy, kimba, kimbavavy, kimba kely, kiza, kizakely, kizalahy, kizarano, kizavavy, kizaravindrotra, vavony*

106. *Symphonia*

COMBRETACEAE R. Br.

Famille intertropicale de taille moyenne représentée par 20 genres et 500 espèces; en plus des genres d'arbres *Lumnitzera* et *Terminalia*, le genre de lianes *Combretum* (y compris *Calopyxis* et *Poivrea*) est également rencontré à Madagascar.

Buissons, arbres ou lianes hermaphrodites ou polygames (fleurs bisexuées et fleurs mâles). Feuilles alternes (arbres) et parfois groupées en pseudoverticilles ou opposées (lianes), simples, entières ou diversement dentées, penninerves, stipules nulles. Inflorescences axillaires, en épis ou racèmes, fleurs petites, régulières, 4–5-mères; calice soudé en forme de coupe aux lobes imbriqués ou valvaires; pétales libres ou absents; étamines en nombre égal ou double de celui des lobes du calice, en 1 ou 2 série(s), filets libres, grêles, insérés vers la base du calice, anthères biloculaires, versatiles, introrses, à déhiscence longitudinale; disque nectaire annulaire à la base du calice et entourant le style; ovaire infère, uniloculaire, style dressé, stigmate capité à tronqué; ovules 2–5, pendantes. Le fruit est une petite à grande drupe sèche à charnue, indéhiscente, à une seule graine, à l'endocarpe dur et osseux, au péricarpe lisse ou diversement angulaire et caréné ou ailé; graines sans albumen.

Capuron, R. 1967. Les Combretacées arbustives ou arborescentes de Madagascar. Centre Technique Forestier Tropical, 110 pp, 21 planches, 6 cartes.

Capuron, R. 1973. Contributions à l'étude de la flore forestière de Madagascar. Notes sur le genre *Terminalia* L. Bull. Mus. Natl. Hist. Nat., sér. 3, Bot. 11: 1–179.

McPherson, G. 1991. A new species of *Terminalia* (Combretacee) from Madagascar. Bull. Mus. Natl. Hist. Nat., B, Adansonia 13(1/2): 21–23.

Perrier de la Bâthie, H. 1954. Combretacées. Fl. Madagasc. 151: 1–84.

1. Plantes entièrement glabres; feuilles persistantes, non groupées en pseudoverticilles; fleurs toutes bisexuées, le réceptacle portant deux bractéoles persistantes manifestes; pétales présents; petit arbre le long de la lisière de la végétation de mangrove · *Lumnitzera*

1.' Plantes aux jeunes parties pubescentes; feuilles décidues, souvent groupées en pseudoverticilles; fleurs bisexuées et fleurs mâles, le réceptacle sans bractéole; pétales absents; buissons à grands arbres dans tous les types de végétation à l'exception de la mangrove · *Terminalia*

Lumnitzera Willd., Ges. Naturf. Freunde Berlin Neue Schriften 4: 186. 1803.

Genre représenté par 2 espèces d'arbres de mangrove adaptés au sel; *L. racemosa*, distribué de l'Afrique de l'Est jusqu'au Pacifique est rencontré à Madagascar.

Buissons ou petits arbres hermaphrodites, entièrement glabres. Feuilles alternes, entières, subsessiles, la base du limbe décurrente le long du pétiole presque jusqu'au point d'attache à la tige, quelque peu charnues, persistantes, stipules nulles. Inflorescences axillaires, en épis plus courts que les feuilles, fleurs 5-mères, le réceptacle oblong porte, dans sa section médiane, 2 bractéoles persistantes dans le fruit; calice soudé à 5 lobes imbriqués, persistant dans le fruit; pétales 5, libres, quelque peu charnus, légèrement réfléchis à l'anthèse, blancs; étamines 10, de près de la même longueur que les pétales; disque nectaire non manifeste; style terminal, dressé, court, stigmate capité; ovules

107. *Lumnitzera racemosa*

3–5. Le fruit est une petite drupe ligneuse, indéhiscente, à une seule graine, légèrement comprimée latéralement, étroitement ellipsoïde à fusiforme; graine sans albumen.

Lumnitzera racemosa est commun le long des lisières de la végétation de mangrove de l'ensemble des côtes de l'île. On peut le reconnaître à ses feuilles quelque peu charnues, alternes et subsessiles, et à ses fleurs à l'ovaire infère avec un réceptacle oblong portant 2 bractéoles dans sa partie médiane qui sont persistantes dans le fruit.

Noms vernaculaires: *ravkanda, rono, sarihonko, voatsihonko*

Terminalia L., Syst. Nat. (ed. 12) 2: 674. 1767.

Genre intertropical représenté par 150 espèces; 37 spp. connues à Madagascar qui sont toutes endémiques à l'exception d'1 sp.

Buissons à grands arbres hermaphrodites ou polygames (avec des fleurs bisexuées et des fleurs mâles), à ramification soit monopodiale (groupe "fatra"), soit sympodiale (groupe "taly"), aux jeunes parties toujours pubescentes. Feuilles alternes, mais souvent groupées en pseudoverticilles, entières à crénelées ou serretées, avec des domaties ou des fovéas présentes sur la face inférieure aux aisselles des nervures secondaires (groupe "taly"), décidues, stipules nulles. Inflorescences axillaires, en racèmes ou épis sur les rameaux courts, fleurs 4–5-mères; calice soudé de 4–5 lobes valvaires, étalés à plat à l'anthèse, généralement caducs, rarement persistants dans le fruit; pétales absents; étamines en nombre double des lobes du calice en deux séries, rarement réduites à 4–5 en une seule série, insérées vers la base des lobes du calice, exsertes; disque annulaire, quelque peu lobé, souvent pubescent; ovaire avorté dans les fleurs mâles qui apparaissent vers l'apex des inflorescences, style épais, dressé, étroitement conique, stigmate tronqué ou capité; ovules 2(–3). Le fruit est une petite à grande drupe charnue ou sèche, indéhiscente, contenant une seule graine, à l'endocarpe dur et osseux, la drupe lisse et ellipsoïde à diversement angulaire et carénée à ailée; graine sans albumen.

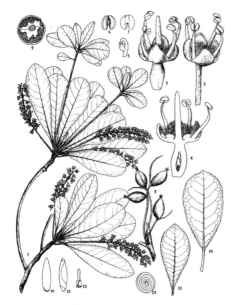

108. *Terminalia tetrandra*

Terminalia est distribué sur l'ensemble de l'île en dessous de 1 600 m d'altitude (bien qu'une sp., *T. rufovestita*, soit présente sur le Plateau Central dans la RS d'Ambohitantely), avec la majorité des espèces (29) rencontrées dans la forêt et le fourré décidus secs et sub-arides du sud, de l'ouest et de l'extrême nord; 8 espèces sont limitées à la forêt sempervirente humide et sub-humide à l'est et dans la région du Sambirano. On peut le reconnaître à ses feuilles alternes souvent groupées en pseudoverticilles, ses fleurs petites, blanches sans pétales, à ovaire infère et à ses drupes contenant une seule graine qui sont souvent sèches et angulaires ou ailées, ou parfois charnues et ellipsoïdes. *T. catappa* à large distribution est un arbre de grève commun sur l'ensemble des côtes et *T. fatraea* est limité aux forêts littorales le long de la côte est. L'espèce à la plus large distribution à l'ouest, *T. mantaly*, est employée dans le reboisement et plantée au bord des routes, en étant particulièrement spectaculaire à Ambanja. Les plus grandes espèces (*T. calcicola*, *T. mantaly*, *T. ombrophila*, *T. rhopalophora*, *T. tetrandra* et *T. urschii*) sont exploitées pour le bois.

Noms vernaculaires: *amaninaomby, amaninombilahy, amaninomby, amaniomby, antafanala, atafanala, beranoampo, dikana, fatra, hazobe, hazove, kimbay, kobay, mantady, mantalia, mantaliala, mantaly, tafanala, talia, taliala, taliambohitra, talibe, taliforofoka, talikobay, talimbohitse, talimonto, talinala, talinalafotsy, talitivoky, talivorokoko, taly, taly kobay, varirata, voafatra, voafatrala, voampiraikitra*

CONNARACEAE R. Br.

Famille intertropicale de taille moyenne, surtout de lianes, représentée par 20 genres et 580 espèces; un seul genre d'arbre *Ellipanthus*, partagé avec l'Afrique, le Sri Lanka et l'ouest de la Malaisie, ainsi que trois genres de lianes, *Agelaea*, *Cnestis* et *Rourea*, sont présents à Madagascar.

Breteler, F. J. (ed.). 1989. The Connaraceae, a taxonomic study with emphasis on Africa. Agric. Univ. Wageningen Pap. 89 (6).

Keraudren, M. 1958. Connaracées. Fl. Madagasc. 97: 1–28.

Lemmens, R. H. M. J. 1992. A reconsideration of *Ellipanthus* (Connaraceae) in Madagascar and continental Africa, and a comparison with the species in Asia. Bull. Mus. Natl. Hist. Nat., sect. B., Adansonia 14: 99–108.

Ellipanthus Hook. f., Gen. Pl. 1: 431, 434. 1862.

Genre représenté par env. 6 espèces distribué en Afrique de l'Est, à Madagascar, en Inde, au Sri Lanka, aux Iles Andeman, en Malaisie de l'ouest et au sud de la Chine; Lemmens (1992) ne reconnaît qu'une seule sp., *E. madagascariensis*, partagée entre l'Afrique de l'Est et Madagascar, bien qu'une variabilité considérable au sein du matériel en provenance de Madagascar pourrait permettre de reconnaître d'autres espèces.

Petits à grands arbres hermaphrodites ou dioïques. Feuilles alternes, unifoliolées, entières, penninerves, le pétiole présentant des renflements géniculés à la base et à l'apex, les folioles portées par un pétiolule distinct mais très court, stipules nulles. Inflorescences axillaires, en panicules, fleurs petites, régulières, 5-mères; sépales 5, soudés à la base, valvaires à discrètement imbriqués dans le bouton; pétales 5, libres, imbriqués, blancs; étamines 5, alternant avec 5 staminodes, filets soudés à la base en un tube court, anthères biloculaires, dorsifixes, introrses, à déhiscence longitudinale; ovaire supère, composé d'un seul carpelle uniloculaire, style terminal, court, stigmate capité; pistillode présent dans les fleurs mâles; ovules 2, collatéraux, 1 avortant finalement. Le fruit est un grand follicule ligneux, généralement stipité, déhiscent, à 1 graine, à pubescence dense de couleur rousse, s'ouvrant le long d'une suture ventrale en révélant une graine brun noir brillante dont la base est entourée d'un arille crème; graine avec peu d'albumen.

Ellipanthus est distribué dans la forêt sempervirente humide et sub-humide depuis le niveau de la mer jusqu'à 700 m d'altitude, de la région d'Ikongo jusqu'à Antsirabe-Nord, ainsi que dans la région du Sambirano dans la RS de Manongarivo. On peut le reconnaître à ses feuilles à une seule foliole portée par un pétiolule distinct mais très court, le pétiole présentant des renflements géniculés à la base et à l'apex, et à ses grands follicules ligneux, à pubescence dense de couleur rousse, contenant une seule graine brillante, de couleur brun foncé et qui porte un arille basal de couleur crème.

Noms vernaculaires: *haitsoaty, hazombe, letriberavina, ravinaviotra, sary, tafonana, talatakantsidy, tsilongodongotra*

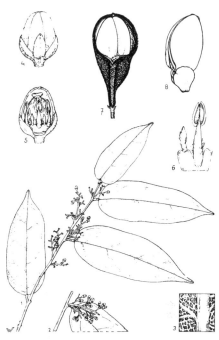

109. *Ellipanthus madagascariensis*

CONVALLARIACEAE Horan.

Petite famille cosmopolite représentée par 19 genres et env. 330 espèces.

Perrier de la Bâthie, H. 1937. Liliacées. Fl. Madagasc. 40: 4–15.

Dracaena L., Syst. Nat. (ed. 12) 2: 246. 1767.

Genre représenté par env. 60 espèces distribué dans les zones tropicales de l'Ancien Monde à l'exception d'1 sp. des tropiques du Nouveau Monde; 4–20(?) spp. sont rencontrées à Madagascar.

Buissons à arbres de taille moyenne, hermaphrodites, peu ramifiés, aux tiges segmentées et montrant clairement des cicatrices foliaires circulaires. Feuilles alternes, généralement groupées vers les extrémités des branches, simples, entières, à nervation parallèle, souvent longuement linéaires, parfois largement elliptiques, la base encerclant complètement la tige, stipules nulles. Inflorescences terminales, en racèmes ou panicules, dressées ou parfois pendantes, fleurs généralement grandes, régulières ou légèrement irrégulières, 3-mères; périanthe de 6 articles pétaloïdes en 2 verticilles, plus ou moins soudés en un tube sur une partie de leur longueur, les

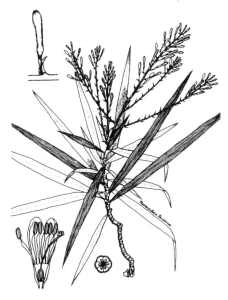

110. *Dracaena reflexa*

parties libres étroitement linéaires, le perianth généralement réfléchi à l'anthèse, blanc verdâtre à blanc, parfois teinté de pourpre; étamines 6, insérées sur le tube périanthique, plus ou moins de la même longueur que les articles du périanthe, filets grêles, anthères dorsifixes, introrses, à déhiscence longitudinale; ovaire supère, 3-loculaire, style étroitement cylindrique, stigmate tronqué; ovule 1 par loge. Le fruit est une petite à grande baie charnue, indéhiscente, sphérique à 3-lobée, contenant de 1 à 3 graine(s), jaune à orange ou rouge.

Dracaena est distribué dans la forêt sempervirente humide et sub-humide depuis le niveau de la mer jusqu'à 1,600 m d'altitude, et moins fréquemment dans la forêt semi-décidue et décidue, sèche et sub-aride dans la région d'Ambongo-Boina et dans la vallée du fleuve Onilahy. On peut le reconnaître à son port peu ramifié, ses feuilles souvent longues, linéaires, à nervation parallèle, groupées aux extrémités des branches, à ses fleurs au périanthe de 6 articles pétaloïdes soudés en partie en un tube et à ses fruits charnus, indéhiscents, sphériques à 3-lobés, jaunes à orange ou rouges. Perrier de la Bâthie (1937) ne reconnaissait que 4 espèces de *Dracaena* à Madagascar, mais avec 14 variétés chez *D. reflexa*! S'il existe assurément plus de 4 espèces à Madagascar (on peut rencontrer dans un seul site de forêt à Nosy Mangabe, au moins 5 "formes" sympatriques différentes) une révision taxinomique complète est requise pour analyser les schémas de variation afin de délimiter les espèces. Les fleurs sont comestibles et sont parfois vendues sur les marchés locaux.

Nom vernaculaire: *hasina*

CONVOLVULACEAE Juss.

Grande famille cosmopolite représentée par 58 genres et env. 1 650 espèces, principalement d'herbes grimpantes ou de lianes, rarement de buissons et d'arbres, dont *Humbertia* qui est un genre endémique de Madagascar. Certains auteurs reconnaissaient la famille des Humbertiaceae, mais des études récentes (Deroin, 1993) ont clairement montré que le genre appartenait à la tribu des *Erycibeae* qui est par ailleurs distribuée en Asie et dans les régions tropicales du Nouveau Monde.

Deroin, T. (1992) 1993. Anatomie florale de *Humbertia madagascariensis* Lam. Contribution à la morphologie comparée de la fleur et du fruit des Convolvulaceae. Bull. Mus. Natl. Hist. Nat., sect. B, Adansonia 14: 235–255.

Humbertia Lam., Encycl. 2: 356–357, t. 2. 1786.

Genre monotypique endémique.

Grands arbres hermaphrodites portant de légers contreforts. Feuilles alternes, spiralées en groupes aux extrémités des branches, simples, entières, penninerves, coriaces, stipules nulles. Fleurs axillaires, solitaires, au pédicelle portant de petites bractéoles, grandes, irrégulières du fait de la disposition des étamines, éclatantes, 5-mères; sépales 5, imbriqués, quelque peu inégaux, à 2 sépales extérieurs aux 3 autres et enfermant la fleur dans le bouton, persistants et coriaces dans le fruit; corolle soudée campanulée, discrètement 5-lobée, de couleur pêche et à pubescence dense et soyeuse de couleur blanche sur la surface extérieure; étamines 5, adnées à la base du tube corollin, manifestement exsertes, filets grêles, la partie basale arquée vers la partie supérieure du tube corollin de telle façon que toutes les étamines émergent ensemble du sommet de la corolle, anthères biloculaires, introrses, à déhiscence longitudinale; disque annulaire entourant la base de l'ovaire; ovaire supère, biloculaire, style terminal, exsert, arqué vers la partie supérieure du tube corollin et émergeant entre les étamines, stigmate discrètement lobé; ovules env. 20 par loge, axiles, la plupart avortant. Le fruit est une grande baie finement charnue à dure et quelque peu lignifiée en dessous, à 1 ou 2 graine(s), se ridant en séchant; graines albuminées.

Humbertia madagascariensis est limité à la forêt sempervirente humide à basse altitude depuis le nord de Fort-Dauphin jusqu'à la région de

111. *Humbertia madagascariensis*

Farafangana. On peut le reconnaître à ses grandes fleurs axillaires, solitaires, éclatantes, de couleur pêche, à la corolle campanulée et portant une pubescence dense et soyeuse de couleur blanche à l'extérieur. Le bois est très dur, imputrescible dans l'eau de mer, et ainsi employé dans les piliers de ponts.

Noms vernaculaires: bois de fer, *endranendrana, fantsinakoho, fatsinakoho, hendrahedrano*

CUNONIACEAE R. Br.

Petite famille principalement distribuée dans l'hémisphère sud, représentée par 27 genres et env. 350 espèces, dont un seul genre, *Weinmannia*, est rencontré à Madagascar.

Bernardi, L. 1965. Cunoniacées. Fl. Madagasc. 93: 1–62.

Weinmannia L., Syst. Nat. (ed. 10): 997, 1005, 1367. 1759. nom. cons.

Genre représenté par env. 160 espèces distribué sur les montagnes en Amérique Centrale et du Sud le long des Andes, en Malaisie, en Nouvelle Zélande, aux Comores, à Madagascar et aux Mascareignes; env. 40 spp. sont rencontrées à Madagascar.

Buissons à grands arbres hermaphrodites à poils simples. Feuilles opposées, décussées, rarement verticillées, simples, trifoliolées ou composées imparipennées avec 2–3(–10) paires de folioles opposées, penninerves, les feuilles souvent variables sur un même individu sur lequel des feuilles simples sont parfois présentes en même temps que des feuilles composées, généralement dentées à serretées, rarement seulement crénelées-ondulées à presque entières, stipules soudées par paires, interpétiolaires, bien développées et foliacées, dentées, caduques mais laissant une cicatrice distincte en forme d'anneau sur chaque nœud. Inflorescences axillaires, apparaissant parfois pseudoterminales, en racèmes ou épis denses, souvent appariées, fleurs petites, régulières, 4–5-mères; sépales 4–5, légèrement soudés à la base en un court tube très évasé, imbriqués, persistants dans le fruit; pétales 4–5, libres, imbriqués, blancs et parfois teintés de rouge, souvent caducs; étamines en nombre double des pétales (rarement en même nombre), libres, filets grêles, anthères biloculaires au connectif apiculé, dorsifixes, à déhiscence longitudinale; disque nectaire intrastaminal, charnu, entier à lobé, ou composé de glandes stipitiformes individuelles alternant avec les filets; ovaire supère, biloculaire, styles 2, divergents, stigmate terminal, punctiforme; ovules multiples par loge sur deux rangs. Le fruit est une petite capsule sèche, déhiscente, bivalve, couronnée par les restes apiculés du style; graines nombreuses, très petites, couvertes de poils, à albumen charnu.

Weinmannia est distribué sur l'ensemble de la forêt et du fourré sempervirents, humides et sub-humides et de montagne depuis le niveau de la mer jusqu'à 2 600 m d'altitude. On peut le reconnaître à ses stipules foliacées interpétiolaires (ou les cicatrices en forme d'anneau qu'elles ont laissées en tombant), ses feuilles à la marge du limbe généralement dentée à serretée, ses inflorescences denses en forme d'épis et ses fruits capsulaires aux graines plumeuses. Le nouveau feuillage est presque toujours rougeâtre.

Noms vernaculaires: *elatrangidiana, elatrangidina, fandirana, hazompoza, herehitsika, heretsika, herihitsika, hotraka, koropapana, lalokautry, lalomaka, lalomanga, lalombary, lalombavy, lalombe, lalomena, lalompotaka, lalona, lalona beravina, lalona erehitrika, lalona fotsy, lalona maka, lalona papofo, lalona revaka, lalonadrevaka, lalondrato, lalontsihibry, lalontsisitry, merihitsika, ranoandatra, rasa, rehetsika, ringitra, ringitsy, robary, sanirafotsy, sokiomena, tsokia*

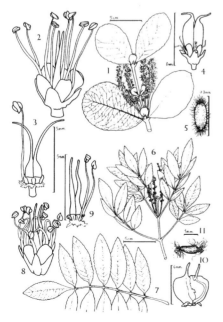

112. *Weinmannia*

CYATHEACEAE Kaulf.

Famille intertropicale de taille moyenne, représentée par 2 genres et env. 625 espèces.

Rakotondrainibe, F. & D. Lobreau-Callen. 1999. Révision de genre *Cyathea* sect. *Gymnosphaera* (Cyatheaceae) à Madagascar et aux Comores. Adansonia, Sér. 3, 21: 137–152.

Tardieu-Blot, M.-L. 1951. Cyatheacées. Fl. Madagasc. 4: 1–45.

Cyathea Sm., Mem. Acad. Roy. Sci. (Turin) 5 (1790–1791): 416. 1793.

Alsophila R. Br., Prodr.: 158. 1810.
Gymnosphaera Blume, Enum. Pl. Javae fasc. 2: 242. 1828.

Genre intertropical représenté par env. 600 espèces; env. 40 spp. sont rencontrées à Madagascar dont 2 spp. seulement ne sont pas endémiques. Certains auteurs reconnaissent le genre *Alsophila* comme distinct de *Cyathea*, auquel cas toutes les Cyatheaceae de Madagascar seraient placées dans *Alsophila*.

Fougères arborescentes généralement à un seul tronc, atteignant 13 m de haut et 30 cm de diam., parfois renflées à la base, rarement prostrées et sans tronc, souvent couvertes d'écailles de poils denses et parfois d'épines, les cicatrices des feuilles tombées évidentes et souvent très caractéristiques des différentes espèces. Feuilles alternes, ou parfois en pseudoverticilles, en groupes serrés à l'extrémité du tronc, la vernation circinée, i.e. enroulée dans le bouton de l'apex à la base de telle manière que l'apex se trouve au centre de la boucle, composées pennées ou bipennées (ou rarement tripennées), ou parfois profondément pennatifides, portant de multiples folioles (pennes) entières à crénelées-serretées, penninerves, la foliole terminale lobée à pennatifide, les feuilles parfois hétéromorphes avec les feuilles fertiles contractées, ou avec les pennes basales modifiées en "aphlebia" finement découpées et ressemblant à des lichens, souvent avec des écailles denses de poils, ou parfois des épines à la base du pétiole et caractéristiques des différentes espèces, stipules nulles. Spores contenus dans des sporanges qui sont groupés en sores ronds sur les deux cotés de la nervure médiane de la face inférieure des pennes, les sores généralement partiellement à complètement couverts d'un indusie, ou l'indusie rarement absent.

113. *Cyathea*

Cyathea est distribué sur l'ensemble de la forêt sempervirente humide, sub-humide et de montagne. On le reconnaît aisément à son tronc non ramifié portant des cicatrices foliaires évidentes, à ses grandes feuilles composées pennées ou bipennées à vernation circinée et serrées en groupe à l'apex du tronc. La majorité des plus grandes espèces doit être considérée comme menacée suite à la surexploitation de leur tronc dont la partie basale est creusée et vendue comme pot. Des inventaires forestiers de parcelles permanents dans le PN de Ranomafana suggèrent que les forêts proches des villages sont affectées par l'extraction des individus de *Cyathea* et contrastent avec les forêts plus retirées dans lesquelles *Cyathea* spp. constituent plus de 8 % des troncs dont le diam. est supérieur à 10 cm.

Nom vernaculaire: *ampangabe*

CYCADACEAE Pers.

Petite famille de Gymnospermes représentée par 2 genres et 33 espèces.

Laubenfels, D. J. de. 1972. Cycadacées. Fl. Madagasc. 17: 2–7.

Laubenfels, D. J. de & F. Adema. 1998. A taxonomic revision of the genera *Cycas* and *Epicycas* gen. nov. (Cycadaceae). Blumea 43: 351–400.

Cycas L., Sp. Pl. 1: 1188. 1753.

Genre représenté par 30 espèces distribué de l'Afrique de l'Est à l'Australie, au Japon et sur les îles du Pacifique; une seule sp. (*C. thouarsii*) est rencontrée à Madagascar qui est partagée avec l'Afrique de l'Est, les Comores et Sri Lanka.

Buissons ou petits arbres dioïques ressemblant à des palmiers, à un seul tronc (rarement divisé en plusieurs troncs), atteignant 10 m de haut, le tronc rugueux, couvert par la base des feuilles tombées. Feuilles verticillées, la nervation circinée, i.e. enroulée dans le bouton de l'apex à la base de telle manière que l'apex se trouve au centre de la boucle, composées paripennées avec de nombreuses folioles alternes ou opposées, entières, linéaires, à une seule nervure centrale, la partie basse du rachis des feuilles et le pétiole portant des épines; verticilles de feuilles en forme de frondes alternant avec des verticilles de feuilles coriaces ressemblant à des écailles. Microsporophylles portées par des cônes terminaux, brièvement pédonculés, ovales-cylindriques, de 30–60 cm de hauteur et 11–20 cm de diam., les microsporophylles plates, prolongées à l'apex par un capuchon triangulaire, rétrécies à la base en un court pédicelle, microsporanges en groupes de 4–5; ovules portés par des feuilles pubescentes modifiées (macrosporophylles), groupées en un verticille terminal avec 4–10 ovules alternes ou opposés le long des marges, l'apex prolongé et étroitement triangulaire. Graines grandes, ovales, à testa charnu et rouge.

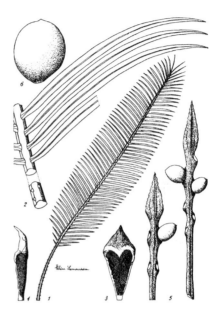

114. *Cycas thouarsii*

Cycas thouarsii est distribué dans la forêt sempervirente humide à basse altitude depuis la forêt littorale sur sable jusqu'à 500 m d'altitude. On peut le reconnaître à son port rappelant un palmier, sa structure mâle en forme de cône et à ses graines nues portées sur les marges de feuilles modifiées.

Noms vernaculaires: *vaſaho, voaſaho*

DIDIEREACEAE Drake

Petite famille d'Afrique et de Madagascar représentée par 7 genres et 20 espèces. La distribution des Didiereaceae à Madagascar se conforme quasiment à la zone bioclimatique sub-aride de Cornet (1974). La famille était auparavant considérée comme endémique de Madagascar mais des données moléculaires récentes montrent nettement que les genres africains *Calyptrotheca*, *Ceraria* et *Portulacaria*, qui avaient été assignés aux Portulacaceae, devraient être inclus dans les Didiereaceae.

Buissons à petits arbres succulents, dioïques, ou parfois polygames (*Decarya* gynodioïque avec des pieds hermaphrodites et des pieds femelles), aux ports variés, cactiformes, ou rappelant les 'ocotillos' (*Fouquieria*) de Californie, portant presque toujours des épines. Feuilles alternes, appariées ou fasciculées, rarement absentes, simples, entières, plus ou moins succulentes, sans nervation évidente, décidues pendant la saison sèche, stipules nulles. Inflorescences axillaires, en cymes, racèmes de cymes ou en fascicules ombelliformes, directement portées par les branches, souvent à l'apex, fleurs légèrement irrégulières, petites à grandes, 2-mères; sépales 2, libres, persistants; pétales 4 en 2 paires décussées, les extérieurs généralement un peu plus grands et enfermant les intérieurs dans le bouton; étamines (6–)8–10(–13), soudées à la base en un anneau, filets libres au-dessus, anthères biloculaires, dorsifixes, extrorses, à déhiscence longitudinale; pistillode présent; ovaire supère, uniloculaire, style très court à allongé, stigmate bien développé à 3–4 lobes plats avec des marges irrégulières; ovule 1; staminode ressemblant à des étamines réduites. Le fruit est une petite noisette sèche, indéhiscente, à une graine, enveloppée par les sépales persistants et secs; graine portant un arille blanc, avec peu d'albumen.

Applequist, W. L. & R. S. Wallace. 2000. Phylogeny of the Madagascan endemic family Didiereaceae. Pl. Syst. Evol. 224: 157–166.

Rauh, W. 1963. Didieréacées. Fl. Madagasc. 121: 1–37.

1. Épines dans des verticilles sessiles ou pédiculés de 4–8(–12), longues, grêles à robustes; feuilles en rosettes, lancéolées à linéaires; inflorescences denses en fascicules ombelliformes couvrant la portion apicale des branches dressées ········· *Didierea*
1'. Épines appariées ou solitaires, ou rarement absentes; feuilles alternes ou appariées; inflorescences en cymes ou en racèmes de cymes.
  2. Branches finales fortement en zigzag; épines appariées, courtes et robustes, élargies à la base; feuilles très petites, de moins de 1 cm de long, caduques; fleurs sous-tendues par 2 bractéoles ································· *Decarya*
  2'. Branches finales non en zigzag; épines appariées ou solitaires, ou rarement absentes; feuilles de plus de 1 cm de long, persistantes jusqu'à la saison sèche; fleurs non sous-tendues par des bractéoles.
    3. Épines solitaires, rarement absentes; feuilles appariées, orbiculaires, sous des épines, ou absentes; fleurs petites, de moins de 1 cm de long ········ *Alluaudia*
    3'. Épines appariées ou si solitaires, alors feuilles au-dessus d'épines; feuilles solitaires ou appariées, oblongues à linéaires; fleurs grandes, de plus de 1 cm de long ····
    ···································· *Alluaudiopsis*

Alluaudia Drake, Compt. Rend. Hebd. Séances Acad. Sci. 133: 240. 1901.

Genre endémique représenté par 6 espèces.

Buissons ou petits arbres atteignant 10 m de haut, dioïques, aux épines très courtes (*A. dumosa*) à longues, robustes, solitaires, rarement absentes, au tronc vert à brun olive et photosynthétique, peu ramifiés et aux branches très droites et verticales, ou densément ramifiés et à la couronne en parasol. Feuilles appariées sous des épines ou rarement absentes (*A. dumosa*), orbiculaires. Inflorescences en cymes ou fascicules ombelliformes directement portées sur la partie apicale de jeunes branches, fleurs petites, irrégulières; sépales 2, légèrement inégaux, parfois carénés dans les fleurs femelles; pétales 4, libres, en deux paires décussées; étamines 8–10, égales, récurvées; pistillode présent; staminodes 8–10, style court, stigmate grand, développé, à 3–4 lobes plats et irréguliers.

Alluaudia est distribué sur l'ensemble de la forêt et du fourré décidus sub-arides, y compris dans la zone disjointe autour et au nord-est d'Ihosy (*A. humbertii*). On peut le reconnaître à ses épines

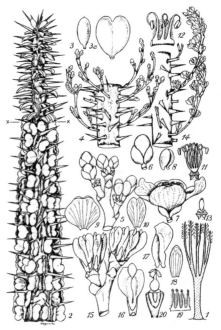

115. *Alluaudia ascendens*

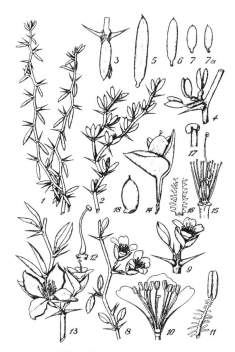

116. *Alluaudiopsis marnieriana*

axillaires, en cymes ou fascicules portant 2–3(–5) fleurs, fleurs grandes, légèrement irrégulières, fleurs femelles un peu plus grandes que les fleurs mâles; sépales 2, inégaux, membraneux, fortement carénés dans les fleurs femelles; pétales 4, en 2 paires décussées, jaune-crème ou carmin; étamines (7–)9–10, égales, dressées; style bien développé, stigmate légèrement développé, irrégulièrement lobé.

Alluaudiopsis est distribué dans le fourré décidu sub-aride depuis la RS du Cap Sainte Marie jusqu'au nord de Toliara, avec *A. fiherenensis* qui porte des fleurs jaune-crème, limité au substrat calcaire et *A. marnieriana* qui porte des fleurs carmin, aux dunes de sable près de la côte nord de Toliara. On peut le reconnaître à ses feuilles oblongues à linéaires développées soit entre des épines appariées (*A. marnieriana*), soit au-dessus d'épines solitaires (*A. fiherenensis*), et à ses grandes fleurs.

Noms vernaculaires: aucune donnée[1]

Decarya Choux, Mém. Acad. Malgache 18: 32. 1934.

Genre monotypique endémique.

Buissons ou petits arbres atteignant 6 m de haut, polygames gynodioïques ('hermaphrodites' et femelles), à l'apex très ramifié avec les branches finales fortement en zigzag, aux épines appariées, courtes et robustes. Feuilles alternes, simples, développées entre les épines, petites, largement

solitaires, ses feuilles orbiculaires appariées sous des épines et à ses petites fleurs. Souvent employée dans les haies vives, *A. procera* est l'espèce à la plus large distribution; limité au bassin du fleuve Mandrare, *A. ascendens* atteint des diamètres suffisants pour produire des planches destinées à la construction et du charbon de bois; *A. comosa* est limité aux substrats calcaires du Tertiaire, alors que *A. montagnacii* est rencontré sur les dunes de sable au sud d'Itampolo; *A. dumosa* qui ne présente pas de feuilles et ne porte que de très courtes épines, est distribué depuis les environs d'Ampanihy jusqu'à la zone de transition dans la parcelle 3 du PN d'Andohahela et dans la forêt de Petriky à l'ouest de Fort-Dauphin.

Noms vernaculaires: *fantsiholitra, fantsy-olotra, nondroroho, rohondro, rohondroroho, somoratsy, songo, songo-barika, songobe, sony, vohondroho*

Alluaudiopsis Humbert & Choux, Compt. Rend. Hebd. Séances Acad. Sci. 199: 1651. 1934.

Genre endémique représenté par 2 espèces.

Buissons dioïques atteignant 4 m de haut, très ramifiés sans présenter une tige principale, aux épines solitaires ou appariées. Feuilles alternes ou appariées et développées entre des épines appariées (*A. marnieriana*), ou appariées et développées au-dessus d'épines solitaires (*A. fiherenensis*), oblongues à linéaires. Inflorescences

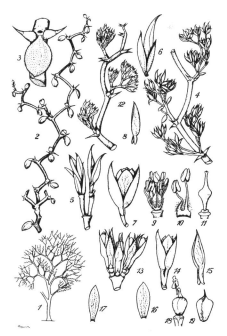

117. *Decarya madagascariensis*

elliptiques, tôt caduques. Inflorescences axillaires en racèmes de cymes, fleurs petites, légèrement irrégulières, sous-tendues par 2 bractéoles; sépales 2, légèrement inégaux, membraneux, à base décurrente le long du pédicelle; pétales plus courts que les sépales, membraneux, blancs; étamines 6 ou 8, inégales, dressées, la base soudée en anneau très petite; ovaire bien développé dans les fleurs 'hermaphrodites', stipité, au style bien développé mais au stigmate réduit à l'état de vestige; fleurs femelles à ovaire sessile, style bien développé et stigmate 3-lobé, staminodes très petits ou absents. Fruit ovoïde, 3-angulaire.

Decarya madagascariensis est distribué dans le fourré décidu sub-aride depuis les environs d'Ampanihy jusqu'à Bevilany. On peut le reconnaître à ses branches fortement en zigzag et à ses épines courtes, appariées et robustes. Dans la mesure où les fleurs qui sont appelées 'hermaphrodites' ne montrent pas le stigmate normal des fleurs femelles, il est possible qu'elles soient en fait fonctionnellement mâles en ne produisant pas de fruit, auquel cas *Decarya* serait dioïque. Des études de terrain sur la reproduction sont nécessaires pour confirmer le système sexuel de *Decarya*.

Noms vernaculaires: *farebeza, farehy-baza, marapatere*

Didierea Baill., Bull. Mens. Soc. Linn. Paris 1: 258. 1880.

Genre endémique représenté par 2 espèces.

Buissons ou petits arbres atteignant 6 m de haut, dioïques, aux épines longues, grêles à robustes, portées dans des verticilles sessiles à pédiculés (rameaux courts) par 4–8(–12), rarement 2, ou solitaires sous ou au-dessus des inflorescences. Feuilles développées en rosettes le long des branches, lancéolées à oblongues ou linéaires, grandes. Inflorescences denses en fascicules ombelliformes entre des épines et couvrant les portions apicales des branches, fleurs petites, plus ou moins régulières; sépales très petits dans les

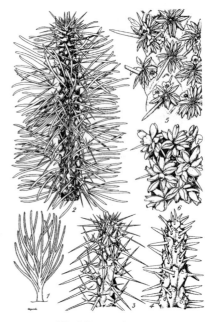

118. *Didierea madagascariensis*

fleurs mâles, grands et enfermant complètement les pétales plus petits et scarieux dans les fleurs femelles; pétales dressés, blancs à vert jaune rougeâtre; étamines 8, inégales, dressées; pistillode présent dans les fleurs mâles; style bien développé, stigmate carmin. Fruit 3-angulaire.

Didierea peut être reconnu à ses épines disposées dans des verticilles sessiles à pédiculés par 4–8 (–12) et ses feuilles en rosettes. *Didierea trollii*, aux branches inférieures traînant sur le sol, est distribué dans le fourré décidu sub-aride depuis Betioky jusqu'à Ambovombe; *D. madagascariensis*, qui développe un tronc unique et dont les branches inférieures ne traînent pas sur le sol, est distribué dans la forêt et le fourré décidus sub-arides depuis Toliara jusqu'au sud de Morondava.

Noms vernaculaires: *sony, sony-barika*

DIDYMELACEAE Leandri

Famille monogénérique endémique (les Comores y compris). Des données moléculaires récentes sur le gène du chloroplaste *rbc*L suggèrent que les Didymelaceae sont les plus affines avec les Buxaceae. Les pollens fossiles du genre *Schizocolpus*, qui ne sont connus que du Paléocène à l'Oligocène de la Nouvelle Zélande, de l'Australie et de l'Arête du 90 Est actuellement submergée, peuvent sans équivoque être attribués aux Didymelaceae, et indiquent ainsi une plus vaste distribution au cours du Tertiaire.

Leandri, J. 1937. Sur l'aire et la position systématique du genre malgache *Didymeles* Thouars. Ann. Sci. Nat. Bot., sér. 10, 19: 309–319.

Schatz, G. E. 1996. Malagasy/Indo-Australo-Malesian phytogeographic connections. *In*: W. Lourenço (ed.), Biogéographie de Madagascar, Editions de l'ORSTOM, Paris.

Sutton, D. A. 1989. The Didymelales: a systematic review. *In* P. R. Crane & S. Blackmore (eds.), Evolution, Sytematics, and Fossil History of the Hamamelidae. Vol. 1. Introduction and "Lower" Hamamelidae, Systematics Association Special Volume No. 40A: 279–284, Clarendon Press, Oxford.

Didymeles Thouars, Pl. Îles Afriq. Austral.: 23, tab.1. 1804.

Genre endémique (les Comores y compris) représenté par 2 espèces.

Arbres dioïques de petite à moyenne tailles, les jeunes branches à la moelle cloisonnée, entièrement glabres. Feuilles alternes, simples, entières, penninerves, stipules nulles.

Inflorescences axillaires, en racèmes ou panicules, fleurs petites, régulières; fleurs mâles sans périanthe; étamines 2, filets courts, connés, anthères biloculaires, basifixes, extrorses, à déhiscence longitudinale; fleurs femelles à 1–4 sépale(s) ressemblant à des bractées; ovaire supère, uniloculaire, vert, stigmate sessile, bilobé, beige, persistant; ovule 1. Le fruit est une grande drupe charnue, indéhiscente, ovoïde, verte, couronnée par le reste du stigmate; graines sans albumen.

Les 2 espèces de *Didymeles* ne sont connues que par quelques collections sur lesquelles 2 seulement sont mâles. On peut le reconnaître à ses branches à la moelle cloisonnée, sa diécie avec ses fleurs extrêmement réduites, les fleurs mâles ne consistant qu'en 2 étamines, et les fleurs femelles de 1–4 sépale(s) ressemblant à des bractées sous-tendant un ovaire de couleur verte couronné d'un stigmate sessile, bilobé, beige et qui persiste dans le fruit. La diécie et la nature réduite des fleurs suggèrent une pollinisation par le vent. *D. integrifolia* est distribué dans la forêt sempervirente humide à basse altitude le long de la côte est, et sur Mohéli dans l'archipel des Comores; *D. perrieri* est distribué dans la forêt sempervirente sub-humide au-dessus de 1 000 m d'altitude dans la RNI de Tsaratanana et le PN de la Montagne d'Ambre, avec une population disjointe rencontrée dans le PN d'Andohahela qui pourrait vraisemblablement correspondre à un taxon distinct.

Noms vernaculaires: *antafara, fangan babe, hazofoho, hazontoho, hazotoho, mafandy, manivala, tafara, tsimangotra,, vangan babe, zomby*

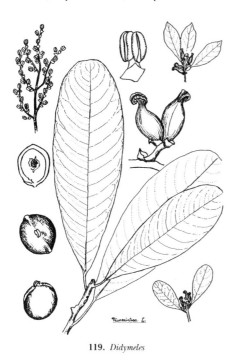

119. *Didymeles*

DILLENIACEAE Salisb.

Petite famille intertropicale représentée par 14 genres et env. 300 espèces. A Madagascar, 3 genres sont présents: le genre d'arbres *Dillenia* avec une seule sp. à Madagascar, le buissonnant *Hibbertia* avec 1 sp. variable à Madagascar (*H. coriacea*) et le genre de liane intertropical *Tetracera* qui est représenté à Madagascar par 3 spp. endémiques.

Hoogland, R. D. 1952. A revision of the genus *Dillenia*. Blumea 7: 1–145.

Perrier de la Bâthie, H. 1951. Dilleniacées. Fl. Madagasc. 132: 1–17.

Schatz, G. E. 1996. Malagasy/Indo-Australo-Malesian phytogeographic connections. *In*: W. Lourenço (ed.), Biogéographie de Madagascar, Editions de l'ORSTOM, Paris.

Dillenia L., Sp. Pl. 1: 535. 1753.

Genre représenté par 60 espèces centré en Malaisie et atteignant sa limite occidentale à Madagascar; 1 seule sp. est rencontrée à Madagascar qui est par ailleurs distribuée au Sri Lanka.

Arbres hermaphrodites de petite à moyenne tailles. Feuilles alternes, simples, grandes, aux marges ondulées-crénelées, coriaces, penninerves avec de nombreuses nervures secondaires saillantes, parallèles, le pétiole ailé et embrassant la tige à la base, stipules grandes, enfermant le bourgeon terminal, caduques et laissant une cicatrice distincte circulaire au niveau de chaque nœud. Inflorescences terminales, en cymes racémeuses, initialement enfermées dans une grande bractée foliacée caduque, fleurs grandes, régulières, 5-mères; sépales 5, libres, imbriqués, persistants dans le fruit; pétales 5, libres, froissés dans le bouton, délicats, blancs, caducs; étamines nombreuses, les filets très courts, anthères longuement linéaires, à déhiscence poricide apicale; ovaire supère, comprenant 5 carpelles séparés, libres à la base et partiellement soudés le long de leur face ventrale à partir du milieu, styles terminaux sur chaque carpelle, stigmate capité; ovules multiples par carpelle sur 2 rangs. Le fruit est un groupe de grands monocarpes secs à quelque peu charnus, indéhiscents à tardivement déhiscents, connivents, orange; graines arillées, et albuminées.

Dillenia triquetra est distribué sur l'ensemble de la forêt sempervirente humide et sub-humide le long de la côte est dans la forêt littorale et la

120. *Dillenia triquetra*

forêt sur latérite proche de la côte, ainsi que dans la région du Sambirano. On peut le reconnaître à ses grandes feuilles dont la base du pétiole embrasse la tige, aux marges ondulées-crénelées et aux nombreuses nervures secondaires saillantes et parallèles.

Noms vernaculaires: *bararaky, bararatea, bararaty, lomparimbarika, lopalombarika, loparimbarika, mokaranambavy, molompangady, paka, rabaraka, talafotitra, tanratana, taratana, tsiloparambarika, tsimesomeso, tsypalimbarika, varikanda*

DIPTEROCARPACEAE Blume

Famille intertropicale de taille moyenne, représentée par des arbres répartis dans 16 genres et env. 530 espèces dont la majorité sont rencontrés en Malaisie. A Madagascar la famille est représentée par une seule sp. de *Monotes*, l'un des trois genres de la sous-famille des Monotoideae.

Humbert, H. 1954. Dipterocarpacées. Fl. Madagasc. 136 bis: 1–5.

Monotes A. DC., Prodr. 16 (2): 623. 1868.

Genre représenté par 35 espèces en Afrique et 1 sp. endémique de Madagascar.

Buissons ou petits arbres atteignant 6 m de haut, hermaphrodites, aux jeunes branches et pétioles rouges, à très fine pubescence avec des lenticelles distinctes. Feuilles alternes, simples, entières, penninerves, portant une glande nectaire à la base de la nervure principale sur la face supérieure vernissée, la face inférieure couverte d'un indument stellé beige-orange et de très

petites glandes multicellulaires, les stipules petites, caduques. Inflorescences subterminales, courtes, en racèmes pauciflores, au pédicelle rouge-rouille, portant 3 bractées, fleurs grandes, régulières, 5-mères; sépales 5, imbriqués, à pubescence rouille, persistants et accrescents dans le fruit, se développant en formant des ailes entourant le fruit, brillants et à nervation évidente; pétales 5, fortement tordus vers la droite dans le bouton, clairs, jaune citron pâle, à pubescence soyeuse sur l'extérieur; étamines nombreuses, insérées au sommet d'un court androgynophore, filets longs et grêles, rouges et

121. *Monotes madagascariensis*

blancs à la base, anthères basi-versatiles, couleur ocre, au connectif se prolongeant en triangle, introrses, à déhiscence longitudinale; ovaire supère, 3-loculaire, style commun, cylindrique, allongé, stigmate capité; ovules 2 par loge. Le fruit est une grande noix sèche, indéhiscente, à 1 graine, la noix turbinée et tronquée à l'apex avec un reste apiculé du style, entourée par les sépales accrescents aliformes; graine sans albumen.

Monotes madagascariensis a une distribution limitée aux substrats gréseux du massif de l'Isalo dans la forêt semi-décidue sub-humide et sèche. On peut le reconnaître à ses jeunes branches et pétioles rougeâtres, ses feuilles portant une glande à la base de la nervure principale dessus, à indument stellé beige orange et munies de très petites glandes multicellulaires dessous, ses grandes fleurs à pétales jaune citron pâle et couverts d'une pubescence soyeuse sur l'extérieur, et à ses grands fruits secs, turbinés, entourés par les sépales aliformes fortement accrescents.

Noms vernaculaires: aucune donnée

EBENACEAE Gürke

Famille de taille moyenne, surtout intertropicale, représentée par 2 genres et env. 520 espèces.

Perrier de la Bâthie, H. 1952. Ebenacées. Fl. Madagasc. 165: 1–137.

Diospyros L., Sp. Pl. 2: 1057. 1753.

Maba J. R. Forst. & G. Forst., Char. Gen. Pl. (ed. 2): 61. 1775.
Tetraclis Hiern, Trans. Cambridge Philos. Soc.12: 271, t. 11. 1873.

Genre représenté par env. 500 espèces. A Madagascar, en incluant les espèces précédemment reconnues dans les genres *Maba* et *Tetraclis*, il y a env. 100 spp. connues et au moins 25 autres qui sont à décrire.

Petits à grands arbres dioïques, au bois dur, à l'écorce extérieure souvent noire, mince, et l'entaille ainsi cerclée d'une fine ligne noire, le bois de cœur parfois noir. Feuilles alternes ou rarement subopposées, généralement manifestement distiques le long des branches latérales, simples, entières, stipules nulles. Inflorescences axillaires ou souvent cauliflores, courtes, en cymes condensées ou les fleurs parfois solitaires, fleurs petites, régulières, 3–5-mères, parfois sexuellement dimorphiques et les fleurs femelles sont alors plus grandes; calice soudé à lobes valvaires distincts, ou entier et tronqué, enfermant la fleur dans le bouton, persistant et généralement fortement accrescent

122. *Diospyros*

dans le fruit; pétales soudés en un court tube à 3–5 lobes, tordus imbriqués ou rarement presque valvaires dans le bouton, souvent quelque peu charnus caducs; étamines en nombre égal ou double des lobes corollins, ou nombreuses, souvent épipétales, ou insérées sur le réceptacle autour de l'ovaire rudimentaire, ou au centre du réceptacle si l'ovaire rudimentaire est absent, filets courts, anthères biloculaires, basifixes, à déhiscence longitudinale ou poricide apicale; disque nectaire absent; ovaire supère, 3–10-loculaire, styles 3–5, libres ou partiellement soudés à la base, stigmate terminal, entier, émarginé ou lobé; ovule(s) généralement 1, rarement 2, par loge; staminodes présents ou non. Le fruit est une petite à souvent grande baie charnue ou fibreuse, indéhiscente, à (1–)3–10 graine(s), sous-tendue par le calice persistant, accrescent; graines à albumen parfois ruminé.

Diospyros est largement et communément distribué dans la forêt sempervirente humide et sub-humide, ainsi que dans la forêt et le fourré décidus secs et sub-arides. On peut le reconnaître à la fine ligne noire qui encercle l'entaille de l'écorce, à ses feuilles alternes, distiques, entières, à ses inflorescences condensées, pauciflores, axillaires ou cauliflores, et à ses fruits au calice fortement accrescent, persistant. Les plus grandes espèces produisent du bois "d'ébène" estimé, et les fruits de toutes les espèces (y compris du Kaki cultivé *D. kaki*) constituent une ressource alimentaire importante pour les espèces de lémuriens frugivores.

Noms vernaculaires: *hazomafana, hazomainty, maintimpototra, maintipototra*

ELAEOCARPACEAE DC.

Famille de taille moyenne représentée par 10 genres et env. 520 espèces, distribuée sur l'ensemble des zones tropicales et subtropicales mais absentes de l'Afrique continentale.

Buissons à grands arbres généralement hermaphrodites, rarement polygames (présentant des fleurs bisexuées et des fleurs mâles). Feuilles alternes, disposées en spirales, simples, généralement dentée-serretées, ou crénelées, les dents parfois munies d'une glande noire visible, parfois entières ou presque, penninerves, souvent munies de poches de domaties en aigrettes aux aisselles des nervures secondaires sur la face inférieure, pétioles portant généralement des renflements à la base et à l'apex, et souvent géniculé à l'apex, stipules minuscules, généralement caduques. Inflorescences axillaires, en racèmes multiflores, ou fleurs solitaires, régulières, 4–5 mères; sépales 4–5, généralement libres, valvaires; pétales 4–5, libres, ou rarement soudés, valvaires, l'apex généralement denté ou lacinié; disque nectaire annulaire, charnu et lobé, ou en forme de coussin; étamines nombreuses, libres, insérées sur la surface ou le bord intérieur du disque, filets distincts mais souvent courts, anthères basifixes, biloculaires, au connectif souvent prolongé, déhiscentes soit par un seul pore apical, soit par une seule fente latérale; ovaire supère, 2–5(–7)-loculaire, placentation axile, style terminal commun; stigmate punctiforme ou quelque peu lobé; ovules 2–20(–30) par loge, bisériés. Le fruit est soit une drupe charnue, indéhiscente, à une seule graine, soit une capsule ligneuse, déhiscente, à multiples graines, ces dernières étant alors arillées; graines à albumen abondant.

Tirel, C. 1985. Elaeocarpaceae. Fl. Madagasc. 125: 1–53.

1. Fleurs généralement portées dans des racèmes multiflores; pétales blancs, à peine plus longs que les sépales, toujours libres; disque nectaire annulaire et plus ou moins lobé; fruit drupacé indéhiscent, généralement à une seule gaine, les graines sans arille · *Elaeocarpus*
1.' Fleurs solitaires; pétales rouges, généralement bien plus longs que les sépales, parfois partiellement à entièrement soudés; disque nectaire en forme de coussin large; fruit capsulaire déhiscent ligneux, à multiple graines, les graines arillées · · · · · · · · *Sloanea*

Elaeocarpus L., Sp. Pl.: 515. 1753.

Genre représenté par env. 365 espèces distribué dans les régions tropicales de l'Ancien Monde, Madagascar constituant la limite occidentale de l'aire de distribution où 8 spp. endémiques sont rencontrées.

Buissons à grands arbres hermaphrodites ou rarement polygames (des fleurs bisexuées et des fleurs mâles). Feuilles généralement serretées ou dentées, rarement presque entières, le pétiole portant généralement des renflements à l'apex et à la base, et nettement géniculé à l'apex, les feuilles portant souvent des poches de domaties

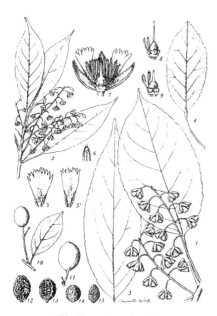

123. *Elaeocarpus subserratus*

en aigrettes aux aisselles des nervures secondaires sur la face inférieure. Inflorescences axillaires, en racèmes dressés, fleurs petites à grandes, (4–)5-mères; sépales (4–)5, étroitement ovales à lancéolés, vert-marron; pétales (4–)5, libres, à peine plus longs que les sépales, l'apex irrégulièrement lobé et denté à lacinié, blancs et pubescents soyeux à l'extérieur; disque nectaire annulaire, charnu, avec 4–5 lobes; étamines 10–50, le filet généralement plus court que l'anthère, anthères déhiscentes par des fentes courtes transversales; ovaire généralement 3-loculaire, rarement 2–4, style allongé, stigmate punctiforme ou lobé; ovules (2–)4 par loge. Le fruit est une grande drupe quelque peu charnue à coriace, indéhiscente, généralement uniloculaire et à 1 seule graine, en forme d'ellipse étroite, rarement 2-loculaire avec 2 graines, le mésocarpe non particulièrement abondant, ridé et rappelant un pruneau lorsqu'il est sec, l'endocarpe ligneux et souvent richement sculpté.

Elaeocarpus est distribué sur l'ensemble de la forêt sempervirente humide, sub-humide et de montagne à partir de la forêt littorale jusqu'à une altitude de 2 000 m, depuis Fort-Dauphin jusqu'au PN de la Montagne d'Ambre, y compris dans les régions d'Ambalanjanakomby, d'Analavelona et du Sambirano. On peut le reconnaître à ses feuilles portant des domaties et aux pétioles en forme de coussinet, à ses inflorescences en racèmes dressés portant des fleurs aux pétales blancs, à l'apex denté à lacinié, à peines plus longs que les sépales, et à ses grands fruits ridés et ressemblant à des pruneaux lorsqu'ils sont secs.

Noms vernaculaires: *malemiravina, manavodrevo, mokarana, mokaranana, mokaranandahy, molopangady, sana, sana keliravina, sana lahy, sana lehiberanina, sana menaravina, sana voloina, sana lahy, sanavavy*

Sloanea L., Sp. Pl.: 512. 1753.

Genre représenté par env. 100 espèces dont 3–5 espèces endémiques de Madagascar.

Grands arbres hermaphrodites, au tronc souvent muni de contreforts. Feuilles entières ou presque, ou dentées, le pétiole généralement renflé en gaine à la base et à l'apex, et distinctement géniculé à l'apex, parfois munies de poches de domaties en aigrettes aux aisselles des nervures secondaires sur la face inférieure. Fleurs axillaires, solitaires, grandes, 4–6-mères, pendantes, au pédicelle généralement long; sépales 4–6, bronze à rougeâtres, triangulaires; pétale(s) 1–6, libre(s), ou complètement soudé(s) en une corolle entière, rose brillant, rouge à obscure, à l'apex tronqué et irrégulièrement denté, à nervation visible; étamines nombreuses, 50–200, insérées sur un large disque nectaire en forme de coussin, filets dressés, anthères au connectif apiculé, déhiscentes par des fentes latérales à apicales; ovaire 3–5(–7)-loculaire, style vrillé, stigmate 3–5 lobé; ovules 8–20 par loge. Le fruit est une grande capsule ligneuse, à déhiscence loculicide, les restes du disque formant un large collier distinct à la base, à la surface lenticellée; graines noires avec un arille charnu orange-rouge, irrégulièrement lobé.

Sloanea à une large distribution dans la forêt sempervirente humide, sub-humide et de

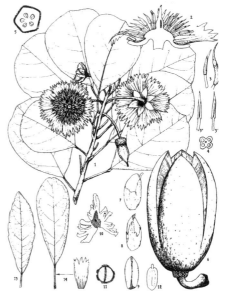

124. *Sloanea rhodantha*

montagne jusqu'à une altitude de 2 000 m, plus particulièrement aux altitudes moyennes mais n'est pas rencontré en dessous de 400 m d'altitude, depuis le PN d'Andohahela jusqu'à la RNI de Tsaratanana et au sud de Vohémar mais sans s'étendre dans la région du Sambirano. On peut le reconnaître à ses feuilles aux pétioles en forme de coussinets, à ses grandes fleurs solitaires, pendantes, aux pétales rouge brillant et à ses grands fruits ligneux qui se fendent en révélant des graines noires présentant des arilles charnus orange-rouge. La forme pubescente de moyenne altitude (var. *dalechampioides*) ainsi que la forme de haute altitude aux feuilles étroites et dentées ("*quercifolius*") de *S. rhodantha* méritent probablement d'être élevées au rang d'espèces.

Noms vernaculaires: *tavoloravona, vagna, vana, vanaka, vanana, vangaka, voanana, voantsanaka, voatsanaka*

ERICACEAE Juss.

Grande famille cosmopolite représentée par 103 genres et env. 3 350 espèces.

Buissons ou petits arbres hermaphrodites, portant souvent un indument ponctué-glanduleux. Feuilles alternes à subopposées ou verticillées, simples, entières ou finement serretées, parfois en forme d'écailles ou d'aiguilles, penninerves, stipules nulles. Inflorescences axillaires ou terminales, en racèmes ou panicules, ou capitées à groupées en épis, ou fleurs solitaires, fleurs petites, régulières à rarement légèrement irrégulières lorsqu'un lobe du calice est distinctement plus grand, (3–)4–5-mères; calice soudé à lobes imbriqués, persistants dans le fruit; corolle soudée, campanulée, en forme d'urne ou sphérique, aux lobes généralement petits et indistincts, parfois persistants; étamines 4–8(–12), insérées à la base de la corolle ou sur un disque nectaire, incluses, filets libres ou rarement connés, parfois géniculés vers l'apex, anthères biloculaires, parfois munies d'appendices apicaux, à déhiscence poricide; ovaire supère ou infère, (3–)4–5-loculaire, style commun terminal, stigmate tronqué à capité ou discoïde; ovules peu à multiples par loge. Le fruit est une petite baie charnue et indéhiscente, ou une capsule sèche à déhiscence loculicide, parfois enfermée dans la corolle persistante; graines très petites, albuminées.

Dorr, L. J. & E. G. H. Oliver. 1999. New taxa, names, and combinations in *Erica* (Ericaceae-Ericoideae) from Madagascar and the Comoro Islands. Adansonia, sér.3, 21: 75–91.

Judd, W. S. 1979. Generic relationships in the Andromedeae (Ericaceae). J. Arnold Arbor. 60: 477–503.

1. Feuilles en verticilles de 3–6, en forme d'écailles ou d'aiguilles, de moins de 15 mm de long; corolle persistante et enfermant le fruit ························· *Erica*
1'. Feuilles alternes à subopposées, rarement 3-verticillées, larges et non en forme d'écailles ou d'aiguilles; corolle caduque.
    2. Feuilles généralement entières; corolle à lobes indistincts; ovaire supère; fruit une capsule sèche déhiscente ······························· *Agarista*
    2'. Feuilles finement serretées; corolle à lobes profondément divisés et étalés à plat; ovaire infère; fruit une baie charnue et indéhiscente ··············· *Vaccinium*

Agarista D. Don ex G. Don, Gen. Hist. 3: 788, 837. 1834.

Agauria (DC.) Hook. f., Gen. Pl. 2: 579, 586. 1876.

Genre représenté par 30–40 espèces distribué surtout dans les régions tropicales du Nouveau Monde (29 spp.), en Afrique, à Madagascar (env. 3–10 spp.?) et aux Mascareignes où, bien qu'un certain nombre d'espèces et de nombreuses infra-espèces aient été décrites, certains auteurs ne reconnaissent qu'une seule espèce variable et commune a l'Afrique (*A. salicifolia*).

Buissons ou petits arbres hermaphrodites, portant souvent un indument ponctué-glanduleux. Feuilles alternes à subopposées ou occasionnellement 3-verticillées, simples, entières à rarement obscurément serretées, penninerves, souvent glauques blanchâtres dessous. Inflorescences axillaires ou terminales, en racèmes ou panicules, fleurs petites, régulières, portées aux aisselles d'une bractée caduque et sous-tendues par 2 bractéoles caduques, 5-mères; calice soudé à 5 lobes imbriqués, persistant dans le fruit; corolle soudée cylindrique ou en forme d'urne à 5 lobes courts et imbriqués, quelque peu charnue, blanche à rose ou rouge; étamines 10 en 2 verticilles, insérées à la base de la corolle, filets distincts, géniculés vers l'apex, anthères introrses à apicales, à déhiscence poricide; ovaire supère, 5-loculaire, style terminal, stigmate tronqué à capité; ovules multiples par loge; disque nectaire entourant la base de l'ovaire. Le fruit est une petite capsule sèche à déhiscence loculicide, 5-valve, couronnée par le style persistant; graines très petites, albuminées.

Agarista est distribué dans la forêt et le fourré sempervirents, humides, sub-humides et de montagne, au niveau de la mer dans la forêt littorale puis à partir des altitudes moyennes jusqu'à plus de 2 000 m. On peut le reconnaître à ses feuilles généralement entières qui sont souvent glauques blanchâtres dessous, ses inflorescences en racèmes ou panicules portant des fleurs quelque peu charnues, blanches à roses ou rouges, à ovaire supère, et à ses fruits secs, déhiscents, 5-valves, capsulaires.

Noms vernaculaires: *angavidiana, angavodia, angavodiandrano, angovodiana, farahimpa, fodiana, hazombarorana, kavodia, kavodiana, mampahy, mampayala, rezinga, tampia, tohindriaka, tondriaka*

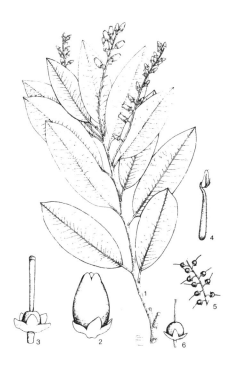

125. *Agarista salicifolia*

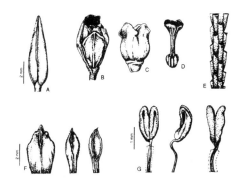

126. *Erica marojejyensis*

Erica L., Sp. Pl. 1: 352. 1753.

Philippia Klotzsch, Linnaea 9: 354. 1834.

Genre représenté par env. 750 espèces distribué d'Europe en Afrique du Sud, de Madagascar (env. 35 spp.) à l'Asie du Sud-Est.

Buissons ou petits arbres hermaphrodites, aux branches souvent fortement ascendantes, verticales. Feuilles généralement 3–6-verticillées, occasionnellement en spirales, simples, très petites (moins de 15 mm de long) et en forme d'écailles ou d'aiguilles, entières, aux marges fortement révolutées et se touchant presque sur la face inférieure, penninerves, souvent ponctuées-glanduleuses. Inflorescences terminales capitées en groupes pouvant contenir jusqu'à 20 fleurs, ou parfois en épis courts aux aisselles des feuilles, fleurs très petites, régulières ou quelque peu irrégulières lorsqu'un lobe du calice est distinctement plus long, (3–)4-mères; calice soudé à 4 lobes égaux, ou un lobe distinctement plus grand et libre; corolle soudée campanulée à sphérique, obscurément (3–)4-lobée, persistante dans le fruit; étamines (4–)8(–12), filets libres ou soudés, insérés sur un disque, anthères avec ou sans appendices, à déhiscence elliptique terminale ou poricide latérale; ovaire supère, (3–)4(–8)-loculaire, style terminal, étendu à l'apex en un stigmate discoïde; ovules quelques par loge. Le fruit est une petite capsule sèche, à déhiscence loculicide, contenue dans le calice et la corolle persistants; graines très petites, albuminées.

Erica est distribué dans la forêt et le fourré sempervirents, humides, sub-humides et de montagne, depuis le niveau de la mer dans la forêt littorale jusqu'à plus de 2 000 m d'altitude. On le reconnaît aisément à ses très petites feuilles souvent ponctuées-glanduleuses, en forme d'écailles ou d'aiguilles, en verticilles de 3–6, aux marges fortement révolutées et se touchant presque dessous. Partiellement résistant aux feux, *Erica* persiste souvent dans des zones brûlées en formant alors des fourrés denses.

Noms vernaculaires: *anjavidilahy, anjavidy, riadiatra*

Vaccinium L., Sp. Pl. 1: 349. 1753.

Genre cosmopolite représenté par env. 450 espèces; env. 3–5 spp. sont rencontrées à Madagascar.

Buissons ou petits arbres hermaphrodites. Feuilles alternes, distiques, simples, finement serretées, penninerves, subsessiles, coriaces. Inflorescences axillaires ou terminales, en racèmes ou fleurs solitaires aux aisselles de feuilles, fleurs petites, régulières, 4–5-mères; calice soudé à lobes petits, persistant dans le fruit; corolle soudée en forme d'urne, aux lobes profondément divisés et étalés à plat, jaune-verdâtre à blanche; étamines 8 ou 10, insérées à la base de la corolle, incluses, filets distincts, anthères à prolongement apical tubulaire en forme de corne, à déhiscence poricide apicale; ovaire infère, 4–5-loculaire, style terminal, stigmate capité; ovules peu à multiples par loge. Le fruit est une petite baie charnue, indéhiscente, contenant de peu à de multiples graines, couronnée par les restes des lobes du calice; graines très petites, albuminées.

Vaccinium est distribué dans la forêt et le fourré sempervirents, humides, sub-humides et de montagne, depuis le niveau de la mer dans la forêt littorale jusqu'à plus de 2 000 m d'altitude. On peut le reconnaître à ses feuilles finement serretées, subsessiles et coriaces, ses fleurs à l'ovaire infère et à ses petits fruits charnus contenant de multiples graines.

127. *Vaccinium emirnense*

Noms vernaculaires: *beando, fanjava, hazovokoka, kitonda, kitonga, lamoty, tsilanitria, tsitakajaza, voafotsy, voamaridrano, voamodrano, voaramonjy, voaramontsina, voaramontso, voaramontsona, voaramontsy, voazovory*

ERYTHROXYLACEAE Kunth

Petite famille intertropicale représentée par 4 genres et env. 260 espèces.

Capuron, R. 1963. Contributions à l'étude de la flore de Madagascar. X. Présence du genre *Nectaropetalum* Engl. à Madagascar. Adansonia, n.s., 3: 141.

Perrier de la Bâthie, H. 1952. Erythroxylacées. Fl. Madagasc. 102: 1–52.

Erythroxylum P. Browne, Civ. Nat. Hist. Jamaica: 278. 1756.

Genre représenté par env. 250 espèces, concentré dans les régions tropicales du Nouveau Monde, avec 26 spp. endémiques de Madagascar.

Buissons à arbres de taille moyenne, hermaphrodites, aux extrémités des branches presque toujours aplaties, au bourgeon terminal couvert d'une écaille coriace. Feuilles alternes, simples, entières, penninerves, érubescentes en séchant, la stipule solitaire intrapétiolaire caduque, mais laissant une cicatrice distincte. Inflorescences axillaires, parfois à l'aisselle de l'écaille du bourgeon terminal, en fascicules, ou en cymes condensées corymbiformes à ombelliformes, ou fleurs solitaires, fleurs petites à rarement grandes, régulières, 5-mères; calice soudé 5-lobé, persistant dans le fruit; pétales 5, libres, onguiculés, avec un appendice nectarifère en forme de ligule sur la face interne, blancs, caducs; étamines 10 en 2 séries, filets soudés à la base, libres dessus, anthères basifixes, biloculaires, à déhiscence longitudinale; ovaire supère, 3-loculaire mais 2 loges stériles, styles 3,

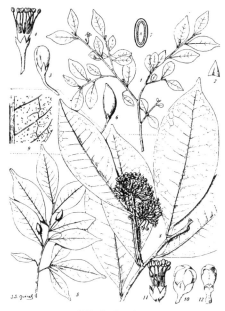

128. *Erythroxylum*

libres ou soudés, stigmate déprimé capité; ovule 1. Le fruit est une petite à grande drupe charnue, indéhiscente, à 1 graine, étroitement ellipsoïde à oblongue, rouge à noir-pourpre, à l'endocarpe souvent strié et évident après séchage; graines sans ou avec très peu d'albumen.

Erythroxylum est distribué dans la forêt sempervirente humide et sub-humide, ainsi que dans la forêt et le fourré décidus secs et sub-arides. On peut le reconnaître à ses branches aux extrémités aplaties et portant des écailles de bourgeons terminaux et des cicatrices stipulaires irrégulièrement espacées, à ses fleurs blanches 5-mères et à ses fruits à 1 graine, charnus, rouges à noir-pourpre, étroitement ellipsoïdes à oblongs. Capuron (1963) signalait la présence à Madagascar du genre africain *Nectaropetalum* représenté par l'espèce *Erythroxylum eligulatum* décrite par Perrier de la Bâthie, qui se conforme à *Nectaropetalum* par l'absence de l'appendice en forme de ligule sur des pétales plus longuement onguiculés et l'ovaire 2-loculaire à style unique et stigmate bilobé. Il souhaitait à l'époque faire une nouvelle combinaison dans *Nectaropetalum*, en voulant au préalable comparer le matériel avec celui des espèces africaines. Je n'ai pu retrouver ni le matériel du type (*Service Forestier (Ursch) 10*) de la RNI d'Ankarafantsika ni celui de la récolte de Capuron (*Service Forestier 18963*) de la RS d'Ankarana dans l'Herbier de Paris et le transfert à *Nectaropetalum* reste ainsi à faire.

Noms vernaculaires: *beando, bongo, famoty-sokaka, hary, hazomainty, hazombiby, hazomby, hazorevaka, menahilahy, menahy, menahy drano, menahy vavy, tambolana*

EUPHORBIACEAE Juss.

Grande famille cosmopolite représentée par 317 genres et env. 9 000 espèces.

Herbes, buissons ou arbres, parfois des plantes grimpantes, monoïques ou dioïques, présentant parfois un latex résineux clair à rougeâtre ou caustique et laiteux, à indument simple ou stellaire à écaillé. Feuilles alternes, rarement opposées à verticillées, simples ou rarement composées palmées, entières à dentées, ou rarement palmées et profondément lobées, penninerves à palmatinerves ou distinctement triplinerves, rarement munies de domaties aux aisselles des nervures secondaires, portant parfois une paire de glandes à la base du limbe ou à l'apex du pétiole, stipules présentes ou rarement absentes, généralement petites et caduques. Inflorescences axillaires ou terminales, rarement cauliflores, unisexuées ou bisexuées, en épis, racémeuses ou fasciculées dans des glomérules, parfois réduites à une seule fleur (femelle), rarement sous forme d'un cyathium pseudanthe qui ressemble alors à une fleur bisexuée avec une seule fleur femelle entourée par des inflorescences mâles aux fleurs réduites à une seule étamine, fleurs généralement petites, rarement grandes, régulières; sépales 3–6, libres ou soudés, enfermant souvent la fleur dans le bouton; pétales 3–6, ou souvent absents; disque extrastaminal ou intrastaminal, de glandes séparées, ou annulaire; étamine(s) 1-multiples, libres ou soudées, anthères surtout 2-loculaires, à déhiscence longitudinale; pistillode présent ou absent; ovaire supère, 2–5(–6)-loculaire, surtout 3, styles libres ou soudés, entiers ou souvent bifides; ovule(s) 1 ou 2 par loge. Le fruit est généralement une capsule sèche déhiscente, à cocci bivalves se décrochant d'une columelle centrale, souvent persistante, ou parfois une drupe indéhiscente et charnue; graine avec ou sans albumen, parfois au sarcotesta ou à la caroncule charnu(e).

Bosser, J. 1976. *Voatamalo*, nouveau genre d'Euphorbiaceae de Madagascar. Adansonia, n.s., 15: 333–340.

Bouchat, A. & J. Léonard. 1986. Révision du genre *Necepsia* Prain (Euphorbiacée africano-malgache). Bull. Jard. Bot. Belg. 56: 179–194.

Capuron, R. 1963. Contribution à l'étude de la flore de Madagascar. XIII. Deuxième note sur le *Stelechanteria thouarsiana* Baillon. [*Drypetes thouarsiana* (Baill.) Capuron] Adansonia, n.s., 3: 378–380.

Capuron, R. 1972. Contribution à l'étude de la flore forestière de Madagascar. A. Sur le *Parapantadenia*, genre nouveau d'Euphorbiacées Malgaches. B. Sur la présence à Madagascar du genre *Chaetocarpus* Thw. Adansonia, n.s., 12: 205–211.

Gillespie, L. J. 1997. *Omphalea* (Euphorbiaceae) in Madagascar: A new species and a new combination. Novon 7: 127–136.

Hoffmann, P. 1998. Revision of the genus *Wielandia* (Euphorbiaceae-Phyllanthoideae). Adansonia, sér. 3, 20: 333–340.

Hoffmann, P. & G. McPherson. 1997. *Blotia leandriana* (Euphorbiaceae-Phyllanthoideae), a new species from eastern Madagascar. Novon 7: 249–251.

Hoffmann, P. & G. McPherson. 1998. Revision of the genus *Blotia* (Euphorbiaceae-Phyllanthoideae). Adansonia, sér. 3, 20: 247–261.

Kruijt, R. Ch. 1996. A taxonomic monograph of *Sapium* Jacq., *Anomostachys* (Baill.) Hurus., *Duvigneaudia* J. Léonard and *Sclerocroton* Hochst. (Euphorbiaceae Tribe Hippomaneae). Biblioth. Bot. 146: 1–109.

Leandri, J. 1952. Les arbres et grands arbustes malgaches de la famille des Euphorbiacées. Naturaliste Malgache 4 (1): 47–82.

Leandri, J. 1958. Euphorbiacées. Fl. Madagasc. 111(1): 1–209.

Leandri, J. 1972. Le genre *Cleidion* (Euphorbiacées) à Madagascar. Adansonia, n.s., 12: 193–196. 1972.

Léonard, J. 1959. Observations sur les genres *Pycnocoma* et *Argomeullera*. Bull. Soc. Bot. Roy. Belgique 91: 267–281.

McPherson, G. 1995. On *Mallotus* and *Deuteromallotus* (Euphorbiaceae) in Madagascar. Bull. Mus. Natl. Hist. Nat., B, Adansonia 17: 169–173.

McPherson, G. 1996. A new species of *Macaranga* (Euphorbiaceae) from Madagascar. Bull. Mus. Natl. Hist. Nat., B, Adansonia 18: 275–278.

Radcliffe-Smith, A. 1968. An account of the genus *Givotia* Griff. (Euphorbiaceae). Kew Bull. 22: 493–505.

Radcliffe-Smith, A. 1973. An account of the genus *Cephalocroton* Hochst. (Euphorbiaceae). Kew Bull. 28: 123–132.

Radcliffe-Smith, A. 1988. Notes on Madagascan Euphorbiaceae. I. On the identity of *Paragelonium* and on the affinities of *Benoistia* and *Claoxylopsis* (Euphorbiaceae). Kew Bull. 43: 625–647.

Radcliffe-Smith, A. 1989. Notes on Madagascan Euphorbiaceae. II. *Claoxylon* section *Luteobrunnea*. Kew Bull. 44: 333–340.

Radcliffe-Smith, A. 1990. Notes on Madagascan Euphorbiaceae. III. *Stachyandra*. Kew Bull. 45: 561–568.

Radcliffe-Smith, A. 1997a. Notes on Madagascan *Euphorbiaceae* V: *Jatropha.* Kew Bull. 52: 177–181.

Radcliffe-Smith, A. 1997b. Notes on African and Madagascan *Euphorbiaceae.* Kew Bull. 52: 171–176.

Radcliffe-Smith, A. 1998a. A synopsis of *Tannodia* Baill. (*Crotonoideae-Aleuritideae-Grosserinae*) with especial reference to Madagascar, and the subsumption of *Domohinea* Leandri. Kew Bull. 53: 173–186.

Radcliffe-Smith, A. 1998b. A synopsis of the genus *Amyrea* Leandri (*Euphorbiaceae-Acalyphoideae*). Kew Bull. 53: 437–451.

Radcliffe-Smith, A. 1998c. A third species of *Aristogeitonia* (*Euphorbiaceae-Oldfieldioideae*) for Madagascar. Kew Bull. 53: 977–980.

Webster, G. L. 1979. A revision of *Margaritaria* (Euphorbiaceae). J. Arnold Arbor. 60: 403–444.

Webster, G. L. 1984. A revision of *Flueggea* (Euphorbiaceae). Allertonia 3: 259–312.

Webster, G. L. 1994. Synopsis of the genera and suprageneric taxa of Euphorbiaceae. Ann. Missouri Bot. Gard. 81: 33–144.

1. Présence de latex laiteux abondant.
   2. Inflorescences en épis ou racémeuses; fleurs mâles au calice bien développé.
      3. Inflorescences axillaires
         4. Fleur mâle 1 par bractée, les bractées portant 2 glandes distinctes à la base; fruits à 3 cocci, la caroncule de la graine restant attachée à la columelle · *Excoecaria*
         4'. Fleurs mâles 2–8 par bractée, les bractées sans glandes; fruits à 1 ou 2 cocci, la caroncule restant attachée à la graine · *Anomostachys*
      3'. Inflorescences terminales.
         5. Limbe foliaire à points glanduleux noirs situés dans les arcs des nervures secondaires · *Sclerocroton*
         5'. Limbe foliaire sans glandes · *Conosapium*
   2'. Inflorescences en cyathia pseudanthes.
      6. Grands arbres au tronc droit dans la forêt humide à basse altitude; calice des fleurs mâles présent; involucre de bractées sur le cyathium 4, partiellement soudées · *Anthostema*
      6'. Arbres petits ou moyens dans la forêt et le fourré décidus, secs et sub-arides, souvent sans feuilles lorsqu'ils sont succulents, tiges photosynthétiques développées, ou buissons à petits arbres portant des feuilles et rencontrés dans la forêt humide; involucre de bractées sur le cyathium 5, complètement soudées · *Euphorbia*
1'. Absence de latex laiteux; si exsudation présente, alors claire à rougeâtre et quelque peu résineuse.
   7. Feuilles opposées.
      8. Feuilles composées palmées · *Androstachys*
      8'. Feuilles simples.
         9. Stipules intrapétiolaires, soudées l'une à l'autre ou au pétiole, protégeant le bourgeon terminal.
           10. Feuilles à pubescence dense et blanche dessous; stipules connées, grandes, ovales, enfermant complètement le bourgeon terminal · · · · · · *Androstachys*
           10'. Feuilles glabres dessous; 1 des stipules soudée à la base du pétiole en formant une courte gaine, initialement connivente avec l'ensemble stipule/pétiole opposé · *Voatamalo*
         9'. Stipules latérales, petites et caduques.

11. Feuilles fortement à faiblement anisophylles; feuilles à base symétrique, fruit une capsule sèche déhiscente.

   12. Rameaux aplatis, verts; feuilles fortement anisophylles; glandes absentes du pétiole; domaties absentes; feuilles glabres · · · · · · · · · · *Cladogelonium*

   12'. Rameaux ni aplatis, ni verts; feuilles faiblement anisophylles; glandes parfois présentes sur le pétiole; domaties parfois présentes; indument stellé · *Mallotus*

11'. Feuilles non anisophylles; feuilles à base asymétrique; fruit une drupe indéhiscente, charnue · *Drypetes oppositifolia*

7'. Feuilles alternes ou parfois étroitement groupées et ainsi subverticillées.

13. Feuilles superficiellement à profondément lobées et palmatinerves.

   14. Feuilles portant une paire de glandes manifestes à l'apex du pétiole au voisinage du point d'attache du limbe; exsudation rougeâtre claire, peu abondante · *Omphalea* p.p.

   14'. Feuilles ne présentant généralement pas de glandes sur le pétiole, lorsqu'elles sont présentes, elles ne sont pas à l'apex mais souvent le long de la moitié inférieure du pétiole.

      15. Feuilles glabres; pétiole sans glandes; exsudation claire, abondante, virant au brun; fruit une capsule déhiscente ·*Jatropha*

      15'. Feuilles à indument stellé; exsudation absente ou rougeâtre; le pétiole porte parfois des glandes, surtout le long de la moitié inférieure; fruit une drupe indéhiscente. · *Givotia*

13'. Feuilles non distinctement lobées.

16. Feuilles manifestement munies de glandes ou d'appendices à la base du limbe ou à l'apex du pétiole.

   17. Plantes entièrement glabres; marge de la feuille entière; fruit une drupe charnue · *Omphalea oppositifolia*

   17'. Plantes portant un indument simple, stellé ou écaillé; marge de la feuille entière ou dentée; fruit une capsule déhiscente.

      18. Plantes portant souvent un indument cuivre à argenté et écaillé; glandes cupuliformes; inflorescences généralement bisexuées avec des fleurs femelles à la base, parfois unisexuées; style/stigmate lacinié-fimbrié; feuilles souvent subopposées à subverticillées · · · · · · · · · · · · · · · · *Croton*

      18'. Plantes portant un indument simple ou parfois stellé; glandes immergées dans le limbe, distinctes dans la marge, ou appendices dentiformes à l'attache du pétiole; inflorescences unisexuées; style/stigmate entier ou bifide; feuilles alternes.

         19. 'Glandes' en appendices dentiformes à l'attache du pétiole; étamines 15–multiples; buissons arqués ou petits arbres · · · · · · · · · · · *Claoxylon*

         19'. Glandes immergées dans le limbe, distinctes dans la marge; étamines 8 ou 10; buissons dressés ou petits arbres · · · · · · · · · · · · · · · · *Alchornea*

16'. Feuilles sans glandes ou appendices manifestes à la base du limbe ou à l'apex du pétiole, ou si glandes présentes alors en poches encastrées.

20. Plantes à indument stellé ou écaillé.

   21. Buissons monoïques; feuilles entières, 3–5-palmatinerves; inflorescences terminales; étamines 4–10; graine sans sarcotesta · · · · · · · · · *Cephalocroton*

   21'. Buissons ou petits arbres dioïques; feuilles crénelées-serretées à subentières, penninerves ou parfois palmatinerves; inflorescences axillaires; étamines 17–30; graine à sarcotesta · · · · · · · · · · · · · · *Lobanilia*

20'. Plantes glabres ou à indument simple.

22. Feuilles munies de domaties aux aisselles des nervures secondaires.

   23. Plantes à exsudation résineuse claire virant au jaune ou brun-rougeâtre en séchant; fruit généralement orné de courtes épines courbées · *Macaranga*

   23'. Plantes sans exsudation résineuse claire virant au jaune ou brun-rougeâtre en séchant; fruit non orné de courtes épines courbées.

24. Étamines 3–5; ovaire uniloculaire; fruit charnu, indéhiscent ·· *Antidesma*
24'.Étamines 6–25; ovaire 3-loculaire; fruit sec, déhiscent.
  25. Feuilles dentées à superficiellement lobées; stipules aciculaires; étamines 6–8 en un seul verticille, soudées à la base en une colonne ······································· *Orfilea*
  25'.Feuilles entières ou à peine dentées; stipules non aciculaires, discrètes; étamines 8–10 en deux verticilles, les extérieures libres, les intérieures soudées à la base en une colonne, ou 25 libres.
    26. Feuilles penninerves, à base subcordée, marge subentière à discrètement dentée; pétales absents; étamines env. 25 ··· *Amyrea*
    26'.Feuilles généralement fortement 3-palmatinerves à la base et penninerves au-dessus, rarement entièrement penninerves, base cunéiforme à obtuse, marge entière; pétales présents; étamines 8–10 ······································· *Tannodia*
22'.Feuilles sans domaties aux aisselles des nervures secondaires.
  27. Feuilles palmatinerves à la base.
    28. Inflorescences axillaires.
      29. Plantes dioïques, à exsudation résineuse claire virant au jaune ou au brun-rougeâtre en séchant; feuilles souvent ponctuées de glandes; fruit généralement orné de courtes épines courbées ··· *Macaranga*
      29'.Plantes monoïques, sans exsudation résineuse claire; feuilles non ponctuées de glandes; fruits non ornés de courtes épines courbées.
        30. Inflorescences courtes, en épis ou parfois racémeuses; étamines 8; bractées sous-tendant les fleurs femelles persistantes, accrescentes foliacées dans le fruit ····················· *Acalypha*
        30'.Inflorescences longuement racémeuses; étamines 14–20; fruits non sous-tendus par des bractées foliacées ········· *Claoxylopsis*
    28'.Inflorescences terminales ou opposées aux feuilles.
      31. Plantes dioïques; pétales présents.
        32. Feuilles à ponctuation pellucide, avec des glandes peltées, circulaires et résineuses dessous; étamines multiples; fruit une drupe quelque peu charnue, indéhiscente, contenant 1 graine ·· *Pantadenia*
        32'.Feuilles sans ponctuation pellucide, sans glandes dessous; étamines 8–10; fruit une capsule sèche, déhiscente ············*Tannodia*
      31'.Plantes monoïques; pétales absents.
        33. Inflorescences terminales, jamais opposées aux feuilles; étamines 8; bractées sous-tendant les fleurs femelles persistantes, accrescentes foliacées dans le fruit ················· *Acalypha*
        33'.Inflorescences terminales ou opposées aux feuilles; étamines 2–3; fruits non sous-tendus par des bractées foliacées ····· *Sphaerostylis*
27'.Feuilles penninerves.
  34. Marges serretées à dentées, ou spinescentes, rarement superficiellement lobées.
    35. Inflorescences terminales ou opposées aux feuilles.
      36. Inflorescences opposées aux feuilles ··············· *Suregada*
      36'.Inflorescences terminales.
        37. Fleurs longuement pédicellées; pétales présents, d'un rose éclatant; étamines env. 20, insérées sur une colonne centrale ·· ······································· *Grossera*
        37'.Fleurs portées par de courts pédicelles; pétales absents; étamines 6–8.
          38. Étamines 8, libres; bractées sous-tendant les fleurs femelles persistantes, accrescentes foliacées dans le fruit ···· *Acalypha*
          38'.Étamines 6–8, soudées à la base en une colonne; fruit non sous-tendu par des bractées accrescentes foliacées ··· *Orfilea*

35'. Inflorescences axillaires, mais parfois également terminales.

  39. Feuilles à marge spinescente-dentée, base généralement distinctement asymétrique; fruit une drupe charnue, indéhiscente · *Drypetes*

  39'. Feuilles à marge non spinescente, base non distinctement asymétrique; fruit une capsule déhiscente.

    40. Plantes à exsudation résineuse claire virant au jaune ou brun-rougeâtre en séchant; fruit généralement orné de courtes épines courbées · *Macaranga*

    40'. Plantes sans exsudation résineuse claire; fruit lisse.

      41. Étamines nombreuses, plus de 30.

        42. Feuilles à glandes discoïdes sur la face inférieure et rarement sur la face supérieure; pétiole à renflement distal épais; stipules pubescentes · · · · · · · · · · · · · · · · · *Necepsia*

        42'. Feuilles sans glandes discoïdes; pétiole sans renflement distal; stipules glabres.

          43. Plantes arquées; feuilles alternes, non groupées en pseudoverticilles à l'apex des rameaux; inflorescences lâches · *Claoxylon*

          43'. Plantes dressées; feuilles souvent groupées en pseudoverticilles à l'apex des rameaux; inflorescences dressées · *Argomuellera*

      41'. Étamines 6–30.

        44. Étamines 6–8, filets soudés à la base en une colonne; feuilles dentées à superficiellement lobées · · · · · · · *Orfilea*

        44'. Étamines 8–30, filets libres; feuilles dentées à discrètement crénelées-serretées, jamais superficiellement lobées.

          45. Étamines 8; bractées sous-tendant les fleurs femelles persistantes, accrescentes foliacées dans le fruit · · *Acalypha*

          45'. Étamines 14–30; fruit non sous-tendu par des bractées persistantes, accrescentes foliacées.

            46. Buissons arqués ou petits arbres; processus glandulaires mêlés entre les bases des filets, ou disque annulaire dans les fleurs femelles; styles entiers · · · · · · · *Claoxylon*

            46'. Buissons dressés à arbres de taille moyenne, occasionnellement buissons grimpants; disque lobé ou absent; styles plumeux ou bifides.

              47. Plantes monoïques; feuilles aux marges discrètement crénelées-serretées; étamines 14–20; disque lobé; styles plumeux · · · · · · · · · · · · · · · · · · *Claoxylopsis*

              47'. Plantes dioïques; feuilles aux marges dentées-crénelées sur les $^2/_3$ supérieurs; étamines 20–30; disque absent; styles bifides · · · · · · · · · · · · *Cleidion*

34'. Marges entières.

  48. Inflorescences terminales ou opposées aux feuilles.

    49. Inflorescences terminales, en épis ou racèmes.

      50. Inflorescences dressées, généralement en épis; pétales absents; bractées sous-tendant les fleurs femelles persistantes, accrescentes foliacées dans le fruit · *Acalypha*

      50'. Inflorescences lâches, en racèmes pendants; pétales 4–5; fruit non sous-tendu par des bractées foliacées · · *Tannodia pennivenia*

    49'. Inflorescences opposées aux feuilles, en glomérules · · · *Suregada*

  48'. Inflorescences axillaires ou ramiflores.

    51. Feuilles portant des glandes discoïdes marginales sur la face inférieure · *Benoistia*

    51'. Feuilles sans glandes discoïdes marginales sur la face inférieure.

52. Exsudation résineuse claire rougeâtre couvrant généralement les bourgeons; racines-échasses bien développées souvent présentes; inflorescences mâles capitées, sous-tendues par un involucre de 4–7 bractées imbriquées; fruit une grande drupe charnue, indéhiscente, souvent lenticellée · · · · · · · · · *Uapaca*

52'. Bourgeons non couverts d'une exsudation résineuse; racines-échasses jamais présentes; inflorescences ni capitées, ni sous-tendues par un involucre; fruit généralement une capsule déhiscente, rarement une drupe charnue, non lenticellé.

  53. Fruit une drupe charnue, indéhiscente.

    54. Fruit grand; base de la feuille asymétrique · · · · · · *Drypetes*

    54'. Fruit petit; base de la feuille symétrique.

      55. Inflorescences en épis ou racèmes; pétales absents; étamines 3–5, libres · · · · · · · · · · · · · · · · ·*Antidesma*

      55'. Inflorescences en glomérules sessiles; pétales présents; étamines 5, soudées à la base en une colonne centrale · *Bridelia*

  53'. Fruit une capsule déhiscente, rarement quelque peu charnue.

    56. Plantes à exsudation résineuse claire virant au jaune ou brun-rougeâtre en séchant; fruit généralement orné de courtes épines courbées · · · · · · · · · · · · · · · ·*Macaranga*

    56'. Plantes sans exsudation résineuse; fruit généralement lisse, rarement orné de tubercules coniques.

      57. Pétales présents.

        58. Ovaire (4–)5(–6)-loculaire · · · · · · · · · · · · *Wielandia*

        58'. Ovaire 3-loculaire.

          59. Sépales valvaires, généralement caducs; styles 2 fois bifides · *Cleistanthus*

          59'. Sépales imbriqués, persistants; style 1 seule fois bifide.

            60. Extrémités des branches teretes; stipules souvent persistantes; nervation tertiaire non crêtée-ramifiée jusqu'à la marge · · · · · · · · · · · · · *Blotia*

            60'. Extrémités des branches souvent aplaties; stipules caduques; nervation tertiaire parfois crêtée-ramifiée jusqu'à la marge · · · · · · · · · · *Petalodiscus*

      57'. Pétales absents.

        61. Étamines 9 ou plus.

          62. Plantes dioïques; inflorescences axillaires en fascicules · · · · · · · · · · · · · · · · · · *Danguyodrypetes*

          62'. Plantes monoïques; inflorescences axillaires en épis ou racèmes, ou ramiflores.

            63. Feuilles unifoliolées; inflorescences souvent ramiflores; fleurs mâles à 5–7 sépales imbriqués; disque nectaire charnu, 6–8-lobé; ovules 2 par loge · *Aristogeitonia*

            63'. Feuilles simples; inflorescences en épis ou racèmes, jamais ramiflores; fleurs mâles au calice se fendant en 3–4 segments valvaires; glandes nectaires libres entre les étamines; ovule 1 par loge.

              64. Bourgeon terminal enfermé dans de longues bractées acuminées; nervation tertiaire réticulée; inflorescences terminées par une fleur femelle · *Droceloncia*

64'. Bourgeon terminal non enfermé dans de
longues bractées acuminées; nervation tertiaire
non réticulée; inflorescences terminées par une
fleur mâle ·················· *Argomuellera*

61'. Étamines 8 ou moins, rarement 10.

65. Étamines 8; ovule 1 par loge.

66. Généralement des buissons ou de petits arbres
monoïques; étamines libres; fruit une petite
capsule, 3-lobée, lisse, sous-tendue par une bractée
persistante, accrescente foliacée ······· *Acalypha*

66'. Arbres moyens à grands, dioïques; étamines
soudées sur leur moitié basale en une colonne;
fruit une grande capsule ligneuse, ellipsoïde,
couverte de tubercules coniques, non sous-tendue
par une bractée foliacée ·········· *Chaetocarpus*

65'. Étamines (2–)3–5(–6, rarement –10); ovules 2 par loge.

67. Inflorescences en épis, parfois denses et
ressemblant à des chatons, ou condensées en
racèmes ou ombelles.

68. Inflorescences racémeuses, parfois denses et
ressemblant à des chatons; pistillode présent;
ovaire 3-loculaire; fruit à 3 cocci ····· *Thecacoris*

68'. Inflorescences condensées en racèmes ou
ombelles; pistillode absent; ovaire 4–5-loculaire;
fruit à 4–5 cocci ················ *Leptonema*

67'. Inflorescences en fascicules ou fleurs solitaires.

69. Sépales 4 en 2 paires décussées, inégaux; graines
à sarcotesta bleu ············· *Margaritaria*

69'. Sépales (4–)5(–6), imbriqués, ou calice soudé
profondément 5-lobé; graines sans sarcotesta
bleu.

70. Branches latérales ressemblant souvent à des
feuilles composées; étamines (2–)3–5(–6);
pistillode absent ············· *Phyllanthus*

70'. Branches latérales ne ressemblant pas à des
feuilles composées; étamines 5(–10); pistillode
présent.

71. Étamines soudées en une colonne sur une
partie de leur longueur; calice scarieux,
quelque peu persistant dans le fruit ······
···················· *Meineckia*

71'. Étamines libres; calice non scarieux dans le
fruit.

72. Branches généralement anguleuses,
striées; feuilles virant souvent au noir en
séchant; fruits quelque peu charnus,
blancs ·················· *Flueggea*

72'. Branches rondes, non striées; feuilles ne
virant pas au noir au séchage; fruit sec ··
···················· *Securinega*

Taxons cultivés importants: *Aleurites moluccana* (Bancoulier) et *A. fordii* (*Tung-oil Tree*), les
graines de ces derniers fournissant une huile; *Hevea brasiliensis* (arbre à caoutchouc ou
rubber tree) aux feuilles composées trifoliolées; *Hura crepitans* (*Hazomboay* ou Sablier) à
épines robustes sur le tronc et à latex laiteux, caustique et abondant, est commun à la STF
d'Ampijoroa.

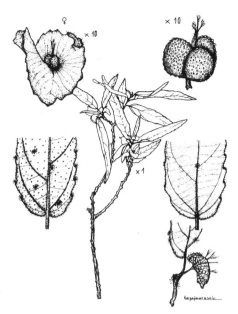

129. *Acalypha decaryana*

Acalypha L., Sp. Pl.: 1003. 1753.

Genre intertropical représenté par env. 450 espèces; env. 22 spp. sont rencontrées à Madagascar.

Buissons ou petits arbres (rarement des lianes) monoïques ou rarement dioïques, à poils simples (stellés ailleurs), parfois glanduleux.

Feuilles alternes, simples, entières ou dentées, palmatinerves ou penninerves, stipules caduques. Inflorescences terminales ou axillaires, en épis ou rarement en racèmes, avec des fleurs femelles à la base, des fleurs mâles dessus, ou parfois unisexuées, fleurs petites, 1 à 3 des fleur(s) femelle(s) sous-tendue(s) par des bractées dentées ou lobées, accrescentes et foliacées dans le fruit; calice enfermant la fleur dans le bouton, 4-valvaire-lobé (mâle), ou 3–5-imbriqué-lobé (femelle); pétales absents; disque absent; étamines 8, filets libres, anthères à 2 loges séparées, pendantes, en forme de ver; pistillode absent; ovaire (2–)3-loculaire, styles libres, plumeux laciniés; ovule 1 par loge. Le fruit est une petite capsule 3-lobée, déhiscente, à 3 cocci bivalves, sous-tendue par une bractée persistante, accrescente foliacée; graines à albumen charnu, caroncule présent ou non.

Acalypha est distribué dans la forêt sempervirente sub-humide et de montagne jusqu'à 2 000 m d'altitude, ainsi que dans la forêt et le fourré décidus, secs et sub-arides. La plupart des espèces sont de petits buissons; Leandri (1952) énumérait *A. fasciculata* var. *humbertiana*, *A. leoni*, *A. lepidopagensis* et *A. radula* parmi les espèces

d'arbres et de grands buissons. *Acalypha* est facile à reconnaître à la bractée accrescente foliacée qui sous-tend les fleurs femelles et le fruit.

Noms vernaculaires: *bemangitra, kifio, lafimbositramarampototra, marompototra, menavody, tsimbolotra*

Alchornea Sw., Prodr. 6, 98. 1788.

Bossera Leandri, Adansonia, n.s., 2: 216. 1962.

Genre intertropical représenté par env. 50 espèces; 3 spp. endémiques de Madagascar.

Buissons dioïques, moins souvent buissons ou petits arbres monoïques, à pubescence simple ou stellée. Feuilles alternes, simples, sinuées-dentées, palmatinerves ou penninerves, portant (1–)2 petite(s) glande(s) à la base, portant parfois des domaties aux aisselles des nervures secondaires, stipules linéaires, caduques. Inflorescences axillaires (souvent mâles) ou pseudoterminales (souvent femelles), en épis ou paniculées, unisexuées, lâches, munies de bractées, fleurs petites; calice enfermant la fleur dans le bouton, 2–5-valvaire-lobé (mâle), ou sépales 3–6, imbriqués (femelle); pétales absents ou à l'état de vestiges, ou parfois 3 (femelle); disque absent ou rarement charnu; étamines 8, ou rarement moins, ou rarement 10, filets libres ou légèrement soudés à la base, anthères partiellement libres à la base, introrses, à déhiscence longitudinale; pistillodes absents, ou rarement 1–3 linéaires-lobés et égalant les étamines; ovaire 3-loculaire, parfois orné d'une crête, styles libres ou légèrement soudés à la base,

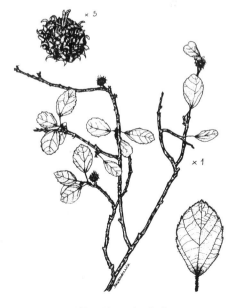

130. *Alchornea humbertii*

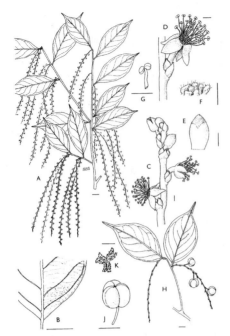

131. *Amyrea celastroides*

longuement linéaires et grêles, entiers ou brièvement bifides à l'apex; ovule 1 par loge; staminode absent. Le fruit est une petite capsule déhiscente, lisse ou munie d'épines courtes, à 3 cocci bivalves, à la columelle persistante; graine à albumen charnu, caroncule absente.

Alchornea est distribué dans la forêt et le fourré décidus, secs et sub-arides. On peut le reconnaître à ses feuilles portant (1–)2 petite(s) glande(s) à la base, ses inflorescences unisexuées portant de petites fleurs généralement apétales, à un pistillode et généralement 8 étamines. *Bossera cristatocarpa*, distribué dans la forêt décidue sèche dans la forêt de Zombitse, est ici placé en synonymie. Il peut être distingué d'*Alchornea* sur la base de ses fleurs à 10 étamines et de l'ornementation en crête présente sur l'ovaire mais qu'on retrouve également chez *Alchornea alnifolia*.

Nom vernaculaire: *hazomafy*

Amyrea Leandri, Notul. Syst. (Paris) 9: 168. 1940.

Genre endémique représenté par 11 espèces.

Buissons ou petits arbres dioïques. Feuilles alternes, simples, subentières à discrètement dentées, penninerves, à base subcordée, portant de grandes domaties distinctes aux aisselles des nervures secondaires, stipules petites, caduques. Inflorescences axillaires, en racèmes ou épis allongés, fleurs petites; calice enfermant la fleur dans le bouton, ovoïde, apiculé, 3–4-valvaire-partite à l'anthèse (mâle), ou sépales 5, imbriqués (femelle); pétales absents; étamines env. 25, filets libres, insérés entre les appendices glanduleux, anthères à sacs séparés, attachées au connectif, horizontales, latrorses, à déhiscence longitudinale; pistillode absent; disque femelle 8–10-lobé; ovaire 3-loculaire, styles libres, bifides; ovule 1 par loge; staminode absent. Le fruit est une petite à grande capsule 3-lobée, déhiscente, à 3 cocci bivalves; graine albuminée, caroncule absente.

Comme l'indique son nom vernaculaire, *Amyrea* est superficiellement similaire à *Tannodia* en considérant ses inflorescences en épis ou en racèmes allongés. Cependant, les feuilles de *Tannodia* sont distinctement triplinerves (à une exception près) et ses fleurs possèdent des pétales. *Amyrea* est distribué dans la forêt sempervirente humide et sub-humide.

Nom vernaculaire: *hazondomohina*

Androstachys Prain, Bull. Misc. Inform., Kew 1908: 438. 1908.

Stachyandra Leroy ex Radcl.-Sm., Kew Bull. 45: 562. 1990.

Genre représenté par 5 espèces: 1 sp. distribuée en Afrique de l'Est et à Madagascar (*A. johnsonii*) et 4 spp. endémiques de Madagascar.

Arbres dioïques de petite à grande tailles, au bois dur. Feuilles opposées, composées palmées à 3–7 folioles entières, penninerves, pétiolulées à subsessiles, à ponctuation pellucide, les stipules latérales soudées à la base dilatée concave (ou sur l'ensemble) du pétiole et enfermant le bourgeon terminal, les folioles parfois densément couvertes de poils rouges, ou simples (*A. johnsonii*), entières, penninerves, décussées, à la face inférieure à pubescence dense de couleur blanche, stipules connées, ovales et grandes, et formant une gaine enfermant le bourgeon terminal, caduques. Inflorescences axillaires en cymes 3-flores (mâle)

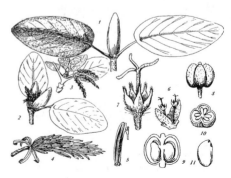

132. *Androstachys johnsonii*

ou fleur solitaire (femelle), fleurs petites à grandes; sépales 2–6, libres et spiralés dans les fleurs mâles, soudés à la base et imbriqués dans les fleurs femelles; pétales absents; disque absent; étamines nombreuses, insérées en spirale le long du réceptacle allongé, filets courts, anthères biloculaires, introrses, à déhiscence longitudinale, densément couvertes de soies; pistillode absent; ovaire 3-loculaire, style terminal à 3 branches stigmatiques étalées; ovules 2 par loge; staminode absent. Le fruit est une grande capsule profondément 3-lobée, déhiscente, déprimée à l'apex à conique; graines avec ou sans caroncule, albuminées.

Androstachys est distribué dans la forêt sempervirente humide à basse altitude, depuis l'ouest de Foulpointe jusqu'à la presqu'île Masoala (*A. rufibarbis*), et dans la forêt et le fourré semi-décidus et décidus, secs et sub-arides, depuis le bassin du fleuve Mandrare à l'ouest de Fort-Dauphin jusqu'à Antsiranana. Les espèces aux feuilles composées palmées ont été considérées par Radcliffe-Smith (1990) dans le genre *Stachyandra*; cependant, malgré d'autres différences mineures dans la forme des stipules et du fruit, les inflorescences et les fleurs identiques constituent les arguments pour maintenir un concept générique plus large. Le bois dur résistant aux termites est utilisé dans la construction et employé dans les haies vives pour réaliser des enclos.

Noms vernaculaires: *merana, ombafo*

Anomostachys (Baill.) Hurus., J. Fac. Sci. Univ. Tokyo, Sect. 3, Bot. 6: 311. 1954.

Genre monotypique endémique.

Buissons à arbres de taille moyenne, atteignant 15 m de haut, monoïques, à latex blanc laiteux. Feuilles alternes, simples, entières, penninerves, portant 4–9 glandes le long de chaque marge, stipules petites, caduques. Inflorescences axillaires, racémeuses ou paniculées, fleurs portées aux aisselles de petites bractées sans glandes, les bractées basales avec une seule fleur femelle, les bractées supérieures avec 2–8 fleurs mâles, fleurs petites à parfois grandes (femelle); calice soudé 3-lobé (mâle), ou sépales 3, libres, bilobés (femelle); pétales absents; étamines (3–) 6–8, anthères à déhiscence longitudinale; ovaire 2(–3)-loculaire, à 4–6 appendices, styles 2(–3), légèrement soudés à la base, récurvés ou droits; ovule 1 par loge. Le fruit est grand, indéhiscent (?), à 1–2 cocci, couronné par le style persistant; graines à petite caroncule.

Anomostachys lastellei est distribué dans la forêt sempervirente humide et sub-humide. Il avait été préalablement placé dans *Excoecaria* ainsi que dans *Stillingia*, mais a été récemment accepté par Kruijt

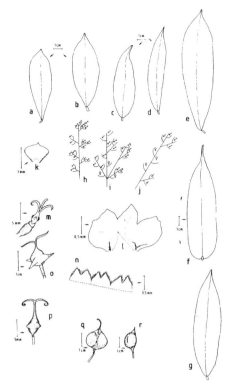

133. *Anomostachys lastellei*

(1996) qui considère que 3 autres espèces décrites par Leandri dans le genre *Sapium* (*S. gymnogynum, S. loziense* et *S. perrieri*) sont synonymes. On peut le reconnaître à ses feuilles portant des glandes sur les marges, ses inflorescences ramifiées munies de bractées sans glandes, les bractées mâles portant 2–8 fleurs, chacune à 3–8 étamines, et à ses fruits à 1–2 cocci, couronnés par la portion basale, connée et persistante du style.

Noms vernaculaires: aucune donnée

Anthostema A. Juss., Euphorb. Gen.: 56. 1824.

Genre représenté par 3–4 espèces dont 2 spp. en Afrique de l'Ouest et 1 ou 2 sp(p). endémique(s) de Madagascar.

Arbres de tailles moyennes à grandes, monoïques, à latex laiteux abondant, au tronc très droit. Feuilles alternes, simples, entières, penninerves, stipules discrètes, caduques. Inflorescences axillaires, en forme de coupe, en cyathia bilatéralement symétriques et entourés d'un involucre lobé de 4 bractées externes partiellement soudées, et composés d'une seule fleur femelle légèrement coudée sur un coté, entourée de bractées supplémentaires et de 4 groupes de fleurs mâles extrêmement réduites,

134. *Anthostema madagascariense*

chaque groupe étant enfermé par des bractées internes, fleurs petites; calice soudé rudimentaire; pétales absents; disque absent; étamine 1, filet court, anthère à déhiscence longitudinale; pistillode absent; ovaire 3-loculaire, styles soudés à la base, bifide; ovule 1 par loge. Le fruit est une grande capsule lisse, déhiscente; graine albuminée sans caroncule.

Anthostema madagascariense est distribué dans la forêt sempervirente humide à basse altitude. On peut le reconnaître à son tronc très droit et à ses abondantes exsudations de latex blanc qui s'écoulent de toute entaille, à ses inflorescences en cyathia à 4 involucres de bractées partiellement soudées. Les formes des feuilles varient considérablement des individus distribués dans les aires marécageuses humides de basse altitude de ceux rencontrés sur les versants, indiquant peut être 2 espèces distinctes.

Noms vernaculaires: *andravoky, babona, famelondriaka, lalotona, mandravokina, mandravoky, ralonto, raloto*

Antidesma L., Sp. Pl.: 1027. 1753.

Genre représenté dans les régions tropicales de l'Ancien Monde par env. 100 espèces dont 1 sp. endémique de Madagascar.

Buissons ou petits arbres dioïques. Feuilles alternes, simples, entières, penninerves, présentant rarement des domaties aux aisselles des nervures secondaires, stipules petites, caduques. Inflorescences axillaires, en épis ou racèmes, fleurs petites portées à l'aisselle d'une petite bractée; calice en forme de petite coupe,

3–5-lobé; pétales absents; disque annulaire; étamines 3–5, insérées aux extrémités dans le disque, filets distincts, anthères à connectif glandulaire, introrses, à déhiscence longitudinale; pistillode présent; ovaire uniloculaire, stigmate sessile, 2–5 ramifié; ovules 2 par loge; staminode absent. Le fruit est une petite drupe charnue, indéhiscente, couronnée par les restes du stigmate, contenant 1 seule graine; graines à albumen mince et charnu, caroncule absente.

Antidesma madagascariense est distribué sur l'ensemble de la forêt sempervirente humide et sub-humide, et de la forêt décidue sèche et sub-aride jusqu'à 1 800 m d'altitude, souvent le long des cours d'eau. On peut le reconnaître à ses feuilles penninerves, ses inflorescences axillaires en épis ou en racèmes, portant de petites fleurs sans pétales, les mâles à 3–5 étamines et un pistillode, les femelles à un ovaire uniloculaire, et à ses petits fruits charnus, indéhiscents, à une seule graine.

Noms vernaculaires: *hazondrano, hoditrovy, hoditrovy vavy, menavony, mizorotanty, taindalitra, tambavy, tavaratra, varona, voafongo, voafony, voarony, vona, voromorana*

Argomuellera Pax, Bot. Jahrb. Syst. 19: 90. 1894.

Pycnocoma Benth., Niger Fl.: 508. 1849. pro parte.

Genre représenté par 10 espèces dont 4 spp. en Afrique et 6 spp. endémiques de Madagascar.

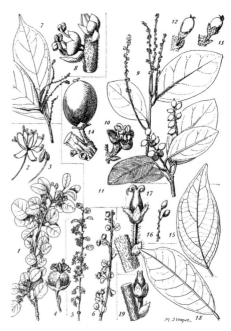

135. *Antidesma madagascariense* (7–19); *Leptonema* (1–6)

Buissons à arbres de taille moyenne, monoïques, à poils simples. Feuilles alternes, parfois groupées en pseudoverticilles à l'apex des branches, simples, dentées à subentières, penninerves, stipules caduques. Inflorescences axillaires, en épis ou racèmes, unisexuées ou bisexuées, fleurs petites; calice enfermant la fleur dans le bouton, se fendant en 3–4 segments valvaires, réfléchis à l'anthèse (mâle), ou sépales 5–6, imbriqués (femelle); pétales absents; disque constitué de nombreuses glandes libres entre les étamines (mâle), ou annulaire (femelle); étamines multiples (>30), filets libres, dressés dans le bouton, anthères basifixes, introrses, à déhiscence longitudinale; pistillode absent; ovaire 3-loculaire, styles soudés à la base, allongés, récurvés, entiers; ovule 1 par loge. Le fruit est une petite à grande capsule lisse, déhiscente, à 3 cocci bivalves, à columelle persistante; graines à albumen charnu, caroncule absente.

Argomuellera est distribué dans la forêt sempervirente humide et sub-humide, ainsi que dans la forêt décidue sèche sur substrat calcaire (*A. calcicola*); les espèces de Madagascar étaient préalablement placées dans *Pycnocoma*. On peut le reconnaître à ses feuilles aux marges dentées, souvent groupées en pseudoverticilles au bout des branches et à ses inflorescences axillaires portant de petites fleurs sans pétales, les mâles présentant de multiples (> 30) étamines. Le bois de *A. danguyana* est employé dans la construction; *A. gigantea* a des feuilles qui peuvent mesurer 75 cm de long, groupées à l'apex de la tige.

Nom vernaculaire: *tavolohazo*

137. *Aristogeitonia lophirifolia*

Aristogeitonia Prain, Bull. Misc. Inform., Kew 1908: 439. 1908.

Paragelonium Leandri, Bull. Soc. Bot. France 85: 231. 1939.

Genre représenté par 6 espèces dont 3 spp. distribuées en Afrique et 3 spp. endémiques de Madagascar.

Grands arbres monoïques. Feuilles alternes à subverticillées, unifoliolées (également des spp. bi- et trifoliolées en Afrique), entières, penninerves, stipules petites, soudées à la base du pétiole. Inflorescences ramiflores en fascicules sur des rameaux courts aux aisselles des cicatrices foliaires, fleurs petites; sépales 5–7, libres, imbriqués; pétales absents; étamines 9–20, libres, insérées dans des dépression sur le bord d'un disque charnu et 6–8-lobé, filets distincts, anthères biloculaires, pourpres, extrorses, à déhiscence longitudinale; pistillode très petit, bifide; ovaire 3-loculaire, pourpre, disque annulaire, styles 3, réfléchis; ovule 2 par loge. Le fruit est une petite à grande capsule subglobuleuse à 3-lobée, déhiscente, au pédicelle épais et charnu; graines albuminées sans caroncule.

Aristogeitonia est distribué dans la forêt décidue sèche de l'ouest et de l'extrême nord, depuis Soalala et Mahajanga jusqu'à Antsiranana. On peut le reconnaître à ses feuilles unifoliolées, alternes à subverticillées et à ses inflorescences généralement ramiflores portant de petites fleurs à 5–7 sépales libres et imbriqués mais sans pétales, les mâles à 9–20 étamines.

136. *Argomuellera*

Nom vernaculaire: *rehiana*

138. *Benoistia orientalis*

Benoistia H. Perrier & Leandri, Bull. Soc. Bot. France 85: 528. 1938.

Genre endémique représenté par 3 espèces.

Arbres de taille moyenne à grande, dioïques, à indument simple. Feuilles alternes, simples, entières, penninerves, aux marges portant des glandes discoïdes sur la surface inférieure, stipules discrètes, caduques. Inflorescences axillaires en longues panicules racémeuses, fleurs petites; calice à 2–3 lobes irréguliers et larges (mâle) ou à 5–7 lobes profonds, étroits, imbriqués et quelque peu accrescents (femelle); pétales absents; étamines 28–30, libres, filets très courts, anthères longuement linéaires, biloculaires, à l'apex du connectif glanduleux, introrses, à déhiscence longitudinale; disque absent (mâle) ou annulaire (femelle); pistillode absent; ovaire 3-loculaire, styles 3, bifides; ovule 1 par loge; staminode absent. Le fruit est une grande capsule 3-lobée, déhiscente, aux graines attachées à une columelle centrale; graines albuminées, sans caroncule.

Benoistia est distribué dans la forêt sempervirente humide et sub-humide à moyenne altitude depuis le PN d'Andohahela jusqu'au PN de la Montagne d'Ambre (*B. orientalis*) et dans la région du Sambirano (*B. sambiranensis*), ainsi que dans la forêt décidue et semi-décidue, sub-humide et sèche du Plateau Central et de l'ouest (*B. perrieri*). On peut le reconnaître à son indument simple, à ses feuilles entières, penninerves, portant des glandes discoïdes sur les marges de la surface inférieure, et à ses longues inflorescences axillaires racémeuses portant de petites fleurs sans pétales, les mâles présentant 28–30 étamines.

Noms vernaculaires: *hazondrea, hazotohatsy, hazototsa, soasampa, tanatananala*

Blotia Leandri, Mém. Inst. Sci. Madagascar, sér. B, Biol. Vég. 8: 240. 1957.

Genre endémique représenté par 5 espèces.

Buissons à arbres de taille moyenne, monoïques. Feuilles alternes, simples, entières, penninerves, stipules quelque peu persistantes. Inflorescences axillaires en fascicules, parfois réduites à une seule fleur femelle, fleurs petites; sépales 5(–6), légèrement soudés à la base, imbriqués; pétales 5, finement membraneux, plus courts à plus longs que les sépales; disque annulaire, à lobes discrets alternant avec les pétales; étamines 5 (–6), filets soudés à la base au pistillode, libres au-dessus, anthères introrses, à déhiscence longitudinale; pistillode obconique, souvent trilobé à l'apex; ovaire 3-loculaire, styles soudés à la base, longuement bifides; ovules 2 par loge. Le fruit est une petite à grande capsule ovoïde, 3-lobée, déhiscente, à 3 cocci bivalves; graines peu albuminées ou sans albumen, sans caroncule, cotylédons pliés deux fois.

Blotia est distribué dans la forêt sempervirente humide et sub-humide depuis le niveau de la mer dans la forêt littorale sur sable jusqu'à 1 400 m

139. *Blotia oblongifolia*

d'altitude, ainsi que dans la forêt décidue sèche sur substrat calcaire (*B. bemarensis*). On peut le reconnaître à ses feuilles penninerves aux nervures secondaires robustes, ses stipules quelque peu persistantes et à ses inflorescences axillaires en fascicules portant de petites fleurs aux sépales imbriqués et aux pétales minces.

Noms vernaculaires: *biandomadinidravina, fanazava, faniavala, fanjavala, fanjavoala, fotsinanahary, hazomboangilahy, hazomfiasika, hazompantsika, hazompasika, karakaratiloho, koripity, kotrofotsy, maroando, maroandrano, morasira, tanatanampotsy, tsiavango, voandavenona, voatonakala*

Bridelia Willd., Sp. Pl. 4(2): 978. 1806.

Genre représenté par env. 60 espèces distribué dans les régions tropicales de l'Ancien Monde et principalement en Asie; 2 spp. endémiques de Madagascar.

Arbres monoïques ou dioïques de petite à moyenne tailles. Feuilles alternes, distiques, simples, entières, penninerves, aux nervures tertiaires percurrentes i.e. perpendiculaires aux nervures secondaires en les connectant, stipules petites, décidues. Inflorescences axillaires, sessiles, en glomérules, souvent portées aux aisselles de cicatrices foliaires, fleurs petites; sépales 5, valvaires, soudés à la base en un tube court; pétales 5, plus petits que les sépales; disque annulaire; étamines 5, filets soudés à la base en une colonne centrale, anthères introrses, à déhiscence longitudinale; pistillode présent; ovaire 2(–3)-loculaire, styles 2, court,

140. *Bridelia tulasneana*

141. *Cephalocroton leucocephalus*

bifide; ovules 2 par loge; staminode absent. Le fruit est une petite drupe charnue, indéhiscente, pourpre foncé, contenant 1 ou 2 graine(s); graines albuminées sans caroncule.

Bridelia est distribué dans la forêt sempervirente humide (*B. tulasneana*) ainsi que dans la forêt décidue sèche et sub-aride (*B. pervilleana*). On peut le reconn.ıître à ses feuilles penninerves à la nervation tertiaire fortement percurrente, à ses petites fleurs à 5 sépales valvaires et 5 pétales plus petits que les sépales et à ses petits fruits charnus, indéhiscents, pourpre foncé.

Noms vernaculaires: *arina, hana, harina, hary, hazoanafo, kara, kitata, kotaka, ombitavy, tsienimposa, tsivokenana*

Cephalocroton Hochst., Flora 24: 370. 1841.

Adenochlaena Boivin ex Baill., Étude Euphorb.: 472. 1858.

Genre représenté par 5 espèces distribué en Afrique, à Socotora, à Madagascar (1 sp. endémique) et à Sri Lanka.

Buissons monoïques à pubescence stellée. Feuilles alternes (à rarement subopposées ou subverticillées), simples, entières ou presque, 3–5-palmatinerves à la base, penninerves au-dessus, stipules laciniées ou non, sétacées, caduques. Inflorescences terminales, racémeuses, avec les fleurs mâles disposées dans des capitules sphériques à l'apex et 1–6 fleur(s) femelle(s) à la base, fleurs petites; calice profondément 3–4-lobé, valvaire (mâle) ou sépales 4–6, libres, bipennatiséqués, légèrement imbriqués, persistants et nettement accrescents dans le fruit; pétales absents; disque absent (mâle) ou annulaire (femelle); étamines 4–10, libres, filets distincts, anthères biloculaires, dorsifixes, à déhiscence longitudinale; pistillode présent; ovaire 3-loculaire, style 3-ramifié, multifide- lacinié; ovule 1 par loge; staminode absent. Le fruit est une petite capsule 3-lobée, à déhiscence septicide, chaque coccus bivalve; graine albuminée, sans caroncule.

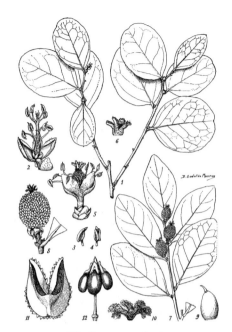

142. *Chaetocarpus rabaraba*

Cephalocroton leucocephalus est distribué dans la forêt décidue sèche de l'extrême nord dans la région d'Antsiranana et dans la RS d'Ankarana; une variété distincte, var. *calcicola*, a été décrite du tsingy de la RNI de Namoroka. On peut le reconnaître à ses feuilles à pubescence stellée et 3–5-palmatinerves, et à ses inflorescences terminales portant de petites fleurs apétales, les fleurs mâles disposées dans un capitule sphérique apical et 1–6 fleur(s) femelle(s) disposée(s) à la base.

Noms vernaculaires: aucune donnée

Chaetocarpus Thwaites, Hooker's J. Bot. Kew Gard. Misc. 6: 300, tab. 10a. 1854. nom. cons.

Genre représenté par 12 espèces distribué aux Antilles, en Amérique du Sud, en Afrique de l'Ouest, à Madagascar (1 sp. endémique) et en Asie du Sud-Est.

Arbres dioïques de tailles moyenne à grande, au bois très dur. Feuilles alternes, simples, entières, penninerves, coriaces, à poils caducs insérés dans de petites dépressions qui donnent une apparence de ponctuation, stipules caduques. Inflorescences axillaires, denses, en courts fascicules, fleurs petites; fleurs mâles subsessiles, sépales 4, libres, imbriqués, pétales absents; disque annulaire de 4 glandes séparées, au rebord entier ou muni de 2–3 dents; étamines 8, filets soudés en une colonne sur la moitié basale, anthères cordiformes, biloculaires, latrorses, à déhiscence longitudinale, pistillode très petit; fleurs

pseudo-hermaphrodites (fonctionnellement mâles) à périanthe et étamines similaires à ceux des fleurs mâles et ovaire similaire à celui des fleurs femelles mais plus petit; fleurs femelles distinctement pédicellées, à 5–9 éléments périanthiques imbriqués, caducs, disque annulaire à dents plus longues que celles du disque des fleurs mâles, staminode absent, ovaire 3–4-loculaire, style unique, terminal, 3–4 ramifié, chaque branche profondément bifide et plumeuse, ovule 1 par loge. Le fruit est une grande capsule ligneuse, déhiscente, ellipsoïde, couverte de tubercules coniques, contenant des graines brillantes et noires qui restent attachées à la columelle centrale par une grande structure charnue à la base.

Chaetocarpus rabaraba n'est connu que de la forêt d'Analalava à l'ouest de Foulpointe dans la forêt sempervirente humide. On peut aisément le reconnaître à ses fruits ornés de tubercules coniques qui ressemblent à ceux de *Rhopalocarpus lucidus* (Sphaerosepalaceae) et dans une certaine mesure à des litchis.

Nom vernaculaire: *rabaraba*

Cladogelonium Leandri, Bull. Soc. Bot. France 85: 530. 1938.

Genre monotypique endémique.

Buissons monoïques de 4–5 m de haut aux branches vertes et aplaties. Feuilles opposées, simples, anisophylles, dentées, penninerves, stipules caduques. Inflorescences terminales, en

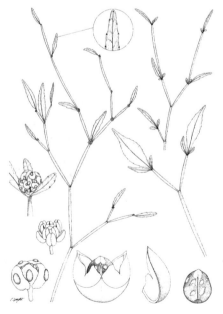

143. *Cladogelonium madagascariense*

fascicules (mâle) ou fleurs solitaires (femelle), fleurs petites; sépales 5, imbriqués; pétales absents; étamines 10, filets libres, anthères dorsifixes, extrorses, à déhiscence longitudinale; pistillode présent; disque constitué de 3–5 épines séparées, minces, aussi longues que les sépales avec 2 glandes à l'apex; ovaire 3-loculaire, stigmate sessile, bilobé; ovule 1 par loge. Le fruit est une petite capsule déhiscente, à 3 cocci bivalves; graine albuminée, à très petite caroncule.

Cladogelonium madagascariense est distribué dans la forêt décidue sèche mais n'est connue que de 2 récoltes. On peut le reconnaître à ses branches aplaties, photosynthétiques, ressemblant à des cladodes, à ses feuilles opposées, anisophylles et à ses inflorescences terminales.

Noms vernaculaires: aucune donnée

Claoxylon A. Juss., Euphorb. Gen.: 43. 1824.

Genre représenté par env. 75 espèces distribué de Madagascar à Hawaii; 10 spp. endémiques de Madagascar.

Buissons ou petits arbres arqués, monoïques ou dioïques, à pubescence simple. Feuilles alternes, simples, dentées, penninerves, sans glandes, présentant souvent une paire d'appendices dressés et dentiformes à la base du limbe à l'attache du pétiole, stipules caduques. Inflorescences axillaires, racémeuses, lâches, fleurs petites; sépales 2–5, imbriqués; pétales absents; processus glanduleux entre les bases des filets (mâle), ou disque annulaire (femelle); étamines 15 à multiples, filets libres, sacs des anthères séparés du connectif, dressés, à déhiscence longitudinale; pistillode absent; ovaire 3-loculaire, styles entiers, allongés, récurvés, papilleux; ovule 1 par loge. Le fruit est une petite capsule déhiscente, à 3 cocci bivalves; graine albuminée, sans caroncule.

144. *Claoxylon*

145. *Claoxylopsis purpurascens*

Claoxylon est distribué dans la forêt sempervirente humide et sub-humide ainsi que dans la forêt décidue sèche. On peut le reconnaître à son port arqué et à ses inflorescences axillaires, lâches, en racèmes portant de petites fleurs sans pétales, les mâles présentant de 15 à de multiples étamines.

Nom vernaculaire: *mahatora*

Claoxylopsis Leandri, Bull. Soc. Bot. France 85: 526. 1938.

Genre endémique représenté par 3 espèces.

Plantes grimpantes buissonnantes ou petits arbres, monoïques. Feuilles alternes, simples, entières à discrètement crénelées-serretées glanduleuses, penninerves à discrètement 3-palmatinerves à la base, stipules minuscules. Inflorescences axillaires, en longs racèmes, fleurs petites; calice profondément 4-lobé, concave (mâle) ou 4–8-lobé (femelle); pétales absents; étamines 14–20, filets libres, anthères largement obovoïdes biloculaires, à déhiscence longitudinale; réceptacle glanduleux; pistillode absent; ovaire 2–3-loculaire, styles 2–3, plumeux, quelque peu gynobasiques; disque lobé, charnu; ovule 1 par loge; staminode absent. Le fruit est une petite capsule déhiscente à 1–3 cocci obovoïdes à sphériques; graines albuminées, sans caroncule.

Claoxylopsis est distribué dans la forêt sempervirente humide et sub-humide à des altitudes comprises entre env. 500 et 1 200 m

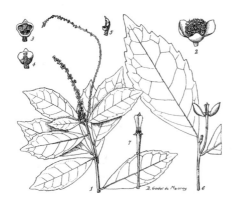

146. *Cleidion capuronii*

depuis la RS du Pic d'Ivohibe jusqu'au PN de Marojejy. On peut le reconnaître à ses inflorescences axillaires, en longs racèmes portant de petites fleurs 4-mères sans pétales, les mâles à 14–20 étamines.

Nom vernaculaire: *faintay*

Cleidion Blume, Bijdr. Fl. Ned. Ind.: 612. 1826.

Genre représenté par env. 25 espèces dont 5 spp. sont distribuées dans les régions tropicales du Nouveau Monde, 1 sp. en Afrique de l'Ouest, 1 sp. endémique de Madagascar, 12 spp. en Nouvelle Calédonie et 6 spp. en Asie du Sud-Est.

Arbres dioïques de petite à moyenne tailles, à poils simples. Feuilles alternes, simples, dentées-crénelées sur les 2/3 supérieurs, à dents glanduleuses, penninerves, stipules petites, caduques. Inflorescences axillaires en épis de glomérules 3–5-flores (mâle) ou fleur femelle solitaire et longuement pédicellée, fleurs petites; sépales 3 (mâle) ou 4 (femelle), largement ovales, concaves; pétales absents; disque absent; étamines 20–30, filets courts, anthères apiculées, à déhiscence longitudinale; pistillode absent; ovaire 3-loculaire, styles bifides; ovule 1 par loge; staminode absent. Le fruit est une petite capsule déhiscente à 3 cocci bivalves, à columelle centrale persistante; graines inconnues.

Cleidion capuronii est distribué dans la forêt décidue sèche de la région d'Antsiranana sur la Montagne des Français. On peut le reconnaître à ses feuilles penninerves aux marges dentées-crénelées portant des dents glanduleuses sur les ²/₃ supérieurs, sa diécie, ses fleurs mâles à 20–30 étamines disposées dans des épis axillaires de glomérules 3–5-flores, les fleurs femelles solitaires, longuement pédicellées, les fleurs mâles et femelles étant petites et sans pétales.

Noms vernaculaires: aucune donnée

Cleistanthus Hook. f. ex Planch., Hook. Icon. Pl. 8: tab. 779. 1848.

Genre représenté par env. 100 espèces distribué de l'Afrique à l'Océanie; env. 6 spp. endémiques de Madagascar.

Petits à grands arbres monoïques, ou peut-être dioïques. Feuilles alternes, distiques, simples, entières, penninerves, stipules petites, caduques. Inflorescences axillaires en glomérules portant des fleurs pédicellées, petites à grandes; sépales 5, valvaires, généralement caducs; pétales 5, très petits; disque plan, épais sur le bord; étamines 5, filets libres, insérés à l'apex d'une brève colonne, anthères introrses, à déhiscence longitudinale; pistillode très petit à l'apex de la colonne; ovaire 3-loculaire, styles courts, deux fois bifides; ovules 2 par loge; staminode absent. Le fruit est une petite à grande capsule déhiscente à 3 cocci, aux graines attachées sur une columelle centrale et persistante; graines albuminées.

Cleistanthus est distribué dans la forêt sempervirente humide et sub-humide, ainsi que dans la forêt semi-décidue sèche de la région d'Ambongo-Boina et dans la Forêt Orangea à l'est d'Antsiranana. On peut le reconnaître à ses feuilles distiques, penninerves, à ses inflorescences axillaires en glomérules portant de petites à grandes fleurs pédicellées à 5 sépales valvaires et sans pétales, les fleurs mâles à 5 étamines, et à ses fruits capsulaires, déhiscents.

Noms vernaculaires: *ananinombilahy, lohindry, rahiny, taimbarika, tanatanampotsy*

147. *Cleistanthus*

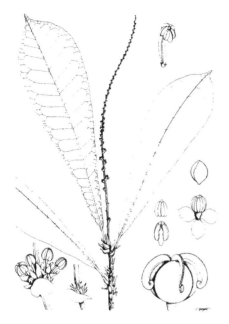

148. *Conosapium madagascariense*

Conosapium Müll. Arg., Linnaea 32: 87. 1863.

Genre monotypique endémique.

Buissons ou petits arbres monoïques à latex blanc et laiteux. Feuilles alternes, simples, crénelées-dentées dans la moitié supérieure, penninerves, sans aucune glande, stipules grandes, scarieuses et décidues. Inflorescences terminales, en épis ou racèmes, aux fleurs portées aux aisselles de bractées portant 2 glandes basales, fleurs petites; calice soudé, 3-lobé (mâle et femelle); pétales absents; étamines 3, filets courts, anthères extrorses, à déhiscence longitudinale; ovaire 3-loculaire, styles 3, brièvement soudés à la base, aplatis et laminiformes au-dessus, arqués, récurvés; ovule 1 par loge. Le fruit est une grande capsule sèche, déhiscente, à 3 cocci bivalves; graines caronculées.

Conosapium madagascariense est distribué dans la forêt décidue sèche. On peut le reconnaître à son abondant latex blanc et laiteux, à ses feuilles aux marges crénelées-dentées dans la moitié supérieure et totalement dépourvues de glandes, et à ses inflorescences terminales.

Noms vernaculaires: aucune donnée

Croton L., Sp. Pl. 2: 1004. 1753.

Genre intertropical représenté par plus de 1 200 espèces; env. 150 spp. endémiques de Madagascar.

Buissons à arbres de taille moyenne, monoïques ou plus rarement dioïques, à indument stellé et/ou écaillé, souvent argenté ou cuivré, parfois à suc résineux clair à rougeâtre. Feuilles alternes, parfois opposées ou groupées en pseudoverticilles, simples, entières ou dentées-serretées, rarement lobées, penninerves ou palmatinerves, portant généralement 2 glandes distinctes et cupuliformes à la base, près du pétiole, stipules caduques. Inflorescences terminales ou parfois axillaires, en racèmes ou en épis portant généralement des fleurs femelles à la base et des fleurs mâles au-dessus, ou parfois unisexuées, fleurs petites; sépales généralement 5, valvaires ou imbriqués, plus ou moins égaux, souvent plus étroits et accrescents dans les fleurs femelles; pétales 5, imbriqués, généralement bien plus réduits ou absents dans les fleurs femelles; disque constitué de glandes séparées, ou annulaire; étamines 5–multiples, filets libres, infléchis dans la bouton, anthères à déhiscence longitudinale; pistillode absent; ovaire principalement 3-loculaire, styles libres, une ou plusieurs fois bifides; ovule 1 par loge; staminode parfois présent. Le fruit est une petite capsule déhiscente, à 3 cocci bivalves, souvent sous-tendue par le calice persistant et accrescent; graines à albumen abondant, caroncule présente.

Croton est distribué sur l'ensemble de l'île. On peut le reconnaître à son indument argenté à cuivré, stellé et écaillé, à ses feuilles souvent groupées en pseudoverticilles et portant généralement 2 glandes distinctes à la base.

Noms vernaculaires: *bonetaka, fandrambahora, fipio, fotsy avadika, fotsy avady, fotsy-ravo, hazoambo, hazomanitra, hazontsalamanga, lasalasa, lazalaza,*

149. *Croton*

lingo, mavokely, mavoravina, molonga, mongipasina, mongy, mongy lahy, odikaka, ralambo, somoro, somoro kely, somoro madinika, tifptifo, tolakafotsy, volafotsy, volafoty, volafoty kely, vontaka

Danguyodrypetes Leandri, Bull. Soc. Bot. France 85: 524. 1938.

Genre endémique représenté par 4 espèces.

Buissons ou petits arbres dioïques (ou monoïques?). Feuilles alternes, distiques, simples, entières, penninerves, stipules petites, caduques. Inflorescences axillaires en fascicules, fleurs petites; sépales 4–6, imbriqués (mâle), ou 6 et étalés à plat ou réfléchis, quelque peu accrescents dans le fruit (femelle); pétales absents; étamines 15–35, libres, insérées entre les glandes du disque, anthères biloculaires, latrorses, à déhiscence longitudinale; pistillode absent; disque des fleurs femelles épais et discrètement lobé; ovaire 3-loculaire, branches du style grêles, bifides; ovule 1 par loge; staminode absent. Le fruit est une petite capsule sphérique, déhiscente, à 3 cocci bivalves; graines à albumen copieux, à l'hile invaginé, sans caroncule.

Danguyodrypetes est distribué dans la forêt sempervirente humide et semi-décidue sèche depuis le nord ouest de Fort-Dauphin jusqu'à la région du Sambirano. On peut le reconnaître à ses fleurs dioïques disposées dans des inflorescences axillaires en fascicules, ses fleurs apétales, les mâles à 4–6 sépales imbriqués et

151. *Droceloncia rigidifolia*

15–35 étamines, les femelles à 6 sépales étalés à plat ou réfléchis et quelque peu accrescents dans le fruit.

Nom vernaculaire: *manaravaky*

Droceloncia J. Léonard, Bull. Soc. Roy. Bot. Belgique 91: 279. 1959.

Pycnocoma Benth., Niger Fl.: 508. 1849. pro parte.

Genre endémique (y compris les Comores) représenté par 1 ou 2 espèce(s).

Petits arbres monoïques au bourgeon terminal enfermé dans 2 bractées longuement acuminées. Feuilles alternes, simples, subentières, penninerves, à la nervation tertiaire finement réticulée et saillante sur les deux faces, stipules caduques. Inflorescences axillaires, en épis, bisexuées, terminées par une fleur femelle, fleurs mâles presque sessiles, fleurs petites; calice enfermant la fleur dans le bouton, se fendant en 3–4 articles valvaires, réfléchis à l'anthèse (mâle), ou sépales 5–6, imbriqués (femelle); pétales absents; disque constitué de nombreuses glandes libres entre les étamines (mâle), ou absent (femelle); étamines multiples, filets libres, dressés dans le bouton, courts, anthères basifixes, introrses, à déhiscence longitudinale; pistillode absent; ovaire 3-loculaire, glabre, styles légèrement soudés à la base, récurvés, stigmate dilaté à l'apex; ovule 1 par loge. Le fruit est une petite capsule déhiscente, lisse; graines albuminées, sans caroncule.

150. *Danguyodrypetes*

Droceloncia a été décrit pour contenir *Pycnocoma rigidifolia* et inclut probablement *P. reticulata* qui est toujours mal placé dans *Pycnocoma*. Il est distribué dans la forêt décidue sèche de la région d'Ambongo et probablement dans la région d'Antsiranana, ainsi qu'à Mayotte aux Comores. *Droceloncia* peut être reconnu à ses bractées longuement acuminées qui enferment le bourgeon terminal, à ses feuilles à la nervation tertiaire réticulée et à ses inflorescences terminées par une fleur femelle.

Noms vernaculaires: aucune donnée

Drypetes Vahl, Eclog. Amer. 3: 49. 1807.

Brexiopsis H. Perrier, Notul. Syst. (Paris) 10: 192. 1942.

Genre intertropical représenté par env. 200 espèces; 10 spp. endémiques de Madagascar.

Petits à grands arbres dioïques. Feuilles alternes ou rarement opposées, distiques, simples, entières ou spinescentes-dentées, penninerves à rarement subpalmatinerves, souvent coriaces, à base asymétrique, stipules petites, caduques. Inflorescences axillaires en glomérules ou cauliflores, fleurs petites à grandes; sépales 4–5, imbriqués, concaves; pétales absents; disque plan ou annulaire; étamines 4–18, libres, filets distincts, anthères biloculaires, introrses, à déhiscence longitudinale; pistillode rudimentaire ou absent; ovaire 1–2(–3)-loculaire, styles très courts, non bifides; ovule 1 par loge; staminode absent. Le

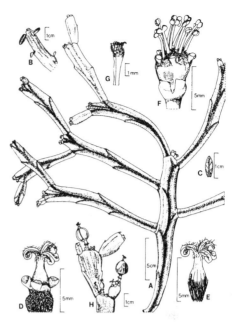

153. *Euphorbia enterophora*

fruit est une grande drupe charnue, indéhiscente, ovoïde, contenant 1 seule graine; graine à albumen charnu, sans caroncule.

Drypetes est distribué sur l'ensemble de la forêt sempervirente humide et sub-humide, et dans la forêt semi-décidue sèche de l'ouest. On peut le reconnaître à ses feuilles distiques à la base généralement distinctement asymétrique et à la marge parfois spinescente-dentée, à sa diécie avec des inflorescences axillaires ou cauliflores en glomérules portant de petites à grandes fleurs à 4–5 sépales imbriqués, sans pétales, et à ses grands fruits charnus ne contenant qu'une seule graine.

Nom vernaculaire: *mamoanampoatra*

Euphorbia L., Sp. Pl.: 450. 1753.

Genre cosmopolite représenté par plus de 1 800 espèces; env. 150 spp. rencontrées à Madagascar dont 17 spp. sont des arbres de petite à moyenne taille.

Buissons à arbres de taille moyenne, monoïques, à latex laiteux abondant, parfois épineux. Feuilles alternes ou parfois groupées en pseudoverticilles (ou parfois absentes et les branches photosynthétiques épaissies et aplaties en cladodes), simples, entières, penninerves, stipules présentes ou non. Inflorescences axillaires ou terminales en cymes de cyathia en forme de coupe ou à un seul cyathium, l'involucre de bractées complètement soudées pour former une

152. *Drypetes madagascariensis*

coupe ou un tube, souvent sous-tendues par des bractées appariées et parfois colorées, à 4–5 glandes alternant avec les lobes de la coupe près du bord, à une seule fleur femelle au centre entourée par 4–5 groupes de fleurs mâles extrêmement réduites, fleurs petites; calice absent (mâle), ou rarement à l'état de vestige; pétales absents; disque absent; étamine 1, filet court, anthères à déhiscence longitudinale; pistillode absent; ovaire 3-loculaire, styles légèrement soudés à la base, brièvement bifides à l'apex; ovule 1 par loge. Le fruit est une petite à grande capsule, parfois initialement charnue, déhiscent; graines albuminées, caroncule présente ou non.

Euphorbia est distribué dans la forêt sempervirente humide et sub-humide, ainsi que dans la forêt et le fourré décidus, secs et sub-arides. On peut le reconnaître à son latex blanc copieux, ses inflorescences cyathiformes et l'involucre de bractées complètement soudées en forme de coupe ou de tube.

Noms vernaculaires: *antso, betinay, betondro, famata, famata betondro, famatabotrika, fiha, hamatse, herobay, herokazo, intisy, laro, mosotsy, pirahazo, samaty*

Excoecaria L., Syst. Nat. ed. 10: 1288. 1759.

Genre représenté par env. 40 espèces distribué dans les régions tropicales de l'Ancien Monde; env. 7 spp. sont rencontrées à Madagascar.

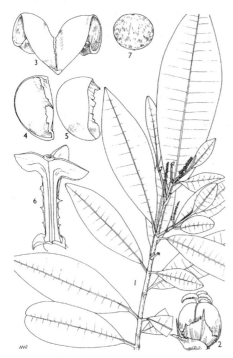

154. *Excoecaria madagascariensis*

Buissons ou petits arbres dioïques ou monoïques, entièrement glabres, à latex caustique laiteux. Feuilles opposées ou alternes, simples, entières à crénelées, penninerves, sans glande à la base ou sur le pétiole, stipules petites, caduques ou parfois persistantes. Inflorescences axillaires en épis ou racèmes, munies de petites bractées sur les fleurs mâles, avec 2 glandes à la base, fleurs petites; sépales 3, libres, imbriqués; pétales absents; disque absent; étamines (2–)3(–8), filets libres, anthères basifixes, extrorses, à déhiscence longitudinale; pistillode absent; ovaire 3-loculaire, styles légèrement soudés à la base, entiers; ovule 1 par loge; staminode absent. Le fruit est une petite capsule 3-lobée, déhiscente, à 3 cocci bivalves, parfois cornus, à columelle persistante; graine à albumen charnu, la caroncule se détachant de la graine et restant attachée à la columelle, graine au testa sec.

Excoecaria est distribué dans la forêt décidue sèche et sub-aride mais moins fréquemment dans la forêt sempervirente humide le long de la côte est. On peut le reconnaître à son abondant latex caustique et laiteux, à ses feuilles entières à crénelées sans glandes, à ses inflorescences axillaires portant de petites fleurs sans pétales, et à ses fruits capsulaires déhiscents à 3 cocci.

Noms vernaculaires: aucune donnée

Flueggea Willd., Enum. Pl.: 1013. 1806.

Genre intertropical représenté par 16 espèces dont 1 sp. à large distribution est rencontrée à Madagascar.

Buissons ou petits arbres dioïques, glabres, aux branches à angles vifs avec un sillon distinct, portant occasionnellement des épines. Feuilles alternes, simples, entières, penninerves, virant souvent au noir en séchant, stipules petites, caduques. Inflorescences axillaires en fascicules, les mâles multiflores, les femelles à quelques fleurs ou occasionnellement solitaires, fleurs petites; sépales 5, imbriqués, inégaux; pétales absents; disque constitué de 5 glandes (mâle) ou annulaire (femelle); étamines 5, filets libres, anthères extrorses, à déhiscence longitudinale; pistillode 3-ramifié; ovaire 3-loculaire, styles soudés à la base, bifides à l'apex; ovules 2 par loge; staminode absent. Le fruit est une petite capsule légèrement charnue, blanche, à déhiscence loculicide, à columelle non persistante; graines albuminées sans caroncule.

Flueggea virosa ssp. *virosa* est distribué d'Afrique en Chine et en Indonésie; à Madagascar, on le rencontre dans la forêt et le fourré décidus, secs et sub-arides. On peut le reconnaître à ses branches brusquement anguleuses avec un sillon distinct, à ses feuilles noirâtres sur le sec, à sa

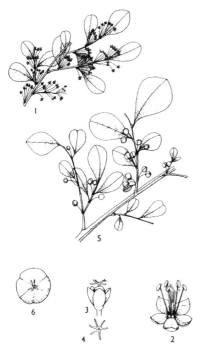

155. *Flueggea virosa*

diécie avec des inflorescences axillaires en fascicules portant de petites fleurs sans pétales, les mâles à 5 étamines et un pistillode 3-ramifié, et à ses fruits légèrement charnus et capsulaires.

Noms vernaculaires: aucune donnée

Givotia Griff., Calcutta J. Nat. Hist. 4: 88. 1843.

Genre représenté par 4 espèces dont 1 sp. est distribuée en Afrique, 2 spp. endémiques de Madagascar et 1 sp. en Inde.

Arbres dioïques de petite à grande tailles, à pubescence stellée, à l'écorce blanche, présentant parfois une exsudation rougeâtre. Feuilles alternes, simples, superficiellement à profondément 3–5-lobées, palmatinerves, glanduleuses, le pétiole portant parfois des glandes principalement localisées sur la moitié inférieure, avec ou sans stipules. Inflorescences axillaires près de l'apex (mâle) ou terminales (femelle), paniculées ou réduites à une fleur solitaire (femelle), fleurs petites; calice 5-lobé, légèrement inégal, imbriqué; pétales 5, initialement libres puis cohérents pour former un tube; disque 5-lobé; étamines 5–25 en multiples de 5, filets soudés à la base en une courte colonne staminale, puis libres au-dessus, anthères dorsifixes, extrorses, à déhiscence longitudinale; pistillode absent; ovaire 1–3-loculaire, style(s) bifide(s); ovule 1 par loge.

Le fruit est une grande drupe charnue, indéhiscente contenant 1 seule graine; graine à oléo-albumen abondant, sans caroncule.

Givotia est distribué dans la forêt et le fourré décidus, secs et sub-arides. On peut le reconnaître à ses feuilles superficiellement à profondément lobées, palmatinerves, à indument stellé et à ses grands fruits charnus, indéhiscents; *G. madagascariensis* présente des feuilles profondément lobées mais pas de stipules alors que *G. stipularis* présente des feuilles superficiellement lobées et des stipules manifestes, ce dernier affectionnant les substrats calcaires. Le bois est employé dans la fabrication de pirogues.

Noms vernaculaires: *farafaka, farafatse, fengoky, flugoky, harakasaka, sefo*

Grossera Pax, Bot. Jahrb. Syst. 33: 281. 1903.

Genre représenté par 7 espèces dont 6 spp. en Afrique et 1 sp. endémique de Madagascar.

Buissons ou petits arbres atteignant 5 m de haut, dioïques (ou monoïques?), à poils simples. Feuilles alternes, simples, à dents minuscules, penninerves, stipules petites, caduques. Inflorescences terminales en fascicules ou brièvement racémeuses, unisexuées, fleurs petites à grandes, longuement pédicellées; calice enfermant la fleur dans le bouton, 2–3(–4) valvaire-lobé, inégal à l'anthèse (mâle), ou sépales 4–5, libres, imbriqués (femelle); pétales 5, roses, égalant ou surpassant le calice, voyants;

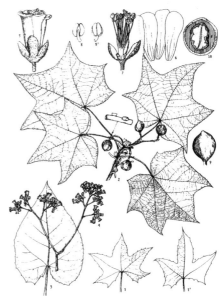

156. *Givotia madagascariensis*

157. *Grossera vignei*

disque annulaire, charnu, 5-bifide-lobé; étamines env. 20, insérées à différentes hauteurs sur une colonne centrale, filets distincts, anthères dorsifixes, extrorses, à déhiscence longitudinale; pistillode absent; ovaire 3-loculaire, styles 3, connés à la base, bifides sur le $1/3$ supérieur; ovule 1 par loge; staminode absent. Le fruit est une petite à grande capsule, déhiscente, 3-valve, à columelle centrale persistante; graines albuminées, sans caroncule.

Grossera perrieri est distribué dans la forêt décidue sèche dans les régions d'Ambongo-Boina et du Menabe. On le reconnaît aisément à ses fleurs longuement pédicellées à pétales roses et voyants, les mâles aux étamines insérées sur une colonne centrale.

Noms vernaculaires: aucune donnée

Jatropha L., Sp. Pl.: 1006. 1753.

Genre intertropical (absent d'Australie et d'Océanie) représenté par env. 175 espèces; 1 sp. endémique de Madagascar et plusieurs autres spp. naturalisées, introduites des régions tropicales du Nouveau Monde.

Arbres dioïques atteignant 8 m de haut (les espèces introduites sont des buissons monoïques), au tronc quelque peu renflé à la base, entièrement glabres et à exsudation abondante virant au brunâtre lorsqu'exposée à l'air. Feuilles alternes, simples, profondément trilobées, 3-palmatinerves, pétioles longs, stipules nulles. Inflorescences terminales en cymes ou réduites à une seule fleur (femelle),

fleurs grandes, 5-mères; calice soudé, profondément 5-lobé; pétales 5, libres, jaune-verdâtre aux nervures rouges à pourpres; disque constitué de 5 glandes libres et cubiques (mâle) ou superficiellement cupuliforme (femelle); étamines 8, soudées en une colonne en 2 verticilles, les 5 extérieures inférieures introrses mais à déhiscence extrorse par réflexion, les 3 intérieures supérieures à déhiscence extrorse; ovaire 3-loculaire, styles 3, soudés à la base, puis bifides sur la moitié de leur longueur, enroulés; ovule 1 par loge. Le fruit est une grande capsule sèche, 3-lobée, à déhiscence septicide; graine à caroncule proéminente de couleur blanche.

Jatropha mahafaliensis est distribué dans le fourré décidu sub-aride sur substrats calcaire et sableux au nord et au sud de Toliara. On peut le reconnaître à son abondante exsudation claire qui brunit à l'air, à ses feuilles profondément lobées, palmatinerves qui rappellent beaucoup celles de *Manihot*. Il est planté dans les haies vives qui servent d'enclos et les graines fournissent une huile non comestible.

Noms vernaculaires: *betrartra, katratra*

Leptonema A. Juss., Euphorb. Gen.: 19. 1824.

Genre endémique représenté par 2 espèces.

Buissons dioïques à poils simples et blancs. Feuilles alternes, simples, entières, petites, orbiculaires à cordiformes, penninerves, longuement pétiolées,

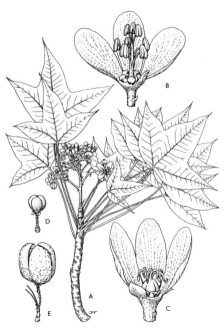

158. *Jatropha mahafaliensis*

stipules petites, caduques. Inflorescences axillaires, en ombelles ou en racèmes condensés à court pédoncule (mâle), ou fleurs solitaires (femelle), fleurs petites; calice soudé 5-lobé; pétales absents; disque absent; étamines 5, opposées aux sépales, filets libres, anthères à 2 loges libres sauf à l'apex, introrses, à déhiscence longitudinale; pistillode absent; ovaire 4–5-loculaire, styles bifides; ovules 2 par loge. Le fruit est une petite capsule sphérique, déprimée à l'apex, déhiscente, à 4–5 cocci bivalves; graines petites, jaunes, couvertes de petites bosses, albumen fin. Fig. 135 (p. 154).

Leptonema est distribué dans la forêt sempervirente humide et sub-humide juste au-dessus du niveau de la mer dans la région de Fort-Dauphin jusqu'à une altitude de 1 500 m sur le Plateau Central, dans les zones rocheuses et ouvertes le long des cours d'eau. On peut le reconnaître à ses feuilles entières, longuement pétiolées et à indument simple de couleur blanche, à ses inflorescences axillaires en ombelles ou en racèmes condensés portant de petites fleurs sans pétales, les mâles à 5 étamines et sans pistillode, et les femelles à ovaire 4–5-loculaire et 2 ovules par loge, le fruit capsulaire en dérivant présentant 4–5 cocci.

Noms vernaculaires: aucune donnée

Lobanilia Radcl.-Sm., Kew Bull. 44: 334. 1989.

Genre endémique représenté par 7 espèces.

Buissons ou petits arbres dioïques à indument stellé devenant brun-jaune en séchant. Feuilles alternes, simples, subentières à crénelées glanduleuses ou serretées, penninerves ou occasionnellement palmatinerves, stipules petites, caduques. Inflorescences axillaires, en longs racèmes solitaires et multiflores, fleurs petites, 3–4-mères; calice soudé profondément 3–4-lobé, persistant et parfois accrescent dans le fruit; pétales absents; étamines 17–30, filets libres, anthères à déhiscence longitudinale; disque en forme de coupe et constitué de glandes séparées aux extrémités velues (mâle) ou annulaire et 3–4-lobé (femelle); pistillode absent; ovaire 3–4-loculaire, styles 3–4, brièvement soudés à la base, réfléchis, papilleux ou plumeux; ovule 1 par loge. Le fruit est une petite capsule sèche, 3–4-valvaire, à déhiscence loculicide; graines couvertes d'un sarcotesta.

Lobanilia est distribué dans la forêt et le fourré sempervirents humides, sub-humides et de montagne, et le long des lisières forestières ou dans les clairières rocheuses. Quatre des espèces étaient préalablement incluses dans le genre *Claoxylon* et la section *Luteobrunnea*, mais elles en diffèrent par leur indument stellé qui vire au

159. *Lobanilia*

brun-jaune en séchant. On peut donc le reconnaître à cet indument stellé qui vire au brun jaune en séchant ainsi qu'à ses inflorescences axillaires en longs racèmes portant de petites fleurs sans pétales, les mâles à 17–30 étamines libres et sans pistillode.

Noms vernaculaires: *hazomavo, samavo, sevalahy, sevamboloky*

Macaranga Thouars, Gen. Nov. Madagasc.: 26. 1806.

Genre représenté par env. 300 espèces distribué dans les régions tropicales de l'Ancien Monde; env. 13 spp. sont rencontrées à Madagascar.

Buissons à arbres de taille moyenne, dioïques, à suc résineux clair devenant jaunâtre ou noir-rougeâtre en séchant, et généralement à poils simples. Feuilles alternes, simples, entières ou dentées, occasionnellement peltées, palmatinerves ou penninerves, portant parfois sur la face inférieure des domaties aux aisselles des nervures secondaires, parfois des glandes dans des poches et encastrées à la base du limbe au-dessus, souvent ponctuées glanduleuses dessous, stipules petites, caduques. Inflorescences axillaires ou pseudo-terminales, en panicules, racèmes ou épis, portant souvent des bractées évidentes, entières à fimbriées, fleurs petites; calice enfermant initialement la fleur dans le bouton, se fendant en 2–5 articles valvaires; pétales absents; disque absent; étamine(s) 1–5 ou 10–50, filets courts, libres, anthères 2–4-valvaires, à

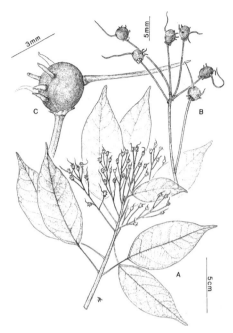

160. *Macaranga grallata*

déhiscence transversale; pistillode absent; ovaire (1–)2–3(–6)-loculaire, styles libres ou soudés à la base, entiers; ovule 1 par loge. Le fruit est une petite capsule déhiscente, aux cocci bivalves, lisse ou plus souvent couverte de petites épines mousses et courbées; graines au testa mince, charnu, de couleur bleue à noire, caroncule absente, albumen charnu.

Macaranga est principalement distribué dans la forêt sempervirente humide et sub-humide depuis le niveau de la mer jusqu'à plus de 1 500 m d'altitude, ainsi qu'occasionnellement dans la forêt décidue sèche (*M. boutonioides, M. ferruginea*). On peut le reconnaître à son suc résineux clair qui devient jaunâtre ou noir-rougeâtre en séchant, à ses feuilles portant souvent une ponctuation glanduleuse dessous et à ses fruits capsulaires généralement couverts de courtes épines courbées et contenant des graines à testa mince, légèrement charnu et de couleur bleue à noire. La majorité des espèces sont pionnières et ne tolèrent pas l'ombre, les spécialistes des 'trouées' qui persistent dans la végétation dégradée.

Noms vernaculaires: *fofotra, lavatsio, magarano, makarana, mokarana, mokarana beravina, mokarana vavy, mokaranandahy, mokarangehana, mongy, valoampoka*

Mallotus Lour., Fl. Cochinch.: 601, 635. 1790.

Deuteromallotus Pax & K. Hoffm., Pflanzenr. 147 VII (Heft 63): 212. 1914.

Genre représenté par env. 150 espèces dont la majorité sont distribuées en Asie et en Océanie; 2 spp. sont rencontrées en Afrique et 4 spp. à Madagascar.

Petits à grands arbres dioïques, ou rarement monoïques, à indument stellé. Feuilles opposées à subopposées, simples, quelque peu anisophylles, entières ou dentées, penninerves ou palmatinerves, portant parfois 2 glandes à la base du limbe sur la face supérieure, des domaties aux aisselles des nervures secondaires sur la face inférieure et parfois des points glanduleux pellucides, stipules petites, caduques. Inflorescences terminales ou axillaires, racémeuses ou en épis, fleurs petites; calice 3–6-lobé; pétales absents; disque généralement absent, ou nombreuses glandes entre les étamines; étamines nombreuses (env. 100), filets libres, anthères à déhiscence longitudinale; pistillode absent; ovaire (2–) 3 (–4)-loculaire, styles libres, allongés, entiers, grossièrement papilleux, souvent caducs; ovule 1 par loge. Le fruit est une petite à grande capsule déhiscente, lisse ou souvent échinulé à spinuleuse, à columelle centrale persistante; graines albuminées sans caroncule.

Mallotus est distribué dans la forêt sempervirente humide et sub-humide depuis le niveau de la mer jusqu'à 1 200 m d'altitude ainsi que dans la forêt décidue sèche de l'ouest et dans la région du Sambirano (*M. oppositifolius*). On peut le reconnaître à ses feuilles opposées, anisophylles, à indument stellé, présentant des domaties aux aisselles des nervures secondaires dessous et parfois 2 glandes à la base du limbe dessus, à ses petites fleurs sans pétales, les mâles à nombreuses étamines (env. 100) et à ses fruits capsulaires couverts d'épines courtes à longues.

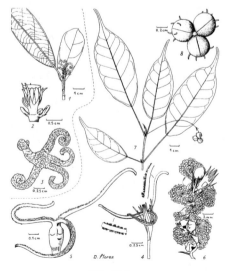

161. *Mallotus*

Préalablement connu sous *Deuteromallotus acuminatus*, *M. baillonianus* surplombe communément les petites rivières dans le nord est.

Noms vernaculaires: aucune donnée

Margaritaria L. f., Suppl. Pl.: 66, 428. 1782.

Genre intertropical représenté par 14 espèces; 4 spp. à Madagascar.

Buissons ou petits arbres dioïques. Feuilles alternes, distiques, simples, entières, penninerves, stipules petites, caduques. Inflorescences axillaires en fascicules ou fleurs solitaires, fleurs petites, 4-mères; sépales 4, en deux paires décussées, inégales; disque annulaire, entier ou superficiellement lobé, soudé à la base du calice; pétales absents; étamines 4, filets libres, anthères extrorses, à déhiscence longitudinale; pistillode absent; ovaire 2–3-loculaire, styles libres ou soudés à la base, bifide; ovules 2 par loge; staminode absent. Le fruit est une petite capsule irrégulièrement déhiscente, à endocarpe parfois finement papyracé; graines à sarcotesta charnu de couleur bleue, albumen copieux.

Margaritaria est distribué dans la forêt littorale sempervirente, humide ainsi que dans la forêt et le fourré décidus, secs et sub-arides. On peut le reconnaître à sa diécie avec des inflorescences axillaires en fascicules, portant de petites fleurs à 4 sépales en deux paires décussées, inégales, sans pétales, les mâles à 4

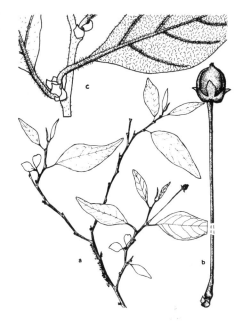

163. *Meineckia humbertii*

étamines libres et sans pistillode et à ses graines à sarcotesta charnu et bleu.

Noms vernaculaires: aucune donnée

Meineckia Baill., Étude Euphorb.: 586. 1858.

Cluytiandra Müll. Arg., J. Bot. 2: 328. 1864.
Zimmermannia Pax, Bot. Jahrb. Syst. 45: 235. 1910.

Genre représenté par 27 espèces distribué dans les régions tropicales du Nouveau Monde et d'Afrique Centrale à Assam; 10 spp. sont rencontrées à Madagascar.

Buissons ou petits arbres dioïques, ou monoïques. Feuilles alternes, distiques, simples, entières, penninerves, stipules petites, caduques. Inflorescences axillaires en glomérules ou en cymules portant de quelques à de multiples fleurs mâles, ou fleurs solitaires (femelle) ou rarement appariées, fleurs petites, verdâtres, au pédicelle grêle; calice profondément 5-imbriqué-lobé, chaque lobe à la nervure médiane proéminente, rarement plusieurs nervures parallèles, persistant et quelque peu scarieux dans le fruit; pétales absents; disque annulaire; étamines 5, filets soudés en une colonne staminale sur $^1/_4$ à $^9/_{10}$ de leur longueur (libres au-dessus), anthères latrorses à extrorses, à déhiscence longitudinale; pistillode soudé à la colonne staminale et s'étendant librement au-dessus de celle-ci; ovaire 3-loculaire, styles libres, bipartites ou bifides; ovules 2 par loge. Le fruit est une petite capsule déhiscente, à 3 cocci

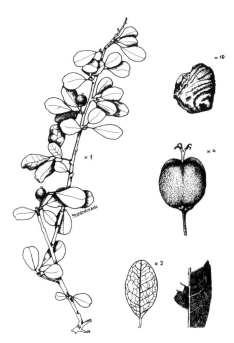

162. *Margaritaria decaryana*

bivalves, mince, à une seule graine et à columelle centrale persistante; graines ponctuées ou rarement striées transversalement, albuminées, sans caroncule.

Meineckia est distribué dans la forêt sempervirente humide et sub-humide, ainsi que dans la forêt et le fourré décidus, secs et subarides. Radcliffe-Smith (1997b) a récemment regroupé *Zimmermannia* et *Zimmermanniopsis* sous *Meineckia*. On peut le reconnaître à ses inflorescences axillaires en glomérules ou cymules portant de petites fleurs à calice profondément 5-lobé et persistant, sans pétales, les mâles à 5 étamines soudées en une colonne staminale et au pistillode soudé à la colonne staminale.

Noms vernaculaires: aucune donnée

Necepsia Prain, Bull. Misc. Inform., Kew 1910: 343. 1910.

Palissya Baill., Étude Euphorb.: 502. 1858.
Neopalissya Pax, Pflanzenr. 147. VII (Heft 63): 16. 1914.

Genre représenté par 3 espèces distribué en Afrique et à Madagascar.

Buissons ou petits arbres monoïques (ou peut être dioïques), à poils simples. Feuilles alternes, simples, glanduleuses denticulées à subentières-sinuées, penninerves, à glandes discoïdes sur la face inférieure mais rarement sur la face supérieure, au pétiole présentant un épais renflement distal, stipules étroitement triangulaires, pubescentes et caduques. Inflorescences axillaires, principalement unisexuées, en épis condensés (mâle) à allongés (femelle), fleurs petites, blanches à jaunes; sépales 4(–5) (mâle) ou (4–)5(–6) (femelle), libres; pétales

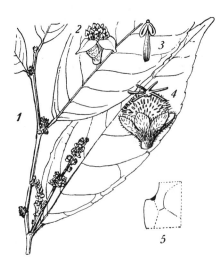

164. *Necepsia castaneifolia*

absents; étamines nombreuses, libres, insérées dans un réceptacle convexe à nombreuses glandes libres et poilues entre les étamines, filets distincts, anthères biloculaires, à déhiscence longitudinale; pistillode absent; ovaire 3-loculaire, styles 3, bifides; disque annulaire; ovule 1 par loge; staminode absent. Le fruit est une grande capsule 3-lobée, déhiscente, à cocci bivalves; graine sans caroncule.

Necepsia est distribué dans la forêt sempervirente humide et sub-humide. On peut le reconnaître à ses feuilles glanduleuses denticulées à subentières-sinuées portant des glandes discoïdes sur la face inférieure et rarement sur la face supérieure, au pétiole à épais renflement distal, et à ses inflorescences axillaires principalement unisexuées portant de petites fleurs sans pétales, les mâles à nombreuses étamines libres. Bouchat & Léonard (1986) reconnaissent 2 sous-espèces de *N. castaneifolia* à Madagascar (ainsi que 2 autres sous-espèces en Tanzanie et au Zimbabwe): la ssp. *castaneifolia* dans la RNI de Lokobe sur Nosy Be et la ssp. *capuronii* des substrats basaltiques au nord d'Antalaha.

Noms vernaculaires: aucune donnée

Omphalea L., Syst. Nat. ed. 10: 1264. 1759. nom. cons.

Genre intertropical représenté par 17 espèces; 4 (–5) spp. endémiques de Madagascar.

Buissons à arbres de taille moyenne (des lianes ailleurs), monoïques, à latex clair peu abondant, rougeâtre. Feuilles alternes (à rarement subopposées), simples, entières, crénelées-dentelées ou profondément découpées-lobées, penninerves ou palmatinerves, portant 2 glandes basales et manifestes au point d'attache du pétiole, stipules petites, caduques. Inflorescences terminales, en cymes d'épis ou de racèmes, souvent pendantes, généralement munies de bractées foliacées voyantes, fleurs petites; sépales 4–5, imbriqués; pétales absents; disque annulaire ou lobé (mâle), ou absent (femelle); étamines 2–3, filets soudés en une colonne staminale, anthères extrorses, à déhiscence longitudinale; pistillode absent; ovaire 3-loculaire, styles soudés en une courte colonne, stigmate non divisé; ovule 1 par loge; staminode absent. Le fruit est grand, quelque peu charnu, drupacé indéhiscent ou capsulaire déhiscent; graines à albumen abondant, sans caroncule.

Omphalea peut être reconnu à ses feuilles portant 2 glandes basales manifestes au point d'attache avec le pétiole, à ses inflorescences portant des bractées foliacées voyantes, et à ses grands fruits quelque peu charnus, indéhiscents ou capsulaires déhiscent; *O. oppositifolia* est distribué dans la

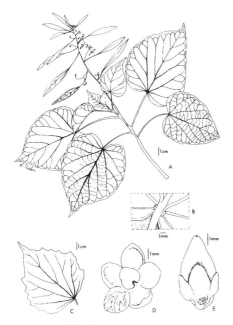

165. *Omphalea ankaranensis*

forêt sempervirente humide et sub-humide depuis le niveau de la mer jusqu'à 1 200 m d'altitude depuis les RS de Manombo et du Pic d'Ivohibe jusqu'à la presqu'île Masoala, où il apparaît sous forme d'un arbrisseau à forme distincte méritant d'être élevé au rang d'espèces; *O. ankaranensis*, *O. occidentalis* et *O. palmata* sont distribués dans la forêt décidue sèche sur substrats calcaires depuis le Tsingy de Bemaraha jusqu'à la Montagne des Français. Les espèces de *Omphalea* sont les hôtes des larves de la Chrysiridia malgache *Chrysiridia ripheus* (Uraniinae), l'un des plus beaux papillons de Madagascar, qui fait l'objet d'un élevage commercial.

Noms vernaculaires: *beravy, hitsebo, huzo-malay, malambovony fotsy, mandresy, ramoha, ravintsingy, salehy, salejy, salihy, sarihasy, tsalehy, valahakolo, voalohakoho, voalatakakoho, voalokoa, voalokoho, voantsalehy*

Orfilea Baill., Étude Euphorb.: 452. 1858.

Diderotia Baill., Adansonia 1: 274. 1861.
Laurembergia (mal orthographié *Lautembergia*) Baill., Étude. Euphorb.: 451. 1858.

Genre représenté par 2–3 espèces à Madagascar et aux Comores, et 1 sp. à Maurice.

Arbustes à arbres de taille moyenne, dioïques (monoïques à Maurice), à poils simples. Feuilles alternes, simples, dentées à superficiellement lobées, penninerves, portant rarement des domaties aux aisselles des nervures secondaires,

stipules caduques. Inflorescences axillaires, paraissant parfois terminales, composées spiciformes ou paniculées, fleurs petites; calice cupuliforme, profondément 3–4(–5)-valvaire lobé; pétales absents; disque absent; étamines 6 ou 8, filets soudés à la base en une colonne, libres au-dessus, anthères introrses, à déhiscence longitudinale; pistillode absent; ovaire 3-loculaire, lisse, styles ronds, bifides sur au moins la $^1/_2$ de leur longueur, papilleux; ovule 1 par loge. Le fruit est une petite à grande capsule tardivement déhiscente, à 3 cocci bivalves, à la columelle persistante; graines albuminées, sans caroncule.

Préalablement traité dans *Lautembergia* (mal orthographié), *Orfilea* est distribué dans la forêt sempervirente humide et sub-humide aux altitudes moyennes et dans la région du Sambirano. On peut le reconnaître à ses feuilles dentées à superficiellement lobées, à ses inflorescences axillaires en épis ou panicules ramifiés portant de petites fleurs sans pétales, les mâles à 6 ou 8 étamines soudées à la base en une colonne staminale et sans pistillode.

Noms vernaculaires: aucune donnée

Pantadenia Gagnep., Bull. Soc. Bot. France 71: 873. 1925.

Parapantadenia Capuron, Adansonia, n.s., 12: 206. 1972.

Genre représenté par 2 espèces dont 1 sp. endémique de Madagascar et 1 sp. distribuée en Asie du Sud-Est.

Arbres dioïques. Feuilles alternes, simples, entières, fortement 3-palmatinerves à la base puis penninerves au-dessus, à dense

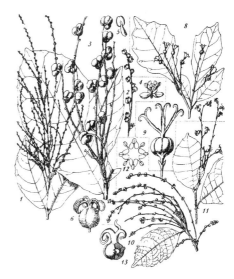

166. *Orfilea*

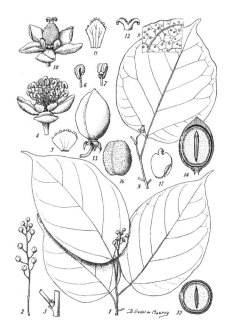

167. *Pantadenia chauvetiae*

ponctuation pellucide, portant des glandes déprimées, peltées et circulaires, à exsudations résineuses sur la face inférieure, stipules caduques. Inflorescences terminales, solitaires, en racèmes lâches, les femelles souvent réduites à une seule fleur, fleurs petites, 5-mères; sépales 5, presque libres, imbriqués; pétales 5, libres, bien plus petits que les sépales, à marge apicale portant des glandes prismatiques; disque annulaire, au rebord sinué-ondulé dans les fleurs mâles, en forme de coupe et plus ou moins entier dans les fleurs femelles; étamines multiples, filets libres, anthères courbées en fer à cheval, dorsifixes, à déhiscence longitudinale, pistillode absent; ovaire uniloculaire (ou 2-loculaire d'après Webster), style à 2 branches récurvées, staminode absent; ovule 1. Le fruit est une grande drupe quelque peu charnue, indéhiscente, à une seule graine, au calice persistant réfléchi; graine à albumen abondant.

Pantadenia chauvetiae est distribué dans la forêt décidue sèche de la région de Morondava. On peut le reconnaître à ses feuilles entières, fortement 3-palmatinerves, à dense ponctuation pellucide et portant des glandes déprimées, peltées et circulaires, à exsudation résineuse sur la face inférieure, à sa diécie aux inflorescences terminales portant de petites fleurs à 5 sépales et 5 pétales bien plus petits que les sépales, les mâles à nombreuses étamines libres, et à ses grands fruits quelque peu charnus, indéhiscents et contenant une seule graine.

Noms vernaculaires: aucune donnée

Petalodiscus (Baill.) Pax, Nat. Pflanzenfam. 3(5): 15. 1890.

Genre représenté par 6 espèces dont 5 spp. endémiques de Madagascar et 1 sp. partagée avec l'Afrique (*P. fadenii*).

Buissons à arbres de taille moyenne atteignant 15 m de haut, monoïques, à poils simples, aux tiges souvent aplaties vers l'apex. Feuilles alternes, distiques, simples, entières, penninerves à discrètement sub-palmatinerves à la base, à la nervation tertiaire souvent finement rameuse en cimier jusqu'à la marge, stipules caduques. Inflorescences axillaires en fascicules, ou parfois cauliflores, bisexuées, fleurs petites; sépales 5, imbriqués; pétales 5, aussi longs ou plus longs que les sépales; disque constitué de 5 glandes libres (mâle) ou annulaire (femelle), glabre ou densément pubescente; étamines 5, filets libres ou soudés jusqu'aux $^2/_3$, anthères introrses, à déhiscence longitudinale; ovaire 3-loculaire, styles 3, distincts, bifides; ovules 2 par loge. Le fruit est une petite à grande capsule déhiscente, à 3 cocci bivalves à une seule graine; graines peu ou pas albuminées, sans caroncule; cotylédons minces à épais, pliés ou non.

Petalodiscus est distribué dans la forêt sempervirente humide et sub-humide depuis le niveau de la mer jusqu'à 1 500 m d'altitude, ainsi que dans la forêt décidue sèche sur substrat calcaire. On peut le reconnaître à ses tiges souvent aplaties vers l'apex, ses feuilles penninerves à discrètement sub-palmatinerves (*P. fadenii*) à nervation tertiaire souvent

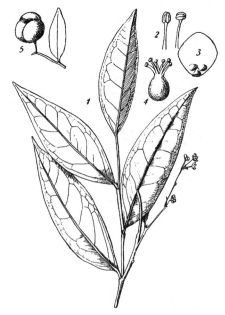

168. *Petalodiscus platyrhachis*

finement rameuse en cimier jusqu'à la marge et à ses inflorescences axillaires, parfois cauliflores, portant de petites fleurs à 5 sépales imbriqués et 5 pétales aussi longs ou plus longs que les sépales, à disque glabre et à ovaire 3-loculaire.

Noms vernaculaires: *andromolahy, berando, fanamorano, fanazava, fanjavala, hazomainty, hazondomohina, menahy, meridina, talaza, telovareiky, tepapanga, tsivoka, vagmo, velovoaraiky, zaimboalavo*

Phyllanthus L., Sp. Pl.: 981. 1753.

Glochidion J.R. & G. Forster, Char. Gen. Pl.: 113, tab. 57. 1776. nom. cons. pro parte.

Genre intertropical représenté par env. 800 espèces dont env. 60 spp. sont rencontrées à Madagascar.

Herbes, petites plantes buissonnantes, buissons, ou moins souvent petits arbres, monoïques ou dioïques, aux branches latérales ressemblant souvent à des feuilles composées et aux extrémités des branches parfois aplaties. Feuilles alternes, souvent distiques, simples, entières, penninerves, stipules petites, caduques. Inflorescences axillaires en fascicules ou fleurs solitaires, fleurs petites; sépales (4–)5–6, libres, imbriqués; pétales absents; disque constitué de glandes séparées ou soudées, extrastaminal; étamines (2–)3–5(–6), filets libres ou soudés en une colonne, anthères extrorses, à déhiscence longitudinale ou latérale; pistillode absent; ovaire généralement 3-loculaire, styles libres ou soudés à la base, bifides; ovules 2 par loge. Le fruit est une petite capsule sèche, quelque

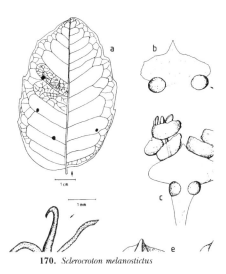

170. *Sclerocroton melanostictus*

peu charnue, déhiscente; graines à albumen charnu, sans caroncule, au testa parfois charnu.

Phyllanthus est distribué dans la forêt sempervirente humide et sub-humide, ainsi que dans la forêt et le fourré décidus, secs et sub-arides. On peut le reconnaître à ses inflorescences axillaires en fascicules portant de petites fleurs à 5–6 sépales imbriqués et sans pétales, les mâles généralement à 3–5 étamines libres ou soudées et sans pistillode. La majorité des espèces de *Phyllanthus* sont des plantes herbacées ou de petites plantes buissonnantes de moins de 1 m de haut. Seules 5 espèces de Madagascar (*P. casticum, P. decipiens* var. *boivinianus, P. erythroxyloides, P. fuscoluridus* et *P. seyrigii*) deviennent de petits arbres ainsi que plusieurs des 7 espèces de Madagascar décrites sous *Glochidion* et qui sont ici considérées dans *Phyllanthus* où elles sont mieux placées.

Noms vernaculaires: *ambolazo, antsolibe, antsolimadinidravina, antsoly, berafitse, fanavitiana, fangora, fantsikaka lahy, hazomena, hazontaha, hazontana, hazontano, karepa, karepadahy, karepoka, koropoka, lamoty, leza, malaintay, mantsikariva, masikariva, masikarivo, mikintsa, piky, sagnira, sanira, sanira be, sanira tandroy, saniraberavina, sanirana, sofindambo, taintona, taito mantsikariva, taolakena, teheto, tentina, tento, tentona, tentondahy, tsifolaboay, tsikarivana*

Sclerocroton Hochst., Flora 28: 85. 1845.

Genre représenté par 6 espèces dont 5 spp. sont distribuées en Afrique et 1 sp. est endémique de Madagascar.

Buissons ou petits arbres monoïques, à latex laiteux. Feuilles alternes, simples, subentières à dentées, penninerves, portant (0–)2–6(–8) glandes rondes et noires situées à l'intérieur des

169. *Phyllanthus erythroxyloides*

boucles de la nervation secondaire, glandes pétiolaires absentes, stipules caduques. Inflorescences terminales, en épis ou racèmes, généralement bisexuées avec les fleurs disposées aux aisselles de bractées portant des glandes en forme de coupe à la base, la bractée basale portant 1 fleur femelle, puis de multiples bractées portant chacune 3–5 fleurs mâles, fleurs petites; calice en forme de coupe, irrégulièrement 2–3-lobé (mâle) ou sépales libres et portant 2 glandes basales (femelle); pétales absents; disque absent; étamines 2–3, filets courts, libres à légèrement soudés à la base, anthères basifixes, extrorses, à déhiscence longitudinale; pistillode absent; ovaire 3-loculaire à 6 appendices, styles 3, soudés à la base, entiers, récurvés; ovule 1 par loge. Le fruit est une grande capsule déhiscente, à 3 cocci bivalves, avec les appendices persistants de l'ovaire et la columelle persistante; graines caronculées, sans arille.

Sclerocroton melanostictus est distribué dans la forêt décidue sèche. On peut le reconnaître à son latex laiteux, ses feuilles subentières à dentées portant 2–6 (–8) glandes rondes et noires situées à l'intérieur des boucles de la nervation secondaire, mais sans glandes pétiolaires et à ses inflorescences terminales.

Noms vernaculaires: aucune donnée

Securinega Comm. ex Jussieu, Gen. Pl.: 388. 1789. nom. cons.

Genre représenté par 5 espèces distribué à Madagascar et aux Mascareignes (1 sp.).

Buissons à arbres de taille moyenne, dioïques. Feuilles alternes, simples, entières, penninerves, stipules petites, caduques. Inflorescences axillaires en fascicules, fleurs petites; sépales 5, imbriqués, persistants; pétales absents; disque constitué de 5 glandes alternant avec les sépales (mâle), ou presque entier et annulaire (femelle); étamines 5(–10), filets libres, anthères extrorses, à déhiscence longitudinale; pistillode présent; ovaire 3-loculaire, styles libres, bifides; ovules 2 par loge. Le fruit est une petite capsule 3-lobée, déhiscente, à 3 cocci bivalves, à columelle persistante; graine albuminée, à testa noir et lisse.

Securinega est distribué dans la forêt sempervirente sub-humide (*S. durissima*) et dans la forêt et le fourré décidus, secs et sub-arides, souvent sur substrat calcaire. On peut le reconnaître à sa diécie avec des inflorescences axillaires en fascicules portant de petites fleurs à 5 sépales imbriqués mais sans pétales, les mâles généralement à 5 étamines libres et un pistillode; *S. perrieri* est un arbre pouvant atteindre 20 m de haut, à l'écorce platanoïde s'exfoliant en plaques, qui est rencontré depuis la vallée du fleuve Onilahy jusqu'au tsingy de la RNI de Namoroka.

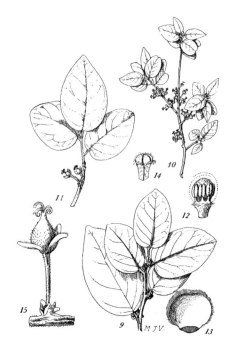

171. *Securinega perrieri*

Noms vernaculaires: *anatsiko, farafaka, forofoka, hazomena, menahy, vatoa*

Sphaerostylis Baill., Étude Euphorb.: 466. 1858.

Genre endémique représenté par 2 espèces.

Buissons ou plantes grimpantes monoïques, à poils simples et piquants. Feuilles alternes, simples, subentières, fortement 3-palmatinerves à la base puis penninerves au-dessus, stipules caduques. Inflorescences terminales et opposées aux feuilles, en racèmes ou épis, fleurs petites; sépales 4, valvaires (mâle), infléchis pour former un pseudo-disque, ou 5, imbriqués (femelle), dentés; pétales absents; disque absent; étamines 2 ou 3, filets soudés à la base ou adnés aux sépales, anthères introrses, à déhiscence longitudinale; pistillode absent; ovaire 3-loculaire, styles soudés en une colonne sphérique; ovule 1 par loge. Le fruit est une petite capsule déhiscente, lisse, à 3 cocci bivalves, à la columelle persistante; graines albuminées, sans caroncule.

Sphaerostylis est distribué dans la forêt sempervirente humide à basse altitude. On peut le reconnaître à son indument de poils piquants, ses feuilles fortement 3-palmatinerves et à ses inflorescences terminales ou opposées aux feuilles et portant de petites fleurs sans pétales, les mâles à 2 ou 3 étamines.

Noms vernaculaires: aucune donnée

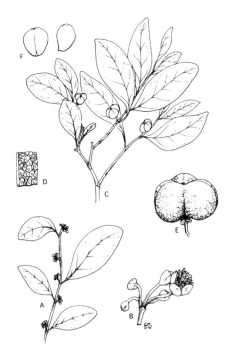

172. *Suregada eucleoides*

Suregada Roxb. ex Rottl., Ges. Naturf. Freunde Berlin Neue Schriften 4: 206. 1803.

Genre des régions tropicales de l'Ancien Monde représenté par env. 40 espèces dont 13 spp. sont rencontrées à Madagascar.

Buissons à arbres de taille moyenne, dioïques, ou rarement monoïques, généralement glabres ou portant des poils simples épars. Feuilles alternes, simples, entières ou crénelées-serretées, penninerves, à ponctuation pellucide, stipules décidues, en laissant une cicatrice proéminente. Inflorescences opposées aux feuilles, en glomérules, fleurs petites; sépales (4–)5–6(–8), libres, imbriqués, parfois glanduleux, inégaux, l'intérieur pétaloïde; pétales absents; disque annulaire ou découpé; étamines (6–)10–25 (–60), filets libres, extrorses, à déhiscence longitudinale; pistillode absent; ovaire 3-loculaire, styles soudés à la base, courts, ressemblant à des stigmates, bifides; ovule 1 par loge; parfois 5–10 staminodes. Le fruit est une petite capsule déhiscente, à cocci bivalves, à la columelle persistante, ou une drupe indéhiscente; graine à albumen charnu, sans caroncule.

Suregada est distribué dans la forêt sempervirente humide et sub-humide ainsi que dans la forêt et le fourré décidus, secs et sub-arides. On le reconnaît aisément à ses inflorescences et fruits opposés aux feuilles.

Noms vernaculaires: *fanabe, fangahamba, hazoambo, hazombalala, hazomboangy, hazompasy, hazotsifaky, mampisaraka, manibary, saritsoha, tsilavondria*

Tannodia Baill., Adansonia 1: 251. 1861.

Domohinea Leandri, Bull. Soc. Bot. France 87: 285. 1940.

Genre représenté par 9 espèces dont 3 spp. africaines, 1 sp. distribuée aux Comores et à Madagascar et 5 spp. endémiques de Madagascar.

Arbres dioïques de petite à grande tailles, à poils simples. Feuilles alternes, simples, entières, fortement 3-palmatinerves à la base, penninerves au-dessus, ou rarement penninerves (*T. pennivenia*), dont la base est cunéiforme à obtuse, parfois munies de domaties aux aisselles des nervures secondaires, stipules discrètes. Inflorescences longues, terminales, solitaires, en racèmes lâches, fleurs petites, appariées (mâle) ou solitaires (femelle) le long des racèmes; calice enfermant la fleur dans le bouton, 2–5-parti à l'anthèse (mâle), ou sépales 2–3 ou 4–5 (femelle); pétales 4–5; réceptacle des fleurs mâles poilu; disque constitué de 4–5 petites glandes charnues alternant avec les pétales (mâle) ou annulaire (femelle); étamines 8–10 en 2 verticilles, les extérieures libres et opposées aux pétales, les intérieures soudées à la base en une colonne, anthères dorsifixes, introrses, à

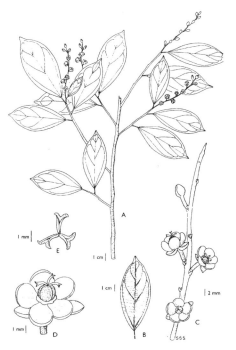

173. *Tannodia grandiflora*

174. *Thecacoris madagascariensis*

déhiscence longitudinale; pistillode absent; ovaire 3-loculaire, styles 3, soudés à la base, courts, bifides; ovule 1 par loge; staminode absent. Le fruit est une grande capsule sèche, déhiscente, subsphérique, à 3 cocci bivalves, à la columelle persistante et 3-ailée; graines à albumen charnu, sans caroncule.

Tannodia est distribué dans la forêt sempervirente humide et sub-humide presque depuis le niveau de la mer jusqu'à 1 200 m d'altitude. Avec ses inflorescences axillaires, en épis ou racèmes allongés, il est superficiellement similaire à *Amyrea* mais ce dernier a des fleurs apétales et ses feuilles ne présentent pas une base fortement 3-palmatinerve, nervation qui est cependant également absente chez *T. pennivenia*.

Noms vernaculaires: *fanavimahitso, hazodomoina, hazomaitso, hazondomohina, hazondomoina, ladiha*

Thecacoris A. Juss., Euphorb. Gen.: 12. 1824.

Cyathogyne Müll. Arg., Flora 47: 536. 1864.

Genre représenté par env. 18 spp. en Afrique et 2 spp. endémiques de Madagascar.

Buissons à arbres de taille moyenne, dioïques. Feuilles alternes, simples, entières, penninerves, stipules petites, caduques. Inflorescences axillaires en racèmes, parfois en chatons, fleurs petites, disposées à l'aisselle d'une petite bractée; calice profondément 4–5-imbriqué-lobé; pétales absents ou à l'état de vestige; étamines 5, filets distincts, anthères à connectif glanduleux, extrorses, à

déhiscence longitudinale; disque constitué de glandes alternant avec les étamines ou annulaire (femelle); pistillode présent; ovaire 3-loculaire, styles 3, courts, bifides, persistants; ovules 2 par loge; staminode absent. Le fruit est une petite capsule déhiscente, réfléchie, à 3 cocci bivalves; graines albuminées, sans caroncule.

Thecacoris est distribué dans la forêt sempervirente humide et sub-humide depuis le niveau de la mer jusqu'à 1 700 m d'altitude, avec une espèce (*T. spathulifolia* var. *greveana*) dans la forêt décidue sèche de l'ouest. On peut le reconnaître à ses inflorescences axillaires en racèmes (parfois en chatons) portant de petites fleurs au calice profondément 4–5-lobé, généralement sans pétales, les mâles à 5 étamines libres et un pistillode.

Noms vernaculaires: *angavoady, hazombato, manivala*

Uapaca Baill., Étude Euphorb.: 595. 1858.

Genre représenté par env. 60 espèces distribué en Afrique et à Madagascar où env. 12 spp. sont rencontrées.

Petits à grands arbres dioïques, présentant souvent des racines-échasses bien développées, aux exsudations de suc résineux, rougeâtre clair, qui s'écoulent de toute entaille et qui couvrent les bourgeons. Feuilles alternes, groupées à l'apex des branches, simples, entières, penninerves, stipules nulles (présentes sur les spp. africaines). Inflorescences axillaires en

175. *Uapaca*

fascicules ou en capitules sphériques (mâle) ou fleurs solitaires (femelle), longuement pédonculées et entourées d'un involucre de 4–7 bractées imbriquées, inflorescences mâles et fleurs femelles grandes; calice soudé 4–5-lobé; pétales absents; disque absent; étamines (4–) 5, filets distincts, anthères introrses, à déhiscence longitudinale; pistillode présent; ovaire 3-loculaire, styles courts, multifides, souvent persistants; ovules 2 par loge; staminode absent. Le fruit est une grande drupe charnue, indéhiscente, contenant de 1 à 3 graine(s), la drupe ellipsoïde, souvent couverte de lenticelles; graines albuminées, sans caroncule.

Uapaca est distribué dans la forêt sempervirente humide, sub-humide et de montagne depuis le niveau de la mer jusqu'à plus de 2 000 m d'altitude, ainsi que dans la forêt sclérophylle et semi-décidue du Plateau Central et à l'ouest de Maevatanana vers le nord. On peut le reconnaître à ses racines-échasses qui sont souvent bien développées et à ses exsudations de suc résineux qui s'écoulent de toute entaille et qui entourent en particulier les bourgeons, à ses inflorescences axillaires, longuement pédonculées et entourées par un involucre de 4–7 bractées imbriquées, portant des fleurs apétales, et à ses grands fruits charnus souvent couverts de lenticelles. Les fruits de plusieurs espèces sont comestibles, y compris ceux du Tapia (*U. bojeri*), l'hôte des vers à soies du Bombyx de Madagascar (*Boroceras madagascariensis* Bombycidae), qui est un élément caractéristique des zones arborées sclérophylles et dégradées des sites les plus secs du Plateau Central.

Noms vernaculaires: *anambovahatra, oapaka, paka, pakafotsy, tapia, tapiandrano, voapaka, voapaka fotsy, voapaka lahy, voapaka mena, voapaka vavy*

Voatamalo Capuron ex Bosser, Adansonia, n.s., 15: 333. 1976.

Genre endémique représenté par 2 espèces.

Buissons à grands arbres dioïques. Feuilles opposées, simples, entières, penninerves, à nervation secondaire étroitement parallèle ('calophylle'), stipules intrapétiolaires, soudées entre elles et à la base du pétiole, caduques et laissant une cicatrice circulaire évidente, les stipules opposées conniventes et protégeant le bourgeon terminal. Inflorescences axillaires, simples ou peu ramifiées de manière pseudo-dichotome, les fleurs mâles en fascicules, les fleurs femelles en cymes appariées, fleurs petites; périanthe constitué de 6 articles libres ou parfois partiellement soudés, imbriqués, disposés en deux séries, l'intérieure bien plus petite dans les fleurs femelles, persistant et légèrement accrescent dans le fruit; étamines

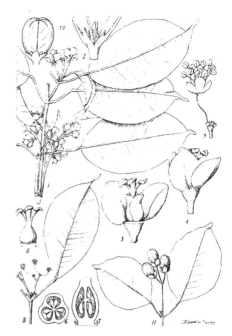

176. *Voatamalo*

9–14(–27), libres, plus ou moins disposées en deux séries, filets distincts, anthères biloculaires, extrorses, à déhiscence longitudinale; disque annulaire, irrégulièrement lobé; pistillode absent; ovaire 3–5-loculaire, style terminal épais, court, divisé en 3 branches stigmatiques étalées; ovules 2 par loge; staminode absent. Le fruit est une grande capsule sèche, déhiscente, 2–5-valve, ovoïde à sphérique, laissant derrière elle une columelle centrale d'une longueur de l'ordre de $^2/_3$ de celle du fruit.

Voatamalo peut être reconnu à ses feuilles opposées, entières à nervation secondaire dense et étroitement parallèle ('calophylle'); *V. eugenioides* est distribué dans la forêt sub-littorale sempervirente humide proche de la côte depuis Fort-Dauphin jusqu'à Farafangana; *V. capuronii* est distribué dans la forêt semi-décidue sèche de l'extrême nord sur substrats sableux et calcaire sur la Montagne des Français et dans la Forêt de Sahafary.

Noms vernaculaires: *ropasy, vatamalo, voantamalo, voatamalo*

Wielandia Baill., Étude Euphorb.: 568. 1858.

Genre monotypique distribué à Madagascar et aux Seychelles.

Buissons à petits arbres atteignant 8 m de haut, monoïques, à écorce profondément (2 cm) fissurée et à l'apex des branches aplati. Feuilles alternes, simples, entières, penninerves, stipules

177. *Wielandia elegans*

petites, caduques. Inflorescences axillaires en fascicules, fleurs petites, les femelles plus longuement pédicellées et deux fois plus grandes que les mâles, et en position terminale dans les fascicules; sépales 5, imbriqués; pétales 5, disque 5-angulaire; étamines 5, aux filets soudés en une épaisse colonne centrale, anthères extrorses, à déhiscence longitudinale; pistillode 5-lobé présent à l'apex de la colonne staminale; ovaire (4–)5(–6)-loculaire, entouré d'un disque en forme de coupe, styles 5, légèrement réfléchis et bifides à l'apex; ovules 2 par loge; staminode absent. Le fruit est une grande capsule sphérique, déhiscente, à 8–12 valves contenant une seule graine chacune; graines sans albumen.

Wielandia elegans est distribué dans la forêt sempervirente humide et sub-humide, ainsi que dans la forêt décidue sèche. Il est très affine avec *Petalodiscus* et pourrait probablement être considéré sous le même genre, ne différant essentiellement que par ses ovaires 5-loculaires.

Noms vernaculaires: aucune donnée

FABACEAE Lindl.

Grande famille cosmopolite représentée par env. 645 genres et env. 18 000 espèces.

Plantes herbacées, lianes rampantes, buissons et arbres de petites à grandes tailles, hermaphrodites ou rarement dioïques, présentant parfois des exsudats résineux et rougeâtres, aux rameaux parfois aplatis et photosynthétiques (cladodes), aux extrémités des rameaux parfois transformées en épines larges, aux tiges portant parfois des épines plus aiguës. Feuilles alternes ou rarement subopposées à opposées, simples, unifoliolées, trifoliolées, composées imparipennées, paripennées ou bipennées, à marge entière ou rarement bilobée, penninerves ou rarement palmatinerves, portant parfois des points ou linéoles translucides, rarement absentes et pétiole/rachis en phyllode, souvent munies de glandes discoïdes à l'apex du pétiole et le long du rachis entre les pennes opposées, stipules généralement caduques, parfois modifiées en deux épines appariées. Inflorescences terminales ou axillaires, en épis, en racèmes ou en panicules, ou fleurs solitaires, fleurs petites à grandes, régulières à irrégulières, 5-mères; sépales 5, libres, ou calice soudé; pétales 5, libres, parfois en onglets, étalés, ou organisés avec un étendard supérieur, 2 latéraux et les 2 les plus bas connivents ou soudés en formant la carène, ou soudés en une brève coupe, parfois absents; étamines souvent 10, parfois pas plus de 1 ou 2, quelques unes parfois réduites en staminodes, ou multiples, libres, ou soudées selon divers arrangements, souvent 9 soudées en un long tube staminal et 1 libre, anthères biloculaires, à déhiscence longitudinale, rarement poricide; ovaire supère, un unique carpelle uniloculaire, style terminal, généralement grêle, cylindrique ou parfois court, stigmate capité à creusé; ovule(s) 1 à multiples. Le fruit est une grande gousse sèche à ligneuse, souvent comprimée ou aplatie, déhiscente, se séparant parfois en articles à une seule graine (lomentacée), ou une gousse drupacée, charnue à ligneuse, indéhiscente, aux graines parfois séparées par des cloisons transversales, ou samaroïde et ailée; graines présentant parfois un petit arille encerclant l'hile, albumen présent ou non.

Bosser, J. & R. Rabevohitra. 1996. Taxa et noms nouveaux dans le genre *Dalbergia* (Papilionaceae) à Madagascar et aux Comores. Bull. Mus. Natl. Hist. Nat., sect. B, sér. 4, Adansonia 18: 171–212.

Capuron, R. 1968. Contributions à l'étude de la flore forestière de Madagascar. Réduction du genre *Aprevalia* Baill. au rang de section du genre *Delonix* Raf. et description d'une espèce nouvelle (Lég. Césalp.). Adansonia, n.s., 8: 11–16.

Capuron, R. 1968. Contributions à l'étude de la flore forestière de Madagascar. A. Notes sur quelques Cassiées Malgaches (1ère. partie). Adansonia, n.s., 8: 17–37.

Capuron, R. 1968. Contributions à l'étude de la flore forestière de Madagascar. A. Notes sur quelques Cassiées malgaches (2e. partie). B. Les Swartziées de Madagascar. Adansonia, n.s., 8: 199–222.

Dorr, L. E. 1991. Plants in peril 16: *Baudouinia rouxevillei.* Kew Mag. 8: 197–202.

Du Puy, D. J. 2001. The Leguminosae of Madagascar. Royal Botanic Gardens, Kew.

Du Puy, D. J. & J.-N. Labat. 1995. *Pyranthus,* a new genus of the tribe *Millettieae* (*Leguminosae-Papilionoideae*) from Madagascar. Kew Bull. 50: 73–84.

Du Puy, D. J. & J.-N. Labat. 1996. New species of *Erythrina* and *Mucuna* (Leguminosae-Papilonoideae-Phaseoleae) from Madagascar and the Comoros. Bull. Mus. Natl. Hist. Nat., sect. B, sér. 4, Adansonia 18: 225–234.

Du Puy, D. J., J.-N. Labat & B. D. Schrire. 1994. Révision du genre *Vaughania* S. Moore (Leguminosae-Papilionoideae-Indigofereae). Bull. Mus. Natl. Hist. Nat., sect. B, sér. 4, Adansonia 16: 75–102.

Du Puy, D. J., J.-N. Labat & B. D. Schrire. 1995. A revision of *Phylloxylon* (Leguminosae: Papilionoideae: Indigofereae). Kew Bull. 50: 477–494.

Du Puy, D. J., P. B. Phillipson & R. Rabevohitra. 1995. The genus *Delonix* (Leguminosae: Caesalpiniodeae: Caesalpinieae) in Madagascar. Kew Bull. 50: 445–475.

Labat, J.-N. & D. J. Du Puy. 1995. New species and combinations in *Millettia* Wight & Arnott and *Pongamiopsis* R. Viguier (Leguminosae-Papilionoideae-Millettieae) from Madagascar. Novon 5: 171–182.

Labat, J.-N. & D. J. Du Puy. 1996. Two new species of *Ormocarpopsis* R. Viguier and a new combination in *Ormocarpum* P. Beauvois (Leguminosae-Papilionoideae) from Madagascar. Novon 6: 54–58.

Labat, J.-N. & D. J. Du Puy. 1998. *Sylvichadsia,* a new genus of Leguminosae-Papilionoideae-Millettieae endemic to Madagascar. Adansonia, sér. 3, 20: 163–171.

Langenheim, J. H. & Y.-T. Lee. 1974. Reinstatement of the genus *Hymenaea* (Leguminosae: Caesalpiniodeae) in Africa. Brittonia 26: 3–21.

Peltier, M. 1972. Les Sophorées de Madagascar. Adansonia, n.s., 12: 137–154.

Phillipson, P. B. & G. Condy. 1992. *Colvillea racemosa.* Fl. Pl. Africa 52(1): pl. 2055.

Villiers, J.-F. 1994. *Alantsilodendron* Villiers, genre nouveau de Leguminosae-Mimosoideae de Madagascar. Bull. Mus. Natl. Hist. Nat., sect. B, sér. 4, Adansonia 16: 65–70.

Villiers, J.-F. 1995. Une nouvelle espèce du genre *Adenanthera* L. (Leguminosae, Mimosoideae) à Madagascar. Bull. Mus. Natl. Hist. Nat., sect. B, sér. 4, Adansonia 16: 227–230.

Villiers, J.-F. & P. Guinet. 1989. *Lemurodendron* Villiers & Guinet, genre nouveau de Leguminosae Mimosoideae de Madagascar. Bull. Mus. Natl. Hist. Nat., sect. B, sér. 4, Adansonia 11: 3–10.

Taxons de cultures qui se sont naturalisés:

Haematoxylum campechianum (incluant *Cymbosepalum baronii*) est un buisson ou un petit arbre de 6 m de haut, épineux, rencontré à l'ouest et au nord, avec des épines axillaires robustes; feuilles composées, simplement paripennées ou bipennées puis paripennées, avec 2–4 folioles opposées, ou la paire basale parfois remplacée par une paire de pennes opposées dont chacune présente 1 ou 2 paire(s) de folioles opposées, à nervation distinctement striée; fleurs petites, ouvertes, légèrement irrégulières, 5-mères en racèmes terminaux et axillaires, pétales libres, jaunes; gousses plates, fines, déhiscentes par fentes longitudinales le long de la moitié de chaque valve.

Leucaena leucocephala est un arbre inerme pouvant atteindre 15 m de haut, aux feuilles composées bipennées puis paripennées, avec 2–6 paires de pennes opposées, portant chacune 9–16 paires de folioles opposées, au pétiole muni d'une glande; fleurs mimosées, 5-mères, dans des capitules sphériques axillaires, aux pétales libres de couleur crème-verdâtre et aux anthères pubescentes munies d'une glande apicale; les gousses sont fines, plates et déhiscentes en 2 valves.

Parkinsonia aculeata est un buisson ou un petit arbre atteignant 8 m de haut, épineux, aux feuilles composées bipennées puis paripennées, avec 1(–2) paire(s) de pennes opposées portées sur un court rachis modifié en épine acérée, axes de la penne largement ailés portant de multiples petites folioles opposées, précocement caduques, ou absentes; les fleurs grandes, ouvertes, légèrement irrégulières, 5-mères, sont portées dans de longs racèmes axillaires, pétales libres, jaunes; la gousse indéhiscente présente des étranglements entre les graines.

Pithecellobium dulce est un buisson ou un arbre pouvant atteindre 20 m de haut, aux feuilles composées bipennées puis paripennées, à une seule paire de pennes dont chacune porte une seule paire de folioles, au pétiole et aux pennes munis de glandes, les stipules ressemblant à une épine aiguë; les fleurs mimosées sont groupées dans des capitules subsphériques d'épis ou de racèmes axillaires, leur pédoncule porte une glande distincte, les pétales blanc-crème sont soudés sur plus de la $^1/_2$ de leur longueur, les étamines sont soudées en tube à leur base; les gousses sont déhiscentes en 2 valves spiralées-enroulées, les graines sont noires et ornées d'un arille charnu, blanc à rougeâtre.

Noms vernaculaires: *kilimbezana, kilivazaha, kily vazaha*

Autres taxons cultivés, non naturalisés:

Falcataria moluccana est un arbre mimosé atteignant 25 m de haut, planté pour son bois ou à des fins d'ombrage, aux feuilles composées, bipennées puis paripennées, à nombreuses pennes et folioles asymétriques, à glandes présentes sur le pétiole et le rachis, aux fleurs homomorphes de couleur crème, a nombreuses étamines portées dans des épis axillaires ou des panicules d'épis allongés; les gousses sont plates, longues, linéaires-oblongues, déhiscentes en 2 valves.

Schizolobium parahyba est une grand arbre césalpinié atteignant plus de 20 m de haut, à la tige droite et au houppier plat, qui fleurit avant l'apparition des feuilles à peu près en même temps que les Jacarandas, aux feuilles composées, bipennées puis paripennées, aux multiples paires de pennes opposées et petites folioles, aux grandes fleurs ouvertes groupées dans des panicules terminaux et des racèmes axillaires, aux pétales libres et jaunes; les grandes gousses sont plates, déhiscentes en 2 valves, élargies à l'apex où une graine unique est contenue dans un endocarpe papyracé.

Sous-familles des légumineuses: les Fabaceae ont été traditionnellement divisés en trois sous-familles, dont chacune a parfois été considérée comme une famille distincte. Alors que les différentes sous-familles peuvent aisément être reconnues par les divers types de fleurs, certains genres peuvent paraître intermédiaires et leur appartenance à une sous-famille être difficile à établir. Ainsi, plutôt que d'adhérer aux divisions en sous-familles, les clés suivantes traitent-elles l'ensemble des légumineuses en accentuant d'abord et surtout les caractéristiques des feuilles. Cependant, les types floraux qui correspondent en partie aux divisions en sous-familles peuvent jouer un rôle important pour établir l'appartenance générique. En général, les genres des Césalpiniées ont des fleurs assez grandes, ouvertes, régulières à légèrement irrégulières avec des pétales étalés, souvent en onglets et 10 étamines libres; les genres des Mimosées ont de petites fleurs régulières, souvent groupées dans des capitules sphériques ou parfois dans des épis, en "houppettes", un périanthe indistinct et souvent une multitude d'étamines; et les genres des Papilionacées ont des fleurs petites à grandes, typiques des "fleurs de pois" avec le pétale supérieur (postérieur) généralement plus grand et souvent dressé (l'étendard), 2 pétales latéraux (les ailes) et les 2 pétales inférieurs souvent complètement ou partiellement soudés (la carène), avec 10 étamines généralement soudées selon diverses combinaisons, souvent 9 + 1, i.e. 9 soudées + 1 libre.

Feuilles simples, ou unifoliolées, ou absentes et les rameaux cladodiformes, ou le pétiole et le rachis développés en un phyllode aliforme.

1. Feuilles consistant en un pétiole et un rachis développés en phyllodes aliformes · *Vaughania*
1'. Feuilles ne consistant pas en un pétiole et un rachis développés en phyllodes aliformes, simples ou unifoliolées, parfois très réduites et caduques, ou absentes et les tiges aplaties et transformées en clades photosynthétiques.
  2. Feuilles très réduites, souvent caduques, ou absentes; tiges aplaties et transformées en clades photosynthétiques.
    3. Tiges couvertes d'écailles peltées; feuilles bilobées, 2-palmatinerves; inflorescences 10–20-flores, sans bractées distinctes; pétales absents; étamines 5, plus 5 staminodes pétaloïdes; fruit comprimé subcirculaire · · · · · · · · · · · · · · *Brenierea*
    3'. Tiges sans écailles peltées; feuilles entières, penninerves; inflorescences pauciflores, munies ou non de bractées distinctes; pétales présents; étamines 9 soudées + 1 libre; fruit ellipsoïde ou longuement subcylindrique.
      4. Inflorescences munies de bractées distinctes, le pédicelle présentant des bractéoles appariées; fruit une grande gousse, tardivement déhiscente, ellipsoïde, contenant 1 ou 2 graine(s), rostrée, abruptement effilée aux deux extrémités; graines ellipsoïdes à subsphériques · · · · · · · · · · · · · · · *Phylloxylon*
      4'. Inflorescences munies de bractées distinctes, le pédicelle sans bractéoles; fruit une longue gousse droite, subcylindrique, déhiscente en 2 valves qui s'enroulent en spirale, à l'apex rostré, à l'endocarpe papyracé formant des septa autour des graines ellipsoïdes · *Vaughania*
  2'. Feuilles non réduites, persistantes; tiges non cladodiformes.
    5. Grands arbres à exsudats résineux rouges; sépales 3, pétales 3, fortement réfléchis; étamines 2 · *Dialium*
    5'. Buissons à arbres de taille moyenne sans exsudat résineux rouge; sépales et pétales 5 ou 6, non réfléchis; étamines 5–12, ou rarement 1.
      6. Feuilles bilobées, les lobes pliés les uns contre les autres dans le bourgeon, palmatinerves · *Bauhinia*
      6'. Feuilles entières, penninerves.
        7. Fleurs papilionacées, pourpres à blanc-rosâtre, avec 9 étamines soudées + 1 libre.
          8. Inflorescences terminales; graines à l'hile bordé d'un arille blanc · · *Mundulea*
          8'. Inflorescences axillaires; graines sans arille · · · · · · · · · · · · · · · *Phylloxylon*
            9. Inflorescences munies de bractées distinctes, le pédicelle présentant des bractéoles appariées; fruit une grande gousse, tardivement déhiscente, ellipsoïde, contenant 1 ou 2 graine(s), rostrée, abruptement effilée aux deux extrémités; graines ellipsoïdes à subsphériques · *Phylloxylon*

9'. Inflorescences munies de bractées distinctes, le pédicelle sans bractéoles; fruit une longue gousse droite, subcylindrique, déhiscente en 2 valves qui s'enroulent en spirale, à l'apex rostré, à l'endocarpe papyracé formant des septa autour des graines ellipsoïdes ·················· *Vaughania*

7'. Fleurs non papilionacées aux pétales étalés et jaunes, aux étamines libres.

10. Inflorescences en cymes à ramifications dichotomes; sépales, pétales 5; étamines 6–10; fruit une drupe charnue ou fibreuse se séparant en libérant de 1 à de multiples pyrène(s) ligneux ············ *Baudouinia*

10'. Inflorescences racémeuses à corymbiformes; sépales, pétales généralement 6; étamines 11–12; fruit une gousse sèche, déhiscente en spirale, la face supérieure légèrement ailée ·············· *Mendoravia*

Feuilles trifoliolées.

1. Branches munies d'épines robustes; pétales orange, rouge vif à marron ····*Erythrina*

1'. Branches inermes; pétales blancs à jaunes ou pourpres à blanc-rosâtre.

2. Grands arbres à exsudat résineux rouge; sépales 3, pétales 3, fortement réfléchis; étamines 2 ····································· *Dialium*

2'. Buissons à arbres de taille moyenne sans exsudat résineux rouge; sépales et pétales 5, non réfléchis; étamines 9 soudées + 1 libre.

3. Buisson ou petit arbre de grève; pétales blancs à jaunes; fruit lomentacé avec des étranglements entre les articles au niveau desquels il se désarticulera ·· *Dendrolobium*

3'. Buissons à arbres de taille moyenne de l'intérieur des terres, loin du rivage; fruit une longue gousse, étroitement oblongue à subcylindrique, ne se désarticulant pas.

4. Inflorescences terminales; graines réniformes, comprimées, à l'hile bordé d'un petit arille blanchâtre ···································· *Mundulea*

4'. Inflorescences axillaires; graines ellipsoïdes entourées d'un endocarpe papyracé formant des septa au sein du fruit, hile sans arille ·············· *Vaughania*

Feuilles composées imparipennées.

1. Folioles opposées.

2. Fleurs régulières ou presque; étamines toutes libres.

3. Inflorescences axillaires, pauciflores; fleurs régulières, étamines 10; fruit mince, déhiscent en spirale; graine ellipsoïde à l'hile bordé d'un arille ········· *Cadia*

3'. Inflorescences terminales, multiflores; fleurs subrégulières, étamines 11; fruit coriace, déhiscent en 2 valves qui ne s'enroulent pas en spirale; graine réniforme sans arille ··································· *Neoharmsia*

2'. Fleurs irrégulières; au moins 5 étamines soudées, généralement 9, rarement 10, ou rarement toutes les étamines libres.

4. Inflorescences terminales.

5. Étamines toutes libres; fruit étranglé entre chaque graine sphérique et sans arille; grève côtière ····························· *Sophora*

5'. Étamines 9 soudées + 1 libre ou 10 soudées; fruit non étranglé entre chaque graine réniforme dont l'hile est bordé d'un arille; intérieur des terres.

6. Étamines 9 soudées + 1 libre; pétales de couleur lilas clair à pourpre, parfois blanche à rose ······························· *Mundulea*

6'. Toutes les 10 étamines soudées; pétales écarlates ou rouge-orange à rouge-pourpre ····································· *Pyranthus*

4'. Inflorescences axillaires ou cauliflores.

7. Étamines 5 soudées + 5 libres; fruit une drupe indéhiscente, fibreuse à ligneuse, profondément pliée transversalement; zone de transition du sud-est ······································· *Eligmocarpus*

7'. Étamines 9 soudées + 1 libre; fruit déhiscent ou rarement indéhiscent mais dans ce cas plié transversalement.

8. Fruit court, ovale ou ellipsoïde, gonflé, ligneux, indéhiscent; pétales de couleur blanche teintée de lilas · *Pongamiopsis*

8'. Fruit long, aplati à subcylindrique, à déhiscence légèrement à franchement spiralée; pétales roses, mauves, orange-rougeâtre à pourpre-rougeâtre, rarement blancs.

  9. Inflorescences cauliflores sur la tige principale · · · · · · · · · · · · *Sylvichadsia*

  9'. Inflorescences axillaires, parfois portées sur des rameaux courts, ramiflores, apparaissant souvent avant ou juste avant le développement des feuilles.

    10. Inflorescences axillaires; pétales roses à violets · · · · · · · · · · · · *Millettia*

    10'. Inflorescences axillaires sur des rameaux courts, ou ramiflores, pétales orange-rouge, rarement de couleur crème · · · · · · · · · · · · · · · *Chadsia*

1'. Folioles subopposées à alternes.

  11. Fleurs régulières à subrégulières, étamines toutes libres.

    12. Fleurs petites, étamines 10; fruit contenant 1(–2) graine(s), indéhiscent, suborbiculaire, aplati et distinctement concave, parfois légèrement ailé ou couvert de soies glanduleuses · *Dicraeopetalum*

    12'. Fleurs grandes, étamines 10, 11, ou multiples; fruit contenant 4–10 graines, aplati, linéaire et oblong, déhiscent, ou cylindrique à obovoïde et indéhiscent.

      13. Étamines 10 ou 11; fruits aplatis, linéaires et oblongs, déhiscents.

        14. Inflorescences axillaires, pauciflores; fleurs régulières, étamines 10; fruit mince, déhiscent en spirale; graine ellipsoïde à l'hile bordé d'un arille · · · · · · · *Cadia*

        14'. Inflorescences terminales, multiflores; fleurs subrégulières, étamines 11; fruit coriace, déhiscent en 2 valves qui ne s'enroulent pas en spirale; graine réniforme sans arille · *Neoharmsia*

      13'. Étamines multiples; fruits cylindriques à obovoïdes, indéhiscents   *Cordyla*

11'. Fleurs irrégulières; étamines soudées, généralement 9 soudées + 1 libre, ou toutes les 10 soudées, ou soudées en deux groupes de 5, ou rarement toutes libres.

  15. Étamines 10 ou 11, libres; pétales violets; fruit indéhiscent, oblong, aplati, contenant de 1 à 5 graine(s) · *Sakoanala*

  15'. Étamines 9 ou 10, toutes soudées, 9 soudées + 1 libre, ou soudées en 2 groupes de 5.

    16. Toutes les 10 étamines soudées; pétales écarlates ou rouge-orange à rouge-pourpre · *Pyranthus*

    16'. Étamines 9 soudées + 1 libre, ou 9 soudées, ou soudées en deux groupes de 5.

      17. Deux groupes de 5 étamines soudées; pétales jaune pâle; fruit indéhiscent, ovale-ellipsoïde à subsphérique, légèrement renflé, gousse stipitée longue et mince · *Ormocarpopsis*

      17'. Étamines 9 soudées + 1 libre, ou 9 soudées, ou rarement deux groupes de 5 étamines soudées; fruit déhiscent, ou si indéhiscent, fruit une gousse drupacée ellipsoïde à subcylindrique et légèrement étranglée entre les graines, ou une gousse coriace, aplatie, elliptique à oblongue, contenant de 1 à quelques graine(s), la surface recouvrant les graines présentant souvent un réseau de nervures visibles, ou une gousse longue, aplatie à légèrement gonflée, étroitement oblongue.

        18. Fruit indéhiscent; inflorescences terminales ou parfois axillaires dans les nœuds supérieurs.

          19. Pétales de couleur blanche à crème, rarement teintée de pourpre; étamines 9 soudées, 9 soudées + 1 libre, ou soudées en deux groupes de 5; fruit une gousse coriace, aplatie, elliptique à oblongue, avec 1 ou quelques graine(s), la surface recouvrant les graines présentant souvent un réseau de nervures visibles · *Dalbergia*

          19'. Pétales roses avec une marge blanche, ou pourpres à lilas pâle, ou parfois roses à blancs; étamines 9 soudées + 1 libre; fruit une gousse drupacée ellipsoïde à subcylindrique, légèrement étranglée entre les graines, ou une gousse longue, aplatie à légèrement gonflée et étroitement oblongue.

20. Pétales roses avec une marge blanche; fruit une gousse drupacée ellipsoïde à subcylindrique, légèrement étranglée entre les graines · *Xanthocercis*

20'. Pétales pourpres à lilas pâle, ou parfois roses à blancs; fruit une gousse longue, aplatie à légèrement gonflée et étroitement oblongue · *Mundulea*

18'. Fruit déhiscent; inflorescences axillaires ou terminales.

21. Inflorescences terminales · *Mundulea*

21'. Inflorescences axillaires ou ramiflores.

22. Inflorescences axillaires sur des rameaux courts ou ramiflores, pétales rouge-orange, rarement de couleur crème · · · · · · · · · · · · · *Chadsia*

22'. Inflorescences axillaires, absentes des rameaux courts; pétales roses ou blancs à mauves · *Vaughania*

Feuilles composées paripennées.

1. Folioles opposées.

  2. Arbres munis de robustes épines axillaires ou les branches latérales se terminant en une épine.

    3. Épines axillaires; fleurs petites, pétales jaunes · · · · · · *Haematoxylum campechianum*

    3'. Branches latérales courtes, terminées par une épine; fleurs grandes, pétales blancs, jaunissant en fanant · *Lemuropisum*

  2'. Arbres inermes.

    4. Inflorescences terminales.

      5. Fleurs régulières, petites, pétales absents; fruit samaroïde contenant une seule graine · *Neoapaloxylon*

      5'. Fleurs irrégulières, grandes, pétales présents; fruit non samaroïde.

        6. Feuilles présentant une seule paire de folioles; étamines 10, libres; les fruits irrégulièrement et grossièrement résineux-verruqueux · · · · · · · · · *Hymenaea*

        6'. Feuilles présentant (1–)2(–3) ou 10–20 paire(s) de folioles; étamines 3, libres ou soudées; fruits non irrégulièrement et grossièrement résineux-verruqueux.

          7. Feuilles avec (1–)2(–3) paire(s) de folioles; étamines 3, libres, avec 4–7 staminodes plus courts sans anthères; fruit une très grande gousse stipitée, aplatie, ligneuse, tardivement déhiscente en 2 valves, à la surface brillante montrant une nervation évidente · *Intsia*

          7'. Feuilles avec 10–20 paires de folioles; étamines 3, soudées; fruit une grande gousse, cylindrique à légèrement comprimée, indéhiscente, parfois légèrement courbée, pelliculée de brun à l'intérieur, parfois légèrement étranglée entre les graines qui sont entourées d'une pulpe acide · *Tamarindus*

    4'. Inflorescences axillaires ou parfois ramiflores.

      8. Fleurs régulières à subrégulières; étamines 5–10 (–12), libres.

        9. Fleurs petites; fruit contenant une seule graine.

          10. Pétales présents; fruit une gousse sessile, plate, ligneuse, attachée obliquement, indéhiscente (déhiscente après germination des graines), à deux valves · *Cynometra*

          10'. Pétales absents; fruit une gousse samaroïde, distinctement stipitée, aux graines situées à l'apex munies d'une large aile basale · · · · · *Neoapaloxylon*

        9'. Fleurs grandes; fruit contenant 2 graines ou plus.

          11. Fleurs régulières; fruit sans cloisons transversales, déhiscent en spirale · *Cadia*

          11'. Fleurs légèrement irrégulières; fruit séparé par des cloisons transversales, tardivement déhiscent ou indéhiscent.

            12. Glandes présentes sur le pétiole et le rachis; étamines 5–10, souvent 7 fertiles et les 3 autres réduites à des staminodes; fruit comprimé à fortement aplati, tardivement déhiscent · · · · · · · · · · · · · · · · · · · *Senna*

12'. Glandes absentes; étamines 10, toutes fertiles, les 3 externes, les plus
     basses, au filet sigmoïde et renflé au milieu; fruit cylindrique,
     indéhiscent · *Cassia*
  8'. Fleurs irrégulières; étamines 3 ou en deux groupes de 5, soudées.
    13. Feuilles avec 10–20 paires de folioles; étamines 3, soudées; fruit une grande
       gousse cylindrique à légèrement comprimée, indéhiscente, parfois légèrement
       courbée, pelliculée de brun à l'intérieur, parfois légèrement étranglée entre les
       graines qui sont entourées d'une pulpe acide · · · · · · · · · · · · · · · · *Tamarindus*
    13'. Feuilles avec (3–)5–9(–11) paires de folioles; étamines en deux groupes de 5,
       soudées; fruit une grande drupe fibreuse à ligneuse, indéhiscente, ellipsoïde,
       profondément pliée transversalement en accordéon · · · · · · · · · · · *Eligmocarpus*
1'. Folioles subopposées à alternes.
  14. Inflorescences terminales.
    15. Fleurs grandes, étamines multiples; fruit contenant 4–8 graines, cylindrique à
      obovoïde, bacciforme ou drupacé · *Cordyla*
    15'. Fleurs petites, étamines 10; fruit samaroïde à une seule graine · · · *Neoapaloxylon*
  14'. Inflorescences axillaires ou parfois ramiflores.
    16. Fleurs régulières à subrégulières; étamines 10, libres.
      17. Fleurs petites; fruit samaroïde.
        18. Pétales présents; folioles sans points glanduleux sur la face inférieure; stipe
          du fruit filiforme; surface du fruit présentant des côtes au-dessus des graines
          · *Brandzeia*
        18'. Pétales absents; folioles munies de points glanduleux dessous; stipe du fruit
          robuste; surface du fruit sans côte · · · · · · · · · · · · · · · · · · · *Neoapaloxylon*
      17'. Fleurs grandes; fruit non samaroïde.
        19. Fleurs régulières; fruit sans cloisons transversales, déhiscent en spirale · · *Cadia*
        19'. Fleurs légèrement irrégulières; fruit séparé par des cloisons transversales,
          indéhiscent · *Cassia*
    16'. Fleurs irrégulières; étamines en deux groupes de 5§.
      20. Folioles séchant en se couvrant d'une grande tache marron à noire sur la face
        inférieure, la tache souvent de la taille de la foliole; groupes d'étamines
        soudées sur plus de la $^1/_2$ de leur longueur; fruit légèrement gonflé,
        indéhiscent, non couvert de trichomes glanduulaires · · · · · · · · · *Ormocarpopsis*
      20'. Folioles ne séchant pas en se couvrant d'une grande tache marron à noire sur
        la face inférieure; groupes d'étamines soudées seulement à la base; fruit
        lomentacé, aplati et en 1–4 segment(s), légèrement étranglé autour des
        graines, couvert de trichomes glanduleux · · · · · · · · · · · · · · · · *Ormocarpum*

Feuilles composées bipennées.

1. Plantes épineuses.
  2. Rachis court modifié en une épine acérée; 1 (–2) paire(s) de pennes opposées, aux
    axes ailés, photosynthétiques; folioles caduques; fruit indéhiscent, étranglé entre les
    graines · *Parkinsonia aculeata*
  2'. Rachis allongé non modifié en épine; portant des pennes non ailées; folioles
    persistantes; fruit déhiscent, rarement indéhiscent.
    3. Épines axillaires; feuilles avec une unique paire de pennes basales portant chacune
      1 ou 2 paire(s) de folioles, ainsi que 1–3 paire(s) de folioles supplémentaires le
      long du rachis · *Haematoxylum campechianum*
    3'. Épines plus ou moins aiguës, stipulaires ou plus aiguës le long des rameaux; feuilles
      avec 1–10(–35) paire(s) de pennes, sans folioles supplémentaires le long du rachis.
      4. Épines plus ou moins aiguës, stipulaires, parfois plus aiguës le long des
        rameaux; glandes présentes sur le pétiole, le rachis ou les pennes.
        5. Feuilles avec 1 paire de pennes, portant chacune 1 paire de folioles (4
          folioles); fruit déhiscent nettement en spirale; graines noires à l'arille blanc-
          crème à rougeâtre · *Pithecellobium dulce*

5'. Feuilles avec 1–6 paire(s) de pennes, portant chacune 4–17 paires de folioles (16 folioles ou plus); fruit non déhiscent en spirale, rarement indéhiscent; graines sans arille ·· *Acacia*

4'. Épines aiguës/aiguillons le long des rameaux; glandes absentes du pétiole, rachis ou des pennes.

  6. Folioles basales réduites, ressemblant à de toutes petites stipelles; fleurs groupées en capitules sphériques denses (mimosées), petites, régulières; pétales soudés; fruits lomentacés ························· *Mimosa*

  6'. Folioles basales non réduites; fleurs non groupées en capitules sphériques denses, grandes, irrégulières; pétales libres, en onglets; fruit non lomentacé ··· *Caesalpinia*

1'. Plantes inermes.

  7. Feuilles opposées à quelque peu subopposées, rarement alternes; fleurs grandes, légèrement irrégulières; pétales libres, en onglets; fruits dressés, les valves récurvées densément pubescentes et présentant une échancrure longitudinale ······ *Bussea*

  7'. Feuilles alternes à rarement subopposées; fleurs petites à grandes, régulières à irrégulières; pétales libres ou soudés; fruits pendants.

    8. Feuilles impari-bipennées, i.e. avec des pennes latérales et une penne terminale; plantes dioïques; fleurs 4-mères; fruits 4-ailés en 2 paires inégales sur les faces opposées, une grande paire, l'autre petite ··················· *Tetrapterocarpon*

    8' Feuilles pari-bipennées, i.e. avec les seules pennes latérales; plantes hermaphrodites, présentant parfois des fleurs stériles à la base des inflorescences; fleurs (4–)5-mères; fruits non ailés.

      9. Feuilles dont la paire de folioles basales est remplacée par une seule foliole externe, la foliole interne manquant.

        10. Pétiole muni d'une glande à la jonction des 2 pennes et glandes le long des axes des pennes; étamines 10 ····························· *Xylia*

        10'. Pétiole et axes des pennes sans glandes; étamines multiples ··· *Viguieranthus*

      9'. Feuilles présentant les deux folioles basales appariées.

        11. Feuilles munies d'une glande distincte à l'apex du pétiole, souvent le long du rachis entre les paires de pennes opposées et parfois le long des axes des pennes.

          12. Inflorescence terminale; folioles franchement asymétriques et falciformes; graines entourées d'une aile large, fine et papyracée ····· *Lemurodendron*

          12'. Inflorescence axillaires; folioles parfois asymétriques, mais non falciformes; graines non entourées d'une aile fine papyracée.

            13. Inflorescences très longuement pédonculées, pendantes, piriformes; glandes souvent présentes sur les axes des pennes et les folioles distales ·· *Parkia*

            13'. Inflorescences ni pendantes, ni piriformes mais en épis ou en racèmes; glandes des axes des pennes absentes.

              14. Toutes les fleurs d'une inflorescence similaires.

                15. Étamines 12–71; fruit indéhiscent, les graines dans des chambres séparées ·· *Albizia*

                15'. Étamines 10; fruit déhiscent.

                  16. Pétales libres; fruit fin, non ligneux ······ *Leucaena leucocephala*

                  16'. Pétales au moins soudés à la base; fruits épais, ligneux.

                    17. Fleurs sessiles; fruit étroitement oblong, quelque peu ligneux ······································ *Alantsilodendron*

                    17'. Fleurs pédicellées; fruit large, obovale, très ligneux ····· *Xylia*

              14'. Fleurs de plusieurs types/tailles présentes dans une même inflorescence, souvent avec quelques fleurs stériles à la base et des fleurs mâles plus grandes à l'apex.

                18. Inflorescences présentant une unique fleur mâle terminale, plus grande, ou parfois quelques unes; fruit indéhiscent avec les graines dans des chambres séparées ························· *Albizia*

18'. Inflorescences aux fleurs basales stériles, plus grandes; fruits déhiscents, ou si indéhiscents, les graines ne sont pas dans des chambres séparées.

    19. Pétales libres ou très légèrement soudés à leur base; fruit récurvé en spirale déhiscente ························· *Dichrostachys*

    19'. Pétales soudés en un tube court; fruit indéhiscent aux marges ailées ······························ *Gagnebina*

11'. Feuilles sans glandes à l'apex du pétiole, sur le rachis et le long des axes des pennes.

    20. Fleurs grandes, légèrement à distinctement irrégulières, les pétales en onglets et étalés, ou dans un calice tubulaire.

        21. Fleurs aux pétales étalés en onglets, ou parfois pétales presque manquants, réduits aux vestiges d'un seul pétale.

            22. Fleurs aux sépales libres; onglet supérieur des pétales n'entrant pas dans la formation du tube nectaire; fruit dont les graines ne sont pas dans des chambres séparées ···················· *Caesalpinia*

            22'. Fleurs au calice soudé en forme de coupe; onglet supérieur du pétale entrant dans la formation du tube nectaire, ou corolle réduite aux vestiges d'un seul pétale; fruit dont les graines sont dans des chambres séparées ························· *Delonix*

        21'. Fleurs tubulaires, les pétales dressés, ni en onglets, ni étalés ··· *Colvillea*

    20'. Fleurs petites, régulières.

        23. Folioles alternes.

            24. Pétales libres; étamines libres; fruit déhiscent en 2 valves · *Erythrophleum*

            24'. Pétales soudées au moins à la base; étamines libres ou soudées; fruit déhiscent en 2 valves qui s'enroulent en spirale, ou lomentacé.

                25. Étamines soudées en un tube staminal épais et court; fruit déhiscent en 2 valves qui s'enroulent en spirale; graines bicolores, orange et noires ···················· *Adenanthera*

                25'. Étamines libres; fruit lomentacé, se désarticulant en articles à 1 graine; graines non bicolores ···················· *Mimosa*

        23'. Folioles opposées.

            26. Inflorescences en épis ou en panicules de racèmes spiciformes; pétales soudées à leur base et aux étamines, elles mêmes soudées à la base ································· *Entada*

            26'. Inflorescences en capitules sphériques; pétales soudés sur plus de la $\frac{1}{2}$ de leur longueur, libres des étamines libres ··············· *Mimosa*

Acacia Mill., Gard. Dict. Abr., ed. 4. 1754.

Genre intertropical représenté par 750–800 espèces; 13 spp. autochtones à Madagascar dont 11 spp. endémiques plus 7 autres spp. introduites. Seules 4 des spp. autochtones sont des arbres (auxquels la description suivante s'applique), les autres étant des buissons et lianes grimpants.

Buissons à grands arbres atteignant plus de 20 m de haut, ou lianes et buissons grimpants, hermaphrodites, les ramilles portant des paires d'épines stipulaires, des épines aiguës et appariées aux nœuds, ou des épines aiguës diffuses. Feuilles alternes, composées, bipennées puis paripennées, avec 1–6 paire(s) de pennes opposées, chacune portant 4–17 paires de folioles opposées, entières, penninerves, le pétiole souvent muni d'une glande apicale, le rachis parfois étroitement ailé, souvent muni de glandes à la jonction des pennes opposées, stipules petites, caduques. Inflorescences axillaires, souvent diffuses le long des ramilles, en capitules sphériques ou subsphériques, ou en épis quelque peu allongés, le pédoncule muni d'un involucelle de bractées vers la base, fleurs petites, régulières, 5-mères; calice soudé en forme de coupe; corolle brièvement soudée en tube, de couleur vert clair à crème, 5-lobée ou dentée; étamines multiples, distinctement exsertes, filets libres, anthères médifixes, à déhiscence longitudinale; ovaire brièvement stipité, style grêle, stigmate en tube creux; ovules multiples. Le fruit est une longue gousse aplatie ou quelque peu comprimée, coriace à ligneuse, déhiscente en 2 valves, parfois étranglée entre les graines et moniliforme (*A. viguieri*) ou indéhiscente (*A. rovumae*); graines montrant une aréole ouverte près de l'hile.

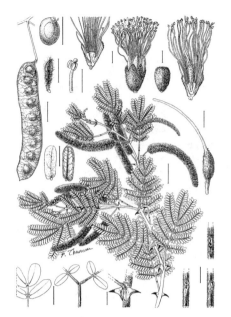

178. *Acacia rovumae*

Acacia est distribué dans la forêt et le fourré décidus, secs et sub-arides. Parmi les genres aux feuilles composées bipennées, on peut le reconnaître à ses paires d'épines stipulaires, ses épines aiguës appariées aux nœuds ou diffuses, ses feuilles portant souvent des glandes, ses fleurs à la corolle brièvement soudée en tube et aux étamines libres; *A. myrmecophila* et *A. viguieri* présentent des épines stipulaires, appariées et gonflées, qui hébergent des fourmis; *A. bellula* se distingue à son port pleureur avec des branches pendantes et de très petites feuilles ne dépassant pas 1,5 cm de long; *A. rovumae* peut devenir un arbre massif avec des inflorescences en épis plus allongées, son bois dur est utilisé pour fabriquer des meubles.

Noms vernaculaires (grands buissons et spp. d'arbres): *aroha, aroka, bifontsy, hazomteva, kirava, mokenga, robantsy, robotsy, rohibontsy, roi, roibontsika, roibontsy, roimahimbo, roindambo, roindrano, roipitika, rovantsy, rovontsy, trantriotsy*

Adenanthera L., Sp. Pl.: 384. 1753.

Genre représenté par 11 espèces dont 10 spp. sont distribuées de l'Asie du Sud-Est à la Polynésie et 1 sp. endémique de Madagascar où est également rencontrée une autre sp. introduite en tant qu'arbre ornemental.

Grands arbres hermaphrodites pouvant atteindre 20–30 m de haut, à la tige droite, à l'écorce plus ou moins écailleuse, teintée de rouge. Feuilles alternes, composées, bipennées puis paripennées, les axes sans glandes, avec (3–)

4–6 pennes opposées ou subopposées, portant chacune 5–8 paires de folioles alternes, entières, penninerves, stipules nulles. Inflorescences axillaires, en longs racèmes simples, fleurs petites, régulières, 5-mères; calice brièvement soudé, obconique, 5-denté; pétales 5, jaunes, valvaires, brièvement soudés à leur base au tube staminal, étalés ou réfléchis à l'anthèse; étamines 10, filets soudés à leur base en un court tube staminal épais, libres et grêles dans la partie supérieure, anthères au connectif portant une glande pédiculée et sphérique à l'apex, introrses, à déhiscence longitudinale; ovaire brièvement stipité, style droit, grêle, presque de la même longueur que l'ovaire, stigmate en tube creux; ovules env. 15. Le fruit est une longue gousse (20–30 cm) étroite (1,5 cm), aplatie, déhiscente en 2 valves qui s'enroulent en spirale, légèrement courbée et sinuée, la silhouette des graines évidente; graines aplaties, bicolores, la moitié basale rouge-orange lumineux, la moitié apicale noir brillant; albumen mince.

Adenanthera mantaroa est distribué dans la forêt sempervirente humide et sub-humide depuis le niveau de la mer jusqu'à une altitude de 1 100 m, de Fort-Dauphin à Sambava, ainsi que dans la région du Sambirano. Parmi les genres aux feuilles composées bipennées, on peut le reconnaître à ses feuilles sans glandes et aux folioles alternes, à ses inflorescences en longs racèmes simples et à ses graines aplaties, bicolores dont la moitié basale est rouge-orange lumineux et la moitié apicale noir brillant. Le bois est utilisé pour la construction, de même que le bois d'*A. pavonina* (Œil de Paon) cultivé (et probablement échappé?) qui peut être

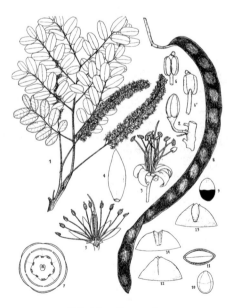

179. *Adenanthera mantaroa*

distingué des espèces autochtones de Madagascar par ses graines au testa orange uniforme.

Noms vernaculaires: *hintsofotsy, hintsomena, hitsimbohitra, mantaora, vivy, voamantaora, voamboana*

Alantsilodendron Villiers, Bull. Mus. Natl. Hist. Nat, sect. B, sér. 4, Adansonia 16: 65. 1994.

Genre endémique représenté par 8 espèces.

Buissons ou petits arbres atteignant 4 m de hauteur, hermaphrodites, dont les feuilles et les inflorescences sont principalement sur des rameaux courts latéraux. Feuilles alternes, groupées à l'apex des rameaux courts, composées bipennées puis paripennées, avec 1–40 paire(s) de pennes opposées, chacune portant 2–45 paires de folioles opposées, entières, penninerves, le pétiole présentant toujours une glande apicale, souvent 1 glande ou plus le long du rachis entre les paires de pennes opposées, stipules connées à la base du pétiole, persistantes et formant une gaine autour des rameaux courts. Inflorescences axillaires vers l'apex des rameaux courts, en capitules subsphériques, solitaires ou groupées, fleurs petites, régulières, sessiles, 5-mères; calice soudé en coupe, lobes indistincts; pétales soudés en un tube sur plus ou moins la $^1/_2$ de leur longueur, de couleur crème, les lobes courts et aigus; étamines 10, filets libres, anthères sub-basifixes à extrémité glanduleuse, à déhiscence longitudinale; ovaire sessile à subsessile, style court, stigmate en tube

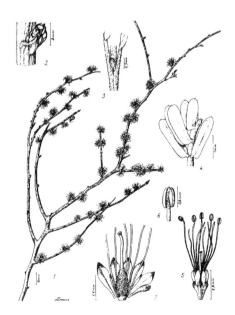

180. *Alantsilodendron glomeratum*

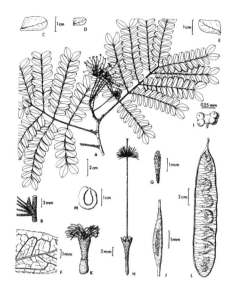

181. *Albizia mainaea*

creux ou capité; ovules 2–6 [?]. Le fruit est une longue gousse, quelque peu ligneuse, déhiscente en 2 valves récurvées, étroitement oblongue, aux marges fortement épaissies; graine présentant une aréole elliptique, centrale.

Alantsilodendron est distribué dans la forêt et le fourré décidus secs et sub-arides; toutes les espèces, à l'exception de *A. villosum* de l'extrême nord, étant rencontrées depuis l'ouest de Fort-Dauphin jusqu'au nord de Toliara. *Alantsilodendron* diffère du proche *Dichrostachys* par ses inflorescences sphériques aux fleurs homomorphes, le plus grand degré de soudure de ses pétales, et par ses gousses ligneuses aux marges très épaissies qui ne se séparent pas en spirales mais en formant un "bec de canard".

Noms vernaculaires: *avoha, famoa, havoa*

Albizia Durazz., Mag. Tosc. 3(4): 13. 1772.

Genre intertropical représenté par env. 145 espèces; 27 spp. autochtones rencontrées à Madagascar plus 3 spp. introduites qui se sont naturalisées.

Arbres de petite à grande taille, pouvant atteindre 30 m de haut, hermaphrodites, à l'écorce généralement très fibreuse et aux ramilles portant généralement une pubescence dense. Feuilles alternes, composées, bipennées puis paripennées, avec 1–40 penne(s) principalement opposée(s), chacune portant 2–80 paires de folioles opposées, entières, asymétriques, le pétiole presque toujours muni d'une glande sur la face supérieure, glandes parfois présentes le long du rachis entre les paires de pennes opposées, stipelles parfois présentes, stipules caduques. Inflorescences axillaires, portant 2–60 fleurs serrées dans un capitule sphérique, rarement un peu en racèmes allongés, fleurs petites à grandes, régulières, généralement 5-mères, la (ou les) fleur(s) terminale(s) souvent plus grande(s) et mâle(s); calice soudé cylindrique ou infundibuliforme, superficiellement denté; lobes corollins soudés sur la moitié ou moins, lobes valvaires dans le bouton, dressés à quelque peu réfléchis à l'anthèse; étamines en nombre plus que double des lobes corollins, 12–71, filets soudés à la base en un tube staminal, souvent épaissi à la base en un disque entourant l'ovaire, libres au-dessus sur une longueur au moins égale à celle du tube, anthères à déhiscence longitudinale; ovaire généralement distinctement stipité, style longuement filiforme, légèrement dilaté à l'apex stigmatique; ovules 7–24, bisériés. Le fruit est long, généralement aplati, parfois ligneux, indéhiscent avec les graines logées dans des chambres séparées, ou rarement déhiscent; graines aplaties, présentant une cicatrice distincte (aréole) sur chaque face, incomplète sur la face basale de l'hile.

Albizia est principalement distribué dans la forêt et le fourré décidus secs et sub-arides et quelques espèces sont également rencontrées dans la forêt sempervirente humide et sub-humide. Parmi les genres aux feuilles composées bipennées, on peut le reconnaître à ses inflorescences en capitules (sub)sphériques dans lesquels la (ou les) fleur(s) terminale(s) diffère(nt) des autres en étant plus grande(s) et souvent unisexuée(s) mâle(s) ainsi qu'à son grand nombre d'étamines. L'espèce introduite *A. lebbeck*, qui est à présent largement naturalisée sur l'ensemble de Madagascar, peut être distinguée de tous les *Albizia* autochtones par ses grandes gousses papyracées, déhiscentes, de couleur paille et plus sombres au-dessus des graines. Un groupe d'espèces aux folioles distinctement rhomboédrique inclut: dans la grande forêt humide, à basse altitude *A. adianthifolia*; dans la forêt humide et sub-humide à des altitudes moyennes *A. gummifera* et *A. viridis* (avec des stipelles); et dans la forêt décidue sèche *A. mainaea*. A l'exception de *A. viridis*, les 3 autres espèces montrent des fleurs aux tubes staminaux extrêmement longs, les filets étant presque soudés à l'apex.

Noms vernaculaires: *alimboritioky, alimboritivoky, alimboritroka, alimboro, alimboropasy, alomboritioky, alomboro, alomboromahalao, alomboromalao, alomborona, alomboronala, alomboropasy, ambilazo, arakara, atakataka, avoabe, balabaka, bevarany, bonara, bonaramainty, bonarambaza, daromavo, fainakanga, falaydambo, fanamponga, fanaponga, fandriampinengo, fandrianakanga, fandrianponenga, fandriantomendry, fandriantomondry, fangamponga- mantsina, fany, farapaka, fiandranakanga, fifio, halamboro, halapona, halimbora, halimboromanty, halimborono, halomboro, halomboromahalao,* *halomboromalao, halomborona, haraka, hatakataka, havoa, hazombaro, hazomboro, hazomborona, hazombory, hazovola, hitsakitsana, kidinala, kifiatry, kifiaty, kily vazaha, kintsakintsa, kintsakintsana, kintsakitsana, kitsakintsambe, kitsakitsabe, kitsakitsona, kofaty, komy, madiromany, mampihe, mampohehy, manariboty, manarimbokamalamy, manarimboraka, manarintoloho, manary, manary boraka, manary boty, mandrisa, marandoha, marandohe, maranitaolana, maroampototra, maroampotra, mendoravina, mendoravy, morango, morango vavy, moromotraka, rengana, roy, sakoakombo, sambahahirano, sambalahimanga beravina, sambalahy, sambalahy manga, sambalahy manja, sanda, sandahy, sandaky, sandraha, sandraka, sandrazy, sapemba, sarafany, sarihalomboro, sevalohy, sikidiala, singhena, tabotabo, tainakanga, tainakanga lahy, tainakanga vavy, taipapango, tamorovoay, tanaikanga, taniakanga, tanoravovona, taopapango, tatramborondreo, tratamborondreo, tsiandalana, tsikatakata, tsikatakataka, tsingena, tsitohimbadimalay, tsitohimbalimalay, tsitohizambadimalaima, tsito- hizambadimalaina, tsitohizambadimalay, tsitohizomb- adimalaina, voankazomeloha, voankazomeloka, vohamboa, vohomboa, voleborono, volomboro, volomborona, voloniborona*

Baudouinia Baill., Adansonia 6: 193. 1866.

Genre endémique représenté par 6 espèces.

Buissons ou arbres de taille moyenne, hermaphrodites, à bois dur, au tronc parfois profondément sillonné ou cannelé, à l'écorce grisâtre, l'aubier jaune pâle et au bois de cœur

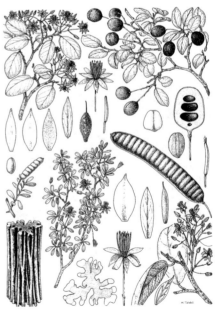

182. *Baudouinia*

brun sombre. Feuilles alternes, simples, entières, penninerves, parfois limitées aux rameaux courts, stipules latérales, parfois foliacées, caduques ou persistantes. Inflorescences axillaires, en cymes 1–multi-flores à ramifications dichotome, sans bractées, fleurs grandes, légèrement irrégulières; sépales 5, libres, légèrement inégaux, imbriqués dans le bouton; pétales 5, jaunes, libres, de près de la même longueur que les sépales, imbriqués; étamines 6–10, toutes fertiles, filets libres, légèrement inégaux, l'arrière étant un peu plus court, anthères basifixes, déhiscentes à l'apex par un ou deux pore(s); ovaire brièvement stipité, style court, stigmate ponctué; ovule(s) (1–)2–25. Le fruit drupacé est grand, indéhiscent, charnu à fibreux, avec 1 ou plusieurs pyrène(s) ligneuse(s) contenant 1 graine, se fragmentant aisément en articles successifs lorsqu'il contient de multiples graines; graines ellipsoïdes à subsphériques, comprimées latéralement, généralement rouge brique, albuminées.

Baudouinia est distribué dans la forêt littorale sempervirente, humide, depuis Ambila-Lemaitso jusqu'à Tampina (*B. louvelii*) ainsi que dans la forêt et le fourré décidus secs et sub-arides, depuis l'ouest de Fort-Dauphin jusqu'à Antsiranana. On peut le reconnaître à ses feuilles simples, entières et penninerves, à ses grandes fleurs jaunes avec 5 sépales, 5 pétales et 6–10 étamines libres; *B. capuronii* n'est connu que du Mont Vohitsandriana au sud de Ranopiso; la distribution de *B. sollyaeformis* se limite à l'extrême nord depuis Vohémar jusqu'à Antsiranana; celle de *B. rouxevillei*, aux terrains calcaires Mahafaly entre les fleuves Onilahy et Fiherenana; celle de

B. louvelii, à la forêt littorale entre Tampina et le sud de Toamasina jusqu'à Ambila-Lemaitso; *B. orientalis* est connu de la côte est sur la presqu'île Masoala; et *B. fluggeiformis* a une large distribution. *B. rouxevillei* est menacé par la surexploitation, son bois étant utilisé dans les sculptures et transformé en cannes et en pieds de lampe, il est très estimé dans les foyers en apportant bonne fortune et en protégeant ses occupants du mal.

Noms vernaculaires: *ampolindrano, bois sacré, boriravina, gavombazaha, hazoambo, hazomija, lambignana, maherivay, mampay, manjakabenintany, manjakabenitany, manjakabentany, manjakabetany, mpanjkake be ny tany, nato, piro, tsiasoko, tsifolaboay, tsifolamboay, tsilaiteny, tsilaitra, tsilambina, valohirana, valorira, valorirana, voakary*

Bauhinia L., Sp. Pl.: 374. 1753.

Genre intertropical représenté par env. 300 espèces; 16 spp. sont distribuées à Madagascar dont 15 spp. endémiques et 1 sp. limitée à Madagascar et aux Comores.

Buissons ou petits arbres atteignant 9 m de haut, hermaphrodites ou rarement avec des fleurs mâles seulement (ou des lianes ailleurs). Feuilles alternes, simples, mais généralement fortement lobées, les lobes pliés les uns contre les autres avant de s'étendre complètement, palmatinerves, la marge entière, stipules petites, caduques. Inflorescences terminales ou axillaires en racèmes pauciflores, semblant souvent opposées aux feuilles, fleurs grandes, irrégulières; calice soudé formant un hypanthium tubulaire, lobes valvaires, enfermant la fleur dans le bouton, souvent en forme de spathe, rarement 5 sépales libres (*B. humblotiana*); pétales 5, libres, plus ou moins égaux ou au pétale supérieur nettement différent, imbriqués, en onglets, rose éclatant à rouge-orange, bleu clair ou blancs; étamines fertiles, 1, 5, ou 10, souvent accompagnées de staminodes stériles, anthères dorsifixes, à déhiscence longitudinale; ovaire stipité, style grêle, recourbé et longuement exsert, stigmate élargi et capité; ovule(s) 1–multiples. Le fruit est une longue gousse aplatie, plus ou moins ligneuse, déhiscente en 2 valves; graines petites, brillantes.

Bauhinia est principalement distribué dans la forêt et le fourré décidus secs et sub-arides, mais 2 espèces (*B. humblotiana* et *B. ombrophila*) sont rencontrées dans la forêt sempervirente humide. On peut aisément le reconnaître à ses feuilles simples, bilobées et palmatinerves, aux lobes pliés les uns sur les autres avant de s'étendre complètement.

Noms vernaculaires: *antsirokonala, bagnaka, bagnaky, banaka, banakafotsy, banakimahinisany, banaky, banaky mena, banhaka, boramena, falimaraina, famehilolo, fandrohiosy, fantsinakoholahy,*

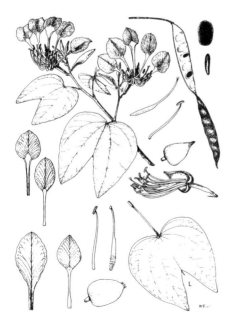

183. *Bauhinia*

fatoranosy, hanitsebarea, hazombitiky, hotrimbengy, hotrobengy, hotrodambo, hotrombaingy, hotrombengilahy, hotrombengy, hotronaomby, hotrondambo, hotronomby, kintrondambo, kitrombaingy, kitronaomby, kotonomby, kotrombengy, kotronomby, manarakandro, marefy, masonampa, matifihoditra, metro, miarakandro, odivo, ontrombengy, otombingy, rehena, relima, remena, seta, tambokapaha, teloravokazo, trokombengy, tsikatakata, vaksotro, velonahihitra, zondala

Brandzeia Baill., Adansonia 9: 217. 1869.

Bathiaea Drake, Hist. Nat. Pl. 1: 205. 1902.

Genre monotypique endémique.

Arbres hermaphrodites pouvant atteindre 25 m de haut, à l'écorce brun-gris, avec de profondes fissures verticales et aux ramilles portant des lenticelles blanches. Feuilles alternes, composées paripennées, avec 3–4 paires de folioles alternes, entières, penninerves, brillantes, stipules petites, caduques. Inflorescences axillaires, en panicules condensées sur des ramilles sans feuilles, fleurs petites, régulières, synchrones; calice soudé en coupe, avec 4 lobes étalés et imbriqués en 2 paires inégales, persistant dans le fruit; pétales 5, rouge-rose, libres, en onglets courts; disque annulaire vert-jaune; étamines 10, filets libres, roses, anthères dorsifixes, à déhiscence longitudinale; ovaire stipité, style long, grêle et exsert, rose, stigmate ponctué; ovule 1. Le fruit est une grande gousse samaroïde, sèche, indéhiscente, au stipe filiforme, la graine à l'apex, la gousse portant une large aile basale et

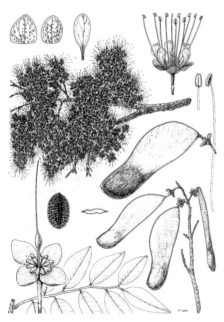

184. *Brandzeia filicifolia*

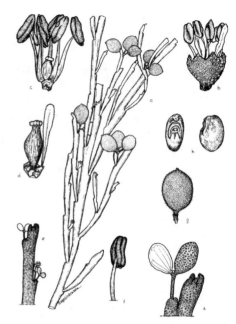

185. *Brenierea insignis*

une strie submarginale au-dessus de la graine; graine aplatie, la surface superficiellement cannelée, albumen lisse.

Brandzeia filicifolia est distribué dans la forêt décidue sèche, souvent sur terrains calcaires, depuis les environs de Morondava jusqu'à la région d'Antsiranana en étant fréquent sur les tsingy de la RNI de Namoroka et de la RS d'Ankarana. On peut le reconnaître à ses inflorescences condensées sur des ramilles sans feuilles et aux petites fleurs roses synchrones. Ses fruits et feuilles ressemblent à ceux de *Neoapaloxylon*, mais ce dernier à des folioles munies de points glanduleux, des fleurs apétales, un fruit au stipe plus large, plus robuste et non sous-tendu par le calice persistant, ne présentant pas de strie au-dessus des graines dont l'albumen est ruminé.

Noms vernaculaires: *manide, manive, manode, mavamba, moranjabe, selivato*

Brenierea Humbert, Compt. Rend. Hebd. Séances Acad. Sci. 249: 1599. 1959.

Genre endémique monotypique.

Buissons ou petits arbres pouvant atteindre 8 m de haut, hermaphrodites, au port dense rappelant le corail et ressemblant à *Alluaudia comosa*, aux ramifications démarrant presque depuis la base en branches droites, à l'écorce profondément fissurée, s'écaillant en plaques étroites, aux rameaux aplatis et en éventail dans un plan, photosynthétiques (cladodes), de couleur gris

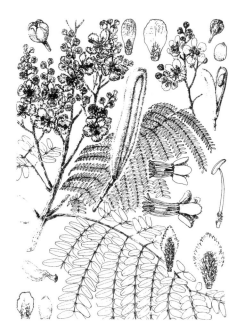

186. *Bussea sakalava*

argenté, densément couverts d'écailles discoïdes et peltées, devenant papyracées, caduques en laissant alors des cratères. Feuilles alternes, composées bifoliolées, avec de très petites folioles entières palmatinerves 2-nerves, caduques, stipules petites, caduques. Inflorescences axillaires, en courts racèmes portant 10–20 petites fleurs légèrement irrégulières; calice soudé campanulé, avec 5 dents brièvement triangulaires, densément couvert d'écailles peltées; pétales absents; étamines 5, alternant avec autant de staminodes pétaloïdes, de couleur jaune-crème et légèrement plus longues que les lobes du calice, filets libres, anthères dorsifixes, à déhiscence longitudinale; ovaire brièvement stipité, stigmate sessile, capité; ovule(s) (1–)2. Le fruit est une grande gousse comprimée, subcirculaire, contenant généralement 1 graine, la gousse déhiscente en 2 valves, à pubescence dense et veloutée; graines plates, oblongues-discoïdes.

Brenierea insignis est distribué dans le fourré décidu sub-aride depuis le bassin du fleuve Onilahy jusqu'au bassin du fleuve Mandrare. On peut le reconnaître à son port rappelant du corail et ressemblant à celui de *Alluaudia comosa*, à ses rameaux aplatis en éventail dans un plan, photosynthétiques (cladodes), de couleur gris argenté et densément couverts d'écailles peltées en forme de disque, à ses très petites feuilles composées, bifoliolées et caduques, à ses fleurs apétales et à ses fruits comprimés, subcirculaires, à pubescence dense et veloutée.

Noms vernaculaires: *andraba, andrabe, pisapisaka, raabe, tsirihony, tsiriona, tsirionana, tsiriony*

Bussea Harms, Bot. Jahrb. Syst. 33: 159. 1902.

Genre représenté par 7 espèces, distribué en Afrique (5 spp.) et à Madagascar (2 spp. endémiques).

Arbres hermaphrodites de petite à moyenne taille, pouvant atteindre 20 m de haut, à l'écorce sombre et couverte de lenticelles blanches. Feuilles opposées ou subopposées, parfois alternes, composées bi-paripennées, avec 3–13 pennes opposées, portant chacune 8–30 paires de folioles opposées, entières, penninerves, parfois asymétriques, stipelles et glandes absentes, stipules petites, caduques. Inflorescences terminales en panicules, les fleurs densément groupées dans des racèmes, grandes, légèrement irrégulières; sépales 5, libres, imbriqués; pétales 5, libres, en onglets, le plus haut étant plus petit que les 4 autres; étamines 10, filets libres, anthères dorsifixes, à déhiscence longitudinale; ovaire subsessile, style sigmoïde, stigmate élargi pelté; ovules 2–3. Le fruit est une longue gousse dressée, aplatie, ligneuse, déhiscente en 2 valves recourbées, à pubescence dense de couleur rousse à brun-rouge, présentant une profonde échancrure longitudinale; graines ovales, disposées longitudinalement, albumen absent.

Bussea est distribué dans la forêt décidue sèche; *B. perrieri* sur les sols sableux de la STF d'Ampijoroa et *B. sakalava* sur les sols calcaires depuis le Tsingy de Bemaraha jusqu'à la région d'Antsiranana. Parmi les genres aux feuilles

187. *Cadia*

composées bipennées, on peut le reconnaître à ses feuilles qui sont généralement opposées ou subopposées, à ses inflorescences terminales en panicules et à ses fruits couverts d'une dense pubescence rousse à brun-rouge. Le bois dur est utilisé dans la construction.

Noms vernaculaires: *berira, fandrianakanga, hazonkataka, samabalihiala, sambalahiravina, sambalahy, sambalaravina, sarimadiro, tainakanga, tsirokakalahy*

Cadia Forssk., Fl. Aegypt.-Arab.: 90. 1775.

Genre représenté par 7 espèces dont 1 sp. est distribuée en Afrique et 6 spp. endémiques de Madagascar.

Buissons ou petits arbres pouvant atteindre 10(–15) m de haut, hermaphrodites, qui fleurissent alors qu'ils ont des feuilles. Feuilles alternes, souvent groupées au sommet des rameaux, composées, imparipennées à paripennées, avec 2–15 paires de folioles opposées ou subopposées à alternes, entières et penninerves, le rachis présentant toujours des cannelures évidentes, parfois très étroitement ailé (*C. emarginator*), stipules petites, caduques. Inflorescences axillaires, en courts racèmes pauciflores, portant parfois des bractées foliacées de 1–3 foliole(s), fleurs grandes, régulières, pendantes; calice soudé campanulé, formant un large hypanthium, avec 5 lobes largement triangulaires, persistant dans le fruit; pétales 5, libres, de couleur rose à pourpre ou jaune, égaux, imbriqués, rétrécis à la base mais pas en onglets, apprimés au calice; étamines 10, filets libres, apprimés aux pétales, anthères dorsifixes, à déhiscence longitudinale; ovaire stipité, latéralement comprimé, style allongé, courbé, stigmate ponctué; ovules 4–12. Le fruit est une longue gousse stipitée, mince et comprimée, à déhiscence bivalve en spirale, oblongue-obovale et portant un fin rostre apical; graines ellipsoïdes, comprimées, à l'hile entouré d'un étroit arille qui s'étend en un court volet d'un coté.

Cadia est distribué dans la forêt sempervirente humide et sub-humide depuis le niveau de la mer jusqu'à une altitude de 1 800 m ainsi que dans la forêt décidue sèche de l'ouest où il n'a été récolté qu'à de très rares occasions dans les RNI d'Ankarafantsika et de Namoroka et sur le Plateau de l'Ankara. On peut le reconnaître à ses feuilles qui ont généralement un rachis distinctement cannelé ainsi qu'à ses grandes fleurs régulières à pétales libres.

Noms vernaculaires: *andrekomora, dikana, fanamba, fanamo, fanamohazo, fanamolahy, fanamontoho, fanamorano, fanamoretraka, fanamozono, fanamozony, manadriso, manara, soangy, sofintsoy, zaolanamalona*

Caesalpinia L., Sp. Pl.: 380. 1753.

Genre intertropical représenté par plus de 100 espèces dont 5 spp. sont rencontrées à Madagascar, parmi lesquelles 3 spp. sont endémiques et 2 spp. sont introduites.

Buissons grimpants ou arbres de petite à grande taille, pouvant atteindre 25 m de haut, hermaphrodites ou dioïques (en Afrique), souvent densément couverts d'épines aiguës. Feuilles alternes, composées, bipennées puis paripennées, les 2–11 paires de pennes opposées portant chacune 2–12 paires de folioles opposées ou parfois alternes, entières et penninerves, parfois munies de points glandulaires translucides quoi que le pétiole et le rachis n'en portent pas, stipelles parfois présentes, stipules caduques. Inflorescences terminales ou parfois axillaires en racèmes ou en panicules, ou parfois réduites à quelques fleurs axillaires, fleurs grandes, irrégulières; sépales 5, libres, imbriqués, le plus bas étant souvent cucullé en entourant les autres; pétales 5, libres, en onglets, le supérieur généralement quelque peu plus petit et terminé par un onglet; étamines 10, filets libres, anthères dorsifixes, à déhiscence longitudinale; ovaire subsessile à brièvement stipité, style grêle, stigmate petit, tronqué; ovules 2–10. Le fruit est une longue gousse généralement aplatie mais parfois gonflée, ligneuse, indéhiscente ou déhiscente en 2 valves, parfois couverte d'épines aiguës; graines aplaties, rondes, dures, albumen présent ou absent.

Caesalpinia est distribué dans la forêt décidue sèche et sub-aride ainsi que dans le fourré côtier (*C. bonduc*). Les 2 espèces d'arbres (*C. insolita* et

188. *Caesalpinia antsiranensis*

C. madagascariensis) ont une distribution limitée à l'extrême nord. Au sein des genres aux feuilles composées bipennées, on peut le reconnaître à ses épines aiguës souvent densément présentes le long des rameaux, à ses feuilles sans glandes, ses inflorescences généralement terminales portant de grandes fleurs irrégulières aux sépales libres et aux pétales libres, en onglets et étalés.

Noms vernaculaires: *katsa, kitomba, rahino, roimainty, roinombilahy, sambalahiravina, tsiafakombilahy, tsiafakomby, tsirofonta, vatolalaka*

Cassia L., Sp. Pl.: 376. 1753.

Genre représenté par env. 30 espèces: 2 spp. à Madagascar (1 sp. endémique) plus 3 spp. cultivées.

Buissons à arbres de taille moyenne pouvant atteindre 20 m de haut, hermaphrodites. Feuilles alternes, composées paripennées, avec (5–)15–20(–25) paires de folioles opposées ou subopposées, entières, penninerves, glandes absentes, stipules petites, caduques. Inflorescences axillaires en racèmes pourvus de bractées, fleurs grandes, légèrement irrégulières; sépales 5, libres, inégaux, imbriqués; pétales 5, libres, en courts onglets, le supérieur quelque peu plus petit, jaunes; étamines 10 aux filets libres, inégales, les 3 extérieures les plus basses présentant un filet sigmoïde plus long et renflé au milieu et des anthères dorsifixes à déhiscence poricide basale, les intérieures les plus hautes présentent un filet plus court et droit, et des

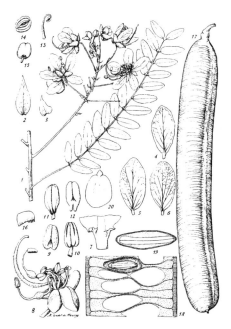

189. *Cassia hippophallus*

anthères à déhiscence longitudinale à poricide, les 3 plus hautes d'entre elles pouvant parfois être réduites à des staminodes à anthères stériles; ovaire stipité, style long, grêle et courbé, stigmate légèrement élargi et capité; ovules multiples. Le fruit est une longue gousse ligneuse, indéhiscente, cylindrique, de couleur noire et présentant de nombreuses stries transversales, contenant des graines séparées par des cloisons transversales; albumen présent.

Cassia est distribué dans la forêt décidue sub-humide et sèche ainsi que dans les zones ouvertes depuis le Tsingy de Bemaraha jusqu'à la région d'Antsiranana, y compris dans la région du Sambirano et dans la RNI de Lokobe. Le genre proche *Senna* en diffère par ses fleurs dont toutes ses étamines sont à filets courts, à savoir qu'aucune d'entre elles n'est longue et sigmoïde ou avec un renflement médian, et un fruit aplati, déhiscent sans cloisons transversales.

Noms vernaculaires: *bonara, bonary, latakasoavaly, latasoavaly, latatsoavaly, tsiambaravatsy*

Chadsia Bojer, Rapp. Ann. Trav. Soc. Hist. Nat. Ile. Maurice 12–13: 52. 1834.

Genre endémique représenté par 9 espèces.

Buissons ou moins souvent petits arbres pouvant atteindre 6(–12) m de haut, hermaphrodites. Feuilles alternes, se développant souvent après la floraison, composées imparipennées, avec 2–14 paires de folioles opposées ou subopposées, entières, penninerves, occasionnellement réduites à trifoliolées, stipelles absentes, stipules petites, caduques. Inflorescences axillaires sur des rameaux courts, ou ramiflores sur les nœuds des rameaux de l'année précédente, en pseudoracèmes, fascicules ou parfois fleurs solitaires, fleurs grandes, irrégulières, pédicelles sans bractéoles; calice soudé en forme de coupe, légèrement gonflé, avec 4–5 lobes triangulaires, inégaux, le central des 3 inférieurs étant plus long et plus étroit, les 2 supérieurs souvent soudés en 1 lobe bifide; pétales 5, de couleur orange-rouge vif, rarement blanc-crème, l'étendard qui porte une tache blanche à mauve sur sa partie basale est fortement réfléchi et accroché sur le coté de la fleur, les latéraux ailés plus courts que les carénés qui sont soudés à la base et libres dans leur partie supérieure, lâchement à franchement courbés et à l'apex distinctement rostré; étamines 10, filets de 9 d'entre elles soudés sur presque toute leur longueur en une colonne staminale, la 10e libre, toutes courbées d'une manière ou d'une autre, anthères en 2 verticilles, dorsifixes, à déhiscence longitudinale; ovaire brièvement stipité à subsessile, style long, grêle, courbé d'une manière ou d'une autre, stigmate ponctué;

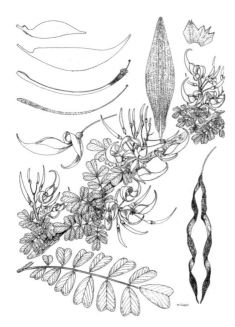

190. *Chadsia irodoensis*

ovules multiples. Le fruit est une longue gousse aplatie, légèrement courbée, déhiscente en 2 valves qui s'enroulent en spirale serrée; graines oblongues-réniformes, légèrement comprimées, l'hile entouré par un petit arille en forme d'anneau.

Chadsia est distribué dans les zones arborées décidues et sèches depuis le PN de l'Isalo jusqu'à Antsiranana et dans le fourré sub-aride (*C. grevei*), souvent sur sol calcaire. On peut le reconnaître à ses inflorescences axillaires portées sur des rameaux courts, ou ramiflores, et à ses grandes fleurs irrégulières aux pétales généralement de couleur orange-rouge vif.

Noms vernaculaires: *amontylahy, avoha, famonty, fanambo, fanamo, fanamohazo, fanamolahy, fanamovavy, fanoa, fotsiavalika, kakazonunavoy, latakakoho, latakakoholahy, manary, moty, raimonty, rehamonty, remonty, remoty, sambalahiravina, sangan'ahoholahy, sanganakoholahy, sangozaza, somotsoy, tsakofara, tsarifanamo, tsitampiky*

Colvillea Bojer, Bot. Mag. t. 3325, 3326. 1834.

Genre endémique monotypique.

Arbres hermaphrodites de petite ou moyenne taille, atteignant 15(–20) m de haut, à l'écorce d'abord cuivrée puis gris clair, se desquamant en lanières fines papyracées et révélant alors une couche photosynthétique dessous. Feuilles alternes, composées bi-paripennées, avec 10–12 paires de pennes opposées portant chacune env. 25 paires de petites folioles opposées, entières, penninerves et légèrement asymétriques, stipules petites, caduques. Inflorescences terminales en racèmes, arquées ou presque aussi longues que les feuilles, fleurs grandes, irrégulières, résupinées (inversées); sépales 5, 4 d'entre eux étant soudés sur leur quasi longueur pour former une courte coupe tubulaire, valvaires et enfermant la fleur dans le bouton; pétales 5, orange-rouge vif, libres, réduits et dressés, les marges du supérieur (mais apparaissant inférieur) enroulées et enfermées dans la coupe du calice pour former un réservoir de nectar; étamines 10, filets libres, groupés sur la partie supérieure de la fleur et courbés exserts; ovaire sessile, style long, grêle, courbé, exsert, stigmate ponctué; ovules multiples. Le fruit est une grande gousse fortement aplatie, à la texture fine et pas très ligneuse, partiellement déhiscente en 2 valves, linéaire-oblongue; graines aplaties.

Colvillea racemosa est distribué dans la forêt et les zones arborées décidues sèches et sub-arides sur sols sableux, depuis l'ouest de Fort-Dauphin jusqu'au Tsingy de Bemaraha ainsi que dans la région d'Antsiranana dans le nord. Parmi les genres aux feuilles composées bipennées, on peut le reconnaître à ses nombreuses petites folioles opposées et à ses inflorescences terminales en racèmes longuement courbés en arche et portant de grandes fleurs inversées aux pétales orange-rouge vif. Le bois est utilisé dans la construction et les troncs sont parfois creusés pour fabriquer des pirogues.

Noms vernaculaires: *saringoazy, sarongaza*

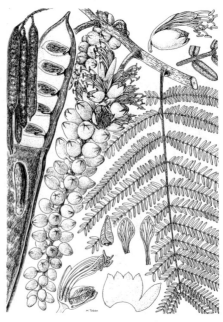

191. *Colvillea racemosa*

Cordyla Lour., Fl. Cochinch.: 402. 1790.

Genre représenté par 5 espèces dont 2 spp. distribuées en Afrique et 3 spp. endémiques de Madagascar.

Arbres hermaphrodites de taille moyenne à très grande, pouvant atteindre 35 m de haut. Feuilles alternes, composées imparipennées à paripennées, avec 3–22 paires de folioles alternes ou rarement subopposées, entières et penninerves, portant des lignes et points translucides, décolorées lorsque les feuilles sèchent, le rachis cannelé, aux marges étroites et verticales, interrompues au point d'insertion de chaque pétiolule où une espèce de point ressemblant à une stipelle est formé, stipules petites, triangulaires, caduques. Inflorescences terminales ou axillaires, en racèmes 1–multiflores, fleurs grandes, plus ou moins régulières, le pédicelle court, robuste, portant 2 bractéoles appariées; calice enfermant la fleur dans le bouton, en forme de coupe profonde, se déchirant à l'anthèse en (2–)3–4 lobes inégaux; pétales absents; étamines nombreuses aux filets soudés à leur base en anneaux se prolongeant au-delà du calice, libres dessus, pliées-enroulées dans le bouton, plus ou moins organisées en 4 anneaux, les deux externes fertiles à filets longs, grêles et à anthères dorsifixes, introrses et à déhiscence longitudinale, les deux séries internes stériles, plus courtes et staminodiales sans anthères; ovaire longuement stipité, fusiforme, le style brièvement conique, stigmate ponctué; ovules 8–17, en deux séries. Le fruit est une grande gousse bacciforme ou drupacée,

stipitée, coriace, contenant 4–8 graines, la gousse indéhiscente, cylindrique à obovale, à l'apex apiculé, au péricarpe présentant des cannelures étroites, longitudinales et remplies de résine, la pulpe enveloppant les graines charnue et blanche lorsqu'elle est fraîche mais pâlissant en se desséchant et prenant alors la consistance d'un biscuit sec qui se réduit aisément en poudre; graines à albumen translucide.

Cordyla est distribué dans la forêt sempervirente humide et sub-humide (*C. haraka*) depuis la RNI de Betampona jusqu'au nord de Vohémar ainsi qu'à Nosy Be et dans le massif de l'Ankarana, et dans la forêt décidue sub-aride à sèche (*C. madagascariensis*) depuis le nord de Toliara jusqu'à Antsiranana. On peut le reconnaître à ses feuilles au rachis distinctement cannelé et aux folioles portant des points ou lignes translucides, décolorés sur le sec, à ses grandes fleurs sans pétales et aux étamines nombreuses, et à ses fruits cylindriques à obovales dont la pulpe entourant la graine sèche avec la consistance de biscuits secs qui se réduit aisément en poudre.

Noms vernaculaires: *anakaraka, haraka, haraka fotsy, hazomena, karabo, landrazo, lazaza, madiroala, madivoala, maimbohazo, sikilihazo, vahonda, vaivay*

Cynometra L., Sp. Pl.: 382. 1753.

Genre intertropical représenté par env. 70 espèces dont 10 spp. endémiques de Madagascar.

Arbres hermaphrodites de petite à grande taille, pouvant atteindre 30 m de haut, parfois munis de contreforts. Feuilles alternes, composées paripennées, avec 1 (bifoliolées)–16 paire(s) de folioles opposées, entières, penninerves, souvent asymétriques, vernissées, stipules petites, caduques. Inflorescences axillaires, initialement enfermées dans des bractées distiques et recouvrantes, en panicules ou en racèmes, souvent très brièvement condensées et paraissant sphériques, fleurs petites, régulières; sépales 4(–5), libres, imbriqués; pétales (4–)5, libres, blancs; étamines (8–)10(–12), filets libres, anthères dorsifixes, à déhiscence longitudinale; ovaire stipité à subsessile, style allongé, stigmate capité; ovule(s) 1(–2). Le fruit est une grande gousse aplatie, ligneuse, attachée en oblique, indéhiscente (déhiscente après germination des graines), bivalve, contenant 1 graine; graine comprimée.

Cynometra est distribué dans la forêt sempervirente humide et sub-humide ainsi que dans la forêt décidue sèche (*C. sakalava* largement distribué de Morondava à Antsiranana). On peut le reconnaître à ses feuilles composées

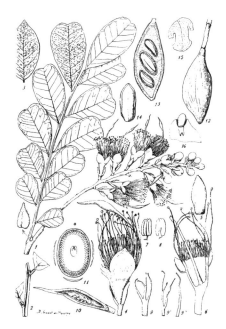

192. *Cordyla haraka*

193. *Cynometra*

paripennées avec 1 (bifoliolées)–16 paire(s) de folioles opposées, souvent asymétriques, à ses inflorescences axillaires initialement enfermées dans des bractées distiques recouvrantes, ses petites fleurs régulières aux pétales libres et blancs, et à ses fruits ligneux, attachés obliquement et contenant 1 graine. Le bois dur est utilisé dans la construction.

Noms vernaculaires: *ampoly, analinidravy, arivoravina, arivoravy, hazomena, hetatra, laka, mampay, mamapay à grandes feuilles, mampay beravina, mampay madini-dravina, mampetry, manpaillo, rahiny, soalafika, tsimafay, tsimalazo, tsomotora, variotra, variotry*

Dalbergia L. f., Suppl.: 52. 1782. nom. cons.

Genre intertropical représenté par env. 125 espèces dont 43 spp. à Madagascar, 1 seule sp. (*D. bracteolata*) n'étant pas endémique.

Buissons ou arbres de grande taille, rarement des lianes (*D. bracteolata*), hermaphrodites. Feuilles alternes, composées imparipennées, avec de peu à de multiples paires de folioles alternes, entières, penninerves, stipelles absentes, stipules petites, caduques. Inflorescences terminales ou parfois axillaires, en racèmes ou en panicules, parfois scorpioïdes ou corymbiformes, fleurs petites à grandes, irrégulières, le pédicelle portant une paire de bractéoles près de l'apex et enfermant parfois la fleur dans le bouton; calice soudé en forme de coupe, profondément 4–5-lobé, le lobe inférieur généralement plus long et plus étroit, les

2 lobes supérieurs généralement soudés sur leur quasi longueur et formant un lobe unique bifide; pétales 5, principalement libres, de couleur blanche ou crème, parfois teintés de violet, un étendard supérieur généralement pointé vers l'avant, 2 latéraux ailés, et les 2 inférieurs formant la carène, leurs marges étant réunies sur la moitié supérieure; étamines 9 ou 10, filets soudés en colonne staminale sur au mois la $\frac{1}{2}$ de leur longueur, libres dessus, ou parfois la 10e étamine libre, occasionnellement en 2 groupes de 5 étamines chacun, anthères basifixes, à déhiscence poricide apicale; ovaire stipité, style brièvement à longuement exsert, droit ou légèrement courbé, stigmate capité; ovule(s) 1–7. Le fruit est une grande gousse coriace, aplatie et souvent ailée, elliptique à oblongue, indéhiscente, contenant de 1 à quelques graine(s), la gousse présentant souvent un réseau de nervures visible sur la surface au-dessus des graines; graines plus ou moins aplaties, réniformes.

Dalbergia est distribué dans la forêt sempervirente humide et sub-humide ainsi que dans la forêt et le fourré décidus, secs et sub-arides. On peut le reconnaître à ses feuilles composées imparipennées, à ses inflorescences généralement terminales portant des fleurs typiques des pois, de couleur blanche ou crème et parfois teintées de violet, et à ses fruits indéhiscents contenant de 1 à quelques graine(s) et présentant un réseau de nervures sur la surface au-dessus des graines. Le palissandre, bois dur rougeâtre très estimé est utilisé comme bois d'œuvre et pour la construction, les espèces de l'escarpement oriental *D. monticola* et *D. baronii* sont à présent les plus exploitées.

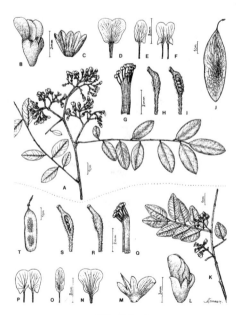

194. *Dalbergia*

Noms vernaculaires: *andramena, hazombango, hazomdomohina, hazomena, hazondomohina, hazotana, hazovoala, hazovola, hazovola fotsy, hazovola hitsika, hazovola mainty, hazovola mena, hazovolo, hendramena, hitsika, kobahitsy, kobatsily, maevalafika, mahitsoririana, manantombobitse, manarimboraka, manarinalafia, manarintsaka, manarivoroko, manary, manary adabo, manary baomby, manary be, manary belity, manary beravy, manary bomby, manary boraka, manary boty, manary fotsy, manary havo, manary havoha, manary joby, manary ketsana, manary kiboty, manary mainty, manary malandy, manary mavo, manary mendoravina, manary tolo, manary toloho, manary toloho lahy, manary tomboditotse, manary tsianaloka, manary tsiantondro, manary vantany, manary vatana, manary vato, manary vazanomby, manary voraka, manera, mangary, manipika, manjakabenitany, manjakabetany, maroampotra, mendoravina, mendoravy, sambalahiravina, sandraza, sesitry, sovodrano, sovoka, tainakanga, tambobitsy, tongobitsy, tsiandala, tsiandalana, voambo toloho, voamboana, voambona, vohimboa, volombodipona, volompoina*

Pour l'espèce de liane *D. bracteolata: felangoaka, vahinta, vahintaha, vahintala, vahita*

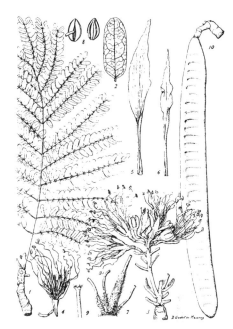

195. *Delonix velutina*

Delonix Raf., Fl. Tellur. 2: 92. 1837.

Genre représenté par 11 espèces distribué en Afrique (2 spp. dont 1 a une distribution qui s'étend jusqu'en Inde) et à Madagascar (9 spp. endémiques).

Arbres hermaphrodites de petite à grande taille, au tronc souvent renflé ("en forme de bouteille"), étranglé à la base et au sommet, à l'écorce fine se desquamant en fines lanières papyracées pour révéler une couche photosynthétique dessous, de l'entaille s'écoule des exsudations de résine transparente de couleur brune. Feuilles alternes, composées bi-paripennées, avec 2–25 paires de pennes opposées, distinctement épaissies à la base au point d'insertion avec le rachis, portant chacune 3–30 folioles ou plus, opposées ou alternes, entières, quelque peu asymétriques, penninerves, stipules petites, caduques. Inflorescences axillaires en racèmes, paraissant parfois terminales, apparaissant avant ou simultanément avec les nouvelles feuilles, fleurs grandes, légèrement irrégulières, 5-mères; calice soudé en forme de coupe avec 5 lobes valvaires subégaux; pétales 5, libres, ou rarement réduits à 1 (*D. floribunda*), généralement distinctement en onglets, l'onglet du pétale supérieur enroulé en formant un tube nectarifère, les pétales blancs à l'exception d'une tache jaune sur le pétale supérieur, ou abricot, roses, orange-rouge ou jaunes; étamines 10 aux filets libres, pliées dans le bouton, s'étalant et longuement exsertes à l'anthèse, anthères dorsifixes, à déhiscence longitudinale; ovaire subsessile, style long, grêle se terminant en un stigmate cupuliforme; ovules

6–50. Le fruit est une grande gousse ligneuse, droite ou courbée, cylindrique à aplatie, déhiscente en 2 valves; graines séparées par des cloisons, testa dur de couleur brun pâle.

Delonix est distribué dans la forêt et le fourré décidus, secs et sub-arides, souvent sur des substrats calcaires ou sableux. Parmi les genres aux feuilles composées bipennées, on peut le reconnaître à son tronc photosynthétique qui est souvent renflé et dont l'entaille laisse s'écouler un exsudat résineux, à ses grandes fleurs montrant généralement 5 pétales libres, étalés, en onglets, l'onglet du pétale supérieur enroulé et formant un tube nectarifère, à ses 10 étamines libres, et à ses fruits dont les graines sont séparées par des cloisons. La résine est employée comme colle et les troncs sont parfois creusés pour fabriquer des pirogues; *D. decaryi* et *D. floribunda*, qui peuvent tous deux avoir des troncs "en forme de bouteille" sont parfois plantés dans les haies vives; *D. regia*, le Flamboyant, est l'un des arbres tropicaux les plus largement employés comme arbre ornemental dans le monde, ses populations autochtones étant rencontrées sur les sols calcaires depuis le Tsingy de Bemaraha jusqu'à la RS d'Ankarana et la région d'Antsiranana.

Noms vernaculaires: *alamboronala, bonaranala, boy, fandrianakandra, farafahatsa, farafana, fengobohitsy, fengoka, fengoko, fengoky, fengopasy, harofo, hazomasefoy, hintsakinsa, hintsina, hitsakitsana, kidroa, kitsakitsabe, komangavato, mafangalotra, malamasafoy, malamasofohihy, sarifany, sarikomanga, saringaza, sarongadra, sekatsa, tanahou, tsiombivositra, voankazomeloka*

Dendrolobium (Wight & Arn.) Benth. in Miq., Pl. Jungh.: 215. 1852.

Genre représenté par 12 espèces distribué dans les régions tropicales d'Asie, d'Australie et de l'océan Indien, dont 1 sp. à large distribution de l'Afrique de l'Est au Pacifique, est rencontrée à Madagascar.

Buissons ou petits arbres hermaphrodites, aux branches présentant une pubescence soyeuse à laineuse. Feuilles alternes, composées trifoliolées, les folioles entières, penninerves, la foliole terminale plus grande que les deux latérales, stipules connées, caduques. Inflorescences axillaires, en courts racèmes contractés ou sub-ombelliformes, fleurs grandes, irrégulières, chaque fleur portée par une bractée, le pédicelle avec des bractéoles bien développées; calice soudé en forme de coupe, aux lobes étroitement ovales-acuminés, les deux supérieurs soudés sur leur quasi longueur, l'inférieur généralement plus grand; pétales 5, libres, 1 étendard supérieur, 2 latéraux en aile et les 2 inférieurs cohérents pour former la carène, en onglets, de couleur blanche à jaune; étamines 10, filets de 9 d'entre elles soudés sur leur quasi longueur, la 10e partiellement soudée aux autres dans sa moitié inférieure, anthères égales, à déhiscence longitudinale; ovaire sessile, style long, grêle, cylindrique, retourné à l'apex, stigmate ponctué; ovule(s) 1–6. Le fruit lomentacé est grand, aplati, courbé, indéhiscent, chaque graine contenue dans un article étranglé distinct qui se séparera finalement des autres, le fruit est sec et liégeux à maturité; graines arillées.

Dendrolobium umbellatum est distribué dans la forêt littorale, sempervirente humide et sub-humide, le long des côtes nord-ouest et est, sur les plages ou les zones rocheuses juste au-dessus de la zone intertidale. On peut le reconnaître à ses feuilles composées trifoliolées, la foliole terminale étant plus grande que les deux latérales et à ses fruits lomentacés.

Noms vernaculaires: *fanavintrana, hazomafaika, kinandrandriaka, kinandro, sovondrano, voandavenina*

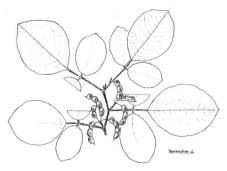

196. *Dendrolobium umbellatum*

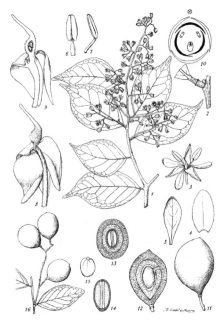

197. *Dialium*

Dialium L., Syst. Nat., ed. 12, 2: 56. 1767.

Genre intertropical représenté par env. 30 espèces dont 3 spp. sont endémiques de Madagascar.

Arbres hermaphrodites de taille moyenne à grande pouvant atteindre 30 m de haut, à l'écorce fine se desquamant en plaques rondes (platanoïde), l'entaille libérant une exsudation résineuse rougeâtre et visqueuse, au bois très dur. Feuilles alternes, unifoliolées (apparaissant simples) ou composées trifoliolées, à la marge entière, penninerves, glabres, stipules caduques. Inflorescences axillaires ou terminales, en panicules plus courtes que les feuilles, fleurs petites, blanches, irrégulières; sépales 3, légèrement imbriqués dans le bouton, fortement réfléchis à l'anthèse; pétales 3, imbriqués, alternant avec les sépales, fortement réfléchis à l'anthèse; étamines 2, opposées aux 2 sépales antérieurs, filets robustes, anthères latrorses, à déhiscence longitudinale; ovaire légèrement stipité, style étroitement conique; ovules 2. Le fruit est une grande gousse bacciforme, charnue, indéhiscente, sphérique à ovoïde, de couleur noire, contenant 1 graine ou rarement 2; graines comprimées latéralement, à albumen dur.

Dialium est distribué dans la forêt sempervirente humide et sub-humide depuis le niveau de la mer jusqu'à 1 000 m d'altitude ainsi que dans la forêt décidue sèche. On peut le reconnaître à ses exsudations résineuses visqueuses et rougeâtres, ses petites fleurs à 3 sépales, 3 pétales et 2 étamines et à ses grands fruits charnus

198. *Dichrostachys*

contenant généralement 1 seule graine. Les fruits frais à saveur acide sont comestibles et une décoction de feuilles est employée dans la coagulation du latex de diverses Apocynaceae. Les 2 espèces de forêt humide présentent soit des feuilles unifoliolées (*D. unifoliolatum*), soit trifoliolées (*D. madagascariensis*), alors que l'espèce de la forêt sèche occidentale (*D. occidentale*) a aussi bien des feuilles unifoliolées (ssp. *septentrionale*, limitée à l'extrême nord) que trifoliolées (ssp. *occidentale*, fréquente dans la forêt de Zombitse près de Sakaraha).

Noms vernaculaires: *andy, hompamena, karimbola, mariavandana, tatramborondreo, tratraborondreo, tratrambondreo, tsihanihimposa, tsilongodongotra, vandamena, zahamena, zamena, zamenamadinidravina, zana, zana fotsy, zana mavo, zana mena, zanahy, zanamena, zandambo*

Dichrostachys (DC.) Wight & Arn., Prodr.: 271. 1834. nom. cons.

Genre représenté par 15 espèces dont 1 à large distribution d'Afrique en Australie et introduite à Madagascar, 1 endémique à l'Australie et 13 endémiques de Madagascar.

Buissons ou petits arbres pouvant atteindre 10 m de haut, hermaphrodites. Feuilles alternes, composées, bipennées puis paripennées, avec 1–42 paire(s) de pennes opposées, portant chacune 1–100 paire(s) de folioles opposées, entières, penninerves, asymétriques, pétiole

portant une glande apicale et glandes souvent présentes le long du rachis entre les paires de pennes opposées, stipules souvent soudées à la base du pétiole, persistantes. Inflorescences axillaires, solitaires ou groupées en épis divisés en 2 zones, la partie inférieure portant des fleurs stériles contenant de longs staminodes blancs à mauves, la partie supérieure portant de petites fleurs bisexuées, fleurs régulières, 4–5-mères; calice soudé en forme de coupe, les marges des lobes arrondis souvent ciliées; pétales libres à légèrement soudés à la base, blancs à jaunes; étamines 8 ou 10, filets libres, anthères oblongues ou elliptiques, dorsifixes, portant parfois une glande apicale, longuement exsertes, à déhiscence longitudinale; ovaire brièvement stipité, style grêle, stigmate fistuleux, quelque peu élargi; ovules multiples. Le fruit est une longue gousse aplatie, mince, coriace, récurvée en spirale déhiscente à 2 valves; graines aréolées.

Dichrostachys est principalement distribué dans la forêt et le fourré décidus, secs et sub-arides, avec une seule espèce (*D. tenuifolia*) de la forêt sempervirente humide et sub-humide le long de l'escarpement oriental entre 700 et 1 100 m d'altitude depuis la RS du Pic d'Ivohibe jusqu'au lac Alaotra. Parmi les genres aux feuilles composées bipennées, on peut le reconnaître à ses inflorescences axillaires en épis divisés en 2 zones, la partie inférieure portant des fleurs stériles contenant de longs staminodes blancs à mauves, la partie supérieure portant de petites fleurs bisexuées et régulières, et à ses longs fruits aplatis et récurvés en spirale. La plus grande espèce, *D. myriophylla*, dont le bois est utilisé dans la construction, est distribuée dans la forêt semi-décidue, sub-humide et sèche, depuis la région du Boina jusqu'à celle du Sambirano.

Noms vernaculaires: *ambelazo, ambilazo, avoha, famahou, famoha, famohalambo, famoalambo, famolambo, fandrohiosy, fifatifotsy, kofatry*

Dicraeopetalum Harms, Bot. Jahrb. Syst. 33: 161. 1901.

Lovanafia M. Peltier, Adansonia, n.s., 12: 142. 1972.

Genre représenté par 3 espèces dont 1 sp. distribuée en Afrique et 2 spp. endémiques de Madagascar.

Buissons ou petits arbres pouvant atteindre 12 m de haut, hermaphrodites, fleurissant avant ou au tout début du développement des feuilles, à l'écorce brune mouchetée de gris et fissurée. Feuilles alternes, composées imparipennées avec 3–7 paires de folioles subopposées à alternes, entières, penninerves, stipules petites,

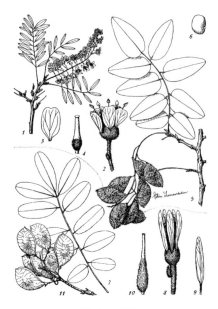

199. *Dicraeopetalum*

caduques. Inflorescences terminales ou axillaires, en racèmes multiflores denses, fleurs petites, subrégulières, le pédicelle portant une seule bractéole; calice soudé en coupe large, avec 5 lobes triangulaires et subégaux; pétales 5, de couleur blanc-crème virant au jaune, libres, en onglets courts, le pétale supérieur à l'extérieur des autres dans le bouton; étamines 10, filets libres, anthères médifixes, à déhiscence longitudinale; ovaire subsessile, parfois glandulaire, style court, stigmate capité; ovule(s) 1 ou 2. Le fruit est une grande gousse aplatie, mince et papyracée, indéhiscente, contenant généralement 1 seule graine, la gousse ovale à suborbiculaire, généralement distinctement concave, parfois étroitement ailée le long de la marge supérieure et finement pubescente (*D. capuronianum*) ou couverte de soies glanduleuses (*D. mahafaliense*); graines sub-réniformes, aplaties.

Dicraeopetalum est distribué dans les zones arborées et les fourrés sub-arides décidus, depuis l'ouest de Fort Dauphin jusqu'au nord de Toliara. On peut le reconnaître à ses feuilles composées imparipennées portant 3–7 paires de folioles subopposées à alternes, à ses inflorescences denses et multiflores en racèmes portant de petites fleurs subrégulières aux pétales libres en onglets courts, et à ses fruits distinctement concaves et contenant généralement une seule graine.

Noms vernaculaires: *arandranto, harandrato, hazadrano, katsakatsy, lovainafy, lovanafia, lovanafy, lovanjafia, lovanjafy*

Eligmocarpus Capuron, Adansonia, n.s., 8: 205. 1968.

Genre endémique monotypique.

Arbres hermaphrodites de petite à moyenne taille, pouvant atteindre 15 m de haut. Feuilles alternes, composées imparipennées, apparaissant paripennées dans les rares cas où la foliole terminale avorte, de 2–6 cm de long, avec (3–)5–9(–11) folioles entières, opposées, penninerves, émarginées à l'apex, vernissées et montrant une nervation tertiaire distincte, fine et réticulée, stipules latérales, petites, caduques. Inflorescences axillaires, en cymes pédonculées et pauciflores, bractées caduques, fleurs grandes, irrégulières, 5-mères; sépales 5, libres, subégaux, imbriqués dans le bouton; pétales 5, jaunes, libres, inégaux, l'arrière plus grand, les pétales en onglets; étamines 10, les 5 en avant ayant un filet plus court et l'anthère glabre, les 5 en arrière aux filets soudés sur lesquels l'abcission s'opère globalement et portant des anthères densément poilues-laineuses, basifixes, déhiscentes par deux pores apicaux; disque annulaire, lobé; ovaire subsessile, plié transversalement, style court, légèrement recourbé, stigmate ponctué; ovules 3–6. Le fruit est une grande drupe fibreuse à ligneuse, indéhiscente, ellipsoïde, profondément pliée transversalement en accordéon.

Eligmocarpus cynometroides a une aire de distribution réduite dans la zone de transition brusque (sub-humide à sèche) entre le fourré sub-aride décidu et la forêt sempervirente

200. *Eligmocarpus cynometroides*

humide à l'ouest de Fort-Dauphin entre Ranopiso et Bevilany, sur les versants du Mont Vohitsandriana et dans la forêt côtière de Petriky. On peut le reconnaître à ses feuilles composées imparipennées aux folioles opposées et émarginées, à ses fleurs aux pétales libres, de couleur jaune et en onglets, et à ses fruits profondément pliés transversalement en accordéon.

Nom vernaculaire: *mampay*

Entada Adans., Fam. Pl. 2: 318, 554. 1763. nom. cons.

Genre intertropical représenté par env. 30 espèces dont 6 spp. sont rencontrées à Madagascar (3 spp. sont des arbres dont 2 spp. endémiques).

Buissons à arbres de grande taille, ou lianes, hermaphrodites. Feuilles alternes, composées biparipennées, avec 2–20 paires de pennes opposées, portant chacune 13–72 paires de folioles opposées, entières, asymétriques, penninerves, pétiole et rachis sans glandes, stipules petites, caduques. Inflorescences axillaires, en épis ou en racèmes d'épis disposés dans des panicules, fleurs petites, régulières; calice soudé, campanulé, à 5 dents; pétales 5, de couleur blanc-crème, partiellement soudés à la base et à la partie basale soudée des étamines; disque annulaire; étamines 10, filets soudés à la base, libres au-dessus, anthères dorsifixes, portant souvent une glande apicale, à déhiscence longitudinale; ovaire subsessile, style allongé, droit, stigmate fistuleux; ovules multiples. Le fruit est une longue gousse lomentacée, aplatie, ligneuse, droite ou légèrement courbée, déhiscente en articles successifs à 1 graine, l'exocarpe externe se décrochant d'abord et laissant les graines scellées dans l'endocarpe papyracé qui se décrochera en segments individuels à 1 graine, les sutures marginales persistant sous la forme d'un cadre vide; graines comprimées, lisses.

Entada est distribué dans la forêt sempervirente humide et sub-humide ainsi que dans la forêt décidue sèche. Parmi les genres aux feuilles composées bipennées, on peut le reconnaître à ses feuilles au pétiole et au rachis sans glandes, aux nombreuses folioles opposées et asymétriques, à ses inflorescences en épis portant de petites fleurs aux pétales soudés à la base et à la partie basale des étamines soudées et à ses grands fruits lomentacés et ligneux; *E. chrysostachys*, également rencontré en Afrique de l'Est, est largement distribué dans les zones dégradées mais est plus commun à l'ouest; *E. louvelii* est endémique de l'est depuis Fort-Dauphin jusqu'à la Baie de l'Antongil et jusqu'à une altitude de 1 000 m; *E. pervillei* s'étend de la

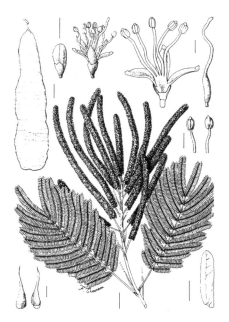

201. *Entada louvelii*

presqu'île Masoala jusqu'à la région du Sambirano où il est relativement commun et vers le sud jusqu'à Morondava. Le bois est employé dans la construction et comme combustible.

Noms vernaculaires (spp. d'arbres): *fana, fanampona, fanamponga, fanaponga, fano, fanou, fany, hitsika, sambalahimanga, sevalaky, tsimahamasabary, tsitoavinasakalava, tsitohizanolomalania, volomboronaha, volompodipona*

Erythrina L., Sp. Pl.: 706. 1753.

Genre intertropical représenté par env. 125 espèces; 5 spp. autochtones à Madagascar dont 3 spp. endémiques, 1 sp. à la distribution limitée à Madagascar et aux Comores, et 1 sp. à large distribution, rencontrée sur les côtes des océans Indien et Pacifique; 2 autres spp. cultivées ont été introduites.

Arbres hermaphrodites, de petite à moyenne taille, au feuillage caduc, aux branches (parfois le tronc) portant des épines robustes et des poils simples ou stellés. Feuilles alternes, composées trifoliolées, les folioles, entières, penninerves, aux pétiolules munis de stipelles basales, stipules petites, caduques. Inflorescences terminales en pseudo-racèmes multiflores, fleurs grandes, irrégulières; calice soudé, ellipsoïde à fusiforme et enfermant la fleur dans le bouton, bilobé (*E. perrieri*) ou fendu et spathacé à l'anthèse; pétales 5, le supérieur en grand étendard, les latéraux plus petits ou en ailes minuscules et les deux inférieurs parfois soudés en carène, de couleur vive, rouge ou orange, ou blancs à

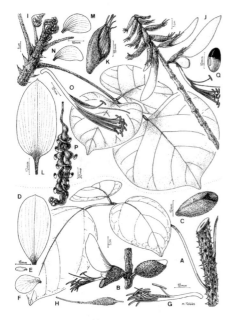

202. *Erythrina*

l'intérieur et marron à l'extérieur (*E. ankaranensis*); étamines 10, filets soudés en colonne staminale sur plus de la $^1/_2$ de leur longueur, avec 1 étamine supérieure plus courte que les 9 autres et divergeant de la colonne vers le bas, longuement exsertes, anthères dorsifixes, à déhiscence longitudinale; ovaire stipité, velu, style long, grêle, exsert, stigmate petit, ponctué; ovules 2–multiples. Le fruit est une longue gousse stipitée, aplatie, rarement gonflée et étroitement ailée (*E. ankaranensis*), ou étranglée entre les graines, indéhiscente ou déhiscente, contenant de 1 à de multiples graine(s); graines oblongues-ellipsoïdes, parfois bicolores rouge et noir (*E. madagascariensis*).

Erythrina est distribué dans la forêt sempervirente humide (*E. hazomboay*) à moyenne altitude (800–1000 m) dans le PN Masoala, près de la RS de Périnet-Analamazaotra et à Fort-Carnot, ainsi que dans la forêt décidue sèche depuis le bassin du fleuve Onilahy jusqu'à Antsiranana. On peut le reconnaître à ses épines robustes et à ses feuilles composées trifoliolées; *E. madagascariensis*, à large distribution, à une pubescence stellaire; le rare *E. perrieri* présente des poils simples; *E. ankaranensis* a une distribution limitée aux sols calcaires des tsingy de la RS d'Ankarana; et *E. variegata*, qui présente également une pubescence stellaire, bien que moins dense et dont les graines sont rouges, est autochtone de la côte occidentale depuis la région du Boina jusqu'à celle du Sambirano en incluant Nosy Be.

Noms vernaculaires: *anzava, hazomboay, magonga, manonga, manongo, vombara*

Erythrophleum Afzel. ex R. Br. in Tuckey, Narr. Exped. Zaire: 430. 1818.

Genre représenté par 9 espèces dont 4 spp. sont distribuées en Afrique, 1 sp. à Madagascar, 3 spp. en Malaisie et 1 sp. en Australie.

Arbres hermaphrodites de grande taille, pouvant atteindre 25 m de haut et à l'origine d'une dense zone d'ombre sous la canopée, à l'écorce épaisse, dure, résistant au feu, profondément cannelée et se détachant en écailles irrégulières. Feuilles alternes, composées bi-paripennées, avec (1–)2–4 paire(s) de pennes opposées, le rachis distinctement épaissi à la base mais sans glandes, chaque penne portant (4–)8–14 folioles alternes, entières, penninerves, parfois asymétriques, stipules très petites, caduques. Inflorescences axillaires, simples, denses, en racèmes spiciformes bien plus courtes que les feuilles, fleurs petites, blanc-verdâtre, régulières, 5-mères; calice soudé, infundibuliforme, à lobes triangulaires; pétales 5, libres, légèrement imbriqués dans le bouton, aux marges ciliées; étamines 10, filets libres, grêles, exserts, anthères latrorses-introrses, à déhiscence longitudinale; ovaire stipité, densément laineux, style court, droit, cupuliforme; ovules 7–8. Le fruit est une grande et longue gousse (15–35 × 4–5 cm), aplatie, droite, coriace à ligneuse, déhiscente en 2 valves, de couleur noire; graines aplaties, albumen épais.

Erythrophleum couminga est distribué dans la forêt décidue sèche et les zones arborées ouvertes dans le nord-ouest depuis la vallée du fleuve Mahavavy jusqu'à la région du cap Saint-André et jusqu'à 30–40 km à l'intérieur des terres, en étant

203. *Erythrophleum couminga*

commun entre Soalala et Mitsinjo. Parmi les genres aux feuilles composées bipennées, on peut le reconnaître à ses feuilles aux folioles alternes, au pétiole ou au rachis sans glandes, au rachis distinctement épaissi à la base et à ses petites fleurs régulières aux pétales et étamines libres. Toutes les parties de l'arbre sont extrêmement toxiques, provoquant certainement un arrêt cardiaque et il a donc été employé tel que *Cerbera manghas* (Apocynaceae) comme poison éprouvé. La floraison peut provoquer de violents maux de tête, probablement dus au pollen et à la forte odeur des fleurs.

Nom vernaculaire: *komanga*

Gagnebina Neck. ex DC., Prodr. 2: 431. 1825.

Genre représenté par 4 espèces distribué à Madagascar, à Aldabra et aux Mascareignes.

Buissons ou petits arbres atteignant 5 m de haut, hermaphrodites. Feuilles alternes, composées bi-paripennées, avec 3–22 paires de pennes opposées, portant chacune 7–61 paires de folioles opposées, entières, penninerves, une glande apicale sur le pétiole, glandes parfois présentes le long du rachis entre les pennes opposées, stipules petites, caduques. Inflorescence axillaires, solitaires ou groupées en épis ou racèmes divisés en 2 zones, la partie inférieure avec des fleurs stériles portant de longs staminodes blancs à roses, la partie supérieure avec de petites fleurs bisexuées, régulières, 5-mères; calice soudé en forme de coupe; pétales soudés à la base en un tube court, blancs, jaune clair ou rose clair; étamines 10, filets libres, anthères sub-basifixes, linéaires à linéaires-sagitées, à l'extrémité apicale glanduleuse, à peine exserte au-delà de la corolle, à déhiscence longitudinale; ovaire stipité, style grêle, stigmate fistuleux, quelque peu élargi; ovules nombreux. Le fruit est une grande gousse aplatie, longuement stipitée, indéhiscente, dont les marges sont étroitement à largement ailées; graines aréolées.

Gagnebina est distribué dans la forêt et le fourré décidus, secs et sub-arides, l'espèce commune et à large distribution, *G. commersoniana*, depuis Antsiranana jusqu'à Fort-Dauphin est employée pour fabriquer le papier de Maintirano. Le genre diffère de *Dichrostachys*, avec lequel il partage des inflorescences en épis ou racèmes et divisées en une partie inférieure stérile et une partie supérieure fertile, par ses fleurs à la corolle toujours soudée, aux anthères linéaires-sagitées qui sont à peine exsertes au-delà de la corolle et par ses gousses indéhiscentes dont les marges sont étroitement à largement ailées.

204. *Gagnebina*

Noms vernaculaires: *alimboro, alomborona, famoalambo, fandriosy, fandrohody, hafodramena, hazondalitra, kifatry, kifaty, kifiatsy, komy, pitepiteka, pitepiteky, roy, tefamila, tsiranopaosa*

Hymenaea L., Sp. Pl.: 1192. 1753.

Trachylobium Hayne, Flora 10: 743. 1827.

Genre représenté par 16 espèces distribué en Amérique tropicale (15 spp.) à l'exception d'une sp. rencontrée le long des côtes d'Afrique de l'Est, de Zanzibar, de Madagascar, de Maurice et des Seychelles.

Arbres hermaphrodites de moyenne à grande taille, pouvant atteindre 20 m de haut, à résine rougeâtre. Feuilles alternes, composées paripennées avec une seule paire de folioles (bifoliolées) opposées, entières, asymétriques, quelque peu falciformes, subsessiles, portant des points glanduleux translucides, stipules petites, caduques. Inflorescences terminales en panicules, fleurs grandes, irrégulières, disposées en spirales le long de branches racémeuses, enfermées dans le bouton par 2 bractéoles recouvrantes, caduques; sépales 4, libres, imbriqués en 2 paires inégales; pétales 5, les 3 supérieurs généralement plus grands et en onglets, les 2 inférieurs petits et réduits à des vestiges, ou parfois les 5 développés, subégaux; étamines 10, filets libres, anthères dorsifixes, à déhiscence longitudinale; ovaire brièvement stipité, style long, grêle, légèrement courbé, stigmate petit, capité; ovules 4. Le fruit est une grande gousse dressée, ligneuse et grossièrement résineuse-verruqueuse, indéhiscente, contenant 1–3 graine(s), oblongue-ellipsoïde; graines ellipsoïdes, dures.

Hymenaea verrucosa est distribué dans la forêt littorale sempervirente, humide et sub-humide, le long des côtes est et nord-ouest depuis le sud de Mananjary jusqu'à la région du Sambirano. On peut le reconnaître à ses feuilles composées bifoliolées, ses inflorescences terminales et à ses grands fruits dressés, ligneux et grossièrement résineux-verruqueux. La résine est extraite de ses fruits pour produire un vernis (le copal de Madagascar) et son bois est employé dans la construction.

Noms vernaculaires: *amalomanta, copalier, mandrirofo, mandrofo, mandrorofo, nandrorofo, tandrofo, tandroroho*

Intsia Thouars, Gen. Nov. Madag.: 22. 1906.

Genre représenté par 3 espèces distribué le long des côtes des océans Indien et Pacifique dont 1 sp. à large distribution est rencontrée à Madagascar.

Arbres hermaphrodites de moyenne à grande taille, pouvant atteindre 20 m de haut, les vieux arbres présentant des contreforts, à l'écorce plus ou moins lisse, de couleur gris pâle. Feuilles alternes, composées paripennées, avec (1–)2 (–3) paire(s) de folioles opposées, entières, asymétriques, penninerves, portant plusieurs petites glandes basales ressemblant à des points, le pétiolule vrillé, renflé, stipules soudées en une écaille intrapétiolaire, caduques. Inflorescences terminales, paniculées à corymbiformes, les fleurs grandes, irrégulières, disposées en spirales, enfermées dans le bouton par une paire de bractéoles recouvrantes et caduques; sépales soudés formant un hypanthium tubulaire, avec 4 lobes libres, étalés et inégaux sur le bord; pétale 1, en onglet, blanc; étamines 3 fertiles à filet libre, grêle, et 4–7 staminodes stériles, libres, plus courts que les étamines fertiles et sans anthère, anthères dorsifixes, à déhiscence longitudinale; ovaire stipité, le stipe adné à l'hypanthium, style long, grêle, stigmate petit, capité; ovules 6–10. Le fruit est une très grande gousse stipitée, aplatie, ligneuse, tardivement déhiscente en 2 valves, à la surface brillante montrant une nervation évidente; graines grandes, aplaties, dures, initialement couvertes d'une pubescence pelliculaire.

Intsia bijuga est distribué dans la forêt littorale, sempervirente, humide et sub-humide ainsi qu'à basse altitude (généralement moins de 50 m d'altitude) le long de la côte orientale et dans la région du Sambirano. On peut le reconnaître à ses feuilles composées paripennées qui comportent généralement 2 paires de folioles

205. *Hymenaea verrucosa* (au-dessus); *Intsia bijuga* (en bas)

opposées, à ses inflorescences terminales portant de grandes fleurs irrégulières avec un seul pétale blanc en onglet et à ses très grands fruits ligneux. Le bois présente d'excellentes qualités pour la construction, la réalisation de parquets, de portes et de mobiliers.

Noms vernaculaires: *harandranto, hintsi, hintsika, hintsikafitra, hintsina, hintsy, tsararavina*

Lemurodendron Villiers & P. Guinet, Bull. Mus. Natl. Hist. Nat, sect. B, sér. 4, Adansonia 11: 3. 1989.

Genre endémique monotypique.

Grands arbres hermaphrodites atteignant 25–30 m de haut et 1 m de diamètre pour le tronc. Feuilles alternes, composées bipennées, avec (1–)2 paire(s) de pennes opposées, le rachis portant des glandes saillantes, charnues et discoïdes entre les paires de pennes opposées, les axes des pennes aplatis et subailés, chaque penne portant 2–4 paires de folioles opposées, entières, penninerves, fortement asymétriques-falciformes, stipules petites, caduques. Inflorescences terminales en panicules d'épis fasciculés, les axes densément pubescents, le pédoncule des épis pourvu d'un involucelle de bractées encerclantes, parfois persistantes, fleurs petites, sessiles, régulières, les plus basses stériles, 5-mères; calice soudé, obconique à subcylindrique, à la marge ondulée; corolle soudée aux lobes dressés et

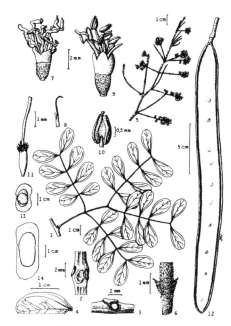

206. *Lemurodendron capuronii*

triangulaires; étamines 10, réduites à des staminodes dans les fleurs stériles, filets libres, anthères au connectif muni d'une petite glande pédiculée caduque à l'apex, sublatrorses, à déhiscence longitudinale; ovaire subsessile, réduit à un pistillode dans les fleurs stériles, style grêle, l'apex stigmatique fistuleux; ovules (4–)12–14. Le fruit est une longue capsule étroite (15–35 × 2–2,5 cm), aplatie, déhiscente en 2 valves, à exocarpe caduc; graines entourées d'une aile large, fine et papyracée, au point d'attache du funicule central sur le coté long.

Lemurodendron capuronii a une aire de distribution réduite dans la zone de transition entre la forêt sub-humide et la forêt semi-décidue sèche, au sud sud-ouest de Vohémar, entre le fleuve Fanambana et le village d'Analovana. Parmi les genres aux feuilles composées bipennées, on peut le reconnaître à ses feuilles portant des folioles fortement asymétriques-falciformes, au rachis muni de glandes saillantes, charnues et discoïdes, à ses inflorescences terminales et à ses graines entourées d'une aile large, fine et papyracée.

Nom vernaculaire: *lalomambarika*

Lemuropisum H. Perrier, Bull. Soc. Bot. France 85: 494. 1939.

Genre endémique monotypique.

Buissons hermaphrodites atteignant 4 m de haut, très ramifiés, à l'écorce brun-gris pâle, lisse, les tiges épaisses portant des rameaux latéraux se terminant en épines rigides et les rameaux courts portant les feuilles et les inflorescences. Feuilles alternes mais en groupes serrés, composées paripennées, avec 2–3 paires de petites folioles opposées, entières et penninerves, stipules petites, caduques. Inflorescences axillaires, en racèmes solitaires, disposées près de l'extrémité des rameaux courts, fleurs grandes, légèrement irrégulières; calice soudé à 5 lobes subégaux, valvaires, coriaces et enfermant la fleur dans le bouton; pétales 5, blancs et jaunissant en fanant, libres, en onglets, étalés, les pétales supérieurs légèrement plus grands, de couleur jaune-citron avec une marge blanche, les bords des onglets enroulés et formant un tube étroit; étamines 10, filets libres, étalés, anthères dorsifixes, à déhiscence longitudinale; ovaire sessile, style long et grêle, de couleur rose-marron, stigmate ponctué; ovules 6–10. Le fruit est une grande gousse mince, comprimée, coriace, déhiscente en spirale à 2 valves, les graines non cloisonnées dans des chambres séparées, la gousse à pubescence dense et gris pâle, et mouchetée de gouttelettes résineuses de couleur gris plus foncé et brun-rouge; graines oblongues et tronquées (en forme de tonneau), à testa blanc-crème et coriace.

Lemuropisum edule est distribué dans le fourré sub-aride rencontré le long de l'escarpement côtier, sableux et karstique au sud de Toliara, depuis Itampolo jusqu'à la RNI de Tsimanampetsotsa. On peut le reconnaître à ses tiges épaisses dont les rameaux latéraux se terminent en épines rigides, à ses grandes fleurs aux pétales libres, étalés, en onglets et blancs, et

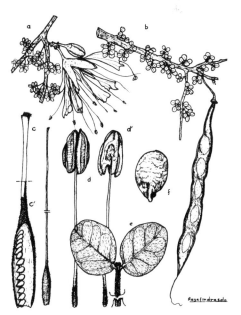

207. *Lemuropisum edule*

à ses fruits minces, déhiscents en spirale et contenant des graines qui ne sont pas cloisonnées dans des chambres séparées. Les graines sont comestibles avant maturité.

Nom vernaculaire: *tara*

Mendoravia Capuron, Adansonia, n.s., 8: 208. 1968.

Genre monotypique endémique.

Arbre hermaphrodite, de moyenne à grande taille, pouvant atteindre 25 m de haut, à l'écorce lisse présentant de nombreuses lenticelles. Feuilles alternes, simples, entières, penninerves, vernissées avec une nervation tertiaire finement réticulée et distincte, stipules caduques. Inflorescences axillaires, pauciflores, en racèmes ou en corymbes, plus courtes que les feuilles, fleurs grandes, légèrement irrégulières, (5–)6-mères; sépales (5–)6, libres, étroitement triangulaires, imbriqués dans le bouton, persistants dans le fruit un certain temps; pétales (5–)6, libres, étalés, jaunes, imbriqués dans le bouton; étamines 11–12, filets grêles et libres, anthères oblongues, basifixes, orange, déhiscentes par deux pores transversaux; ovaire sessile, comprimé, style court, droit, au stigmate dilaté, tronqué, cannelé et capité; ovules 2(–3). Le fruit est une grande gousse aplatie, oblique, sèche, déhiscente en spirale bivalve, au style quelque peu accrescent, apiculé, à la suture placentaire (supérieure) étroitement ailée; graines sans albumen.

208. *Mendoravia dumaziana*

Mendoravia dumaziana n'est distribué que dans la forêt sempervirente humide de l'extrême sud-est près de Mahatalaky et d'Ebakika, à 40–50 km au nord de Fort-Dauphin. On peut le reconnaître à ses feuilles simples, ses inflorescences en racèmes ou en corymbes portant de grandes fleurs 6-mères aux pétales libres, étalés et jaunes. Le bois dur est employé dans la construction et la menuiserie.

Noms vernaculaires: *mendoravy, mendoravy fotsy, mendoravy mainty*

Millettia Wight & Arn., Prodr.: 263. 1834.

Neodunnia R. Vig., Notul. Syst. (Paris) 14: 72. 1950.

Genre représenté par env. 100 espèces qui sont principalement distribuées dans les régions tropicales de l'Ancien Monde, et env. 5 spp. en Californie et au Mexique; 8 spp. endémiques de Madagascar.

Buissons à grands arbres, ou rarement des lianes (*M. lenneoides*), hermaphrodites, décidus. Feuilles alternes, composées imparipennées, avec 2–12 paires de folioles généralement opposées, entières, penninerves, à l'apex souvent mucroné, stipelles généralement absentes, stipules petites, caduques. Inflorescences axillaires en pseudoracèmes, apparaissant souvent en même temps que les nouveaux rameaux végétatifs, aux fleurs souvent groupées par 2–4 le long des axes, parfois réduites à 2–4 fleurs, fleurs grandes, irrégulières; calice soudé en forme de coupe à 5 lobes inégaux, triangulaires et dentés; pétales 5, roses à violets, l'étendard supérieur marqué d'une tache basale verdâtre, dressé ou pointant vers l'avant, les latéraux ailés presque aussi longs que les 2 inférieurs recouvrants qui forment la carène; étamines 10, filets de 9 d'entre elles soudés sur plus de la $\frac{1}{2}$ de leur longueur en une couronne staminale, la 10e libre à la base, partiellement soudée au-dessus, anthères dorsifixes, à déhiscence longitudinale; ovaire sessile, style long et grêle, fortement récurvé à l'apex, stigmate ponctué; ovules 2–6. Le fruit est une longue gousse aplatie, quelque peu ligneuse, effilée à la base, déhiscente en 2 valves un peu vrillées; graines aplaties, discoïdes, à l'hile entouré d'un petit arille pâle qui s'étend en un volet d'un coté.

Millettia est distribué dans la forêt sempervirente humide (*M. orientalis* et *M. capuronii*) à basse altitude ainsi que dans la forêt décidue sèche et dans la zone de transition à l'ouest de Fort-Dauphin (*M. taolanaroensis*). Très affine avec *Pongamiopsis*, il en diffère par ses longues gousses aplaties et effilées à la base et par ses graines aplaties et discoïdes dont l'extrémité arillée s'étend en un volet.

209. *Millettia orientalis*

Noms vernaculaires: *anakaraka, fanamoakondro, hampy, harandrato, hibaky, hitsika, kitsongo, lovanjafy, manarivorakabe, manary botry, manary fia, manary toloha, manary voroka, sambalahy, sarikitsongo, sikidihazo, taikindambo, taintsindambo, taisandambo, taitsindambo, tankindambo, tekindambo, tsimahamasabary, vahintandrondro, voanindrozy*

Mimosa L., Sp. Pl.: 516. 1753.

Genre intertropical représenté par env. 500 espèces; 32 spp. sont rencontrées à Madagascar sur lesquelles 13 spp. sont des arbres.

Herbes, buissons sarmenteux, lianes, ou arbres de petite à moyenne taille pouvant atteindre 12 m de haut, hermaphrodites, portant souvent des épines plus ou moins aiguës le long des tiges et parfois sur le tronc, le pétiole et le rachis, soit solitaires, soit en groupes de 3. Feuilles alternes, composées bipennées puis paripennées, avec 1–10(–35) paire(s) de pennes opposées, portant chacune de 1 à de multiples paire(s) de folioles opposées à alternes, entières, penninerves, asymétriques et souvent sensitives au toucher, la paire basale souvent réduite à des points ressemblant à des stipelles, pétiole et rachis sans glandes, stipules caduques. Inflorescences axillaires, en capitules sphériques, solitaires ou groupées, fleurs petites, régulières, 4(–5)-mères; calice soudé en forme de coupe, petit; corolle soudée à petits lobes valvaires, blanche, jaune pâle ou rose; étamines en nombre égal ou double des lobes corollins, i.e. 4, 5, 8 ou 10 mais généralement 8, filets libres, anthères dorsifixes, sans glande apicale, à déhiscence longitudinale;

ovaire stipité, style court, stigmate fistuleux; ovules peu à multiples. Le fruit est une grande gousse lomentacée, aplatie, déhiscente, parfois couverte d'épines aiguës, d'aiguillons ou de poils glanduleux rouges, se fracturant souvent en articles à 1 graine qui se détachent des sutures marginales, ou parfois ne se fracturant pas et la totalité de la partie centrale se décroche, les sutures marginales persistant alors sous la forme d'un cadre; graines aplaties, aréolées.

Mimosa est distribué dans la forêt et le fourré sempervirents, humides, sub-humides et de montagne (*M. andringitrensis* et *M. vilersii*), et plus communément dans la forêt et le fourré décidus, secs et sub-arides, souvent dans la végétation ouverte ou dégradée. Parmi les genres aux feuilles composées bipennées, on peut le reconnaître à ses épines plus ou moins aiguës, solitaires ou en groupes de 3, souvent portées le long des tiges et parfois sur les pétioles et les rachis, à ses feuilles ne portant pas de glandes sur le pétiole, ni sur le rachis, à ses inflorescences sphériques portant de petites fleurs à la corolle soudée et aux étamines libres, et à ses fruits lomentacés.

Noms vernaculaires (spp. de buissons arborescents ou d'arbres): *aravoka, bohy, fandrianakanga, fantsikala, hafomantsina, hazofady, kirava, migonga, mikongy, mokonga, rahileja, robazaha, robontsy, rohiala, roibontsy, roihafotse, roileja, rombaza, romeny, romini, roy, roybenono, roymena, sangaratra, sangaretra, sigaritra, tsiremby, vahitaolanamalona*

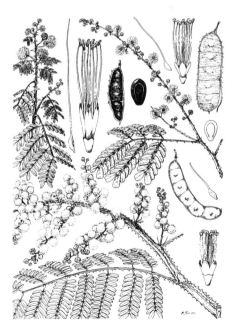

210. *Mimosa*

Mundulea (DC.) Benth. in Miq., Pl. Jungh. 2: 248. 1852.

Genre représenté par 12 espèces dont 1 sp. à large distribution sur l'ensemble des régions tropicales de l'Ancien Monde et 11 spp. endémiques de Madagascar.

Buissons ou petits arbres atteignant 12 m de haut, hermaphrodites. Feuilles alternes, composées imparipennées, avec 2–8 paires de folioles opposées ou moins souvent alternes, entières, penninerves, parfois réduites à une unique foliole terminale (unifoliolées), ou à 3 folioles terminales à disposition sub-palmée (trifoliolées), parfois munies de minuscules points glanduleux translucides, stipelles absentes, stipules petites, caduques. Inflorescences terminales, courtes, denses ou longues, en pseudoracèmes lâches, fleurs petites à grandes, irrégulières, le pédicelle sans bractéoles; calice soudé en forme de coupe aux lobes inégaux, le central des 3 inférieurs plus long, les 2 supérieurs plus courts et partiellement soudés; pétales 5, de couleur pourpre à lilas pâle, ou parfois rose à blanche, étendard supérieur dressé, les latéraux ailés plus courts ou de la même longueur que les inférieurs en carène, parfois brièvement rostrés; étamines 10, filets de 9 d'entre elles soudés sur plus de la 1/2 de leur longueur en une colonne staminale, libres au-dessus, la 10ᵉ libre à la base et partiellement soudée au-dessus, toutes brusquement retournées à l'apex, parfois avec un renflement vers le sommet des filets, anthères dorsifixes, à déhiscence longitudinale; ovaire sessile, style long et grêle, brusquement retourné à l'apex, stigmate ponctué; ovule(s) 1–9. Le fruit est une longue gousse aplatie ou légèrement gonflée, coriace à finement ligneuse, indéhiscente ou déhiscente, droite ou moins souvent en spirale bivalve, étroitement oblongue; graines réniformes, comprimées, surmontées d'un petit arille blanchâtre à l'hile.

Mundulea est distribué dans la forêt et le fourré sempervirents, humides, sub-humides et de montagne, ainsi que dans la forêt et le fourré décidus, secs et sub-arides. On peut le reconnaître à ses feuilles qui sont composées imparipennées, à ses inflorescences terminales portant des fleurs "typiques des pois", de couleur généralement pourpre à lilas pâle et à ses graines réniformes, comprimées, surmontées d'un petit arille blanchâtre à l'hile.

Noms vernaculaires: *ampolymanzava, famakivato, fanamo, fanamohazo, fanamolahy, fanamomamo, fanamorano, fanamovavy, hararetra, hazongoaika, resiaky, rodrotsy, sarintsoha, seky, tsarambatra*

Neoapaloxylon Rauschert, Taxon 31: 559. 1982.

Apaloxylon Drake, Hist. Pl. Madag. 1: 75, 206. 1902.

Genre endémique représenté par 3 espèces.

Arbres hermaphrodites de petite à moyenne taille, pouvant atteindre 15 m de haut. Feuilles alternes, composées paripennées, avec 5–19 paires de folioles alternes ou subopposées, entières, penninerves, asymétriques, portant des points glandulaires sur la face inférieure, stipelles absentes, stipules petites, caduques. Inflorescences terminales et axillaires supérieures, en panicules ouvertes, fleurs petites, régulières, synchrones; calice soudé en forme de coupe formant un hypanthium à 4 lobes étalés, imbriqués, enfermant la fleur dans le bouton, de couleur blanche ou rouge; pétales absents; disque annulaire; étamines 10, inégales, filets libres, étalés, anthères dorsifixes, à déhiscence longitudinale; ovaire stipité, style long, grêle et exsert, stigmate ponctué; ovules 8–16 [?]. Le fruit est une grande gousse samaroïde, sèche, indéhiscente, contenant 1 graine (disposée à l'apex), la gousse pendante, portée par un stipe distinct, munie d'une large aile basale, rouge à marron; graine aplatie, albumen ruminé.

Neoapaloxylon est distribué sur l'ensemble de la forêt et du fourré décidus, secs et sub-arides. Il ressemble beaucoup à *Brandzeia* dont il peut être distingué par son inflorescence plus ouverte, ses

211. *Mundulea*

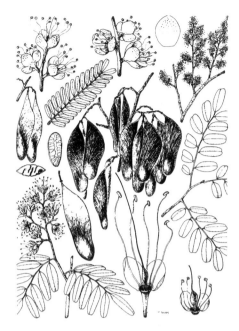

212. *Neoapaloxylon*

fleurs sans pétales, l'absence d'un calice persistant dans le fruit qui a un stipe moins grêle et à l'albumen ruminé des graines. La racine renflée et tubéreuse est comestible, et l'écorce fibreuse est employée comme corde.

Noms vernaculaires: *hafotra, kilihoto, kolohota, kolohoto, kolohotro, kolohoty, koloty, sarilleaza, tala, talamena*

Neoharmsia R. Vig., Notul. Syst. (Paris) 14: 186. 1951.

Genre endémique représenté par 2 espèces.

Petits arbres hermaphrodites atteignant 10 m de haut, fleurissant et fructifiant avant l'apparition des feuilles, à l'écorce parfois épaisse, cireuse, gris pâle à brun clair, couvrant une couche photosynthétique, aux tiges épaisses et quelque peu succulentes, présentant parfois des dépressions occupées par des fourmis. Feuilles alternes, composées imparipennées, avec 3–6 paires de folioles opposées à alternes, entières, penninerves, stipules caduques. Inflorescences terminales sur les nouveaux rameaux, denses, en racèmes multiflores, fleurs grandes, pendantes, irrégulières, le pédicelle portant une bractéole près de l'apex; calice soudé, campanulé, à 5 lobes subégaux, persistant dans le fruit; pétales 5, orange-rouge à rouge-pourpre et jaunes au milieu ou à la base, raides, cireux, libres, en onglets, l'étendard supérieur pointé vers l'avant et quelque peu plus long que les pétales en ailes et en carène; étamines 11, filets libres, anthères

médifixes, à déhiscence longitudinale; ovaire brièvement stipité, style retourné, stigmate ponctué; ovules 6–10. Le fruit est une grande gousse stipitée, aplatie, coriace, à déhiscence bivalve, linéaire-oblongue; graines sub-réniformes, comprimées.

Neoharmsia est distribué dans la forêt décidue sèche sur les karstes et les dunes de sable côtières de l'ouest depuis le Tsingy de Bemaraha à la RNI de Namoroka, sur la côte entre les fleuves Betsiboka et Mahavavy (*N. madagascariensis*) et à l'extrême nord dans la RS d'Ankarana, à Irodo et dans la région d'Antsiranana (*N. baronii*). On peut le reconnaître à ses feuilles composées imparipennées et à ses inflorescences terminales se développant sur les nouveaux rameaux avant l'apparition des feuilles et portant de grandes fleurs irrégulières aux pétales libres, colorés, raides, cireux, en onglets, les fleurs portant 11 étamines.

Noms vernaculaires: *aboruiga, hazomaeva, manangona, manangony, voandroza*

Ormocarpopsis R. Vig., Notul. Syst. (Paris) 14: 170. 1951.

Genre endémique représenté par 6 espèces.

Buissons (principalement) ou petits arbres buissonnants, hermaphrodites, atteignant 7 m de haut, au bois dur. Feuilles alternes, composées imparipennées, ou apparaissant composées paripennées, avec 2–8 paires de folioles alternes, entières et penninerves, stipelles ou glandes absentes, le séchage révèle

213. *Neoharmsia baronii*

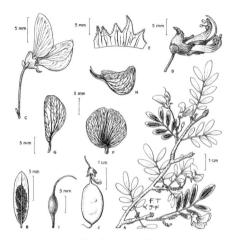

214. *Ormocarpopsis*

une couleur distincte, brun foncé à noire, de la nervure médiane ou une tache de cette même couleur couvrant le principal de la marge inférieure, stipules petites, caduques. Inflorescences axillaires, en courts racèmes 1–3-flores, parfois sur les rameaux courts et robustes, fleurs petites à grandes, irrégulières, au pédicelle muni d'une paire de bractées juste sous la fleur; calice soudé en large coupe, aux lobes triangulaires, aigus, subégaux ou inégaux, persistant dans le fruit; pétales 5, en courts onglets, jaune clair, étendard supérieur plus ou moins rond, dressé ou pointé vers l'avant, les latéraux ailés de près de la même longueur que l'étendard ou la carène, pétales inférieurs cohérents en carène et plus ou moins rostrés à l'apex; étamines 10, en 2 faisceaux de 5, filets soudés sur plus de la $\frac{1}{2}$ de leur longueur, libres au-dessus, anthères dorsifixes, à déhiscence longitudinale; ovaire stipité, brièvement cylindrique à ovale, style long et grêle, légèrement récurvé, stigmate petit, ponctué; ovule(s) 1–4. Le fruit est une grande gousse à texture relativement fine, ovale-ellipsoïde ou subsphérique, légèrement renflée-gonflée, portée par un long stipe grêle, la gousse indéhiscente se désintègre finalement par fragmentation des valves; graines grandes, ellipsoïdes.

Ormocarpopsis est distribué dans la forêt et le fourré semi-décidus et décidus, sub-humides, secs et sub-arides du Plateau Central (*O. itremoensis* sur les cipolins du massif de l'Itremo), du sud-ouest et du sud (*O. parvifolia* et *O. tulearensis*, associés aux karstes), de l'ouest (*O. aspera*, *O. calcicola*) et du sud-est dans le bassin du fleuve Mandrare et le haut bassin du fleuve Ihosy (*O. mandrarensis*). On peut le reconnaître à ses feuilles composées imparipennées avec 2–8 paires de folioles alternes, à la couleur brun foncé à noire de la nervure médiane ou de la tache couvrant le dessous de la marge après séchage, à ses

inflorescences axillaires portant des fleurs irrégulières aux étamines soudées en 2 groupes de 5 et à ses fruits ovales-ellipsoïdes ou subsphériques, légèrement renflés-gonflés et indéhiscents. Le bois dur est employé dans la construction et la fabrication des manches d'outils.

Noms vernaculaires: *ankoma, fanamomboro, fandrikosy, hazomahery, litsy, mahamavo, maimbolazo, peha, remonty, sangozaza, sofasofa, tapiaka, valalundambo*

Ormocarpum P. Beauv., Fl. Oware 1: 95. 1810. nom. cons.

Genre représenté par 20 espèces distribué d'Afrique en Asie; 2 spp. endémiques de Madagascar.

Buissons ou petits arbres atteignant 5 m de haut, hermaphrodites, portant parfois des soies glanduleuses sur les tiges. Feuilles alternes, composées paripennées, avec 3–8 paires de folioles alternes, entières et penninerves, portant de minuscules points noirs dessus mais ne révélant pas de tache noire en séchant, à l'apex parfois mucroné, les feuilles sont souvent portées sur les rameaux courts avec des stipules recouvrantes. Inflorescences portées par les rameaux courts ou axillaires, racémeuses, fleurs petites à grandes, irrégulières, au pédicelle portant une paire de bractéoles sur la moitié supérieure; calice superficiellement soudé en forme de coupe, 5-denté, au sépale inférieur

215. *Ormocarpum*

quelque peu plus long; pétales 5, jaunes ou blancs, l'étendard supérieur dressé, les latéraux ailés et les inférieurs en carène presque égaux; étamines 10, filets soudés à la base en 2 groupes latéraux de 5, anthères dorsifixes, à déhiscence longitudinale; ovaire brièvement stipité, style long, grêle et courbé, stigmate ponctué; ovules 4. Le fruit est un grand lomentum aplati, indéhiscent, strié longitudinalement, quelque peu étranglé autour des graines, contenant souvent 1 seule graine, mais pouvant constituer jusqu'à 4 segments se séparant finalement, le fruit couvert de poils ou de soies glanduleuses visqueuses; graines petites, comprimées.

Ormocarpum est distribué dans la forêt décidue sèche de Morondava à Mahajanga (*O. drakei*, aux fleurs jaunes et aux fruits garnis de soies), au nord sur les karstes des RS d'Ankarana et d'Analamera, et dans la région d'Antsiranana (*O. bernierianum*, aux fleurs blanches et aux fruits portant des poils visqueux glanduleux). Il diffère principalement de *Ormocarpopsis* par ses fruits lomentacés couverts de poils ou de soies visqueux glanduleux, et par les folioles ne séchant pas en révélant une tache noire.

Nom vernaculaire: *reaotsy*

Parkia R. Br. in Denham & Clapperton, Narr. Travels Africa: 234. 1826.

Genre intertropical représenté par 40 espèces dont 1 sp. endémique de Madagascar.

Grands arbres hermaphrodites (avec des fleurs bisexuées et des fleurs mâles) pouvant atteindre 25 m de haut, au houppier étalé, au tronc souvent penché, à l'écorce brun grisâtre munie de lenticelles pustuleuses en relief. Feuilles alternes ou subopposées, composées bipennées puis paripennées, à 14–25 paires de pennes opposées à alternes, portant chacune 20–61 paires de petites folioles opposées, entières, asymétriques dont un coté de la base est fortement auriculé, penninerves avec une nervure latérale basale courant sur toute la longueur de la foliole, le pétiole portant généralement une glande sur la partie supérieure, le rachis en portant 1–3 près des pennes distales, et les pennes en portant 1–11 près des folioles distales, stipules petites, caduques. Inflorescences axillaires, longuement pédonculées, en capitules sphériques (légèrement piriformes) dans des panicules ouvertes, fleurs petites, les mâles uniquement disposées à la base, les fleurs bisexuées au-dessus dans la partie sphérique, légèrement irrégulières; calice soudé, profondément et étroitement infundibuliforme, aux lobes inégaux, les 2 dorsaux semicirculaires, les 3 ventraux largement ovales, imbriqués; pétales 5, de couleur blanc-

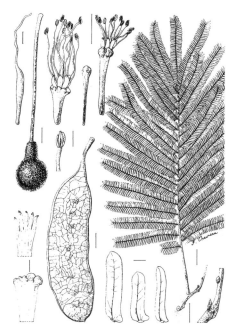

216. *Parkia madagascariensis*

crème à jaune pâle, libres ou partiellement soudés à la base, légèrement plus longs que les lobes du calice; étamines 10, filets soudés à la base en un tube court, libres au-dessus, anthères dorsifixes, à déhiscence longitudinale, parfois réduites à des staminodes dans les fleurs nectarifères stériles se situant entre les fleurs mâles et les fleurs bisexuées; ovaire stipité, style long, grêle, exsert, stigmate ponctué; ovules multiples. Le fruit est une longue gousse droite, coriace à ligneuse, déhiscente; graines ellipsoïdes-oblongues, quelque peu comprimées, transverses, baignant dans une pulpe jaune.

Parkia madagascariensis est distribué dans la forêt sempervirente sub-humide dans la région du Sambirano, y compris dans la RNI de Lokobe. Parmi les genres aux feuilles composées bipennées, on peut le reconnaître à ses pétioles et rachis portant des glandes, à ses nombreuses petites folioles opposées et asymétriques dont un coté de la base est fortement auriculé, et à ses inflorescences longuement pédonculées et légèrement piriformes. Le Lémur Macaco (*Eulemur macaco*) et 2 spp. de chauves-souris frugivores (*Eidolon helvum* et *Pteropus rufus*) ont été observés dans les fleurs au cours de la nuit et il semble qu'ils pourraient intervenir dans la pollinisation dans la mesure où ils lèchent tout le nectar des fleurs stériles.

Noms vernaculaires: *fanamponga maimbo, fanapogavavy, kintsakintsa, kintsakintsana*

Phylloxylon Baill., Adansonia 2: 54. 1861.

Genre endémique représenté par 7 espèces.

Buissons ou arbres de taille moyenne, hermaphrodites, au bois très dur, aux tiges rondes ou plus souvent aplaties et photosynthétiques (cladodes) et aux branches se terminant parfois par des épines. Feuilles alternes, simples, subsessiles, entières, penninerves, éphémères ou persistantes, voir absentes, stipules très petites, caduques. Inflorescences axillaires, courtes, pauciflores, en racèmes portant des bractées manifestes, fleurs petites à grandes, irrégulières, au pédicelle muni de bractéoles; calice soudé en forme de coupe, aux lobes largement triangulaires et dentés, couvert de poils bruns bifides; pétales 5, libres, l'étendard supérieur, les latéraux ailés et les 2 inférieurs formant la carène plus longs que les étamines avec 2 appendices latéraux entremêlés avec les ailés, roses à pourpres ou blancs; étamines 10, 1 libre et plus court au-dessus de l'ovaire/du style, les 9 autres soudées en une colonne staminale sur leur quasi longueur, aux filets libres vers l'apex sur 1–2 mm, anthères dorsifixes, à déhiscence longitudinale, le pollen se dispersant de façon explosive lorsque la colonne staminale est mécaniquement relâchée des ailes et de la carène; ovaire linéaire, style abruptement retourné et terminé par une petite zone stigmatique; ovule(s) 1–2. Le fruit est une grande gousse tardivement déhiscente, ellipsoïde, à 1–2 graine(s), la gousse rostrée, brusquement effilée à chaque bout; graines ellipsoïdes ou subsphériques.

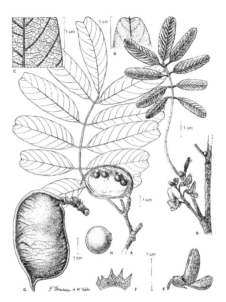

218. *Pongamiopsis viguieri*

Phylloxylon est distribué dans la forêt sempervirente humide et sub-humide ainsi que dans la forêt décidue sèche. On peut le reconnaître à ses cladodes aplaties, photosynthétiques et sans feuilles, ou à ses feuilles simples pour les espèces sans cladodes, et à ses inflorescences axillaires munies de bractées manifestes et portant des fleurs "typiques des pois" aux pétales de couleur rose à pourpre ou blanche.

Noms vernaculaires: *arahara, harahara, sotro, tsehitafototra, tsiavango, tsiriky, voafotra*

Pongamiopsis R. Vig., Notul. Syst. (Paris) 14: 74. 1950.

Genre endémique représenté par 3 espèces.

Arbres hermaphrodites de petite à moyenne taille, décidus. Feuilles alternes, composées imparipennées, à 3–5 paires de folioles opposées, entières, penninerves, dont l'apex est parfois superficiellement à profondément échancré V, l'échancrure étant alors mucronée, stipelles absentes, stipules petites, caduques. Inflorescences axillaires en courts racèmes condensés, apparaissant simultanément avec les nouvelles feuilles, fleurs grandes, irrégulières, au pédicelle portant une paire de bractées caduques vers l'apex; calice soudé en forme de coupe portant 3 dents inférieures, triangulaires et aiguës, et 2 dents supérieures, plus petites et partiellement soudées; pétales 5, de couleur blanche teintée de lilas pâle, étendard supérieur dressé avec un œil vert pâle à la base, les latéraux ailés aussi longs que la carène, les

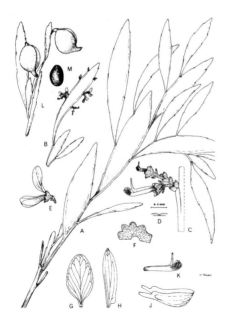

217. *Phylloxylon xylophylloides*

pétales formant la carène cohérents, légèrement recourbés à l'apex; étamines 10, dont 9 aux filets soudés en une colonne staminale non exserte sur plus de la $\frac{1}{2}$ de leur longueur, libres au-dessus, et la 10e libre à la base mais adnée à la colonne sur une partie de sa longueur, anthères dorsifixes, à déhiscence longitudinale; ovaire sessile, style court, abruptement retourné, stigmate petit, capité; ovule(s) 1–5. Le fruit est une grande gousse ligneuse, gonflée, attachée obliquement, indéhiscente, ovale à ellipsoïde, portant un rostre oblique; graines sphériques à réniformes, à l'hile saillant et entouré d'un arille étroit.

Pongamiopsis est distribué dans la forêt décidue sèche depuis le Tsingy de Bemaraha jusqu'à la région d'Antsiranana; *P. viguieri* et *P. amygdalina* sont distribués sur les formations karstiques, le premier dans le Tsingy de Bemaraha jusqu'à Mahajanga, y compris dans la RNI de Namoroka et le second dans le nord depuis l'Ambongo-Boina jusqu'à la région d'Antsiranana; *P. pervilleana* est distribué dans la forêt sur sable. On peut distinguer *Pongamiopsis* de *Millettia* par ses gousses plus renflées, ellipsoïdes, non effilées et contenant des graines sphériques à réniformes qui ne portent pas l'extension en forme de volet sur un coté de l'extrémité arillée.

Noms vernaculaires: *amaninomby, anakaraka, anakaraky, hazomohogo, kitsao, manarindrano, manary, morango, sarikifatsy, tsilaiby, vasilambato*

Pyranthus Du Puy & Labat, Kew Bull. 50: 73. 1995.

Genre endémique représenté par 6 espèces.

Buissons ou petits arbres atteignant 6 m de haut, hermaphrodites, à l'écorce interne jaune vif, au bois dur et aux rameaux apprimés et densément pubescents. Feuilles alternes, composées imparipennées, à 5–16 paires de folioles opposées, alternes, entières, penninerves, pubescentes, sans stipelles, stipules grêles, caduques ou rarement persistantes. Inflorescences terminales, en pseudoracèmes, de longues et lâches à contractées et capitées, fleurs grandes, irrégulières; calice soudé à 5 lobes subégaux, courts à longs et étroitement triangulaires; pétales 5, libres, écarlates à rouge-orange ou rouge-pourpre, l'étendard supérieur dressé ou pointé vers l'avant, les latéraux ailés plus ou moins de la même longueur que les 2 inférieurs cohérents formant la carène, carène falciforme, à l'apex parfois rostré; étamines 10, filets soudés sur plus de la $\frac{1}{2}$ de la longueur en une colonne staminale courbée d'une manière ou d'une autre ou presque droite, puis libres au-dessus en 2 verticilles subégaux, anthères à

déhiscence longitudinale; ovaire sessile, courbé d'une manière ou d'une autre ou presque droit, style grêle, long et cylindrique, stigmate minuscule, ponctué; ovules 6–10. Le fruit est une grande gousse comprimée à fortement aplatie, déhiscente en spirale bivalve; graines réniformes portant un petit arille blanc à l'extrémité de l'hile.

Pyranthus est distribué dans la forêt sempervirente sub-humide et de montagne, et dans les zones arborées et les zones herbeuses anthropiques, semi-décidues et sèches de l'ouest depuis le sud de Toliara (*P. tullearensis*) jusque dans la région d'Ambongo-Boina (*P. lucens*), à l'est de Morondava et au sud d'Ihosy (*P. alasoa*), sur les massifs du Plateau Central, de l'Ankaratra (*P. monantha*), d'Itremo (*P. ambatoana*) et d'Andringitra (*P. pauciflora*); la plupart des espèces semblent résister au feu et sont souvent les dernières espèces ligneuses qui se maintiennent dans de tels habitats. On peut le reconnaître à ses feuilles composées imparipennées avec 5–16 paires de folioles opposées à alternes et à ses inflorescences terminales portant de grandes fleurs écarlates à rouge-orange ou rouge-pourpre. Le bois dur est employé dans la construction.

Noms vernaculaires: *alasoa, anakarobla, antranosoa, fanamo, fotovolomena, halasoa, tambarasaho, tambarisaho, tranosoa, velasoa*

219. *Pyranthus*

Sakoanala R. Vig., Notul. Syst. (Paris) 14: 186. 1951.

Genre endémique représenté par 2 espèces.

Arbres hermaphrodites de petite à moyenne taille, pouvant atteindre 15 m de haut, en fleurs avant l'apparition des feuilles, l'écorce brun cuivré, lisse avec des fissures grisâtres superficielles, aux rameaux peu nombreux, épais et quelque peu succulents. Feuilles alternes, composées imparipennées, à 4–7 paires de folioles alternes ou subopposées, entières, penninerves, les folioles basales plus petites, stipelles absentes, stipules petites, caduques. Inflorescences terminales, denses, racémeuses à paniculées, sur les nouveaux rameaux, fleurs appariées le long des derniers racèmes, grandes, irrégulières, au pédicelle portant une bractéole manifeste en son milieu; calice soudé en forme de coupe ou de turban, à 5 lobes subégaux aux dents arrondies, persistant dans le fruit; pétales 5, violets, en onglets, l'étendard supérieur orbiculaire et bien plus grand que les latéraux ailés et les inférieurs de la carène; étamines 10 ou 11, filets libres, anthères dorsifixes, à déhiscence longitudinale; ovaire brièvement stipité, style grêle et comprimé, récurvé, stigmate ponctué; ovules multiples. Le fruit est une longue gousse pendante, fortement aplatie, mince et papyracée, indéhiscente, contenant 1–5 graine(s), la gousse oblongue, arrondie aux deux extrémités, aux marges légèrement ailées, glabre (*S. madagascariensis*), ou couverte de soies glandulaires (*S. villosa*); graines sub-réniformes, comprimées.

220. *Sakoanala*

Sakoanala est distribué dans la forêt littorale sempervirente, humide (*S. madagascariensis*) depuis Ambila-Lemaitso jusqu'à Manompana, ainsi que dans la forêt décidue sèche depuis le nord de Morandava jusqu'à la région d'Antsiranana (*S. villosa*). On peut le reconnaître à ses feuilles composées imparipennées avec 4–7 paires de folioles alternes ou subopposées et à ses inflorescences terminales sur les nouveaux rameaux, portant de grandes fleurs irrégulières aux pétales violets et à 10 ou 11 étamines libres. Le bois jaunâtre est employé dans la construction.

Noms vernaculaires: *manangona, matambelo, sakoala, sakoanala, somotratrangy*

Senna Mill., Gard. Dict. abr. ed. 4: 3. 1754.

Genre intertropical représenté par env. 240 espèces, principalement distribué dans les régions tropicales du Nouveau Monde; 9 spp. endémiques de Madagascar.

Buissons ou petits arbres hermaphrodites. Feuilles alternes, composées paripennées avec 3–60 paires de folioles opposées, entières, penninerves, portant généralement des glandes sur le pétiole et le rachis, stipules petites, caduques. Inflorescences axillaires, paniculées à corymbiformes, fleurs grandes, légèrement irrégulières; sépales 5, libres, imbriqués; pétales 5, jaunes ou blancs, libres, en onglets, le supérieur parfois plus petit; étamines 5–10, souvent 7 fertiles, filets libres, courts, parfois inégaux, les 3 arrières en staminodes, anthères basifixes, à déhiscence longitudinale ou poricide; ovaire stipité, style court et grêle, légèrement à fortement récurvé, stigmate ponctué; ovules peu à multiples. Le fruit est une longue gousse fortement aplatie à distinctement comprimée, tardivement déhiscente en 2 valves, à cloisons transversales entre les graines, se dispersant souvent en articles à 1 graine après déhiscence des valves; graines comprimées latéralement, souvent aréolées.

Senna est principalement distribué dans la forêt et le fourré décidus, secs et sub-arides, et rarement dans la forêt sempervirente humide (*S. lactea*). Il diffère de *Cassia* par ses gousses aplaties et par ses fleurs aux étamines qui ne présentent pas de zone renflée au milieu. Le bois jaune et résistant de *S. lactea* est employé dans la fabrication de meubles et comme combustible, les espèces sont souvent plantées pour servir d'ombrage aux plantations de café.

Noms vernaculaires: *andapary, fany, farefare, hazomalama, hazombala, hazombalala, hintsakintsana, hitsakintsana, hitsakitsaka, hitsankintsana raviny, kintsakintsana, lanary, madeo, madiniboa, maimbobe, maniboa, moranga, morango,*

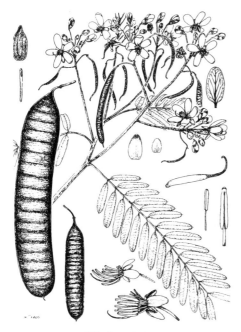

221. *Senna lactea*

rindisindi, sangaravatsy, sarifany, sarongaza, tainjazamena, taraby, tsiambaravatsy, tsileondoza, tsingalifary, tsingarafary, tsingarifary, tsitsorinangatra

Sophora L., Sp. Pl.: 373. 1753.

Genre cosmopolite représenté par env. 45 espèces dont 2 spp. sont rencontrées à Madagascar: 1 sp. à large distribution intertropicale et 1 sp. qui est également rencontrée sur les côtes du Mozambique et du Natal.

Buissons ou petits arbres hermaphrodites, aux branches présentant une pubescence dense, blanche à dorée. Feuilles alternes, composées imparipennées, avec 4–8 paires de folioles opposées, entières, penninerves, stipules caduques. Inflorescences terminales en racèmes multiflores, fleurs grandes, irrégulières; calice soudé en large coupe formant un hypanthium, au bord subtronqué finement denté; pétales 5, jaunes, libres, en onglets, un étendard supérieur réfléchi, deux latéraux ailés et deux inférieurs formant la carène; étamines 10, filets libres, anthères dorsifixes, à déhiscence longitudinale; ovaire brièvement stipité, style court et conique, stigmate ponctué; ovules 4–8. Le fruit est une grande gousse tardivement déhiscente en 2 valves, moniliforme et fortement étranglée autour des graines sphériques.

Sophora est distribué dans la forêt littorale sempervirente, humide et sub-humide le long de la côte est et dans la région du Sambirano (*S. tomentosa*), et sur la côte ouest

(*S. inhambanensis*), sur la plage juste au-dessus de la zone intertidale. On peut le reconnaitre à ses feuilles composées imparipennées à 4–8 paires de folioles opposées, à ses inflorescences terminales portant de grandes fleurs irrégulières aux pétales libres, en onglets et jaunes, et à 10 étamines libres, et à ses fruits moniliformes, fortement étranglés autour de chaque graine sphérique.

Noms vernaculaires: *ambotrimorona, firitsoka, fotsiavadikaranto, latapiso, manganrava, tsipolahina*

Sylvichadsia Du Puy & Labat, Adansonia, sér. 3, 20: 165. 1998.

Genre endémique représenté par 4 espèces.

Buissons ou arbres atteignant 12 m de haut (ou rarement des lianes [*S. perrieri*] qui sont probablement mal placées dans les *Sylvichadsia*), hermaphrodites. Feuilles alternes, groupées à l'apex des rameaux, composées imparipennées, avec 2–11 paires de folioles opposées, entières, penninerves (ou rarement composées trifoliolées [*S. perrieri*]), stipelles absentes, stipules petites, caduques. Inflorescences cauliflores, fleurs en verticilles disposées dans des pseudoracèmes ou panicules, grandes, irrégulières, le pédicelle portant une paire de bractéoles persistantes près du milieu ou sur la moitié inférieure; calice soudé en forme de coupe ou de tube, au bord tronqué, les dents réduites à des pointes minuscules; hypanthium large, distinct; pétales 5, rougeâtres à pourpres ou blancs, l'étendard supérieur marqué d'une

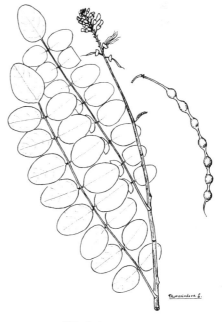

222. *Sophora tomentosa*

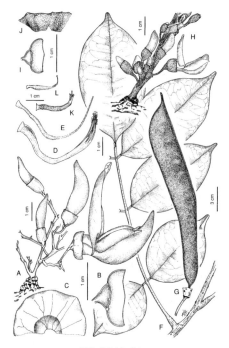

223. *Sylvichadsia*

Petits à grands arbres hermaphrodites, pouvant atteindre 20 m, au houppier étalé et arrondi, à l'écorce profondément fissurée. Feuilles alternes, composées paripennées, avec 10–20 paires de folioles opposées, entières, asymétriques, subsessiles, penninerves, stipules caduques. Inflorescences terminales et axillaires en racèmes lâches, fleurs grandes, enfermées dans des bractéoles valvaires et caduques dans le bouton, irrégulières; calice soudé formant un hypanthium en coupe, à 4 lobes libres, imbriqués, jaune pâle; pétales 5, insérés à l'apex de l'hypanthium, inégaux, les 3 supérieurs bien développés et jaune pâle, les 2 inférieurs minuscules, à l'état de vestige, les pétales dorés à nervation rouge-orange; étamines fertiles 3, filets soudés sur la ½ de leur longueur, libres au-dessus, alternant avec 5 staminodes dentiformes, anthères dorsifixes, à déhiscence longitudinale; ovaire longuement stipité, au stipe adné à l'hypanthium, style cylindrique, retourné à l'apex, stigmate élargi et capité; ovules 8–14. Le fruit est une grande gousse cylindrique à légèrement comprimée, indéhiscente, parfois légèrement courbée, pelliculée de brun, parfois étranglée entre les graines enfouies dans une pulpe acide; graines rhomboédriques, comprimées, portant une aréole fermée.

Tamarindus indicus est largement cultivé sur l'ensemble de l'île pour la pulpe entourant ses graines. On peut le reconnaître à ses feuilles composées paripennées avec 10–20 paires de folioles opposées, asymétriques, subsessiles et à ses grandes fleurs aux 3 pétales supérieurs bien développés et jaune pâle, aux deux inférieurs à l'état de vestige et ne présentant que 3 étamines

tache blanche irrégulière à la base, dressé ou subdressé, les latéraux ailés plus courts ou quasi de la même longueur que les inférieurs de la carène, brièvement rostrés ou non; étamines 10, filets de 9 d'entre elles soudés sur plus de la ½ de leur longueur en une colonne staminale, droites ou aléatoirement courbées, libres au-dessus et rarement brusquement retournées (*S. macrophylla*), la 10ᵉ libre à la base et partiellement soudée au-dessus à la colonne, anthères dorsifixes, à déhiscence longitudinale; ovaire brièvement stipité, style long et grêle, aléatoirement courbé ou abruptement retourné à l'apex, stigmate ponctué; ovules multiples. Le fruit est une longue gousse aplatie, quelque peu ligneuse, déhiscente en spirale bivalve, étroitement oblongue, aux graines séparées distantes.

Sylvichadsia est distribué dans la forêt sempervirente humide et sub-humide depuis les environs de la RS de Manombo jusqu'à Antsirabe Nord et dans le PN de la Montagne d'Ambre. On peut le reconnaître à ses inflorescences cauliflores portant de grandes fleurs irrégulières.

Nom vernaculaire: *fanamo*

Tamarindus L., Sp. Pl.: 34. 1753.

Genre monotypique représenté par 1 espèce à large distribution qui est peut être autochtone à l'Afrique tropicale et à Madagascar.

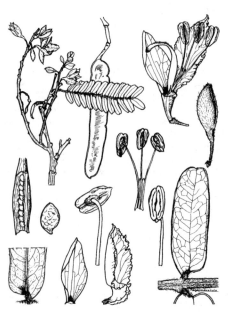

224. *Tamarindus indicus*

fertiles. Il est probablement autochtone dans les tsingy secs et sub-arides ainsi que dans les habitats riverains de l'ouest et du sud ouest, où il représente l'espèce d'arbre dominante et dont les feuilles et les fruits constituent une part importante du régime alimentaire des lémuriens. La pulpe entourant les graines est comestible et souvent employée pour fabriquer une boisson tonique.

Noms vernaculaires: *kily, madilo, madiro, monty*

Tetrapterocarpon Humbert, Compt. Rend. Hebd. Séances Acad. Sci. 208: 374. 1939.

Genre endémique représenté par 2 espèces.

Arbres dioïques de petite à grande taille, pouvant atteindre 20 m de haut. Feuilles alternes, composées impari-bipennées puis paripennées, à 2–5 paires de pennes opposées ainsi qu'en général une penne terminale, chaque penne portant 4–13 paires de folioles alternes, entières, penninerves, asymétriques, mais subopposées sur la penne terminale, stipelles absentes, stipules petites, caduques. Inflorescences axillaires, en panicules ouvertes, fleurs petites, régulières, 4-mères; calice soudé en hypanthium en forme de coupe, persistant dans le fruit, à 4 lobes imbriqués dans le bouton; pétales 4, blanc-verdâtre, libres, étalés, imbriqués dans le bouton; étamines 4, filets libres, alternant avec les pétales, munis d'une touffe de poils apicale sous les anthères dorsifixes, à déhiscence longitudinale; staminodes 4, sans anthères et réfléchis; ovaire brièvement stipité, style court, récurvé, stigmate capité, bilobé; ovule 1; pistillode présent dans les fleurs mâles. Le fruit est une grande gousse sèche, indéhiscente, à 1 graine, la gousse 4-ailée, les ailes en 2 paires inégales sur les faces opposées, une paire grande, l'autre petite; graine claviforme.

Tetrapterocarpon est distribué dans la forêt et le fourré décidus, secs et sub-arides, avec *T. geayi* de l'ouest de Fort-Dauphin jusqu'au nord de Morondava, où il peut atteindre des hauteurs supérieures à 20 m, et *T. septentrionalis* dans la RS d'Ankarana et au sud ouest de Vohémar ainsi que ponctuellement près d'Ihosy (ssp. *ihosiensis*). Parmi les genres aux feuilles composées impari-bipennées, on peut aisément le reconnaître à sa penne terminale qui complète les pennes latérales et opposées, et à ses grandes gousses contenant 1 graine, 4-ailées, les ailes se présentant en 2 paires inégales sur les faces opposées, une paire grande, l'autre petite.

Noms vernaculaires: *faho, fandrianakanga, hazolava, kintsakintsanala, kitsimba, marody, sarifany, vaovy, voavy, vovy*

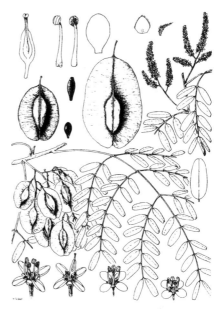

225. *Tetrapterocarpon*

Vaughania S. Moore, J. Bot. 58: 188. 1920.

Genre endémique représenté par 11 espèces.

Buissons ou moins souvent petits arbres atteignant 10 m de haut, hermaphrodites, aux branches rarement aplaties et ressemblant à des cladodes (*V. pseudocompressa*), souvent avec des rameaux courts et un indument de poils birameux. Feuilles alternes, composées imparipennées, à 2–5(–7) paires de folioles opposées à alternes, entières, penninerves, ou trifoliolées, unifoliolées, ou encore feuilles caduques ou absentes, le pétiole et le rachis élargis en forme d'aile, formant parfois des phyllodes distincts, stipelles parfois présentes, stipules soudées en formant souvent une écaille persistante. Inflorescences axillaires, courtes, en racèmes pauciflores, fleurs petites à grandes, irrégulières, pédicelle sans bractéoles; calice superficiellement soudé en forme de coupe à 5 dents triangulaires; pétales 5, caducs, roses ou mauves, parfois blanchâtres, étendard supérieur portant une tache blanche à la base, dressé, 2 latéraux en ailes, dont l'un avec les inférieurs en carène et souvent vrillé d'un coté et enroulé vers le haut devant l'étendard, ou droits et pointant vers l'avant (*V. longidentata* et *V. pseudocompressa*); étamines 10, filets de 9 d'entre elles soudés sur les $^2/_3$ de leur longueur en une colonne staminale, libres au-dessus, la 10e supérieure, libre, anthères dorsifixes portant une touffe de poils à la base et à l'apex, à déhiscence longitudinale; ovaire sessile, style grêle, récurvé à l'apex, stigmate capité; ovule(s) 1–12. Le fruit est une longue gousse droite, subcylindrique, déhiscente en spirale bivalve, à l'apex rostré, à endocarpe papyracé formant un septa autour des graines ellipsoïdes.

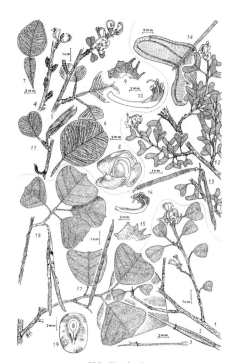

226. *Vaughania*

Vaughania est distribué dans la forêt et le fourré décidus, secs et sub-arides, du sud et de l'ouest, et rarement dans les zones arborées sub-humides sur les versants occidentaux du Plateau Central. Ses feuilles varient de composées imparipennées, avec 2–5(–7) paires de folioles opposées à alternes, à trifoliolées, unifoliolées, à feuilles caduques ou absentes, les branches étant alors en cladodes, le pétiole et le rachis sont souvent ailés ou parfois en phyllodes. Les inflorescences axillaires portent des fleurs irrégulières "typiques des pois", roses ou mauves, et les gousses déhiscentes en spirale présentent un endocarpe papyracé formant un septa autour des graines.

Noms vernaculaires: *anjola, avoha, azombonatango, fafalahy, hazombatango, hazomboatango, hazomby, hozomby, kedrakitsa, kotatrinjia, lelatran draka, manoikafiza, taikafotsy, tapandravy, teloravy, vazanomby*

Viguieranthus Villiers in Du Puy, Leguminosae of Madagascar: 271. 2001.

Genre représenté par 23 espèces distribué à Madagascar (18 spp. endémiques) et en Asie (5 spp.).

Buissons à grands arbres atteignant 25 m de haut, hermaphrodites. Feuilles alternes, composées, bipennées puis paripennées, avec une seule paire de pennes opposées, portant chacune 1–25 paire(s) de folioles opposées à alternes, entières,

penninerves, sessiles, dont la "paire" basale est toujours réduite à une seule foliole externe, les feuilles pouvant ainsi n'être que bifoliolées (*V. brevipennatus* et *V. unifoliolatus*), pétiole ou rachis sans glandes, stipules coriaces à quelque peu épineuses, plus ou moins persistantes. Inflorescences axillaires, solitaires ou groupées en capitules sphériques, en racèmes ou épis allongés, fleurs petites à grandes, régulières, 4–5-mères; calice soudé en forme de coupe, aux lobes imbriqués dans le bouton; corolle soudée en tube, verdâtre, jaune-verdâtre ou blanche, aux lobes aigus; étamines multiples, filets soudés à la base en un tube staminal qui est lui même soudé à la corolle, libres au-dessus, anthères dorsifixes, sans glandes apicales, à déhiscence longitudinale; disque souvent présent et soudé au tube staminal, ou absent; ovaire stipité, style grêle, stigmate infundibuliforme; ovules multiples. Le fruit est une longue gousse aplatie, mince à quelque peu ligneuse, déhiscente en 2 valves, linéaire-oblancéolée; graines sans aréole.

Viguieranthus est distribué dans la forêt sempervirente, humide et sub-humide depuis le niveau de la mer jusqu'à 1 600 m d'altitude, ainsi que moins communément dans la forêt et le fourré décidus, secs et sub-arides. Parmi les genres aux feuilles composées bipennées, on peut le reconnaître à ses feuilles portant une seule paire de pennes opposées dont la "paire" de folioles basale est toujours réduite à une seule foliole externe, au pétiole ou au rachis sans glandes, et à ses fleurs à multiples étamines. Le genre reçoit les espèces de Madagascar qui étaient précédemment placées dans le genre *Calliandra*,

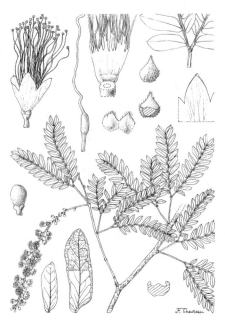

227. *Viguieranthus longiracemosus*

mais qui en diffère par ses inflorescences qui ne portent que des fleurs fertiles et similaires les unes aux autres, ses sépales imbriqués et la soudure du tube staminal à la corolle. Le bois est utilisé dans la construction.

Noms vernaculaires: *ambilaza, ambilazo, ambilazo komy, ambilazona, ambolazo, beravina, fanemboka, fanempoka, havoa, hazomainty, hazomalany, komy, kony, maimbolazona, mainbolaza, mambolazo, mampay, manoky, sambalahinala, sohihy*

Xanthocercis Baill., Adansonia 9: 293. 1870.

Genre représenté par 2 espèces: 1 en Afrique du Sud et 1 endémique à Madagascar.

Arbres hermaphrodites de petite à grande taille, pouvant atteindre 25 m de haut, aux jeunes branches couvertes d'une pubescence dense de couleur fauve. Feuilles alternes, composées imparipennées, à 3–5 paires de folioles alternes, entières, penninerves, stipules petites, caduques. Inflorescences terminales et axillaires supérieures, en racèmes ou panicules multiflores, fleurs petites, irrégulières, au pédicelle portant une paire de petites bractéoles; calice soudé en forme de coupe, formant un large hypanthium, tronqué, sans aucune trace de dents; pétales 5, roses avec une marge crème, en onglets courts, l'étendard supérieur plus large que les latéraux ailés et que les inférieurs en carène; disque annulaire; étamines 10, filets de 9 d'entre elles brièvement soudés à la base, chacun portant 2 appendices latéraux en forme d'écaille insérés parmi les onglets des pétales ailés et carénés, la 10e supérieure entièrement libre, anthères dorsifixes,

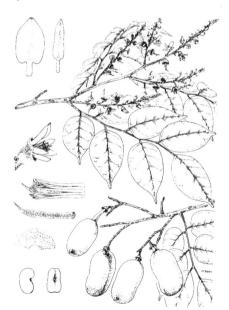

228. *Xanthocercis madagascariensis*

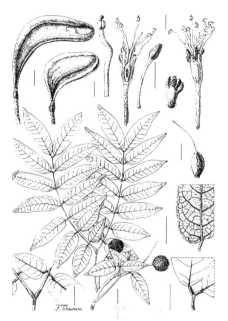

229. *Xylia hoffmannii*

à déhiscence longitudinale; ovaire brièvement stipité, style très court, stigmate ponctué; ovules 8–12. Le fruit est une grande gousse drupacée, indéhiscente, contenant 1–2(–3) graine(s), la gousse ellipsoïde à subcylindrique, légèrement étranglée entre les graines; graines réniformes.

Xanthocercis madagascariensis est distribué dans la forêt sempervirente humide le long de la côte orientale au nord de Toamasina et dans la forêt semi-décidue sèche de l'ouest depuis Maintirano jusqu'à Antsiranana. On peut le reconnaître à sa pubescence dense de couleur fauve, ses inflorescences principalement terminales portant de petites fleurs "typiques des pois" aux pétales roses à marge crème et à ses grandes gousses drupacées, indéhiscentes, contenant 1–2(–3) graine(s), ellipsoïdes à subcylindriques, légèrement étranglées entre les graines. Le bois dur est employé dans la construction; la pulpe entourant les graines est comestible.

Noms vernaculaires: *andraidriala, antendriala, haraka, kilioty, manaritoloha, sakoanala, sandrazy, somotratsangy, vavanga, voankazomeloka*

Xylia Benth., J. Bot. (Hooker) 4: 417. 1842.

Genre représenté par 13 espèces distribué d'Afrique en Asie du Sud-Est; 5 spp. endémiques à Madagascar.

Buissons à grands arbres atteignant 25 m de haut, hermaphrodites (ou parfois avec seulement des fleurs mâles). Feuilles alternes, composées bipennées puis paripennées, avec une seule paire de pennes, portant chacune 4–9 paires de petites folioles opposées, entières, penninerves, la "paire" basale souvent réduite à une seule foliole externe, au pétiole portant une glande à la jonction des 2 pennes, parfois 1–5 glande(s) le long de la penne à la base des folioles (*X. hoffmannii*), stipules petites, caduques. Inflorescences axillaires, longuement pédonculées, en capitules subsphériques, solitaires ou groupées, fleurs petites, régulières, pédicellées; calice soudé en forme de coupe ou subcylindrique, à 5 lobes; pétales 5, blancs à jaunes ou rouges, soudés en un tube sur plus de la ½ de leur longueur; étamines 10, filets libres, anthères dorsifixes, portant une glande apicale, à déhiscence longitudinale; ovaire sessile à subsessile, style grêle, droit, exsert, stigmate ponctué; ovules quelques. Le fruit est une grande gousse ligneuse, comprimée, déhiscente en 2 valves recourbées, obliquement obovale, glabre ou à pubescence dense de couleur rouille (*X. hoffmannii*); graines comprimées, brun-vernissé, aréolées, albumen absent.

Xylia est distribué dans la forêt sempervirente sub-humide dans la région du Sambirano (*X. fraterna*) et dans la forêt semi-décidue, sub-humide et sèche, sur karste (*X. hoffmannii*) depuis la RNI de Namoroka jusqu'à Antsiranana, en étant commun dans la RS d'Ankarana. Parmi les genres aux feuilles composées bipennées, on peut le reconnaître à ses feuilles ne portant qu'une paire de pennes dont la "paire" de folioles basales est souvent réduite à une seule foliole externe, au pétiole portant une glande à la jonction entre les 2 pennes et au rachis portant souvent des glandes, et à ses fleurs aux 10 étamines libres. Le bois, jaune à l'intérieur et violet à l'extérieur, est employé dans la fabrication de meubles, et les gousses séchées et réduites en poudre servent dans une infusion destinée à soulager la fatigue.

Noms vernaculaires: *araky, bonary, haraka, harka, hazompily, menahy, tsiasoka, tsiroka, tsirokaka, tsimahasasatra, voankazomeloka*

GELSEMIACEAE (G. Don) L. Struwe & V. Albert

Petite famille intertropicale et des régions tempérées chaudes représentée par 2 genres et 11 espèces. *Mostuea* était traité dans la famille des Loganiaceae dans la *Flore de Madagascar* (Leeuwenberg, 1984).

Leeuwenberg, A. J. M. 1984. Loganiacées. Fl. Madagasc. 167: 1–107.

Struwe, L., V. A. Albert & B. Bremer. 1994. Cladistics and family level classification of the Gentianales. Cladistics 10: 175–206.

Mostuea Didr., Vidensk. Meddel. Dansk Naturhist. Foren. Kjøbenhavn 1853: 86. 1854.

Genre représenté par 8 espèces dont 1 sp. dans le nord de l'Amérique du Sud et 7 spp. en Afrique parmi lesquelles 1 sp. est également rencontrée à Madagascar.

Buissons ou petits arbres hermaphrodites très ramifiés. Feuilles opposées, simples, entières, penninerves, très finement papyracées lorsqu'elles sont sèches, stipules soudées interpétiolaires. Inflorescences axillaires ou terminales, fleurs solitaires ou quelques fleurs disposées en cymes bipares, fleurs grandes, régulières, 5-mères, hétérostyles; sépales 5, partiellement soudés à la base, persistants dans le fruit; corolle soudée infundibuliforme, à 5 lobes imbriqués dans le bouton, étalés à plat à quelque peu réfléchie à l'anthèse, rose clair à blanche et jaune à la base du tube à l'intérieur; étamines 5, adnées au tube corollin, aux longueurs variables, avec des filets courts et alors inclus dans le tube corollin, ou longs et exserts, anthères biloculaires, introrses, à déhiscence longitudinale; ovaire supère,

biloculaire, style simple, de longueur variable, plus long dans les fleurs aux étamines courtes, plus court dans les fleurs aux étamines longues, stigmate deux fois bifurqué; ovules 2 par loge. Le fruit est une petite à grande capsule sèche, à déhiscence loculicide avec 4 valves, bilobée et comprimée latéralement, avec 1–2 graine(s) par loge; graines albuminées.

Mostuea brunonis est largement distribué dans le sous-bois de la forêt sempervirente humide et sub-humide, généralement aux altitudes

230. *Mostuea brunonis*

moyennes, depuis Ihosy jusqu'au PN de la Montagne d'Ambre, ainsi que dans la forêt décidue sèche depuis le Tsingy de Bemaraha jusqu'au nord. En fleurs, *M. brunonis* peut être confondu avec une Acanthaceae mais en diffère par ses fleurs régulières et l'absence de bractées les sous-tendant.

Noms vernaculaires: *hazolamokana, madinipiteo, serana, tsiripelina*

GENTIANACEAE Juss.

Grande famille cosmopolite, surtout d'herbes, représentée par 77 genres et 1 200 espèces. *Anthocleista* était traité par Leeuwenberg (1984) en tant que Loganiaceae; cependant, de récentes analyses phylogénétiques sur la morphologie (Struwe *et al.* 1994) et des données moléculaires sur le chloroplaste *rbc*L (Olmstead *et al.* 1993) montrent clairement qu'il appartient à la famille des Gentianaceae, tout comme *Potalia* des tropiques du Nouveau Monde et *Fagraea* de l'Asie coté Pacifique (en représentant les Potalieae). Le genre monotypique endémique *Gentianothamnus*, ainsi que plusieurs espèces dans les genres *Exacum* et *Tachiadenus*, peuvent occasionnellement devenir de petits buissons suffrutescents atteignant 2 m de haut.

Klackenberg, J. 1990. Gentianaceae. Fl. Madagasc. 168: 1–167.

Leeuwenberg, A. J. M. 1984. Loganiacées. Fl. Madagasc. 167: 1–107.

Olmstead, R. G., B. Bremer, K. M. Scott & J. D. Palmer. 1993. A parsimony analysis of the Asteridae sensu lato based on *rbc*L sequences. Ann. Missouri Bot. Gard. 80: 700–722.

Struwe, L., V. A. Albert & B. Bremer. 1994. Cladistics and family level classification of the Gentianales. Cladistics 10: 175–206.

Anthocleista Afzel. ex R. Br., in Tuckey, Narr. Exped. Zaire App. 5: 449. 1818.

Genre représenté par 14 espèces distribué en Afrique tropicale, aux Comores et à Madagascar (3 spp. endémiques).

Buissons ou petits arbres hermaphrodites, aux branches épaisses, entièrement glabres. Feuilles opposées, groupées vers l'extrémité des branches, simples, entières, souvent assez grandes, penninerves, sessiles ou subsessiles, les bases ou les pétioles des feuilles opposées uni(e)s, quelque peu amplexicaules ou auriculées, stipules nulles. Inflorescences terminales, régulièrement bifurquées en cymes de corymbes, fleurs grandes, régulières, 4-mères; sépales 4, libres, décussés en paires, persistants dans le fruit; corolle soudée tubulaire, avec 8–16 lobes imbriqués, tordue dans le bouton, étalée à plat ou quelque peu réfléchie à l'anthèse, mauve à violet foncé; étamines en même nombre que les lobes corollins, exsertes, filets courts, partiellement à complètement soudés en un tube staminal, anthères biloculaires, introrses, à déhiscence longitudinale; ovaire supère, 4-loculaire, style commun simple, épais, de la même longueur que le tube corollin, stigmate grand, obovoïde, bilobé à l'apex; ovules multiples par loge. Le fruit est une grande baie quelque peu charnue, dure, indéhiscente, à multiples graines, la baie sphérique à ellipsoïde, à l'apex aigu est verte à jaune; graines albuminées.

231. *Anthocleista madagascariensis*

Anthocleista est largement distribué sur l'ensemble de la forêt sempervirente humide et sub-humide, depuis le niveau de la mer jusqu'à 1 700 m d'altitude. On peut aisément le reconnaître à ses grandes feuilles sessiles groupées vers l'extrémité de branches épaisses, à ses inflorescences terminales très ramifiées portant de grandes fleurs à corolle tubulaire de couleur mauve à violet clair, aux lobes tordus dans le bouton. Les distributions des 3 espèces endémiques de Madagascar montrent une certaine ségrégation altitudinale, bien qu'elles se chevauchent, avec *A. longifolia* rencontré dans la forêt côtière, *A. amplexicaulis* aux altitudes basses à moyennes et *A. madagascariensis* aux altitudes supérieures.

Noms vernaculaires: *dendemy, dindemo, landemilahy, landemy, lendemilahy, lendemilany, lendemy, sanabe*

HAMAMELIDACEAE R. Br.

Petite famille cosmopolite représentée par 28 genres et 90 espèces. Le genre *Dicoryphe*, endémique de Madagascar et des Comores, fait partie d'un clade bien défini qui inclut le *Trichocladus* africain, les *Neostrearia*, *Noahdendron* et *Ostrearia* du nord-est de l'Australie, reflétant ainsi une lignée du Gondwana du Crétacé inférieur.

Endress, P. K. 1989. Aspects of evolutionary differentiation of the Hamamelidaceae and the lower Hamamelididae. Pl. Syst. Evol. 162: 193–211.

Schatz, G. E. 1996. Malagasy/Indo-Australo-Malesian phytogeographic connections. Pp. 73–83 *In*: W. Lourenço (ed.), Biogéographie de Madagascar, Editions de l'ORSTOM, Paris.

Dicoryphe Thouars, Pl. Iles Afriq. Austral.: 31. 1804.

Genre endémique (en incluant les Comores) représenté par env. 12 espèces.

Arbres hermaphrodites de petite à moyenne tailles. Feuilles alternes ou parfois opposées à subopposées, distiques, simples, entières, penninerves, stipules grandes, foliacées, persistantes. Inflorescences terminales en corymbes pauciflores, fleurs petites, régulières, 4 (rarement 5)-mères; calice soudé tubulaire avec 4 lobes triangulaires dentiformes, caduc, circumscissile à la base; pétales 4, libres, épais et charnus, de couleur crème, jaune ou rouge; étamines 4, alternant avec 4 staminodes, libres, ou soudées à la base en un court tube staminal, filets distincts, anthères biloculaires, déhiscentes par un volet longitudinal; ovaire infère, biloculaire, style terminal, bifide; ovule 1 par loge. Le fruit est une grande capsule ligneuse, éclatant à déhiscence, bivalve, à 2 graines, avec une ligne circulaire marquant la base du calice et couronnée par les restes du style bifide; graines noires, vernissées, albumen présent.

Dicoryphe est distribué dans la forêt sempervirente humide, sub-humide et de montagne, depuis la forêt littorale côtière jusqu'à plus de 2 000 m d'altitude. On peut aisément le reconnaître à ses stipules généralement grandes et foliacées, ses fleurs 4-mères aux pétales épais et charnus, à l'ovaire infère et à ses grandes capsules ligneuses éclatant à déhiscence et contenant 2 graines.

Noms vernaculaires: *bongandambo, hazomafana, hazombato, hazomainty, hazomborondreo, longotra, lonotra fotsy, piro, pirovahy, pitsikala, ranobemivalana, ravitsitsihina, sambalakoko, totokintsina, tsiho, tsilaitra, tsilaitrivahy, tsimahamasatsokina, tsitsihina, tsitsihy, vana, voadambo, voalatakoholahy, voanana lahy*

232. *Dicoryphe stipulacea*

HERNANDIACEAE Blume

Petite famille intertropicale représentée par 4 genres et env. 60 espèces. En plus des genres d'arbres *Gyrocarpus* et *Hernandia*, la liane aux fruits ailés *Illigera madagascariensis*, distribuée à l'ouest dans la forêt décidue sèche et partagée avec l'Afrique de l'Est, est également présente.

Arbres hermaphrodites, polygames, monoïques ou dioïques, fortement aromatiques ou à l'écorce exsudant un liquide jaune clair. Feuilles alternes, simples, entières ou profondément lobées, palmatinerves, décidues ou persistantes, stipules nulles. Inflorescences axillaires, en cymes ou thyrses corymbiformes portant des fleurs petites à grandes, régulières, avec un ou deux verticilles de 4–7 tépales non différenciés; étamines en même nombre que les tépales du verticille externe et opposées à eux, filets libres, portant parfois une glande à leur base, avec des glandes supplémentaires alternant avec les filets, anthères biloculaires, à déhiscence par valves latérales; ovaire infère, uniloculaire, style terminal, stigmate capité ou dilaté avec un bord crénulé; ovule 1. Le fruit est une drupe indéhiscente, sèche, soit entourée d'une cupule gonflée de l'involucre accrescent avec une ouverture à l'apex, ou portant plusieurs ailes soit basales et inégales, soit apicales et égales; graines sans albumen.

Capuron, R. 1966. *Hazomalania* R. Capuron, nouveau genre Malgache de la famille des Hernandiacées. Adansonia, n.s., 6: 375–384.

Kubitzki, K. 1969. Monographie der Hernandiaceen. Bot. Jahrb. Syst. 89: 78–209.

Kubitzki, K. 1993. Hernandiaceae. *In* Kubitzki, K. (ed.), The Families and Genera of Vascular Plants, Springer-Verlag, Berlin.

1. Arbres polygames (fleurs bisexuées et fleurs mâles) à l'écorce interne exsudant un liquide copieux de couleur jaune clair; feuilles entières ou profondément palmatilobées; fleurs petites; fruits portant 2 longues ailes, obovales, dressées, égales et apicales (tépales accrescents) · *Gyrocarpus*
1'. Arbres monoïques ou dioïques sans exsudation jaune clair; feuilles entières; fleurs grandes; fruits entourées soit d'une cupule sphérique de l'involucre, soit de 2 longues ailes inégales et basales (bractées florales) · *Hernandia*

Gyrocarpus Jacq., Select. Stirp. Amer. Hist.: 282, t. 178, f. 80. 1763.

Genre intertropical représenté par 3 espèces; 3 sous-espèces endémiques de Madagascar ont été décrites pour *G. americanus.*

Arbres polygames de petite à moyenne tailles, atteignant 20 m de haut, portant des fleurs bisexuées et des fleurs mâles, de l'entaille dans l'écorce interne s'écoule une exsudation abondante, liquide, jaune clair. Feuilles alternes, groupées en spirales aux extrémités des branches, simples, entières ou profondément palmatilobées, noircissant souvent en séchant. Inflorescences apparaissant avant le développement complet des feuilles, axillaires, en cymes pédonculées ne portant pas de bractées, aux premières bifurcations régulièrement dichotomes, fleurs petites, jaunâtres; fleurs mâles bien plus abondantes que les fleurs bisexuées, les deux types présents dans la même inflorescence ou inflorescence

seulement mâle; fleurs mâles à 4–7 tépales libres ou partiellement soudés à la base; étamines 4, filets libres, portant parfois un appendice latéral ressemblant à un filet et terminé par une grande glande, et avec de petites glandes alternant avec la base des filets; pistillode absent; fleurs bisexuées à 4 tépales en deux paires inégales, une paire très petite et caduque, l'autre plus grande, 3-lobé à l'apex, persistante et accrescente dans le fruit; stigmate capité. Le fruit est une grande drupe sèche, indéhiscente, ovoïde, surmontée de deux longues ailes dressées, obovales, membraneuses, à nervation évidente.

Gyrocarpus americanus est distribué sur l'ensemble de la forêt et du fourré décidus secs et sub-arides depuis le PN d'Andohahela à l'ouest de Fort-Dauphin jusqu'à Vohémar. On peut le reconnaître à l'exsudation abondante et jaune claire s'écoulant de l'écorce et à ses grands fruits secs, indéhiscents portant 2 longues ailes obovales, dressées, égales et

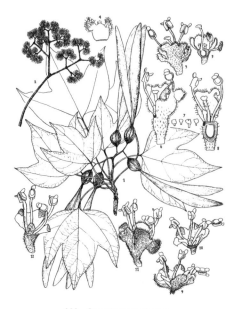

233. *Gyrocarpus americanus*

apicales. Les 3 sous-espèces (qui pourraient certainement être mieux traitées en espèces distinctes) sont en principal géographiquement séparées, la ssp. *capuronianus*, aux feuilles lobées et glabres, est distribuée dans le sud; la ssp. *glaber*, aux feuilles entières et glabres, est distribuée dans la région du Menabe du sud de Morondava à Mahajanga; et la ssp. *tomentosus*, aux feuilles entières et pubescentes, est distribuée dans le nord, y compris dans la RS d'Ankarana.

Noms vernaculaires: *kapaipoty, mafay, sirosiro*

Hernandia L., Sp. Pl. 2: 981. 1753.

Hazomalania Capuron, Adansonia, n.s., 6: 375, pl. 1. 1966.

Genre intertropical représenté par 25 espèces; 2 spp. présentes à Madagascar dont 1 sp. endémique et 1 sp. de grève distribuée sur les littoraux des océans Indien et Pacifique de l'Afrique de l'Est à Tahiti. Bien que le genre *Hazomalania* ait été récemment reconnu par Kubitzki (1993) (un changement d'opinion par rapport à son traitement précédent [1969] de *Hazomalania* défini comme une section monotypique au sein de *Hernandia*), j'estime que sa position dans *Hernandia*, opposée à la reconnaissance d'un genre monotypique, reflète mieux sa relation globale dans la famille.

Arbres de moyenne à grande tailles, monoïques (*H. nymphaeifolia*) ou dioïques (*H. voyronii*), dont toutes les parties dégagent une forte odeur rappelant le camphre (*H. voyronii*) ou non

(*H. nymphaeifolia*). Feuilles alternes, groupées en spirales aux extrémités des branches, simples, entières, peltées ou non, portant de minuscules points pellucides. Inflorescences axillaires, en thyrses corymbiformes munies de bractées, fleurs grandes, avec 2 verticilles de tépales blancs; fleurs mâles à (4–)5(–6) tépales par verticille alternant avec 8–12 glandes cylindriques vertes; étamines 4–6; stylode rudimentaire présent; fleurs femelles sous-tendues par 2 bractées inégales (*H. voyronii*) ou des bractées connées en un involucre en forme de cupule (*H. nymphaeifolia*), qui sont persistantes et accrescentes dans le fruit; tépales (5–)6 par verticille; staminodes (5–)6, alternant avec 12 glandes; stigmate dilaté à marge crénulée, jaune. Le fruit est une grande drupe sèche, indéhiscente, au mésocarpe quelque peu charnu lorsqu'il est frais, en forme d'amande et légèrement comprimée latéralement, à l'apex atténué et quelque peu rostré, avec une douzaine de carènes longitudinalement saillantes, munie de 2 longues bractées basales inégales et aliformes, la plus petite rhomboïdale, 7 × 3 cm, la plus grande falciforme et recouvrant la plus petite le long des marges à la base, 12 × 4 cm, les deux à nervation évidente (*H. voyronii*), ou la drupe ellipsoïde et 8-côtelée, entourée de la cupule de l'involucre enflée en forme de sphère, quelque peu succulente lorsqu'elle est fraîche, avec une petite ouverture circulaire à l'apex (*H. nymphaeifolia*).

Hernandia peut être reconnu à ses grandes feuilles entières, glabres, palmatinerves, groupées en spirales aux extrémités des branches, aux stipules absentes. *H. voyronii* est distribué à l'ouest dans la forêt décidue sèche depuis la forêt de Zombitsy dans la région de

234. *Hernandia voyronii*

Sakaraha jusqu'au fleuve Betsiboka, ainsi que dans des vestiges de forêt à l'est d'Ihosy et dans la vallée haute du fleuve Menarahaka; le bois de couleur claire, jaune pâle, résistant mais facile à travailler en fait l'un des arbres les plus prisés de l'ouest. Il fut un temps où les arbres étaient la propriété exclusive des rois Sakalava et ce n'est qu'avec leur accord qu'ils pouvaient être abattus

pour la construction de pirogues. Récemment, cependant, l'espèce s'est vue menacée par la surexploitation. *Hernandia nymphaeifolia* est distribué dans la végétation de grève sur l'ensemble du littoral oriental ainsi qu'à Nosy Be.

Noms vernaculaires: *hazomaimbo, hazomalana, hazomalanga, hazomalangy, hazomalany*

ICACINACEAE Miers

Petite famille intertropicale représentée par 60 genres et 320 espèces. En plus des genres d'arbres suivants, les genres de lianes *Desmostachys, Iodes, Pyrenacantha* et *Rhaphiostylis* sont également rencontrés à Madagascar.

Arbres et lianes hermaphrodites ou dioïques. Feuilles alternes ou rarement opposées, simples, entières ou rarement légèrement dentées (la liane *Pyrenacantha*), penninerves, noircissant parfois en séchant, stipules nulles. Inflorescences axillaires ou rarement terminales en cymes condensées ou panicules ouvertes, fleurs petites, régulières, 4–5–(6)-mères; calice partiellement ou presque entièrement soudé, à 4–5(–6) lobes imbriqués ou valvaires; pétales 4–5(–6), libres ou partiellement à presque entièrement soudés en un tube court, valvaires ou légèrement imbriqués, ou un ou plusieurs pétale(s) absent, voir tous absents (*Grisollea* fleurs mâles), généralement blancs; étamines en même nombre que les pétales ou les lobes corollins, libres ou soudées au tube de la corolle, anthères biloculaires, introrses ou extrorses, à déhiscence longitudinale; disque nectaire en forme de coupe, annulaire, composé de glandes distinctes, ou absent; ovaire supère, uniloculaire, style court, stigmate lobé; ovules 2. Le fruit est une drupe charnue, indéhiscente, à 1 graine; graine albuminée.

Capuron, R. 1960. Contributions à l'étude de la flore forestière de Madagascar. 3. Observations sur les Icacinacées. Notul. Syst. (Paris) 16: 62–65.

Capuron, R. 1970. Notes sur les Icacinacées. Adansonia, n.s., 10: 507–510.

Perrier de la Bâthie, H. 1952. Icacinacées. Fl. Madagasc. 119: 1–45.

Villiers, J.-F. 1988. Une nouvelle espèce du genre *Leptaulus* (Icacinaceae) à Madagascar. Bull. Mus. Natl. Hist. Nat., sect. B, sér. 4, Adansonia 10: 369–371.

1. Feuilles opposées; inflorescences régulièrement bifurquées en cymes · · · · ·*Cassinopsis*
1'. Feuilles alternes; inflorescences non régulièrement bifurquées, en cymes ou panicules très condensées.
  2. Plantes dioïques; inflorescences en cymes de panicules; fleurs mâles sans pétales; fruits comprimés latéralement, à l'endocarpe longitudinalement côtelé, évident sur le sec ·*Grisollea*
  2'. Plantes hermaphrodites; inflorescences soit en cymes condensées, soit en cymes de panicules; fruits non comprimés latéralement.
    3. Inflorescences en panicules multiflores; pétales libres; fruits attachés obliquement, portant à la base un appendice charnu accrescent · · · · · · ·*Apodytes*
    3'. Inflorescences en cymes condensées pauciflores; pétales soudés en un tube court; fruits non attachés et ne portant pas d'appendice accrescent à la base · ·*Leptaulus*

Apodytes E. Mey. ex Arn., J. Bot. (Hooker) 3: 155. 1840.

Genre représenté par env. 15 espèces distribué d'Afrique en Australie; 2–3 spp. endémiques de

Madagascar et 1 sp. variable, *A. dimidiata*, partagée avec l'Afrique, sont rencontrées à Madagascar.

Arbres hermaphrodites de petite à moyenne tailles. Feuilles alternes, simples, noircissant souvent en séchant. Inflorescences axillaires ou rarement terminales, en cymes de panicules multiflores, plus longues que les feuilles et exsertes au-delà de celles-ci; calice à 4–5 petits lobes ou dents; pétales 4–5, libres, étroits et dressés; étamines 5, au filets grêles, anthères dorsifixes, sagittées, à déhiscence introrse; ovaire muni d'un appendice latéral basal, style court, récurvé, excentrique oblique, persistant, stigmate punctiforme. Le fruit est une petite à grande drupe charnue, indéhiscente, attachée obliquement, latéralement allongée, à l'apex arrondi, pourpre foncé à noire, incomplètement bordée à la base par un appendice accrescent, charnu, latéral, rouge.

Apodytes est distribué sur l'ensemble de la forêt sempervirente humide et sub-humide depuis le niveau de la mer jusqu'à 1 200 m d'altitude, ainsi que dans la forêt sèche dans la région d'Ambongo-Boina et rarement le long des fleuves et rivières traversant la forêt sub-aride dans le sud-ouest. On peut le reconnaître à ses inflorescences densément ramifiées, multiflores, axillaires ou rarement terminales, plus longues que les feuilles et exsertes au-delà d'elles, et plus particulièrement à ses fruits attachés obliquement et bordés à la base de l'appendice latéral accrescent de l'ovaire qui est charnu et de couleur contrastée rouge.

Noms vernaculaires: *apelabemaity, ditsaky, fotatrala, hazomainty, hazomaitso, hazondrano, lengo, maimbovitsika, maitsoririna, malanimanta, malaninanta, mampiary, mampisaraka, mampisaraky, pitsikahitra, rotra, savonihazo, tsivoka, volily, votradambo*

235. *Apodytes dimidiata*

236. *Cassinopsis*

Cassinopsis Sond. in Harv. & Sond., Fl. Cap. 1: 473. 1860.

Genre représenté par 6 espèces dont 2 spp. distribuées en Afrique de l'Est et 4 spp. endémiques de Madagascar.

Arbres hermaphrodites de petite à moyenne tailles. Feuilles opposées, simples. Inflorescences axillaires, régulièrement bifurquées en cymes munies de bractées, plus courtes à quelque peu plus longues que les feuilles; calice à 5 lobes profondément divisés; pétales 5, soudés sur leur moitié basale ou plus, aux lobes étalés à plat à l'anthèse; étamines 5, adnées à la corolle, inégales, filets courts, anthères arrondies, à déhiscence introrse; style court, stigmate à sillon médian. Le fruit est une petite drupe charnue, ovoïde, à l'apex aigu, virant au vert en passant par du jaune citron clair ou de l'orange pour finir rouge vernissé à maturité.

Cassinopsis est distribué dans la forêt sempervirente humide, sub-humide et de montagne, depuis la forêt littorale (*C. chapelieri*) jusqu'à 2 000 m d'altitude (*C. madagascariensis*). On peut le reconnaître à ses feuilles opposées et ses inflorescences ouvertes, régulièrement bifurquées.

Noms vernaculaires: *amboralahy, ampitsikahitra, bemafaitra, fandrianakanga, hamboramahintina, hazomafaika, hazondandy, mafaikoditra, vongolety*

237. *Grisollea myrianthea*

Grisollea Baill., Adansonia 4: 217. 1863–1864.

Genre représenté par 2 espèces dont 1 sp. endémique des Seychelles et 1 sp. endémique de Madagascar et des Comores.

Arbres de petite à moyenne tailles, atteignant 20 m de haut, dioïques. Feuilles alternes, simples, coriaces et quelque peu succulentes. Inflorescences axillaires, en cymes de panicules, presque aussi longues que les feuilles, fleurs jaune clair; fleurs mâles au calice à (4–)5(–7) lobes profondément divisés valvaires; pétales en même nombre que les lobes du calice, étroitement lancéolés, parfois 1 ou rarement 2 absent(s), ou réduits à 2, voir 1, les autres présents à l'état de petits vestiges des lobes, ou parfois les pétales totalement absents; filets très courts, anthères sphériques, à déhiscence extrorse; pistillode rudimentaire présent; fleurs femelles au calice légèrement plus grand; pétales 5(–6), libres, cohérents à la base; étamines stériles (staminodes) aux filets plus longs et anthères plus petites; ovaire à très petit style conique, stigmate discoïde. Le fruit est une grande drupe charnue, indéhiscente, fortement comprimée latéralement, à l'apex abruptement et brièvement acuminé, passant du vert au jaune citron clair pour finir rouge vernissé à maturité, à l'endocarpe longitudinalement côtelé, évident sur le sec.

Grisollea myrianthea est distribué dans la forêt sempervirente humide et sub-humide depuis la RS du Pic d'Ivohibe jusqu'au PN de la Montagne d'Ambre, y compris dans la région du Sambirano dans la RS de Manongarivo, généralement dans

des zones humides le long des cours d'eaux, depuis le niveau de la mer jusqu'à 1 000 m d'altitude. On peut le reconnaître à ses feuilles légèrement succulentes, à ses inflorescences densément ramifiées, multiflores, axillaires, presque aussi longues que les feuilles et à ses fruits comprimés, charnus et distinctement côtelés longitudinalement lorsqu'ils sont secs.

Noms vernaculaires: *akohofotsy, bemafaitra, hazompanamba, hentona, hompa, mafaikaty, mahasalama, maintsoririna, masalana, mavoravina, natonjerika, odimamo, taolanary, tsilavopasina, vako*

Leptaulus Benth., Gen. Pl. 1: 296, 344, 351. 1862.

Genre représenté par 5–6 espèces dont 3 spp. sont distribuées en Afrique tropicale et 2–3 spp. sont endémiques de Madagascar.

Arbres hermaphrodites de petite à moyenne tailles, aux branches grêles, quelque peu en zigzag, restant longtemps vertes. Feuilles alternes, distiques, simples, vert olive vernissé. Inflorescences axillaires en cymes sessiles, fasciculiformes, condensées, pauciflores; calice à 5 lobes imbriqués divisés presque jusqu'à la base; pétales soudés en un tube, aux lobes presque dressés ou étalés à un angle de 45° à l'anthèse et portant souvent une touffe de poils glanduleux sur la face intérieure; étamines adnées au tube corollin, filets presque absents, anthères aux loges séparées, à déhiscence introrse; style court, filiforme, excentrique, stigmate tronqué. Le fruit est une grande drupe charnue, indéhiscente, ovoïde à oblongue-ellipsoïde, à l'apex aigu ou

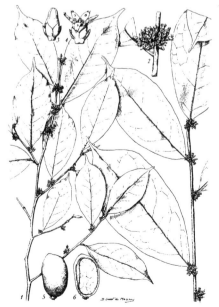

238. *Leptaulus*

obtus, lisse ou couverte de tubercules irréguliers, verte virant au jaune citron clair et finissant rouge vernissé ou orange-jaune à maturité.

Leptaulus est distribué dans la forêt sempervirente humide et sub-humide, ainsi que dans des poches humides au sein de la forêt semi-décidue sèche dans la région du Boina. On peut le reconnaître à ses branches quelque peu en zigzag portant des feuilles distiques, entières, vert olive, ses petites fleurs blanches aux corolles tubulaires et portées aux aisselles de feuilles, et à ses grands fruits charnus, vernissés, à 1 graine, qui passent par plusieurs couleurs au cours de la maturation, de vert à jaune citron à orange ou rouge (comme les fruits de *Cassinopsis* et *Grisollea*). *Leptaulus madagascariensis* a une aire de distribution limitée à l'extrême sud-est dans la région de Fort-Dauphin alors que *L. citroides* qui à une large distribution est très variable et peut probablement justifier la reconnaissance de plusieurs espèces, y compris une sp. aux fruits tuberculés dans la région du Sambirano.

Noms vernaculaires: *fanamba, fanambabe, fanavy maitso, hazobitapano, hazoboango, hazompanamba, mandavena, mandavenona, mandrevonono, remetso, talakakoho, tsifo fotsy*

IXONANTHACEAE Exell & Mendonça

Petite famille intertropicale représentée par 5 genres et 21 espèces. Le seul représentant de la famille à Madagascar, *Allantospermum*, a été placé à certaines époques dans les Irvingiaceae et dans les Simaroubaceae, mais semble mieux placé dans les Ixonanthaceae.

Capuron, R. 1965. Une Irvingiacées malgache. Adansonia, n.s., 5: 213–216.

Fernando, E. S. & C. J. Quinn. 1995. Simaroubaceae, an artificial construct: evidence from *rbc*L sequence variation. Amer. J. Bot. 82: 92–103.

Forman, L. L. 1965. A new genus of Ixonanthaceae with notes on the family. Kew Bull. 19: 517–526.

Metcalfe, C. R., M. Lescot & D. Lobreau. 1968. A propos de quelques caractères anatomiques et palynologiques comparés d'*Allantospermum borneense* Forman et d'*Allantospermum multicaule* (Capuron) Nooteboom. Adansonia, n.s., 8: 337–351.

Nooteboom, H. P. 1967. The taxonomic position of Irvingioideae, *Allantospermum* Forman and *Cyrillopsis* Kuhlm. Adansonia, n.s., 7: 161–168.

Van Welzen, P. C. & P. Baas. 1984. A leaf anatomical contribution to the classification of the Linaceae complex. Blumea 29: 453–479.

Allantospermum Forman, Kew Bull. 19: 517. 1965.

Cleistanthopsis Capuron, Adansonia, n.s., 5: 213. 1965.

Genre représenté par 2 espèces dont 1 sp. endémique de Madagascar (*A. multicaule*) et 1 sp. du nord de Bornéo.

Arbres hermaphrodites à troncs multiples (5–10), entièrement glabres, à l'écorce non amère. Feuilles alternes, simples, entières, avec 2 stipules intrapétiolaires latérales, étroitement lancéolées, intrapétiolaires, caduques. Inflorescences axillaires en cymes condensées aux aisselles des cicatrices foliaires, apparaissant en même temps que les nouvelles feuilles, fleurs petites, 5-mères, vacillantes; calice aux sépales soudés, profondément lobés, réfléchis à l'anthèse, persistants dans le fruit; pétales libres, imbriqués, blancs, réfléchis à l'anthèse, caducs; étamines libres, 10 en 2 séries, insérées au-dessus d'un épais

239. *Allantospermum multicaule*

disque nectaire annulaire, filets grêles, anthères biloculaires, dorsifixes, introrses, à déhiscence longitudinale; ovaire 5-loculaire, style unique allongé, stigmate tronqué; ovule 1 par loge. Le fruit est une petite à grande capsule sèche, distinctement 10-côtelée, glauque à pruineuse, éclatant à déhiscence septicide en laissant une columelle centrale avec les restes du placenta à l'apex; graines cylindriques, légèrement courbées, brunes, avec un très petit arille courbé en fer à cheval à l'apex, au-dessus de l'hile.

Allantospermum multicaule est distribué dans la forêt sempervirente humide à basse altitude le long de la côte orientale depuis la RS de Manombo au sud de Farafangana jusqu'à Tampina entre Toamasina et Ambila-Lemaitso. On peut le reconnaître à ses multiples troncs et à ses petites à grandes capsules sèches, explosant à déhiscence septicide, qui sont distinctement 10-côtelées et glauques ou pruineuses.

Noms vernaculaires: *maroambody, maroampototra, taimbarika*

KALIPHORACEAE Takht.

Famille endémique monotypique ne comprenant qu'une seule espèce *Kaliphora madagascariensis*. Originellement traitée dans la famille des Cornaceae (Keraudren, 1958) dans la *Flore de Madagascar*, de récentes données moléculaires suggèrent une relation très affine avec la famille des Montiniaceae à la base des Solanales (Olmstead, comm. pers.).

Capuron, R. 1969. Contribution à l'étude de la flore forestière de Madagascar. Sur la place du genre *Kaliphora* Hook. f. Adansonia, n.s., 9: 395–397.

Keraudren, M. 1958. Cornacées. Fl. Madagasc. 158: 13–16.

Ramamonjiarisoa, Bakolimalala A. 1980. Comparative anatomy and systematics of African and Malagasy woody Saxifragaceae, s. lat. Ph.D. Dissertation, University of Massachusetts. 241 pp.

Kaliphora Hook. f., Icon. Pl., ser. 3, 1: 16, pl. 1023. 1867–71.

Genre endémique monotypique.

Buissons des lisières forestières à petits arbres de l'intérieur des forêts, atteignant 5 m de haut, dioïques, très ramifiés. Feuilles alternes, simples, anisophylles, les feuilles réduites ressemblant à des bractées subopposées, les grandes, entières, penninerves, glabres, vernissées, à forte odeur épicée rappelant le poivre lorsque froissées et capables de produire une sensation de brûlure dans le nez, noircissant souvent en séchant, à la base généralement fortement asymétrique, stipules nulles. Inflorescences axillaires, légèrement récurvées, pauciflores à 30-flores, en cymes munies de minuscules bractéoles, le plus souvent portées aux aisselles des feuilles très réduites ressemblant à des bractées, fleurs petites, régulières, 4-mères; fleurs mâles au calice cupuliforme à 4 lobes dentiformes; pétales 4, valvaires dans le bouton, verts; étamines 4, alternant avec les pétales, filets libres, très courts, anthères biloculaires, à déhiscence longitudinale, jaune clair; disque épais en forme de coussinet, terminé au centre par un pistillode conique; fleurs femelles au calice et à l'ovaire semi-infère soudés ensemble, fortement comprimés latéralement, les 4 lobes dentiformes minuscules du calice partant juste en dessous de l'apex de l'ovaire et constituant

240. *Kaliphora madagascariensis*

la seule évidence du calice, quelque peu persistant et déplacé latéralement dans le jeune fruit; pétales absents; ovaire incomplètement biloculaire, couronné par 2 lobes stigmatiques sessiles; ovule 1 par loge. Le fruit est une petite drupe charnue, indéhiscente, contenant 2 pyrènes à 1 seule graine, les pyrènes lâchement attachés à un septum central de l'ovaire, la drupe de couleur jaune ou orange à maturité, couronnée par les lobes stigmatiques persistants; graines albuminées, l'embryon coloré d'orange.

Kaliphora madagascariensis est distribué dans la forêt sempervirente sub-humide et de montagne, le long des lisières forestières dans les zones dégradées, depuis env. 900 à 2 000 m d'altitude du PN d'Andringitra jusqu'au versant nord de la RNI de Tsaratanana. On peut le reconnaître à ses feuilles alternes, distiques, vernissées, qui dégagent une forte odeur épicée poivrée lorsqu'on les froisse, à ses fleurs vertes unisexuées portées aux aisselles de feuilles réduites ressemblant à des bractées, les fleurs mâles à 4 pétales valvaires, les fleurs femelles sans pétales et avec un ovaire semi-infère, les 4 lobes dentiformes minuscules du calice démarrant juste sous l'apex de l'ovaire.

Noms vernaculaires: *katsomata, kipantrizona, kipantrogona, marefira, ranaindo, ranendo.*

KIGGELARIACEAE Link

Famille intertropicale représentée par 30 genres et 145 espèces, englobant les genres précédemment inclus dans les Flacourtiaceae qui sont dotés d'une chimie cyanogène des glycosides et ne montrent pas la dent salicoïde, qui à Madagascar ne concerne que *Prockiopsis*. A l'exception de *Aphloia*, qui est ici traité dans la famille distincte des Aphloiaceae, tous les autres genres traités au sein des Flacourtiaceae dans la *Flore de Madagascar* (Perrier, 1946) restent groupés dans une famille qui inclut par ailleurs *Salix* et qui doit à présent être nommée les Salicaceae.

Capuron, R. 1968. Sur le *Prockiopsis hildebrandtii* Baill. (Flacourtiacées). Adansonia, n.s., 8: 365–366.

Perrier de la Bâthie, H. 1946. Flacourtiacées. Fl. Madagasc. 140: 1–130.

Prockiopsis Baill., Bull. Mens. Soc. Linn. Paris 1: 573. 1886.

Genre endémique monotypique, mais qui sera probablement augmenté d'une espèce qui reste à décrire.

Buissons ou petits arbres hermaphrodites, aux branches horizontales un peu lâches, au port pleureur. Feuilles alternes, simples, dentées-ondulées à presque entières, penninerves, stipules petites, caduques. Inflorescences axillaires, en pseudo-ombelles pédonculées portant 6–10 petites à grandes fleurs sous-tendues par un verticille de bractées aciculaires, sèches; calice en forme de calyptre, se déchirant irrégulièrement; pétales 6, imbriqués, en 2 séries, blancs; étamines nombreuses, filets libres ou légèrement soudés à la base, velus, anthères sub-basifixes, extrorses, à déhiscence latérale; ovaire supère, uniloculaire, avec 4–5 placentas pariétaux, style commun soudé, allongé, stigmate entier; ovule(s) 1–8. Le fruit est une petite à grande capsule tardivement déhiscente, 2–5-valve, couronnée par le style persistant, finement verruqueuse; graines entourées d'un arillode charnu, blanc translucide, albumen présent.

Prockiopsis hildebrandtii est distribué dans la forêt sempervirente et semi-décidue, sub-humide et

241. *Prockiopsis hildebrandtii*

sèche, depuis le niveau de la mer jusqu'à 600 m d'altitude, à partir de Belo sur Tsiribihina jusqu'à Vohémar, y compris dans la région du Sambirano; une espèce possible, non décrite, est rencontrée dans la forêt sempervirente humide de la RNI de Betampona. On peut le reconnaître à ses inflorescences axillaires, pédonculées, en pseudo-ombelles portant 6–10 fleurs sous-tendues par un verticille de bractées aciculaires, au calice en forme de calyptre, et à ses capsules tardivement déhiscentes et couronnées par le style persistant, renfermant des graines couvertes d'un arillode blanc translucide.

Noms vernaculaires: aucune donnée

KIRKIACEAE (Engl.) Takht.

Petite famille représentée par 2 genres, distribuée en Afrique (*Kirkia* avec 5 spp.) et à Madagascar (*Pleiokirkia* avec 1 sp.), précédemment incluse dans les Simaroubaceae. De récentes études portant sur des données moléculaires (Fernando & Quinn, 1995; Gadek *et al.*, 1996) suggèrent le maintien dans les Sapindales mais dans une position isolée et presque à la base.

Capuron, R. 1961. Contributions à l'étude de la flore forestière de Madagascar. III. Sur quelques plantes ayant contribué au peuplement de Madagascar. B. Notes sur les Simarubacées. Adansonia, n.s., 1: 83–92.

Fernando, E. S. & C. J. Quinn. 1995. Simaroubaceae, an artificial construct: evidence from *rbc*L sequence variation. Amer. J. Bot. 82: 92–103.

Gadek, P. A., E. S. Fernando, C. J. Quinn, S. B. Hoot, T. Terrazas, M. C. Sheahan & M. W. Chase. 1996. Sapindales: Molecular delimitation and infraordinal groups. Amer. J. Bot. 83: 802–811.

Pleiokirkia Capuron, Adansonia, n.s., 1: 88–89. 1961.

Genre endémique monotypique.

Grands arbres monoïques, au bois de cœur brun olive, dur, à odeur rappelant le miel. Feuilles alternes, décidues, groupées aux extrémités des branches, composées imparipennées, avec 6–10 paires de folioles opposées à subopposées, finement dentées, les bases des feuilles asymétriques. Inflorescences ramiflores, portées sous les groupes terminaux de feuilles développées, en cymes dichotomes pédonculées perpendiculaires aux branches, fleurs petites, unisexuées, fleurs mâles et femelles dans la même inflorescence, 4-mères; calice de sépales soudés, profondément lobé; pétales 4, libres, imbriqués, dressés à l'anthèse; étamines 4, opposées aux lobes du calice, filets distincts, insérés entre les 4 lobes du disque nectaire, anthères biloculaires, apiculées, dorsifixes, introrses, à déhiscence longitudinale; pistillode très petit, 8-lobé; ovaire composé de 8 carpelles libres, chacun étant soudé à une columelle centrale, styles libres en bas, soudés en une colonne stylaire dessus, stigmate libre, étalé et réfléchi; ovules 2 par carpelle dont un plus petit et avortant éventuellement; staminodes ressemblant à des étamines. Le fruit est un groupe subsphérique, déhiscent, de 8 grands méricarpes drupacés, quelque peu ligneux, sous-tendus pendant un certain temps à la columelle centrale par une fibre vascularisée courant le long de la marge supérieure du méricarpe et jointe au reste du stigmate et de la colonne stylaire, les méricarpes portant un large sillon dorsal longitudinal dont les marges sont fines et quelque peu ailées; graines peu albuminées.

242. *Pleiokirkia leandrii*

Pleiokirkia leandrii est distribué dans la forêt décidue sèche et n'est connu que du Tsingy de Bemaraha. On peut le reconnaître à ses feuilles à la base asymétrique, composées imparipennées avec 6–10 paires de folioles opposées à subopposées, finement dentées, et à ses fruits composés de groupes de 8 grands méricarpes, quelque peu ligneux, drupacés, sous-tendus pendant un certain temps par une columelle centrale.

Nom vernaculaire: *mafaipoty*

LAMIACEAE Juss.

Grande famille cosmopolite représentée par env. 220 genres et 4 000 espèces. *Clerodendrum, Karomia, Premna* et *Vitex* (ainsi que les genres de buissons *Adelosa* et *Callicarpa*) sont ici traités dans la famille des Lamiaceae prise au sens large (Cantino, 1992) qui limite les Verbenaceae à la sous-famille des Verbenoideae (représentée à Madagascar par les genres 1–8 dans le traitement des Verbenaceae de la *Flore de Madagascar* [Moldenke, 1956]; les genres 9 et 10, *Acharitea* et *Nesogenes*, devenant des membres des Cyclocheilaceae). Les Verbenaceae peuvent alors être caractérisés par des inflorescences essentiellement racémeuses portant des fleurs à la corolle soudée, courte, plus ou moins régulière et étroite à la base, aux lobes égaux étalés à plat, alors que les Lamiaceae présentent des inflorescences ramifiées en cymes portant des fleurs à la corolle plus longue, tubulaire, irrégulière, généralement bilabiée, aux lobes souvent inégaux, dressés ou parfois étalés à plat ou récurvés.

Herbes, buissons ou arbres hermaphrodites ou rarement dioïques, aux tiges généralement distinctement quadrangulaires, généralement aromatiques et portant des poils glanduleux. Feuilles opposées et décussées, ou rarement verticillées, simples, unifoliolées, trifoliolées ou composées palmées, aux limbes généralement entiers mais parfois serretés-dentés à lobés, penninerves, portant souvent des ponctuations glanduleuses, stipules nulles. Inflorescences terminales, axillaires ou cauliflores, en cymes ou corymbes, apparaissant parfois en racèmes avec un axe central puis des axes secondaires très condensés, fleurs généralement grandes, parfois petites, irrégulières, rarement presque régulières, 5-mères; calice soudé presque entier à profondément et inégalement (2–)5-lobé, souvent bilabié; corolle soudée tubulaire, généralement fortement bilabiée, rarement plus ou moins régulière, avec 4–5 lobes égaux à inégaux, dressés, étalés ou réfléchis; étamines 4, en 2 paires inégales, insérées sur le tube corollin, filets libres ou soudés, soit ascendants vers le haut des lobes de la corolle, soit déclinés, i.e. pressés contre les lobes inférieurs de la corolle, anthères uni ou biloculaires, introrses, à déhiscence longitudinale; ovaire supère, 2- ou 4-loculaire, style terminal ou parfois profondément 4-lobé et le style gynobasique, stigmate généralement bifide; ovule 1 par loge. Le fruit est une drupe à peine charnue, indéhiscente, se séparant parfois en 2 ou 4 pyrènes, ou un groupe de 1–4 noisette(s) dure(s), sèche(s) et indéhiscente(s); albumen absent ou peu abondant.

Cantino, P. D. 1992. Toward a phylogenetic classification of the Labiatae. *In* R. M. Harley & T. Reynolds (eds.), Advances in Labiatae Science, pp. 27–37, Royal Botanic Gardens, Kew.

Capuron, R. 1972. Note sur les Verbenacées de Madagascar. Adansonia, n.s., 12: 45–53.

Fernandes, R. B. 1985. Notes sur les Verbenaceae. V. Identification des espèces d'*Holmskioldia* africaines et malgaches. Garcia de Orta, Sér. Bot. 7: 33–46.

Hedge, I. C., R. A. Clement, A. J. Paton & P. B. Phillipson. 1998. Labiatae. Fl. Madagasc. 175: 1–293.

Moldenke, H. N. 1956. Verbenacées. Fl. Madagasc. 174: 1–273.

Steane, D. A., R. W. Scotland, D. J. Mabberley & R. G. Olmstead. 1999. Molecular systematics of *Clerodendrum* (Lamiaceae): ITS sequences and total evidence. Amer. J. Bot. 86: 98–107.

1. Feuilles trifoliolées ou composées palmées ························· *Vitex*
1'. Feuilles simples ou unifoliolées.
  2. Style terminal; fruit drupacé, à peine charnu ou sec, 4-loculaire ou composé de 1–4 pyrène(s) se séparant parfois à maturité; étamines ascendantes vers les lobes supérieurs ou aléatoirement espacées autour de l'ovaire, anthères biloculaires.
    3. Fruit sec, légèrement enfoui dans la base en forme de coupe du calice persistant, les lobes du calice fortement accrescents dans le fruit, étalés à plat, souvent vivement colorés avec une nervation évidente ··················· *Karomia*
    3'. Fruit à peine charnu; calice seulement un peu accrescent dans le fruit, dressé, sans nervation évidente.
      4. Drupe composée de 4 pyrènes individuels, se séparant souvent à maturité; pétiole souvent teinté de pourpre; calice souvent longuement tubulaire avec de grandes dents triangulaires; corolle blanche, rose ou violette ···· *Clerodendrum*
      4'. Drupe composée d'un seul pyrène 4-loculaire; pétiole généralement non teinté de pourpre; calice généralement court, campanulé, à petites dents ou à lobes presque entiers; corolle blanc verdâtre à rose, jaune, orange ou lavande.
        5. Inflorescences souvent terminales, parfois axillaires, en cymes condensées au sommet plat; fleurs presque régulières, blanc verdâtre à blanches, au tube corollin court, les 4 lobes plus ou moins égaux ················ *Premna*
        5'. Inflorescences souvent axillaires ou cauliflores, parfois terminales, non plates au sommet; fleurs fortement irrégulières, blanches, roses, jaunes, orange, rouges ou lavande, le tube corollin généralement long et souvent courbé, à 5 lobes bilabiés ··· *Vitex*
  2'. Style gynobasique; fruit un groupe de 1–4 noisette(s) séparée(s); étamines déclinées, pressées contre les lobes inférieurs de la corolle, anthères généralement uniloculaires.
    6. Calice fortement accrescent dans le fruit, ouvert et étalé à plat à quelque peu dressé, membraneux à nervation évidente; noisettes sans extension aliforme à l'apex ····································· *Capitanopsis*
    6'. Calice accrescent dans le fruit, les lobes étroits dressés et incurvés, avec des nervures longitudinales proéminentes, saillantes et connectées par des nervures transversales; noisettes avec une extension aliforme à l'apex ········ *Madlabium*

Capitanopsis S. Moore, J. Bot. 54: 249. 1916.

Genre endémique représenté par 3 espèces.

Buissons ou petits arbres atteignant 10 m de haut, hermaphrodites. Feuilles opposées, parfois groupées vers l'apex du tronc, entières, penninerves, munies de points glanduleux. Inflorescences terminales, ou parfois axillaires dans les plus hautes feuilles, généralement en panicules de cymes 3-flores, fleurs grandes, irrégulières, 5-mères; calice soudé campanulé, plus ou moins régulier, avec 5 lobes subégaux, persistants, largement étalés, accrescents et quelque peu aliformes dans le fruit, à nervation réticulée évidente; corolle soudée tubulaire, fortement bilabiée, renflée sur la face ventrale à la base, la lèvre supérieure à 4 petits lobes obtus, la lèvre inférieure à un seul grand lobe projeté vers l'avant ou réfléchi, la corolle rose à violette; étamines 4, insérées sur le coté inférieur de la corolle à l'ouverture, déclinées, filets longuement exserts, anthères uniloculaires, à déhiscence longitudinale; disque avec un lobe antérieur proéminent;

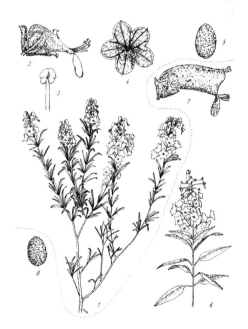

243. *Capitanopsis*

ovaire 4-loculaire, style grêle, aussi long que les étamines, stigmate bilobé; ovule 1 par loge. Le fruit est un groupe de 4 petites noisettes indéhiscentes, ovoïdes-sphériques, le fruit portant de très petites sphères huileuses à l'apex; albumen peu abondant ou absent.

Capitanopsis est distribué dans le fourré décidu sec et sub-aride ainsi que dans les zones où affleurent des rochers dans les régions sub-humides du Plateau Central dans la région d'Ankazobe. On peut le reconnaître à ses fleurs au calice fortement accrescent, largement étalé et montrant une nervation réticulée évidente dans le fruit, rappelant *Karomia*, qui a cependant des étamines ascendantes et un fruit drupacé non divisé. *Capitanopsis* est très affine avec *Madlabium* et *Dauphinea*, et ces trois genres seraient probablement mieux accommodés dans un plus vaste *Plectranthus* (A. Paton, comm. pers.).

Noms vernaculaires: *reringitsy, roaravina, tongotrakanga, tsiambaralahy*

Clerodendrum L., Sp. Pl. 1: 109. 1753.

Genre intertropical (mais surtout dans l'Ancien Monde) représenté par env. 400 espèces; env. 72 spp. sont distribuées à Madagascar sur lesquelles env. 62 sont endémiques.

Buissons à arbres de taille moyenne, ou rarement des lianes, hermaphrodites, aux branches souvent distinctement lenticellées, portant rarement des épines (bases persistantes des pétioles). Feuilles opposées et décussées, ou occasionnellement en verticilles de 3–4, généralement entières ou occasionnellement dentées, penninerves, au pétiole et à la nervure principale souvent teintés de pourpre. Inflorescences axillaires ou terminales, ou rarement cauliflores, en cymes lâches, panicules, corymbes, capitules ou fascicules denses, fleurs petites à généralement grandes, plus ou moins irrégulières; calice soudé, campanulé à tubulaire, tronqué à 5-denté, persistant et souvent accrescent dans le fruit en l'enveloppant; corolle brièvement à longuement soudée en tube, étroitement cylindrique et ne s'évasant parfois qu'à l'ouverture, droite à courbée, les 5 lobes subégaux étalés à plat à presque réfléchis, la corolle blanche à rose ou violette; étamines 4, en 2 paires de longueurs inégales, longuement exsertes, insérées sur la corolle, filets longs et grêles, anthères biloculaires, à déhiscence longitudinale; ovaire incomplètement 4-loculaire, style terminal, long et grêle, stigmate brièvement bifide; ovules 4, 1 par loge. Le fruit est une petite à grande drupe quelque peu charnue, indéhiscente, souvent 4-lobée, se séparant souvent à maturité en 4 pyrènes ou 2 paires de pyrènes; graines sans albumen.

Clerodendrum est principalement distribué dans la forêt sempervirente humide et sub-humide mais est également rencontré dans la forêt et le fourré décidus secs et sub-arides. On peut le reconnaître à ses branches lenticellées, ses feuilles au pétiole et à la nervure principale souvent teintés de pourpre, ses fleurs au calice tubulaire avec de larges dents triangulaires, à la corolle blanche, rose ou violette, souvent longuement tubulaire, et à ses fruits à peine charnus, drupacés, composés de 4 pyrènes qui se séparent souvent à maturité. Plusieurs sections de *Clerodendrum* (section *Cyclonema* et section *Konocalyx*, qui à Madagascar incluent les espèces de buissons *C. incisum* et *C. myricoides*) ont été récemment déplacées dans un genre distinct *Rotheca* (Steane *et al.*, 1999) qui est caractérisé par des fleurs plus asymétriques dans le bouton, avec la partie inférieure abruptement développée et le lobe corollin antérieur bien plus grand que les 4 autres. Cependant, une circonscription alternative consisterait à inclure ces genres qui seraient apparemment placés au sein de *Clerodendrum* (*Caryopteris, Faradaya, Oxera* et *Trichostema*) dans un *Clerodendrum* élargi.

Noms vernaculaires: *anginambai, aselo, atamba, lehna, lena, marolahy, sarifotsy, sarivaro, selimbiky, tambalehy, tselo, tsimatadakato, vandrika, vanginamboa, varo, vohomiha*

244. *Clerodendrum bosseri*

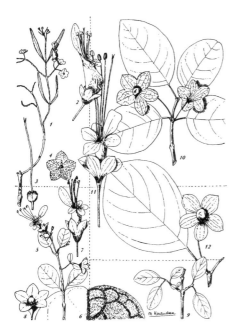

245. *Karomia*

Karomia Dop, Bull. Mus. Natl. Hist. Nat., sér. 2, 4: 1052. 1932.

Genre représenté par 9 espèces distribué en Afrique, à Madagascar (6 spp. endémiques) et au Vietnam.

Buissons ou petits arbres hermaphrodites, aux branches légèrement quadrangulaires. Feuilles opposées décussées, entières, penninerves, parfois munies de points glanduleux résineux. Inflorescences axillaires ou parfois pseudo-terminales, en cymes pauciflores, fleurs petites, irrégulières; calice brièvement soudé en forme d'urne, les lobes étalés à plat et plus ou moins entiers, le calice membraneux, généralement vivement coloré, persistant et accrescent dans le fruit avec une nervation évidente; corolle brièvement soudée en tube, courbée, légèrement élargie vers l'apex, les 5 lobes inégaux étalés à plat, l'antérieur médian plus grand et parfois cuculé; étamines 4, en 2 paires inégales, exsertes, filets libres, grêles, insérés au milieu du tube corollin, ascendants, anthères biloculaires, à déhiscence longitudinale; ovaire 4-loculaire, style terminal, stigmate bifide; ovule 1 par loge. Le fruit est une petite drupe sèche, indéhiscente, obovale ou en forme de turban, plus ou moins enveloppée à la base dans la portion en forme d'urne du calice, les lobes du calice largement étalés et quelque peu aliformes, la drupe constituée de 1–4 pyrène(s) osseux dont chacun n'a qu'une loge à une seule graine; graines sans albumen.

Karomia est distribué dans la forêt et le fourré décidus secs et sub-arides; les espèces de Madagascar étaient précédemment traitées dans le genre *Holmskioldia*. On peut le reconnaître à ses fleurs au calice fortement accrescent, étalé, souvent vivement coloré, membraneux et à nervation évidente qui entourera le fruit sec drupacé.

Noms vernaculaires: *forimbitiky, hasota, hazombaza, mafangalaty*

Madlabium Hedge, Fl. Madagasc. 175: 260. 1998.

Genre endémique monotypique.

Buissons ou petits arbres atteignant 6 m de haut, hermaphrodites, bien ramifiés, aux jeunes branches couvertes d'un indument simple ou parfois ramifié et de sphères huileuses. Feuilles opposées-décussées, groupées vers l'apex du tronc, très petites (15–18 mm de long), subentières à 3-lobées à l'apex, penninerves, ponctuées-glanduleuses sur les deux faces. Inflorescences terminales, racémeuses avec des pseudoverticilles de 2 fleurs, fleurs grandes, irrégulières, 5-mères; calice soudé légèrement bilabié, avec 1 pétale supérieur et 4 inférieurs subégaux, lobes étroitement triangulaires, accrescents et incurvés dans le fruit, à nervations longitudinale et transversale proéminentes et saillantes; corolle soudée en tube, distinctement gibbeuse vers la base, avec 4 petits lobes supérieurs et 1 lobe inférieur plus grand et réfléchi, la corolle d'un violet rouge

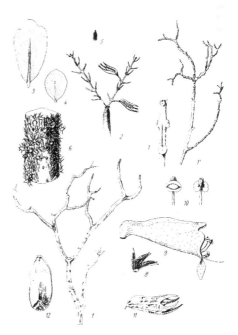

246. *Madlabium magenteum*

profond; étamines 4, en 2 paires inégales, insérées sur le coté inférieur du tube corollin à l'ouverture et juste en dessous, filets légèrement aplatis, déclinés, exsers, anthères uniloculaires, à déhiscence longitudinale; ovaire 4-loculaire, style long, grêle et cylindrique, exsert au-delà des étamines, stigmate bifide; ovule 1 par loge. Le fruit est un groupe de 4 petites noisettes séparées, indéhiscentes, trigones, à l'apex arrondi et prolongé en une extension aliforme.

Madlabium magenteum est distribué dans la forêt décidue sèche de l'extrême nord en n'étant connu que de 3 récoltes. On peut le reconnaître à son indument ramifié, ses petites feuilles 3-lobées à l'apex, ses fleurs et fruits au calice portant des nervations longitudinales et transversales proéminentes et saillantes, et aux lobes incurvés étroitement triangulaires, ses fleurs à corolle de couleur violet rouge profond, et à ses noisettes portant une extension apicale en forme d'aile. Il est très affine avec *Capitanopsis* et *Dauphinea*, les trois genres étant probablement mieux placés dans un *Plectranthus* élargi (A. Paton, comm. pers.).

Noms vernaculaires: aucune donnée

Premna L., Mant. Pl.: 154, 252. 1771. nom. cons.

Genre des régions tropicales de l'Ancien Monde représenté par env. 200 espèces; env. 12 spp. endémiques de Madagascar et 1 autre sp. qui est aussi distribuée sur les côtes des océans Indien et Pacifique.

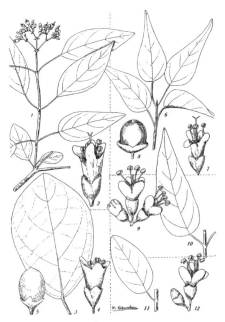

247. *Premna*

Buissons ou petits arbres, rarement des plantes grimpantes, hermaphrodites (parfois seulement des fleurs mâles). Feuilles opposées décussées, ou verticillées par 3–4, entières ou serretées-dentées, penninerves, souvent ponctuées de glandes résineuses. Inflorescences terminales, rarement axillaires ou cauliflores, en corymbes ou cymes densément contractées, fleurs petites, légèrement irrégulières; calice brièvement soudé campanulé, régulier, 2–5-lobé à tronqué, persistant dans le fruit; corolle brièvement soudée en tube, avec 4 lobes plus ou moins égaux et étalés, la corolle blanc verdâtre à blanche; étamines 4, insérées haut à l'ouverture du tube corollin, de longueurs plus ou moins égales, incluses à légèrement exsertes, filets libres, courts et grêles, anthères biloculaires, à déhiscence longitudinale; ovaire 2-loculaire, ou apparaissant 4-loculaire avec des fausses cloisons, style terminal, grêle, stigmate bifide; ovules 4, 1 ou 2 par loge. Le fruit est une petite drupe à peine charnue, indéhiscente, à l'endocarpe osseux, le pyrène 4-loculaire; graines sans albumen.

Premna est distribué dans la forêt sempervirente humide, dans la forêt sclérophylle sub-humide et dans la forêt et le fourré décidus secs et sub-arides. On peut le reconnaître à ses inflorescences généralement terminales, au sommet plat, portant des fleurs qui ne sont que légèrement irrégulières, à la corolle brièvement tubulaire et de couleur blanc verdâtre à blanche, et à ses fruits à peine charnus, 4-loculaires et drupacés.

Noms vernaculaires: *ambiosy, harongampanihy*

Vitex L., Sp. Pl. 1: 635. 1753.

Genre intertropical représenté par env. 250 espèces; env. 42 spp. endémiques de Madagascar et 1 sp. qui est distribuée sur les côtes des océans Indien et Pacifique.

Buissons à arbres de taille moyenne, hermaphrodites, aux rameaux généralement quadrangulaires. Feuilles opposées-décussées ou rarement verticillées par 3, unifoliolées, trifoliolées, ou composées palmées portant jusqu'à 7 folioles généralement entières, penninerves, rarement dentées à lobées, noircissant parfois en séchant. Inflorescences axillaires, terminales ou cauliflores, denses, contractées ou lâches, en cymes ou panicules ouvertes, fleurs petites à grandes, irrégulières; calice soudé campanulé à tubulaire, (3–)5(–6)-denté ou lobé, souvent accrescent dans le fruit; corolle brièvement à longuement soudée en tube ou infundibuliforme, droite ou courbée, bilabiée, la lèvre supérieure bifide, l'inférieure trifide, la corolle bleue ou lavande, jaune, orange, rouge, rose ou blanche; étamines 4, filets libres, insérés sur le tube corollin, en 2 paires de longueurs inégales, ascendants, généralement exserts, anthères biloculaires, à déhiscence longitudinale; ovaire incomplètement 2-loculaire initialement, puis 4-loculaire à l'anthèse, style terminal, grêle, stigmate bifide; ovule 1 par loge. Le fruit est une petite drupe, rarement grande, plus ou moins charnue, indéhiscente, à l'endocarpe 4-loculaire et dur; graines sans albumen.

Vitex est surtout distribué dans la forêt sempervirente humide et sub-humide, rarement de montagne, mais est également rencontré dans la forêt décidue sub-humide et sclérophylle sèche. On peut le reconnaître à ses feuilles trifoliolées ou composées palmées, ou moins souvent unifoliolées, ses fleurs à corolle tubulaire bilabiée et souvent courbée, et à ses fruits indéhiscents, légèrement charnus, 4-loculaires et drupacés.

Noms vernaculaires: *belohalika, fandrianagoaika, haronganala, hazomaa, hazomamo, hazomborondra, hofoty, kivazo, malainaretina, odiraharaha, odivaratra, tananakomba, tatoralahy, teloravina, voamea, voantokongo, voantsika*

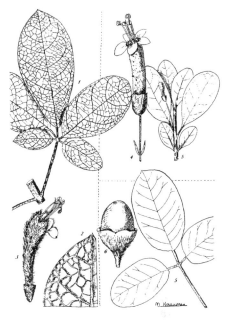

248. *Vitex*

LAURACEAE Juss.

Grande famille intertropicales et des régions tempérées chaudes représentée par env. 54 genres et 2 200 espèces.

Petits à grands arbres hermaphrodites (parfois dioïques mais pas à Madagascar), aromatiques. Feuilles alternes et disposées en spirales, ou rarement opposées à subopposées, simples, entières, penninerves ou moins souvent triplinerves, portant parfois des domaties aux aisselles des nervures secondaires, stipules nulles. Inflorescences axillaires en panicules, fleurs très petites, régulières, 3 ou rarement 2-mères; périanthe de 6 ou 4 tépales sépaloïdes en 2 verticilles, parfois soudés à la base et formant un court tube hypanthial avec le réceptacle; étamines fertiles et staminodes en 3 ou 4 verticilles de 2 ou 3, le plus externe avec des étamines fertiles, le plus interne souvent staminodial ou absent, certains portant des glandes basales, anthères à 2, 4, ou rarement 1 cellule(s), introrses (les verticilles externes d'étamines) ou extrorses (le verticille interne d'étamines), déhiscentes par des volets s'ouvrant de la base vers le haut; ovaire supère, uniloculaire, style généralement distinct mais très court, stigmate capité à discoïde; ovule 1. Le fruit est une grande baie charnue, à 1 graine, la baie parfois dans une cupule (réceptacle accrescent), ou complètement enveloppée du tube hypanthial accrescent; graines sans albumen.

Kostermans, A. J. G. H. 1950. Lauracées. Fl. Madagasc. 81: 1–90.

Kostermans, A. J. G. H. 1957a. Le genre *Beilschmiedia* Nees (Lauracées) à Madagascar. Commun. Forest Res. Inst. 56: 3–12.

Kostermans, A. J. G. H. 1957b. Le genre *Cryptocarya* R. Br. (Lauracées) à Madagascar. Bull. Jard. Bot. État 27: 173–188.

Kostermans, A. J. G. H. 1957c. Le genre *Ocotea* Aubl. (Lauracées) à Madagascar. Commun. Forest Res. Inst. 60: 1–44.

Kostermans, A. J. G. H. 1958. Le genre *Ravensara* à Madagascar. Bull. Jard. Bot. État 28: 173–191.

Rohwer, J. G. & H. G. Richter. 1987. *Aspidostemon*, a new lauraceous genus from Madagascar. Bot. Jahrb. Syst. 109: 71–79.

Werff, H. van der. 1991. Studies in Malagasy Lauraceae I: novelties in *Potameia*. Bull. Mus. Natl. Hist. Nat., sect. B, sér. 4, Adansonia 13: 173–177.

Werff, H. van der. 1996. Studies in Malagasy Lauraceae II: New taxa. Novon 6: 463–475.

1. Feuilles opposées à subopposées, généralement glabres, rarement pubescentes mais jamais glauques, ni pruineuses et sans domaties; fruit complètement enveloppé dans un tube hypanthial, couronné à l'apex par les restes des étamines et des staminodes ·· *Aspidostemon*
1'. Feuilles alternes ou rarement subopposées à opposées, glabres ou pubescentes, parfois glauques ou pruineuses, ou avec des domaties.
  2. Fruit dans une cupule distincte; feuilles portant parfois des domaties; tépales généralement étalés à plat à l'anthèse; anthères à 4 cellules ············ *Ocotea*
  2'. Fruit non porté dans une cupule distincte; feuilles ne portant jamais de domaties; tépales généralement dressés; anthères à 2 ou rarement 1 cellule(s).
    3. Fruit généralement sphérique, enveloppé d'un hypanthium, à l'apex montrant un petit pore entouré des restes des tépales; feuilles souvent glauques ou pruineuses et portant souvent une pubescence rouille lorsqu'elles sont jeunes tout comme les jeunes tiges ···························· *Cryptocarya*
    3'. Fruit généralement ellipsoïde, avec une cicatrice basale des, ou des restes des, tépales initialement persistants.
      4. Jeunes tiges distinctement blanchâtres ou grises; fleurs particulièrement petites, 2-mères, ne présentant que 4 étamines fertiles ················ *Potameia*
      4'. Jeunes tiges brun verdâtre à noires; fleurs 3-mères, avec 9 étamines fertiles ·· *Beilschmiedia*

Taxons cultivés importants: *Cinnamomum camphora* (camphrier) — planté comme arbre d'ornement sur le Plateau Central, commun à Antananarivo; *C. verum* (cannelier, *cinnamon*) — aux feuilles opposées à subopposées, fortement triplinerves, aux fruits assis dans une cupule profondément 6-lobée, les lobes correspondant aux bases persistantes des tépales, cultivé pour son écorce le long de la côte est et pouvant potentiellement se naturaliser si ce n'est déjà fait; *Litsea glutinosa* (avocat marron, *zavakamoro, zavokamaroa*) — aux inflorescences dioïques, ombelliformes, sous-tendues par de grandes bractées réfléchies, sans tépales, aux petits fruits globuleux; se naturalisant dans la RNI de Lokobe et la STF de Mahatsara; *Persea americana* (avocat, *avocado*).

Aspidostemon Rohwer & H. G. Richt., Bot. Jahrb. Syst. 109: 71. 1987.

Cryptocarya sous genre *Hexanthera* Kosterm., Bull. Jard. Bot. État 27: 174. 1957.
Cryptocarya sous genre *Trianthera* Kosterm., Bull. Jard. Bot. État 27: 174. 1957.

Genre endémique représenté par env. 11 espèces.

Feuilles opposées à subopposées, penninerves, généralement glabres ou rarement pubescentes. Inflorescences condensées, plus courtes que les feuilles. Tube hypanthial en forme d'urne profonde. Tépales 6. Étamines et staminodes en 4 verticilles de 3, étamines fertiles 3–6 sur le, ou les 2, verticille(s) externe(s), staminodes 6–9 dans les 2 ou 3 verticilles internes, le verticille le plus à l'intérieur constitué de staminodes très réduites, anthères à 2 cellules. Fruit entièrement

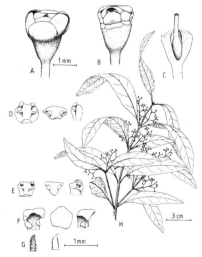

249. *Aspidostemon inconspicuum*

enveloppé par le tube hypanthial, couronné à l'apex par les restes persistants des étamines et des staminodes.

Aspidostemon est distribué sur l'ensemble de la forêt sempervirente humide et sub-humide. On le distingue aisément des autres Lauraceae de Madagascar à ses feuilles opposées et à ses courtes inflorescences condensées et axillaires.

Noms vernaculaires: *hazoviary, longotra fotsy, longotra mena, oviary*

Beilschmiedia Nees, Pl. Asiat. Rar. 2: 61, 69. 1831.

Genre intertropical représenté par env. 200 espèces; 10 spp. endémiques de Madagascar. Les espèces de *Beilschmiedia* étaient traitées dans le genre *Apollonias* dans la *Flore de Madagascar.*

Jeunes tiges parfois noires contrastant avec les branches plus anciennes de couleur grise. Feuilles alternes à subopposées, penninerves, glabres ou pubescentes. Tube hypanthial peu profond. Tépales 6, parfois soudés en un court tube et alors déhiscents en laissant une cicatrice à la base du fruit, ou initialement persistants dans le fruit. Étamines fertiles 9 en 3 verticilles, anthères à 2 cellules; staminodes 3 dans le verticille le plus à l'intérieur, petits ou absents. Fruit ellipsoïde à globuleux, portant une cicatrice basale ou initialement bordé des tépales persistants à la base.

251. *Cryptocarya*

Beilschmiedia est distribué sur l'ensemble de la forêt sempervirente humide, sub-humide et de montagne. On peut le reconnaître à ses tiges brun foncé ou noires et contrastant avec les branches plus anciennes, grises, ses fleurs à 9 étamines fertiles et à ses grands fruits ellipsoïdes portant une cicatrice à la base de la courte portion basale des tépales soudés.

Noms vernaculaires: *amaninombilahy, antevaratra, hazombary, hazosonjo, kangina, resonjo, saka, sary, tavaratra, tavoloravintsara, vazango, voakoromanga, voamahafamaimailela, voanana masina, voankoromanga, voatsipoaka, vohoromanga*

Cryptocarya R. Br., Prodr. 1: 402. 1810.

Ravensara Sonn., Voy. Ind. Orient. 2: 226, 3: 248. 1782.

Genre intertropical représenté par env. 225 espèces; env. 35 spp. endémiques de Madagascar.

Feuilles alternes, la face inférieure souvent glauque ou pruineuse, les jeunes souvent couvertes d'un indument rouille tout comme les jeunes tiges. Tube hypanthial distinct, étroit. Tépales 6, généralement dressés; étamines fertiles 9 en 3 verticilles externes, anthères à 2 cellules; staminodes 3 en 3 verticilles internes. Fruit entièrement enveloppé par le tube hypanthial, parfois invaginé en formant 6 chambres partielles, le fruit généralement globuleux, portant un petit pore apical entouré par les restes des tépales.

250. *Beilschmeidia moratii*

Cryptocarya est distribué sur l'ensemble de la forêt sempervirente humide et sub-humide. On peut aisément le reconnaître à la pubescence dense de couleur rouille des jeunes feuilles et tiges, à la face inférieure glauque ou pruineuse de ses feuilles et à ses fruits globuleux portant un petit pore apical.

Noms vernaculaires: *avozo, havozo, kabitsalahy, ravensara, ravintsara, sary, tavolo, tavolo menaravina, tavolo pina, tavolo savy, tavololanomby, tavololavaridana, tavolomaintso, tavolomalama, tavolomanitra, tavolonendrina, voaravintsara*

Ocotea Aubl., Hist. Pl. Guiane 2: 780. 1775.

Genre intertropical et des régions tempérées chaudes représenté par env. 360 espèces; env. 35 spp. endémiques de Madagascar.

Feuilles alternes à rarement subopposées, penninerves à rarement 3-palmatinerves à la base et penninerves au-dessus, portant souvent des domaties aux aisselles des nervures secondaires. Réceptacle partiellement développé en un tube hyanthial. Tépales 6, souvent étalés à plat à l'anthèse; étamines fertiles 9 en 3 verticilles externes, anthères à 4 cellules en 2 paires superposées; staminodes 3 en un verticille interne ou absents. Fruit ellipsoïde à ovale, assis dans une cupule distincte (réceptacle accrescent) à bord tronqué ou rarement quelque peu denté des restes des tépales, la cupule souvent rouge et contrastant avec le fruit de couleur verte à pourpre.

Ocotea est distribué sur l'ensemble de la forêt sempervirente humide et sub-humide. Il est le seul représentant de la famille à Madagascar dont

253. *Potameia*

les fruits sont assis dans une cupule distincte, avec quelques espèces qui présentent des feuilles 3-palmatinerves ou portant des domaties.

Noms vernaculaires: *tafono, varongy, varongy fotsy, varongy kely, varongy lahy, varongy kely, varongy mainty, varongy mavokely*

Potameia Thouars, Gen. Nov. Madagasc.: 5. 1806.

Genre endémique représenté par env. 20 espèces.

Jeunes tiges généralement distinctement blanchâtres ou grises. Feuilles alternes ou rarement opposées, penninerves. Tube hyanthial presque absent. Fleurs extrêmement petites; tépales 4, dressés; étamines fertiles 4, opposées aux tépales, ou rarement 2, anthères à 2 cellules ou rarement à 1 seule cellule. Fruit étroitement ellipsoïde, les restes des tépales persistant initialement à l'apex du pédicelle.

Potameia est distribué sur l'ensemble de la forêt sempervirente humide et sub-humide. On peut le reconnaître à ses jeunes tiges distinctement blanchâtres à grises et en particulier à ses fleurs extrêmement petites, 2-mères.

Noms vernaculaires: *antaivaratra, azoune-toue, manihazety, montadia, sary*

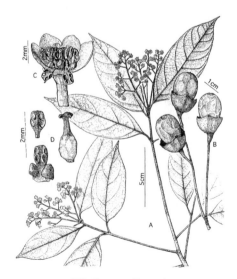

252. *Ocotea sambiranensis*

LECYTHIDACEAE Poit.

Petite famille intertropicale représentée par 20 genres et env. 280 espèces; 2 genres sont rencontrés à Madagascar.

Buissons et arbres hermaphrodites, entièrement glabres. Feuilles alternes, simples, souvent groupées aux extrémités des branches, entières ou rarement obscurément dentées, penninerves, rarement à nervures parallèles ou à nervation indistincte, stipules nulles. Inflorescences axillaires ou terminales, en racèmes ou épis, ou fleurs solitaires, fleurs généralement grandes, régulières; calice de 3–5 sépales soudés, surtout valvaires dans le bouton, persistants dans le fruit, fortement accrescents ou non; pétales 4–5 ou absents, imbriqués dans le bouton, alternant avec les sépales; étamines nombreuses, libres ou brièvement soudées à la base en un anneau lui-même soudé à la base des pétales, filets longs et grêles, anthères versatiles à basifixes, introrses, à déhiscence longitudinale; ovaire infère, 2–5-loculaire, style commun non ramifié ou à 3–5 branches, stigmate capité; ovules 2 à multiples par loge sur des placentas axiles. Le fruit est une drupe fibreuse ou ligneuse, indéhiscente, ne contenant souvent qu'une graine par avortement, couronnée par les restes du calice persistant; graine à albumen peu abondant ou absent.

Bosser, J. 1988. Espèces nouvelles du genre *Foetidia* (Lecythidacées) de Madagascar. Bull. Mus. Natl. Hist. Nat. Paris, sect. B, sér. 4, Adansonia 10: 105–119.

Payens, J. P. D. W. 1967. A monograph of the genus *Barringtonia* (Lecythidaceae). Blumea 15: 157–263.

Perrier de la Bâthie, H. 1954. Lecythidacées. Fl. Madagasc. 149: 1–11.

Schatz, G. E. 1996. Malagasy/Indo-Australo-Malesian phytogeographic connections. pp 73–83 *In*: W. Lourenço (ed.), Biogéographie de Madagascar, Editions de l'ORSTOM, Paris.

1. Feuilles à vernation involutée, i.e. enroulées lorsqu'elles sont dans le bouton, aux traces submarginales souvent visibles; pétales absents; style à 3–5 branches; fruit petit à grand, couronné par le calice accrescent, étalé à plat et aliforme · · · · · · · · · · *Foetidia*
1.' Feuilles à vernation non involutée; pétales présents; style non ramifié; fruit très grand, seulement couronné par un calice légèrement accrescent persistant, ni développé, ni aliforme · *Barringtonia*

Barringtonia J. R. Forst. & G. Forst., Char. Gen. Pl. (ed. 2): 38. 1775. nom. cons.

Genre représenté par 39 espèces centré en Malaisie, dont 2 spp. à large distribution sur les côtes des océans Indien et Pacifique sont rencontrées à Madagascar.

Buissons à arbres de taille moyenne côtiers, poussant le long de la végétation de grèves ou des estuaires. Feuilles alternes, simples, entières ou rarement obscurément dentées, distinctement penninerves, généralement plutôt grandes (>20 cm de long). Fleurs solitaires ou groupées à l'apex des branches, ou inflorescences longuement pendantes en épis, nocturnes; calice soudé à 4–5 lobes valvaires; pétales 4–5, imbriqués et alternant avec les sépales, caducs; étamines nombreuses, filets soudés à la base en un anneau court; disque nectaire présent à l'intérieur des étamines; ovaire 2–4-loculaire, style commun terminal, non ramifié, exsert au-delà des étamines; ovules

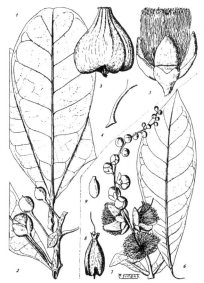

254. *Barringtonia asiatica* (gauche); *B. racemosa* (le bas droite)

2 à multiples par loge. Fruit grand, fibreux, contenant 1 graine, 4-angulaire, vert à l'extérieur, couronné par le reste du calice persistant, capable de flotter.

Les 2 espèces de *Barringtonia* rencontrées à Madagascar ont une large aire de distribution grâce à leurs fruits dispersés par les océans sur l'ensemble des océans Indien et Pacifique, avec *B. racemosa* qui est une espèce des estuaires mais curieusement rencontrée dans la RS d'Ankarana qui a atteint les côtes d'Afrique de l'Est mais qui n'est pas présente aux Mascareignes et *B. asiatica* qui est une espèce de grève dont la limite occidentale se trouve à Madagascar en étant présente à Maurice; les deux espèces sont rencontrées aux Seychelles. *Barringtonia* peut être reconnu à ses grandes fleurs aux pétales blancs et caducs, aux nombreuses étamines et à ses grands fruits fibreux, 4-angulaires, couronnés par les lobes persistants mais seulement légèrement accrescents du calice.

Noms vernaculaires: *antsombera, fotabe, fotadrano, fotatra, madaroboka, manondro*

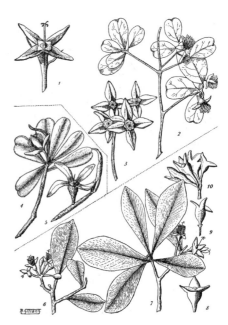

255. *Foetidia*

Foetidia Comm. ex Lam., Encycl. 2: 457. 1788.

Genre représenté par 14 espèces distribué en Afrique de l'Est (1 sp.), à Madagascar (11 spp. endémiques) et aux Mascareignes (2 spp.).

Buissons à arbres de taille moyenne ou rarement grande. Feuilles alternes, simples, entières, à vernation involutée, i.e. que les feuilles étaient enroulées lorsqu'elles formaient encore le bourgeon terminal, les traces de la vernation parfois visibles à l'état d'une ligne proche de la marge dans les feuilles complètement développées, persistantes ou rarement décidues, penninerves ou parfois à fines nervures parallèles, la nervation souvent à peine visible, les feuilles parfois nettement asymétriques avec une moitié bien plus large que l'autre, distinctement pétiolées ou au pétiole souvent court ou presque absent, souvent coriaces. Fleurs solitaires, axillaires ou groupées à l'apex des branches; calice soudé à 3–5 lobes, généralement 4, valvaires dans le bouton, persistants, accrescents et étalés à plat et aliformes dans le fruit; pétales absents; étamines nombreuses, aux filets libres; ovaire 3–5-loculaire, les loges en même nombre que les

sépales, style commun à 3–5 branches apicales; ovules multiples par loge. Le fruit est petit à grand, ligneux, contenant peu de graines, le fruit porte les lobes du calice étendus et étalés à plat horizontalement en forme d'aile; graines à albumen peu abondant.

Foetidia est distribué dans la forêt sempervirente humide et sub-humide depuis le niveau de la mer dans la forêt littorale jusqu'à 1 000 m d'altitude dans la RS de Périnet-Analamazaotra, à partir de Fort-Dauphin jusqu'à Vohémar en s'étendant dans la région du Sambirano, ainsi que dans la forêt décidue sèche depuis Morondava jusqu'à Antsiranana. On peut le reconnaître à ses feuilles enroulées dans le bouton, ses grandes fleurs solitaires sans pétales et aux nombreuses étamines, et à ses fruits petits à grands, ligneux, couronnés par les sépales aliformes, fortement accrescents.

Noms vernaculaires: *ambakiloha, hazomanitra, hazonjiabevavy, hazosiay, kilo, litsaky, menambaho, menambahy, menambao, namolaona, namolona, nantohafotra, natofotsy, natohafotra, rangomafitry, taimpapango, telosampana, telovihy, telovony, tsihafotrahafotra, voasiho*

LEEACEAE Dumort.

Petite famille des régions tropicales de l'Ancien Monde représentée par un seul genre *Leea*; très affine avec les Vitaceae mais en diffère par l'absence de vrilles, un port dressé et un gynécée pluriloculaire avec un seul ovule par loge.

Descoings, B. 1967. Leeacées. Fl. Madagasc. 124 bis: 1–13.

Leea D. Royen ex L., Syst. Nat. (ed. 12) 2: 627. 1767.

Genre représenté par env. 34 espèces distribué d'Afrique en Malaisie, représenté à Madagascar par deux spp.: *L. guineensis*, partagée avec l'Afrique, les Comores et les Mascareignes, et *L. spinea*, partagée avec les Comores.

Buissons ou petits arbres hermaphrodites, ramifiés ou souvent non ramifiés, au tronc généralement distinctement lenticellé, portant parfois des épines robustes. Feuilles alternes, groupées en spirales aux extrémités des branches, composées bi ou tri-imparipennées, avec des folioles opposées, crénelées à dentées-serretées, penninerves, la base du pétiole renflée et embrassant la tige, stipules soudées aux marges du pétiole, engainant la tige, caduques. Inflorescences terminales en corymbes opposées à la feuille terminale, fleurs petites, régulières, 5-mères; calice brièvement soudé en tube à 5 lobes triangulaires dentiformes, valvaires dans le bouton, persistants dans le fruit; pétales 5, soudés sur leur moitié basale en un tube, valvaires dans le bouton, quelque peu réfléchis à l'anthèse, à l'apex distinctement cucullé, jaune verdâtre ou rouges; couronne (tube staminal) adné à l'apex du tube corollin, la moitié inférieure formant un tube cylindrique, la partie supérieure avec 5 lobes alternant avec les filets qui sont insérés à l'opposé des pétales sur l'extérieur de la couronne, anthères biloculaires, dorsifixes, initialement introrses, mais finalement extrorses, à déhiscence longitudinale; ovaire supère, 4–6-loculaire, style commun simple, brièvement cylindrique, stigmate capité; ovule 1 par loge. Le fruit est une petite baie quelque peu charnue, indéhiscente, légèrement côtelée, à 4–6 graines; graines à albumen ruminé.

Leea peut être reconnu à ses feuilles composées bi ou tri-imparipennées groupées en spirales à l'apex des branches, portant des folioles opposées, crénelées à dentées-serretées, la base du pétiole renflée et embrassant la tige. *Leea guineensis*, petit buisson non ramifié, variable (avec de nombreuses formes infraspécifiques nommées), est largement distribué sur l'ensemble de la forêt sempervirente humide et sub-humide ainsi que dans la forêt décidue sèche depuis le Tsingy de Bemaraha jusqu'au nord; *L. spinea*, arbre épineux ramifié, est distribué dans la forêt sempervirente humide et sub-humide dans la région du PN de Marojejy, au PN de la Montagne d'Ambre et dans la région du Sambirano dans la RNI de Lokobe sur Nosy Be, ainsi que dans la forêt décidue sèche depuis la région d'Ambongo-Boina jusqu'à Antsiranana y compris sur les substrats calcaires de la RS d'Ankarana.

Noms vernaculaires: *ambohavana, fanamboavanana, mahimboavana, maimbovava, sadrakidraky, sadrakodraky, sandrakadraka, taindrakidrahy, tsivoningy (L. spinea), voalamboavana*

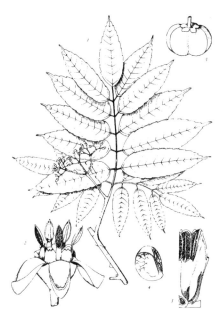

256. *Leea spinea*

LINACEAE Gray

Petite famille cosmopolite représentée par 15 genres et env. 300 espèces.

Perrier de la Bâthie, H. 1952. Linacées. Fl. Madagasc. 101: 1–17.

Van Welzen, P. C. & P. Baas. 1984. A leaf anatomical contribution to the classification of the Linaceae complex. Blumea 29: 453–479.

Hugonia L., Sp. Pl. 2: 675. 1753.

Genre représenté par 32 espèces principalement grimpantes, distribué dans les régions tropicales de l'Ancien Monde d'Afrique en Australie; 4 spp. de plantes grimpantes sont endémiques de Madagascar ainsi qu'1 sp. de petit arbre. *Hugonia* est parfois considéré dans une famille propre, les Hugoniaceae.

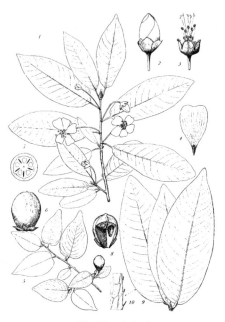

257. *Hugonia longipes*

Lianes hermaphrodites grimpant par des crochets opposés enroulés, situés sur les parties anciennes des branches, en arrière de la portion feuillée de la tige principale, ou rarement de petits arbres dressés sans crochets. Feuilles alternes, simples, finement à grossièrement dentées-serretées à presque entières, penninerves, stipules entières ou pennatiséquées, caduques. Inflorescences axillaires ou terminales, en racèmes ou cymes (lianes) ou fleurs solitaires (arbres), fleurs grandes, régulières, 5-mères, à forte odeur de poivre; sépales 5, imbriqués, persistants dans le fruit; pétales 5, imbriqués et parfois vrillés dans le bouton, quelque peu en onglets à la base, délicats, jaunes, caducs; étamines 10, en 2 séries parfois inégales, filets soudés à la base en formant un tube glanduleux en forme d'urne, anthères biloculaires, introrses, à déhiscence longitudinale; ovaire supère, (3–)5-loculaire, alternant avec 5 loges réduites et stériles, styles 3–5, séparés, filiformes, stigmate capité; ovules 2 par loge fertile. Le fruit est une grande drupe charnue, indéhiscente, globuleuse, la couche externe charnue mince et se ridant au séchage, l'endocarpe à 10 loges (5 fertiles et 5 stériles) ou divisé en 5 pyrènes séparés; graines albuminées.

Dans le genre *Hugonia*, l'espèce d'arbre de Madagascar *H. longipes* est distribuée dans la forêt et le fourré décidus secs et sub-arides depuis les environs de Toliara jusqu'à la région du Sambirano et pourrait inclure plus d'une espèce. On peut le reconnaître à ses grandes fleurs 5-mères aux pétales délicats, caducs, jaunes, aux 10 étamines soudées à la base avec 3–5 styles séparés et filiformes, et à ses grands fruits charnus, globuleux, se ridant en séchant. Les espèces de lianes de *Hugonia*, facilement reconnues à leurs crochets opposés et enroulés, sont distribuées dans la forêt sempervirente humide et sub-humide le long de la côte est et dans la région du Sambirano.

Noms vernaculaires (y compris des espèces de lianes): *boramena, hetiafotsy, manakobonga, matambelo, rehia, roiaviha, sarikifahy, sarivoamay, somotsoy, tainkitsikitsika, taipapango, vahyfotsy, vahytandrobengy*

LOGANIACEAE R. Br. ex Mart.

Petite famille intertropicale représentée par 13 genres et env. 414 espèces. Plusieurs genres traités dans les Loganiaceae par Leeuwenberg (1984) dans la *Flore de Madagascar* sont ici traités ailleurs: *Androya*, *Buddleja* et *Nuxia* (Buddlejaceae); *Mostuea* (Gelsemiaceae); et *Anthocleista* (Gentianaceae).

Leeuwenberg, A. J. M. 1984. Loganiacées. Fl. Madagasc. 167: 1–107.

Strychnos L., Sp. Pl. 1: 189. 1753.

Genre intertropical représenté par env. 200 espèces; 14 spp. sont connues de Madagascar dont 4 spp. sont endémiques.

Buissons, petits arbres ou lianes hermaphrodites, portant rarement des épines (*S. spinosa*), les lianes grimpant grâce à des crochets récurvés. Feuilles opposées, simples, entières, triplinerves, stipules caduques et généralement représentées par une ligne distincte entre les bases des pétioles. Inflorescences axillaires ou terminales, en thyrses, fleurs petites, régulières, 4–5-mères; sépales 4–5, libres à partiellement soudés à la base, imbriqués, persistants dans le fruit; corolle soudée, rotacée à campanulée, à 4–5 lobes valvaires, la corolle plus ou moins dressée à étalée à l'anthèse, blanche; étamines 4–5, insérées à la base de la corolle et filets alors distincts, ou filets presque complètement soudés à la corolle et anthères sessiles au milieu du tube corollin, anthères biloculaires, introrses, à déhiscence longitudinale; ovaire supère, biloculaire, style terminal, stigmate capité; ovule(s) 1–multiples par loge. Le fruit est une petite à grande baie dure, ligneuse, indéhiscente, contenant de 1 à de multiples graine(s), globuleuse à ellipsoïde, verte à jaune ou orange, ou rarement noir-bleu, la pulpe entourant les graines dans les grands fruits est jaune ou orange et comestible; graines albuminées.

Strychnos est distribué sur l'ensemble de l'île dans tous les types de climats depuis le niveau de la mer jusqu'à plus de 2 000 m d'altitude; à l'ouest, il est souvent associé aux zones herbeuses et arborées secondaires et aux habitats riverains. On peut le reconnaître à ses feuilles opposées et triplinerves,

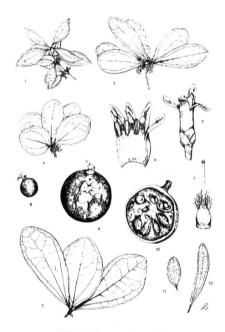

258. *Strychnos madagascariensis*

ses stipules caduques mais généralement représentées par une ligne distincte, ses petites fleurs à la corolle soudée blanche, à l'ovaire supère et à ses fruits ligneux, indéhiscents. Les espèces aux grands fruits (*S. madagascariensis* et *S. spinosa*) sont localement cultivées ou exploitées pour la pulpe comestible qui entoure les graines.

Noms vernaculaires: *ampeny, dagoa, dangoa, hazomby, hazomby vahy, hazy, jobiampototra, matsadahy, relefo, tsivoanino, vory*

LYTHRACEAE J. St. Hil.

Famille de taille moyenne surtout intertropicale, représentée par 31 genres et 585 espèces. *Sonneratia*, qui a parfois été considéré comme représentant une famille distincte, est ici inclus dans une famille étendue des Lythraceae.

Buissons ou petits arbres hermaphrodites ou rarement dioïques (*Capuronia*), parfois des habitats de mangrove et munis de racines aériennes, aux branches latérales rarement modifiées en épines robustes. Feuilles opposées, simples, entières, penninerves, portant parfois des points glanduleux noirs manifestes, stipules très petites, caduques, ou absentes. Inflorescences terminales, solitaires, en cymes ou en panicules pyramidales, ou axillaires, les fleurs solitaires ou rarement appariées, ou portées sur des rameaux courts ressemblant à des cymes condensées, fleurs petites à grandes, régulières ou rarement légèrement irrégulières, 4, 6 ou 8-mères, parfois distyles; réceptacle et calice soudés en formant un tube floral, les lobes du calice valvaires, alternant souvent avec de petits appendices; pétales libres, insérés vers l'apex du tube floral, distinctement à brièvement en onglets, souvent froissés ou plissés dans le bouton, à texture fine, caducs; étamines 6, 8, 12, 18 ou multiples, insérées sur le tube floral, opposées soit au lobes du calice (épisépales) soit aux pétales (épipétales), parfois à différents niveaux, égales ou de différentes longueurs, filets distincts, anthères biloculaires, à déhiscence longitudinale; disque nectaire à la base du tube floral ou tapissant la surface interne du tube; ovaire supère, 2–3 à pluriloculaire, sessile ou stipité, style commun terminal, grêle, stigmate capité à punctiforme ou bilobé; ovules peu à multiples par loge. Le fruit est une petite à grande capsule sèche, déhiscente, complètement ou partiellement enfermée dans le tube floral persistant, ou indéhiscente et bacciforme; graines sans albumen.

Graham, S. A. 1995. Systematics of *Woodfordia* (Lythraceae). Syst. Bot. 20: 482–502.

Graham, S. A., H. Tobe & P. Baas. 1986. *Koehneria*, a new genus of Lythraceae from Madagascar. Ann. Missouri Bot. Gard. 73: 788–809.

Lourteig, A. 1960. Une Lythracée dioïque: *Capuronia madagascariensis* gen. nov, sp. nov. de Madagascar. Compt. Rend. Hebd. Séances Acad. Sci. 251: 1033–1034.

Perrier de la Bâthie, H. 1954a. Lythracées. Fl. Madagasc. 147: 1–26.

Perrier de la Bâthie, H. 1954b. Sonneratiacées. Fl. Madagasc. 148: 1–4.

1. Arbres des habitats de mangrove, à racines aériennes épaisses; étamines nombreuses; ovaire pluriloculaire · *Sonneratia*
1'. Buissons ou arbres mais pas des habitats de mangrove, sans racines aériennes; étamines 6–18; ovaire 2–5-loculaire.
  2. Plantes portant souvent des épines opposées formées à partir des branches latérales modifiées; inflorescence en panicule terminale en forme de pyramide; fleurs petites, 4-mères · *Lawsonia*
  2'. Plantes généralement inermes, ou rarement des branches latérales se terminant en épines; inflorescences axillaires; fleurs généralement grandes, rarement petites, 6-mères.
    3. Tiges distinctement 4-angulaires, légèrement ailées; branches latérales se terminant parfois en épines; plantes dioïques; fleurs petites · · · · · · · · · · · · · · · · *Capuronia*
    3'. Tiges rondes, non ailées; plantes toujours inermes; plantes hermaphrodites; fleurs grandes.
      4. Inflorescences de fleurs solitaires ou rarement appariées, fleurs régulières au tube floral court et droit; feuilles portant ou non des points glanduleux noirs manifestes.
        5. Feuilles portant des points glanduleux noirs manifestes; lobes du calice fortement réfléchis à l'anthèse; ovaire distinctement stipité; capsule à déhiscence septifrage-marginicide · *Koehneria*
        5'. Feuilles sans points glanduleux noirs; lobes du calice non réfléchis à l'anthèse; ovaire subsessile; capsule à déhiscence circumscissile · · · · · *Pemphis*
      4.' Inflorescences ressemblant à des cymes, portant généralement de multiples fleurs légèrement irrégulières portées sur de courts rameaux condensés, le tube floral long et légèrement courbé; feuilles portant des points glanduleux noirs manifestes · *Woodfordia*

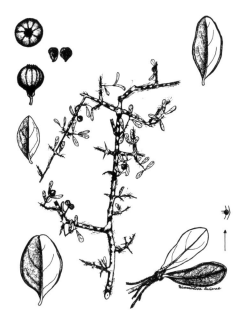

259. *Capuronia madagascariensis*

Capuronia Lourteig, Compt. Rend. Hebd. Séances Acad. Sci. 251: 1033. 1960.

Genre endémique monotypique.

Buissons ou petits arbres atteignant 4(–10) m de haut, dioïques, aux tiges distinctement 4-angulaires et légèrement ailées, aux branches latérales parfois terminées en longues épines. Feuilles opposées-décussées, simples, entières, penninerves, souvent à hydathode porée apicale, stipules nulles. Inflorescences axillaires, en cymes courtes et bifides avec des bractées opposées persistantes sous-tendant les 2 branches, fleurs petites, régulières, 6(–8)-mères; calice soudé en forme de turban ou de cloche, aux lobes dentiformes alternant avec de très petits appendices; pétales très petits, blancs, caducs; étamines 6(–8), insérées vers la base du calice, filets exserts, anthères subsphériques à connectif épais, à déhiscence longitudinale; pistillode très petit; ovaire 2–5-loculaire, sessile, style commun terminal, exsert, avec 2 ou 3 branches stigmatiques ou stigmate bifide; ovule(s) 1 ou 2 par loge. Le fruit est une petite baie charnue, indéhiscente, globuleuse, contenant de 1 à peu de graine(s), la baie complètement enveloppée dans le calice; graines noires, aplaties.

Capuronia madagascariensis est distribué dans la forêt et le fourré décidus secs et sub-arides depuis la région à l'ouest de Fort-Dauphin jusqu'à Antsiranana. On peut le reconnaître à ses tiges 4-angulaires et légèrement ailées, à ses petites fleurs et à sa diécie.

Noms vernaculaires: *kitata, malandy, tambitsy*

Koehneria S. A. Graham, Tobe & Baas, Ann. Missouri Bot. Gard. 73: 805. 1986.

Genre endémique monotypique décrit pour accommoder le préalable *Pemphis madagascariensis.*

Buissons atteignant 2 m de haut, rarement des petits arbres de 4 m de haut, hermaphrodites, à l'écorce grise. Feuilles opposées, simples, entières, penninerves, subsessiles, portant des trichomes sessiles, noirs, glanduleux et ponctués parsemés dans une pubescence blanche. Inflorescences axillaires, les grandes fleurs solitaires ou rarement appariées, régulières, 6-mères; calice et réceptacle soudés en formant un tube floral campanulé à 6 lobes triangulaires alternant avec 6 appendices dentiformes, les lobes réfléchis à l'anthèse; pétales 6, libres, en onglets, pourpre-rose; étamines (16–)18(–20), disposées par paires et opposées à chaque lobe du calice (épisépales) vers le bas du tube floral et solitaires plus haut dans le tube et opposées à chaque pétale (épipétales), filets grêles, anthères dorsifixes, à déhiscence longitudinale; ovaire 2–3-loculaire, stipité, style grêle, longuement exsert, stigmate punctiforme; ovules multiples par loge. Le fruit est une grande capsule sèche, à déhiscence septifrage-marginicide, légèrement exserte au-delà du tube floral persistant.

Koehneria madagascariensis est distribué dans le fourré semi-décidu et décidu et les zones herbeuses anthropiques secs et sub-arides, en survivant et repoussant souvent sur les terrains

260. *Koehneria madagascariensis* (à droite);
Lawsonia inermis (à bas gauche);
Woodfordia fruticosa (à haut gauche)

brûlées. On peut le reconnaître à ses feuilles manifestement ponctuées de glandes et à ses grandes fleurs au calice fortement réfléchi et aux pétales pourpre-rose distinctement en onglets.

Noms vernaculaires: *hazofotsy, kipisopiso, pisopiso*

Lawsonia L., Sp. Pl. 1: 349. 1753.

Genre monotypique distribué d'Afrique à la Nouvelle Guinée et en Australie.

Buissons ou petits arbres hermaphrodites, aux jeunes branches parfois modifiées en longues épines, au tronc quadrangulaire. Feuilles opposées-décussées, simples, entières, subsessiles, penninerves, stipules très petites. Inflorescences terminales, en panicules pyramidales, fleurs petites, régulières, 4-mères; calice soudé en forme de turban avec 4 lobes étalés, persistant dans le fruit; pétales 4, libres, en onglets courts, plissés dans le bouton, blancs à jaunes; étamines généralement 8, rarement 4 ou jusqu'à 12, disposées par paires à la base des lobes du calice (épisépales), filets épais, anthères dorsifixes, à déhiscence longitudinale; ovaire 2–4-loculaire, sessile, style commun épais, stigmate capité; ovules multiples par loge. Le fruit est petit, quelque peu charnu, globuleux, indéhiscent et bacciforme, ou tardivement et irrégulièrement déhiscent et capsulaire.

Lawsonia inermis est largement distribué dans les zones inondables le long des cours d'eau sur

l'ensemble de l'ouest mais rarement à l'est. On peut le reconnaître à ses épines opposées et à ses inflorescences terminales en forme de pyramides portant de petites fleurs 4-mères. Il a probablement été introduit à Madagascar pour les colorants qu'on en extrait et en tant que plante médicinale en étant à présent naturalisé.

Noms vernaculaires: *didika, mina*

Pemphis J. R. Forst. & G. Forst., Char. Gen. Pl.: 67, t. 34. 1776.

Genre monotypique à large distribution d'Afrique de l'Est au Pacifique.

Buissons ou petits arbres hermaphrodites, bien ramifiés. Feuilles opposées-décussées, simples, entières, subsessiles, penninerves, quelque peu succulentes, couvertes d'un indument de soies blanches, mais sans trichomes sessiles, noirs et glanduleux. Inflorescences axillaires, fleurs solitaires ou rarement appariées, petites à grandes, régulières, 6-mères, distyles; calice/réceptacle soudé en formant un tube floral en forme de turban ou de clochette, 12-côtelé, avec 6 lobes triangulaires alternant avec 6 appendices, les lobes non distinctement réfléchis à l'anthèse; pétales 6, libres, en courts onglets, blancs ou roses, caducs; étamines 12, toutes insérées au même niveau sur le tube floral, subégales, ou alternativement longues et courtes, filets grêles, anthères à déhiscence longitudinale; ovaire incomplètement 3-loculaire, finalement uniloculaire dans le fruit, subsessile, style commun court ou allongé, stigmate bilobé; ovules multiples par loge. Le fruit est une petite capsule sèche à déhiscence circumscissile, légèrement exserte au-delà du tube floral persistant.

Pemphis acidula est largement distribué dans la forêt littorale sur l'ensemble des côtes mais plus communément sur la côte ouest. On peut le reconnaître à ses feuilles à indument de soies blanches et sans points glanduleux noirs, ses fleurs petites à grandes aux pétales blancs ou roses et en courts onglets, et à ses fruits capsulaires à déhiscence circumscissile.

Noms vernaculaires: aucune donnée

Sonneratia L. f., Suppl. Pl.: 38. 1782.

Genre représenté par 5–7 espèces d'arbres de mangrove des océans Indien et Pacifique, dont une seule sp. à large distribution (*S. alba* — distribuée d'Afrique de l'Est en Malaisie y compris aux Comores et aux Seychelles) est rencontrée à Madagascar.

Petits arbres hermaphrodites de la végétation de mangrove, munis d'épaisses racines aériennes cylindriques (pneumatophores); entièrement

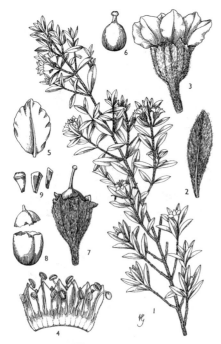

261. *Pemphis acidula*

glabres. Feuilles opposées, simples, entières, coriaces, penninerves mais à la nervation à peine visible, notamment sur les feuilles séchées, stipules nulles. Fleurs terminales, solitaires ou en cymes 3–5-flores, régulières, grandes; calice constitué d'un nombre variable de sépales soudés, 4–8(–10), brièvement cupuliforme, les lobes étroitement triangulaires, valvaires dans le bouton, verts à l'extérieur, pourpre-rouge à l'intérieur, le calice persistant; pétales en même nombre que les sépales et alternant avec eux, libres, linéaires, blancs à rose rougeâtre; étamines nombreuses, deux fois plus longues que les sépales et les pétales, filets libres, longs, dressés, très grêles, anthères versatiles, réniformes, introrses, à déhiscence longitudinale; ovaire soudé à la base du tube du calice, pluriloculaire, style commun deux fois plus long que les étamines, droit, stigmate capité; ovules multiples par loge, sur des placentas axiles. Le fruit est une grande baie coriace, indéhiscente, à multiples graines, la baie enveloppée par le calice persistant, turbinée, plate au sommet et déprimée autour de la base du reste du style.

Sonneratia alba est distribué dans la végétation de mangrove depuis le sud de Toliara vers le nord sur l'ensemble de la côte ouest en redescendant jusqu'à l'île Sainte Marie sur la côte est. On peut le reconnaître à ses épaisses racines aériennes et à ses grandes fleurs nocturnes, très odorantes, à multiples étamines et loges.

Noms vernaculaires: *farafaka, rono, songery, vahona*

Woodfordia Salisb., Parad. Lond. 1: Pl. 42. 1806.

Genre représenté par 2 espèces très affines dont 1 sp. est distribuée en Afrique et l'autre d'Afrique de l'Est en Malaisie.

Buissons ou rarement petits arbres atteignant 5 m de haut, hermaphrodites, bien ramifiés. Feuilles opposées, simples, entières, penninerves, subsessiles, à pubescence courte et dense, de couleur blanche, portant manifestement des

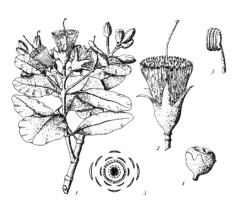

262. *Sonneratia alba*

points glanduleux noirs, stipules très petites, caduques. Inflorescences axillaires, en rameaux courts condensés et 1–17-flores ressemblant à des cymes, fleurs grandes, légèrement irrégulières, 6-mères; calice/réceptacle soudé en long tube, légèrement courbé, à 6 lobes triangulaires alternant avec 6 appendices, orange-rouge; pétales 6, libres, petits, égalant ou légèrement plus longs que les lobes du calice, orange-rouge; étamines 12, insérées sous le milieu du tube floral, filets grêles, longuement exserts, anthères versatiles, à déhiscence longitudinale; ovaire 2-loculaire, style commun grêle, légèrement courbé, stigmate bilobé de façon minuscule; ovules multiples par loge. Le fruit est une petite à grande capsule sèche, irrégulièrement déhiscente, complètement enfermée dans le tube floral persistant.

Woodfordia fruticosa est largement distribué dans les bioclimats sub-humides à secs ou sub-arides depuis le niveau de la mer jusqu'à 800 m d'altitude sur l'ensemble de l'ouest, de Fort-Dauphin à Antsiranana dans les zones ouvertes, rocheuses et dégradées, et pourrait peut être avoir été introduit à Madagascar où il s'est naturalisé. Il est employé dans la pharmacopée locale notamment comme aphrodisiaque. On le reconnaît aisément à ses fleurs voyantes orange-rouge et à ses feuilles portant de manifestes points glanduleux noirs.

Noms vernaculaires: *lambohenza*

MAESACEAE (A. DC.) Anderb., B. Ståhl & Källersjö

Petite famille monotypique préalablement inclus dans les Myrsinaceae. Les données moléculaires récentes suggèrent que *Maesa* occupe une position basale dans les familles de primuloidées avec les Myrsinaceae, Primulaceae, et Theophrastaceae.

Anderberg, A. A., B. Ståhl & M. Källersjö. 2000. Maesaceae, a new primuloid family in the order Ericales s.l. Taxon 49: 183–187.

Perrier de la Bâthie, H. 1953. Myrsinacées. Fl. Madagasc. 161: 1–148.

Maesa Forssk., Fl. Aegypt.-Arab.: 66. 1775.

Genre représenté par 75–100 espèces distribué dans les régions tropicales de l'Ancien Monde; 1 sp. à large distribution est rencontrée à Madagascar, probablement introduite et naturalisée.

Buissons ou petits arbres dioïques, aux branches portant souvent des lenticelles proéminentes. Feuilles alternes, simples, dentées-serretées, penninerves, montrant souvent des lignes résineuses transparentes. Inflorescences axillaires, généralement plus courtes que les feuilles, racémeuses ou paniculées, fleurs petites; calice soudé, adné à l'ovaire, aux lobes indistincts; corolle soudée campanulée, à 5 lobes imbriqués, blanche à jaune-crème; étamines 5, filets libres, insérés à l'ouverture du tube corollin, anthères à déhiscence longitudinale; ovaire semi infère à infère, uniloculaire, court, stigmate discoïde; ovules multiples. Le fruit est une petite baie quelque peu charnue, indéhiscente, contenant de multiples graines, globuleuse, rouge, entourée du calice persistant et couronnée par le style persistant ; graines à albumen lisse.

Maesa lanceolata est largement distribué dans les zones ouvertes dégradées et le long des lisières forestières dans les aires humides et sub-humides au-dessus de 500 m d'altitude, et moins communément dans la forêt semi-décidue sub-

263. *Maesa lanceolata*

humide et sèche à l'ouest. On peut le reconnaître à ses feuilles aux marges serretées-dentées, ses fleurs à ovaire semi infère et à ses petits fruits contenant de multiples graines.

Noms vernaculaires: *asaboratsy, rafy, voarafy*

MALPIGHIACEAE Juss.

Famille intertropicale de taille grande représentée par 68 genres et env. 1 250 espèces; en plus du seul genre d'arbres *Acridocarpus*, les genres de buissons et de lianes *Calyptostylis*, *Digoniopterys*, *Microsteira*, *Philgamia*, *Rhynchophora*, *Sphedamnocarpus* et *Tristellateia* sont également rencontrés à Madagascar.

Arènes, J. 1950. Malpighiacées. Fl. Madagasc. 108: 1–183.

Acridocarpus Guill., Perr. & A. Rich., Fl. Seneg. Tent. 1: 123. 1831.

Genre représenté par 30 espèces distribué en Afrique (23 spp.), à Madagascar (4 spp. dont 3 spp. endémiques et la 4ᵉ partagée avec la Réunion), sur la péninsule Arabe et en Inde (1 sp.), et en Nouvelle Calédonie (1 sp.).

Buissons à arbres de taille moyenne, hermaphrodites. Feuilles opposées, subopposées ou alternes, simples, entières, penninerves, portant souvent une pubescence soyeuse dessous, parfois munies de 2 petites glandes à la base du limbe ou sur le pétiole, ou parfois de taches glanduleuses le long de la nervure principale, stipules nulles. Inflorescences terminales, en racèmes dressés, fleurs grandes,

légèrement irrégulières par les pétales inégaux, 5-mères, sous-tendues par des bractéoles

264. *Acridocarpus*

glanduleuses; sépales 5, libres; pétales 5, libres, inégaux, distinctement en onglets, jaunes, caducs; étamines 10, les filets grêles, partiellement soudés à la base, anthères biloculaires, basifixes, introrses, à déhiscence longitudinale démarrant d'un pore apical; ovaire supère, 3-loculaire dont 1–2 loge(s) fertile(s), styles 2, divergeant depuis la base, finement effilés; ovule 1 par loge. Le fruit est une grande samare sèche, indéhiscente, la mince aile dorsale à nervation évidente; graines sans albumen.

Acridocarpus est largement distribué dans la forêt littorale sempervirente, humide, le long de la côte puis de façon disjointe dans la forêt sempervirente sub-humide aux altitudes moyennes jusqu'à 1 200 m d'altitude, ainsi que sur l'ensemble de la forêt et du fourré décidus secs et sub-arides au sud et à l'ouest. On peut le reconnaître à ses grandes fleurs aux pétales distinctement en onglets et jaunes, et à ses grands fruits ailés. Les tannins contenus dans l'écorce épaisse sont employés en décoction pour soigner diarrhées et dysenterie.

Noms vernaculaires: *kirajy, malambovony, maroravena, maroravina, matahazo, matalhazo, maveravy, mavodravina, mavoravina, mavoravo, menavaratra, menavatry, moramena, motalazy, motalahy, sariheza, suhihi, tsarieza, vivy, voapaka*

MALVACEAE Juss.

Grande famille cosmopolite représentée par env. 271 genres et 4 025 espèces. Au vu des études phylogénétiques récentes utilisant des données morphologiques et moléculaires (Alverson *et al.*, 1998; Bayer *et al.*, 1999; Judd & Manchester, 1997), les Malvaceae sont ici considérés au sens le plus large en incluant les Bombacaceae, Sterculiaceae, et Tiliaceae.

Buissons à grands arbres hermaphrodites, dioïques, ou polygames (avec des fleurs bisexuées et des fleurs mâles), au tronc parfois renflé, ou avec un tronc droit muni de contreforts, à l'écorce interne généralement très fibreuse, portant souvent un indument stellé ou écaillé. Feuilles alternes, simples, ou rarement composées palmées (*Adansonia*), entières ou plus souvent crénelées à serretées-dentées ou lobées, ou profondément découpées, généralement longuement pétiolées, avec un renflement à l'apex du pétiole, souvent cordées à la base, souvent 3–7-palmatinerves à la base et penninerves au-dessus, moins souvent penninerves, portant parfois des points pellucides, parfois des domaties aux aisselles des nervures secondaires, stipules presque toujours présentes, souvent filiformes, généralement caduques, parfois persistantes. Inflorescences axillaires, pseudoterminales, ou opposées aux feuilles, pauci à multiflores, corymbiformes, paniculées, ou en panicules, cymes ou racèmes d'ombelles, ou parfois fleurs solitaires, fleurs petites à souvent grandes, généralement régulières, 5-mères; fleur parfois sous-tendue par un involucre de 3–10 bractées libres ou soudées, parfois plus long que le calice et pétaloïde, souvent persistant; sépales 5, valvaires, libres, ou calice soudé tubulaire à campanulé, 5-parti à presque entier, persistant; pétales 5–9(–10), imbriqués, souvent tordus dans le bouton, généralement voyants et colorés, parfois fins et délicats à nervation évidente ou charnus, libres, ou souvent soudés à une colonne staminale à la base, parfois sur la moitié de leur longueur, caducs ou persistants, ou parfois absents; étamines multiples, filets libres, soudés en groupes, en une structure formant une couronne, ou en une colonne staminale, les étamines souvent longues et exsertes au-delà du calice ou des pétales, les filets généralement distincts et insérés aléatoirement vers l'apex de la colonne, rarement anthères presque sessiles et en verticilles distincts ou dans une tête, la colonne se terminant parfois en une coronule 5-dentée, parfois bien développée, anthères biloculaires ou uniloculaires, à déhiscence longitudinale; pistillode présent ou absent dans les fleurs mâles; gynécée supère à rarement semi-infère, soit un ovaire composé 2–5-loculaire, soit un ovaire composé de 5–7 carpelles séparés, style commun terminal, surpassant généralement la colonne staminale et se terminant en 3–5 branches longues et étalées, les branches rarement courtes et cohérentes ou penchées vers l'intérieur, stigmate capité, ou style commun gynobasique, entier ou divisé à l'apex en lobes stigmatiques distincts; ovule(s) 1–multiples par loge ou carpelle libre; staminodes en forme de ligules parfois présents, alternant avec les étamines ou groupes d'étamines. Le fruit petit à grand est une capsule sèche déhiscente, un groupe de 5–7 follicules déhiscents, une baie ou une drupe 1–4 lobée, indéhiscente, quelque peu charnue à ligneuse, ou une samare; graines parfois ailées, arillées, ou couvertes de poils, albumen généralement présent.

Alverson, W. S., K. G. Karol, D. A. Baum, M. W. Chase, S. M. Swensen, R. McCourt & K. J. Sytsma. 1998. Circumscription of the Malvales and relationships to other Rosidae: Evidence from *rbc*L sequence data. Amer. J. Bot. 85: 876–877.

Arènes, J. 1959. Sterculiacées. Fl. Madagasc. 131: 1–537.

Barnett, L. C. 1987a. Two new species of *Nesogordonia* (Sterculiaceae) from Madagascar. Bull. Mus. Natl. Hist. Nat., sect. B, sér. 4, Adansonia 9: 95–100.

Barnett, L. C. 1987b. An unusual new species of *Helmiopsis* H. Perrier (Sterculiaceae) from Madagascar. Ann. Missouri Bot. Gard. 74: 450–452.

Barnett, L. C. 1988. New combinations in the genus *Helmiopsiella* (Sterculiaceae). Bull. Mus. Natl. Hist. Nat., sect. B, sér. 4, Adansonia 10: 69–76.

Barnett, L. C. & L. J. Dorr. 1986. A new species and variety of *Dombeya* (Sterculiaceae) from Madagascar. Bull. Mus. Natl. Hist. Nat., sect. B, sér. 4, Adansonia 8: 365–371.

Baum, D. A. 1995. A systematic revision of *Adansonia* (Bombacaceae). Ann. Missouri Bot. Gard. 82: 440–470.

Bayer, C., M. F. Fay, A. Y. de Bruijn, V. Savolainen, C. M. Morton, K. Kubitzki, W. S. Alverson & M. W. Chase. 1999. Support for an expanded concept of Malvaceae within a recircumscribed order Malvales: A combined analysis of plastid *atp*B et *rbc*L DNA sequences. Bot. J. Linn. Soc. 129: 267–303.

Capuron, R. 1963. Révision des Tiliacées de Madagascar et des Comores. Adansonia, n.s., 3: 91–129.

Capuron, R. 1964. Révision des Tiliacées de Madagascar et des Comores. *Grewia* (sect. *Axillares*). Adansonia, n.s., 4: 269- 300.

Capuron, R. 1968. Contributions à l'étude de la flore forestière de Madagascar. Un *Thespesia* nouveau de Madagascar (Malvacées). Adansonia, n.s., 8: 5–9.

Capuron, R. & D. J. Mabberley. 1999. Révision des Malvaceae-Grewioideae ("Tiliacées" p.p.) de Madagascar et des Comores III. Les *Grewia* du sous-genre *Vincentia* (Benth.) Capuron. Adansonia sér. 3, 21: 7–23.

Dorr, L. J. 1990. An expansion and revision of the Malagasy genus *Humbertiella* (Malvaceae). Bull. Mus. Natl. Hist. Nat., sect. B, sér. 4, Adansonia 12: 7–27.

Fryxell, P. A. 1979. The Natural History of the Cotton Tribe. Texas A & M University Press, College Station.

Hochreutiner, B. P. G. 1955. Malvacées. Fl. Madagasc. 129: 1–170.

Judd, W. S. & S. R. Manchester. 1997. Circumscription of Malvaceae (Malvales) as determined by a preliminary cladistic analysis of morphological, anatomical, palynological, and chemical characters. Brittonia 49: 384–405.

Kostermans, A. J. G. H. 1960. Miscellaneous botanical notes. Reinwardtia 5: 242–245.

Mabberley, D. J. & R. Capuron. 1999. Révision des Malvaceae-Grewioideae ("Tiliacées" p.p.) de Madagascar et des Comores IV. Les *Grewia* du sous-genre *Burretia* (Hochr.) Capuron. Adansonia sér. 3, 21: 283–300.

Perrier de la Bâthie, H. 1955. Bombacacées. Fl. Madagasc. 130: 1–17.

Clé des Malvaceae *sensu lato*

1. Feuilles composées palmées avec 5–11 folioles; tronc manifestement renflé
· *Adansonia*
1'. Feuilles simples; tronc généralement non manifestement renflé (sauf chez *Hildegardia*).
  2. Feuilles penninerves, parfois discrètement (sub-)palmatinerves à la base.
    3. Pétales absents, seul le calice est présent; fleurs généralement unisexuées;
    étamines soudées en formant un androgynophore portant les anthères sessiles et
    le gynécée à son sommet; staminodes absents; carpelles libres, les fruits sont des
    follicules déhiscents ou indéhiscents.
      4. Feuilles à indument écaillé, dense et cuivré blanchâtre et ponctuées de brun
      dessous; fruit indéhiscent, ligneux, avec une projection en forme de carène;
      arbres de l'habitat littoral ou de mangrove · · · · · · · · · · · · · · · · · · *Heritiera*
      4'. Feuilles sans indument écaillé, dense, cuivré blanchâtre dessous, ni ponctuées
      de brun; fruit déhiscent; arbres non limités à l'habitat littoral ou de mangrove.
        5. Follicules contenant 1–2 graine(s) arillée(s) tenue(s) par un fil · · · · *Sterculia*
        5'. Follicules contenant de multiples graines avec une aile apicale · · · · *Pterygota*
    3'. Pétales présents; fleurs généralement bisexuées; étamines libres ou soudées en
    une colonne staminale avec de courts filets distincts disposés soit tout du long de
    la colonne, soit vers l'apex; carpelles soudés en formant un ovaire composé.
      6. Étamines soudées en formant une colonne staminale courte à longue;
      staminodes absents.
        7. Pétales plus courts que le calice, libres de la colonne staminale; colonne
        staminale très courte; branches du style courbées vers l'intérieur · · · · · · ·
        · *Humbertianthus*
        7'. Pétales plus longs que le calice, soudés à la colonne staminale sur la $^1/_2$ de
        leur longueur; colonne staminale longuement exserte; branches du style
        étalées vers l'extérieur · *Macrostelia*
      6'. Étamines libres ou soudées à la base, rarement soudées en une colonne tubulaire,
      et alors pétales persistants et scarieux dans le fruit; staminodes présents.
        8. Fruit couvert de soies plumeuses; graines à arille basale; marges des pétales
        dilatées et fortement involutées, chaque pétale entourant ainsi une des 5
        étamines, alternant avec 5 staminodes; 5 styles libres à la base · · · · · *Rulingia*
        8'. Fruit non couvert de soies plumeuses; graines sans arille, parfois ailées;
        pétales non dilatés à la base et n'entourant pas d'étamines, ces dernières
        généralement supérieures à 5; styles soudés en un style terminal commun
        portant les branches stigmatiques à l'apex.
          9. Pétales fins, persistants dans le fruit, devenant scarieux; fruit petit,
          déprimé, globuleux; graines petites sans aile distincte · · · · · · · · · · *Dombeya*
          9'. Pétales souvent épais, charnus, caducs; fruit obpyramidal, pentagonal,
          tronqué à l'apex; graines portant une aile basale · · · · · · · · · · *Nesogordonia*
  2'. Feuilles distinctement palmatinerves.
    10. Pétales absents, le calice tubulaire charnu; fruit une samare enflée et
    membraneuse; tronc renflé ressemblant à ceux des baobabs · · · · · · · *Hildegardia*
    10'. Pétales présents, le calice non charnu; fruits non samaroïdes; tronc non renflé.
      11. Fleurs unisexuées, plantes dioïques; carpelles séparés, fruit un groupe de
      petits follicules déhiscents · *Christiana*
      11'. Fleurs bisexuées, rarement unisexuées et alors plantes monoïques; carpelles
      soudés en formant un ovaire composé.
        12. Étamines soudées formant une colonne staminale, les filets courts insérés le
        long de la colonne, anthères uniloculaires; staminodes absents.
          13. Pétales plus courts que le calice ou l'involucre.
            14. Fleurs solitaires; involucre grand, campanulé, à 4 lobes pétaloïdes, roses
            à rouges, cachant complètement le calice et les pétales bien réduits;
            feuilles à dense pubescence blanche · · · · · · · · · · · · · · · · *Megistostegium*

14'. Fleurs disposées sur quelques à de multiples cymes dans des panicules; involucre de 5–7(–10) bractées libres ou partiellement soudées égalant ou légèrement plus long que le calice; feuilles à points pellucides et dents glanduleuses ···························· *Perrierophytum*

13'. Pétales distinctement plus longs que le calice et l'involucre.

15. Stipules grandes, foliacées, persistantes; involucre de 3 bractées ressemblant à des stipules ························ *Jumelleanthus*

15'. Stipules petites, filiformes, généralement caduques; involucre minuscule ou caduc, ou de 5–10 bractées bien développées, libres ou partiellement soudées.

16. Ovaire 4-loculaire; calice étroitement tubulaire, pétaloïde, rouge; apex des feuilles profondément émarginé ············ *Helicteropsis*

16'. Ovaire 5- ou rarement 3-loculaire; calice en forme de coupe, non pétaloïde; apex des feuilles obtus à acuminé.

17. Calice accrescent, membraneux-scarieux, enveloppant une capsule aplatie; fleurs petites; étamines 10–15 ············· *Humbertiella*

17'. Calice non accrescent dans le fruit; fleurs grandes; étamines nombreuses.

18. Fruit charnu, indéhiscent ou partiellement déhiscent; plantes avec une abondante sève jaune; indument présentant souvent des écailles peltées cuivrées ····················· *Thespesia*

18'. Fruit sec déhiscent; plantes sans résine jaune abondante; indument de divers poils ou écailles ················ *Hibiscus*

12'. Étamines libres ou seulement soudées à la base, ou rarement soudées en une colonne tubulaire; anthères biloculaires; staminodes généralement présents, rarement absents (*Grewia*).

19. Pétales plus courts que les sépales, quelque peu épais, portant des glandes nectarifères écailleuses sur la base interne; staminodes absents; fruit indéhiscent ·· *Grewia*

19'. Pétales plus longs que les sépales, finement membraneux, sans glandes à la base; staminodes présents; fruit déhiscent.

20. Pétales persistants dans le fruit, devenant scarieux; graines petites, sans aile distincte ··· *Dombeya*

20'. Pétales caducs; graines grandes, avec une aile apicale.

21. Ovaire (fruit) 3–5-loculaire, avec 3–5 branches stigmatiques; staminodes opposés aux pétales; feuilles surtout entières, généralement couvertes d'un dense indument d'écailles bronze argenté ··· *Helmiopsis*

21'. Ovaire (fruit) 5–10-loculaire, avec 5–10 branches stigmatiques; staminodes opposés aux sépales; feuilles crénelées-serretées à lobées, initialement couvertes d'un indument écailleux, mais devenant rapidement glabres, rarement persistantes ············ *Helmiopsiella*

Clé des Malvaceae *sensu stricto*

1. Feuilles penninerves.

2. Pétales plus courts que le calice, libres de la colonne staminale; colonne staminale très courte; branches du style courbées vers l'intérieur ·········· *Humbertianthus*

2'. Pétales plus longs que le calice, soudés à la colonne staminale sur la $\frac{1}{2}$ de leur longueur; colonne staminale longuement exserte; branches du style étalées vers l'extérieur ······································· *Macrostelia*

1'. Feuilles distinctement palmatinerves à la base, parfois penninerves à l'apex.

3. Pétales plus courts que le calice ou l'involucre.

4. Fleurs solitaires; involucre grand, campanulé, à 4 lobes pétaloïdes, roses à rouges, cachant complètement le calice et les pétales bien réduits; feuilles à pubescence dense de couleur blanche ···························· *Megistostegium*

4'. Fleurs disposées sur quelques à de multiples cymes dans des panicules; involucre de 5–7(–10) bractées libres ou partiellement soudées égalant ou légèrement plus long que le calice; feuilles à points pellucides et dents glanduleuses · · · · · *Perrierophytum*

3'. Pétales distinctement plus longs que le calice et l'involucre.

   5. Stipules grandes, foliacées, persistantes; involucre de 3 bractées ressemblant à des stipules · *Jumelleanthus*

   5'. Stipules petites, filiformes, généralement caduques; involucre minuscule ou caduc, ou de 5–10 bractées bien développées, libres ou partiellement soudées.

      6. Ovaire 4-loculaire; calice étroitement tubulaire, pétaloïde, rouge; apex des feuilles profondément émarginé · *Helicteropsis*

      6'. Ovaire 5- ou rarement 3-loculaire; calice en forme de coupe, non pétaloïde; apex des feuilles obtus à acuminé.

         7. Calice accrescent, membraneux-scarieux, enveloppant une capsule aplatie; fleurs petites; étamines 10–15 · *Humbertiella*

         7'. Calice non accrescent dans le fruit; fleurs grandes; étamines nombreuses.

            8. Fruit charnu, indéhiscent ou partiellement déhiscent; plantes avec une abondante sève jaune; indument présentant souvent des écailles peltées cuivrées · *Thespesia*

            8'. Fruit sec déhiscent; plantes sans résine jaune abondante; indument de divers poils ou écailles · *Hibiscus*

Clé des genres traités dans la famille des Sterculiaceae dans la *Flore de Madagascar*

1. Pétales présents; fleurs presque toujours bisexuées; étamines aux filets distincts soudés à la base en groupes ou à un anneau ressemblant à une couronne, alternant avec des staminodes ressemblant à des ligules; carpelles soudés en un ovaire composé; fruit capsulaire.

   2. Fruit globuleux, couvert de soies plumeuses; graines à arille basale; marges des pétales dilatées et fortement involutées, chaque pétale entourant une des 5 étamines, alternant avec 5 staminodes; 5 styles libres à la base · · · · · · · · · *Rulingia*

   2'. Fruit non globuleux, ni couvert de soies plumeuses; graines sans arille, parfois ailées; pétales non dilatés à la base et n'entourant pas d'étamines, ces dernières généralement supérieures à 5; styles soudés en un style terminal commun, aux branches stigmatiques à l'apex.

      3. Pétales persistants dans le fruit, devenant scarieux; graines petites, sans aile distincte · *Dombeya*

      3'. Pétales caducs; graines grandes, avec une aile apicale ou basale.

         4. Fruit obpyramidal, pentagonale, tronqué à l'apex; graines avec une aile basale · *Nesogordonia*

         4'. Fruit non obpyramidal mais cylindrique ou ovoïde; graines avec une aile apicale.

            5. Ovaire (fruit) 3–5-loculaire, avec 3–5 branches stigmatiques; staminodes opposés aux pétales; feuilles surtout entières, généralement couvertes d'un indument dense d'écailles bronze argenté · · · · · · · · · · · · · · · · *Helmiopsis*

            5'. Ovaire (fruit) 5–10-loculaire, avec 5–10 branches stigmatiques; staminodes opposés aux sépales; feuilles crénelées-serretées à lobées, initialement couvertes d'un indument écailleux, mais devenant rapidement glabres, rarement persistantes · *Helmiopsiella*

1'. Pétales absents, seul le calice présent; fleurs généralement unisexuées; étamines soudées en formant un androgynophore portant les anthères sessiles et le gynécée à son sommet; staminodes absents; carpelles libres, le fruit déhiscent ou indéhiscent, des follicules ou des samares enflées indéhiscentes.

   6. Fruit déhiscent; arbres au tronc jamais renflé en ressemblant à des baobabs, non rencontrés dans l'habitat littoral ou de mangrove.

      7. Follicules contenant 1–2 graine(s) arillée(s) tenue(s) par un fil · · · · · · · *Sterculia*

      7'. Follicules contenant de multiples graines avec une aile apicale · · · · · · · · *Pterygota*

6'. Fruit indéhiscent, soit une samare enflée, soit ligneux; arbres au tronc renflé et ressemblant aux baobabs, ou de l'habitat littoral ou de mangrove.

    8. Fruit une samare enflée membraneuse; tronc renflé ressemblant à ceux des baobabs; feuilles cordées à arrondies, sans indument dense et écaillé · · *Hildegardia*

    8'. Fruit un follicule ligneux indéhiscent avec une projection dorsale aliforme; arbres de l'habitat littoral ou de mangrove; feuilles ovales à indument dense et écaillé · *Heritiera*

Clé des genres traditionnellement placés dans les Tiliaceae

1. Fleurs unisexuées; calice soudé campanulé, les lobes portant des taches glanduleuses à la base ou le tube du calice portant une glande nectaire annulaire à la base; pétales sans écaille ou tache glanduleuse à la base; filets soudés en un tube staminal à la base; carpelles libres dans le fruit · *Christiana*

1'. Fleurs bisexuées; sépales libres, sans glandes à la base; pétales portant généralement une écaille glanduleuse à la base; filets libres; carpelles soudés dans le fruit · · · *Grewia*

Adansonia L., Syst. Nat. ed. 10, 2: 1144. 1759.

Genre représenté par 8 espèces: 1 sp. en Afrique (*A. digitata* cultivé à Madagascar), 6 spp. endémiques de Madagascar et 1 sp. en Australie (*A. gibbosa*).

Petits à grands arbres hermaphrodites, décidus, au tronc renflé massif s'effilant du bas vers le haut ou en forme de bouteille, la couronne souvent compacte et à sommet plat, l'écorce lisse ou foliacée, brun-rougeâtre à grise, présentant souvent une couche photosynthétique verdâtre juste sous la surface. Feuilles alternes, composées palmées avec 5–11 folioles entières ou dentées, penninerves, stipules petites, caduques. Fleurs axillaires, solitaires, régulières, grandes, 5-mères; calice soudé enfermant la fleur dans le bouton, à 5 lobes réfléchis et vrillés à l'anthèse; pétales 5, libres, insérés à la base du tube staminal, blancs, jaunes ou rouges; étamines nombreuses, soudées en un tube cylindrique sur une partie de leur longueur, les filets libres au-dessus, anthères uniloculaires, à déhiscence longitudinale; ovaire supère, 2–5-loculaire, style commun terminal, filiforme, stigmate terminal, 5-lobé; ovules nombreux. Le fruit est une grande baie sèche, indéhiscente, à multiples graines, la baie sphérique à ovale, à surface pubescente, les graines enfouies dans une pulpe spongieuse blanche; graines sans albumen.

Adansonia est distribué sur l'ensemble de la forêt et du fourré décidus secs et sub-arides depuis le PN d'Andohahela jusqu'à Antsiranana ainsi que dans la forêt semi-sempervirente sub-humide de la région du Sambirano et dans le PN de la Montagne d'Ambre. On peut aisément le reconnaître à son tronc renflé et à ses feuilles alternes, composées palmées.

Noms vernaculaires: *boringy, bozy, bozybe, fony, renala, reniala, ringy, za, zabe*

Christiana DC., Prodr. 1: 516. 1824.

Genre représenté par 2 espèces: 1 sp. d'Amérique du Sud et 1 sp. d'Afrique et de Madagascar.

Arbres dioïques de petite à moyenne tailles, à pubescence stellée. Feuilles alternes, simples, entières, 5–7-palmatinerves à la base, penninerves au-dessus, subcoriaces, stipules filiformes, caduques. Inflorescences axillaires ou pseudoterminales, en cymes multiflores corymbiformes ou paniculées, fleurs petites; calice soudé campanulé, se fendant

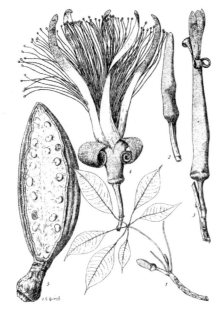

265. *Adansonia za*

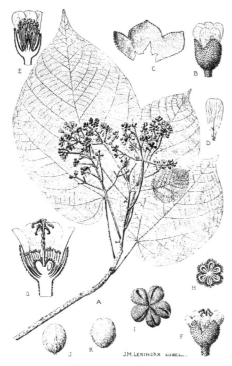

266. *Christiana africana*

irrégulièrement en 2–5 lobes, la base du tube du calice à 5(–6) taches glanduleuses ou un disque annulaire; pétales (5–)6–9(–10), libres, blanchâtres, érubescents au séchage; étamines nombreuses, filets soudés en un tube à la base, anthères aux loges opposées les unes aux autres, latrorses, à déhiscence longitudinale; pistillode présent ou non; gynécée composé de 5–7 carpelles séparés uniloculaires, styles 5–7, soudés sur leur quasi longueur en un style commun, divisé à l'apex, stigmate recourbé; ovule 1 par loge; staminodes ressemblant à des étamines réduites. Le fruit est un groupe de 5–7 petits follicules séparés, secs, déhiscents, 2-valves, à la surface interne brillante; graines à albumen charnu.

Christiana africana est distribué dans la forêt semi-décidue sub-humide et sèche depuis le Tsingy de Bemaraha jusqu'à la RS d'Ankarana, ainsi qu'au nord-est (vallée de l'Androranga). On peut le reconnaître à ses grandes feuilles entières 5–7-palmatinerves à la base et à pubescence stellée, sa diécie, ses inflorescences multiflores et à ses fruits composés de petits follicules séparés, déhiscents et à la surface interne très brillante.

Noms vernaculaires: *boroboka, hafina, mahinaty, maintybe, sarimbaro, sarimokara, sarobaro, valoambaka*

Dombeya Cav., Diss. 2, app. 1. 1786. nom. cons.

Genre représenté par env. 250 espèces distribué en Afrique, à Madagascar (env. 180 spp., toutes endémiques à l'exception d'une dizaine) et aux Mascareignes.

Buissons à grands arbres hermaphrodites ou rarement monoïques (parfois polygames avec des fleurs bisexuées et des fleurs soit mâles, soit femelles) à indument stellé ou écaillé. Feuilles entières ou plus souvent irrégulièrement crénelées-dentées à lobées, longuement pétiolées, palmatinerves ou penninerves, souvent couvertes d'une pubescence stellée, stipules souvent grandes. Inflorescences axillaires en cymes corymbiformes, ombelliformes ou paniculées, parfois longuement pendantes, rarement fleurs solitaires ou appariées, fleurs petites à grandes, régulières, souvent sous-tendues par des bractées qui sont parfois fortement laciniées découpées-lobées; sépales 5, soudés à la base, valvaires, étroitement triangulaires, souvent réfléchis à l'anthèse; pétales 5, libres, imbriqué-tordus, finement membraneux à nervation évidente, blancs ou souvent roses à rouges, persistants et scarieux dans le fruit; étamines 5–45 soudées en un androcée tubulaire ou en formant une couronne, solitaires ou en groupes, toutes en une seule série avec 5 staminodes opposé aux sépales, filets distincts aux longueurs variables; ovaire 2–5-loculaire, parfois semi-infère, styles 2–5, généralement soudés en une seule colonne,

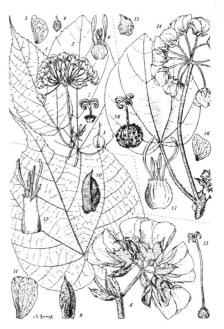

267. *Dombeya*

stigmate à 2–5 branches apicales, rarement libres à la base; ovules 2–16 par loge. Le fruit est une petite à grande capsule sèche, déhiscente, à multiples graines; graines très petites, discrètement ailées.

Dombeya est distribué sur l'ensemble de l'île, souvent dans les zones ouvertes dégradées ou la forêt secondaire, ou dans des trouées au sein de la forêt primaire. On peut le reconnaître à son indument stellé ou écaillé et à ses fruits aux pétales persistants et scarieux.

Noms vernaculaires: *afitra, afitrobala, afobato, afoma, alampona, ambaniakondro, ambiatibe, ampelambatotse, berehoka, berehoky, coria, dingadingana, fafaro, hafibabolahy, hafimpotsy, hafobalo, hafobalofotsy, hafobalomena, hafobaro, hafobolo, hafodahy, hafodrano, hafodranofotsy, hafodranomena, hafojazo, hafokalalao, hafomanga, hafomena, hafopotsy, hafopotsy mena, hafotra, hafotra ambaniankondro, hafotra amboaravoara, hafotra bonetaka, hafotra diavorona, hafotra endrina, hafotra famonofoza, hafotra makolodina, hafotra merika, hafotra somangana, hafotradiavorona, hafotrafotsy, hafotrakarako, hafotrala, hafotraladia, hafotralady, hafotramana, hafotrambarahazo, hafotramena, hafotramerika, hafotrapotsy, hafotraravimboara, hafotravalo, hafotravaloa, hafotsokina, hafotsy, halapo, hazofotindambo, hirikirika, jamiaboky, kalampona, kambahy, karakarana, kazofotsy, koraka, koria, koroba, lady, latabarika, ma, macoloda, mafimafy, magna, mainaty, makarana, makaranga, makolody, mampoza, mana, manafotsy, manala, manamena, mananjara, mandoavato, mandoha, mandohavato, manjatsy, mankarang, mankilody, manongo, maranitratoraka, meneriky, meriky, mioridravo, mokarana, mokomazy, mokoroho, molanga, mongy, mongyhafotra, ombilahy-ala, raisako, ravintay, salangala, sarisandroy, satro, savalengo, savokazo, seliala, selimalitalita, selinala, selinaomby, selivato, sely, sely ara, selyfamonty, serivala, seta, somanga, somangana, somoro, taikafotse, takopetiky, taratana, tavia, trohy, tsomangamena, vala, vala mena, valafotsy, valamainty, valanirandrano, valimpony, valo, valoambaka, valoamboka, valohabaka, valosely, valotra, valotsy, varo, vohambaka, vohambaritry, vonoa*

Grewia L., Sp. Pl. 2: 964. 1753.

Genre représenté par env. 150 espèces distribué dans les régions tropicales de l'Ancien Monde; env. 86 spp. sont rencontrées à Madagascar.

Buissons à arbres de taille moyenne, hermaphrodites. Feuilles alternes, simples, serrées, ou rarement subentières, fortement 3-palmatinerves à la base, penninerves au-dessus, stipules latérales. Inflorescences axillaires, terminales, ou parfois opposées aux feuilles, en courtes panicules ou ombelles, fleurs petites à grandes, régulières, 5-mères; sépales 5, libres, valvaires, souvent réfléchis à l'anthèse, souvent

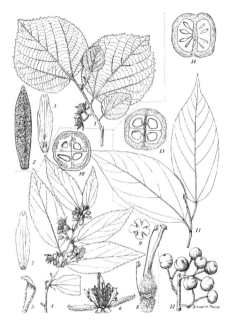

268. *Grewia*

colorés à l'intérieur comme les pétales; pétales 5, libres, plus courts que les sépales, avec des glandes nectarifères sur la base interne; étamines multiples, filets libres, grêles, anthères à déhiscence longitudinale; ovaire 2–4-loculaire, style commun terminal, plus long que l'ovaire, stigmate légèrement lobé; ovules 2 à multiples par loge. Le fruit est une petite à grande drupe quelque peu charnue à fibreuse-ligneuse, indéhiscente, 1–4 lobée, avec 1–4 pyrène(s), à l'endocarpe dur et ligneux; graines albuminées.

Grewia est largement distribué dans la forêt sempervirente humide et sub-humide ainsi que dans la forêt décidue sèche et sub-aride. On peut le reconnaître à ses feuilles 3-palmatinerves à la base, ses fleurs voyantes avec de multiples étamines et à ses fruits 1–4-lobés, légèrement charnus à fibreux-ligneux et indéhiscents.

Noms vernaculaires: *afopotsy, bagnaky, berehoka, faralaotra, hafodambo, hafohantsotry, hafokalalao, hafomena, hafopotsy, hafotra, hafotrabelelo, hafotrakora, hafotramalana, hafotranibaniala, hafotrantsiotry, marady, saravindratovy, seliala, selibe, selimbohitsy, selinaomby, selivato, selynala, tabariky, taikafotse, taolakofotra, taolankafotse, tolakafotra, voararano*

Helicteropsis Hochr., Candollea 2: 125. 1925.

Genre monotypique endémique.

Buissons hermaphrodites atteignant 4 m de haut. Feuilles crénelées, 7-palmatinerves à la

269. *Helicteropsis* (gauche), *Jumelleanthus* (droite).

base cordée, plus larges que longues, profondément émarginées à l'apex, glabres, munies de domaties aux aisselles des nervures secondaires, stipules caduques. Inflorescences axillaires en cymes paniculées à l'apex des branches, fleurs petites; involucre minuscule; calice étroitement tubulaire avec 5 petits lobes triangulaires, rouge et pétaloïde, persistant; pétales 5, lancéolés, longuement acuminés, surpassant à peine le calice, soudés à la base à la colonne staminale; colonne staminale longuement exserte, 4 fois plus longue que le calice; étamines env. 20, le long du $\frac{1}{4}$ supérieur de la colonne staminale, filets distincts; ovaire 4-loculaire, style légèrement plus long que la colonne staminale, avec 4 branches; ovules 3 superposés par loge. Le fruit est une petite capsule sèche, déhiscente, étroitement ovale.

Helicteropsis microsiphon a une distribution limitée à la forêt décidue sèche sur sols calcaires dans la région d'Antsiranana. On le reconnaît aisément à ses feuilles qui sont plus larges que longues et profondément émarginées à l'apex, et à ses fleurs au calice tubulaire rouge.

Noms vernaculaires: aucune donnée

Helmiopsiella Arènes, Bull. Mus. Natl. Hist. Nat., sér. 2, 28: 150. 1956.

Dendroleandria Arènes, Mém. Inst. Sci. Madagacar, sér. B, Biol. Vég. 7: 66. 1956.

Genre endémique représenté par 4 espèces.

Buissons à grands arbres hermaphrodites, portant initialement un indument dense de poils et d'écailles stellés mais le perdant rapidement en devenant glabres, ou rarement couverts d'une pubescence dense, laineuse et persistante (*H. ctenostegia*). Feuilles discrètement à distinctement crénelées à superficiellement lobées, rarement serretées (*H. ctenostegia*), largement lancéolées à ovales avec l'apex longuement atténué, 5-palmatinerves à la base puis penninerves au-dessus. Inflorescences terminales ou axillaires en cymes 1–3-flores ou rarement multiflores (*H. ctenostegia*) ou fleurs solitaires, fleurs grandes ou rarement petites (*H. ctenostegia*), régulières; involucre de bractées caduques; sépales 5, valvaires, soudés à la base, les lobes ovales, caducs; pétales 5, jaunes, imbriqués-tordus, minces et délicats, membraneux avec une nervation évidente, caducs; étamines (20–)25–60, en 5 groupes opposés aux pétales et alternant avec 5 staminodes ligulés opposés aux sépales, tous soudés à la base en une structure formant une couronne et entourant l'ovaire, filets distincts, anthères linéaires, apiculées; ovaire 5–10-loculaire, style unique terminal avec 5–10 branches stigmatiques à l'apex; ovules 2–3 par loge. Le fruit est une grande capsule ligneuse, déhiscente, conique, côtelée, couverte d'un indument mince et blanchâtre; graines avec une aile apicale aussi longue ou plus longue que la graine.

Helmiopsiella est distribué dans la forêt et le fourré décidus secs et sub-arides, souvent sur sols

270. *Helmiopsiella madagascariensis*

calcaires, depuis le sud-ouest (*H. madagascariensis*), sur le Tsingy de Bemaraha (*H. leandrii*), jusqu'à la Montagne des Français (*H. poissonii*). On peut le reconnaître à ses feuilles portant initialement un indument dense de poils et d'écailles stellés mais devenant rapidement glabres, ses fleurs généralement grandes avec des staminodes ligulés opposés aux sépales et un ovaire 5–10-loculaire, et à ses graines portant une aile apicale aussi longue ou plus longue que la graine.

Noms vernaculaires: *belelo, halampo, kivozy, latabarika, selivato, sely, varo, yala*

Helmiopsis H. Perrier, Bull. Soc. Bot. France 91: 230. 1944.

Genre endémique représenté par 8 espèces.

Buissons ou petits arbres hermaphrodites portant un indument dense, bronze argenté, d'écailles. Feuilles entières à discrètement crénelées, 3–7-palmatinerves à la base et penninerves au-dessus, à indument dense d'écailles bronze, plus particulièrement dessous. Inflorescences axillaires en cymes ombelliformes, parfois fleurs solitaires, fleurs grandes, régulières; involucre de bractées caduques; sépales 5, valvaires, soudés à la base, les lobes longs et étroitement triangulaires, réfléchis à l'anthèse, couverts d'un indument dense d'écailles, caducs; pétales 5, imbriqués-tordus, minces et délicats, membraneux avec une nervation évidente, caducs; étamines 10–30 en 5 groupes opposés aux sépales alternant avec 5 staminodes ligulés opposés aux pétales, tous

soudés à la base en une structure en formant une couronne entourant l'ovaire, filets distincts; ovaire 3–5-loculaire, style unique terminal avec 3–5 branches stigmatiques à l'apex; ovules 2–6 par loge. Le fruit est une grande capsule sèche, déhiscente, contenant de multiples graines, la capsule cylindrique à ovoïde, couverte d'un indument dense d'écailles; graines portant une aile apicale 3–6 fois plus longue que la graine.

Helmiopsis est distribué dans la forêt et le fourré semi-sempervirents à décidus, sub-humides à secs ou sub-arides, principalement à l'ouest et à l'extrême nord. On peut le reconnaître à ses feuilles d'abord entières portant un indument dense, bronze argenté, d'écailles, à ses grandes fleurs aux staminodes opposés aux pétales et à l'ovaire 3–5-loculaire, et à ses graines portant une aile apicale de 3–6 fois la longueur de la graine.

Noms vernaculaires: *andriambolafoty, hafomena, hily, mainaty, menahy, miriky, selivato*

Heritiera Aiton, Hort. Kew, ed. 1, 3: 546. 1789.

Genre représenté par 7 espèces distribué de l'Afrique de l'Est en Océanie; 1 sp. à large distribution (d'Afrique de l'Est à l'Asie du Sud-Est) est rencontrée à Madagascar.

Arbres de petite à moyenne tailles, polygames, avec des fleurs bisexuées et des fleurs mâles. Feuilles entières, coriaces, brunâtres, vernissées et glabres dessus, au dessous cuivré blanchâtre par des écailles denses et une ponctuation brunâtre, penninerves à discrètement 3–5-(sub) palmatinerves. Inflorescences axillaires (mais apparaissant souvent terminales) en panicules lâches, fleurs petites, régulières; calice soudé campanulé avec 5 lobes dentiformes et triangulaires; pétales absents; étamines soudées en un androphore formant une colonne, les 4–5 anthères sessiles en un seul verticille sous le sommet cranté de l'androphore; ovaire 4–5-loculaire, distinctement 4–5-côtelé, style court, stigmate à 4–5 branches; ovule 1 par loge. Le fruit est un grand follicule ligneux, indéhiscent, à une graine, surmonté au dos d'une large projection aliforme servant de carène au fruit flottant.

Heritiera littoralis, à large distribution du fait de la dispersion par les océans de ses fruits flottants, est rencontré dans la forêt littorale et les habitats de mangrove de la presque totalité du littoral. On peut le reconnaître à ses feuilles portant un indument dense écaillé de couleur blanche dessous, ses petites fleurs sans pétales et à ses grands fruits ligneux et ailés.

Noms vernaculaires: *honkovavy, mavoravy, moromony, ralima, rogno, vahona, varomby*

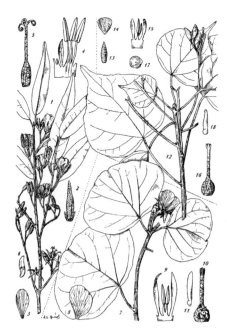

271. *Helmiopsis*

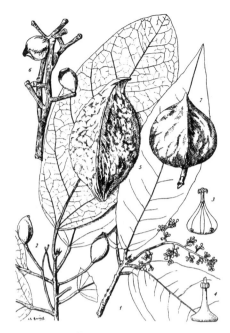

272. *Heritiera littoralis*

Hibiscus L., Sp. Pl.: 693. 1753.

Genre représenté par plus de 200 espèces distribué sur l'ensemble des régions tropicales et tempérées chaudes. Env. 44 spp. sont rencontrées à Madagascar parmi lesquelles 12 deviennent des arbres de belle taille.

Buissons à grands arbres hermaphrodites. Feuilles dentées-serretées ou moins souvent subentières, parfois lobées ou profondément découpées, palmatinerves, stipules caduques ou persistantes. Fleurs généralement solitaires, axillaires, parfois groupées à l'apex des branches, grandes; involucre de 8–10 bractées libres ou partiellement soudées, généralement bien développé; calice soudé plus long que l'involucre, 5-lobé, persistant; pétales grands, voyants, soudés à la base à la colonne staminale; colonne staminale longue, terminée par 5 dents minuscules, étamines nombreuses, étalées au-dessus de la portion apicale de la colonne, filets distincts; ovaire 5-loculaire, styles 5; ovules multiples par loge, rarement 1 seul ovule. Le fruit est une grande capsule sèche, déhiscente, à multiple graines; graines souvent couvertes de poils.

Hibiscus est distribué le long de la côte dans la forêt littorale (*H. tiliaceus*), dans la forêt sempervirente sub-humide aux altitudes moyennes et dans la forêt décidue sèche de l'ouest. Il est caractérisé par ses fleurs au calice persistant plus grand que l'involucre, aux grands pétales voyants et par ses capsules déhiscentes contenant de multiples graines par loge. Les espèces d'arbres du genre *Kosteletzkya* à Madagascar (*K. diplocrater,*

K. retrobracteata, K. thouarsiana) ressemblent aux espèces du genre *Hibiscus* plus qu'elles ne le font dans les espèces herbacées de *Kosteletzkya*, et sont ici traitées comme appartenant à *Hibiscus*. Elles sont distribuées dans la forêt décidue aride et sub-aride.

Noms vernaculaires: *alampona, atesana, aviavy, baro, fanjete, hafotra, hafotralampona, halampona, mainaty, mangorondefona, somoro, varo*

Hildegardia Schott. & Endl., Melet. Bot.: 33. 1832.

Genre représenté par env. 8 espèces distribué à Cuba, en Afrique, à Madagascar (3 spp. endémiques), en Chine et en Asie du Sud-Est.

Petits à grands arbres polygames, décidus, portant des fleurs bisexuées et unisexuées (mâles) et à pubescence stellée, au tronc souvent renflé et à branches épaisses. Feuilles entières à occasionnellement 3-lobées, cordées ou arrondies, fortement 7–9-palmatinerves depuis la base, longuement pétiolées mais de façon variable, aux marges parfois fortement révolutées. Inflorescences subterminales en racèmes de pseudo-ombelles portées par des branches épaisses sans feuilles, fleurs grandes, régulières; calice soudé tubulaire avec 5 lobes peu profonds et triangulaires, le calice charnu, rouge sombre à jaune-orange, persistant dans le fruit; pétales absents; étamines soudées, portées au sommet d'un androgynophore grêle, discrètement à longuement cylindrique, exsert, anthères 10–20,

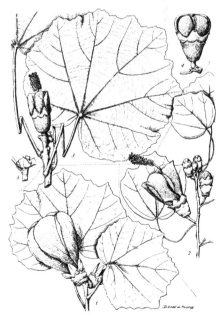

273. *Hibiscus*

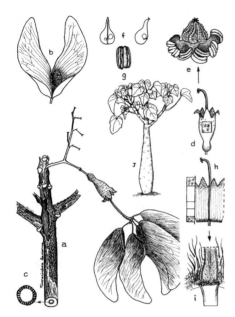

274. *Hildegardia erythrosiphon*

sessiles dans une masse entourant les carpelles ou le pistillode; carpelles 5, initialement coalescents puis libres, les styles restant coalescents et formant à l'apex une colonne centrale avec les branches stigmatiques courbées; ovule 1 par carpelle. Le fruit est un groupe de grandes samares stipitées, sèches, indéhiscentes, un peu gonflées, à 1 graine, les samares membraneuses avec une nervation évidente, à l'apex étroitement ailé, la graine basale à subbasale.

Hildegardia erythrosiphon est largement distribué sur l'ensemble de la forêt et du fourré décidus secs et sub-arides depuis Fort-Dauphin jusqu'à Antsiranana; *H. ankaranensis*, au calice plus petit, est limité aux substrats calcaires dans la forêt décidue sèche de l'extrême nord; *H. perrieri* est rencontré dans la forêt sempervirente humide et sub-humide aux altitudes moyennes entre 400 et 1 000 m depuis la RS de Périnet-Analamazaotra jusqu'au PN de Marojejy, où il est manifeste en étant décidu. On peut le reconnaître à son tronc renflé et ses branches épaisses, ses feuilles longuement pétiolées à nervation fortement 7–9-palmatinerves, ses grandes fleurs au calice charnu, coloré et tubulaire, sans pétales, et à ses fruits consistant en un groupe de grandes samares un peu gonflées.

Noms vernaculaires: *aboringa, afobonona, boaloaka, boaloaky, boramena, tamotamokazo, vinoa, vonoa, vonoana*

Humbertianthus Hochr., Bull. Mus. Natl. Hist. Nat., sér. 2, 20: 474–476. 1948.

Genre monotypique endémique.

Petits arbres hermaphrodites. Feuilles entières, penninerves, stipules caduques. Fleurs solitaires, axillaires, petites à grandes, au pédicelle légèrement plus long que le pétiole; involucre de 5–6 bractées largement ovales et soudées à la base, plus long que le calice; calice soudé en formant une coupe, 5-lobé, à peine épais; pétales bien plus petits que le calice, à peine épais, non soudés à la base à la colonne staminale; colonne staminale très courte, bien plus courte que les pétales, étamines multiples, insérées tout du long de la colonne, filets distincts; ovaire 5-loculaire, style surpassant la colonne staminale, les 5 branches pliées vers l'intérieur les unes vers les autres; ovules 3 par loge. Fruit inconnu.

Humbertianthus cardiostegius est distribué dans la forêt sempervirente humide; il n'est connu que de la RNI de Betampona. On le distingue à ses pétales libres très réduits et libres de la très courte colonne staminale.

Noms vernaculaires: *hafotra fotsy, ombavy, tanatanampotsy, tanatanapotsy, voalava, voalelitrova*

Humbertiella Hochr., Candollea 3: 3, tab. 1. 1926.

Neohumbertiella Hochr., Candollea 8: 27, tab. 1. 1940.

Genre endémique représenté par 6 espèces.

Buissons ou petits arbres atteignant 8 m de haut, hermaphrodites. Feuilles portées sur les rameaux

275. *Humbertiella* (1–9); *Humbertianthus cardiostegius* (10–12)

courts ou groupées à l'apex des branches, entières, 3-palmatinerves à la base puis penninerves vers l'apex, portant généralement une pubescence dense et stellée, stipules caduques. Inflorescences axillaires, en corymbes 2–multiflores, ou fleurs solitaires, fleurs petites à grandes; involucre de 5–10 bractées, libres, minuscules, ou grandes et soudées à la base (*H. foliosa*); calice divisé sur un tiers ou jusqu'à la moitié de sa longueur, accrescent dans le fruit; pétales minces et membraneux, à peine plus longs à bien plus longs que le calice; colonne staminale incluse dans la corolle ou exserte, à l'apex portant 5 lobes discrets ou bien développés, étamines 10–15 sur 2–3 verticilles distincts, ou irrégulièrement amassées, filets distincts ou anthères sessiles; ovaire 3 (*H. quararibeoides*) ou 5-loculaire, styles 3 ou 5, libres ou soudés à la base; ovule 1 par loge. Le fruit est une petite capsule sèche, tardivement déhiscente, aplatie, sous-tendue par le calice manifeste, accrescent, quelque peu aliforme et étalé, ou le calice dressé et dissimulant le fruit (*H. foliosa*).

Humbertiella est surtout distribué dans la forêt et le fourré décidus secs et sub-arides mais est aussi rencontré dans la forêt sub-humide et sèche sur quartzite du massif de l'Itremo (*H. foliosa*) et sur grès dans la région de l'Isalo (*H. tormeyi*). On le reconnaît à ses capsules aplaties, tardivement déhiscentes et sous-tendues par le calice accrescent.

Noms vernaculaires: *belelo, fandravolafotsy, seta*

Jumelleanthus Hochr., Candollea 2: 79. 1924.

Genre monotypique endémique.

Buissons atteignant 5 m de haut, hermaphrodites. Feuilles entières à la base à spinescentes-lobées dans la moitié supérieure, 5-palmatinerves à la base, longuement caudées à l'apex, presque glabres, les stipules grandes, foliacées, ovales avec la base cordée, dentées-sinuées, persistantes. Fleurs axillaires, solitaires, grandes; involucre de 3 grandes bractées ressemblant à des stipules; calice en forme de coupe, bien plus petit que l'involucre, profondément 5-lobé, ne contenant pas de nectaire; pétales bien plus longs que l'involucre, soudés à la base à la colonne staminale, avec un lobe basal poilu projeté vers l'espace ressemblant à une fenêtre entre les pétales adjacents; colonne staminale relativement courte, de moins de la $^{1}/_{2}$ de la longueur des pétales, avec 5 lobes distincts à l'apex, laissant une étroite cicatrice en forme de collier autour de l'ovaire après l'abscission s'opérant en même temps que celle des pétales; étamines nombreuses à l'apex de la colonne, filets distincts; ovaire 5-loculaire, densément poilus, style légèrement plus long

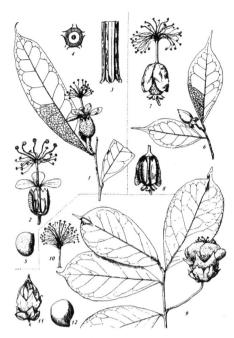

276. *Macrostelia*

que la colonne staminale avec 5 branches poilues; ovules 2 collatéraux par loge. Fruit mature inconnu. Fig. 269 (p. 261).

Jumelleanthus perrieri n'est connu que de la forêt sub-humide de la région du Sambirano. On le reconnaît aisément à ses stipules foliacées persistantes qui ressemblent aux bractées de l'involucre.

Noms vernaculaires: aucune donnée

Macrostelia Hochr., Notul. Syst. (Paris) 14: 229–230. 1952.

Genre représenté par 4 espèces endémiques de Madagascar et 1 sp. du Queensland en Australie.

Petits arbres hermaphrodites. Feuilles entières, penninerves, vernissées et glabres, stipules caduques. Fleurs axillaires, solitaires, pendantes, grandes; involucre de 4–6 bractées principalement libres, plus courtes que le calice, parfois réfléchies à l'anthèse (*M. calyculata*), ou soudées en un tube et plus longues que le calice (*M. involucrata*); calice tubulaire à lobes triangulaires; pétales soudés à la colonne staminale sur la $^{1}/_{2}$ de leur longueur, les lobes libres, étalés ou réfléchis à l'anthèse (*M. calyculata*), rouges; colonne staminale longuement exserte, étamines multiples à l'apex, à filets longs; ovaire 5-loculaire, style long portant 5 longues branches; ovules 2 superposés par loge. Le fruit est une grande capsule sèche, déhiscente, ovoïde.

Macrostelia est distribué dans la forêt sempervirente humide à basse altitude le long de la côte orientale. Il est un petit arbre du sous-bois de la forêt à canopée fermée à grandes fleurs pendantes de couleur rouge. Une espèce non décrite à très grandes fleurs n'est connue que de la forêt d'Analalava près de Foulpointe.

Noms vernaculaires: aucune donnée

Megistostegium Hochr., Annuaire Conserv. Jard. Bot. Genève 18: 221. 1915.

Genre endémique représenté par 3 espèces.

Buissons ou petits arbres hermaphrodites. Feuilles relativement petites (< 4 cm de long), entières à légèrement dentées vers l'apex, 3-palmatinerves à la base, penninerves au-dessus, épaisses et coriaces, à dense pubescence blanche sur les deux faces, stipules filiformes, caduques ou persistantes. Fleurs axillaires, solitaires, grandes; involucre campanulé, de 4 bractées soudées, aux lobes peu profonds, pétaloïde, rouge, membraneux et à nervation évidente; calice de 5 sépales réduits et soudés à la base; pétales 5, rouges, plus courts que l'involucre, dressés et soudés à la base à la colonne staminale; colonne staminale longuement exserte portant de multiples étamines à l'apex, filets longs; ovaire 5-loculaire, style avec 5 branches; ovules 2 par loge. Le fruit est une grande capsule sèche, déhiscente, globuleuse, dont chaque loge contient 1 graine.

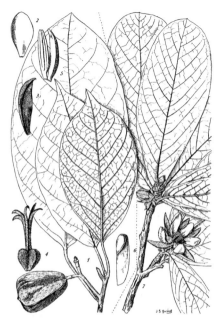

278. *Nesogordonia*

Megistostegium a une distribution limitée au fourré décidu sub-aride depuis l'ouest de Fort-Dauphin jusqu'à Toliara, sur les dunes de sable et les sols calcaires. On le reconnaît aisément à ses fleurs au grand involucre voyant, campanulé. L'hybridation semble intervenir dans les zones où les espèces sont sympatriques.

Noms vernaculaires: aucune donnée

Nesogordonia Baill., Bull. Mens. Soc. Linn. Paris 1: 555. 1886.

Genre représenté par 18 espèces distribué en Afrique (3 spp.) et à Madagascar (15 spp. endémiques).

Buissons à grands arbres hermaphrodites à indument stellé ou écaillé. Feuilles entières à discrètement crénelées-sinuées, penninerves, souvent bicolores, noircissant souvent en séchant, portant parfois des domaties aux aisselles des nervures secondaires, pétiole présentant un renflement apical parfois géniculé. Inflorescences axillaires à supra-axillaires en cymes ombelliformes pauciflores ou fleurs solitaires, fleurs grandes, sphériques dans le bouton; sépales 5, valvaires, libres, parfois réfléchis à l'anthèse; pétales 5, imbriqués, quelque peu tordus, minces et délicats à souvent épais et charnus, caducs; étamines en plusieurs verticilles, l'extérieur de 10–25 en 5 groupes opposés aux sépales, le verticille intérieur souvent modifié en staminodes, opposés aux pétales, les filets soudés à la base dans chaque

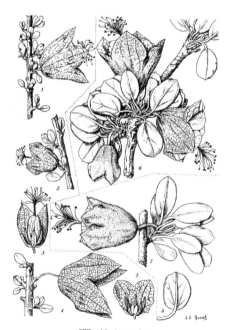

277. *Megistostegium*

279. *Perrierophytum*

groupe puis libres au-dessus; ovaire 5-loculaire, styles 5, soudés sur quasi toute leur longueur en une colonne 5-angulaire, avec 5 branches stigmatiques à l'apex; ovules 2 par loge. Le fruit est une grande capsule sèche, déhiscente, quelque peu ligneuse, contenant de multiples graines, la capsule obpyramidale ou turbinée, 5-angulaire, pentagonale et tronquée à l'apex; graines munies d'une aile basale 3–4 fois plus longue que la graine.

Nesogordonia est distribué dans la forêt sempervirente humide depuis le niveau de la mer jusqu'à 1 000 m d'altitude ainsi que dans la forêt décidue sèche. On peut le reconnaître à ses boutons floraux sphériques, ses fleurs aux pétales souvent épais et charnus, et ses staminodes, mais surtout à ses fruits obpyramidaux ou turbinés, capsulaires, 5-angulaires, pentagonaux et tronqués à l'apex, contenant des graines munies d'une aile basale de 3–4 fois la longueur de la graine.

Noms vernaculaires: *afotrakora, famatsilakana, fanolindamba, hafotrakora, hazomena*

Perrierophytum Hochr., Annuaire Conserv. Jard. Bot. Genève 18: 229. 1915.

Perrieranthus Hochr., Annuaire Conserv. Jard. Bot. Genève 18: 235. 1915.

Genre endémique représenté par 9 espèces.

Buissons atteignant 5 m de haut, hermaphrodites. Feuilles de presque entières à lobées, portant toujours de minuscules dents glanduleuses le long de la marge, 3–7-palmatinerves à la base, avec des points pellucides, stipules caduques ou persistantes. Inflorescences axillaires et pseudoterminales, en cymes paniculées, fleurs petites à grandes; involucre de 5–7(–10) bractées libres ou soudées, égalant ou surpassant le calice; calice sphérique ou tubulaire, cachant la corolle; pétales plus courts que le calice, bilobés, soudés à la base à la colonne staminale; colonne staminale longuement exserte, portant de multiples étamines vers l'apex, filets distincts; ovaire 5-loculaire, style surpassant la colonne staminale, avec 5 branches; ovule 1 par loge. Le fruit est une petite capsule sèche, déhiscente, globuleuse.

Perrierophytum est distribué dans la forêt et le fourré décidus secs et sub-arides depuis l'ouest de Fort-Dauphin jusqu'à Mahajanga. On peut le reconnaître à ses feuilles aux points pellucides, ses fleurs au grand involucre de bractées, au calice sphérique ou tubulaire plus long que les pétales bilobés et à la colonne staminale longuement exserte.

Noms vernaculaires: *kimavo, manovy, safohy*

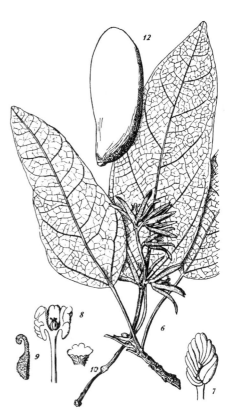

280. *Pterygota perrieri*

Pterygota Schott. & Endl., Melet. Bot.: 32. 1832.

Genre représenté par 17 espèces distribué d'Afrique en Nouvelle Guinée; 2 spp. endémiques de Madagascar.

Grands arbres polygames avec des fleurs bisexuées et des fleurs mâles. Feuilles entières 3–5-palmatinerves à la base, penninerves au-dessus, au pétiole de 3 à 10 cm de long. Inflorescences axillaires en épis au sommet des branches, fleurs grandes, régulières; calice soudé à 4–5 lobes profonds et linéaires, le calice divisé presque jusqu'à la base et le tube ainsi manquant, épais charnu; étamines soudées en un androgynophore grêle de près de la moitié de la longueur du calice, les anthères sessiles en 5 groupes de 3–5 formant une tête hémisphérique à ellipsoïde, entourant un pistillode; gynécée de 5 carpelles presque libres, chacun 1-loculaire, styles 5, apex récurvé; ovules nombreux par carpelle. Le fruit est un très grand follicule ligneux, déhiscent, à multiples graines, généralement solitaire par avortement des 4 autres carpelles; graines grandes, ailées.

281. *Rulingia madagascariensis*

Pterygota est distribué dans la forêt sempervirente humide du nord-est (*P. madagascariensis*), ainsi que dans la forêt décidue sèche de l'ouest dans la région du Boina (*P. perrieri*). On peut le reconnaître à ses grandes fleurs au calice épais, charnu et non tubulaire, aux pétales absents et à ses grands fruits ligneux, déhiscents, à multiples graines ailées.

Noms vernaculaires: *lavahavay, vakivao*

Rulingia R. Br., Bot. Mag.: t. 2191. 1820. nom. cons.

Genre représenté par 27 espèces distribuées en Asie du Sud-Est et en Australie, à l'exception d'1 sp. endémique de Madagascar.

Buissons ou petits arbres hermaphrodites. Feuilles irrégulièrement crénulées-dentées, penninerves, à base asymétrique, aux deux faces couvertes d'un indument épais de couleur grise. Inflorescences terminales ou opposées aux feuilles, contractées, en cymes corymbiformes munies de bractées, portant 6–40 fleurs petites, régulières; calice soudé campanulé, rouge, 5-lobé; pétales 5, blancs, aux marges dilatées à la base et fortement involutées, chaque pétale enveloppant une étamine, l'apex ligulé; étamines 5, opposées et entourées par la base des pétales, alternant avec 5 staminodes, tous soudés à la base, filets courts; ovaire 5-loculaire, styles 5, libres, terminés par un stigmate légèrement récurvé; ovules 4 par loge. Le fruit est une grande capsule sèche, déhiscente, globuleuse, rouge, couverte de soies plumeuses; graines munies d'un arille basal.

Rulingia madagascariensis est distribué dans la forêt sempervirente sub-humide et de montagne, souvent dégradée ou secondaire, aux altitudes moyennes et supérieures de 800 m à plus de 2 000 m sur le Plateau Central. On peut le reconnaître à ses feuilles à nervation penninerve, à base asymétrique et à indument épais de couleur grise couvrant les faces supérieure et inférieure, et à ses grands fruits sphériques couverts de soies plumeuses.

Noms vernaculaires: *hafodambo, hafotra, hafoutri-adala, malamamavo*

Sterculia L., Sp. Pl. 2: 1007. 1753.

Genre intertropical représenté par env. 200 espèces; 4 spp. rencontrées à Madagascar dont 3[?] spp. endémiques.

Petits à grands arbres dioïques, au tronc droit et muni de contreforts. Feuilles entières, discrètement 3–5 (sub-)palmatinerves à la base, penninerves au-dessus, brillantes et glabres.

282. *Sterculia*

Inflorescences axillaires en panicules ou cymes ombelliformes à l'apex des branches, fleurs petites, sphériques dans le bouton, régulières; sépales 5, soudés à la base, parfois en leur milieu, charnus, verdâtres, réfléchis à l'anthèse; pétales absents; étamines soudées en un court androphore robuste, cylindrique à ovoïde, anthères 10–30, sessiles en une masse sphérique disposée à l'apex; carpelles 5, coalescents mais finalement libres, styles 5, connivents, stigmates récurvés; ovules 2–multiples par carpelle. Le fruit est un groupe de grands follicules secs et quelque peu ligneux, déhiscents; graine exserte à maturité, pendue à un fil, ressemblant à une cacahuète, brun sombre à noire et munie d'un arille rouge.

Sterculia est distribué dans la forêt sempervirente humide et sub-humide aux altitudes basses et moyennes dans le nord-est et la région du Sambirano, et dans la forêt décidue sèche dans la région du Boina. On peut le reconnaître à son tronc droit muni de contreforts, ses petites fleurs au calice charnu, verdâtre et aux lobes soudés à la base, parfois soudés jusqu'au milieu, et réfléchis à l'anthèse, aux anthères sessiles dans une masse sphérique au sommet d'un androphore, et à ses fruits consistant en un groupe de follicules déhiscents contenant des graines exsertes et pendues par un fil, ressemblant à des cacahuètes, brun foncé à noires et munies d'un arille rouge.

Noms vernaculaires: *afotrakora, afotrakoramena, tavia*

Thespesia Sol. ex Corrêa, Ann. Mus. Natl. Hist. Nat. 9: 290. 1807.

Genre représenté par 17 espèces, dont 2 spp. littorales à large distribution qui sont rencontrées à Madagascar, et 1 sp. endémique de Madagascar.

Arbres hermaphrodites de petite à moyenne tailles, à résine abondante de couleur jaune. Feuilles entières, longuement pétiolées, 7-palmatinerves à la base, portant souvent un indument écaillé cuivré, stipules filiformes, quelque peu persistantes. Fleurs axillaires, solitaires, parfois groupées à l'apex des branches, grandes, voyantes; involucre de bractées libres, caduques; calice soudé, tronqué à 5-denté, persistant; pétales soudés à la colonne staminale par la base, jaunes à rouges; colonne staminale longue, mais moins longue que les pétales, à nombreuses étamines parsemées le long de la colonne, filets distincts; ovaire 5-loculaire, le style surpassant la colonne staminale, les 5 branches non étalées mais cohérentes et vrillées; ovules 2 par loge. Le fruit est grand, quelque peu charnu, indéhiscent, une baie sphérique-aplatie, ou partiellement déhiscent et capsulaire.

Thespesia populnea (pédicelle dressé < 5 cm; baie indéhiscente) et *T. populneoides* (pédicelle pendant > 5 cm; capsule partiellement déhiscente) ont une distribution en mosaïque qui s'étend sur presque toute la côte; *T. gummiflua* est endémique de la forêt décidue sèche dans la région d'Antsiranana. *Thespesia* peut être distingué de *Hibiscus* à sa résine jaune, son indument cuivré pelté et ses fruits charnus principalement indéhiscents.

Noms vernaculaires: *mafaidranto, varilao, varo, varoala, varolao, varorao*

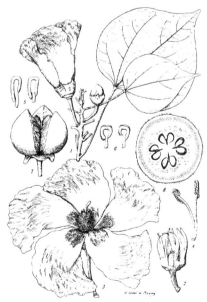

283. *Thespesia gummiflua*

MELANOPHYLLACEAE Takht. ex Airy Shaw

Famille monotypique, endémique de Madagascar. Traitée à l'origine, dans la *Flore de Madagascar*, dans les Cornaceae, des études récentes portant sur des données de séquences moléculaires suggèrent une relation étroite avec un groupe de genres (*Aralidium*, *Griselinia* et *Toricellia*, chacun appartenant à une famille monotypique) qui se trouve à la base des Apiales, reflétant ainsi une lignée ancienne du Gondwana.

Keraudren, M. 1958. Cornacées. Fl. Madagasc. 158: 1–17.

Plunkett, G. M., D. E. Soltis & P. S. Soltis. 1997. Clarification of the relationship between Apiaceae and Araliaceae based on *mat*K and *rbc*L sequence data. Amer. J. Bot. 84: 565–580.

Schatz G. E., P. P. Lowry II & A.-E. Wolf. 1998. Endemic families of Madagascar. I. A synoptic revision of *Melanophylla* Baker (Melanophyllaceae). Adansonia, sér. 3, 20: 233–242.

Melanophylla Baker, J. Linn. Soc., Bot. 21: 352. 1886.

Genre endémique représenté par 6 espèces.

Arbustes ou petits arbres hermaphrodites, peu ramifiés, entièrement glabres. Feuilles alternes, simples, souvent regroupées à l'apex des branches, entières ou plus souvent irrégulièrement à régulièrement crénelées ou dentées, parfois seulement sur la moitié apicale de la marge foliaire, la base du pétiole légèrement à nettement amplexicaule et engainant la branche, les feuilles souvent succulentes et ressemblant à des feuilles de choux, noircissant généralement au séchage, stipules nulles. Inflorescences terminales ou pseudo-terminales, en grappes ou panicules munies de bractées, les fleurs petites, régulières, 5-mères; sépales soudés en formant un calice tubulaire avec 5 petits lobes dentiformes; pétales 5, libres, réfléchis à l'anthèse, généralement blancs ou roses, rarement jaunes; étamines 5, alternipétales, filets minces, anthères biloculaires, dorsifixes, introrses, à déhiscence longitudinale; ovaire infère, 2–3-loculaire, styles 3, linéaires ou épaissis et recourbés, la surface du stigmate le long de la partie interne du style; ovule 1 dans une des loges, les autres loges stériles. Le fruit est une drupe de petite à grande taille, charnue, indéhiscente, à 1 graine, la drupe violet foncé et couronnée par les restes persistants du style/stigmate; graine albuminée.

Melanophylla est distribué sur l'ensemble de la forêt sempervirente humide et sub-humide, depuis le PN d'Andohahela jusqu'au PN de Marojejy et la région du Sambirano (RS de Manongarivo), principalement aux altitudes moyennes entre 500 et 1 500 m mais il est rencontré depuis le niveau de la mer sur la presqu'île Masoala. On peut le reconnaître à ses feuilles succulentes, généralement dentées et ressemblant à des feuilles de choux, noircissant en séchant et généralement avec la base du pétiole distinctement engainante, à ses fleurs blanches ou roses, rarement jaunes et à ses fruits charnus, violet foncé, ne contenant qu'une seule graine.

Noms vernaculaires: *bararaty, baritra, briaty, hazomalany, hazomborondreo, hazoporetaka, kibontongatra, kivoso, marefilena, marefolena, nofinakoha, singaramantingoro, sirambengy, tafara, tsiboratiala, vavaporetaka*

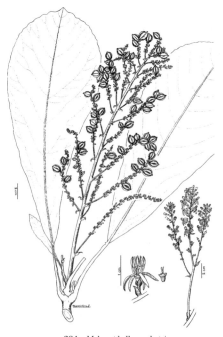

284. *Melanophylla modestei*

MELASTOMATACEAE Juss.

Grande famille surtout intertropicale représentée par 215 genres et env. 4 750 espèces. Les Memecyleae, représentés à Madagascar par *Lijndenia*, *Memecylon* et *Warneckea* forment un groupe monophylétique apparenté à tous les autres Melastomataceae; ils sont peut-être suffisamment distincts pour justifier d'être reconnus au niveau d'une famille. En plus des genres d'arbres suivants, *Amphorocalyx* (certainement pas distinct de *Dionycha*), *Gravesia* (incluant aussi des plantes herbacées acaules en rosettes et des plantes grimpantes lianescentes à tronc) et *Rousseauxia* (petites plantes buissonnantes des altitudes supérieures et à grandes fleurs voyantes), qui ont tous des fruits capsulaires, peuvent être des buissons ligneux de quelques mètres de haut.

Buissons à grands arbres hermaphrodites. Feuilles opposées, simples, 3–5(–11)-nerves, ou penninerves et à la nervation secondaire souvent obscure, généralement entières, rarement dentées, stipules nulles. Inflorescences terminales et souvent axillaires aux nœuds apicaux, ou souvent cauliflores, en cymes corymbiformes à paniculées, fleurs petites à grandes, régulières ou légèrement irrégulières par le type d'insertion des étamines et du style, 4–5-mères; calice soudé partiellement à complètement soudé au réceptacle et à l'ovaire en formant une coupe ou un tube, ou joint à l'ovaire par 8 cloisons radiales qui forment des puits dans lesquels les étamines se nichent dans le bouton, le calice à l'apex tronqué ou lobé, persistant ou caduc; pétales 4 ou 5, minces, délicats, souvent roses ou rouge éclatant, ou plus petits et bleuâtres, imbriqués tordus dans le bouton, caducs; étamines en nombre double des pétales, les filets distincts, souvent courbés articulés, anthères biloculaires, basifixes, à déhiscence poricide ou longitudinale, parfois munies d'appendices en forme de corne juste sous les sacs des anthères; ovaire semi-infère à complètement infère, uniloculaire, ou 4- ou 5-loculaire, style commun terminal, filiforme, stigmate capité-tronqué; ovules multiples par loge, ou dans des ovaires uniloculaires par 8–12 en un verticille à l'apex d'une colonne centrale libre. Le fruit est une baie charnue, indéhiscente, contenant 1–5 graine(s), ou une capsule sèche, déhiscente, contenant de multiples graines; graines sans albumen.

Jacques-Félix, H. 1973. Contribution à l'étude du genre *Rousseauxia* (Melast.). Adansonia, n.s., 13: 177–193.

Jacques-Félix, H. 1978. Les genres de Memecyleae (Melastomatacées) en Afrique, Madagascar et Mascareignes. Adansonia, n.s., 18: 221–235.

Jacques-Félix, H. 1984. Les Memecyleae (Melastomataceae) de Madagascar (1ère partie). Bull. Mus. Natl. Hist. Nat., sér. 4, B, Adansonia 6: 383–451.

Jacques-Félix, H. 1985. Les Memecyleae (Melastomataceae) de Madagascar (2ème partie). Bull. Mus. Natl. Hist. Nat., sér. 4, B, Adansonia 7: 3–58.

Perrier de la Bâthie, H. 1951. Melastomatacées. Fl. Madagasc. 153: 1–326.

1. Fruit une capsule sèche déhiscente; feuilles toujours 3–5(–11)-nerves; fleurs grandes; anthères à déhiscence poricide.
  2. Étamines toutes égales, portant 2 petits appendices latéraux à la base des anthères; buissons ou petits arbres; capsule exserte au-delà du calice · · · · · · · · · · · *Dionycha*
  2'. Étamines inégales, les 4 externes distinctement plus grandes que les 4 internes, les filets courbés et articulés avec 2 longs appendices projetés à l'opposé des anthères; capsule incluse dans le tube du calice · *Dichaetanthera*
1'. Fruit une baie charnue indéhiscente; feuilles surtout uninerves, seulement obscurément 3(–5)-nerves, ou rarement distinctement 3–5-nerves, les fleurs petites; anthères à déhiscence longitudinale.
  3. Feuilles distinctement 3–5-nerves, lisses, sans sclérites; germination hypogée, l'embryon/la plantule sans hypocotyle · *Warneckea*

3'. Feuilles uninerves ou seulement obscurément 3(–5)-nerves, marquées de fins sillons ou de rides, ou granuleuses par les sclérites; germination épigée, l'embryon/la plantule à hypocotyle distinct.

    4. Feuilles surtout uninerves, seulement rarement obscurément 3(–5)-nerves, généralement marquées de fins sillons ou de rides; l'involucre de bractées ne formant pas une coupe; embryon droit, l'hypocotyle long; cotylédons pliés-froissés contre l'hypocotyle · *Memecylon*

    4'. Feuilles obscurément 3(–5)-nerves, granuleuses, épaisses et coriaces; involucre de 2 paires de bractées soudées en forme de coupe; embryon courbé, l'hypocotyle court; cotylédons enroulés autour de l'hypocotyle · · · · · · · · · · · · · · · · *Lijndenia*

Taxon introduit important: *Clidemia hirta*, à pubescence dense, originaire des régions tropicales du Nouveau Monde et accidentellement introduit à Madagascar, à Ivoloina en 1948, est devenu l'un des buissons les plus communs et les plus envahissants des habitats dégradés le long de la côte est. Malheureusement, ses baies attirantes, charnues et de couleur bleu foncé, sont également dispersées par les oiseaux dans les grandes trouées au sein de la forêt intacte.

Dichaetanthera Endl., Gen. Pl.: 1215. 1840.

Genre représenté par 34 espèces distribué en Afrique (7 spp.) et à Madagascar (27 spp. endémiques).

Buissons à grands arbres. Feuilles 3–5-nerves, généralement décidues. Inflorescences terminales, en cymes corymbiformes ou paniculées, fleurs grandes, 4-mères; calice en forme de coupe, avec ou sans lobes distincts, persistant; pétales largement obovales, généralement roses ou rouges, rarement blancs, caducs; étamines inégales en 2 verticilles, les 4 externes plus grandes que les 4 internes, munies de 2 appendices courbés et attachés au milieu du filet, les filets ainsi articulés et courbés en haut, ou juste sous les anthères à déhiscence poricide; ovaire 4-loculaire, libre du calice sauf pour les 8 cloisons radiales qui joignent l'ovaire au tube du calice en formant des puits dans lesquels les étamines se nichent dans le bouton; ovules multiples par loge. Le fruit est une petite à grande capsule sèche, déhiscente, complètement incluse dans le tube du calice; graines courbées.

Dichaetanthera est distribué dans la forêt et le fourré sempervirents, humides, sub-humides et de montagne ainsi que rarement dans la forêt décidue sèche depuis la région du Boina jusqu'à la RS d'Ankarana. On peut le reconnaître à ses grandes fleurs aux étamines distinctement inégales, les 4 externes plus grandes que les 4 internes, et à ses capsules entièrement incluses dans le tube du calice.

Noms vernaculaires: *trotroka, trotrokala*

Dionycha Naudin, Ann. Sci. Nat. Bot., sér. 3, 14: t. 7. 1850.

Genre endémique représenté par 3 espèces.

Buissons ou petits arbres. Feuilles 5–11-nerves, généralement décidues. Inflorescences terminales et axillaires juste sous l'apex des rameaux, en cymes corymbiformes, fleurs grandes, 4-mères; calice en forme de coupe ou tubulaire, à 4 grands lobes caducs, vrillés dans la direction opposée des pétales; pétales largement obovales, blancs, caducs; étamines toutes égales, portant 2 appendices latéraux juste sous les anthères à déhiscence poricide; ovaire 4-loculaire, la base soudée au calice, l'apex faisant saillie au-dessus du calice; ovules

285. *Dichaetanthera*

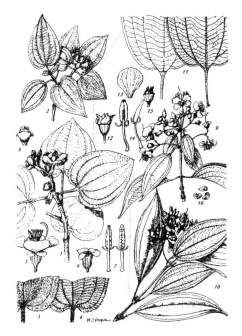

286. *Dionycha*

multiples par loge. Le fruit est une petite capsule sèche, déhiscente, contenant de multiples graines, exserte au-delà du calice; graines courbées.

Dionycha est distribué dans la forêt sempervirente sub-humide et décidue sèche, souvent dans des habitats rocailleux ou sur des crêtes exposées jusqu'à 2 000 m d'altitude. Parmi les genres possédant des fruits secs capsulaires, on peut le reconnaître à ses fleurs aux étamines égales munies d'appendices et à l'ovaire/la capsule exserts au-delà du tube du calice.

Nom vernaculaire: *felambarika*

Lijndenia Zoll. & Moritzi, Syst. Verz.: 10. 1846.

Genre représenté par 10 espèces distribué en Afrique de l'Ouest (1 sp.) à Madagascar (6 spp. endémiques) et en Asie du Sud-Est (3 spp.).

Buissons à arbres de taille moyenne. Feuilles discrètement 3-nerves, les principales nervures latérales très proches de la marge, souvent difficilement visibles, nervation tertiaire généralement absente, les feuilles à texture granuleuse des sclérites massifs du mésophylle qui n'entrent en contact avec aucun épiderme. Inflorescences axillaires ou rarement cauliflores, en cymes ombelliformes pédonculées, fleurs petites, pédicellées, 4-mères; involucre de 2 paires de bractées soudées en forme de coupe; calice soudé à 4

lobes distincts imbriqués; pétales distinctement en onglets; étamines 8 en 2 verticilles égaux, filets longs et grêles, anthères au connectif prolongé transversalement en ressemblant à un axe, munies d'une glande, à déhiscence longitudinale; ovaire infère, uniloculaire avec un placenta central libre; ovules 2–12. Le fruit est une petite baie charnue, indéhiscente, globuleuse; embryon courbé, l'hypocotyle court, germination épigée avec les cotylédons foliacés enroulés.

Lijndenia est distribué dans la forêt sempervirente humide à basse altitude le long de la côte est. Sur le terrain, il est difficile à distinguer de *Memecylon*, notamment des espèces de *Memecylon* aux nervures marginales évidentes; cependant, *Lijndenia* à des feuilles à texture granuleuse et ses fleurs montrent un involucre en forme de coupe au fond de laquelle est porté le pédicelle.

Noms vernaculaires: *tsimahamantsokina, tsimahamasasokina, tsimahamasatsolina*

Memecylon L., Sp. Pl.: 349. 1753.

Genre représenté par env. 150 espèces distribué dans les régions tropicales de l'Ancien Monde; 78 spp. endémiques de Madagascar.

Buissons à arbres de taille moyenne, aux branches souvent 4-angulaires à ailées. Feuilles uninerves, aux nervures marginales absentes ou à peine visibles, rarement 3-nerves, la nervation secondaire parfois distinctement penninerve, nervation tertiaire souvent indistincte, la texture de la surface normalement marquée de

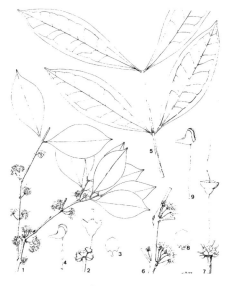

287. *Lijndenia*

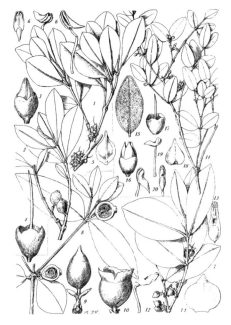

288. *Memecylon*

Warneckea Gilg, Bot. Jahrb. Syst. 34: 101. 1904.

Genre représenté par 31 espèces distribué en Afrique, à Madagascar (9 spp. dont 7 spp. endémiques) et aux Mascareignes.

Buissons à petits arbres. Feuilles fortement 3-(5-)-nerves, à nervation tertiaire réticulée et distincte, à texture lisse, sans sclérites. Inflorescences axillaires aux nœuds sans feuilles, en cymes contractées presque sessiles, fleurs petites, souvent sessiles ou pédicellées, 4-mères; involucre de plusieurs paires de bractées imbriquées; calice de 2 paires de sépales décussés-imbriqués et amplexicaules, ou calice entièrement soudé (*W. sansibarica*); pétales généralement en onglets; étamines 8 en 2 verticilles égaux, filets longs et grêles, anthères au connectif prolongé transversalement et ressemblant ainsi à un axe, les anthères à déhiscence longitudinale; ovaire infère, incomplètement biloculaire; ovules 4–6. Le fruit est une petite baie charnue, indéhiscente, globuleuse; embryon non hypocotylé, cotylédons inégaux, 1 grand, subsphérique et charnu, l'autre rudimentaire, germination hypogée i.e. que le grand cotylédon au niveau du sol disparaît rapidement.

Warneckea est distribué dans la forêt sempervirente humide et sub-humide ainsi que dans la forêt semi-décidue sèche (*W. sansibarica* et *W. sessilicarpa*, tous deux partagés avec l'Afrique de l'Est, et *W. peculiaris* limité à la région d'Antsiranana). On peut le reconnaître à ses feuilles fortement 3-nerves et à ses inflorescences et fleurs presque sessiles.

Noms vernaculaires: aucune donnée

sillons ou de rides des sclérites filiformes qui sont en contact avec les épidermes, rarement lisse ou granuleuse. Inflorescences axillaires ou cauliflores, en cymes ramifiées, fleurs petites, 4-mères; involucre de bractées persistant ou non; calice aux sépales soudés, aux lobes généralement valvaires, rarement imbriqués, parfois en forme de calyptre et caduc; pétales généralement en onglets, parfois hastés; étamines 8 en 2 verticilles égaux, filets longs et grêles, anthères au connectif élargi ou non, en forme d'axe ou claviforme, avec ou sans glande; ovaire infère, uniloculaire; ovules 2–16. Le fruit est une petite à grande baie charnue, indéhiscente, globuleuse à ellipsoïde, contenant généralement 1 graine; embryon droit longuement hypocotylé, germination épigée avec des cotylédons foliacés pliés autour de l'hypocotyle.

Memecylon est distribué dans la forêt sempervirente humide et sub-humide ainsi que dans la forêt décidue sèche. En fruit, *Memecylon* peut être confondu avec *Eugenia* (Myrtaceae) qui a cependant des feuilles à points glanduleux pellucides et généralement des nervures submarginales plus distinctes.

Noms vernaculaires: *tsimahamasakasokina, tsimahamasatskina*

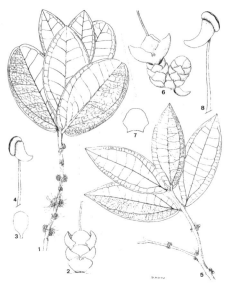

289. *Warneckea*

MELIACEAE Juss.

Famille de taille moyenne, intertropicale (quelques représentants subtropicaux), d'arbres, représentée par 51 genres et 575 espèces.

Buissons à arbres de taille moyenne, hermaphrodites, monoïques ou dioïques, à indument simple ou moins souvent stellé à écaillé. Feuilles alternes ou rarement opposées (*Capuronianthus*), simples ou plus souvent composées pennées, trifoliolées ou unifoliolées, tous ces caractères parfois présents sur un même individu, avec des folioles opposées à subopposées, généralement entières à rarement serretées, penninerves, le pétiole et le rachis rarement ailés, les feuilles portant parfois des ponctuations pellucides, stipules nulles. Inflorescences axillaires à pseudoterminales, en panicules ou thyrses portant généralement des fleurs petites, ou rarement fleurs solitaires et grandes, fleurs régulières, 4–5-mères; calice presque toujours soudé en forme de coupe, superficiellement à profondément imbriqué-lobé, rarement valvaire; pétales 4–5, libres, imbriqués, imbriqués-tordus ou valvaires, généralement blancs, rarement jaunes ou rouges; étamines parfois en même nombre que les pétales, plus souvent en nombre double, généralement soudées en un tube staminal en forme d'urne ou de cylindre, rarement aux filets partiellement ou complètement libres, portant souvent des appendices lobés à bifides à l'apex du tube, anthères sessiles, insérées à l'intérieur du tube vers l'apex ou sur la marge, biloculaires, introrses, à déhiscence longitudinale, alternant souvent avec les appendices; anthérodes dans les fleurs femelles paraissant similaires à des anthères, généralement plus petites et sans pollen; disque nectaire souvent présent entre le tube staminal et l'ovaire; ovaire supère, 2–20-loculaire, style terminal généralement bien développé avec une tête apicale étendue et surmontée par le stigmate; ovule(s) 1–12 par loge; pistillode dans les fleurs mâles bien développé, généralement plus long et plus grêle que l'ovaire. Le fruit est grand, coriace à ligneux, une capsule déhiscente s'ouvrant par les loges, ou les valves tombant en se séparant des septa et en laissant une columelle centrale, ou une baie ou une drupe charnue; graines parfois munies d'un arillode charnu ou de sarcotesta, ou parfois ailées, avec ou sans albumen.

Cheek, M. 1989. New combinations in *Astrotrichilia* and *Humbertioturraea* (Meliaceae). Kew Bull. 44: 369–370.

Cheek, M. 1990a. The identity of *Oncoba capraefolia* J.G. Baker, and notes on *Turraea sericea* Sm. (Meliaceae) from Madagascar. Kew Bull. 45: 369–373.

Cheek, M. 1990b. A new species of *Turraea* (Meliaceae) from Madagascar and comments on the status of *Naregamia*. Kew Bull. 45: 711–715.

Cheek, M. 1990c. A new species of *Malleastrum* (Meliaceae) from Madagascar. Kew Bull. 45: 717–720.

Cheek, M. & A. Rakotozafy. 1991. The identity of Leroy's fifth subfamily of the Meliaceae, and a new combination in *Commiphora* (Burseraceae). Taxon 40(2): 231–237.

Leroy, J.-F. 1976. Essais de taxonomie syncrétique 1. Etude sur les Meliaceae de Madagascar. Adansonia, n.s., 16: 167–203.

Leroy, J.-F. 1989. Taxonomie des Meliaceae malgaches: espèces nouvelles du genre *Malleastrum* (Baillon) J.-F. Leroy. Bull. Mus. Natl. Hist. Nat., sér. 4, B, Adansonia 11: 397–402.

Leroy, J.-F. & M. Cheek. 1990. Une espèce nouvelle de *Malleastrum* (Meliaceae) de Madagascar. Bull. Mus. Natl. Hist. Nat., sér. 4, B, Adansonia 12: 187–190.

Leroy, J.-F. & M. Lescot. 1996. Taxons nouveaux de Trichilieae (Meliaceae-Meliodeae) de Madagascar. Bull. Mus. Natl. Hist. Nat., sér. 4, B, Adansonia 18: 3–34.

Pennington, T. D. & B. T. Styles. 1975. A generic monograph of the Meliaceae. Blumea 22: 419–540.

1. Feuilles opposées ·· *Capuronianthus*
1'. Feuilles alternes.
  2. Feuilles simples.
    3. Fruit une baie indéhiscente, charnue à coriace ·············*Humbertioturraea*
    3'. Fruit une capsule déhiscente.
      4. Étamines aux filets libres sur au moins $^2/_3$ de leur longueur; graines fortement courbées ··*Calodecaryia*
      4'. Étamines aux filets entièrement soudés en un tube staminal ou rarement libres à l'apex seulement et sur moins de $^1/_3$ de leur longueur; graines droites à légèrement courbées ··································*Turraea*
  2'. Feuilles composées pennées, trifoliolées, ou rarement unifoliolées.
    5. Indument d'une pubescence stellée et/ou écaillée; fruit une drupe.
      6. Pétales valvaires; ovule 1 par loge; endocarpe mince, membraneux ········ ··*Lepidotrichilia*
      6'. Pétales imbriqués; ovules 2 par loge; endocarpe épais, ligneux ····*Astrotrichilia*
    5'. Indument de poils simples ou absent; fruit une capsule ou une baie.
      7. Fruit une baie indéhiscente ovoïde; feuilles imparipennées, trifoliolées ou unifoliolées, parfois les 3 types présents sur un même individu, le pétiole et le rachis parfois ailés ······································ *Malleastrum*
      7'. Fruit une capsule déhiscente; feuilles paripennées, ou si imparipennées alors trifoliolées ou unifoliolées, tous les types ne sont pas présents sur un même individu et le pétiole et le rachis ne sont pas ailés
        8. Feuilles imparipennées, trifoliolées, ou rarement unifoliolées; fruit une capsule charnue à ligneuse, généralement 3-valve; graines à arillode charnu ou sarcotesta ···································· *Trichilia*
        8'. Feuilles composées paripennées; graines ailées ou à sarcotesta liégeux.
          9. Graines ailées.
            10. Capsule loculicide; graine(s) 1–2 par loge, aile apicale ···· *Quivisianthe*
            10'. Capsule à déhiscence septifrage, les valves se détachant séparément en laissant une columelle centrale; graines 4–multiples par loge, l'aile entoure complètement la graine.
              11. Capsule subsphérique à 4–6 valves; graines à aile étroite et opaque ··· *Khaya*
              11'. Capsule 3-angulaire à 3 valves; graines à aile large et membraneuse ·· ··· *Neobeguea*
          9'. Graines à sarcotesta liégeux, sans aile; arbres de l'habitat littoral et de mangrove ····································· *Xylocarpus*

Important taxon cultivé: *Melia azedarach* (Lilas de Perse, *Persian Lilac*) aux feuilles composées bipennées est largement planté sur le Plateau Central en tant qu'arbre ornemental, pour son bois ou à usage médicinal.

Astrotrichilia (Harms) J.-F. Leroy ex T. D. Penn. & Styles, Blumea 22: 477. 1975.

Genre endémique représenté par 12 espèces.

Petits à grands arbres dioïques ou rarement monoïques ou hermaphrodites, à pubescence stellée. Feuilles alternes, composées imparipennées avec 3–8 paires de folioles entières, opposées (ou rarement composées trifoliolées). Inflorescences axillaires, en panicules, fleurs petites, 5-mères; calice soudé en forme de coupe, avec 5 lobes superficiels à profonds et imbriqués; pétales 5, libres, imbriqués, blancs; étamines soudées en un tube staminal à la marge entière ou étroitement dentée, anthères 10, portées au sommet du tube, souvent poilues, apparaissant similaires dans les fleurs femelles mais sans pollen; disque nectaire à la base du tube staminal ou absent; ovaire (1–)2–5-loculaire, style terminal, stigmate épais, aplati et discoïde; ovule(s) 1–2 par loge. Le fruit est une grande drupe charnue, indéhiscente, contenant de 1 à 5 graine(s), à l'endocarpe épais et ligneux; graines albuminées.

Astrotrichilia est distribué dans la forêt sempervirente humide et sub-humide depuis le niveau de la mer jusqu'à 1 600 m d'altitude ainsi que dans la forêt décidue sèche depuis le nord

290. *Astrotrichilia*

de Toliara jusqu'à Antsiranana. On peut le reconnaître à ses feuilles composées imparipennées portant généralement de multiples paires de folioles brillantes sur le dessus et souvent portant une pubescence dense et stellée dessous qui se retrouve aussi sur les axes des inflorescences. Le bois est employé dans la construction.

Noms vernaculaires: *andronoka, bemahavoly, dangolava, elaborona, etakoaka, famazava, fatoralahy, hafotrakora, hetakoaka, hetatra, hompy, mantalazo, odifo, rakodomena, ramaindafa, ramaindafy, ramandafy, ramenidafy, resompatra, sarihompy, somotsohy, sompatra, taranta, tavia, tsiandranoky, tsilaimamy, valiandro, valomahamay, valomamay, vatoa, vatoana, voamahatata, voamata, voamatata*

Calodecaryia J.-F. Leroy, J. Agric. Trop. Bot. Appl. 7: 379. 1960.

Genre endémique représenté par 2 espèces.

Buissons ou petits arbres hermaphrodites à poils simples. Feuilles alternes, simples, entières, grêles, ou épaisses et spatulées, à l'apex émarginé, à la nervation tertiaire densément réticulée. Inflorescences axillaires, en panicules pauciflores, fleurs petites, (4–)5-mères; calice soudé en forme de coupe (4–)5-lobé; pétales (4–)5, libres, imbriqués-tordus, blancs; étamines 8 ou 10, filets soudés en un court tube à la base, libres au-dessus sur au moins ²/₃ de leur longueur, anthères basifixes; disque nectaire annulaire; ovaire 4–5-loculaire, style terminal cylindrique, stigmate discoïde; ovules 2 par loge. Le fruit est une grande

capsule coriace, 2–5-valve, à déhiscente loculicide, chaque loge contenant 1 ou 2 graine(s); graines courbées avec un petit sarcotesta charnu entourant l'hile; albumen présent.

Calodecaryia est distribué dans le fourré décidu sub-aride du sud-ouest. On peut le distinguer du très affine *Turraea*, par ses fleurs portant des étamines aux filets libres sur au moins ²/₃ de leur longueur et à ses graines courbées.

Noms vernaculaires: *fekalahy, fosa fosa, menafo, ndriandaitsy, volizava*

Capuronianthus J.-F. Leroy, Compt. Rend. Hebd. Séances Acad. Sci. 247: 1374. 1958.

Genre endémique représenté par 2 espèces.

Arbres monoïques de petite à moyenne tailles, au feuillage persistant et à l'écorce s'exfoliant en grandes plaques (platanoïde). Feuilles opposées, composées paripennées avec 2–6 paires de folioles opposées, entières, la base fortement asymétrique. Inflorescences axillaires, en courts racèmes ou panicules, fleurs petites, 4-mères; calice soudé à 4 lobes profonds et imbriqués; pétales 4, libres, imbriqués-tordus, blancs; étamines soudées en une courte colonne staminale cylindrique, la marge aux dents (parfois bifides) alternant avec les 8 anthères, apparaissant similaires dans les fleurs femelles mais les anthères sans pollen; disque nectaire épais et annulaire, mieux développé dans les fleurs mâles; ovaire 2–4-loculaire, style terminal court, stigmate

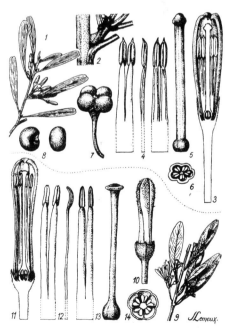

291. *Calodecaryia*

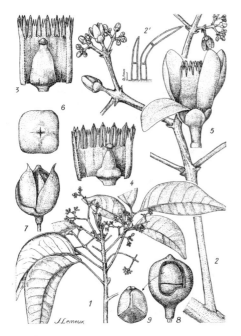

292. *Capuronianthus vohemarensis*

10–12 anthères; disque nectaire en partie ou complètement soudé à la base du tube staminal; ovaire 5–15-loculaire, style terminal long, grêle, développé en une tête sphérique apicale surmontée d'un petit stigmate discoïde; ovules 2 par loge. Le fruit est une grande baie charnue à coriace, indéhiscente; graine albuminée.

Humbertioturraea est distribué dans la forêt sempervirente humide et sub-humide ainsi que dans la forêt et le fourré décidus secs et sub-arides. Il est très affine avec *Turraea* duquel il se distingue surtout par ses fruits indéhiscents.

Noms vernaculaires: *fanagava lahy, fankazava, mampisaraka, tanjaka*

Khaya A. Juss., Mém. Mus. Hist. Nat. 19: 249. 1830.

Genre représenté par 7 espèces dont 5 spp. distribuées en Afrique et 2 spp. endémiques à Madagascar et aux Comores.

Arbres monoïques de taille moyenne au feuillage décidu. Feuilles alternes, composées paripennées avec des folioles entières, subopposées, glabres. Inflorescences axillaires, grandes, en thyrses bien ramifiées, fleurs petites, 4–5-mères; calice soudé à 4–5 lobes profonds et imbriqués; pétales 4 ou 5, libres, tordus-imbriqués; étamines soudées en une colonne staminale en forme d'urne, la marge portant des lobes irréguliers alternant avec les 8 ou 10 anthères; anthérodes plus petites que les anthères et sans pollen dans les fleurs femelles; disque nectaire en forme de coussinet

capité; ovules 3–4 par loge, 2 se développant, les autres à l'état de vestige; pistillode bien développé dans les fleurs mâles. Le fruit est une grande capsule partiellement déhiscente, 2–4-valve, apiculée à rostrée, aux couches externes quelque peu charnues-fibreuses, à peine déhiscentes, la couche interne (endocarpe) déhiscente le long des septa; graines à testa épais, liégeux à ligneux, graines sans albumen.

Capuronianthus est distribué dans la forêt et le fourré décidus secs et sub-arides dans le sud (*C. mahafaliensis*) et l'extrême nord (*C. vohemarensis*). Il est le seul genre de Meliaceae à feuilles opposées.

Noms vernaculaires: *bevoalavo, hompy, lanary, mantsake, tsifolahy, vazoa, vazoha*

Humbertioturraea J.-F. Leroy, Compt. Rend. Hebd. Séances Acad. Sci. 269: 2322. 1969.

Genre endémique représenté par 7 espèces.

Buissons ou petits arbres hermaphrodites à poils simples. Feuilles alternes, simples, entières. Inflorescences axillaires en fascicules ou fleurs appariées ou solitaires, fleurs grandes, 4–5-mères; calice soudé en forme de coupe portant 4–5 lobes de la $^{1}/_{2}$ de la longueur de la coupe; pétales 4 ou 5, libres, imbriqués; étamines soudées en un tube staminal cylindrique, la marge portant des appendices émarginés à bifides alternant avec les

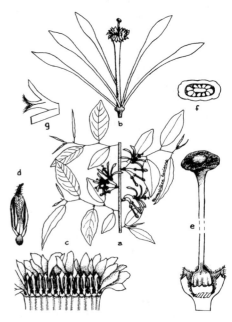

293. *Humbertioturraea*

bien développé dans les fleurs mâles; ovaire 4–5-loculaire, style terminal court, développé à l'apex en une large tête discoïde; ovules 12–16 (–18) par loge; pistillode similaire à l'ovaire mais plus grêle avec un style plus long. Le fruit est une grande capsule ligneuse, dressée, subsphérique, 4–5-valve, à déhiscence septifrage, les valves se séparant du septa en laissant une columelle centrale 4–5-angulaire, s'ouvrant à l'apex et restant partiellement jointives à la base; graines munies d'une aile étroite et opaque tout autour de la marge, albumen mince.

Khaya est distribué dans la forêt décidue sèche. On peut le reconnaître à ses feuilles composées paripennées et à ses grands fruits ligneux, subsphériques, 4–5-valves, capsulaires à déhiscence septifrage, contenant des graines munies d'une aile étroite et opaque sur tout le tour de la marge.

Noms vernaculaires: *bangoma, hazomahogo, hazomena, kaya, khaya, menitrolatra, vakaka*

Lepidotrichilia (Harms) J.-F. Leroy ex T. D. Penn. & Styles, Blumea 22: 473. 1975.

Genre représenté par 4 espèces dont 1 sp. distribuée en Afrique de l'Est et 3 spp. endémiques de Madagascar.

Buissons ou petits arbres dioïques ou très rarement hermaphrodites à indument simple, stellé mais souvent glanduleux écaillé. Feuilles alternes, composées imparipennées avec 4–8 paires de folioles opposées, entières.

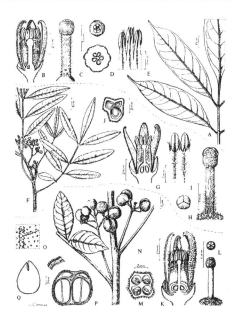

295. *Lepidotrichilia*

Inflorescences axillaires en panicules multiflores plus courtes que les feuilles, fleurs petites, 5-mères; calice soudé en forme de coupe, à 5 lobes superficiels et valvaires; pétales 5, libres, valvaires, à l'apex courbé en dedans; étamines soudées en un court tube staminal cylindrique, ou aux filets libres sur leur tiers supérieur comme les appendices étroitement lancéolés et acuminés qui portent les 10 anthères, les anthérodes des fleurs femelles similaires mais plus petites et sans pollen; disque absent; ovaire 2–5-loculaire, style terminal cylindrique, apex capité avec des lobes stigmatiques obscurs; ovule 1 par loge. Le fruit est une grande drupe quelque peu charnue, indéhiscente, subsphérique, contenant de 1 à 5 graine(s), la drupe jaune-brunâtre à l'endocarpe mince et membraneux; graines sans albumen.

Lepidotrichilia est distribué dans la forêt sempervirente sub-humide à décidue sèche et subaride depuis Toliara jusqu'au PN de la Montagne d'Ambre. On peut le distinguer de *Astrotrichilia*, avec lequel il partage une pubescence stellée, à son indument souvent écaillé, à ses fleurs aux pétales valvaires (imbriqués chez *Astrotrichilia*), à l'ovaire avec 1 ovule par loge et ses fruits à l'endocarpe mince (épais chez *Astrotrichilia*).

Noms vernaculaires: *bevaza, tsiramiramy, valiandro*

Malleastrum (Baill.) J.-F. Leroy, J. Agric. Trop. Bot. Appl. 11: 128. 1964.

Genre endémique (y compris les Comores) représenté par 16 espèces.

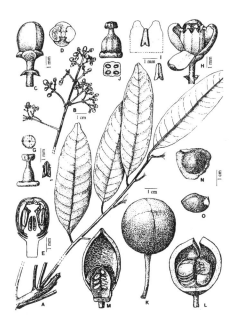

294. *Khaya madagascariensis*

296. *Malleastrum*

Buissons ou petits arbres dioïques ou très rarement hermaphrodites à poils simples. Feuilles alternes, composées imparipennées avec 3–9 paires de folioles opposées, entières, trifoliolées ou unifoliolées, les trois types souvent présents sur une même plante, le pétiole et le rachis parfois ailés. Inflorescences axillaires en panicules, fleurs petites, surtout 5-mères; calice soudé superficiellement à profondément 4–6-lobé; pétales 5 ou 6, libres, valvaires, blancs; étamines soudées sur leur moitié basale, ou complètement soudées en un court tube staminal cylindrique, avec (8)10 anthères alternant avec (8)10 appendices lancéolés, filiformes ou bifides, les anthérodes dans les fleurs femelles plus étroites et sans pollen; disque annulaire, généralement poilus, ou absent; ovaire 1–3(–5)-loculaire, style terminal avec une tête capitée, le stigmate minuscule se présentant sous forme d'une dépression apicale; ovules 2 par loge. Le fruit est une grande baie charnue, contenant de 1 à 5 graine(s), indéhiscente, parfois asymétriquement ovoïde; graines sans albumen.

Malleastrum est distribué dans la forêt sempervirente humide et sub-humide ainsi que dans la forêt semi-sempervirente à décidue sèche et sub-aride. On peut le reconnaître à ses feuilles composées imparipennées portant souvent un nombre variable de folioles sur la même plante, au pétiole et rachis parfois ailés, à ses fleurs aux pétales valvaires et à ses grandes baies charnues, indéhiscentes et ovoïdes.

Noms vernaculaires: *ampodivary, ampolindrano, andramanamora, andriamagnamora, andriaman-amora, andriamanamory, antambona, beandrona,* *driamanamora, fanamo, fandrian-totoroka, hazomainty, hazombalala, hazondrea, horokoke, indremanamora, kiranjy, laliangiala, lalangyala, lohindry, mampolindrano, manamora, maroampototra, maroando, mosesy, ndramagnamora, ndranamamora, ndranamora, ndremanamoro, ndriamamora, ora, remeloka, sanira, sanirambe, sarisehaka, sarisiaka, sompoko, taimbarika, talumetiala, tavialahy, tavolo, teloravina, tsanirana, vangaty*

Neobeguea J.-F. Leroy, Adansonia, n.s., 16: 170. 1976.

Genre endémique représenté par 3 espèces.

Petits à grands arbres monoïques au feuillage décidu, à l'écorce externe s'exfoliant par grandes plaques (platanoïde). Feuilles alternes, composées paripennées avec 4–15 paires de folioles subopposées à alternes, subentières ou serretées. Inflorescences terminales ou axillaires en thyrses, fleurs petites, surtout 4-mères; calice soudé 4-lobé à la moitié ou moins; pétales 4 (5), libres, tordus-imbriqués, réfléchis à l'anthèse; étamines soudées en une colonne staminale en forme d'urne ou de coupe portant 8(–10) anthères, les anthérodes dans les fleurs femelles plus petites et sans pollen; disque en forme de coussinet bien développé dans les fleurs mâles, soudé à la base du pistillode; ovaire 3-loculaire, style terminal avec une tête stigmatique épaisse et discoïde; pistillode dans les fleurs mâles plus grêle, le style plus long; ovules 4–6 par loge. Le fruit est une grande capsule dressée, 3-angulaire, ligneuse, à déhiscence septifrage, s'ouvrant à

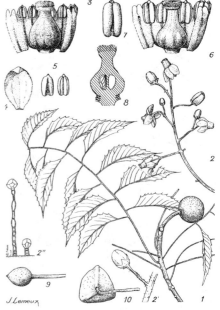

297. *Neobeguea mahafaliensis*

l'apex, les 3 valves se détachant séparément du septa en laissant une columelle centrale ligneuse et 3-angulaire; graines aplaties, munies d'une large aile membraneuse sur tout le tour de la marge, albumen mince.

Neobeguea est distribué dans la forêt et le fourré décidus secs et sub-arides. Très affine avec *Khaya*, il en diffère par ses fleurs qui ne sont que 4-mères avec un calice plus soudé, un ovaire 3-loculaire avec moins d'ovules par loge et par ses capsules 3-angulaires contenant des graines munies d'une aile plus large et membraneuse.

Noms vernaculaires: *andy, bemahova, gavoala, handy, voatangena*

Quivisianthe Baill. in Grandidier, Hist. Phys. Madagascar 33(3), Atlas 2, fasc. 34: t. 251. 1893.

Genre endémique représenté par 1 ou 2 espèce(s).

Arbres dioïques ou rarement hermaphrodites. Feuilles alternes, composées paripennées avec 5–8 paires de folioles entières, opposées. Inflorescences axillaires en panicules courtes, fleurs petites, 5-mères; calice soudé, 5-lobé jusqu'au milieu; pétales 5, libres, valvaires; étamines soudées en une courte colonne staminale en forme d'urne ou cylindrique à la marge crénelée, les 5 anthères insérées le long de la marge, anthérodes dans les fleurs femelles plus petites et sans pollen; disque annulaire ou

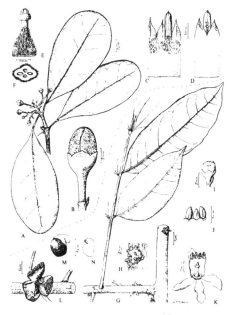

299. *Trichilia*

absent; ovaire 3(–4)-loculaire, style terminal étendu à l'apex, surmonté d'un stigmate obscurément 3-lobé; ovule(s) (1)2 par loge. Le fruit est une grande capsule sèche, à déhiscence loculicide, 3(–4)-valve; graines aplaties munies d'une grande aile apicale, albumen mince.

Quivisianthe est distribué dans la forêt décidue sèche et sub-aride. On peut le reconnaître à ses feuilles composées paripennées avec 5–8 paires de folioles opposées et à ses grandes capsules sèches, 3(–4)-valves, à déhiscence loculicide, contenant de 1 à 2 graine(s) terminée(s) par une grande aile apicale.

Noms vernaculaires: *beoditra, handy, hompy, ompy, papina, saniramboanjo beravina, valiandro*

Trichilia P. Browne, Civ. Nat. Hist. Jamaica: 278. 1756. nom. cons.

Genre intertropical représenté par env. 92 espèces dont la majorité (env. 70 spp.) sont distribuées dans le Nouveau Monde, 14 spp. en Afrique, 6 spp. endémiques de Madagascar et 2 spp. en Asie du Sud-Est,

Buissons ou petits arbres dioïques, souvent non ramifiés. Feuilles alternes, composées imparipennées ou moins souvent paripennées avec 2–5 paires de folioles opposées, entières, rarement trifoliolées ou unifoliolées. Inflorescences axillaires ou terminales en panicules, fleurs petites, 4–5-mères; calice soudé superficiellement à profondément 4–5-lobé, rarement entier, ou à sépales libres, imbriqués;

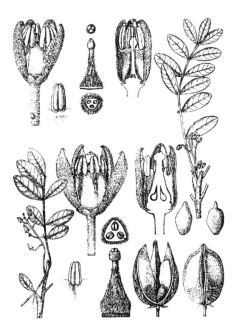

298. *Quivisianthe papinae*

300. *Turraea sericea*

pétales 4 ou 5, libres ou légèrement soudés à la base, imbriqués ou valvaires; étamines soudées en une colonne staminale en forme d'urne ou de cylindre à la marge entière, lobée ou munie d'appendices bifides, ou les filets partiellement libres, anthères 5–10, alternant avec les lobes ou les appendices sur la marge de la colonne staminale, anthérodes dans les fleurs femelles plus petites et sans pollen; disque annulaire; ovaire (2–)3(–4)-loculaire, style terminal à tête capitée surmontée d'un stigmate conique ou 2–6 lobé; ovule(s) 1–2 par loge. Le fruit est une grande capsule coriace à ligneuse, dressée, à déhiscence loculicide, généralement 3-lobée; graines portant un arillode mince à charnu, à l'albumen généralement absent.

Trichilia est distribué dans la forêt sempervirente humide et sub-humide. On peut le reconnaître à ses feuilles généralement composées imparipennées avec des folioles opposées, rarement trifoliolées ou unifoliolées et à ses grandes capsules, coriaces à ligneuses, dressées, à déhiscence loculicide, généralement 3-lobées et contenant des graines couvertes d'un arillode mince à charnu.

Noms vernaculaires: *ampana, ampody, antaivaratra, antonvaratra, bandrony, chikele, famantsidaleana, famantsilakana, fanjavala, hazombato, hazontavolo, marankoditra, menahy, mouatza, remaitso, sadodoka, sarivakakoa, somotororana, tantorakolaky, tavaratra, torodoro*

Turraea L., Mant. Pl. 2: 150, 237. 1771.

Genre représenté par env. 66 espèces: 24 spp. distribuées en Afrique, env. 35 spp. à Madagascar, aux Comores et aux Mascareignes, et 6 spp. en Asie du Sud-Est et en Australie.

Buissons ou petits arbres hermaphrodites à poils simples. Feuilles alternes, généralement distiques, simples (rarement composées – 1 sp. en Afrique), entières à sinuées-crénelées. Inflorescences axillaires ou terminales en panicules ou cymes courtes, ou fleurs solitaires, fleurs grandes, 4–5-mères; calice soudé, 4–5-lobé; pétales 4 ou 5, libres, imbriqués; étamines soudées en une longue colonne staminale étroitement cylindrique, entière ou terminée par des appendices simples ou bifides, souvent réfléchis, avec 8 ou 10 anthères insérées sur la marge ou juste dessous, alternant ou opposées aux appendices; disque annulaire ou absent; ovaire 4–10-loculaire, style terminal étendu en sphère à l'apex et surmonté d'un stigmate discoïde; ovules 2 par loge. Le fruit est une grande capsule initialement un peu charnue à coriace, puis sèche, à déhiscence loculicide; graines à arillode charnu.

Turraea est distribué dans la forêt sempervirente humide et sub-humide ainsi que dans la forêt et le fourré décidus secs et sub-arides. On peut le reconnaître à ses feuilles simples, à ses grandes fleurs avec une longue colonne staminale, étroitement cylindrique et tubulaire, et à ses grandes capsules un peu charnues à coriaces initialement, puis sèches, déhiscentes, 4–10-loculaires et contenant des graines à l'arillode charnu.

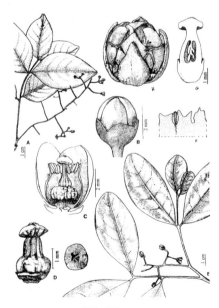

301. *Xylocarpus*

Noms vernaculaires: *azomboatango, fafara, fakazavavavy, falinandro, famazavalafara, fanagabe, fanazabe, fanazava, fanfara, fangazalahy, fankazava, hafotra, hary, hazomafana, hazomboahangy, hazomby, hazondomohine, hazondrano, hazondranovoay, hazongalala, hazotoho, hazotohorideano, hazovola, hiropomalandy, kafeala, kerehibika, kifiky, kinipantrogona, kioroa, lafara, lafarana, lalangy, lambafo fotsy, lambina, lemoazy, mabolesaka, maherihandry, mamonianpotorany, mampisaraka, mangerivorika, manivala, menaly, menandrano, menaselika, oditrovy, paisoala, ramorona, reampy, retantely, sahatavy, sakafara, samalahaza, sanatrimena, sanganakoholahy, saripima, selinibitsiky, sesitrala, sinisiny, soavany, sokinala, tabarika, tafara, taimboalavovavy, talinala, tanatamamalamena, tanatananalamena, tapiakanakoho, tapitsoka, tsakafara, tsilaitratsilazaha, tsingimbato, tsipoy, voamejy, voantalanina, voarankoaka, voavohitra, voroiala*

Xylocarpus J. König, Naturforscher (Halle) 20: 2. 1784.

Genre représenté par 3 espèces distribué d'Afrique de l'Est au Pacifique; 2 spp. à large distribution sont rencontrées à Madagascar.

Buissons ou arbres monoïques. Feuilles alternes, composées paripennées avec 2–3 paires de folioles subopposées, entières. Inflorescences axillaires à pseudoterminales, en courtes thyrses peu ramifiées, fleurs petites, 4-mères; calice soudé, 4-lobé au milieu, valvaire; pétales 4, libres, tordus; étamines soudées en une colonne staminale en forme d'urne terminée par 8 appendices superficiellement bifides, les 8 anthères insérées sous la marge et alternant avec les appendices, anthérodes dans les fleurs femelles plus petites et sans pollen; disque bien développé en forme de coussinet; ovaire 4-loculaire, style terminal court, tête portant 4 cannelures stigmatiques radiantes et largement discoïdes; ovules 3–4 par loge. Le fruit est une grande capsule pendante, coriace, globuleuse, à déhiscence septifrage tardive, les 4 valves tombant séparément du septa en laissant une mince columelle centrale; graines à testa liégeux, albumen absent.

Xylocarpus granatum et *X. rumphii* sont distribués dans les habitats côtiers littoral et de mangrove. On peut les reconnaître à leurs feuilles composées paripennées portant 2–3 paires de folioles subopposées, à leurs fleurs 4-mères et à leurs grandes capsules pendantes, globuleuses, à déhiscence tardive septifrage, 4-valves et contenant des graines à testa liégeux.

Noms vernaculaires: *antakatalaotra, antalaotra, fobo, latakaloatra, latakar-antalaotra, latakantalaotra, mosotro, saringavo, taborantalaotra, voanlatakantalaotra*

MENISPERMACEAE Juss.

Famille de taille moyenne, surtout intertropicale mais également rencontrée dans les régions tempérées chaudes, surtout de lianes et de grimpantes à feuilles simples, représentée par 78 genres et 520 espèces. Parmi les quelques rares genres arborescents de la famille, trois (*Burasaia, Spirospermum* et *Strychnopsis*) sont rencontrés à Madagascar dont *Burasaia* est l'un des deux genres seulement de la famille qui présente des feuilles composées (trifoliolées). En plus des trois genres de petits arbres, cinq genres de lianes sont représentés à Madagascar.

Arbres dioïques de petite ou moyenne taille, au bois jaunâtre et amer, entièrement glabres (les lianes sont souvent pubescentes). Feuilles alternes, souvent groupées en spirales vers l'apex des branches, simples ou rarement composées trifoliolées, entières ou aux folioles rarement lobées, penninerves ou triplinerves (lianes distinctement palmatinerves), le pétiole manifestement renflé et avec un pulvinus géniculé à l'apex, stipules nulles. Inflorescences axillaires, souvent cauliflores, racémeuses ou paniculées, fleurs très petites, régulières, 3-mères; sépales 6 en 2 verticilles; pétales 6 ou rarement absents; étamines 5–6, libres ou aux filets soudés en une colonne, anthères biloculaires, introrses, à déhiscence longitudinale; staminodes présents dans les fleurs femelles ou absents; gynécée composé de 3–9 carpelles uniloculaires libres en 1 verticille ou plus, style très court ou absent, stigmate en forme de coupe; ovules 2 initialement, puis 1 par avortement. Le fruit est un groupe de grands méricarpes drupacés, charnus, ne contenant qu'une graine, ovoïdes ou fortement aplatis et circulaires, l'endocarpe osseux; graine souvent courbée en fer à cheval, albumen présent ou non.

Diels, L. 1931. Menispermaceae. Cat. Pl. Madag. 1(6): 7–9.

1. Feuilles composées trifoliolées ou rarement simples; méricarpes ovoïdes · · · *Burasaia*
1'. Feuilles simples; méricarpes circulaires, fortement aplatis latéralement.
   2. Feuilles penninerves; inflorescences axillaires, longuement pendantes · · *Spirospermum*
   2'. Feuilles fortement triplinerves; inflorescences surtout ramiflores, non longuement
      pendantes · *Strychnopsis*

Burasaia Thouars, Gen. Nov. Madagasc.: 18. 1806.

Genre endémique représenté par 5 espèces.

Arbres petits ou moyens au port droit. Feuilles composées trifoliolées ou rarement simples, les dernières feuilles produites pendant une période de croissance parfois simples (unifoliolées), folioles entières ou rarement lobées, penninerves, pétiole de longueur manifestement variable, portant vers l'apex un pulvinus géniculé quelque peu renflé. Inflorescences axillaires ou cauliflores; sépales 5–12, généralement 9, en 3 verticilles imbriqués, les sépales sur le plus externe ressemblant à des bractées; pétales (4–)6, ou absents; étamines 5–6; pistillode généralement absent; gynécée de 3(–4) carpelles séparés, stigmate sessile; staminodes 5–6, ou absents. Le fruit est un méricarpe ou un groupe de 2 ou 3 méricarpes, grands, charnus, indéhiscents, ovoïdes à piriformes, jaune clair à orange-rose, vernissés; graines à albumen ruminé.

Burasaia est distribué dans la forêt sempervirente humide et sub-humide ainsi que dans la forêt semi-décidue sèche de la région d'Ambongo-Boina. On

303. *Spirospermum penduliflorum*

peut le reconnaître à ses feuilles alternes, généralement composées trifoliolées, au pétiole de longueur variable portant vers l'apex un pulvinus géniculé quelque peu renflé.

Noms vernaculaires: *alakamisy, ambarasaha, ambora, amborasaba, amborasaha, amborasatra, ampody, faritsaty, hazondahy, kotolahy, odiandro, taolambodiakoha, vahampoana, varongy mainty, velonavivaro*

Spirospermum Thouars, Gen. Nov. Madagasc.: 19. 1806.

Genre endémique représenté par 1 ou 2 espèce(s).

Petits arbres arqués. Feuilles simples, penninerves, pétiole portant près de l'apex un pulvinus distinct géniculé. Inflorescences axillaires, bien qu'apparaissant parfois terminales, bien ramifiées, en panicules longuement pendantes; fleurs vert-jaune à blanchâtres. Le fruit est un méricarpe ou groupe de 2–9 méricarpes drupacés, grands, quelque peu charnus, comprimés latéralement, circulaires, contenant des graines courbées en fer à cheval.

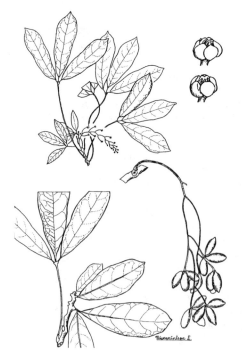

302. *Burasaia*

Spirospermum penduliflorum est distribué dans la forêt sempervirente humide à basse altitude. On peut le reconnaître à ses feuilles simples, penninerves, au pétiole portant vers l'apex un pulvinus distinct géniculé, et à ses longues inflorescences en panicules pendantes. Une seconde espèce possible non décrite aux feuilles extrêmement étroites est rencontrée au nord de Fort-Dauphin.

Noms vernaculaires: *karakarfito*, *oditolaka*, *telotritry*, *telotritry lahy*

Strychnopsis Baill., Bull. Mens. Soc. Linn. Paris 1(57): 456. 1885.

Genre endémique représenté par 1 espèce.

Arbres petits à moyens au port droit. Feuilles simples, fortement triplinerves, pétiole portant vers l'apex un pulvinus géniculé distinct. Inflorescences surtout ramiflores, parfois axillaires ou cauliflores, en une masse dense de racèmes dressés, aux axes teintés de rose; fleurs translucides, jaune verdâtre à blanches, parfois teintées de rose. Le fruit est un groupe de 2–3 grands méricarpes drupacés, quelque peu charnus, comprimés latéralement, circulaires, jaune-verdâtre clair, la graine courbée en fer à cheval.

Strychnopsis thouarsii est distribué dans la forêt sempervirente humide et sub-humide. On peut le reconnaître à ses feuilles fortement triplinerves, au pétiole portant près de l'apex un distinct

304. *Strychnopsis thouarsii*

pulvinus géniculé et à ses inflorescences généralement cauliflores, denses et courtes.

Noms vernaculaires: *alakamisy*, *amboramahitso*, *hazotolaka*, *odiandro*, *telotritry*, *telotritry vavy*, *titeliravina*, *tsivoanio*

MONIMIACEAE Juss.

Ancienne petite famille intertropicale représentée par 30 genres et env. 350 espèces. Les genres de Madagascar appartiennent à la tribu des Hedycaryeae qui comprend également *Xymalos* d'Afrique et *Hedycarya*, *Kibaropsis* et *Levieria* de Nouvelle Calédonie, de Nouvelle Guinée, de Nouvelle Zélande, d'Australie et des Célèbes, suggérant une origine du Gondwana pendant le Crétacé.

Buissons ou arbres, dioïques ou monoïques, généralement aromatiques. Feuilles opposées et souvent subopposées sur la même branche, ou rarement verticillées ou subalternes, simples, entières ou un peu serretées à dentées avec des dents glanduleuses, penninerves, portant des glandes sécrétant de l'huile, stipules nulles. Inflorescences terminales, axillaires, ou souvent cauliflores, en cymes ou fascicules ou fleurs solitaires, fleurs régulières, unisexuées, le réceptacle bien développé, discoïde plan à concave, ou urcéolé, cupuliforme, ellipsoïde, cylindrique ou sphérique; périanthe comprenant de petits tépales, généralement indifférenciés, spiralés à décussés; étamines peu à nombreuses, anthères sessiles ou aux filets très courts, à déhiscence longitudinale; carpelles généralement nombreux, libres, exposés sur la surface du réceptacle (supères), ou enfouis dans le réceptacle et soudés à ce dernier (infères), uniloculaires avec un seul ovule, style très court, ou absent et alors le stigmate sessile. Carpelles fructifères drupacés, portés sur la surface du réceptacle accrescent, ou les carpelles individuels groupés en un pseudosyncarpe rappelant l'épi de maïs, ou la paroi épaissie du réceptacle s'ouvrant en se fendant irrégulièrement pour exposer les carpelles enfouis, charnus, le fruit à endocarpe mince; graines albuminées.

Cavaco, A. 1959. Monimiacées. Fl. Madagasc. 80: 1–44.

Jérémie, J. & D. H Lorence. 1991. Six nouvelles espèces de *Tambourissa* (Monimiaceae) de Madagascar. Bull. Mus. Natl. Hist. Nat., B, Adansonia 13: 131–146.

Lorence, D. H. 1985. A monograph of the Monimiaceae (Laurales) in the Malagasy region (southwest Indian Ocean). Ann. Missouri Bot. Gard 72: 1–165.

Lorence, D. H. 1987. The fruits of *Decarydendron* (Monimiaceae). Ann. Missouri Bot. Gard. 74: 445–446.

Lorence, D. H. 1999. A new species of *Ephippiandra* (Monimiaceae: Monimioideae) from Madagascar. Adansonia, sér. 3: 21(1): 133–136.

Schatz, G. E. 1996. Malagasy/Indo-Australo-Malesian phytogeographic connections. pp 73–83. *In*: W. Lourenço (ed.), Biogéographie de Madagascar, Editions de l'ORSTOM, Paris.

1. Réceptacle des fleurs femelles discoïde plan à concave, les carpelles exposés sur la surface du réceptacle, supères; carpelles fructifères séparés et exposés sur la surface du réceptacle ou groupés dans un pseudosyncarpe rappelant un épi de maïs.
    2. Fleurs à 7–15 grands tépales imbriqués, le réceptacle mâle non plié graduellement à l'anthèse et entier, non fendu, réceptacle femelle concave; carpelles fructifères groupés dans un pseudosyncarpe rappelant un épi de maïs · · · · · · · *Decarydendron*
    2'. Fleurs à 4–8(–16) tépales décussés, petits à minuscules, le réceptacle mâle se fendant en 4 segments valvaires à l'anthèse, réceptacle femelle discoïde plan; carpelles fructifères noirs portés séparément en cupules sur un réceptacle rouge et accrescent · *Ephippiandra*
1'. Réceptacle des fleurs femelles cupuliforme, ellipsoïde, cylindrique ou sphérique, les carpelles enfouis dans la paroi du réceptacle, donc infères; carpelles fructifères initialement enfouis dans la paroi épaissie du réceptacle dont la surface est souvent brune et liégeuse, le réceptacle finissant par se fendre en s'ouvrant irrégulièrement pour révéler les carpelles fructifères à surface orange-rouge vif · · · · · · · · *Tambourissa*

Decarydendron Danguy, Bull. Mus. Natl. Hist. Nat. 34: 279. 1928.

Genre endémique représenté par 4 espèces.

Arbrisseaux à arbres de taille moyenne, monoïques. Feuilles opposées, un peu serretées à dentées, à face inférieure pubescente ou glabre. Inflorescences axillaires ou cauliflores à la base du tronc, en cymes unisexuées ou mixtes portant 5–15 fleurs, souvent terminées par une fleur femelle, fleurs grandes; tépales 7–15, disposés en 1–2 verticille(s) imbriqué(s), largement obtus, verts; réceptacles rouges à pourpres, le réceptacle mâle s'ouvrant graduellement sans se fendre, cupuliforme, réceptacle femelle largement obconique; étamines 16–60, blanc-verdâtre à jaunes, aux filets distincts; carpelles nombreux, >300, supères, subsessiles. Carpelles fructifères groupés dans un pseudosyncarpe rappelant un épi de maïs, les carpelles individuels grands, un peu charnus, indéhiscents, brièvement stipités, pyramidaux, la surface brun clair et verruqueuse-lenticellée, l'intérieur jaune.

Decarydendron est distribué dans la forêt sempervirente humide et sub-humide depuis le

305. *Decarydendron*

niveau de la mer jusqu'à 1 400 m d'altitude, depuis le PN d'Andohahela jusqu'au PN de Marojejy. On peut le reconnaître à ses fleurs aux tépales imbriqués, les fleurs mâles au réceptacle ne se fendant pas, celui des fleurs femelles largement obconique, et en particulier à ses groupes de carpelles fructifères rappelant des épis de maïs.

Noms vernaculaires: *ambora saha*

Ephippiandra Decne., Ann. Sci. Nat., Bot., sér. 4, 9: 278, pl. 7. 1858.

Hedycaryopsis Danguy, Bull. Mus. Natl. Hist. Nat. 34: 278. 1928.

Genre endémique représenté par 7 espèces.

Buissons, arbrisseaux ou arbres de petite à moyenne taille monoïques. Feuilles opposées à subopposées, entières ou légèrement dentées avec des dents glanduleuses, à la face inférieure pubescente ou glabre. Inflorescences axillaires, terminales ou ramiflores, en cymes unisexuées ou mixtes portant 3–5 fleurs et terminées par une fleur femelle, ou fleurs solitaires, fleurs grandes; tépales 4–8, minuscules, décussés; réceptacle mâle se fendant profondément en 4 segments valvaires subégaux, devenant plan ou réfléchi à l'anthèse; réceptacle femelle graduellement étendu, ne se fendant pas, discoïde plan; étamines 9–50, sessiles ou à filet court; carpelles 15–120, supères, sessiles. Carpelles fructifères petits, finement charnus, indéhiscents, noirs, disposés sur le tiers ou la moitié de leur longueur dans des cupules sur le réceptacle plan à convexe, épaissi, charnu et rouge.

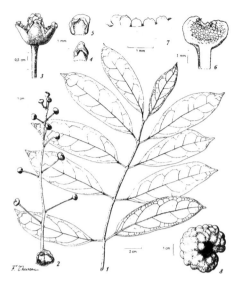

307. *Tambourissa masoalensis*

Ephippiandra est distribué dans la forêt et le fourré sempervirents, humides, sub-humides et de montagne depuis une altitude proche du niveau de la mer jusqu'à 2 500 m d'altitude. On peut le reconnaître à ses fleurs aux minuscules tépales décussés, au réceptacle mâle se fendant profondément en 4 segments inégaux, au réceptacle femelle discoïde plan, et à ses carpelles fructifères noirs disposés dans des petites cupules sur la surface du réceptacle charnu et rouge.

Noms vernaculaires: *ambora*, *amborabe*, *tambonaika*

Tambourissa Sonn., Voy. Indes Orient. Ed. 1, 3: 267, tab. 134. 1782.

Phanerogonocarpus Cavaco, Bull. Soc. Bot. France 104: 612, figs. 1–4. 1958.

Genre représenté par env. 50 espèces exclusivement distribué sur les îles de l'ouest de l'océan Indien, aux Comores (5 spp.), à Maurice (10 spp.), à la Réunion (2 spp.) et la majorité des spp. (env. 32) endémiques de Madagascar.

Petits arbrisseaux à grands arbres monoïques ou dioïques. Feuilles opposées à subopposées, rarement verticillées ou subalternes, entières ou serretées-dentées avec des dents glanduleuses, à la face inférieure glabre ou pubescente. Inflorescences terminales, axillaires, ramiflores ou cauliflores sur le tronc principal, fleurs petites à grandes; tépales peu, minuscules décussés; réceptacle mâle se fendant profondément en 4 segments valvaires subégaux, devenant généralement plan ou réfléchi à l'anthèse mais restant parfois

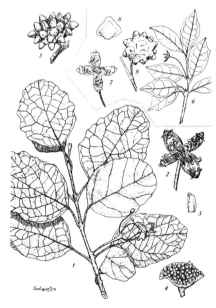

306. *Ephippiandra*

relativement fermé; réceptacle femelle cupuliforme à sphérique, souvent presque complètement fermé avec un seul petit orifice; étamines peu à très nombreuses, sessiles ou à filet distinct, souvent richement colorées, jaunes, orange à rouges ou blanches; carpelles nombreux, enfouis dans le réceptacle et soudés à la paroi de ce dernier, donc infères. Carpelles fructifères initialement enfermés dans la paroi épaissie du réceptacle, liégeuse à ligneuse, brune à l'extérieur et orange à l'intérieur, le réceptacle s'ouvrant finalement en se fendant pour révéler des petits fruits drupacés, charnus, orange-rouge.

Tambourissa est distribué sur l'ensemble de la forêt et du fourré sempervirents, humides, sub-humides et de montagne depuis le niveau de la mer jusqu'à plus de 2 000 m d'altitude. On peut le reconnaître à ses fleurs au réceptacle femelle cupuliforme à sphérique, aux carpelles enfouis dans le réceptacle, et donc infères, et en particulier à son grand réceptacle fructifère liégeux à ligneux qui se fend en final pour révéler des fruits rouge-orange.

Noms vernaculaires: *ambora, ambora lahy, ambora saha, ambora vavy, amboravato, laingafora, mahimasina, valiramarnia*

MONTINIACEAE Milne-Redh.

Petite famille représentée par deux genres (*Grevea* distribuée en Afrique et à Madagascar et *Montinia* en Afrique du Sud). Précédemment placée près des Escalloniaceae (Saxifragaceae s.l.), de récentes études utilisant des données moléculaires suggèrent une relation étroite avec la famille endémique de Madagascar des Kaliphoraceae à la base des Solanales (Olmstead, comm. pers.).

Bosser, J. & J. Millogo-Rasolodimby. 1991. Montiniaceae. Fl. Madagasc. 93 bis: 71–79.

Capuron, R. 1969. Observations sur le *Grevea madagascariensis* Baillon. Adansonia, n.s., 9: 511–514.

Ramamonjiarisoa, Bakolimalala A. 1980. Comparative anatomy and systematics of African and Malagasy woody Saxifragaceae, s. lat. Ph.D. Dissertation, University of Massachusetts. 241pp.

Grevea Baill., Bull. Mens. Soc. Linn. Paris 1: 420, 477. 1884

Genre représenté par 3–4 espèces distribué en Afrique et à Madagascar.

Arbustes ou petits arbres atteignant 5 m de haut, (l'espèce d'Afrique de l'Ouest *G. bosseri* est une liane) dioïques, aux branches lenticellées, entièrement glabres à l'exception d'une touffe de poils denses aux aisselles des feuilles. Feuilles opposées ou parfois subopposées (alternes chez *Montinia*), simples, entières, penninerves, décidues, caustiques et dégageant une très forte odeur brûlante lorsque froissées, noircissant souvent en séchant, stipules nulles. Inflorescences axillaires en cymes (mâle) ou terminales solitaires (femelles), fleurs grandes, régulières, 3–4(–5) mères; calice soudé cupuliforme (mâle) à longuement tubulaire (femelle), aux lobes tronqués à dentés; pétales libres, imbriqués, insérés sous le rebord d'un disque nectaire annulaire, les lobes caducs; étamines en même nombre que les pétales, alternant avec eux, insérées sous le rebord du disque, les filets courts, anthères biloculaires, extrorses, à déhiscence longitudinale; pistillode légèrement saillant au centre; ovaire infère,

complètement ou partiellement biloculaire, style terminal, bilobé à l'apex, stigmate tapissant l'intérieur des lobes; ovules 4–12; staminodes

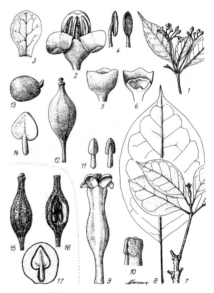

308. *Grevea madagascariensis*

présents. Le fruit est une grande capsule sèche, ind´hiscente, fragile, ovoïde, pédicellée et rétrécie à la base, au sommet apiculé et couronné par les restes du calice, du disque et du style/stigmate, faiblement côtelée et lisse ou couverte de tubercules blancs; graines sphériques, à albumen abondant.

Grevea est distribué dans la forêt décidue sèche depuis le nord de Morondava jusqu'à Antsiranana et est particulièrement commun dans la région d'Ambongo au sud de Mahajanga. On peut le reconnaître à ses feuilles opposées sans stipules qui dégagent une forte odeur brûlante lorsque froissées, à la fleur terminale solitaire femelle présentant un ovaire infère, et à ses grands fruits secs, cassants, capsulaires et

indéhiscents. Bosser & Millogo-Rasolodimby (1991) reconnaissent deux sous-espèces endémiques de *Grevea madagascariensis* à Madagascar, dont la ssp. *leandrii* aux fruits couverts de tubercules et qui est localisée aux formations calcaires de la région d'Antsalova dans le Tsingy de Bemaraha; je considère cependant que leurs relations avec les *Grevea* d'Afrique de l'Est ainsi que la circonscription taxinomique des espèces de *Grevea* d'Afrique de l'Est et de Madagascar ne sont toujours pas complètement résolues. Les feuilles caustiques sont employées pour soigner les rhumes et soulager les migraines.

Noms vernaculaires: *kipatrozana, mamalifolahy, mavofeno, pepana, poapoalahy, tapatrozona*

MORACEAE Link

Grande famille intertropicale et des régions tempérées chaudes représentée par env. 50 genres et env. 1 200 espèces. En plus des genres d'arbres suivant, l'herbe variable *Dorstenia cuspidata* var. *humblotiana* est largement répandue à Madagascar.

Petits à grands arbres monoïques ou dioïques à exsudation laiteuse ou liquide et blanche (absente chez *Fatoua*) virant au brun lorsqu'exposée à l'air. Feuilles alternes à subopposées, simples, entières, diversement dentées, ou parfois irrégulièrement lobées, penninerves ou parfois palmatinerves à triplinerves, portant parfois des ronds glanduleux aux aisselles des nervures secondaires basales ou sur la nervure principale dessous (*Ficus*), stipules libres ou soudées, latérales ou (semi) amplexicaules et couvrant complètement le bourgeon végétatif et laissant alors une cicatrice distinctement encerclante sur la tige, caduques ou parfois persistantes. Inflorescences axillaires ou parfois cauliflores, munies de bractées, pédonculées ou sessiles, en épis, capitées, discoïdes ou enfermées dans un réceptacle ressemblant à un sac (figues), les fleurs femelles souvent solitaires, fleurs petites, régulières, généralement 4-mères; périanthe en un seul verticille de (2–)4(–6) tépales libres ou soudés (en fait, pétales absents), parfois absents, étamines en même nombre que les éléments du périanthe, dressées ou penchées vers l'intérieur dans le bouton, les filets distincts ou presque absents, anthères biloculaires, introrses à extrorses, à déhiscence longitudinale, ovaire libre et supère ou soudé au périanthe ou au réceptacle et alors infère, uniloculaire, style terminal ou oblique, stigmate(s) 1 ou 2 et alors égaux ou inégaux; ovule 1. Le fruit est une petite ou une grande drupe charnue, ou sec et ressemblant à un akène, souvent entouré par le périanthe et/ou le réceptacle charnus et accrescents, ou enfoui dans le réceptacle; albumen présent ou non.

Berg, C. C. 1977. Revisions of African Moraceae (excluding *Dorstenia, Ficus, Musanga,* and *Myrianthus*). Bull. Jard. Bot. Belg. 47: 267–407.

Berg, C. C. 1986. The *Ficus* species (Moraceae) of Madagascar and the Comoro Islands. Bull. Mus. Natl. Hist. Nat., sér. 4, B, Adansonia 8: 17–55.

Berg, C. C. 1988. The genera *Trophis* and *Streblus* (Moraceae) remodelled. Proc. Kon. Ned. Akad. Wetensch. C 91(4): 345–362.

Capuron, R. 1972. Contribution à l'étude de la flore forestière de Madagascar. D. Combinaisons et synonymies nouvelles. Adansonia, n.s., 12: 386.

Leandri, J. 1952. Moracées. Fl. Madagasc. 55: 1–76.

1. Plantes suffrutescentes sans exsudation, parfois ligneuses mais seulement à la base, de moins de 1 m de haut ··· *Fatoua*
1'. Petits à grands arbres à exsudation laiteuse à liquide et blanche.
  2. Fleurs enfermées dans des espèces de sacs profonds presque fermés, réceptacle charnu (figue) avec une petite ouverture apicale; ronds glanduleux présents aux aisselles des nervures secondaires basales ou sur la nervure principale dessous ·· *Ficus*
  2'. Fleurs portées sur la face interne de réceptacles ouverts, discoïdes, ou dans des inflorescences en épis ou capitées; feuilles à la face inférieure sans ronds glanduleux.
    3. Inflorescences bisexuées, constituées d'une seule fleur femelle entourée par des fleurs mâles.
      4. Fleurs mâles au périanthe 5-lobé et à 5 étamines courbées vers l'intérieur dans le bouton; stipules libres, latérales, ne laissant pas de cicatrice proéminente et encerclante ·· *Bleekrodea*
      4'. Fleurs mâles sans périanthe, réduites à des étamines, l'inflorescence ressemblant ainsi à une fleur hermaphrodite, les étamines dressées dans le bouton; stipules connées, amplexicaules, laissant une cicatrice proéminente et encerclante ·· *Trilepisium*
    3'. Inflorescences unisexuées, soit que de fleur(s) mâle(s), soit que de fleur(s) femelle(s).
      5. Fleurs femelles en capitules sphériques à légèrement oblongs et capités, les infructescences apparaissant ainsi en syncarpes.
        6. Stipules libres, latérales, souvent persistantes et manifestes, révolutées; fleurs mâles en épis; fruits portés sur des branches latérales feuillées, d'env. 2 cm de diam. ··· *Broussonetia*
        6'. Stipules libres, amplexicaules, caduques; fleurs mâles en capitules arrondis; fruits souvent portés sur le tronc principal, les fruits pouvant atteindre 30–40 cm de diam. ··· *Treculia*
      5'. Fleurs femelles en épis ou solitaires.
        7. Fleurs femelles sur des épis courts ressemblant à des chatons; fruits petits, entourés des tépales charnus et libres; fleurs mâles sur des épis ressemblant à des chatons mais plus longs; dioïques ························· *Streblus*
        7'. Fleurs femelles solitaires; fruits grands, le périanthe complètement soudé au péricarpe.
          8. Stipules libres, latérales, ne laissant pas de cicatrice encerclante; fleurs mâles en épis ou capitules sub-arrondis; fruits glabres, brillants, de 1 à 1,5 cm de long; dioïques ··························· *Trophis*
          8'. Stipules libres, semi-amplexicaules, laissant une cicatrice encerclante; fleurs mâles portées sur un réceptacle discoïde ouvert; fruits couverts d'une pubescence rouille-veloutée, les fruits atteignant 3 cm de long ou plus; monoïques ·· *Antiaris*

Taxons cultivés importants: *Morus alba* (mûrier, *mulberry*), cultivé pour élever les vers à soie sur le Plateau Central; *Artocarpus heterophyllus* (jacquier, *jackfruit*) et *A. altilis* (arbre à pain, *breadfruit*) cultivés à basse altitude le long de la côte est et dans la région du Sambirano.

Antiaris Lesch., Ann. Mus. Natl. Hist. Nat. 16: 478. 1810. nom. cons.

Genre représenté par 1 espèce variable à large distribution d'Afrique en Asie du Sud-Est.

Buissons à grands arbres monoïques à exsudation blanche à jaune, virant au brunâtre. Feuilles distiques, ondulées-dentées à entières, penninerves, souvent scabres, stipules libres, semi-amplexicaules, caduques. Inflorescences axillaires sur des rameaux courts, sous-tendues par un involucre de bractées imbriquées, les staminées discoïdes, pédonculées et multiflores, les pistillées ellipsoïdes et subsessiles ne portant qu'une seule fleur; fleurs mâles généralement à 4 tépales libres, étamines (2–)4(–5), dressées dans le bouton, au filet très court, anthères latrorses à extrorses; pistillode absent; fleurs femelles à périanthe 4-lobé, la partie inférieure soudée au réceptacle et à l'ovaire, styles/stigmates 2. Le fruit est une grande drupe

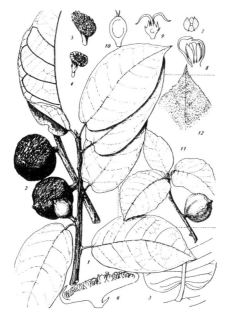

309. *Antiaris*

charnue, indéhiscente, subsphérique, de 3 cm de long ou plus, entourée du réceptacle et du périanthe charnus, apiculée, couverte d'un indument rouille-velouté; albumen absent.

Berg (1977) a traité les 2 taxons de Madagascar en tant que sous-espèces de *Antiaris toxicaria*: la ssp. *madagascariensis* à large distribution dans la forêt décidue sèche et sub-aride au sud-est et au nord-ouest et la ssp. *humbertii*, avec moins de nervures secondaires, dont la distribution est limitée au fourré décidu sub-aride dans le bassin du fleuve Mandrare au sud-est. *Antiaris* peut être reconnu à ses stipules libres, semi-amplexicaules qui laissent une cicatrice encerclante, à ses feuilles souvent rêches au toucher, scabres, ses inflorescences unisexuées aux fleurs mâles portées sur des réceptacles discoïdes ouverts et aux fleurs femelles solitaires, et à ses grands fruits charnus et couverts d'un indument rouille-velouté.

Noms vernaculaires: *ampa, fato, kovosy*

Bleekrodea Blume, Mus. Bot. 2: 85. 1856.

Genre représenté par 3 espèces dont 1 sp. endémique de Madagascar, 1 sp. sur la presqu'île malaise et 1 sp. à Bornéo.

Buissons ou petits arbres monoïques à exsudation blanche. Feuilles distiques, entières ou parfois irrégulièrement lobées, penninerves, à l'apex généralement longuement acuminé, brillantes dessus, à la nervation tertiaire plus sombre et distincte dessous, stipules libres, caduques, ne laissant pas de cicatrice proéminente. Inflorescences axillaires en cymes, portant

généralement une seule fleur femelle entourée de 15–20 fleurs mâles, les inflorescences rarement que staminées ou que pistillées; fleurs mâles au périanthe 5-lobé, étamines 5, courbées à l'intérieur dans le bouton, filets distincts, anthères introrses; pistillode petit, conique; fleurs femelles au périanthe tubulaire, 4-denté, ovaire libre, inclus dans le périanthe, styles/stigmates 2, égaux. Le fruit est une petite drupe charnue, indéhiscente, incluse dans le périanthe accrescent, légèrement charnu et rosâtre; albumen absent.

Bleekrodea madagascariensis est distribué dans la forêt sempervirente sub-humide et décidue sèche depuis le Tsingy de Bemaraha jusqu'à Antsiranana. On peut le reconnaître à ses inflorescences généralement bisexuées portant une seule fleur femelle entourée de 15–20 fleurs mâles, les fleurs mâles au périanthe distinctement 5-lobé, et à ses petits fruits charnus inclus dans le périanthe accrescent, légèrement charnu et rosâtre.

Nom vernaculaire: *tsilita*

Broussonetia L'Hér. ex Vent., Tabl. Règn. Vég. 3: 547. 1799. nom. cons.

Genre représenté par env. 7 espèces distribué de Madagascar (et Mayotte dans l'archipel des Comores) à la Polynésie; l'espèce de Madagascar (y compris les Comores), *B. greveana*, était traitée dans le genre *Chlorophora* par Leandri (1952) et dans celui de *Allaeanthus* par Capuron (1972).

310. *Fatoua* (1–4); *Bleekrodea* (5–10)

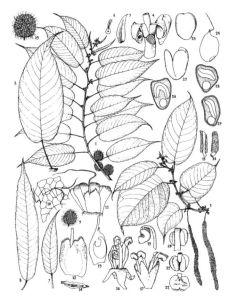

311. *Broussonetia greveana*

Petits à grands arbres dioïques à exsudation abondante de couleur blanche qui vire rapidement à une couleur café clair, au tronc jaune clair et à l'écorce papyracée se desquamant. Feuilles distiques, entières ou crénelées-dentées, penninerves, stipules libres, révolutées et manifestes avant leur chute. Inflorescences axillaires, solitaires, brièvement pédonculées, les staminées en épis cylindriques, les pistillées capitées sphériques à parfois oblongues; fleurs mâles à périanthe 4-parti, 4 étamines courbées vers l'intérieur dans le bouton, au filet distinct, anthères introrses à latrorses, pistillode petit ou absent; fleurs femelles entourées de bractées, périanthe 4-lobé, ovaire inclus dans le périanthe, libre, style/stigmate 2 mais l'un fortement réduit. Le fruit est une drupe mince et charnue enfouie dans le périanthe et les bractées durcies, les multiples fruits rassemblés formant une grande infructescence pseudosyncarpe sphérique; albumen absent.

Broussonetia greveana est largement distribué dans la forêt et le fourré décidus secs et sub-arides. On peut le reconnaître à ses stipules quelque peu persistantes et révolutées, à ses inflorescences unisexuées, les mâles en épis, les femelles en capitules sphériques, et à ses infructescences en résultant en pseudosyncarpes sphériques.

Noms vernaculaires: *hazomena, selivory, somely, tsimihely, vory*

Fatoua Gaudich., Voy. Uranie 12: 509. 1830.

Genre représenté par 2 espèces dont 1 sp. endémique de Madagascar et 1 sp. (*F. pilosa*) distribuée du Japon jusqu'en Nouvelle Calédonie.

Herbes monoïques, suffrutescentes, atteignant 1 m de haut, sans exsudation. Feuilles distiques, crénelées-dentées, penninerves à subtriplinerves, stipules libres, latérales, caduques. Inflorescences axillaires, appariées, en épis ou racèmes, généralement staminées et pistillées, rarement unisexuées; fleurs au périanthe à 4 lobes valvaires; étamines 4, courbées vers l'intérieur dans le bouton, aux filets distincts, anthères introrses, pistillode minuscule; ovaire libre, style/stigmate oblique. Fruit inclus dans le périanthe persistant, drupacé, à l'exocarpe quelque peu charnu, déhiscent.

Fatoua madagascariensis a une distribution limitée au fourré décidu sub-aride. Il s'agit d'une petite plante suffrutescente sans exsudation.

Noms vernaculaires: aucune donnée

Ficus L., Sp. Pl. 2: 1059. 1753.

Genre intertropical et des régions tempérées chaudes représenté par env. 800 espèces; 25 spp. sont rencontrées à Madagascar dont 18 spp. endémiques.

Petits à grands arbres, monoïques ou dioïques, parfois des épiphytes, à exsudation blanche et liquide à laiteuse. Feuilles rarement subopposées, entières, dentées ou parfois irrégulièrement lobées, parfois scabres, penninerves ou parfois palmatinerves, avec des ronds glanduleux aux aisselles des nervures secondaires basales ou vers la base de la nervure principale dessous, stipules latérales à amplexicaules, enfermant souvent le bourgeon

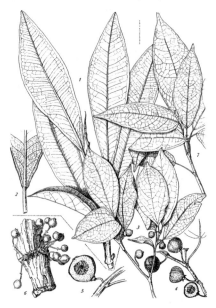

312. *Ficus*

végétatif. Fleurs enfermées dans des réceptacles ressemblant à des espèces de sacs sphériques à piriformes (figues) portant une petite ouverture munie de bractéoles à l'apex, axillaires ou cauliflores, solitaires ou en fascicules; fleurs à 1–6 tépale(s) en forme d'écailles; fleurs mâles à 1–6 étamine(s), dressée(s) dans le bouton, filets soudés ou libres, anthères introrses; fleurs femelles avec 1 style attaché obliquement, stigmate ramifié ou non. Fruit ressemblant à un akène, enveloppé dans le réceptacle charnu petit à grand; albumen présent.

Ficus est distribué dans la forêt sempervirente humide et sub-humide ainsi que dans la forêt et le fourré décidus secs et sub-arides, jusqu'à 1 700 m d'altitude. On peut le reconnaître à son exsudation blanche copieuse, ses feuilles portant dessous des ronds glanduleux aux aisselles des nervures secondaires basales ou sur la nervure principale, et à ses fleurs et fruits complètement enfermées dans des réceptacles ressemblant à des sacs et généralement sphériques (les figues).

Noms vernaculaires: *adabo, amonta, amontana, amota, ampalibe, ampaly, ampana, ampany, aviavindahy, aviavindrano, aviavy, fihamy, fopoha, lazo, kivozy, mandresy, nohondahy, nonoka, ramiraningitra, ramiringitra, tsitindrika, voanpoka, voara, voaramongy, zavy*

Streblus Lour., Fl. Cochinchin.: 599, 614–615. 1790.

Ampalis Bojer ex Bureau, Prodr.17: 250. 1873.
Pachytrophe Bureau, Prodr. 17: 214, 234. 1873.

Genre représenté par 14 espèces distribué d'Afrique (1 sp.) jusqu'aux Iles Salomon; 2 spp. sont rencontrées à Madagascar.

Petits à grands arbres dioïques (monoïques ailleurs) à exsudation blanche. Feuilles spiralées à distiques, entières, penninerves, stipules libres ou connées. Inflorescences axillaires, solitaires ou appariées, en épis, pédonculées, munies de relativement peu de bractées; inflorescences staminées portant de multiples fleurs en chatons, au périanthe 4-lobé, étamines 4, courbées vers l'intérieur dans le bouton, aux filets distincts, anthères introrses, pistillode quadrangulaire; inflorescences pistillées portant de 2 à de multiples fleurs mais moins que les staminées, périanthe de 4 tépales libres, ovaire libre, stigmates 2, égaux. Fruit petit, drupacé, indéhiscent, entouré des tépales charnus, accrescents, vert rougeâtre; albumen absent.

Streblus est principalement distribué dans la forêt sempervirente humide et sub-humide ainsi que dans quelques localités de la forêt semi-décidue sèche. On peut le reconnaître à ses inflorescences unisexuées et sa diécie, les mâles en chatons, les femelles en chatons plus courts,

313. *Streblus*

et à ses petits fruits entourés par les tépales charnus, vert rougeâtre. *S. mauritiana*, qui est également rencontré à Mayotte, est cultivé ailleurs pour ses infructescences comestibles.

Noms vernaculaires: *ampaly, dimepate, odipatika, tsipatika, tsipaty, voalelatra, voantintinjaza*

Treculia Decne., Ann. Sci. Nat. Bot., sér. 3, 8: 108. 1847.

Genre représenté par 3 espèces dont 2 spp. en Afrique et 1 sp. variable à large distribution en Afrique et à Madagascar.

Petits à grands arbres dioïques, parfois monoïques, à exsudation blanche et copieuse. Feuilles distiques, entières ou rarement épineuses dentées, penninerves, stipules libres, amplexicaules, caduques. Inflorescences en capitules sphériques munis de bractées, les staminées axillaires, les pistillées cauliflores sur des branches anciennes ou sur le tronc principal, subsessiles à brièvement pédonculées; fleurs mâles au périanthe irrégulièrement 4-lobé, étamines 2–4, souvent 3, dressées dans le bouton, filets distincts, anthères exsertes, pistillode minuscule ou absent; fleurs femelles sans périanthe, ovaire libre, inclus dans les bractées, style portant 2 stigmates filiformes et exserts. Fruits drupacés, indéhiscents, enfouis dans le réceptacle et entourés de bractées, les parties supérieures durcies, les inférieures molles et charnues, les infructescences en résultant sont grandes et ressemblent à un syncarpe; albumen absent.

Berg (1977) a traité les taxons malgaches de *Treculia* en tant que sous-espèces et variétés de *T. africana*. *Treculia* est distribué sur l'ensemble de forêt sempervirente humide et sub-humide jusqu'à 1 300 m d'altitude ainsi que dans la forêt décidue sèche jusqu'au sud du bassin du fleuve Mangoky. On peut le reconnaître à ses inflorescences unisexuées, en capitules sphériques pour les mâles comme pour les femelles cauliflores et à ses fruits en résultant portés dans un très grand pseudosyncarpe pouvant atteindre 30–40 cm de diam. et ressemblant au fruit du jacquier ou de l'arbre à pain.

Noms vernaculaires: *ampalibeala, dipaka, katoka, tobory, tsipa, tsipaka, tsipaty, tsitendry, tsitondrimboalavo*

Trilepisium Thouars, Gen. Nov. Madagasc.: 22. 1806.

Bosqueia Thouars ex Baill., Adansonia 3: 338. 1863.

Genre représenté par 1 espèce variable distribuée d'Afrique de l'Ouest aux Seychelles.

Petits à grands arbres monoïques à exsudation hésitante, blanche et poisseuse. Feuilles distiques, entières, penninerves, à marge révolutée, la nervure principale renflée, large, proéminente et saillante dessous, stipules soudées, amplexicaules, caduques. Inflorescences axillaires, solitaires, pédonculées, discoïdes à turbinées, sous-tendues par un involucre irrégulièrement 6–8-lobé; fleurs mâles couvrant la surface interne du réceptacle, périanthe absent, étamines multiples, parfois connées à la base, dressées dans le bouton, filets distincts, anthères apiculées; fleur femelle solitaire

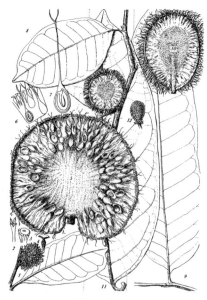

314. *Treculia*

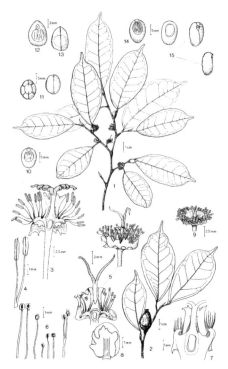

315. *Trilepisium madagascariense*

au centre du réceptacle et enfouie dans celui-ci, périanthe tubulaire, ovaire infère, style exsert, stigmates 2, égaux. Le fruit est une petite à grande drupe charnue, indéhiscente, légèrement oblique sphérique, soudée au réceptacle, couronnée par les restes des étamines; albumen présent.

Berg (1977) a choisi de traiter *Trilepisium* avec une seule espèce variable et largement distribuée. A Madagascar *T. madagascariense* est distribué sur l'ensemble de la forêt sempervirente humide et sub-humide jusqu'à 1 300 m d'altitude ainsi que dans la forêt décidue sèche depuis le Tsingy de Bemaraha jusqu'au nord. On peut le reconnaître à ses feuilles à la nervure principale renflée et large, à ses inflorescences bisexuées ne portant qu'une seule fleur femelle entourée par des fleurs mâles qui n'ont pas de périanthe et qui ressemblent ainsi superficiellement à des fleurs hermaphrodites, et à ses fruits légèrement obliques, sphériques et couronnés par les restes des étamines.

Noms vernaculaires: *ampana, andrimena, avoha, fotsy dity, kililo, kilily, kolohoto, mahanoro rano, mankariamena, tsipatika beravina*

Trophis P. Browne, Civ. Nat. Hist. Jamaica: 357. 1756. nom. cons.

Maillardia Frapp. ex Duch. in Maillard, Ann. Notes Réunion, Bot. 1: 146, 148. 1862.

316. *Trophis*

Arbres dioïques de petite ou moyenne taille à exsudation blanche. Feuilles distiques, entières, penninerves, stipules libres, latérales, caduques. Inflorescences axillaires, les staminées en épis ou subcapitées, multiflores, les pistillées solitaires ou appariées; fleurs mâles au périanthe profondément 4-lobé, les lobes imbriqués dans le bouton, étamines 4, courbées vers l'intérieur dans le bouton, filets distincts, anthères introrses, pistillode quadrangulaire; fleurs femelles au périanthe tubulaire soudé à l'ovaire, style terminal, stigmates 2, égaux. Le fruit est une grande drupe charnue, indéhiscente, ellipsoïde, incluant le périanthe élargi et enveloppant; albumen absent.

Berg (1977) ne reconnaît qu'une seule espèce variable (*T. montana*) à Madagascar, qui est distribuée sur l'ensemble de la forêt sempervirente humide et sub-humide jusqu'à 1 500 m d'altitude ainsi que dans la forêt décidue sèche depuis le Tsingy de Bemaraha jusqu'au nord. On peut la reconnaître à ses inflorescences unisexuées et sa diécie, les mâles en épis ou subcapitées, les fleurs femelles généralement solitaires, et à ses grands fruits charnus, ellipsoïdes. Le fruit est comestible.

Noms vernaculaires: *andrarano, bejofo, bijofy, hazomboangy, voavaladina*

Genre représenté par 9 espèces dont 5 spp. distribuées dans le Nouveau Monde, 1 sp. endémique de Madagascar et des Comores, 1 sp. à la Réunion et 2 spp. en Asie du Sud-Est.

MORINGACEAE Dumort.

Petite famille monotypique représentée par 13 espèces distribuée dans les régions arides et sub-arides d'Afrique, de Madagascar et d'Asie.

Keraudren-Aymonin, M. 1982. Moringaceae. Fl. Madagasc. 85: 33–40.

Moringa Adans., Fam. Pl. 2: 318. 1763.

Genre représenté par 13 espèces dont 2 spp. endémiques de Madagascar; *M. oleifera*, comestible, est cultivé à Madagascar.

Petits arbres hermaphrodites, courtauds, au tronc renflé, à l'écorce et la moelle présentant des canaux de gomme. Feuilles alternes, composées bi ou tri-imparipennées, avec de multiples folioles opposées, entières, penninerves, portant de petites glandes nectaires stipitées à la base du pétiolule ou du pétiole, stipules nulles. Inflorescences axillaires en panicules, fleurs petites à grandes, régulières (*M. drouhardii*) à légèrement irrégulières (*M. hildebrandtii*) ou irrégulières (sp. cultivée *M. oleifera*), 5-mères; sépales 5, inégaux, imbriqués, soudés à la base, formant un tube court (hypanthium) enveloppé à l'intérieur par

un disque nectaire (sp. cultivée *M. oleifera*), ou hypanthium absent (spp. autochtones), les sépals réfléchis à l'anthèse (sp. cultivée *M. oleifera*) ou non (spp. autochtones); pétales 5, inégaux, imbriqués, attachés au bord du tube de l'hypanthium (sp. cultivée *M. oleifera*), jaune-crème; étamines 5, libres, opposées aux sépales et alternant avec 5 staminodes, insérées sur le bord du tube de l'hypanthium, anthères uniloculaires, à déhiscence longitudinale; ovaire supère, formé de 3 carpelles, uniloculaire avec 3 placentas pariétaux, style commun terminal, grêle, creux; ovules nombreux par loge en deux rangs. Le fruit est une grande capsule, coriace à ligneuse, déhiscente, allongée, en forme de gousse, 3-valve, contenant de nombreuses graines, largement (sp. cultivée *M. oleifera*) ou étroitement (*M. hildebrandtii*) ailée, ou non (*M. drouhardii*); graines sans albumen.

Les 2 espèces endémiques de *Moringa*, *M. drouhardii* et *M. hildebrandtii*, sont distribuées dans la forêt et le fourré décidus secs et sub-arides; des explorations récentes ont révélé que *M. hildebrandtii* pourrait être éteint dans la nature bien qu'il soit communément cultivé dans les villages et le long de la côte ouest (Olson & Razafimandimbison, comm. pers.); *M. oleifera* est cultivé sur l'ensemble de l'île; les deux espèces autochtones sont utilisées à des fins ornementales et dans la pharmacopée. *Moringa* peut être reconnu à son tronc renflé et ses feuilles alternes composées bi ou tri-imparipennées, et à ses grands fruits coriaces à ligneux, ressemblant à des gousses, 3-valves et capsulaires.

Noms vernaculaires: Espèces endémiques: *hazomalana, hazomalandry, hazomalany, marosarana, maroserana, marosirana*; Espèce cultivée *M. oleifera*: *anamorongo, anamambo, anambo, felikambo, felikamoranga, felinimorongo, haz-mavosevanana, haz-morongo, morongo*

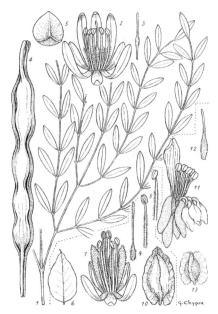

317. *Moringa*

MYRICACEAE Blume

Petite famille cosmopolite représentée par (jusqu'à) 4 genres et env. 50 espèces.

Killick, D. J. B., R. M. Polhill & B. Verdcourt. 1998. New combinations in African Myricaceae. Kew Bull. 53: 993–995.

Leroy, J.-F. 1952. Myricacées. Fl. Madagasc. 53: 1–11.

Wilbur, R. L. 1994. The Myricaceae of the United States and Canada: Genera, Subgenera, and Series. Sida 16: 93–107.

Morella Lour., Fl. Cochinch. 537, 548. 1790.

Genre cosmopolite représenté par env. 46 espèces de buissons ou de petits arbres, hébergeant généralement des bactéries fixatrices d'azote, et souvent très aromatiques. Dans la mesure où les espèces africaines de *Myrica* ont été transférées récemment dans le genre *Morella*, je me vois obligé, à contrecœur, d'adopter ce dernier genre pour les espèces malgaches. Le type de *Myrica*, *M. gale*, diffère principalement de presque toutes les autres espèces actuellement reconnues dans *Myrica* par ses fruits secs auxquels sont attachées des bractées aliformes contre un fruit quelque peu charnu avec un testa cireux. Cependant, en l'absence d'une hypothèse fondée sur la phylogénie pour déterminer les relations entre les taxons de Myricaceae, y compris *Canacomyrica* de la Nouvelle Calédonie et *Comptonia* d'Amérique du Nord, on ne peut éliminer une relation affine entre *Myrica* au sens strict (tel que représenté par *M. gale*) et les "*Myrica*" (=*Morella*) qui présentent des fruits cireux. Si *Myrica* au sens large — incluant les deux types de fruit — est monophylétique par rapport à *Canacomyrica* et *Comptonia*, il est alors vain de bouleverser ce qui avait été établi en modifiant les noms de presque toutes les espèces de la famille. A Madagascar, comme ailleurs, les espèces sont assez variables quant à la morphologie des feuilles et la délimitation spécifique s'en trouve ainsi problématique; 2–5 spp. endémiques de Madagascar pourraient être reconnues.

Buissons ou petits arbres monoïques ou dioïques, aux jeunes branches couvertes de glandes multicellulaires. Feuilles alternes, groupées en spirales aux extrémités des branches, simples, entières mais souvent serretées ou dentées, penninerves, coriaces, jaunâtres de points glanduleux, parfois quelque peu aromatiques épicées, stipules nulles. Inflorescences axillaires, courtes, denses, en épis ressemblant à des chatons, fleurs portées à l'aisselle d'une bractée, petites, régulières; périanthe absent; étamines 4,

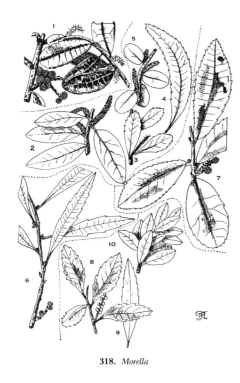

318. *Morella*

libres ou aux filets plus ou moins soudés à la base en une colonne, anthères biloculaires, extrorses, à déhiscence longitudinale; pistillode absent; fleurs femelles sous-tendues par 3–4 bractéoles, ovaire supère, formé de 2 carpelles soudés, uniloculaire, styles/stigmates 2, sessiles, divergents, linéaires à filiformes; ovule 1. Le fruit est une petite drupe quelque peu charnue, indéhiscente, sphérique, couverte d'une couche cireuse blanche; graine sans albumen.

A l'exception de *M. spathulata* qui est rencontré dans la forêt littorale sempervirente humide le long de la côte est, *Morella* est distribué dans la forêt et le fourré sempervirents sub-humides et de montagne aux altitudes supérieures, surtout au-delà de 1 000 m, souvent dans les habitats où des rochers affleurent et le long des cours d'eau où la pollinisation par le vent est facilitée. On peut le reconnaître à ses feuilles souvent serretées ou dentées et groupées aux extrémités des branches, à ses inflorescences axillaires denses en chatons portant de petites fleurs sans aucun périanthe, et à ses petits fruits sphériques, quelque peu charnus et couverts d'une couche blanche et cireuse.

Noms vernaculaires: *fatra, hazosiay, laka, lakalaka, lakalakalaly, lakotra, lalonamenakely, lalonolahitsy, maraoloha, sandriaka, sarindriaka, tahisihady, tondriaka, tsilaky, tsimanotia, voalaka*

MYRISTICACEAE R. Br.

Petite famille intertropicale représentée par 19 genres et 400 espèces; trois genres, *Brochoneura*, *Haematodendron* et *Mauloutchia*, sont endémiques de Madagascar.

Arbres monoïques ou dioïques, aromatiques, à exsudation rouge liquide, aux branches horizontales regroupées en couches de pseudoverticilles. Feuilles alternes, simples, entières, penninerves, distiques, stipules nulles. Inflorescences axillaires, en cymes condensées ou racèmes de fleurs groupées, les axes et les sépales souvent couverts d'un indument dense de couleur rousse, ou plus ou moins glabres, fleurs petites, régulières, surtout 3-mères; périanthe consistant en un seul verticille (calice) de (2–)3(–4) sépales valvaires, soudés à la base, les lobes souvent réfléchis à l'anthèse; fleurs mâles sans pistillode, étamines 3 et entièrement soudées en une courte colonne staminale portant les anthères à l'apex, ou 6–60 et aux filets partiellement soudés à la base mais libres dessus, anthères biloculaires, extrorses, à déhiscence longitudinale; fleurs femelles sans staminodes, ovaire supère, uniloculaire, style court ou stigmate subsessile, sillonné longitudinalement à bilobé; ovule 1. Le fruit est une baie indéhiscente ou une capsule tardivement déhiscente, charnue, 2-valve, la surface du fruit lisse ou ornée de tubercules irréguliers, verte; graines portant un arille rudimentaire à la base ou rarement bien développé à l'apex et lacinié; graine à albumen abondant, ruminé ou non.

Capuron, R. 1972. Contribution à l'étude de la flore forestière de Madagascar. A. *Haematodendron*, genre nouveau de Myristicaceae. Adansonia, n.s., 12: 375–379.

Capuron, R. 1973. Observations sur les Myristicacées de Madagascar. Les genres *Brochoneura* Warb. et *Mauloutchia* Warb. Adansonia, n.s., 13: 203–222.

Perrier de la Bâthie, H. 1952. Myristicacées. Fl. Madagasc. 79: 1–13.

1. Plantes dioïques, entièrement glabres; feuilles simplement pliées (condupliquées) dans le bouton, à l'apex obtus à arrondi; sépales épais, soudés à la base en un tube court; fruit globuleux, lisse; graine à albumen ruminé · · · · · · · · · · · *Haematodendron*

1'. Plantes monoïques, les jeunes parties et les inflorescences généralement pubescentes, la face inférieure des feuilles souvent glauque; feuilles enroulées autour du bourgeon terminal (involutées), à l'apex aigu à acuminé; sépales ni épais ni soudés en un tube court; fruit ovoïde, ellipsoïde ou sphérique, à la surface souvent ornée de carènes ou tubercules saillants, l'apex parfois rostré; graines à albumen non ruminé.

2. Feuilles généralement glauques dessous, devenant brun-rougeâtre sombre sur le dessus en séchant; fleurs en bouquets denses sphériques, sessiles; étamines 3, entièrement soudées en une colonne staminale, les anthères sans étranglements transversaux; fruit ovoïde, sans ornement · · · · · · · · · · · · · · · · · · *Brochoneura*

2'. Feuilles densément pubescentes dessous ou légèrement glauques, ne devenant pas brun-rougeâtre sombre sur le dessus en séchant; fleurs non en bouquets denses sphériques, les fleurs mâles pédicellées; étamines 6–60, soudées à la base en une courte colonne staminale mais les filets libres au-dessus, les anthères sans étranglements transversaux; fruit ovoïde, ellipsoïde ou globuleux, lisse ou souvent orné de carènes ou tubercules saillants · · · · · · · · · · · · · · · · · · · *Mauloutchia*

Brochoneura Warb., Ber. Deutsch. Bot. Ges. 13: 84–86, 88–90, 94. 1896.

Genre endémique représenté par 3 espèces.

Arbres monoïques de taille moyenne ou grande, à exsudation rouge. Feuilles alternes, simples, enroulées autour du bourgeon terminal, l'apex aigu à acuminé, portant des ponctuations translucides. Inflorescences en racèmes de denses bouquets sphériques portant des fleurs sessiles, densément pubescentes ou non, avec les fleurs mâles et femelles généralement sur la même inflorescence mais dans des groupes différents; sépales libres presque jusqu'à la base, ne formant pas un tube court; étamines 3,

rarement 2 ou 4, entièrement soudées en une colonne staminale, les dos des anthères soudés sur la moitié supérieure du tube; ovaire sessile. Le fruit est une grande baie charnue, indéhiscente (ou tardivement déhiscente?), lisse; graine portant un petit arille rudimentaire à la base, ou l'arille absent, l'albumen non ruminé.

Brochoneura est distribué dans la forêt sempervirente humide à basse altitude depuis Fort-Dauphin jusqu'à Ifonty au sud d'Antsiranana. On peut le reconnaître à ses feuilles qui sont généralement glauques dessous et qui sèchent en devenant brun-rougeâtre foncé dessus, à ses fleurs sessiles disposées dans des bouquets denses sphériques, les fleurs présentant 3 étamines entièrement soudées en une colonne.

Noms vernaculaires: *hafotrarano, molotrandrongo, rara, raraha, voapory, vory*

Haematodendron Capuron, Adansonia, n.s., 12: 375–379, pl. 1. 1972.

Genre endémique représenté par 1 espèce.

Arbres dioïques de taille moyenne ou grande, entièrement glabres, l'écorce longuement sillonnée, à exsudation rouge sang abondante et également présente dans les branches et les fruits, avec une odeur rappelant les fourmis. Feuilles alternes, simples, pliées simplement dans le bouton, à l'apex obtus à arrondi, portant de nombreux points translucides, parfois glauques dessous, la face supérieure devenant brun-rougeâtre foncé en séchant. Inflorescences en panicules courtes portant des fleurs groupées en pseudo-ombelles pédicellées à l'apex des

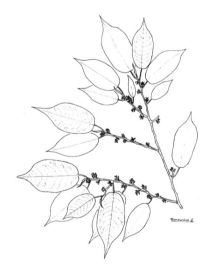

319. *Brochoneura*

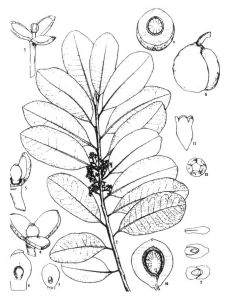

320. *Haematodendron*

axes; sépales épais, soudés à la base en un tube court; étamines 3(–4), soudées en une courte colonne staminale, les dos des anthères soudés à l'apex de la colonne; ovaire brièvement stipité, stigmate sessile, sillonné. Le fruit est une grande baie charnue mais dure, indéhiscente, sphérique, verte, avec un sillon longitudinal; graine très aromatique, sans arille, à albumen ruminé, huileux et abondant.

Haematodendron est distribué dans la forêt sempervirente humide et sub-humide aux altitudes moyennes entre 300 et 1 000 m, depuis le fleuve Vohitra jusqu'à la côte ouest de la Baie de l'Antongil, y compris dans la RNI de Betampona. On peut le reconnaître à ses feuilles glabres à l'apex obtus ou arrondi, ses fleurs aux sépales épais et soudés à la base en un court tube et à ses fruits globuleux.

Nom vernaculaire: *rara*

Mauloutchia Warb., Ber. Deutsch. Bot. Ges. 13 (suppl.): 83. 1896.

Genre endémique représenté par 6 espèces.

Arbres monoïques de moyenne ou grande taille à exsudation rouge, aux jeunes parties généralement couvertes d'un indument dense de couleur rouge. Feuilles alternes, simples, enroulées autour du bourgeon terminal, à l'apex aigu à acuminé, portant des points translucides plus ou moins visibles, parfois une pubescence dense de couleur rouge dessous, ou glauques. Inflorescences en racèmes de fleurs groupées en pseudo-ombelles, avec des fleurs mâles et femelles

sur la même inflorescence mais généralement dans des groupes différents; fleurs mâles distinctement pédicellées, sépales libres presque jusqu'à la base, étamines 6–60, les bases soudées en une courte colonne staminale mais les filets libres au-dessus, anthères avec des étranglements transversaux; ovaire sessile à légèrement stipité, style court ou stigmate sessile. Le fruit est une grande baie charnue mais dure, indéhiscente (ou tardivement déhiscente), portant un sillon longitudinal, orné de carènes longitudinales ou de tubercules irréguliers, saillants, ou la baie complètement lisse, l'apex rostré ou non; graines portant un arille rudimentaire à la base ou un arille rarement bien développé, étendu à l'apex et lacinié, l'albumen des graines non ruminé.

Mauloutchia est largement distribué sur l'ensemble de la forêt sempervirente humide et sub-humide depuis le nord de Fort-Dauphin jusqu'à Sambava, en incluant la région du Sambirano, depuis le niveau de la mer jusqu'à 500 m d'altitude. On peut le distinguer de *Brochoneura* par ses feuilles souvent pubescentes dessous, parfois glauques, dont la face supérieure ne devient pas brun-rougeâtre foncé en séchant, à ses fleurs pédicellées non disposées dans des groupes denses sphériques et ses fleurs à 6–60 étamines soudées seulement à la base et libres au-dessus.

Noms vernaculaires: *mafotra sanganakolahy, molotradongo, rara, rarabe, raraha, rarahala, rarakonkana, raramainty, raramena, raramolotrandrongo, rarandambo, tavolo, voaraharaha, voararabe, voararamolotrandrongo*

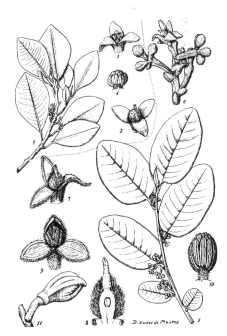

321. *Mauloutchia*

MYRSINACEAE R. Br.

Grande famille intertropicale représentée par 36 genres et 1 150 espèces. Les données moléculaires récentes suggèrent que *Maesa* devrait être traités dans une famille distincte, les Maesaceae.

Buissons à arbres de taille moyenne, hermaphrodites, dioïques, ou parthénogénétiques, aux branches latérales portant parfois un renflement distinct à la base au point d'insertion avec la tige principale verticale, et tombant alors en un bloc en laissant une cicatrice ellipsoïde distincte. Feuilles alternes, parfois groupées vers l'apex des branches ou de la tige principale, entières, penninerves, distinctement ponctuées-pellucides, de points ou lignes glanduleuses rouges à pourpres ou noires, stipules nulles, les jeunes feuilles se développant nues à l'apex des branches. Inflorescences axillaires ou rarement pseudoterminales, ou ramiflores sous les feuilles, en panicules, racèmes ou ombelles, parfois pendantes, fleurs petites à grandes, régulières, généralement 5-mères; sépales 5, libres ou soudés à la base; pétales (4–)5, généralement légèrement soudés à la base ou moins souvent soudés sur la $\frac{1}{2}$ ou les $\frac{3}{4}$ de leur longueur ou une corolle campanulée, les pétales imbriqués ou tordus, se recouvrant souvent vers la droite; étamines 5, libres ou soudées en un tube ressemblant à une couronne et recouvrant le gynécée, adnées à la base des pétales ou insérées à l'ouverture du tube corollin, filets distincts ou soudés, anthères biloculaires, introrses à déhiscence longitudinale ou poricide terminale; ovaire supère, uniloculaire, style distinct, terminal, ou stigmate subsessile à sessile, punctiforme à discoïde, ou 5-lobé ou ressemblant à du corail et divisé en de multiples petites branches; ovules peu. Fruit petit, généralement charnu, indéhiscent, contenant 1 graine, bacciforme ou drupacé, généralement couronné par le style/stigmate apiculé persistant, souvent strié ponctué; graine à albumen entier ou ruminé.

Capuron, R. 1963. Contributions à l'étude de la flore de Madagascar. XIV. Le genre *Ardisia* Swartz (Myrsinacées) à Madagascar. Adansonia, n.s., 3: 380–385.

Miller, J. S. & J. J. Pipoly III. 1993. A new species of *Ardisia* (Myrsinaceae) from Madagascar. Novon 3: 63–65.

Perrier de la Bâthie, H. 1953. Myrsinacées. Fl. Madagasc. 161: 1–148.

Pipoly, J. J., III. 1994. Further notes on the genus *Ardisia* (Myrsinaceae) in Madagascar. Sida 16: 361–364.

1. Inflorescences ramiflores en ombelles aux aisselles de cicatrices foliaires; plantes dioïques; stigmate sessile, ressemblant à du corail, à multiples petites branches · *Myrsine*
1'. Inflorescences axillaires à pseudoterminales; plantes hermaphrodites ou rarement parthénogénétiques; style distinct ou si stigmate subsessile alors punctiforme.
  2. Style long et grêle, fleurs grandes, anthères initialement à déhiscence poricide, puis à déhiscence longitudinale · *Ardisia*
  2'. Style court, fleurs petites, anthères à déhiscence longitudinale seulement.
    3. Branches latérales montrant un renflement distinct à la base, la branche tombant en un bloc en laissant une cicatrice elliptique distincte; étamines soudées en un capuchon ressemblant à une couronne et couvrant le gynécée · · · · · *Oncostemum*
    3'. Branches latérales sans renflement distinct à la base, la branche ne tombant pas en un bloc; jeunes branches noirâtres; étamines non soudées en un capuchon ressemblant à une couronne · *Monoporus*

Ardisia Sw., Prodr. 3, 48. 1788. nom. cons.

Afrardisia Mez, Pflanzenr. IV. 236 (Heft 9): 183. 1902.

Genre représenté par env. 250 espèces distribué sur l'ensemble des régions tropicales et subtropicales, sauf en Afrique; 4 spp. endémiques de Madagascar ainsi qu'une sp. introduite et naturalisée.

Buissons à grands arbres hermaphrodites, entièrement glabres. Feuilles alternes, simples, entières ou rarement dentées (*A. crenata*), penninerves, ponctuées-soulignées de noir. Inflorescences axillaires, longuement pédonculées, plus ou moins de la même longueur que les feuilles, rarement pendantes (*A. procera*), multiflores, en panicules de corymbes, racèmes ou ombelles, fleurs petites à grandes; sépales 5, légèrement soudés à la base, imbriqués; pétales 5, libres ou légèrement soudés à la base, imbriqués, roses; étamines 5, filets libres, courts, adnés à la base de la portion soudée de la corolle, anthères à déhiscence initialement poricide puis longitudinale; ovaire uniloculaire, style terminal, long et grêle, stigmate punctiforme; ovules 3–7. Le fruit est une petite baie quelque peu charnue, indéhiscente, contenant une graine; graine à albumen ruminé.

Ardisia est distribué dans la forêt sempervirente humide et sub-humide depuis le sud de Mananara jusqu'au PN de Marojejy ainsi que dans la forêt décidue sèche depuis Sakaraha jusqu'à la région d'Ambongo-Boina (*A. didymopora*). On peut le reconnaître à ses

323. *Monoporus*

grandes fleurs aux styles longs et aux anthères à déhiscence poricide initialement, mais à déhiscence longitudinale finalement.

Noms vernaculaires: *barabahala, maimbola, talandoha, tsimetaka*

Monoporus A. DC., Ann. Sci. Nat. Bot., sér. 2, 16: 78, 91. 1841.

Genre endémique représenté par 9 espèces.

Buissons à grands arbres parthénogénétiques? (toutes les fleurs sont femelles par avortement des étamines), aux jeunes branches lisses, noires, sans aucun renflement à la base. Feuilles alternes, souvent groupées vers l'apex des branches, simples, entières, penninerves, portant des points pellucides noirs, le pétiole noirâtre. Inflorescences axillaires, en panicules multiflores, parfois pendantes, fleurs petites; sépales 5, libres ou légèrement soudés à la base, imbriqués; pétales 5, légèrement soudés à la base, imbriqués, se recouvrant vers la droite; étamines 5, stériles, filets libres, courts, anthères s'ouvrant à l'apex par des pores irréguliers; ovaire supère, uniloculaire, stigmate subsessile, punctiforme; ovules 7–12. Le fruit est une petite à grande baie, quelque peu charnue, indéhiscente, contenant 1 graine; graine à albumen ruminé.

Monoporus est distribué dans la forêt sempervirente humide, sub-humide et de montagne et dans le fourré éricoïde depuis la forêt littorale jusqu'à plus de 2 000 m d'altitude.

322. *Ardisia marojejyensis*

On peut aisément le reconnaître à ses tiges noirâtres qui ne montrent pas de renflement distinct à la base et à ses fleurs ne portant que des étamines stériles.

Nom vernaculaire: *hazontoho*

Myrsine L., Sp. Pl.1: 196. 1753.

Rapanea Aubl., Hist. Pl. Guiane. 1: 121, t. 46. 1775.

Genre intertropical représenté par env. 200 espèces; 2 spp. endémiques de Madagascar.

Arbres dioïques de petite ou moyenne taille. Feuilles alternes, simples, entières, penninerves, à ponctuation pellucide noire. Inflorescences axillaires et ramiflores sous les feuilles aux aisselles des cicatrices foliaires, en ombelles sessiles sous-tendues par des bractées en forme d'écailles, fleurs petites; sépales 5, libres ou légèrement soudés à la base; pétales 5, légèrement soudés à la base; étamines 5, filets absents, anthères sessiles, adnées à la base des pétales, introrses, à déhiscence longitudinale; pistillode présent; ovaire supère, uniloculaire, stigmate sessile, ressemblant à du corail en étant divisé en de multiples petites branches; ovules peu. Le fruit est petit, quelque peu charnu, indéhiscent, drupacé, à 1graine; graine à albumen ruminé.

Myrsine madagascariensis est distribué dans la forêt littorale sempervirente humide sur l'ensemble de la côte est. On peut le reconnaître à ses inflorescences ramiflores en ombelles

325. *Oncostemum*

sessiles sous-tendues par des bractées en forme d'écailles, sa diécie et ses fleurs au stigmate ressemblant à du corail.

Noms vernaculaires: *hazontoho, hazontohonala*

Oncostemum A. Juss., Mém. Mus. Hist. Nat. 19: 133, 136. 1830.

Genre endémique (en incluant les Comores) représenté par env. 100 espèces.

Buissons à arbres de taille moyenne, hermaphrodites, aux branches latérales montrant un renflement distinct à la base, la branche latérale tombant en un bloc et laissant une cicatrice ellipsoïde distincte sur la tige principale, rarement non ramifiés. Feuilles alternes, parfois groupées à l'apex des branches, simples, entières, à points glanduleux pellucides noirs. Inflorescences axillaires ou rarement pseudoterminales, en ombelles, corymbiformes, ou rarement paniculées, fleurs petites, (4–)5-mères; sépales 5, brièvement soudés à la base, se recouvrant vers la droite ou presque valvaires; pétales 5, généralement brièvement soudés à la base ou rarement soudés en un tube sur la ½ ou les ¾ de leur longueur, se recouvrant vers la droite, portant souvent des points glanduleux; étamines 5, filets soudés et anthères souvent soudées, en formant un capuchon ressemblant à une couronne et couvrant le gynécée, anthères introrses, à déhiscence longitudinale; ovaire uniloculaire, style distinct, épais, stigmate discoïde ou rarement 5-lobé;

324. *Myrsine*

ovules 3–5. Fruit petit à rarement grand, finement charnu, indéhiscent, contenant 1 graine, drupacé, portant généralement à l'apex apiculé un reste du style, et souvent ponctué ou strié; graines à albumen entier ou ruminé.

Oncostemum est distribué dans la forêt sempervirente humide, sub-humide et de montagne ainsi que rarement dans la forêt semi-décidue sèche depuis la région du Boina jusqu'à Antsiranana. On peut le reconnaître au renflement distinct à la base des branches latérales, la branche tombant en un bloc en laissant une cicatrice elliptique, et à ses fleurs aux étamines soudées en un capuchon en forme de couronne et couvrant le gynécée. Plusieurs espèces de *Badula*, genre qui diffère de *Oncostemum* par ses étamines sessiles et soudées aux pétales, ont été décrites de Madagascar, mais je n'ai pas pu retrouver les spécimens dans l'herbier de Paris.

Noms vernaculaires: *harizo, hazintoho, hazontoho, satoka, satoky, tsimangotra, tsitohitohy*

MYRTACEAE Juss.

Grande famille intertropicale et des régions tempérées chaudes représentée par 120 genres et 3 850 espèces.

Buissons à grands arbres hermaphrodites (ou rarement certaines fleurs seulement mâles chez *Eugenia*), aux tiges et à l'écorce souvent teintées de rougeâtre, l'écorce s'exfoliant souvent en petites plaques ou en longues bandes papyracées. Feuilles opposées ou rarement alternes (*Eucalyptus*), simples, entières, penninerves ou rarement à nervures longitudinales, souvent avec une nervure submarginale distincte, ponctuées-pellucides, stipules nulles. Inflorescences axillaires ou terminales, ou parfois cauliflores, en cymes régulièrement ramifiées de corymbes, en épis denses, ou réduites à des fascicules ou des fleurs solitaires, fleurs petites à grandes, régulières, 4–5-mères; calice aux pétales libres, distincts, ou soudés avec des lobes, ou rarement un opercule conique (*Eucalyptus*); pétales libres, imbriqués dans le bouton, ou plus ou moins soudés en un calyptre ou un opercule conique à déhiscence circumscissile; étamines multiples, filets libres ou parfois soudés à la base en 4 faisceaux, insérés sur le bord externe d'un disque, anthères biloculaires, à déhiscence longitudinale; ovaire infère, 2–6-loculaire bien que parfois incomplètement, style distinct, stigmate capité à punctiforme; ovules 2–multiples par loge. Le fruit est une petite à grande baie charnue, contenant 1 graine et indéhiscente, ou une capsule sèche contenant de multiples graines, déhiscente et enfermée dans le réceptacle ligneux; albumen essentiellement absent.

Perrier de la Bâthie, H. 1952. Les Myrtacées utiles de la région Malgache. Rev. Int. Bot. Appl. Agric. Trop. 32: 112–116.

Perrier de la Bâthie, H. 1953. Myrtacées. Fl. Madagasc. 152: 1–80.

Scott, A. J. 1980. A note on *Myrtus* (Myrtaceae) in Madagascar. Kew Bull. 34: 546.

1. Fruit une capsule sèche déhiscente; feuilles alternes, pendant verticalement, les inflorescences axillaires en cymes, les éléments ultimes en ombelles; ou feuilles opposées, les inflorescences initialement terminales en épis denses finalement recouvertes par un nouveau rameau.
     2. Feuilles adultes alternes; inflorescences axillaires en cymes, les éléments ultimes en ombelles; le périanthe est un opercule conique à 1 ou 2 couche(s) · · · · · *Eucalyptus*
     2'. Feuilles adultes opposées; inflorescences terminales en épis denses, recouvertes par un nouveau rameau; périanthe de pétales et sépales libres · · · · · · · · · · · *Melaleuca*
1'. Fruit une baie charnue, indéhiscente; feuilles opposées, ne pendant jamais verticalement; inflorescences jamais en épis denses ni terminées par des éléments en ombelles.
     3. Inflorescences terminales régulièrement ramifiées (trichotomes) en cymes de corymbes; pétales plus ou moins soudés en un calyptre à déhiscence circumscissile
     · *Syzygium*

3'. Inflorescences axillaires ou cauliflores, réduites à des racèmes pauciflores, des fascicules ou des fleurs solitaires; pétales entièrement libres.

    4. Calice de 4–5 sépales bien développés, libres et n'enfermant pas la fleur dans le bouton; ovaire 2-loculaire; fruit contenant de 1 à 3 graine(s) · · · · · · · · · · *Eugenia*

    4'. Calice enfermant la fleur dans le bouton, se fendant irrégulièrement en 4–5 lobes; ovaire incomplètement 4–5-loculaire; fruit à multiples graines · · · · *Psidium*

Eucalyptus L'Hér., Sert. Angl.: 18. 1789.

Genre représenté par env. 450–500 espèces distribué principalement en Australie avec quelques spp. en Malaisie de l'Est; introduit à Madagascar pour le bois de chauffe et le bois d'oeuvre.

Arbres hermaphrodites de moyenne à grande tailles, à l'écorce lisse, souvent brillante et s'exfoliant en longues bandes. Feuilles juvéniles opposées, simples, sessiles, feuilles adultes alternes, pétiolées, pendant généralement verticalement, penninerves, généralement longues, étroitement lancéolées. Inflorescences axillaires, en cymes condensées, les éléments ultimes souvent en ombelles, fleurs grandes; réceptacle obconique à campanulé, adné à l'ovaire, tronqué et muni de 4 dents après la chute de l'opercule; périanthe d'éléments soudés formant un opercule conique, souvent en deux couches, parfois une seule; étamines multiples en plusieurs séries, filets libres ou parfois soudés à la base en 4 groupes; ovaire 3–6-loculaire, style grêle, stigmate capité; ovules multiples. Le fruit est une grande capsule déhiscente enfermée dans le tube réceptaculaire ligneux.

327. *Eugenia*

Eucalyptus est distribué sur l'ensemble de l'île mais en mosaïque dans la zone sub-aride, et de multiples espèces sont cultivées en plantation. Bien qu'ils ne semblent pas s'être naturalisés, des arbres d'un certain âge, installés à la faveur d'anciennes trouées, peuvent occasionnellement être rencontrés dans la forêt.

Noms vernaculaires: aucune donnée

Eugenia L., Sp. Pl. 1: 470. 1753.

Genre intertropical probablement représenté par près de 1 000 espèces dont la majorité dans les régions tropicales du Nouveau Monde; 39 spp. endémiques de Madagascar.

Buissons ou arbrisseaux grêles à arbres de taille moyenne, hermaphrodites (ou rarement certaines fleurs seulement mâles), aux branches souvent teintées de rougeâtre. Feuilles opposées, simples, entières, penninerves, souvent avec une nervure submarginale distincte, ponctuées-pellucides. Inflorescences axillaires ou souvent cauliflores, en cymes ou racèmes brièvement contractés, ou souvent des

326. *Eucalyptus*

328. *Melaleuca quinquenervia*

Melaleuca L., Syst. Nat. (ed. 12) 2: 509. 1767.

Genre représenté par env. 150 espèces distribué en Australie et autour du Pacifique; 1 sp. largement cultivée est rencontrée à Madagascar où elle est naturalisée.

Arbres de taille moyenne, hermaphrodites, à l'écorce épaisse, spongieuse, blanche et s'exfoliant en fines plaques papyracées. Feuilles opposées, simples, entières, à nervures longitudinales. Inflorescences initialement terminales, mais finalement recouvertes par un nouveau rameau, en épis denses, fleurs petites, blanches, solitaires à l'aisselle d'une bractée; sépales 5, libres; pétales 5, libres; étamines multiples, filets soudés à la base en 5 faisceaux opposés aux pétales; ovaire 3-loculaire, style court; ovules multiples. Le fruit est une petite capsule sèche, ligneuse, déhiscente, persistante sur les tiges anciennes sous les feuilles.

Melaleuca quinquenervia est distribué dans les zones marécageuses humides le long de la côte est où il semble s'être naturalisé.

Nom vernaculaire: *niaouli*

Psidium L., Sp. Pl. 1: 470. 1753.

Genre représenté par 100 espèces distribué dans les régions tropicales du Nouveau Monde; 2 spp. largement cultivées et naturalisées sont rencontrées à Madagascar.

fleurs solitaires, fleurs petites à grandes, 4–5-mères, subsphériques dans le bouton; réceptacle non rétréci en une base ressemblant à un pédicelle au-dessus de l'articulation du vrai pédicelle, ni étendu au-dessus de l'apex de l'ovaire; bractéoles persistantes; calice à 4–5 lobes libres, distincts; pétales 4–5, libres, imbriqués dans le bouton, sub-persistants, souvent roses; étamines multiples, filets libres, insérés sur le bord du réceptacle/disque, à peine plus longs que les pétales, anthères biloculaires, à déhiscence longitudinale; ovaire 2-loculaire, style distinct, à peine plus long que les pétales, stigmate punctiforme; ovules multiples. Le fruit est une petite à grande baie charnue, indéhiscente, contenant de 1 à 3 graine(s); cotylédons partiellement à entièrement soudés.

Eugenia est distribué dans la forêt et le fourré sempervirents, humides, sub-humides et de montagne, et rarement dans la forêt décidue sèche (*E. tropophylla, E. analamerensis*). *Eugenia* diffère de *Syzygium* par ses inflorescences axillaires ou cauliflores réduites, ses fleurs aux pétales entièrement libres, non soudés en un calyptre, généralement de couleur rose, aux étamines et styles a peine plus longs que les pétales. Les deux espèces originellement décrites de Madagascar dans le genre *Myrtus* ont été transférées sous *Eugenia* (Scott, 1980).

Noms vernaculaires: *goaviala, goviala, hazomboatanga, hazompasika, rotsimasy*

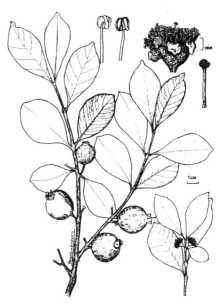

329. *Psidium cattleianum*

Buissons ou petits arbres hermaphrodites à l'écorce brillante, lisse et s'exfoliant. Feuilles opposées, simples, entières, penninerves, souvent avec une nervure submarginale distincte, ponctuées-pellucides. Inflorescences axillaires, en fascicules 1–3-flores, fleurs petites à grandes, 4–5-mères; calice soudé enfermant la fleur dans le bouton, se fendant en 4–5 lobes irréguliers; pétales 4–5, libres; étamines multiples, filets libres; ovaire incomplètement 4–5-loculaire, style distinct, stigmate punctiforme; ovules multiples. Le fruit est une petite à grande baie charnue, indéhiscente, contenant de multiples graines.

Psidium guajava (goyavier) est largement cultivé sur l'ensemble de l'île jusqu'à 1 000 m d'altitude, sauf dans la zone sub-aride; *P. cattleianum* (goyavier de Chine, *strawberry guava*) est cultivé dans la forêt sempervirente humide et sub-humide le long de l'escarpement oriental et est devenu une espèce envahissante en formant des peuplements denses dans la forêt secondaire (savoka) en empêchant la colonisation par les espèces autochtones.

Noms vernaculaires: *goyavier, goyavier de Chine*

Syzygium Gaertn., Fruct. Sem. Pl. 1: 166, t. 33. 1788. nom. cons.

Genre représenté par env. 500 espèces distribué dans les régions tropicales de l'Ancien Monde; 19 spp. sont rencontrées à Madagascar ainsi que 3 spp. cultivées qui y sont largement distribuées: *S. aromaticum* (giroflier, *cloves*), *S. cuminii* (jamblon) naturalisé et *S. jambos* (*jamborzano, jamrose*) naturalisé, qui présentent toutes les trois des fleurs aux pétales libres et au calice portant des lobes distincts; et *S. malaccense* (*bakoba*) avec les fleurs cauliflores et de couleur magenta.

Buissons à grands arbres hermaphrodites. Feuilles opposées, simples, entières, penninerves, souvent avec une nervure submarginale distincte, ponctuées-pellucides. Inflorescences terminales, multiflores, régulièrement ramifiées, trichotomes, en cymes de corymbes, rarement axillaires (*S. cuminii* introduit), fleurs petites à grandes, 4-mères, piriformes dans le bouton; réceptacle rétréci à la base en formant un "pseudo-pédicelle" au-dessus de l'articulation du vrai pédicelle; bractéoles minuscules, caduques; calice soudé

avec la partie supérieure étendue du réceptacle, indistinctement lobé; pétales 4, plus ou moins soudés en un calyptre à déhiscence précoce circumscissile, blancs; étamines multiples, filets libres, plus de deux fois plus longs que les pétales, anthères à déhiscence longitudinale; ovaire 2-loculaire, style légèrement plus long que les étamines, stigmate punctiforme. Le fruit est une grande baie charnue, indéhiscente, contenant généralement 1 graine; cotylédons libres.

Syzygium est distribué dans la forêt et le fourré sempervirents, humides, sub-humides et de montagne, et rarement dans la forêt décidue sèche (*S. sakalavarum, S. tapiaka*). *Syzygium* peut aisément être distingué de *Eugenia* par ses inflorescences terminales, régulièrement ramifiées en cymes de corymbes et à ses fleurs à la corolle blanche, soudée en un calyptre et caduque.

Noms vernaculaires: *ampitsikabatra, hazimasona, marotampona, marotampony, motso, nempadaloatra, robary, rotra, rotradambo, rotramasizahy, rotremasina, rotremavo, rotremena, rotro, rotsmay, rotso, rotsombe, rotsy, tapiaka, tapianamboa, voantsororika, voararotra, voarotra*

330. *Syzygium*

OCHNACEAE DC.

Petite famille intertropicale représentée par 37 genres et 460 espèces.

Buissons ou petits arbres hermaphrodites. Feuilles alternes, parfois groupées vers l'apex de la tige principale, simples, dentées à finement serretées, ou rarement subentières, penninerves, stipules intrapétiolaires, libres ou partiellement soudées, entières ou frangées, découpées à profondément divisées en segments linéaires, caduques ou persistantes. Inflorescences terminales ou axillaires, en courts fascicules ou ombelles portant quelques fleurs, ou fleurs solitaires, ou longuement racémeuses ou paniculées, parfois pendantes, fleurs grandes, régulières, 4–5-mères; sépales 4 ou 5, libres, imbriqués dans le bouton, persistants et accrescents dans le fruit, devenant réfléchis et coriaces, rouges; pétales 4 ou 5, libres, tordus dans le bouton, parfois distinctement en onglets, minces, délicats, jaunes ou blanc-rosâtre, caducs; étamines 8–20 ou parfois plus, filets libres, anthères basifixes, à déhiscence extrorse longitudinale ou apicale poricide, filets persistants; gynécée supère et brièvement stipité, composé de 3–15 carpelles uniloculaires libres, style commun gynobasique, parfois divisé en courtes branches séparées à l'apex, stigmate capité; ovule 1 par carpelle. Le fruit est un groupe de petites drupes libres, charnues, indéhiscentes, noires, portées sur le réceptacle accrescent rouge et sous-tendues par les sépales réfléchis, accrescents et rouges; graines sans albumen.

Perrier de la Bâthie, H. 1951. Ochnacées. Fl. Madagasc. 133: 1–44.

Robson, N. K. B. 1963. Ochnaceae. Fl. Zambesiaca 2(1): 224–262.

1. Inflorescences longues, racémeuses à paniculées, multiflores, souvent pendantes; étamines 10, aux anthères bien plus longues que les filets, à déhiscence poricide
· *Ouratea*
1'. Inflorescences courtes, surtout en fascicules, fleurs peu ou solitaires; étamines 20 ou plus, à déhiscence longitudinale ou poricide, ou si seulement 8–10 alors à déhiscence longitudinale, anthères plus courtes que les filets ou plus ou moins égales.
  2. Stipules entières ou frangées, non striées longitudinalement, caduques; pétales jaune pâle; étamines 20 ou plus, les anthères à déhiscence longitudinale ou poricide; endocarpe sans saillie interne · *Ochna*
  2'. Stipules découpées ou profondément divisées en segments linéaires, distinctement striées longitudinalement, persistantes; pétales blancs à rosâtres; étamines 8–20, les anthères à déhiscence longitudinale; endocarpe avec saillie interne · · · *Brackenridgea*

Brackenridgea A. Gray, U.S. Expl. Exped., Phan. 1: 361, t. 42. 1854.

Pleuroridgea Tiegh., J. Bot. (Morot) 16: 203. 1902.

Genre représenté par 12 espèces distribué d'Afrique aux Fiji; 2 spp. endémiques de Madagascar.

Buissons ou petits arbres hermaphrodites. Feuilles alternes, simples, dentées à finement serretées, penninerves, la nervation dense, stipules profondément divisées en segments linéaires, distinctement striées longitudinalement, libres, persistantes. Inflorescences axillaires en fascicules à partir d'écailles sous les feuilles ou du bourgeon terminal, fleurs solitaires ou appariées, 4 ou 5-mères; sépales 4 ou 5, imbriqués dans le bouton, persistants et accrescents dans le fruit, devenant rouges et coriaces; pétales 4 ou 5, blancs à rosâtres, non en onglets ou à peine et très brièvement, caducs; étamines 8–20, filets libres, grêles, anthères à déhiscence longitudinale; gynécée de 3–10 carpelles uniloculaires libres, style commun gynobasique, stigmate capité; ovule 1 par carpelle. Le fruit est une drupe ou un groupe de 2 à quelques petites drupes libres, les drupes charnues, indéhiscentes, contenant 1 graine, insérées sur le réceptacle rouge; graines courbées autour d'une saillie interne de l'endocarpe, sans albumen.

Brackenridgea est distribué dans la forêt décidue sub-humide et sèche au nord et au sud de la région du Sambirano (*B. madecassa*), et dans la forêt et le fourré décidus sub-arides dans la partie la plus orientale du sud-ouest (*B. tetramera*). On peut le reconnaître à ses stipules persistantes qui sont découpées ou profondément divisées en segments linéaires distinctement striés longitudinalement, ses inflorescences fasciculées portant peu de fleurs aux pétales blancs à rosâtres et à ses fruits dont l'endocarpe est muni d'une saillie interne.

Noms vernaculaires: *bemahova, malambovony, menahy tavako, menavahatra, moramena*

Ochna L., Sp. Pl. 1: 513. 1753.

Diporidium H. L. Wendl., Beitr. Bot. 2: 24. 1825.
Discladium Tiegh., J. Bot. (Morot) 16: 118, 125. 1902.
Ochnella Tiegh., Bull. Mus. Hist. Nat. (Paris) 8: 214. 1902.

Genre représenté par env. 85 espèces distribué d'Afrique à l'Asie du Sud-Est; env. 14 spp. endémiques de Madagascar

Buissons ou petits arbres hermaphrodites. Feuilles alternes, simples, serretées ou rarement subentières, penninerves, stipules libres, entières, fimbriées ou bifides. Inflorescences terminales, en panicules, racèmes ou ombelles courts, ou réduites à des fleurs solitaires, fleurs 5-mères; sépales 5, imbriqués, persistants et accrescents, rouges dans le fruit; pétales 5, libres, généralement en onglets, jaunes, caducs; étamines 20 ou plus, filets libres, plus ou moins de la même longueur que les anthères, anthères à déhiscence extrorse longitudinale ou apicale poricide; gynécée composé de 5–15 carpelles uniloculaires libres, style commun gynobasique, parfois divisé en branches séparées à l'apex, stigmate terminal; ovule 1 par carpelle. Le fruit est une drupéole ou un groupe de 2 à quelques

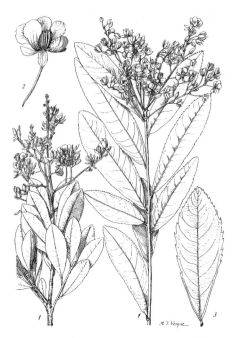

332. *Ouratea*

très petites drupéoles, les drupéoles charnues, indéhiscentes, noires, insérées sur le réceptacle élargi et rouge; graines sans albumen.

Ochna est distribué dans la forêt et le fourré décidus secs et sub-arides, et moins fréquemment dans la forêt sempervirente humide et sub-humide. On peut le reconnaître à ses stipules caduques sans stries longitudinales et à ses courtes inflorescences pauciflores portant des fleurs aux pétales jaunes et à 20 étamines ou plus.

Noms vernaculaires: *lanary, malambovony, menahy*

Ouratea Aubl., Hist. Pl. Guiane 1: 397, t. 152. 1775.

Campylospermum Tiegh., J. Bot. (Morot) 16: 35, 40. 1902.

Genre intertropical représenté par env. 200 espèces; env. 15 (?) spp. endémiques de Madagascar. Perrier de la Bâthie (1951) ne reconnaissait que 5 spp. de *Campylospermum* dont plusieurs avec de multiples variétés. La plupart de ces variétés avaient été antérieurement décrites comme des spp. de *Ouratea* et devraient à présent être rétablies au niveau spécifique dans ce genre.

Buissons à arbres de taille moyenne, hermaphrodites, au bourgeon terminal enveloppé dans des écailles caduques. Feuilles alternes, parfois groupées à l'apex des branches, simples,

331. *Ochna* (1,2); *Brackenridgea* (3–7).

serretées ou subentières, penninerves, stipules libres ou soudées, entières ou parfois bifides à l'apex. Inflorescences terminales ou axillaires, longuement paniculées ou racémeuses, souvent pendantes, ou moins souvent en ombelles, ou rarement réduites à 1–2 fleur(s), fleurs 5-mères; sépales 5, libres, imbriqués dans le bouton, persistants et accrescents dans le fruit; pétales 5, libres, à peine en onglets, tordus imbriqués dans le bouton, jaunes, caducs; étamines 10, filets libres, très courts, robustes, ou anthères presque sessiles, anthères à déhiscence terminale poricide; gynécée composé de 5 carpelles uniloculaires libres, style commun gynobasique, stigmate petit, entier; ovule 1 par carpelle. Le fruit est une drupéole ou un groupe de 2 à quelques petites drupéoles; les drupéoles libres, quelque peu charnues, indéhiscentes, noires, insérées sur le réceptacle élargi et rouge; graines sans albumen.

Ouratea est distribué dans la forêt sempervirente humide et sub-humide jusqu'à 1 800 m d'altitude, y compris dans la région du Sambirano. On peut le reconnaître à ses longues inflorescences multiflores, racémeuses ou paniculées portant des fleurs à 10 étamines aux anthères à déhiscence poricide bien plus longues que les filets.

Noms vernaculaires: *ampaly,* *lanary, malambovony, menahy, menahy lahy*

OLACACEAE Mirb. ex DC.

Petite famille intertropicale représentée par 29 genres et 200 espèces; 4 genres sont rencontrés à Madagascar.

Buissons à grands arbres, hermaphrodites ou dioïques, portant parfois des épines. Feuilles alternes, distiques ou parfois groupées en pseudoverticilles sur les rameaux courts, simples, entières, penninerves, stipules nulles. Inflorescences axillaires en fascicules ou bouquets de fleurs, ou parfois des fleurs solitaires, fleurs petites, régulières, 3–6(–7)-mères; calice soudé cucullé, à l'apex tronqué à lobé, persistant et parfois accrescent dans le fruit; pétales libres ou connivents, valvaires, souvent pubescents à l'intérieur, blancs; étamines en même nombre que les pétales ou en nombre double des pétales, filets parfois soudés aux pétales, anthères 2-, 4- ou 6–(8)-loculaires, à déhiscence longitudinale ou souvent poricide; disque nectaire cucullé ou absent, parfois accrescent dans le fruit; ovaire supère, presque complètement 2–4-loculaire, style cylindrique ou conique, stigmate capité; ovule 1 par loge. Le fruit est une grande drupe, généralement charnue, indéhiscente, ne contenant qu'une graine, la drupe souvent partiellement ou complètement entourée de tissus du réceptacle, du calice ou du disque; graines albuminées.

Capuron, R. 1968. Olacacées, Opiliacées et Santalacées arbustives ou arborescentes de Madagascar. Centre Technique Forestier Tropical.

Cavaco, A. & M. Keraudren. 1955. Olacacées. Fl. Madagasc. 59: 1–42.

1. Buissons ou petits arbres dioïques, portant des épines axillaires; feuilles groupées en pseudoverticilles sur les rameaux courts; fruit non entouré d'une quelconque partie accrescente · *Ximenia*
1'. Buissons à grands arbres hermaphrodites, inermes; feuilles distiques, rameaux courts absents; fruit souvent entouré de tissus accrescents.
  2. Lobes du calice distincts, triangulaires, bien plus longs que larges; fruit entouré de tissus réceptaculaires accrescents en formant une vésicule membraneuse, pseudo-gonflée, entière à latéralement lobée · *Phanerodiscus*
  2'. Calice aux lobes dentés ou tronqués à l'apex; fruit non, ou partiellement à presque complètement, enserré par un disque nectaire ou calice accrescent, lisse, mais pas par une vésicule membraneuse pseudo-gonflée.
    3. Calice non accrescent; fleurs axillaires en fascicules; staminodes absents; fruit presque complètement enserré par un disque nectaire charnu et accrescent, ne présentant qu'une ouverture circulaire à l'apex · · · · · · · · · · · · · · · · · *Anacolosa*
    3'. Calice accrescent ou non; fleurs solitaires ou en racèmes; staminodes présents; fruit partiellement à presque complètement enserré par un calice accrescent, ou pas du tout, le disque nectaire non accrescent · *Olax*

333. *Anacolosa*

Anacolosa (Blume) Blume, Mus. Bot. 1: 250, t. 46. 1850.

Genre représenté par 17 espèces dont 1 sp. distribuée en Afrique de l'Ouest, 2 spp. endémiques de Madagascar et 14 spp. distribuées en Asie du Sud-Est.

Buissons ou petits arbres atteignant 12 m de haut, hermaphrodites, à l'écorce s'exfoliant en plaques avec une odeur d'amandes amères (*A. pervilleana*). Feuilles alternes, distiques, simples, entières, penninerves, stipules nulles. Inflorescences axillaires en fascicules, (4–)5–6(–7)-mères; calice soudé cuculé, à l'apex légèrement denté, persistant dans le fruit; pétales libres, mais connivents à la base et l'abscission s'effectuant parfois en bloc, valvaires, à l'apex charnu, pubescents à l'intérieur en formant une niche pour chaque anthère, blancs; étamines en même nombre que les pétales et oppositipétales, aux filets libres ou soudés aux pétales, anthères 4-loculaires, à déhiscence poricide apicale; disque nectaire cuculé, soudé à l'ovaire, à marge sinueuse, persistant et très accrescent dans le fruit; ovaire supère, mais apparaissant semi infère par la fusion avec le disque nectaire, incomplètement bi (rarement tri) loculaire, style terminal, cylindrique à conique, stigmate capité; ovules 2(–3). Le fruit est une grande drupe charnue, indéhiscente, contenant une graine, ellipsoïde, vert-jaune, presque complètement entourée par le disque accrescent, seul l'apex extrême de la drupe étant visible par une ouverture circulaire; graines albuminées.

Anacolosa est distribué dans la forêt sempervirente littorale et sub-littorale humides le long de la

côte est depuis Fort-Dauphin jusqu'à Antalaha (*A. casearioides*), ainsi que dans la forêt décidue depuis la vallée du fleuve Onilahy jusqu'à Antsiranana (*A. pervilleana*). On peut le reconnaître à ses inflorescences fasciculées portant des fleurs sans staminodes et à ses fruits complètement entourés par le disque accrescent sur lequel seul l'apex extrême de la drupe est visible par une ouverture circulaire.

Noms vernaculaires: *tanjake, tanjaky, voamatavy*

Olax L., Sp. Pl. 1: 34. 1753.

Genre représenté par 40 espèces distribué d'Afrique en Australie; 7 spp. endémiques de Madagascar.

Buissons à grands arbres hermaphrodites. Feuilles alternes, distiques, simples, entières, penninerves, ou rarement faiblement triplinerves, stipules nulles. Inflorescences axillaires, solitaires ou racémiformes, 3–6(–7)-mères; calice soudé en forme de coupe à l'apex tronqué, persistant et accrescent dans le fruit; pétales libres, valvaires, à l'apex réfléchi à l'anthèse, blancs; étamines 3–6 (–9), filets soudés aux pétales sur au moins leur moitié basale, anthères biloculaires, basifixes, introrses, à déhiscence longitudinale, staminode(s) (1–)3–6(–7), aux filets presque aussi longs que ceux des étamines fertiles et portant des anthérodes bifides; disque nectaire en forme de coupe entourant la base de l'ovaire; ovaire (2–)3–4-loculaire, style cylindrique, stigmate capité et (2–) 3–4-lobé; ovules 3. Le fruit est une

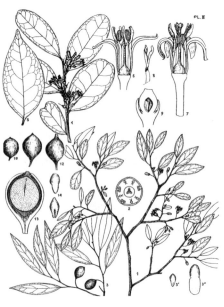

334. *Olax*

grande drupe charnue, indéhiscente, ne contenant qu'une graine, la drupe globuleuse à ellipsoïde, complètement entourée par le calice, le calice soit charnu et accrescent et alors le péricarpe sec, soit seulement un peu ou pas du tout accrescent et sec, et alors le péricarpe charnu; graines albuminées.

Olax est distribué dans la forêt sempervirente humide et sub-humide depuis le niveau de la mer jusqu'à 1 600 m d'altitude ainsi que sur l'ensemble de la forêt et du fourré décidus secs et sub-arides depuis Ranopiso à l'ouest de Fort-Dauphin jusqu'à Antsiranana. On peut le reconnaître à ses fleurs principalement solitaires ou en racèmes, portant des étamines et des staminodes.

Noms vernaculaires: *ambihotse, hazompasy, hazompoza, kirandrambaiavy, maintsoririna, maitsoririna, ratsara, remaitso, tsakaloa, tsikalaoa*

Phanerodiscus Cavaco, Notul. Syst. (Paris) 15: 11. 1954.

Genre endémique représenté par 3 espèces.

Arbres hermaphrodites de petite à moyenne tailles atteignant 20 m de haut, à l'écorce s'exfoliant en plaques, toutes les parties dégageant une forte odeur d'amande amère. Feuilles alternes, distiques, simples, entières, penninerves, stipules nulles. Inflorescences axillaires (aux cicatrices foliaires), en fascicules, fleurs 5–6(–7)-mères; calice soudé cuculé aux lobes distincts, triangulaires, valvaires, persistants dans le fruit; disque nectaire en forme de coupe, libre, à l'apex lobé; pétales libres, insérés dans

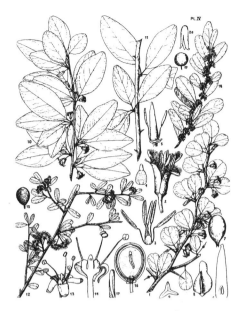

336. *Ximenia*

les sinus du disque nectaire, pubescents sur la moitié apicale à l'intérieur, caducs; étamines en même nombre que les pétales et oppositipétales, de près de la moitié de la longueur de celle des pétales, filets libres, anthères 6(–8)-loculaires, basifixes, extrorses et déhiscentes par des pores, caduques; ovaire presque complètement biloculaire, style terminal, cylindrique, stigmate déprimé et capité; ovules 2. Le fruit est une grande drupe indéhiscente, ne contenant qu'une graine, la drupe sous-tendue par une cupule entière, lobée ou divisée, et la drupe et la cupule elles mêmes complètement entourées d'une vésicule membraneuse, quelque peu charnue, entière ou profondément lobée, étendue latéralement, pseudo-gonflée et dérivant du réceptacle; graine albuminée.

Phanerodiscus est distribué dans la forêt littorale sempervirente, humide depuis Ambila-Lemaitso jusqu'au sud de Toamasina (*P. louvelii*) ainsi que dans la forêt décidue sèche depuis Sakaraha jusqu'à Antsiranana (*P. perrieri* et *P. diospyroidea*). On peut le reconnaître à ses fruits complètement entourés d'une vésicule dérivant de tissus réceptaculaires, membraneuse et pseudo-gonflée.

Nom vernaculaire: *tsilongodongotra*

Ximenia L., Sp. Pl. 2: 1193. 1753.

Genre intertropical représenté par 8 espèces dont 2 ou 3 spp. endémiques de Madagascar.

Buissons ou petits arbres dioïques, portant de longues épines robustes axillaires, avec des

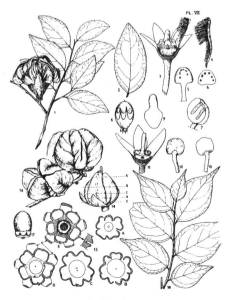

335. *Phanerodiscus*

rameaux longs quelque peu en zigzag et des rameaux courts. Feuilles alternes, groupées en pseudoverticilles sur les rameaux courts, simples, entières, penninerves, stipules nulles. Fleurs solitaires aux aisselles des feuilles sur les rameaux courts, (3–)4(–5)-mères; calice soudé généralement 4-denté; pétales libres, valvaires, à l'apex légèrement réfléchi à l'anthèse, pubescents à l'intérieur; étamines en nombre double des pétales et de près de la même longueur, stériles dans les fleurs femelles, filets grêles, anthères biloculaires, basifixes, latrorses, à déhiscence longitudinale; disque nectaire absent; ovaire presque complètement 3–4-loculaire, longuement cylindrique-conique, un pistillode présent dans les fleurs mâles, style court, stigmate capité; ovule 1 par loge. Le fruit est une grande drupe charnue, indéhiscente et ne contenant qu'une graine; graine albuminée.

Ximenia est commun dans le fourré décidu sub-aride depuis l'ouest de Fort-Dauphin jusqu'à Toliara et est aussi rencontré dans quelques localités isolées dans la forêt sempervirente humide et sub-humide (la vallée du fleuve Mangoro à l'ouest de Moramanga, à l'ouest du lac Alaotra et à Antalaha). On peut le reconnaître à ses épines axillaires, ses feuilles groupées en pseudoverticilles sur les rameaux courts et à ses fruits qui ne sont entourés d'aucune partie accrescente.

Nom vernaculaire: *kotro*

OLEACEAE Hoffmanns. & Link

Famille cosmopolite de taille moyenne représentée par 24 genres et 900 espèces. En plus des 5 genres d'arbres suivants, le genre de plantes grimpantes aux feuilles composées ou simples, *Jasminum*, est également rencontré à Madagascar.

Buissons à grands arbres hermaphrodites, polygames ou dioïques. Feuilles opposées, simples, trifoliolées ou composées imparipennées, entières, penninerves, portant rarement des domaties fovéolées aux aisselles des nervures secondaires, stipules nulles. Inflorescences axillaires ou terminales, en racèmes, panicules, cymes ou fascicules, fleurs petites, régulières, généralement 4-mères; calice soudé généralement campanulé, diversement lobé ou denté, persistant; corolle soudé en forme d'urne, campanulée ou rotacée, au tube variant en longueur en fonction des 4(–7) lobes, portant parfois une couronne nectarifère; étamines 2 ou rarement 4, insérées sur le tube corollin, filets généralement courts, anthères biloculaires, médifixes à basifixes, généralement latrorses, à déhiscence longitudinale; ovaire supère, biloculaire, style bien développé à absent, stigmate capité, émarginé, bilobé à bifide; ovules 2–4 par loge. Le fruit est une grande drupe charnue, indéhiscente ou une grande capsule ligneuse, déhiscente contenant des graines ailées et des graines avortées stériles; albumen présent ou absent.

Bosser, J. 1973 (1974). Deux nouvelles espèces de *Noronhia* Stadm. ex Thouars (Oleacées) de Madagascar. Adansonia, n.s., 13: 461–466.

Bosser, J. & R. Rabevohitra. 1985. Présence du genre *Schrebera* Roxb. (Oleaceae) à Madagascar. Bull. Mus. Natl. Hist. Nat. sér. 4, B, Adansonia 7: 59–66.

Perrier de la Bâthie, H. 1952. Oleacées. Fl. Madagasc. 166: 1–89.

Stearn, W. T. 1980. African species of *Chionanthus* L. (Oleaceae) hitherto included in *Linociera* Swartz. Bot. J. Linn. Soc. 80: 191–206.

1. Fruit une capsule déhiscente, 2-valve, ligneuse et contenant des graines ailées; feuilles simples ou composées.
   2. Feuilles toujours simples; corolle à 4 lobes, densément pubescente à l'intérieur et à l'extérieur; étamines insérées à la base du tube corollin, connectif des anthères prolongé apiculé; style très court ou absent · · · · · · · · · · · · · · · · · · · *Comoranthus*
   2'. Feuilles composées imparipennées ou simples; corolle à (4–)6(–7) lobes, seule la base des lobes à l'ouverture du tube densément pubescente; étamines insérées le long de la moitié supérieure du tube corollin, connectif des anthères non prolongé

apiculé; styles de 2 longueurs différentes (hétérostylie), les courts et les longs légèrement exserts ·· *Schrebera*

1'. Fruit une drupe indéhiscente charnue; feuilles toujours simples.

    3. Inflorescences généralement terminales en cymes paniculées; lobes corollins valvaires, leur longueur de généralement moins de la moitié de celle du tube court; graines albuminées ··· *Olea*

    3'. Inflorescences axillaires en racèmes, panicules ou fascicules; lobes corollins valvaires ou indupliqués, soit oblongs à linéaires et égaux, soit plus longs que le tube, ou diversement dentés ou lobés et une couronne nectarifère présente à la base du tube corollin; graines sans albumen.

        4. Lobes corollins valvaires-indupliqués, oblongs à linéaires, égaux ou plus longs que le tube; couronne absente; pétiole non ligneux ··········· *Chionanthus*

        4'. Lobes corollins valvaires, triangulaires à ovales, généralement plus courts que le tube; couronne nectarifère généralement présente à la base du tube corollin; pétiole souvent ligneux ······································· *Noronhia*

Chionanthus L., Sp. Pl. 1: 8. 1753.

Linociera Sw. ex Schreb., Gen. Pl. 2: 784. 1791. nom. cons.

Genre cosmopolite représenté par env. 120 espèces; 3 spp. endémiques de Madagascar

Petits arbres hermaphrodites. Feuilles opposées, simples, ne portant que rarement des domaties fovéolées aux aisselles des nervures secondaires. Inflorescences axillaires en racèmes ou panicules; calice soudé, campanulé, à 4 lobes; corolle soudée en un tube court généralement bien plus court que les 4 lobes valvaires-indupliqués, oblongs à linéaires; étamines 2, insérées à la base du tube corollin, filets courts, anthères latrorses à sub-extrorses, à déhiscence longitudinale; style court, stigmate sessile, capité à bilobé; ovules 2 par loge. Le fruit est une grande drupe quelque peu charnue, indéhiscente, contenant généralement 1 graine, la drupe sphérique à ovoïde, rouge foncé; graine sans albumen.

Chionanthus est distribué dans la forêt littorale sempervirente, humide le long de la côte est depuis Fort-Dauphin jusqu'au sud de Toamasina (*C. obtusifolia*) ainsi que dans la forêt décidue sèche à l'ouest depuis le niveau de la mer jusqu'à 900 m d'altitude, depuis Ihosy jusqu'à Antsiranana (*C. tropophylla*), y compris sur substrat calcaire dans la RS d'Ankarana (*C. incurvifolia*). On peut le reconnaître à ses feuilles au pétiole non ligneux, ses fleurs aux lobes corollins de même longueur ou plus longs que le tube et à l'absence de couronne à la base interne du tube.

Noms vernaculaires: *laitrahazo, masonambatsy, taboronondrilahy, tsilaitrahazo*

Comoranthus Knobl., Notizbl. Bot. Gart. Berlin-Dahlem 11: 1032. 1934.

Genre endémique (en incluant les Comores) représenté par 3 espèces; différencié de *Schrebera* mais de manière peu convaincante.

Arbres hermaphrodites de petite à moyenne tailles. Feuilles opposées, simples. Inflorescences axillaires en racèmes ou panicules; calice soudé à 4 dents très petites ou obscurément 4-ondulé; corolle soudée au tube de longueur égale ou légèrement supérieure à celle des 4 lobes, densément pubescente à l'intérieur et l'extérieur; étamines 2, insérées à la base du tube corollin, filets très courts, anthères basifixes à médifixes, au connectif prolongé apiculé, latrorses, à déhiscence longitudinale; style très court ou absent, stigmate subsphérique, émarginé à bilobé, plus bas que les anthères; ovules 4 par loge, en

337. *Chionanthus*

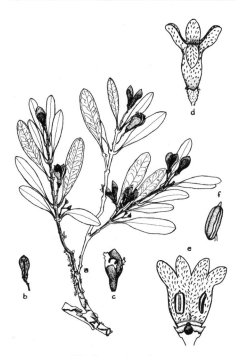

338. *Comoranthus minor*

2 paires superposées, seule la paire supérieure se développant en graines, la paire inférieure avortant et se transformant en éléments allongés. Le fruit est une grande capsule ligneuse, déhiscente, obovoïde à claviforme, contenant 4 graines fertiles et 4 graines avortées; graines portant une aile basale, albuminées.

Comoranthus est distribué dans la forêt et le fourré décidus secs et sub-arides à l'ouest depuis le niveau de la mer jusqu'à 600 m d'altitude, depuis la RNI de Tsimanampetsotsa sur substrat calcaire (*C. minor*) jusqu'à la région du Boina (*C. madagascariensis*). On le distingue à peine de *Schrebera*, avec lequel il partage des fruits déhiscents, ligneux et capsulaires, par ses fleurs à la corolle 4-lobée. Le nom vernaculaire se traduisant littéralement par "bouche terrible" reflète l'utilisation des capsules dans la sorcellerie et les sciences occultes Sakalava.

Nom vernaculaire: *vavaloza*

Noronhia Stadtm. ex Thouars, Gen. Nov. Madagasc.: 8. 1806.

Genre endémique (en incluant les Comores: 2 spp. endémiques) représenté par 44 espèces.

Buissons à grands arbres hermaphrodites, à écorce lisse, au bois dur. Feuilles opposées, ou rarement verticillées, simples, ne portant que rarement des domaties fovéolées aux aisselles des nervures secondaires, au pétiole le plus souvent ligneux, i.e. de la même consistance que les tiges. Inflorescences axillaires munies de bractées, en racèmes, panicules ou fascicules, parfois ramiflores; calice soudé campanulé avec 4 lobes; corolle soudée en forme d'urne, campanulée ou rotacée, au tube variant en longueur en fonction des 4 lobes valvaires, triangulaires à ovales, mais présentant presque toujours une couronne portant du nectar à la base du tube et en formant un second tube interne, la corolle charnue, blanche à jaune ou rouge et noircissant en séchant; étamines 2, rarement 4, insérées à la base du tube corollin, filets très courts, presque complètement soudés au tube corollin, anthères grandes, basifixes, latrorses ou rarement introrses, à déhiscence longitudinale; style plus ou moins bien développé, stigmate épais et charnu, émarginé à bilobé; ovules 2 par loge. Le fruit est une drupe généralement grande, charnue, indéhiscente, contenant 1 graine, la drupe sphérique à ovale, rouge sombre à noir-pourpre, souvent apiculée; graine sans albumen.

Noronhia est distribué sur l'ensemble de la forêt sempervirente humide et sub-humide depuis le niveau de la mer jusqu'à 1 500 m d'altitude (26 espèces) ainsi que dans la forêt et le fourré décidus secs et sub-arides (16 espèces). On peut le reconnaître à ses feuilles au pétiole souvent ligneux et à ses fleurs aux lobes corollins généralement plus courts que le tube, les fleurs portant presque toujours une couronne nectarifère à la base interne du tube corollin.

339. *Noronhia*

Noms vernaculaires: *andritsilaitsy, laitrahazo, laitrazo, letrazo, mahasabavy, masadahy, tsilaitsy, tsiletsy, tsivakinsifaka, tsivakoditra*

Olea L., Sp. Pl. 1: 8. 1753.

Genre de l'Ancien Monde représenté par env. 60 espèces; 4 spp. sont rencontrées à Madagascar dont 3 spp. endémiques et 1 sp. partagée avec les Mascareignes.

Arbres de taille moyenne, hermaphrodites, polygames ou dioïques, aux jeunes branches quelque peu quadrangulaires. Feuilles opposées, simples. Inflorescences axillaires ou terminales en cymes paniculées; calice brièvement soudé, à 4 dents ou lobes; corolle soudée rotacée avec un tube très court mais deux fois plus long que les 4 lobes valvaires-indupliqués; étamines 2, insérées à la base du tube corollin, filets courts, anthères latrorses à déhiscence longitudinale; style court, stigmate capité à bilobé; ovules 2 par loge. Le fruit est une grande drupe charnue, indéhiscente, contenant 1 graine, la drupe sphérique à ovoïde; graine albuminée.

Olea a une distribution en mosaïque dans la forêt sempervirente humide et sub-humide depuis le PN d'Andohahela jusqu'au PN de la Montagne d'Ambre, depuis le niveau de la mer jusqu'à 1 000 m d'altitude. On peut le reconnaître à ses inflorescences terminales et ses graines sans albumen.

Noms vernaculaires: aucune donnée

340. *Olea*

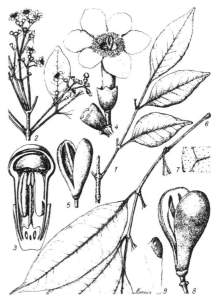

341. *Schrebera*

Schrebera Roxb., Pl. Coromandel 2: 1, t. 101. 1799. nom. cons.

Genre représenté par 8 espèces: 1 sp. au Pérou, 3 spp. distribuées en Afrique dont 1 est également rencontrée à Madagascar, 2 spp. endémiques de Madagascar, 1 sp. en Inde et en Birmanie, et 1 sp. en Malaisie.

Arbres de moyenne à grande tailles, hermaphrodites, à l'écorce s'exfoliant par plaques (platanoïde), aux branches portant des lenticelles saillantes. Feuilles opposées, simples, trifoliolées, ou composées imparipennées avec 2–3 paires de folioles opposées. Inflorescences généralement terminales en cymes ramifiées, les cymules finales 3-flores; calice soudé campanulé avec 4–5 lobes; corolle soudée rotacée au tube deux fois plus long que les (4–)6(–7) lobes, densément pubescente à la base des lobes corollins à l'ouverture du tube, blanche avec des marques violettes; étamines 2, insérées le long de la moitié supérieure du tube corollin, filets courts, anthères basifixes, sans prolongement apiculé du connectif, latrorses, à déhiscence longitudinale; styles de 2 longueurs (hétérostylie), soit courts et inclus, soit longs et légèrement exserts, stigmate bifide; ovules 2 par loge. Le fruit est une grande capsule ligneuse, déhiscente, obovoïde à ob-piriforme, contenant 2 graines à aile infère et 2 graines avortées; albumen présent.

Schrebera est distribué dans la forêt littorale humide le long de la côte est (*S. orientalis*), dans la forêt décidue sèche de l'ouest depuis Morondava jusqu'à Antsiranana et jusqu'à 700 m d'altitude (*S. trichoclada*, qui est également largement distribué en Afrique), et dans la forêt décidue sèche sur substrat calcaire au sud d'Antsiranana (*S. capuronii*). On le distingue à peine de *Comoranthus*, avec lequel il partage des fruits déhiscents, ligneux et capsulaires, par ses fleurs à la corolle le plus souvent 6-lobée. Les récoltes du sud-ouest de Fort-Dauphin qui se réfèrent à *S. capuronii* représentent probablement une espèce distincte.

Noms vernaculaires: *hidiny, sanaka, vavaloza, voansanaka*

OPILIACEAE Valeton

Petite famille intertropicale représentée par 9 genres et 28 espèces.

Capuron, R. 1968. Olacacées, Opiliacées et Santalacées arbustives ou arborescentes de Madagascar. Centre Technique Forestier Tropical.

Cavaco, A. & M. Keraudren. 1955. Opiliacées. Fl. Madagasc. 59 bis: 1–7.

Hiepko, P. 1987. A revision of Opiliaceae. IV. *Rhopalopilia* Pierre and *Pentarhopalopilia* (Engler) Hiepko gen. nov. Bot. Jahrb. Syst. 108: 271–291.

Pentarhopalopilia (Engl.) Hiepko, Bot. Jahrb. Syst. 108: 280. 1987.

Rhopalopilia sect. *Pentarhopalopilia* Engl., Bot. Jahrb. Syst. 43: 175. 1909.

Genre représenté par 4 espèces dont 2 spp. distribuées en Afrique et 2 spp. endémiques de Madagascar; seul *P. perrieri* est un buisson dressé ou un petit arbre, les 3 autres spp., y compris *P. madagascariensis*, étant des buissons grimpants.

Buissons dressés hermaphrodites, bien ramifiés et atteignant 4 m de haut, portant des rameaux longs et courts, les jeunes individus présentant une pubescence dense de couleur olive-jaune, ou plus souvent des buissons grimpants. Feuilles alternes ou groupées en pseudoverticilles sur les rameaux courts, simples, entières, penninerves, quelque peu épaisses et charnues, portant des points pellucides, stipules nulles. Inflorescences axillaires, brièvement pédonculées, sphériques, en ombelles munies de bractées, fleurs petites, régulières, 5-mères; calice soudé cucullé à 5 lobes à peine distincts, persistant dans le fruit; pétales 5, libres, valvaires dans le bouton, réfléchis à l'anthèse, caducs; étamines 5, libres, opposées aux pétales, filets grêles, anthères biloculaires, dorsifixes, introrses, à déhiscence longitudinale; disque nectaire composé de 5 glandes distinctes prismatiques alternant avec les étamines; ovaire supère, uniloculaire, stigmate sessile, capité; ovule 1. Le fruit est une grande drupe charnue, indéhiscente, ne contenant qu'une graine, ellipsoïde; graine albuminée.

Pentarhopalopilia perrieri est distribué sur l'ensemble du fourré décidu sub-aride depuis l'est d'Amboasary jusqu'à Toliara, souvent sur substrat calcaire, y compris dans la RNI de Tsimanampetsotsa; *P. madagascariensis* est rencontré dans la forêt décidue sèche depuis la région d'Ambongo-Boina jusqu'à Antsiranana. On peut reconnaître *Pentarhopalopilia* à ses inflorescences sphériques, pédonculées, en ombelles, portant des fleurs au disque composé de glandes séparées, à l'ovaire uniloculaire avec un seul ovule, tous ces caractères le distinguant des représentants très affines de la famille des Olacaceae.

Nom vernaculaire: *fandriandambo*

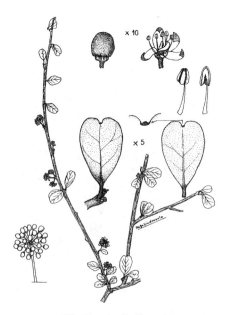

342. *Pentarhopalopilia perrieri*

PANDANACEAE R. Br.

Famille de taille moyenne des régions tropicales de l'Ancien Monde, représentée par 3 genres et env. 800 espèces.

Huynh, K.-L. 1981. *Pandanus kariangensis* (section *Martellidendron*), une espèce nouvelle de Madagascar. Bull. Mus. Natl. Hist. Nat., sér. 4, B, Adansonia 3: 27–55.

Huynh, K.-L. 1997. The genus *Pandanus* (Pandanaceae) in Madagascar (Part 1). Bull. Soc. Neuchateloise Sci. Nat. 120: 35–44.

Stone, B. C. 1970a. Observations on the genus *Pandanus* in Madagascar. Bot. J. Linn. Soc. 63: 97–131.

Stone, B. C. 1970b. New and critical species of *Pandanus* from Madagascar. Webbia 24: 579–618.

Stone, B. C. 1971. Another calciphilous *Pandanus* from the massif de l'Ankarana North Madagascar (Pandanaceae). Adansonia, n.s., 11: 319–323.

Stone, B. C. 1975. New and noteworthy *Pandanus* (Pandanaceae) from Madagascar collected by J.-L. Guillaumet and G. Cremers. Adansonia, n.s., 14: 543–552.

Stone, B. C. & J.-L. Guillaumet. 1970. Une nouvelle et remarquable espèce de *Pandanus* de Madagascar. Adansonia, n.s., 10: 127–134.

Stone, B. C. & J.-L. Guillaumet. 1972. Un nouveau *Pandanus* (Pandanacées) sub-aquatique de Madagascar. Adansonia, n.s., 12: 525–530.

Pandanus Parkinson, J. Voy. South Seas: 46. 1773.

Genre représenté par env. 600 espèces distribué d'Afrique (env. 25 spp.) à l'Océanie; env. 85 spp. rencontrées à Madagascar sur lesquelles 1 seule n'est pas endémique.

Buissons à grands arbres dioïques, au port parfois étroitement pyramidal rappelant certains "conifères", souvent munis de racines échasses aériennes, épineuses, adventives, depuis le tronc et parfois des branches latérales, le tronc portant des cicatrices distinctes en forme d'anneau à la base des feuilles. Feuilles alternes, disposées en spirales sur 3 ou 2 rangs, groupées vers l'apex des branches, simples, aux marges et au dessous de la nervure principale épineux, nervation parallèle, les feuilles coriaces, leur base engainant la tige, stipules nulles. Inflorescences terminales, ramifiées ou non en épis, racémeuses ou en spadices capités, initialement enfermées dans des bractées en forme de spathe, les mâles alors généralement exsertes, les femelles souvent cachées à la base des feuilles terminales, fleurs petites, sessiles; périanthe absent; étamines multiples, filets libres ou soudés, anthères biloculaires, basifixes, à déhiscence longitudinale; pistillode absent; ovaire supère, 1–2(3–4)-loculaire, libre ou conné, ou ovaires adjacents, styles courts, ou stigmate sessile, souvent courbé en fer à cheval;

ovule 1 par loge; staminode absent. Le fruit est un groupe (têtes fructifères ou cephalia) globuleux à oblong de grandes drupes (phalanges) libres ou soudées, charnues à ligneuses, souvent 3-angulaires ou pyramidales,

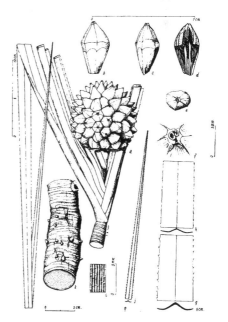

343. *Pandanus connatus*

couronnées par une cicatrice stigmatique, au mésocarpe charnu à fibreux, l'endocarpe ligneux à osseux; graines albuminées.

Pandanus est distribué dans la forêt sempervirente humide et sub-humide, et moins communément dans la forêt et le fourré décidus secs et sub-arides. On peut le reconnaître à ses feuilles longuement linéaires et disposées en spirales serrées, à nervation parallèle, la marge et le dessous de la nervure principale étant épineuses.

Noms vernaculaires: *fandran, hofa*

PASSIFLORACEAE Juss. ex Kunth

Famille de taille moyenne, intertropicale, représentée par 18 genres et env. 530 espèces, principalement d'herbes grimpantes portant des vrilles axillaires, moins souvent des buissons et des arbres. En plus du genre d'arbres *Paropsia*, la famille est représentée à Madagascar par les 3 genres de plantes grimpantes ou rampantes suivantes: *Adenia*, buissons grimpants à la base parfois renflée et dont la majorité des espèces est distribuée dans la végétation décidue occidentale; *Deidamia*, lianes et autres plantes grimpantes ou rampantes au feuilles composées imparipennées et distribuées dans la forêt humide orientale; et *Passiflora*, cultivé pour ses fruits qui fournissent le jus de grenadelle (fruit de la passion).

Perrier de la Bâthie, H. 1945. Passifloracées. Fl. Madagasc. 143: 1–50.

Sleumer, H. 1970. Le genre *Paropsia* Noronha ex Thouars (Passifloraceae). Bull. Jard. Bot. Belg. 40: 49–75.

Paropsia Thouars, Hist. Vég. Isles Austral. Afriq.: 59, t. 19. 1805.

Genre représenté par 11 espèces: 4 spp. en Afrique, 6 spp. endémiques de Madagascar et 1 sp. en Malaisie de l'ouest.

Arbres hermaphrodites de petite ou moyenne tailles. Feuilles alternes, distiques, simples, manifestement dentées ou aux dents réduites à une touffe de poils, penninerves, glabres ou quasi velues, stipules nulles. Inflorescences axillaires, en cymes pauciflores à multiflores, ou parfois des fleurs solitaires, fleurs grandes, régulières, 4–5-mères; sépales 4–5, libres; pétales 4–5, imbriqués, étalés à plat à l'anthèse, verts à jaune-crème; une couronne entière ou plus souvent laciniée présente entre les pétales et les étamines; étamines 5, les filets libres, courts, insérés dans le gynophore, les anthères biloculaires, à déhiscence longitudinale; ovaire supère, stipité sur un gynophore court, uniloculaire, avec 3–5 placentas pariétaux, le style avec 3–5 branches se terminant en stigmate capité; ovules nombreux. Le fruit est une grande capsule stipitée, 3-valve, tardivement déhiscente, à paroi fine et fragile, et la capsule ainsi vésiculaire, verte, ou épaissie et non fragile, parfois densément pubescente; graines aplaties, avec un apex tronqué-apiculé, couvertes d'un mince arille charnu et transparent; albumen présent, faiblement ruminé.

Paropsia est distribué sur l'ensemble de la forêt sempervirente humide orientale ainsi que dans la forêt décidue et semi-décidue, sub-humide et sèche depuis la région de Mahajanga jusqu'à Antsiranana, en étant souvent commun dans le sous-bois et persistant dans les habitats dégradés et le long des lisières forestières, depuis le niveau de la mer jusqu'à 400 m d'altitude. On peut le reconnaître à ses feuilles alternes, distiques, généralement dentées, à ses grandes fleurs présentant une couronne entre les pétales et les étamines et à ses grands fruits souvent vésiculaires aux graines sagittées couvertes d'un mince arille transparent.

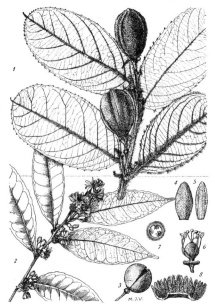

344. *Paropsia*

PEDALIACEAE R. Br.

Petite famille tropicale et subtropicale d'herbes, de buissons et de petits arbres, souvent des régions arides, représentée par 18 genres et env. 95 espèces.

Humbert, H. 1971. Pédaliacées. Fl. Madagasc. 179: 1–46.

Lavranos, J. J. 1995. Two new taxa in *Uncarina* (Pedaliaceae, Madagascar). Haseltonia 3: 83–88.

Rauh, W. 1996. *Uncarina roeoesliana* Rauh spec. nov., eine neue Art aus Südwestmadagaskar. Kakteen Sukk. 47: 13–18.

Uncarina (Baill.) Stapf in Engler & Prantl, Nat. Pflanzenfam. 4.3b: 261. 1895.

Genre endémique représenté par 11 espèces, affine avec le genre africain *Harpagophytum.*

Buissons ou petits arbres hermaphrodites, peu ramifiés, au tronc parfois renflé, aux branches épaisses souvent couvertes de glandes et devenant poisseuses. Feuilles alternes, simples, entières ou plus souvent superficiellement à profondément palmatilobées, palmatinerves, ou parfois palmatinerves à la base seulement et penninerves au-dessus, ou rarement seulement penninerves, longuement pétiolées, portant parfois une pubescence stellée ou glanduleuse, stipules nulles. Inflorescences axillaires vers l'apex de la branche, en fascicules pauciflores ou des fleurs solitaires, apparaissant souvent avant que les feuilles ne soient totalement développées, fleurs grandes, irrégulières, 5-mères; calice soudé profondément 5-lobé, les segments étroitement triangulaires; corolle soudée infundibuliforme, bilabiée avec 2 lobes supérieurs et 3 lobes inférieurs, la corolle jaune à orange-jaune, rose à pourpre ou rarement blanche; étamines 4, en 2 paires inégales, insérées vers la base du tube corollin, incluses, filets grêles, anthères biloculaires, à déhiscence longitudinale; disque entourant l'ovaire plus ou moins 5-lobé, légèrement plus développé sur un coté; ovaire supère, 2-loculaire, parfois incomplètement divisé en compartiments supplémentaires par des fausses cloisons, style longuement filiforme, stigmate bilobé; ovule(s) 1 ou 2 par loge. Le fruit est une grande capsule quelque peu ligneuse, tardivement déhiscente, parfois ailée, couverte de longues épines généralement terminées en crochets barbus; graines généralement étroitement ailées, albumen rare.

Uncarina est distribué dans la forêt et le fourré décidus secs et sub-arides depuis l'ouest de Fort-Dauphin jusqu'à la région d'Antsiranana, sur substrat calcaire ou sableux. On peut le reconnaître à ses fleurs à la grande corolle tubulaire qui rappelle les Bignoniaceae (qui ont cependant des feuilles opposées) et à ses grands fruits couverts d'épines barbues. Les racines charnues sont employées dans la pharmacopée locale.

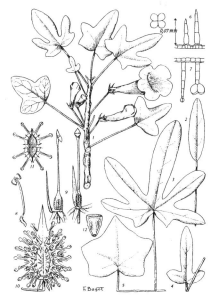

345. *Uncarina decaryi*

PHYSENACEAE Takht.

Petite famille endémique ne comprenant qu'un seul genre *Physena*. Précédemment placé dans les Capparaceae ou dans les Flacourtiaceae, des données moléculaires récentes sur les séquences du chloroplaste *rbc*L suggèrent que *Physena* est le plus affine avec *Asteropeia* (Asteropeiaceae), les deux genres se trouvant à la base des Caryophyllales.

Capuron, R. 1968. Sur le genre *Physena* Noronha ex Thouars. Adansonia, n.s., 8: 355–357.

Dickison, W. C. & R. B. Miller. 1993. Morphology and anatomy of the Malagasy genus *Physena* (Physenaceae), with a discussion of the relationships of the genus. Bull. Mus. Natl. Hist. Nat., B, Adansonia 15: 85–106.

Morton, C. M., K. G. Karol & M. W. Chase. 1997. Taxonomic affinities of *Physena* (Physenaceae) and *Asteropeia* (Theaceae). Bot. Rev. (Lancaster) 63: 231–239.

Perrier de la Bâthie, H. 1946. Flacourtiacées. Fl. Madagasc. 140: 1–131.

Physena Noronha ex Thouars, Gen. Nov. Madagasc.: 6, 20. 1806.

Genre endémique représenté par 2 espèces.

Buissons ou petits arbres dioïques, entièrement glabres. Feuilles alternes, distiques, simples, entières, penninerves, coriaces, vernissées, stipules nulles. Inflorescences axillaires, en fascicules subsessiles 1–3-flores ou en racèmes 5–10-flores, pendantes, fleurs petites à grandes, régulières; réceptacle plan ou légèrement concave; périanthe consistant en 5–7 sépales minuscules, inégaux et persistants dans le fruit; pétales absents; étamines 8–18 libres, filets courts, anthères basifixes, introrses, à déhiscence longitudinale, roses à rouges; pistillode présent; ovaire supère, uniloculaire, styles 2, longs et grêles; placentas pariétaux 2, avec 1 ovule chacun, dont 1 seul se développera. Le fruit est une grande vésicule sèche, remplie d'air, indéhiscente, contenant 1 graine, la vésicule globuleuse à ovoïde, au calice persistant, le péricarpe mince, fragile, vert clair, l'apex arrondi ou apiculé; albumen absent.

Physena est distribué dans la forêt sempervirente humide et sub-humide (*P. madagascariensis*) depuis le niveau de la mer jusqu'à 1 500 m d'altitude, du PN d'Andohahela jusqu'au PN de la Montagne d'Ambre, y compris dans la région du Sambirano, ainsi que dans la forêt décidue sèche et sub-aride (*P. sessiliflora*) depuis le niveau de la mer jusqu'à 400 m d'altitude, d'Ampanihy jusqu'à Antsiranana, où il est souvent associé au substrat calcaire. *Physena* peut être reconnu à ses feuilles alternes, entières et vernissées, sa diécie avec des fleurs extrêmement réduites consistant essentiellement soit d'étamines, soit d'un ovaire avec 2 longs styles grêles, et à ses fruits vésiculaires remplies d'air. La pollinisation par le vent est possible dans la mesure où la moindre brise fait frémir les anthères pendantes et permet la déhiscence de leur pollen dans le vent. Le fruit immature contient une pulpe spongieuse qui entoure la graine, la pulpe desséchere pour disparaître presque complètement à maturité. Les fruits vésiculaires éclateront à maturité.

Noms vernaculaires: *falimandro, fandriandambo, fanovimangoaka, hazon-damakane, lanaharimonatsika, mangidy, mangily, raisonjo, ramangaoka, ramangaoky, ramangoka, ramirepitra, rasahonjo, rasaonjo, rasaonjy, resojo, resonjo, tangentoloho, zanatanapotsy*

346. *Physena madagascariensis* (gauche); *P. sessiliflora* (droite)

PITTOSPORACEAE R. Br.

Petite famille représentée par 9 genres et env. 240 espèces des régions tropicales de l'Ancien Monde, en particulier d'Australie.

Cufodontis, G. 1955. Pittosporacées. Fl. Madagasc. 92: 1–43.

Pittosporum Banks ex Sol., Fruct. Sem. Pl. 1: 286, t. 59. 1788. nom. cons.

Genre représenté par env. 200 espèces distribué d'Afrique à Hawaii dans le Pacifique, avec 11 spp. endémiques rapportées pour Madagascar dont plusieurs sont très variables avec de nombreux taxons infraspécifiques décrits dont certains méritent probablement d'être élevés au rang d'espèce.

Buissons à arbres de taille moyenne, hermaphrodites (ou probablement polygames à polygamo-dioïques, avec soit les étamines, soit le pistil imparfaitement développés, non fonctionnels, et des fleurs ainsi fonctionnellement unisexuées), aromatiques, aux branches souvent blanches. Feuilles alternes, simples, disposées en spirales et groupées vers les extrémités des branches (en provoquant ainsi un nouveau faisceau de branches souvent arrangées en un pseudoverticille), entières, penninerves, dégageant une forte odeur épicée lorsqu'on les froisse, stipules nulles. Inflorescences terminales ou axillaires, en corymbes ou cymes compactes ombelliformes, fleurs petites à grandes, régulières, 5-mères; sépales 5, libres ou partiellement soudés à la base; pétales 5, libres ou partiellement soudés à la base, blancs à crème-jaunâtre; étamines 5, alternant avec les pétales, filets distincts, libres, anthères biloculaires, sagittées, introrses, à déhiscence longitudinale; ovaire supère, uniloculaire avec 2 placentas pariétaux, style simple, terminal, stigmate bilobé; ovules 2–8 par placenta. Le fruit est un petite capsule, rarement grande, sèche à quelque peu ligneuse, déhiscente, 2-valve, couronnée par le reste du style persistant, jaune à rouge-orange à l'extérieur, s'ouvrant brusquement en restant principalement dressée, les deux valves légèrement séparées ou complètement étalées horizontalement, révélant des graines irrégulièrement prismatiques et couvertes d'un testa rouge à rouge-brun, résineux-visqueux et ressemblant à un arille; graines albuminées.

Pittosporum est distribué sur l'ensemble de la forêt et du fourré sempervirents, humides, subhumides et de montagne depuis la forêt littorale jusqu'à 2 700 m d'altitude, ainsi que peu fréquemment sur l'ensemble de la forêt décidue sèche et sub-aride. On peut le reconnaître à ses pseudoverticilles de branches portant des feuilles disposées en spirales et groupées aux extrémités des branches, ses feuilles aromatiques épicées et ses fruits jaunes à rouge-orange, bivalves, se fendant en révélant des graines irrégulièrement prismatiques au testa rouge à rouge-brun, résineux-visqueux et ressemblant à un arille.

Noms vernaculaires: *ambovitsika, ambovitsiky, anpale, azombary, fandoabola, fangora, fantsikala, faraimpa, fotsimavo, hazoambo, hazomalany, hazomamy, hazombany, hazombarorana, hazombary, hazomboy, hazomby mainty, hazomby mena, mahmibovitsika, maimboloha, maimbovitsika, maimbovitsikala, mainbovitsika, mainbovitsiky, mantsiloha, mavoravina, memboloha, membovitsiky, mongy, nantofotsy, sanganakolahy, takantsy, voantsilamena*

347. *Pittosporum*

PODOCARPACEAE Endl.

Petite famille de Gymnospermes, surtout de l'hémisphère sud, représentée par 12 genres et 155 espèces.

Laubenfels, D. J. de. 1972. Podocarpacées. Fl. Madagasc. 18: 9–22.

Podocarpus L'Hér. ex Pers., Syn. Pl. 2(2): 580. 1807. nom. cons.

Genre représenté par env. 94 espèces; 4–5 spp. endémiques de Madagascar

Petits à grands arbres dioïques. Bourgeon terminal globuleux, composé de multiples écailles serrées se recouvrant. Feuilles alternes en spirales, simples, entières, épaisses et coriaces, linéaires à étroitement oblongues avec une nervure médiane proéminente, sans nervation secondaire, stipules nulles. Microsporophylles portés dans des petits cônes axillaires, étroitement cylindriques, solitaires et sessiles, ou groupés par 2–3 et brièvement pédonculés, chaque microsporophylle portant 2 sacs polliniques; ovules portés aux aisselles de bractées à l'apex d'un pédoncule axillaire, 1 de ces bractées généralement fertile; graines petites à grandes, ovales, au testa charnu et noir.

Podocarpus est distribué dans la forêt sempervirente humide, sub-humide et de montagne depuis le niveau de la mer jusqu'à 2 400 m d'altitude, mais plus communément au-dessus de 800 m d'altitude. On peut le reconnaître à ses feuilles linéaires à étroitement oblongues et entières avec une nervure médiane proéminente mais sans nervation secondaire.

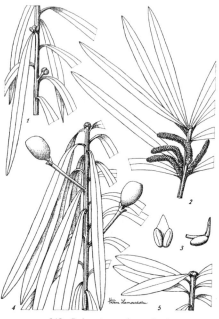

348. *Podocarpus madgascariensis*

Noms vernaculaires: *harambilo, hasindraotsy, hetatatra, hetatra, tavolopika*

PROTEACEAE Juss.

Grande famille représentée par 76 genres et env. 1 300 espèces presque exclusivement de l'hémisphère sud. A Madagascar, les genres *Dilobeia* et *Malagasia* représentent deux lignées différentes du Gondwana au cours de Crétacé dont les genres les plus affines sont rencontrés en Australo-Malaisie.

Buissons ou arbres hermaphrodites, ou moins souvent monoïques ou dioïques. Feuilles alternes, parfois groupées en pseudoverticilles aux extrémités des branches, simples, entières, serretées, ou profondément lobées ou divisées, aux feuilles juvéniles souvent bien plus lobées ou serretées, penninerves ou palmatinerves, stipules nulles. Inflorescences axillaires ou terminales, racémeuses ou paniculées, fleurs petites à grandes, régulières ou irrégulières, 4-mères; périanthe d'un seul verticille de sépales pétaloïdes, valvaires, libres, ou 3 soudés et 1 libre; étamines soudées aux sépales ou rarement libres, anthères introrses, à déhiscence longitudinale; disque nectaire de 4 glandes alternant avec les sépales, ou soudées en un anneau, ou disque rarement absent; ovaire supère, uniloculaire, le style terminal et allongé, ou rarement presque absent et épaissi et alors le stigmate bilobé. Le fruit est un follicule déhiscent, une drupe indéhiscente ou une noix poilue avec un style persistant; graine sans albumen.

Bosser, J. & R. Rabevohitra. 1991. Proteaceae. Fl. Madagasc. 57: 47–69.

Capuron, R. 1963. Contributions a l'étude de la flore de Madagascar: Présence à Madagascar d'un représentant du genre *Macadamia* F.v.M. (Proteacées). Adansonia, n.s., 3: 370–373.

Johnson, L. A. S. & B. G. Briggs. 1975. On the Proteaceae — the evolution and classification of a southern family. Bot. J. Linn. Soc. 70: 83–182.

Marner, S. K. 1989. New and noteworthy species of *Faurea* (Proteaceae) from the evergreen forests of Malawi and elsewhere. Bull. Jard. Bot. Belg. 59: 427–431.

Schatz, G. E. 1996. Malagasy/Indo-Australo-Malesian phytogeographic connections. pp 73–83 *In*: W. Lourenço (ed.), Biogéographie de Madagascar, Editions de l'ORSTOM, Paris.

1. Feuilles profondément divisées, pennatiséquées; fruit un follicule déhiscent; arbres introduits ·· *Grevillea*
1'. Feuilles entières ou lobées; fruit une drupe indéhiscente ou une noix poilue.
  2. Feuilles bilobées, portant une glande cupuliforme à la base des sinus; fleurs unisexuées, plantes dioïques, étamines libres, style presque absent, épaissi ·· *Dilobeia*
  2'. Feuilles entières, sans glande cupuliforme à l'apex; fleurs bisexuées, plantes hermaphrodites, étamines soudées aux sépales, style bien développé.
    3. Inflorescences terminales en épis ou racèmes, fleurs irrégulières, bilabiées; fruit une noix sèche poilue avec un style persistant ···················· *Faurea*
    3'. Inflorescences axillaires en racèmes, fleurs régulières; fruit une drupe sans style persistant ··· *Malagasia*

Dilobeia Thouars, Gen. Nov. Madag.: 7. 1806.

Genre endémique représenté par 2 espèces.

Arbres de taille moyenne, dioïques. Feuilles hétéromorphes, les juvéniles profondément 4-lobées, les adultes fortement bilobées ou ne montrant occasionnellement qu'une large encoche en forme de V, munies d'une glande nectaire cupuliforme à la base des sinus, généralement palmatinerves. Inflorescences axillaires, aux axes couverts d'une pubescence dense et rougeâtre; fleurs solitaires aux aisselles de bractéoles, régulières; sépales 4, libres, valvaires, réfléchis à l'anthèse, caducs; étamines 4, libres, opposées aux sépales; pistillode filiforme; ovaire sphérique, style épais, court, stigmate bilobé; ovule 1; staminodes 4, tombant en même temps que les sépales. Le fruit est une grande drupe quelque peu charnue mais finement, indéhiscente, ellipsoïde, avec 4 carènes longitudinales, la drupe couverte d'une pubescence rouge-brunâtre.

Dilobeia est distribué dans la forêt sempervirente humide et sub-humide depuis le PN d'Andohahela jusqu'au PN de Marojejy, et est particulièrement commun aux altitudes moyennes comprises entre 700 et 1 300 m; *D. thouarsii* est largement distribué alors que *D. tenuinervis* n'est connu qu'à basse altitude au nord de Fort-Dauphin. *Dilobeia* peut aisément être reconnu à ses feuilles bilobées portant une glande cupuliforme à la base du sinus. Le bois est employé dans la construction et la menuiserie, et une huile extraite des cotylédons est comestible.

Noms vernaculaires: *havao, hazovao, hivao, hovao, mankaleo, ovao, ramandriona, riona, tavolohazo, tavolopika, vazano, vivaona, volombodimborona*

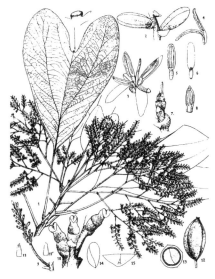

349. *Dilobeia thouarsii*

350. *Faurea*

Faurea Harv., London J. Bot. 6: 373, tab. 15. 1847.

Genre représenté par env. 20 espèces dont 18 spp. distribuées en Afrique et (1–)2 spp. endémiques de Madagascar.

Buissons ou petits arbres hermaphrodites. Feuilles entières, penninerves. Inflorescences terminales, en épis ou racèmes solitaires, fleurs grandes, solitaires aux aisselles de bractéoles, irrégulières; périanthe bilabié, le segment inférieur composé d'un seul sépale, le supérieur de 3 sépales soudés, rose foncé à rouge ou jaune; étamines soudées aux lobes des sépales, les anthères subsessiles; 4 petites glandes à la base de l'ovaire; ovaire couvert de longs poils denses, style longuement filiforme. Le fruit est une petite noix sèche, indéhiscente, poilue et couverte du style persistant.

Faurea est distribué dans la forêt et le fourré sempervirents sub-humides et de montagne; *F. forficuliflora* est largement distribué entre 800 et 2 400 m d'altitude, depuis le PN d'Andohahela jusqu'à la RNI de Tsaratanana; *F. coriacea* (considéré par Bosser & Rabevohitra [1991] comme la var. *elliptica* de *F. forficuliflora*) est endémique du fourré à haute altitude du PN de Marojejy. *Faurea* peut être reconnu à ses grandes fleurs bilabiées aux sépales généralement de couleur rose sombre à rouge et à ses fruits poilus indéhiscents.

Noms vernaculaires: *fisipo, hazombaratra, hazondrato, malambovony, soarary, tavia*

Grevillea R. Br. ex Salisb. in Knight, Cult. Prot.: 120. 1809. nom. cons.

Genre représenté par env. 250 espèces distribué en Malaisie, Nouvelle Calédonie et plus particulièrement en Australie; 2 spp. introduites à Madagascar.

Buissons ou arbres hermaphrodites. Feuilles profondément divisées, pennatiséquées. Inflorescences terminales ou axillaires en racèmes ou panicules, fleurs grandes, légèrement irrégulières; calice tubulaire ou courbé, aux lobes connivents, orange-jaune ou jaune-crème; étamines soudées à la base des lobes du calice, les anthères sessiles; disque nectaire annulaire ou semi-annulaire; ovaire stipité, le style longuement filiforme; ovules 2. Le fruit est un petit follicule sec et déhiscent.

Grevillea peut être reconnu à ses feuilles profondément pennatiséquées. Introduit depuis longtemps, *G. robusta* (ou Chêne d'Australie) est commun sur le Plateau Central où il est planté pour servir d'arbre d'ornement, pour son bois ou servir de coupe-vent. Introduit plus récemment pour le reboisement des zones érodées le long de la côte est, *G. banksii* résiste au feu et s'est disséminé rapidement et de façon envahissante en posant à présent un sérieux problème.

Malagasia L. A. S. Johnson & B. G. Briggs, Bot. J. Linn. Soc. 70: 175. 1975.

Genre endémique monotypique.

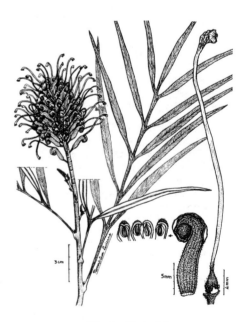

351. *Grevillea banksii*

Petits arbres hermaphrodites atteignant 4–12 m de haut. Feuilles entières, penninerves. Inflorescences axillaires en racèmes, fleurs petites, appariées, régulières; sépales libres, cucullés à l'apex, réfléchis à l'anthèse, jaunes; étamines soudées aux sépales, le filet étant soudé au sépale sur toute sa longueur, anthères sessiles dans le capuchon apical; disque de 4 glandes oblongues alternant avec les sépales; ovaire sessile, le style long et légèrement courbé sous l'apex; ovules 2. Le fruit est une petite à grande drupe, quelque peu charnue, indéhiscente, ovoïde ou obovoïde.

Malagasia alticola est distribué dans la forêt sempervirente sub-humide entre 1 600 et 2 000 m d'altitude et n'est connu que de 3 localités: la forêt à l'est de Tsiazompaniry, la RS d'Ambohitantely (localité du type) et la RNI de Tsaratanana. On peut le reconnaître à ses feuilles entières et ses inflorescences axillaires en racèmes portant de petites fleurs régulières, bisexuées et jaunes.

Noms vernaculaires: aucune donnée

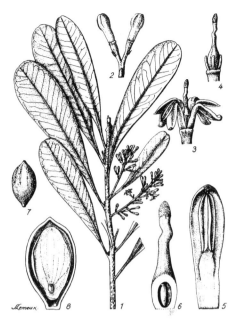

352. *Malagasia alticola*

RHAMNACEAE Juss.

Famille cosmopolite de taille moyenne, représentée par 53 genres et env. 875 espèces; en plus des 5 genres d'arbres suivants, les genres de petits buissons *Phylica* et lianes *Gouania*, *Helinus* (tous deux grimpants grâce à des crochets recourbés), *Scutia* (épineux) et *Ventilago*, sont également rencontrés à Madagascar.

Buissons, arbres et lianes hermaphrodites, portant parfois des épines appariées axillaires, parfois avec des rameaux courts et des rameaux longs. Feuilles alternes, opposées, subopposées, ou groupées en pseudoverticilles, simples, entières ou sinueuses-crénelées à dentées-serretées, penninerves ou tri-palmatinerves à fortement triplinerves, stipules latérales, intrapétiolaires ou interpétiolaires, petites à grandes et enfermant le bourgeon terminal, caduques, laissant parfois une cicatrice distincte annulaire, ou transformées en épines. Inflorescences axillaires, en fascicules ou cymes, fleurs petites, régulières, 5(–6)-mères; sépales triangulaires, valvaires dans le bouton, souvent carénés, étalés à plat à l'anthèse; pétales libres, alternant avec les sépales mais plus petits qu'eux, à l'apex spatulé et enveloppant les étamines dans le bouton; étamines en même nombre que les pétales, libres, filets grêles à robustes, anthères biloculaires, latrorses à presque introrses, à déhiscence longitudinale, se réfléchissant généralement après déhiscence du pollen; disque nectaire couvrant entièrement le réceptacle, épais, entourant l'ovaire; ovaire presque complètement supère à semi infère ou presque complètement infère, 2–3(–4)-loculaire, enfoui dans le réceptacle, style commun terminal, 2–3(–4) lobé ou ramifié, stigmate capité; ovule 1 par loge. Le fruit est une drupe charnue et sèche, indéhiscente contenant soit un seul pyrène 2–3-loculaire, soit 2–3 pyrènes séparés, ou une capsule finale et sèche se séparant en 3(–4) cocci déhiscents; graine avec ou sans albumen, portant parfois un arille basal.

Capuron, R. 1966. Notes sur quelques Rhamnacées arbustives ou arborescentes de Madagascar. Adansonia, n.s., 6: 117–141.

Figueiredo, E. 1995. A revision of *Lasiodiscus* (*Rhamnaceae*). Kew Bull. 50: 495–526.

Johnston, M. C. 1971. Revision of *Colubrina* (Rhamnaceae). Brittonia 23: 2–53.

Perrier de la Bâthie, H. 1950. Rhamnacées. Fl. Madagasc. 123: 1–50.

1. Plantes à épines appariées axillaires (stipules transformées); feuilles alternes, tri-palmatinerves à triplinerves; fruit une drupe charnue à un seul pyrène 3-loculaire ·· *Ziziphus*
1'. Plantes inermes; feuilles alternes, opposées ou subopposées; fruit une drupe charnue à un seul pyrène biloculaire, ou à 3 pyrènes, ou le fruit est sec et se sépare en cocci déhiscents.
  2. Fruit une drupe indéhiscente.
    3. Feuilles alternes, fortement triplinerves; drupe consistant en 3 pyrènes séparés · *Bathiorhamnus*
    3'. Feuilles opposées à subopposées, penninerves; drupe à un seul pyrène biloculaire · *Berchemia*
  2'. Fruit finalement sec à maturité, se séparant en 3 cocci déhiscents.
    4. Stipules petites; graines portant un arille basal, albuminées · · · · · · · · · · *Colubrina*
    4'. Stipules grandes, formant une espèce d'ergot de coq à l'apex des branches et couvrant le bourgeon terminal; graines sans arille ni albumen · · · · · · *Lasiodiscus*

Bathiorhamnus Capuron, Adansonia, n.s., 6: 121–126, pl. 1. 1966.

Genre endémique représenté par 2 espèces.

Arbres hermaphrodites de petite à moyenne tailles, au cambium orange. Feuilles alternes, simples, généralement entières, parfois grossièrement à finement sinueuses à dentées, fortement triplinerves, portant parfois 2 domaties fovéolées aux aisselles des 2 nervures latérales basales, stipules très petites, latérales, à peine visibles. Inflorescences axillaires, en fascicules pauciflores (1–10), fleurs 5-mères; sépales 5, libres, valvaires dans le bouton, triangulaires avec une carène médiane, étalés à plat à l'anthèse; pétales 5, libres, en onglets, blancs; étamines 5, libres, opposées aux pétales, insérées au bord du disque nectaire, filets robustes, anthères biloculaires, presque introrses, à déhiscence longitudinale; disque nectaire annulaire, épais, plan; ovaire semi infère, partiellement enfoui dans le réceptacle en forme de coupe et le disque nectaire, 3-loculaire, style conique, robuste, à 3 branches apicales, stigmate capité; ovule 1 par loge. Le fruit est une grande drupe quelque peu ligneuse, indéhiscente, sphérique à obscurément 3-lobée, entourée à la base par le réceptacle légèrement accrescent, avec 2–3 pyrènes comprimés latéralement, ceux-ci apparaissant après la chute du fruit et la désintégration du péricarpe; graines albuminées.

Bathiorhamnus a une distribution en mosaïque dans la forêt sempervirente humide et sub-humide (*B. louvelii*) ainsi que dans la forêt et le fourré décidus secs et sub-arides (*B. cryptophorus*), depuis le niveau de la mer jusqu'à 1 600 m d'altitude. On le reconnaît aisément à ses feuilles fortement triplinerves qui ressemblent à celles de certaines espèces de *Rhopalocarpus* (Sphaerosepalaceae).

Noms vernaculaires: *hazomasy, ravinovy, sary, telotritry*

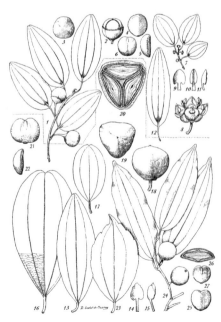

353. *Bathiorhamnus*

Berchemia DC., Prodr. 2: 22. 1825.

Araliorhamnus H. Perrier, Notul. Syst. (Paris) 11: 14. 1943.
Phyllogeiton (Weberb.) Herzog, Beih. Bot. Centralbl. 15: 168. 1903.

354. *Berchemia discolor*

Genre représenté par 12 espèces distribué d'Afrique de l'Est à l'Asie de l'Est et 1 sp. en Amérique du Nord occidentale; une seule sp. (*B. discolor*) est rencontrée à Madagascar qu'on retrouve aussi en Afrique.

Petits à grands arbres hermaphrodites, à l'écorce externe noire et sillonnée. Feuilles opposées à subopposées, simples, entières, penninerves, stipules soudées, interpétiolaires, plus ou moins profondément divisées en deux lobes. Inflorescences axillaires, en fascicules 2–5-flores ou fleurs solitaires, fleurs 5-mères; sépales 5, triangulaires aigus, portant une carène médiane, étalés à plat à l'anthèse; pétales 5, atténués à la base, enveloppant les étamines dans le bouton; étamines 5, opposées aux pétales et plus longs qu'eux, filets grêles, anthères biloculaires, latrorses, à déhiscence longitudinale; disque nectaire couvrant le réceptacle plan et entourant l'ovaire; ovaire presque complètement supère, incomplètement biloculaire, style robuste, divisé en 2 courtes branches apicales, stigmate capité; ovule 1 par loge. Le fruit est une grande drupe charnue, indéhiscente, contenant 2 graines, en forme d'olive, entourée à la base par le réceptacle non accrescent et le disque persistant; graines albuminées.

Berchemia discolor est distribué sur l'ensemble de la forêt et du fourré décidus secs et sub-arides depuis l'ouest de Fort-Dauphin et la région d'Ihosy jusqu'à Antsiranana. On peut le reconnaître à ses feuilles opposées à subopposées et à ses fruits indéhiscents contenant 2 graines.

Noms vernaculaires: *borodoke, losy, sarikomanga, tsiandalana, vavanga*

Colubrina Rich. ex Brongn., Ann. Sci. Nat. (Paris) 10: 368. 1827.

Macrorhamnus Baill., Adansonia 11: 275. 1874.

Genre intertropical représenté par env. 31 espèces; 5 spp. endémiques de Madagascar (1 sp. également aux Comores) et 1 autre sp. côtière à large distribution.

Buissons (parfois grimpants) à grands arbres hermaphrodites, parfois avec des rameaux courts et des rameaux longs. Feuilles alternes, opposées à subopposées, ou groupées en pseudoverticilles sur les rameaux courts, simples, entières ou sinueuses-crénelées à dentées-serretées, tri-palmatinerves à triplinerves ou penninerves, portant parfois des taches glanduleuses circulaires non loin des marges et évidentes dessous, stipules petites, latérales et caduques ou intrapétiolaires et plus ou moins persistantes. Inflorescences axillaires en cymes, fleurs 5(–6)-mères; sépales triangulaires, valvaires dans le bouton, carénés, caducs; pétales libres, enveloppant les étamines dans le bouton; étamines en même nombre que les pétales et opposées à ces derniers, filets s'effilant de la base à l'apex, anthères biloculaires, latrorses, à déhiscence longitudinale; disque nectaire pentagonal, couvrant le réceptacle plan, épais, entourant l'ovaire; ovaire semi infère,

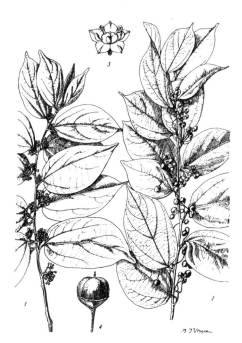

355. *Colubrina faralaotra*

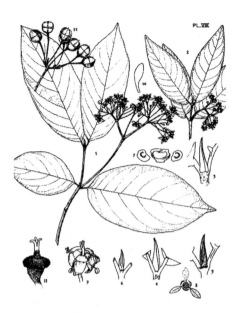

356. *Lasiodiscus pervillei*

partiellement enfoui dans le réceptacle et le disque plans, 3(–4)-loculaire, style se terminant par 3(–4) branches réduites à bien développées, stigmate capité; ovule 1 par loge. Le fruit est une petite capsule initialement quelque peu charnue mais finalement sèche, déhiscente, globuleuse, entourée à la base par le réceptacle et le disque légèrement accrescents, se séparant après s'être desséchée en 3(–4) cocci, dont chacun s'ouvre selon une fente médiane longitudinale; graines portant un petit arille basal, albuminées.

Colubrina est distribué sur l'ensemble de l'île aussi bien dans la forêt sempervirente humide et sub-humide que dans la forêt et le fourré décidus secs et sub-arides: *C. asiatica* est une espèce à large distribution sur les côtes des océans Indien et Pacifique; *C. faralaotra* (feuilles alternes) est distribué dans la forêt sempervirente humide et sub-humide depuis le niveau de la mer jusqu'à 1 000 m d'altitude; *C. decipiens* (feuilles opposées) dans la forêt décidue sèche de l'ouest et du sud; *C. articulata*, aux feuilles alternes et triplinerves, est distribué dans la forêt sempervirente humide à sub-humide depuis le niveau de la mer jusqu'à 1 400 m d'altitude, de Fort-Dauphin à Antalaha, dans la région du Sambirano, aux environs d'Ihosy et de Betroka ainsi qu'aux Comores; et *C. alluaudi* et *C. humbertii* qui sont des buissons avec des rameaux courts et longs et des feuilles penninerves sont rencontrés à l'ouest et au sud.

Noms vernaculaires: *hazombazaha, hazontsoavoka, kirandrambiavy, losy, malemisalaza, mandaoza, sovoka, tatramborondreo, tsiambanilaza*

Lasiodiscus Hook. f., Gen. Pl. 1: 373, 381. 1862.

Genre représenté par 7 spp. en Afrique et 1 sp. endémique de Madagascar.

Buissons à grands arbres hermaphrodites. Feuilles simples, opposées, penninerves, dentées-serretées, stipules grandes, formant une espèce d'ergot de coq à l'apex des branches et couvrant le bourgeon terminal, caduques, laissant une cicatrice annulaire distincte. Inflorescences axillaires en cymes pédonculées, fleurs 5-mères; sépales 5, libres, triangulaires, discrètement carénés, caducs; pétales 5, spatulés à l'apex; étamines 5, libres, opposées aux pétales et presque de la même taille qu'eux, insérées sur le bord extérieur du disque, filets s'effilant de la base à l'apex, anthères biloculaires, latrorses, à déhiscence longitudinale; disque nectaire couvrant le réceptacle en forme de coupe assez profonde, plus ou moins pentagonal, entourant l'ovaire; ovaire semi infère à presque complètement infère, enfoui dans le réceptacle et le disque, 3-loculaire, style court à allongé, divisé en 3 lobes ou branches à l'apex, stigmate capité; ovule 1 par loge. Le fruit est une petite capsule sèche, déhiscente, globuleuse, entourée à la base par le réceptacle et le disque accrescents, se séparant après dessiccation en 3 cocci, dont chacun s'ouvre suivant une fente médiane longitudinale; graine sans albumen.

Lasiodiscus pervillei, aux feuilles opposées et penninerves, est distribué dans la forêt décidue sèche de l'ouest depuis Soalala jusqu'à Antsiranana, ainsi que dans la forêt sempervirente sub-humide dans le haut bassin du fleuve Mangoro et du lac Alaotra.

Noms vernaculaires: *hazomamy, hazombatritry, makaliona, ravinovy, sovoka, telotritry, tsiandala, tsimahafaitompo*

Ziziphus Mill., Gard. Dict. Abr. ed. 4: 1547–1549. 1754.

Genre représenté par 86 espèces; 3 spp. sont rencontrées à Madagascar dont 1 sp. endémique et 2 spp. qui ont probablement été introduites pour l'agriculture.

Buissons ou petits arbres hermaphrodites portant des épines appariées, axillaires, droites ou légèrement recourbées et d'origine stipulaire, à l'écorce parfois noire et sillonnée, aux branches quelque peu pendantes et en zigzag. Feuilles alternes, simples, plus ou moins dentées-serretées, tri-palmatinerves à triplinerves, la base parfois manifestement asymétrique, portant parfois une pubescence blanchâtre dessous, stipules transformées en épines. Inflorescences axillaires en fascicules, fleurs 5-mères; sépales 5, triangulaires, étalés à plat à l'anthèse, caducs; pétales 5, spatulés à l'apex, enveloppant les étamines dans le bouton, blancs; étamines 5, libres, de près de la même longueur que les pétales, filets grêles, anthères latrorses, à déhiscence longitudinale; disque nectaire couvrant le réceptacle en forme de coupe profonde; ovaire semi infère, 2–3-loculaire, style 3-lobé à l'apex, stigmate capité; ovule 1 par loge. Le fruit est une grande drupe charnue, indéhiscente, contenant 2–3 graines, portant à l'extrême base le réceptacle persistant; graines albuminées.

Deux espèces de *Ziziphus* aux fruits comestibles sont cultivées et quelque peu naturalisées dans les zones ouvertes dégradées de l'ensemble de l'ouest; l'espèce autochtone *Z. madecassus*, aux feuilles à la base manifestement asymétrique, est distribué dans la forêt et le fourré décidus secs et sub-arides dans le sud-ouest depuis le PN d'Andohahela jusqu'à Morondava, ainsi que dans l'extrême nord.

Noms vernaculaires: *hazomboay, magonga, sary tsinefo, tsinefonala*

357. *Ziziphus*

RHIZOPHORACEAE R. Br.

Petite famille intertropicale représentée par 16 genres et 130 espèces.

Buissons ou petits arbres hermaphrodites ou rarement dioïques, parfois rencontrés dans la mangrove et l'habitat côtier et présentant alors soit des racines aériennes, soit des pneumatophores. Feuilles opposées, souvent décussées ou les entre-nœuds courts et les feuilles groupées aux extrémités des branches, simples, entières, ou moins souvent serretées-dentées, penninerves, portant parfois des points noirs pellucides dessous, stipules petites ou grandes, caduques. Inflorescences axillaires, en cymes, parfois brièvement condensées, ou sessiles et en groupes serrés de fascicules, ou fleurs solitaires; fleurs petites à grandes, régulières, 4–14-mères; calice aux sépales soudés, en forme de coupe à tubulaire, avec 4–14 lobes, persistant dans le fruit, souvent réfléchi; pétales 4–14, libres, souvent bifides ou laciniés à l'apex, ou munis d'appendice cucullés imbriqués; disque nectaire annulaire ou en forme de coupe, souvent denté; étamines souvent en nombre double des pétales, parfois 3–4 fois plus nombreuses, filets généralement distincts, anthères le plus souvent biloculaires, introrses, à déhiscence longitudinale; ovaire supère ou infère à semi infère, complètement ou incomplètement 2–5-loculaire, style commun terminal, stigmate capité à lobé ou porté sur de courtes branches; ovules 2 par loge. Le fruit est une baie charnue à ligneuse, contenant 1 graine germant parfois alors que le fruit est toujours attaché à la plante mère, l'ensemble hypocotyle/radicule perçant l'apex du fruit, ou le fruit est une capsule charnue à ligneuse et déhiscente, les graines arillées ou ailées.

Arènes, J. 1954. Rhizophoracées. Fl. Madagasc. 150: 1–42.

Capuron, R. 1961. Contributions à l'étude de la flore forestière de Madagascar. Observations sur les Rhizophoracées. Mém. Inst. Sci. Madagascar, Sér. B, Biol. Vég. 10(2): 145–158.

Ding Hou. 1955–1958. Rhizophoraceae. Fl. Malesiana 5: 429–494.

Juncosa, A. M. & P. B. Tomlinson. 1988. A history and taxonomic synopsis of Rhizophoraceae and Anisophyllaceae. Ann. Missouri Bot. Gard. 75: 1278–1295.

1. Buissons ou petits arbres de la mangrove et de l'habitat littoral partiellement inondé; graines germant alors que le fruit est encore attaché à la plante mère.
   2. Fleurs 4-mères; pétales entiers; plantes avec racines aériennes mais sans pneumatophores ·································· *Rhizophora*
   2'. Fleurs 5 à 8–14-mères; pétales bifides ou laciniés; plantes sans racines aériennes mais avec des pneumatophores.
      3. Fleurs 5-mères, petites, en cymes 2–6-flores; pétales laciniés portant à l'apex 2–3 appendices glanduleux ressemblant à des lanières; pneumatophores grêles et cylindriques ····························· *Ceriops*
      3'. Fleurs 8–14-mères, grandes, solitaires; pétales bifides avec des soies apicales; pneumatophores irrégulièrement bosselés ···················· *Bruguiera*
1'. Buissons à grands arbres d'habitats non inondés; graines ne germant pas avant la chute des fruits.
   4. Ovaire semi infère; inflorescences en cymes à ramifications dichotomes, distinctement résineuses; fruit une baie indéhiscente ················ *Carallia*
   4'. Ovaire supère; inflorescences pauciflores, les fleurs portées dans des cymes presque sessiles ou dans des groupes serrés en fascicules, inflorescences non résineuses; fruit une capsule déhiscente.
      5. Pétales aux marges laciniées-fimbriées; ovaire 2–3-loculaire; fruit charnu, une capsule tardivement déhiscente, contenant des graines arillées ······ *Cassipourea*
      5'. Pétales portant à l'apex 4–13 appendices cucullés, imbriqués; ovaire 5-loculaire; fruit ligneux, une capsule facilement déhiscente contenant des graines portant une aile apicale ·························· *Macarisia*

Bruguiera Lam., Tabl. Encycl.: tab. 397. 1793.

Genre représenté par 6 espèces distribué de l'Afrique de l'Est au Pacifique; 1 sp. à large distribution (*B. gymnorhiza*) est rencontrée à Madagascar.

Buissons ou petits arbres hermaphrodites des habitats côtiers, les plus grands individus portant des contreforts, aux pneumatophores épais et bosselés. Feuilles groupées aux extrémités des branches, les entre-nœuds très courts entre les feuilles entières qui portent des points pellucides noirs dessous, stipules grandes, caduques. Fleurs axillaires, solitaires, grandes, verdâtres, se balançant; calice soudé en forme de coupe, avec 8–14 lobes étroitement lancéolés, persistants; pétales 8–14, insérés à la base des lobes du calice, apex bifide portant des soies apicales, la base enroulée et entourant la base des filets de 2 étamines, caducs; disque nectaire en forme de coupe; étamines 16–28 opposées par paires à chaque pétale, filets distincts; ovaire infère, soudé au calice, incomplètement 3-loculaire, style commun terminal, l'apex avec 3 courtes branches stigmatiques; ovules 2 par loge. Le fruit est une grande baie quelque peu charnue à ligneuse, uniloculaire avec 1 graine germant alors que le fruit est encore attaché à la plante mère, l'ensemble hypocotyle/radicule long, cylindrique, sans sillons, perçant le fruit avec le calice persistant qui reste attaché.

Bruguiera gymnorhiza est distribué sur l'ensemble des côtes de l'île dans les habitats de mangrove, généralement dans des aires moins submergées par les eaux salées que *Rhizophora mucronata*. On

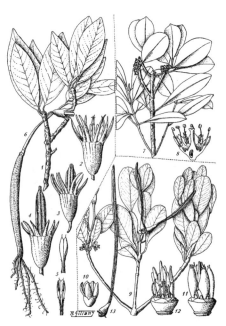

358. *Bruguiera* (gauche); *Carallia* (droite au-dessus); *Ceriops* (droite dessous)

le distingue aisément des autres espèces de mangrove à ses fleurs solitaires avec un calice à 8–14 lobes persistants.

Nom vernaculaire: *tangampoly*

Carallia Roxb., Pl. Coromandel 3: 8, t. 211. 1811. nom. cons.

Genre représenté par 10 espèces distribué de Madagascar aux Iles Salomon; une seule sp. (*C. brachiata*) à large distribution (englobant la distribution globale du genre) est rencontrée à Madagascar.

Buissons ou petits arbres hermaphrodites atteignant 15 m de haut, aux branches opposées et ascendantes-dressées, quelque peu épaissies aux nœuds. Feuilles décussées, entières, aux marges révolutées, portant des points noirs pellucides dessous, stipules grandes, caduques. Inflorescences axillaires, à ramifications dichotomes, courtes, en cymes condensées, distinctement résineuses, fleurs petites, sessiles, 5-mères; calice brièvement soudé en forme de coupe avec 5 lobes épais, triangulaires, persistants; pétales 5, en onglets, aux marges 5–8 laciniées mais non glanduleuses, caducs; disque nectaire annulaire; étamines 10, plus longues que le calice ou les pétales, filets distincts; ovaire semi-infère, 5-loculaire, style commun filiforme, très court, stigmate capité; ovules 2 par loge. Le fruit est une petite baie charnue, indéhiscente, sphérique et contenant quelques graines.

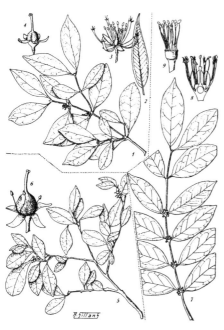

359. *Cassipourea*

Carallia brachiata est distribué dans la forêt sempervirente humide et sub-humide depuis le niveau de la mer jusqu'à 1 500 m d'altitude. On peut le reconnaître à ses branches opposées, dressées à ascendantes et qui sont un peu épaissies aux nœuds, et à ses inflorescences axillaires, aux ramifications dichotomes, et distinctement résineuses.

Noms vernaculaires: *fatsikahitra, hazomarana, hazombabange, hazomboatango, hazontoho, laka, letaka, pitsikahibato, pitsikahitra, tsikimbakimba*

Cassipourea Aubl., Hist. Pl. Guiane 1: 528. 1775.

Dactylopetalum Benth., J. Proc. Linn. Soc., Bot. 3: 79. 1859.
Petalodactylis Arènes, Notul. Syst. (Paris) 15: 2. 1954.
Weihea Spreng., Syst. Veg. 2: 559, 594. 1825.

Genre représenté par 62 espèces distribué dans les régions tropicales du nouveau Monde, en Afrique, à Madagascar (10 spp. dont 9 endémiques) et au Sri Lanka.

Buissons à grands arbres hermaphrodites ou dioïques. Feuilles entières à serretées sur la moitié apicale, stipules caduques. Inflorescences axillaires, en cymes condensées ou en groupes serrés fasciculés, fleurs petites, sessiles ou presque, (4–)5(–6)-mères; calice soudé en forme de coupe avec (4–)5(–6) lobes, persistant; pétales (4–)5(–6), aux marges laciniées-fimbriées, caducs; disque nectaire annulaire; étamines 2 ou 3 fois plus nombreuses que les pétales, celles opposées aux pétales un peu plus longues, filets distincts; ovaire supère, 2–3-loculaire, style commun terminal, stigmate capité ou obscurément lobé; ovules 2 par loge. Le fruit est une petite à grande capsule charnue, tardivement déhiscente et sous-tendue par le calice persistant; graines arillées.

Cassipourea est distribué dans la forêt sempervirente humide et sub-humide, ainsi que dans la forêt semi-décidue sèche de l'ouest depuis la région d'Ambongo-Boina jusqu'au nord. On peut le reconnaître à ses fleurs aux pétales présentant des marges laciniées-fimbriées et à ses fruits tardivement déhiscents, 2–3 valves, charnus, capsulaires et contenant des graines arillées.

Noms vernaculaires: *bonanga, fatsikahitra mainty, hazomalany, hazombato, marankoditra, vaovandrikala*

Ceriops Arn., Ann. Nat. Hist. 1: 363. 1838.

Genre représenté par 2 espèces distribué autour des océans Indien et Pacifique occidental; une seule sp. à large distribution, *C. tagal*, est rencontrée à Madagascar.

360. *Macarisia lanceolata* (1–6); *Rhizophora* (7–11)

Buissons ou petits arbres hermaphrodites des habitats côtiers, aux pneumatophores grêles, cylindriques et aigus. Feuilles distinctement décussées, les entre-nœuds plus longs que chez *Bruguiera gymnorhiza*, les feuilles entières, succulentes épaisses avec une nervation obscure, sans points pellucides noirs, stipules grandes, caduques. Inflorescences axillaires, condensées, en cymes 2–6-flores, fleurs petites, 5-mères; calice soudé en forme de coupe avec 5 lobes ovales, persistants; pétales 5, légèrement plus courts que les lobes du calice, l'apex lacinié avec 2–3 lanières glanduleuses, caducs; disque nectaire en forme de coupe, 10-denté; étamines 10, alternant avec les dents des lobes du disque, celles opposées aux pétales un peu plus longues; ovaire semi infère, 3-loculaire, style commun terminal, stigmate obscurément 3-lobé; ovules 2 par loge. Le fruit est une grande baie charnue à quelque peu ligneuse, uniloculaire avec 1 graine, surtout exserte au-delà du calice, la graine germant alors que le fruit est encore attaché à la plante mère, l'ensemble hypocotyle/radicule long, sillonné-angulaire, perçant le fruit avec les lobes persistants du calice étalés à réfléchis.

Ceriops tagal est distribué dans l'habitat de mangrove sur l'ensemble des côtes de l'île. On peut le distinguer des autres espèces de mangrove à ses pneumatophores grêles, ses feuilles épaisses, succulentes et décussées, et à ses petites fleurs 5-mères portées dans des inflorescences courtes.

Nom vernaculaire: *farafaka*

Macarisia Thouars, Hist. Vég. Isles Austral. Afriq.: 49, pl. 14. 1806.

Genre endémique représenté par 2 (d'après Capuron) ou 7 espèces.

Buissons à arbres de taille moyenne, hermaphrodites. Feuilles entières ou dentées glanduleuses, parfois blanchâtres dessous, stipules caduques. Inflorescences axillaires, en cymes pédonculées pauciflores, ou fleurs solitaires, fleurs petites, 5(–6)-mères; calice soudé brièvement tubulaire avec 5(–6) lobes, réfléchis et persistants dans le fruit; pétales 5(–6), légèrement plus longs que les lobes du calice, portant à l'apex 4–13 appendices spatulés, imbriqués, caducs; disque nectaire annulaire, 10-denté; étamines 10 (ou 12), insérées entre les dents du disque, filets distincts; ovaire supère, 5-loculaire, style commun terminal, stigmate capité à obscurément lobé; ovules 2 par loge. Le fruit est une grande capsule un peu ligneuse, 5-valve, déhiscente; graines portant une aile apicale.

Macarisia est distribué dans la forêt sempervirente humide, sub-humide et de montagne depuis le niveau de la mer jusqu'à 2 000 m d'altitude de Fort-Dauphin jusqu'à Antsiranana ainsi que dans la forêt semi-décidue sub-humide et sèche sur les versants occidentaux du Plateau Central depuis l'ouest du Massif d'Andringitra jusqu'à la région du Sambirano et au nord jusqu'à la région d'Antsiranana. On peut le reconnaître à ses fleurs aux pétales portant des appendices cucullés-imbriqués et à ses capsules ligneuses, déhiscentes, 5-valves contenant des graines portant une aile apicale.

Noms vernaculaires: *hazomalany, hazomalanylahy, hazomalemy, hazomelany, hazombato, hazomboahangy, hendratra, kirontsana, komanga, mangobary, marimbody, matrambody, mazonkoaka, retipony, taimbarika*

Rhizophora L., Sp. Pl.: 443. 1753.

Genre représenté par 6 espèces distribué le long des côtes de l'ensemble des régions tropicales; une seule sp. à large distribution, *R. mucronata*, est rencontrée à Madagascar.

Buissons ou petits arbres hermaphrodites de l'habitat côtier de mangrove, portant des racines aériennes. Feuilles groupées à l'apex des branches, les entre-nœuds courts entre les feuilles entières, à l'apex mucroné, portant des points pellucides noirs dessous, stipules grandes, caduques. Inflorescences axillaires, à ramifications dichotomes, munies de bractées, en cymes lâches sur les parties ultimes, fleurs grandes, 4-mères, ovoïdes et quelque peu 4-angulaires dans le bouton; calice soudé profondément 4-lobé, épais et coriace, persistant; pétales 4, légèrement plus courts que les lobes du calice, lancéolés, entiers, caducs; disque nectaire en forme de coupe, à la marge crénulée; étamines 8, presque sessiles, anthères épaisses, à section triangulaire; ovaire semi infère, 2-loculaire, style commun court, stigmate obscurément bilobé; ovules 2 par loge. Le fruit est une grande baie charnue à quelque peu ligneuse, ovoïde, contenant 1 graine, principalement exserte au-delà du calice, la graine germant alors que le fruit est encore attaché à la plante mère, l'ensemble hypocotyle/radicule long, lisse cylindrique, perçant le fruit à l'apex, les lobes persistants du calice réfléchis.

Rhizophora mucronata est distribué dans l'habitat de mangrove sur l'ensemble des côtes de l'île et notamment dans les zones intertidales inondées. On peut le distinguer des autres espèces de mangrove par ses racines aériennes et ses grandes fleurs 4-mères dans des inflorescences à ramifications dichotomes et munies de bractées.

Noms vernaculaires: aucune donnée

ROSACEAE Juss.

Grande famille cosmopolite concentrée dans les zones tempérées de l'hémisphère nord et représentée par 107 genres et env. 3 100 espèces. Un seul genre d'arbres, *Prunus*, est indigène à Madagascar mais d'autres genres d'arbres fruitiers cultivés y sont rencontrés: *Eriobotrya* (*loquat, bibasy*), *Malus* (pomme) et *Pyrus* (poire).

Kalkman, C. 1965. The Old World species of *Prunus* subg. *Laurocerasus* including those formerly referred to *Pygeum*. Blumea 13: 1–174.

Prunus L., Sp. Pl. 1: 473. 1753.

Pygeum Gaertn., Fruct. Sem. Pl. 1: 218. 1788.

Genre cosmopolite représenté par env. 400 espèces; une seule sp., *P. africana*, à large distribution en Afrique, est rencontrée à Madagascar.

Arbres hermaphrodites de taille moyenne à grande, à l'écorce résineuse noire. Feuilles alternes, simples, crénelées à serretées, portant discrètement des points glanduleux noirs à l'apex des dents, les plus basses à la base de la feuille parfois plus manifestes, les feuilles penninerves, les jeunes rouges, stipules petites, caduques. Inflorescences axillaires, en racèmes 7–15-flores, portées aux aisselles de feuilles ressemblant à des écailles en arrière de vraies feuilles, fleurs petites, régulières, périgynes, 5-mères; calice soudé en forme de coupe avec 5 lobes triangulaires; pétales 5, libres, très petits, insérés à l'ouverture du calice, blancs, ciliés, caducs; étamines 25–30, insérées à l'ouverture du calice, filets libres, grêles, anthères biloculaires, à déhiscence longitudinale; disque nectaire tapissant l'intérieur de la coupe du calice; ovaire supère, uniloculaire, style terminal court, stigmate pelté, discrètement 2-lobé; ovules 2. Le fruit est une petite drupe quelque peu charnue à sèche, indéhiscente, contenant 1 graine, la drupe transversalement ellipsoïde, rouge, au mésocarpe et à l'endocarpe minces, apiculé par le reste du style; graine sans albumen.

Prunus africana a une distribution en mosaïque dans la forêt sempervirente sub-humide et de montagne de 1 000 m à plus de 2 000 m d'altitude. On peut le reconnaître à ses feuilles alternes, crénelées à serretées, ses inflorescences axillaires racémeuses portant de petites fleurs blanches à 25–30 étamines et à ses petits fruits indéhiscents contenant 1 graine. En plus de l'espèce indigène *P. africana*, *Prunus* est représenté à Madagascar par les espèces cultivées d'abricots, de pêches et de prunes.

Noms vernaculaires: aucune donnée

361. *Prunus africana*

RUBIACEAE Juss.

Grande famille cosmopolite (principalement tropicale) représentée par près de 630 genres et env. 10 400 espèces. Avec plus de 700 spp., les Rubiaceae représente la plus grande famille ligneuse à Madagascar et globalement la deuxième famille la plus nombreuse après les Orchidaceae. Avant son décès, Capuron avait laissé un volume impressionnant de notes sur les Rubiaceae malgaches, que j'ai pu consulter au cours de la préparation de ce traitement. Il reste encore de nombreux problèmes de délimitation générique à résoudre qui demanderont une étude approfondie de matériels en provenance de toute l'Afrique et surtout de la région Indo-Malaise, et certainement de données moléculaires. En général, je me suis conformé aux concepts génériques relativement étendus que Capuron avait également adoptés. Des études complémentaires pourraient fort bien révéler des unités facilement reconnaissables au sein de certains de ces genres ou groupes de genres définis au sens large, comme par exemple dans le complexe *Tarenna/Enterospermum*. Le traitement suivant devrait donc être considéré comme un moyen de placer les taxons dans la bonne partie de la famille sans arriver à le placer forcément dans le bon genre. Par conséquent, les genres présentés entre parenthèses devraient être considérés comme étroitement liés au genre sous lequel ils apparaissent, et n'être considérés qu'à titre de 'synonymes expérimentaux'.

Buissons à arbres de taille moyenne, hermaphrodites ou rarement dioïques, ainsi que plantes herbacées et lianes. Feuilles opposées et généralement décussées ou occasionnellement en verticilles de 3–9(–12), simples, entières, parfois nettement anisophylles, penninerves, stipules distinctes, intrapétiolaires ou plus souvent interpétiolaires, formant parfois une gaine autour de la tige, entières ou divisées, portant parfois, aux bouts ou à la base interne, des poils mucilagineux connus sous le terme de colleters. Inflorescences axillaires ou terminales, en cymes de corymbes à paniculées, parfois en capitules sphériques ou en épis, ou occasionnellement fleurs solitaires, fleurs petites à grandes, régulières à rarement légèrement irrégulières, souvent dimorphiques par hétérostylie, généralement 4–5-mères; calice généralement soudé en tube court, soudé à la base de l'ovaire, généralement avec des lobes distincts, imbriqués, valvaires ou tordus, parfois 1 à plusieurs lobe(s) bien plus grand(s) et foliacé(s), persistant et accrescent; corolle soudée, rotacée, en forme de plateau ou d'entonnoir, parfois longuement et étroitement cylindrique, les (3–)4–5(–11) lobes valvaires, imbriqués ou tordus, portant souvent une pubescence barbue dans la gorge; étamines en même nombre que les lobes corollins et alternant avec eux, insérées à l'intérieur du tube corollin, filets souvent courts, anthères 2-loculaires, dorsifixes à basifixes, introrses, à déhiscence longitudinale, déposant parfois le pollen sur le stigmate duquel il est alors enlevé (présentation secondaire "ixoroïde" du pollen); disque annulaire généralement présent, ovaire infère ou rarement principalement supère (*Gaertnera*), généralement 2-loculaire, occasionnellement jusqu'à 12-loculaire, style généralement long et grêle, stigmate entier et claviforme ou bifide; ovule(s) de 1 à de multiples par loge. Le fruit est une baie ou une drupe charnue, généralement avec deux pyrènes, ou une capsule sèche déhiscente, parfois un syncarpe agrégé issu de multiples fleurs; graines à albumen lisse et entier ou ruminé, parfois ailées dans les fruits capsulaires déhiscents.

Arènes, J. 1960. A propos de quelques genres malgaches de Rubiacées (Vanguériées et Gardéniées). Notul. Syst. (Paris) 16: 6–41.

Bosser, J. & D. Lobreau-Callen. 1998. *Landiopsis* Capuron ex Bosser, genre nouveau de Rubiaceae de Madagascar. Adansonia, sér. 3, 20: 131–137.

Bremekamp, C. E. B. 1957. Monographie du genre *Saldinia* A. Rich. (Rubiacées). Candollea 16: 91–129.

Bremekamp, C. E. B. 1958. Monographie des genres *Cremocarpon* Boiv. ex Baill. et *Pyragra* Brem. (Rubiacées). Candollea 16: 147–177.

Bremekamp, C. E. B. 1962. Révision des *Chassalia* de Madagascar. Candollea 18: 195–238.

Bremekamp, C. E. B. 1963. Sur quelques genres de Psychotriées (Rubiacées) et sur leur représentants Malgaches et Comoriens. Verh. Kon. Ned. Akad. Wetensch., Afd. Natuurk., Tweede Sect., 54(5): 1–180.

Bridson, D. M. 1979. Studies in *Tarenna* sensu lato (*Rubiaceae* subfam. *Cinchonoideae*) for part 2 of 'Flora of Tropical East Africa: *Rubiaceae*'. Kew Bull. 34: 377–402.

Buchner, R. & C. Puff. 1993. The genus complex *Danais-Schismatoclada-Payera* (Rubiaceae). Character states, generic delimitation and taxonomic position. Bull. Mus. Natl. Hist. Nat., B, Adansonia 15: 23–74.

Capuron, R. Manuscrit Non Publié. Révision des Rubiacées de Madagascar et des Comores. 227 pp. Copies à BR, K, MO, P et TEF.

Capuron, R. 1969. A propos des Rubiacées-Vanguériées de Madagascar. Adansonia, n.s., 9: 47–55.

Capuron, R. & J.-F. Leroy. 1978. *Paracorynanthe*, genre nouveau de Rubiacées-Cinchonées malgache. Adansonia, n.s., 18: 159–166.

Cavaco, A. 1970. Les *Canthium* et les *Rytigynia* (Rubiaceae) de Madagascar; affinités avec les espèces Africaines; nouveaux taxa et combinaisons novelles. Portugaliae Acta Biol., Sér. B, Sist. 11: 219–247.

Chaw, S.-M. & S. P. Darwin. 1992. A systematic study of the paleotropical genus *Antirhea* (Rubiaceae: Guettardeae). Tulane Stud. Zool. Bot. 28(2): 25–118.

Leroy, J.-F. 1974. Recherches sur les Rubiacées de Madagascar. Les genres *Mantalania* et *Pseudomantalania* (Gardenieae). Adansonia, n.s., 14: 29–52.

Puff, C. 1988. Observations on *Carphalea* Juss. (Rubiaceae, Hedyotideae), with particular reference to the Madagascan taxa and its taxonomic position. Bull. Jard. Bot. Belg. 58: 271–323.

Puff, C., E. Robbrecht & V. Randrianasolo. 1984. Observations on the southeast African-Madagascan genus *Alberta* and its ally *Nematostylis* (Rubiaceae, Alberteae), with a survey of the species and a discussion of the taxonomic position. Bull. Jard. Bot. Belg. 54: 293–366.

Ridsdale, C. E. 1975. A synopsis of the African and Madagascan Rubiaceae — Naucleeae. Blumea 22: 541–553.

Verdcourt, B. 1981. A conspectus of *Polysphaeria* (Rubiaceae). Kew Bull. 35: 97–130.

Wernham, H. F. 1911. The genus *Canephora*. J. Bot. 49: 77–82.

1. Plantes de mangrove ou d'habitats inondés, côtiers de grève, parfois avec des racines échasses; feuilles nettement charnues à coriaces, nervation indistincte · · · *Scyphiphora*
1'. Plantes ne croissant pas dans les habitats de mangrove, ne présentant jamais de racines échasses; feuilles ni particulièrement charnues ni coriaces, nervation généralement évidente.
  2. Plantes portant des épines opposées-décussées; inflorescences terminales sur des rameaux courts, latéraux et feuillés · *Catunaregam*
  2'. Plantes inermes; inflorescences non terminales sur des rameaux courts latéraux.
    3. Feuilles nettement anisophylles, ou semblant parfois alternes suite à l'avortement d'une des feuilles opposées de la paire.
      4. Bourgeons couverts de résine jaune odorante; feuilles ne portant pas une pubescence dense de couleur blanche dessous; stipules en forme de collier, entières, sans colleters; inflorescences terminales, mais paraissant parfois axillaires ou supra-axillaires · *Gardenia*

4'. Bourgeons non couverts de résine jaune odorante; feuilles portant souvent une pubescence dense de couleur blanche dessous; stipules entières ou fimbriées divisées, non en forme de collier, portant des colleters évidents à l'intérieur; inflorescences axillaires ·································· *Sabicea*

3'. Feuilles non anisophylles et ne paraissant pas alternes.

  5. Ovaire principalement supère; stipules ressemblant à de longues gaines, de plus de la ½ de la longueur de l'entre-nœud, souvent persistantes; inflorescences terminales ····································· *Gaertnera*

  5'. Ovaire infère; stipules ne ressemblant généralement pas à de longues gaines, mais si c'est le cas, alors de moins de la ½ de la longueur de l'entre-nœud et non persistantes; inflorescences axillaires ou terminales.

    6. Feuilles verticillées.

      7. Inflorescences axillaires.

        8. Inflorescences en capitules sphériques, longuement pédonculées.

          9. Feuilles en verticilles de (3–)4–5, non succulentes et ne noircissant pas en séchant; fruit déhiscent, capsulaire ················ *Breonadia*

          9'. Feuilles en verticilles de 3(–4), souvent succulentes et noircissant en séchant; ovaires soudés en formant un syncarpe charnu, indéhiscent ·· *Morinda*

        8'. Inflorescences ramifiées de façon dichotomique, en cymes scorpioïdes ou en cymes condensées très courtes, le pédoncule indistinct.

          10. Inflorescences ramifiées de façon dichotomique en cymes scorpioïdes, les axes allongés et distincts; fleurs 4-mères ·············· *Antirhea*

          10'. Inflorescences en cymes condensées aux axes courts et souvent indistincts, parfois en cymes lâches à ombelliformes; fleurs 4–10-mères.

            11. Feuilles en verticilles de 3–4; fleurs généralement petites.

              12. Fleurs très petites, 4-mères, caduques; stigmate avec 2 lobes linéaires distincts; fruit bleu ····················· *Saldinia*

              12'. Fleurs petites ou grandes, 4–5-mères, non caduques; stigmate étroitement cylindrique ou bosse stigmatique en forme de couronne; fruits rougeâtres.

                13. Fleurs 4–5-mères, petites à grandes; ovaire 2-loculaire, stigmate étroitement cylindrique ······················ *Psydrax*

                13'. Fleurs 5-mères, petites; ovaire 3–5-loculaire, bosse stigmatique en forme de couronne ····················· *Rytigynia*

            11'. Feuilles en verticilles de 4–9(–12); fleurs grandes.

              14. Feuilles en verticilles de 4–6; fleurs 6–10-mères; fruit à péricarpe épais, dur, contenant de nombreux faisceaux vasculaires sclérifiés ·· *Mantalania*

              14'. Feuilles en verticilles de 7–9(–12); fleurs 5-mères; fruit à péricarpe spongieux sans faisceaux vasculaires sclérifiés ·· *Pseudomantalania*

      7'. Inflorescences terminales.

        15. Inflorescences en capitules sphériques; ovaires soudés pour former un fruit en syncarpe charnu ························· *Morinda*

        15'. Inflorescences non en capitules sphériques; ovaires non soudés pour former un syncarpe charnu.

          16. Fruit capsulaire déhiscent, rostré, graines ailées; fleurs généralement 5-mères, lobes corollins valvaires-redupliqués dans le bouton ······ ······································· *Schismatoclada*

          16'. Fruit indéhiscent, charnu ou rarement sec, graines non ailées; fleurs 4–5-mères, lobes corollins valvaires ou tordus dans le bouton.

            17. Fruit sec, couronné par le calice pétaloïde accrescent, membraneux-scarieux ························ *Carphalea*

            17'. Fruit charnu, non couronné par un calice pétaloïde accrescent.

18. Fleurs 4-mères, lobes corollins distinctement tordus dans le bouton; inflorescences portant souvent une paire de bractées foliacées à la base du pédoncule ···················· *Ixora*

18'. Fleurs (4–)5-mères, lobes corollins valvaires dans le bouton; inflorescences sans bractées foliacées à la base du pédoncule.

19. Feuilles portant des points glanduleux pellucides; axes des inflorescences non colorés et ne devenant pas charnus dans le fruit; fleurs régulières, tube corollin non courbé ··· *Triainolepis*

19'. Feuilles sans points glanduleux pellucides; axes des inflorescences colorés devenant charnus dans le fruit; fleurs irrégulières, tube corollin courbé ··············· *Chassalia*

6'. Feuilles opposées.

20. Inflorescences en capitules sphériques.

21. Feuilles quelque peu succulentes, noircissant en séchant; lianes ou petit arbre de grève à syncarpe charnu et blanc ··············· *Morinda*

21'. Feuilles jamais succulentes, ne noircissant pas en séchant; petit ou grand arbre de l'intérieur des terres, s'il est proche du littoral, le syncarpe n'est alors pas blanc ························· *Breonia*

20'. Inflorescences en cymes condensées à ramifiées, corymbiformes ou paniculées.

22. Inflorescences terminales (mais parfois axillaires au nœud terminal).

23. Un lobe du calice, ou plusieurs, élargi(s), voyant(s) et pétaloïde(s), accrescent(s)-scarieux et membraneux dans le fruit.

24. Stipules triangulaires, entières; 1(–2) ou tous les lobes du calice élargi(s), pétaloïde(s), de couleur rose à rouge; ovule 1 par loge; fruit se séparant en 2 pyrènes dont 1 avec 2 lobes du calice et l'autre avec 3 lobes du calice ····················· *Alberta*

24'. Stipules bifides ou avec 1–5 dent(s) filiforme(s) présentant des colleters aux extrémités; ovules 2 à multiples par loge; fruit indéhiscent ou capsulaire à 2 valves.

25. Stipules avec 1–5 dent(s) filiforme(s) terminée(s) par des colleters; calice 4–5-lobé ou entier, blanc à rouge; ovules 2–4 par loge; fruit indéhiscent ····················· *Carphalea*

25'. Stipules profondément bifides, sans colleters; 1 lobe du calice nettement élargi, en onglet, blanc; ovules multiples par loge; fruit capsulaire, déhiscent en 2 valves ················ *Landiopsis*

23'. Lobes du calice tous égaux, ni pétaloïdes, ni voyants, ni accrescents dans le fruit.

26. Inflorescences paraissant souvent axillaires par la croissance en sympode des nouveaux rameaux; fruit grand, charnu à ligneux, indéhiscent ················"*Rothmannia*"/ *Genipa sensu* Drake

26'. Inflorescences terminales, non portées au-dessus d'une feuille unique; fruit petit ou grand, déhiscent ou indéhiscent.

27. Fruit déhiscent.

28. Fruit initialement charnu, se desséchant et se séparant alors en 2 pyrènes qui en tombant laissent un carpophore en forme d'Y; graines non ailées ························ *Psychotria*

28'. Fruit non charnu initialement, les pyrènes ne se séparant pas et ne tombant pas en laissant un carpophore en forme d'Y; capsules à 2 valves; graines ailées.

29. Arbustes ou petits arbres sempervirents des forêts et fourrés humides à ceux de montagne; capsule non ligneuse, à l'apex rostré.

30. Inflorescence souvent sous-tendue par un involucre de bractées foliacées; lobes du calice égaux ········ *Payera*

30'. Inflorescence jamais sous-tendue par un involucre de bractées foliacées; lobes du calice souvent inégaux
· *Schismatoclada*

29'. Petits à grands arbres décidus de la forêt sèche; capsule quelque peu ligneuse, non rostrée à l'apex.

  31. Inflorescences longues en épis à racémeuses, fleurs groupées en cymules 1–3-flores, portant généralement à la base une paire de bractées longuement pétiolées, ovales, scarieuses et persistantes; lobes corollins triangulaires, sans long appendice filiforme portant des soies denses · · · · · ·
· *Hymenodictyon*

  31'. Inflorescences racémeuses à corymbiformes, les bractées caduques; lobes corollins triangulaires, portant chacun un long appendice filiforme, à soies denses · · · *Paracorynanthe*

27'. Fruit indéhiscent.

  32. Lobes corollins valvaires, valvaires-induppliqués ou valvaires-reduppliqués dans le bouton.

    33. Ovule 1 par loge; fruit avec 2(–3–4) pyrènes à 1 graine.

      34. Axes des inflorescences colorés, devenant charnus dans le fruit; tube corollin allongé, légèrement courbé · · *Chassalia*

      34'. Axes des inflorescence non colorés et ne devenant pas charnus dans le fruit; tube corollin non allongé, droit · · · ·
· *Psychotria*

    33'. Ovules 2 à multiples par loge; fruit une baie ou une drupe contenant de multiples graines, ou une drupe avec un seul pyrène 2–10-loculaire, chaque loge à 1 graine.

      35. Feuilles portant souvent une pubescence longue, parfois scabres, sans points glanduleux pellucides; stipules bifides, parfois sur toute leur longueur jusqu'à la base; tube corollin longuement infundibuliforme, les lobes valvaires-reduppliqués dans le bouton; ovaire 2-loculaire; ovules multiples par loge; fruit une baie ou une drupe contenant de multiples graines · · · · · · · · · · · · · · · · · · · *Mussaenda*

      35'. Feuilles glabres avec des points glanduleux pellucides; stipules 3-, 5- ou 7-lobés; tube corollin sub-cylindrique, les lobes valvaires-induppliqués dans le bouton; ovaire 2–10-loculaire; ovules 2 par loge; fruit une drupe avec un seul pyrène 2–10-loculaire, chaque loge avec 1 graine · · · ·
Triainolepis

32'. Lobes corollins tordus dans le bouton, se recouvrant vers la gauche.

    36. Fleurs solitaires ou portées dans des inflorescences 2–3-flores.

      37. Ovule 1 par loge; fruit généralement à 2 graines.

        38. Fleurs 4-mères · *Ixora*

        38'. Fleurs 5-mères · *Coffea*

      37'. Ovules multiples par loge; fruit contenant de multiples graines.

        39. Feuilles portant des domaties, noircissant en séchant; bourgeon terminal protégé par 3–4 paires de stipules scarieuses ressemblant à des écailles, non couvert de résine jaune odorante; très grand fruit (5–7 cm de diam.) · *Euclinia*

        39'. Feuilles sans domaties, ne noircissant pas en séchant; bourgeon terminal couvert d'une résine jaune odorante, stipules ressemblant à une gaine, parfois aussi longues que l'entre-nœud; fruit petit à grand · · · · · · · · *Gardenia*

36'. Inflorescences multiflores.

40. Inflorescences en panicules racémeuses; ovules nombreux par loge; fruit contenant de multiples graines · · · · · *Bertiera*

40'. Inflorescences en corymbes ou en panicules ramifiées de façon trichotome et munies de bractées; ovule(s) de 1 à de multiples par loge; fruit à 1–20 graine(s).

41. Stipules soudées en une gaine sur leur quasi longueur, non séparées et pressées l'une contre l'autre en ressemblant à un bec de canard, l'apex longuement apiculé; inflorescences munies de bractées, souvent sous-tendues par des bractées foliacées, ramifiées de façon trichotome avec des angles de 90°, les axes généralement rougeâtres; fleurs 4-mères; fruit généralement partiellement bilobé · *Ixora*

41'. Stipules interpétiolaires libres, souvent pressées l'une contre l'autre pour recouvrir le bourgeon terminal en ressemblant à un bec de canard, l'apex non longuement apiculé; inflorescences non sous-tendues par des bractées foliacées, en corymbes, les axes verts, souvent poisseux visqueux; fleurs (4–)5(–6)-mères; fruit sphérique · *Tarenna*

22'. Inflorescences axillaires.

42. Plantes de l'habitat littoral juste derrière la zone intertidale; fleurs (4–)6–9-mères; lobes corollins imbriqués dans le bouton · · *Guettarda*

42'. Plantes non rencontrées juste derrière la zone intertidale mais si elles l'étaient, les fleurs 4–6-mères; lobes corollins valvaires ou tordus dans le bouton.

43. Lobes corollins valvaires dans le bouton.

44. Feuilles distinctement vert-jaune, devenant plus jaunes en séchant; inflorescences supra-axillaires, pédoncule aplati et portant 2 bractées apicales enfermant initialement les fleurs; fruit à 1 graine · *Craterispermum*

44'. Feuilles non distinctement vert-jaune; inflorescences axillaires, pédoncule non aplati et ne portant pas 2 bractées apicales enfermant initialement les fleurs; fruit à 2 graines ou plus.

45. Ovules multiples par loge; stipules longuement et étroitement triangulaires; fruits de couleur orange à rouge groseille, contenant de multiples graines · · · · · · · · · · · · · · *Pauridiantha*

45'. Ovule 1 par loge; stipules soudées en une gaine, ou libres et ovales à largement triangulaires; fruit une drupe avec 1–2 (–5–10) pyrène(s) à 1 graine.

46. Fruits avec un seul pyrène, bleu vif; fleurs sessiles; feuilles sans domaties; plantes monoïques · · · · · · · · · · · · · · *Saldinia*

46'. Fruits avec 2 pyrènes ou plus, rouges à pourpres; fleurs généralement pédicellées; feuilles portant souvent des domaties; plantes hermaphrodites ou dioïques.

47. Inflorescences en ombelles, initialement enfermées dans une paire de bractées soudées sub-persistantes; bosse du stigmate non creuse, la base directement attachée au style; plantes dioïques · *Pyrostria*

47'. Inflorescences en cymes ou rarement en ombelles, non enfermées dans une paire de bractées soudées persistantes; bosse stigmatique généralement creuse à profondément enfoncée, le style entouré par la bosse; plantes hermaphrodites.

48. Ovaire 2(–3)-loculaire.

49. Style généralement au moins deux fois plus long que
le tube corollin, bosse du stigmate cylindrique, environ
deux fois plus longue que large; stipules glabres à
l'intérieur · *Psydrax*

49'. Style généralement moins de deux fois plus long que
le tube corollin, bosse du stigmate sphérique, aussi
large ou plus large que longue; stipules pubescentes
ou glabres à l'intérieur · · · · · · · · · · · · · · · *Canthium*

48'. Ovaire 3–5-loculaire.

50. Inflorescences ouvertes, multiflores, en cymes lâches,
souvent portées aux nœuds sans feuilles; fruit grand
avec 5 pyrènes · *Vangueria*

50'. Inflorescences condensées pauciflores ou fleurs
solitaires, à l'aisselle de nœuds foliés; fruits
généralement petits avec 1–5 pyrène(s) · · · · *Rytigynia*

43'. Lobes corollins tordus dans le bouton, se recouvrant vers la gauche.

51. Stipules libres, largement triangulaires à ovales, tronquées ou
souvent abruptement acuminées-cuspidées à apiculées, chaque
paire ressemblant parfois à un bec de canard et noircissant au
séchage.

52. Inflorescences axillaires ou supra-axillaires, 2–4-flores,
initialement enfermées dans 2 bractées plus ou moins soudées
formant un involucre ressemblant à une cupule ou un
capuchon, le pédoncule parfois aplati; fleurs non sous-tendues
par une cupule glanduleuse, la corolle campanulée à
infundibuliforme, avec une courte portion cylindrique à la
base; graine au testa fibreux-strié, albumen lisse-entier · *Fernelia*

52'. Inflorescences axillaires, plus que 4-flores, non initialement
enfermées dans 2 bractées, le pédoncule court, non aplati;
fleurs sous-tendues par une cupule glanduleuse de bractéoles
soudées, la corolle étroitement cylindrique; graine au testa
ponctué-réticulé, albumen ruminé · · · · · · · · · · · · · · *Tarenna*

51'. Stipules soudées à la base en une courte gaine, l'apex obtus à
apiculé ou parfois longuement aristé, parfois couvertes d'un
revêtement résineux, ou la ligne médiane quelque peu saillante.

53. Ligne médiane des stipules quelque peu saillante;
inflorescences plus ou moins supra-axillaires, en cymes
condensées et munies de bractées, les bractéoles généralement
opposées et soudées en petites cupules; corolle étroitement
infundibuliforme; style souvent sillonné et caréné
longitudinalement; ovule 1 par loge; graine au testa fibreux-
strié, albumen fortement ruminé · · · · · · · · · · · · · *Polysphaeria*

53'. Ligne médiane des stipules non saillante; inflorescences axillaires;
corolle cylindrique ou infundibuliforme; style ni sillonné, ni
caréné longitudinalement; ovule(s) 1 ou 2–8 par loge; graine au
testa réticulé-ponctué ou ornementé de polygones criblés-striés,
non fibreux, albumen abondant, lisse-entier.

54. Ovule 1 par loge; lobes du calice très courts ou marge du
calice tronqué à denté; fruit contenant généralement 2
graines marquées d'un profond sillon sur la face interne (i.e.
comme le grain de café) · *Coffea*

54'. Ovules 2–8 par loge; lobes du calice et/ou marge du calice
bien développé(s); fruit contenant de 1 à quelques graine(s)
mais non marquée(s) d'un profond sillon sur la face interne
· *Tricalysia*

Alberta E. Mey., Linnaea 12: 258. 1838.

Genre représenté par 6 espèces dont 1 sp. en Afrique du Sud et 5 spp. endémiques de Madagascar.

Arbres hermaphrodites de petite à moyenne tailles. Feuilles opposées, décussées, coriaces, stipules interpétiolaires, triangulaires, brièvement soudées à la base en gaine caduque circumscissile à la base. Inflorescences terminales portées sur des rameaux latéraux, en cymes ou corymbiformes, fleurs petites à grandes, quelque peu irrégulières du fait de l'élargissement du ou de plusieurs lobe(s) du calice, 5-mères; calice brièvement tubulaire avec soit 1 (ou 2) ou tous les lobes élargis et pétaloïdes, vivement colorés, de couleur rose à rouge, persistants et accrescents dans le fruit; corolle cylindrique ou infundibuliforme, droite ou quelque peu courbée, les lobes brièvement triangulaires, tordus dans le bouton et se recouvrant vers la gauche; étamines insérées vers l'apex du tube, subsessiles, principalement incluses; disque légèrement élevé, pubescent; ovaire 2-loculaire, style cylindrique, légèrement courbé, longuement exsert, l'apex du stigmate bifide; ovule 1 par loge. Le fruit est grand et sec, couronné par les lobes accrescents du calice, scarieux et aliforme, se séparant (déhiscent) en 2 fruits partiels, l'un avec 3 lobes du calice, l'autre avec 2; graine à albumen abondant et huileux.

Alberta est distribué dans la forêt sempervirente humide, sub-humide et de montagne, de 100 m à 2 000 m d'altitude, y compris dans la région du

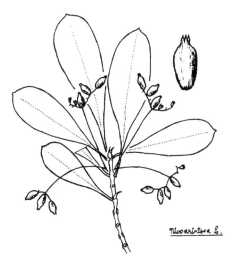

363. *Antirhea borbonica*

Sambirano et dans la forêt plus sèche et sclérophylle du versant occidental du Plateau Central et du massif de l'Isalo. On peut le reconnaître à son calice pétaloïde, vivement coloré, rose à rouge et qui est persistant et accrescent dans le fruit. Le proche *Nematostylis anthophylla* (nom vernaculaire: *maroatody* ou "beaucoup d'œufs" de ses tubercules renflés en forme d'œufs portés par les racines) qui est rencontré sur les affleurements rocheux du Plateau Central jusqu'au massif du PN de Marojejy, est une petite plante buissonnante suffrutescente de moins de 1 m de haut avec des feuilles charnues et succulentes.

Noms vernaculaires: *dona, heja, hetatralahy, honkoala, lona, malambovony, molompangady, sanamena, sohihala, tapialahy, valotralahy, voapaka, voatalany*

Antirhea Comm. ex Juss., Gen. Pl.: 204. 1789.

Genre représenté par 36 espèces distribué de Madagascar à l'océan Pacifique; 2 spp. à Madagascar dont 1 sp. avec 2 variétés.

Grands buissons à grands arbres dioïques. Feuilles en verticilles de 3, portant ou non des domaties à l'aisselle des nervures secondaires, stipules brièvement soudées en une gaine intrapétiolaire, étroitement triangulaires ou lancéolées, densément pubescentes à l'intérieur, caduques. Inflorescences axillaires, longuement pédonculées, en cymes scorpioïdes à une ou deux ramification(s) dichotome(s), fleurs petites, régulières, sessiles, 4-mères; calice brièvement tubulaire, aux lobes petits, triangulaires et dentiformes; corolle cylindrique, légèrement élargie vers l'apex, aux lobes étalés,

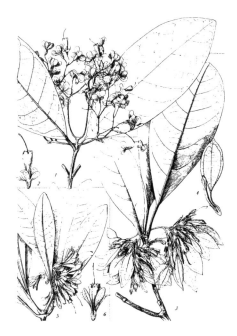

362. *Alberta*

imbriqués dans le bouton; étamines insérées à l'ouverture de la corolle, anthères sessiles, incluses ou légèrement exsertes, à peine plus petites et sans pollen dans les fleurs femelles; pistillode présent; disque annulaire; ovaire 2–3-loculaire, style cylindrique, divisé à l'apex en 2–3 branches stigmatiques, à peine exsert; ovule 1 par loge. Le fruit est une petite drupe charnue, indéhiscente, ellipsoïde à presque globuleuse, composée de 2–3 pyrènes; graines albuminées.

Antirhea est distribué dans la forêt sempervirente humide et sub-humide. On peut le reconnaître à ses feuilles en verticilles de 3, présentant généralement des domaties, à ses inflorescences longuement pédonculées en cymes scorpioïdes et à ramifications dichotomes, ainsi qu'à ses petites fleurs 4-mères, unisexuées; *A. borbonica* var. *borbonica* aux inflorescences ne présentant qu'une ramification dichotome, aux jeunes rameaux et aux fleurs duveteuses, devient un grand arbre aux plus hautes altitudes; *A. borbonica* var. *duplidivisa* aux inflorescences à deux ramifications dichotomes, aux jeunes rameaux et fleurs glabres, est un petit arbre des altitudes plus basses et des terrains sableux de la forêt littorale; *A. madagascariensis* est un petit arbre de la forêt littorale avec des feuilles plus petites sans domaties et avec des inflorescences plus petites ne portant que 3–7 fleurs.

Noms vernaculaires: *hazombary, mantalanina, mantalanina fotsy, mantalany, marefilana, marefolena, merambavy, molompangady, pitsikahidambo, taolanana, voantalanina*

Bertiera Aubl., Hist. Pl. Guiane: 180. 1775.

Genre représenté par env. 55 espèces, distribué en Afrique (41 spp.), à Madagascar (2 spp. ou plus ?) et dans les régions tropicales du Nouveau Monde.

Buissons ou petits arbres hermaphrodites, aux tiges pubescentes. Feuilles opposées, brièvement pétiolées, pubescentes, stipules interpétiolaires, allongées et étroitement triangulaires, longuement acuminées, persistantes. Inflorescences terminales, en longues panicules racémeuses ou parfois condensées en capitules denses, fleurs petites, 5-mères; calice brièvement soudé en forme de coupe, les lobes courts, triangulaires et dentés ou plus longs et étroitement lancéolés; tube corollin cylindrique dessous, abruptement évasé et pubescent à l'intérieur dans la partie supérieure au point d'insertion des étamines, blanc, les lobes nettement tordus vers la gauche dans le bouton, étalés à plat à l'anthèse, acuminés; étamines insérées dans la partie dilatée de la corolle, sessiles, apiculées, incluses; disque en forme de coupe ou annulaire, charnu; ovaire 2-loculaire, style étroitement cylindrique, renflé à l'apex et divisé

364.. *Bertiera longithyrsa*

en 2 branches apprimées; ovules nombreux par loge. Le fruit est une petite baie sphérique, quelque peu charnue ou coriace, indéhiscente, contenant de multiples graines et couronnée par les restes du calice; graines très petites, anguleuses, au testa finement rugueux, albumen lisse.

Bertiera est distribué dans la forêt sempervirente humide et sub-humide; *B. longithyrsa* est commun dans la région du Sambirano. On peut le reconnaître à ses stipules persistantes, étroitement triangulaires et longuement acuminées, à ses inflorescences terminales racémeuses portant des fleurs aux lobes corollins tordus dans le bouton et à ses fruits bacciformes, charnus, couronnés par les restes du calice et contenant de multiples graines.

Noms vernaculaires: *madiorano, seva, tobarinasity, valanirana*

Breonadia Ridsdale, Blumea 22: 549. 1975.

Genre monospécifique largement distribué en Afrique et à Madagascar dont l'espèce était précédemment considérée dans le genre asiatique *Adina* Salisb.

Arbres hermaphrodites de petite à grande tailles. Feuilles en verticilles de 3–5, simples, stipules intrapétiolaires, soudées en une gaine entourant la tige, à lobes triangulaires, alternant avec les feuilles, à abcission circulaire à la base. Inflorescences axillaires, solitaires, non ramifiées, longuement pédonculées, les fleurs groupées à l'apex en un capitule sphérique, libres les unes des autres, avec une paire de grandes bractées enfermant initialement le capitule et persistantes sur la moitié du pédoncule, fleurs petites, sessiles, 5-mères, entourées de nombreuses bractéoles linéaires-spatulées aussi longues que le calice; calice soudé tubulaire, profondément divisé, les lobes

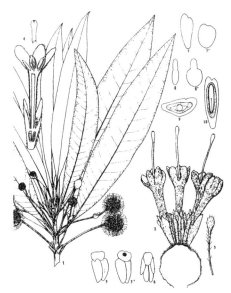

365. *Breonadia salicina*

oblongs, dressés; tube corollin étroitement cylindrique, couvert d'une pubescence soyeuse à l'extérieur, s'ouvrant plus largement vers l'apex, les lobes imbriqués dans le bouton, dressés; étamines insérées au niveau de la gorge, filets courts, principalement exsers; ovaire 2-loculaire, style cylindrique, longuement exsert, renflé à l'apex en un court stigmate ovoïde; ovule(s) (1–)2(–4) par loge. Le fruit est une petite capsule sèche, déhiscente, 4-valve et contenant (1–)2 graine(s); graines aux marges amincies et légèrement dilatées mais non ailées, à albumen abondant.

Breonadia salicina est largement distribué sur l'ensemble de l'ouest dans la forêt semi-décidue sèche des habitats riverains, montant sur le Plateau Central dans des vallées coupant les plateaux divers et dans la région du lac Itasy, ainsi que dans la forêt sempervirente humide à basse altitude de l'est, également le long des rivières. On peut le reconnaître à ses feuilles en verticilles de 3–5, ses inflorescences en capitules sphériques portant des fleurs libres les unes des autres et entourées de bractéoles, à ses fruits capsulaires et à ses graines qui bien que non ailées ont une marge légèrement dilatée.

Noms vernaculaires: *soaravina, soaravy, sodindranto, sohihy, sohy, soy, valodrano*

Breonia A. Rich. ex DC., Prodr. 4: 620. 1830.

[*Gyrostipula* J.-F. Leroy, Adansonia, n.s., 14: 682. 1975.]
[*Janotia* J.-F. Leroy, Adansonia, n.s., 14: 682. 1975.]
[*Neobreonia* Ridsdale, Blumea 22: 546. 1975.]

Genre endémique représenté par env. 16 espèces.

Petits à grands arbres hermaphrodites. Feuilles opposées, présentant souvent des domaties aux aisselles des nervures secondaires, stipules largement ou étroitement triangulaires, formant un bourgeon terminal conique parfois enroulé, circumscissiles caduques. Inflorescences axillaires, les bractées entourant la jeune inflorescence ressemblent à un calyptre, se déchirant parfois en 2 moitiés, généralement caduques, fleurs portées dans un capitule sphérique, le pédoncule parfois distinctement aplati, fleurs petites, 4–5-mères; calice au sépales soudés en tube, sépales des fleurs adjacentes libres; corolle tubulaire, s'évasant légèrement à l'apex, aux lobes oblongs, dressés, imbriqués dans le bouton; étamines insérées dans la gorge, filets courts, anthères basifixes, introrses, à déhiscence longitudinale, légèrement exsertes; ovaires des fleurs adjacentes complètement soudés ou sur $^1/_2$ ou $^2/_3$ de leurs parois latérales, 2-loculaires, style cylindrique, longuement exsert, stigmate claviforme à globulaire; ovule(s) (1–)3–15 par loge. Le fruit est un grand syncarpe agrégé, charnu, indéhiscent, ou un capitule sphérique de petites capsules déhiscentes; graines quelque peu compressées, ailées chez les espèces à fruits capsulaires, albuminées.

Breonia est principalement distribué dans la forêt sempervirente humide à sub-humide mais se rencontre également dans la forêt décidue sèche depuis Morondava jusqu'à Vohémar (*B. perrieri*). Une circonscription plus large est ici adoptée pour *Breonia* afin d'inclure aussi bien les espèces aux fleurs séparées et aux fruits capsulaires que celles aux fleurs soudées et aux

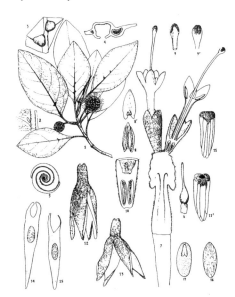

366. *Breonia*

fruits en syncarpes agrégés indéhiscents. Il semble y avoir un continuum des fleurs totalement libres à totalement soudées, avec une espèce montrant une fusion post-génitale des fleurs initialement libres. *Janotia*, avec de très grandes stipules, et *Gyrostipula*, avec un bourgeon terminal et des stipules enroulées (caractères également présents chez *Breonia*) présentent tous deux des fleurs libres et des fruits capsulaires déhiscents mais pas de bractéoles interflorales comme *Breonadia*; *Neobreonia* était séparé de *Breonia* sur la base de son bourgeon terminal aplati (non conique) avec des stipules ovales à obovales, un pédoncule étiré, 2–3 inflorescences par aisselle, et la soudure des parties inférieures des tubes des calices adjacents.

Noms vernaculaires: *berindry, hazombalotra, marotsaka, molompangady, soaravina, soaravinala, somondranto, valitsy, valodrano, valompangady beravina, valompangady salasalaravina, valotra, vavalotra, voakiringy*

Canthium Lam., Encycl. 1: 602. 1785.

Genre représenté par env. 60 espèces, distribué de l'Afrique à la Malaisie dont env. 25 spp. sont rencontrées à Madagascar.

Arbustes ou petits arbres dioïques. Feuilles opposées, avec ou sans domaties cratériformes ou en touffes poilues aux aisselles des nervures secondaires, stipules soudées en une gaine courte, l'apex interpétiolaire apiculé ou aristé. Inflorescences axillaires, pédonculées ou subsessiles, en cymes pauciflores à multiflores, fleurs petites, 4–5-mères; calice au tube ovoïde, les lobes triangulaires ou dentiformes; corolle largement cylindrique, blanche à jaunâtre, présentant souvent au niveau de la gorge un anneau de poils orientés vers le bas, les lobes valvaires dans le bouton, aussi longs ou plus courts que le tube, réfléchis à l'anthèse; étamines insérées dans la gorge, filets courts ou anthères subsessiles, exsertes; disque annulaire; ovaire 2(–3)-loculaire, style grêle, légèrement exsert, de moins de deux fois la longueur du tube corollin, terminé par une bosse stigmatique sphérique, renfoncée à la base, 2(–3)-lobée; ovule 1 par loge. Le fruit est une petite à grande drupe charnue, indéhiscente, compressée-aplatie latéralement, bilobée, distinctement ou à peine émarginée à l'apex, généralement composée de 2 pyrènes; graines à albumen entier.

Canthium est distribué dans la forêt sempervirente humide et sub-humide ainsi que dans la forêt décidue sèche. On peut le reconnaître à ses inflorescences axillaires portant des fleurs aux lobes corollins valvaires dans le bouton, au style dont la longueur est généralement bien inférieure à deux fois celle du tube corollin, au stigmate sphérique aussi large ou plus large que long, à l'ovaire généralement biloculaire avec 1 ovule par loge et à ses drupes distinctement bilobées et latéralement compressées-aplaties. *Psydrax* en diffère par son style plus long, exsert et portant une bosse stigmatique étroitement cylindrique.

Noms vernaculaires: aucune donnée

Carphalea Juss., Gen. Pl.: 198. 1789.

Genre représenté par 15 espèces distribué en Afrique, à Madagascar (6 spp.) et à Socotora.

Buissons ou petits arbres hermaphrodites. Feuilles opposées et décussées, ou occasionnellement verticillées par 3, stipules soudées en une gaine courte avec 1–5 dent(s) linéaire(s) ou filiforme(s) terminé(s) par des colleters. Inflorescences terminales, munies de bractées, en cymes ou paniculées, au sommet quelque peu aplati ou bombé, fleurs grandes, hétérostyles, 4–5-mères; calice soudé avec 4–5 lobes pétaloïdes plus ou moins profonds, ou rarement presque entier et en forme d'ombrelle dans le fruit (*C. cloiselii*), blanc à rouge vif, fortement accrescent dans le fruit et devenant alors membraneux-scarieux; corolle étroite et longuement cylindrique, rarement plus courte et infundibuliforme (*C. cloiselii*), la gorge densément velue, les lobes courts et valvaires dans le bouton; étamines 4–5, insérées à l'apex du tube corollin, exsertes ou non; disque annulaire; ovaire 2(–4)-loculaire, style filiforme, divisé à l'apex en 2

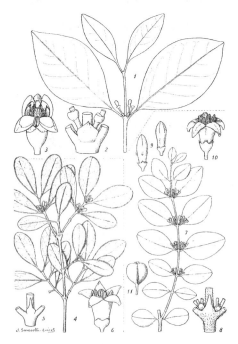

367. *Canthium*

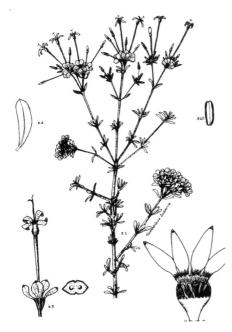

368. *Carphalea madagascariensis*

(–4) lobes portant les stigmates; ovules 2–4 par loge. Petit fruit sec, indéhiscent, obconique, coriace, couronné par le calice accrescent ressemblant à une aile, contenant 1–4 graine(s).

Carphalea est principalement distribué dans la forêt et le fourré décidus, secs et sub-arides mais est également rencontré dans la forêt semi-décidue sub-humide et sclérophylle du Plateau Central. On le reconnaît aisément à ses inflorescences terminales portant des fleurs au calice pétaloïde, scarieux et fortement accrescent.

Noms vernaculaires: *hazonakodiavitra, menafelana, menavony, rehampy*

Catunaregam Wolf, Gen. Pl.: 75. 1776.

Xeromphis Raf., Sylva Tellur.: 21. 1838.

Genre représenté par 5–6 espèces distribué d'Afrique en Asie dont 1 sp. à large distribution, *C. spinosa*, est rencontrée à Madagascar.

Buissons ou petits arbres hermaphrodites portant des épines appariées, opposées, de 1 cm de long, décussées le long de la tige principale. Feuilles opposées, groupées aux extrémités des rameaux courts latéraux, décidues, stipules interpétiolaires, légèrement soudées à la base en formant une gaine courte, triangulaires, caduques. Inflorescences terminales sur les rameaux courts latéraux et feuillés, en cymes fasciculées portant 2–5 petites fleurs 5-mères; calice en forme de petite coupe, les lobes variables, étroits à spatulés;

corolle largement cylindrique, le tube plus court que les lobes qui sont tordus dans le bouton en se recouvrant sur la gauche; étamines insérées juste en dessous du sinus entre chaque lobe corollin, sessiles, exsertes; ovaire 2-loculaire, style cylindrique, légèrement exsert, le stigmate ovoïde, entier, cannelé longitudinalement; ovules nombreux par loge. Le fruit est une grande drupe charnue, indéhiscente, sphérique, contenant de multiples graines, la drupe couronnée par les restes du calice, les petites graines disposées en 2 masses distinctes de part et d'autre du septum, le testa légèrement réticulé.

Catunaregam spinosa ssp. *spinosa* est distribué dans la forêt décidue d'Analalava jusqu'à la vallée du fleuve Onilahy. On peut le reconnaître à ses épines pointues, opposées-décussées.

Noms vernaculaires: *sarintsoha, voansakalava lahy*

Chassalia Comm. ex Poir., Encycl., Suppl., 2: 450. 1812.

Genre représenté par 40–50 espèces distribué de l'Afrique aux Philippines; env. 28 spp. endémiques de Madagascar.

Buissons ou petits arbres hermaphrodites ne dépassant pas 3–5 m de haut. Feuilles opposées ou parfois en verticilles de 3, stipules interpétiolaires, initialement brièvement bifides à l'apex mais ces pointes fragiles disparaissant

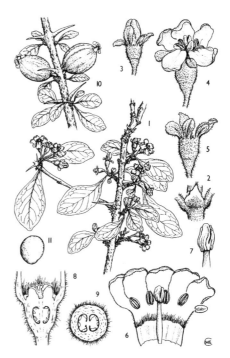

369. *Catunaregam spinosa*

370. *Chassalia ternifolia*

souvent. Inflorescences terminales, pyramidales, ouvertes, en panicules ramifiées, se terminant en groupes de fleurs sessiles portées dans de petits capitules ou fleurs pédicellées, les axes souvent teintés de rouge ou de violet, fleurs grandes (1–2,5 cm de long), hétérostyles, légèrement irrégulières par la corolle courbée, 5-mères; calice soudé en tube, plus ou moins côtelé, les lobes triangulaires, courts; corolle blanche à rose ou violette, longuement tubulaire, paraissant ailée dans le bouton, généralement distinctement courbée, les lobes bien plus courts que le tube, étalés à plat à l'anthèse; étamines 5, soit brièvement incluses, soit longuement exsertes; disque annulaire; ovaire 2-loculaire, style court ou long, divisé à l'apex en deux lobes stigmatiques aplatis plus ou moins spatulés; ovule 1 par loge. Le fruit est une petite drupe charnue, indéhiscente, composée de 2 pyrènes, les axes d'infructescence devenant distinctement charnus, les pyrènes hémisphériques et profondément invaginés sur la partie ventrale en face des axes centraux, la cavité ménagée entre les 2 pyrènes remplie d'une pulpe translucide lorsqu'elle est fraîche; graine à la forme similaire à celle des pyrènes, à albumen lisse.

Chassalia est distribué dans la forêt sempervirente humide ainsi que dans la forêt semi-décidue sub-humide et sèche de l'ouest. Il ressemble globalement à *Psychotria* mais s'en distingue par les axes colorés des inflorescences qui deviennent charnus dans le fruit, par les

fleurs à la corolle courbée qui est plus longue et paraît ailée dans le bouton, et par les fruits aux pyrènes présentant des creux profonds sur les faces ventrales (axiales).

Noms vernaculaires: *bararaka, hazondreniolo, hirendry, langoala, ranjonomby, voamasondrenibe, voamasondreniolo, voananala, voananamboa, voanandreniolo*

Coffea L., Sp. Pl. 1: 172. 1753.

Pleurocoffea Baill., Bull. Mens. Soc. Linn. Paris 1: 270. 1880.

Genre représenté par env. 90 espèces distribué en Afrique, à Madagascar (env. 50 spp.) et aux Mascareignes.

Arbustes ou petits arbres de 10 m de haut, hermaphrodites. Feuilles opposées, présentant souvent des domaties aux aisselles des nervures secondaires, stipules soudées en une gaine courte, interpétiolaires, à l'apex obtus à apiculé, parfois couvertes d'une couche résineuse tout comme les axes des inflorescences. Inflorescences axillaires, paraissant parfois terminales par le développement tardif du bourgeon terminal, parfois ramiflores aux aisselles des cicatrices foliaires ou cauliflores, rarement vraiment terminales mais dans ce cas avec une fleur solitaire, les inflorescences en cymes condensées munies de bractéoles, les bractéoles ressemblant à une coupe ou à des stipules, 4-dentées ou 4-lobées, les lobes parfois bien développés et sub-foliacés, fleurs petites ou grandes, pédicellées, 5(–8)-mères; calice

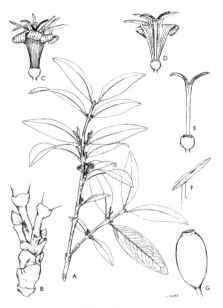

371. *Coffea leroyi*

brièvement tubulaire, tronqué à denticulé; corolle infundibuliforme, blanche, le tube plus ou moins égal aux lobes, lobes tordus dans le bouton et se recouvrant vers la gauche; étamines insérées au niveau des sinus entre les lobes adjacents de la corolle, filets courts, anthères exsertes; disque annulaire, épais; ovaire (1–)2-loculaire, style cylindrique, glabre, divisé à l'apex en 2 branches divergentes portant les stigmates, longuement exsert; ovule 1 par loge. Le fruit est une drupe de petite à grande taille, charnue, indéhiscente et composée de 2 pyrènes; graine creusée d'un sillon longitudinal le long de la face ventrale dans lequel le testa se replie; testa brillant, ornementé de zones très finement striées, albumen abondant, lisse-entier.

Coffea est distribué dans la forêt sempervirente humide, sub-humide et de montagne depuis le niveau de la mer jusqu'à 2 000 m d'altitude ainsi que dans la forêt décidue sèche. On peut le reconnaître à ses stipules soudées en une gaine courte, parfois couvertes de résine, ses inflorescences axillaires portant des fleurs au calice présentant une marge réduite à tronquée, à la corolle infundibuliforme et tordu dans le bouton, et à son fruit contenant deux graines creusées d'un sillon longitudinal le long de la face ventrale plate.

Noms vernaculaires: *hazofotsy, kafeala, sakarife, taolanosy*

Craterispermum Benth., Niger Fl.: 411. 1849.

Genre représenté par 15–20 espèces distribué en Afrique, à Madagascar (2 spp.) et aux Seychelles.

Buissons ou petits arbres hermaphrodites. Feuilles opposées, distinctement vert-jaune, devenant plus jaunes en séchant, stipules soudées en une courte gaine et soudées à la base interne des pétioles, largement triangulaires entre les pétioles. Inflorescences supra-axillaires, en capitules condensés ou en cymes ramifiées en zigzag sur un pédoncule bien développé et aplati et qui porte 2 bractées apicales qui renfermaient initialement chaque cyme, fleurs petites, hétérostyles, 5-mères; calice cupuliforme, discrètement denté; corolle brièvement sub-cylindrique à infundibuliforme, les lobes valvaires dans le bouton, la gorge densément velue; étamines 5, insérées vers l'apex du tube corollin, exsertes ou non; disque en forme de coussinet épais; ovaire 2-loculaire, style cylindrique, divisé à l'apex en 2 branches stigmatiques spatulées; ovule 1 par loge. Le fruit est une petite drupe charnue, indéhiscente, à 1 graine, la drupe obovoïde et légèrement asymétrique, couronnée par les restes du calice persistant, rouge et virant au noir à maturité; graines à face ventrale creusée et concave, à albumen charnu.

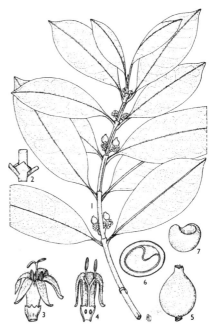

372. *Craterispermum schweinfurthii*

Craterispermum est distribué dans la forêt sempervirente humide et sub-humide depuis les zones côtières littorales jusqu'aux régions du Plateau Central et du Sambirano. On peut le reconnaître à ses feuilles distinctement vert-jaune, ses inflorescences supra-axillaires portant des fleurs aux lobes corollins valvaires dans le bouton.

Noms vernaculaires: *belavenono, bejofo, hazomamy*

Euclinia Salisb., Parad. Lond. 2(1): ind. sex. 1808.

Genre représenté par 3 espèces distribué en Afrique et à Madagascar (1 sp.).

Arbres petits ou de taille moyenne, atteignant 15 m de haut, hermaphrodites. Feuilles opposées, groupées à l'apex des branches, longuement pétiolées (2–4 cm), présentant des domaties aux aisselles des nervures secondaires, noircissant en séchant, le bourgeon terminal protégé par 3–4 paires de stipules scarieuses en forme d'écailles, aux bases auriculées, laissant des cicatrices sur la tige en marquant les périodes de croissance successives. Fleurs terminales, solitaires, très grandes, régulières, 5-(6–8)-mères; calice cylindrique ou en forme de turban, les lobes dentiformes, aigus; corolle longuement cylindrique à infundibuliforme à l'apex, blanche, noircissant en séchant, lobes tordus dans le bouton et se recouvrant vers la gauche; étamines insérées au niveau de la gorge, anthères sessiles aux seuls sommets exserts; ovaire 2-loculaire, style longuement cylindrique, présentant des

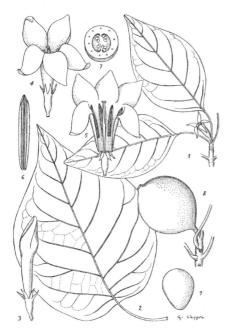

373. *Euclinia suavissima*

renflements fusiformes, apicaux, composés de 2 lobes stigmatiques apprimés; ovules nombreux par loge. Le fruit est une très grande (5–7 cm diam.) drupe charnue, indéhiscente, sphérique, contenant de multiples graines, couronnée d'un anneau circulaire des restes du calice, la surface lenticellée, noircissant en séchant; graines irrégulièrement anguleuses.

Euclinia suavissima a une vaste distribution sur l'ensemble des forêts et fourrés décidus, secs et sub-arides depuis l'ouest de Fort-Dauphin jusqu'à Antsiranana. On peut le reconnaître à ses feuilles qui noircissent en séchant; ses très grandes fleurs solitaires, terminales et à ses très grands fruits sphériques noircissant au séchage et contenant de multiples graines. Le jus extrait des fruits vire immédiatement au noir et est utilisé dans les tatouages.

Noms vernaculaires: *hazondanitra, mantalana, tselitselika, voafotaka, volantsiva*

Fernelia Comm. ex Lam., Encycl. 2: 452. 1788.

[*Canephora* Juss., Gen. Pl.: 208. 1789.]
[*Chapelieria* A. Rich. ex DC., Prodr. 4: 389. 1830.]
  Tamatavia Hook. f. in Benth. & Hook., Gen. Pl. 2: 92. 1873.
[*Flagenium* Baill., Hist. Pl. 7: 443. 1880.]
[*Gallienia* Dubard & Dop, J. Bot. (Morot), ser. 2, 3: 18. 1925.]
[*Lemyrea* (A. Chev.) A. Chev. & Beille, Rev. Int. Bot. Appl. Agric. Trop. 19: 250. 1939.]

Genre représenté par env. 20 espèces distribué à Madagascar, aux Mascareignes et aux Seychelles.

Buissons ou arbres de taille moyenne, atteignant 15 m de haut, hermaphrodites, aux rameaux légèrement ou distinctement quadrangulaires et aux nœuds souvent manifestement renflés. Feuilles opposées, décussées, à la nervation souvent discrète voir presque manquante, aux marges souvent distinctement révolutées, la base décurrente le long du pétiole, coriaces, glabres, ou parfois la nervation est évidente et les feuilles sont pubescentes, les jeunes feuilles noircissent en séchant, stipules soudées interpétiolaires largement triangulaires avec l'apex longuement acuminé-cuspidé ou abruptement apiculé. Inflorescences axillaires ou supra-axillaires, généralement portées qu'aux aisselles terminales et supérieures, y compris dans celles où les feuilles sont tombées, le pédoncule parfois aplati-ailé, portant à l'apex déprimé 2 bractées plus ou moins soudées formant un involucre cupuliforme ou cuculé enfermant complètement la jeune inflorescence 1–4-flore, fleurs petites ou grandes, souvent subsessiles ou, moins souvent, pédicellées, régulières, 4–5-mères; calice soudé, brièvement tubulaire, présentant 4–5 dents ou lobes courts, se recouvrant parfois vers la gauche dans le bouton; corolle soudée campanulée ou infundibuliforme, présentant une partie brièvement cylindrique à la base, avec 4–5 lobes dressés, obtus, distinctement tordus dans le bouton et se recouvrant vers la gauche, la corolle blanche à rose, rarement rouge; étamines 4–5, insérées depuis le milieu de la corolle jusqu'à la zone juste en dessous des sinus, filets très courts ou anthères sessiles,

374. *Fernelia* (*Chapelieria madagascariensis*)

principalement incluses, extrorses, à déhiscence longitudinale; disque annulaire légèrement élevé; ovaire 2-loculaire, quelque peu moins biloculaire à l'apex, style grêle, légèrement exsert, stigmate sub-entier ou bifide; ovule(s) 1–6 par loge. Le fruit est une petite à grande drupe bacciforme, charnue, indéhiscente, à l'endocarpe fin et discrètement différencié; graines à testa fibreux-strié longitudinalement et à albumen lisse-entier.

Fernelia est distribué dans la forêt sempervirente humide et sub-humide. Il était jusqu'à présent considéré comme endémique des Mascareignes mais suite à l'examen de l'ensemble du matériel, je rejoins Capuron en considérant que *Canephora., Chapelieria, Fernelia, Flagenium, Gallienia* et *Lemyrea*, ainsi que *Galiniera myrtoides* et *Paragenipa* des Seychelles, peuvent tous être accommodés dans un seul genre en considérant toutes les caractéristiques qu'ils ont en commun plutôt que les différences mineures qui ont été utilisées pour séparer les genres. Parmi les similitudes végétatives, figurent une architecture opposée-décussée, une tige souvent quadrangulaire, une écorce fine, claire, brun-rouge qui se détache des rameaux avec l'âge, des feuilles coriaces à la nervation discrète ou absente (bien que certaines espèces montrent des nervations feuillées évidentes qui semblent souvent s'accompagner d'une pubescence), aux marges récurvées, à la base décurrente le long du pétiole, la face supérieure vernissée et cireuse, la face inférieure brunâtre et des stipules largement triangulaires dont l'apex est abruptement apiculé; les fleurs sont portées dans des inflorescences condensées, axillaires ou supra-axillaires, 1–4-flores, sur l'apex déprimé du pédoncule se trouvent 2 bractées plus ou moins soudées formant un involucre cupuliforme ou cuculé enfermant complètement la jeune inflorescence, et la corolle aux lobes tordus dans le bouton est campanulée avec une partie basale brièvement cylindrique. *Flagenium* ne semble ni différer que par ses fleurs aux lobes persistants du calice plus longs et qui se dressent dans le fruit et *Canephora* par son pédoncule aplati, largement ailé.

Noms vernaculaires: *ankahatra, fatsikahitra, hafitra makoroho, hazombalala, hazongalala, kafeala, lalotrandraka, randrampody, taolanosy, tomenja, tsiakoho, tsirangodrangotra*

Gaertnera Lam., Tabl. Encycl. 1(2): 272, t. 167. 1792. nom. cons.

Hymenocnemis Hook. f., Gen. Pl. 2: 132. 1873.

Genre représenté par env. 70 espèces distribué en Afrique de l'Ouest, à Madagascar (env. 24 spp.), aux Mascareignes et en Asie du Sud-Est.

Arbustes ou petits arbres hermaphrodites (dioïques en Asie du Sud-Est). Feuilles opposées,

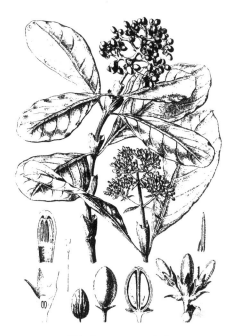

375. *Gaertnera macrostipula*

noircissant souvent en séchant, les stipules soudées en une gaine entourant la tige bien développées et couvrant parfois le principal de l'entre-nœud. Inflorescences terminales, paniculées rameuses-ouvertes et multiflores à condensées et réduites à une seule fleur, portant parfois des bractées persistantes en forme "d'étendard", fleurs petites à grandes, hétérostyles, 4-mères; calice soudé brièvement tubulaire, les lobes indistincts ou moins souvent distincts; corolle brièvement ou longuement tubulaire, blanche ou rose, généralement velue dans la gorge; étamines 4, insérées au milieu du tube corollin, filets soit longs, soit courts; disque annulaire, petit; ovaire surtout supère, 2-loculaire, styles soit longs, soit courts, divisés à l'apex en deux branches stigmatiques linéaires; ovule 1 par loge. Le fruit est une petite à grande drupe distinctement supère, charnue, indéhiscente, légèrement bilobée, de couleur pourpre à noire, composée de 2 pyrènes; graines à albumen lisse ou ruminé.

Gaertnera est distribué dans la forêt sempervirente humide, sub-humide et de montagne. On peut aisément le reconnaître à ses stipules soudées en une gaine longue, souvent aussi longues que l'entre-nœud et persistantes, et à ses ovaires principalement supères, cas unique chez les Rubiaceae de Madagascar.

Noms vernaculaires: *bararaka, bejofo, dodoka, hazondembo, hazondengo, kimesamesa, sadodoka, sangiramantingory, tanatananala, tohobarinasity*

Gardenia J. Ellis, Philos. Trans. 51: 935. 1761.

Genre représenté par env. 200 espèces distribué dans les régions tropicales de l'Ancien Monde; 1 sp. est rencontrée à Madagascar.

Buissons ou petits arbres hermaphrodites, les jeunes parties, en particulier le bourgeon terminal, couvertes d'un revêtement de résine jaunâtre et odorant. Feuilles opposées, ou paraissant parfois alternes par l'avortement complet d'une des 2 feuilles appariées, ou la paire de feuilles fortement anisophylles, stipules soudées en formant un collier, recouvrant parfois la longueur de l'entre-nœud. Inflorescences terminales mais paraissant axillaires ou internodales, 2–3 flores ou parfois uniflores; fleurs petites à grandes, 5-mères; tube du calice brièvement cylindrique, les lobes étroitement triangulaires; corolle à base cylindrique, s'élargissant dessus et infundibuliforme, blanche virant au jaunâtre, aux lobes tordus dans le bouton et se recouvrant vers la gauche; étamines insérées juste en dessous des sinus entre chaque lobe, anthères sessiles, à peine incluses; ovaire incomplètement 2-loculaire, style cylindrique, s'effilant graduellement avec 10 cannelures distribuées sur l'ensemble de la longueur, brièvement bifide à l'apex; ovules nombreux. Le fruit est une petite à grande drupe, charnue, indéhiscente, ovoïde, contenant de multiples graines, couronnée par les restes du calice; graines enfouies dans une unique masse de pulpe.

Gardenia rutenbergiana est distribué dans la forêt décidue sèche, en étant souvent commun dans les zones dégradées, depuis Sakaraha jusqu'à Antsiranana. On peut le reconnaître au revêtement jaunâtre de résine odorante qui couvre le bourgeon terminal et les jeunes feuilles et rameaux, à ses feuilles anisophylles, paraissants parfois alternes suite à l'avortement de l'une des deux feuilles appariées, à ses inflorescences terminales 2–3-flores et à ses fruits indéhiscents à multiples graines qui sont enfouies dans une unique masse de pulpe.

376. *Gardenia rutenbergiana*

377. *Guettarda speciosa*

Noms vernaculaires: *ambokabe, ambokobe, betoera, embokabe, embokombe, kamonty, kamoty, lokomoty, nonkambe, ombokombe*

Guettarda L., Sp. Pl.: 991. 1753.

Genre représenté par env. 80 espèces principalement distribué dans les régions tropicales du Nouveau Monde, avec 12 spp. en Nouvelle Calédonie et aux Nouvelles Hébrides et 1 sp. de grève à large distribution sur les rivages des océans Pacifique et Indien, y compris à Madagascar.

Buissons ou petits arbres pouvant atteindre 8 m de haut, hermaphrodites. Feuilles opposées, groupées aux extrémités des branches, grandes, pétiolées, la base légèrement asymétrique et subcordée, laissant une cicatrice distincte sur le rameau après la chute, stipules interpétiolaires, grandes, soudées à leur base en une gaine courte, triangulaires, caduques. Inflorescences axillaires, longuement pédonculées, en cymes scorpioïdes condensées, fleurs grandes, sessiles, partiellement hétérostyles, (4–)6–9-mères, pubescentes; calice brièvement tubulaire, tronqué ou discrètement denté; corolle cylindrique, blanche, légèrement dilatée au point d'insertion des étamines, les lobes imbriqués; étamines insérées juste en dessous de la gorge, anthères sessiles, incluses; disque annulaire, épais; ovaire 4–9-loculaire, style cylindrique, grêle, court ou long, stigmate capité; ovule 1 par loge. Le fruit est une grande drupe quelque peu charnue, indéhiscente, en sphère déprimée, composée de 2–9 pyrènes et à l'endocarpe osseux; graines courbées à albumen peu abondant.

Guettarda speciosa est distribué dans la forêt littorale humide et sub-humide le long des grèves. On peut le reconnaître à ses cicatrices foliaires distinctes, ses inflorescences longuement pédonculées en cymes scorpioïdes condensées portant de grandes fleurs sessiles, blanches, (4–)6–9-mères, aux lobes corollins imbriqués et à ses grands fruits indéhiscents composés de 2–9 pyrènes.

Noms vernaculaires: aucune donnée

Hymenodictyon Wall. in Roxb., Fl. Ind. 2: 148. 1824.

Genre représenté par env. 30 espèces distribué en Afrique (4 spp.), à Madagascar (5 spp.) jusqu'en Asie du Sud-Est.

Petits ou grands arbres hermaphrodites à l'écorce lisse et très épaisse. Feuilles opposées, décidues, le bourgeon terminal protégé par 3–4 paires d'écailles stipulaires (premières feuilles réduites d'un nouveau rameau), les stipules aux nœuds portant des feuilles interpétiolaires totalement développées, étroitement triangulaires, parfois grandes et foliacées, la marge souvent glanduleuses, caduques. Inflorescences terminales, allongées, en épis à racémeuses, généralement portées dans une paire de bractées persistantes à la base, longuement pétiolées, ovales et scarieuses, les petites fleurs régulières, vertes à vert-violacé groupées en cymules 1–3-flores, 5-mères; calice brièvement tubulaire, les lobes étroitement dentés; corolle étroitement cylindrique à la base, s'évasant à l'apex en une coupe aux lobes courts, dressés, triangulaires, valvaires dans le bouton; étamines 5, insérées dans la gorge, filets courts, anthères basifixes, incluses; disque en forme de bourrelet; ovaire 2-loculaire, style cylindrique, longuement exsert, le stigmate ellipsoïde porte le pollen; ovules 2–10 par loge. Le fruit est une grande capsule ligneuse, déhiscente, ellipsoïde ou oblongue, 2-valvaire, légèrement compressée, couverte de lenticelles distinctes, mûrissant généralement après la chute des feuilles; graines complètement entourées d'une aile fine, large et membraneuse, la base bifide et formant une étroite ouverture, albumen abondant.

Hymenodictyon est principalement distribué dans la forêt décidue sèche de l'ensemble de l'ouest et du sud ainsi que dans la forêt sub-humide de la région du Sambirano. On peut le reconnaître à ses inflorescences terminales en épis ou racémeuses, présentant une paire de bractées persistantes à la base qui sont longuement pétiolées, ovales et scarieuses, et à ses grands fruits capsulaires, ligneux contenant des graines entourées par une aile fine, large et membraneuse. Le proche *Paracorynanthe* en diffère principalement par ses lobes corollins se prolongeant en un appendice filiforme densément sétacé et se terminant en massue sphérique et glabre.

Noms vernaculaires: *behoditra, beholitse, lohavato*

Ixora L., Sp. Pl.: 110. 1753.

Thouarsiora Homolle ex Arènes, Notul. Syst. (Paris): 16: 19. 1960.

Genre intertropical représenté par plus de 300 espèces dont env. 32 spp. à Madagascar.

Buissons ou petits arbres atteignant 15 m de haut, hermaphrodites, presque totalement glabres. Feuilles opposées, rarement en verticilles de 3, stipules soudées en une gaine sur quasi toute leur longueur, tronquées à obtuses, à l'apex aciculaire longuement apiculé. Inflorescences terminales, multiflores (parfois réduites à 1 seule fleur), ramifiées trichotomes, en cymes paniculées à corymbiformes et munies de bractées, présentant souvent 2 grandes bractées foliacées à la base du pédoncule, dressées ou pendantes, les axes perpendiculaires entre eux et souvent rougeâtres, les bractées opposées et libres entre elles, fleurs généralement sessiles, grandes à très

378. *Ixora*

grandes, au tube corollin de 1,2 à 20 cm de long, régulières, 4-mères; tube du calice court, les lobes dentiformes ou occasionnellement aussi longs que le tube; corolle étroitement cylindrique, très gracile, rose ou blanche, les lobes largement ou étroitement oblongs sont tordus dans le bouton en se recouvrant vers la gauche, étalés à plat ou quelque peu réfléchis à l'anthèse; étamines insérées à l'ouverture du tube corollin, filets courts, anthères exsertes, réfléchies et vrillées après déhiscence; disque annulaire, charnu; ovaire 2- (ou rarement 4- "*Thouarsiora*") loculaire, style grêle, cylindrique, l'apex portant initialement le pollen, puis se divisant en 2(–4) branches stigmatiques divergentes, exsert; ovule 1 par loge. Le fruit est une petite ou grande drupe quelque peu charnue, indéhiscente, sphérique, rouge à pourpre; graines présentant une dépression profonde et circulaire sur la face ventrale, albumen abondant et lisse.

Ixora est distribué dans la forêt sempervirente humide et sub-humide ainsi que dans la forêt décidue sèche. On peut le reconnaître à ses inflorescences terminales, ramifiées trichotomes, portant des bractées, aux axes teintés de rouge et souvent perpendiculaires entre eux, et portant souvent une paire de grandes bractées foliacées à la base, ses fleurs à la corolle au tube étroitement cylindrique et aux lobes contournés et à ses fruits indéhiscents, généralement à 2 graines. Les fleurs d'*Ixora* sont nocturnes et dégagent une forte odeur attirant les papillons de nuit à courte et longue trompes.

Noms vernaculaires: *jorojoro, kafeala, mantalantototro, menahy, soaravina, taolanosy, valotra, voalatakampifiry, voalatampirina, voatalanina*

Landiopsis Capuron ex Bosser, Adansonia, sér. 3, 20: 132, fig. 1. 1998.

Genre endémique monotypique.

Arbustes ou petits arbres atteignant 5 m de haut, hermaphrodites, aux branches pubescentes marron avec des lenticelles blanches distinctes. Feuilles opposées, décidues, stipules interpétiolaires, profondément bifides. Inflorescences terminales, condensées, sessiles, ramifiées dichotomes, en cymes longuement linéaires munies de bractées, 3–15-flores, fleurs grandes, irrégulières, 5-mères; calice soudé en forme de coupe avec 4 lobes linéaires, le cinquième lobe fortement développé en forme "d'étendard" blanc, foliacé, en onglet, elliptique, persistant et accrescent-scarieux dans le fruit; corolle longuement et étroitement cylindrique, jusqu'à 7 cm, s'évasant légèrement vers l'apex, blanche, les lobes elliptiques et brièvement en onglets, imbriqués dans le bouton, étalés à plat à l'anthèse; étamines insérées sous la gorge,

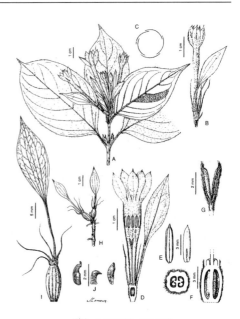

379. *Landiopsis capuronii*

anthères sessiles, apiculées, incluses; disque annulaire; ovaire 2-loculaire, style grêle, de 3 cm de long, divisé à l'apex en deux branches stigmatiques étroitement elliptiques; ovules nombreux par loge. Le fruit est une petite ou grande capsule sèche, déhiscente, 2-valvaire, contenant de multiples graines, le fruit à surface lenticellée, couronné par les restes des petits lobes du calice et du lobe en forme "d'étendard" accrescent-scarieux; graines très petites, à testa finement rugueux, en nid d'abeille.

Landiopsis capuronii est distribué dans la forêt décidue sèche de l'extrême nord dans la région d'Antsiranana. On peut le reconnaître à ses inflorescences terminales, 3–15 flores portant de très grandes fleurs dont 1 des lobes est fortement développé en un "étendard" foliacé, blanc, en onglet, elliptique, persistant et accrescent-scarieux dans le fruit, aux lobes corollins imbriqués dans le bouton et à ses fruits capsulaires, déhiscents et contenant de multiples à de très nombreuses graines.

Noms vernaculaires: aucune donnée

Mantalania Capuron ex J.-F. Leroy, Compt. Rend. Hebd. Scéances Acad. Sci., Sér. D, 277: 1659. 1973.

Genre endémique représenté par 2(–3) espèces.

Buissons à arbres de taille moyenne, hermaphrodites, peu ramifiés et aux tiges épaisses présentant des cicatrices foliaires évidentes. Feuilles en verticilles de 4–6 à l'apex des branches, grandes, stipules soudées en forme de calyptre enfermant le bourgeon terminal, sur lesquelles l'abcision s'effectue globalement. Inflorescences axillaires dans chaque feuille de plusieurs verticilles consécutifs, en cymes pédonculées, dressées ou pendantes, pubescentes, fleurs grandes, régulières, pubescentes, 6–10-mères; calice brièvement tubulaire, tronqué avec 6–10 dents; corolle infundibuliforme, les lobes tordus dans le bouton, se recouvrant vers la gauche; étamines insérées juste en dessous des sinus des lobes corollins adjacents, anthères sessiles, incluses; ovaire incomplètement 2-loculaire, style cylindrique, à l'apex présentant 2 lobes stigmatiques courts; ovules nombreux. Grand fruit bacciforme, indéhiscent, sphérique à ellipsoïde, contenant de multiples graines, à l'endocarpe épais, dur et contenant de nombreux faisceaux vasculaires sclérifiés; graines enfouies dans une masse unique de pulpe placentaire.

Mantalania a une distribution en mosaïque dans la forêt sempervirente humide et sub-humide depuis le nord de Fort-Dauphin jusqu'à la région du Sambirano ainsi que dans la forêt semi-décidue sèche de la RS de Bora. On peut le reconnaître à ses grandes feuilles en verticilles de 4–6 et à ses grandes fleurs 6–10-mères, aux lobes corollins tordus dans le bouton. Le proche *Pseudomantalania* en diffère par ses feuilles en verticilles de 7–9(–12), ses fleurs 5-mères et par ses fruits ne présentant pas l'endocarpe dur et épais contenant les nombreux faisceaux vasculaires.

Noms vernaculaires: *mankarana, mantalana, mantalanimbe, mantalanina, mantalany, voangaorondambo, voantalanina*

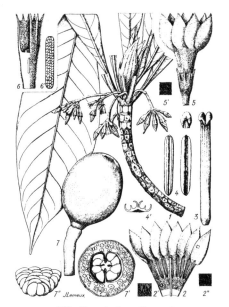

380. *Mantalania sambiranensis*

381. *Morinda citrifolia*

Morinda L., Sp. Pl.: 176. 1753.

Genre représenté par env. 80 espèces distribué sur l'ensemble des régions tropicales dont 4 spp. sont rencontrées à Madagascar: 1 sp. d'arbre de grève, *M. citrifolia*, à large distribution et 3 spp. de lianes.

Petits arbres ou lianes hermaphrodites, les lianes étant rencontrées dans la partie supérieure de la canopée ou s'étalant sur la végétation basse des zones dégradées ou des lisières forestières, noircissant en séchant, avec une sève résineuse claire et poisseuse. Feuilles opposées ou rarement en verticilles de 3, parfois épaisses et succulentes, stipules soudées en une gaine mesurant jusqu'à 1 cm de long, persistantes pendant un temps et finalement décidues. Inflorescences terminales ou axillaires, en 2–6 capitules sphériques portant jusqu'à 30 fleurs soudées à la base, fleurs petites, régulières, 5-mères, hétérostyles; calice soudé en forme d'urne, les lobes tronqués ou dentés, persistant; corolle cylindrique ou infundibuliforme, l'apex des lobes apiculé et incurvé, densément velue dans la gorge; étamines 5, insérées dans la gorge, filets courts, exserts ou non; disque annulaire; ovaire 2–4-loculaire mais parfois incomplètement, style divisé à l'apex en 2 branches stigmatiques linéaires; ovule 1 par loge. Le fruit est un grand syncarpe charnu, indéhiscent, sphérique ou ovoïde, composé de multiples pyrènes, les reste du tube du calice couvrant la surface; graines à albumen charnu.

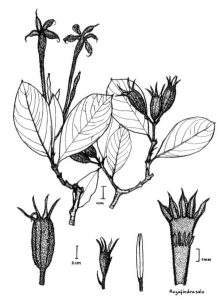

382. *Mussaenda*

Morinda est distribué dans la forêt sempervirente humide. On peut le reconnaître à ses feuilles noircissant en séchant, à ses inflorescences en capitules sphériques et à ses fruits en syncarpes charnus.

Noms vernaculaires: *laingo, voavandrika*

Mussaenda L., Sp. Pl.: 177. 1753.

Genre représenté par env. 100 espèces distribué sur l'ensemble des régions tropicales de l'Ancien Monde à l'exception de celles d'Australie, avec env. 35 spp. en Afrique et env. 20 spp. à Madagascar.

Buissons ou arbres de taille moyenne, pubescents, ou rarement lianes glabres (*M. arcuata*), hermaphrodites. Feuilles opposées, généralement pubescentes et quelque peu scabres, stipules bifides, parfois divisées à la base, caduques. Inflorescences terminales en panicules, parfois réduites à une fleur unique, fleurs généralement grandes, régulières ou légèrement irrégulières, 5-mères; tube du calice oblong ou ovoïde, les lobes longuement linéaires, souvent persistants, ou caducs; tube corollin longuement infundibuliforme, les lobes valvaires, redupliqués dans le bouton, étalés à l'anthèse, blancs, roses ou jaunes (*M. arcuata*); étamines insérées sur la gorge ou à mi chemin du tube; filets courts, anthères incluses; ovaire 2-loculaire, style grêle, stigmate sub-entier ou brièvement bilobé, généralement inclus; ovules multiples par loge. Le fruit est une grande drupe ou baie charnue, indéhiscente, souvent couronnée par les lobes persistants du calice; graines albuminées.

Mussaenda est distribué dans la forêt sempervirente humide et sub-humide. On peut le reconnaître à ses feuilles généralement pubescentes à scabres, à ses stipules profondément bifides, à ses inflorescences terminales portant de grandes fleurs au tube corollin infundibuliforme, aux lobes valvaires redupliqués dans le bouton, et à ses grands fruits indéhiscents souvent couronnés par les restes des lobes persistants du calice.

Noms vernaculaires: *fatora lahy, fatora vavy, malemiravina, matora, nofotrakoho, trotroka, volotsitraomby*; l'espèce de lianes *M. arcuata* est appelée: *ambahy, anandaingo, laina*

Paracorynanthe Capuron, Adansonia, n.s., 18: 160. 1978.

Genre endémique représenté par 2 espèces.

Arbres hermaphrodites de petite à moyenne taille, à l'écorce platanoïde, écailleuse et s'exfoliant en plaques. Feuilles opposées, décidues, stipules interpétiolaires, triangulaires ou superficiellement à profondément bifides, caduques. Inflorescences terminales et axillaires portées dans les plus hautes paires de feuilles, racémeuses à corymbiformes, avec ou sans bractées caduques, foliacées et relativement grandes, fleurs petites, régulières, 5-mères; calice brièvement tubulaire aux lobes longuement filiformes; corolle très étroitement cylindrique et s'ouvrant abruptement en une coupe aux lobes triangulaires, valvaires dans le

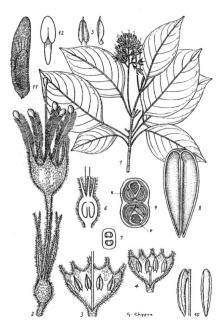

383. *Paracorynanthe uropetala*

bouton, chacun présentant un appendice longuement filiforme, densément couvert de soies et terminé en une massue sphérique, glabre; étamines insérées dans la gorge, anthères subsessiles, incluses; ovaire 2-loculaire, style grêle et cylindrique, stigmate claviforme; ovules 2 par loge. Le fruit est une grande capsule oblongue, quelque peu ligneuse, légèrement compressée, bivalve; graines entourées d'une aile fine, membraneuse, bien développée et bien plus grande dans la partie supérieure, mais très étroite sur les cotés et sous la graine, albumen abondant.

Paracorynanthe est distribué dans la forêt décidue sèche sur substrat calcaire depuis le Tsingy de Bemaraha jusqu'aux tsingy de la RS d'Ankarana et dans la forêt d'Analafiana près de Vohémar. Il diffère de *Hymenodictyon* par ses fleurs aux lobes corollins portant de longs appendices filiformes avec des soies denses et terminés en massue sphérique, glabre et par ses graines dont les ailes ne sont largement développées que sur les parties supérieures.

Noms vernaculaires: *hompa, vatoa*

Pauridiantha Hook. f., Gen. Pl. 2: 69. 1873.

Genre représenté par 20–25 espèces distribué en Afrique et à Madagascar (une seule sp. dont la sous-espèce est endémique de Madagascar).

Buissons ou petits arbres hermaphrodites aux branches grêles. Feuilles opposées, lancéolées, longuement acuminées, portant des domaties aux aisselles des nervures secondaires, stipules interpétiolaires, longues et étroitement triangulaires. Inflorescences axillaires, condensées, en cymes à 1–5 furcation(s) dichotome(s) ou trichotome(s), de moins de 2 cm de long, fleurs petites, régulières, 5-mères, hétérostyles; calice soudé en forme de coupe, aux lobes souvent inégaux, triangulaires, dressés, de la même longueur ou du double de celle de l'ovaire; corolle brièvement cylindrique, blanche, densément velue dans la moitié supérieure interne et sur la gorge, les lobes valvaires dans le bouton, étroitement triangulaires, apiculés; étamines 5, insérées vers l'apex du tube corollin, incluses ou exsertes; disque en forme d'épais coussinet; ovaire 2-loculaire, chaque loge incomplètement divisée par des fausses cloisons, le style cylindrique dilaté à l'apex et présentant 2 lobes stigmatiques, inclus ou exsert; ovules nombreux. Le fruit est une petite baie charnue, indéhiscente, sphérique, orange à rouge-groseille, à très nombreuses graines; graines à albumen huileux.

Pauridiantha paucinervis ssp. *lyallii* est distribué dans la forêt sempervirente humide, et de montagne de 500 m à 2 000 m d'altitude, depuis le

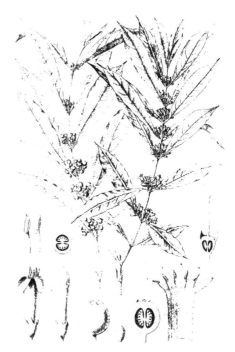

384. *Pauridiantha paucinervis* subsp. *lyallii*

PN de la Montagne d'Ambre jusqu'au PN d'Andohahela. Il s'agit d'une des espèces les plus communes et à la plus large distribution parmi les Rubiaceae de Madagascar, qu'on peut reconnaître à ses feuilles lancéolées et longuement acuminées, portant des domaties, à ses stipules étroitement et longuement triangulaires, à ses inflorescences axillaires condensées portant de petites fleurs aux lobes corollins valvaires dans le bouton, et à ses petits fruits orange ou rouge-groseille, contenant de multiples graines.

Noms vernaculaires: *dontory, fiditory, hazomboretra, hazomporetika, madiorano, sevabe, tamorova, tohobarinasity, voditory*

Payera Baill., Bull. Mens. Soc. Linn. Paris 1: 178. 1878. nom. cons.

Coursiana Homolle, Bull. Soc. Bot. France 89: 57. 1942.

Genre endémique représenté par 10 espèces.

Buissons ou petits arbres hermaphrodites, aux tiges généralement densément velues. Feuilles opposées, stipules soudées en une gaine courte, relativement large, à l'apex multi-fimbrié ou lacinié, présentant des colleters. Inflorescences terminales, généralement en cymes corymbiformes encombrées, souvent sous-tendues par un involucre de bractées foliacées, fleurs petites à grandes, régulières,

385. *Payera madagascariensis*

4–5-mères, hétérostyles; calice en forme de coupe, les lobes généralement longs, étroits; corolle étroitement cylindrique, à pubescence argentée à l'extérieur, les lobes étroits, de près de la moitié de la longueur du tube, valvaires dans le bouton; étamines insérées dans la gorge, filets courts, exserts dans les fleurs brévistylées, inclus dans les fleurs longistylées; disque annulaire; ovaire incomplètement 2-loculaire, style grêle, divisé à l'apex en 2 branches stigmatiques filiformes; ovules nombreux par loge. Le fruit est une petite capsule sèche, à déhiscence loculicide, contenant de multiples graines, la capsule sphérique, à l'apex rostré bien qu'apparaissant bilobé lors de la déhiscence; graines très petites, ailées, rectangulaires, albuminées.

Payera est distribué dans la forêt et le fourré sempervirents humides, sub-humides et de montagne. On peut le distinguer de *Schismatoclada* avec lequel il partage des inflorescences terminales et des fruits capsulaires déhiscents et rostrés, par ses inflorescences qui sont souvent sous-tendues par un involucre de bractées foliacées et par ses fleurs aux lobes du calice égaux.

Noms vernaculaires: *tongobintsy, velatra*

Polysphaeria Hook. f., Gen. Pl. 2: 108. 1873.

Genre représenté par env. 23 espèces distribué en Afrique, aux Comores et à Madagascar (10 spp.).

Buissons ou petits arbres hermaphrodites. Feuilles opposées, stipules interpétiolaires, soudées à la base en une gaine courte, triangulaires, la ligne médiane quelque peu saillante, l'apex apiculé. Inflorescences plus ou moins supra-axillaires, en cymes condensées portant des bractées, les bractéoles généralement opposées et soudées en petites cupules, fleurs principalement sessiles, petites,

régulières, 4–5-mères; calice en forme de coupe ou de long tube qui enferme quasiment la fleur dans le bouton et s'ouvrira alors latéralement, 4–5-denté; corolle étroitement infundibuliforme, les lobes tordus dans le bouton, se recouvrant vers la gauche; étamines insérées à partir du milieu du tube corollin jusque près des sinus des lobes corollins adjacents, filets courts, principalement inclus; disque petit, charnu; ovaire 2-loculaire, style grêle, plus ou moins pubescent, souvent sillonné et caréné, se renflant vers l'apex stigmatique, brièvement bifide; ovule 1 par loge. Le fruit est une petite drupe charnue, indéhiscente, sphérique, à 1 ou 2 graine(s), couronnée par les restes du calice; graines à testa longitudinalement fibreux-strié et à albumen fortement ruminé.

Polysphaeria est distribué dans la forêt sempervirente humide et sub-humide, avec plusieurs espèces représentées dans la région du Sambirano, ainsi que dans la forêt semi-décidue sèche depuis la région d'Ambongo-Boina jusqu'à Antsiranana, souvent sur substrat calcaire. On peut le reconnaître à ses inflorescences plus ou moins supra-axillaires, ses fleurs aux loges à 1 seul ovule et à ses graines au testa longitudinalement fibreux-strié et à l'albumen fortement ruminé.

Noms vernaculaires: *hazombalala, kafeala, taolanosy*

386. *Polysphaeria*

Pseudomantalania J.-F. Leroy, Compt. Rend. Hebd. Séances Acad. Sci., Sér. D, 277: 1659. 1973.

Genre endémique monotypique.

Arbres hermaphrodites de petite à moyenne taille, atteignant 18 m de haut, non ramifiés à peu ramifiés, à la tige épaisse. Feuilles en verticilles de 7–9(–12) à l'apex des branches, très grandes (jusqu'à 1 m de long), stipules soudées en forme de calyptre protégeant le bourgeon terminal, carénées et légèrement vrillées, sur lesquelles l'abcission s'effectue globalement. Inflorescences axillaires dans chaque feuille de plusieurs verticilles successifs, sessiles, en cymes condensées glabres, fleurs grandes, glabres à l'exception d'un manchon de duvets dans la gorge, régulières, 5-mères; calice en forme de coupe, tronqué, à peine denté; corolle infundibuliforme, rose, pourpre ou jaunâtre, les lobes tordus dans le bouton, se recouvrant vers la gauche; étamines insérées dans les sinus des lobes corollins adjacents, anthères sessiles, principalement exsertes; ovaire incomplètement 2-loculaire, style cylindrique à l'apex divisé en 2 branches stigmatiques adhérant entre elles; ovules nombreux. Fruit bacciforme, très grand, indéhiscent, sub-sphérique, dont le péricarpe n'est ni très épais ni dur, spongieux, sans faisceaux vasculaires sclérifiés, comestible; graines enfouies dans une unique masse placentaire.

Pseudomantalania macrophylla est distribué dans la forêt sempervirente subhumide et de montagne entre 1 700 et 2 000 m d'altitude dans la RNI de Tsaratanana et la RS de Manongarivo. On peut le distinguer du proche *Mantalania* à ses feuilles en verticilles de 7–9(–12), à ses fleurs 5-mères et à ses fruits au péricarpe spongieux sans faisceaux vasculaires sclérifiés.

Noms vernaculaires: aucune donnée

Psychotria L., Syst. Nat. (ed. 10): 929, 1364. 1759. nom. cons.

Apomuria Bremek., Verh. Kon. Ned. Akad. Wetensch., Afd. Natuurk., Tweede Sect., 54: 88. 1963.
Grumilea Gaertn., Fruct. Sem. Pl. 1: 138, t. 1/7. 1788.
[*Mapouria*] Aubl., Hist. Pl. Guiane 1: 175, t. 67. 1775.
[*Cremocarpon* Baill., Bull. Mens. Soc. Linn. Paris 1: 192. 1879.]
[*Pyragra* Bremek., Candollea 16: 174. 1958.]
[*Trigonopyren* Bremek., Verh. Kon. Ned. Akad. Wetensch., Afd. Natuurk., Tweede Sect., 54: 105. 1963.]

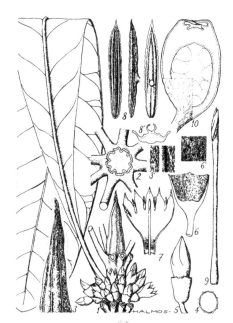

387. *Pseudomantalania macrophylla*

Genre représenté par plus de 900 espèces dont env. 60 spp. sont rencontrées à Madagascar.

Buissons ou petits arbres hermaphrodites. Feuilles opposées, parfois brunes, aux nervures secondaires brusquement courbées et connectées pour former une nervure sub-marginale distincte, présentant parfois des domaties ou des bactériocécidies, stipules divisées, colleters présents. Inflorescences terminales, paraissant parfois axillaires sur des branches courtes à feuilles réduites, paniculées, souvent corymbiformes, fleurs petites, régulières, 4–5-mères, hétérostyles; calice soudé brièvement tubulaire, les lobes principalement minuscules, indistincts; corolle brièvement tubulaire ou en forme de coupe, généralement avec des duvets dans la gorge, les lobes valvaires dans le bouton, étalés à plat à l'anthèse, aussi longs ou plus courts que le tube; disque annulaire, petit; étamines 4–5, insérées au milieu du tube corollin, filets soit longs, soit courts; ovaire généralement 2-loculaire, moins souvent 3–4-loculaire, style grêle, soit court, soit long, divisé à l'apex en 2(–3–4) branches stigmatiques linéaires; ovule 1 par loge. Le fruit est une drupe de petite, ou rarement grande, taille, charnue, indéhiscente, rouge, bleue ou noire (ou blanche?), composée de 2(–3–4) pyrènes, à la face ventrale (axiale) principalement plate, les pyrènes s'assèchent parfois à maturité et tombent séparément en laissant un carpophore en forme d'Y; graines à albumen lisse ou ruminé.

Psychotria est distribué dans la forêt sempervirente humide, sub-humide et de montagne ainsi que dans la forêt semi-décidue sèche. On peut le reconnaître à ses inflorescences terminales, paniculées ou souvent corymbiformes portant de petites fleurs aux lobes corollins valvaires et à ses fruits contenant généralement 2 graines, indéhiscents et charnus. Bremekamp (1958) reconnaissait 2 genres avec des fruits à déhiscence secondaire dans lesquels un fruit initialement charnu s'assèche lorsqu'il n'est pas consommé et 2 pyrènes tombent séparément, en laissant un carpophore en forme d'Y sur lequel les pyrènes étaient attachés et temporairement suspendus. Il distinguait *Cremocarpon* (avec 9 spp. à Madagascar [*baranaka, hazontrandraka*] et 1 sp. en Nouvelle Calédonie) de *Pyragra* (endémique de Madagascar, représenté par 2 spp. [*hazomafo, mavovona*] sur la base de pyrènes arrondis dorsalement avec 3–5 stries et des graines à albumen lisse dans le premier cas, en l'opposant aux pyrènes triquètres et aux graines à albumen ruminé dans le dernier. Il est difficile de distinguer l'un ou l'autre de ces groupes de *Psychotria* sur les caractéristiques végétatives ou florales et il semble plus raisonnable d'accepter le phénomène de dessiccation des pyrènes qui tombent séparément comme une caractéristique secondaire dans la fructification des *Psychotria*.

Noms vernaculaires: *amalomanta, baranaka, bararaka, faria, fariria, fatora, hazomafo, hazondreniolo hazondreniono, hazontrandraka, malomanta, mavovona, remetso, sangiramantingory, sorokofika, voamasondrenikala, voamasondreniolo, voananala*

388. *Psychotria parkeri*

Psydrax Gaertn., Fruct. Sem. Pl. 1: 125. 1788.

Genre représenté par plus de 100 espèces distribué de l'Afrique à la Malaisie; 7 spp. sont rencontrées à Madagascar.

Buissons ou arbres hermaphrodites. Feuilles opposées ou rarement en verticilles de 3, souvent coriaces, portant ou non des domaties aux aisselles des nervures secondaires, stipules généralement largement triangulaires et présentant souvent une carène médiane distincte, glabres à l'intérieur. Inflorescences axillaires, pédonculées ou moins souvent sessiles, en cymes ramifiées à ombelliformes, souvent lâches, fleurs petites à grandes, régulières, 4–5-mères; calice hémisphérique, les lobes brièvement triangulaires à dentiformes; corolle largement cylindrique, blanche à jaune, portant le plus souvent un anneau de duvets orientés vers le bas dans la gorge, les lobes plus ou moins égaux au tube, réfléchis à l'anthèse; étamines insérées dans la gorge, filets bien développés, anthères exsertes, souvent réfléchies; disque annulaire; ovaire 2-loculaire, style grêle, toujours longuement exsert, généralement au moins deux fois plus long que le tube corollin, terminé par une bosse stigmatique cylindrique plus ou moins deux fois plus longue que large, profondément renfoncée sur la $^1/_2$ ou plus de sa longueur, bifide à l'apex; ovule 1 par loge. Le fruit est une petite à grande drupe charnue, indéhiscente, ellipsoïde ou bilobée, composée de 2 pyrènes; graines à albumen entier.

Psydrax est distribué dans la forêt sempervirente humide et sub-humide. Il diffère de *Canthium* par ses fleurs au style longuement exsert et au moins deux fois aussi long que le tube corollin, et portant une bosse stigmatique cylindrique deux fois plus longue que large.

Noms vernaculaires: aucune donnée

Pyrostria Comm. ex Juss., Gen. Pl.: 206. 1789.

Leroya Cavaco, Adansonia, n.s., 10: 335. 1970.
Neoleroya Cavaco, Adansonia, n.s., 11: 122. 1971.
Peponidium (Baill.) Arènes, Notul. Syst. (Paris) 16: 25. 1960.
Pseudopeponidium Arènes, Notul. Syst. (Paris) 16: 19. 1960.

Genre représenté par env. 45 espèces distribué en Afrique, à Madagascar (env. 35 spp.) et aux Mascareignes (et probablement en Malaisie).

Buissons ou arbres de taille moyenne, dioïques. Feuilles opposées, virant souvent au marron-noirâtre ou gris en séchant, portant généralement des domaties en creux aux aisselles des nervures secondaires, la nervation tertiaire

389. *Pyrostria*

enfermées dans une paire de bractées soudées sub-persistantes. La séparation des genres de Vanguerieae est extrêmement problématique, les distinctions entre *Canthium*, *Psydrax*, *Pyrostria*, *Rytigynia* et *Vangueria* étant difficiles à discerner et au mieux subtiles. J'ai regroupé ici sous *Pyrostria* les Vanguerieae de Madagascar présentant des fleurs unisexuées, généralement portées dans des inflorescences ombelliformes qui sont initialement enfermées dans une paire de bractées soudées sub-persistantes, et à la courte bosse stigmatique cylindrique principalement non renfoncée. Dans une telle circonscription, *Canthium*, qui présente également des fleurs unisexuées, n'en diffère que par l'absence de la paire de bractées soudées et sub-persistantes qui enferment initialement l'inflorescence, un ovaire généralement biloculaire au plus et par la bosse stigmatique qui est distinctement renfoncée. Capuron (1969) était prêt à considérer tous les Vanguerieae de Madagascar à fleurs unisexuées dans un large *Canthium*.

Noms vernaculaires: *ankahitra*, *famaliongotro*, *lokomoty*, *mapingo*, *masomkary*, *pingo*, *tsimagnota*, *voantalalina*, *voantalanina*

"Rothmannia" ou **Genipa** *sensu* Drake

Genre représenté par env. 30 espèces distribué d'Afrique en Asie; env. 15 spp. sont rencontrées à Madagascar.

Buissons ou arbres hermaphrodites. Feuilles opposées, stipules interpétiolaires, soudées en une courte gaine, généralement triangulaires et acuminées, légèrement pliées longitudinalement le long d'une ligne médiane lorsqu'elles protègent le bourgeon terminal. Inflorescences terminales mais apparaissant axillaires du fait de la croissance en sympode des rameaux, sessiles ou presque, en cymes 2–10-flores, ou solitaires, fleurs grandes, régulières, 5-mères; calice cylindrique, la hauteur au moins égale au diamètre, lobes brièvement à longuement triangulaires, dressés; corolle longuement cylindrique, s'élargissant légèrement à la gorge, les lobes tordus dans le bouton, se recouvrant vers la droite; étamines insérées au sommet de la gorge, anthères sessiles, généralement incluses ou rarement légèrement exsertes; ovaire complètement ou incomplètement 2-loculaire, rarement 4-loculaire, la placentation pariétale, style cylindrique, inclus à lâchement exsert, parfois cannelé longitudinalement, l'apex stigmatique légèrement renflé et fusiforme, entier avec 2 sutures ou se divisant en 2 branches divergentes; ovules multiples à nombreux. Grand fruit drupacé, charnu à ligneux, indéhiscent, à multiples graines, globuleux à ellipsoïde, à la surface lisse ou carénée; graines enfouies dans une unique masse de pulpe placentaire.

généralement indistincte, stipules triangulaires à linéaires, caduques ou persistantes. Inflorescences axillaires, pédonculées à subsessiles, en cymes ombelliformes à corymbiformes, généralement enfermées initialement dans une paire de bractées soudées sub-persistantes, inflorescences femelles avec moins de fleurs, voir solitaires, fleurs petites à grandes, régulières, (4–)5-mères; calice ovoïde, les lobes dentiformes ou cupulaires; corolle largement cylindrique, blanche à jaunâtre ou orange-rose, quelque peu charnue, la gorge présentant une pilosité dense, frisée ou droite, les lobes plus courts ou plus ou moins égaux au tube, étalés ou réfléchis à l'anthèse; étamines insérées dans la gorge, filets courts, anthères légèrement exsertes, stériles et staminodiales dans les fleurs femelles; disque annulaire; ovaire 2–20-loculaire, style grêle terminé par une courte bosse stigmatique cylindrique dont la base est directement attachée sur le style, légèrement ou pas renfoncée; ovule 1 par loge; pistillode présent à l'état d'un ovaire plus petit dans les fleurs mâles. Le fruit est une petite à grande drupe charnue, indéhiscente, jaune à rouge, subsphérique à lobée ou même ailée, composée de 2–20 pyrènes; graines albuminées.

Pyrostria est distribué dans la forêt sempervirente humide, sub-humide et de (sub)montagne ainsi que dans la forêt décidue sèche depuis la RNI d'Ankarafantsika jusqu'à Antsiranana (*Leroya* et *Neoleroya*). On peut le reconnaître à ses feuilles présentant souvent des domaties en creux, à ses inflorescences axillaires, ombelliformes, initialement

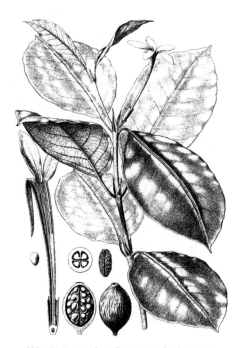

390. *"Rothmannia"* ou *Genipa sensu* Drake *poivrei*

"Rothmannia" est distribué dans la forêt sempervirente humide et sub-humide ainsi que dans le forêt et le fourré décidus secs et sub-arides. Les vrais *Rothmannia* diffèrent apparemment des taxons de Madagascar par des inflorescences qui sont généralement réduites à une fleur solitaire portée juste au-dessus d'une unique feuille, la feuille opposée avortant. De plus amples études sur les Gardenieae sont nécessaires pour résoudre ces problèmes de délimitation générique et pour savoir où placer les espèces de Madagascar que Drake avait originellement décrits dans *Genipa*.

Noms vernaculaires: *andranota, bemonofo, benonofo, mantalanina, mantalany, sarivandrika, sofikomba, sofinankomba, tainoro, tanantsobaka, tanatsovaka, taolanana, vandrika, velangioka, voantalanina, voatalanina, voligeza, volivaza*

Rytigynia Blume, Mus. Bot. 1: 178. 1850.

Genre représenté par env. 70 espèces distribué en Afrique et à Madagascar (6 spp.).

Buissons ou petits arbres hermaphrodites, aux tiges généralement distinctement lenticellées. Feuilles opposées ou occasionnellement en verticilles de 3, portant souvent des domaties aux aisselles des nervures secondaires, stipules soudées en une gaine courte, velues à

l'intérieur, oblongues à triangulaires, à l'apex présentant un appendice apiculé linéaire. Inflorescences axillaires, en cymes condensées pauciflores ou fleurs solitaires, fleurs petites, régulières, 5-mères; calice brièvement tubulaire, tronqué, ou aux lobes dentiformes; corolle cylindrique, blanche à jaune ou verdâtre, présentant un anneau de poils orientés vers le bas dans la moitié interne, les lobes étroitement aigus et étalés; étamines insérées dans la gorge sur les sinus entres les lobes corollins adjacents, anthères subsessiles, partiellement à complètement exsertes mais non réfléchies; disque annulaire; ovaire (2–)3–5-loculaire, style épaissi vers la base, terminé par une bosse stigmatique en forme de couronne, l'apex 2–5 lobé; ovule 1 par loge. Le fruit est une drupe sphérique, généralement petite ou rarement grande, charnue, indéhiscente, composée de 1–5 pyrène(s), compressée latéralement lorsque seul(s) 1 ou 2 pyrène(s) se développe(nt); graines à albumen entier.

Rytigynia est distribué dans la forêt semi-décidue sub-humide et sèche. On peut le distinguer de *Vangueria* avec lequel il partage des inflorescences axillaires, des fleurs aux lobes corollins valvaires et à l'ovaire 3–5-loculaire, par ses inflorescences condensées, pauciflores ou à fleurs solitaires situées aux aisselles des nœuds feuillés, et par ses petits fruits.

Noms vernaculaires: aucune donnée

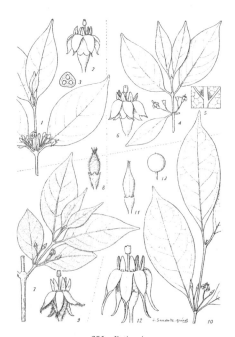

391. *Rytigynia*

Sabicea Aubl., Hist. Pl. Guiane: 192. 1775.

Genre représenté par env. 120 espèces partagées entre les régions tropicales du Nouveau Monde et l'Afrique, dont 5 spp. sont rencontrées à Madagascar.

Buissons hermaphrodites, poussant souvent tout en longueur et quelque peu grimpants. Feuilles opposées ou rarement en verticilles, nettement à seulement quelque peu anisophylles, la tige apparaissant ainsi en zigzag, souvent couvertes d'une pubescence dense de couleur blanche dessous qui est également trouvée sur les rameaux, les axes des inflorescences, le calice et la corolle, stipules interpétiolaires, entières ou fimbriées, présentant des colleters évidents à l'intérieur. Inflorescences axillaires, en fascicules denses et sessiles, ou rarement pédonculées, souvent une seule inflorescence par nœud à l'aisselle des feuilles réduites, fleurs petites, régulières, 5-mères, parfois hétérostyles; calice brièvement soudé en cylindre, avec des lobes aigus dentiformes; corolle étroitement cylindrique, blanche, lobes petits, valvaires dans le bouton; étamines insérées à la gorge ou vers le milieu du tube corollin dans les fleurs longistylées, subsessiles, incluses; ovaire 3–5-loculaire, style grêle, divisé à l'apex en 3–5 branches stigmatiques; ovules nombreux par loge. Le fruit est une petite baie sphérique, charnue, indéhiscente, contenant de multiples graines; graines très petites, anguleuses, au testa ponctué-réticulé.

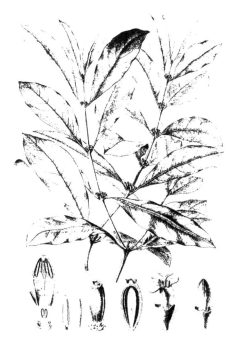

393. *Saldinia axillaris*

Sabicea est distribué dans la forêt sempervirente humide et sub-humide, dans les zones ouvertes défrichées ou dégradées ainsi que le long des sentiers; *S. diversifolia* a une large distribution et peut aisément être reconnu à ses feuilles fortement anisophylles et à ses inflorescences alternant le long de la tige en zigzag en n'étant portées qu'aux aisselles des feuilles réduites.

Noms vernaculaires: *seva, sevatrandraka, voaseva*

Saldinia A. Rich. ex DC., Prodr. 4: 483. 1830.

Genre endémique (Comores y compris) représenté par 22 espèces.

Buissons ou petits arbres monoïques. Feuilles opposées ou occasionnellement en verticilles de 3 ou 4, stipules interpétiolaires, triangulaires, entières. Inflorescences axillaires, en cymes condensées, 1–multiflores, fleurs petites, sessiles ou presque, régulières, 4-mères; calice soudé avec de petits lobes indistincts; corolle superficiellement en forme de coupe, les lobes aussi longs que le tube ou plus courts, présentant des poils à la base et dans le tube, blanche à crème; étamines 4, filets courts, insérés sur la partie supérieure du tube, anthères vides dans les fleurs femelles; disque bien développé; ovaire 2-loculaire, style divisé à l'apex en 2 branches stigmatiques linéaires, exsert dans les fleurs femelles, inclus dans les fleurs mâles; ovule 1 par

392. *Sabicea diversifolia*

loge. Le fruit est une petite drupe charnue, indéhiscente, contenant un seul pyrène, bleu vif; graine à albumen lisse.

Saldinia est distribué dans la forêt sempervirente humide et sub-humide depuis le niveau de la mer jusqu'aux altitudes moyennes. Parmi les taxons aux inflorescences axillaires extrêmement condensées, il est le plus facilement reconnu à ses fruits bleu vif.

Noms vernaculaires: *fanafana, haromboreta, hazomporetika, hirendry, horendry, kafeala, lengohazo, voananala, voanapaha*

Schismatoclada Baker, J. Linn. Soc., Bot. 20: 159. 1883.

Genre endémique représenté par env. 19 espèces.

Buissons ou petits arbres atteignant jusqu'à 8 m de haut, hermaphrodites. Feuilles opposées ou rarement en verticilles de 3, prenant une teinte jaune en séchant, stipules soudées en une gaine courte, relativement petites, triangulaires, entières ou parfois fimbriées, présentant des colleters. Inflorescences terminales, souvent en cymes lâches, paniculées à corymbiformes, non sous-tendues par un grand involucre de bractées, fleurs petites à grandes, régulières, (4–)5(–6)-mères, hétérostyles; calice brièvement tubulaire, les lobes généralement longs, étroits, souvent inégaux et accrescents dans le fruit; corolle étroitement cylindrique, blanche, violette ou jaune, les lobes valvaires-redupliqués dans le bouton; étamines insérées dans la gorge, filets courts, anthères exsertes dans les fleurs longistylées, incluses dans les fleurs brévistylées; disque annulaire; ovaire 2-loculaire, style court ou long, divisé à l'apex en 2 branches stigmatiques; ovules nombreux par loge. Le fruit est une petite à grande capsule, sèche, à déhiscence septicide, contenant de multiples graines, la capsule ovoïde-allongée, couronnée par les lobes persistants du calice, l'apex de la capsule prolongé en rostre, apparaissant bilobé lors de la déhiscence; graines petites, bien plus longues que larges, bordées d'une aile étirée en pointe à l'apex et en 2 pointes divergentes à la base, albuminées.

Schismatoclada est distribué dans la forêt et le fourré sempervirents humides, sub-humides et de montagne, la majorité des espèces étant rencontrées aux altitudes moyennes et supérieures. On peut le distinguer du proche *Payera* par ses inflorescences qui ne sont pas sous-tendues par des bractées foliacées et par ses fleurs aux lobes corollins inégaux.

Noms vernaculaires: *farahimpa, hazompipa, hazontrimpa, malemiambo, vavaforetaka, voananamboa, volombodintsikitry*

Scyphiphora C. F. Gaertn., Fruct. Sem. Pl. 3: 91, t. 196. 1805.

Genre monotypique distribué de Madagascar au Pacifique.

Buissons ou petits arbres atteignant 6 m de haut, hermaphrodites, présentant parfois des racines échasses, à l'écorce noir-grisâtre, fendue à quelque peu fissurée, les bourgeons résineux. Feuilles opposées, épaisses et charnues à coriaces, nervation indistincte, stipules soudées en forme de coupe brève, les marges tronquées, ciliées. Inflorescences axillaires, en cymes, fleurs petites, portées en triades, régulières, 4-mères; calice soudé à la marge plus ou moins entière; corolle brièvement tubulaire, rose, les lobes presque aussi longs que le tube, valvaires, réfléchis, avec des poils dans la gorge; étamines 4, filets courts, anthères légèrement exsertes; disque annulaire; ovaire, 2-loculaire, style/stigmate exsert, bilobé; ovules 2 par loge. Le fruit est petit à grand, quelque peu charnu initialement, ellipsoïde à oblong, il contient 4 graines, porte 6–10 cannelures longitudinales, est déhiscent et se sépare en 2 pyrènes à maturité.

Scyphiphora hydrophyllacea est distribué dans les habitats côtiers, de grève et de mangrove, humides et sub-humides. On peut le reconnaître à ses feuilles charnues à coriaces, à la nervation indistincte, à ses fleurs 4-mères aux lobes corollins valvaires et à ses fruits contenant 4 graines et portant 6–10 cannelures longitudinales.

Noms vernaculaires: aucune donneé

394. *Schismatoclada*

Tarenna Gaertn., Fruct. Sem. Pl. 1: 139, t. 28. 1788.

[*Enterospermum* Hiern, Fl. Trop. Afr. 3: 92. 1877.]
[*Homollea* Arènes, Notul. Syst. (Paris) 16: 13. 1960.]
[*Homolliella* Arènes, Notul. Syst. (Paris) 16: 16. 1960.]
[*Paracephaelis* Baill., Adansonia 12: 316. 1879.]
[*Schizenterospermum* Homolle ex Arènes, Notul. Syst. (Paris) 16: 9. 1960.]

Genre représenté par env. 180 espèces (ou probablement bien plus) distribué en Afrique, à Madagascar et jusqu'à l'Asie et l'Océanie; env. 40 spp. à Madagascar.

Buissons ou arbres de taille moyenne, hermaphrodites. Feuilles opposées, généralement décussées, rarement en verticilles de 3, stipules interpétiolaires soudées, dressées, tronquées à ovales, à l'apex parfois aristé, les paires opposées ressemblant souvent à des becs de canard (*molotrangaka*) lorsqu'elles recouvrent le bourgeon terminal, noircissant souvent en séchant. Inflorescences terminales, très rarement axillaires, en corymbes, parfois poisseuses et visqueuses lorsqu'elles sont sèches, fleurs petites à grandes, brièvement à longuement pédicellées, moins souvent sessiles, le pédicelle portant souvent de minuscules bractéoles, régulières, (4–)5(–6)-mères; calice brièvement soudé en tube ou en forme de turban, les lobes indistincts à spatulés, se recouvrant ou non; corolle soudée étroitement cylindrique à légèrement infundibuliforme, les lobes tordus et se recouvrant vers la gauche dans le bouton, étalés à réfléchis à l'anthèse, la corolle glabre ou pubescente dans la gorge, blanche à jaune-crème; étamines insérées à l'ouverture du tube, filets courts, généralement exserts et s'étalant vers l'extérieur ou réfléchis après que le pollen ait été déposé sur le stigmate, anthères dorsifixes, introrses, à déhiscence longitudinale; disque annulaire; ovaire 2-loculaire, style longuement exsert, stigmate portant du pollen claviforme, entier ou discrètement, ou moins souvent distinctement, bifide à l'apex; ovule(s) 1–10 par loge. Le fruit est une petite baie légèrement charnue, indéhiscente, sphérique, blanc-verdâtre à pourpre foncé, lisse ou rarement fortement striée, généralement couronnée par le reste du court tube cylindrique et persistant du calice; graines de diverses formes, de sphériques à anguleuses et cunéiformes, au testa généralement réticulé, albumen lisse-entier ou ruminé.

Tarenna au sens large tel que traité ici, est distribué dans la forêt sempervirente humide et sub-humide ainsi que dans la forêt et le fourré décidus secs et sub-arides. On peut le reconnaître à ses inflorescences généralement en corymbes terminales, à ses fleurs aux lobes corollins tordus et se recouvrant vers la gauche, au stigmate exsert portant le pollen, généralement entier et claviforme, et à ses fruits sphériques de couleur blanc-verdâtre à pourpre foncé, quelque peu charnus et généralement couronnés par le reste du tube persistant et brièvement cylindrique du calice. Les autres genres ayant des affinités proches (ci-dessus) étaient principalement reconnus dans le passé sur la base de la placentation de l'ovaire et des types de graine (forme, surface, zone hilaire et albumen lisse-entier contre ruminé). De fait, Capuron, dans ses notes approfondies et non publiées relatives aux Rubiaceae, maintenait la différence entre *Tarenna* aux graines à albumen lisse-entier et *Enterospermum* aux graines à albumen ruminé. Comme l'a souligné Bridson (1979), le type de *Tarenna* (*T. asiatica* [= *T. zeylanica*] du Sri Lanka et d'Inde) a des graines quelque peu ruminées. Capuron décrivait également en détail les variations des types de placentation chez *Enterospermum* et *Tarenna* et dissipa les descriptions erronées d'Arènes (1960) sur les lobes corollins valvaires des préfloraisons chez *Schizenterospermum*, et imbriqués chez *Homolliella* et *Paracephaelis*, qui sont en fait tous tordus. Des combinaisons de caractères, y compris de caractères végétatifs tels que la forme des feuilles, la pubescence et la forme des stipules, pourraient en fait définir des groupes monophylétiques d'espèces affines à Madagascar. Cependant, les intermédiaires entre ces groupes (apparemment clairs) d'espèces et

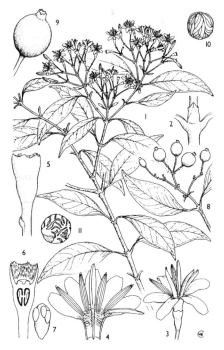

395. *Tarenna*

la nature réticulée des diverses combinaisons de caractères, pourraient aller contre leur reconnaissance à un niveau générique. Il semble plus pragmatique d'accentuer leurs caractéristiques communes et aisément reconnaissables sous un large genre unifié *Tarenna*, en réservant les différences microscopiques dans les placentations de l'ovaire et les caractères des graines aux classifications en sous-genres ou sections.

Noms vernaculaires: *balaniry, fantsikahitra, fatikahitra, fatora, hazondambo, kafeala, konko, lambinana, maitsohangana, mantalany, mantsadahy, mantsaka, mantsakala, masinjoana, masonjoana, molotrangaka, ondrokondroky, pitsikahitra, randrombito, randrombitro, randrompody, somatrangaka, taolanana lahy, taolankana, taolanomby, taolanosy, tsifo, tsifongahana, tsimahamasatsokina, tsivoky, valanirana, valotra, valotra beravina, vandrika, vandrikafotsy, voatalanina, voatalany, voavandrikala*

Triainolepis Hook. f., Gen. Pl. 2: 126. 1873.

[*Paratriaina* Bremek., Proc. Kon. Ned. Akad. Wetensch. C, 59(1): 18. 1956.]
[*Thyridocalyx* Bremek., Proc. Kon. Ned. Akad. Wetensch. C, 59(1): 20. 1956.]

Genre probablement représenté par au moins 14 espèces dont 2 sont distribuées en Afrique de l'Est et env. 12 à Madagascar.

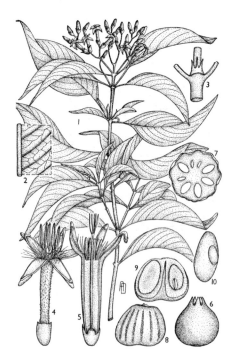

396. *Triainolepis africana*

Buissons ou petits arbres hermaphrodites. Feuilles opposées ou en verticilles de 3, portant des points pellucides, stipules interpétiolaires, divisées en 3, 5, ou 7 lobes. Inflorescences terminales en corymbes (1–)pauciflores à multiflores, parfois sur des rameaux courts avec des feuilles réduites, fleurs petites à grandes, régulières, (4–)5-mères, hétérostyles; calice soudé en forme de coupe, 5–7-denté; tube corollin sub-cylindrique, présentant un anneau de longs poils fins dans la gorge, les lobes valvaires-indupliqués dans le bouton, apiculés; étamines insérées vers l'apex du tube corollin, ou rarement libres, filets courts, exserts ou non; disque annulaire, épais; ovaire 2–10-loculaire, au style étroitement cylindrique et divisé à l'apex en 2–10 branches stigmatiques, grêles, dressées et courtes; ovules 2 collatéraux par loge. Le fruit est une petite à grande drupe charnue, indéhiscente, sphérique, composée d'un pyrène osseux à 2–10 loges, chacune contenant 1 graine, ou souvent stérile; graines à albumen charnu.

Triainolepis est principalement distribué dans la forêt et le fourré décidus et semi-décidus, sub-humides à secs dans le nord, l'ouest et le sud-ouest ainsi que sur le Plateau Central et la dépression du lac Alaotra. On peut le reconnaître à ses feuilles glabres ponctuées de glandes pellucides et ses stipules 3-, 5-, ou 7-lobées, ses inflorescences terminales portant des fleurs au tube corollin sub-cylindrique avec des lobes valvaires-indupliqués dans le bouton, et à ses drupes charnues à une seule pyrène 2–10-loculaire, chaque loge contenant 1 graine.

Noms vernaculaires: aucune donnée

Tricalysia A. Rich. ex DC., Prodr. 4: 445. 1830.

Genre représenté par env. 102 espèces distribué en Afrique (95 spp.) et à Madagascar (7 spp.).

Buissons ou petits arbres hermaphrodites ou dioïques. Feuilles opposées, présentant souvent des domaties aux aisselles des nervures secondaires, stipules soudées en une gaine courte, l'apex de chacune longuement aristé. Inflorescences axillaires, en cymes condensées subsessiles, fleurs petites, régulières, sessiles et portées dans des bractéoles aristées et soudées en forme de coupe, ou longuement pédicellées et les bractéoles libres sur env. la moitié de la longueur du pédicelle, fleurs 4–6-mères; calice en forme de coupe brève ou profonde, tronqué ou bordé d'étroites dents triangulaires; corolle cylindrique, blanche, densément poilue dans la gorge, les lobes tordus dans le bouton, se recouvrant vers la gauche, étalés ou fortement réfléchis à l'anthèse; étamines insérées dans la gorge, filets très courts, principalement

397. *Tricalysia ovalifolia* var. *ovalifolia*

exsertes, staminodiales dans les fleurs femelles; disque annulaire; ovaire 2-loculaire, style cylindrique, exsert, l'apex divisé en 2 branches stigmatiques étalées, avec toutes les parties femelles présentes dans les fleurs mâles mais ovules absents; ovules 2–8 par loge. Le fruit est une petite drupe charnue, indéhiscente, sphérique, contenant de multiples graines, la drupe généralement rouge et à endocarpe très fin la faisant ressembler à une baie; graines au testa réticulé-ponctué à criblé de polygones, à albumen abondant et lisse-entier.

Tricalysia est distribué dans la forêt sempervirente humide et sub-humide ainsi que dans la forêt semi-décidue sèche. On peut le reconnaître à ses stipules soudées en une courte gaine à l'apex longuement aristé, à ses inflorescences axillaires portant des fleurs aux lobes corollins tordus dans le bouton, plus courts que le tube, et ses 2–8 ovules par loge; *T. ovalifolia*, également rencontré en Afrique de l'Est et aux Comores, est distribué depuis l'Ambongo-Boina jusqu'à Antsiranana, ne présente pas de domaties et montre des fleurs bisexuées longuement pédicellées et aux lobes corollins réfléchis; les autres espèces présentent des domaties et des fleurs sessiles, unisexuées.

Noms vernaculaires: *hazongalala, hazotsikorovona, kafeala, nofotrakoho, pitsikahitra, taolankena, tavaza*

Vangueria Juss., Gen. Pl.: 206. 1789.

Genre représenté par env. 27 espèces distribué en Afrique et à Madagascar (1 sp. à Madagascar qui est également rencontrée en Afrique).

Buissons ou petits arbres hermaphrodites. Feuilles opposées, stipules interpétiolaires soudées en une gaine courte, l'apex longuement linéaire. Inflorescences axillaires, souvent sur les nœuds sans feuilles, ouvertes, en cymes ramifiées multiflores, fleurs petites à grandes, régulières, 5-mères; calice hémisphérique, les lobes brièvement triangulaires; corolle brièvement cylindrique à cupulaire, vert-jaunâtre, densément velue à la gorge, les lobes triangulaires, réfléchis à l'anthèse; étamines insérées dans la gorge juste en dessous des sinus des lobes corollins adjacents, filets courts, anthères exsertes; disque annulaire; ovaire 5-loculaire, style cylindrique, stigmate en bosse cylindrique, l'apex 5-lobé; ovule 1 par loge. Le fruit est une grande drupe charnue, indéhiscente, sphérique, composée de 5 pyrènes.

Vangueria est distribué dans la forêt sempervirente humide et sub-humide, souvent dans des zones dégradées, secondaires. On peut le distinguer de *Rytigynia* avec lequel il partage des inflorescences axillaires, des fleurs aux lobes corollins valvaires et un ovaire 3–5-loculaire, par ses inflorescences ramifiées et ouvertes, souvent portées aux nœuds sans feuilles, et à ses grands fruits comestibles.

Noms vernaculaires: aucune donnée

398. *Vangueria madagascariensis*

RUTACEAE Juss.

Grande famille cosmopolite mais surtout tropicale, représentée par 161 genres et env. 1 700 espèces. En plus des genres d'arbres suivants, l'espèce épineuse à large distribution, *Toddalia asiatica*, qui peut être un buisson sarmenteux ou une liane, est aussi rencontrée à Madagascar.

Buissons à grands arbres dioïques, polygamo-dioïques ou hermaphrodites, portant parfois des épines. Feuilles alternes, subopposées, ou opposées et alors souvent décussées, simples, unifoliolées avec une articulation distincte à la base du pétiole, le pétiole rarement ailé, trifoliolées à composées 12-palmées, composées paripennées ou imparipennées, entières ou rarement crénulées, penninerves, portant généralement une ponctuation pellucide distincte, noire ou translucide, souvent aromatiques lorsque froissées, stipules nulles. Inflorescences axillaires, pseudoterminales ou terminales, rarement cauliflores, paniculées à fasciculées, fleurs généralement petites, rarement grandes, régulières, 4–5-mères; sépales libres ou soudés, généralement imbriqués dans le bouton; pétales libres, imbriqués ou valvaires dans le bouton; étamines en même nombre que les pétales et alternant avec eux ou deux fois autant, rarement nombreuses, libres, anthères biloculaires; disque nectaire généralement distinct, à l'intérieur des étamines et soudé à la base du gynécée; pistillode généralement présent dans les fleurs mâles; gynécée supère, de 1–4 carpelle(s) libre(s) ou soudés en un ovaire composé 1–5-loculaire, les styles libres ou soudés; ovule(s) 1–6 par carpelle. Le fruit est une petite à grande baie ou drupe, quelque peu charnue, indéhiscente, ou une capsule déhiscente, ou un groupe de follicules déhiscents; graines avec ou sans albumen, rarement ailées.

Capuron, R. 1961. Contribution à l'étude de la flore forestière de Madagascar. III. Sur quelques plantes ayant contribué au peuplement de Madagascar. A. Rutacées nouvelles. Adansonia, n.s., 1: 65–92.

Capuron, R. 1967. Nouvelles observations sur les Rutacées de Madagascar. Adansonia, n.s., 7: 479–506.

Hartley, T. G. 2001. On the taxonomy and biogeography of *Euodia* and *Melicope* (Rutaceae). Allertonia 8: 1–328.

Leroy, J.-F. & M. Lescot. 1991. Ptaeroxylaceae. Fl. Madagasc. 107 bis: 87–119.

Mziray, W. 1992. Taxonomic studies in Toddalieae in Africa. Symb. Bot. Upsal. 30: 1–95.

Perrier de la Bâthie, H. 1950. Rutacées. Fl. Madagasc. 104: 1–89.

1. Feuilles composées pennées.
   2. Feuilles composées paripennées avec des folioles alternes ou occasionnellement opposées; ovaire (2–)3–5-loculaire; graines portant une aile apicale.
      3. Plantes dioïques; rachis étendu au-delà de la foliole la plus distale; inflorescences axillaires; étamines 5 · *Cedrelopsis*
      3'. Plantes hermaphrodites; rachis non étendu au-delà de la foliole la plus distale; inflorescences terminales; étamines 10 · *Chloroxylon*
   2'. Feuilles composées imparipennées avec des folioles symétriques opposées à subopposées; gynécée d'un seul carpelle ou 4-loculaire; graines non ailées.
      4. Branches, tronc et parfois pétioles et rachis munis d'épines robustes; folioles pétiolulées; gynécée d'un seul carpelle; fruit déhiscent · · · · · · · · · · *Zanthoxylum*
      4'. Plantes sans épines robustes; folioles sessiles; ovaire 4-loculaire; fruit indéhiscent · *Fagaropsis*
1'. Feuilles simples, unifoliolées, trifoliolées ou composées palmées.
   5. Fruit déhiscent; feuilles unifoliolées, simples ou trifoliolées.
      6. Buissons ou petits arbrisseaux non ramifiés ou très peu ramifiés, atteignant 4 m de haut; feuilles généralement alternes, rarement opposées, unifoliolées ou simples; style très court, stigmate large et aplati, profondément lobé; graines au testa mince et fragile, albumen absent · *Ivodea*

6'. Buissons à grands arbres aux ramifications décussées; feuilles opposées, unifoliolées ou trifoliolées; style bien développé, stigmate non aplati mais large et profondément lobé; graines au testa brillant, épais et dur, albumen présent · · · · · ·
· *Melicope*

5'. Fruit indéhiscent; feuilles unifoliolées, trifoliolées ou composées palmées.

7. Feuilles unifoliolées, le pétiole ailé; fleurs grandes avec de multiples étamines; fruit grand · *Citrus*

7'. Feuilles trifoliolées à composées 12-palmées, ou si unifoliolées alors le pétiole non ailé; fleurs petites avec 4 ou 8 étamines; fruit petit · · · · · · · · · · · · · · · · · · *Vepris*

Cedrelopsis Baill. in Grandidier, Hist. Phys. Madagascar 34 (4): Atlas 2, t. 257. 1893.

Genre endémique représenté par 8 espèces. Traitée dans les Ptaeroxylaceae dans la Floré de Madagascar (Leroy & Lescot, 1991).

Buissons à grands arbres dioïques, très aromatiques. Feuilles alternes, composées paripennées avec 4–14 paires de folioles alternes ou moins souvent opposées, entières et penninerves, le rachis s'étendant souvent au-delà de la foliole latérale la plus distale comme chez les Sapindaceae, portant des glandes ponctuées-pellucides translucides, stipules nulles. Inflorescences axillaires en cymes, fleurs petites, régulières, unisexuées, parfois la fleur occasionnelle avec des parties et mâles et femelles mais un des types réduit et non fonctionnel, (4–)5-mères; sépales (4–)5, imbriqués, partiellement soudés à la base; pétales (4–)5, imbriqués ou valvaires, jaunes, étalés à plat à l'anthèse; étamines 5, libres, alternant avec les pétales, filets distincts, anthères dorsifixes, introrses, à déhiscence longitudinale; disque nectaire bien développé, annulaire; pistillode présent; ovaire stipité à partir du disque ressemblant à un gynophore, (2–)3–5-loculaire, style commun court, stigmate avec (2–)3–5 lobes sphériques, papilleux; ovules 2 par loge; staminodes 5. Le fruit est une grande capsule sèche, déhiscente, aux carpelles individuels folliculaires, se séparant d'abord de la colonne centrale puis déhiscents le long d'une suture adaxiale (interne); graines portant une aile apicale, albumen absent ou rare.

Cedrelopsis est distribué dans la forêt, les zones arborées et le fourré décidus secs et sub-arides, ainsi que moins fréquemment dans la forêt sempervirente humide (*C. longibracteata*); il est étrangement absent du Plateau Central. *Cedrelopsis* peut être reconnu à ses feuilles composées paripennées avec le rachis s'étendant souvent au-delà de la dernière foliole terminale, les folioles généralement alternes et portant des glandes pellucides-ponctuées, et à ses fruits capsulaires dans lesquels les carpelles se séparent d'abord d'une colonne centrale et sont ensuite déhiscents le long d'une suture adaxiale, les graines portant une aile apicale.

Noms vernaculaires: *andrandao, fandroihosy, hazondinta, kafatra, katafa, katrafaha, katrafay, katrafay dobo, katrafay filo, katrafay lahy, katrafay mafana, katrafay vatany, mampandry, mampandry lahy, manarin toloho, maninjo, manizo, mantaora, matahora, sandahy, tamotamohazo, valotra*

Chloroxylon DC., Prodr. 1: 625. 1824. nom. cons.

Genre représenté par 3 espèces: 1 sp. dans le sud de l'Inde et au Sri Lanka, et 2 spp. endémiques de Madagascar.

Arbres hermaphrodites de moyenne à grande tailles, atteignant 15–25 m de haut, décidus, au tronc très droit, à l'écorce jaunâtre à brun-gris et portant des carènes saillantes anastomosées, les branches brun-rougeâtre, lenticellées. Feuilles alternes, composées paripennées, avec (2–)4–8 paires de folioles alternes, entières, très asymétriques, ponctuées translucides. Inflorescences terminales en panicules pyramidales, fleurs petites, 5-mères; calice soudé 5-denté; pétales 5, imbriqués dans le bouton,

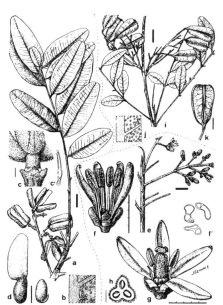

399. *Cedrelopsis*

caducs; disque nectaire obconique à subcylindrique; étamines 10, insérées à la base du disque, filets distincts, anthères versatiles, latrorses, à déhiscence longitudinale; ovaire 3-loculaire, style court; ovules 6 par loge, bisériés. Le fruit est une grande capsule sèche à quelque peu ligneuse, déhiscente, 3-valve et contenant 1 ou 2 graine(s) fertile(s) basale(s); graines portant une mince aile apicale.

Chloroxylon est distribué dans la forêt sempervirente humide du nord-est depuis Antalaha jusqu'à Vohémar (*C. faho*), et dans la forêt décidue sèche de la région du Menabe entre Morondava et Maintirano (*C. falcatum*). On peut le reconnaître à ses feuilles composées paripennées avec des folioles alternes et très asymétriques, à ses fleurs à l'ovaire 3-loculaire et à ses graines portant une fine aile apicale.

Noms vernaculaires: *faho, hazondita, mandaka lahy, vaovy omby*

Citrus L., Sp. Pl. 2: 782. 1753.

Genre représenté par env. 20 espèces; plusieurs spp. cultivées; et peut-être 1 sp. autocthone.

Buissons ou petits arbres hermaphrodites, portant souvent des épines grêles et robustes. Feuilles alternes, unifoliolées, entières, ponctuées-pellucides, le pétiole étroitement à largement ailé. Inflorescences axillaires, en racèmes pauciflores ou fleurs solitaires, fleurs grandes, 5-mères; calice soudé en forme de coupe ou d'urne; pétales 5, imbriqués, épais, blancs, à

400. *Chloroxylon*

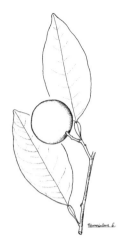

401. *Citrus* sp.

ponctuation glanduleuse; étamines généralement multiples (20–60), parfois réduites à 5, filets libres ou parfois soudés à la base, anthères sagittées, à déhiscence longitudinale; disque annulaire épais; ovaire 5-loculaire, style court, stigmate largement capité; ovules 4–8 par loge, bisériés. Le fruit est une grande baie charnue, indéhiscente.

En plus des spp. cultivées de *Citrus* spp., il existe une espèce d'identité incertaine qui apparaît inerme (les épines au moins absentes des branches feuillées) au fruit amer, non comestible et qui est peut être autochtone de la forêt sempervirente humide et sub-humide, bien que Perrier de la Bâthie (1950) s'y réfère à *C. amara* en la considérant comme introduite et échappée.

Noms vernaculaires: *voangibe, voangmafaitra, voangybe*

Fagaropsis Mildbr. ex Siebenl., Forstwirtsch. Deutsch. Ost-Afr.: 90. 1914.

Genre représenté par 4 espèces dont 2 spp. distribuées en Afrique et 2 spp. endémiques de Madagascar.

Buissons à grands arbres dioïques (ou monoïques?) et décidus. Feuilles opposées, décussées, composées imparipennées avec 2 paires de folioles opposées, entières, ponctuées-pellucides, sessiles, à la foliole terminale pétiolulée. Inflorescences terminales en panicules, fleurs petites, 4-mères; calice soudé 4-lobé; pétales 4, imbriqués dans le bouton; étamines (7–)8, filets distincts, anthères basifixes, à déhiscence longitudinale; pistillode présent; ovaire (2–)4-loculaire, stigmate subsessile, 4-lobé; ovule 1 par loge; staminode absent. Le fruit est petit, à peine charnu, indéhiscent, drupacé, glanduleux verruqueux; graines fortement concaves.

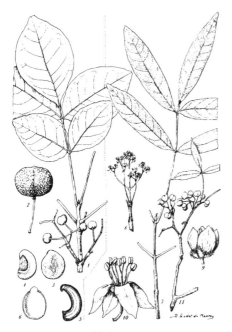

402. *Fagaropsis*

Fagaropsis est distribué dans la forêt décidue sèche à l'ouest et au nord depuis le Tsingy de Bemaraha jusqu'à la Montagne d'Ambre (*F. glabra*), et dans le fourré décidu sub-aride de la portion la plus orientale du sud dans le bassin du fleuve Mandrare (*F. velutina*, à indument dense de couleur jaune-blanchâtre à grise). On peut le reconnaître à ses feuilles opposées, composées imparipennées avec des folioles opposées à subopposées, symétriques et sessiles, à ses fleurs à l'ovaire 4-loculaire et à ses petits fruits indéhiscents.

Noms vernaculaires: *mandakola, mandakolahy*

Ivodea Capuron, Adansonia, n.s., 1: 73. 1961.

Genre endémique représenté par 10 espèces.

Buissons à petits arbrisseaux dioïques atteignant 4 m de haut, parfois monopodiaux ou très peu ramifiés. Feuilles alternes, subopposées ou opposées, unifoliolées avec une articulation distincte à la base du pétiole ou simples, entières, ponctuées pellucides, le pétiole rarement ailé (*I. alata*). Inflorescences axillaires ou pseudoterminales, les mâles bien développées en panicules, les femelles réduites sub-racémeuses ou en cymes pauciflores, fleurs petites, 4(–5)-mères; calice soudé petit, à petits lobes valvaires ou presque tronqué; pétales 4(–5), valvaires-indupliqués dans le bouton; disque absent; étamines 4(–5), alternant avec les pétales, ou rarement 8 (*I. cordata* et

I. sahafariensis), filets distincts, épais, anthères basifixes, latrorses, à déhiscence longitudinale; pistillode présent; gynécée de 4 carpelles uniloculaires séparés, avec les styles très courts et le stigmate soudés à leur apex, ou rarement complètement libres (*I. trichocarpa*), stigmate plan et large, profondément 4-lobé; ovules 2 collatéraux par carpelle; staminodes présents ou non. Le fruit est un follicule ou un groupe de 2–4 follicules séparés, les follicules petits à grands, un peu ligneux, déhiscents, ne contenant qu'une graine, à l'exocarpe lisse, strié transversalement ou portant rarement des crêtes (*I. cristata*); graines au testa mince et fragile, albumen absent.

Ivodea a une distribution en mosaïque dans la forêt sempervirente humide et dans la forêt décidue sèche et sub-aride. On le distingue de *Melicope* par sa stature généralement plus petite, ses fleurs au style très court et au stigmate large, aplati et profondément lobé, et à ses graines sans albumen et au testa mince et fragile.

Nom vernaculaire: *ampoly*

Melicope J. R. Forst. & G. Forst., Char. Gen. Pl. (ed. 2): 28. 1775.

Genre représenté par env. 200 espèces distribué de Madagascar (11 spp. endémiques) à Hawaii.

Buissons ou petits arbres hermaphrodites ou polygamo-dioïques, aux branches généralement aplaties et renflées aux nœuds. Feuilles opposées, décussées, trifoliolées ou unifoliolées, le pétiole distinctement articulé à la base, ou rarement

403. *Ivodea*

404. *Melicope*

simple et sans aucune articulation, entières, ponctuées-pellucides. Inflorescences axillaires, apparaissant rarement pseudoterminales, en cymes paniculées ou corymbiformes, fleurs petites, 4-mères; sépales 4, libres ou presque, imbriqués décussés; pétales 4, dressés; étamines 4, filets distincts, anthères dorsifixes, introrses, à déhiscence longitudinale; pistillode présent dans les fleurs mâles; gynécée de 4 carpelles, soudés ou connivents, styles 4, connivents, plus ou moins gynobasiques, stigmate capité; ovules 2 par carpelle, superposés. Le fruit est une grande capsule un peu ligneuse et déhiscente ou un groupe de 4 follicules bivalves, orange; graines noires, brillantes et lisses, restant attachées à la paroi placentaire après déhiscence du fruit, graines albuminées.

Melicope est distribué dans la forêt sempervirente humide, sub-humide et de montagne, depuis le niveau de la mer jusqu'à 2 000 m d'altitude. Les espèces de Madagascar étaient antérieurement traitées dans le genre *Euodia* (auquel il est souvent incorrectement fait référence par une ancienne variante orthographique *Evodia*), mais *Melicope* diffère de *Euodia* par ses graines au testa lisse, brillant et dur, et qui restent attachées à la paroi placentaire après la déhiscence du fruit. Plusieurs espèces sont utilisées pour leur écorce qui parfume la boisson fermentée 'betsabetsa' et sont menacées par la sur-exploitation.

Noms vernaculaires: *afatraina, afatray, ampoditavoka, balankazo, belahe, bilahitinany, bilahy, fanavodrevo, fanintsana, fatraina, fatrania, hafatraina, kafatraina, mangibary, manombary, raboasa, rabosa, rebosa, rebosy, tongobengy, tongomborona*

Vepris Comm. ex A. Juss., Mém. Mus. Hist. Nat. 12: 509. 1825.

Diphasia Pierre, Bull. Mens. Soc. Linn. Paris 2: 70. 1898.
Teclea Delile, Ann. Sci. Nat. Bot., sér. 2, 20: 90. 1843. nom. cons.

Genre représenté par env. 80 espèces distribué sur l'ensemble des régions tropicales d'Afrique, de Madagascar (env. 30 spp. endémiques) jusqu'au sud-ouest de l'Inde (1 sp.).

Petits à grands arbres dioïques ou rarement polygamo-dioïques. Feuilles alternes à rarement subopposées, unifoliolées avec un pétiole généralement distinctement articulé à la base, ou trifoliolées, ou composées palmées avec 5–9 (–12) folioles entières, ponctuées-pellucides, le pétiole rarement ailé (*V. pilosa*). Inflorescences axillaires ou pseudoterminales, parfois cauliflores, en panicules, racèmes ou fascicules, fleurs petites, généralement 4-mères; calice soudé en forme de coupe, généralement 4-denté; pétales 4, rarement 3 ou 5, caducs; étamines 4 ou 8, insérées à l'extérieur du disque, filets grêles, anthères dorsifixes, auriculées, introrses, à déhiscence longitudinale; pistillode présent; disque annulaire; ovaire 1-, 2- ou 4-loculaire, style commun court, stigmate pelté, large et épais; ovules 2 par loge; staminodes présents ou non. Le fruit est une petite à grande drupe indéhiscente, à l'exocarpe quelque peu charnu et souvent glanduleux verruqueux ou fovéolé, l'endocarpe fibreux àligneux, avec 1–4 loge(s) ne contenant qu'une graine; graines sans ou avec très peu d'albumen.

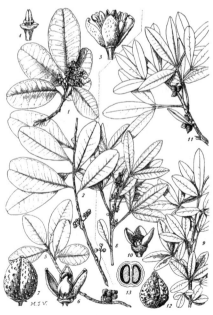

405. *Vepris*

Vepris est distribué dans la forêt sempervirente humide et sub-humide, et dans la forêt et le fourré décidus secs et sub-arides. On peut le reconnaître à ses feuilles composées palmées ou trifoliolées, (si unifoliolées alors le pétiole n'est pas ailé) et à ses fruits charnus et indéhiscents.

Noms vernaculaires: *ampodimadinika, ampodisasatra, ampoditavo, ampody, ampody madinika, ampolindrano, ampoly, ampoly lahy, anganahary, anjetry, apoly, behanitra, fanala, fitoravina, fitoravy, hazondranto, itampody, malaimbovony, mampody fotsy, manavondrevo, manitra, marovelo, marovelona, mavondrevo, remandry, sangajy, sarantsoa, tarantana, tilongoala, todinga, tolongoala, tolongoala manitra, tsilahitsy, voangiala, voapoly, vohitsiandriana*

Zanthoxylum L., Sp. Pl. 1: 270. 1753.

Genre cosmopolite (surtout intertropical) représenté par env. 250 espèces; 5–6 spp. endémiques de Madagascar.

Petits à grands arbres dioïques ou polygamodioïques, portant des épines robustes sur les jeunes branches et souvent sur le tronc. Feuilles alternes, souvent groupées à l'apex des branches, composées imparipennées avec 6–16 paires de folioles opposées à subopposées, entières à crénulées, ponctuées-pellucides, aux pétiole et rachis portant parfois des épines. Inflorescences axillaires mais apparaissant pseudoterminales à l'apex des branches, ou juste sous de nouvelles feuilles, paniculées, fleurs petites, 4(–5)-mères; sépales 4(–5), libres, ou soudés à la base, imbriqués-décussés; pétales 4(–5), caducs; étamines 4(–5), opposées aux lobes du calice, filets distincts, anthères dorsifixes, à déhiscence longitudinale; pistillode présent; disque annulaire, bien développé; ovaire consistant en un seul carpelle, uniloculaire, style plus ou moins gynobasique; ovules 2, collatéraux. Le fruit est une petite capsule, quelque peu ligneuse, déhiscente, bivalve, ne contenant qu'une seule graine; graines noir brillant, albuminées.

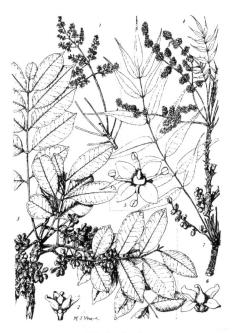

406. *Zanthoxylum*

Zanthoxylum est distribué dans la forêt sempervirente humide, sub-humide et de montagne (*Z. madagascariensis*), dans la forêt décidue sèche de Morondava à la RS d'Ankarana (*Z. tsihanimposa*) et dans la forêt et le fourré décidus secs et sub-arides de l'ouest de Fort-Dauphin jusqu'à Antsiranana (*Z. decaryi*). On peut aisément le reconnaître à ses épines robustes portées sur le tronc, les branches et parfois sur le rachis, et à ses feuilles composées imparipennées avec des folioles opposées à subopposées.

Noms vernaculaires: *fahavalokazo, fahavalonkazo, favalonkazo, helabalala, manongo, minongo, monongo, monongy, tsianihimposa, tsihanimposa, tsihanimpotsy, tsinimposa*

SALICACEAE Mirb.

Grande famille intertropicale et des régions tempérées chaudes, représentée par 55 genres et 1010 espèces. Les Salicaceae incluent ici les sous-familles de la précédente famille des Flacourtiaceae qui montrent la dent appelée 'salicoïde' le long des marges de leurs feuilles mais qui ne présentent pas de schéma synthétique produisant des glycosides cyanogènes. Les autres sous-familles des Flacourtiaceae qui ne présentent pas la dent salicoïde mais le schéma synthétique produisant des glycosides cyanogènes devient la famille des Kiggelariaceae qui est représentée par les *Prockiopsis*. Des données moléculaires récentes suggèrent que *Aphloia* n'est affine ni avec les Kiggelariaceae ni avec les Salicaceae en n'étant même plus considerées dans les Malphigiales (M. Chase, comm. pers.); il est ici traité dans une famille distincte, les Aphloiaceae.

Buissons et arbres généralement hermaphrodites, rarement dioïques, généralement inermes, portant parfois des épines, aux branches souvent manifestement lenticellées ou verruqueuses, parfois avec de grands bourgeons couverts d'écailles, le plus haut en forme de capuchon, souvent avec des teintes rougeâtres sur diverses parties. Feuilles alternes, rarement opposées, simples, généralement serretées-dentées, ou présentant au moins un semblant de découpure sous forme de très petites touffes de duvets, occasionnellement entières ou presque, penninerves ou parfois tripli(–5)nerves, généralement glabres, parfois glauques dessous, ou densément pubescentes, rarement ponctuées-pellucides, stipules souvent petites et caduques, parfois glanduleuses sur leur face interne, ou absentes. Inflorescences axillaires, en racèmes ou cymes, parfois en chatons, ou en fascicules pauciflores, ou fleurs solitaires, ou rarement capitules sessiles, portant 1–5 petite(s) fleur(s), dans les aisselles de bractées carénées, sous-tendues par un involucre serré de bractées supplémentaires, imbriquées, stériles, carénées; fleurs petites ou moins souvent grandes, régulières; sépales 3–10, imbriqués ou plus rarement valvaires, souvent inégaux, portant parfois de grandes glandes nectaires en forme de coussinet à la base, rarement soudés et en forme de calyptre, rarement absents; pétales en même nombre que les sépales et alternant avec eux, ou souvent absents; disque nectaire annulaire, parfois entouré de glandes discrètes; étamines en même nombre que les sépales ou souvent nombreuses, anthères biloculaires; ovaire généralement supère, rarement infère à semi-infère, généralement uniloculaire à 1–6 placentas pariétaux, ou 2–6-loculaire, styles libres ou unis ou presque absents, stigmate capité, généralement lobé et en même nombre que les placentas; ovule(s) 1–multiples par placenta. Le fruit est généralement sous-tendu par les restes de parties florales, parfois entouré d'un calice accrescent, une baie, drupe ou noix charnue ou sèche et indéhiscente, ou une capsule sèche à déhiscence loculicide; graines généralement albuminées, parfois arillées, ou avec une plume de longs poils denses et soyeux.

Lemke, D. E. 1988. A synopsis of Flacourtiaceae. Aliso 12: 29–43.

Leroy, J.-F. 1952. Salicacées. Fl. Madagasc. 52: 1–5.

Perrier de la Bâthie, H. 1946. Flacourtiacées. Fl. Madagasc. 140: 1–130.

Sleumer, H. 1970. Révision du genre *Tisonia* Baill. (Flacourtiacées). Adansonia, n.s., 10: 339–345.

Sleumer, H. 1971. Le genre *Casearia* Jacq. (Flacourtiaceae) en Afrique, à Madagascar et aux Mascareignes. Bull. Jard. Bot. Belg. 41: 397–426.

Sleumer, H. 1972a. Révision du genre *Calantica* Tul. (Flacourtiacées). Adansonia, n.s., 12: 539–544.

Sleumer, H. 1972b. Révision du genre *Ludia* Comm. ex Juss. (Flacourtiacées). Adansonia, n.s., 12: 79–102.

Sleumer, H. 1972c. A taxonomic revision of the genus *Scolopia* Schreb. (Flacourtiaceae). Blumea 20: 25–64.

Sleumer, H. 1973. Révision du genre *Homalium* Jacq. (Flacourtiacées) en Afrique (y compris Madagascar et les Mascareignes). Bull. Jard. Bot. Belg. 43: 239–328.

Takhtajan, A. 1994. Six new families of flowering plants. Bot. Zhurn. (Moscow & Leningrad) 79: 96–97.

1. Fruit indéhiscent, une noix sèche couronnée par les restes du tube réceptaculaire et du périanthe, et entourée d'un involucre de bractées, ou une grande baie charnue sphérique à ovale, rouge à pourpre; plantes parfois épineuses.
    2. Plantes généralement épineuses; petits buissons bas, extrêmement ramifiés, dioïques sur sols sableux et près de la côte · *Flacourtia*
    2'. Plantes seulement rarement épineuses; arbres ou moins fréquemment buissons, hermaphrodites.

3. Inflorescences sessiles en capitules, à 1–5 fleurs portées aux aisselles de bractées carénées, sous-tendues par un involucre de bractées supplémentaires serrées, imbriquées, stériles, carénées; ovaire $^3/_4$ infère; fruit une noix sèche couronnée par les restes du tube réceptaculaire et du périanthe, et entourée de l'involucre de bractées · *Bembicia*

3'. Inflorescences en fascicules ou racèmes condensés, pauciflores, non sous-tendues par un involucre de bractées serrées imbriquées, les fleurs non portées aux aisselles de bractées carénées; ovaire supère; fruit une baie charnue.

   4. Pétales présents; nervation généralement fortement 3(–5)-palmatinerve depuis la base; connectif des anthères souvent prolongé au-delà des sacs · · · · · *Scolopia*

   4'. Pétales absents; nervation généralement penninerve et densément réticulée, rarement triplinerve; connectif des anthères non prolongé au-delà des sacs · *Ludia*

1'. Les fruits sont des capsules à déhiscence loculicide, sèches ou rarement charnues; plantes toujours inermes.

   5. Capsule charnue, jaune à orange, révélant après déhiscence des graines orange à rouges, arillées; branches quelque peu en zigzag; feuilles ponctuées-pellucides, noircissant en séchant · *Casearia*

   5'. Capsule non charnue; branches non en zigzag; feuilles non ponctuées-pellucides.

     6. Périanthe totalement absent dans les fleurs; bourgeons végétatifs couverts de grandes écailles, le supérieur en forme de capuchon · · · · · · · · · · · · · · · · · *Salix*

     6'. Fleurs montrant au moins des sépales évidents; bourgeons végétatifs non couverts d'écailles.

       7. Sépales 3, voyants, pétaloïdes, enveloppant les autres parties de la fleur, accrescents dans le fruit, sans grandes glandes à la base; fleur rappelant celle d'un Bégonia · *Tisonia*

       7'. Sépales 4–8, ni pétaloïdes, ni voyants, n'enveloppant pas les autres parties de la fleur, portant de grandes glandes à la base.

         8. Ovaire infère à semi-infère; graines non couvertes de longs poils blancs · *Homalium*

         8'. Ovaire supère; graines couvertes de longs poils blancs.

           9. Pétales présents; inflorescences lâches, en panicules ou cymes ramifiées · *Calantica*

           9'. Pétales absents; inflorescences en racèmes denses non ramifiés · · · · *Bivinia*

Bembicia Oliv., Hooker's Icon. Pl., ser. 3, 5: t. 1404. 1883–1885.

Genre endémique représenté par env. 4–5 espèces dont 1 seule possède actuellement un nom valide. *Bembiciopsis* n'est pas un synonyme dans la mesure où le type est basé sur une collection de *Camellia sinensis* (Theaceae) mal identifiée. Si *Bembicia* a été récemment reconnu au niveau de la famille (Bembiciaceae R. C. Keating & Takht.) (Takhtajan, 1994), il semble se conformer aux Salicaceae d'après les données moléculaires de *rbc*L (M. Chase, pers.comm.).

Arbres hermaphrodites de petite à moyenne tailles, aux branches brun foncé à noires, lenticellées. Feuilles alternes, simples, finement à grossièrement serretées, rarement presque entières, penninerves, quelque peu coriaces, stipules très petites, caduques. Inflorescences axillaires, en capitules sessiles, portant 1–5 fleur(s), les fleurs petites, régulières, portées aux aisselles de bractées carénées, sous-tendues par un involucre serré de bractées carénées supplémentaires, imbriquées-distiques, stériles; réceptacle formant un court tube au sommet duquel sont insérés les sépales, les pétales, les glandes et les étamines, i.e. périgyne; sépales 5, libres, inégaux, imbriqués, avec de très petites glandes en groupes de 2–4 à la base de chaque sépale; pétales 5, libres, égaux, valvaires; étamines nombreuses, en groupes irréguliers alternant avec les glandes, filets grêles, anthères biloculaires, basifixes, introrses, à déhiscence longitudinale; ovaire $^3/_4$ infère, uniloculaire, avec 2–3 placentas pariétaux, style/stigmate divisé en 2–3 branches filiformes; ovules 2–3 par placenta. Le fruit est une petite noix sèche, indéhiscente, à 1 graine, couronnée par les restes du tube réceptaculaire et du périanthe, et entourée par l'involucre de bractées; graine albuminée.

Bembicia a une large distribution mais en mosaïque sur l'ensemble de la forêt sempervirente humide à sub-humide depuis le niveau de la mer dans la forêt littorale au nord

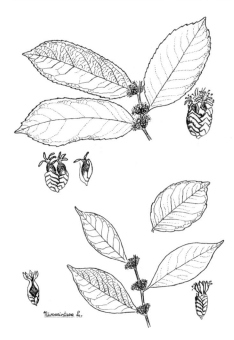

407. *Bembicia*

de Fort-Dauphin jusqu'au Plateau Central et la région du Sambirano. On peut le reconnaître à ses inflorescences sessiles sous-tendues par un involucre serré de bractées imbriquées-distiques. La délimitation taxinomique des espèces est extrêmement problématique.

Noms vernaculaires: *ambilahala, bemalemy, halambovony, hazomanantsofina, hazombato, hezo, lavavay, mandritokana, membofary, menataraka, menatarikalahy, retsara, sandraromenaka, tavolorano, valodrano*

Bivinia Jaub. ex Tul., Ann. Sci. Nat. Bot., sér. 4, 8: 78. 1857.

Genre monotypique endémique représenté par l'espèce *Bivinia jalbertii*; parfois placé en synonymie avec *Calantica* duquel il diffère principalement par les fleurs apétales.

Arbres hermaphrodites de moyenne à grande tailles, atteignant 25 m de haut, aux jeunes branches (et la plupart des autres axes) portant souvent une pubescence dense de couleur jaune cendré. Feuilles alternes, simples, crénulées-dentées, penninerves, glabres ou pubescentes dessous, stipules absentes. Inflorescences axillaires, longues, denses, pédonculées, en racèmes, aux bractées étroitement linéaires presque aussi longues que les pédicelles, fleurs petites; sépales 5–6, valvaires, portant une grande glande nectaire, velue, en forme de coussinet, à la base; pétales absents;

étamines nombreuses (40–50), groupées en faisceaux alternant avec les sépales, filets libres, grêles, anthères très petites, sphériques, basifixes; ovaire supère, uniloculaire avec 4–6 placentas, styles filiformes; ovules nombreux. Le fruit est une petite capsule sèche, 4–6-valve, pubescente; graines noires couvertes de longs poils blancs cotonneux, albumen présent.

Bivinia jalbertii est distribué dans la forêt décidue et semi-décidue, sub-humide et sèche, depuis le niveau de la mer jusqu'à 300 m d'altitude, depuis le PN d'Andohahela jusqu'à Antsiranana, y compris dans la région du Sambirano et la RNI de Lokobe sur Nosy Be, et de façon disjointe près d'Ihosy. On peut le reconnaître à ses longues inflorescences axillaires, pédonculées, en racèmes denses portant de petites fleurs sans pétales. Le bois est apprécié dans la construction.

Noms vernaculaires: *hazoambo, lalopito*

Calantica Jaub. ex Tul., Ann. Sci. Nat. Bot., sér. 4, 8: 74. 1857.

Genre représenté par 8 espèces distribué en Afrique de l'Est (1 sp.) et à Madagascar (7 spp. endémiques).

Buissons et petits arbres hermaphrodites. Feuilles alternes, simples, dentées ou presque entières, aux dents terminées par une très petite glande sur les jeunes feuilles, à la marge souvent rougeâtre, penninerves, stipules petites,

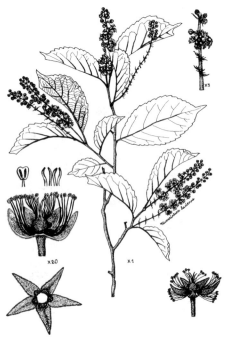

408. *Bivinia jalbertii*

409. *Calantica*

caduques. Inflorescences axillaires, en panicules ou cymes courtes, fleurs petites à grandes; sépales 4–8, valvaires, portant à leur base une grande glande nectaire en forme de coussinet de couleur jaune à orange, glabre ou pubescente; pétales 4–8, étroitement lancéolés, jaunes à orange ou rouges; étamines en même nombre que les pétales, ou plus nombreux et alors en groupes opposés aux pétales en plusieurs séries, filets libres, grêles, anthères dorsifixes, extrorses, à déhiscence longitudinale; ovaire supère, uniloculaire avec 3–6 placentas, et le même nombre de styles libres; ovules nombreux. Le fruit est une petite à grande capsule sèche, déhiscente, 3–6-valve, pubescente; graines grises, couvertes de longs poils blancs et laineux; albumen présent.

Calantica est distribué dans la forêt sempervirente humide et sub-humide de l'est jusqu'à 1 600 m d'altitude, souvent près et entre les rochers bordant des cours d'eau, ainsi que dans la forêt et le fourré, secs et sub-arides, souvent sur substrat calcaire. On peut le reconnaître à ses inflorescences axillaires et ramifiées portant de petites à grandes fleurs aux pétales éclatants, jaunes à rouge-orange, et à ses fruits capsulaires déhiscents contenant des graines couvertes de longs poils blancs et laineux. Le bois est apprécié dans la construction.

Noms vernaculaires: *hazoambo, hazombato, silambinantoa, tandrifany*

Casearia Jacq., Enum. Syst. Pl.: 4, 21. 1760.

Genre intertropical représenté par env. 180 espèces; env. 5 spp. endémiques de Madagascar.

Arbres hermaphrodites aux branches latérales quelque peu en zigzag. Feuilles alternes, simples, entières ou avec un semblant de dentition, penninerves, ponctuées-pellucides, devenant souvent vert foncé à noirâtres en séchant, stipules très petites, caduques. Inflorescences axillaires, en fascicules pauciflores à 20-flores, ou rarement fleurs solitaires, fleurs petites; sépales 4–6, imbriqués, blancs; pétales absents; étamines en nombre double des sépales, alternant avec autant de staminodes, insérées en un seul verticille sur le bord externe d'un disque nectaire mince, filets libres ou soudés à la base aux staminodes, dorsifixes ou basifixes, introrses, à déhiscence longitudinale; ovaire supère, uniloculaire, avec 3–6 placentas, le style brièvement capité; ovules 2–8 par placenta. Le fruit est une grande capsule charnue, déhiscente, 3(–6)-valve, jaune à orange; graines entourées d'un arille entier à lacéré, charnu, orange à rouge, albumen copieux.

Casearia est distribué dans la forêt sempervirente humide et sub-humide depuis le niveau de la mer jusqu'à 1 600 m d'altitude, en s'étendant dans la région du Sambirano ainsi que dans la forêt décidue sèche de l'ouest (*C. lucida* dans la région d'Ambongo-Boina) et de l'extrême nord (*C. tulasneana*). On peut le reconnaître à ses branches quelque peu en zigzag, ses feuilles subentières qui noircissent souvent en séchant, ses inflorescences axillaires en fascicules portant de petites fleurs

410. *Casearia*

blanches sans pétales, et à ses grands fruits charnus, déhiscents, généralement 3-valves, jaunes à orange, capsulaires, qui s'ouvrent en révélant des graines entourées d'un arille charnu de couleur orange à rouge. Lors de sa révision, Sleumer (1971) ne reconnaît pas plusieurs espèces distinctes et je recommande plutôt de suivre le traitement d'origine de Perrier de la Bâthie (1946) dans la *Flore de Madagascar*.

Noms vernaculaires: *bemofo*, *hazomalaina*, *hazomalana*, *hazomalefaka*, *hazomheta*, *voalatakolahy*

Flacourtia Comm. ex L'Hér., Stirp. Nov.: 59. 1786.

Genre représenté par env. 15 espèces distribué du sud de l'Afrique aux Fidji; 1 sp. à large distribution est rencontrée à Madagascar.

Buissons ou arbres dioïques, souvent épineux. Feuilles alternes, simples, crénulées-dentées, penninerves, stipules très petites, caduques. Inflorescences axillaires en racèmes ou fleurs solitaires, fleurs petites; sépales 4–5, imbriqués; pétales absents; disque annulaire; étamines nombreuses, filets libres, grêles, anthères extrorses, à déhiscence longitudinale; pistillode très petit ou absent; ovaire supère, 2–6-loculaire, stigmates en même nombre que les loges, libres ou partiellement soudés, subsessiles; ovules 3–4 par placenta; staminodes généralement absents. Le fruit est une grande drupe charnue, indéhiscente, sphérique, bacciforme, avec 2–6 pyrènes; albumen présent.

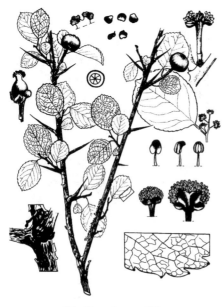

411. *Flacourtia ramontchi*

412. *Homalium albiflorum*

Flacourtia ramontchi est distribué dans la forêt littorale humide le long des grèves et est également cultivé pour ses fruits comestibles. On peut le reconnaître à sa diécie, ses épines généralement présentes, ses fleurs sans pétales et ses grands fruits charnus et sphériques.

Noms vernaculaires: *lamonty*, *lamoty*, prunes de Madagascar

Homalium Jacq., Enum. Syst. Pl.: 5, 24. 1760.

Genre intertropical représenté par env. 180 espèces; 37 spp. endémiques de Madagascar.

Petits à grands arbres hermaphrodites. Feuilles alternes, rarement opposées, simples, généralement dentées à crénulées, aux dents terminées par une très petite glande sur les jeunes feuilles, penninerves, stipules petites, caduques. Inflorescences axillaires, en épis ou racèmes, ou moins souvent en cymes brièvement ramifiées, fleurs petites; réceptacle plus ou moins profond, obconique à campanulé; sépales 4–8, persistants et souvent accrescents, portant une grande glande nectaire à leur base; pétales en même nombre que les sépales et leur ressemblant, persistants ainsi que souvent accrescents; étamines en même nombre que les sépales et opposées à eux, ou plus nombreuses et groupées en faisceaux alternant avec les glandes, filets libres, filiformes, anthères très petites, dorsifixes, extrorses, à déhiscence longitudinale; ovaire infère à semi-infère, uniloculaire, souvent velu à l'intérieur, avec 2–6 placentas pariétaux, styles libres, filiformes, en même nombre que les placentas, stigmate capité;

413. *Ludia*

ovule(s) 1 à multiples. Le fruit est une petite capsule sèche, déhiscente, souvent entourée par les sépales et pétales (ou les bractées) accrescents et développés; graines glabres, albumen charnu.

Homalium est distribué dans la forêt et le fourré sempervirents, humides, sub-humides et de montagne depuis le niveau de la mer dans la forêt littorale jusqu'à 2 000 m d'altitude, ainsi que moins fréquemment dans la forêt décidue sèche de la région d'Ambongo-Boina jusqu'à Antsiranana. On peut le reconnaître à ses feuilles dentées, ses inflorescences généralement en épis ou racèmes portant des fleurs à 4–8 sépales libres munis de grandes glandes à la base, aux pétales en même nombre et similaires, à l'ovaire surtout infère, et à ses petits fruits capsulaires entourés par les sépales et/ou pétales accrescents. Plusieurs espèces fournissent un bois apprécié dans la construction.

Noms vernaculaires: *ampitsikahitra, fotsivony, gaviala, goviala, hazoambato, hazoambo, hazofotsy, hazombatovavy, hazomby, hazontsindrano, kaska, malazavoavy, marankoditra, maringitra, nifinzaza, rohitra, sana, soaravina, tanatanapotsy, tavolo, tsimalamba, tsitakonala, voanzoala, zamalotra, zanahy*

Ludia Comm. ex Juss., Gen. Pl.: 343. 1789.

Genre représenté par 23 espèces: *L. mauritiana* partagé entre l'Afrique de l'Est, Madagascar, les Mascareignes et les Seychelles; 1 sp. endémique aux Comores; et les 21 autres spp.

endémiques de Madagascar. Très affine avec *Scolopia*, il en diffère principalement par l'absence de pétales et sa nervation penninerve (sauf chez *L. scolopioides*).

Buissons et arbres de taille moyenne, hermaphrodites, portant peu fréquemment des épines axillaires, aux branches souvent verruqueuses et densément lenticellées. Feuilles alternes, simples, entières à dentées-crénulées, généralement penninerves, à la nervation tertiaire saillante et densément réticulée, rarement triplinerves (*L. scolopioides*), stipules très petites, caduques. Inflorescences axillaires, en fascicules pauciflores ou fleurs solitaires, fleurs petites; sépales 4–6, imbriqués, souvent inégaux, blancs; pétales absents; étamines nombreuses, filets libres, grêles, anthères dorsifixes, au connectif ne se prolongeant pas au delà des sacs, extrorses, à déhiscence longitudinale; disque en couronne de glandes distinctes, ou annulaire; ovaire supère, uniloculaire, avec 3–5 placentas, style commun soudé à 3–5 branches; ovule(s) 1–5 par placenta. Le fruit est une grande baie charnue, indéhiscente, sphérique à ovale, à multiples graines, la baie souvent apiculée par le reste du style; graines albuminées.

Ludia est distribué dans la forêt sempervirente humide et sub-humide ainsi que dans la forêt décidue sèche. On peut le reconnaître à ses feuilles à la nervation tertiaire généralement saillante et densément réticulée, à ses inflorescences axillaires en fascicules portant des fleurs blanches sans pétales et à ses grands fruits charnus couronnés par le reste apiculé du style.

Nom vernaculaire: *harahara vavy*

Salix L., Sp. Pl. 2: 1015. 1753.

Genre représenté par env. 400 espèces dont la majorité sont distribuées dans les régions froides à tempérées de l'hémisphère nord; 3 spp. sont connues de Madagascar dont 2 spp. endémiques et 1 sp. introduite.

Buissons ou petits arbres dioïques, décidus, aux branches portant de grandes écailles recouvrant les bourgeons, la plus haute en forme de capuchon. Feuilles alternes, simples, finement serretées ou entières, penninerves, rougeâtres ou seulement la nervure principale rougeâtre lorsqu'elles sont jeunes, glauques dessous, stipules libres, souvent glanduleuses sur leur face interne, caduques. Inflorescences axillaires or terminales en chatons sur des rameaux courts feuillés, apparaissant en même temps que les nouvelles feuilles, fleurs petites, régulières, portées aux aisselles d'une bractée; périanthe absent, les parties reproductives sous-

414. *Salix*

tendues par un disque nectaire charnu composé de 1–2(–5) glande(s) ou écaille(s), parfois soudée(s) en une coupe irrégulièrement lobée; étamines 8–20, les filets longs, libres ou soudés à la base, les anthères biloculaires, extrorses, à déhiscence longitudinale; pistillode absent dans les fleurs mâles; ovaire supère, stipité, composé de 2(–4) carpelles soudés, uniloculaires, à 2 placentas pariétaux, style absent en principal avec 2 stigmates sessiles, émarginés à bifides; ovules 8–10 sur deux rangs par placenta. Le fruit est une petite à grande capsule sèche, bivalve, à déhiscence loculicide; graines portant une plume de poils soyeux blancs à la base, sans albumen.

Salix est distribué dans les habitats rocheux sub-humide et de montagne sur le Plateau Central le long des cours d'eau entre 1 200 et 2 000 m d'altitude. On peut le reconnaître à ses branches portant de grandes écailles couvrant les bourgeons, ses inflorescences en chatons portant de petites fleurs sans aucun périanthe et à ses fruits capsulaires bivalves avec des graines portant des poils soyeux blancs à la base.

Noms vernaculaires: *hazomalahelo, tsiho*

Scolopia Schreb., Gen. Pl.: 335. 1789.

Genre représenté par 37 espèces distribué dans l'Ancien Monde; 14 spp. endémiques de Madagascar.

Buissons à grands arbres hermaphrodites, portant rarement de courtes épines coniques sur le bois. Feuilles alternes, simples, entières ou dentées, généralement coriaces et fortement 3(–rarement 5)-palmatinerves à triplinerves depuis la base, penninerves au dessus, stipules petites, caduques. Inflorescences axillaires, en fascicules pauciflores ou fleurs solitaires, fleurs petites; sépales 4–6(–10), imbriqués; pétales en même nombre que les sépales et alternant avec eux; disque portant souvent des glandes distinctes, hérissé de poils; étamines nombreuses, filets libres, grêles, anthères dorsifixes, au connectif souvent prolongé au dessus des sacs, extrorses, à déhiscence longitudinale; ovaire supère, uniloculaire avec 3–5 placentas pariétaux, style commun soudé, allongé, terminé par un stigmate 3–5 lobé; ovule(s) 1–5 par placenta. Le fruit est une grande baie charnue, indéhiscente, sphérique à ovale, à multiples graines, la baie rouge et à l'apex généralement apiculé des restes du style; graines albuminées.

Scolopia est distribué sur l'ensemble de la forêt sempervirente humide et sub-humide depuis le niveau de la mer jusqu'à 1 900 m d'altitude. On peut le reconnaître à ses feuilles à la nervation généralement fortement 3-palmatinerve, à ses inflorescences axillaires, fasciculées portant de petites fleurs avec des pétales et à ses grands fruits charnus, couronnés par le reste apiculé du style.

Noms vernaculaires: *hazomby, longotramena, taimbarina, voatsimaka, voatronakala*

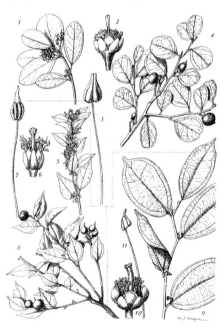

415. *Scolopia*

Tisonia Baill., Bull. Mens. Soc. Linn. Paris 1: 568. 1886.

Genre endémique représenté par 14 espèces.

Arbres hermaphrodites de petite à moyenne tailles. Feuilles alternes, simples, dentées à presque entières, glabres à densément pubescentes, penninerves, souvent teintées de rouge, stipules linéaires. Inflorescences axillaires, apparaissant parfois sur des nœuds sans feuilles, les nouvelles pousses et feuilles se développant juste au-delà de la précédente partie florifère de la branche, en cymes ou racèmes contractés, les pédicelles longs et grêles, fleurs petites à grandes, 3-mères, rappelant des fleurs de Bégonias; sépales 3, grands et voyants, pétaloïdes avec une nervation évidente, blancs, rose ou rouges, enveloppant complètement le reste de la fleur pendant très longtemps, souvent décurrents le long du pédicelle, persistants et accrescents dans le fruit; pétales absents ou 3, étroitement lancéolés; disque ondulé-denticulé, poilu; étamines nombreuses, filets libres, grêles, anthères basifixes, extrorses, à déhiscence longitudinale; ovaire supère, uniloculaire, souvent densément pubescent, avec 2–6 placentas pariétaux et le même nombre de styles libres; ovule(s) 1– multiples par placenta. Le fruit est une petite à grande capsule sèche, déhiscente, incluse dans le calice persistant, aliforme; graines albuminées.

Tisonia est distribué dans la forêt sempervirente humide à sub-humide, ainsi que dans la forêt décidue sèche, y compris sur les substrats calcaires de l'ouest, jusqu'à 800 m d'altitude. On peut le

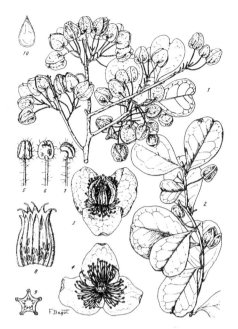

416. *Tisonia keraudrenae*

reconnaître à ses fleurs 3-mères ressemblant à celles d'un Bégonia, aux grands sépales voyants, pétaloïdes, à nervation évidente, qui enveloppent le reste de la fleur pendant une grande partie du temps, et accrescents dans le fruit.

Noms vernaculaires: *hazombaratra, tanatanapotsy, tatamborandroa*

SALVADORACEAE Lindl.

Petite famille représentée par 3 genres et 11 espèces rencontrée dans les zones arides et salines de l'Ancien Monde, d'Afrique à l'ouest de la Malaisie.

Buissons et arbres hermaphrodites ou polygamo-dioïques, épineux ou inermes. Feuilles opposées, simples, articulées à la base, entières, penninerves ou plus ou moins triplinerves, glauques, au pétiole très court, stipules minuscules, caduques. Inflorescences axillaires, en fascicules, épis ou petites cymes, les fleurs petites, régulières, 4-mères; calice aux sépales soudés et ressemblant à un sac, aux lobes imbriqués; pétales libres ou soudés à la base, imbriqués, portant ou non une écaille glanduleuse à la base; étamines 4, alternant avec les pétales, libres, ou les filets soudés à la base de la corolle, anthères biloculaires, introrses, à déhiscence longitudinale; disque nectaire absent; ovaire supère, 1–2-loculaire, le style court ou absent, le stigmate capité; ovule 1 par loge. Le fruit est une baie contenant 1 ou 2 graine(s); albumen absent.

Perrier de la Bâthie, H. 1946. Salvadoracées. Fl. Madagasc. 118: 1–9.

1. Buissons polygamo-dioïques portant des épines axillaires; pétales libres, sans écailles glanduleuses à la base; ovaire biloculaire ································· *Azima*
1'. Arbres hermaphrodites inermes; pétales soudés et portant des écailles glanduleuses à la base; ovaire uniloculaire ······························· *Salvadora*

Azima Lam., Encycl. 1: 343. 1783.

Genre représenté par 4 espèces distribué d'Afrique aux Philippines: 1 sp. (*Azima tetracantha*) est rencontrée à Madagascar, qui est également présente en Afrique et en Inde.

Buissons polygamo-dioïques atteignant 2–4 m de haut, portant de longues épines pointues, axillaires, appariées ou en groupes de 4–6. Feuilles étroitement lancéolées, coriaces, à l'apex brièvement spinescent, plus ou moins triplinerves depuis la base. Inflorescences axillaires, en épis courts (mâle) ou en fascicules 2–6-flores; pétales libres, sans écailles glanduleuses; étamines libres; pistillode présent; ovaire biloculaire; ovule 1 par loge; staminodes ressemblant à des étamines. Le fruit est une petite baie charnue, indéhiscente, globuleuse, blanche et contenant 1 ou 2 graine(s).

Azima tetracantha est largement distribué dans les habitats secs et sub-arides des zones de buissons ouvertes sur substrats sableux, calcaire ou rocheux siliceux et sur les salants. On peut aisément le reconnaître à ses longues épines pointues axillaires et à ses feuilles opposées, coriaces, plus ou moins triplinerves et à l'apex court et spinescent. Ses feuilles sont utilisées par les Antandroy en infusion pour guérir les maladies vénériennes.

Noms vernaculaires: *filiofilo, goramaky*

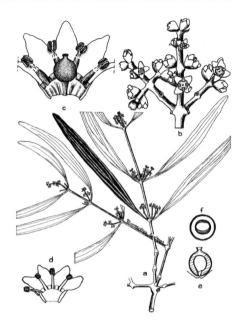

418. *Salvadora angustifolia*

Salvadora L., Sp. Pl. 1: 122. 1753.

Genre représenté par 5 espèces d'arbres et de buissons halophiles distribué d'Afrique en Asie; 1 sp. endémique de Madagascar.

Arbres hermaphrodites inermes. Feuilles étroitement linéaires, coriaces et quelque peu charnues, la nervation à peine visible. Inflorescences axillaires, en épis ou fascicules 3–6-flores; pétales soudés sur un $1/4$ à la $1/2$ de leur longueur, portant des écailles glanduleuses à leur base; étamines soudées à la base de la corolle; ovaire uniloculaire, couronné par un stigmate sessile; ovule 1. Le fruit est une petite baie charnue, indéhiscente, contenant 1 graine, la baie ovoïde et sous-tendue par le périanthe persistant.

Salvadora angustifolia est largement distribué sur l'ensemble des zones arborées et du fourré décidus secs et sub-arides, près de la côte et sur les affleurements salés plus à l'intérieur des terres, de l'ouest de Fort-Dauphin jusqu'à Antsiranana. On peut aisément le reconnaître à ses feuilles opposées, étroitement linéaires et à la nervation obscure, et à ses fruits axillaires ne contenant qu'une graine.

Noms vernaculaires: *tanisy, tsingilo*

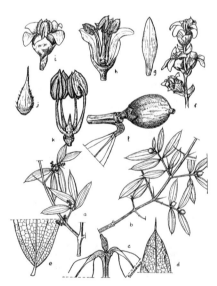

417. *Azima tetracantha*

SAPINDACEAE Juss.

Grande famille intertropicale et des régions tempérées chaudes représentée par 131 genres et 1 450 espèces. En plus des genres d'arbres suivants, l'herbe grimpante sarmenteuse intertropicale *Cardiospermum halicacabum* (feuilles trifoliolées avec des folioles très découpés) et la liane introduite *Paullinia pinnata* (feuilles composées imparipennées avec 5 folioles et un rachis ailé) sont également rencontrés à Madagascar.

Buissons à grands arbres dioïques ou monoïques. Feuilles alternes ou rarement opposées (*Neotina coursii*), composées paripennées ou rarement imparipennées (*Erythrophysa*), parfois composées pari-bipennées (*Macphersonia*) ou rarement composées impari-bipennées (*Erythrophysa*), ou trifoliolées à rarement unifoliolées (*Allophylus*), ou rarement simples (*Dodonaea viscosa* et *Filicium longifolium*), le rachis souvent légèrement étendu au-delà et à l'opposé de la foliole apicale en faisant penser que la foliole suivante aurait avorté, les folioles opposées à alternes, entières ou dentées-serretées et parfois épineuses, les feuilles parfois presque sessiles et la paire de folioles basales pseudo-stipulaires, penninerves, portant occasionnellement des domaties aux aisselles des nervures secondaires, stipules nulles. Inflorescences axillaires ou apparaissant terminales, souvent cauliflores, racémeuses ou paniculées, rarement en capitules ou fleurs solitaires, fleurs généralement petites, régulières ou rarement irrégulières; sépales 4–5(–8), les 2 extérieurs souvent plus petits, libres ou soudés, imbriqués ou valvaires, caducs ou persistants; pétales (3–)4–5(–6), libres, souvent en onglets, aux marges souvent involutées en formant des appendices ressemblant à des écailles sur la face interne, ou absents; disque généralement bien développé, annulaire ou en forme de coupe, rarement composé de 5 glandes séparées; étamines 4–14, le plus souvent 8, les filets généralement distincts, souvent poilus, anthères biloculaires, à déhiscence longitudinale; pistillode distinct ou minuscule; gynécée supère de 2–5 carpelles soudés en un ovaire 1–5-loculaire, style court, terminal, simple ou occasionnellement ramifié, ou principalement libre et alors le style gynobasique; ovule(s) 1 ou 2 par loge; staminodes ressemblant généralement à des étamines courtes, occasionnellement aussi longs que les étamines ou les anthérodes absentes. Le fruit est une grande baie ou drupe charnue, indéhiscente, contenant de 1 à 5 graine(s), entière ou profondément lobée, au péricarpe s'ouvrant parfois légèrement à maturité, ou le fruit est un groupe de méricarpes bacciformes séparés, ou une grande capsule un peu charnue, à déhiscence loculicide; graines parfois complètement entourées d'un arillode charnu et translucide ou partiellement à la base d'un arille graisseux cireux; albumen absent.

Capuron, R. 1969. Révision des Sapindacées de Madagascar et des Comores. Mém. Mus. Natl. Hist. Nat., Sér. B, Bot. 19: 1–189.

Leenhouts, P. W. 1967. A conspectus of the genus *Allophylus* (Sapindaceae). Blumea 15: 301–358.

Leenhouts, P. W. 1969. Florae malesianae praecursores L. A revision of *Lepisanthes* (Sapindaceae). Blumea 17: 3–91.

Leenhouts, P. W. 1975. Taxonomic notes on *Glenniea* (Sapindaceae). Blumea 22: 411–414.

Schatz, G. E., R. E. Gereau & P. P. Lowry II. 1999. A revision of the Malagasy endemic genus *Chouxia* Capuron (Sapindaceae). Adansonia, sér. 3, 21: 51–62.

Clé soulignant le matériel fructifère

1. Fruit une capsule sèche à quelque peu charnue, déhiscente, rarement indéhiscente.
  2. Graines portant un arille basal, graisseux, cireux.
     3. Capsule normalement 3-valve, aux marges dorsales aliformes · · · · · · · · *Molinaea*
     3'. Capsule 2-valve, quelque peu charnue, non ailée.

    4. Folioles presque toujours dentées-serretées, portant souvent des domaties; si entières alors le calice persistant non réfléchi; étamines 6–8 · · · · · · · · · · *Tina*

4'. Folioles toujours entières, sans domaties; calice persistant réfléchi, ou feuilles opposées (*N. coursii*); étamines généralement 5 · · · · · · · · · · · · · · · · *Neotina*

2'. Graines sans arille.

    5. Feuilles composées imparipennées ou impari-bipennées · · · · · · · · · · *Erythrophysa*

5'. Feuilles composées paripennées ou rarement simples.

    6. Feuilles simples ou au rachis ailé, poisseuses visqueuses; capsule à la marge dorsale ailée · *Dodonaea*

6'. Feuilles composées, le rachis non ailé; marge dorsale de la capsule non ailée.

    7. Pubescence stellée; capsule coriace; graines couvertes de poils fins · · *Majidea*

7'. Pubescence stellée absente; capsule membraneuse à nervation évidente et saillante; graines sans pubescence · *Conchopetalum*

1'. Fruit est une baie ou une drupe charnue, indéhiscente, au péricarpe s'ouvrant parfois légèrement à l'apex à maturité, ou un groupe de méricarpes charnus, indéhiscents.

    8. Graines entourées d'un arillode charnu translucide, le péricarpe s'ouvrant parfois légèrement à l'apex à maturité.

    9. Fruits profondément 2–3-lobés (parfois 1 seule loge et non lobé par avortement), l'apex arrondi, souvent densément pubescents · · · · · · · · · · · · · · · · · *Stadmania*

9'. Fruits non lobés, l'apex acuminé à souvent apiculé, péricarpe généralement lisse.

    10. Feuilles composées bipennées, souvent presque sessiles et les unités basales pseudo-stipulaires · *Macphersonia*

10'. Feuilles simplement composées pennées.

    11. Graines à cicatrice de l'hile s'étendant sur toute la longueur ventrale.

    12. Pubescence stellée; folioles entières; infructescences axillaires; limité au substrat calcaire du Tsingy de Bemaraha · · · · · · · · · · · · · · · · · *Tsingya*

12'. Pubescence de poils simples; folioles entières ou plus souvent dentées-serretées et souvent spinescentes; infructescences souvent portées sur la tige principale · *Plagioscyphus*

11'. Graines montrant une cicatrice basale de l'hile.

    13. Feuilles normales alternant généralement avec des feuilles réduites, étroitement triangulaires, ressemblant à des bractées et protégeant le bourgeon terminal; folioles entières ou dentées; infructescences simples, longuement pendantes, racémeuses · *Pseudopteris*

13'. Absence de feuilles réduites ressemblant à des bractées, folioles toujours entières.

    14. Feuilles presque sessiles, la paire basale de folioles généralement pseudo-stipulaires.

    15. Folioles distinctement émarginées à l'apex; fruits solitaires aux aisselles des feuilles · *Haplocoelum*

15'. Folioles sans apex émarginé; fruits généralement multiples dans de longues infructescences.

    16. Infructescences portées sur la tige principale; arbrisseaux très grêles, à peine ramifiés · *Chouxia*

16'. Infructescences axillaires; petits arbres plus ramifiés · *Macphersonia chapelieri*

14'. Feuilles longuement pétiolées, la paire basale de folioles jamais pseudo-stipulaires.

    17. Infructescences portées sur la tige principale · · · · · · · · · · *Camptolepis*

17'. Infructescences axillaires.

    18. Infructescences simples, longues, racémeuses; pétales absents · *Beguea*

18'. Infructescences courtes, ramifiées, paniculées; pétales présents · *Tinopsis*

8'. Graines non entourées d'un arillode.

    19. Feuilles trifoliolées ou moins souvent unifoliolées; folioles souvent dentées-serretées à fortement découpées; fruits bacciformes, méricarpes · · · · · *Allophylus*

19'.Feuilles composées paripennées.
20. Folioles dentées; calice soudé en forme de coupe · · · · · · · · · · · · · · · · *Zanha*
20'. Folioles entières; sépales libres.
   21. Feuilles au rachis ailé ou simples.
      22. Fruits globuleux; infructescences longuement paniculées, aux bractées non distinctes; pétales présents; 1 ovule par loge; feuilles généralement au rachis ailé ou simples · *Filicium*
      22'.Fruits oblongs à ellipsoïdes; infructescences courtes, condensées, en cymes, portant des bractées distinctes; pétales absents; 2 ovules par loge; feuilles généralement au rachis ailé, jamais simples · · · · · · · · · *Doratoxylon*
   21'.Feuilles au rachis non ailé, ni simples.
      23. Fruit un méricarpe unique ou groupe de méricarpes séparés; pétales présents; style gynobasique.
         24. Feuilles avec 4–10 paires de folioles alternes; arbrisseaux non ramifiés, grêles, palmiformes · *Deinbollia*
         24'.Feuilles avec 2(–3) paires de folioles subopposées; petits arbres ramifiés · *Lepisanthes*
      23'.Fruit une baie 2-lobée et comprimée latéralement, ou 1 loge à l'état de vestige par avortement, représentée par un renflement à la base de la loge fertile; pétales absents; style terminal · *Glenniea*

Caractéristiques synoptiques

Feuilles opposées: *Neotina coursii*
Composées pari-bipennées: *Macphersonia* (sauf *M. chapelieri:* paripennées)
Composées impari-bipennées: *Erythrophysa* (certains seulement imparipennées)
Composées bifoliolées: *Filicium thouarsianum* (pétiole ailé), *Tinopsis conjugata*
Trifoliolées ou unifoliolées: *Allophylus*
Pétiole et rachis ailés: *Dodonaea madagascariensis, Doratoxylon, Filicium*
Marge serretée-dentée à spinescente: *Allophylus, Molinaea, Plagioscyphus, Pseudopteris, Stadmania, Tina, Zanha*
Folioles basales pseudostipulaires: *Chouxia, Doratoxylon stipulatum, Haplocoelum, Macphersonia*
Domaties: *Allophylus, Glenniea, Molinaea, Tina, Tinopsis dissitiflora*
Cauliflores: *Camptolepis, Chouxia, Conchopetalum, Macphersonia, Plagioscyphus*
Pétales absents: *Beguea, Dodonaea, Doratoxylon, Glenniea, Stadmania oppositifolia, Tsingya, Zanha*
Fruit déhiscent capsulaire: *Conchopetalum, Dodonaea, Erythrophysa, Majidea, Molinaea, Neotina, Tina*
Arillode enveloppant, charnu translucide: *Beguea, Camptolepis, Chouxia, Haplocoelum, Macphersonia, Plagioscyphus, Pseudopteris, Stadmania, Tinopsis, Tsingya*
Arille basal, graisseux, cireux: *Molinaea, Neotina, Tina*

Taxons cultivés importants: *Litchi chinensis* (litchi); *Nephelium lappaceum* (litchi chinois ou litchi chevelu); *Sapindus trifoliatus* (savonnier).

Allophylus L., Sp. Pl. 1: 348. 1753.

Ornitrophe Comm. ex Juss., Gen. Pl.: 247. 1789.

Genre intertropical probablement représenté par 175–200 espèces dans lesquelles les schémas de variation sont si complexes qu'ils ont abouti à la proposition de ne reconnaître qu'une seule espèce (*A. cobbe*) (Leenhouts, 1967). Capuron (1969) reconnaissait env. 20 "races" d'*Allophylus* à Madagascar, qui pourraient aussi bien être considérées comme des espèces distinctes.

Buissons à arbres de taille moyenne, monoïques. Feuilles alternes, composées trifoliolées ou moins souvent unifoliolées, la foliole terminale généralement plus grande que les 2 latérales, entières à généralement dentées-serretées sur la moitié ou le tiers apical, parfois fortement découpées-lobées, portant parfois des domaties aux aisselles des nervures secondaires. Inflorescences axillaires, simples, en racèmes grêles ou en cymes peu ramifiées, fleurs petites, régulières; sépales 4, libres; pétales 4, libres, portant une écaille poilue généralement bilobée

419. *Allophylus*

sur la face interne; disque formant parfois une colonne ressemblant à un androgynophore; étamines 8, libres, filets distincts; pistillode présent; gynécée consistant en 2 carpelles presque libres, au style gynobasique, stigmate à 2 branches; ovule 1 par carpelle; staminode présent. Le fruit est petit, charnu, indéhiscent, un méricarpe généralement solitaire, ou moins souvent apparié, obovoïde.

Allophylus est distribué sur l'ensemble de la forêt sempervirente humide et sub-humide, et de la forêt décidue sèche. On peut le reconnaître à ses feuilles trifoliolées ou moins souvent unifoliolées, ses inflorescences axillaires simples, en racèmes grêles ou en cymes à peine ramifiées, portant de petites fleurs 4-mères, et à ses petits fruits charnus.

Noms vernaculaires: *bijofo, dikana, dikana vaventiravina, fandifianafotsy, fandifihana, fatora, fotsifoa, hambitra, hazombavy, hazontsifaka, joniny, karambito, karambitro, kazambito, kinanonitra, kitsangitsangy, maheriapatra, malamaravy, mandresy, mandrio, marefipiaka, matifihoditra, mihala, morampondra, pika, piky, ramaindafa, ripika, sanirambaza, selivoly, sodifafa, sodifafana, sokazo, taolambindro, taolambito, tataratsilo, teloravina, teloravy, tolambito, tongobitro, vantsika, voafono, voapiky, voarafitra*

Beguea Capuron, Mém. Mus. Natl. Hist. Nat., Sér. B, Bot. 19: 105. 1969.

Genre endémique représenté par une seule espèce actuellement décrite et 3–4 spp.; supplémentaires à décrire.

Grands arbres dioïques (ou peut-être monoïques?) à poils simples dorés à rouille. Feuilles alternes, composées paripennées avec 3–7 paires de folioles subopposées à alternes, entières, la base du pétiolule souvent manifestement élargie. Inflorescences axillaires, en longs racèmes grêles, fleurs petites, régulières; calice soudé à (5–)6–7(–8) petits lobes triangulaires, valvaires dans le bouton; pétales absents; disque en forme de coussinet, à marge sinueuse; étamines 6–8(–10), les filets roses, longs, grêles et exserts, anthères pourpres; pistillode minuscule; ovaire 3-loculaire, style distinct, terminal; ovule 1 par loge; staminodes ressemblant à des étamines courtes. Le fruit est une grande baie charnue, indéhiscente, sphérique à ovoïde, contenant 1 graine (par avortement), couronnée par le reste apiculé du style, graine entourée d'un arillode charnu translucide, la cicatrice de l'hile basale, les cotylédons fortement ruminés.

Beguea apetala est distribué dans la forêt sempervirente humide et sub-humide depuis le PN d'Andohahela jusqu'à Sambava, ainsi que dans la région du Sambirano, depuis le niveau de la mer jusqu'à 1 000 m d'altitude. On peut le reconnaître à ses longues inflorescences grêles, en racèmes serrés portant de petites fleurs sans pétales.

Noms vernaculaires: *borabaka, fandifiana, lanary elatrangidina, maintipotitra, marankoditra, ramaindafa, ramendafa, somotrorana*

420. *Beguea apetala* (gauche et le haut, 1–7); *Haplocoelum perrieri* (la bas droite, 8–19)

Camptolepis Radlk., Nat. Pflanzenfam. Nachtr. II–IV 3: 207. 1907.

Genre représenté par 4 espèces dont 1 sp. distribuée en Afrique et à Madagascar et 3 spp. endémiques de Madagascar.

Arbres monoïques de taille moyenne, à l'écorce parfois platanoïde, s'exfoliant en plaques. Feuilles alternes, composées paripennées avec (1–)2–6 paire(s) de folioles subopposées à alternes, entières. Inflorescences axillaires aux aisselles de cicatrices foliaires ou cauliflores, en cymes, fleurs petites ou grandes, régulières; sépales 5, libres, imbriqués, les 2 externes plus petits; pétales 5, libres, imbriqués, portant une écaille sur leur face interne; disque annulaire en forme de coussinet; étamines 5–6(–7), ou 13–16, filets longs et grêles; pistillode minuscule; ovaire 3- ou 5-loculaire; ovule 1 par loge. Le fruit est une grande baie charnue, indéhiscente, contenant de 1 à 5 graine(s), la graine entourée d'un arillode charnu, translucide.

Camptolepis est distribué dans la forêt décidue sèche et sub-aride ainsi que dans la forêt sempervirente sub-humide depuis la région de l'Androy à l'ouest de Fort-Dauphin jusqu'à Antsiranana dans les microclimats humides. On peut le reconnaître à ses inflorescences cauliflores portant des fleurs généralement grandes; *C. grandiflora*, endémique au secteur nord-est du massif de la Montagne d'Ambre, montre les fleurs les plus grandes de tous les Sapindaceae de Madagascar avec des pétales de 2 cm de long.

Noms vernaculaires: *boramena, fioza, marodimpeky, sarirotra, taraby, tsirambo*

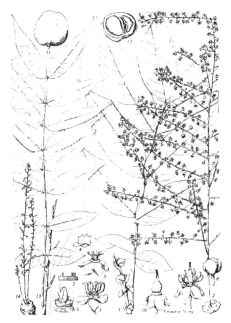

422. *Chouxia*

Chouxia Capuron, Mém. Mus. Natl. Hist. Nat., Sér. B, Bot. 19: 130. 1969.

Genre endémique représenté par 6 espèces.

Arbrisseaux dioïques, grêles et très peu ramifiés. Feuilles alternes, composées paripennées avec 2–11 paires de folioles subopposées à alternes, entières, la paire basale généralement pseudo-stipulaire (absente chez *C. bijugata*) et engainant la tige principale. Inflorescences cauliflores à la base de la tige principale, racémeuses à paniculées, fleurs petites, régulières; sépales (4–)5(–6), libres, imbriqués, les 2 externes plus petits, réfléchis à l'anthèse; pétales 5, petits, en onglets courts et portant une seule écaille souvent aussi longue que le pétale; disque annulaire; étamines (7–)8(–10), les filets fortement géniculés à la base; pistillode distinct; ovaire (2–)3-loculaire, style court; ovule 1 par loge; staminodes ressemblant à des étamines courtes. Le fruit est une grande baie charnue, indéhiscente, contenant de 1 à 3 graine(s), la baie ovoïde à globuleuse, pourpre, la graine entourée d'un arillode charnu, translucide.

Chouxia est distribué dans la forêt sempervirente humide depuis le bassin du fleuve Simiana jusqu'à Vohémar, ainsi que dans la forêt semi-décidue sèche de Vohémar jusqu'à la RS d'Ankarana. On peut le reconnaître à son port grêle, pauvrement ramifié, ses feuilles présentant presque toujours des pseudo-stipules distinctes et ses inflorescences cauliflores portant de petites fleurs roses à pourpres.

Noms vernaculaires: *somotrorana, somotrozoma*

421. *Camptolepis*

Conchopetalum Radlk. in T. Durand, Index. Gen. Phan.: 81. 1887.

Genre endémique représenté par 2 espèces.

Grands buissons à grands arbres monoïques aux axes des inflorescences munis de poils courts et simples. Feuilles alternes, composées paripennées avec 2–3 paires de folioles subopposées, entières, un peu rondes. Inflorescences axillaires ou cauliflores en cymes condensées sphériques, fleurs petites à grandes, toutes les parties accrescentes, presque régulières, rouges; sépales 5, légèrement soudés à la base; pétales 5, libres, subégaux, aussi longs ou plus longs que les sépales, caducs; disque formant une colonne ressemblant à un androgynophore; étamines 8, filets longs et grêles; ovaire 3-loculaire, les cloisons incomplètes au-dessus des ovules, le style/stigmate long et légèrement courbé; ovules 2 par loge. Le fruit est une grande capsule sèche, tardivement déhiscente, profondément 3-lobée, quelque peu gonflée, glabre avec un fin réseau de nervures saillantes; graines glabres.

Conchopetalum est distribué sporadiquement dans la forêt sempervirente humide depuis le niveau de la mer jusqu'à 500 m d'altitude, de Fort-Dauphin à Sambava. On peut le reconnaître à ses inflorescences condensées, cauliflores ou axillaires, portant des fleurs relativement grandes de couleur rouge vif et à ses grands fruits légèrement gonflés, capsulaires et montrant une nervation saillante évidente.

Noms vernaculaires: *hazomboangy, mandritsara*

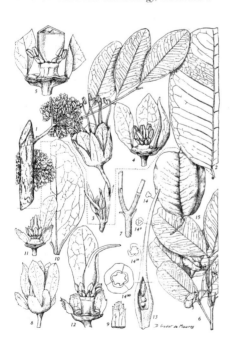

423. *Conchopetalum*

424. *Deinbollia*

Deinbollia Schumach., Beskr. Guin. Pl.: 242. 1827.

Omalocarpus Choux, Compt. Rend. Hebd. Séances Acad. Sci. 182: 713. 1926.

Genre représenté par 30–40 espèces distribué en Afrique, à Madagascar (7 spp. endémiques) et aux Mascareignes.

Buissons non ramifiés ou petits arbrisseaux grêles au port palmiforme, rarement ramifiés et arborescents (*D. pervillei*) ou lianes, dioïques (ou monoïques?). Feuilles alternes, composées paripennées avec 4–10 folioles alternes, entières avec une base souvent asymétrique. Inflorescences terminales en panicules, ou axillaires mais apparaissant terminales, fleurs petites, régulières; sépales 5, libres, imbriqués; pétales 5, portant souvent une écaille bilobée sur leur surface intérieure; disque annulaire, bien développé, la marge parfois foliacée; étamines (8–)10–14, filets couverts de poils, seules les anthères exsertes; pistillode minuscule; ovaire 2–5-loculaire, profondément lobé, les carpelles presque séparés, style gynobasique; ovule 1 par loge. Le fruit est grand, charnu, indéhiscent, souvent solitaire par avortement mais pouvant comporter jusqu'à 5 méricarpes presque séparés, globuleux et bacciformes, l'endocarpe charnu et adhérant à la graine.

Deinbollia est distribué sur l'ensemble de la forêt sempervirente humide et sub-humide depuis le niveau de la mer jusqu'à 900 m d'altitude, ainsi que dans la forêt décidue sèche depuis le bassin du fleuve Onilahy jusqu'à Antsiranana. On peut

425. *Dodonaea*

ovules 2 par loge. Le fruit est une grande capsule sèche, déhiscente, ailée, membraneuse et à nervation évidente.

Dodonaea viscosa est distribué sur l'ensemble de la forêt sempervirente humide, sub-humide et de montagne depuis le niveau de la mer jusqu'à 2 000 m d'altitude le long des lisières forestières et dans les zones dégradées. On peut le reconnaître à ses feuilles simples, dont toutes les parties sont poisseuses visqueuses et à ses fruits capsulaires ailés. *D. madagascariensis* est rencontré à l'état naturel dans la forêt de montagne depuis Andohahela jusqu'à l'Ankaratra et est cultivé dans les villages du Plateau Central en association avec la sériciculture. On peut le reconnaître à ses feuilles composées paripennées avec 10–13 paires de folioles alternes et entières, au rachis ailé, et également à toutes ses parties poisseuses visqueuses et à ses fruits capsulaires ailés.

Noms vernaculaires: *dingadingadahy, dingadingana, dingadingana lahy, dingandahy, hafokorana, tsikaomby, tsilambozana, tsiotsioky, tsitoavina, tsokagnomby*

le reconnaître à son port généralement grêle, non ramifié et palmiforme, et à ses grands fruits charnus, globuleux, pouvant contenir jusqu'à 5 méricarpes presque séparés; *D. boinensis* est limité au substrat calcaire de l'ouest depuis le fleuve Mahavavy jusqu'à la presqu'île d'Antonibe; *D. macrocarpa* est rencontré de Fort-Dauphin à Vohémar et peut avoir des feuilles de plus de 1 m de longueur.

Noms vernaculaires: *ampelamainty, ampoly fotsy, dovy, fandriatotoroka, kamoty, lanary, mampoly, mandritokana, moramenavavy, sagnira, somotsohy, tatao, tsiramiramy*

Dodonaea Mill., Gard. Dict. Abr. ed. 4. 1754.

Genre représenté par env. 50 espèces principalement centré en Australasie; 2 spp. sont rencontrées à Madagascar dont 1 sp. endémique et 1 sp. à large distribution sous les tropiques.

Buissons ou petits arbres dioïques, dont toutes les parties portent des glandes sessiles circulaires les rendant poisseux visqueux. Feuilles alternes, simples (*D. viscosa*), entières, ou composées paripennées (*D. madagascariensis*) avec 10–13 paires de folioles alternes et entières, le rachis ailé. Inflorescences terminales en panicules pyramidales, fleurs petites, régulières; sépales (3–)4–7, libres, caducs; pétales absents; disque très réduit ou absent dans les fleurs mâles; étamines 5–14, filets très courts, anthères allongées étroitement oblongues; staminodes présents ou non; ovaire 2–3 (–4)-loculaire;

Doratoxylon Thouars ex Hook. f., Gen. Pl. 1: 408. 1862.

Cardiophyllarium Choux, Compt. Rend. Hebd. Séances Acad. Sci. 182: 713. 1926.

Genre représenté par 6 espèces distribué aux Comores, à Madagascar (5 spp. dont 3 endémiques) et aux Mascareignes.

426. *Doratoxylon*

Buissons à grands arbres dioïques. Feuilles alternes, composées paripennées avec (1–)2–5(–7) paires de folioles subopposées à alternes, entières (les feuilles juvéniles rarement composées pari-bipennées), le rachis ailé ou non, les folioles basales rarement pseudo-stipulaires (*D. stipulatum*). Inflorescences axillaires en cymes pauciflores, bien plus courtes que les feuilles, fleurs petites, régulières, le pédicelle muni de bractées, à pubescence brun rouille; sépales 5, libres, inégaux, fortement imbriqués dans le bouton, pubescents; pétales absents; disque annulaire; étamines (4–)5–7(–9), libres, filets distincts; pistillode distinct; ovaire sphérique à largement ovoïde, biloculaire, style court distinctement surmonté de 2 branches stigmatiques courtes; ovules 2 par loge; staminodes avec des anthérodes. Le fruit est grand, charnu, indéhiscent, ne contenant généralement qu'une graine par avortement, l'apex apiculé, rouge virant au noir.

Doratoxylon est distribué sur l'ensemble de la forêt sempervirente humide et sub-humide depuis le niveau de la mer (*D. littorale*) jusqu'à 1 500 m d'altitude, ainsi que dans la forêt décidue sèche et sub-aride depuis Toliara jusqu'à Antsiranana. On peut le reconnaître à ses feuilles composées paripennées aux folioles entières et au rachis parfois ailé, à ses petites fleurs portées sur des pédicelles à pubescence dense de couleur brun rouille et munis de bractées, les fleurs aux sépales fortement imbriqués et pubescents, mais aux pétales absents avec un pistillode distinct dans les fleurs mâles, et à ses grands fruits charnus, indéhiscents contenant des graines sans arillode.

Noms vernaculaires: *elatrangidina, gasiala, hazomby, lalombary, maintifototra, maroampototra, marodina, marodona, menafata, sanira, tsingaina, tsingena, zana, zanaravavy*

Erythrophysa E. Mey. ex Arn., J. Bot. (Hooker) 3: 258. 1841.

Erythrophysopsis Verdc., J. Linn. Soc., Bot. 58: 202. 1962.

Genre représenté par 9 espèces dont 3 spp. sont distribuées en Afrique et 6 spp. endémiques de Madagascar.

Arbres monoïques de petite à moyenne tailles, à l'écorce s'exfoliant parfois en plaques. Feuilles alternes, composées imparipennées ou impari-bipennées, les folioles terminales avortant parfois, avec 4–7 paires de folioles opposées, entières, portant occasionnellement une dense pubescence (ou des rachis secondaires). Inflorescences terminales, en panicules pyramidales multiflores, fleurs petites à grandes, irrégulières; sépales 5, caducs; pétales (3–)4(–5–6), le cinquième pétale généralement absent ou extrêmement réduit, rarement présent et égal aux 4 autres, fortement en onglets, l'onglet grêle et cylindrique, le limbe oblong et presque perpendiculaire à l'onglet, arrondi à l'apex, auriculé à tronqué à la base, avec ou sans appendices; disque tapissant la plus grande partie du réceptacle, lobé; étamines 8, insérées sur la marge postérieure du réceptacle, filets libres, longuement exserts, couverts de poils; pistillode présent; ovaire inséré sur la marge postérieure du réceptacle, complètement ou partiellement 3-loculaire, pubescent; ovules 2 par loge. Le fruit est une grande capsule sèche déhiscente ou indéhiscente, une vésicule régulièrement trigone, ou irrégulière selon le nombre de graines se développant, apiculée.

Erythrophysa est distribué sur l'ensemble de la forêt et du fourré décidus secs et sub-arides dans le sud-ouest, l'ouest et l'extrême nord, en particulier sur substrat calcaire. On peut le reconnaître à ses feuilles composées imparipennées ou impari-bipennées avec des folioles opposées, ses inflorescences terminales en panicules pyramidales portant de multiples fleurs irrégulières et relativement grandes aux pétales en onglets.

Noms vernaculaires: *andimbohitse, andybohitse, andybohitso, handimboky*

427. *Erythrophysa*

Filicium Thwaites ex Hook. f., Gen. Pl. 1: 325. 1862.

Pseudoprotorhus H. Perrier, Mém. Mus. Natl. Hist. Nat. 18: 264. 1944.

Genre représenté par 3 espèces dont 1 sp. endémique de Madagascar, 1 sp. partagée entre Madagascar et les Comores et 1 sp. à large distribution en Afrique de l'Est, à Madagascar et jusqu'à l'Inde et le Sri Lanka.

Petits à grands arbres monoïques. Feuilles alternes, simples, entières (*F. longifolium*), ou composées paripennées avec 1 (bifoliolées) (*F. thouarsianum*) –5(–8) (*F. decipiens*) paire(s) de folioles subopposées à alternes, entières, dont la base est très asymétrique et l'apex émarginé, le pétiole et le rachis largement ailés (ou rarement non ailés). Inflorescences axillaires en panicules, fleurs petites, régulières; sépales 5, libres ou légèrement soudés à la base; pétales 5, libres, caducs; disque annulaire; étamines 5, libres, filets distincts, pistillode présent; ovaire sphérique, biloculaire, style/stigmate recourbé; ovule 1 par loge. Le fruit est grand, charnu, indéhiscent et ne contient généralement qu'une graine par avortement.

Filicium decipiens est distribué sur l'ensemble de la forêt sempervirente humide et sub-humide avec une exception possible dans la région du Sambirano, et la population proche de la baie de l'Antongil ne présente pas de rachis ailé; *F. thouarsianum* est rencontré dans la forêt littorale depuis Vohipeno jusqu'au nord de

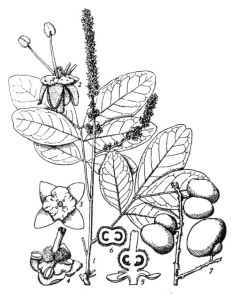

429. *Glenniea pervillei*

Fénérive-Est, et est aisément reconnu à ses feuilles bifoliolées (rarement aussi des feuilles avec 2 paires de folioles) avec un pétiole ailé; *F. longifolium*, aux feuilles simples, est distribué sur l'ensemble de la forêt décidue sèche.

Noms vernaculaires: *F. decipiens* et *F. thouarsianum*: *ampangaravina, elatrangidina, fandrabohantataro, hazombitro, hazomboay, hazompoza, helatrangidina, kiringi ravina, ramaindafy, rehiaky, romavo, sanira, sanirandrongo, soretra, vatokely, volombodimbaona*; *F. longifolium*: *filely, hantohiravina, hazobetsifantatra, lavaravy, sohihy, zahambe*

Glenniea Hook. f., Gen. Pl. 1: 404. 1862.

Crossonephelis Baill., Adansonia 11: 245. 1874.

Genre représenté par 8 espèces distribué d'Afrique (3 spp.) à la Nouvelle Guinée, avec 1 sp. endémique de Madagascar.

Arbres dioïques. Feuilles alternes, composées paripennées avec 2–3 paires de folioles subopposées, entières, le pétiole/rachis aplati dessus, les folioles devenant brunâtres dessus en séchant, vert clair dessous, portant occasionnellement des domaties aux aisselles des nervures secondaires. Inflorescences terminales en panicules, fleurs petites, régulières; sépales 4, libres, valvaires, réfléchis; pétales absents; disque bien développé, couvrant quasiment le réceptacle, quelque peu aplati et irrégulièrement 4-lobé; étamines 4, opposées aux sépales, filets longs et grêles; pistillode minuscule; ovaire biloculaire, partiellement bilobé, style terminal; ovule 1 par loge; staminodes ressemblant à des

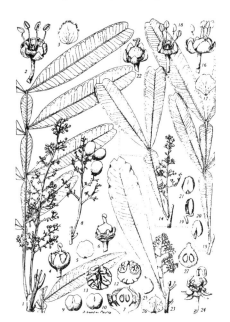

428. *Filicium*

étamines courtes. Le fruit est une grande baie charnue, indéhiscente, bilobée et comprimée latéralement, ou avec 1 lobe à l'état de vestige par avortement et alors le carpelle développé attaché obliquement, la baie contenant 1 ou 2 graine(s).

Glenniea pervillei est distribué sur l'ensemble de la forêt décidue sèche depuis le massif d'Analavelona jusqu'à Antsiranana, ainsi que dans la forêt sempervirente humide depuis la baie d'Antongil jusqu'à Vohémar. On peut le reconnaître à ses feuilles composées paripennées avec 2–3 paires de folioles subopposées et entières, devenant brunâtres dessus et vert clair dessous en séchant, ses inflorescences terminales portant de petites fleurs 4-mères sans pétales, et à ses grands fruits charnus, indéhiscents, bilobés et comprimés latéralement, ou ne présentant qu'un lobe par avortement et le carpelle alors développé sera attaché obliquement.

Noms vernaculaires: *fihoza, ompa*

Haplocoelum Radlk., Sitzungsber. Math.-Phys. Cl. Königl. Bayer. Akad. Wiss. München 8: 336. 1878.

Genre représenté par 8 espèces dont 7 spp. distribuées en Afrique et 1 sp. endémique de Madagascar.

Arbres dioïques de petite à moyenne tailles. Feuilles alternes, composées paripennées avec 2–5(–7) folioles subopposées, entières, distinctement émarginées à l'apex, la paire basale parfois pseudo-stipulaire. Inflorescences axillaires, racémeuses, simples ou portant rarement quelques branches courtes à la base, les femelles uniflores, fleurs petites, régulières; sépales 4–5, libres, légèrement imbriqués; pétales 4–5(–6) (les spp. africaines sans pétales), libres, aux marges involutées et formant 2 écailles marginales; disque annulaire; étamines (4–)5–7, insérées dans des fovéas dans le disque, filets distincts, exserts, poilus à la base; pistillode distinct; ovaire biloculaire, style court, stigmate bifide; ovule 1 par loge; staminodes aussi longs que les étamines. Le fruit est une grande baie charnue, indéhiscente, contenant 1 ou 2 graine(s), globuleuse, couverte d'une pubescence courte et dense de couleur beige; graine entourée d'un arillode charnu et translucide. Fig. 420 (p. 363).

Haplocoelum perrieri est largement distribué dans la forêt sempervirente humide et sub-humide depuis Fort-Dauphin jusqu'au PN de la Montagne d'Ambre, de 100 m à 1 200 m d'altitude. On peut le reconnaître à ses feuilles composées paripennées avec 2–5(–7) folioles subopposées, entières et à l'apex distinctement émarginé, et à ses fruits couverts d'une pubescence courte et dense de couleur beige.

Noms vernaculaires: *kirihitse, rimbondambo, sanira*

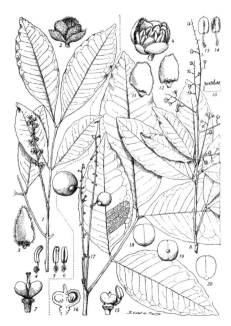

430. *Lepisanthes*

Lepisanthes Blume, Bijdr. Fl. Ned. Ind. 5: 237. 1825.

Aphania Blume, Bijdr. Fl. Ned. Ind. 5: 236. 1825.
Manongarivea Choux, Compt. Rend. Hebd. Séances Acad. Sci. 182: 713. 1926.

Genre représenté par 24 espèces distribué dans les régions tropicales de l'Ancien Monde dont 1 sp. à large distribution (du Sénégal à la Nouvelle Guinée) est rencontrée à Madagascar et probablement quelques spp. supplémentaires endémiques.

Arbres monoïques de petite à moyenne tailles. Feuilles alternes, composées paripennées avec 1–3 paire(s) de folioles subopposées, entières. Inflorescences terminales en panicules, fleurs petites, régulières; sépales 5, libres, imbriqués, inégaux, les 2 externes plus petits; pétales 5, libres, portant à la base une écaille velue sur la surface intérieure; disque aplati tapissant le réceptacle, quelque peu 5-lobé; étamines 5–8, filets velus à la base, à peine exserts; pistillode minuscule; ovaire 2–3-loculaire, profondément lobé mais moins que celui de *Deinbollia*; style partiellement gynobasique; ovule 1 par loge; staminodes ressemblant à des étamines mais plus courts. Le fruit est un grand méricarpe charnu, indéhiscent, généralement solitaire par avortement, parfois apparié, globuleux à ellipsoïde, drupacé, l'endocarpe non charnu et n'adhérant pas à la graine.

Lepisanthes senegalensis est distribué dans la forêt décidue sèche depuis le Tsingy de Bemaraha jusqu'à Antsiranana. On peut le reconnaître à

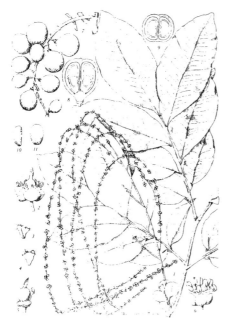

431. *Macphersonia radlkoferi*

ses feuilles composées paripennées avec 1–3 paire(s) de folioles subopposées, entières, à ses inflorescences terminales paniculées portant de petites fleurs possédant des pétales, et à ses méricarpes drupacés généralement solitaires.

Noms vernaculaires: aucune donnée

Macphersonia Blume, Rumphia 3: 156. 1847.

Eriandrostachys Baill., Adansonia 11: 239. 1874.

Genre représenté par env. 8 espèces dont 7 spp. endémiques de Madagascar et 1 sp. partagée entre l'Afrique de l'Est, les Comores et Madagascar.

Arbres dioïques ou rarement monoïques de petite à moyenne taille. Feuilles alternes, composées paripennées (*M. chapelieri*) avec 3–5 paires de folioles subopposées et entières, ou plus souvent composées pari-bipennées avec 1–18 paire(s) de folioles alternes et entières, les pennes basales parfois pseudo-stipulaires et réduites à une seule foliole. Inflorescences axillaires ou parfois cauliflores, racémeuses ou paniculées, simples ou légèrement ramifiées, fleurs petites, régulières, roses à pourpres; sépales 5, libres, imbriqués, les 2 externes plus petits; pétales 5, libres, en courts onglets, les marges latérales involutées et simulant 2 écailles marginales; disque en forme de coupe; étamines (5–)7–8(–9), filets longuement exserts; pistillode minuscule; ovaire 2–3-loculaire, style court; ovule 1 par loge; staminodes ressemblant à des étamines mais plus courts. Le fruit est une grande baie charnue, indéhiscente, contenant 2 ou 3 graines, s'ouvrant légèrement à l'apex acuminé alors que l'arillode s'étend; graines entourées d'un arillode charnu et translucide.

Macphersonia est distribué dans la forêt sempervirente humide et sub-humide, y compris dans la région du Sambirano, et dans les endroits humides au sein de la forêt semi-décidue sèche dans l'extrême nord. On peut le reconnaître à ses feuilles composées pari-bipennées (sauf celles de *M. chapelieri* qui sont composées paripennées) et à ses petites fleurs roses à pourpres.

Noms vernaculaires: *ampahiberavina, elatrangidina, fatsidakana, lanira, maintipotitra, marampototra, maroampototra, maroando, maroandrano, ramaindafa, ranorambe, razorazo, rodramo, sanira, sanirambe, sanirambelala, saniravavy, saniravoloina, somotrorana, somotrorana fotsy, talatalanatsidy, tanatananatsidina, tavaka, tsengena*

Majidea Kirk ex Oliv., Hooker's Icon. Pl. 78, tab. 1097. 1871.

Genre représenté par une seule espèce avec quelques sous-espèces: 1 ssp. endémique de Madagascar, les autres partagées entre l'Afrique de l'Est et Madagascar.

Arbres dioïques à pubescence fasciculée-stellée. Feuilles alternes, composées paripennées avec 2–5 paires de folioles subopposées à alternes, entières. Inflorescences terminales, en panicules distinctement munies de bractées, fleurs petites, irrégulières (régulières ailleurs); sépales 5, libres;

432. *Majidea zanguebarica*

pétales 4(–5), plus courts que les sépales; disque unilatéral, couvrant l'avant du réceptacle; étamines 5–6, libres, insérées à l'arrière du réceptacle; pistillode présent; ovaire 3-loculaire; ovules 2 par loge. Le fruit est une grande capsule sèche, déhiscente, coriace, 3-valve; graines couvertes d'une pubescence mince.

Capuron (1969) reconnaissait 2 sous-espèces de *M. zanguebarica* à Madagascar: la ssp. *zanguebarica*, aux capsules pubescentes, distribuée dans la forêt sempervirente humide à basse altitude depuis Fénérive-Est jusqu'à Sambava et la ssp. endémique *madagascariensis*, aux capsules glabrescentes, distribuée dans la forêt décidue sèche de Morondava à Vohémar. On peut reconnaître *Majidea* à sa pubescence fasciculée-stellée, ses inflorescences terminales, en panicules distinctement munies de bractées et portant de petites fleurs irrégulières dont les 4 pétales sont plus courts que les sépales, et à ses grands fruits 3-valves, capsulaires, contenant des graines couvertes d'une mince pubescence.

Noms vernaculaires: *ampoly, fandriantetoraka, fihoza, hazomahozo, kirondro, melodrovoany, menavory, somotrorantseva, somotrora-sova, sontrokanolahy, tsileontsiarimbo, tsipoapoaka, vorona*

Molinaea Comm. ex Juss., Gen. Pl.: 248. 1789.

Genre représenté par 9 espèces dont 6 spp. endémiques de Madagascar et 3 spp. endémiques des Mascareignes.

433. *Molinaea*

Buissons à arbres de taille moyenne, monoïques. Feuilles alternes, composées paripennées avec 1–6 paire(s) de folioles subopposées à alternes, entières à dentées, pétiolées ou rarement sessiles (*M. sessilifolia*), portant souvent des domaties aux aisselles des nervures secondaires. Inflorescences axillaires, en panicules grêles, fleurs petites, régulières; sépales 5, libres, imbriqués, les 2 externes plus petits; pétales 5, libres, aux marges involutées et ressemblant à des écailles; disque annulaire; étamines (7–)8(–9), filets distincts, souvent poilus; pistillode distinct; ovaire 3-loculaire, style court, la zone stigmatique terminale; ovule 1 par loge; staminodes ressemblant à des étamines mais plus courts. Le fruit est une grande capsule quelque peu charnue, déhiscente, 3-valve, les marges dorsales des valves et des loges aux graines avortées quelque peu ailées; graines partiellement entourées à la base d'un arille graisseux, cireux, de couleur jaune-crème à rouge.

Molinaea est distribué dans la forêt sempervirente humide depuis Fort-Dauphin jusqu'à Antalaha, depuis le niveau de la mer jusqu'à 1 000 m d'altitude, ainsi que dans la forêt semi-décidue sèche et sub-humide depuis Belo sur Tsiribihina jusqu'à Antsiranana. On peut le distinguer de *Neotina* et de *Tina*, avec lesquels il partage des fruits capsulaires déhiscents contenant des graines entourées d'un arille graisseux, cireux, jaune-crème ou rouge, par ses capsules qui sont 3-valves et ailées.

Noms vernaculaires: *bejofo, dikany, fandrianakanga, felaborona, hazomalany, hazomanara, hazombaratra, hazondinta, lanary, maheriapatra, maitsoririna, maitsoririnina, mampandry, marodona, marodonala, ramaindafa, sandramy, sanganakoholahy, sanira, sarimaivalafika, sarinanto, sarinato, somotrorana, somotrorandahy, somotroranalahy, soretry, voandelakala*

Neotina Capuron, Mém. Mus. Natl. Hist. Nat., Sér. B, Bot. 19: 174. 1969.

Genre endémique représenté par 2 espèces.

Arbres monoïques de taille moyenne. Feuilles alternes (*N. isoneura*) ou opposées à subopposées (*N. coursii*), composées paripennées avec 1–5 paire(s) de folioles subopposées à alternes, entières. Inflorescences axillaires paniculées, fleurs petites, régulières; sépales 5, libres, imbriqués, les 2 externes plus petits, persistants et réfléchis dans le fruit; pétales 4–5, libres, aux marges involutées et portant 2 écailles, libres ou parfois soudés; disque annulaire; étamines 5(–8); filets distincts, anthères émarginées non glanduleuses; pistillode distinct; ovaire biloculaire, style court, zone stigmatique linéaire longeant presque tout le style; ovule 1 par loge; staminodes ressemblant à des étamines mais plus courts. Le

434. *Neotina*

fruit est une grande capsule quelque peu charnue, déhiscente, 2-valve, orange à rouge, apiculée; graines partiellement entourées à la base par un arille graisseux, cireux, jaune-crème à rouge.

Neotina est distribué la forêt sempervirente sub-humide aux altitudes moyennes depuis la RS de Kalambatritra jusqu'au PN de la Montagne d'Ambre. On peut le distinguer du genre très affine *Tina* par ses folioles aux marges entières, ses fleurs qui ne présentent généralement que 5 étamines, et au calice persistant et réfléchi dans le fruit; *N. coursii* est aisément reconnu à ses feuilles opposées ou subopposées.

Noms vernaculaires: *fangadiravina, felamborona, hazombato, lanarivantsilara, lanary, manavodrevo, odifo, ramaindafa, ramaindafy, sanira, vantsilambato, voalanary, voantsilana*

Plagioscyphus Radlk., Sitzungsber. Math.-Phys. Cl. Königl. Bayer. Akad. Wiss. München 8: 335. 1878.

Cotylodiscus Radlk., Sitzungsber. Math.-Phys. Cl. Königl. Bayer. Akad. Wiss. München 8: 334. 1878.
Poculodiscus Danguy & Choux, Bull. Mus. Natl. Hist. Nat. 33: 103. 1927.
Strophiodiscus Choux, Compt. Rend. Hebd. Séances Acad. Sci. 182: 713. 1926.

Genre endémique représenté par env. 8 espèces.

Arbrisseaux grêles à grands arbres, dioïques ou monoïques. Feuilles alternes, composées paripennées, avec 1–5 paire(s) de folioles opposées à alternes, entières à serretées-dentées ou serretées-spinescentes, quelque peu coriaces et devenant vert-brunâtre clair en séchant, à la nervation tertiaire densément réticulée. Inflorescences généralement cauliflores, rarement axillaires, racémeuses, fleurs petites, régulières à quelque peu irrégulières; sépales 5, soudés, aux lobes distincts ou non; pétales 5, ou 4 et le postérieur absent, libres, portant une écaille sur la surface intérieure; disque bien développé en forme de coupe, la portion postérieure parfois incomplète; étamines (6–)8(–10), filets longs et grêles, exserts; pistillode 2–3-lobé; ovaire 2–3-loculaire, style terminal, stigmate 2–3 lobé; ovule 1 par loge; staminodes ressemblant à des étamines mais plus courts. Le fruit est une grande baie charnue, indéhiscente, contenant de 1 à 3 graine(s), la baie 3-angulaire ou comprimée latéralement si 2-loculaire, couronnée par le style persistant apiculé, souvent densément pubescente, graines entourées d'un arillode charnu translucide, et à la cicatrice de l'hile couvrant toute la longueur ventrale.

Plagioscyphus est distribué sur l'ensemble de la forêt sempervirente humide et sub-humide ainsi que dans la forêt décidue sèche. On peut le reconnaître à ses folioles aux marges souvent serretées-dentées à serretées-spinescentes et à la nervation tertiaire densément réticulée. Avec une feuille sessile ne portant qu'une seule paire de folioles sessiles aux marges spinescentes qui peut atteindre 1 m de long en étant porté au sommet d'un tronc grêle non ramifié, *P. unijugatus*, connu de Vohipeno à Moramanga, est l'une des plantes les plus spectaculaires de Madagascar. Elle est très

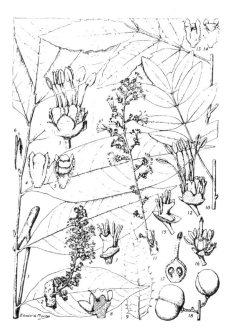

435. *Plagioscyphus*

affine avec *P. stelechanthus*, également spectaculaire, dont les feuilles ont 2 paires de folioles spinescentes et qui a des fleurs aux pétales rouge sang. Ce dernier est connu de Fort-Dauphin jusqu'au bassin inférieur du fleuve Namorana et fut le premier Sapindaceae connu de Madagascar, mentionné par Flacourt en 1661. L'arillode entourant la graine est comestible et recherchée par les lémuriens.

Noms vernaculaires: *hazolanary, hazomby, lanary, lanary mainty, lasiala, longodramena, marodana, maroiravy, ramaindafa, ramiandafy, reampy, sanira, sanirambazaha, sivory, somotrorana, somotroranalahy, soraitra, soretriala, soretry, takoaka, tsefantsoy, tsifantsoy, tsikarakara, tsikarankaraina, tsikarankarana, tsikarankarano, tsimatahodakato, tsindramiramy, tsitakapaly, valarindambo, voafiripika, voatiripika, vokarabiba*

Pseudopteris Baill., Adansonia 11: 243. 1874.

Genre endémique représenté par 3 espèces.

Arbrisseaux grêles et non ramifiés (*P. decipiens*) ou petits arbres. Feuilles alternes mais serrées en bouquets aux extrémités des branches et apparaissant parfois verticillées, composées paripennées avec 4–25 paires de folioles opposées à alternes, entières à dentées dans la moitié apicale, à la base asymétrique, alternant avec des feuilles qui avorteront et qui sont simples, étroitement triangulaires, denticulées et fonctionnent comme des bractées en protégeant le bourgeon terminal. Inflorescences axillaires, racémeuses, parfois très grêles et pendantes, fleurs très petites, régulières, roses à pourpres; sépales 5, légèrement soudés à la base; pétales 5, bien réduits et portant de grandes écailles cucullés en dedans; disque de 5 glandes séparées et soudées à la base des pétales; étamines 5, filets longs et grêles; pistillode minuscule; ovaire 2–3-loculaire, style distinct; ovule 1 par loge; staminodes ressemblant à des étamines mais plus courts. Le fruit est une grande baie charnue, indéhiscente, contenant de 1 à 3 graine(s), la baie globuleuse, à l'apex acuminé et s'ouvrant légèrement à maturité; graines entourées d'un arillode charnu, translucide.

Pseudopteris est distribué dans la forêt sempervirente humide et sub-humide, ainsi que dans la forêt semi-sempervirente sèche. On peut le reconnaître à ses feuilles disposées en bouquets serrés et apparaissant parfois verticillées, alternant avec des feuilles qui avorteront, simples, étroitement triangulaires, denticulées et fonctionnant comme des bractées protégeant le bourgeon terminal, et à ses inflorescences racémeuses souvent pendantes; *P. decipiens* est distribué de Brickaville à Vohémar ainsi que dans la région du Sambirano et les zones de transitions adjacentes entre la forêt humide et la forêt sèche; *P. ankaranensis* est rencontré sur substrat calcaire depuis le fleuve Betsiboka jusqu'à Antsiranana; *P. arborea* est connu à partir de 1 000 m d'altitude de la forêt d'Amporoforo entre Farafangana et Vohipeno, et de l'ouest de Sambava.

Noms vernaculaires: *fandraintotoroka, fandriatotoro, hazomananjary, kakazomananjary*

Stadmania Lam., Tabl. Encycl.: tab. 312. 1793.

Pseudolitchi Danguy & Choux, Bull. Mus. Natl. Hist. Nat. 32: 390. 1926.

Genre représenté par 6 espèces; 5 spp. endémiques de Madagascar et 1 sp. (*S. oppositifolia*) distribuée en Afrique de l'Est, à Madagascar et à Maurice.

Arbres dioïques ou rarement monoïques (*S. oppositifolia*) de moyenne à grande tailles, à l'écorce parfois platanoïde et s'exfoliant par plaques (*S. oppositifolia*). Feuilles alternes, composées paripennées avec 2–9 paires de folioles subopposées à alternes, entières à dentées et occasionnellement spinescentes, le dessous parfois glauque. Inflorescences axillaires en longs racèmes, fleurs petites, régulières; calice soudé distinctement ou discrètement 5-lobé; pétales 5, libres, parfois en onglets, portant une écaille en dedans, ou absents (*S. oppositifolia*); disque bien développé, en forme de coupe; étamines 8, filets distincts, exserts; pistillode minuscule; ovaire 3-loculaire, profondément lobé, souvent densément pubescent, style terminal, court; ovule

436. *Pseudopteris*

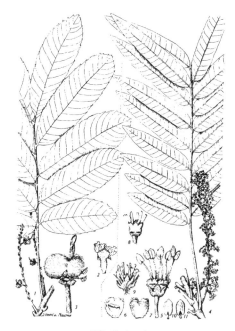

437. *Stadmania*

1 par loge; staminodes ressemblant à des étamines mais plus courts. Le fruit est une grande baie charnue, indéhiscente, contenant de 1 à 3 graine(s), la baie profondément 1–3-lobée, densément pubescente; graines entourées d'un arillode charnu, translucide, le péricarpe s'ouvrant parfois légèrement alors que l'arillode s'étend.

Stadmania est distribué dans la forêt sempervirente humide et sub-humide depuis Fort-Dauphin jusqu'à Antalaha, ainsi que dans la région du Sambirano et dans le PN de la Montagne d'Ambre, mais aussi dans la forêt décidue sèche depuis le fleuve Onilahy jusqu'à Vohémar (*S. oppositifolia* et *S. leandrii*). On peut le reconnaître à ses feuilles composées paripennées avec 2–9 paires de folioles subopposées à alternes, souvent dentées et quelque peu glauques dessous, et à ses fruits profondément 1–3-lobés, densément pubescents, contenant des graines entourées d'un arillode charnu, translucide.

Noms vernaculaires: *fanazava, fihosetse, hazomena, hompa, sanira, soalafika, soalafiky, somotrorona, tsiraramposa, tratraborondreho, tratramborondreo*

Tina Roem. & Schult., Syst. Veg. 5: 32. 1819.

Genre endémique représenté par 6 espèces.

Arbres dioïques de moyenne à grande tailles. Feuilles alternes, composées paripennées avec 2–8 paires de folioles subopposées à alternes, généralement dentées-serretées ou rarement

subentières (*T. thouarsiana*), portant souvent des domaties aux aisselles des nervures secondaires. Inflorescences axillaires, paniculées, fleurs petites, régulières; sépales 5 ou rarement 3–4, libres, imbriqués; pétales 5 ou rarement 3–4, libres, en onglets, aux marges souvent involutées, portant quelques écailles libres sur la surface interne; disque annulaire; étamines (5–)6–8 (–9), filets distincts, souvent poilus, anthères apiculées glanduleuses; pistillode distinct; ovaire 2-loculaire, style court, zone stigmatique petite, terminale; ovule 1 par loge; staminodes ressemblant à des étamines mais plus courts. Le fruit est une grande capsule quelque peu charnue, déhiscente, 2-valve, orange à rouge, apiculée; graines partiellement entourée à la base par un arille graisseux, cireux, jaune-crème à rouge.

Tina est distribué dans la forêt sempervirente humide et sub-humide depuis le niveau de la mer jusqu'à 1 500 m d'altitude, y compris dans la région du Sambirano et dans le PN de la Montagne d'Ambre, ainsi que dans la forêt semi-décidue sèche depuis le PN de l'Isalo jusqu'à la région du Sambirano. On peut le distinguer du très affine *Neotina*, avec lequel il partage des capsules 2-valves et des graines portant à la base un arille graisseux, cireux, jaune-crème à rouge, par ses folioles dentées-serretées, portant souvent des domaties aux aisselles des nervures secondaires, par ses fleurs avec 6–8 étamines et un calice non réfléchi dans le fruit.

Noms vernaculaires: *azompagna, elatrangidina, famatsilakana, fandifiana, fandifihana, fandrabo, fantsifakana, hantataro, hazombato, hazomby,*

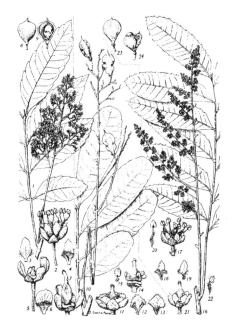

438. *Tina*

hazompoza, hazontsoretro, helatrangidina, lanary, lanary tenany, longoha, maifipotodrano, maivalafika, maroda, marodina, marodona, marody, marohidina, menahy, mokaranana, odifo, pika, ramaindafa, ramaindafy, ramiavondafa, rangivavy, sandramy, sanira, sanira fotsy, sanirambaza, sanirambazaha, sanirana, soalafika, soretra, soretriala, soretry, somotrorana, tarantana, tsirtsirimbarika, vahita, vantsirindra, vatokely, voalanary, voandelakala, volafotsy

Tinopsis Radlk. in T. Durand, Index Gen. Phan.: 78. 1888.

Bemarivea Choux, Mém. Acad. Malgache 4: 81. 1927.

Genre endémique représenté par 11 espèces.

Arbres dioïques ou monoïques de taille moyenne. Feuilles alternes, composées paripennées avec (1–)(*T. conjugata*) 2–5 paires de folioles subopposées entières. Inflorescences axillaires mais apparaissant occasionnellement terminales, courtes, en racèmes ramifiés ou en panicules, fleurs petites, régulières; sépales 5, libres, fortement imbriqués, persistants dans le fruit; pétales 5, libres, plus petits que les sépales, aux marges involutées et parfois soudées; disque annulaire; étamines 5, filets distincts, exserts, les filets et les anthères pubescents; pistillode minuscule; ovaire biloculaire, style court, stigmate linéaire; ovule 1 par loge; staminodes ressemblant à des étamines mais plus courts. Le fruit est une grande baie charnue, indéhiscente,

globuleuse, obovoïde ou ellipsoïde, contenant 1 ou 2 graine(s); graines entourées d'un arillode charnu, translucide, le péricarpe s'ouvrant légèrement à l'apex généralement apiculé alors que l'arillode s'étend.

Tinopsis est distribué dans la forêt sempervirente humide et sub-humide de Fort-Dauphin à Vohémar, depuis le niveau de la mer jusqu'à 1 000 m d'altitude, ainsi que dans la forêt décidue sèche (*T. dissitiflora*) depuis le PN d'Andohahela jusqu'à Antsiranana. On peut le reconnaître à ses feuilles composées paripennées avec (1–)(*T. conjugata*) 2–5 paires de folioles subopposées et entières, ses inflorescences relativement courtes et ramifiées, portant de petites fleurs avec des pétales, et à ses grands fruits charnus, indéhiscents, globuleux, obovoïdes ou ellipsoïdes contenant 1 ou 2 graine(s) entourée(s) d'un arillode charnu et translucide.

Noms vernaculaires: *ampelabemainty, ampola, bohaka, famatsilakana, fandrabohantataro, forofodrano, hazombato, hazombereta, hazomby, hazompoza, lanary, malangavaratra, marodona, marombody, masonombilahy, menafotonalahy, ramaindafa, sanira, sanira beravina, saniramamy, sanirambalala, sanirambazaha, saniratanala, somotrorana, soretry beravina, tsipatika, voalanara, voandary, voantsirindra, volanary*

Tsingya Capuron, Mém. Mus. Natl. Hist. Nat., Sér. B, Bot. 19: 104. 1969.

Genre monotypique endémique.

Grands arbres monoïques à l'écorce platanoïde s'exfoliant par plaques, aux jeunes branches couvertes d'une pubescence dense et fasciculée-stellée. Feuilles alternes, composées paripennées avec 2–5 paires de folioles opposées à alternes, entières. Inflorescences axillaires, racémeuses, fleurs petites, régulières; sépales 5, valvaires; pétales absents; disque aplati, irrégulièrement lobé; étamines 8–10, insérées dans des creux profonds de la pubescence stellée du disque, filets distincts; ovaire 3-loculaire, style terminal; ovule 1 par loge; staminodes ressemblant à des étamines mais plus courts. Le fruit est une grande baie charnue, indéhiscente, contenant 1 graine par avortement, la baie piriforme, couverte d'une pubescence stellée, la graine entourée d'un arillode charnu, translucide, la cicatrice hilaire couvrant toute la longueur ventrale.

Tsingya bemarana est distribué dans la forêt décidue sèche sur substrat calcaire; il n'est connu que de la récolte du type provenant du Tsingy de Bemaraha. On peut le reconnaître à ses jeunes branches couvertes d'une pubescence dense et fasciculée-stellée, ses feuilles composées paripennées avec 2–5 paires de folioles opposées

439. *Tinopsis*

à alternes, entières, ses inflorescences axillaires en racèmes portant de petites fleurs aux sépales valvaires et sans pétales, au disque portant une pubescence dense et stellée, et à ses grands fruits charnus, indéhiscents, piriformes, couverts d'une pubescence stellée, contenant une graine entourée d'un arillode charnu et translucide, la cicatrice hilaire parcourant toute la longueur ventrale de la graine.

Noms vernaculaires: aucune donnée

Zanha Hiern, Cat. Afr. Pl. Welwitsch 1: 128. 1896.

Genre représenté par 3 espèces dont 2 spp. d'Afrique de l'Est et 1 sp. endémique de Madagascar.

Arbres dioïques de taille moyenne à l'écorce rougeâtre ou orange s'exfoliant par plaques (platanoïde), l'apex de la tige principale distinctement étranglé en rappelant certaines espèces de *Delonix*. Feuilles alternes, composées paripennées avec 2–4 paires de folioles subopposées à alternes, crénelées-dentées, à base très asymétrique et à la nervation tertiaire réticulée évidente. Inflorescences axillaires portées aux aisselles de cicatrices foliaires, fleurs petites, légèrement irrégulières; sépales (3–)4–5, soudés à la base, les lobes irréguliers ciliés à l'apex; pétales absents; disque annulaire; étamines (3–)4–5(–6), filets longs et grêles; pistillode minuscule; ovaire sphérique, biloculaire, style/stigmate bilobé; ovule 1 par loge; staminodes sans anthérodes. Le fruit est une

440. *Zanha suaveolens*

grande baie charnue, indéhiscente, contenant 1 graine (par avortement), à l'apex apiculé.

Zanha suaveolens est distribué dans la forêt décidue sèche le long de la côte ouest depuis le fleuve Onilahy jusqu'au fleuve Soahanina au sud de Maintirano, jusqu'à 50 km à l'intérieur des terres dans la région de Manja. On peut le reconnaître à son tronc distinctement étranglé à l'apex, son écorce rougeâtre ou orange s'exfoliant par plaques, et à ses feuilles composées paripennées avec 2–4 paires de folioles subopposées à alternes, crénelées-dentées, la base très asymétrique et à la nervation tertiaire réticulée évidente. L'écorce contient des saponines qui sont employées comme savon.

Noms vernaculaires: *fihositra, fihosotse, hazomafia, hazomafinto, hazomanitra, savonihazo*

SAPOTACEAE Juss.

Grande famille surtout intertropicale et représentée par 53 genres et env. 1 100 espèces.

Buissons à grands arbres hermaphrodites à latex poisseux, blanc et copieux. Feuilles alternes, simples, parfois disposées en spirales aux extrémités des branches, entières, penninerves, stipules petites à grandes, caduques ou absentes. Inflorescences axillaires en fascicules, ou fleurs solitaires, souvent portées aux aisselles de cicatrices foliaires, i.e. ramiflores, fleurs petites à grandes, régulières, 3–5-mères; sépales en 1 ou 2 verticille(s), libres à partiellement soudés à la base, imbriqués ou ceux du verticille extérieur valvaires; corolle brièvement soudée en tube bien plus court ou plus ou moins égal aux lobes corollins, les lobes imbriqués ou parfois tordus, entiers ou profondément divisés en 3 segments qui peuvent eux mêmes alors être divisés en lobes irréguliers et parfois laciniés; étamines insérées sur le tube corollin, opposées aux lobes corollins, filets distincts, anthères biloculaires, extrorses, à déhiscence longitudinale; staminodes bien développés ou rudimentaires, alternant avec les étamines; ovaire supère, 5–12-loculaire, style terminal, stigmate punctiforme; ovule 1 par loge. Le fruit est une petite à grande baie indéhiscente, contenant de 1 à 6 graine(s), charnue; graines au testa généralement brillant et interrompu par la cicatrice hilaire qui est variable en taille et forme, de petite, circulaire et basale à elliptique basi-ventrale, ou étroitement à largement elliptique et couvrant toute la longueur de la face ventrale ou couvrant presque complètement la graine; albumen présent ou absent.

Aubréville, A. 1974. Sapotacées. Fl. Madagasc. 164: 1–128.

Friedmann, F. 1980. Une espèce nouvelle du genre *Mimusops* (Sapotaceae) à Madagascar. Adansonia, n.s., 20: 229–233.

Pennington, T. D. 1991. The genera of Sapotaceae. Royal Botanic Gardens, Kew and New York Botanical Garden, Bronx, 295 pp.

Schatz, G. E. & L. Gautier. 1996. A new species and combinations in Malagasy *Chrysophyllum* L. (Sapotaceae). Novon 6: 426–428.

1. Calice consistant en 2 verticilles de sépales, le verticille externe valvaire.
   2. Sépales 8 en 2 verticilles; lobes corollins profondément divisés en 3 segments, les 2 latéraux laciniés; staminodes bien développés; graines à petite cicatrice hilaire circulaire et basale · *Mimusops*
   2'. Sépales 6 en 2 verticilles.
      3. Étamines 10–12; lobes corollins entiers; staminodes rudimentaires; graines à cicatrice hilaire concave, basi-ventrale · · · · · · · · · · · · · · · · · · · *Labourdonnaisia*
      3'. Étamines 6(–11); lobes corollins entiers ou divisés; staminodes bien développés ou rudimentaires; graines à cicatrice hilaire petite, circulaire et basi-ventrale à largement oblongue et ventrale.
         4. Feuilles à multiples nervures secondaires et primaires fines et parallèles donnant à la feuille un aspect strié; lobes corollins entiers; staminodes bien plus petits que les étamines; graines à petite cicatrice hilaire basi-ventrale · · · · · · *Fauchérea*
         4'. Feuilles non nerves striées; lobes corollins profondément divisés en 3 segments.
            5. Lobes corollins latéraux laciniés; staminodes rudimentaires; graines à cicatrice hilaire largement oblongue s'étendant sur toute la face ventrale · · · *Labramia*
            5'. Lobes corollins latéraux lancéolés; staminodes bien développés; graines à cicatrice hilaire étroite et basi-ventrale · *Manilkara*
1'. Calice consistant en un seul verticille de sépales imbriqués.
   6. Fleurs grandes; étamines en groupes de 3 opposés à chaque lobe corollin; graines sphériques, à la cicatrice hilaire couvrant presque toute la surface · · · · · · · *Tsebona*
   6'. Fleurs petites; étamines solitaires, opposées aux 5 lobes corollins; cicatrice hilaire ne couvrant qu'une petite portion de la surface de la graine.
      7. Lobes corollins tordus dans le bouton, étalés à plat à l'anthèse; staminodes bien développés, densément laineux, fortement incurvés et couvrant l'ovaire · *Capurodendron*
      7'. Lobes corollins non tordus dans le bouton, dressés à l'anthèse; staminodes absents ou si bien développés, non fortement incurvés et ne couvrant pas l'ovaire.
         8. Étamines insérées au milieu ou vers la base du tube corollin, incluses; staminode absent; graines comprimées latéralement, avec une étroite cicatrice hilaire parcourant la longueur ventrale de la graine · · · · · · · · · · · · · · · *Chrysophyllum*
         8'. Étamines insérées au sommet du tube corollin, exsertes; staminodes bien développés, pétaloïdes; graines non comprimées latéralement, avec une petite cicatrice hilaire circulaire · *Sideroxylon*

Capurodendron Aubrév., Adansonia, n.s., 2: 92. 1962.

Genre endémique représenté par 23 espèces.

Buissons à grands arbres hermaphrodites, l'écorce s'exfoliant parfois par plaques, au tronc parfois sillonné. Feuilles alternes, simples, parfois disposées en spirales aux extrémités des branches, stipules généralement présentes, petites, caduques. Inflorescences axillaires en fascicules, fleurs petites, 5-mères; sépales 5, libres à partiellement soudés à la base, imbriqués, persistants; corolle soudée au tube court plus ou moins de la même longueur que les 5 lobes lancéolés, entiers, tordus, étalés à plat à l'anthèse; étamines 5, insérées au sommet du tube corollin, opposées et étroitement apprimées aux lobes corollins, filets courts; staminodes 5, bien développés, triangulaires, densément laineux, fortement incurvés et couvrant l'ovaire; ovaire 5-loculaire, style longuement exsert. Le fruit est une grande baie charnue, indéhiscente, contenant 1 graine, la

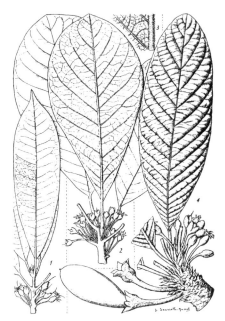

441. *Capurodendron*

baie ovoïde à ovale, généralement apiculée par le reste du style; graines à cicatrice hilaire variable, étroitement à largement elliptique, ventrale à basi-ventrale; albumen absent.

Capurodendron est surtout distribué (17 spp.) dans la forêt et le fourré décidus secs et sub-arides dans le sud, l'ouest et l'extrême nord, souvent sur substrat calcaire, avec 6 autres spp. rencontrées dans la forêt sempervirente humide et sub-humide depuis le niveau de la mer jusqu'à 1 000 m d'altitude de la RNI de Betampona jusqu'au PN Masoala. On peut le reconnaître à ses petites fleurs avec un seul verticille de sépales, des lobes corollins tordus dans le bouton puis étalés à plat à l'anthèse, et des staminodes bien développés, densément laineux et courbés vers l'intérieur en couvrant l'ovaire.

Noms vernaculaires: *hazobe, hazonjia, kironono, nanto, nantonengitra, nato, nato kirono, natolililahy, natotsaka, ndramiantsitsy, ndramintsitsy, ndremitsiry, pirono, tsipatika lahy*

Chrysophyllum L., Sp. Pl. 1: 192. 1753.

Austrogambeya Aubrév. & Pellegr., Adansonia, n.s., 1: 7. 1961.
Donella Pierre ex Baill., Hist. Pl. 11: 294. 1891.
Gambeya Pierre, Not. Bot.: 61. 1891.

Genre représenté env. 70 espèces: 43 spp. dans les régions tropicales du Nouveau Monde, env. 15 spp. en Afrique, 9 spp. endémiques de Madagascar et 1 s'étendant jusqu'à l'Asie du Sud-Est.

Arbres hermaphrodites de moyenne à grande tailles. Feuilles alternes, simples, aux nervations secondaire et tertiaire parfois plus ou moins égales, denses et parallèles, les feuilles portant parfois une pubescence dense et rouille dessous, stipules nulles. Inflorescences axillaires en fascicules, fleurs petites, 5-mères; sépales 5, libres, imbriqués, plus ou moins persistants; corolle brièvement soudée en tube plus ou moins de la même longueur que les 5 lobes entiers, souvent ciliés; étamines 5, insérées au milieu ou vers la base du tube corollin, incluses, filets distincts; staminode absent; ovaire 5-loculaire, pubescent, style brièvement conique, inclus. Le fruit est une grande baie charnue, indéhiscente, contenant 5 graines, la baie subsphérique et souvent 5-angulaire; graines quelque peu comprimées latéralement avec une étroite cicatrice hilaire parcourant la longueur de la face ventrale; albumen présent.

Chrysophyllum est distribué dans la forêt sempervirente humide et sub-humide depuis le niveau de la mer jusqu'à 1 750 m d'altitude de Fort-Dauphin jusque dans la région du Sambirano et dans le PN de la Montagne d'Ambre, ainsi que dans la forêt décidue sèche depuis la région d'Ambongo-Boina jusqu'à Antsiranana. On peut le reconnaître à ses petites fleurs ne portant qu'un seul verticille de sépales, des lobes corollins dressés, des étamines incluses, pas de staminodes et à ses graines quelque peu comprimées latéralement avec une étroite cicatrice hilaire courant sur la longueur de la face ventrale; *C. boivinianum*, aux feuilles portant une pubescence dense de couleur rouille dessous, est

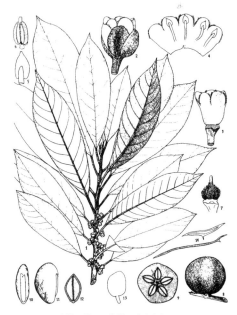

442. *Chrysophyllum boivinianum*

l'un des arbres les plus caractéristiques des forêts de moyenne altitude le long de l'escarpement entre 700 et 1 750 m d'altitude.

Noms vernaculaires: *famelona, famelondriaka, hazomahogo, hazomahongo, hazomiteraka, rahiaka, rehiaka, rehiaky, rehicky, tsimahamasatsokina, voandrehiaka, voantsikidy*

Faucherea Lecomte, Bull. Mus. Natl. Hist. Nat. 26: 245. 1920.

Genre endémique représenté par 11 espèces.

Arbres hermaphrodites de moyenne à grande tailles, parfois avec des contreforts. Feuilles alternes, simples, disposées en spirales aux extrémités des branches, avec de multiples nervures secondaires fines et parallèles comme les nervures d'ordres supérieurs, en donnant ainsi à la feuille une apparence striée, la marge souvent révolutée, stipules nulles. Inflorescences axillaires en fascicules portées aux aisselles de cicatrices foliaires, fleurs petites, 3-mères; sépales 6 en 2 verticilles, libres ou partiellement soudés à la base, valvaires, persistants; corolle brièvement soudée en tube avec 6(–11) lobes entiers; étamines 6(–11), insérées au sommet du tube corollin, filets distincts; staminodes 6(–11), alternant avec les étamines mais bien plus petits qu'elles et dentés; ovaire (5–)6(–10)-loculaire, style grêle, exsert. Le fruit est une petite à grande baie charnue, indéhiscente, contenant 1 (parfois 4) graine(s), la baie subsphérique; graine montrant une petite cicatrice hilaire circulaire, basi-ventrale; albumen présent.

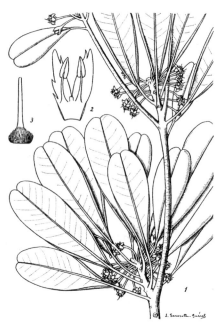

444. *Labourdonnaisia madagascariensis*

Faucherea est distribué dans la forêt sempervirente humide, sub-humide et de montagne depuis le niveau de la mer jusqu'à plus de 2 000 m d'altitude, de Fort-Dauphin au PN de Marojejy, dans la région du Sambirano et dans le PN de la Montagne d'Ambre, et est aussi connu de quelques localités de récoltes pour *F. ambrensis* dans la forêt décidue sèche sur substrat calcaire de la RS d'Ankarana au sud d'Antsiranana. On peut le reconnaître à ses feuilles aux multiples nervures secondaires fines et parallèles comme le sont les nervures d'ordres supérieurs, et donnant ainsi à la feuille une apparence striée, à ses petites fleurs avec 2 verticilles de 3 sépales chacun, 6 staminodes bien plus petits que les 6 étamines, et à ses graines à la petite cicatrice hilaire circulaire et basi-ventrale. Les fruits de *F. manongarivensis* sont comestibles.

Noms vernaculaires: *nanto bariatra, nantobora, nantomena, nantovasihy, nato boraka, nato entika, nato hiriaka, nato hoke, nato jiraka, nato keliravina, nato lahy, nato ravimboanjo, nato solasolaravina, natobariatra, natoberavina, natoboka, natobora, natohazotsiriana, natojirika, natomadinidravina, natonjirika, natoriaka, natovoasihy, natovoraka*

Labourdonnaisia Bojer, Mém. Soc. Phys. Genéve 9: 295. 1841.

Genre représenté par 3 spp. dans les Mascareignes et par 2–3 spp. mal connues endémiques de Madagascar.

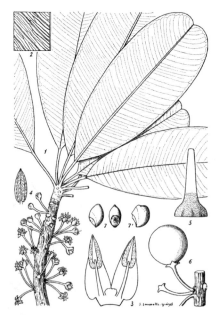

443. *Faucherea manongarivensis*

Arbres hermaphrodites de taille moyenne. Feuilles alternes, simples, groupées en une spirale aux extrémités des branches, stipules nulles. Inflorescences axillaires en fascicules ou fleurs solitaires, fleurs petites, 3-mères, mais avec un nombre irrégulier de lobes corollins; sépales 6 en 2 verticilles, libres, valvaires, persistants; corolle brièvement soudée en un tube bien plus court que les 10–12 lobes imbriqués, plus ou moins entiers; étamines en même nombre que les lobes corollins, insérées au sommet du tube corollin, filets distincts; staminodes absents ou rudimentaires, en nombre variable et alternant avec les étamines; ovaire 6–10-loculaire, style étroitement conique. Le fruit est une petite baie charnue, indéhiscente, ellipsoïde, contenant 1 graine; graine avec une petite cicatrice hilaire concave basi-ventrale; albumen présent.

Labourdonnaisia est distribué dans la forêt sempervirente humide le long de la côte orientale mais n'est connu à Madagascar que de 3 récoltes, aucune ne possédant de fruits ou de graines pour confirmer leur place générique. On peut le reconnaître à ses petites fleurs avec 2 verticilles de 3 sépales chacun, 10–12 étamines, des staminodes au mieux rudimentaires, et à ses graines à la petite cicatrice hilaire concave et basi-ventrale.

Nom vernaculaire: *nantou*

Labramia A. DC., Prodr. 8: 195, 672. 1844.

Genre endémique représenté par 8 espèces.

Arbres hermaphrodites de moyenne à grande tailles. Feuilles alternes, simples, disposées en spirales aux extrémités des branches, les nervures secondaires droites, stipules petites, caduques, ou absentes. Inflorescences axillaires en fascicules portées aux aisselles de cicatrices foliaires, fleurs petites à grandes, 3-mères; sépales 6 en 2 verticilles, libres, valvaires, persistants; corolle soudée en un tube plus court, ou presque aussi long, que les 6 lobes qui sont profondément divisés en 3 segments, le segment du milieu embrassant les étamines, les segments latéraux généralement laciniés, rarement entiers, blancs; étamines 6, insérées au sommet du tube corollin, filets courts; staminodes 6, alternant avec les étamines, petites, rudimentaires; ovaire 8–12-loculaire, glabre, style grêle, exsert. Le fruit est une grande baie charnue, indéhiscente, ovoïde à ellipsoïde, contenant 1 graine; graine à la cicatrice hilaire largement oblongue et couvrant presque entièrement la face ventrale; albumen présent.

Labramia est distribué dans la forêt sempervirente humide et sub-humide depuis le niveau de la mer jusqu'à 1 000 m d'altitude, de Farafangana à Sambava et dans la région du Sambirano, ainsi que dans la forêt décidue sèche occidentale sur substrat calcaire dans le Tsingy de Bemaraha, la RS d'Ankarana et dans la région d'Antsiranana. On peut le reconnaître à ses petites à grandes fleurs avec 2 verticilles de 3 sépales chacun, des lobes corollins profondément divisés en 3 segments, les lobes latéraux laciniés, et à ses graines à la cicatrice hilaire largement oblongue et couvrant presque l'entière surface ventrale. Les fruits de *L. costata* sont comestibles et vendus sur les marchés, ses fleurs ont une forte odeur rappelant un peu le pop-corn au beurre rance et sont pollinisées par les lémuriens.

Noms vernaculaires: *nantovasihy, nantou-bora, natoberavina, natovasihy, vasihy, vatodinga, voadinga*

Manilkara Adans., Fam. Pl. 2: 166. 1763. nom. cons.

Genre intertropical représenté par env. 65 espèces dont 30 spp. dans le Nouveau Monde, 13 spp. en Afrique, 7 spp. endémiques de Madagascar et env. 15 spp. en Asie du Sud-Est et autour du Pacifique.

Petits à grands arbres hermaphrodites. Feuilles alternes, simples, disposées en spirales aux extrémités des branches, stipules nulles. Inflorescences axillaires en fascicules portés aux aisselles de cicatrices foliaires, fleurs petites, 3-mères; sépales 6 en 2 verticilles, libres, valvaires; corolle soudée au tube court, les 6 lobes bien plus longs que le tube et divisés

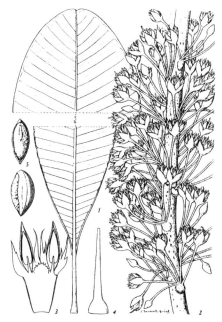

445. *Labramia costata*

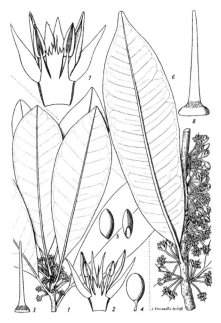

446. *Manilkara*

presque jusqu'à la base en 3 segments, les lobes latéraux lancéolés; étamines 6, insérées au sommet du tube corollin, aussi longues que les lobes corollins, filets distincts; staminodes 6, alternant avec les étamines et de même longueur, laciniées; ovaire 6–11-loculaire, pubescent, style grêle, exsert. Le fruit est une petite baie charnue, indéhiscente, ellipsoïde, contenant 1 (?) graine; graine avec une petite cicatrice hilaire, elliptique, basi-ventrale, albumen présent.

Manilkara est distribué dans la forêt sempervirente humide et sub-humide depuis le niveau de la mer jusqu'à 800 m d'altitude de Fort-Dauphin jusqu'à la baie de l'Antongil et dans la région du Sambirano, ainsi que dans la forêt décidue sèche au sud d'Antsiranana, à la Montagne des Français et dans la forêt de Sahafary. On peut le reconnaître à ses petites fleurs avec 2 verticilles de 3 sépales chacun, des lobes corollins profondément divisés en 3 segments, les lobes latéraux lancéolés, des staminodes bien développés, et à ses graines à la petite cicatrice hilaire elliptique et basi-ventrale.

Noms vernaculaires: *nanto belatrozana, nantou mena, nato, nato boka, natoboronkahaka, natovoraka, sohihiy*

Mimusops L., Sp. Pl. 1: 349. 1753.

Genre représenté par env. 41 espèces des régions tropicales de l'Ancien Monde: env. 20 spp. en

Afrique, 1 sp. aux Comores, 14 spp. à Madagascar (toutes endémiques sauf 1), 4 spp des Mascareignes, 1 sp. des Seychelles et 1 sp. en Asie du Sud-Est et autour du Pacifique.

Buissons à grands arbres hermaphrodites. Feuilles alternes, simples, en spirales aux extrémités des branches, stipules nulles. Fleurs axillaires, solitaires ou fasciculées, petites, 4-mères; sépales 8 en 2 verticilles, le verticille externe valvaire; corolle soudée au tube très court et 8 lobes bien plus longs, chaque lobe divisé presque jusqu'à la base en 3 segments, les 2 latéraux ultérieurement divisés en 2–5 lobes linéaires, i.e. parfois laciniés; étamines 8, insérées au sommet du tube corollin, filets distincts; staminodes 8, alternant avec les étamines et de même longueur, pubescentes; ovaire 8-loculaire, pubescent, style grêle, long. Le fruit est une grande baie charnue, indéhiscente, ovoïde à globuleuse contenant de 1 à 6 graine(s); graine avec une petite cicatrice hilaire de forme circulaire à la base, albumen présent.

Mimusops est distribué dans la forêt sempervirente humide et sub-humide à basse altitude, y compris dans la région du Sambirano, et une espèce (*M. occidentalis*) dans la forêt décidue sèche de l'ouest à proximité de la côte dans la région d'Antsalova. On peut le reconnaître à ses petites fleurs avec 2 verticilles de 4 sépales chacun, des lobes corollins profondément divisés en 3 segments, les lobes latéraux laciniés, et à ses graines à la petite cicatrice hilaire circulaire et basale.

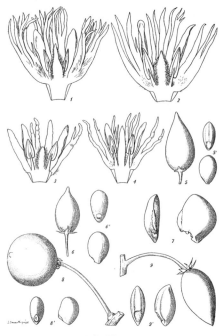

447. *Mimusops*

Noms vernaculaires: *anganahara, moroganamara, nanto lohindry, nantomainty, nato cochon, nato madinika ravina, nato makaka, nato ramiaraka, nato vasihy, nato voalela, nato voasihy, natomenavoagolo, natomenavoajofo, natondriaka, natondriakalahy, natotendrokazo, natotily, tsimatimamonta, tsitakatiakoho, varanto, voalela*

Sideroxylon L., Sp. Pl. 1: 192. 1753.

Genre intertropical représenté par env. 74 à 77 espèces: 49 spp. dans le Nouveau Monde, 6 spp. en Afrique, 6–9 spp. endémiques de Madagascar, 8 spp. aux Mascareignes et 5 spp. en Asie.

Arbres hermaphrodites de moyenne à grande tailles, parfois avec des contreforts. Feuilles alternes, simples, parfois disposées en spirales aux extrémités des branches, stipules nulles. Inflorescences axillaires ou aux aisselles de cicatrices foliaires, fasciculées, fleurs petites, 5-mères; sépales 5 en un seul verticille, libres, persistants; corolle soudée avec 5 lobes, les lobes généralement plus longs (ou rarement de la même longueur) que le tube, imbriqués, de couleur blanche ou rouge; étamines 5, opposées aux lobes corollins en un seul verticille, insérées au sommet du tube corollin, exsertes, filets distincts; staminodes 5, bien développées, pétaloïdes, alternant avec les étamines; ovaire 5-loculaire, style grêle. Le fruit est une petite à grande baie charnue, indéhiscente, sphérique, contenant 1(–2) graine(s), souvent apiculée par le reste du style; graine avec une petite cicatrice hilaire de forme circulaire à la base, albumen présent.

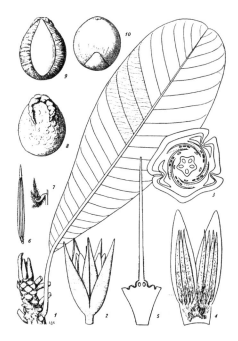

449. *Tsebona macrantha*

Sideroxylon est distribué dans la forêt sempervirente humide et sub-humide depuis le niveau de la mer jusqu'à 1 000 m d'altitude de Fort-Dauphin à Sambava, ainsi que dans la forêt décidue sèche et sub-aride depuis l'ouest de Fort-Dauphin jusqu'à Antsiranana. On peut le reconnaître à ses petites fleurs avec un seul verticille de sépales, des staminodes pétaloïdes bien développés, et à ses graines à le petite cicatrice hilaire circulaire, basale.

Noms vernaculaires: *amboladitba, malambovony, nato, nato hazotsiariana, nato takoko, sary voanana, tambolokoko, tamborokoko, tavia, tendrotrago, vary voanana*

Tsebona Capuron, Adansonia, n.s., 2: 122. 1962.

Genre endémique monotypique.

Grands arbres hermaphrodites atteignant 25–35 m de haut. Feuilles alternes, simples, groupées en une spirale aux extrémités de branches très épaisses, stipules bien développées, caduques. Fleurs axillaires, solitaires, grandes, 5-mères; sépales 5 en un seul verticille, libres, les 3 externes indupliqués valvaires et enfermant les 2 internes dans le bouton; corolle soudée avec 5 lobes bien plus longs que le tube, tordus dans le bouton, étamines 15 en 5 groupes de 3 opposés aux lobes corollins, insérées au sommet du tube corollin, filets libres, très courts, anthères longuement linéaires; staminodes 5, courts,

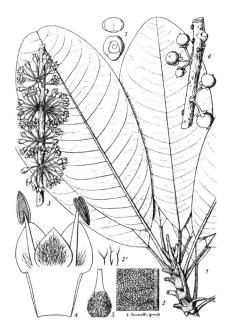

448. *Sideroxylon gerrardianum*

épais, pubescents; ovaire 5-loculaire, style grêle, exsert. Le fruit est une grande baie charnue, indéhiscente, contenant de 1 à 5 graine(s); graine sphérique à la cicatrice hilaire rugueuse couvrant presque toute la surface, en ne laissant apparaître qu'une étroite portion lisse du testa, albumen absente.

Tsebona macrantha a une aire de distribution réduite dans la forêt sempervirente humide à basse altitude depuis la RNI de Betampona jusqu'aux environs d'Ambatojoby entre Sambava et Vohémar. On peut le reconnaître à ses branches épaisses, ses grandes fleurs aux étamines en groupes de 3 opposés aux lobes corollins et à ses graines sphériques dont la cicatrice hilaire couvre presque toute la surface.

Noms vernaculaires: *taolandoha, tsebo, tsebona, tsebona malotra, tsetsebona*

SARCOLAENACEAE Caruel

Petite famille endémique représentée par 8 genres et env. 58 espèces.

Buissons à grands arbres hermaphrodites, portant souvent une pubescence stellée. Feuilles alternes, simples, entières, penninerves ou rarement pseudo-triplinerves des traces de la vernation indupliquée, stipules caduques. Inflorescences en cymes ombelliformes ou paniculées, parfois fleurs solitaires, fleurs petites à souvent grandes et voyantes, régulières, 5-mères, sous-tendues par un involucre de bractées qui sont parfois soudées en formant une coupe; sépales 3(–5), imbriqués; pétales 5(–6), libres, ou légèrement soudés à la base, vrillés dans le bouton; disque nectaire présent ou non; étamines 5–nombreuses, parfois légèrement soudées à la base en 5 faisceaux, filets grêles, anthères biloculaires, à déhiscence longitudinale; ovaire supère, 1–5-loculaire, style terminal, stigmate 3–5-lobé; ovules 2–multiples par loge. Le fruit est une capsule déhiscente ou indéhiscente et quelque peu ligneuse, souvent partiellement ou complètement entourée par les bractées de l'involucre ou de la coupe; albumen présent.

Capuron, R. 1963. Contributions à l'étude de la flore forestière de Madagascar. XVI. Deux nouveaux *Schizolaena* Du Petit Thouars (Sarcolaenacées). Adansonia, n.s., 3: 392–400.

Capuron, R. 1970. Observations sur les Sarcolaenacées. Adansonia, n.s., 10: 247–265.

Capuron, R. 1973. Un *Pentachlaena* (Sarcolaenaceae) nouveau. Adansonia, n.s., 13: 289–293.

Cavaco, A. 1952. Chlénacées. Fl. Madagasc. 126: 1–37.

Leroy, J.-F. 1975. Espèces et spéciation. Remarques à propos du genre *Schizolaena* (Sarcolaenaceae). Boissiera 24a: 339–344.

Lowry, P. P. II, G. E. Schatz & A.-E. Wolf. 1999. Endemic families of Madagascar. III. A synoptic revision of *Schizolaena* (Sarcolaenaceae). Adansonia, sér. 3, 21: 183–212.

Lowry, P. P. II, T. Hoevermans, J.-N. Labat, G. E. Schatz, J.-F. Leroy & A.-E. Wolf. 2000. Endemic families of Madagascar. V. A synoptic revision of *Eremolaena, Pentachlaena* and *Perrierodendron* (Sarcolaenaceae). Adansonia, sér. 3, 22: 11–31.

Randrianasolo, A. & J. S. Miller. 1994. *Sarcolaena isaloensis*, a new species of Sarcolaenaceae from Isalo, south-central Madagascar. Novon 4: 290–292.

Randrianasolo, A. & J. S. Miller. 1999. Taxonomic revision of the genus *Sarcolaena* (Sarcolaenaceae). Ann. Missouri Bot. Gard. 86: 702–722.

Schatz, G. E., P. P. Lowry II & A.-E. Wolf. 2000. Endemic families of Madagascar. VI. A synoptic revision of *Rhodolaena* (Sarcolaenaceae). Adansonia, sér. 3, 22: 239–252.

1. Feuilles portant des lignes longitudinales (traces de vernation) sur les deux cotés de la nervure principale qui résultent des pliures dans le bouton, ressemblant à des nervures et la nervation ainsi superficiellement triplinerves à 3-palmatinerves, les traces rarement absentes (*S. isaloensis*) ···································· *Sarcolaena*
1'. Feuilles sans traces de vernation ni d'un coté, ni de l'autre de la nervure principale, jamais superficiellement triplinerves ni palmatinerves.
  2. Feuilles à indument mixte stellé et écaillé, souvent dense; involucre très petit à l'anthèse, très tardivement accrescent dans le fruit ou pas du tout.
    3. Fruit indéhiscent, sous-tendu par l'involucre entier et accrescent; ovaire 2-loculaire ·· *Perrierodendron*
    3'. Fruit déhiscent, l'involucre accrescent ou non, lobé; ovaire 3–5-loculaire.
      4. Sépales fortement inégaux, les 2 externes bien plus petits; pétales fortement tordus dans le bouton; ovaire 3-loculaire; ovules 2 par loge ········ *Eremolaena*
      4'. Sépales plus ou moins égaux; pétales légèrement tordus dans le bouton; ovaire 5-loculaire; ovules 4–6 par loge ····························· *Pentachlaena*
  2'. Feuilles normalement glabres ou à indument seulement simple, rarement à indument stellé; involucre bien développé à l'anthèse ou non, accrescent dans le fruit.
    5. Fleurs à involucre bien développé à l'anthèse, en forme de coupe ou d'urne profonde, enfermant partiellement ou complètement la fleur dans le bouton.
      6. Involucre n'enfermant que partiellement la fleur dans le bouton; étamines disposées en 5 faisceaux; ovules multiples par loge; involucre très grand dans le fruit, campanulé, ligneux, étroitement ellipsoïde, à parois épaisses, présentant une ouverture circulaire à l'apex, le fruit à la base ·············· *Xyloolaena*
      6'. Involucre enfermant complètement la fleur dans le bouton; étamines non disposées en faisceaux; ovules 2(–4) par loge; involucre seulement légèrement accrescent dans le fruit, sans parois épaisses, campanulé avec le fruit à la base ····························· *Leptolaena* (et *Sarcolaena isaloensis*)
    5'. Fleurs à involucre petit à l'anthèse, non en forme de coupe ou d'urne profonde mais enfermant partiellement ou complètement la fleur.
      7. Sépales 5, les 2 externes plus petits; fleurs grandes, pendantes, les pétales voyants rose-violet formant une corolle infundibuliforme; involucre tardivement accrescent dans le fruit, charnu mais non visqueux, lobé mais jamais épineux ··· *Rhodolaena*
      7'. Sépales 3; fleurs petites à grandes, pétales blancs à jaune-crème, rarement roses, étalés, ne formant pas une corolle infundibuliforme; involucre fortement accrescent dans le fruit, visqueux et charnu, entier ou lacinié ou avec des épines charnues ··· *Schizolaena*

Eremolaena Baill., Bull. Mens. Soc. Linn. Paris 1: 413. 1884.

Genre endémique représenté par 2 espèces.

Arbres de 4 à 20 m de haut, portant une pubescence stellée et écaillée. Feuilles coriaces. Inflorescences terminales ou axillaires en corymbes, fleurs appariées ou solitaires, grandes. Involucre consistant en de très petites écailles ou réduit à un collier obscurément 3-lobé, accrescent et charnu dans le fruit; sépales 5, persistants, les 2 externes bien plus petits; pétales 5, libres, fortement tordus dans le bouton, imbriqués; disque annulaire; étamines nombreuses, introrses; ovaire 3-loculaire, style distinct, stigmate 3-lobé; ovules 2 par loge. Le fruit est une grande capsule tardivement déhiscente, 3-lobée, entourée par l'involucre charnu, accrescent, contenant 1 ou parfois 2 graine(s) par loge; albumen réduit.

Eremolaena est distribué dans la forêt sempervirente humide le long de la côte orientale: *E. rotundifolia* est largement distribué sur sable dans la forêt littorale; *E. humblotiana* est un grand arbre rencontré sur latérite à basse altitude. *Eremolaena* peut être reconnu à son indument stellé et écaillé, à ses fleurs au périanthe vrillé dans le bouton et à l'ovaire 3-loculaire, et à ses fruits indéhiscents entourés d'un involucre charnu, lobé et tardivement accrescent.

Noms vernaculaires: *amaninombilahy fotsy, anjananjana, fotona, fotonala, fotonalahy, menahy lahy, takodizahana lahy, voantalanina*

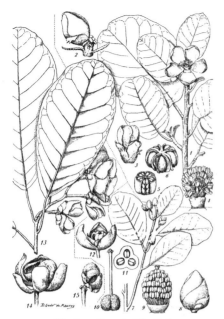

450. *Pentachlaena latifolia* (1–6);
Eremolaena rotundifolia (7–12), *E. humblotiana* (13–15)

Leptolaena Thouars, Hist. Vég. Isles Austral.
Afriq.: 41. 1805.

Mediusella (Cavaco) Hutch., Fam. Fl. Pl., ed. 3:
348. 1973.
Xerochlamys Baker, J. Bot. 20: 45. 1882.

Genre endémique représenté par env. 12 espèces.

Buissons à arbres atteignant 15 m de haut.
Feuilles souvent assez petites, stipules soudées ou
libres, visibles seulement sur les très jeunes
branches, couvrant le bourgeon terminal.
Inflorescences terminales, en cymes ou
panicules, fleurs petites à grandes; involucre bien
développé, en forme de coupe, enveloppant
complètement la fleur dans le bouton, le bord
denté, devenant charnu à ligneux dans le fruit;
sépales 3, persistants; pétales 5, blancs à jaunes ou
roses; disque annulaire à marge dentée à
crénulée; étamines 10(–15) à nombreuses; ovaire
3–5-loculaire, style distinct, stigmate 3–5-lobé;
ovules 2–3 par loge. Le fruit est une capsule
tardivement déhiscente, 3-lobée, entourée de
l'involucre charnu à ligneux, accrescent,
contenant de 1 à 3 graine(s) par loge.

Leptolaena est distribué dans la forêt
sempervirente humide et sub-humide, y
compris dans la région du Sambirano, depuis le
niveau de la mer jusqu'à 1 500 m d'altitude,
ainsi que dans la forêt semi-décidue sèche
depuis la région d'Ambongo-Boina jusqu'au
nord. Il est très affine avec *Sarcolaena*, dans
lequel il pourrait se fondre. En général,
Leptolaena peut être distingué de *Sarcolaena* par

ses feuilles plus petites sans traces de vernation,
ses fleurs plus petites et ses fruits plus secs à
l'involucre plus ligneux.

Noms vernaculaires: *amaninombilahy,
amaninombilahy mena, anivoravina, anjananjana,
dilatra, fonto, fontona, foto, fotona, fotonalahy,
fotondahy, haronganipanihy, hary, hazomasy, helana,
kotika, laro, madiorano, marosirala,
milaliambomadinika, sarifatra, taimbarika, vandroza,
vandrozana, vatsikana, voalaro, vondrozo, zahana,
zana, zanalahy*

Pentachlaena H. Perrier, Bull. Mus. Natl.
Hist. Nat. 26: 669. 1920.

Genre endémique représenté par 3 espèces.

Buissons à grands arbres hermaphrodites, aux
jeunes branches fortement comprimées et
couvertes d'une pubescence dense, ferrugineuse,
stellée et écaillée. Feuilles alternes, simples,
entières, penninerves, coriaces, portant des lignes
translucides, stipules caduques. Inflorescences
terminales, une ou deux cyme(s) 2-flore(s), fleurs
grandes, régulières, 5-mères; fleurs sessiles,
sous-tendues par un involucre en collier de 5
écailles, parfois accrescent, lacinié dans le fruit;
sépales 5, inégaux, persistants dans le fruit;
pétales 5, seulement légèrement tordus dans le
bouton, blancs; disque en forme de coupe;
étamines nombreuses, 70–120, libres, inégales, les
externes plus courtes aux filets soudés à la base au
disque, anthères basifixes, extrorses, à déhiscence
longitudinale; ovaire 5-loculaire, style terminal
commun court, stigmate capité à 5 lobé; ovules

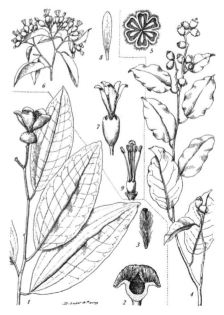

451. *Sarcolaena grandiflora* (1–3); *Leptolaena* (4–9)

4–6 par loge. Le fruit est une grande capsule ligneuse, à déhiscence loculicide, contenant 1 graine par loge, la capsule sous-tendue par le calice persistant et parfois par l'involucre accrescent; graines soit lisses et rougeâtres, soit poilues, albuminées.

Pentachlaena est distribué dans la forêt et le fourré sempervirents humides, sub-humides et de montagne; *P. latifolia* qui est un buisson ou un petit arbre, est rencontré sur le massif à quartzites d'Ibity; *P. orientalis* qui est un grand arbre est rencontré à basse altitude de Foulpointe jusqu'à la baie de l'Antongil. *Pentachlaena* peut être reconnu à ses feuilles portant un indument stellé et écaillé, ses fleurs à l'ovaire 5-loculaire et à ses fruits déhiscents.

Noms vernaculaires: *ampody, tamenaka, volontsora*

Perrierodendron Cavaco, Bull. Mus. Natl. Hist. Nat., sér. 2, 23: 138. 1951.

Genre endémique représenté par 5 espèces.

Petits à grands arbres hermaphrodites aux jeunes branches couvertes d'une pubescence stellée de couleur orange-jaune. Feuilles alternes, simples, entières, penninerves, portant une pubescence stellée et écaillée. Inflorescences axillaires ou pseudoterminales, en cymes 2–4-flores, fleurs grandes, régulières, sous-tendues par un petite involucre circulaire en forme de coupe, 5-mères; sépales 5, inégaux, les externes bien plus petits, caducs; pétales 5,

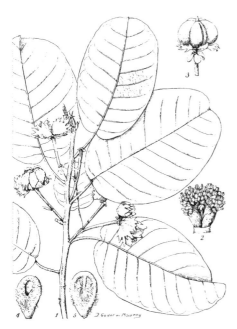

452. *Pentachlaena orientalis*

tordus dans le bouton, blancs; disque en forme de coupe; étamines nombreuses, 80–100, filets libres, légèrement inégaux, anthères introrses, à déhiscence longitudinale; ovaire incomplètement 2-loculaire, style terminal épais, stigmate obscurément bilobé; ovules 2 par loge. Le fruit est une grande baie quelque peu ligneuse, indéhiscente, contenant 1 graine, la baie entourée par l'involucre entier et accrescent; graines très peu albuminées.

Perrierodendron est distribué dans la forêt sempervirente humide et sub-humide, et dans la forêt décidue sèche dans la région d'Ambongo-Boina. On peut le reconnaître à son indument stellé et écaillé, ses fleurs à l'ovaire incomplètement 2-loculaire et à ses fruits indéhiscents entourés par un involucre entier.

Noms vernaculaires: *ampaliala, kitoto, tsiandala*

Rhodolaena Thouars, Hist. Vég. Isles Austral. Afriq.: 47. 1805.

Genre endémique représenté par 7 espèces.

Arbres hermaphrodites de moyenne à grande tailles. Feuilles alternes, simples, entières, penninerves bien que la nervation secondaire soit obscure, stipules très petites. Inflorescences terminales, longuement pédonculées, pendantes, fleurs grandes, appariées, distinctement pédicellées et sous-tendues par un très petit involucre de bractées ressemblant à des écailles, les fleurs 5-mères; sépales 5, inégaux, les 2 externes très petits, les 3 internes grands, persistants, accrescents et coriaces dans le fruit; pétales 5, tordus dans le bouton, dressés et formant un entonnoir à l'anthèse, rose-violet, très voyants; disque annulaire; étamines 15–50, libres, filets insérés à la base interne du disque, anthères à déhiscence longitudinale; ovaire 3-loculaire, style commun long et grêle, stigmate capité; ovules 4–12 par loge. Le fruit est une grande capsule ligneuse, déhiscente, 3-valve, entourée par les 3 sépales internes accrescents et l'involucre de bractées tardivement accrescent et charnu; graine(s) 1–2 par loge, à albumen abondant.

Rhodolaena est distribué dans la forêt sempervirente humide et sub-humide depuis la forêt littorale au niveau de la mer jusqu'à 1 600 m d'altitude. Avec ses grandes fleurs pendantes aux pétales rose-violet formant une corolle infundibuliforme, il est l'un des plus beaux arbres malgaches et mérite d'être cultivé.

Noms vernaculaires: *anjanajana, arina, arinala, fotoana, fotona, hazomafana, manasavelona, melemisisika, pikazana, tananampotsy, tavaratra, tsimahamasakatsokina, tsimahamasatsokina, voandrozana*

Sarcolaena Thouars, Hist. Vég. Isles Austral. Afriq.: 37. 1805.

Genre endémique représenté par 8 espèces.

Arbres hermaphrodites de petite à moyenne tailles. Feuilles alternes, simples, entières, penninerves, pliées-indupliquées dans le bouton, les traces des pliures plus ou moins visibles sur les feuilles adultes et leur donnant parfois une apparence triplinerve ou 3-palmatinerve, les traces rarement complètement absentes (*S. isaloensis*), stipules soudées, tombant en bloc et laissant une cicatrice circulaire. Inflorescences terminales, en cymes pauciflores à multiflores ou rarement des fleurs solitaires, fleurs grandes, complètement enfermées dans un involucre profond en forme de coupe dont la marge porte des dents triangulaires inégales, les fleurs 5-mères; sépales 3 ou 5, inclus, persistants; pétales 5, libres, tordus dans le bouton, blancs à jaunes, caducs; disque cupuliforme, plus ou moins denté; étamines multiples, 30 ou plus, filets quelque peu inégaux, anthères introrses, à déhiscence longitudinale; ovaire 3-loculaire, style commun long et grêle, exsert, stigmate 3-lobé; ovules 2(–6) par loge. Le fruit est grand, complètement enfermé dans l'involucre accrescent et quelque peu charnu, "capsulaire", aux parois fragiles se désintégrant dans l'involucre charnu; graine(s) 1ou 2 par loge, albuminées.

Sarcolaena est distribué dans la forêt sempervirente humide et sub-humide, y compris

dans la forêt sclérophylle des versants occidentaux du Plateau Central. A l'exception de *S. isaloensis* qui a des feuilles étroites, on peut le reconnaître à ses feuilles portant des traces de vernation sur les deux cotés de la nervure principale qui donnent à la feuille une apparence triplinerves ou 3-palmatinerves, ainsi qu'à son grand involucre renflé en forme de coupe dans lequel les fleurs sont complètement enfermées et cachées dans le bouton.

Noms vernaculaires: *ela, hazo atambo, helana, mera, voandrozona, vondrozona*

Schizolaena Thouars, Hist Vég. Isles Austral. Afriq.: 43. 1805.

Genre endémique représenté par 18 espèces.

Petits à grands arbres hermaphrodites, dont les parties florales portent parfois une pubescence stellée. Feuilles alternes, simples, entières, penninerves, stipules libres ou rarement soudées. Inflorescences terminales ou axillaires, rarement cauliflores, en cymes pauciflores à multiflores, les fleurs finalement appariées, ou rarement solitaires, petites à grandes, entourées d'un involucre de bractées qui est très petit à l'anthèse puis fortement accrescent et charnu dans le fruit, 5-mères; sépales 3; pétales 5, libres, tordus dans le bouton; disque annulaire, ou rarement absent; étamines multiples, 15–30 ou plus, filets inégaux, anthères extrorses, à déhiscence longitudinale; ovaire 3 (–4)-loculaire, style commun grêle, stigmate capité ou 3-lobé; ovules 7–8(–30 ou plus) par loge. Le fruit est une grande capsule déhiscente, entourée de l'involucre accrescent, visqueux et charnu, largement infundibuliforme ou profondément divisé en 5 lobes, la marge dentée ou souvent fimbriée ou laciniée, ou portant des épines charnues; graines albuminées.

Schizolaena est distribué dans la forêt sempervirente humide et sub-humide, ainsi que dans les zones arborées sclérophylles à Tapias sur les versants occidentaux du Plateau Central (*S. microphylla*). On peut le reconnaître à ses fruits au grand involucre lacinié ou épineux, visqueux et charnu, qui sont comestibles chez certaines espèces.

Noms vernaculaires: *arina, bemahova, fotona, fotondahy, fotondrevaka, hazoandatra, hazombato, longopotsy, longotrafotsy, longotramavokely, malitivoa, mamozombo, mampisaraka, mampisaraky, manizomba, sarivona, tanatanampotsy, tsiarinarina, tsilongodongotra, valintakosy, vandroza, vandrozana, voandroazana, voandroza, voandrozana, voandrozanalahy, voandrozy, voantsilepaka, vona, vondrozana, vondrozona*

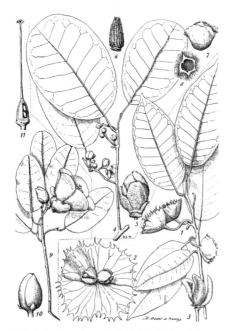

453. *Schizolaena viscosa* (1–3); *Perrierodendron boinense* (4–8); *Rhodolaena bakeriana* (9–11)

Xyloolaena Baill., Dict. Bot. 2: 2. 1879.

Genre endémique représenté par 3 espèces.

Arbres atteignant 10 m de haut, hermaphrodites. Stipules latérales, libres, entourant presque complètement la branche, caduques. Inflorescences terminales, en corymbes pauciflores, fleurs grandes, 1 ou 2 par involucre; involucre en forme de coupe profonde, n'enveloppant que partiellement le bouton, portant des rangs d'appendices poilus sur le bord, qui sont accrescents et ressemblent à une queue de renard; sépales 5, les 2 externes plus petits; pétales 5, dressés ou réfléchis, de couleur crème ou rouge; disque nectaire en forme de coupe avec 5 lobes; staminodes nombreuses, brièvement filiformes; étamines nombreuses, disposées en 5 faisceaux, les plus courtes externes et devenant progressivement plus longues vers l'intérieur; ovaire longuement conique, 3-loculaire, style divisé à l'apex en 6 branches stigmatiques dressées; ovules multiples par loge. Le fruit est indéhiscent, 3-lobé, complètement entouré par la base de l'involucre fortement accrescent, fibreux à ligneux, aux parois épaisses, étroitement ellipsoïde, en forme de cloche, le fruit contenant de multiples graines par loge.

Xyloolaena richardii est connu de la forêt sempervirente humide et sub-humide depuis le niveau de la mer jusqu'à 850 m d'altitude depuis la baie de l'Antongil jusqu'à la région du Sambirano; *X. humbertii* n'est connu qu'entre 800 et 900 m d'altitude dans le PN d'Andohahela; *X. perrieri*, aux fleurs portant des pétales rouges et réfléchis, souvent appariées par involucre, est distribué dans la

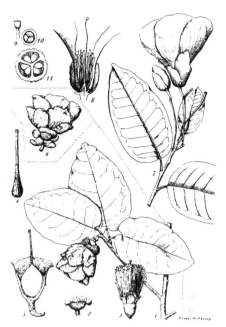

454. *Xyloolaena* (1–6); *Rhodolaena altivola* (7–11)

forêt décidue sèche depuis Morondava jusque dans la région du Sambirano. *Xyloolaena* est le plus aisément reconnu à son involucre ligneux, aux parois épaisses, en forme de cloche, avec le fruit à la base et une ouverture circulaire à l'apex.

Noms vernaculaires: *fakody,   fomboatoafa, sofiakomba,   sofiankomba,   sofinkomba,   takodibe, vahintambody,   voakoropetaka,   voantsatroka, voataimbody*

SCROPHULARIACEAE Juss.

Grande famille cosmopolite, surtout d'herbes, représentée par env. 225 genres et env. 4 450 espèces. En plus du genre d'arbres suivant, les genres endémiques *Leucosalpa* (4 spp. dans la forêt et le fourré décidus secs et sub-arides, aux fleurs à corolle blanche longuement tubulaire et dont toutes les parties noircissent en séchant) et *Radamaea* (5 spp. dans la forêt sempervirente humide et sub-humide ou décidue sèche, qui ressemble et peut être confondu avec *Clerodendrum*) peuvent devenir de grands buissons.

Halleria L., Sp. Pl. 2: 625. 1753.

Genre représenté par 5 espèces dont 3 spp. distribuées en Afrique et 2 spp. endémiques de Madagascar

Buissons ou petits arbres hermaphrodites, aux tiges souvent distinctement 4-angulaires à 4-ailées. Feuilles opposées, simples, entières ou dentées spinescentes, penninerves, stipules

nulles. Inflorescences axillaires, en cymes 2–5-flores, ou parfois fleurs solitaires, fleurs grandes, très légèrement irrégulières; calice soudé campanulé, 4–5 lobé, persistant et accrescent dans le fruit; corolle soudée cylindrique à la base puis campanulée, légèrement courbée, 4(–5)-lobée, pendante, rouge-orange à rouge ou pourpre; étamines 4, plus ou moins égales en longueur, ou en 2 paires inégales, insérées près du milieu du tube corollin, filets distincts, charnus, anthères à déhiscence longitudinale; ovaire supère, biloculaire, style commun terminal, long et filiforme, stigmate indistinct ou ressemblant à un capitule; ovules quelques par loge. Le fruit est une petite baie charnue, indéhiscente; graines albuminées.

Halleria est distribué dans la forêt et le fourré sempervirents, humides, sub-humides et de montagne depuis 800 m à plus de 2 000 m d'altitude. On peut le reconnaître à ses tiges souvent distinctement 4-angulaires à ailées, ses feuilles opposées sans stipules, ses grandes fleurs à la corolle complètement soudée campanulée, d'un rouge-orange profond à rouge ou pourpre, et à ses petites baies charnues sous-tendues par le calice persistant et accrescent.

Noms vernaculaires: aucune donnée

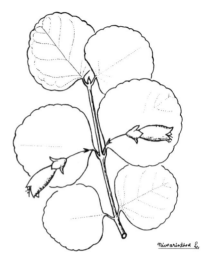

455. *Halleria tetragona*

SIMAROUBACEAE DC.

Petite famille intertropicale représentée par env. 20 genres et env. 170 espèces.

Arbres ou buissons, souvent très amers dans toutes les parties végétatives et surtout l'écorce. Feuilles alternes, composées imparipennées, ou moins souvent simples, penninerves, stipules généralement nulles. Inflorescences généralement en cymes ou paniculées, rarement en pseudo-ombelles, les fleurs régulières, généralement bisexuées, rarement unisexuées, 4–5-mères, le calice soudé lobé, les pétales généralement libres, les étamines en même nombre ou deux fois plus nombreuses que les pétales, libres, les filets portant souvent une écaille charnue à la base en dedans, insérés sur un disque nectaire annulaire ou parfois allongé; gynécée supère, de 2–8 carpelles, les ovaires libres dessous, les styles unis dessus avec un stigmate commun; ovule(s) 1–2 par carpelle. Le fruit est un groupe de méricarpes drupacés individuels, indéhiscents, charnus à ligneux, souvent avec un seul carpelle développé; graines sans albumen.

Capuron, R. 1961. Contributions à l'étude de la flore forestière de Madagascar. III. Sur quelques plantes ayant contribué au peuplement de Madagascar. B. Notes sur les Simarubacées. Adansonia, n.s., 1: 83–92.

Gadek, P. A., E. S. Fernando, C. J. Quinn, S. B. Hoot, T. Terrazas, M. C. Sheahan & M. W. Chase. 1996. Sapindales: Molecular delimitation and infraordinal groups. Amer. J. Bot. 83: 802–811.

Nooteboom, H. P. 1962. Generic delimitation in Simaroubaceae tribus Simaroubeae and a conspectus of the genus *Quassia* L. Blumea 11: 509–528.

Perrier de la Bâthie, H. 1950. Simarubacées. Fl. Madagasc. 105: 1–9.

1. Feuilles simples, sans glandes fovéolées sur la face supérieure ou près de la marge; fruit une drupe ou un groupe de 2–4 drupes indéhiscentes, aplaties latéralement et ligneuses · *Quassia*
1'. Feuilles composées imparipennées; folioles à la nervure médiane et aux nervures latérales terminées à l'apex par de petites glandes fovéolées sur la face supérieure ou près de la marge; fruit une drupe (rarement appariée) indéhiscente, charnue, fibreuse · *Perriera*

456. *Perriera orientalis*

Perriera Courchet, Ann. Inst. Bot.-Géol. Colon. Marseille, sér. 2, 3: 195–244. 1905.

Genre endémique représenté par 2 espèces.

Grands arbres polygamo-dioïques, l'écorce présentant de longues fissures profondes, s'effritant, amère. Feuilles alternes, composées imparipennées, avec (1–)3–5 paire(s) de folioles opposées, entières (ou avec un soupçon de crénelure ondulée), la nervure médiane et les nervures latérales terminées à l'apex par de petites glandes fovéolées sur la face supérieure ou près de la marge, quelque peu discolores, vertes et brillantes dessus, gris-jaunâtre dessous, la marge fortement révolutées, stipules nulles. Inflorescences axillaires en thyrses allongées, les fleurs en bouquets, petites, 5(–6)-mères, toutes les parties de la fleur pubescentes; calice de sépales soudés, profondément lobés; pétales libres, réfléchis à l'anthèse, aux marges involutées; étamines en nombre double des pétales, filets grêles, anthères biloculaires, versatiles, introrses, à déhiscence longitudinale, insérées sous un disque nectaire annulaire et lobé aux impressions correspondant aux bases des filets; gynécée de (1–)2–3 carpelle(s) séparé(s), les styles distincts, stigmate tronqué; ovule 1 par carpelle. Le fruit est généralement constitué d'une seule grande drupe (rarement géminée) charnue à fibreuse, indéhiscente, de la taille et de la forme d'un œuf de poule, jaune pâle, toxique et amère.

Perriera est distribué dans la forêt sempervirente humide (*P. orientalis*) à proximité de la côte depuis la STF de Tampolo jusqu'à la STF de Farankaraina, ainsi que dans la forêt décidue sèche (*P. madagascariensis*) depuis la région de Manja jusqu'au fleuve Betsiboka en étant commun près de Morondava. On peut le reconnaître à ses feuilles composées imparipennées avec (1–)3–5 paire(s) de folioles opposées, entières, à la nervure médiane et aux nervures latérales terminées près de l'apex ou vers la marge par une petite glande fovéolée.

Noms vernaculaires: *P. madagascariensis: kirondro, komangalahy*; *P. orientalis: ambilahiala, aombilahiala, ombilahiala*

Quassia L., Sp. Pl. (ed. 2) 1: 553. 1762.

Samadera Gaertn., Fruct. Sem. Pl. 2: 352 t. 156. 1791.

Genre intertropical représenté par 35 espèces dont 1 sp. à large distribution d'Afrique de l'Est en Asie du Sud-Est, est rencontrée à Madagascar.

Arbres hermaphrodites de taille moyenne, entièrement glabres, à l'écorce profondément cannelée et très amère. Feuilles alternes, simples, entières. Inflorescences supra-axillaires, en pseudo-ombelles 4–13-flores, aux pédoncules souvent très longs, pendants, grêles et striés, quelque peu aplatis, fleurs grandes, 4-mères; calice 4-lobé, imbriqué, portant une glande sur la face externe; pétales 4, imbriqués et vrillés

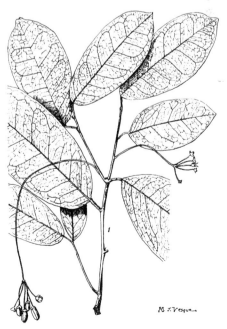

M. J. Vesque

457. *Quassia indica*

dans le bouton, jaune-crème, partiellement réfléchis à l'anthèse, caducs; étamines 8, insérées à la base du disque nectaire qui se prolonge en cylindre, les filets distincts, portant une écaille charnue à la base en dedans, anthères dorsifixes, introrses, à déhiscence longitudinale; carpelles 4, libres, les ovaires comprimés latéralement, les styles libres à la base, soudés dessus en une colonne filiforme, le stigmate punctiforme; ovule 1 par carpelle. Le fruit est constitué de 1–4 méricarpe(s) qui se développe(nt), chacun étant une grande drupe ligneuse, indéhiscente, comprimée latéralement, la marge externe très mince et aliforme, la marge interne portant à l'apex les restes du style faisant saillie pour former une espèce de bec cucullé, la surface avec un réseau saillant de fibres.

Quassia indica est largement distribué le long de la côte orientale dans la forêt sempervirente humide depuis Fort-Dauphin jusqu'à Sambava, généralement dans des zones inondées de façon saisonnière de la forêt littorale mais occasionnellement jusqu'à une altitude de 400–500 m dans la région de Maroantsetra. On peut le reconnaître à ses grandes fleurs pendantes, jaunes, portées dans des pseudo-ombelles, aux pétales précocement caducs, et à ses grands méricarpes ligneux et séparés. Le bois clair et tendre est utilisé dans la fabrication de pirogue et employée comme remède pour soigner fièvre et maux d'estomac.

Noms vernaculaires: *bemfaitra, farafaka, mangafoky*

SOLANACEAE Juss.

Grande famille cosmopolite représentée par 90 genres et env. 2 600 espèces; seuls 2 genres sont autochtones à Madagascar: *Solanum*, cosmopolite et *Tsoala*, endémique.

Petits arbres, buissons, herbes grimpantes ou épiphytes, généralement hermaphrodites, portant parfois des épines robustes. Feuilles alternes à subopposées, simples, entières ou lobées à incisées, penninerves, portant souvent une pubescence de poils ramifiés ou stellés, stipules nulles. Inflorescences terminales ou apparaissant parfois latérales, en formes de cymes ou d'ombelles, ou fleurs solitaires, fleurs petites à grandes, régulières ou légèrement irrégulières, 5-mères; calice soudé en forme de coupe à 5 lobes, persistant dans le fruit; corolle soudée avec 5 lobes, brièvement tubulaire et rotacée, pliée dans le bouton, ou longuement tubulaire; étamines 5, alternant avec les lobes corollins, soudées à la corolle; filets libres ou soudés à la base en un anneau; anthères biloculaires, basifixes ou dorsifixes, connivantes ou libres et longuement exsertes, à déhiscence apicale poricide ou longitudinale; ovaire supère, uni–4-loculaire, style simple, terminal, court ou longuement filiforme et exsert, stigmate terminal, capité; ovules multiples par loge. Le fruit contenant de multiples graines est une baie charnue indéhiscente ou une capsule déhiscente, 2-valve, ligneuse; graines albuminées.

D'Arcy, W.G. & A. Rakotozafy. 1994. Solanaceae. Fl. Madagasc. 176: 1–146.

1. Plantes portant des poils ramifiés ou stellés, et/ou des épines; corolle rotacée; fruit une baie charnue · *Solanum*
1'. Plantes portant des poils simples, inermes; corolle longuement tubulaire; fruit une capsule ligneuse 2-valve · *Tsoala*

Solanum L., Sp. Pl.: 184. 1753.

Genre cosmopolite représenté par plus de 1 000 espèces; 39 spp. sont rencontrées à Madagascar dont près d'un tiers sont introduites et cultivées, certaines étant naturalisées. Parmi les spp. autochtones, il existe des buissons et des petits arbres qui sont généralement munis d'épines robustes, ainsi que des plantes inermes qui sont surtout des herbes grimpantes et des épiphytes.

Petits arbres hermaphrodites bien ramifiés, plus souvent des buissons, des plantes grimpantes et des épiphytes portant des trichomes ramifiés, stellés ou peltés, les espèces de buissons et d'arbres portant généralement des épines robustes. Feuilles alternes, simples, entières ou divisées à lobées, portant parfois des épines le long de la nervure principale. Inflorescences terminales, bien qu'apparaissant parfois axillaires, en cymes ombelliformes, fleurs petites à grandes; calice campanulé ou en forme de

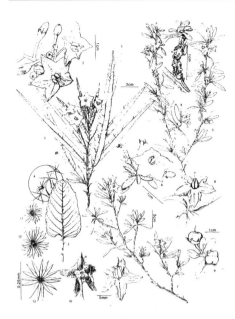

458. *Solanum*

coupe, généralement lobé; corolle brièvement tubulaire et rotacée, légèrement lobée ou non, pliée dans le bouton, bleu clair à violette; étamines insérées à la base du tube corollin, filets soudés en un anneau, anthères généralement conniventes, jaunes, à déhiscence apicale poricide; ovaire 2–4-loculaire à placentation axile, style terminal, court; ovules multiples par loge. Le fruit est un généralement une petite baie charnue, indéhiscente, sphérique, contenant de multiples graines.

Les espèces de buissons et d'arbres de *Solanum* sont distribuées sur l'ensemble des bioclimats humide, sub-humide et en particulier sub-aride, et moins fréquemment dans le bioclimat sec. Les espèces de buissons et d'arbres de *Solanum* peuvent être reconnues à leurs épines robustes, leurs fleurs à la corolle rotacée, bleu clair à violette, et à leurs petits fruits charnus contenant de multiples graines. Quelques espèces introduites (*S. mauritianum* et *S. torvum*), naturalisées et largement distribuées, peuvent devenir de petits arbres dans les zones ouvertes et le long des lisières forestières.

Noms vernaculaires: *angivibe, angivo-isity, antambakonjirika, hasonosy, hazonosy, kokomba, masonosy, rohingivy, sitambatambao, tambarikosy, tsingivy, vangivy, vontaka*

Tsoala Bosser & D'Arcy, Bull. Mus. Natl. Hist. Nat., Sér. 4, B, Adansonia 14: 8. 1992.

Genre endémique monotypique.

Petit arbre hermaphrodite, bien ramifié de 2 à 7 m de haut, portant des poils simples auburn. Feuilles alternes à subopposées, simples, entières. Fleurs solitaires, terminales, grandes; lobes du calice étroitement triangulaires, aigus; corolle longuement tubulaire, de 8–15 cm de long, grêle, s'évasant à l'apex et infundibuliforme, les lobes étroitement triangulaires et apiculés, blancs; étamines insérées à l'apex du tube, libres, longuement exsertes au-delà du tube corollin à l'anthèse, filets longs, grêles, anthères basifixes, pourpre foncé, à déhiscence longitudinale; disque nectaire annulaire présent à la base de l'ovaire; ovaire uniloculaire ou discrètement biloculaire, les placentas pariétaux et intrusifs, style longuement filiforme, exsert au-delà des étamines à l'anthèse; ovules (2–)3–4 par placenta. Le fruit est une grande capsule ligneuse, déhiscente, 2-valve et contenant de multiples graines.

Tsoala tubiflora est distribué dans la forêt décidue sèche de l'ouest depuis la région d'Antsalova jusqu'à la RNI d'Ankarafantsika, y compris dans la RNI de Namoroka, i.e. dans la région d'Ambongo-Boina. *Tsoala* peut être reconnu à ses fleurs solitaires, terminales, à la corolle longuement tubulaire et blanche que visitent sans aucun doute les sphinx; il n'a fait l'objet d'aucune récolte depuis 1959.

Noms vernaculaires: *tsiatosika, tsoala*

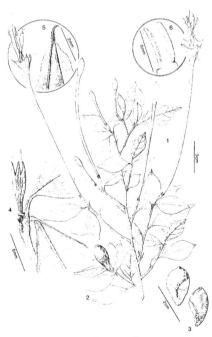

459. *Tsoala tubiflora*

SPHAEROSEPALACEAE Tiegh.

Petite famille endémique représentée par 2 genres et 18 espèces, à laquelle il est parfois également fait référence de façon incorrecte sous le nom de Rhopalocarpaceae. Les données moléculaires récentes portant sur la séquence *rbc*L suggèrent une relation affine avec *Bixa*, *Cochlospermum* et le genre endémique de Madagascar *Diegodendron*, ou alternativement avec Thymelaeaceae.

Arbres hermaphrodites à poils simples et mucilage copieux, particulièrement évident sur les fruits coupés. Feuilles alternes, simples, entières, décidues, penninerves ou palmatinerves à distinctement triplinerves, stipules latérales soudées en une seule gaine, caduques ou rarement persistantes. Inflorescences axillaires ou terminales, en cymes ou panicules ombelliformes, fleurs grandes, régulières, généralement 4-mères; sépales 4, libres, imbriqués par paires, fortement concaves, caducs; pétales 4, libres, alternant avec les sépales, imbriqués, caducs; étamines nombreuses, en 2–4 verticilles, insérées autour de la base du gynophore, filets libres ou irrégulièrement connivents à la base, très étroitement à l'apex, anthères biloculaires, les loges séparées les unes des autres, introrses, à déhiscence longitudinale; ovaire supère, porté sur un gynophore distinct sur l'apex duquel se trouve un disque nectaire annulaire ou en forme de couronne, comprenant 2–4(–5) carpelles entièrement soudés en un ovaire composé 2–4(–5)-loculaire, ou 4 carpelles entièrement libres, style simple, terminal ou gynobasique, plié en son milieu, stigmate légèrement dilaté-capité; ovules 2–9 par loge ou carpelle. Le fruit ou chaque méricarpe est grand, quelque peu charnu mais s'asséchant, indéhiscent, bacciforme, contenant généralement une seule graine par loge ou carpelle développé, enveloppé d'une résine poisseuse, translucide, glutineuse; graines à albumen lisse ou ruminé.

Bosser, J. 1973. Sur trois *Rhopalocarpus* de Madagascar. Adansonia, n.s., 13: 55–62.

Capuron, R. 1963. Rhopalocarpacées. Fl. Madagasc. 127: 1–42.

Leroy, J.-F. 1973. Recherches sur la spéciation et l'endémisme dans la flore malgache. III. Note sur le genre *Dialyceras* R. Cap. Adansonia, n.s., 13: 37–53.

Schatz, G. E., P. P. Lowry II & A.-E. Wolf. 1999. Endemic families of Madagascar. II. A synoptic revision of Sphaerosepalaceae. Adansonia, sér. 3, 21: 107–123.

1. Gynécée consistant en 4 ovaires entièrement libres; style commun gynobasique; fruit de méricarpes séparés et sessiles, ovoïde piriforme à fusiforme, à l'apex longuement atténué à cuspidé; feuilles penninerves · *Dialyceras*
1'. Gynécée consistant en un ovaire composé avec 2–4 carpelles entièrement soudés; style terminal; fruit plus ou moins globuleux (ne contenant qu'une graine) ou avec 2–4 lobes arrondis (contenant de multiples graines); feuilles penninerves, souvent palmatinerves ou distinctement triplinerves · · · · · · · · · · · · · · · · · · · *Rhopalocarpus*

Dialyceras Capuron, Adansonia, n.s., 2: 262. 1962.

Genre endémique représenté par 3 espèces.

Arbres de taille moyenne à grande. Feuilles alternes, simples, entières et légèrement ondulées, penninerves, parfois coriaces et discolores. Inflorescences généralement terminales, souvent solitaires ou 2–3-flores; sépales 4, densément soyeux à l'extérieur; pétales 4, délicats, blancs; étamines env. 90; gynophore petit, entouré par le disque nectaire annulaire; carpelles généralement 4, alternant avec les pétales, entièrement séparés les uns des autres, densément pubescents, style commun gynobasique; ovules 7–9 par carpelle, en 2 rangs. Fruit comprenant de 1 à 4 méricarpe(s) individuel(s), chacun sessile, indéhiscent, contenant une seule graine, ovoïde-piriforme à fusiforme, à l'apex longuement atténué ou acuminé, parfois légèrement courbé, jaune, finement ridé-verruqueux; graine à albumen non ruminé.

Dialyceras est distribué dans la forêt sempervirente humide en dessous de 500 m d'altitude depuis la RNI de Betampona jusqu'à Antsirabe-Nord. On peut le reconnaître à ses feuilles penninerves, ses fleurs au gynécée

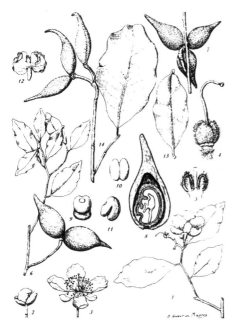

460. *Dialyceras*

constitué de carpelles séparés, le fruit consistant en un groupe de méricarpes (1–4) individuels, sessiles, indéhiscents, contenant une seule graine, ovoïdes-piriformes à fusiformes.

Noms vernaculaires: *fanavy, hafotrakora, lombiro, lombiry, tsimandasala*

Rhopalocarpus Bojer, Procès-Verbaux Soc. Hist. l'Ile Nat. Maurice: 149. 1846.

Genre endémique représenté par 15 espèces.

Petits à grands arbres. Feuilles alternes, simples, entières et parfois ondulées, penninerves, palmatinerves à la base et penninerves dessus, ou distinctement bi ou triplinerves, parfois coriaces, stipules rarement persistantes. Inflorescences axillaires ou terminales, en cymes ombelliformes ou panicules, généralement multiflores, seulement occasionnellement 2–5-flores; sépales 4, les 2 externes enfermant généralement étroitement la fleur dans le bouton; pétales 4, délicats, généralement blancs, parfois réfléchis à l'anthèse, caducs; étamines 25–160, en 2 à de multiples verticilles; gynophore bien développé, le disque nectaire annulaire ou en forme de couronne; ovaire composé, consistant en 2–4(–5) carpelles soudés et 2–4(–5) loges séparées, style terminal; 2–6 ovules collatéraux par loge. Le fruit est une grande baie quelque peu charnue à ligneuse, indéhiscente, avec 1–4 loge(s), chacune des loges contenant généralement une seule graine, la baie globuleuse (contenant 1 graine) ou

irrégulièrement 2–4 lobée (contenant de multiples graines), quelque peu charnue au début et se desséchant, de couleur jaune à rouge, ou plus souvent irrégulièrement verruqueuse ou couverte d'excroissances pyramidales en ressemblant ainsi à un litchi; graine à albumen lisse ou ruminé.

Rhopalocarpus est distribué sur l'ensemble de l'île aussi bien dans la forêt sempervirente humide et sub-humide que dans la forêt décidue sèche et sub-aride, généralement en dessous de 500 m d'altitude, mais jusqu'à 1 400 m d'altitude sur le versant occidental du Plateau Central. La nervation foliaire varie considérablement au sein du genre de penninerves à fortement triplinerves, permettant de reconnaître chaque espèce sur des caractéristiques végétatives. On peut le reconnaître à ses inflorescences généralement multiflores portant de grandes fleurs aux pétales caducs et avec de multiples étamines, et à ses fruits desquels s'écoule une exsudation résineuse poisseuse lorsqu'on les coupe.

Noms vernaculaires: *andrengitra, andriambavinaveotra, bemanefoka, fanavimaitso, fanazava, fanondambo, hafopotsy, hafotrahavoa, hafotrakanga, hafotrakora, hafotrankora, hafotrankora fanondambo, havoa, havoa lahy, havoha, hazondady, hazondandy, hazondrenetsy, hazondrengetsy, hazondrengitra, hazondrengitsy, hazondrengity, hazondrenitsy, hazondringisy, hazondringitra, kosy, lombiro, lombiroala, lombirohazo, lombiry, manondroala, mantaditra,*

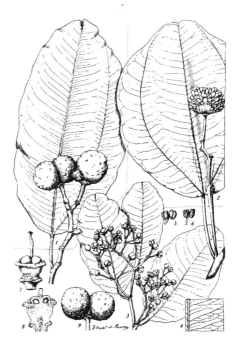

461. *Rhopalocarpus*

masondrenetsa, raingitra, raingitralahy, raingitravavy, ravinaviotra, renditra be, rengitra, rengitrabe, ringitra, sariringitra, sary, selivato, sely, selyvony, talafotsy, talafoty, talofoty, tandria, *taolafoty, taolandambo, tavia, taviaberavina, tavialahy, tsihonga, tsiongaka, tsilavimbinato, tsilavombinato, tsimandoasala, tsivakimbinato, tsongona, vony*

STRELITZIACEAE (K. Schum.) Hutch.

Petite famille représentée par 3 genres (*Phenakospermum* en Amérique du Sud; *Ravenala* à Madagascar; et *Strelitzia* en Afrique du Sud) et 7 espèces.

Kress, W. J., G. E. Schatz, M. Andrianifahanana & H. Simons Morland. 1992. Pollination of *Ravenala madagascariensis* by lemurs in Madagascar: evidence of an archaic coevolutionary system? Amer. J. Bot. 81: 542–551.

Perrier de la Bâthie, H. 1946. Musacées. Fl. Madagasc. 46: 1–9.

Ravenala Adans., Fam. Pl. 2: 67. 1763.

Genre endémique monotypique.

Arbres hermaphrodites de taille moyenne à grande atteignant 20 m de haut, au tronc ressemblant à celui d'un palmier. Feuilles alternes, portées à l'apex du tronc et disposées de façon distique en éventail, simples, entières mais devenant pennatifides lorsque déchirées par le vent, penninerves, pétioles longs, stipules nulles. Inflorescences axillaires, en grandes cymes distiques portées entre les bases des pétioles se recouvrant, fleurs émergeant de l'intérieur de grandes bractées en forme de pirogue, fleurs grandes, légèrement irrégulières, 3-mères; tépales 6 en 2 verticilles inégaux, se recouvrant à la base en formant une coupe, charnus, blanc-crème, avec un nectar copieux s'accumulant à la base de la coupe; étamines 6, longuement linéaires, cohérentes et entourant le style jusqu'à ce qu'un lémurien le manipule, puis s'ouvrant brusquement et récurvées, filets de près de la ¹/₂ de la longueur des anthères biloculaires, introrses, à déhiscence longitudinale; ovaire infère, 3-loculaire, style long, à section ronde, raide, stigmate terminal, ressemblant à une bosse, deux fois plus épais que le style; ovules nombreux. Le fruit est une grande capsule ligneuse, déhiscente, 3-valve; graines noires portant un arille sec, fibreux, lacéré, bleu électrique, albumen présent.

Ravenala madagascariensis est distribué sur l'ensemble de la forêt sempervirente humide et sub-humide depuis le niveau de la mer jusqu'à 1 000 m d'altitude, y compris dans la région du Sambirano, ainsi que dans les habitats riverains dans la forêt sèche de l'ouest jusqu'au fleuve Tsiribihina au sud. On peut

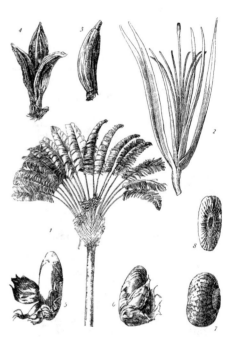

462. *Ravenala madagascariensis*

aisément le reconnaître à ses grandes feuilles ressemblant à celles d'un bananier et disposées en éventail sur un seul plan. Dans la forêt, les arbres ne possèdent généralement qu'un tronc et s'installent initialement dans les trouées; dans les savokas secondaires et les zones inondées, les arbres présentent généralement de multiples troncs. Les feuilles sont communément employées pour la couverture des habitations.

Noms vernaculaires: *fontsy, ontsy, ravinala, ravinamafy*

THYMELAEACEAE Juss.

Famille cosmopolite de taille moyenne représentée par 50 genres et 720 espèces. En plus des genres d'arbres suivants, *Gnidia* (y compris *Lasiosiphon*) est représenté par env. 20 espèces de petits buissons qui présentent souvent un feuillage éricoïde dans le fourré de montagne.

Buissons à arbres de taille moyenne, hermaphrodites ou rarement dioïques, aux branches souvent striées longitudinalement, très pliables. Feuilles alternes ou opposées, souvent groupées à l'apex des branches, simples, entières, penninerves, ressemblant parfois à des aiguilles (éricoïdes), stipules nulles. Inflorescences terminales ou axillaires, parfois supra-axillaires ou pseudoterminales, en épis ou racémeuses, en ombelles ou fascicules, ou groupées dans des capitules, sessiles à longuement pédonculées, sous-tendues par un involucre de bractées ou non, fleurs petites à grandes, régulières ou légèrement irrégulières, 4–5(–6)-mères; sépales libres, ou plus souvent calice soudé en forme de cylindre ou d'urne, pétaloïdes et voyants, articulés au-dessus de l'ovaire et à abcission circumscissile durant la formation du fruit, ou l'articulation absente, portant 4–5(–6) lobes imbriqués dans le bouton, dressés ou étalés; pétales en même nombre ou deux fois plus nombreux que les sépales ou les lobes du calice, libres, souvent très petits en ressemblant à des écailles, insérés à l'ouverture du tube du calice, ou absents; étamines deux fois plus nombreuses que les articles du calice, filets libres, en un seul verticille ou plus souvent en 2 verticilles séparés, insérés sur le tube du calice, anthères biloculaires, introrses, à déhiscence longitudinale; disque annulaire ou en forme de coupe, entourant la base de l'ovaire; ovaire supère, 1, 2 ou 4–5(–6)-loculaire, style terminal ou rarement latéral, court ou long et grêle, stigmate capité; ovule 1 par loge. Le fruit est une petite drupe quelque peu charnue et indéhiscente, ou une grande capsule à déhiscence loculicide; graines avec ou sans albumen.

Capuron, R. 1963. Contributions à l'étude de la flore de Madagascar. IX. Présence du genre *Octolepis* à Madagascar. Adansonia, n.s., 3: 137–140.

Leandri, J. 1950. Thyméléacées. Fl. Madagasc. 146: 1–40.

1. Sépales libres; pétales plus longs que les sépales, profondément divisés à la base; ovaire 4–5(–6)-loculaire; fruit une capsule distinctement 4–6-angulaire, à déhiscence loculicide; plantes dioïques · *Octolepis*
1'. Calice soudé en forme de cylindre ou d'urne, pétaloïde; pétales absents ou très petits et ressemblant à des écailles, insérés à l'ouverture du tube du calice; ovaire 1–2-loculaire; fruit une drupe indéhiscente; plantes hermaphrodites.
   2. Feuilles opposées; Inflorescences terminales en capitules longuement pédonculés et sous-tendus par (2–)4(–6) petites bractées; pétales absents · · · · · · · · · · · · · · · *Dais*
   2'. Feuilles alternes, parfois groupées à l'apex des branches; inflorescences axillaires à supra-axillaires, ou terminales et sessiles, ou si terminales et pédonculées, alors en ombelles et non sous-tendues par des bractées; pétales présents ou absents.
      3. Inflorescences terminales en ombelles pédonculées, non sous-tendues par des bractées; pétales absents; ovaire 2-loculaire · *Peddiea*
      3'. Inflorescences axillaires à supra-axillaires, ou si terminales alors sessiles; pétales présents, très petits et ressemblant à des écailles; ovaire uniloculaire.
         4. Inflorescences terminales, en têtes sessiles, dressées, multiflores, sous-tendues par de grandes bractées ressemblant à des feuilles; tube du calice rose; pétales libres · *Atemnosiphon*
         4'. Inflorescences axillaires à supra-axillaires, pédonculées, souvent pendantes, en épis ou capitules pauciflores; tube du calice blanc verdâtre; pétales soudés en un anneau · *Stephanodaphne*

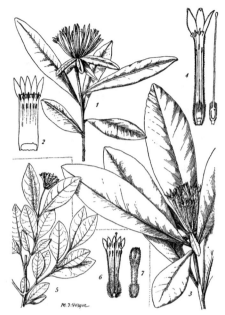

463. *Atemnosiphon* (1–4); *Dais* (5–7)

Atemnosiphon Leandri, Notul. Syst. (Paris) 13: 44. 1947.

Genre endémique monotypique.

Buissons ou petits arbres hermaphrodites. Feuilles alternes, souvent groupées vers l'apex des branches, coriaces. Inflorescences terminales, sessiles, en capitules portant 20–30 fleurs, sous-tendues par des bractées foliacées, fleurs grandes, régulières, 5-mères; calice soudé longuement cylindrique, non articulé au-dessus de l'ovaire, les 5 lobes semi-dressés, voyants, roses; pétales 5, ressemblant à de petites écailles, insérés à l'ouverture du tube du calice, bilobés ou dentés; étamines 10, en 2 verticilles séparés, les supérieures insérées à l'ouverture du tube du calice, légèrement exsertes, les inférieures insérées plus bas sur le tube du calice, filets courts, anthères introrses, à déhiscence longitudinale; disque subcylindrique, entourant le tiers ou la moitié de l'ovaire; ovaire uniloculaire, style long et grêle, stigmate capité, exsert; ovule 1. Fruit inconnu.

Atemnosiphon coriaceus est distribué dans la forêt et le fourré sempervirents, humides, sub-humides et de montagne. On peut le reconnaître à ses inflorescences sessiles, terminales, sous-tendues par de grandes bractées foliacées, et à ses fleurs au calice tubulaire voyant et rose. La forme rencontrée dans la forêt littorale peut probablement être reconnue comme une espèce distincte.

Nom vernaculaire: *etaha*

Dais L., Sp. Pl. (ed. 2) 1: 556. 1762.

Genre représenté par 2 espèces: 1 sp. au sud-est de l'Afrique et 1 sp. endémique de Madagascar. Le genre n'est certainement pas distinct de *Gnidia*.

Buissons ou petits arbres hermaphrodites, aux branches striées longitudinalement. Feuilles opposées. Inflorescences terminales, très longuement pédonculées en capitules portant 10–12 fleurs, sous-tendues par un involucre de (2–)4(–6) petites bractées, fleurs grandes, régulières ou légèrement irrégulières, 5-mères; calice soudé longuement cylindrique, souvent courbé, articulé au-dessus de l'ovaire où s'opère l'abcission circumscissile pendant la formation du fruit, avec 5 lobes étalés, couverts d'une pubescence blanche soyeuse; pétales absents; étamines 10 en 2 verticilles séparés, les supérieures insérées à l'ouverture du tube du calice, les inférieures insérées plus bas sur le tube du calice, filets courts, anthères introrses, à déhiscence longitudinale; disque en forme de coupe, entourant la base de l'ovaire; ovaire uniloculaire, style latéral, long et grêle, stigmate capité; ovule 1. Le fruit est une petite drupe sèche, indéhiscente, entourée par la base du tube du calice; graines sans albumen.

Dais glaucescens est distribué dans la forêt et le fourré sempervirents sub-humides et de montagne. On peut le reconnaître à ses feuilles opposées et à ses inflorescences très longuement pédonculées portant 10–12 fleurs dans des capitules sous-tendus par un involucre généralement composé de 4 petites bractées.

Noms vernaculaires: aucune donnée

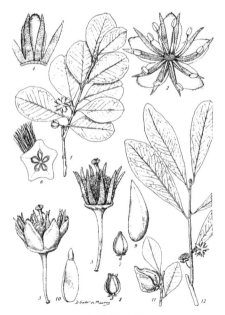

464. *Octolepis dioica*

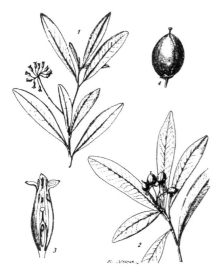

465. *Peddiea involucrata*

Octolepis Oliv., J. Linn. Soc., Bot. 8: 161. 1865.

Genre représenté par 6–8 espèces dont 5 spp. distribuées en Afrique de l'Ouest tropicale et 1–3 sp(p). endémique(s) de Madagascar

Buissons à arbres de taille moyenne, dioïques (hermaphrodites en Afrique), aux branches striées longitudinalement. Feuilles alternes. Inflorescences axillaires en fascicules de 1 à quelques fleur(s), fleurs petites à grandes, régulières, dimorphiques, les sépales et pétales étalés dans les fleurs mâles, dressés dans les fleurs femelles, (4–)5(–6)-mères; sépales généralement 5, libres, persistants; pétales généralement 5, libres, plus longs que les sépales, profondément divisés à la base en semblant ainsi être au nombre de 10; étamines généralement 10, rarement 8 ou 12, filets distincts, anthères dorsifixes, introrses, à déhiscence longitudinale; pistillode absent; ovaire 4–5(–6)-loculaire, densément pubescent, style commun terminal, stigmate épais, 4–6-lobé; ovule 1 par loge; staminodes ressemblant à des étamines, filets très courts, anthères rudimentaires, stériles. Le fruit est une grande capsule distinctement 4–6-angulaire, à déhiscence loculicide; graines albuminées.

Octolepis dioica est distribué dans la forêt sempervirente humide et sub-humide depuis le PN d'Andohahela jusqu'au PN de Marojejy. On peut le reconnaître à ses fleurs aux sépales et pétales libres, les 5 pétales profondément divisés jusqu'à la base et semblant ainsi être au nombre de 10, et à ses grands fruits capsulaires distinctement 4–6-angulaires. Capuron (1963) décrivait plusieurs formes qui pourraient être reconnues au niveau spécifique.

Noms vernaculaires: *amaninomby, fanamarotrakora, fanamoratrakoho, hafotramaladia, hafotravoha, havoa, tsilorano, valolahy*

Peddiea Harv., J. Bot. (Hooker) 2: 265. 1840.

Genre représenté par env. 10 espèces en Afrique, et 1 sp. endémique de Madagascar

Buissons ou petits arbres hermaphrodites, aux branches rougeâtres, striées longitudinalement. Feuilles alternes, souvent groupées à l'apex des branches. Inflorescences terminales, en ombelles longuement pédonculées de 20–25 fleurs, parfois portées au milieu d'une rosette de feuilles, non sous-tendues par des bractées, fleurs petites, régulières, 4(–5)-mères; calice soudé en forme de cylindre ou d'urne, les 4 lobes étalés, vert-jaunâtre; pétales absents; étamines 8 (10), en 2 verticilles séparés, les supérieures insérées à l'ouverture du tube du calice, légèrement exsertes, les inférieures insérées plus bas sur le tube du calice, incluses, filets très courts, anthères introrses, à déhiscence longitudinale; disque en forme de coupe; ovaire 2-loculaire, style terminal, court et grêle, stigmate capité; ovule 1 par loge. Le fruit est une petite drupe quelque peu charnue, indéhiscente, 2-loculaire, rouge.

Peddiea involucrata est distribué dans la forêt et le fourré sempervirents sub-humides et de montagne. On peut le reconnaître à ses ombelles terminales, longuement pédonculées et portant 20–25 fleurs, sans bractées les sous-tendant, et à ses petits fruits charnus, indéhiscents et rouges.

Noms vernaculaires: *avoha, havoha, montana*

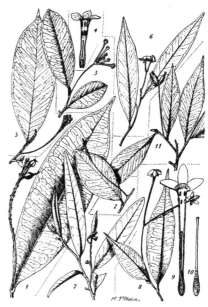

466. *Stephanodaphne*

Stephanodaphne Baill., Adansonia 11: 302. 1875.

Genre endémique (en incluant les Comores) représenté par env. 10 espèces.

Buissons ou petits arbres hermaphrodites. Feuilles alternes. Inflorescences axillaires, supra-axillaires ou pseudoterminales, souvent pendantes, en épis allongés ou en capitules pauciflores, bractées absentes, fleurs petites à grandes, 5-mères; calice soudé cylindrique, avec 5 lobes étalés, vert blanchâtre; pétales ressemblant à des écailles, soudés en un anneau à l'ouverture du tube du calice, fimbriés-lobés; étamines 10 en 2 verticilles séparés, incluses, les supérieures insérées sous l'ouverture du tube du calice, les inférieures insérées plus bas sur le tube du calice, filets très courts, anthères introrses, à déhiscence longitudinale; disque absent; ovaire uniloculaire, style court et grêle, stigmate capité; ovule 1. Le fruit est une petite drupe légèrement charnue, indéhiscente, ovoïde, vert-grisâtre, contenant 1 graine; graines albuminées.

Stephanodaphne est distribué dans la forêt et le fourré sempervirents, humides, sub-humides et de montagne, et rarement dans la forêt décidue sèche (*S. pulchra*). On peut le reconnaître à ses inflorescences pendantes sans bractées, portant des fleurs au calice vert blanchâtre à lobes étalés, et à ses petits fruits vert-grisâtre, sessiles et ovoïdes.

Noms vernaculaires: aucune donnée

TRIGONIACEAE Endl.

Petite famille représentée par 3 genres et 26 espèces distribuée dans les régions tropicales du Nouveau Monde, à Madagascar et à l'ouest de la Malaisie.

Perrier de la Bâthie, H. & J. Leandri. 1955. Trigoniacées. Fl. Madagasc. 108 bis: 1–4.

Humbertiodendron Leandri, Compt. Rend. Hebd. Séances, Acad. Sci. 229: 846–848. 1949.

Genre endémique monotypique.

Arbres hermaphrodites atteignant 16 m de haut, aux branches brun-cendré, lenticellées, entièrement glabres. Feuilles opposées, simples, entières, penninerves, les stipules de feuilles opposées soudées comme chez les Rubiaceae, caduques. Inflorescences axillaires, en cymes 3-flores, fleurs petites à grandes, quelque peu irrégulières par les pétales inégaux; sépales 5, libres, imbriqués, réfléchis à l'anthèse; pétales 5, libres, discrètement imbriqués, inégaux, le postérieur portant une cuspide à la base et à l'apex légèrement réfléchi à l'anthèse, les intermédiaires linéaires, les antérieurs deltoïdes; étamines 6, filets soudés sur la moitié de leur longueur, anthères basifixes, introrses, à déhiscence longitudinale; un seul mamelon staminodial sur un coté de l'ovaire; ovaire supère, 3-loculaire, 3 ailes alternant avec 3 sillons, pubescent, style attaché latéralement, stigmate capité; ovule 1 par loge. Le fruit est une grande samare sèche, indéhiscente, 3-ailée, ne présentant souvent qu'une seule graine qui se développe; graine sans albumen.

Humbertiodendron saboureaui a une aire de distribution très réduite dans la forêt littorale sempervirente, humide le long de la côte orientale depuis Ambila-Lemaitso jusqu'à Tampina. On peut le reconnaître à ses feuilles opposées, simples avec des stipules soudées et caduques, à ses inflorescences axillaires portant 3 fleurs petites à grandes avec 5 sépales et 5 pétales, tous libres, 6 étamines aux filets soudés sur la $^1/_2$ de leur longueur et l'ovaire supère, 3-loculaire, et à ses fruits en samares 3-ailées.

Noms vernaculaires: *fandrianakanga, hazomaroranalahy, sadifitra*

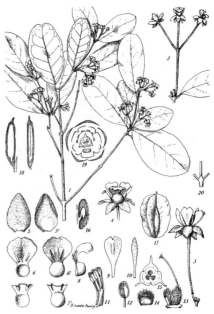

467. *Humbertiodendron saboureaui*

TURNERACEAE DC.

Petite famille représentée par 10 genres et 110 espèces, distribuée en Amérique tropicale, en Afrique et à Madagascar.

Arbo, M. M. 1979. Revision del genero *Erblichia* (Turneraceae). Adansonia, n.s., 18: 459–482.

Capuron, R. 1963. Contributions à l'étude de la flore de Madagascar. VIII. Note sur les Turneracées de Madagascar. Adansonia, n.s., 3: 130–141.

Perrier de la Bâthie, H. 1950. Turneracées. Fl. Madagasc. 142: 1–13.

Erblichia Seem., Bot. Voy. Herald: 130. 1854

Piriqueta Aubl. sect. *Erblichia* (Seem.) Urb., Jahrb. Königl. Bot. Gart. Berlin 2: 78. 1883.

Genre représenté par 5 espèces dont 1 sp. en Amérique Centrale et 4 spp. endémiques de Madagascar.

Buissons ou petits arbres hermaphrodites, à poils simples et à l'écorce lenticellée. Feuilles alternes, simples, souvent groupées aux extrémités des branches, décidues, discrètement crénelées-serretées, penninerves, portant une très petite glande nectaire à l'apex de chaque dent, et portant parfois de grandes glandes appariées à la base du limbe, dégageant parfois une odeur d'amandes amères lorsqu'on les froisse, stipules latérales, très petites, 1–3 de chaque coté de la branche, caduques. Fleurs axillaires, solitaires, grandes, 5-mères; pédoncule/pédicelle articulé, portant 2 très petites bractéoles; sépales 5, libres ou légèrement soudés à la base en formant un tube court à l'apex duquel les pétales, la couronne et les étamines sont insérés (périgynie), les sépales imbriqués dans le bouton, portant parfois une glande nectaire sur leur face interne; pétales 5, libres, en onglets courts, imbriqués dans le bouton, étalés à plat à l'anthèse, brillamment colorés en jaune, orange, écarlate ou rose, caducs; couronne de 5–10 lobes fimbriés; étamines 5, libres, aux filets grêles, anthères versatiles, apiculées, introrses, à déhiscence longitudinale, parfois insérées à la base de l'androgynophore; ovaire supère, parfois porté sur une androgynophore distinct, uniloculaire, avec 3 placentas pariétaux, styles 3, distincts, le stigmate ressemblant à une brosse, plumeux; ovules nombreux. Le fruit est une grande capsule sèche, 3-valve, déhiscente, sessile ou rarement stipitée, densément couverte de très petits tubercules granuleux; graines entourées d'un arille en forme de sac, fendu sur la face opposé au raphé et irrégulièrement lacéré-lobé le long de la marge supérieur, à albumen charnu.

Erblichia est distribué dans la forêt et le fourré décidus secs et sub-arides depuis l'ouest de Fort-Dauphin jusqu'à Antsiranana. On peut le reconnaître à ses grandes fleurs solitaires aux pétales caducs, brillants, jaunes à orange, écarlates ou roses, et à ses grands fruits, 3-valves, capsulaires, densément couverts de très petits tubercules granuleux, les graines entourées d'un arille ressemblant à un sac, irrégulièrement lacéré-lobé le long de la marge supérieur.

Nom vernaculaire: *sahany*

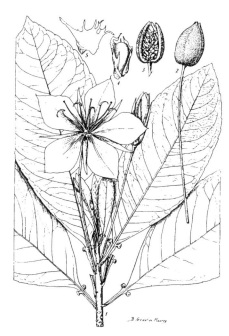

468. *Erblichia antsingyae*

URTICACEAE Juss.

Grande famille cosmopolite, surtout d'herbes, représentée par 52 genres et 1 050 espèces; 15 genres et 51 spp. sont rencontrés à Madagascar dont 3 spp. seulement deviennent des arbres.

Herbes, buissons, petits arbres ou lianes, monoïques ou dioïques, portant parfois des poils piquants. Feuilles alternes ou opposées, entières, crénelées ou profondément lobées, penninerves ou palmatinerves à subtriplinerves, stipules présentes. Inflorescences axillaires ou pseudoterminales, en cymes ou glomérules compactes, fleurs petites, régulières ou irrégulières, 4–5-mères; périanthe (tépales ou sépales) de 4 ou 5 articles, libres ou légèrement soudés à la base à complètement soudés et brièvement tubulaires, égaux ou souvent inégaux dans les fleurs femelles, persistants et parfois accrescents dans les fleurs femelles; pétales absents; étamines 4 ou 5, filets distincts, anthères biloculaires, à déhiscence longitudinale; pistillode présent; ovaire supère, uniloculaire, stigmate subsessile ou sessile, capité ou linéaire; ovule 1; staminodes généralement absentes. Le fruit est un petit akène sec, indéhiscent, enfermé dans le périanthe persistant qui est parfois nettement accrescent et aliforme; graines à albumen peu abondant.

Friis, I. 1983. A synopsis of *Obetia* (Urticaceae). Kew Bull. 38: 221–228.

Leandri, J. 1964. Urticacées. Fl. Madagasc. 56: 1–107.

1. Plantes à poils piquants; feuilles penninerves ou profondément divisées et palmatinerves; plantes dioïques; fleurs femelles avec 4 tépales libres, inégaux, accrescents et aliformes dans le fruit ································· *Obetia*

1'. Plantes sans poils piquants; feuilles 3-palmatinerves à subtriplinerves; plantes monoïques; fleurs femelles au périanthe complètement soudé, brièvement tubulaire, persistant avec des extensions latérales aliformes dans le fruit ··········· *Pouzolzia*

Obetia Gaudich., Voy. Bonite, Bot.: Pl. 82. 1844.

Genre représenté par 7 espèces distribué en Afrique, à Madagascar (2 spp. dont 1 sp. endémique) et aux Mascareignes.

Buissons ou petits arbres dioïques portant des poils piquants, à l'écorce lisse, brun-grisâtre, aux branches succulentes, remplies d'eau. Feuilles alternes, simples, crénelées à profondément lobées, penninerves à palmatinerves, stipules libres, latérales, lancéolées, persistantes. Inflorescences axillaires aux aisselles de cicatrices foliaires ou pseudoterminales, apparaissant avant les feuilles ou au moment où de nouvelles feuilles se développent, en cymes lâches; fleurs mâles régulières, avec 5 tépales; fleurs femelles irrégulières, avec 4 tépales inégaux, persistants et accrescents dans le fruit; étamines 5, à déhiscence longitudinale; pistillode présent; ovaire uniloculaire, stigmate subsessile, persistant et courbé-réfléchi dans le fruit; ovule 1; staminode absent. Le fruit est un petite akène sec, indéhiscent, entouré par le périanthe persistant, accrescent, membraneux, aliforme.

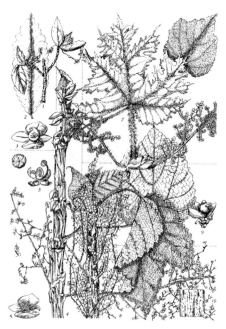

469. *Obetia*

Obetia est distribué dans la forêt et le fourré décidus secs et sub-arides, ainsi que dans les zones rocheuses dans les aires sub-humides du Plateau Central jusqu'à 1 400 m d'altitude. On peut le reconnaître à ses poils piquants ainsi qu'à ses fruits aux tépales accrescents et aliformes. L'espèce endémique *O. madagascariensis*, aux feuilles non divisées et penninerves, est un buisson du fourré sub-aride dans le sud alors que *O. radula*, qui est également rencontré en Afrique de l'Est et qui à des feuilles profondément divisées et palmatinerves, peut devenir un arbre de 10 m de haut qui est rencontré à l'ouest et au nord, y compris sur les tsingy calcaires ou sur les roches granitiques du Plateau Central. L'écorce est utilisée pour fabriquer des liens.

Noms vernaculaires: *amiana, hazomihaina, imiha, kolohoto, mangilio, mianao, miha, mihabe*

Pouzolzia Gaudich., Voy. Uranie: 503. 1830.

Genre intertropical représenté par 50 espèces; 7 spp. sont rencontrées à Madagascar dont 6 spp. endémiques parmi lesquelles 1 seule sp. d'arbre *P. mandrarensis*.

Herbes, buissons ou petits arbres monoïques. Feuilles alternes, simples, entières, 3-palmatinerves à subtriplinerves, les nervures basales latérales courant jusqu'à $^2/_3$ de l'apex, penninerves dessus, stipules libres, latérales, persistantes. Inflorescences axillaires, en glomérules compactes bisexuées, sous-tendues par des bractées scarieuses; fleurs mâles

470. *Pouzolzia mandrarensis*

pédicellées, avec 4–5 tépales valvaires, légèrement soudés à la base, 4–5 étamines libres, à déhiscence longitudinale, pistillode présent; fleurs femelles centrales, entourées de fleurs mâles, sessiles, périanthe entièrement soudé, brièvement tubulaire, enfermant l'ovaire, stigmate sessile, filiforme, caduc; ovule 1; staminode absent. Le fruit est un petit akène sec, indéhiscent, enfermé dans le périanthe persistant, portant parfois des extensions latérales aliformes.

Pouzolzia mandrarensis est distribué dans la forêt sub-humide et sclérophylle sèche dans le haut bassin du fleuve Mandrare entre 900 et 1 400 m d'altitude. On peut le reconnaître à ses feuilles triplinerves et à ses fleurs femelles au périanthe tubulaire qui est persistant et légèrement ailé dans le fruit.

Noms vernaculaires: *fotsiavalika, lehevozaka*

VIOLACEAE Batsch

Famille cosmopolite de taille moyenne représentée par 23 genres et env. 830 espèces.

Perrier de la Bâthie, H. 1954. Violacées. Fl. Madagasc. 139: 1–51.

Rinorea Aubl., Hist. Pl. Guiane 1: 235, t. 93. 1775. nom. cons.

Genre intertropical représenté par env. 300 espèces: 24 spp. sont rencontrées à Madagascar dont 22 spp. endémiques.

Buissons ou petits arbres hermaphrodites. Feuilles alternes, opposées, subopposées ou verticillées, simples, crénelées, serretées, dentées, spinescentes ou presque entières, mais montrant presque toujours un soupçon de découpure, pétiole portant parfois des pulvini à l'apex ou à la base, stipules caduques, leur cicatrice souvent distincte et donnant aux branches un aspect segmenté. Inflorescences axillaires en racèmes ou panicules, fleurs petites, régulières, coniques dans le bouton, 5-mères; sépales 5, plus ou moins libres, imbriqués, souvent persistants dans le fruit; pétales 5, libres, imbriqués ou vrillés, souvent réfléchis à l'anthèse, blancs à jaune-crème, rarement rouges; étamines 5, filets soudés à la base ainsi qu'avec un disque nectaire extrastaminal, formant conjointement une coupe plus ou moins profonde au bord plus ou moins entier ou portant 5 dents, anthères sessiles sur le bord de la coupe, ou aux filets courts, les sacs des anthères biloculaires portés sur la face interne d'un appendice pétaloïde qui se prolonge au-delà des sacs des anthères, introrses, à déhiscence longitudinale; ovaire supère, uniloculaire avec 3 placentas pariétaux, style dressé, filiforme ou légèrement claviforme, stigmate punctiforme; ovule(s) 1–2 par placenta. Le fruit est une petite capsule sèche, à déhiscence explosive loculicide, 3-valve, souvent couronnée par le reste apiculé du style; graines noires, brillantes, à albumen charnu.

Rinorea est largement distribué sur l'ensemble de la forêt sempervirente humide et sub-humide ainsi que dans la forêt décidue sèche et sub-aride, depuis le niveau de la mer jusqu'à 1 200 m d'altitude. On peut le reconnaître aux cicatrices distinctes laissées par les stipules qui donnent aux branches un aspect segmenté, à ses inflorescences axillaires racémeuses ou paniculées portant de petites fleurs distinctement coniques dans le bouton, et à ses capsules 3-valves, à déhiscence explosive

Noms vernaculaires: *ampoliandrano, andraramo, dikany, fanavimaitso, fansifihana, fitoriala, fopo, fotsialina, hazofasy, hazofolo, hazoharaky, hazombalala, hazombary, hazombato, hazomboretra, hazompasy, hazompiky, hazondamokana, hazondemoha, hazondimoa, hazondimohy, hazondomohina, hazondomohy, hazopasy, hodipaso, jubiampototra, kimbanala, limohe, lolobemisahariva, mahanoro, marankoditra, maroampototra, pepolahinala, pika, randro, reampilahy, reampy, rehampy, remoza, rohandriana, sarikofafa, sarilehaky, sibabe, tapany, tsatsaky, tsianananampo, tsibabena, tsilabeny, tsilasitry, tsilikontsifaka, tsilioka, tsingena, tsinoronoro, tsivoanizao, tsivokontsifaka, tsokaomby, voakevo*

471. *Rinorea*

WINTERACEAE Lindl.

Petite famille, surtout de l'hémisphère sud, représentée par 5 genres et 60 espèces concentrée en Australie, Nouvelle Guinée et en Nouvelle Calédonie, dont le genre endémique monotypique *Takhtajania* constitue le seul représentant dans la région Afrique-Madagascar.

Capuron, R. 1963. Contributions à l'étude de la flore de Madagascar. XII. Présence à Madagascar d'un nouveau représentant (*Bubbia perrieri* R. Capuron) de la famille des Wintéracées. Adansonia, n.s., 3: 373–378.

Deroin, T. & J.-F. Leroy. 1993. Sur l'interprétation de la vascularisation ovarienne de *Takhtajania* (Winteraceae). Compt. Rend. Acad. Sci. Paris, Sér. 3, Sci. Vie 316: 725–729.

Leroy, J.-F. 1978. Une sous-famille monotypique de Winteraceae endémique de Madagascar: les Takhtajanioideae. Adansonia, n.s., 17: 389–395.

Schatz, G. E. 2000. The rediscovery of a Malagasy endemic: *Takhtajania perrieri* (Winteraceae). Ann. Missouri Bot. Gard. 87: 297–302. [voir aussi les 11 autres réferences citées dans Vol. 87 No. 3 qui incluent les nouvelles recherches en systématique botanique ainsi que celles relatives aux relations phylogénétiques de *Takhtajania perrieri*]

Takhtajania Baranova & J.-F. Leroy, Adansonia, n.s., 17: 389–395. 1978.

Genre endémique monotypique.

Petits arbres hermaphrodites de 5 à 12 m de haut, aromatiques, à l'écorce épaisse et au goût épicé. Feuilles alternes, simples, disposées en une spirale aux extrémités des branches, entières, penninerves, portant de nombreux points translucides, dégageant une forte odeur épicée lorsque froissées, stipules nulles. Inflorescences terminales, longuement pendantes, en racèmes ou panicules de pseudo-ombelles, fleurs petites, régulières; calice soudé cupuliforme avec 2(–3) lobes à peine distincts, quelque peu réfléchi à l'anthèse, persistant; pétales env. 12, libres, rouge sang sombre, inégaux, les 4 externes décussés en paires, réfléchis à l'anthèse, les internes plus petits et plus étroits en paires presque décussées; étamines 12 en 3 verticilles, libres, filets épais, aplatis, anthères biloculaires, sacs séparés par des tissus du connectif aux coins apicaux du filet, le filet renflé à l'anthèse et poussant le pollen vers l'extérieur; ovaire supère, composé de 2 carpelles soudés, uniloculaire, stigmate sessile, capité-dilaté et discrètement lobé, jaune; ovules 8. Le fruit est petit à grand, quelque peu charnu à coriace, indéhiscent, bacciforme.

Originellement décrit par Capuron dans le genre *Bubbia*, *Takhtajania perrieri* n'était connu que de la récolte du type réalisée par Perrier de la Bâthie en 1909 dans le Massif de Manongarivo à une altitude d'env. 1 700 m avant sa redécouverte en 1994 dans la RS d'Anjanaharibe-Sud dans la forêt sempervirente sub-humide. Malgré de nombreuses tentatives, il n'a jamais pu être retrouvé dans la RS de Manongarivo. On peut le reconnaître à ses grandes feuilles quelque peu succulentes, disposées en spirales et qui sont très aromatiques épicées-brûlantes lorsqu'on les froisse, à ses inflorescences pendantes, terminales, portant de petites fleurs rouge sang et à ses fruits rouges indéhiscents qui sont sous-tendus par le calice persistant.

Noms vernaculaires: aucune donnée

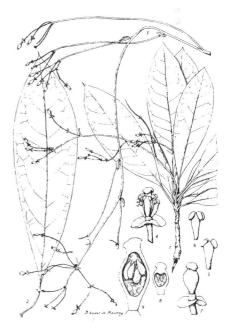

472. *Takhtajania perrieri*

ZYGOPHYLLACEAE R. Br.

Petite famille tropicale et subtropicale représentée par 27 genres et env. 250 espèces souvent rencontrées dans les régions arides ou salines.

Perrier de la Bâthie, H. 1952. Zygophyllacées. Fl. Madagasc. 103: 1–11.

Stauffer, H. U. 1956. *Petrusia madagascariensis* Baillon, eine Zygophyllaceae. Ber. Schweiz. Bot. Ges. 66: 267–276.

Zygophyllum L., Sp. Pl. 1: 385. 1753.

Petrusia Baill., Bull. Mens. Soc. Linn. Paris 1: 274. 1881.

Genre représenté par env. 80 espèces distribué dans l'Ancien Monde depuis la Méditerranée jusqu'en Australie, souvent dans les régions arides et/ou salines; 2 spp. endémiques de Madagascar.

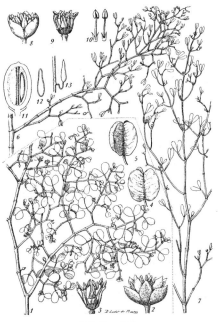

473. *Zygophyllum*

Buissons ou très petits arbres, hermaphrodites, bien ramifiés, atteignant 3–4 m de haut, aux branches articulées et quelque peu charnues, les nœuds un peu renflés. Feuilles opposées, composées bifoliolées, les folioles égales ou inégales, une foliole avortant parfois et l'autre bien développée, entières, charnues, penninerves, mais sans nervation visible, les très petites stipules latérales et caduques. Fleurs axillaires, solitaires, petites, régulières, 4–5-mères; sépales imbriqués, verts; pétales libres, en onglets courts, imbriqués ou tordus dans le bouton, blancs; étamines en nombre double de celui des pétales, insérées autour d'un disque nectaire lobé ou en forme de coupe, en deux séries inégales, filets libres, courts, portant des écailles bilobées à la base interne, anthères dorsifixes, introrses, à déhiscence longitudinale; ovaire supère, 3–5-loculaire, style commun court, stigmate capité; ovule 1 par loge. Le fruit est une petite capsule sèche, 3–5 ailée (souvent 4), déhiscente, ou une drupe charnue, blanche, indéhiscente, dans les deux cas une seule graine généralement développée; graine à albumen peu abondant.

Zygophyllum est distribué sur l'ensemble du fourré décidu sub-aride du sud-ouest sur substrats calcaire rochéux et sableux non loin de la mer, depuis Ambovombe jusqu'à Morombe. On peut le reconnaître à ses branches quelque peu charnues aux nœuds renflés et à ses feuilles opposées, composées bifoliolées aux folioles charnues sans nervation visible.

Noms vernaculaires: *filatatam-bohitra, filatatao, filavao, solanje, taotao*

LEXIQUE DE TERMES BOTANIQUES

abaxial (adj.): qui se rapporte au coté d'un organe opposé à l'axe central, comme la face inférieure d'une feuille ou la face externe d'un pétale.

abcission (n. f.): chute de divers organes.

acaule (adj.): sans tige.

accrescent (adj.): qui augmente en taille avec l'âge, comme le calice dans le fruit.

achène (n. m.): petit fruit sec indéhiscent et ne contenant qu'une graine.

aciculaire (adj.): rigide, aigu et piquant comme une aiguille.

adaxial (adj.): qui se rapporte au coté d'un organe face à l'axe central, comme la face supérieure d'une feuille ou la face intérieure d'un pétale.

adné (adj.): se dit d'organes différents qui adhèrent l'un à l'autre.

adventif (adj.): se dit d'un organe apparaissant dans une position peu classique comme une racine sur une tige aérienne.

aile (n. f.): toute extension plate et membraneuse; les pétales latéraux d'une fleur papilionacée de Fabaceae.

albumen ou *endosperme* (n. m.): tissus nutritif entourant l'embryon dans la graine.

alterne (adj.): se dit de feuilles disposées à des points différents sur la tige, de telle façon que chaque nœud ne porte qu'une seule feuille ou de pièces florales insérées entre deux parties d'un autre verticille, contrairement à une disposition directement opposée des pièces.

amplexicaule (adj.): qui enrobe la tige comme lorsque la base d'une feuille entoure la tige.

anastomosé (adj.): se dit de nervures étroitement connectées et formant un réseau dense.

androcée (n. m.): ensemble des pièces mâles dans une fleur.

androdioïque (adj.): dont certaines plantes ne portent que des fleurs mâles et d'autres des fleurs hermaphrodites.

androgynophore (n. m.): allongement du réceptacle floral portant à la fois les pièces femelles et mâles d'une fleur.

andromonoïque (adj.): plantes portant à la fois des fleurs mâles et des fleurs hermaphrodites sur le même pied.

androphore (n. m.): allongement du réceptacle floral portant les pièces mâles.

anisophylle (adj.): lorsque deux feuilles (ou folioles) d'une paire alterne ou opposée sont nettement différentes dans la taille ou la forme.

annelé (adj.): se dit de tout organe formant un anneau tel que le disque.

anthère (n. f.): partie terminale d'une étamine contenant les grains de pollen.

anthérode (n. f.): organe ressemblant à une anthère mais sans pollen ou contenant du pollen stérile, non fonctionnel.

anthèse (n. f.): période au cours de laquelle les fleurs sont fonctionnellement femelles ou mâles.

apocarpe (adj.): qualifie un fruit aux carpelles libres et séparés l'un de l'autre.

arille (n. m.): appendice entourant partiellement ou complètement la graine, souvent charnu et parfois vivement coloré.

arillé (adj.): d'une graine portant un arille.

arillode (n. m.): excroissance charnue entourant la graine et ressemblant à un arille.

axillaire (adj.): situé à l'aisselle d'un organe, i.e. pour une feuille, au point où elle est attachée à la tige.

baie (n. f.): fruit charnu ou juteux aux graines immergées dans une pulpe.

basifixe (adj.): d'un anthère attaché au filet par sa base.

bifide (adj.): au sommet fendu ou divisé en deux parties au sommet.

bifoliolé (adj.): se dit d'une feuille composée et réduite à deux folioles.

bilabié (adj.): dans une symétrie florale irrégulière où les pièces du calice ou de la corolle sont soudées en deux lots pour former les lèvres supérieure et inférieure.

biloculaire (adj.): d'un ovaire partagé en deux par une cloison.

bipenné (adj.): d'une feuille composée qui est deux fois pennée, i.e. que l'axe principal du pétiole/rachis porte des axes supplémentaires sur lesquels les folioles sont attachées.

bisérié (adj.): disposé en deux cercles, rangées, séries ou verticilles.

bractée (n. f.): feuille modifiée, plus petite ou colorée, à l'aisselle d'une fleur ou d'un axe d'inflorescence.

bractéole (n. f.): petite bractée sur le pédicelle, généralement disposée juste sous la fleur.

caduc, caduque (adj.): tombant précocement.

calice (n. m.): ensemble des pièces du verticille externe du périanthe, les sépales.

calophylle, nervation (adj.): nervation foliaire ressemblant à celle du genre *Calophyllum* (Clusiaceae) dans laquelle les nervures secondaires sont nombreuses, étroitement espacées et perpendiculaires à la nervure médiane.

calyptre, en forme de (n. f.): pour décrire une corolle, moins souvent un calice, soudé(e) en un capuchon ou une coupe généralement conique.

cambium (n. m.): couche vivante unicellulaire de l'écorce élaborant des cellules de bois à l'intérieur et des cellules de rhytidome à l'extérieur.

campanulé (adj.): d'une corolle soudée en forme de cloche.

capité (adj.): d'un organe dont l'extrémité est sphérique comme une inflorescence ou un stigmate dont le bout rappelle une tête d'épingle.

capsule (n. f.): fruit sec, déhiscent (rarement indéhiscent), composé d'au moins deux carpelles.

carène (n. f.): terme désignant les deux pétales antérieurs, généralement partiellement soudés, des fleurs papilionacées des Fabaceae.

caréné (adj.): présentant une arête longitudinale rappelant une carène de bateau.

caroncule (n. f.): excroissance sur la graine près du hile.

carpelle (n. m.): sous unité du gynécée portant un seul ovule; plus facilement discerné dans une fleur composée de multiples carpelles lorsque chaque carpelle reste séparé (apocarpe); lorsque les carpelles sont soudés dans les fleurs syncarpes pour former un ovaire composé, le nombre de carpelles peut parfois être discerné grâce aux nombres de loges dans l'ovaire, de styles ou de lobes.

cauliflore (adj.): s'applique lorsque les inflorescences ou les fleurs sont portées sur les parties ligneuses et sans feuilles de la plante contrairement à celles qui sont portées entre les feuilles; le terme général de *cauliflorie* peut alors être précisé pour indiquer que les fleurs sont portées sur des branches horizontales juste derrière les feuilles (*ramiflorie*), sur le tronc principal (*trunciflorie?*) ou sur les axes longs émergeant du tronc principal et s'étendant sur le sol (*flagelliflorie*).

chaton (n. m.): inflorescence en glomérules, sous-tendue par des bractées, généralement pendante et portant de petites fleurs au périanthe réduit ou absent.

cilié (adj.): à la marge bordée de cils.

cimier, en (n. m.): portant un appendice en forme de crête.

circinée, vernation (adj.): qualifie des feuilles qui se développent dans le bourgeon en étant enroulées vers l'intérieur de l'apex vers la base de telle manière que l'apex se trouve au centre de la boucle.

circumscissile (adj.): d'un organe qui s'ouvre ou tombe comme s'il avait été coupé circulairement.

cladode (n. m.): rameau aplati et vert, fonctionnant comme une feuille.

columelle (n. f.): axe central portant les valves d'une capsule déhiscente.

composé (adj.): constitué de plusieurs parties similaires et opposées à 'simple'.

composé palmé (adj.): d'une feuille dont les folioles sont insérées au même point à l'apex du pétiole et qui ressemblent ainsi aux doigts d'une main.

condupliqué (adj.): plié longitudinalement le long d'un axe central, comme dans un U, de telle manière que les faces ventrale et dorsale se trouvent face à face.

conné (adj.): s'applique lorsque deux organes semblables sont soudés.

contorté, contourné ou *tordu* (adj.): pour qualifier des sépales ou des pétales qui sont enroulés dans le bouton en se recouvrant l'un l'autre.

convoluté (adj.): dont les marges se recouvrent dans le bouton.

cordé (adj.): en forme de cœur.

coriace (adj.): épais et rappelant le cuir.

corolle (n. f.): ensemble des pièces du verticille interne du périanthe, les pétales.

corymbe (n. m.): inflorescence ramifiée au sommet plat.

costapalmé (adj.): d'une feuille de palmier à la nervation palmée et au pétiole continu avec une large nervure médiane.

cotylédon (n. m.): feuille primordiale entourant l'embryon dans la graine.

couronne (n. f.): cercle d'appendices généralement soudés en un seul organe et situé entre la corolle et l'androcée.

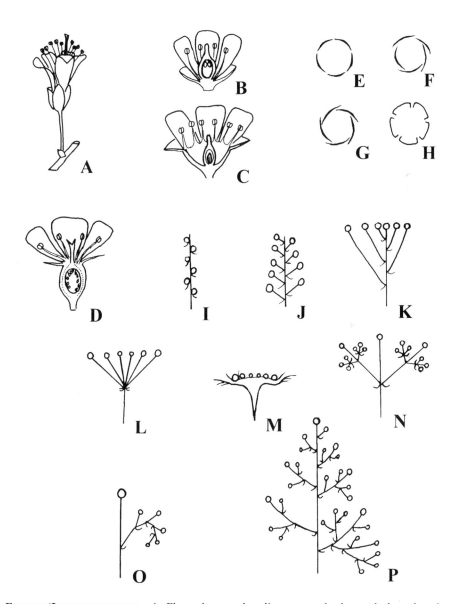

FLEURS/INFLORESCENCES: **A** Fleur hermaphrodite avec sépales, pétales, étamines, style/stigmate; **B** Fleur hypogyne, ovaire supère; **C** Fleur périgyne, ovaire supère; **D** Fleur épigyne, ovaire infère; **E–H**, Préfloraisons: **E** Valvaire; **F** Imbriquée; **G** Tordue; **H** Valvaire-indupliquée; **I–P**, Types Inflorescences: **I** Épi; **J** Grappe; **K** Corymbe; **L** Ombelle; **M** Capitule; **N** Cyme dichotome; **O** Cyme scorpioïde; **P** Panicule.

coussinet, renflement (n. m.): renflement sur le pétiole, souvent accompagné d'une légère courbure.

crénelé (adj.): d'une marge bordé de dents arrondies.

crustacé (adj.): dur, mince et cassant.

cupule (n. f.): structure en forme de coupe sous-tendant certains fruits.

cyathium (n. m., pl. *cyathia*): inflorescence spécialisée de fleurs unisexuées et condensées chez les Euphorbiaceae.

cyme (n. f.): inflorescence ramifiée dans laquelle la fleur centrale s'ouvre d'abord.

décidu (adj.): tombant à la fin d'une période de croissance, contrairement à sempervirent.

décurrent (adj.): d'une feuille dont la base s'étend le long du pétiole.

décussé (adj.): de feuilles opposées dont les paires alternent à angle droit.

déhiscence (n. f.): ouverture spontanée à maturité.

denté (adj.): d'une marge bordée de dents triangulaires et perpendiculaires à la marge.

diadelphe (adj.): aux étamines disposées en 2 groupes.

dichasium (n. m.): inflorescence cymeuse dans laquelle chaque axe porte une paire d'axes latéraux.

dichotomique (adj.): qualifie une ramification en deux parties égales.

didyname (adj.): en deux paires de longueurs inégales.

dioïque (adj.): qualifie des plantes ne portant que des fleurs unisexuées, i.e. que les fleurs mâles sont portées sur un individu différent de celui qui porte les fleurs femelles.

disque (n. m.): excroissance du réceptacle, souvent en forme d'anneau et généralement à l'intérieur de la corolle, qui sécrète le nectar.

distique (adj.): de feuilles alternes disposées régulièrement dans un même plan en deux séries.

dorsifixe (adj.): attaché par la face dorsale, telle l'anthère reliée au filet par le dos.

drupe (n. f.): fruit charnu à une graine, la graine entourée d'une paroi dure, l'endocarpe.

écaille (n. f.): petite bractée sèche.

écailleux (adj.): qualifie un indument présentant de petits disques plans.

échiné (adj.): orné de longues épines raides.

édaphique (adj.): lié au substrat ou au type de sol.

endocarpe (n. m.): paroi dure, souvent osseuse et entourant la graine dans les fruits drupacés.

entier (adj.): à la marge continue ne présentant ni dentitions, ni lobes.

entre-nœud (n. m.): portion d'une tige entre deux nœuds.

épi (n. m.): inflorescence à un seul axe principal portant des fleurs sessiles.

épicalice (n. m.): involucre de bractées sous la fleur et ressemblant à un second calice.

épigé (adj.): d'un type de germination où les cotylédons émergent de la graine et s'élèvent au-dessus du sol par l'hypocotyle.

épine (n. f.): structure dure et pointue.

épineux (adj.): qui porte des épines ou des dents se terminant en épines courtes.

épipétale (adj.): porté sur les pétales.

épiphyte (n. m.): plante poussant sans contact avec le sol, sur une autre plante.

épisépale (adj.): porté sur les sépales.

éricoïde (adj.): portant des feuilles ressemblant à des aiguilles comme celles du genre *Erica* (Ericaceae).

érubescent (adj.): qui devient rouge.

étamine (n. f.): unité mâle dans la fleur portant le pollen, comprenant généralement une anthère portant le pollen sur un axe, le filet.

étendard (n. m.): grand pétale supérieur des fleurs papilionacées des Fabaceae.

s'exfolier (v. pron.): se peler en fines lanières ou couches en parlant de l'écorce externe.

exocarpe (n. f.): couche externe ou peau d'une paroi différenciée du fruit (péricarpe).

exserte (adj.): qui s'étend au-delà des organes enveloppant (généralement les pièces du périanthe).

exsudat (n. m.): terme générique pour désigner tout liquide coulant de pétioles, tiges ou troncs coupés; également appelé latex lorsqu'il est quelque peu laiteux ou épaissi.

extrorse (adj.): qualifie le mode de déhiscence d'une anthère qui s'opère vers l'extérieur de la fleur.

falciforme (adj.): en forme de faux.

fascicule (n. m.): inflorescence constituée d'un groupe condensé de fleurs.

ferrugineux (adj.): teinté de rouille.

feuille (n. f.): structure consistant en un limbe (ou plusieurs), généralement aplati, vert et photosynthétique, porté sur un pétiole (ou d'autres axes comme les rachis ou les pétiolules), et définie par la présence d'un bourgeon à l'aisselle du pétiole (ou du limbe lui même dans le cas des feuilles sessiles lorsque le pétiole est absent) où elle est attachée à la tige.

filet (n. m.): partie amincie de l'étamine qui supporte l'anthère.

filiforme (adj.): mince et délié comme un fil.

fimbrié (adj.): d'une marge découpée comme une frange.

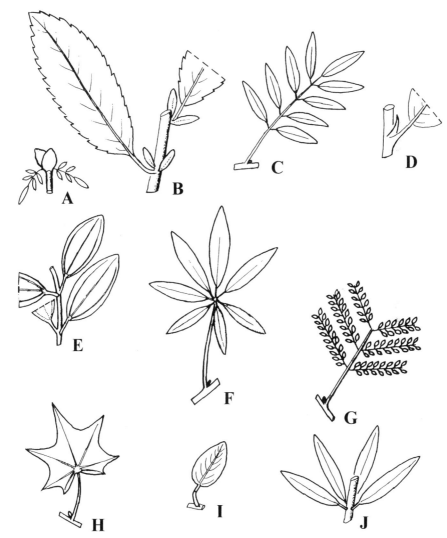

TYPES DES FEUILLES: A Feuilles opposées, composées imparipennées, avec stipules interpétiolaires; **B** Feuilles alternes, simples, serretées, penninerves, avec stipules latérales et libres; **C** Feuille composée imparipennée, folioles avec pétiolule; **D** Feuille alterne, simple, avec stipule intrapétiolaire; **E** Feuilles opposées, simples, triplinerves; **F** Feuille composée, palmée, folioles avec pétiolule; **G** Feuille composée, bipennée, paripennée; **H** Feuille alterne, simple, lobé, palmatinerve; **I** Feuille composée, unifoliolée; **J** Feuilles simples, verticillées.

fleuron (n. m.): désigne chaque fleur interne des inflorescences d'Asteraceae à la corolle brièvement tubulaire et ne présentant pas de longs lobes ligulés.

foliacé (adj.): ressemblant à une feuille.

foliole (n. f.): chaque limbe d'une feuille composée qui est une feuille portant plus d'un limbe.

follicule (n. m.): fruit déhiscent dérivé d'un seul carpelle.

funicule (n. m.): formation ténue portant l'ovule.

fusiforme (adj.): en forme de fuseau, i.e. plus large au milieu et s'atténuant vers les deux extrémités.

géminé (adj.): par paires.

géniculé (adj.): articulé et plié comme un genou.

gibbeux (adj.): d'une corolle montrant une protubérance basale sur un coté.

glabre (adj.): sans indument.

glande (n. f.): structure sécrétant un liquide.

glauque (adj.): couvert d'une poudre pâle, blanchâtre ou bleuâtre.

glomérule (n. m.): inflorescence consistant en un petit groupe dense de fleurs.

glutineux (adj.): poisseux.

gorge (n. f.): zone se trouvant juste sous les lobes à l'ouverture du tube d'une corolle soudée.

gousse (n. f.): fruit déhiscent dérivé d'un seul carpelle chez les Fabaceae.

graine avortée (n. f.): ressemblant à une graine mais sans présenter d'embryon.

gynécée (n. m.): ensemble des pièces femelles dans une fleur.

gynobasique (adj.): d'un style inséré à la base de l'ovaire.

gynodioïque (adj.): qualifie des plantes dont certaines pieds ne portent que des fleurs femelles et d'autres des fleurs hermaphrodites.

gynomonoïque (adj.): qualifie des plantes qui portent à la fois des fleurs femelles et des fleurs hermaphrodites sur le même pied.

gynophore (n. m.): allongement du réceptacle floral portant les pièces femelles.

hermaphrodite (adj.): qualifie des fleurs dont les pièces mâles et femelles sont fonctionnelles.

hétérostylie (n. f.): phénomène florale dans lequel la longueur du style et des étamines varient d'un individu à l'autre.

hile (n. m.): cicatrice sur la graine et correspondant au point d'attache à l'ovaire.

hyalin (adj.): mince et presque transparent.

hypanthium (n. m.): coupe florale entourant l'ovaire et formée des parties soudées des sépales, pétales et étamines.

hypocotyle (n. m. & adj.): axe ou tige d'une plantule sous les cotylédons.

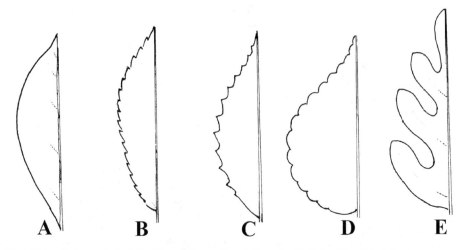

MARGES DES FEUILLES: A Entière; **B** Serretée; **C** Dentée; **D** Crénelée; **E** Lobée.

hypogé (adj.): type de germination, dans lequel les cotylédons restent dans la graine sous la terre ou à la surface du sol.

imbriqué (adj.): qualifie des sépales ou des pétales qui se chevauchent dans le bouton.

imparipenné (adj.): d'une feuille composée avec une foliole terminale perpendiculaire aux folioles latérales.

inclus (adj.): ne s'étendant pas au delà des organes enveloppant (généralement les pièces du périanthe).

indéhiscent (adj.): ne s'ouvrant pas à maturité.

indument (n. m.): tout recouvrement tel que poils, écailles, etc.

indupliqué (adj.): dont les marges des pièces du périanthe sont pliés vers l'intérieur en touchant les pièces adjacentes.

indusie (n. f.): formation membraneuse couvrant les sores des fougères.

infère (adj.): d'un ovaire situé sous le point d'attache du calice, de la corolle et des étamines, la base du calice étant ainsi soudée à l'ovaire.

inflorescence (n. f.): terme générique décrivant la disposition des fleurs sur les axes floraux.

interpétiolaire (adj.): s'applique à une stipule formée par fusion des stipules de feuilles opposées.

intrapétiolaire (adj.): s'applique à une stipule formée de la fusion des deux stipules de la même feuille, et ainsi située entre le pétiole et la tige.

intrastaminal (adj.): d'un disque situé à l'intérieur des étamines, i.e. généralement entre les étamines et l'ovaire.

introrse (adj.): qualifie le mode de déhiscence d'une anthère qui s'opère vers l'intérieur de la fleur.

involucelle (n. m.): petit involucre ou involucre secondaire.

involucre (n. m.): ensemble des bractées insérées sous une fleur ou une inflorescence.

involuté (adj.): s'applique lorsque les bords des feuilles ou des pièces du périanthe sont enroulés vers le haut ou l'extérieur.

irrégulière (adj.): qualifie des fleurs dont la taille, la forme, la position ou le degré de fusion des pièces du périanthe sont inégaux de sorte qu'elles ne présentent pas de symétrie radiale mais au mieux une symétrie bilatérale.

ixoroïde (adj.): relatif à une présentation secondaire du pollen sur le stigmate pour les pollinisateurs comme dans le genre *Ixora* (Rubiaceae).

lacinié (adj.): divisé ou déchiré en lanières étroites et linéaires.

latrorse (adj.): qualifie le mode de déhiscence d'une anthère qui s'opère latéralement vers les anthères adjacentes.

lenticelle (n. f.): point ou renflement liégeux sur une tige ou l'écorce.

ligule (n. f.): appendice en forme de languette.

ligulée, fleur (adj.): dans certaines inflorescences d'Asteraceae, s'applique à chaque fleur externe dont le tube corollin présente une extension en forme de languette déjetée latéralement et ressemblant à un pétale unique.

linéole (n. f.): marque fine ressemblant à une ligne.

locula ou *loge* (n. f.): compartiment ou cellule.

loculicide (adj.): mode de déhiscence d'une capsule dans laquelle la ligne de fracture passe directement dans la loge, le long de sa face dorsale.

lomentum (n. m.) ou fruit lomentacé: fruit des Fabaceae dans lequel les graines sont séparées par des étranglements et qui se fragmentera en autant de morceaux que de graines.

membraneux (adj.): à la texture fine et quelque peu transparente.

-mère: suffixe partitif servant à illustrer le nombre de divisions ou de pièces d'une fleur.

méricarpe (n. m.): partie libre (représentant un seul carpelle) d'un fruit dérivé d'un gynécée apocarpe.

mésocarpe (n. m.): couche médiane et charnue d'une paroi différenciée d'un fruit (péricarpe).

moniliforme (adj.): qualifie un fruit en forme de chapelet du fait de la succession d'éléments renflés contenant les graines et séparés par des étranglements.

monoïque (adj.): qualifie des plantes portant des fleurs unisexuées de chaque sexe, les fleurs mâles et les fleurs femelles étant ainsi présentes sur le même individu.

monopode (n. m.), *monopodial* (adj.): mode de croissance avec un seul tronc non ramifié.

mucroné (adj.): dont la nervure principale s'effile brusquement en une pointe courte, le mucron.

nervation (n. f.): disposition des nervures d'une feuille et parfois des pièces du périanthe.

nervation parallèle (n. f.): qualifie une nervation dans laquelle plusieurs à de multiples nervures parallèles s'étendent de la base à l'apex.

nœud (n. m.): point le long de la tige sur lequel une ou plusieurs feuilles sont attachées.

ochréa (n. f.): gaine tubulaire, fine et membraneuse qui enrobe la tige.

ombelle (n. f.): inflorescence portant des fleurs aux pédicelles de même longueur attachés à un point commun.

onglet (n. m.): partie étroite à la base de certains pétales et ressemblant à un pétiole.

opercule (n. m.): couvercle ou zone couvrant une ouverture.

opposé (adj.): de feuilles insérées sur les cotés opposés de la tige au niveau du même nœud, ou de pièces florales insérées à l'opposé des pièces d'un autre verticille.

ovaire (n. m.): partie basale et élargie du gynécée qui contient les ovules puis les graines dans le fruit.

ovule (n. m.): œuf situé dans l'ovaire qui contient la structure qui deviendra la graine après fécondation.

paléacé (adj.): à la structure rugueuse

palmatinerve (adj.): d'une nervation foliaire dans laquelle il existe plus d'une nervure principale (généralement 3) qui partent de la base du limbe et divergent comme les doigts d'une main, de chacune partant des nervures secondaires.

panicule (n. f.): inflorescence ramifiée portant de multiples fleurs pédicellées.

pappus (n. m.): aigrette de poils sétacés, souvent persistants, à l'apex du tube calicinal des fleurs d'Asteraceae.

paripenné (adj.): d'une feuille composée qui ne présente pas de foliole terminale mais une ou deux foliole(s) latérale(s).

pédicelle (n. m.): axe qui porte une fleur.

pédoncule (n. m.): axe qui porte plusieurs fleurs.

pellucide (adj.): transparent ou translucide.

pelté (adj.): s'applique à une feuille dont le pétiole n'est pas attaché sur la marge du limbe mais en son centre sur la surface; se dit de tout organe attaché à son axe en son centre ou près de son centre.

pennatifide (adj.): lobé et penné.

penne (n. f.): division d'une feuille composée pennée, en particulier pour les folioles des feuilles composées pennées des cycas (*Cycas*), des fougères (*Cyathea*) ou des palmiers (Arecaceae).

penné (adj.): disposé de part et d'autre d'un axe central comme les barbes d'une plume.

penninerve, penninervé (adj.): d'une nervation pennée lorsque les nervures secondaires partent d'une nervure primaire.

percurrent (adj.): d'une nervation foliaire dans laquelle les nervures tertiaires sont connectées perpendiculairement aux nervures secondaires.

périanthe (n. m.): ensemble des pièces de l'enveloppe florale, généralement distingué par le calice externe et la corolle interne.

péricarpe (n. m.): paroi de l'ovaire dans le fruit, parfois différencié en une couche dur interne, l'endocarpe, une couche charnue médiane, le mésocarpe, et une peau externe, l'exocarpe.

périgyne (adj.): d'une fleur dont l'hypanthium est libre de l'ovaire.

pétale (n. m.): chacune des pièces de la corolle, généralement colorées.

pétaloïde (adj.): d'un organe (souvent un sépale) qui n'appartient pas à la corolle mais qui ressemble à un pétale par la couleur ou la forme.

pétiole (n. m.): axe portant la feuille et attaché à la tige.

pétiolule (n. m.): axe portant une foliole et attaché au rachis.

phyllode (n. m.): pétiole ou rachis aplati et prenant la fonction d'un limbe foliaire.

piriforme (adj.): en forme de poire.

pistil (n. m.): ensemble des pièces du gynécée, i.e, l'ovaire, le style et le stigmate.

pistillode (n. m.): vestige du pistil dans une fleur mâle.

placentation centrale libre (n. f.): placentation dans laquelle les ovules sont attachés à une colonne centrale dans un ovaire uniloculaire.

platanoïde, écorce (adj.): de l'écorce externe lorsqu'elle s'exfolie par plaques avec des plaques claires et d'autres plus sombres.

plumeux (adj.): orné de poils duveteux, généralement sur les graines.

pneumatophore (n. m.): extension verticale de racines utilisée dans les échanges gazeux et généralement rencontrée chez les espèces de mangrove.

polygame (adj.): s'applique à une espèce qui porte des fleurs mâles, femelles et hermaphrodites sur le même individu ou sur des individus différents.

polygamo-dioïque (adj.): s'applique à une espèce qui est probablement dioïque dans ses fonctions mais qui porte aussi des fleurs hermaphrodites.

polygamo-monoïque (adj.): s'applique à une espèce qui est probablement monoïque dans ses fonctions mais qui porte aussi des fleurs hermaphrodites.

ponctuation (n. f.): caractère d'un organe marqué de points ou de minuscules impressions rondes.

poricide (adj.): d'un mode de déhiscence des anthères par des pores, généralement apicaux.

préfloraison (n. f.): disposition des pièces du périanthe dans le bouton, qui peut être imbriquée ou valvaire.

protandre, protérandre (adj.): s'applique lorsqu'il y a déhiscence du pollen par les anthères avant que le stigmate ne soit réceptif.

protogyne, protérogyne (adj.): s'applique lorsque le stigmate est réceptif avant déhiscence du pollen par les anthères.

pruine (n. f.): pellicule cireuse.

pseud(o)-: préfixe signifiant 'menteur' appliqué à ce qui apparaît.

pubescence (n. f.): caractère d'un organe couvert de poils.

pulviniforme (adj.): en forme de renflement ou de coussinet.

pyrène (n. m.): dans les fruits drupacés, désigne l'ensemble endocarpe(s) plus graine(s).

racème (n. m.): inflorescence à un seul axe portant des fleurs pédicellées.

rachis (n. m.): axe portant les folioles ou les pennes d'une feuille composée pennée.

ramiflorie (adj.): cf. cauliflorie.

raphé (n. m.): strie sur l'enveloppe de la graine provenant de la fusion d'une partie du funicule.

réceptacle (n. m.): partie terminale, généralement élargie, de l'axe de la fleur et sur laquelle sont insérées les diverses pièces florales.

réfléchi (adj.): plié vers l'arrière.

régulier, ère (adj.): de fleurs dont toutes les parties sont plus ou moins égales en taille et forme, et présentant une symétrie dans laquelle plus d'un plan vertical peut diviser la fleur en moitiés égales.

résupiné (adj.): renversé ou retourné à 180° vers le bas.

réticulé (adj.): d'une nervation dans laquelle les nervures tertiaires sont densément connectées comme dans un filet.

révoluté (adj.): des bords des feuilles ou des pièces du périanthe qui sont roulés en arrière vers la face inférieure ou intérieure.

rhizomateux (adj.): qui produit des extensions rameuses, horizontales et souterraines (rhizomes) desquelles des racines et des rameaux verticaux peuvent émerger.

rhytidome (n. m.): partie externe et morte de l'écorce qui prend souvent des formes caractéristiques.

rotacé (adj.): d'une corolle brièvement soudée en tube et aux lobes étalés à plat.

ruminé (adj.): de l'albumen des graines marqué de divisions transversales lorsque la couche interne s'insinue dans le testa.

samare (n. f.): fruit indéhiscent portant une aile.

scabre (adj.): rude au toucher.

scarieux (adj.): de pièces qui deviennent minces et sèches.

sclérophylle (adj.): caractérisé par des feuilles dures et coriaces.

scorpioïde (adj.): d'une inflorescence en cyme enroulée dans le bouton.

sépale (n. m.): chaque unité du calice, généralement de couleur verte.

sépaloïde (adj.): qui mime un sépale.

septicide (adj.): d'un mode de déhiscence d'une capsule dans laquelle la ligne de fracture traverse ou court le long des parois de loges adjacentes, i.e. des septa.

septifrage (adj.): d'un mode de déhiscence d'une capsule dans laquelle les valves se fracturent loin des septa.

septum (n. m., pl. *septa*): cloison.

serreté (adj.): qui porte des dents à la façon d'une scie, i.e. que les dents sont tournées vers l'apex.

sessile (adj.): sans axe.

sinus (n. m.): échancrure entre deux lobes adjacents.

sore (n. m.): groupe de sporanges sur les feuilles de fougères.

spathe (n. f.): grande bractée enveloppant complètement une inflorescence.

sporange (n. m.): structure dans laquelle sont contenues les spores.

spore (n. m.): structure reproductive des fougères disséminée par le vent.

staminode (n. m.): étamine avortée ou rudimentaire, portant parfois du pollen stérile, dans les fleurs femelles.

stellé (adj.): d'un indument présentant plusieurs segments rayonnants de poils.

stigmate (n. m.): surface réceptive du pollen sur le pistil, généralement située en position apicale.

stipe (n. m.): axe d'un ovaire.

stipelle (n. f.): stipule sous-tendant une foliole dans une feuille composée.

stipité (adj.): porté sur un stipe ou une tige.

stipule (n. f.): appendice foliacé ou épineux rencontré à la base du pétiole de la feuille, au nombre de deux, soit latérales, soit soudées entre elles (intrapétiolaires), ou soudées aux stipules d'une feuille opposée (interpétiolaires); les stipules protègent initialement le bourgeon et sont parfois persistantes.

style (n. m.): partie étroite du pistil servant d'axe au stigmate.

stylopode (n. m.): partie élargie en forme de disque à la base du style.

sub-: préfixe signifiant 'presque' comme dans subopposé

subulé (adj.): en forme d'alène.

succulente (adj.): charnu ou contenant de grandes quantités d'eau.

suffrutescent (adj.): ligneux à la base de la tige et herbacé au-dessus.

supère (adj.): d'un ovaire libre auquel aucune autre pièce florale n'adhère, celles-ci étant toutes insérées sous la base de l'ovaire.

sympode (n. m.), *sympodial* (adj.): d'un mode de ramification dans lequel il n'existe pas un axe principal unique et constant mais plutôt des branches latérales qui se prolongent en une extension terminale.

syncarpe (adj.): composé d'au moins deux carpelles soudés.

tépale (n. m.): chaque unité du périanthe lorsqu'il n'y a pas de différenciation entre le calice et la corolle.

testa (n. m.): tégument de la graine.

thyrse (n. f.): inflorescence en panicule aux axes ultimes en cymes.

tomentum (n. m.): indument dense et laineux formé de trichomes couchés.

toruleux (adj.): irrégulièrement renflé avec des étranglements intermédiaires; similaire à moniliforme.

torus (n. m.): réceptacle.

trichome (n. m.): poil ou soie.

trifoliolé (adj.): d'une feuille composée avec trois folioles.

triplinerve (adj.): d'une nervation avec une nervure médiane et deux nervures secondaires robustes qui partent de la base ou près de la base et s'étendant jusqu'à l'apex ou presque, d'autres nervures secondaires partant de la médiane étant alors peu nombreuses ou absentes.

tristique (adj.): aux feuilles disposées dans trois plans.

tronqué (adj.): dont l'extrémité s'interrompt plus ou moins brusquement.

trunciflorie? (adj.): cf. cauliflorie.

unifoliolé (adj.): d'une feuille à un seul limbe qui comporte un pétiolule distinct ou une articulation à l'apex du pétiole et semblant ainsi représenter une feuille composée réduite à une seule foliole.

uniloculaire (adj.): d'un ovaire qui ne comporte qu'une loge.

unisexué (adj.): d'une fleur qui ne présente de pièces fonctionnelles que d'un sexe.

urcéolé (adj.): en forme de petite outre.

valvaire (adj.): de sépales ou de pétales dont les marges se touchent sans se recouvrir dans le bouton.

valve (adj.): chaque pièce résultant de la fracture d'un fruit déhiscent.

velutineux (adj.): couvert de longs trichomes mous et dressés.

vernation (n. f.): disposition des feuilles dans le bourgeon.

verruqueux (adj.): hérissé de petites excroissances (en principe non piquantes).

versatile (adj.): d'une anthère attachée au filet en un seul point le long de sa face dorsale et capable d'osciller.

verticille (n. m.): terme qui désigne des pièces insérées à un même niveau, comme sur la tige à un nœud ou sur un cercle sur le réceptacle floral.

verticillé (adj.): disposé sur un verticille.

vésiculaire (n. f.): d'un fruit à paroi fine et rempli d'air ou renflé.

vivipare (adj.): d'une graine qui germe alors que le fruit est encore attaché à la plante mère.

INDEX DES NOMS SCIENTIFIQUES

INDEX DES NOMS VERNACULAIRES

amboramahitso	Strychnopsis	ampolymanzava	Mundulea
amborasaba	Burasaia	anakanivato	Stephanostegia
amborasaha	Burasaia	anakaraka	Cordyla
	Hypericum		Milletia
amborasatra	Burasaia		Pongamiopsis
amboravato	Tambourissa	anakaraky	Pongamiopsis
ambosa	Dypsis	anakarobla	Pyranthus
ambotrimorona	Sophora	anakoraky	Uncarina
ambovitsika	Abrahamia	analinidravy	Cynometra
ambovitsika	Craspidospermum	anamambo	Moringa oleifera
	Petchia	anambo	Moringa oleifera
	Pittosporum	anambovahatra	Uapaca
ambovitsiky	Pittosporum	anamorongo	Moringa oleifera
amiana	Obetia	anandaingo	Mussaenda arcuata
amonta	Ficus	ananinombilahy	Cleistanthus
amontana	Ficus	anatsiko	Securinega
amontylahy	Chadsia	andapary	Senna
amota	Ficus	andembavifotsy	Tabernaemontana
ampa	Antiaris	andimbohitse	Erythrophysa
ampahiberavina	Macphersonia	andraba	Brenierea
ampaliala	Perrierodendron	andrabe	Brenierea
ampalibe	Ficus	andraidriala	Xanthocercis
	Polyscias	andramanamora	Malleastrum
ampalibeala	Treculia	andrambafohy	Tabernaemontana
ampalifotsy	Paropsia	andramena	Dalbergia
ampaly	Ficus	andrandao	Cedrelopsis
	Ouratea	andrangihy	Craspidospermum
	Streblus	andranoka	Astrotrichilia
ampana	Ficus	andranota	"Rothmannia"
	Trichilia	andrarano	Trophis
	Trilepisium	andrarazaina	Trema
ampangabe	Cyathea	andrarezana	Trema
ampangaravina	Filicium	andrarezina	Trema
ampany	Ficus	andrarezo	Trema
ampelabemainty	Tinopsis	andrarezona	Trema
ampelafeno	Craspidospermum	andravoka	Polycardia
ampelamainty	Deinbollia	andravoky	Anthostema
ampelambatotse	Dombeya	andrekomora	Cadia
ampitsikabatra	Syzygium	andrengitra	Rhopalocarpus
ampitsikahitra	Cassinopsis	andrevola	Asteropeia
	Homalium	andriamagnamora	Malleastrum
ampodimadinika	Vepris	andriamanahy	Petchia
ampodisasatra	Vepris	andriamanamora	Malleastrum
ampoditavo	Vepris	andriamanamory	Malleastrum
ampoditavoka	Melicope	andriambavifohy	Petchia
ampodivary	Malleastrum		Tabernaemontana
ampody	Burasaia	andriambavinaveotra	Rhopalocarpus
	Crateva	andriambohoaka	Grangeria
	Pentachlaena	andriambolafotsy	Petchia
	Trichilia		Stephanostegia
	Vepris	andriambolafoty	Helmiopsis
ampody madinika	Vepris	andrianadahy	Evonymopsis
ampola	Tinopsis	andrianokoho	Polyscias
ampolindrano	Baudouinia	andrimena	Trilepisium
	Malleastrum	andritsilaitsy	Noronhia
	Vepris	andrivola	Asteropeia
ampoly	Cynometra	andromolahy	Petalodiscus
	Diegodendron	andy	Dialium
	Ivodea		Neobeguea
	Majidea	andybohitse	Erythrophysa
	Vepris	andybohitso	Erythrophysa
ampoly fotsy	Deinbollia	anganahara	Mimusops
ampoly lahy	Vepris	anganahary	Vepris

	Melanophylla	betefoka	Marojejya
baritra	Melanophylla	betinay	Euphorbia
baro	Hibiscus	betoera	Gardenia
beamboza	Ambavia	betondro	Euphorbia
beando	Erythroxylum		Polyscias
beandrona	Malleastrum	betono	Pachypodium
beaty	Vernonia	betrartra	Jatropha
bebilé	Campnosperma	betsila	Uncarina
bedity	Garcinia	bevarany	Albizia
bedoda	Dypsis	bevaza	Lepidotrichilia
befe	Strophanthus	bevoalavo	Capuronianthus
befelatanana	Borassus	biandomadinidravina	Blotia
behanitra	Vepris	bibasiala	Paropsia
behelotsa	Polyscias	bifontsy	Acacia
behoditra	Hymenodictyon	bijofo	Allophylus
beholitse	Hymenodictyon	bijofy	Trophis
	Polyscias	bilahitinany	Melicope
bejofo	Craterispermum	bilahy	Melicope
	Dypsis	boaloaka	Hildegardia
	Gaertnera	boaloaky	Hildegardia
	Molinaea	bodakevo	Paropsia
	Trophis	bohaka	Tinopsis
bekapangaka	Tabernaemontana	bohy	Mimosa
belahe	Melicope	bois de fer	Humbertia
belataka	Thilachium	bois sacré	Baudouinia
belavenono	Craterispermum	bokalahy	Pachypodium
belavonoka	Celtis	bokombio	Ravenea
belavonoky	Celtis	bokony	Polyscias
belelo	Helmiopsiella	bonanga	Cassipourea
	Humbertiella	bonara	Albizia
beloha	Petchia		Cassia
belohalika	Vitex	bonaramainty	Albizia
bemafaitra	Cassinopsis	bonarambaza	Albizia
	Grisollea	bonaranala	Delonix
bemahavoly	Astrotrichilia	bonary	Cassia
bemahova	Brackenridgea		Xylia
	Neobeguea	bonetaka	Croton
	Schizolaena	bongandambo	Dicoryphe
bemalemy	Bembicia	bongo	Erythroxylum
	Gastonia		Garcinia
bemanefoka	Rhopalocarpus		Mammea
bemangitra	Acalypha	bongo fotsy	Mammea
bemfaitra	Quassia	bontaka	Pachypodium
bemofo	Casearia	borabaka	Beguea
bemonofo	"Rothmannia"	boramena	Bauhinia
benonofo	"Rothmannia"		Camptolepis
beoditra	Operculicarya		Hildegardia
	Quivisianthe	boringy	Adansonia
beondroka	Marojejya	boriravina	Baudouinia
berafitse	Phyllanthus	boroboka	Christiana
berando	Petalodiscus	borodoke	Berchemia
beranoampo	Terminalia	boromena	Crateva
beravina	Viguieranthus	borondrano	Ilex
beravy	Omphalea	botiboty	Operculicarya
berehoka	Dombeya	boy	Delonix
	Grewia	bozy	Adansonia
berehoky	Dombeya	bozybe	Adansonia
berindry	Breonia	briaty	Melanophylla
berira	Bussea		Chêne d'Australie
besofina	Dypsis		Grevillea
	Marojejya	chikele	Trichilia
betamba	Micronychia	coeur de boeuf	Annona
betefaka	Dypsis	copalier	Hymenaea

fanamoretraka	Cadia	fandriatotoroka	Deinbollia
fanamovavy	Chadsia	fandribasika	Xylopia
	Mundulea	fandrikosy	Ormocarpopsis
fanamozono	Cadia	fandrimaboavovo	Uncarina
fanamozony	Cadia	fandriosy	Gagnebina
fanampona	Entada	fandrohiosy	Bauhinia
fanamponga	Albizia		Dichrostachys
	Entada	fandrohody	Gagnebina
fanamponga maimbo	Parkia	fandroihosy	Cedrelopsis
fanapogavavy	Parkia	fanemboka	Viguieranthus
fanaponga	Albizia	fanempoka	Viguieranthus
	Entada	fanerana	Psorospermum
fanary	Petchia	fanfara	Turraea
fanavimahitso	Tannodia	fangadiravina	Neotina
fanavimaitso	Rhopalocarpus	fangahamba	Suregada
fanavintrana	Dendrolobium	fangalitra	Sterospermum
fanavitiana	Phyllanthus	fangalitse	Thilachium
fanavodrevo	Melicope	fangampongamantsina	Albizia
fanavy	Dialyceras	fangan babe	Didymeles
fanavy maitso	Leptaulus	fangazalahy	Turraea
fanazabe	Turraea	fangnonahona	Paropsia
fanazava	Blotia	fangora	Phyllanthus
	Petalodiscus		Pittosporum
	Rhopalocarpus	faniavala	Blotia
	Stadmania	fanidravo	Cassinoideae
	Turraea	fanikara	Dypsis
fandamanana	Aphloia	fanilo	Ilex
fandambana	Asteropeia	fanindrano	Cassinoideae
fandifiana	Beguea	fanintsana	Melicope
	Tina	fanjana	Dypsis
fandifianafotsy	Allophylus	fanjavala	Blotia
fandifihana	Allophylus		Petalodiscus
	Tina		Trichilia
fandirana	Weinmannia	fanjavoala	Blotia
fandoabola	Pittosporum	fanjete	Hibiscus
fandrabo	Tina	fankazava	Humbertioturraea
fandrabohantataro	Filicium		Turraea
	Tinopsis	fano	Entada
fandraintotoroka	Pseudopteris	fanoa	Chadsia
fandrambahora	Croton	fanoalafotsy	Asteropeia
fandran	Pandanus	fanoalamena	Asteropeia
fandravolafotsy	Humbertiella	fanola	Asteropeia
fandriambarika	Xylopia	fanolamena	Asteropeia
fandriampinengo	Albizia	fanolindamba	Nesogordonia
fandrianagoaika	Vitex	fanonahana	Paropsia
fandrianakandra	Delonix	fanondambo	Rhopalocarpus
fandrianakanga	Albizia	fanou	Entada
	Bussea	fantipatikala	Phylloctenium
	Cassinopsis	fantsifakana	Tina
	Hirtella	fantsiholitra	Alluaudia
	Humbertiodendron	fantsikahitra	Carissa
	Mimosa		Tarenna
	Molinaea	fantsikaka lahy	Phyllanthus
	Polycardia	fantsikakohomadinidravina	Carissa
	Tetrapterocarpon	fantsikala	Carissa
fandriandambo	Cadaba		Mimosa
	Pentarhopalopilia		Pittosporum
fandrianponenga	Albizia	fantsikalalahy	Carissa
fandriantetoraka	Majidea	fantsikatra	Garcinia
fandriantomendry	Albizia	fantsikoho	Carissa
fandriantomondry	Albizia		Cassinoideae
fandrian-totoroka	Malleastrum	fantsinakoho	Carissa
fandriatotoro	Pseudopteris		Humbertia

fotabe	Barringtonia	hafobolo	Dombeya
fotadrano	Barringtonia	hafodahy	Dombeya
fotatra	Barringtonia	hafodambo	Grewia
fotatrala	Apodytes		Rulinga
foto	Leptolaena	hafodramena	Gagnebina
fotoana	Rhodolaena	hafodrano	Dombeya
fotona	Eremolaena	hafodranofotsy	Dombeya
	Leptolaena	hafodranomena	Dombeya
	Rhodolaena	hafohantsotry	Grewia
	Schizolaena	hafojazo	Dombeya
fotonala	Eremolaena	hafokalalao	Dombeya
fotonalahy	Eremolaena		Grewia
	Leptolaena	hafokorana	Dodonea
fotondahy	Leptolaena	hafomanga	Dombeya
	Schizolaena	hafomantsina	Mimosa
fotondrevaka	Schizolaena	hafomena	Dombeya
fotovolomena	Pyranthus		Grewia
fotsiavadika	Tabernaemontana		Helmiopsis
	Vernonia	hafopotsy	Dombeya
fotsiavadikaranto	Sophora		Grewia
fotsiavalika	Chadsia		Rhopalocarpus
	Pouzolzia	hafopotsy mena	Dombeya
fotsifoa	Allophylus	hafotra	Dombeya
fotsimavo	Pittosporum		Grewia
	Xylopia		Hibiscus
fotsinanahary	Blotia		Neoapaloxylon
fotsivary	Xylopia		Rulinga
fotsivavo	Xylopia		Turraea
fotsivony	Homalium	hafotra fotsy	Humbertianthus
fotsy avadika	Croton	hafotra ambaniankondro	Dombeya
fotsy avady	Croton	hafotra amboaravoara	Dombeya
fotsy dity	Trilepisium	hafotra bonetaka	Dombeya
fotsy-ravo	Croton	hafotra diavorona	Dombeya
fotsyvavy	Xylopia	hafotra endrina	Dombeya
gasiala	Cerbera	hafotra famonofoza	Dombeya
	Doratoxylon	hafotra makolodina	Dombeya
gaviala	Homalium	hafotra merika	Dombeya
gavoala	Neobeguea	hafotra somangana	Dombeya
gavombazaha	Baudouinia	hafotrabelelo	Grewia
gidroa	Mascarenhasia	hafotradiavorona	Dombeya
gidroala	Mascarenhasia	hafotrafotsy	Dombeya
gidroamena	Mascarenhasia	hafotrahavoa	Rhopalocarpus
gidroanala	Mascarenhasia	hafotrakanga	Rhopalocarpus
gidroavavy	Mascarenhasia	hafotrakarako	Dombeya
goaviala	Eugenia	hafotrakora	Astrotrichilia
godroa	Mascarenhasia		Dialyceras
godroala	Mascarenhasia		Grewia
godroanala	Mascarenhasia		Nesogordonia
gora	Ravenea		Rhopalocarpus
goramaky	Azima	hafotrala	Dombeya
goviala	Eugenia	hafotraladia	Dombeya
	Homalium	hafotralady	Dombeya
goyavier	Psidium	hafotralampona	Hibiscus
goyavier de Chine	Psidium	hafotramaladia	Octolepis
hafatraina	Melicope	hafotramalana	Grewia
hafibabolahy	Dombeya	hafotramana	Dombeya
hafimpotsy	Dombeya	hafotrambarahazo	Dombeya
hafina	Christiana	hafotramena	Dombeya
hafitra makoroho	Fernelia	hafotramerika	Dombeya
hafobalo	Dombeya	hafotramkora	Polyalthia
hafobalofotsy	Dombeya	hafotranibaniala	Grewia
hafobalomena	Dombeya	hafotrankora	Rhopalocarpus
hafobaro	Dombeya	hafotrankora fanondambo	Rhopalocarpus

hafotrantsiotry	Grewia
hafotrapotsy	Dombeya
hafotrarano	Brochoneura
hafotraravimboara	Dombeya
hafotravalo	Dombeya
hafotravaloa	Dombeya
hafotsokina	Dombeya
hafotsy	Dombeya
hafoutri-adala	Rulinga
haitsoaty	Ellipanthus
halamboro	Albizia
halambovony	Bembicia
halampo	Helmiopsiella
halampona	Hibiscus
halapo	Dombeya
halapona	Albizia
halasoa	Pyranthus
halimbora	Albizia
halimboromanty	Albizia
halimborono	Albizia
halomboro	Albizia
halomboromahalao	Albizia
halomboromalao	Albizia
halomborona	Albizia
halotona	Tabernaemontana
hamatse	Euphorbia
hambitra	Allophylus
hambonambona	Polyscias
hamboramahintina	Cassinopsis
hamotandrano	Rauvolfia
hampy	Milletia
hana	Bridelia
hanakato	Petchia
handimboky	Erythrophysa
handy	Neobeguea
	Quivisianthe
hanitry	Paropsia
hanitsebarea	Bauhinia
hantataro	Tina
hantohiravina	Filicium longifolium
harahara	Phylloxylon
harahara vavy	Ludia
haraka	Albizia
	Anisophyllea
	Cordyla
	Xanthocercis
	Xylia
haraka fotsy	Cordyla
harakasaka	Givotia
haramboanjo	Brexiella
harandranto	Intsia
harandrato	Dichraeopetalum
	Milletia
hararetra	Mundulea
harina	Bridelia
harizo	Oncostemum
harka	Xylia
harofo	Delonix
haromboreta	Saldinia
haronga	Harungana
harongampanihy	Premna
harongampanihy	Psorospermum
harongana	Harungana

haronganala	Vitex
haronganipanihy	Leptolaena
hary	Bridelia
	Erythroxylum
	Leptolaena
	Turraea
hasimena	Faguetia
hasina	Draceana
hasina lavaravina	Symphonia
hasinala	Paropsia
hasota	Karomia
hasy	Faguetia
hatakataka	Albizia
havao	Dilobeia
havoa	Alantsilodendron
	Albizia
	Octolepis
	Rhopalocarpus
	Viguieranthus
havoa lahy	Rhopalocarpus
havoha	Rhopalocarpus
havozo	Cryptocarya
hazadrano	Dichraeopetalum
hazimasona	Syzygium
hazina	Symphonia
hazinberavina	Symphonia
hazintoho	Oncostemum
haz-mavosevanana	Moringa oleifera
haz-morongo	Moringa oleifera
hazo atambo	Sarcolaena
hazoambato	Homalium
hazoambo	Baudouinia
	Bivinia
	Carissa
	Croton
	Homalium
	Pittosporum
	Suregada
	Xylopia
hazoambomaitso	Ambavia
hazoambomena	Xylopia
hazoanafo	Bridelia
hazoandatra	Schizolaena
hazobe	Capurodendron
	Terminalia
hazobetsifantatra	Filicium longifolium
hazobitapano	Leptaulus
hazoboango	Leptaulus
hazodomoina	Tannodia
hazofady	Mimosa
hazofoho	Didymeles
hazofotindambo	Dombeya
hazofotsy	Coffea
	Homalium
	Koehneria
hazoharaka	Anisophyllea
hazolahy	Carissa
	Petchia
hazolamokana	Mostuea
hazolanary	Plagioscyphus
hazolava	Tetrapterocarpon
hazomaa	Vitex
hazomaeva	Neoharmsia

hazomafaika	Cassinopsis		Zanha
	Dendrolobium	hazomarana	Carallia
hazomafana	Anisophyllea	hazomaroanaka	Carissa
	Dicoryphe	hazomaroranalahy	Humbertiodendron
	Diospyros	hazomasefoy	Delonix
	Micronychia	hazomasina	Anisophyllea
	Paropsia	hazomasy	Anisophyllea
	Turraea		Bathiorhamnus
hazomafana fotsy	Thilachium		Leptolaena
hazomafia	Zanha	hazomavo	Lobanilia
hazomafinto	Zanha	hazombabange	Carallia
hazomafo	Psychotria	hazombala	Senna
hazomafy	Alchornea	hazombalala	Fernelia
hazomahery	Ormocarpopsis		Malleastrum
hazomahogo	Chrysophyllum		Polysphaeria
	Khaya		Senna
hazomahongo	Chrysophyllum	hazombalotra	Breonia
hazomahozo	Majidea	hazombango	Dalbergia
hazomaimbo	Hernandia	hazombany	Pittosporum
hazomainty	Apodytes	hazombaratra	Faurea
	Dicoma		Molinaea
	Dicoryphe		Tisonia
	Diospyros	hazombaro	Albizia
	Erythroxylum		Paropsia
	Malleastrum	hazombaro	Paropsia
	Petalodiscus	hazombarorano	Abrahamia
	Viguieranthus	hazombarorano beravina	Abrahamia
hazomaitso	Apodytes	hazombary	Antirhea
hazomaitso	Tannodia		Beilschmiedia
hazomalahelo	Salix		Pittosporum
hazomalaina	Casearia	hazombatango	Vaughania
hazomalama	Senna	hazombato	Bembicia
hazomalana	Casearia		Calantica
	Hernandia		Carissa
	Moringa		Cassipourea
hazomalandry	Moringa		Dicoryphe
hazomalanga	Hernandia		Hirtella
hazomalangy	Hernandia		Macarisia
hazomalany	Cassipourea		Neotina
	Crateva		Petchia
	Hernandia		Stephanostegia
	Macarisia		Thecacoris
	Melanophylla		Tina
	Molinaea		Tinopsis
	Moringa		Trichilia
	Paropsia	hazombatoberavina	Schefflera
	Pittosporum	hazombatomainty	Cassinoideae
	Viguieranthus	hazombatovavy	Homalium
hazomalanylahy	Macarisia	hazombatritry	Lasiodiscus
hazomalefaka	Casearia	hazombavy	Allophylus
hazomalemy	Macarisia	hazombaza	Karomia
	Rauvolfia	hazombazaha	Colubrina
hazomamandravina	Polycardia	hazombe	Ellipanthus
hazomamo	Vitex	hazombereta	Tinopsis
hazomamy	Anisophyllea	hazombiby	Erythroxylum
	Craterispermum	hazombitiky	Bauhinia
	Lasiodiscus	hazombitro	Filicium
	Pittosporum	hazomboahangy	Macarisia
hazomananjary	Pseudopteris		Turraea
hazomanantsofina	Bembicia	hazomboangilahy	Blotia
hazomanara	Molinaea	hazomboangy	Conchopetalum
hazomanitra	Croton		Suregada
	Foetidia		Trophis

hazongoaika	Mundulea	hazovola mena	Dalbergia
hazonjia	Asteropeia	hazovolo	Dalbergia
	Capurodendron	hazunta moka	Petchia
hazonjiabevavy	Foetidia	heja	Alberta
hazonkataka	Bussea	helabalala	Zanthoxylum
hazontaha	Phyllanthus	helana	Leptolaena
	Rhigozum		Psorospermum
	Tabernaemontana		Sarcolaena
hazontana	Phyllanthus	helatrangidina	Filicium
hazontano	Phyllanthus		Tina
hazontavoahangy	Pachypodium	hendrahedrano	Humbertia
hazontavolo	Trichilia	hendramena	Dalbergia
hazontoho	Carallia	hendratra	Macarisia
	Didymeles	hento	Rauvolfia
	Monoporus	hentona	Grisollea
	Myrsine		Rauvolfia
	Oncostemum	herehitsika	Weinmannia
	Paropsia	heretsika	Weinmannia
hazontohomadinika	Polyscias	herihitsika	Weinmannia
hazontohonala	Myrsine	herobay	Euphorbia
hazontohorano	Polycardia	herokazo	Euphorbia
hazontrandraka	Psychotria		Mascarenhasia
hazontrimpa	Schismatoclada	herondrano	Mascarenhasia
hazontsalamanga	Croton	herotra	Mascarenhasia
hazontsifaka	Allophylus	herotrazo	Mascarenhasia
	Cassinoideae	herozako	Mascarenhasia
hazontsikotry	Polyscias	hetakoaka	Astrotrichilia
hazontsindrano	Homalium	hetatra	Astrotrichilia
hazontsoavoka	Colubrina		Cynometra
hazontsoretro	Tina		Podocarpus
hazopasy	Hirtella	hetatralahy	Alberta
hazoporetaka	Melanophylla	heto	Rauvolfia
hazorevaka	Erythroxylum	hezana	Asteropeia
hazoringitra	Mystroxylon	hezo	Asteropeia
hazoringitsa	Mystroxylon		Bembicia
hazoseha	Asteropeia	hiba	Rauvolfia
hazosiay	Foetidia		Strophanthus
	Myrica	hibaky	Milletia
hazosonjo	Beilschmiedia		Rauvolfia
hazotabako	Vernoniopsis	hidina	Aphananthe
hazotahintsy	Craspidospermum	hidiny	Schrebera
hazotana	Dalbergia	hidy	Aphananthe
hazotohatsy	Benoistia	hikabe	Tabernaemontana
hazotoho	Didymeles	hily	Helmiopsis
	Turraea	hintsakinsa	Delonix
hazotohorideano	Turraea	hintsakintsana	Senna
hazotokana	Brachylaena	hintsi	Intsia
hazotolaka	Strychnopsis	hintsika	Intsia
hazototsa	Benoistia	hintsikafitra	Intsia
hazotseha	Asteropeia	hintsina	Delonix
hazotsifaka	Celtis		Intsia
hazotsifaky	Suregada	hintsofotsy	Adenanthera
hazotsikorovona	Tricalysia	hintsomena	Adenanthera
hazovao	Dilobeia	hintsy	Intsia
hazove	Terminalia	hirendry	Chassalia
hazoviary	Aspidostemon		Saldinia
hazovoala	Dalbergia	hirihiry	Dypsis
hazovola	Albizia	hirikirika	Dombeya
	Dalbergia	hiropomalandy	Turraea
	Turraea	hitsakintsana	Senna
hazovola fotsy	Dalbergia	hitsakitsaka	Senna
hazovola hitsika	Dalbergia	hitsakitsana	Albizia
hazovola mainty	Dalbergia		Delonix

katafa	Cedrelopsis	kinandro	Dendrolobium
kato	Tabernaemontana	kinanonitra	Allophylus
katoka	Treculia	kindro	Dypsis
katrafaha	Cedrelopsis	kinipantrogona	Turraea
katrafay	Cedrelopsis	kintrondambo	Bauhinia
katrafay dobo	Cedrelopsis	kintsakintsa	Albizia
katrafay filo	Cedrelopsis		Parkia
katrafay lahy	Cedrelopsis	kintsakintsana	Albizia
katrafay mafana	Cedrelopsis	kintsakintsana	Parkia
katrafay vatany	Cedrelopsis		Senna
katratra	Jatropha	kintsakintsanala	Tetrapterocarpon
katsa	Caesalpinia	kintsakitsana	Albizia
katsakatsy	Dichraeopetalum	kintsy	Cassinoideae
katsomata	Kaliphora	kioroa	Turraea
kaya	Khaya	kipantrizona	Kaliphora
kazambito	Allophylus	kipantrogona	Kaliphora
kazofotsy	Dombeya	kipatrozana	Grevea
kebono (seed alone)	Cerbera	kipipika	Crateva
kedrakitsa	Vaughania	kipisopiso	Koehneria
keliony	Crateva	kirajy	Acridocarpus
kerehibika	Turraea	kirandrambaiavy	Olax
khaya	Khaya	kirandrambiavy	Colubrina
kibontongatra	Melanophylla	kiranjy	Malleastrum
kidinala	Albizia	kirava	Acacia
kidroa	Delonix		Mimosa
	Mascarenhasia	kirihitse	Haplocoelum
kidroala	Mascarenhasia	kiringi ravina	Filicium
kidroalahy	Mascarenhasia	kirondro	Majidea
kidroanala	Mascarenhasia		Perriera madagascariensis
kidroandrano	Mascarenhasia	kironono	Capurodendron
kifafa	Maerua		Carissa
kifafala	Maerua		Stephanostegia
kifatra	Rhodocolea	kirontsana	Macarisia
kifatry	Gagnebina	kisaka	Brachylaena
kifaty	Gagnebina		Diegodendron
kifiatry	Albizia		Paropsia
kifiatsy	Gagnebina	kitaniky	Celtis
kifiaty	Albizia	kitata	Bridelia
kifiky	Turraea		Capuronia
kifio	Acalypha		Evonymopsis
kijejalahinala	Vernonia	kitomba	Caesalpinia
kijejalahy	Vernonia	kitoto	Perrierodendron
kijejelahy	Thilachium	kitrombaingy	Bauhinia
kijy	Symphonia	kitronaomby	Bauhinia
kilango	Brachylaena	kitsakintsambe	Albizia
kilangola	Vernonia	kitsakitsabe	Albizia
kilangolahy	Vernonia		Delonix
kilihoto	Neoapaloxylon	kitsakitsona	Albizia
kililo	Isolona	kitsangitsangy	Allophylus
	Trilepisium	kitsao	Pongamiopsis
kilily	Trilepisium	kitsendro	Commiphora
kilioty	Xanthocercis	kitsimba	Tetrapterocarpon
kilo	Foetidia	kitsongo	Milletia
kily	Tamarindus	kivazo	Vitex
kily vazaha	Albizia	kivoso	Melanophylla
kimavo	Perrierophytum	kivozy	Ficus
kimba	Symphonia		Helmiopsiella
kimba kely	Symphonia	kiza	Symphonia
kimbavavy	Symphonia	kizakely	Symphonia
kimbay	Terminalia	kizalahy	Symphonia
kimesamesa	Gaertnera	kizarano	Symphonia
kimondromondro	Pachypodium	kizaravindrotra	Symphonia
kinandrandriaka	Dendrolobium	kizavavy	Symphonia

lanarivantsilara	Neotina	lintanambato	Stephanostegia
lanary	Capuronianthus	litsaky	Foetidia
	Deinbollia	litsy	Ormocarpopsis
Molinaea		livoro	Tabernaemontana
	Neotina	livory	Tabernaemontana
	Ochna	livory madinidravina	Tabernaemontana
Ouratea		loharanga	Ravenea
	Plagioscyphus	lohavato	Hymenodictyon
	Senna	lohindry	Cleistanthus
	Tina		Malleastrum
	Tinopsis	lokomoty	Gardenia
lanary elatrangidina	Beguea		Pyrostria
lanary mainty	Plagioscyphus	lolobemisihariva	Boscia
lanary tenany	Tina	lombiro	Dialyceras
landemilahy	Anthocleista		Rhopalocarpus
landemy	Anthocleista	lombiroala	Rhopalocarpus
landrazo	Cordyla	lombirohazo	Rhopalocarpus
langoala	Chassalia	lombiry	Dialyceras
lanira	Macphersonia		Rhopalocarpus
laro	Euphorbia	lomontsohy	Rhodocolea
	Leptolaena	lomotsohy	Fernandoa
lasalasa	Croton	lomparimbarika	Dillenia
lasiala	Brexia	lompingo	Xylopia
	Plagioscyphus	lona	Alberta
latabarika	Dombeya	longetse	Boscia
	Helmiopsiella	longitsy	Boscia
latakakoho	Chadsia	longodramena	Plagioscyphus
latakakoholahy	Chadsia	longoha	Tina
latakalaotra	Xylocarpus	longopotsy	Schizolaena
latakan-antalaotra	Xylocarpus	longotra	Dicoryphe
latakantalaotra	Xylocarpus	longotra fotsy	Aspidostemon
latakasoavaly	Cassia	longotra mena	Aspidostemon
latakombala	Maerua	longotrafotsy	Schizolaena
latamboriky	Paropsia	longotramavokely	Schizolaena
latansifaka	Uvaria	longotramena	Scolopia
latapiso	Sophora	lonotra fotsy	Dicoryphe
latasoavaly	Cassia	lopaka	Dypsis
latatsoavaly	Cassia	lopalombarika	Dillenia
lavaboka	Dypsis	loparimbarika	Dillenia
lavaboko	Dypsis	losy	Berchemia
lavahavay	Pterygota		Colubrina
lavaravy	Filicium longifolium	lovainafy	Dichraeopetalum
lavatsio	Macaranga	lovanafia	Dichraeopetalum
lavavay	Bembicia	lovanafy	Dichraeopetalum
lazalaza	Croton	lovanjafia	Dichraeopetalum
lazaza	Cordyla	lovanjafy	Dichraeopetalum
lazo	Ficus		Milletia
lehevozaka	Pouzolzia	lovoro	Tabernaemontana
lehna	Clerodendrum	lovory	Tabernaemontana
lelatran draka	Vaughania	lovory madinidravina	Tabernaemontana
lemoazy	Turraea	ma	Dombeya
lena	Clerodendrum	maambelona	Commiphora
lendemilahy	Anthocleista	mabolesaka	Turraea
lendemilany	Anthocleista	macoloda	Dombeya
lendemy	Anthocleista	madaroboka	Barringtonia
	Craspidospermum	madeo	Senna
lengo	Apodytes	madilo	Tamarindus
lengohazo	Saldinia	madiniboa	Senna
letaka	Carallia	madinipiteo	Mostuea
letrazo	Noronhia	madiorano	Bertiera
letriberavina	Ellipanthus		Leptolaena
leza	Phyllanthus		Pauridiantha
lingo	Croton	madiovozona	Dypsis

mamololo	Uncarina		Pongamiopsis
mamonianpotorany	Turraea	manary adabo	Dalbergia
mamozombo	Schizolaena	manary baomby	Dalbergia
mampandry	Cedrelopsis	manary be	Dalbergia
	Molinaea	manary belity	Dalbergia
mampandry lahy	Cedrelopsis	manary beravy	Dalbergia
mampay	Baudouinia	manary bomby	Dalbergia
	Cynometra	manary boraka	Albizia
	Eligmocarpus		Dalbergia
	Viguieranthus	manary botry	Milletia
mampay beravina	Cynometra	manary boty	Albizia
mampay madini-dravina	Cynometra		Dalbergia
mampetry	Cynometra	manary fia	Milletia
mampiary	Apodytes	manary fotsy	Dalbergia
mampihe	Albizia	manary havo	Dalbergia
mampisaraka	Abrahamia	manary havoha	Dalbergia
	Apodytes	manary joby	Dalbergia
	Humbertioturraea	manary ketsana	Dalbergia
	Suregada	manary kiboty	Dalbergia
	Turraea	manary mainty	Dalbergia
mampisaraky	Apodytes	manary malandy	Dalbergia
mampody fotsy	Vepris	manary mavo	Dalbergia
mampohehy	Albizia	manary mendoravina	Dalbergia
mampolindrano	Malleastrum	manary tolo	Dalbergia
mampoly	Deinbollia	manary toloha	Milletia
	Rauvolfia	manary toloho	Dalbergia
mampoza	Dombeya	manary toloho lahy	Dalbergia
mana	Dombeya	manary tomboditotse	Dalbergia
manadriso	Cadia	manary tsianaloka	Dalbergia
manafotsy	Dombeya	manary tsiantondro	Dalbergia
manala	Dombeya	manary vantany	Dalbergia
manambe	Dypsis	manary vatana	Dalbergia
manamena	Dombeya	manary vato	Dalbergia
manamora	Malleastrum	manary vazanomby	Dalbergia
manangona	Neoharmsia	manary voraka	Dalbergia
	Sakoanala	manary voroka	Milletia
manangony	Neoharmsia	manavidrevo	Abrahamia
mananitra	Brachylaena	manavodrevo	Abrahamia
mananjara	Dombeya		Elaeocarpus
mananteza	Androya		Neotina
manantombobitse	Dalbergia	manavondrevo	Vepris
manantsadrano	Abrahamia	mandaka lahy	Chloroxylon
manara	Beccariophoenix	mandakola	Fagaropsis
	Cadia	mandakolahy	Fagaropsis
	Ravenea	mandanozezika	Masoala
manarakandro	Bauhinia	mandanzezika	Marojejya
manarano	Beccariophoenix	mandaoza	Colubrina
manaravaky	Danguyodrypetes	mandavena	Leptaulus
manariboty	Albizia	mandavenona	Leptaulus
manarimbokamalamy	Albizia	mandoavato	Dombeya
manarimboraka	Albizia	mandoha	Dombeya
	Dalbergia	mandohavato	Dombeya
manarin toloho	Cedrelopsis	mandravasarotra	Cinnamosma
manarinalafia	Dalbergia	mandravokina	Anthostema
manarindrano	Pongamiopsis	mandravoky	Anthostema
manarintoloho	Albizia	mandresy	Allophylus
manarintsaka	Dalbergia		Ficus
manaritoloha	Xanthocercis		Omphalea
manarivorakabe	Milletia	mandrevonono	Leptaulus
manarivoroko	Dalbergia	mandrio	Allophylus
manary	Albizia	mandrirofo	Hymenaea
	Chadsia	mandrisa	Albizia
	Dalbergia	mandritokana	Bembicia

	Craspidospermum	masonambatsy		Chionanthus
	Melanophylla	masonampa		Bauhinia
marefy	Bauhinia	masondrenetsa		Rhopalocarpus
mariavandana	Dialium	masonjoana		Brachylaena
marimbody	Macarisia			Tarenna
maringitra	Homalium	masonombilahy		Tinopsis
maroakora	Celtis	matahazo		Acridocarpus
maroala	Beccariophoenix	matahora		Cedrelopsis
	Dypsis	matalhazo		Acridocarpus
maroalavehivavy	Marojejya	matambelo		Commiphora
maroambody	Allantospermum			Sakoanala
maroampototra	Albizia	matambelona		Polycardia
	Allantospermum			Polyscias
	Doratoxylon	matifihoditra		Allophylus
	Macphersonia			Bauhinia
	Malleastrum	matifioditra		Cassinoideae
maroampototry	Carissa	matitana		Dypsis
maroampotra	Albizia	matitanana		Dypsis
	Dalbergia	matora		Mussaenda
maroanaka	Carissa	matrambody		Asteropeia
maroando	Blotia			Macarisia
	Macphersonia	mavamba		Brandzeia
	Malleastrum	maveravy		Acridocarpus
maroandrano	Blotia	mavodravina		Acridocarpus
maroandrano	Macphersonia	mavofeno		Grevea
maroatody	Nematostylis	mavoha		Xylopia
maroda	Tina	mavokely		Croton
marodana	Plagioscyphus	mavondrevo		Vepris
marodimpeky	Camptolepis	mavoravina		Acridocarpus
marodina	Doratoxylon			Croton
	Tina			Grisollea
marodona	Doratoxylon			Pittosporum
	Molinaea	mavoravo		Acridocarpus
	Tina	mavoravy		Heritiera
	Tinopsis	mavovona		Psychotria
marodonala	Molinaea	mazonkoaka		Macarisia
marody	Tetrapterocarpon	melemisisika		Rhodolaena
	Tina	melodrovoany		Majidea
marofatika	Carissa	membofary		Bembicia
marohidina	Tina	memboloha		Pittosporum
maroiravy	Plagioscyphus	membovitsiky		Pittosporum
marolahy	Clerodendrum	menafata		Doratoxylon
marombody	Tinopsis	menafatana		Cassinoideae
marompototra	Acalypha	menafelana		Carphalea
maronono	Astrocassine	menafo		Calodecaryia
maroravena	Acridocarpus	menafotonalahy		Tinopsis
maroravina	Acridocarpus	menahilahy		Erythroxylum
marosarana	Moringa	menahy		Afrosavia
maroserana	Moringa			Erythroxylum
marosirala	Leptolaena			Helmiopsis
marosirana	Moringa			Ixora
marotampona	Syzygium			Ochna
marotampony	Syzygium			Ouratea
marotsaka	Breonia			Securinega
marovelo	Vepris			Tina
marovelona	Vepris			Trichilia
masadahy	Noronhia			Xylia
masalana	Grisollea	menahy drano		Erythroxylum
masikariva	Phyllanthus	menahy lahy		Eremolaena
masikarivo	Phyllanthus			Ouratea
masinjana	Brachylaena	menahy tavako		Brackenridgea
masinjoana	Tarenna	menahy vavy		Erythroxylum
masomkary	Pyrostria	menalaingo		Petchia

morange	Xylopia	nato solasolaravina	Faucherea
morango	Albizia	nato takoko	Sideroxylon
	Pongamiopsis	nato vasihy	Mimusops
	Senna	nato voalela	Mimusops
morango vavy	Albizia	nato voasihy	Mimusops
moranjabe	Brandzeia	natobariatra	Faucherea
morasira	Blotia	natoberavina	Faucherea
	Grangeria		Labramia
moroganamara	Mimusops	natoboka	Abrahamia
morogasy	Tabernaemontana		Faucherea
moromony	Heritiera	natobora	Faucherea
moromotraka	Albizia	natoboronkahaka	Manilkara
morongo	Moringa oleifera	natofotsy	Foetidia
mosesy	Malleastrum	natohafotra	Foetidia
mosotro	Xylocarpus	natohazotsiriana	Faucherea
mosotsy	Euphorbia	natojirika	Faucherea
motalahy	Acridocarpus	natolililahy	Capurodendron
motalazy	Acridocarpus	natomadinidravina	Faucherea
motrobeatignana	Cinnamosma	natomenavoagolo	Mimusops
motrobetinaina	Cinnamosma	natomenavoajofo	Mimusops
motrobetinana	Cinnamosma	natondriaka	Mimusops
motso	Syzygium	natondriakalahy	Mimusops
moty	Chadsia	natonjerika	Grisollea
mouatza	Trichilia	natonjirika	Faucherea
mpanjkake be ny tany	Baudouinia	natoriaka	Faucherea
namolaona	Foetidia	natotendrokazo	Mimusops
namolona	Foetidia	natotily	Mimusops
nandrorofo	Hymenaea	natotsaka	Capurodendron
nanto	Capurodendron	natovasihy	Labramia
nanto bariatra	Faucherea	natovoasihy	Faucherea
nanto belatrozana	Manilkara	natovoraka	Faucherea
nanto beravina	Campnosperma		Manilkara
nanto lohindry	Mimusops	ndramagnamora	Malleastrum
nantobora	Faucherea	ndrambafoaky	Rauvolfia
nantofotsy	Pittosporum	ndramiantsitsy	Capurodendron
nantohafotra	Foetidia	ndramintsitsy	Capurodendron
nantomainty	Mimusops	ndranamamora	Malleastrum
nantomena	Faucherea	ndranamora	Malleastrum
nantonengitra	Capurodendron	ndremanamoro	Malleastrum
nantou	Labourdonnaisia	ndremitsiry	Capurodendron
nantou mena	Manilkara	ndriamamora	Malleastrum
nantou-bora	Labramia	ndriandaitsy	Calodecaryia
nantovasihy	Faucherea	nempadaloatra	Syzygium
	Labramia	niaouli	Melaleuca
nato	Baudouinia	nifinzaza	Homalium
	Capurodendron	nofinakoha	Melanophylla
	Manilkara	nofotrakoho	Mussaenda
	Sideroxylon		Tricalysia
nato boka	Manilkara	nofotrakoro	Ilex
nato boraka	Faucherea	nohondahy	Ficus
nato cochon	Mimusops	nondroroho	Alluaudia
nato entika	Faucherea	nonkambe	Gardenia
nato hazotsiariana	Sideroxylon	nonoka	Ficus
nato hiriaka	Faucherea	nounka	Petchia
nato hoke	Faucherea	oapaka	Uapaca
nato jiraka	Faucherea	odiandro	Burasaia
nato keliravina	Faucherea		Strychnopsis
nato kirono	Capurodendron	odifo	Astrotrichilia
nato lahy	Faucherea		Neotina
nato madinika ravina	Mimusops		Tina
nato makaka	Mimusops	odikaka	Croton
nato ramiaraka	Mimusops	odimamo	Grisollea
nato ravimboanjo	Faucherea	odipatika	Streblus

ramiavondafa	Tina	Evonymopsis
ramidensanala	Buxus	Plagioscyphus
ramifotsy	Apodocephala	Turraea
ramilevina	Polyscias	reaotsy	Ormocarpum
ramiraningitra	Ficus	rebosa	Melicope
ramiranja	Mascarenhasia	rebosy	Melicope
ramiringitra	Ficus	rehamonty	Chadsia
ramoha	Omphalea	rehampy	Brexia
ramorona	Turraea		Carphalea
ramy	Canarium	rehazo	Dypsis
	Schefflera	rehena	Bauhinia
ramy mainty	Canarium	rehetsika	Weinmannia
ramy mena	Canarium	rehiaka	Chrysophyllum
ranaindo	Kaliphora	rehiaky	Chrysophyllum
randrampody	Fernelia		Filicium
randrombito	Tarenna	rehiana	Aristogeitonia
randrombitro	Tarenna	rehiba	Rauvolfia
randrompody	Tarenna	rehicky	Chrysophyllum
ranendo	Kaliphora	rei-rei	Ophiocolea
ranga	Brexiella	relambo	Uvaria
	Cassinoideae	relefo	Carissa
rangifotsy	Brexiella	relima	Bauhinia
rangivavy	Tina	remaitso	Olax
rangomafitry	Foetidia		Trichilia
rangy	Brexiella	remandry	Vepris
ranjonomby	Chassalia	remeloka	Malleastrum
ranoandatra	Weinmannia	remena	Bauhinia
ranobemivalana	Dicoryphe	remetso	Leptaulus
ranorambe	Macphersonia		Psychotria
raosy	Dypsis	remonty	Chadsia
raozo	Thilachium		Ormocarpopsis
rara	Brochoneura	remoty	Chadsia
	Haematodendron	renala	Adansonia
	Mauloutchia	renditra be	Rhopalocarpus
rarabe	Mauloutchia	rengana	Albizia
raraha	Brochoneura	rengitra	Rhopalocarpus
	Mauloutchia		Xylopia
rarahala	Mauloutchia	rengitrabe	Rhopalocarpus
rarakonkana	Mauloutchia	reniala	Adansonia
raramainty	Mauloutchia	repaly	Boscia
raramena	Mauloutchia	reringitsy	Capitanopsis
raramolotrandrongo	Mauloutchia	resiaky	Mundulea
rarandambo	Mauloutchia	resompatra	Astrotrichilia
rasa	Weinmannia	resonjo	Beilschmiedia
ratsara	Olax	retanana	Ravenea
ravensara	Cryptocarya	retantely	Turraea
ravimbe	Marojejya	retendrika	Paropsia
ravimbontro	Dypsis	retipony	Macarisia
ravinala	Ravenala	retsara	Bembicia
ravinamafy	Ravenala	riaria	Ophiocolea
ravinaviotra	Ellipanthus	ridroanala	Mascarenhasia
	Rhopalocarpus	riketa	Uncarina
ravinovy	Bathiorhamnus	rimbondambo	Haplocoelum
	Lasiodiscus	rindisindi	Senna
ravintay	Dombeya	ringitra	Rhopalocarpus
	Uncarina		Weinmannia
ravintsara	Cryptocarya	ringitsy	Weinmannia
ravintsingy	Omphalea	ringy	Adansonia
ravintsira	Dypsis	riona	Dilobeia
ravitsitsihina	Dicoryphe	ripika	Allophylus
ravkanda	Lumnitzera	roaravina	Capitanopsis
razorazo	Macphersonia	robantsy	Acacia
reampy	Brexia	robary	Syzygium

sana lehiberanina	Elaeocarpus		Tina
sana menaravina	Elaeocarpus		Tinopsis
sana voloina	Elaeocarpus	sanirambe	Macphersonia
sanabe	Anthocleista		Malleastrum
sanaka	Schrebera	sanirambelala	Macphersonia
sanalahy	Elaeocarpus	saniramboanjo beravina	Quivisianthe
sanamena	Alberta	sanirana	Phyllanthus
sanatrimena	Turraea		Tina
sanavavy	Elaeocarpus	sanirandrongo	Filicium
sanda	Albizia	saniratanala	Tinopsis
sandahy	Albizia	saniravavy	Macphersonia
	Cedrelopsis	saniravoloina	Macphersonia
sandaky	Albizia	sanotramiramy	Poupartia
sandraha	Albizia	sapemba	Albizia
sandraka	Albizia	sarafany	Albizia
sandrakadraka	Leea	sarantsoa	Vepris
sandramiramy	Abrahamia	saravindratovy	Grewia
sandramivavy	Abrahamia	saribotaka	Pachypodium
sandramy	Abrahamia	sarifany	Delonix
	Molinaea		Senna
	Tina		Tetrapterocarpon
sandramy mena	Micronychia	sarifatra	Leptolaena
sandraromenaka	Bembicia	sarifilao	Maerua
sandraza	Dalbergia	sarifotsy	Clerodendrum
sandrazy	Albizia	sarihalomboro	Albizia
	Xanthocercis	sarihasy	Omphalea
sandriaka	Myrica	sariheza	Acridocarpus
sangajy	Vepris	sarihompy	Astrotrichilia
sangan'ahoholahy	Chadsia	sarihonko	Lumnitzera
sanganakoholahy	Chadsia	sarikaboka	Tabernaemontana
	Molinaea	sarikifatsy	Pongamiopsis
	Turraea	sarikitata	Paropsia
sanganakolahy	Pittosporum	sarikitsongo	Milletia
sangaratra	Mimosa	sarikomanga	Berchemia
sangaravatsy	Senna		Delonix
sangaretra	Mimosa		Thilachium
sangiramantingory	Gaertnera	sarikompy	Carissa
	Psychotria	sarilaza	Neoapaloxylon
sangozaza	Chadsia	sarimadiovozona	Dypsis
	Ormocarpopsis	sarimadiro	Bussea
sanira	Doratoxylon	sarimaivalafika	Molinaea
	Filicium	sarimbaro	Christiana
	Haplocoelum	sarimokara	Christiana
	Macphersonia	sarinanto	Molinaea
	Malleastrum	sarinato	Molinaea
	Molinaea	sarindriaka	Myrica
	Neotina	saringavo	Xylocarpus
	Phyllanthus	saringaza	Delonix
	Plagioscyphus	saringoazy	Colvillea
	Stadmania	sarintsoa	Maytenus
	Tina	sarintsoha	Catunaregam
	Tinopsis		Mundulea
sanira be	Phyllanthus		Mundulea
sanira beravina	Tinopsis	saripima	Turraea
sanira fotsy	Tina	sariringitra	Rhopalocarpus
sanira tandroy	Phyllanthus	sarirotra	Camptolepis
saniraberavina	Phyllanthus	sarisandroy	Dombeya
sanirafotsy	Weinmannia	sarisehaka	Malleastrum
saniramamy	Tinopsis	sarisiaka	Malleastrum
sanirambalala	Tinopsis	saritangena	Strophanthus
sanirambaza	Allophylus	saritsoha	Suregada
	Tina	sarivakakoa	Trichilia
sanirambazaha	Plagioscyphus	sarivandrika	"Rothmannia"

soaravina	Breonadia	somoro kely	Croton
	Breonia	somoro madinika	Croton
	Homalium	somorombohitse	Tabernaemontana
	Ixora	somotororana	Trichilia
soaravinala	Breonia	somotratrangy	Sakoanala
soaravy	Breonadia	somotratsangy	Xanthocercis
soasampa	Benoistia	somotrorana	Beguea
soavany	Turraea		Chouxia
sodifafa	Allophylus		Macphersonia
sodifafana	Allophylus		Molinaea
sodihazo	Tabernaemontana		Plagioscyphus
sodindranto	Breonadia		Tina
sofasofa	Ormocarpopsis		Tinopsis
sofiakomba	Xyloolaena	somotrorana fotsy	Macphersonia
sofiankomba	Xyloolaena	somotroranalahy	Molinaea
sofikomba	"Rothmannia"		Plagioscyphus
sofinankomba	"Rothmannia"	somotrorandahy	Molinaea
sofindambo	Phyllanthus	somotrorantseva	Majidea
sofinkomba	Xyloolaena	somotrora-sova	Majidea
sofintsohy	Ophiocolea	somotrorona	Stadmania
	Rhodocolea	somotrozoma	Chouxia
sofintsoy	Cadia	somotsohy	Astrotrichilia
sohihala	Alberta		Deinbollia
sohihiy	Manilkara		Fernandoa
sohihy	Abrahamia	somotsoy	Chadsia
	Breonadia	somoy	Pachypodium
	Filicium longifolium	sompatra	Astrotrichilia
	Viguieranthus	sompoko	Malleastrum
sohy	Abrahamia	sondriry	Sorindeia
sohy	Breonadia	songery	Sonneratia
soindro	Ravenea	songo	Alluaudia
sokazo	Allophylus	songo-barika	Alluaudia
sokinala	Turraea	songobe	Alluaudia
sokiomena	Weinmannia	songosongo	Pachypodium
solanje	Zygophyllum	sontrokanolahy	Majidea
solenty	Maerua	sony	Alluaudia
solete	Maerua		Didierea
soletry	Maerua	sony-barika	Didierea
solety	Maerua	soraitra	Plagioscyphus
somanga	Boscia	soretra	Filicium
	Dombeya		Tina
	Thilachium	soretriala	Plagioscyphus
somangana	Dombeya		Tina
somanganala	Boscia	soretry	Abrahamia
somangapaka	Boscia		Molinaea
somangilahy	Maerua		Plagioscyphus
somangilenty	Maerua		Tina
somangileta	Maerua	soretry beravina	Tinopsis
somangy	Boscia	sorokofika	Psychotria
	Thilachium	sosoka	Abrahamia
somangy paka	Boscia	sotro	Phylloxylon
somara	Hirtella	sovodrano	Dalbergia
somatrangaka	Tarenna	sovoka	Colubrina
somely	Broussonetia		Dalbergia
somisika	Buxus		Lasiodiscus
somo	Pachypodium	sovondrano	Dendrolobium
somondranto	Breonia	soy	Breonadia
somontsohy	Fernandoa	suhihi	Acridocarpus
somoratsy	Alluaudia	tabarika	Turraea
	Croton	tabariky	Grewia
	Dombeya	tabily	Operculicarya
	Hibiscus	taborantalaotra	Xylocarpus
somoro		taboronondrilahy	Chionanthus

tandria	Rhopalocarpus
tandrifany	Calantica
tandrofo	Hymenaea
tandrokosiala	Petchia
tandrokosilahy	Petchia
tandrokosivavy	Petchia
tandrokosy	Mascarenhasia
	Petchia
tandroroho	Hymenaea
tangaina	Cerbera
tangampoly	Bruguiera
tangena	Cerbera
	Crateva
tangena-mitsara	Cerbera
tangenala	Rauvolfia
tangenitsara	Cerbera
taniakanga	Albizia
tanisy	Salvadora
tanjaka	Humbertioturraea
tanjake	Anacolosa
tanjaky	Anacolosa
tankindambo	Milletia
tanoravovona	Albizia
tanratana	Dillenia
tantorakolaky	Trichilia
tantsilana	Polyscias
taokonampotatra	Dypsis
taolafoty	Rhopalocarpus
taolakena	Phyllanthus
taolakofotra	Grewia
taolambindro	Allophylus
taolambito	Allophylus
taolambodiakoha	Burasaia
taolanana	"Rothmannia"
	Antirhea
	Carissa
taolanana lahy	Tarenna
taolanary	Grisollea
taolandambo	Rhopalocarpus
taolandoha	Polyscias
	Tsebona
taolandoka	Polyscias
taolankafotse	Grewia
taolankana	Tarenna
taolankena	Tricalysia
taolanomby	Carissa
	Tarenna
taolanosy	Buxus
	Coffea
	Fernelia
	Ixora
	Polysphaeria
	Tarenna
taopapango	Albizia
taotao	Zygophyllum
tapandravy	Vaughania
tapatrozona	Grevea
tapia	Uapaca
tapiaka	Ormocarpopsis
	Syzygium
tapiakanakoho	Turraea
tapialahy	Alberta
tapianamboa	Syzygium

tapiandrano	Uapaca
tapitsoka	Turraea
tapitsokahitra	Carissa
tapolahy	Tabernaemontana
tara	Lemuropisum
taraby	Camptolepis
	Senna
taranta	Astrotrichilia
tarantana	Abrahamia
	Campnosperma
	Tina
	Vepris
tarantantily	Abrahamia
tarata	Abrahamia
taratana	Campnosperma
	Dillenia
	Dombeya
taratra	Phoenix
taratsy	Phoenix
tatamborandroa	Tisonia
tatao	Deinbollia
tataratsilo	Allophylus
tatoralahy	Vitex
tatramborondreo	Albizia
	Colubrina
	Dialium
tatsikoho	Carissa
tavaka	Carissa
	Macphersonia
tavaratra	Antidesma
	Beilschmiedia
	Trichilia
tavarotra	Cassinoideae
tavatrila	Polyscias
tavaza	Tricalysia
tavia	Astrotrichilia
	Dombeya
	Faurea
	Rhopalocarpus
	Sideroxylon
	Sterculia
taviaberavina	Rhopalocarpus
tavialahy	Malleastrum
	Rhopalocarpus
tavibotrika	Carissa
tavilo	Dypsis
tavintafara	Tabernaemontana
tavolo	Cryptocarya
	Homalium
	Malleastrum
	Mauloutchia
tavolo menaravina	Cryptocarya
tavolo pina	Cryptocarya
tavolo savy	Cryptocarya
tavolohazo	Argomuellera
	Dilobeia
tavololanomby	Cryptocarya
tavololavaridana	Cryptocarya
tavolomaintso	Cryptocarya
tavolomalama	Cryptocarya
tavolomanitra	Cryptocarya
tavolonendrina	Cryptocarya
tavolopika	Dilobeia

tsiariarinaliotsy	Cadaba
tsiariarinalotsy	Cadaba
tsiasoka	Xylia
tsiasoko	Baudouinia
tsiatosika	Tsoala
tsiavango	Blotia
	Phylloxylon
tsibalena	Brexia
tsiboratiala	Melanophylla
tsienimposa	Bridelia
tsifantsoy	Plagioscyphus
tsifo	Tarenna
tsifo fotsy	Leptaulus
tsifolaboay	Baudouinia
	Phyllanthus
tsifolahy	Capuronianthus
tsifolamboay	Baudouinia
tsifongahana	Tarenna
tsifotyberavina	Psorospermum
tsihafotrahafotra	Foetidia
tsihanihimposa	Dialium
tsihanimposa	Zanthoxylum
tsihanimpotsy	Zanthoxylum
tsiho	Dicoryphe
	Salix
tsihonga	Rhopalocarpus
tsikaboka	Petchia
tsikalaoa	Olax
tsikaomby	Dodonea
tsikara	Dypsis
tsikarakara	Plagioscyphus
tsikarankaraina	Plagioscyphus
tsikarankarana	Plagioscyphus
tsikarankarano	Plagioscyphus
tsikarivana	Phyllanthus
tsikatakata	Albizia
	Bauhinia
tsikatakataka	Albizia
tsikidakida	Thilachium
tsikimbakimba	Carallia
tsilahitsy	Vepris
tsilaiby	Celtis
	Pongamiopsis
tsilaimamy	Astrotrichilia
tsilaiteny	Baudouinia
tsilaitra	Baudouinia
	Dicoryphe
tsilaitrahazo	Chionanthus
tsilaitratsilazaha	Turraea
tsilaitrivahy	Dicoryphe
tsilaitsy	Carissa
	Noronhia
tsilaky	Myrica
tsilambina	Baudouinia
tsilambozana	Dodonea
tsilanitafika	Ravenea
tsilavimbinato	Rhopalocarpus
tsilavombinato	Rhopalocarpus
tsilavondria	Suregada
tsilavopasina	Grisollea
tsilehibeko	Crateva
tsileondoza	Senna
tsileontsiarimbo	Majidea

tsiletsy	Noronhia
tsilikantsifake	Celtis
tsilikasifaky	Celtis
tsilita	Bleekrodea
tsility	Stephanostegia
tsilongodongotra	Dialium
	Ellipanthus
	Phanerodiscus
	Schizolaena
tsiloparambarika	Dillenia
tsilorano	Carissa
	Mascarenhasia
	Octolepis
tsimafay	Cynometra
tsimagnota	Pyrostria
tsimahafaitompo	Lasiodiscus
tsimahamantsokina	Lijndenia
tsimahamasabary	Entada
	Milletia
tsimahamasakasokina	Memecylon
tsimahamasakatsokina	Rhodolaena
tsimahamasasokina	Lijndenia
tsimahamasatskina	Memecylon
tsimahamasatsokina	Chrysophyllum
	Dicoryphe
	Rhodolaena
	Tarenna
tsimahamasatsolina	Lijndenia
tsimahasasatra	Xylia
tsimalamba	Homalium
tsimalazo	Abrahamia
	Cynometra
tsimandasala	Dialyceras
tsimandoasala	Rhopalocarpus
tsimanefa	Polyscias
tsimangipaky	Boscia
tsimangotra	Didymeles
	Oncostemum
tsimangy	Maerua
tsimanotia	Myrica
tsimanotra	Tabernaemontana
tsimarefy	Anisophyllea
tsimatadakato	Clerodendrum
tsimatahodakato	Plagioscyphus
tsimatimamonta	Mimusops
tsimatimanota	Garcinia
tsimbolotra	Acalypha
tsimesomeso	Dillenia
tsimetaka	Ardisia
tsimidetra	Ilex
tsimihely	Broussonetia
tsimikara	Dypsis
tsimiranjana	Brexia
tsimitetra	Ilex
tsimitetry	Ilex
tsimondrimondry	Pachypodium
tsimondromondro	Pachypodium
tsindramiramy	Plagioscyphus
tsindrenadrena	Tabernaemontana
tsinefonala	Ziziphus
tsingaina	Doratoxylon
tsingalifary	Senna
tsingarafary	Senna

vakaboloka	Ravenea	Craspidospermum
vakaka	Dypsis	Tarenna
	Khaya	vandrikafotsy	Tarenna
	Ravenea	vandroza	Leptolaena
vakakabe	Ravenea	Schizolaena
vakaky	Ravenea	vandrozana	Leptolaena
vakapasy	Orania	Schizolaena
	Ravenea	vangaka	Sloanea
vakivao	Pterygota	vangan babe	Didymeles
vako	Grisollea	vangaty	Malleastrum
vakoka	Trema	vanginamboa	Clerodendrum
vaksotro	Bauhinia	vantsika	Allophylus
vala	Dombeya	vantsilakinasly	Schefflera
vala mena	Dombeya	vantsilambato	Neotina
valafotsy	Dombeya	Schefflera
valahakolo	Omphalea	vantsilana	Polyscias
valalundambo	Ormocarpopsis	Schefflera
valamainty	Dombeya	vantsilana lahy	Polyscias
valanirana	Bertiera	Schefflera
	Nuxia	vantsilany	Polyscias
	Tarenna	vantsirindra	Tina
valanirandrano	Dombeya	vaovandrikala	Cassipourea
valarindambo	Plagioscyphus	vaovy	Tetrapterocarpon
valiandro	Astrotrichilia	vaovy omby	Chloroxylon
	Lepidotrichilia	vapakafotsy	Orania
	Quivisianthe	varanto	Mimusops
valimpony	Dombeya	varaotra	Dypsis
valiramarnia	Tambourissa	variaho	Schefflera
valitsy	Breonia	varikanda	Dillenia
valo	Dombeya	varikoko	Brexia
valoambaka	Christiana	varilao	Thespesia
	Dombeya	varimamona	Dicoma
valoamboka	Dombeya	variotra	Cynometra
valoampoka	Macaranga	variotry	Cynometra
valodrano	Bembicia	varirata	Terminalia
	Breonadia	varo	Clerodendrum
	Breonia		Cordia
valohabaka	Dombeya		Dombeya
valohirana	Baudouinia		Helmiopsiella
valolahy	Octolepis		Hibiscus
valomahamay	Astrotrichilia		Thespesia
valomamay	Astrotrichilia	varoa	Abrahamia
valompangady beravina	Breonia	varoala	Thespesia
valompangady salasalaravina	Breonia	varolao	Thespesia
valorira	Baudouinia	varomby	Heritiera
valorirana	Baudouinia	varona	Antidesma
valosely	Dombeya	varongy	Ocotea
valotra	Breonia	varongy fotsy	Ocotea
	Cedrelopsis	varongy kely	Ocotea
	Dombeya	varongy lahy	Ocotea
	Ixora	varongy mainty	Burasaia
	Tarenna		Ocotea
valotra beravina	Tarenna	varongy mavokely	Ocotea
valotralahy	Alberta	varorao	Thespesia
valotsy	Dombeya	vary voanana	Sideroxylon
vana	Dicoryphe	vasihy	Labramia
	Sloanea	vasila	Polyscias
vanaka	Sloanea	vasilambato	Pongamiopsis
vanana	Sloanea	vatamalo	Voatamalo
vandamena	Dialium	vatoa	Astrotrichilia
vandimbiny	Schefflera		Paracorynanthe
vandrika	"Rothmannia"		Securinega
	Clerodendrum	vatoana	Astrotrichilia

voandrozanalahy	Schizolaena	voapaka lahy	Uapaca
voandrozona	Sarcolaena	voapaka mena	Uapaca
voandrozy	Schizolaena	voapaka vavy	Uapaca
voangaorondambo	Mantalania	voapiky	Allophylus
voangiala	Vepris	voapoly	Vepris
voangibe	Citrus	voapory	Brochoneura
voangmafaitra	Citrus	voara	Ficus
voangybe	Citrus	voarafitra	Allophylus
voanindrozy	Milletia	voarafy	Maesa
voanioala	Voanioala	voaraharaha	Mauloutchia
voankatanana	Brexia	voaramongy	Ficus
voankazomeloha	Albizia	voarankoaka	Turraea
voankazomeloka	Albizia	voararabe	Mauloutchia
	Cassinoideae	voararamolotrandrongo	Mauloutchia
	Delonix	voararano	Grewia
	Xanthocercis	voararotra	Syzygium
	Xylia	voaravintsara	Cryptocarya
voankoromanga	Beilschmiedia	voarony	Antidesma
voanlatakantalaotra	Xylocarpus	voarotra	Syzygium
voanpoka	Ficus	voaseva	Sabicea
voansakalava	Phylloctenium	voasiho	Foetidia
voansakalava lahy	Catunaregam	voasindrapotsy	Paropsia
voansanaka	Schrebera	voataimbody	Xyloolaena
voantalalina	Pyrostria	voatalana vavy	Brexia
voantalanina	"Rothmannia"	voatalanina	"Rothmannia"
	Antirhea		Brexia
	Brexia		Ixora
	Eremolaena		Tarenna
	Mantalania	voatalany	Alberta
	Pyrostria		Brexia
	Turraea		Tarenna
voantalonana	Brexia	voatamalo	Voatamalo
voantamalo	Voatamalo	voatangena	Neobeguea
voantany	Thilachium	voatiripika	Plagioscyphus
voantintinjaza	Streblus	voatonakala	Blotia
voantokongo	Vitex	voatronakala	Scolopia
voantsalehy	Omphalea	voatsanaka	Sloanea
voantsanaka	Sloanea	voatsihonko	Lumnitzera
voantsatroka	Xyloolaena	voatsikopokala	Carissa
voantsika	Vitex	voatsila	Polyscias
voantsikidy	Chrysophyllum	voatsilambato	Polyscias
voantsiko	Carissa		Schefflera
voantsikomoka	Carissa	voatsilambo	Polyscias
voantsikopiky	Carissa	voatsimaka	Scolopia
voantsikopoka	Carissa	voatsipoaka	Beilschmiedia
voantsikotika	Carissa	voatsirenarena	Tabernaemontana
voantsilamena	Pittosporum	voavaladina	Trophis
voantsilana	Neotina	voavandrika	Morinda
	Polyscias	voavandrikala	Tarenna
	Schefflera	voavohitra	Turraea
voantsilana-fotsy	Polyscias	voavongo	Garcinia
voantsilany	Polyscias	voavy	Tetrapterocarpon
voantsilepaka	Schizolaena	vodiaomby	Thilachium
voantsimatra	Polyscias	vodihaomby	Crateva
voantsirindra	Tinopsis	vodiomby	Crateva
voantsirindry	Sorindeia	voditory	Pauridiantha
voantsirondro	Sorindeia	vohambaka	Dombeya
voantsororika	Syzygium	vohambaritry	Dombeya
voanzoala	Homalium	vohamboa	Albizia
voapaka	Acridocarpus	vohely	Pachypodium
	Alberta	vohimboa	Dalbergia
	Uapaca	vohitsiandriana	Vepris
voapaka fotsy	Uapaca	vohomboa	Albizia

INDEX DES RÉFÉRENCES POUR LES ILLUSTRATIONS

La majorité des illustrations apparaissant dans cet ouvrage avaient été précédemment publiées dans diverses flores et journaux et sont ici dûment citées pour permettre leur reproduction. Elles ont été ajoutées en tant qu'aide supplémentaire à l'identification mais dans un format généralement fortement réduit qui dissimule souvent les détails de diverses parties des plantes. Les références des illustrations originales au format normal sont donc énumérées ci-dessous. Les illustrations portant la mention "original" sont publiées pour la première fois et ont été réalisées par les artistes malgaches Lucienne Nivoarintsoa (LN), Razafindrasolo (R) et Lala Andrianarisoa (RL).

FAMILLE	GENRE	SOURCE
Acanthaceae	*Avicennia*	FTEA Verbenac.: 145. 1992.
Alangiaceae	*Alangium*	Adansonia, n.s., 2: 282. 1962.
Anacardiaceae	*Abrahamia*	original (R)
Anacardiaceae	*Campnosperma*	Adansonia, sér. 3, 20: 287. 1998.
Anacardiaceae	*Faguetia*	Fl. Madagasc. 114: 27. 1946.
Anacardiaceae	*Gluta*	Fl. Madagasc. 114: 81. 1946.
Anacardiaceae	*Micronychia*	Fl. Madagasc. 114: 73. 1946.
Anacardiaceae	*Operculicarya*	Fl. Madagasc. 114: 21. 1946.
Anacardiaceae	*Poupartia*	Fl. Madagasc.114: 11. 1946.
Anacardiaceae	*Sorindeia*	FTEA Anacard: 47.
Anisophylleaceae	*Anisophyllea*	Fl. Madagasc. 150: 5. 1954.
Annonaceae	*Ambavia*	Fl. Madagasc. 78: 83. 1958.
Annonaceae	*Annona*	FTEA Annonac.: 114. 1971.
Annonaceae	*Isolona*	Fl. Madagasc. 78: 5. 1958.
Annonaceae	*Polyalthia*	Bull. Mus. Natl. Hist. Nat., B, Adansonia 12: 119. 1990.
Annonaceae	*Uvaria*	Adansonia, n.s., 3: 289. 1963.
Annonaceae	*Xylopia*	Fl. Madagasc. 78: 41. 1958.
Aphloiaceae	*Aphloia*	Fl. Madagasc. 140: 15. 1946.
Apocynaceae	*Carissa*	Fl. Madagasc. 169: 31. 1976.
Apocynaceae	*Cerbera*	original (R)
Apocynaceae	*Craspidospermum*	Fl. Madagasc. 169: 99. 1976.
Apocynaceae	*Gonioma*	Fl. Madagasc. 169: 115. 1976.
Apocynaceae	*Mascarenhasia*	Fl. Madagasc. 169: 253. 1976.
Apocynaceae	*Pachypodium*	original (LN)
Apocynaceae	*Petchia*	Fl. Madagasc. 169: 71. 1976.
Apocynaceae	*Rauvolfia*	Fl. Madagasc. 169: 91. 1976.
Apocynaceae	*Stephanostegia*	Fl. Madagasc. 169: 109. 1976.
Apocynaceae	*Strophanthus*	original (R)
Apocynaceae	*Tabernaemontana*	original (LN)
Apocynaceae	*Voacanga*	Fl. Madagasc. 169: 221. 1976.
Aquifoliaceae	*Ilex*	Fiches Bot. Essences Forest. 1966.

Araliaceae	*Gastonia*	Grandidier Atlas 4, pl. 405.
Araliaceae	*Polyscias*	Candollea 26: 62. 1971.
Araliaceae	*Schefflera*	Candollea 24: 112. 1969.
Arecaceae	*Beccariophoenix*	Palms of Madagascar: 443. 1995.
Arecaceae	*Bismarckia*	Palms of Madagascar: 60. 1995.
Arecaceae	*Borassus*	Palms of Madagascar: 53. 1995.
Arecaceae	*Dypsis*	Palms of Madagascar: 213. 1995.
Arecaceae	*Hyphaene*	Palms of Madagascar: 56. 1995.
Arecaceae	*Lemurophoenix*	Palms of Madagascar: 418. 1995.
Arecaceae	*Marojejya*	Palms of Madagascar: 432. 1995.
Arecaceae	*Masoala*	Palms of Madagascar: 424. 1995.
Arecaceae	*Orania*	Palms of Madagascar: 116. 1995.
Arecaceae	*Phoenix*	Palms of Madagascar: 48. 1995.
Arecaceae	*Raphia*	Palms of Madagascar: 68. 1995.
Arecaceae	*Ravenea*	Palms of Madagascar: 81. 1995.
Arecaceae	*Satranala*	Palms of Madagascar: 64. 1995.
Arecaceae	*Voanioala*	Palms of Madagascar: 449. 1995.
Asteraceae	*Apodocephala*	Fl. Madagasc. 189: 213. 1960.
Asteraceae	*Brachylaena*	Fl. Madagasc. 189: 347. 1962.
Asteraceae	*Dicoma*	Fl. Madagasc. 189: 847. 1963.
Asteraceae	*Distephanus*	Fl. Madagasc. 189: 127. 1960.
Asteraceae	*Oliganthes*	Fl. Madagasc. 189: 185. 1960.
Asteraceae	*Psiadia*	Fl. Madagasc. 189: 305. 1960.
Asteraceae	*Senecio*	Fl. Madagasc. 189: 683. 1963.
Asteraceae	*Vernonia*	Fl. Madagasc. 189: 45. 1960.
Asteraceae	*Vernoniopsis*	Fl. Madagasc. 189: 209. 1960.
Asteropeiaceae	*Asteropeia*	Adansonia, sér. 3, 21: 261. 1999.
Bignoniaceae	*Colea*	Fl. Madagasc. 178: 45. 1938.
Bignoniaceae	*Fernandoa*	Fl. Madagasc. 178: 21. 1938.
Bignoniaceae	*Ophiocolea*	Fl. Madagasc. 178: 29. 1938.
Bignoniaceae	*Phyllarthron*	Fl. Madagasc. 178: 81. 1938.
Bignoniaceae	*Phylloctenium*	original (R)
Bignoniaceae	*Rhigozum*	Fl. Madagasc. 178: 5. 1938.
Bignoniaceae	*Rhodocolea*	Fl. Madagasc. 178: 57. 1938.
Bignoniaceae	*Stereospermum*	Fl. Madagasc. 178: 5. 1938.
Bixaceae	*Diegodendron*	Adansonia, n.s., 3: 388. 1963.
Boraginaceae	*Cordia*	Mém. Soc. Hist. Nat. Afrique N. 2: 175. 1949.
Boraginaceae	*Tournefortia*	Fl. Nouv. Caled. 7: 109. 1976.
Brassicaceae	*Boscia*	Adansonia, n.s., 5: 28. 1965.
Brassicaceae	*Cadaba*	original (R)
Brassicaceae	*Crateva*	original (LN)
Brassicaceae	*Maerua*	original (LN)
Brassicaceae	*Thilachium*	Adansonia, n.s., 5: 34. 1965.
Buddlejaceae	*Androya*	Fl. Madagasc. 167: 5. 1984.
Buddlejaceae	*Buddleja*	Fl. Madagasc. 167: 33. 1984.
Buddlejaceae	*Nuxia*	Fl. Madagasc. 167: 53. 1984.
Burseraceae	*Boswellia*	Adansonia, n.s., 2: 269. 1962.
Burseraceae	*Canarium*	original (RL)

Elaeocarpaceae	*Sloanea*	Fiches Bot. Essences Forest. 1966.
Ericaceae	*Agarista*	Fl. Zambes. 7(1): 159. 1983.
Ericaceae	*Erica*	Adansonia, sér. 3, 21: 87. 1999.
Ericaceae	*Vaccinium*	Hook. Icon. 2, tab. 131. 1837.
Erythroxylaceae	*Erythroxylum*	Fl. Madagasc. 102: 45. 1952.
Euphorbiaceae	*Acalypha*	original (R)
Euphorbiaceae	*Alchornea*	original (R)
Euphorbiaceae	*Amyrea*	Kew. Bull. 53: 441. 1998.
Euphorbiaceae	*Androstachys*	Fl. Madagasc. 111: 198. 1958.
Euphorbiaceae	*Anomostachys*	Biblioth. Bot. 146: 10. 1996.
Euphorbiaceae	*Anthostema*	Fiches Bot. Essences Forest. 1968.
Euphorbiaceae	*Antidesma*	Fl. Madagasc. 111: 19. 1958.
Euphorbiaceae	*Argomuellera*	Notul. Syst. (Paris) 9: 163. 1941.
Euphorbiaceae	*Aristogeitonia*	Kew. Bull. 43: 628. 1988.
Euphorbiaceae	*Benoistia*	Kew Bull. 43: 638. 1988.
Euphorbiaceae	*Blotia*	Grandidier Atlas t. 208. 1892.
Euphorbiaceae	*Bridelia*	Fiches Bot. Essences Forest. 1968.
Euphorbiaceae	*Cephalocroton*	Notul. Syst. (Paris) 9: 184. 1941.
Euphorbiaceae	*Chaetocarpus*	Adansonia, n.s., 12: 210: 1972.
Euphorbiaceae	*Cladogelonium*	Gen. Euphorb.: 285. 2001.
Euphorbiaceae	*Claoxylon*	Notul. Syst. (Paris) 9: 172. 1941.
Euphorbiaceae	*Claoxylopsis*	Kew Bull. 43: 644. 1988.
Euphorbiaceae	*Cleidion*	Adansonia, n.s., 12: 196. 1972.
Euphorbiaceae	*Cleistanthus*	Fl. Madagasc. 111 (1): 183. 1958.
Euphorbiaceae	*Conosapium*	Gen. Euphorb.: 367. 2001.
Euphorbiaceae	*Croton*	Adansonia, n.s., 13: 174. 1973.
Euphorbiaceae	*Danguyodrypetes*	Fl. Madagasc. 111: 159. 1958.
Euphorbiaceae	*Droceloncia*	Gen. Euphorb.: 168. 2001.
Euphorbiaceae	*Drypetes*	Fl. Madagasc. 111: 145. 1958.
Euphorbiaceae	*Euphorbia*	Bull. Jard. Bot. Belg. 54: 43.1984.
Euphorbiaceae	*Excoecaria*	FTEA Euphorb. Pt. 1: 384. 1987.
Euphorbiaceae	*Flueggea*	FTEA Euphorb. Pt. 1: 69. 1987.
Euphorbiaceae	*Givotia*	Fiches Bot. Essences Forest. 1968.
Euphorbiaceae	*Jatropha*	Kew. Bull. 52: 179. 1997.
Euphorbiaceae	*Leptonema*	Fl. Madagasc. 111: 19. 1958.
Euphorbiaceae	*Lobanilia*	Kew. Bull. 44: 336. 1989.
Euphorbiaceae	*Macaranga*	Bull. Mus. Natl. Hist. Nat., B, Adansonia 18: 277. 1996.
Euphorbiaceae	*Mallotus*	Bull. Mus. Natl. Hist. Nat., B, Adansonia 17: 171. 1995.
Euphorbiaceae	*Margaritaria*	original (R)
Euphorbiaceae	*Meineckia*	original (LN)
Euphorbiaceae	*Necepsia*	Notul. Syst. (Paris) 9: 161. 1941.
Euphorbiaceae	*Omphalea*	Novon 7:129. 1997.
Euphorbiaceae	*Orfilea*	Notul. Syst. (Paris) 9: 184. 1941.
Euphorbiaceae	*Pantadenia*	Adansonia, n.s., 12: 207. 1972.
Euphorbiaceae	*Petalodiscus*	Fl. Madagasc. 111: 123. 1958.
Euphorbiaceae	*Phyllanthus*	Fl. Madagasc. 111: 95. 1958.
Euphorbiaceae	*Sclerocroton*	Biblioth. Bot. 146: 24. 1996.
Euphorbiaceae	*Securinega*	Fl. Madagasc. 111: 109. 1958.

Fabaceae	*Pyranthus*	Leguminosae of Madagasc.: 430. 2001.
Fabaceae	*Sakoanala*	Leguminosae of Madagasc.: 318. 2001.
Fabaceae	*Senna*	Leguminosae of Madagasc.: 84. 2001.
Fabaceae	*Sophora*	original (LN)
Fabaceae	*Sylvichadsia*	Adansonia, ser. 3, 20: 167. 1998.
Fabaceae	*Tamarindus*	original (R)
Fabaceae	*Tetraptercarpon*	Leguminosae of Madagasc.: 57. 2001.
Fabaceae	*Vaughania*	Bull. Mus. Natl. Hist. Nat., B, Adansonia 16: 95. 1994.
Fabaceae	*Viguieranthus*	Leguminosae of Madagasc.: 278. 2001.
Fabaceae	*Xanthocercis*	Leguminosae of Madagasc.: 300. 2001.
Fabaceae	*Xylia*	Leguminosae of Madagasc.: 195. 2001.
Gelsemiaceae	*Mostuea*	Fl. Madagasc. 167: 43. 1984.
Gentianaceae	*Anthocleista*	Fl. Madagasc. 167: 13. 1984.
Hamamelidaceae	*Dicoryphe*	Grandidier Atlas 1: pl. 60.
Hernandiaceae	*Gyrocarpus*	Fiches Bot. Essences Forest. 1966.
Hernandiaceae	*Hernandia*	Fiches Bot. Essences Forest. 1966.
Icacinaceae	*Apodytes*	original (LN)
Icacinaceae	*Cassinopsis*	Fl. Madagasc. 119: 5. 1952.
Icacinaceae	*Grisollea*	Fl. Madagasc. 119: 27. 1952.
Icacinaceae	*Leptaulus*	Fl. Madagasc. 119: 11. 1952.
Ixonanthaceae	*Allantospermum*	Adansonia, n.s., 5: 214. 1965.
Kaliphoraceae	*Kaliphora*	Fl. Madagasc. 158: 15. 1958.
Kigellariaceae	*Prockiopsis*	Fl. Madagasc. 140: 23. 1946.
Kirkiaceae	*Pleiokirkia*	Adansonia, n.s., 1: 90. 1961.
Lamiaceae	*Capitanopsis*	Fl. Madagasc. 175: 255. 1998.
Lamiaceae	*Clerodendrum*	Adansonia, n.s., 12: 46. 1972.
Lamiaceae	*Karomia*	Fl. Madagasc. 174: 255. 1956.
Lamiaceae	*Madlabium*	Fl. Madagasc. 175: 263. 1998.
Lamiaceae	*Premna*	Fl. Madagasc. 174: 65. 1956.
Lamiaceae	*Vitex*	Fl. Madagasc. 174: 109,145. 1956.
Lauraceae	*Aspidostemon*	Bot. Jahrb. Syst. 109: 76. 1987.
Lauraceae	*Beilschmiedia*	Novon 6: 464. 1996.
Lauraceae	*Cryptocarya*	Fl. Madagasc. 81: 77. 1950.
Lauraceae	*Ocotea*	Novon 6: 471. 1996.
Lauraceae	*Potameia*	Fl. Madagasc. 81: 7. 1950.
Lecythidaceae	*Barringtonia*	Fl. Madagasc. 149: 3. 1954.
Lecythidaceae	*Foetidia*	Fl. Madagasc. 149: 9. 1954.
Leeaceae	*Leea*	Fl. Madagasc. 124 bis: 5. 1967.
Linaceae	*Hugonia*	Fl. Madagasc. 101: 13. 1952.
Loganiaceae	*Strychnos*	Fl. Madagasc. 167: 87. 1984.
Lythraceae	*Capuronia*	original (LN)
Lythraceae	*Koehneria*	Fl. Madagasc. 147: 21. 1954.
Lythraceae	*Lawsonia*	Fl. Madagasc. 147: 21. 1954.
Lythraceae	*Pemphis*	FTEA Lythrac.: 9. 1994.
Lythraceae	*Sonneratia*	Fl. Madagasc. 148: 3. 1954.
Lythraceae	*Woodfordia*	Fl. Madagasc. 147: 21. 1954.
Maesaceae	*Maesa*	Fl. Madagasc. 161: 5. 1953.
Malpighiaceae	*Acridocarpus*	Fl. Madagasc. 108: 11. 1950.

Malvaceae	*Adansonia*	Fl. Madagasc. 130: 15. 1955.
Malvaceae	*Christiana*	Fl. Congo 10: 5. 1963.
Malvaceae	*Dombeya*	Fl. Madagasc. 131: 341. 1959.
Malvaceae	*Grewia*	Adansonia, n.s., 4: 276. 1964.
Malvaceae	*Helicteropsis*	Fl. Madagasc. 129: 125. 1955.
Malvaceae	*Helmiopsiella*	Fl. Madagasc. 131: 109. 1959.
Malvaceae	*Helmiopsis*	Fl. Madagasc. 131: 99. 1959.
Malvaceae	*Heritiera*	Fl. Madagasc. 131: 33. 1959.
Malvaceae	*Hibiscus*	Fl. Madagasc. 129: 29. 1955.
Malvaceae	*Hildegardia*	original (LN)
Malvaceae	*Humbertianthus*	Fl. Madagasc. 129: 115. 1955.
Malvaceae	*Humbertiella*	Fl. Madagasc. 129: 115. 1955.
Malvaceae	*Jumelleanthus*	Fl. Madagasc. 129: 125. 1955.
Malvaceae	*Macrostelia*	Fl. Madagasc. 129: 119. 1955.
Malvaceae	*Megistostegium*	Fl. Madagasc. 129: 85. 1955.
Malvaceae	*Nesogordonia*	Fl. Madagasc. 131: 127. 1959.
Malvaceae	*Perrierophytum*	Fl. Madagasc. 129: 93. 1955.
Malvaceae	*Pterygota*	Fl. Madagasc. 131: 21. 1959.
Malvaceae	*Rulingia*	Fl. Madagasc. 131: 89. 1959.
Malvaceae	*Sterculia*	Fl. Madagasc. 131: 9. 1959.
Malvaceae	*Thespesia*	Adansonia, n.s., 8: 8. 1968.
Melanophyllaceae	*Melanophylla*	Adansonia, sér. 3, 20: 240. 1998.
Melastomataceae	*Dichaetanthera*	Fl. Madagasc. 153: 61. 1951.
Melastomataceae	*Dionycha*	Fl. Madagasc. 153: 25. 1951.
Melastomataceae	*Lijndenia*	Bull. Mus. Natl. Hist. Nat., B, Adansonia 7: 39. 1985.
Melastomataceae	*Memecylon*	Fl. Madagasc. 153: 283. 1951.
Melastomataceae	*Warneckea*	Bull. Mus. Natl. Hist. Nat., B, Adansonia 7: 51. 1985.
Meliaceae	*Astrotrichilia*	Bull. Mus. Natl. Hist. Nat., B, Adansonia 18: 23. 1996.
Meliaceae	*Calodecaryia*	Fl. Madagasc. Meliac. (in press)
Meliaceae	*Capuronianthus*	Adansonia, n.s., 16: 179. 1976.
Meliaceae	*Humbertioturraea*	original (LN)
Meliaceae	*Khaya*	Fl. Madagasc. Meliac. (in press)
Meliaceae	*Lepidotrichilia*	Bull. Mus. Natl. Hist. Nat., B, Adansonia 18: 11. 1996.
Meliaceae	*Malleastrum*	Bull. Mus. Natl. Hist. Nat., B, Adansonia 18: 15. 1996.
Meliaceae	*Neobeguea*	Adansonia, n.s., 16: 175. 1976.
Meliaceae	*Quivisianthe*	Fl. Madagasc. Meliac. (in press)
Meliaceae	*Trichilia*	Bull. Mus. Natl. Hist. Nat., B, Adansonia 18: 5. 1996.
Meliaceae	*Turraea*	Kew Bull. 45: 371. 1990.
Meliaceae	*Xylocarpus*	Fl. Madagasc. Meliac. (in press)
Menispermaceae	*Burasaia*	original (LN)
Menispermaceae	*Spirospermum*	original (LN)
Menispermaceae	*Strychnopsis*	original (LN)
Monimiaceae	*Decarydendron*	Fl. Madagasc. 80: 11. 1959.
Monimiaceae	*Ephippiandra*	Fl. Madagasc. 80: 15. 1959.
Monimiaceae	*Tambourissa*	Bull. Mus. Natl. Hist. Nat., B, Adansonia 13: 135. 1991.
Montiniaceae	*Grevea*	Fl. Madagasc. 93 bis: 75. 1991.
Moraceae	*Antiaris*	Fl. Madagasc. 55: 31. 1952.
Moraceae	*Bleekrodea*	Fl. Madagasc. 55: 3. 1952.

Moraceae	*Broussonetia*	Fiches Bot. Essences Forest. 1968.
Moraceae	*Fatoua*	Fl. Madagasc. 55: 3. 1952.
Moraceae	*Ficus*	Fl. Madagasc. 55: 55. 1952.
Moraceae	*Streblus*	Fl. Madagasc. 55: 7. 1952.
Moraceae	*Treculia*	Fl. Madagasc. 55: 29. 1952.
Moraceae	*Trilepisium*	Fl. Zambes. 156: 29. 1991.
Moraceae	*Trophis*	Fl. Madagasc. 55:13. 1952.
Moringaceae	*Moringa*	Fl. Madagasc. 85: 39. 1982.
Myricaceae	*Morella*	Fl. Madagasc. 53: 5. 1952.
Myristicaceae	*Brochoneura*	original (LN)
Myristicaceae	*Haematodendron*	Fiches Bot. Essences Forest. 1966.
Myristicaceae	*Mauloutchia*	Adansonia, n.s., 13: 215. 1973.
Myrsinaceae	*Ardisia*	Novon 3: 64. 1993.
Myrsinaceae	*Monoporus*	Fl. Madagasc. 161: 11. 153.
Myrsinaceae	*Myrsine*	Fl. Madagasc. 161: 141. 1953.
Myrsinaceae	*Oncostemum*	Fl. Madagasc. 161: 101. 1953.
Myrtaceae	*Eucalyptus*	original (R)
Myrtaceae	*Eugenia*	Fl. Madagasc. 152: 35. 1953.
Myrtaceae	*Melaleuca*	original (LN)
Myrtaceae	*Psidium*	original (R)
Myrtaceae	*Syzygium*	Fiches Bot. Essences Forest. 1966.
Ochnaceae	*Brackenridgea*	Fl. Madagasc. 133: 37. 1951.
Ochnaceae	*Ochna*	Fl. Madagasc. 133: 37. 1951.
Ochnacae	*Ouratea*	Fl. Madagasc. 133: 13. 1951.
Olacaceae	*Anacolosa*	Mater. Etud. Fl. Forest. Madag. Olacaceae CTFT. Pl. V. 1968.
Olacaceae	*Olax*	Mater. Etud. Fl. Forest. Madag. Olacaceae CTFT Pl. II. 1968.
Olacaceae	*Phanerodiscus*	Mater. Etud. Fl. Forest. Madag. Olacaceae CTFT Pl. VII. 1968.
Olacaceae	*Ximenia*	Mater. Etud. Fl. Forest. Madag. Olacaceae CTFT Pl. IV. 1968.
Oleaceae	*Chionanthus*	Fl. Madagasc. 166: 11. 1952.
Oleaceae	*Comoranthus*	original (LN)
Oleaceae	*Noronhia*	Fl. Madagasc. 166: 27. 1952.
Oleaceae	*Olea*	Fl. Madagasc. 166: 7. 1952.
Oleaceae	*Schrebera*	Bull. Mus. Natl. Hist. Nat., B, Adansonia 7: 63. 1985.
Opiliaceae	*Pentarhopalopilia*	original (R)
Pandanaceae	*Pandanus*	Pacific Sci. 22: 132. 1968.
Passifloraceae	*Paropsia*	Fl. Madagasc. 143: 35. 1945.
Pedaliaceae	*Uncarina*	Fl. Madagasc. 179: 13. 1971.
Physenaceae	*Physena*	Fl. Madagasc. 140: 7. 1946.
Pittosporaceae	*Pittosporum*	Fl. Madagasc. 92: 35. 1955.
Podocarpaceae	*Podocarpus*	Fl. Madagasc. 18: 11: 1972.
Proteaceae	*Dilobeia*	Fiches Bot. Essences Forest. 1966.
Proteaceae	*Faurea*	Fl. Madagasc. 57: 61. 1991.
Proteaceae	*Grevillea*	original (LN)
Proteaceae	*Malagasia*	Fl. Madagasc. 57: 65. 1991.

Rhamnaceae	*Bathiorhamnus*	Adansonia, n.s., 6: 122. 1966.
Rhamnaceae	*Berchemia*	Fl. Madagasc. 123: 9. 1950.
Rhamnaceae	*Colubrina*	Fl. Madagasc. 123: 27. 1950.
Rhamnaceae	*Lasiodiscus*	Mater. Etud. Fl. Forest. Madag. Rhamnaceae CTFT Pl. VIII. 1965.
Rhamnaceae	*Ziziphus*	Fl. Madagasc. 123: 13. 1950.
Rhizophoraceae	*Bruguiera*	Fl. Madagasc. 150: 37. 1954.
Rhizophoraceae	*Carallia*	Fl. Madagasc. 150: 37. 1954.
Rhizophoraceae	*Cassipourea*	Fl. Madagasc. 150: 19. 1954.
Rhizophoraceae	*Ceriops*	Fl. Madagasc. 150: 37. 1954.
Rhizophoraceae	*Macarisia*	Fl. Madagasc. 150: 33. 1954.
Rhizophoraceae	*Rhizophora*	Fl. Madagasc. 150: 33. 1954.
Rosaceae	*Prunus*	FTEA Rosac.: 46. 1960.
Rubiaceae	*Alberta*	Adansonia, n.s., 5: 516. 1965.
Rubiaceae	*Antirhea*	original (LN)
Rubiaceae	*Bertiera*	original (LN)
Rubiaceae	*Breonadia*	Fiches Bot. Essences Forest. 1966.
Rubiaceae	*Breonia*	Fiches Bot. Essences Forest. 1966.
Rubiaceae	*Canthium*	Portugaliae Acta. Biol., Sér. B, Sist. 11: 223. 1972.
Rubiaceae	*Carphalea*	original (LN)
Rubiaceae	*Catunaregam*	FTEA Rubiac. Pt. 2: 498. 1988.
Rubiaceae	*Chassalia*	Grandidier Atlas 4: pl. 427.
Rubiaceae	*Coffea*	Kew Bull. 55: 415. 2000.
Rubiaceae	*Craterispermum*	FTEA Rubiac. Pt. 1: 163. 1976
Rubiaceae	*Euclinia*	Adansonia, n.s., 7: 178. 1967.
Rubiaceae	*Fernelia (Chapelieria)*	Grandidier Atlas 4, pl. 443.
Rubiaceae	*Gaertnera*	Grandidier Atlas 4, pl. 431.
Rubiaceae	*Gardenia*	original (LN)
Rubiaceae	*Guettarda*	FTEA Rubiac. Pt. 3: 925. 1991.
Rubiaceae	*Ixora*	Grandidier Atlas 4, pl. 406.
Rubiaceae	*Landiopsis*	Adansonia, sér. 3, 20: 133. 1998.
Rubiaceae	*Mantalania*	Adansonia, n.s., 14: 32. 1974.
Rubiaceae	*Morinda*	Fl. Mascareignes 108: 36.
Rubiaceae	*Mussaenda*	original (R)
Rubiaceae	*Paracorynanthe*	Adansonia, n.s., 18: 161. 1978.
Rubiaceae	*Pauridiantha*	Grandidier Atlas 4, pl. 449.
Rubiaceae	*Payera*	Adansonia, n.s., 5: 440. 1965.
Rubiaceae	*Polysphaeria*	Adansonia, n.s., 8: 381. 1968.
Rubiaceae	*Pseudomantalania*	Adansonia, n.s., 14: 44. 1974.
Rubiaceae	*Psychotria*	Grandidier Atlas 4, pl. 426.
Rubiaceae	*Pyrostria*	Adansonia, n.s., 11: 394. 1971.
Rubiaceae	*"Rothmannia"/ Genipa sensu Drake*	Grandidier Atlas 4, pl. 442D.
Rubiaceae	*Rytigynia*	Portugaliae Acta. Biol., Sér. B, Sist. 11: 241. 1972.
Rubiaceae	*Sabicea*	Grandidier Atlas 4, pl. 448.
Rubiaceae	*Saldinia*	Grandidier Atlas 4, pl. 429.
Rubiaceae	*Schismatoclada*	Adansonia, n.s., 4: 190. 1964.
Rubiaceae	*Tarenna*	FTEA Rubiac. Pt. 2: 601. 1988.

Rubiaceae	*Triainolepis*	FTEA Rubiac. Pt. 1: 151. 1976.
Rubiaceae	*Tricalysia*	FTEA Rubiac. Pt. 2: 562. 1988.
Rubiaceae	*Vangueria*	FTEA Rubiac. Pt. 3: 850. 1991.
Rutaceae	*Cedrelopsis*	Fl. Madagasc. 107 bis: 111. 1991.
Rutaceae	*Chloroxylon*	Adansonia, n.s., 1: 66. 1961.
Rutaceae	*Citrus*	original (LN)
Rutaceae	*Fagaropsis*	Adansonia, n.s., 1: 70. 1961.
Rutaceae	*Ivodea*	Adansonia, n.s., 1: 74. 1961.
Rutaceae	*Melicope*	Fl. Madagasc. 104: 7. 1950.
Rutaceae	*Vepris*	Fl. Madagasc. 104: 57. 1950.
Rutaceae	*Zanthoxylum*	Fl. Madagasc. 104: 23. 1950.
Salicaceae	*Bembicia*	original (LN)
Salicaceae	*Bivinia*	original (LN)
Salicaceae	*Calantica*	Adansonia, n.s., 12: 541. 1972.
Salicaceae	*Casearia*	Fl. Madagascar 140: 29. 1946.
Salicaceae	*Flacourtia*	original (LN)
Salicaceae	*Homalium*	original (LN)
Salicaceae	*Ludia*	Adansonia, n.s., 12: 85. 1972.
Salicaceae	*Salix*	Fl. Madagasc. 52: 3. 1952.
Salicaceae	*Scolopia*	Fl. Madagasc. 140: 37. 1946.
Salicaceae	*Tisonia*	Adansonia, n.s., 3: 233. 1963.
Salvadoraceae	*Azima*	original (R)
Salvadoraceae	*Salvadora*	original (LN)
Sapindaceae	*Allophylus*	Mém. Mus. Natl. Hist. Nat., Sér. B, Bot. 19: 59. 1969.
Sapindaceae	*Beguea*	Mém. Mus. Natl. Hist. Nat., Sér. B, Bot. 19: 107. 1969.
Sapindaceae	*Camptolepis*	Mém. Mus. Natl. Hist. Nat., Sér. B, Bot. 19: 109. 1969.
Sapindaceae	*Chouxia*	Mém. Mus. Natl. Hist. Nat., Sér. B, Bot. 19: 131. 1969.
Sapindaceae	*Conchopetalum*	Mém. Mus. Natl. Hist. Nat., Sér. B, Bot. 19: 47. 1969.
Sapindaceae	*Deinbollia*	Mém. Mus. Natl. Hist. Nat., Sér. B, Bot. 19: 77. 1969.
Sapindaceae	*Dodonaea*	Mém. Mus. Natl. Hist. Nat., Sér. B, Bot. 19: 25. 1969.
Sapindaceae	*Doratoxylon*	Mém. Mus. Natl. Hist. Nat., Sér. B, Bot. 19: 29. 1969.
Sapindaceae	*Erythrophysa*	Mém. Mus. Natl. Hist. Nat., Sér. B, Bot. 19: 23. 1969.
Sapindaceae	*Filicium*	Mém. Mus. Natl. Hist. Nat., Sér. B, Bot. 19: 39. 1969.
Sapindaceae	*Glenniea*	Mém. Mus. Natl. Hist. Nat., Sér. B, Bot. 19: 89. 1969.
Sapindaceae	*Haplocoelum*	Mém. Mus. Natl. Hist. Nat., Sér. B, Bot. 19: 107. 1969.
Sapindaceae	*Lepisanthes*	Mém. Mus. Natl. Hist. Nat., Sér. B, Bot. 19: 79. 1969.
Sapindaceae	*Macphersonia*	Mém. Mus. Natl. Hist. Nat., Sér. B, Bot. 19: 125. 1969.
Sapindaceae	*Majidea*	Mém. Mus. Natl. Hist. Nat., Sér. B, Bot. 19: 45. 1969.
Sapindaceae	*Molinaea*	Mém. Mus. Natl. Hist. Nat., Sér. B, Bot. 19: 181. 1969.
Sapindaceae	*Neotina*	Mém. Mus. Natl. Hist. Nat., Sér. B, Bot. 19: 177. 1969.
Sapindaceae	*Plagioscyphus*	Mém. Mus. Natl. Hist. Nat., Sér. B, Bot. 19: 99. 1969.
Sapindaceae	*Pseudopteris*	Mém. Mus. Natl. Hist. Nat., Sér. B, Bot. 19: 115. 1969.
Sapindaceae	*Stadmania*	Mém. Mus. Natl. Hist. Nat., Sér. B, Bot. 19: 155. 1969.
Sapindaceae	*Tina*	Mém. Mus. Natl. Hist. Nat., Sér. B, Bot. 19: 165. 1969.
Sapindaceae	*Tinopsis*	Mém. Mus. Natl. Hist. Nat., Sér. B, Bot. 19: 149. 1969.
Sapindaceae	*Zanha*	Mém. Mus. Natl. Hist. Nat., Sér. B, Bot. 19: 35. 1969.
Sapotaceae	*Capurodendron*	Fl. Madagasc. 164: 81. 1974.
Sapotaceae	*Chrysophyllum*	Fiches Bot. Essences Forest. 1966.